Katalog der Risiken

Dirk Proske

Katalog der Risiken

Risiken und ihre Darstellung

2. Auflage

Dirk Proske
Departement Architektur, Holz und Bau
Berner Fachhochschule
Burgdorf, Schweiz

ISBN 978-3-658-37082-4 ISBN 978-3-658-37083-1 (eBook)
https://doi.org/10.1007/978-3-658-37083-1

Die Deutsche Nationalbibliothek verzeichnet diese Publikation in der DeutschenNationalbibliografie; detaillierte bibliografische Daten sind im Internet über http://dnb.d-nb.de abrufbar.

Planung/Lektorat: Ralf Harms
Springer Vieweg ist ein Imprint der eingetragenen Gesellschaft Springer Fachmedien Wiesbaden GmbH und ist ein Teil von Springer Nature.
Die Anschrift der Gesellschaft ist: Abraham-Lincoln-Str. 46, 65189 Wiesbaden, Germany

meinen Eltern gewidmet

Positives Denken allein löst noch keine Probleme. Zum positiven Wissen muss vielmehr ein handlungsleitendes Wissen oder Orientierungswissen hinzutreten, das eine Antwort auf die Frage, nicht was wir tun können, sondern was wir tun sollten, ist.

Jürgen Mittelstraß (1984)

[...] denen ein Tropfen Wasser genügt, um daraus auf die Existenz eines Ozeans zu schließen.

Arkadi und Boris Strugazki (1988)

Aber in der Geschichte wie im menschlichen Leben, bringt Bedauern einen verlorenen Augenblick nicht mehr zurück und 1000 Jahre kaufen nicht zurück, was eine einzige Stunde versäumt.

Stefan Zweig (1927, 1998)

Was er sah, war sinnverwirrend [...] In einer krausen, kindlich dick aufgetragenen Schrift bedeckte ein fantastischer Hokuspokus, ein Hexensabbat verschränkter Runen die Seiten. Griechische Schriftzeichen waren mit lateinischen und mit Ziffern in verschiedener Höhe verkoppelt, mit Kreuzen und Strichen durchsetzt, ober- und unterhalb waagerechter Linien bruchartig aufgereiht, durch andere Linien zeltartig überdacht, durch Doppelstrichelchen gleichgewertet, durch runde Klammern zu großen Formelmassen vereinigt. Einzelne Buchstaben, wie Schildwachen vorgeschoben, waren rechts oberhalb der umklammerten Gruppen ausgesetzt. Kabbalistische Male, vollständig unverständlich dem Laiensinn, umfassten mit ihren Armen Buchstaben und Zahlen, während Zahlenbrüche ihnen voranstanden und Zahlen und Buchstaben ihnen zu Häuptern und Füßen schwebten. Sonderbare Silben, Abkürzungen geheimnisvoller Worte, waren überall eingestreut, und zwischen den neckromantischen Kolonnen standen geschriebene Sätze und Bemerkungen in täglicher Sprache, deren Sinn gleichwohl so hoch über allen menschlichen Dingen war, dass man sie lesen konnte, ohne mehr davon zu verstehen als von einem Zaubergemurmel.

Thomas Mann (1909, 2004)

Vorwort der 2. Auflage

Als ich 1996 mein Diplomthema wählte, konnte ich nicht ahnen, dass mich das Thema Sicherheits- und Risikobewertungen in meinem Berufsleben nicht mehr loslassen wird. Dabei hätte ich es mir denken können: als ich 1987 meine Lehre als Baufacharbeiter mit Abitur an der Berufsschule Alfred Hecktheuer in Riesa begann und ich nach meinem Studienwunsch gefragt wurde, nannte ich die Physik. Bücher wie das „Bild der modernen Physik" begleiteten mich im Urlaub. Ich fand es unglaublich spannend. Bei einem Kadergespräch am Ende meiner Lehre wurde mir in Aussicht gestellt, nach meinem Physikstudium in dem neu erbauten Kernkraftwerk in Dresden zu beginnen und eine Neubauwohnung zu bekommen. In meinem jugendlichen Leichtsinn lehnte ich dieses unglaubliche Angebot einer sicheren Lebensplanung ab, ohne zu wissen, dass all diese Pläne wenige Jahre später null und nichtig waren.

Unglaublicher Weise gibt es ein Kernkraftwerk namens Dresden in den USA und unglaublicher Weise begann ich 2009 in einem Kernkraftwerk zu arbeiten. Dazwischen stand ein Studium des Bauingenieurwesens in Dresden und London sowie die oben genannte Diplomarbeit mit dem Thema „Beton als sekundäre Dichtbarriere gegen wassergefährdende Stoffe".

Danach hatte ich die Möglichkeit, das Thema Bauwerkssicherheit am Institut für Massivbau an der TU Dresden weiter zu verfolgen. Herr Wolf-Michael Nitzsche und Herr Prof. Manfred Curbach gaben mir die Aufgabe, die Sicherheit von Brücken bei Schiffsanprall zu untersuchen. Der Einstieg war nicht einfach: ich entsinne mich, als ich ein Finite Elemente Modell für die Abbildung von Verkehrslasten für die Einwirkung Schiffsanprall verwendete, oder dass ich den falschen E-Modul für das Mauerwerk einstellte. Ich scheiterte grandios. Stück für Stück aber gelang es mir, mich in das Thema einzuarbeiten. Damit war mein Schicksal besiegelt; und egal, ob an der TU Dresden, ob an der Universität für Bodenkultur Wien, an der TU Delft oder bei Axpo: immer waren Sicherheitsbewertungen mein tägliches Brot. Ich bin unglaublich dankbar für die Möglichkeiten, die sich mir daraus ergeben haben. So konnte ich mich mit Erdbeben, mit Hochwasser, mit Explosionen, mit Waldbrand und vielen, vielen anderen Themen beschäftigen. Das war ein großes Geschenk, nicht nur für mich, sondern auch für die Gesellschaft, weil ich vermutlich kein guter Bauingenieur geworden wäre. Ich war auch immer nur Lehrling mit der besten Leistungssteigerung, niemals bester Lehrling. So aber konnte ich eine unglaubliche Vielfalt an Themen bearbeiten und erleben. Ohne diesen Berufs- und Lebensweg wäre dieses Buch gar nicht möglich gewesen.

Verschiedene Studien zeigen, dass neben einer guten genetischen Disposition der Umgang mit wohlgesinnten Menschen die Hauptquelle für ein langes und glückliches Leben ist. Dies zeigt sich eigentlich auch sehr schön in dem vorliegenden Buch. Mein Arbeitsleben bereitet mir viel Freude, und hier bin ich all meinen ehemaligen Kollegen an der TU Dresden, Prof. Pieter van Gelder in Delft, Dr. Christian Scheidl in Wien, Davide Kurmann bei Axpo und vielen anderen Kollegen in Dankbarkeit verpflichtet.

Eine Hauptquelle für meine persönliche Entwicklung sind aber auch die Freunde: Sabine und Thorsten Jacobi, Katrin Knothe und Lutz König, „Susanne" und Rüdiger Gerlach, Grit und Alexander Huhn, Sabine und Uwe Teise, Ulrike und Dirk Kranig, Jana und Lars Baumann, „Beatrice" und Rolf und viele, viele andere, die mir verzeihen mögen, wenn ich sie hier nicht aufgezählt habe. Unvergessen ist auch die letzte Reihe unserer Abiturklasse und die gesamte Abiturklasse.

Blut ist bekanntlich dicker als Wasser und dieses, vielleicht im Alltag oft verschwindende Netz tritt immer in Krisenzeiten deutlich zu Tage. Ich danke meinen Eltern, meinen Geschwistern und ihren Familien, meiner Frau Ulrike und meinem Sohn Wilhelm für ihre Geduld.

Die Erstellung eines solchen Buches ist oft ein schmerzhafter Prozess: die Suche nach Quellen und Unterlagen, die Softwareprobleme, die Vertragsunterlagen – es sind die Kleinigkeiten, die uns an Großem hindern. Ich bin sehr, sehr dankbar, dass ich dieses Projekt erfolgreich abschließen konnte.

Manch einer wird sich vielleicht fragen, warum dieses Buch so wenig Bezug auf aktuelle Geschehnisse und Ereignisse nimmt. Viele Themen der Sicherheit sind heute (über)präsent in den Medien. Allerdings unterscheiden sich die Mitspieler dieser öffentlichen Diskussionen: sie vertreten wirtschaftlich oder politische Ziele. Die Sicherheit ist heute, und war es wahrscheinlich schon immer, ein Gegenstand erbitterter, öffentlicher Diskussionen: die Sicherheit von Kernkraftwerken, die Sicherheit der Lebensmittel, die Sicherheit im Alter, die Sicherheit gegen Krankheiten und so weiter.

Zudem bin ich mir auch bewusst: das Buch muss bei dieser thematischen Vielfalt und der Vielzahl an Quellen Fehler aufweisen. Es wäre ein Irrglaube anzunehmen, jede Zahl und jeder Buchstabe sei richtig. Nein, sie stellen eine persönliche Meinung basierend auf von mir ausgewählten Veröffentlichungen und Unterlagen dar. Ich habe versucht, so objektiv wie möglich zu arbeiten, aber meine Geschichte und meine Ausbildung müssen diesen Versuch zwangsweise zum Scheitern verurteilen.

Abschließend danke ich Frau Theresa Fritzsche für die Korrekturlesung des Buches.

Würenlingen   Dirk Proske
2021

Literatur

Frisch M (1985) Tagebuch 1946–1949, Suhrkamp Taschenbuch, Frankfurt a. M. Riemann F (1998) Die Grundformen der Angst, Eine tiefenpsychologische Studie, Ernst Reinhard Verlag München Basel

Geyer C (2004) Tragen wir das Gerippe ruhig durch den Saal. Frankfurter Allgemeine Zeitung, 27. August 2004, Nr. 1999, S 37

Mann T (2004) Königliche Hoheit. Fischer, Frankfurt a. M. (Erstveröffentlichung 1909)

Mittelstraß J (1984) Zur wissenschaftlichen Rationalität technischer Kulturen. Physikalische Blätter 40, 64

Strugazki A, Strugazki B (1988) Die Wellen ersticken den Wind. Verlag Das Neue Berlin, Berlin

Zweig S (1998) Schachnovelle, Sternstunden der Menschheit, Fischer Taschenbuch, Frankfurt a. M.

Vorwort der 1. Auflage

Alle Erscheinungsformen der uns bekannten Materie sind geprägt durch Wandel. Wenn wir aus dem Fenster schauen, sehen wir Wolken, die in wenigen Minuten am Himmel vorüberziehen. Wenn wir nach vielen Jahren wieder in eine Stadt kommen, finden wir diese mit einem veränderten Gesicht vor. Geologen berichten, dass Gebirge über Jahrmillionen wuchsen und abgetragen wurden und Meere an Plätzen existiert haben, wo heute Wälder oder Wüsten zu finden sind. Astrophysiker erklären uns den Beginn unseres Sonnensystems, aber auch, dass eines Tages die Sonne aufhören wird zu scheinen.

Die Welt wird beherrscht durch Veränderung. Von den kleinsten Elementarteilchen bis zu den größten Galaxien kann man ein Entstehen und Vergehen beobachten. Diese Regel schließt auch die lebende Materie mit ein. Wir sehen Bäume wachsen oder das Getreide auf den Feldern reifen und müssen erkennen, dass auch wir, die Menschen, diesem Gesetz der Veränderung, dieser Vergänglichkeit unterliegen. Ob es uns Menschen gefällt oder nicht: Wir sind befristete Wesen. Unser Leben besitzt einen Anfang und ein Ende. Die Fragen, wann das Leben eines Menschen beginnt und wann es endet, zählen zu den schwierigsten Fragen der menschlichen Ethik überhaupt. Manche, wie z.B. die Verfasser des deutsche Embryonenschutzgesetzes, meinen, das menschliche Leben beginnt mit der Verschmelzung von Samen und Eizelle. Für andere ist die Einnistung der Eizelle der Anfang und die meisten von uns halten die Geburt für den Beginn des selbstständigen Lebens. Unabhängig davon, wie man den Beginn eines Menschenlebens definiert, ist die Geburt eines Menschen das größte Ereignis, nicht nur für diesen Menschen selbst, sondern auch für diejenigen, die diesen Menschen begleiten. Die Geburt eines Menschen ist das gewaltigste Geschenk der Natur. Und so wie die Geburt das schönste Ereignis ist, so ist der Tod, als Widerpart, das schrecklichste Ereignis für Menschen. Auch die Beurteilung des Endes eines menschlichen Lebens kann unter gewissen Umständen nahezu unlösbar erscheinen. Erinnert sei hier nur an Unfallopfer, die jahrelang von Maschinen beatmet werden. Unabhängig von der Frage des „wann“, müssen wir Menschen uns der Tatsache der Endlichkeit des Lebens stellen.

Die Endlichkeit des Lebens spielt in der Regel in unserem Alltag keine Rolle. *„So leben wir immer, als ob wir glaubten, unbegrenzt Zeit zu haben, als ob das endlich Erreichte stabil wäre, und diese uns vorschwebende Stabilität und Dauer, diese illusionäre Ewigkeit, ist ein wesentlicher Impuls, der uns zum Handeln treibt.“* schrieb Fritz Riemann in seinem berühmten Werk „Grundformen der Angst“ (Riemann 1998). Der Glaube an die Zukunft und an unseren Bestand ist der Rahmen für unser alltägliches Handeln und Planen.

Aber kann das Wissen um die eigene Sterblichkeit auch ein Antrieb sein? Kann uns der Gedanke, dass unser Leben jeden Augenblick zu Ende sein kann – media in vita morte sumus – nicht auch vorwärtstreiben? Wie bereits erwähnt, teilen wir die Eigenschaft sterblich zu sein, mit allen bekannten Lebewesen. *„Nicht die Sterblichkeit allein, die wir mit den Molchen teilen, sondern unser Bewusstsein davon; das macht unser Dasein erst menschlich, macht es zum Abenteuer [...]“* schrieb Max Frisch (Frisch 1985). Und die Sterbeforscherin Elisabeth Kübler-Ross stellte fest *„Ein Leben, das sich den Tod vor Augen hält, verändert sich. Es gewinnt an Kraft und Perspektive“* (Geyer 2004). Hier ist ein mächtiger menschlicher Handlungsimpuls erkennbar: der Wunsch nach Unvergänglichkeit, auf eine ureigene Weise unsterblich zu werden, weiterzuleben in den Geschichten und Gedanken unserer Nachfahren. Die Wahl der Mittel, um diesen Impuls zu erfüllen, sei es in Goethes Form *„Es* *soll die Spur von meinen Erdentagen nicht in Äonen untergehen"*, durch eigene Schöpferkraft oder sei es durch die Liebe und Hingabe zu den eigenen Kindern oder zu anderen Menschen, unterliegt dem Einfallsreichtum und Charakter jedes einzelnen Menschen. Hier, im Kampf gegen die Vergänglichkeit, liegt eine der Wurzeln für die Einzigartigkeit jedes Menschen. So unglaublich die Überlegung erscheint, Verleugnung und Akzeptanz der Befristung des menschlichen Lebens können beide Entwicklungsantrieb für Menschen sein.

Die Akzeptanz der Endlichkeit des menschlichen Lebens ist die Grundlage für dieses Buch. Es geht sogar noch weiter. Es berichtet über die direkten und indirekten Ursachen für das Versterben von Menschen in einem bestimmten Zeitraum, und gibt in nackten Zahlen an, wie viel Menschen an dieser oder jener Ursache verstarben. So furchtbar es klingt, es handelt sich dabei nur um eine Erfassung und Zusammenstellung von Daten.

Aber ist der Tod nicht mehr als ein simpler Datenpunkt? Der Verlust eines geliebten Menschen ist das höchste Leid, welches Menschen erfahren können, von dem Verlust des Lebens für den direkt betroffenen Menschen ganz zu schweigen. Wie kann man solch einen Verlust, solch einen Schmerz, in Zahlen ausdrücken? Welcher Zweck steckt dahinter? Der Verfasser ist sich darüber im Klaren: Zahlen können kein Leid abbilden. Die Zahl als Verfechter der Objektivität steht dazu mit dem Leid als Zeichen der Subjektivität zu sehr im Widerspruch. Aber die Zahl ist nur ein blindes Werkzeug. Zahlen selbst sind weder gut noch böse. Wenn die Zahl nur ein Werkzeug ist, dann liegt es in unserer Verantwortung, der Zahl eine nützliche Aufgabe zu übergeben.

Und Zahlen mögen durchaus nützlich sein, wenn es gilt, Leid abzuwenden. Wenn wir erfassen, woran wie viel Menschen in der Vergangenheit verstarben, erkennen wir vielleicht die größten Bedrohungen für das menschliche Leben in der Gegenwart und können die Ursachen bekämpfen. Das könnte zur Verringerung von Gefahren führen. Die Vergangenheit ist das größte Frühwarnsystem, über welches die Menschheit verfügt. Durch die Betrachtung des leidvollen Ereignisses Tod in der Vergangenheit sind wir in der Lage, zukünftiges Leid zu verringern.

Im ersten Kapitel des Buches wird versucht Risiken zu identifizieren. Im zweiten Kapitel wird die subjektive Beurteilung von Risiken behandelt. Im Anschluss daran werden verschiedene Risikoparameter vorgestellt. Damit wird es möglich, die subjektive Beurteilung von Risiken zu objektivieren. Nach der Beurteilung der Risiken werden Verfahren erläutert, welche die Effizienz von Risikovorsorgemaßnahmen bewerten. Es geht hierbei um die Frage, welchen Aufwand man zur Eindämmung von Gefahren betreiben soll. Auch bei dieser Problematik werden die Grenzen der Ethik wieder berührt. Wie kann man bei der Gefahrenvermeidung von einem begrenzten Aufwand sprechen? Ist es nicht unsere oberste Pflicht, alles in unseren Kräften Stehende zu versuchen, um Menschen zu helfen, und sie vor Gefahren zu schützen? Im Prinzip ja, aber es bleibt die Frage offen, welche Maßnahmen als Gefahrenvermeidung verstanden werden. Was verstehen wir unter Hilfe? Müssen wir nicht Ressourcen verwenden, um uns selbst zu schützen? Müssen wir nicht unsere Ernährung sichern, sonst verhungern wir? Müssen wir nicht Mittel einsetzen, um uns zu erholen, so wie wir jede Nacht schlafen müssen, um am nächsten Tag wieder bei Kräften zu sein? Müssen wir nicht unseren Kindern eine Bildung sichern, damit wir sie befähigen, ihren Weg zu gehen? Das alles sind Maßnahmen, um anderen Menschen oder uns zu helfen. Es handelt sich also um Maßnahmen der Gefahrenvermeidung. Schlafen, Essen, Urlaub oder Bildung können genauso als Maßnahmen zum Schutz von Menschen angesehen werden, wie die Verwendung eines Sicherheitsgurtes. Wenn wir nahezu alle Handlungen, die Menschen durchführen können, als Maßnahmen zur Vermeidung von Gefahren ansehen, benötigen wir Verfahren, mit denen wir die einzelnen Maßnahmen innerhalb dieser unüberschaubaren Menge hinsichtlich ihrer Effizienz bewerten können. Dazu werden Methoden aufgezeigt, die es erlauben, die Ressourcen der menschlichen Gesellschaft zum Schutz von Menschen effektiver anzuwenden. Oder formulieren wir es anders: Wie kann man mit den zur Verfügung stehenden Mitteln möglichst vielen Menschen ein langes und erfülltes Leben ermöglichen?

Im Ergebnis der Anwendung solcher Bewertungen von Gefahrenvermeidungsmaßnahmen kann man diese in sinnvolle und nicht sinnvolle unterteilen. Eine Maßnahme zur Erhöhung der Sicherheit ist dann sinnvoll, wenn die Schutzmaßnahme mehr Nutzen erbringt, als sie

Aufwand benötigt. Was sich hinter diesen Begriffen versteckt, wird im vorliegenden Buch behandelt. Der geschilderte Ansatz erscheint plausibel. Aber wie werden solche Maßnahmen heute in den meisten Ländern dieser Welt beurteilt?

Betrachten wir dazu die jüngere Geschichte der gesetzlichen Regelungen im Gesundheitswesen in Deutschland. Unter gesetzlichen Regelungen werden hier Vorschriften verstanden, die steuern, welche Maßnahmen zum Schutz von Menschen, seien sie nun präventiv oder therapeutisch, verwendet werden sollen. Das Gesundheitswesen kann als eine umfangreiche Maßnahme zum Schutz der Bevölkerung vor gesundheitlichen Gefahren angesehen werden. Aber die Gesetze, die das Gesundheitswesen regeln, werden von Menschen entwickelt, die sich politischen Bestrebungen unterordnen müssen oder aktiv daran teilnehmen. Das führt dazu, dass die Auswahl der Gesetze in keiner Weise den oben genannten Forderungen der Effektivität von Schutzmaßnahmen folgt. Im Folgenden soll ein konkretes Beispiel genannt werden. In den letzten Jahren wurde in Sachsen die Versorgungsqualität bei der Diabetesbehandlung durch ein besonderes Behandlungsprogramm erheblich erhöht, um die Spätfolgen dieser Erkrankung, die beträchtlich sein können, zu minimieren. Man hat damit insbesondere langfristig sehr große Erfolge erzielen können. Aufgrund von kurzfristigen finanziellen Engpässen bei den Krankenkassen überlegt man, ob dieses Programm gestoppt werden sollte. Es stellt sich die Frage, ob eine langfristige Fortführung des Programms nicht nur für die Patienten, sondern auch für die Krankenkassen wirtschaftlich günstiger wäre. Eine derartig objektive Analyse ist dem Autor nicht bekannt. Damit wird die Wahl des richtigen Augenblickes, gutes Verhandlungsgeschick, persönliche Beziehungen oder Lobbyismus viel wichtiger für die Entscheidung, ob diese Maßnahme beibehalten wird. Subjektive Einflüsse besitzen größere Auswirkungen auf die gesetzliche Einführung von Schutzmaßnahmen als sich mancher wünschen mag. Nur allzu oft entbehrt die Einführung der Schutzmaßnahmen jeglicher Objektivität. Gerade deshalb ist es unbedingt erforderlich, dass objektive Verfahren eingeführt werden. Im vorliegenden Buch werden Parameter und Verfahren vorgestellt, die zumindest zu einer Versachlichung der Diskussion beitragen können. Der Bedarf dafür ist immens. Wie vielen Menschen könnte durch die Anwendung effizienter Schutzmaßnahmen das Leben verlängert werden, wenn deren finanzielle Grundlagen nicht durch andere nutzlose Maßnahmen verschwendet würden!

Dieses Buch kann nicht alle historisch bekannten und zukünftig möglichen Schutzmaßnahmen bewerten. Das ist auch nicht der Sinn dieser Arbeit. Aber es kann einen Anstoß zu einer gerechteren Vorgehensweise bei der Verteilung von Geldern für Schutzmaßnahmen über alle Industriezweige hinweg aufzeigen. Sei es die Medizin, die Atomindustrie, das Bauwesen, die Chemie, der Aufbau von Mülldeponien, die Kriminalitätsbekämpfung, der Automobilbau oder die Raumfahrt; für alle diese Bereiche steht heute ein universelles Verfahren zur Beurteilung von Schutzmaßnahmen zur Verfügung. Die Liste der Industriezweige ließe sich selbstverständlich beliebig verlängern, denn treffen wir nicht überall auf Anordnungen, Regelungen oder Gesetze zum Schutz von Menschen? Ist nicht jedes Gesetz dazu da, dem Einzelnen einen besseren Schutz zu bieten? Wenn dem so ist, müssten sich dann nicht sogar die Gesetze selbst dieser Vorgehensweise stellen?

Dresden
2004

Vorwort der englischsprachigen Auflage

Seit der ersten Auflage dieses Buches hat das Thema Risiko eine noch größere Aufmerksamkeit erfahren, nicht nur in der Welt der Wissenschaft, sondern auch in anderen Bereichen, wie der Wirtschaft und der Politik. Daher entstanden viele neue Publikationen. Um der Idee einer Enzyklopädie zum Thema Risiko gerecht zu werden, wurde daher das Buch vollständig überarbeitet. Es wurden nicht nur viele aktualisierte Beispiele in das Kapitel „Risiken und Katastrophen" aufgenommen, sondern auch neue Kapitel eingeführt, wie z. B. das Kapitel über „Unbestimmtheit". Dieses neue Kapitel wurde entworfen, um die Frage, ob es möglich ist, Risiken vollständig zu eliminieren zu diskutieren. Deshalb verbreiterte sich gerade in diesem Kapitel der Fokus des Buches von einer einfachen mathematischen oder ingenieurwissenschaftlichen Betrachtungsweise hin zu einer deutlich größeren Themenvielfalt. Dabei werden nicht nur Aspekte der Systemtheorie berücksichtigt, sondern auch allgemeine philosophische Fragen beeinflussen die Betrachtungen zum Thema Risiko.

Das Hauptziel der zweiten Auflage ist jedoch nicht nur die Erweiterung und Überarbeitung des Buches, sondern auch die Übersetzung in die englische Sprache, um mehr Lesern den Zugang zu den Ideen des Buches zu ermöglichen. Der Autor hofft, dass sich der Erfolg, den das Buch in der ersten Auflage hatte, fortsetzt und, dass die Leser durch die Lektüre des Buches einen Gewinn erfahren.

Wien
2008

Dirk Proske

Danksagung der 1. Auflage

Menschen, die ihr gesamtes Arbeitsleben einer fachlichen Thematik widmen, können eine tiefe gedankliche Durchdringung dieser erreichen. Das dabei gewonnene Verständnis spiegelt sich in einer außergewöhnlichen Klarheit bei der Darlegung des fachlichen Gegenstandes wider. Überzeugt man diese Menschen, ihre Gedanken auf Papier zu bannen, erblicken oft großartige Bücher das Licht der Welt. Die intensive gedankliche Durchdringung ist die natürliche Grundlage für die Entstehung guter Bücher. Gute Bücher benötigen daneben aber auch, genau wie Menschen, Zeit zu wachsen. Es ist nicht verwunderlich, dass beide dieses kostbare Gut benötigen, wo doch das eine im anderen verwurzelt ist.

Der erläuterte glückliche Umstand der jahrzehntelangen Beschäftigung des Autors mit der Thematik ist beim vorliegenden Buch schon allein aufgrund des Alters des Autors aber nicht gegeben. Verliert damit dieses Buch aber seinen Wert? Nein, denn es existiert aus Sicht des Autors noch eine zweite Möglichkeit, ein gutes Buch zu verfassen. Diese zweite Möglichkeit beruht auf der vielfältigen Unterstützung des Autors durch andere Menschen.

Um so mehr ist die Unterstützung zu schätzen, da sie selbstlos war. Aus materieller Sicht heraus muss das Schreiben dieses Buches als schiere Verschwendung betrachtet werden. Aber muss nicht jeder Buchautor ein Träumer sein? Ein Illusionär, der glaubt, dass er mit dem zukünftigen Leser in Kommunikation treten kann, der etwas mitzuteilen hat, was den Leser interessiert.

Was kann das Buch aber Wichtiges mitteilen, will es nicht nur blanker Zeitvertreib sein? Dieses Buch stellt sich einer großen Aufgabe. Es beschreibt, was uns Menschen unser menschliches Leben Wert ist. Wofür gedenken wir, das Geschenk des Lebens zu verwenden. Wem widmen wir die Zeit, die wir auf Erden weilen dürfen. Die Nennung dieser Themen mag verwunderlich klingen; finden sie sich doch nicht im Titel dieses Buches. Aus Sicht des Autors aber sind diese Fragen die logische Fortsetzung der Diskussion von Lebensrisiken. Stellt man sich die Frage, wie sicher wir leben, so wird man zwangsläufig auch die Frage stellen, warum leben wir so, wie wir leben?

Die Entscheidung, was im Leben eines einzelnen Menschen Bedeutung besitzt, steht nur diesem Einzelnen allein zu. Die scheinbare Freiheit wird aber aufgebraucht durch die Sachzwänge des gesellschaftlichen Lebens. Die primären Zielgrößen des Lebens sind daher eine Mischung aus individuellen und gesellschaftlichen Zielen. Die Bedeutung der einzelnen Größen kann dabei von Mensch zu Mensch beträchtlich divergieren. Doch nicht nur zwischen den Menschen unterscheiden sich diese Größen, sondern auch über die zeitliche Entwicklung der einzelnen Menschen.

So verschieben Menschen, die um ihr nahes Ende wissen, oft ihre Lebenswertungen erheblich. Dieses Phänomen wird als „*Reframing*" bezeichnet und erscheint durchaus verständlich. Da aber unser aller Leben zeitlich begrenzt ist, wäre es dann nicht auch notwendig, von Zeit zu Zeit, die eigenen Lebensziele und Lebensaufgaben zu hinterfragen?

In jungen Jahren hat der Autor während seiner Ausbildung ungläubig gelernt, dass Menschen soziale Wesen sind. Der damalig einfältige Widerspruch ist der Überzeugung gewichen, dass diese Feststellung nicht verleugnet werden kann. Die größten Probleme dieser Welt sind sozialer Natur. Diese Erkenntnis ergibt sich zwangsläufig aus der Untersuchung der Risiken, denen wir Menschen ausgesetzt sind. Wenn wir diese Arbeitsthese annehmen, erkennen wir die größte Lebensaufgabe, die eigentlich schon einer menschlichen Pflicht entspricht: die soziale Verantwortung für unsere Mitmenschen, die in ihrem Kern nicht nur heutige Menschen umfasst, sondern auch unsere Vorfahren und unsere Nachkommen.

Was beschreibt der Begriff der Verantwortung? Betrachten wir den Wortaufbau näher. Die Erweiterung des Verbs *„antworten"* wird mit der Vorsilbe *„ver"* kombiniert. Die *„Verantwortung"* für das eigene Leben vor einer überparteiischen Institution war seit den frühesten Religionen der Ägypter bis zum Christentum ein Bestandteil vieler Glaubensrichtungen.

Antworten kann man aber nur, wenn man sich einer Frage bewusst wird. Gut antworten kann man nur, wenn man ein tiefes Verständnis und eine große gedankliche Klarheit über die aufgeworfenen Fragen erreicht hat. Dann mag es auch sinnvoll erscheinen, in Form eines Buches zu antworten, wie es im vorliegenden Fall geschieht. Ob es sich um eine gelungene Antwort handelt und damit um ein gelungenes Buch, muss der Leser entscheiden.

Wie bereits erwähnt, war der Autor in der glücklichen Lage, von verschiedener Seite aktive Unterstützung bei der Erstellung des Buchs zu erfahren. Der Autor möchte sich an dieser Stelle für das ihm entgegen gebrachten Engagements bedanken. Das betrifft zunächst seine Familie, Frau Ulrike Köhler und Wilhelm Köhler, die die zahllosen Arbeitsstunden des Autors am Buch ohne Klagen ertrugen. Weiterhin dankt der Autor seinen Eltern, Gerhard und Annelies Proske. Ich danke außerdem Frau Katrin Knothe, Frau Helga Mai und Frau Petra Drache für die Sichtung und umfangreiche Korrektur des Skriptes. Herrn Peter Lieberwirth, Herrn Harald Michler, Herrn Sebastian Ortlepp, Herrn Knut Wolfram und Herrn Wolf-Michael Nitzsche danke ich für die Nutzungsrechte der Fotos. Herr Prof. Dr.-Ing. Jürgen Stritzke und der Verein der Freunde des Bauingenieurwesens der Technischen Universität Dresden e. V. haben außerdem den Druck einer Sonderauflage des Buches für das 15. Dresdner Brückenbausymposium finanziell unterstützt. Dafür gilt ihnen mein Dank. Nach diesem Blick in die Vergangenheit wagt der Autor noch einen Blick in die Zukunft: Ich hoffe zutiefst, dass die Leser das vorliegende Buch bis zum Schluss als lesenswert betrachten werden.

Inhaltsverzeichnis

1 Einführung und Begriffe

„Wer nicht die Idee der Physik (das heißt, nicht die physikalische Wissenschaft selbst, sondern das vitale Weltbild, das sie geschaffen), nicht die historische und biologische Idee, jenen philosophischen Weltenplan sich zu Eigen gemacht hat, der ist kein gebildeter Mensch. Und wenn keine außergewöhnlichen, spontanen Gaben diesen Mangel ausgleichen, so ist es mehr denn unwahrscheinlich, dass ein Mensch dieser Art ein wirklich guter Arzt, Richter oder Techniker zu sein vermag."

Jose Ortega y Gasset (Laszlo 1998).

1.1 Ausgangslage und Zweck

Dieses Buch konzentriert sich auf *eine* Seite der Medaille zielgerichteter menschlicher Handlungen: auf das Risiko. Das Risiko entspricht dabei der Quantifizierung aller Möglichkeiten, im Ergebnis der zielgerichteten Handlung *nicht* das ursprüngliche Ziel zu erreichen, also zu scheitern. Dabei wird in diesem Buch jede Abweichung vom potenziellen Ziel negativ bewertet.

Aber jede Unsicherheit über den Ausgang einer Handlung beinhaltet natürlich auch eine Chance, nämlich die Möglichkeit das Ziel zu erreichen, aber auch, dass die Verfehlung des Zieles sogar positive Effekte besitzen kann. Darüber hinaus kann das Erreichen des Ziels auch negative Effekte besitzen, die man außer Acht gelassen hat. Dieses Thema ist aber nicht Gegenstand des Buches.

Nicht behandelt wird also das planmäßige Erreichen des Ziels und die überraschende Wendung zum Guten (was auch immer wir darunter verstehen mögen) beim Verfehlen des Zieles. Deshalb müsste man eigentlich noch ein zweites Buch schreiben: das Buch der Chancen. Dies betrachtet der Autor aber nicht mehr als seine Aufgabe, es sei dem Leser unbenommen, so ein Buch zu schreiben und vielleicht sollten wir dies individuell auch für uns selbst tun.

Es ist auch nicht die Intention dieses Buches den Leser erdrückt von den vielen Zahlen, von den vielen Katastrophenbeschreibungen und all den Möglichkeiten, aus dem Leben zu scheiden- allein und hoffnungslos zurückzulassen. So, wie wir als Individuen und als Gesellschaft von unseren Fehlern lernen (sollten), so vergegenwärtigt uns dieses Buch vielmehr die Lektionen, die wir schon gelernt und die wir aber vielleicht schon wieder vergessen haben.

Es kann nicht im Interesse all der vielen Opfer gewesen sein, dass wir nach Katastrophen wegschauen. Manche Menschen sagen, Zahlenvergleiche von Opfern sind zynisch, menschenunwürdig und technokratisch. Aber wie können wir sonst entscheiden? Ist es menschenwürdiger und weniger technokratisch, wenn der Hilfsumfang nach einem Hochwasser vom nächsten Wahltermin abhängig ist (wie wir es tatsächlich beobachten können)? Ist es menschenwürdig, sich den Erfahrungen aus der universellen Entwicklung von Technologien und der damit verbundenen Euphorie wie z. B. zum Beginn der zivilen Nutzung der Kerntechnik, der deutschen Energiewende oder der Entwicklung autonom fahrender Kraftfahrzeuge und der später eintretenden Ernüchterung zu verschließen, nur um den Kreislauf neu zu starten mit einer neuen Technologie? Natürlich ist die Beobachtung solcher wiederkehrenden Entwicklungen kein Freifahrtsschein für die Risikobetrachtung, sie ist aber mindestens ein Hinweis, die vorhandenen Zustände und verwendeten Verfahren zu verbessern.

Da für die Bewertung der Risiken in diesem Buch Zahlen verwendet werden, muss eigentlich immer auch eine Prüfung der Studien, die zu den Zahlen führen, durchgeführt werden. Das ist natürlich aufgrund der Vielzahl der Studien, auf die in diesem Buch zurückgegriffen wird, zeitlich nicht möglich. Deshalb müssen Alternativen für die Prüfung der Studien eingesetzt werden. So etwas kann die unabhängige Prüfung von Beiträgen in wissenschaftlichen

D. Proske, *Katalog der Risiken*, https://doi.org/10.1007/978-3-658-37083-1_1

Zeitschriften, die wissenschaftliche Reputation des Autors (auf diese Aussage wird später noch eingegangen), aber auch die Qualität des Beitrages sein. Eine schöne Formel für die Qualität eines Beitrages ist die C^3T^2-Regel. Dahinter verbergen sich die folgenden Eigenschaften eines Beitrages: Er soll korrekt, komplett, konsistent, transparent und nachvollziehbar (im Englischen *tractable*) sein.

Außerdem können die Ergebnisse verschiedener Verfahren verglichen werden. So werden häufig sogenannte Top-Down und Bottom-Up-Verfahren verwendet. Bei dem ersten Ansatz werden die Ergebnisse groß-skaliger Makromodelle auf die lokalen Gegebenheiten heruntergebrochen; bei dem zweiten Ansatz wird von den Mikromodellen auf lokale Gegebenheiten hochgerechnet. Im besten Fall kommen beide Ansätze zum gleichen Ergebnis.

Der Autor ist sich auch der aktuellen Diskussion der Wissenschaftsleugnung und der Pseudowissenschaften bewusst (Mühlhauser 2021). Leider sind Verfahren wie PLURV (Pseudoexperten, Logische Trugschlüsse, Unerfüllbare Erwartungen, Rosinenpickerei, Verschwörungsmythen) zur Identifikation von falschen wissenschaftlichen Argumenten nur bedingt hilfreich – viele heute anerkannte wissenschaftliche Theorien begannen mit der Rosinenpickerei und treten auch heute noch bei der Argumentation durchaus richtig erscheinender Theorien auf.

Da das Buch häufig auf Ereignisse eingeht die Jahre, Jahrzehnte, Jahrhunderte oder sogar Jahrtausende oder Jahrmillionen zurückliegen, sind diese Zahlen nur hilfreich, wenn die Prozesse oder Risiken zeitinvariant sind. Ist dagegen die Anzahl der Meteore oder die Anzahl der Vulkanausbrüche im Mittel über die Jahrtausende oder Millionen nicht konstant, müssten diese Risiken unter Berücksichtigung dieser Änderung angepasst werden. Das erfolgte im Rahmen dieses Buches nicht.

Die Diskussion der Zeitabhängigkeit solcher Ereignisse beinhaltet einen gewissen Grad an Humor. So gibt es Studien, die eine Korrelation der Erdbeben mit den Wochentagen, hier natürlich zuerst dem Sonntag, untersuchen (Vermeesch 2011). Solche Studien gibt es auch für den Erfolg operativer Eingriffe in Abhängigkeit vom Wochentag (Anger et al. 2020). Andere Studien bewerten eine Korrelation der Häufigkeit von Vulkanausbrüchen und Kriegszuständen (Smith 1996). Besonders amüsante, zeitliche Scheinkorrelationen werden von Vigen (2015) vorgestellt.

Das vorliegende Buch beinhaltet nicht nur eine einfache Auflistung von Risiken, sondern es versucht auch diese Risiken zu sortieren. Die Sortierung basiert auf dem Konzept der Vergleichbarkeit. Der Autor ist sich dieser fundamentalen Annahme bewusst. Die Frage, ob Risiken immer vergleichbar sind, darf und muss sich jeder Leser selbst stellen.

Man kann diese Frage allerdings auf andere Themen übertragen. So wünschen wir uns hinsichtlich der Handlung von Menschen gleiche Bewertungsmaßstäbe. Wir gehen davon aus, dass alle Menschen vor dem Gesetzt gleich sind. Aber wie George Orwell schon 1948 geschrieben hat: „*manche Menschen sind gleicher*". Dieser Satz stellt eine Ungleichbehandlung fest.

Tatsächlich zeigt sich auch beim Vergleich verschiedener Risiken, dass entweder die Annahme der Gleichheit ungeeignet ist oder, dass wir Menschen Risiken nicht immer gleich bewerten. Da die Überführung von Gefahren durch zielgerichtete menschliche Handlungen in Risiken erfolgt, muss der Satz „Risiken werden nicht immer gleich bewertet" in „Entscheidungen werden nicht immer gleich bewertet" überführt werden. Der Ansatz der Gleichheit ist also nicht immer gegeben.

Das Buch verfügt noch über eine weitere fundamentale Annahme: es ist empirisch. Historische Beobachtungen, Veränderungen und Ereignisse werden verwendet, um Aussagen für die Zukunft zu entwickeln. Unsere Lebenswirklichkeit und die darauf fundierten Erfahrungswerte prägen unser Denken. Wie haben frühzeitig gelernt, dass uns eine Kraft nach unten zieht – die Gravitation. Wir haben frühzeitig gelernt, dass wir die Luft atmen können. Wir haben hören, sehen, sprechen, schreiben, lesen und viele, viele andere Dinge gelernt. All das führt zu sichtbaren und unsichtbaren, erfahrungsbasierten Konventionen. Aus diesen Konventionen unterliegenden, empirischen Daten lassen sich durch die Anwendung mathematischer Hilfsmittel für den Umgang mit Unsicherheit, wie z. B. der Statistik, Maße für die Häufigkeit und die Wucht von Ereignissen herleiten.

Da wir für viele Veränderungen, z. B. die Entwicklungen von Gesellschaften gar keine vollständigen Theorien besitzen, können wir hier auch keine theoretischen Antworten geben, wie wir sie von der Anwendung der Newtonschen Gesetze und ihrer Axiome in der klassischen Mechanik kennen. Es gibt keine Newtonschen Gesetze für die Kräfte in Gesellschaften. Für diese Systeme und Erscheinungen bleiben uns nur die Beobachtungen, also die Empirie. Es gibt allerdings Theorien, wie z. B. von Michels (1911) oder von Engels (2013), die Effizienzkriterien, also den Satz des Minimums der Energie, auch für Gesellschaftsformen anwenden. Gleichzeitig wurde im Rahmen von Forschungsanträgen die Simulation ganzer Gesellschaften vorgeschlagen (Paolucci et al. 2012).

Diese Aussage zur Empirie gilt sogar für den überwiegenden Anteil der Fachgebiete. Verwendet man die einfache Einteilung der Wissenschaften in die Alpha-, Beta- und Gammawissenschaften, so bleiben nur die Betawissenschaften (Naturwissenschaften) als Wissenschaftsbereich mit einer großen Menge und Dichte an abgesicherten Theorien. Die Alpha- (Religion, Recht, Geisteswissenschaften) und die Gammawissenschaften (Soziologie, Ökonomie) verfügen dagegen über eine sehr geringe Menge und Dichte an abgesicherten Theorien.

Neben der Annahme der Vergleichbarkeit und der Empirie, ist die Logik ein weiteres wichtiges Hilfsmittel. Die Logik kann uns viele Gedankenfehler aufzeigen. Nehmen Sie sich doch einfach einmal eine Tageszeitung und prüfen die Gültigkeit der Aussagen. Am besten Sie tun dies regelmäßig. Sie werden staunen, wie unlogisch Berichte sein können, wenn man sie in Zusammenhang stellt.

Schöne Beispiele für solche logischen Fehler gibt es auch regelmäßig in Fernsehsendungen. In einer Ratesendung sollten die Delinquenten entscheiden, ob sich im Ohr oder in den Fingern Muskeln befinden. Die meisten antworteten, dass sich im Finger Muskeln befinden, da sich die Finger bewegen. Das war allerdings nicht richtig, da der Unterarmmuskel die Finger über Sehnen bewegt. Interessant war dann die Argumentation des Moderators bezüglich der Muskeln im Ohr: Manche Menschen können ihre Ohren bewegen. Im Augenblick davor war darauf hingewiesen wurden, dass die Beweglichkeit eines Körperteils kein Beweis für das Vorhandensein von Muskeln in diesem Körperteil ist und einen Augenblick später wird diese Argumentation wieder verwendet.

Die besten Jäger solcher logischen Fehler sind Kabarettisten: Sie wollen meistens unterhalten und gieren geradezu danach, solche Fehler zu präsentieren und auf den Punkt zu bringen.

Der Autor geht allerdings auch davon aus, dass ihm im Rahmen dieses Buches an der einen oder anderen Stelle solche Fehler, aber auch Zahlendreher und nicht aktualisierte Zahlen, unterlaufen sind. Tatsächlich ist die Aktualisierung der Zahlen zwar wünschenswert, aber für die Schlussfolgerungen nicht zwingend notwendig. Im frühen Dezember 2004 erschien der erste „Katalog der Risiken“. Damals wusste noch niemand etwas vom katastrophalen Tsunami am 26. Dezember 2004. Auch das Unglück von Fukushima und viele andere Katastrophen, die unsere Welt in den 15 Jahren seit damals erlebt hat, kamen nicht als konkrete Zahlen vor. Aber das Risiko von Tsunamis wurde bereits in der ersten Auflage besprochen. Erst mit dem Verlust von knapp 250.000 Menschen wurden aber Schutzmaßnahmen im Pazifik initiiert, die schon lange vorher hätten technisch umgesetzt werden können. Auch schwere Unfälle und Unglücke in Kernkraftwerken waren vor dem Unfall in Fukushima bekannt, genauso wie schwere Erdbeben und Überflutungen.

Bereits in den ersten Absätzen wurde darauf hingewiesen: dieses Buch zeigt nur eine Seite der Medaille – die zweite Seite sind die Chancen und dies muss auch die Risikoforschung bzw. die Risikobewertung zur Kenntnis nehmen und berücksichtigen: reine Risikovergleiche sind für Menschen keine Option – es sind immer Vergleiche von Wagnis und Gewinn. Und dies wird durch die Entwicklung der Risikoparameter hin zu Lebensqualitätsparametern bestätigt. Diese Tatsache ist auch nicht neu: viele Autoren haben bereits darauf hingewiesen, dass man risikoinformierte Entscheidungen treffen soll, nicht Entscheidungen basierend auf Risikovergleichen (Arrows et al. 1996). Allein, diese risikoinformierten Entscheidungen haben sich bis heute nicht durchgesetzt.

Dies wäre ein großer Schritt vorwärts, um die teilweise Unbestimmtheit der Zukunft und unserer Planungen anzuerkennen. Wir wissen eben nicht genau, ob die Zukunft so eintritt, wie wir es planen und hoffen.

Die Größe dieser Unbestimmtheit könnte man an vielen Ereignissen der letzten Jahre festmachen. Hier soll aber auf ein besonders prägnantes Ereignis hingewiesen werden: den sogenannten genetischen Flaschenhals. Es gilt als empirisch nachgewiesen, dass die Menschheit vor ca. 75.000 Jahren kurz vor dem Aussterben stand. Dabei ist unbekannt, ob ein Supervulkanausbruch oder ein anderes unbekanntes Ereignis dafür verantwortlich war. Wichtig ist allein die Tatsache, dass 75.000 Jahre astronomisch, geologisch und evolutionsbiologisch keinen besonders langen Zeitraum darstellen. Interessant ist, dass Harari (2015) der kognitiven Revolution etwa dieses Alter zuordnet. Das entspricht einer Wiederkehrperiode von oberhalb 10^{-5} pro Jahr. Bei Kernkraftwerken oder Gebäuden sprechen wir über Schadens- und Einsturzereignisse mit Wiederkehrperioden von 10^{-6} pro Jahr und bei dem gerade diskutierten Risiko handelt es sich um das Risiko des potenziellen Aussterbens der Menschheit.

Vielleicht sind wir heute stärker und besser geschützt als unsere Vorfahren. Vielleicht ist unsere hochentwickelte Gesellschaft aber auch viel anfälliger als die damalige Gesellschaft für dieses unbekannte Ereignis. Was passiert mit uns, wenn unsere Stromversorgungssysteme nicht nur für drei Tage, sondern für Wochen oder Monate ausfallen? Was passiert mit unserer Gesellschaft, wenn der Treibstoff für Kraftfahrzeuge Monate oder Jahre ausfällt?

Die Regel, dass Systeme sicher sind, wenn sie robust, divergent und zuverlässig sind, ist unter heutigen wirtschaftlichen und gesellschaftlichen Bedingungen schwierig umsetzbar und war es vermutlich schon immer. Die meisten Systeme sind optimiert, und zwar meistens hinsichtlich Kosten und spezifischer Nutzung. Wären wir bereit, für die drei Eigenschaften Robustheit, Divergenz und Zuverlässigkeit einen höheren Preis zu bezahlen?

Der Blick auf die Opfer der Vergangenheit schmerzt an vielen Stellen. Noch mehr aber sollte uns der Blick in die Zukunft schmerzen, wenn wir die Wiederholung von Fehlern erkennen. Im Mittel scheinen wir tatsächlich zu lernen: mehr Menschen leben gesünder, glücklicher und länger. Wie weit diese Aussage in die Zukunft reicht und ob diese Aussage auch nur ansatzweise für die uns umgebende Natur gilt, ist etwas anderes und müsste hinsichtlich der drei oben genannten Eigenschaften geprüft werden.

Das Ziel dieses Buches liegt in nichts anderem, als uns potenzielle Konsequenzen unserer Entscheidungen bewusst zu machen. Wenn wir wissen, dass die größten Risiken und Erfolge für Menschengruppen im Sozialen liegen; dass die größten Risiken für Individuen gesundheitlicher Natur sind; vielleicht erkennen wir dann den Aufwand der Fürsorge für andere Menschen an, so wie er heute in vielen Sozialsystemen versuchsweise umgesetzt wird. Und vielleicht kümmern wir uns mehr um unsere Gesundheit, indem wir uns gesünder ernähren und Sport treiben.

Es gibt den bekannten Spruch, dass fast nichts in der Welt umsonst ist. Diese Aussage ist wohl wahr – vielleicht bis auf die Welt selbst, das Leben, den Sauerstoff in der Luft oder das Tageslicht. Glück und Freude korrelieren über einen bestimmten Einkommensbereich wenig mit großen finanziellen Ressourcen. Das heißt nicht, dass Armut automatisch zu einem schönen Leben führt – diese Aussage ist grotesk. Aber unter der Annahme einigermaßen lebenswerter Bedingungen spielen andere Dinge eine größere Rolle als Geld. Diese Ressourcen für unser Leben zu heben, diese einfachen Regeln umzusetzen, kann viel für unser Leben bedeuten.

Jede Schutzmaßnahme erzeugt frische, neue Risiken. So führte Feuer wahrscheinlich zu einer deutlichen Verbesserung des Lebens der frühen Menschen. In Verbindung mit Häusern waren die Menschen vor meteorologischen und klimatischen Einflüssen, aber auch vor Raubtieren geschützt. Das Feuer stellte aber auch eine Gefahr dar – Häuser konnten abbrennen oder Häuser konnten bei Erdbeben oder Sturm einstürzen und Menschen töten.

Noch verheerender war die Einführung der Dampfmaschine mit dem Dampfkessel im 19. Jahrhundert. Sie war der Motor der industriellen Revolution, die einen bis dahin unvorstellbaren Gewinn an Lebenserwartung mit sich brachte. Dampfmaschinen und damit Dampfkessel waren weitverbreitet. Sie wurden in Schiffen und Fabriken eingesetzt. Allerdings erreichte die weltweite jährliche Opferzahl durch Kesselexplosionen Ende des 19. Jahrhunderts ca. 50.000, die Anzahl der Verletzten durch Dampfkesselexplosionen betrug fast 2 Mio. – pro Jahr (Bamford 2010). Hätte man auf Dampfmaschinen verzichten sollen?

Die gleiche Frage stellt man sich z. B. auch beim Betrieb von Kernreaktoren: soll man Kernreaktoren beim Ausfall bestimmter Hilfssysteme abfahren? Das Abfahren eines Reaktors erzeugt allerdings ein neues Risiko, und dieses neue Risiko kann je nach Anlagezustand größer sein als das erhöhte Risiko im Leistungsbetrieb durch den Ausfall eines Hilfssystems. In bestimmten Fällen sollte man dann, und das tut man auch, den Reaktor eine begrenzte Zeit mit diesem höheren Risiko weiterfahren. Diese Frage taucht in anderer Form immer wieder auf. Abb. 1.1 visualisiert den zeitlichen Risikoverlauf für Kernkraftwerke, zeigt aber zusätzlich noch das Risiko einer Flussquerring mittels Furt und nach der Errichtung einer Brücke, die Risiken von Schutzmaßnahmen gegen Covid-19 oder die Entscheidung, regelmäßig Sport zu treiben. Ein bekanntes Beispiel der Berechnung der Risiken von Schutzmaßnahmen nennen Gaissmaier und Gigerenzer (2012). Sie zeigen, dass durch die Einschränkungen und die Vermeidung des Luftverkehrs nach den Terroranschlägen 2001 die Anzahl der Todesopfer im Straßenverkehr in den USA um ca. 1600 stieg. Die

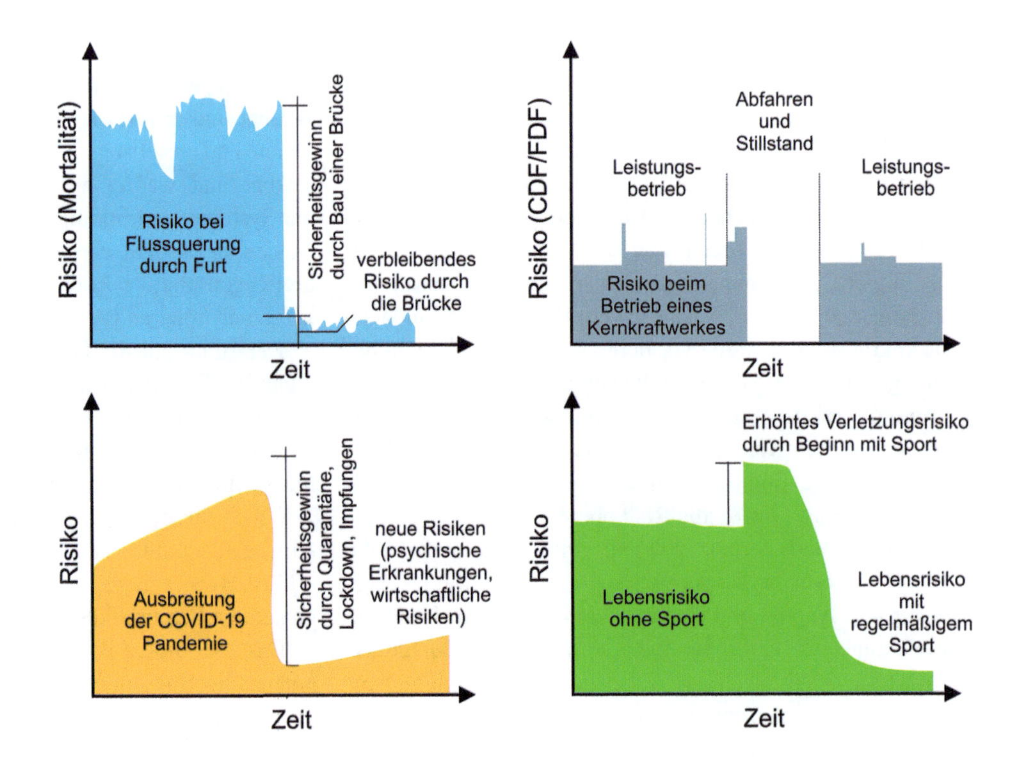

Abb. 1.1 Zeitliche Veränderung eines Risikos für eine Flussquerung über eine Furt bzw. (Nach Errichtung einer Brücke (links oben), für ein Kernkraftwerk im Leistungsbetrieb und beim Abfahren (rechts oben), Umgang mit der Covid-19 Pandemie (links unten) und den Übergang zu einem Leben mit Sport (rechts unten))

Autoren konnten diesen Anstieg sogar regional zuordnen und begründen.

Die konkrete Diskussion der Risiken und der relevanten Prozesse und Ereignisse folgt in den Kap. 2 und 3. Kap. 1 widmet sich sowohl dem Ursprung der Unbestimmtheit, die ein Teil des Konstruktes Risiko ist, als auch der mathematischen und systemischen Zuordnung und der Einführung der Begriffe. Im Kap. 4 wird werden die Grenzen der objektiven bzw. rationalen Risikobewertung durch subjektive Einflüsse diskutiert und im Kap. 5 erfolgt die Einführung der Lebensqualitätsparameter. Während sich Kap. 6 mit juristischen Fragen der Risikobewertung auseinandersetzt, beschreibt Kap. 7 kurz einige Anwendungsbeispiele des Lebensqualitätskonzeptes.

1.2 Begriffe

„So wenig ein Gebäude fertig ist, wenn sein Grund gelegt worden, so wenig ist der erreichte Begriff des Ganzen das Ganze selbst. Wo wir eine Eiche in der Kraft ihres Stammes und in der Ausbreitung ihrer Äste und den Massen ihrer Belaubung zu sehen wünschen, so sind wir nicht zufrieden, wenn uns anstelle dieser eine Eichel gezeigt wird.“

Georg Wilhelm Friedrich Hegel (1807)

1.2.1 Begriffe

Es gibt wahrscheinlich Hunderttausende von Artikeln über Risiken, manche sehr spezifisch, manche allgemein. Die meisten Definitionen des Begriffs Risiko in diesen Beiträgen sind spezifisch für ein Fachgebiet, für eine Krankheit, für eine Investition, für den Ausfall einer Komponente oder einer Anlage. Alle diese Definitionen sind richtig und sie sind zweckmäßig, da jeder Autor das Recht hat, eine eigene Definition zu wählen. Oft tun man das unbewusst, weil man Begriffe basierend auf individueller Erfahrung, und damit ist nicht nur die gesammelte Lebenserfahrung, sondern auch das Lesen von Fachliteratur gemeint, entwickelt. Jemand, der sich 40 Jahre mit technischen Risikobewertungen auseinandergesetzt hat, hat eine andere Vorstellung über den Begriff Risiko als ein Bauer oder ein Landarzt. Ein Bauer hat tatsächlich eine sehr umfassende Vorstellung des Begriffs Risiko, denn meteorologische Einwirkungen gefährdeten die Ernte des Bauern und den wirtschaftlichen Erfolg. Ein Arzt hat eine umfassende Vorstellung, denn viele Krankheiten stellen ein Existenzrisiko für seine Patienten dar. Keine der jeweiligen Vorstellungen und Definitionen ist besser oder schlechter. Eine Gruppe von Menschen muss sich einzig und allein auf eine gemeinsame Definition einigen, denn sie erhöht die Geschwindigkeit des Informationsaustausches enorm.

Die Unsicherheit, die sich aus der Entwicklung von Begriffen und Definitionen ergibt, wird zu einem späteren Zeitpunkt im Buch behandelt (siehe Abschn. 1.2.2.3).

Eines der wissenschaftlichen Fachgebiete, welches sich sehr intensiv mit Definitionen und Begriffen auseinandersetzt, ist die Jurisprudenz (siehe Kap. 6). Dies soll am Beispiel der Definition von Bauwerken gezeigt werden.

Während verschiedene Baunormen Begriffe für sehr spezifische Bauwerke einführen, wie z. B. die Definition, dass Brücken mindestens über eine Spannweite von 2 m verfügen müssen (DIN 1076) oder die Nutzlastgrenze von 5 kN/m^2 beim üblichen Hochbau, wird der Begriff Bauwerk in den Baunormen sehr vage definiert. Der Eurocode stellt z. B. lapidar fest: *„Alles was baulich erstellt wird oder von Bauarbeiten herrührt.“*

Deshalb hat die Jurisprudenz aufgrund verschiedener juristischer Auseinandersetzungen zu Bauwerken und den damit verbundenen juristischen Konsequenzen sehr genaue Definitionen entwickelt. So wird Bauwerk gemäß BGB (2002) definiert: *„als [...] eine mit dem Erdboden fest verbundene Sache, die durch Material und Arbeit [durch Menschen] hergestellt wurde.“* Das Bauwerk wird damit wesentlicher Bestandteil eines Grundstückes, es kann nur unter Beschädigung oder Wesensveränderung wieder vom Grundstück getrennt werden. Eine Definition von baulichen Anlagen findet sich in den deutschen Bauordnungen, z. B. in der SächsBO (2004) in der Form *„Bauliche Anlagen sind mit dem Erdboden verbundene, aus Bauprodukten hergestellte Anlagen.“.*

Wie kann man nun zu guten Begriffen kommen?

1.2.1.1 Terminologie

Ein Begriff umfasst die wesentlichen Merkmale, die zu einer Denkeinheit gehören (vgl. DIN 2330 1979, siehe auch DIN 2342 2011). Das Ziel der Einführung einer Definition ist die Erhöhung der Effizienz der Kommunikation: Erklärungen für Dinge mit gewissen Eigenschaften werden gebündelt und abgekürzt. Um diese Erhöhung der Effizienz zu erreichen, muss sich eine Definition dem Diktat der Kürze unterordnen. Es nützt nichts, wenn eine Definition eines Begriffs mehrere Bücher umfasst. In solch einem Fall spricht man dann auch nicht mehr von einer Definition, sondern von einer Abhandlung. Oft lässt sich dies aber eben nicht vermeiden. Menschen, die viele Jahre in einem Forschungsgebiet tätig waren, fällt es schwer, ein Objekt aus diesem Forschungsbereich in aller Kürze zu definieren, da sie über einen sehr differenzierten Blick verfügen. Hier zeigt sich bereits ein starker Widerspruch innerhalb der Ziele von Definitionen: Sie sollen nicht nur kurz, sondern eben auch wahr, nützlich und fundamental sein. Die gemeinsame Erfüllung dieser Forderungen ist häufig nicht einfach umsetzbar.

Mit diesen Fragestellungen und Problemen befasst sich die Sprachwissenschaft. Innerhalb dieser hat man versucht, den unsichtbaren Aufbau von Definitionen zu ergründen. Dazu seien einige einleitende Bemerkungen hier angebracht.

Der Begriffsumfang beinhaltet alle Objekte, die zu einem Begriff gehören. Begriffe, die die Grundlage von Definitionen bilden, werden untereinander durch semantische Merkmale, kurz Sememe oder Semlisten, abgegrenzt. Die Sememe bilden die Begriffsinhalte, die Phänomene, welche durch Begriffe beschrieben werden. Dazu benutzen sie ein Wortfeld. Allerdings lässt sich eine Begriffsbildung durch Wortfelder nicht immer eindeutig bewerkstelligen. So gibt es Begriffspaare, die von ihren Sememen her Gegensätzliches und Gemeinsamkeiten aufzeigen. (Weber 1999).

Die Begriffsbildung besitzt weiterhin innere und äußere Einflüsse. Als Denotat wird die eigentliche Bedeutung eines Wortes, also die außersprachliche Wirklichkeit, bezeichnet. Subjektive Wirkungen, wie z. B. Gefühle, werden hierbei ausgeschlossen. Im Gegensatz dazu berücksichtigt ein Konnotat neben der eigentlichen Bedeutung eines Wortes auch emotionale Wirkungen. Das Denotat für den Begriff „*Sonne*“ beinhaltet nur das physikalische Objekt, während das Konnotat „*Sonne*“ z. B. auch die wahrgenommene Helligkeit und die hohe Temperatur berücksichtigt. Daneben kennt die Sprachwissenschaft noch die *„Benennung“* oder *„Bezeichnung“* (Abb. 1.2). Eine Bezeichnung ist ein Kode, der auf einen Begriff verweist. Oft gibt es keinen Unterschied zwischen einem Begriff und einer Benennung oder Bezeichnung. Ein Beispiel für eine Bezeichnung ist ein Name. (Weber 1999).

Nun fragt man sich, wozu solche detaillierten Beschreibungen für die Erstellung einer Definition notwendig sind. Eines der Ziele der Sprachtheorie ist z. B. die zukünftige Maschinenlesbarkeit des Internets, das so genannte Semantische Web. Ein bedeutendes Forschungsprojekt dazu hatte den gelungenen Namen „*WonderWeb*“. Solche technischen Systeme, die richtige Verbindungen zwischen Begriffen erstellen müssen und damit die Sprache verstehen könnten, wären in der Zukunft Grundlage für elektronische Entscheidungs-, Wissensmanagementsysteme und damit auch Risikobewertungen.

Wie sieht eine technische Umsetzung aus? Nach Stabinger (2018) kann man im begrenzten Umfang mit Wordvektoren semantisch rechnen. Solch ein Vektorenraum ist für verschiedene Begriffe mit den semantisch sinnvollen Eigenschaften Geschlecht und Alter in Abb. 1.3 dargestellt.

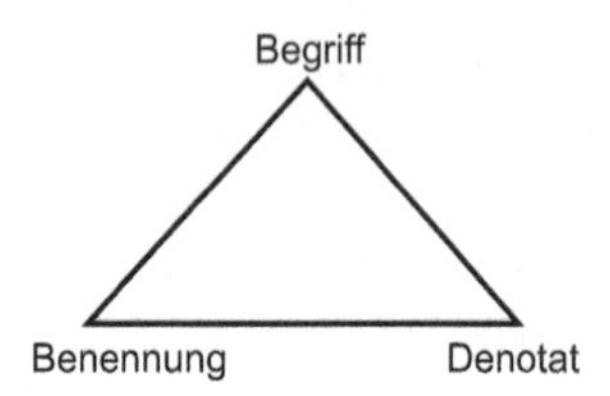

Abb. 1.2 Beziehung zwischen Begriff, Benennung und Denotat (Weber 1999)

1.2.1.2 Taxonomie

Taxonomien sind Klassifizierungen von Entitäten hinsichtlich verschiedener Eigenschaften. Solche Klassifizierungen gibt es in vielen Naturwissenschaften, z. B. in der Biologie (dort z. B. Domäne, Reich, Unterreich, Abteilung und Stamm, Klasse, Unterklasse, Ordnung, Familie, Gattung und Art). Abb. 1.4 zeigt ein Beispiel aus der Physik. Verschiedene Taxonomien werden in diesem Buch z. B. für Risken bzw. Katastrophen diskutiert.

1.2.1.3 Ontologie

Die Ontologie ist eine Teildisziplin der Philosophie und befasst sicht mit der Einteilung von Entitäten aller Art. Entitäten bezeichnen sowohl reale Dinge als auch Eigenschaften oder Beziehungen.

Aufgrund der Systematisierung von Entitäten besteht ein enger Zusammenhang mit der Definition von Begriffen, die über Eigenschaften bzw. Systematisierungen erfolgt.

Die Ontologie hat insbesondere mit der steigenden Bedeutung des maschinellen Lernens und der Künstlichen Intelligenz in der Informatik an Bedeutung gewonnen. Bereits

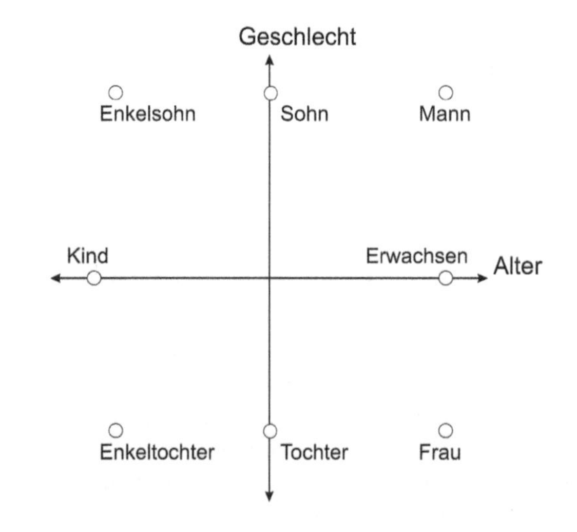

Abb. 1.3 Rechnen mit Wordvektoren (Stabinger 2018)

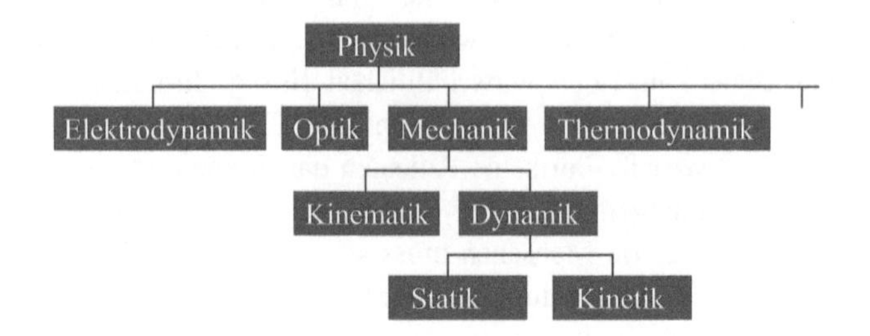

Abb. 1.4 Einordnung der Statik innerhalb der Physik (Proske 2021)

Abb. 1.3 zeigt die formelle Darstellung von Begriffen und Beziehungen zwischen den Begriffen. Solche Begriffsdefinitionen und Beziehungen können heute in einer Software, z. B. Protégé, programmtechnisch umgesetzt werden (Musen 2015).

1.2.2 Unbestimmtheit

1.2.2.1 Einleitung

„Unsicherheit ist die dem Betrachter bewusste Abweichung des Modells von der Realität." K. C. Ranze (Kruse 1994).

„Wesentliche Teile unserer Kultur bestehen aus Abwehrzauber zur Bewältigung der Unsicherheit." Verfasser unbekannt.

Die Quantität und die Qualität wissenschaftlicher Modelle zur Beschreibung von Ereignissen und Prozessen in der uns umgebenden Welt haben in den letzten Jahrhunderten ungeheure Fortschritte erfahren. Durch diese Modelle hat das Verständnis der Welt außerordentlich zugenommen und die Anwendung dieser Modelle für zielgerichtete Handlungen haben zu deutlich wahrnehmbaren Umwälzungen in der gesamten Biosphäre, der Atmosphäre, der Soziosphäre, der Technosphäre und im erdnahen Raum geführt.

Trotz dieser Verständnisfortschritte bleibt die vollständige Vorhersage der Zukunft auch heute unmöglich. Dabei schwankt das Maß der Unbestimmtheit in den Aussagen über die Zukunft zwischen den verschiedenen Fachgebieten und Fragestellungen.

So wird auf der einen Seite die verbleibende Lebensdauer der Sonne mit mehreren Milliarden Jahren angegeben; auf der anderen Seite sind wir nicht in der Lage, den Ausgang eines Roulettespieles über einen Zeitraum von wenigen Sekunden vorherzusagen (McCauley 2000). Während wir in der Mechanik über die Newtonsche Gesetze verfügen, kennen wir keine derartigen Gesetze für die Beschreibung von Kräften in menschlichen Gesellschaften. So ist die Menschheit beispielsweise nicht in der Lage, verlässliche Wirtschaftsprognosen für verschiedene Gebiete oder Länder für einen Zeitraum von mehreren Jahren zu erstellen. Dies haben die letzten Jahre und Jahrzehnte sehr schön belegt.

Die Wahrnehmung und Erfassung von Unbestimmtheit wird durch die Interaktion der verschiedenen Wissenschaftsgebieten beeinflusst. So kann man auf Basis der historischen Klimatologie das Wetter über Jahrhunderte beschreiben (Pfister 1999). Diese Beschreibungen beinhalten aber Unsicherheiten, die dazu führen können, dass die Aussagen über die zeitlichen Veränderungen eine größere Unsicherheit aufweisen, also die Aussagen ohne die Berücksichtigung dieser historischen Daten. Das erscheint zunächst einmal wenig hilfreich, ist aber ein Grund, warum viele neue wissenschaftliche Untersuchungen einen erheblichen Aufwand zur Bewertung der Unbestimmtheit der Modelle verwenden, z. B. im Bereich der Klimatologie oder der Seismik.

Darüber hinaus können soziale Entwicklungen zusätzliche Unbestimmtheiten in Modellrechnungen anderer Fachgebiete eintragen. So haben sich in den letzten Jahrzehnten die Fahrzeugflotten der Personenkraftfahrzeuge hin zu schweren und größeren Fahrzeugen entwickelt (Schmidt 2011). Solche Entwicklungen waren in den Lastannahmen für Parkhäuser nicht vorgesehen. Das heißt, die eigentlich klare Beschreibung des mechanischen Systems Tragwerk erfährt durch gesellschaftliche Veränderungen eine zusätzliche Unbestimmtheit. Dies reicht bei der Frage der Parkhäuser noch weiter, da sich städtebauliche Veränderungen auf die Nutzung der Parkhäuser auswirken. Diese Veränderung der Nutzung, z. B. eines Parkhauses für ein Fußballstadium oder für ein Einkaufsgebiet, führt zu unterschiedlichen Lastannahmen (JCSS 2001, siehe Tab. 1.1), kann aber bei der Planung durch den Ingenieur gar nicht berücksichtigt werden.

Auch veränderte Wahrnehmungen der Sicherheit in der Gesellschaft können zu erheblichen Veränderungen führen. So wurden in Deutschland bekanntlich nach den Ereignissen in Fukushima acht Kernkraftwerke stillgelegt. Diese Entscheidung basierte überwiegend auf der subjektiven Wahrnehmung der Sicherheit, nicht auf veränderten objektiven Bedingungen. Die subjektive Wahrnehmung führt dann aber zu Veränderungen der Realität.

Tab. 1.1 Typische zeitliche Fluktuationen in Parkhäusern (JCSS 2001)

Lage des Parkhauses	Nutztage pro Jahr	Nutzungsstunden pro Tag	Mittlere Aufenthaltsdauer in Stunden	Anzahl Fahrzeuge pro Tag pro Stellplatz
Einkaufsgebiet	312	4–8	2,4	3,2
Bahnhof und Flughafen	30	14–18	10–14	1,3
Versammlungsort	50–150	2,5	2,5	1,0
Büro- und Fabrikgebäude	260	8–12	8–12	1,0
Wohngebiete	360	17	8	2,1

Im folgenden Abschnitt wird ein universellerer Blick auf Fragen der Unbestimmtheit, der Komplexität und allgemein der Systeme geworfen, der über die üblichen Fragestellungen der Ingenieure und Wissenschaftler hinausgeht.

1.2.2.2 Definition der Unbestimmtheit

Unbestimmtheit ist nahezu jederzeit im Alltag beobachtbar. Ob wir einkaufen gehen und der gewünschte Laden wegen Krankheit geschlossen ist, ob die geplante Autofahrt durch einen Stau verzögert wird oder ob wir zum Urlaub in den Süden fahren und uns dort trotzdem schlechtes Wetter überrascht.

Der Umgang mit der Unbestimmtheit begleitet die Menschheit von Anbeginn. Der Übergang zur agrarischen Zivilisation, der mit einer erheblichen Ausweitung des Arbeitsaufwandes und der Arbeitszeit einherging, führte neben der Erhöhung der Nahrungsmenge zu einer deutlichen Verbesserung der Versorgungssicherheit und damit zu einer Zurückdrängung der Unbestimmtheit. Das gleiche gilt für die Erfindung des Hauses oder die Anwendung des Feuers. Alle diese Verbesserungen führten auch zu einer deutlichen Planungssicherheit und damit zu einer Daseinsvorsorge.

Neben der planerischen Handlung zur objektiven Verringerung der Unbestimmtheit existiert auch noch eine zweite, seit mehreren tausend Jahren sehr erfolgreich verwendete Technik zum Umgang mit Unbestimmtheit: der Gottesglaube. Über Jahrhunderte haben Menschen Gottes Beistand vor Schlachten gesucht und noch heute werden in verschiedenen Ländern Bauwerke gesegnet. Orakel und Priester als Ratgeber sollten vor wenigen tausend Jahren und sollen noch heute bei Entscheidungen unter Unbestimmtheit helfen. Wie wir im Abschnitt Sicherheit sehen werden, wird Sicherheit, ein Gegenteil der Unsicherheit und wiederum eine Untergruppe der Unbestimmtheit, maßgeblich von den verfügbaren Ressourcen geprägt. Ein Gott oder ein Superheld haben praktisch unendliche Ressourcen und exportieren bei einer Interessensübereinstimmung zwischen Menschen und Gott einen Teil dieser Ressourcen ideell, so dass sich der Mensch sicherer fühlt und die subjektiv wahrgenommen Unbestimmtheit sinkt.

Eine der frühesten philosophischen Betrachtungen zur Unbestimmtheit stellt die Geschichte von Buridans Esel dar (Schlichting 1999). Diese Geschichte beschreibt einen hungrigen Esel, der sich exakt zwischen zwei identischen Heuhaufen befindet. Abb. 1.5 zeigt diesen Sachverhalt vereinfacht. Die Frage, die sich daraus ergibt: für welchen Heuhaufen wird sich der Esel entscheiden und warum. Sollte es einen beliebigen äußeren Einfluss auf den Esel geben, so sollten wir in der Lage sein, diesen Einfluss zu erkennen und auszuschließen, z. B. den Sonnenstand, die Windrichtung, das Aussehen der Heuhaufen etc. Irgendwann sind alle Faktoren ausgeschlossen. Wir können mit an

Abb. 1.5 Buridan's Esel (Schlichting 1999), aus Gründen der Vereinfachung wurden Orangen anstelle von Heu gezeichnet

Sicherheit grenzender Wahrscheinlichkeit davon ausgehen, dass der Esel trotzdem nicht verhungern wird, sondern sich aufgrund winziger Unterschiede für eine Seite entscheidet. Das Beispiel soll verdeutlichen, dass sehr kleine Unterschiede zu einer großen Veränderung führen können.

Das zweite Beispiel ist das sogenannte chaotische Wasserrad. Abb. 1.6 zeigt ein solches Wasserrad. An dem Wasserrad befinden sich Becken, die kontinuierlich von oben mit Wasser aufgefüllt werden. Die Becken besitzen jedoch auch einen Auslauf. Am Anfang ist das Wasserrad

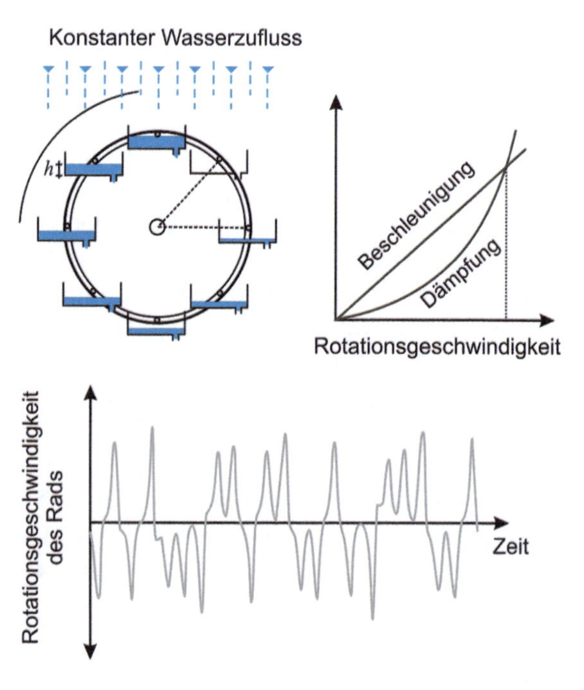

Abb. 1.6 Chaotisches Wasserrad: Die Figur links oben zeigt das System, die Figure rechts oben zeigt die Funktionen für Beschleunigung und Dämpfung und die Figur unten zeigt die Drehgeschwindigkeit über die Zeit (Schlichting 1999)

in einer stabilen Lage. Die Becken werden kontinuierlich mit Wasser gefüllt, und ein Teil des Wassers fließt wieder aus den Becken heraus. Je mehr die Becken mit Wasser gefüllt werden, umso stärker beeinflussen sie die Drehung des Rades. Ab einem bestimmten Punkt wird eine sehr kleine Abweichung des Gleichgewichtes dazu führen, dass sich das Rad zu drehen beginnt. Ist das Rad im Bereich von Zentimetern oder Millimetern ausbalanciert, so ist es nicht ausbalanciert im Bereich von Nanometern. Der Aufwand, um ein vollständig ausbalanciertes Rad zu produzieren, steigt exponentiell. Man könnte auch von Skalenkaskaden sprechen: Mikroskopische Unterschiede beeinflussen das makroskopische Verhalten.

Ein drittes Beispiel ist überraschender Weise unser Sonnensystem. Zunächst sei völlig willkürlich angenommen, dass im Sonnensystem ca. 100.000 Körper (Sonne, Planeten, Monde, Planetoiden, Asteroiden etc.) existieren. Dieser Zustand ist in Abb. 1.7 rechts vereinfacht dargestellt. Um das Verhalten dieser Körper zu beschreiben, wären circa $10^{30.000}$ Gleichungen zu lösen. Als Newton sein Gravitationsgesetz erstellte, vernachlässigte er zunächst alle „kleinen Körper". So benötigt man nur noch ca. 1000 Gleichungen. Während der Zeit Newtons war die Lösung eines solchen Gleichungssystems unmöglich. Deshalb suchte er weitere Vereinfachungen. Newton verwendete weiterhin das Superpositionsprinzip. Die Körper können allein paarweise betrachtet werden: Mond und Erde, Erde und Sonne, Mars und Sonne etc. Dadurch verringerte Newton die Anzahl der Gleichungen auf ca. 45. Da die Sonne, die mit Abstand die dominierende Masse im Sonnensystem ist, vernachlässigte er alle Gleichungen, die nicht die Sonne enthielten, z. B. Mond und Erde. Die noch existierenden wenigen Gleichungen wurden dadurch gelöst, dass Newton jetzt jede Gleichung für sich betrachtete.

Die Lösung Newtons ist in der Tat korrekt, sie beschreibt aber nicht unser Sonnensystem. Dazu ein Zitat über den Astronomen Shoemaker, der sich mit der Entdeckung von Asteroiden befasste: *„In seiner Vorstellung war das Sonnensystem nicht der ewige, unveränderliche Mechanismus, den Isaac Newton gesehen hatte, sondern eher ein kosmisches Karnevalstreiben: eine dynamische, sich ständig verändernde Trümmerwolke, filigranartig durchsetzt mit Granatsplittern, voll von Materiebrocken, die zu Ellipsen und Schleifen geformt werden, außerdem lange, chaotisch schwingende Umlaufbahnen, auf denen überall Geschosse umherirren – Planetoiden, die hin und wieder auf einen Planeten aufprallen und eine starke Explosion verursachen. … Da draußen ist eine Herde von wilden Tieren."* (Preston 2003).

Die so klar erscheinende Lösung Newtons behandelt also nur die wichtigsten Teilnehmer im Sonnensystem, für die überwiegende Anzahl der Elemente im Sonnensystem herrscht zu wesentlichen Teilen Unbestimmtheit, die nur durch Beobachtung kontrolliert werden kann. (Weinberg 1975).

Diese Erkenntnisse gelten nicht nur in der reinen Physik oder der Philosophie. Im Folgenden zeigt ein Zitat des Genforschers Lewis Thomas als viertes Beispiel, dass diese Fragestellung auch in anderen Fachgebieten auftritt: *„Angenommen, man will einen prominenten, besonders erfolgreichen Diplomaten klonieren […] Dazu muss man ihm eine Zelle entnehmen. Dann muss man die Embryonalentwicklung abwarten und mindestens noch weitere 40 Jahre […] Außerdem muss man seine Umwelt rekonstruieren, vielleicht bis ins letzte Detail. Umwelt ist ein Begriff, der praktisch Mitmenschen bedeutet, sodass man also sehr viel mehr Menschen klonieren muss als nur den Diplomaten selbst […] Was das Wort Umwelt wirklich bedeutet, sind andere Menschen, […] die dichte Menge von nahestehenden Leuten, die einen Menschen ansprechen, ihm zuhören, ihn anlächeln oder finster anblicken, ihm geben oder vorenthalten, ihm heimlich oder offen stoßen, ihn liebkosen oder verdreschen. Unabhängig vom Informationsgehalt des Genoms haben diese Leute eine Menge mit der Formung des Charakters zu tun. Ja, wenn man nur das Genom hätte*

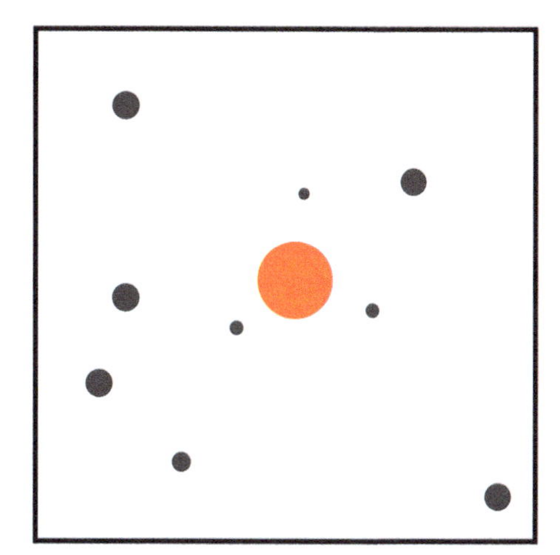

Abb. 1.7 Vereinfachung des Sonnensystems (links) bei Vernachlässigung kleinerer Elemente (rechts) (Weinberg 1975)

und keine Leute drum herum, dann würde man nur ein bestimmtes Wirbeltier aufziehen, mehr nicht. Zunächst müsste man natürlich die Eltern klonieren […] Deren Eltern natürlich auch […] Die ganze Familie muss kloniert werden […] Und die Mitmenschen aller Familienangehörigen. Man muss die ganze Welt klonieren, nicht weniger." (Geissler 1991).

Es gibt also auch hier wieder eine Vielzahl kleinster, unbedeutendster und geringster Faktoren, die das Ergebnis maßgeblich beeinflussen können und die klassischen und robusten Verbindungen von Ursache und Wirkung aufheben. Abb. 1.8 zeigt diese Art der Verbindung, wobei das Bild rechts zeigen soll, dass kleine Änderungen sofort große Auswirkungen auf das Ergebnis besitzen. Die Kontrolle dieser kleinen Faktoren ist praktisch unmöglich und Unbestimmtheit wird verbleiben.

Diese vier Beispiele zeigen: Unsicherheit und Unbestimmtheit sind maßgebliche Eigenschaften unserer Welt. Die Menschheit ist heute und wird vermutlich auf absehbare Zeit nicht in der Lage sein, den Zustand der Welt von morgen vollständig vorherzusagen. Da der Begriff der Unsicherheit eine etwas andere Bedeutung als der Begriff der Unbestimmtheit hat, nämlich die wahrgenommene Unsicherheit von und bei Menschen, wird in diesem Abschnitt nur der Begriff der Unbestimmtheit für die begrenzte Fähigkeit der Prognose verwendet. Andere Inhalte des Begriffs der Unbestimmtheit, wie die statische Unbestimmtheit, spielen in diesem Kapitel keine Rolle.

Verschiedene Untergruppen der Unbestimmtheit besitzen eigene Definitionen. So spricht man von Unkenntnis bei einem nicht wahrgenommenen Wissensmangel. Ungewissheit hingegen besteht bei einem bewussten Mangel an Wissen. Ungewissheit lässt sich in verschiedene Arten unterscheiden. (Klir und Folger 1998)

- Nicht-Spezifität: eine Ungewissheit über die Bedeutung einer mehrdeutigen Aussage bzw. eines Zustands (Mangel an Informationsgehalt),
- Unschärfe: die Ungewissheit über die Bestimmtheit eines Grades (Mangel an Genauigkeit),
- Dissonanz: die Ungewissheit bei der Auswahl verschiedener Alternativen (Mangel einer Entscheidung),
- Verwirrung: die Ungewissheit, bei der nicht klar ist, worum es überhaupt geht (Mangel an Verständnis)

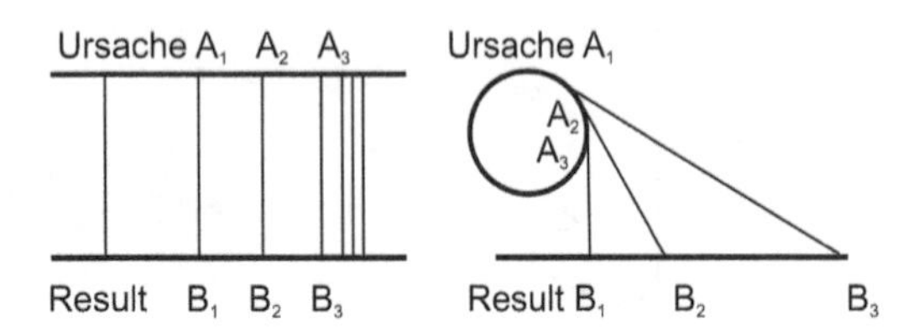

Abb. 1.8 Verhältnis von Ursache und Wirkung in linearen (links) und chaotischen Systemen (rechts)

Bezieht man diese Unsicherheiten beispielsweise auf die Punktergebnisse bei einer Prüfung, so kann man die Ungewissheiten folgenden Fragen zuordnen:

- Liegt das Ergebnis im oberen, mittleren oder unteren Drittel aller Testteilnehmer (Nicht-Spezifität)?
- Wie genau ist die subjektive Einschätzung der eigenen Punktzahl?
- Hat die Person den Test bestanden oder nicht (Dissonanz)?
- Ach, es gab Punkte? Was für ein Test (Verwirrung)?

Eine andere Form der Einteilung findet sich bei Nielsen et al. (2019):

- Die Information ist relevant und genau.
- Die Information ist relevant, aber ungenau.
- Die Information ist irrelevant.
- Die Information ist relevant, aber unwahr.
- Der Informationsfluss ist unterbrochen oder verzögert.

Die Statistik und Wahrscheinlichkeitsrechnung behandeln nur eine Form der Ungewissheit, nämlich die Dissonanz. Im Gegensatz dazu kann Fuzzy-Logik auch andere Formen der Ungewissheit beschreiben.

Beim ersten Typ nach Klir und Folger (1998) fehlt eine klare Definition eines Begriffs, während der zweite Typ die Unsicherheit eines subjektiven Urteils berücksichtigt. Der dritte Typ beinhaltet die Frage, ob etwas passieren wird oder nicht. Ursprünglich wurden Statistik und Wahrscheinlichkeit nur für diese Art der Unbestimmtheit eingeführt. Glücklicherweise wurde die Definition der Wahrscheinlichkeit später erweitert, um subjektive Elemente zu berücksichtigen. Dies kann mittels Bayes Theorem erfolgen. Der vierte Typ berücksichtigt Fälle von Unverständnis.

Wenn Menschen Unbestimmtheit erkennen und wahrnehmen, versuchen sie, diese äußere Unbestimmtheit bis zu einem gewissen Grad zu verringern und aus ihrem Leben zu drängen. Dies kann z. B. durch Schutzmaßnahmen erfolgen und damit sichtbar gemacht werden. Der Mensch akzeptiert eine innere Unbestimmtheit nicht nur, er scheint sie sogar zu brauchen, wie in Abb. 1.9 gezeigt wird.

Die innere Unbestimmtheit des Menschen entspricht seinen Möglichkeiten, seinen Chancen und Freiheiten. Die äußere Unbestimmtheit in der Umwelt steht konträr dazu. Im Falle von Angst oder in Notsituationen verschwindet die innere Unbestimmtheit und die äußere Unbestimmtheit steigt. Menschen sind dann allein von äußeren Umständen abhängig oder haben nicht die Möglichkeit, frei Entscheidungen zu treffen. Insbesondere bei der Risikoakzeptanz wird diese innere Unbestimmtheit sichtbar.

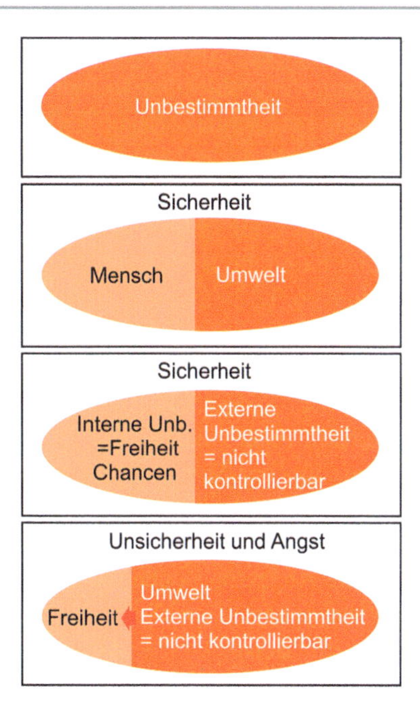

Abb. 1.9 Darstellung interner (Mensch) und externer Unbestimmtheit (Umwelt)

Menschen neigen dazu, eine höhere äußere Unbestimmtheit zu akzeptieren, wenn sie mit einer zusätzlichen inneren Unbestimmtheit bezahlt werden. Die innere Unbestimmtheit bedeutet nicht, dass die Menschen unter unsicheren Bedingungen leben (externe Unbestimmtheit). Innere Unbestimmtheit wird auch in Fällen von Macht deutlich sichtbar, wo ein Mensch je nach individueller Präferenz und aktueller Stimmung entscheiden kann. Diese Thesen passen sehr gut in Heinz von Försters ethischem Imperativ: *„Entscheide immer so, dass sich die Möglichkeiten erweitern.“*. (von Förster 1993).

1.2.2.3 Unbestimmtheit der Sprache

Die Unbestimmtheit von Begriffen kann eine Form der Unbestimmtheit sein (Keefe und Smith 1997; Edgington 1999; Smith 2001). Man spricht hier gelegentlich von Verschwommenheit oder lexikalischer Unbestimmtheit. Wenn die folgenden Eigenschaften eines Begriffs erfüllt sind, kann er zumindest teilweise als unbestimmt angesehen werden:

- Der Begriff benötigt eine Abgrenzung,
- die Abgrenzung gelingt nur teilweise und
- der Begriff ist anfällig für Sorites Paradox.

Sorites Paradox ist letztendlich die Zusammenfassung der Punkte 1 und 2. Es beschreibt den unscharfen Übergang von Definitionen und Objekten an einem einfachen Beispiel. Als Beispiel wird hier die Definition einer Regenwolke herangezogen. Zunächst nimmt man an, dass eine Regenwolke aus einer Vielzahl von Wassertropfen besteht (siehe Abb. 1.10). Wenn man nur einen Regentropfen entfernt, bleibt das Objekt erhalten und die Definition bleibt gültig: die Regenwolke ist immer noch eine Regenwolke. Entfernt man aber sehr, sehr viele Regentropfen, so verschwindet allmählich das Objekt Regenwolke und es bleibt eine Ansammlung von Regentropfen übrig. Der Übergang von der Regenwolke zur Ansammlung von Regentropfen ist verschwommen. Diese Problematik der Abgrenzung findet sich auch bei anderen Objekten und Entitäten.

Die Wahl der Grenzen für eine Menge steht in direktem Zusammenhang mit dem Umfang der Ungewissheit oder Gewissheit über die Menge. Unter einer Menge versteht man gemäß Cantor (Pawlak 2004): *„Unter einer Mannigfaltigkeit oder Menge verstehe ich nämlich allgemein jedes Viele, welches sich als eines denken lässt, d. h. jeden Inbegriff bestimmter Elemente, welcher durch ein Gesetz zu einem Ganzen verbunden werden kann.“* Sehr deutlich werden hier die Verbindungen zum „Begriff“.

Genau solche Situationen sind jedoch in Sprachen häufig anzutreffen und sollten daher in diesem Abschnitt kurz diskutiert werden. Das Hauptziel der Sprache ist die verdichtete Übermittlung von Informationen. Mithilfe verschiedener Elemente der Sprache kann man die Art und Weise der Informationsübermittlung gestalten. Die

Abb. 1.10 Sorites Paradox dargestellt an einer Regenwolke.

verwendeten Sprachobjekte entsprechen jedoch niemals den realen Objekten. Hegel beschrieb das einmal sehr schön: *„Ein Gebäude ist nicht fertig, wenn sein Fundament gelegt wird; und ebenso wenig ist die Verwirklichung einer allgemeinen Vorstellung von einem Ganzen das Ganze selbst. Wenn wir eine Eiche mit all ihrer Stammkraft, ihren ausladenden Ästen und ihrer Masse an Laubwerk sehen wollen, geben wir uns nicht damit zufrieden, stattdessen eine Eichel gezeigt zu bekommen.“* (Schulz 1975).

Abb. 1.11 versucht, die Bedeutungsqualität eines Wortes oder eines Begriffs in Abhängigkeiten von der Erfüllung von Eigenschaften zu zeigen. Auf dem Berggipfel passt der Begriff sehr gut zu den Eigenschaften, aber je mehr man sich den Rändern nähert, desto weniger ist der Begriff zur Beschreibung der Eigenschaften geeignet. Einige der Berghänge sind sehr scharfkantig und es gibt eine deutliche Grenze für die Eignung des Begriffs, aber einige der Hänge haben eine flache Neigung, und es ist schwierig zu entscheiden, ob der Begriff noch angemessen ist oder nicht. Genau dies ist der Bereich Sorites Paradox (Riedl 2000).

Ein sehr schönes Beispiel dafür ist die Aussage in Anderson (1972): *„The rich are different from us. Yes, they have more money.“*.

Diese Grenzen sind aber zeitlich variabel. Wie bereits erwähnt, das Ziel der Einführung von Begriffen ist die Erhöhung der Kommunikationsgeschwindigkeit und des Informationsflusses. Eine Definition ist die Zuordnung von Inhalten zu einem Begriff. Darum enthält ein Begriff alle Eigenschaften, die zu einer Denkeinheit (DIN 2330) gehören. Die Definition eines Begriffs sollte wahr, nützlich und grundlegend sein. Jedoch umfasst jeder Begriff objektive (Denotation) und subjektive Teile (Abb. 1.2). Mit dem Beginn des Erlernens der Sprache durch subjektive Beurteilung nimmt auch der objektive Teil zu. Dies lässt sich bei Kindern leicht beobachten (Kegel 2006; Wulf 2003). Wittgenstein (1998) hat es so formuliert: *„Die Grenzen meiner Sprache bedeuten die Grenzen meiner Welt.“*. Je größer das Wissen über die Welt, umso differenzierter wird die Sprache. Eine mögliche Beziehung zwischen Begriffen und Wissen ist in Abb. 1.12 dargestellt. In dieser Abbildung wird die Ausdehnung eines Symbols oder Zeichens in Richtung Wissen verwendet, was zeigt, dass erste Annahmen erforderlich sind.

Wenn das zutrifft, dann sind Begriffe, Definitionen und die Sprache selbst mit der Menge an individuellem (ontogenetischem) und sozialem (phylogenetischem) Wissen korreliert. Da es keine absolut wahre Bedeutung von Begriffen gibt, ist die Anpassung unbegrenzt. Dies kann man beobachten, wenn junge Menschen die Bedeutung von Wörtern ändern. Ein Beispiel für die Unbestimmtheit von Wörtern ist der, in Tab. 1.2 gezeigte Dialog zwischen einem Fahrer und seinem Beifahrer (rechts) und die logische Argumentation links:

Die meisten wissenschaftlichen Bücher oder Abhandlungen beginnen mit der Einführung der Begriffe. Dies ist eine allgemeine Voraussetzung, um eine angemessene wissenschaftliche Diskussion zu ermöglichen. Wenn Menschen ein anderes Verständnis von Begriffen haben, und keine Homogenisierung der Begriffe erfolgt, wird sich keine erfolgreiche Fachdiskussion entwickeln (Abb. 1.13). Auch wenn dieses Buch dem Ansatz der Einführung der Begriffe folgt, so wird hier auch die Unschärfe der Begriffe hervorgehoben.

Wenn die Unbestimmtheit oder Unschärfe der Begriffe bekannt ist, gibt es dann eine Möglichkeit, diese zu entfernen?

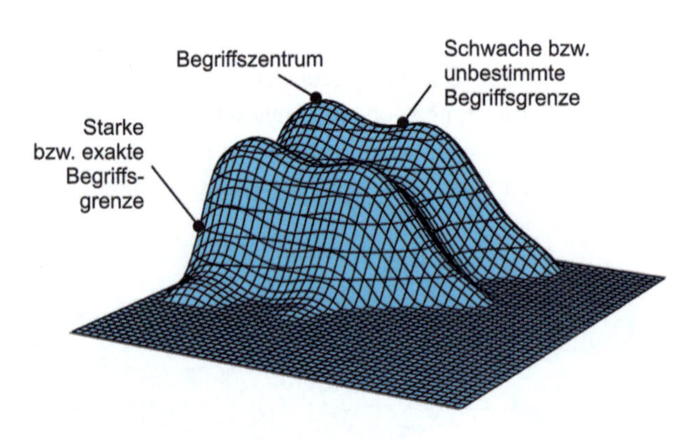

Abb. 1.11 Begriffslandschaft (Riedl 2000)

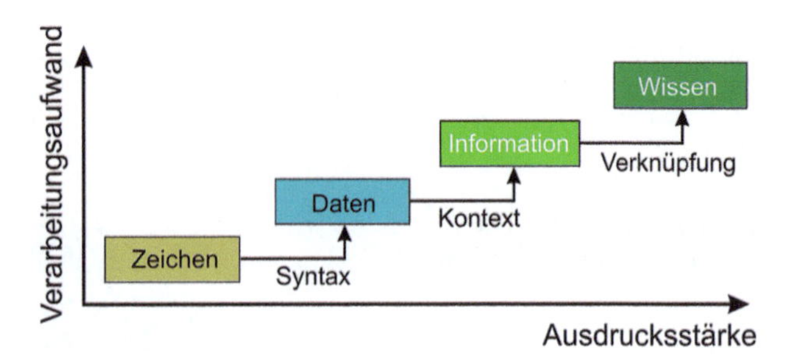

Abb. 1.12 Wissensbegriff

Tab. 1.2 Zwei Beispiele für die Unbestimmtheit der Sprache

① Beispiel	② Beispiel
Kinderarbeit ist verboten Jeder Mensch ist das Kind seiner Eltern Ergo: Kein Mensch darf arbeiten	Gespräch zwischen Fahrer und Beifahrer Fahrer: Do I have to turn left? Beifahrer: Right! (heißt richtig und rechts)

Abb. 1.13 Sind das drei oder vier Äpfel? Das hängt von der Definition ab, hier z. B. mit der Erfüllung eines Mindestdurchmessers als Kreis dargestellt.

Kinder und damit Menschen erlernen die Sprache zunächst rein von der emotionalen Bedeutung. Die Wiederholung eines Wortes erfolgt aus einer Situation heraus, ohne zunächst den Inhalt des Wortes zu kennen (kontextbezogenes Handeln). Der Mensch kann versuchen, diese emotionale Bedeutung im Laufe seines Lebens zurückzudrängen, er wird aber eine vollständige Loslösung der Begriffe nicht erreichen. Er ist aber geprägt durch seine Erfahrungswelt. Menschen sind niemals objektiv (Selbst Wissenschaftler, auch wenn sie es verzweifelt versuchen). Daher kann eine gesprochene und geschriebene Sprache niemals vollständig objektiv sein.

Auch die Entwicklung einer absolut objektiven Sprache unabhängig vom Menschen ist bisher nicht gelungen. Die Bedeutung von Begriffen, Definitionen und Worten ist veränderlich, da die Welt und mit ihr die Menschen veränderlich sind. Man denke nur an die Bedeutung des Begriffs Computer vor 100 Jahren und heute. Auch die Computersprachen, also absolute Sprachen, unterliegen einer erheblichen Weiterentwicklung, um sich an neue Anwendungsbedingungen anzupassen. Für die Menschen sind die Pidgin- oder Kreolsprachen ein Beispiel für die Entstehung und dem Vergehen von Begriffen und Sprachen.

Gottlob Frege, einer der Gründer der modernen Logiktheorie, schrieb 1893 über die aus Sicht der Logik und Mathematik notwendigen Voraussetzungen an Begriffe und fasst damit die Überlegungen zusammen (Pawlak 2004): „*Ein Begriff muss scharf eingegrenzt sein. Einem unscharf begrenzten Begriff würde ein Bezirk entsprechen, der nicht überall scharfe Grenzlinien hätte, sondern stellenweise ganz verschwimmend in die Umgebung überginge. Das wäre eigentlich gar kein Bezirk; und so wird ein unscharf definierter Begriff mit Unrecht Begriff genannt. Solche begriffsartigen Bildungen kann die Logik nicht als Begriffe anerkennen; es ist unmöglich, von ihnen genaue Gesetze aufzustellen. Das Gesetz des ausgeschlossenen Dritten ist ja eigentlich nur in anderer Form die Forderung, dass der Begriff scharf begrenzt sei. Ein beliebiger Gegenstand x fällt entweder unter den Begriff y, oder er fällt nicht unter ihn: tertium non datur.*“.

1.2.2.4 Unbestimmtheit in der Mathematik und Philosophie

Dies wirft die Frage auf, ob die Mathematik alle Probleme unter Vernachlässigung der Unbestimmtheit der Randbedingungen lösen kann oder nicht. Hier taucht allerdings ein neues Problem auf. Selbst mit allen theoretisch bekannten mathematischen Verfahren könnten nicht alle Fragestellungen für reale Bedingungen gelöst werden.

Prinzipiell ist das Konzept der Wahrheit in den Wissenschaften nicht erfolgreich. Man kann sich aus wissenschaftlicher Sicht der Wahrheit nur asymptotisch nähern, man kann sie nicht erreichen (Bavink 1944). Trotzdem soll hier im Folgenden auf verschiedene Wahrheitskonzepte eingegangen werden.

Nach Nielsen et al. (2019) wird die Wahrheitsfindung in allen fünf Bereichen der Philosophie, also der Ontologie, der Epistemologie, der Logik, der Phänomenologie und Ethik behandelt. Jeder dieser Bereiche beantwortet unterschiedliche Aspekte der Wahrheit. So versucht die Ontologie die Frage zu beantworten, was in der Realität existiert, die Epistemologie befasst sich mit der Frage, was wir wissen können und wie das Wissen erworben werden kann und die Logik befasst sich mit der Frage, wie die Wahrheit validiert werden kann. (Nielsen et al. 2019).

Nielsen et al. (2019) ordnet diese Teile der Philosophie bestimmten Perioden in der menschlichen Entwicklung zu. So gehen sie davon aus, dass die klassische Philosophie mit Platon und Aristoteles sich im Wesentlichen mit der Ontologie und der Ethik befasste. Die Philosophie der Renaissance mit Descartes und Hume fokussierte auf die Epistemologie. Das 19. und Anfang 20. Jahrhundert mit Russel und Wittgenstein befasste sich überwiegend mit der Logik. Das 20. Jahrhundert war aber überwiegend durch die Phänomenologie geprägt (Husserl, Heidegger).

Die sogenannte praktisch berechenbare Wahrheit in der Mathematik wurde als eine Untermenge der mathematischen Wahrheit, der entscheidbaren Wahrheit und der berechenbaren Wahrheit, eingeführt (Abb. 1.14). Die praktisch berechenbare Wahrheit kann weiter nach verschiedenen Arten von mathematischen Problemen unterteilt werden (Abb. 1.15). (Barrow 1998).

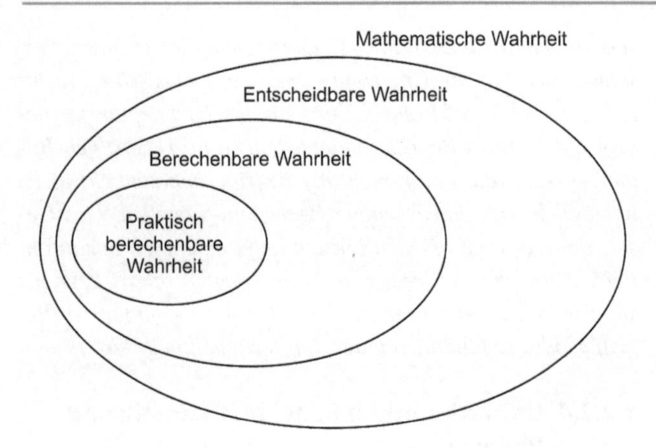

Abb. 1.14 Praktisch berechenbare Wahrheit als Untergruppe der berechenbaren, entscheidbaren und mathematischen Wahrheit (Barrow 1998)

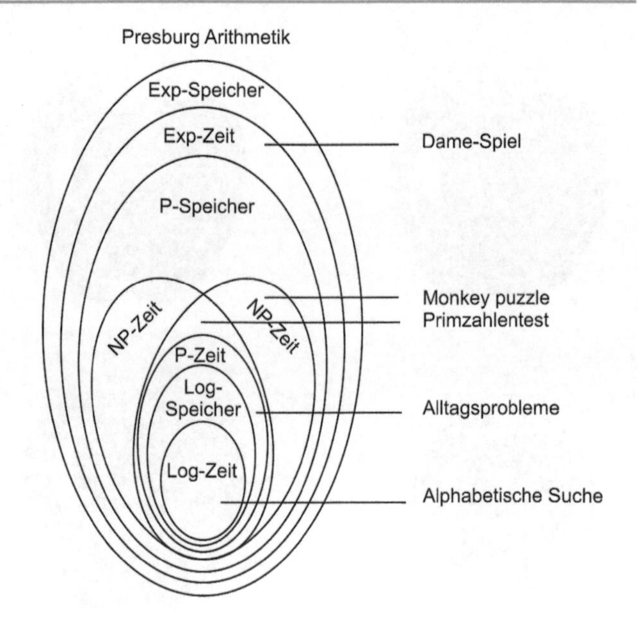

Abb. 1.15 Praktisch berechenbare Wahrheit im Detail (Barrow 1998)

Tab. 1.3 listet die weltweit größten bekannten Computer-Rechenleistungen auf. Der erste Exaflop-Rechner ist für 2021 angekündigt. Basierend auf der Formulierung der Aufgabenstellungen, wie sie z. B. in Abb. 1.15 dargestellt sind, kann man die Rechendauer bei bekannter Rechenleistung abschätzen (siehe auch Lloyds 2000). Allerdings ist die weltweite Rechenleistung in den letzten Jahrzehnten exponentiell gewachsen. Bekannt sind die Darstellung von Moravec (1998) hinsichtlich der Entwicklung der Rechenleistung (Abb. 1.16) und dem Vergleich mit biologischen Systemen (Abb. 1.17). Dank der Entwicklungen der letzten Jahre kann die Rechentechnik heute in vielen Berechen „übermenschliche" Leistungen erbringen. Interessant sind die Entwicklungen auch im Bereich hochkomplexer Fragestellungen, wie z. B. im Schachspiel, Go oder Computerspielen.

Neben der Einteilung der Wahrheiten und der Erschließung verschiedener Fragestellung durch die Rechentechnik hat die Mathematik eine Vielzahl von Werkzeugen und Techniken zum Umgang mit Unsicherheit und Unbestimmtheit entwickelt. In Abb. 1.18 sind neben den mathematischen Verfahren auch der Umgang mit der Unbestimmtheit in Form von Gottesglauben enthalten. Der Umgang mit Unbestimmtheit in Form von Gottesglauben hat vielen Menschen geholfen, im Leben Ordnung und Struktur zu finden und auch auf sozialer Ebene Ordnungsstrukturen zu erschaffen. Abb. 1.19 zeigt die Innenmalerein des Doms in Florenz als pädagogisches und psychologisches Element mit Konformitätsdruck für Menschen.

Die sicher erfolgreichste mathematische Technik zum Umgang mit Unbestimmtheit ist die Statistik und die

Tab. 1.3 Die leistungsfähigsten Computer der Welt (Stand Sommer 2020, veröffentlichte Daten)

Land	Computer/Einrichtung	PFLOPS (Peta-Gleitkommaoperationen pro Sekunde ($\times 10^{15}$)
Japan	Fugaku des RIKEN Center for Computational Science	415,5
USA	Summit des Oak Ridge National Laboratory	148,6
USA	Sierra des Lawrence Livermore National Laboratory	94,6
China	Sunway Taihu Light des chinesischen National Supercomputing Center, Wuxi	93,0
China	Tianhe-2 A im National Supercomputing Center, Guangzhou	61,4
Deutschland	JUWELS Booster Module, Atos	44,1
Italien	HPC5 des Eni S.p.A.	35,4
USA	NVIDIA Corporation	27,5
USA	Frontera Texas Advanced Computing Center der Universität Texas	23,5
Italien	Marconi-100 des Rechenzentrums von CINECA, Bologna	21,6
Schweiz	Piz Daint des Swiss National Supercomputing Centre	21,2

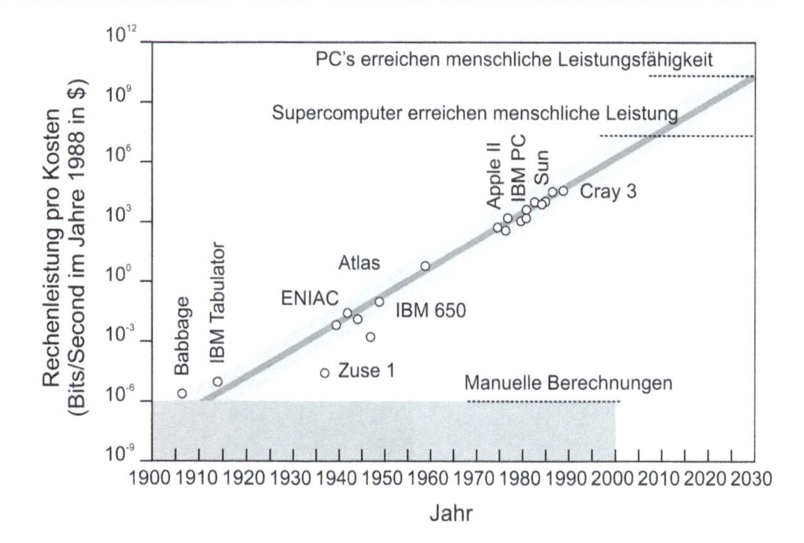

Abb. 1.16 Entwicklung der Rechenleistung (Barrow 1998; Moravec 1998)

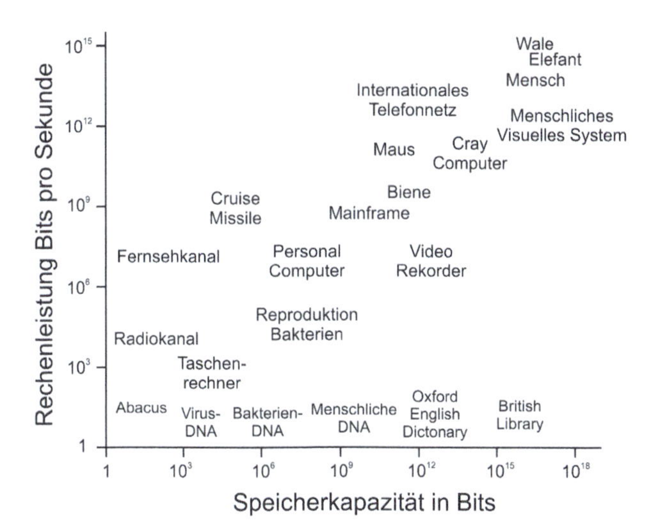

Abb. 1.17 Speicherkapazität versus Rechenleistung (Barrow 1998; Moravec 1998)

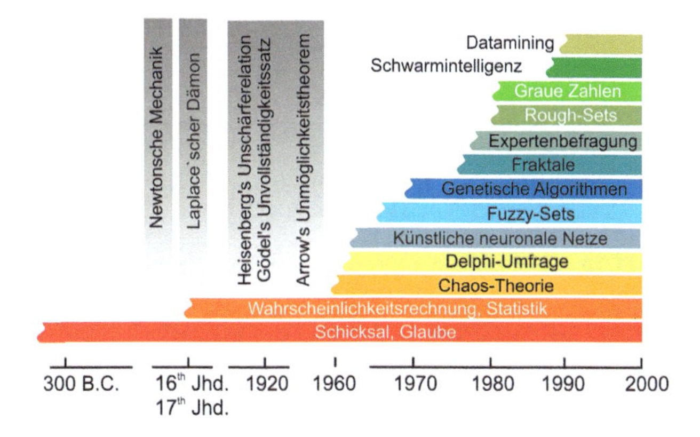

Abb. 1.18 Mathematische Verfahren zum Umgang mit Unbestimmtheit

Wahrscheinlichkeitsrechnung. Beides zusammen wird als Stochastik bezeichnet. In diesem Bereich kennt man auch noch eine andere Einteilung der Unbestimmtheit bzw. Unsicherheit: die aleatorische und die epistemische Unsicherheit. Die aleatorische Unsicherheit ist die natürliche Fluktuation einer Erscheinung, z. B. die Veränderung der Windgeschwindigkeit. Die epistemische Unsicherheit beschreibt das begrenzte Wissen, z. B. nur eine geringe Anzahl Stichproben.

Diese Stochastik spielt heute in vielen Wissenschaftsbereichen eine große Rolle. So gibt in der Physik die sogenannte Schrödinger Gleichung die Wahrscheinlichkeitsdichte des Aufenthaltsortes des Elektrons im Atom an (Weißmantel et al. 1982). In der Biologie basiert die, ursprünglich von Darwin aufgestellte Theorie über die Evolution der Tierwelt auf zufälligen Änderungen der Gene (Gaardner 1999). In der Medizin und Psychologie gibt man die Erfolgsquote von Medikamenten und Therapien in Wahrscheinlichkeiten an. Im Umweltschutz benötigt man die Statistik zur Identifikation von Umweltveränderungen (McBean und Rovers 1998). Selbst in den Rechtswissenschaften spricht man von Wahrscheinlichkeiten z. B. bei *„mit an Sicherheit grenzender Wahrscheinlichkeit"*. Auch in der Wirtschaft sind Wahrscheinlichkeiten und die stochastische Beschreibung von Vorgängen ein wichtiges Hilfsmittel. So verfolgt man in der so genannten Konjunkturtheorie neben anderen Theorien, auch stochastische Ansätze (Krelle 1959; Slutzky 1937). Auch in der Versicherungswirtschaft wird das Versicherungsrisiko auf Grundlage von Wahrscheinlichkeiten ermittelt.

Als weitere Anwendung der Wahrscheinlichkeitsrechnung sei die Spieltheorie genannt, die der Auslöser für die Entwicklung der Wahrscheinlichkeitsrechnung war. Bereits im 16. Jahrhundert erschienen Bücher über die

Abb. 1.19 Darstellung der Konsequenzen des Handelns im Glauben (Foto: *D. Proske*)

Wahrscheinlichkeitsrechnung, z. B. von Gerolamo Cardano 1526 *„Liber de ludo aleae"* und von Galileo Galilei (1564–1642) *„Sopra le scorpeste dei Dadi"* (ein Buch über die Wahrscheinlichkeiten beim Spiel mit drei Würfeln). Später wurde die Anfrage des Spielers Antoine Chevalier de Méré (1610–1684) an den französischen Mathematiker und Philosophen Blaise Pascal (1623–1662) zu verschiedenen Zufallsspielen berühmt. Auf Grund dieser Anfrage kam es zu einem Briefwechsel zwischen Pascal und dem Mathematiker Pierre de Fermat (1602–1665) in den Jahren 1651 bis 1655, der als Beginn der modernen Wahrscheinlichkeitsrechnung angesehen wird. Weitere Bücher folgten in den nächsten Jahren von Jakob Bernoulli (1654–1705) *„Ars Conjectandi"* (Kunst des Vermutens), Pierre Simon de Laplace (1812) *„Théorie analytique des probabilités"* oder Thomas Bayes (1702–1761) *„An essay towards solving a problem in the doctrine of chances"*.

Die Wahrscheinlichkeitsrechnung und mit ihr die Statistik als Teile der Stochastik (Abb. 1.20) haben mehr oder weniger alle Wissenschaften durchdrungen. Die Mittelwertbildung gehört heute zum Allgemeingut eines durchschnittlich gebildeten Bürgers. Abb. 1.21 zeigt beispielhaft eine kumulative Wahrscheinlichkeitsfunktion und die zugehörige Wahrscheinlichkeitsdichte. Für die praktische Anwendung stehen zahlreiche Wahrscheinlichkeitsverteilungen zur Verfügung.

Aber wie bereits im Abschnitt Unbestimmtheit erwähnt wurde, kann die Wahrscheinlichkeitsrechnung nicht alle Formen von Unbestimmtheit erfassen, auch wenn dies häufig versucht wird. Bereits Kaplan (1997) verwies auf die neuen mathematischen Formen zur Beschreibung der Unsicherheit.

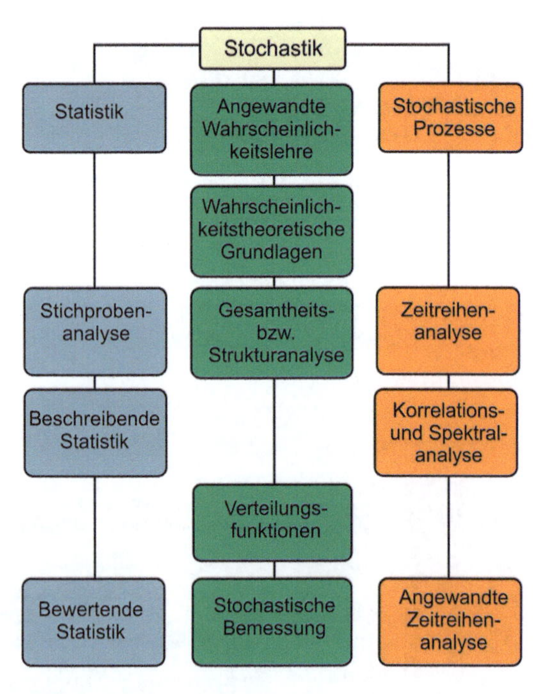

Abb. 1.20 Einordnung der Wahrscheinlichkeitsrechnung und Statistik in die Stochastik (Thoma 2004)

Eine Erweiterung der mathematischen Erfassung von Unbestimmtheiten sind die Fuzzy-Sets. Fuzzy-Sets wurden

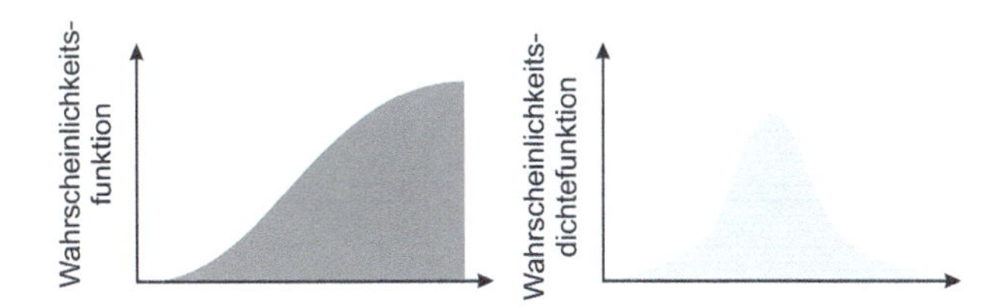

Abb. 1.21 Wahrscheinlichkeitsverteilung und -dichteverteilung

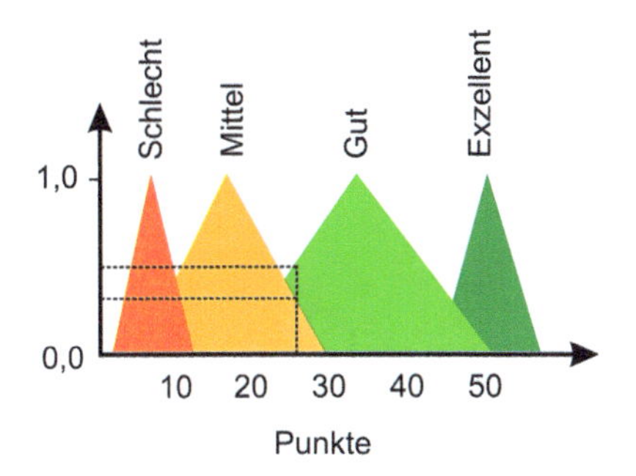

Abb. 1.22 Zugehörigkeitsfunktionen im Modell der Fuzzy-Sets

von 1965 von Lotfi Zadeh eingeführt (Zadeh 1965). Er konnte allerdings auf Vorarbeiten zurückgreifen, die den Wahrheitsgehalt von Aussagen bereits differenzieren konnten. Abb. 1.22 zeigt beispielhaft die Zuordnung von Funktionen z. B. zu dem Begriff sehr junger Mensch, junger Mensch, Mensch im besten Alter und älterer Mensch. Deutlich kann man erkennen, dass es Überschneidungen gibt. Diese sprachliche Unschärfe, die hier berücksichtigt werden kann, spielte bereits im vorangegangenen Abschnitt eine Rolle.

Ein weiteres mathematisches Verfahren ist das Verfahren der Rough-Sets. Rough-Sets (rough englisch für grob, roh) wurden in den 80er Jahren des 20. Jahrhunderts von Zdisław Pawlak entwickelt. Auch hier handelt es sich um ein mathematisches Verfahren zum Umgang mit Unbestimmtheit. Das Verfahren arbeitet u. a. mit so genannten Informationspixeln für die Abgrenzung von Begriffen (Abb. 1.23). Angewendet wird es z. B. für Spracherkennung, Mustererkennung und im Bereich der Künstlichen Intelligenz. (Köllner 2006; Pawlak 2004).

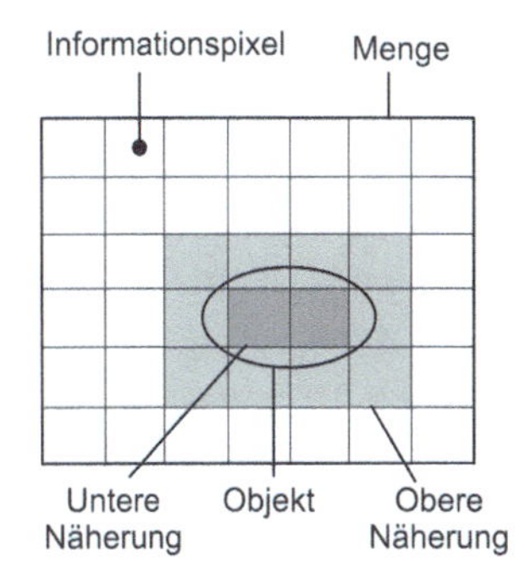

Abb. 1.23 Informationspixel im Modell der Rough-Sets

Das Verfahren der Grauen Systeme wurde Anfang der 80er Jahre des 20. Jahrhunderts von Deng Julong in China entwickelt. Das Verfahren ermöglicht Extrapolationen, beinhaltet aber auch Ansätze zur Entscheidungsfindung oder Identifikation von Veränderungen von Systemen in partiell unbestimmten Situationen. Da die Veröffentlichungen überwiegend in chinesischer Sprache erschienen, wurde diesem Verfahren zunächst wenig Aufmerksamkeit zuteil. Erst in letzter Zeit wird dieses Verfahren verstärkt verwendet. Abb. 1.24 zeigt beispielsweise eine sogenannte Graue Zahl. (Deng 1988; Proske und van Gelder 2006).

Ein weiteres mathematisches Verfahren zur Berücksichtigung von Unbestimmtheit ist das Verfahren der künstlichen neuronalen Netze. Die Anfänge der Entwicklung künstlicher neuronaler Netze reichen bis in die 40er Jahre des 20. Jahrhunderts zurück. Seit den 1980er Jahren erlebt das Gebiet der neuronalen Netze aber einen besonders lebhaften Aufschwung. Die Grundidee neuronaler Netze ist die rechentechnische Adaption der Struktur und Informationsverarbeitung des Gehirns. Es werden Zellen gebildet, die miteinander in Verbindung stehen. Jede Zelle besitzt eine Transferfunktion und eine Aktivierungsfunktion. Dadurch entsteht eine Vielzahl von Freiheitsgraden, die zu einer optimalen Anpassung des Netzes an die Aufgabenstellung bzw. an die vorhandenen Daten verwendet werden können. Abb. 1.25 zeigt den Aufbau eines künstlichen neuronalen Netzes, welches zur Bestimmung von Betoneigenschaften genutzt wurde. (Strauss et al. 2004).

In den letzten Jahrzehnten wurden wiederholt mit künstlichen neuronalen Netzen übermenschliche Mustererkennungsfähigkeiten nachgewiesen. Dies umfasst inzwischen auch hochkomplexe Situationen, wie Schachspiel (1996/97), einer Quizshow (2011), dem Spiel Go (2016) oder komplexen Computerspielen, wie Starcraft II (2019).

Genetische Rechenverfahren zählen zur Kategorie der evolutionären Lösungsverfahren mathematischer Entscheidungsprobleme. Das primäre Ziel der Anwendung solcher Verfahren ist die Verringerung des Rechenaufwandes, wenn die Zahl der zu bewertenden möglichen Kombinationen außerordentlich hoch ist. Deshalb werden

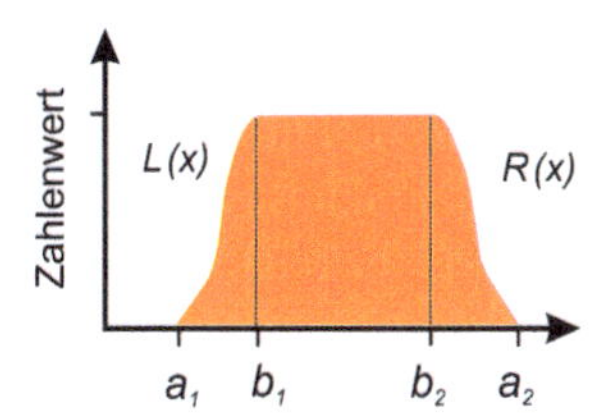

Abb. 1.24 Beispiel einer Grauen Zahl

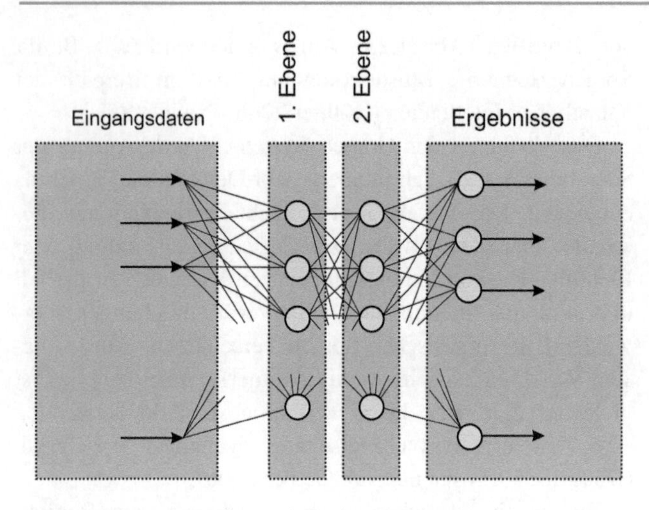

Abb. 1.25 Beispielhafter Aufbau von Neuronalen Netzen

Anfangsbedingungen zufällig geändert, bewertet und ausgewählt. (Marquardt und Schulze 1998).

Partikelschwärme, Schwarmintelligenz oder Ameisenkolonieoptimierungsverfahren sind Verfahren der künstlichen Intelligenz, in denen das Verhalten dezentralisierter, selbst organisierter Systeme nachgestellt und zur Lösung von Aufgaben genutzt wird. Der Begriff wurde 1989 von Benil und Wang eingeführt. Grundlage dieses Verfahrens ist die Idee, dass selbst einfachste Lebensformen, wie z. B. Bakterien, auf äußere Einflüsse reagieren können (Kennedy und Eberhart 2001; Hildebrand 2006; Guntsch 2004; Stützle 1998). Dazu müssen sie die Einflüsse in gute und schlechte klassifizieren können. Die Fähigkeit zur Bewertung der Umwelt scheint eine Grundlage jeglichen Lebens zu sein.

Eine weitere Prognoseform ist die Delphi-Befragung. Diese wurde erstmals in den 60er Jahren des 20. Jahrhunderts eingeführt. Sie beruht auf dem Phänomen, dass der Durchschnitt der Meinung von gleich kompetenten Beobachtern eine zuverlässigere und robustere Aussage erlaubt als die Vorhersage eines einzelnen. In diesen Bereich gehören auch die Expertensysteme. Expertensysteme wurden erstmals in den 70er Jahren entwickelt. Die ersten professionellen Programme kamen in den 80er Jahren auf den Markt.

Relativ neu ist das Data-Mining, wobei hier oft verschiedene Techniken verwendet werden. Diese Technik steht in enger Verbindung mit den Verfahren der Statistik und der künstlichen neuronalen Netze.

Ein weiteres mathematischen Hilfsmittel zur Behandlung von Chaos und damit Unbestimmtheit, sind Fraktale. Der Begriff des Fraktals wurde 1975 durch Benoît Mandelbrot eingeführt. Fraktale sind Gebilde, deren fraktale Dimension größer als ihre topologische Dimension ist. Eine Linie kann also eine fraktale Dimension haben, die größer als eins ist. In Abb. 1.26 wird eine Koch-Kurve als

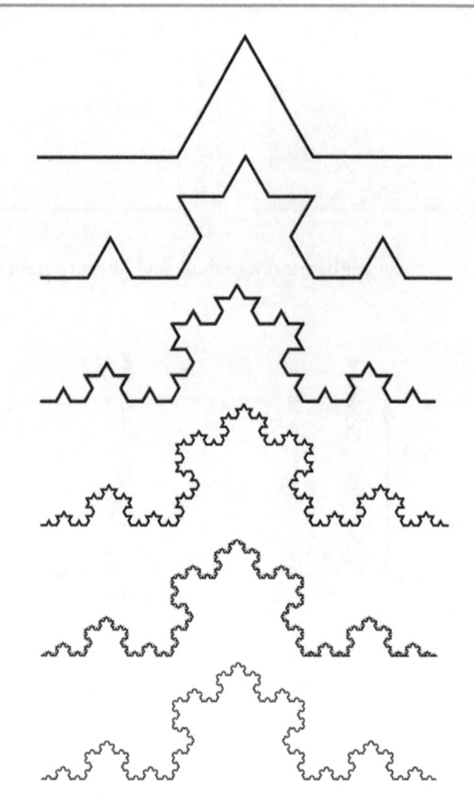

Abb. 1.26 Koch-Kurve

bekanntestes Beispiel für ein Fraktal gezeigt. Die Dimension dieser Kurve liegt zwischen eins und zwei. Praktische Beispiele sind Küstenlinien oder Schwämme, deren Dimension zwischen eins und zwei bzw. zwei und drei liegt. Wichtig ist in diesem Zusammenhang, dass hier eine Veränderung des Raumverständnisses erfolgt.

Weitere Beispiele für Fraktale zeigt Abb. 1.27. Diese Bilder vermitteln bei vielen Menschen ein Gefühl der Schönheit. Wird also die Unbestimmtheit der Welt als schön empfunden? Vermutlich nicht, sondern die Mischung aus Ordnung und Unordnung. Diese Mischung aus Ordnung und Unordnung, aus Bestimmtheit und Unbestimmtheit stellt uns vor die Aufgabe, mit der Unbestimmtheit umzugehen. Dafür wurden verschiedene mathematische Techniken entwickelt.

Sehr gern wählt man als Einstieg in die Chaostheorie die rekursive Form der Verhulst-Gleichung (Cramer 1989). Pierre-Francois Verhulst, ein belgischer Mathematiker, befasste sich mit dem Wachstumsverhalten von Populationen. Viele Pflanzen- und Tierarten zeigen exponentielles Wachstumsverhalten, wenn sie ungestört wachsen können. Die Anzahl der Tiere im darauffolgenden Jahr kann man ermitteln, indem man die Anzahl der diesjährigen Tiere mit einem Faktor multipliziert:

$$p_{n+1} = k \cdot p_n \tag{1.1}$$

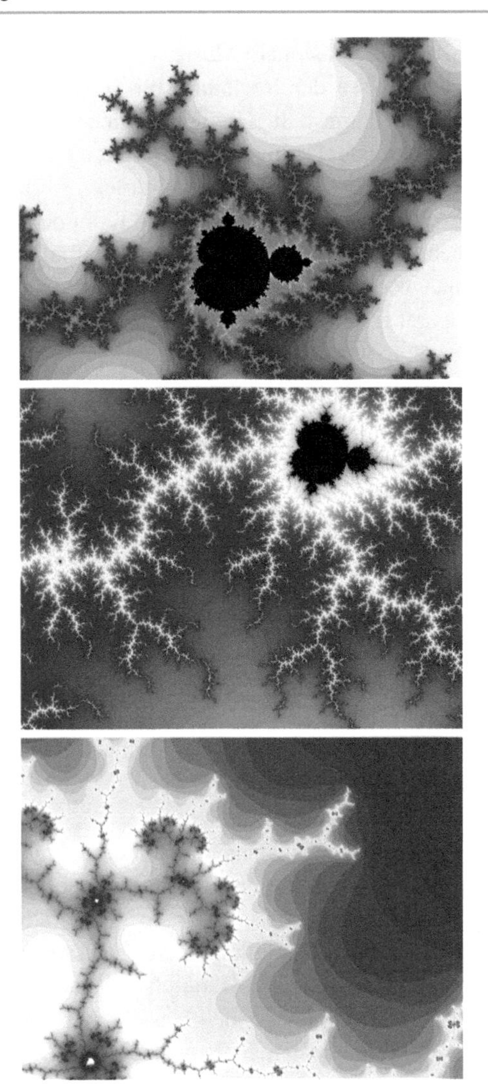

Abb. 1.27 Mandelbrotmengen (erstellt mit dem Chaosexplorer)

Wählt man rein willkürlich $k=2$, so verdoppelt sich die Anzahl in jedem Zyklus. Ein Zyklus kann ein Jahr oder ein Tag sein. Eine Verdopplung wäre ein sehr schnelles Wachstum. Ein noch schnelleres Wachstum erreicht man, wenn $k=p_n$ gesetzt wird, also $p_{n+1}=p_n^2$ oder anders geschrieben: $p(t)=t^t$, wenn die Anzahl der Lebewesen als Funktion der Zeit dargestellt wird. Diese Funktion wird z. B. gern zu Beschreibung des zeitabhängigen Druckes bei Explosionen verwendet, sie soll aber hier nicht weiter berücksichtig werden.

Allerdings werden früher oder später immer die physikalischen, chemischen, biologischen oder sozialen Grenzen das exponentielle Wachstum einschränken. Dazu führte Verhulst einen Term ein, der das grenzenlose Wachstum behindert: $p_{n+1}=k\times p_n\times(1-p_n)$. Wenn also p_n sehr groß wird, dann ist der neu eingeführte Term sehr klein. Da hier als Minuend 1 gewählt wurde, soll die Anzahl in Prozent, also kleiner 1 eingegeben werden. Man kann noch einen Startwert angeben, muss man aber nicht:

$$p_{n+1}=p_a+k\times p_n\times(1-p_n). \tag{1.2}$$

Diese Gleichung beschreibt sehr schön das Verhalten, wenn die Grenzen des Wachstums mitberücksichtigt werden. Leider zeigen die Ergebnisse der Berechnung teilweise chaotisches Verhalten. Dies gilt nicht, wenn das Wachstum langsam voranschreitet. Wachstumswerte um 150 % ($k=1{,}5$) werden geduldet. Ab 250 % Wachstum gibt es verschiedene Lösungslinien. Bei noch höheren Werten werden die Ergebnisse punktuell chaotisch und bei einem Wachstumswert von 300 % sind die Ergebnisse vollständig chaotisch.

Leicht kann man solche Diagramme mit der oben beschriebenen Formel selbst erstellen, siehe z. B. Abb. 1.28. Ändert man die Darstellungsweise und trägt nicht die Rechenschritte auf der Abszisse auf, sondern die

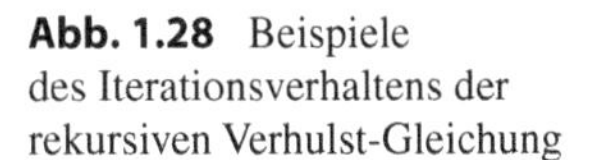

Abb. 1.28 Beispiele des Iterationsverhaltens der rekursiven Verhulst-Gleichung

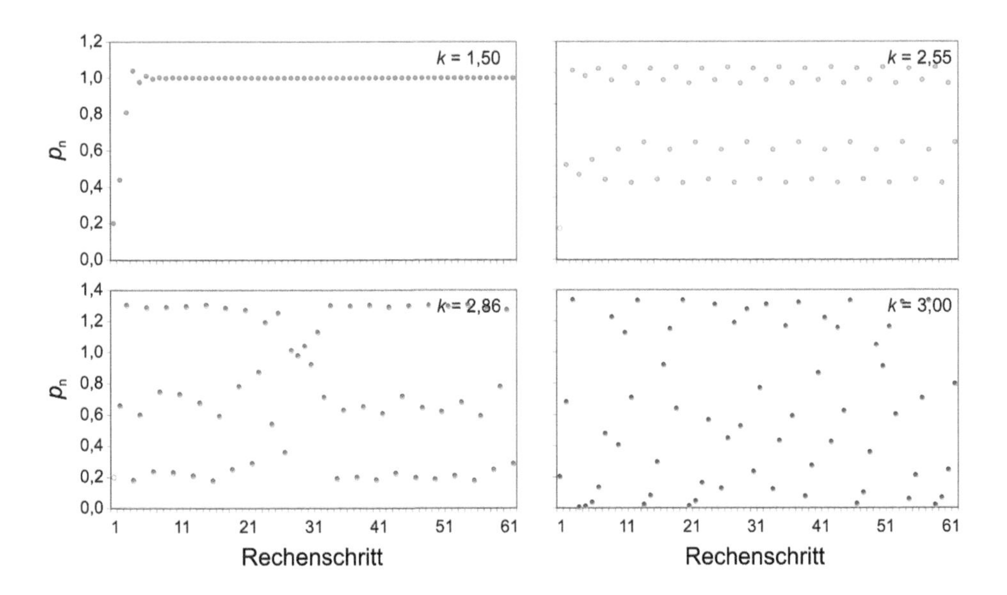

Wachstumsrate, erhält man ein erstaunliches Bild. Alle horizontal liegenden Punkte in den Diagrammen in Abb. 1.28 werden in Abb. 1.29 zu vertikal liegenden Punkten für einen k-Wert. Zunächst sieht man sehr schön, dass in den Bereichen mit kleinen k-Werten die Werte scharf auf den Betrag 1 fokussiert sind. Etwa ab einem Wachstum von 200 % gibt es zwei Lösungsbereiche. Über 260 % gibt es bereits Bereiche mit chaotischem Verhalten und zwischen etwa 270 % und 280 % besteht vollständiges chaotisches Verhalten. Interessant ist weiterhin das Loch bei etwa 280 %. Hier zeigt das System plötzlich wieder eine Ordnung.

Der Beginn der Chaostheorie wird oft mit den Arbeiten von Henri Poincare Ende des 19. Jahrhunderts in Verbindung gebracht. 1960 zeigte Edward Lorenz chaotisches Verhalten bei der Prognose des Wetters. In den 70er Jahren des 20. Jahrhunderts entdeckte Feigenbaum die Feigenbaumkonstanten.

Chaotische Systeme lassen sich in unglaublicher Vielfalt finden, ob nun bei chaotischem Strömungsverhalten, magnetischen Pendeln, Doppelpendeln oder Lissajous-Figuren. Überall führen kleinste Variationen der Eingangsgrößen zu nicht mehr prognostizierbarem Verhalten von Systemen. Interessant ist dabei das Nebeneinander von Ordnung und Unordnung.

Dies sei noch an einem zweiten, einfachen mathematischen Beispiel gezeigt. Mittels dreier einfacher Formeln, die Aleksic (2000) entnommen wurden:

$$F(x) = a \cdot x + (1 - a) \cdot 2 \cdot x^2/(1 + x^2), \quad (1.3)$$

$$x_{n+1} = b \cdot y_n + F(x) \text{ und} \quad (1.4)$$

$$y_{n+1} = -x_n + F(x_{n+1}) \quad (1.5)$$

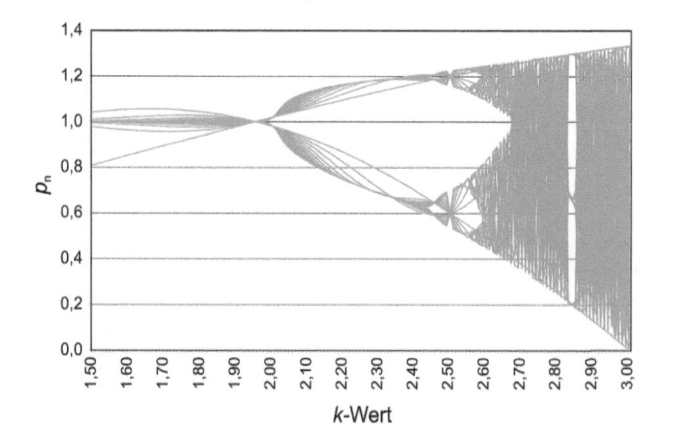

Abb. 1.29 Feigenbaumdiagramm erstellt mit Excel mit den Daten aus Abb. 1.28. Die Verhältnisse der Abstände der Verzweigungspunkte stehen in Verbindung zu den Feigenbaumzahlen. Alternativ kann man mit dem ChaosExplorer solche Bilder erzeugen (Riegel 2006)

kann man zweidimensionale Muster erstellen. In Abb. 1.30 sind die Ergebnisse der Rechnung für verschiedene Parameter a und b dargestellt. Greifen wir hier schon auf die noch einzuführende Definition von Ordnung als Maß der Verdichtbarkeit der Informationen zurück, so kann man selbst entscheiden, ob man diesen vier Teilbildern die gleiche Verdichtbarkeit des Computercodes zubilligt oder nicht. Würde man vermuten, dass alle Muster mit dem gleichen Formelapparat erstellt wurden?

Neben den rein methodischen, offenen Punkten in der Mathematik, sind oft die Eingangsgrößen für die Berechnungsmodelle unter praktischen Gesichtspunkten nicht oder nur schwer beschaffbar. Ein schönes Beispiel dafür sind die Angaben zur Anzahl der Todesopfer durch das Unglück in Tschernobyl. Folgende Zahlen finden sich in der Literatur:

- 32 (IAEA)
- 42 (Haury 2001)
- 4000 (WHO 2006)
- 9000 (IAEA)
- 264.000 (IPPNW)
- 500.000 (Haury 2001)

Nun mag man davon ausgehen, dass auf Grund unterschiedlicher Interessenlage in diesem Fall unterschiedliche Zahlen angegeben werden. Auch ist aufgrund der zufälligen Entstehung von Krebs die Erstellung klarer Kausalbeziehungen schwierig oder unmöglich (z. B. durch die Linear Threshold Theorie), aber die Aussage der Unsicherheit bleibt auch nach fast 40 Jahren bestehen (Brown 2019; Higginbotham 2019).

Unsicherheiten, vielleicht nicht wie in dem oben genannten Ausmaß, bestehen aber auch für andere Todesopferstatistiken, z. B. in Deutschland (Schelhase und Weber 2007). Außerdem gibt es in Deutschland intensive Diskussionen über die Erfassung von Suiziden (Vennemann et al. 2006). Im Rahmen der Corona-Pandemie hat man intensiv die Verwendung der Definition „Verstorben mit und an Corona“ diskutiert. In Großbritannien hat man eine Vereinheitlichung der Opferdefinitionen eingeführt (Zeitpunkt des Todes nach Infektion z. B. 28 Tage nach Infektionsnachweis, 60 Tage nach Infektionsnachweis, Covid-19 als Ursache auf dem Todesschein etc.) (Brown 2020).

Ähnliche Diskussionen gibt es auch zur Erfassung der Todesopfer nach Verkehrsunfällen (bis 30 Tage nach dem Unfall), der Todesopfer nach Flugzeugabstürzen (mit einem Gewicht von 5,7 t und mehr als 19 Sitzplätzen) und der Todesopfer nach Bränden (nur Erfassung der Opfer am Brandort und Exklusion der Opfer, die durch Eigenverursachen verstorben sind).

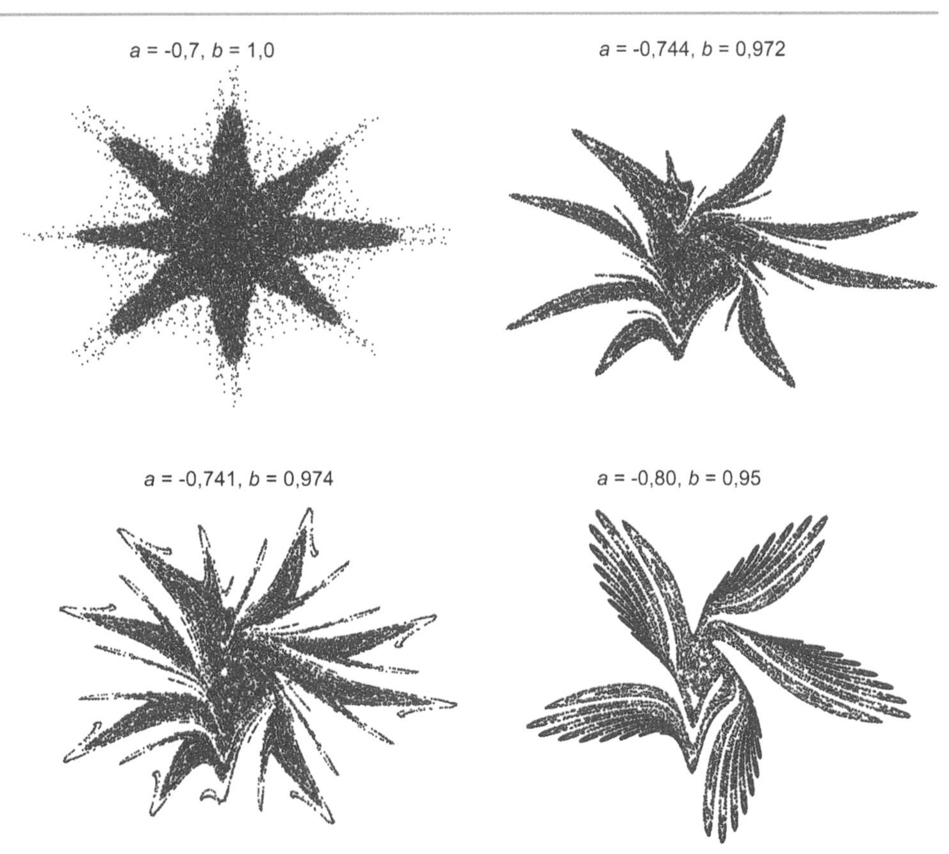

Abb. 1.30 Muster in Abhängigkeit von den Eingangsparametern

Selbst die Einwohnerzahlen sind oft nicht bekannt. So erfolgte im Jahre 2008 eine Korrektur der Einwohnerzahl in Deutschland von 82,2 Mio. auf 80,9 Mio. Das sind zwar nur wenige Prozent, aber insgesamt fast 1,3 Mio. Menschen. (FAZ 2008).

1.2.2.5 Unbestimmtheit in Kausalketten

Neben der reinen sprachlichen und mathematischen Formulierung von Prozessen, Objekten und Systemen, ist auch der funktionale Zusammenhang der Eingangsgrößen oft zumindest teilweise unbestimmt. Tatsächlich ist die wahrgenommene Verständlichkeit der Welt eine der Fundamente der Salutogenese. Insofern ist der Wunsch der Erklärbarkeit der Welt ein systematischer Fehler beim Verständnis der Welt.

Es wird noch im Abschnitt Systeme darauf hingewiesen, dass für bestimmte Klassen von Systemen keine streng kausalen Gesetze vorliegen. Es gibt sehr schöne Internetseiten, die scheinbare Korrelationen aufzeigen (Vigen 2021).

Häufig kann man insbesondere in gesellschaftlichen und politischen Diskussionen harte Auseinandersetzungen über Korrelationen und Kausalität beobachten.

Es gibt eine Vielzahl von mathematischen Verfahren und Parametern, die zur Entwicklung von Modellen verwendet werden können (Korrelationen). Allerdings müssen kausale Eingangsparameter nicht immer in einer messbaren Form vorliegen. Es gilt der schöne Spruch: *„Nicht alles was zählt, ist zählbar, und nicht alles was zählbar ist, zählt.“*. Insofern besitzt der in diesem Buch vorgestellte mathematisch ausgerichtete Risikovergleich seine Grenzen.

Die bewusste Wahrnehmung und die Kenntnis der Grenzen von Begriffen, Zahlen und kausalen und funktionalen Zusammenhängen ist unabdingbar für einen erfolgreichen Einsatz von Risikobewertungsverfahren.

Heisenberg (1979) stellt am Ende seiner Untersuchungen über die Unbestimmtheitsrelation fest: *„Wenn wir die Gegenwart genau kennen, können wir die Zukunft berechnen, ist nicht der Nachsatz, sondern die Voraussetzung falsch. Wir können die Gegenwart in allen Bestimmungsstücken prinzipiell nicht kennen lernen. Deshalb ist alles Wahrnehmen eine Auswahl aus einer Fülle von Möglichkeiten und eine Beschränkung des zukünftig Möglichen. Da nun der statistische Charakter der Quantentheorie so eng an die Ungenauigkeit aller Wahrnehmung geknüpft ist, könnte man zu der Vermutung verleitet werden, dass sich hinter der wahrgenommenen statistischen Welt noch eine „wirkliche“ Welt verberge, in der das Kausalgesetz gilt. Aber solche Spekulationen erscheinen uns, das betonen wir ausdrücklich, unfruchtbar und sinnlos. Die Physik soll nur den Zusammenhang der Wahrnehmungen formal beschreiben. Vielmehr kann man den* *wahren Sachverhalt viel besser so charakterisieren: Weil alle Experimente den Gesetzen der Quantenmechanik und damit der Gleichung der Unbestimmtheitsrelation unterworfen sind, so wird durch die Quantenmechanik die Ungültigkeit des Kausalgesetzes definitiv festgestellt."*.

1.2.2.6 Weitere Unbestimmtheitseinflüsse

Neben den bisher genannten Einflüssen, der Unbestimmtheit der Sprache, der Mathematik und der Kausalketten, gibt es noch eine Reihe weiterer theoretischer Grenzen der Erkennbarkeit, zumindest nach heutigem Wissensstand. Solche sind z. B.

- Einstein: Grenzen der Beobachtbarkeit: Relativitätstheorie
- Heisenberg: Grenzen der Beobachtbarkeit: Unschärferelation
- Gödel: Grenzen der Erkenntnis: Unvollständigkeitssatz
- Popper: Grenzen der Erkenntnis: Wissenschaft kann nur falsifizieren
- Arrows: Grenzen der Entscheidbarkeit: Intransitivität
- Barrow, Turing: Grenzen der Berechenbarkeit
- Russel: Grenzen der Berechenbarkeit: Typentheorie
- Taleb: Grenzen der Erkenntnis: Überschätzung der Wissenschaft und Fakten (dazu passt auch sehr schön der Satz: *„Die Forschung von heute ist der Fehler von morgen."*.)

Daneben gibt es noch praktische Grenzen der Erkennbarkeit, zumindest nach heutigem Wissenstand:

- Ökonomische Grenzen: Kosten für die Beschaffung von Informationen
- Biologische Grenzen: Informationsverarbeitung des menschlichen Gehirns
- Watzlawik, von Förster: Grenzen der Bewertbarkeit: Erfundene Wirklichkeit
- Simon: Grenzen der Bewertbarkeit: Bounded Rationality

Wie bereits erwähnt, kann sich die Wissenschaft der Wahrheit nur asymptotisch nähern (Bavink 1944).

Ein Großteil der Einflüsse und des Umfanges der Unbestimmtheit hängen vom jeweiligen System ab. Dies soll im Folgenden diskutiert werden. Die Idee ist, dass man zwar die Unbestimmtheit anhand der Begriffe, Zahlen und Zusammenhänge nicht erfassen kann, aber unter Umständen am Aufbau der Systeme. Deshalb werden im übernächsten Abschnitt Systeme diskutiert. Zunächst wird aber das Gegenteil der Unbestimmtheit herausgearbeitet. Ein potenzieller Kandidat dafür ist die Ordnung.

1.2.3 Ordnung

„Es ist eigentlich merkwürdig, wie wenig Erstaunen die Tatsache geweckt hat, dass der Mensch gelernt hat, eine Ordnung seiner Tätigkeiten hervorzubringen, von der die Erhaltung eines großen Teils der heutigen Menschheit abhängt, die aber die Kenntnisse irgendeines Menschen oder alles, was je von einem individuellen Gehirn erfasst werden kann, weit übersteigt."

Friedrich von Hayek (Peitgen et al. 1994).

Um sich dem Begriff der Unbestimmtheit zu nähern, sollen zunächst zwei Begriffe in die Diskussion einbezogen werden, die bereits genannt wurden: Die Begriffe der Ordnung und Unordnung.

Menschen versuchen nicht nur ihren Alltag, sondern auch den Aufbau und die Struktur des uns bekannten Universums, mithilfe von Ordnungen zu beschreiben und zu organisieren. Dem Begriff der Ordnung kann man sich zunächst nähern, indem man Teile, die nicht einer Ordnung unterliegen, ausschließt.

Das sind zwei Extrema: perfekte Homogenität und vollständiges Chaos. Weder im Fall eines vollständigen Chaos, was einleuchtend ist, noch im Fall völliger Gleichheit, was zunächst nicht einleuchtend ist, könnte in der Natur eine Ordnung entdeckt werden. Da die vollständige Homogenität im Sinne von Gesetzmäßigkeiten wünschenswert erscheint, muss erklärt werden, warum sie eben nicht für Ordnungen hilfreich wäre. Nimmt man an, dass im gesamten Universum vollständige Gleichheit oder Homogenität existieren, würde es nur eine Materieform geben, die den gesamten Raum ausfüllt. Aber dann wäre der Begriff des Raumes unnötig, denn da das Universum von jedem Punkt aus identisch wäre, gäbe es keinen Bezugspunkt. Ein Bezugspunkt muss sich durch irgendeine Eigenschaft auszeichnen, die nicht der verwendeten Ordnung unterliegt. Es muss also Objekte geben, die aus der Ordnung heraustreten. Nur wenn es Elemente gibt, die nicht einer Ordnung unterliegen, macht es Sinn, Ordnungen einzuführen. Existieren unterschiedliche Bereiche, unterschiedliche Materie oder unterschiedliche Elemente, so kann man den Begriff der Ordnung für diese verschiedenen Erscheinungsformen verwenden. Diese Ordnung besitzt Elemente, die Materie auf verschiedene Art und Weise repräsentiert, z. B. einen Stuhl.

Diese verschiedenen Elemente müssen voneinander abgegrenzt sein. Auch diese Forderung wird später noch einmal aufgegriffen. Eine Eigenschaft der Abgrenzung soll aber schon jetzt von Bedeutung sein: Die Abgrenzung bedarf der Einführung des Konzeptes des Raumes. Raum beschreibt die Ausdehnung einer Ordnung und erlaubt die Abgrenzung der Elemente. Der Begriff des Raumes ist völlig wertlos bei vollständiger Unordnung und perfekter Homogenität (Abb. 1.31). (EC 1998).

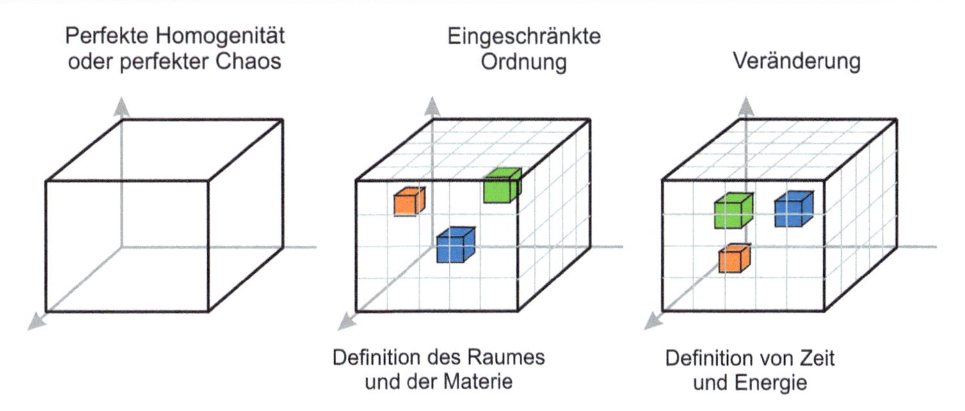

Abb. 1.31 Aufbau der Welt

Allerdings scheinen Ordnungen nicht statisch zu sein, sondern Ordnungen können in andere Ordnungen oder in Unordnungen übergehen. Will man nun die Veränderung von Ordnungen zulassen, also die Überführung einzelner Elemente in andere Elemente, so benötigt man dafür einen Motor. Der Motor der Umwandlung ist die Energie (Abb. 1.31). Mit Energie kann man Materie, also Ordnungen, verändern. Für die Beschreibung des Ablaufes der Veränderung benötigt man noch einen weiteren Parameter: die Zeit (Abb. 1.31). Auch die Zeit wird in einem späteren Abschnitt noch einmal ausführlich behandelt. Die Beschreibung von Ordnungselementen über die Zeit entspricht einem weiteren Begriff: der Information. Information ist die Reduktion von Unbestimmtheit. Hier trifft man zum ersten Mal direkt auf den Begriff der Unbestimmtheit. Unbestimmtheitsmaße für Informationen werden ebenfalls noch in einem Abschnitt ausführlich behandelt. Hier soll nur eine kurze Bemerkung zum Zusammenhang zwischen Information und Wissen gegeben werden. Wissen ist eine Funktion der Information (Abb. 1.12), gelegentlich werden dafür Formeln angegeben, wie z. B. Wissen entspricht dem Logarithmus der Information. (Rescher 1996).

Die bisherigen abstrakten Überlegungen über unsere Welt lassen sich auch auf Gesellschaften übertragen. Menschen sind soziale Wesen und tauschen als solche Materie, Energie und Informationen aus. Der Tausch dieser drei Dinge verläuft unterschiedlich. Materie kann durch Übergabe ausgetauscht werden. Energie wurde und wird üblicherweise in Materieform übergeben, z. B. in Form von Tieren, früher in Form von Sklaven, heute in Form von Brennstoff. Informationen können ebenfalls in Materieform übergeben werden, z. B. durch ein Buch, eine CD etc. Sie können in Wissen umgewandelt werden und daraus können dann wieder neue Informationen erzeugt werden.

Das langfristige, dynamische Verhalten einer Gesellschaft wird durch Information und Wissen geprägt (wie erhält man Materie und Energie), das kurzfristige Verhalten durch Materie und Energie (was macht man mit der Materie und Energie). In komplexen Systemen, wie Menschen, menschlichen Gesellschaften, Lebewesen, werden Energie und Materie ständig der Umwelt entnommen und an die Umwelt abgegeben. Sie werden benötigt, um die Ordnung innerhalb der Systeme aufrecht zu erhalten. Man spricht hier auch vom Entropie-Export, weil die Systeme Unordnung abgeben, um eigene Ordnungen zu erhalten. Je höher, also komplexer die Ordnungen sind, umso mehr Unordnung muss an die Umwelt abgegeben werden (Abb. 1.32). (Riedl 2000).

Die Notwendigkeit der Energie- und Materieübergabe an Systeme zur Erhaltung von Ordnung führt uns zu der Frage, ob die Ordnung in der Welt zu- oder abnimmt. Dabei scheint es zwei einander entgegengesetzte Kräfte zu geben.

Auf der einen Seite gibt es den mathematischen Satz der Ordnung in großen Systemen. Dieser Satz, auch Ramsey-Satz genannt, besagt, dass sich in jeder genügend großen Struktur eine Ordnung findet. Unstrukturiertes Chaos ist damit unmöglich und Ordnung wird damit zu einer zwingenden Eigenschaft der Materie (Ganter 2004). Beispielhaft kann man sich den Ramsey-Satz an einem Blatt Papier vorstellen, auf das willkürlich Striche gezeichnet werden. Irgendwann sind neben den Strichen auch Dreiecke und mit ein bisschen Glück Vierecke zu entdecken. Grundsätzlich scheint die Natur damit einen gewissen Antrieb zu besitzen, höhere Ordnungen zu entwickeln.

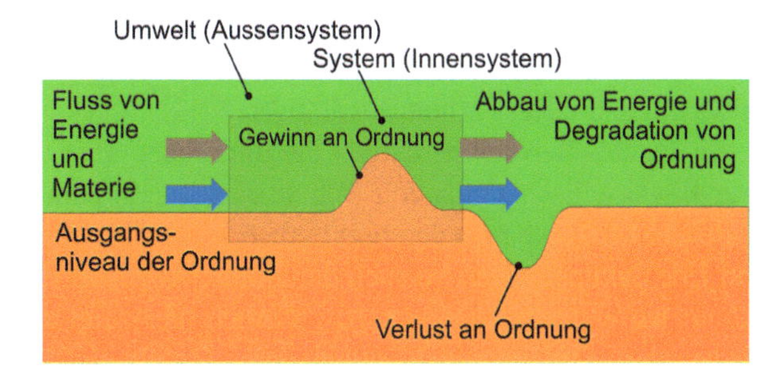

Abb. 1.32 Export von Unordnung zur Erhaltung von Ordnung in komplexen Systemen (Riedl 2000)

Auf der anderen Seite besagt die Thermodynamik, dass Entropie, ein Maß für Unordnung, in geschlossenen Systemen nur steigen kann. Diese Gesetzmäßigkeit deutet darauf hin, dass Unordnung über die Zeit immer zunehmen muss. Das Maß an Unordnung kann deshalb auch als Zeitpfeil verwendet werden. Das griechische Wort Entropie bedeutet sinngemäß Verwandlungsgröße. Es wurde von dem deutschen Physiker Rudolf Clausius 1850 eingeführt. Ihm zu Ehren wurde für die Entropie vormals die Einheit Clausius verwendet. Leider wurde diese Einheit abgeschafft. Heute wird die Entropie in Joule pro Kelvin angegeben.

Die These, dass Entropie in geschlossenen Systemen nur zunehmen kann, hat in der Physik zum Begriff des „Wärmetodes" geführt. Irgendwann, etwa 10^{14} Jahre nach dem Urknall wird der Wasserstoff im Universum nahezu vollständig in Helium umgewandelt sein. Dann wird die zur Geburt des Universums vorhandene Ordnung vollständig aufgebraucht sein. Das Weltall wird dann ein dunkles Weltall sein. Es kommt aber noch schlimmer. Wenn die Lebensdauer von Protonen begrenzt ist, wie Wissenschaftler vermuten, und etwa 10^{33} Jahre beträgt, dann dürften etwa nach 10^{34} Jahren alle Quarks und die aus ihnen bestehenden Elementarteilchen ausgestorben sein. Irgendwann wären dann nur noch Photonen und Neutrinos übrig (vollständige Homogenität) (Spiering 1989, Alderamin 2022). Ob dieses Szenario Wirklichkeit wird, ist allerdings mehr als strittig. Dazu muss noch einmal auf die Frage des *„Willens der Natur zur Ordnung"* eingegangen werden.

Walter Elsasser schätzte in einer Arbeit die Anzahl der Protonen im Universum auf 10^{85}. Anschließend schätzte er das Weltalter in Nanosekunden: 10^{25}. Im nächsten Schritt ging er davon aus, dass in jeder Nanosekunde ein Weltereignis stattfinden kann. Basierend auf den Zahlen ergeben sich 10^{110} mögliche Ereignisse in der Weltgeschichte. Jede größere Zahl könne dann nach Elsasser keine physikalische Realität besitzen, wenn sie allein auf Zufallsgesetzen beruht. Die Fakultät eines Systems mit 80 Elementen beträgt aber bereits 10^{118}. Das bedeutet, Systeme mit mehr als 80 Elementen sind eigentlich ausgeschlossen. Lebewesen oder Ökosysteme zählen aber zu solchen Systemen (Ulanowicz 2005). Das heißt, neben dem puren Zufall muss es in der Natur Gesetzmäßigkeiten geben, die auf die Entstehung und Entwicklung höherer Ordnungen drängen.

Ein zweites Beispiel beschreibt die Entstehung der DNS einer Bakterie Escherichia coli. Würde diese allein zufällig entstehen, benötigte man durchschnittlich $10^{2.400.000}$ s, wenn man jede Sekunde einen Versuch durchführt. Aber das Universum hat erst ein Alter von 10^{17} s. Auch hier zeigt sich wieder, dass Ordnung nicht allein durch Zufall aus Unordnung entsteht, vielmehr scheinen Naturgesetze höhere Ordnungen anzustreben. (Cramer 1989).

Die Frage, ob Ordnung oder Unordnung im Universum zunehmen, erscheint schwierig und kann nicht abschließend geklärt werden. In vielen Bereichen kann man beobachten, dass die Unordnung zunimmt und nur durch externe Energie wiederhergestellt werden kann. Gewisse Ordnungen scheinen sogar gewisse Unordnungen zu bedingen, um sich entwickeln zu können. So war kohlenstoffbasiertes Leben nur möglich, nachdem die Unordnung der Elemente durch das Verbrennen von Sternen zunahm.

Diese Tatsache stimmt auch mit den Überlegungen am Beginn dieses Kapitels überein, dass Ordnung und Unordnung zusammen auftreten müssen. Eine klassische Einteilung von Ordnungen beinhaltet deshalb auch Formen der Unordnungen, nämlich *„Unordnung", „Chaotische Ordnung", „Selbstorganisierte Ordnung"* und *„Regelgerechte Ordnung"*. Innerhalb dieser Ordnungsräume bewegt sich die Natur meistens nichtlinear und metastabil. Die Nichtlinearität ist ein Zeichen für den sprunghaften Wechsel von einer Ordnungsform zu einer anderen. An dieser Stelle sei noch einmal auf die Verhulst-Gleichung im vorangegangenen Abschnitt hingewiesen. Hier spricht man auch von Ereignissen. Metastabilität bezeichnet die Gleichwertigkeit verschiedener Zustände. So können verschiedene Ordnungsformen gleichberechtigt sein.

Bisher wurde aber überhaupt noch nicht darauf eingegangen, was eine Ordnung ist. Nach einer sehr einfachen Definition sind Ordnungsstrukturen Abkürzungen bzw. Verdichtungen (Cramer 1989). Betrachtet man Abb. 1.33, so kann man dort verschiedene Ordnungen erkennen. In Bild rechts oben scheint eine sehr hohe Ordnung gemäß der eingeführten Definition vorzuliegen. Wenn man nur einen Punkt zeigt und festlegt, dass die Abstände zu den nächsten Punkten in x- und y-Richtung konstant bleiben, kann man das gesamte Bild zeichnen, ohne es jemals selbst gesehen zu haben. Völlig anders sieht es im Bild oben links aus. Es ist keine Ordnung erkennbar, damit kann auch keine Abkürzung oder Ordnungsregel eingeführt werden. Man muss also die Daten jedes einzelnen Punktes erfassen, wenn man das Bild übertragen möchte. Im Abb. 1.33 rechts unten wird die Ordnungsregel im Vergleich zum Bild oben rechts etwas komplizierter und im Bild unten links scheint eine Ordnung zu existieren, die aber nur schwer in einer Ordnungsregel zusammengefasst werden kann.

Die Wahrnehmung einer Ordnung hängt nicht nur von den objektiven Gegebenheiten ab, sondern auch von der Fähigkeit, Ordnungen zu entdecken. Dazu zerlegt man die Natur oder Umwelt in einfachere Systeme. Auf diese Weise, so hofft man, findet man auf einfache Weise Ordnungen (Abb. 1.34). Es sei aber bereits hier darauf hingewiesen, dass die Vereinfachung, die z. B. im Kappen von Wechselwirkungen besteht, nur eine begrenzte Genauigkeit der Vorhersage des Systemverhaltens und damit der Ordnung erlaubt. Tatsächlich sind, wie Abb. 1.34 zeigt, viele verschiedene Formen des Herausschneidens aus der Umwelt möglich. Abb. 1.34 zeigt unten drei verschiedene Formen,

Abb. 1.33 Unordnung und Ordnung (oben links zufällig verteilte Punkte, oben rechts vollständig geordnete Punkte, unten links die Belousov-Schabotinski-Reaktion als Mischung aus Ordnung und Unordnung und unten rechts ein Parkplatz)

die je nach Erfahrung des Modellierers oder nach der Aufgabenstellung entstehen. In verschiedenen Fachgebieten, z. B. im Bauwesen, werden die Auswahl der Modelle durch Normen eingeschränkt. Eine ähnliche Darstellung zeigt Abb. 1.35. Dort werden die Modelle in Beziehung zu den tatsächlich relevanten Parametern gestellt. Oft ist dies aber unbekannt. Es sei an dieser Stelle noch einmal auf den Abschnitt Unbestimmtheit in Kausalketten hingewiesen. Genau diese Unsicherheit erschwert in vielen Fachgebieten eine Übereinkunft der Modelle.

Hier einige Beispiele: So beruht das Modell von Lichtman (2008) zur Prognose des Ausgangs der US-Präsidentschaftswahlen auf 13 Entscheidungsfragen, während das Modell von Silver (2012, 2020) auf statistischen Auswertungen von Zeitreihen basiert. Den Erfolg von Ehen prognostieren Gottmann et al. (2005) und Gottmann und Silver (2019) mit einer Mischung aus mathematischen Modellen und psychologischen Beobachtungen. Im Bauwesen wird das Verhalten von Bauwerken üblicher Weise mittels statischer Modelle bewertet, aber viele erfahrene Ingenieure verwenden sehr einfach Daumenregeln und können damit das Verhalten schnell und relativ genau überschlagen. Oft werden auch Versuchsaufbauten und Eingangsgrößen für wissenschaftliche Wettbewerbe veröffentlicht, und unabhängige Forschergruppen versuchen dann das Versuchsergebnis vorherzusagen, in dem sie basierend auf den Eingangsgrößen eigene Modelle entwickeln.

Dazu eine schöne Aussage von Eugen Wigner (Weinberg 1975): *„Physik versucht nicht, die Natur zu erklären. Tatsächlich basieren die großen Erfolge der Physik auf der Beschränkung von realen Objekten. Die Physik versucht die Regelmäßigkeiten des Verhaltens von Objekten zu beschreiben. …diese werden manchmal als Naturgesetze bezeichnet. Dieser Name ist übrigens sehr passend gewählt. Genauso wie juristische Gesetze, die Tätigkeiten und Verhalten unter bestimmten Bedingungen regeln, aber nicht alle Umstände erfassen können, beschreiben die Gesetze der Physik das Verhalten von Objekten nur für ganz bestimmte gut definierte Bedingungen und lassen viel Freiraum für die anderen Bedingungen.“*.

Die Systematik der Erstellung von Ordnungen und Systemen geht weit über die bisher hier gegebenen Beispiele hinaus. In vielen Fachgebieten hat man komplizierte, teils komplexe Gebilde geschaffen, um Ordnungen

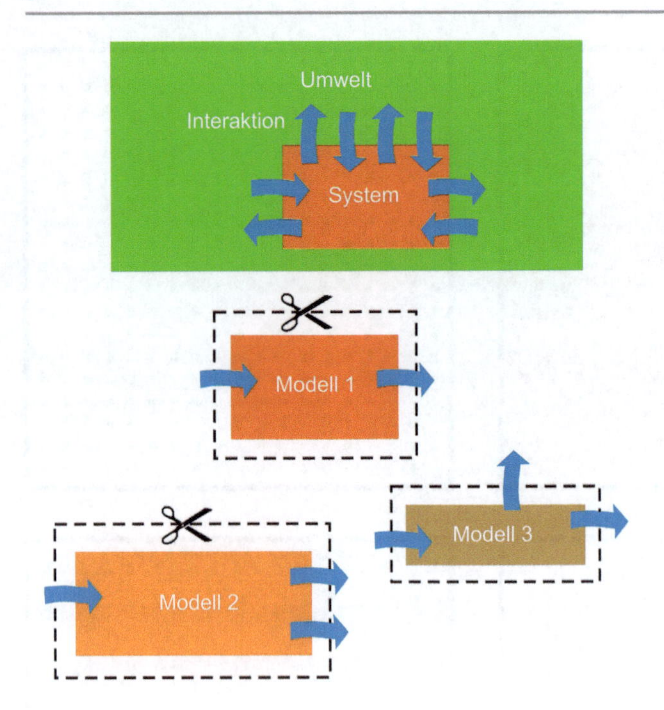

Abb. 1.34 Entwicklung eines Modells und dessen Einbettung in die Umwelt (oben) – Das Bild unten zeigt die Verschiedenartigkeit der Modelle in Abhängigkeit von den Fragestellungen oder den Vorlieben des Modellierers.

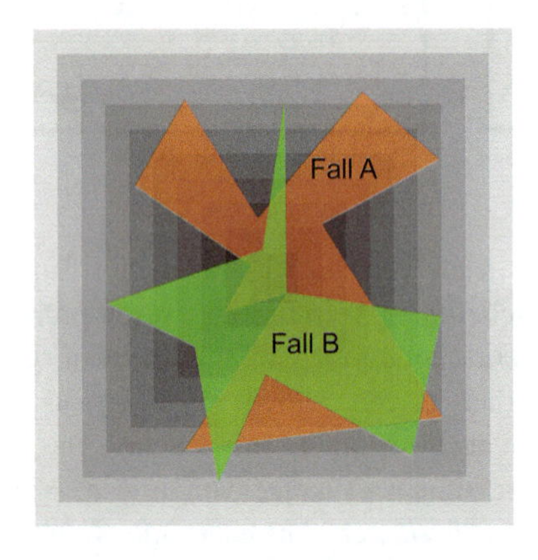

Abb. 1.35 Willkürliche Wahl von Einflussgrößen – je weiter die Linie vom Zentrum wegliegen, umso weniger Einfluss hat die Größe in der Realität. In der Praxis kann man das jedoch nur begrenzt identifizieren.

wiederzugeben. Solche Gebilde sind z. B. in der Abstammungslehre Cladogramme (Abb. 1.36), in anderen Gebieten Blitzmuster oder Netzwerkmuster. Ordnungen scheinen unabhängig von den jeweiligen fachlichen Fragestellungen zu sein. So sehen die Bilder von Blitzen, Abbildungen von Computernetzwerken oder die Stammbäume von Tieren nahezu gleich aus. Immer gibt es einige Knoten, die mehr Verbindungen haben als andere. Die Netze sind nicht absolut zufällig, sondern bilden Muster. Solche

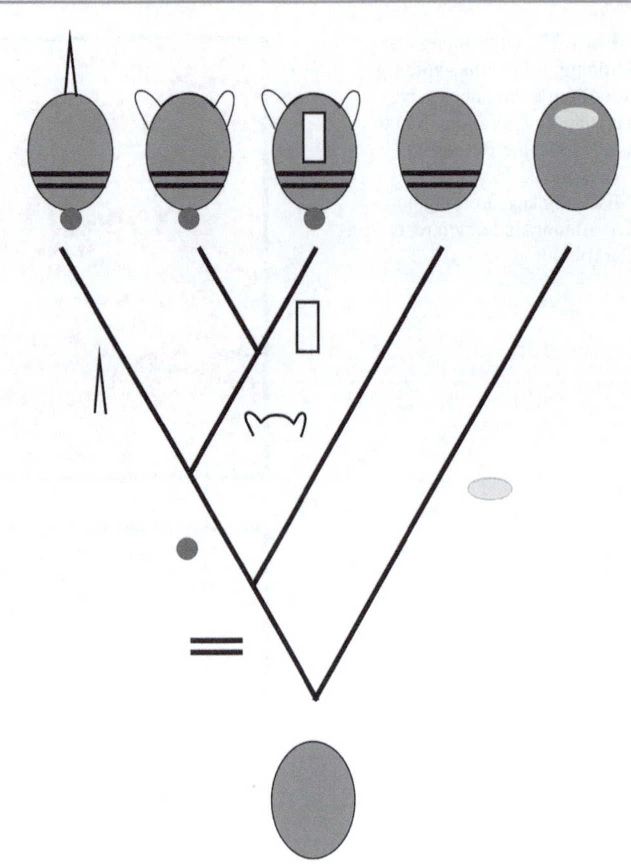

Abb. 1.36 Beispiel für ein Cladogramm (Riedl 2000)

Ordnungsmuster findet man z. B. auch bei Zwillingen, in Kristallen oder allgemein bei Symmetrien (Chaitin 1970).

Innerhalb solcher Ordnungsstrukturen scheinen sich nicht nur qualitative Eigenschaften zu wiederholen, sondern auch quantitative Werte. Als Beispiel sei hier die Fibonacci-Reihe genannt. Die Reihe gilt z. B. für die Verzweigung von Ästen in Bäumen, für die Anzahl von Tannenzapfen usw. Die Reihe lautet: 1, 1, 2, 3, 5, 8, 13, 21, 34, 55, wobei immer die letzten beiden Terme für das nächste Glied addiert werden. Die Verhältnisse der Terme nähern sich dem Wert 1,618 an. Dieser Wert entspricht dem Goldenen Schnitt: Der längere Teil verhält sich zum Ganzen, wie der kürzere Teil zum längeren. (Cramer 1989).

Menschen empfinden geometrische Strukturen, die dem Goldenen Schnitt entsprechen, als sehr harmonisch. Über die Gesetzmäßigkeit von Schönheiten gibt es zahlreiche interessante wissenschaftliche Arbeiten. 1933 führte Birkhoff den Begriff des Ästhetischen Maßes ein. Er definiert das Ästhetische Maß aus dem Quotienten der Anzahl der Ordnungsrelationen zur Komplexität. Man beachte den Begriff Komplexität, der in den folgenden Kapiteln noch eine große Rolle spielen wird. Die Idee hinter dem Ästhetischen Maß ist die Annahme, dass Menschen ein hohes Maß an ästhetischer Befriedigung bei einem ausgewogenen Verhältnis des Wahrnehmungsaufwandes für die Ordnung eines Objektes zur Komplexität des Objektes empfinden. Dahinter steht die Idee, dass Schönheit Zweckmäßigkeit ist (Birkhoff 1933; Piecha 1999). Ein einfaches Beispiel sind historische Steinbogenbrücken. Diese Bauwerke besitzen eine geringe Anzahl von Ordnungsrelationen und eine geringe Komplexität. Und in der Tat, sie beweisen ihre Zweckmäßigkeit und Schönheit seit mehr als 2000 Jahren. Auch der Goldene Schnitt scheint diesen Anforderungen nahe zu kommen. Allerdings weist Hossenfelder (2018) darauf hin, dass Schönheit kein geeignetes Kriterium für die Entwicklung von Theorien in der Physik ist.

Eine weitere solch universelle Zahl in Verbindung mit Ordnungen ist die Feigenbaumzahl. Sie lautet 4,66.920.166.091... Diese Zahl wurde ursprünglich zuerst von Siegrfried Großmann entdeckt, später aber detailliert von Feigenbaum untersucht – siehe Abb. 1.29. Sie spielt eine außerordentlich bedeutende Rolle beim Übergang von Systemen in chaotische Bereiche, also beim Übergang verschiedener Ordnungsformen. Gelegentlich findet man Aussagen, die die Bedeutung der Feigenbaumzahl mit der Bedeutung der Zahl π vergleichen.

1.2.4 Systeme

„Alles hängt irgendwie mit Allem zusammen und verändert sich in gegenseitiger Abhängigkeit. Es gibt kein System, welches nicht mit weiteren Systemen im Zusammenhang steht, aber nicht jedes System steht gleichzeitig in Verbindung zu jedem anderen System." Neuendorf (2006).

„Gehorsam ist das Charakteristikum von trivialen Maschinen. Es scheint, dass Ungehorsam das Charakteristikum nicht-trivialer Maschinen ist. Aber auch die nichttriviale Maschine ist gehorsam, sie gehorcht nur einer anderen Stimme – ihrer inneren." Heinz von Förster.

Wenn man nun Ordnungen in der uns umgebenden Welt entdecken und formulieren möchte, so muss man die Gesamtheit der Umwelt begrenzen (Abb. 1.34). Dazu führt man Systeme ein. Um Systeme finden zu können, muss man festlegen, was Systeme sind. Dazu wenige einfache Definitionen: *„Ein System ist eine Art und Weise, die Welt zu betrachten."* (Weinberg 1975). Diese Definition zeigt eine wesentliche Eigenschaft von Systemen: Systeme werden willkürlich eingeführt. Für den einen ist eine Rohrleitung ein System, für den Nächsten ein Kraftwerk, für einen Weiteren ist ein Mensch ein System und so weiter.

Weitere Definitionen lauten: *„Ein System kann als eine Menge von Elementen betrachtet werden, die in Interaktion miteinander stehen."* (Noack 2002) und *„Systeme sind Objekte, die aus einzelnen Elementen bestehen, die als eine Einheit angesehen werden können. Systeme besitzen in der Regel eine Abgrenzung von der Umwelt."* (Schulz 2006).

Diese beiden Definitionen nennen verschiedene Eigenschaften, um den Begriff abzugrenzen. Beide Definitionen beinhalten aber die Aussage, dass Systeme in weitere Subsysteme, also Elemente, zerlegt werden können. Erstaunlicherweise ähnelt die Einführung von Systemen der Einführung von Begriffen.

Die Anordnung und Verbindung der Elemente sollte nun gewisse Ordnungsformen aufweisen. Diese Ordnungsformen fasst man bei Systemen auf verschiedene Art und Weise zusammen und klassifiziert damit die Systeme.

Die einfachste Form eines Systems ist ein *„Ungeordnetes System"*. Die Moleküle in der Luft bilden z. B. ein ungeordnetes System. Hier sollen uns aber die Systeme mit einer gewissen Ordnung interessieren (Weinberg 1975). Zu diesen zählt als erstes System das *„Triviale System"*. Ein Triviales System ist durch eindeutige Relationen gekennzeichnet. Die Wirkungsketten sind linear und unabhängig, also geradezu klassisch kausal. Die Reaktion des Systems ist bestimmbar. Das System besitzt eine regelmäßige Ordnung, meistens mit wiederkehrenden Strukturen. Solche Systeme werden auch als deterministische Systeme bezeichnet. Hier tummeln sich die klassischen, analytischen Verfahren der Mathematik, wie z. B. die Differentialrechnung. Auch viele mechanische Systeme zählen zu den trivialen Systemen (Weinberg 1975).

Deutlich schwieriger zu handhaben sind *„Nichttriviale Systeme"*. Nichttriviale Systeme verhalten sich im Gegensatz zu den trivialen Systemen nichtlinear und sind nicht deterministisch. Die Nichtlinearität entsteht durch die Selbstreferenz der Systeme, das heißt Eingangsinformationen verändern das System und Ergebnisse werden wieder zu Eingangsgrößen. Solche Zustände werden auch als Kausalnexus bezeichnet, wenn eine Wirkung zugleich Ursache ist (Seemann 1997). Auch wenn das System nur eingeschränkt vorhersagbar ist, so sind doch Ordnungen erkennbar. Ordnungen und Unordnungen sind gemeinsame Eigenschaften solcher Systeme. Die Unordnung muss auch nicht zufällig sein, andere Unbestimmtheitsformen sind möglich. Ein typisches Beispiel für ein nichttriviales System ist das Wetter. (Weinberg 1975).

Eine Untergruppe der nichttrivialen Systeme sind *„Autopoietische Systeme"*. Systeme, die sich unter dem Ziel der Bewahrung selbst erneuern, bezeichnet man als Autopoietische Systeme. Autopoietische Systeme ergreifen aus sich selbst heraus Maßnahmen, um existenzbedrohende Situationen zu bewältigen. Autopoietische Systeme organisieren sich selbst. Ein solches System muss sich in einem gewissen Umfang von der Umwelt abgrenzen können. Es muss störungstolerant sein und muss über Dämpfungsregularien bei Störungen verfügen. Um sich aber wechselnden Umweltbedingungen anzupassen, muss ein solches System zwangsläufig auch Offenheit besitzen. Gleichgewicht bedeutet in der Regel den Zerfall eines autopoietischen Systems. (Weinberg 1975) Beispiele für Autopoietische Systeme sind das Klima, das Magnetfeld der Erde, Sonnenzyklen, Lebewesen, soziale Systeme oder Wirtschaftssysteme. (Haken und Wunderlin 1991).

Solche Systeme besitzen weiterhin eine Eigenschaft, die als Emergenz bezeichnet wird. Emergenz (lat. emergere: auftauchen, hervorkommen, sich zeigen) ist ein im Bereich der Systemtheorie populär gewordener Begriff, der das *„Erscheinen"* von Phänomenen auf der Makroebene eines Systems beschreibt, die erst durch das Zusammenwirken der Subsysteme, das sind die Systemelemente auf der Mikroebene, zustande kommen. Man kann es sich so vorstellen, als ob sich eine neue Dimension der Eigenschaften öffnet. Vereinfacht spricht man auch davon, dass die Summe mehr ist als die einzelnen Teile. Diese Eigenschaft wird noch im Abschnitt Komplexität erörtert. (Noack 2002).

Die bisher eingeführten Systemklassen kann man in Abhängigkeit von verschiedenen Parametern darstellen. Häufig verwendet man dazu die Parameter Strukturreichtum und Eigendynamik (Weinberg 1975). Sehr schön wird in Abb. 1.37 deutlich, dass hoher Strukturreichtum mit hoher Eigendynamik korreliert. Strukturreichtum wird auch als Parameter für Komplexität verwendet, welches aber im Abschnitt Komplexität ausführlich erläutert wird. Insgesamt aber zeigt sich, dass sich aus einfachen, ungeordneten Systemen immer höher geordnete Systeme entwickeln können, wenn diese Unordnung exportieren können (Abb. 1.32). Das heißt, das Universum musste mit einem hohen Maß an Ordnung beginnen, um die Entwicklung autopoietischer Systeme zu erlauben.

Energie kann ebenfalls für eine Einteilung von Systemen verwendet werden. Dabei wird in Systeme im thermodynamischen Gleichgewicht und Systeme fern vom thermodynamischen Gleichgewicht unterschieden. Bei Systemen im thermodynamischen Gleichgewicht herrscht mikroskopisches Chaos bei makroskopischer Homogenität (z. B. Gase). Systeme fern vom thermodynamischen Gleichgewicht besitzen zwar mikroskopisch immer noch Chaos, aber sind in der Lage, makroskopisch Ordnungen auszubilden. Solche Strukturen, die z. B. oszillieren können, sind für Systeme im thermodynamischen Gleichgewicht undenkbar. (Haken und Wunderlin 1991).

Diese Systeme im Ungleichgewicht führen uns zum Begriff der komplexen Systeme: *„Komplexe Systeme bestehen gewöhnlich aus vielen Partikeln, Objekten oder Elementen, die entweder gleichartig oder verschieden sein können. Die einzelnen Komponenten sind untereinander durch mehr oder weniger komplizierte, im Allgemeinen nichtlineare Wechselwirkungen verbunden."* (Schulz 2002).

Die mathematische Beschreibung solcher komplexen, häufig autopoietischen, Systeme ist mit außerordentlich großen Schwierigkeiten verbunden. Verschiedene Mathematiker gehen sogar davon aus, dass es im Prinzip undurchführbar ist, jedes nur denkbare dynamische System zu untersuchen und die mathematischen Gleichungen zu lösen. Die Diskussion oder Berücksichtigung jeder Ausnahme des Verhaltens dieser Systeme führt zu einem immer stärkeren Anwachsen des Aufwandes. Um dieses Problem zu lösen, schlagen sie ein mathematisches Verfahren vor, welches das typische oder generische Verhalten eines Systems beschreibt. Dieses Verfahren ist die Äquivalenzrelation. Zwei Systeme sind dann äquivalent, wenn es eine eindeutige und stetige Abbildung zwischen den beiden Systemen gibt. Diese einfache Aussage bildet die Grundlage der wissenschaftlichen Forschungen in vielen Bereichen. Sie gilt allerdings nur für bestimmte Verhaltensbereiche. Die Gültigkeitsgrenze für die Äquivalenz, bis zu der eine solche Überführung stabil ist, bildet dann auch die Gültigkeitsgrenze des Modells.

Instabilität ist im Gegensatz dazu der Wechsel von einer Äquivalenzklasse in eine andere (Haken und Wunderlin 1991). Der Wechsel von Äquivalenzklassen tritt häufig bei Systemwechseln auf. In Abb. 1.38 wird das durch einen Sprung dargestellt. Solche Systemwechsel stehen in Verbindung mit Ereignissen. Ereignisse sind durch plötzliche

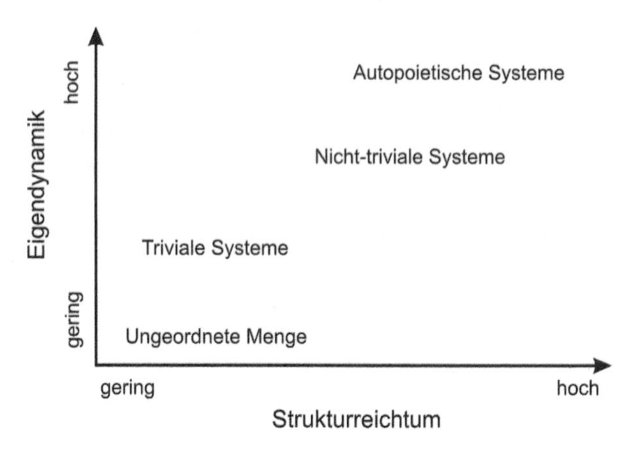

Abb. 1.37 Hierarchie der Systeme (Weinberg 1975)

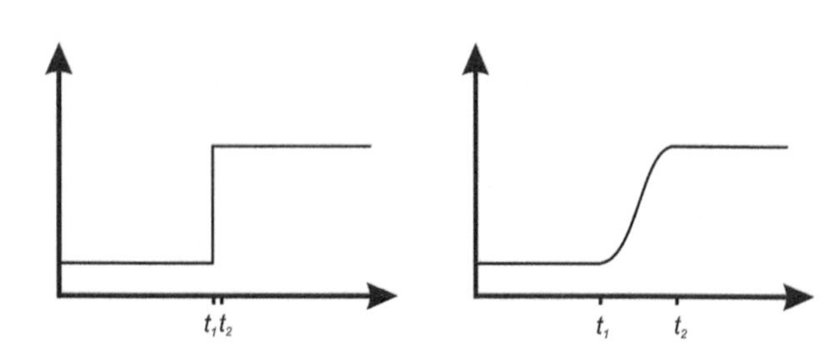

Abb. 1.38 Auflösung von Sprungfunktionen in kontinuierliche Funktionen

Änderungen von Wechselwirkungen gekennzeichnet, während Prozesse durch langsame Wirkungen und Änderungen von Wechselwirkungen geprägt sind. Ein Beispiel für einen Systemwechsel ist z. B. die Änderung der Gangart eines Pferdes in Abhängigkeit von der Geschwindigkeit (Haken und Wunderlin 1991) oder die Änderung der sozialen Verhältnisse in Deutschland 1989/90. Abb. 1.39 zeigt, dass die Auflösungsmöglichkeiten solcher Ereignisse begrenzt sind. Je mehr man in die Ereignisse reinzoomt, umso unklarer wird das Bild. Ereignisse sind durch ein hohes Maß an Unsicherheit gekennzeichnet.

Im Folgenden sei jeweils ein physikalisches und chemisches System vorgestellt, die zur Klasse der nichttrivialen Systeme gerechnet werden: die Rayleigh-Bénard-Zellen und die Belousov-Schabotinski-Reaktion. So genannte Rayleigh-Bénard-Zellen kann man erzeugen, indem man einen Wasserbehälter unten erhitzt und oben abkühlt. An der Grenzschicht wird das Wasser erwärmt bzw. abgekühlt und wandert von dort in die Mischungszone. Das warme Wasser steigt von unten auf und kaltes Wasser sinkt von oben herab. Die Schichtung bzw. stationäre Strömung des Wassers wird aber anschließend zunehmend instationär und zeigt sogar chaotisches Verhalten (Abb. 1.40). Dieses instationäre Verhalten zeigt sich durch Strömungsrollen. Diese treten aber nicht gleichmäßig auf, sondern in Form von lokalen Defekten. Sie sind nicht prognostizierbar.

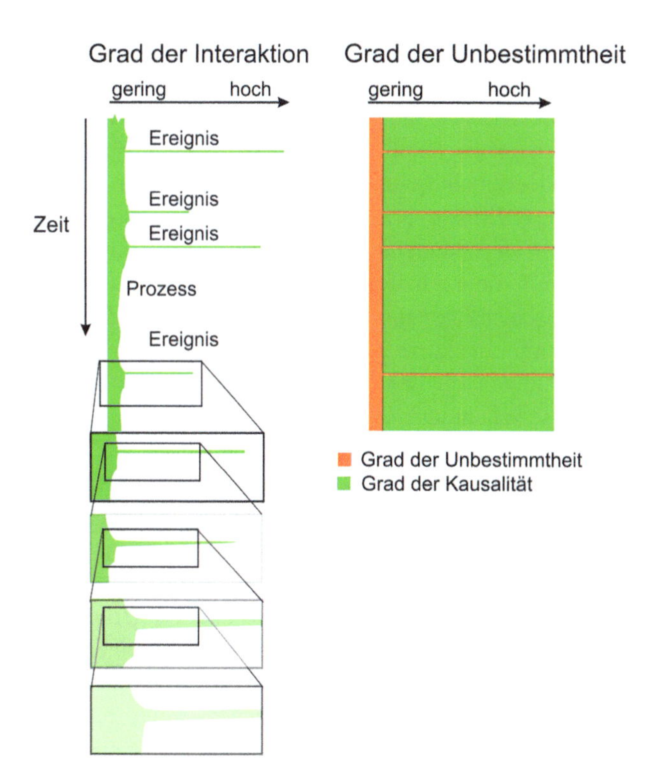

Abb. 1.39 Abhängigkeit von Auflösungsmodellen von Beobachtungen und Modellen und steigender Unsicherheit aufgrund der steigenden Anzahl Eingangsgrößen

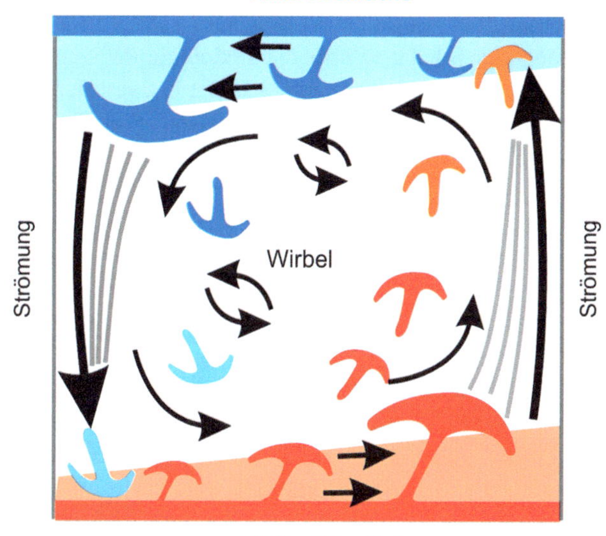

Abb. 1.40 Rayleigh-Bénard-Zellen (Zhang et al. 1997)

Ab einer bestimmten Größe der Störungen bildet sich wieder eine einheitliche Strömung (Siefert und Renner 2006; Jakobi 2006). Räumliche Rayleigh-Bénard-Zellen bilden klassische Muster (Wabenstruktur), die man z. B. bei Wolken finden kann.

1951 entdeckte der russische Wissenschaftler Boris Pawlowitsch Belousov einen chemischen Oszillator. Die Mischung aus Zitronensäure, Bromat und Salz wechselte periodisch zwischen gelber Farbe und klarer Flüssigkeit. Leider wurde die Veröffentlichung zu diesem Versuch durch den wissenschaftlichen Begutachter abgelehnt. Glücklicherweise aber befasste sich einige Jahre später ein weiterer Wissenschaftler mit dem Versuch. Der russische Biophysiker Anatoli Markowitsch Schabotinski veränderte den Versuch leicht, indem er teilweise andere Chemikalien nutzte. Dabei entdeckte er, dass die Veränderung nicht homogen in dem Medium auftritt, sondern sich vielmehr in geometrischen Mustern wie Kreisen und Spiralen vollzieht (Abb. 1.33). Die Oszillation vollzieht sich also räumlich und zeitlich. Diese chemische Reaktion wird als Belousov-Schabotinski-Reaktion bezeichnet. Diese oszillierenden, chemischen Reaktionen sind heute von besonderem Interesse, da sie teilweise chaotisches Verhalten zeigen. Im Gegensatz zu vielen chemischen Reaktionen zeigen die Belousov-Schabotinski -Reaktionen kein Gleichgewicht. (Edgington 1999; Meyer 2022; Aspaas und Stanley 2006).

Fasst man die kurzen Ausführungen zusammen, dann zeigen Systeme aus verschiedenen Fachgebieten gleiche Eigenschaften. Dies führt zu der Frage, ob man nicht abstrakte Systeme untersuchen könnte. Die Untersuchung von Systemen, unabhängig vom spezifischen Fachgebiet, hat in den letzten Jahren rasant an Bedeutung gewonnen. Der

Gründer der Systemtheorie war vermutlich der russische Wissenschaftler Alexander A. Bogdanov (1873–1928). Die Arbeiten von Bogdanov über die Tektologie (Wissenschaft der Organisationen) wurden 1913 und 1927 veröffentlicht. Zwar wurden die Werke auch im Ausland, z. B. Deutschland publiziert, aber die wissenschaftliche Gemeinschaft nahm diese Arbeiten nicht wahr. Dazu kam noch, dass Lenin die Arbeiten von Bogdanov in Russland kritisierte, so dass die Arbeiten nicht weiter veröffentlicht wurden. Die Bedeutung der wissenschaftlichen Leistungen Bogdanov's wurde erst zu Beginn der 80er Jahre des 20. Jahrhunderts deutlich.

Ludwig von Bertalanffy, der heute offiziell als der Vater der Systemtheorie gilt, veröffentlichte etwa ab den 40er Jahren des 20. Jahrhunderts mehrere Aufsätze zum Thema Systemtheorie. Die Arbeiten dieses österreichischen Biologen wurden 1968 in einem Buch mit dem Titel „Systemtheorie – Grundlagen, Entwicklung und Anwendung" gekrönt (von Bertalanffy 1968). Dieses Buch galt und gilt auch heute noch als Fundamentalwerk der Systemtheorie. (Olsson und Sjöstredt 2004).

Eine der wichtigsten Erkenntnisse der Systemtheorie lautet: ausreichend komplexe Systeme entkoppeln sich. Sie sagen sich praktisch von ihrem primären Ziel oder ihrer Aufgabe los und erzeugen Unbestimmtheit. Der Vorteil dieser Kenntnis liegt für den Betrachter darin, dass man allein aus dem Aufbau eines Systems eine systeminhärente Unbestimmtheit herleiten kann, und zwar, ohne irgendwelche Informationen über die Eingabe und Ausgabe dieses Systems zu kennen. Diese Schlussfolgerung ist von enormer Bedeutung, weil sie es erlaubt, allein aus theoretischen Überlegungen heraus Informationen über die Reaktion bzw. Ausgabe von Systemen zu gewinnen.

Die Wahrnehmung fachübergreifender Eigenschaften von Systemen wird heute durch die Wissenschaftslandschaft stark behindert. Die Wissenschaft ist im Wesentlichen auf die Lösung von Detailproblemen fokussiert, während die Forscher in der Renaissance noch einen Überblick über die verschiedenen Wissenschaftsbereiche besaßen. Tab. 1.4 zeigt die charakteristischen Prozesslängen in den verschiedenen Fachgebieten.

Tab. 1.4 Charakteristische Prozesslänge (Frisch 1989)

	Charakteristische Prozesslänge in Jahren
Astronomische Prozesse	$1–10^9$
Geologische Prozesse	$10^4–10^9$
Biologische Prozesse	$<10^9$
Höhere Lebensformen	550×10^6
Entwicklung Neocortex	$3 \times 10^4–10^5$
Ökologische Prozesse	$10–10^4$
Ökonomische Prozesse	$1–5 \times 10$
Politische Prozesse	4–5 (Legislaturperiode) bis zu 40 Jahre (Diktator)
Technische Prozesse	1–20
Menschlicher Organismus	Bis 100

1.2.5 Zeit

Die Zeit stellt die wichtigste Verknüpfung aller gewählten Systeme und ihrer Grenzen dar. Dies soll in diesem Abschnitt kurz diskutiert werden. Zunächst aber einige allgemeine Überlegungen am Anfang: Alle Erscheinungsformen der uns bekannten Materie sind geprägt durch Veränderung. Basierend auf diesen Beobachtungen können wir festhalten: Die Welt wird beherrscht durch Veränderung. Nicht umsonst gibt es den Spruch: *„Die einzige Konstante im Leben ist die Veränderung"*. Diese Veränderung koppelt praktisch alle Vorgänge, Prozesse oder Entwicklungen, je nachdem, welchen Begriff man wählen möchte, an die Zeit. Oder um es andersherum zu betrachten und mit den Worten von Ernst Mach (Neundorf 2006) zu formulieren: *„In unserer Zeitvorstellung drückt sich der tiefgreifendste und allgemeinste Zusammenhang der Dinge aus"*.

Wenn wir uns allerdings eine statische Berechnung eines Bauwerkes anschauen, so gibt es dort in der Regel keinen Einfluss der Zeit, sie ist sozusagen zeitlos. Verkehrslasten werden als über bestimmte Flächen konstante, statische Flächen- oder Achslasten angenommen, Windlasten werden als statische Flächenlasten angenommen etc. Diese vereinfachten Ansätze mögen für viele baupraktische Fragestellungen ausreichend sein, manche Effekte können wir damit jedoch nicht beschreiben und erfassen. Die Baustatik kann diese Effekte praktisch nicht sehen. Diese Effekte werden in der Baudynamik behandelt. Sie ist also nichts anderes als die explizite Berücksichtigung der Zeit in den „baustatischen" Berechnungen. In der Baudynamik wird allerdings nur eine kurze Zeitspanne, also Sekunden und vielleicht Minuten, in den Berechnungen berücksichtigt. Ermüdungserscheinungen, die nach vielen Jahren auftreten können, oder Degradationserscheinungen nach Jahrzehnten sind nicht Bestandteil der Baudynamik. Wie wir sehen können, versuchen wir oft, die Zeiteffekte zu vernachlässigen oder nur in dem zwingend notwendigen Umfang zu berücksichtigen.

Wenn wir die Zeit als Maß im Sinne von Ernst Mach verwenden sollen, dann darf und muss sie die einzige Verbindung zwischen den Dingen und Prozessen sein. Das kann man sich am besten verdeutlichen, wenn man überlegt, wie die Zeit bestimmt wird. Die Zeit selbst kann man, genau wie den Raum, nur über relative Bezüge messen. Wählt man eine universelle mathematische Formulierung der Abhängigkeit eines Prozesses, so ist dieser Prozess eine

Funktion einer Ausgangssituation x_0, einer Funktionsform F und dem besonderen Parameter Zeit t.

Es sei an dieser Stelle auf den sogenannten Laplace'-schen Dämon hingewiesen. Dieser hypothetische Dämon kann bei vollständigem Wissen über die Ausgangssituation x_0 des gesamten Universums und einer deterministischen Funktionsschar F, den Entwicklungsverlauf des gesamten Universums vorhersagen. Leider sind viele Prozesse nicht allein deterministisch, sondern zu wesentlichen Teilen auch unbestimmt – siehe das Beispiel über die Verhulst-Gleichung.

Die Bestimmung der Zeit erfolgt allein über Referenzprozesse. Das bedeutet, dass man neben dem einen Prozess, den man untersuchen möchte, einen zweiten, unabhängigen Referenzprozess benötigt. Solch ein Prozess kann z. B. das Ticken einer Uhr oder der Umlauf der Erde um die Sonne sein. Nimmt man nun an, die Änderung der Zeit sei in beiden Systemen identisch, so kann man die Gleichung des Referenzprozesses nach der Zeit umformen und in die Gleichung des ersten Prozesses einsetzen. Die Grundlage dafür ist genau die Form der Kopplung, wie sie oben Ernst Mach beschrieben hat. Denn während der Referenzprozess eigentlich völlig unabhängig von dem ersten Prozess ablaufen muss, sonst wäre er Bestandteil des Funktionsschar F, so scheint es doch die Kopplung der Prozesse über die Zeit t zu geben. Diese ausschließliche Kopplung wäre z. B. nicht gegeben, wenn die Uhrzeit in einem Raum davon abhängig wäre, wie viele Menschen in dem Raum sind oder ob es regnet. Allerdings wissen wir, dass die Zeit durchaus von Eigenschaften des Raumes abhängen, z. B. von relativistischen Geschwindigkeiten.

Vernachlässigen wir diese Erkenntnis, verbleibt also eine Unterscheidung zwischen normalen Wechselwirkungen, wie der Gravitation, der starken und der schwachen Wechselwirkung, die Zeit als eine übergreifende und universelle Kopplung. Die oben genannten Referenzprozesse nutzen in der Regel Beobachtungen von räumlichen, wiederkehrenden Bewegungen. So kennen wir die Zeitlänge eines Tages oder eines Jahres, die an die astronomischen Bewegungen der Erde gebunden sind. Anderen Wechselwirkungen, wie die starke und die schwache Wechselwirkung, beziehen sich in der Regel auf Kräfte. Die Gravitation bezieht sich auf den Raum. Motor für diese Wechselwirkungen ist in der Regel die Energie.

Und trotz dieser ungeheuren Bedeutung für unseren Verständnis der Welt entzieht sich die Zeit selbst dem Verständnis des Menschen. Im Allgemeinen glaubt man, dass die Zeit selbst zeitlos sei und dass es die Zeit schon immer gegeben hat. Aber bereits die alten griechischen Philosophen vermuteten: *„Die Zeit ist mit der Welt, die Welt nicht in der Zeit geschaffen.“* Wäre dies tatsächlich wahr, könnte man keine Kausalbeziehungen für die Zeit vor der Entstehung der Zeit formulieren. Stephen Hawking hat die Frage nach dem Beginn der Zeit daher durch die Einführung einer imaginären Zeit beantwortet. Damit wird ein Beginn der Zeit nicht mehr notwendig. (Seemann 1997).

Abb. 1.41 stellt eine Verbindung zwischen der Zeit und der Unbestimmtheit dar. In der Gegenwart ist die Unbestimmtheit minimal, aber nicht null, während sie Richtung Zukunft und Vergangenheit zunimmt.

1.2.6 Komplexität

Nach Kolmogorov ist Komplexität Zufälligkeit, und Zufälligkeit ist nichts anderes als Unbestimmbarkeit. Die Annahme, dass Komplexität mit Unbestimmbarkeit einhergeht, scheint nicht unverständlich – aber was ist dann Komplexität? Diese Frage ist leider nicht leicht zu beantworten. Wenn Komplexität etwas ist, was sich der Vereinfachung entzieht, dann kann man Komplexität auch nicht in einer einfachen Definition festzurren. In der Tat lehnen verschiedene Wissenschaftler die Definition von Komplexität ab (Riedl 2000). Sie gehen davon aus, dass Komplexität vielfältig, relativ und stets polymorph ist (Riedl 2000; Cramer 1989). Komplexität ist relativ, weil es von der Sichtweise abhängt: Ein Metzger beurteilt das Hirn eines Rindes als nicht komplex, während ein Neurobiologe dies tut. (Flood 1993; Funke 2006).

Auch geschichtlich haben sich die Ansichten über Komplexität stark gewandelt. So standen am Anfang der wissenschaftlichen Betrachtungen sehr einfache Systeme, die für die damaligen Wissenschaftler durchaus als komplex angesehen wurden. Die Untersuchungen richteten sich häufig auf Probleme, die nur zwei Variablen besaßen. Erwähnt seien hier die Arbeiten von Galileo Galilei (Fallgesetze) um 1600, die Arbeiten von Johannes Kepler zu

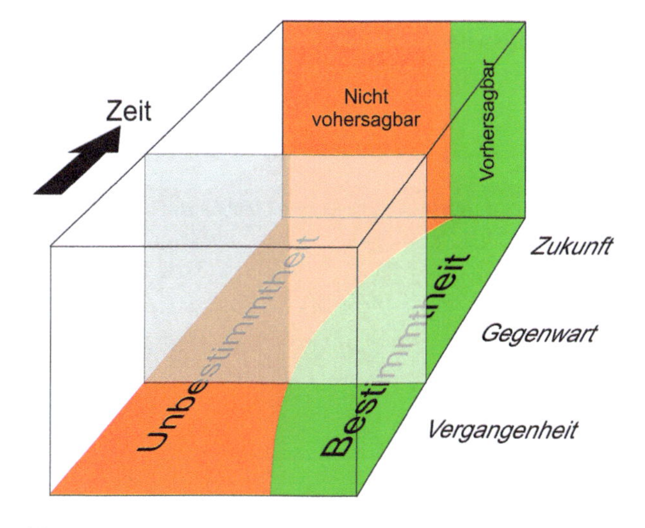

Abb. 1.41 Verhältnis von Unbestimmtheit und Bestimmtheit über die Zeit

den Planetenbahnen 1609 oder die Entdeckung der Grundgesetze der Mechanik durch Isaak Newton 1687. Viele solcher historischen Probleme werden heute als gelöst angesehen und haben die Eigenschaft der Komplexität verloren (Noack 2002; Schulz 2002). Die Definition eines komplexen Systems hängt also wesentlich vom Erkenntniszustand ab.

Etwa ab der Mitte des 19. Jahrhunderts beginnen Arbeiten zu Systemen, die eine Vielzahl von Variablen besitzen. Zwar ist das Verhalten der einzelnen Elemente nicht beschreibbar, aber das Verhalten des Systems kann erfasst werden. In diese Kategorie fallen z. B. die Arbeiten von Ludwig Boltzmann zur statistischen Entropie. Man bezeichnet diese Systeme auch als unorganisierte Komplexität.

Zwischen diesen beiden Klassen, also den trivialen Systemen und Systemen mit unorganisierter Komplexität, taucht eine weitere Art von Systemen auf: Systeme mit organisierter Komplexität (Abb. 1.42). Diese Systeme sind von besonderem Interesse und bildeten den Auslöser für die Komplexitätsforschung. (Noack 2002). Abb. 1.43 zeigt die Wissenschaftsgebiete, die sich mit Systemen mit organisierter Komplexität beschäftigen. Auch Abb. 1.44 verbindet Objekte mit Wissenschaftsgebieten. Diese Verbindung ist relativ weit verbreitet (siehe auch die Abb. 1.45 und 1.46).

Die Geschichte der eigentlichen Komplexitätsforschung lässt sich über 100 Jahre zurückverfolgen. Man versuchte hier, Erkenntnisse aus den Bereichen Physik, Mathematik, Biologie und Chemie zusammenzufassen. Wirtschaftswissenschaftliche Relevanz erreichte die Komplexität etwa um die Mitte des 20. Jahrhunderts mit der Entwicklung der Informations- und Automatentheorie, der Kybernetik, der allgemeinen Systemtheorie und der Selbstorganisationstheorie. Die Wahrnehmung dieser Komplexitätstheorie war jedoch gering. Mitte bis Ende der 70er Jahre des 20. Jahrhunderts schloss sich eine Konsolidierungsphase an. Sogar Gesellschaftswissenschaftler begannen, die Identität der Probleme in den verschiedenen Fachgebieten zu erkennen.

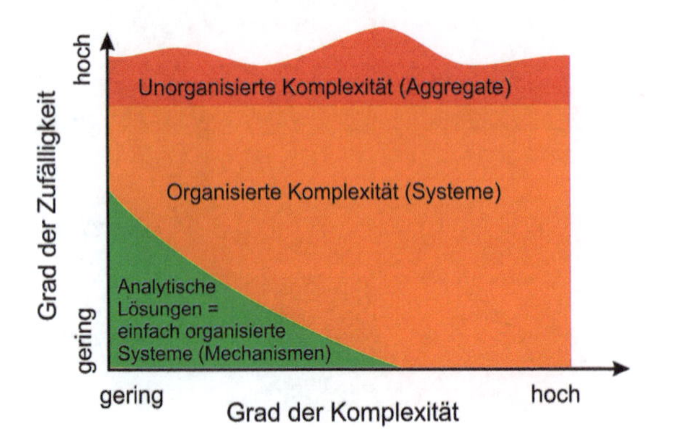

Abb. 1.42 Hierarchie der Systeme (Weinberg 1975)

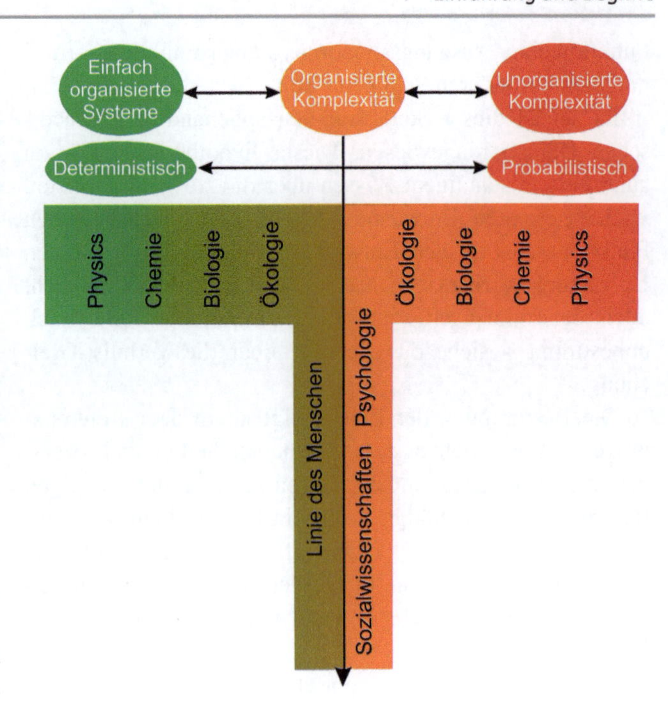

Abb. 1.43 Hierarchie der Systeme (Riedl 2000)

Heute gibt es durch den massiven Einsatz der Rechentechnik eine Vielzahl von Verfahren, um das Verhalten komplexer Systeme beschreiben und vor allem darstellen zu können. (Fehling 2002).

Aufgrund der verschiedenen Fachgebiete hat sich die historische Vielfalt der Definitionen des Begriffs Komplexität bis heute gehalten. Inhalt des Begriffs sind gerade Systeme, die sich nicht reduzieren lassen, welches eine Grundbedingung für eine gute Definition ist. Da Komplexität oder komplexe Systeme sich einer Vereinfachung entziehen, wird der Begriff Komplexität durch die Eigenschaften der Systeme beschrieben: so etwa *„komplexe Systeme besitzen …"*, siehe Abb. 1.47. Die Explikation des Begriffs Komplexität fällt also leichter als die Definition. Die Explikationen berücksichtigen in der Regel immer die Anzahl der Elemente und die Verknüpfung der Elemente, teilweise auch die zeitliche Entwicklung der Struktur. Die Festlegung, was ein Element und was eine Verknüpfung ist, hängt häufig von der Fragestellung ab. Beides zusammen wird als Struktur bezeichnet. (Fehling 2002).

Der Begriff Komplexität selbst kommt aus dem Lateinischen von *complectari,* was so viel wie umarmen oder umfassen bedeutet (Wikipedia 2006). Oft versucht der Mensch damit Entitäten zu beschreiben, die in ihrem Inneren multikausale Netzwerke bzw. Systeme entwickeln, die der Mensch schwierig erfassen und erklären kann. Manche Autoren meinen, dass das eingeschränkte Verständnis von Systemen eine Eigenschaft der Komplexität ist. Projiziert man das auf den Menschen, so spricht man auch von begrenzter

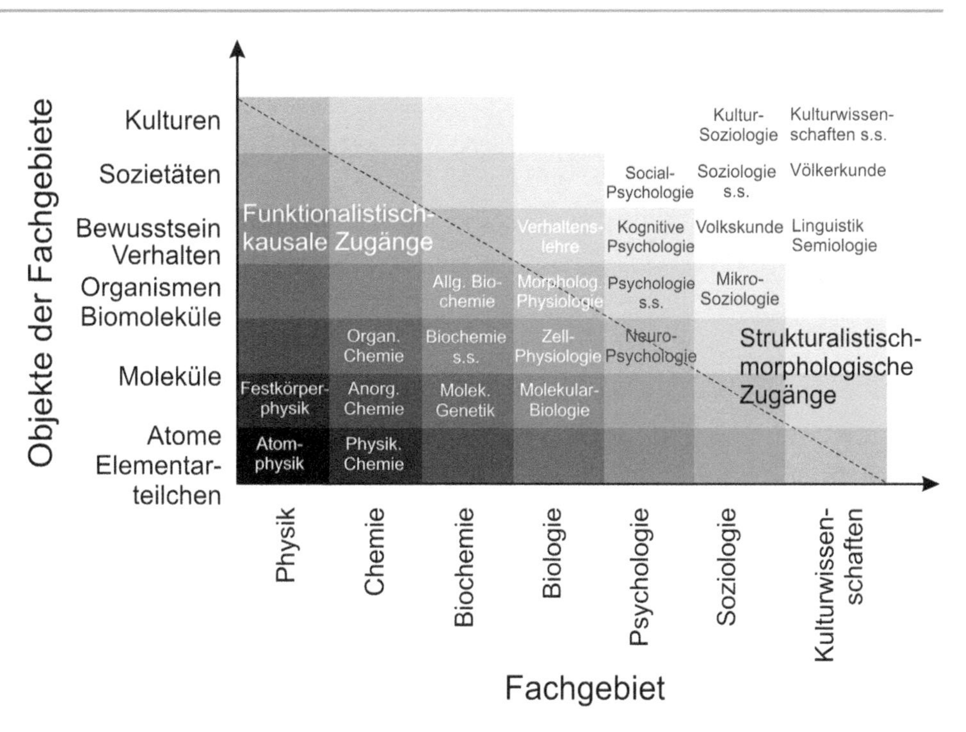

Abb. 1.44 Gruppierung von Fachgebieten nach der Komplexitätsebene ihres Gegenstandes. (s.s = sensu stricto = im strengeren Sinne) (Riedl 2000)

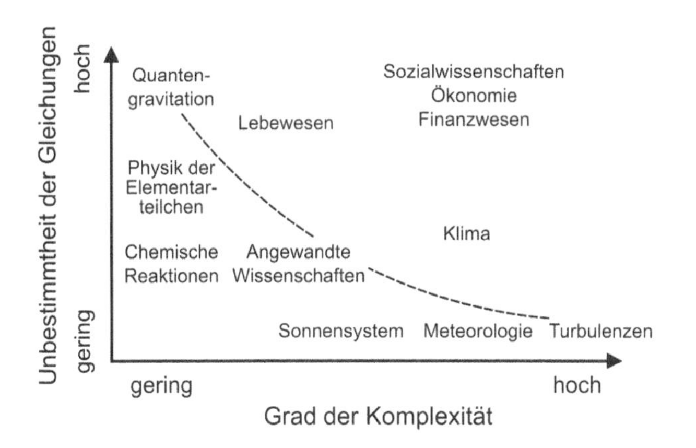

Abb. 1.45 Komplexität und Unbestimmtheit der Gleichungen (Barrow 1998)

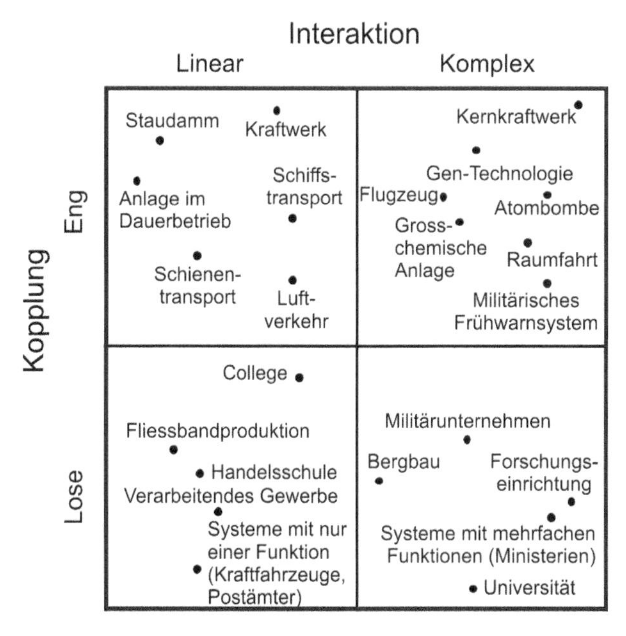

Abb. 1.46 Darstellung verschiedener Systeme in Abhängigkeit der Interaktion und dem Kopplungsgrad (siehe Tab. 1.5)

Rationalität, besser vielleicht begrenzter Wirklichkeitsaufnahme. (Funke 2006).

Auf die Beschreibung des Begriffs Komplexität über die Auswahl und Zuordnungen von verschiedenen Eigenschaften wird noch ausführlich eingegangen. Doch zunächst seien hier einige einfache Definitionen gegeben, um einen Einstieg in das Verständnis der Komplexität zu erlauben.

Komplexität lässt sich z. B. vereinfacht definieren als ein vom System selbst erzeugter Überschuss an Möglichkeiten (Wasser 1994). Andere beschreiben Komplexität als den Logarithmus der Anzahl der Möglichkeiten eines Systems (Cramer 1989). Manche Autoren meinen, dass Komplexität an Dynamik gekoppelt sei (Fehling 2002). Andere sprechen bei Komplexität von Gradienten von Kennzeichen (Riedl 2000).

Weit verbreitet ist die Definition, dass Komplexität die Anzahl der Elemente und ihrer Verknüpfungen ist (Schmidt 2003; Funke 2006). Komplexitätsforschung untersucht Systeme, die aus einer Vielzahl unabhängiger Agenten bestehen, die wiederum auf vielen verschiedenen Wegen miteinander

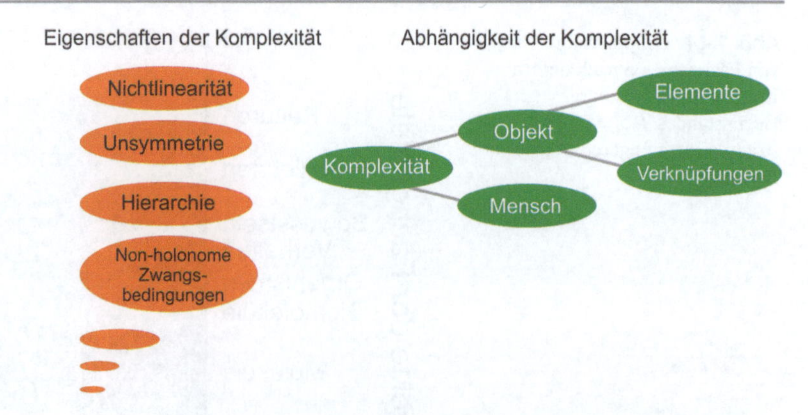

Abb. 1.47 Eigenschaften von Komplexität

agieren (Exploratorium 2006). Dabei werden die beiden Komponenten auf eine bestimmte Art verknüpft, wie z. B. Komplexität = Kompliziertheit × Interdependenz. Innerhalb dieser Definition gibt es verschiedene Unterformen von Komplexität, z. B. ergibt sich Komplexität aus der Anzahl der Komponenten und ihren Verbindungen. Bei der Strukturkomplexität dominiert die Anzahl der Komponenten; bei der Prozesskomplexität dominiert die Anzahl der Verbindungen (Funke 2006). Ein Beispiel für ein komplexes System in diesem Sinne ist das Gehirn, Abb. 1.48. Tab. 1.6 nennt die Anzahl und Verbindungen für das Gehirn, aber auch für wenige technische Erzeugnisse zu Vergleichszwecken.

Die verschiedenen Zugänge zu dem Begriff Komplexität aufgrund der verschiedenen Fachgebiete werden im Folgenden anhand ausführlicherer Beschreibungen des Begriffs Komplexität verdeutlicht. Um aber Komplexität oder komplexe Systeme beschreiben zu können, muss man zunächst eine Einteilung der Ebenen in komplexe Systeme vornehmen. Solche Ebenen können sein (Schulz 2002):

- Soziale Strukturen als Bestandteil des Ökosystems,
- Menschen als Bestandteil einer sozialen Struktur,
- Zellen als Bestandteil eines Menschen,
- Moleküle als Bestandteil von Zellen,
- Atome als Bestandteil von Molekülen.

Die Einteilung komplexer Systeme in Elemente richtet sich in der Regel nach der Fragestellung. Dazu werden charakteristische Längen- und Raumskalen verwendet. Die hierbei hervortretenden Freiheitsgrade sind die aktiven oder relevanten Freiheitsgrade. Freiheitsgrade, die nicht in die gewählten charakteristischen Skalen fallen, sind so genannte irrelevante Freiheitsgrade. Tab. 1.7 nennt solche relevanten

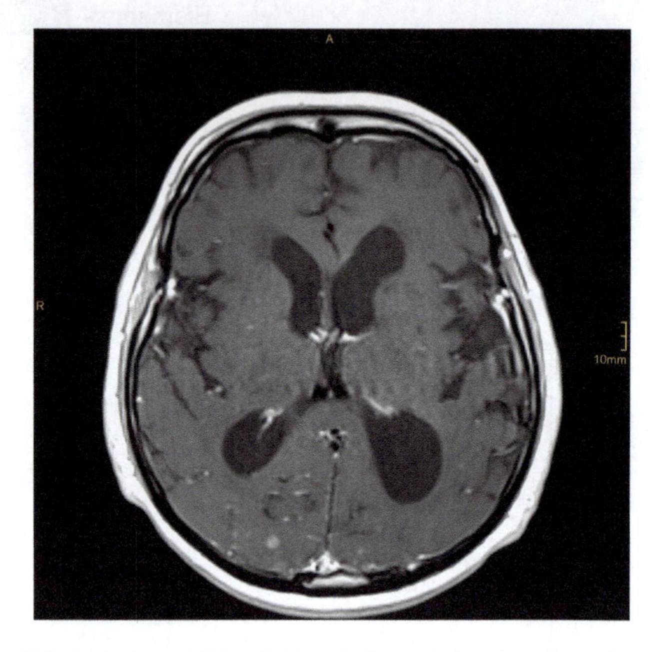

Abb. 1.48 Menschliches Gehirn als Beispiel eines komplexen Systems (Foto: *U. Proske*)

Tab. 1.5 Vergleich von Systemen mit enger und loser Kopplung (entnommen Metzner 2002)

Enge Kopplung	Lose Kopplung
Keine Verzögerungen im Betriebsablauf möglich	Verzögerungen des Betriebsablaufes möglich
Unveränderbarkeit des Ablaufs	Ablauf veränderbar
Produktionsziel nur mit einer Methode realisierbar	Alternative Methoden möglich
Geringer Spielraum bei Betriebsstoffen, Ausrüstung und Personal	Mehr oder weniger großer Spielraum verfügbar
Puffer und Redundanzen konstruktiv vorgeplant	Puffer und Redundanzen durch zufällige Umstände verfügbar
Substitution von Betriebsstoffen, Ausrüstung und Personal begrenzt und vorgeplant	Substitution je nach Bedarf möglich

Tab. 1.6 Anzahl Elemente verschiedener Systeme und Eigenschaften des komplexen Systems Gehirn

Objekt	Anzahl bzw. Anzahl Elemente
Sensoneuronen (Externe Verbindung)	10^7
Interneuronen (intern)	10^9–10^{11}
Motoneuronen (Externe Verbindung)	10^6
Anzahl Verbindungen	10^{14}
Pentium IV	10^7
Cerebras-Chip	10^9
Modernes Flugzeug	4–5×10^6
Schaltoperationen per Neuron	10^3 pro Sekunde
Schaltoperationen pro Gehirn	10^{12}–10^{13} pro Sekunde
Verknüpfung pro Nervenzelle	100–10.000

und irrelevanten Freiheitsgrade. Allerdings lassen sich die Skalen nicht vollständig voneinander entkoppeln. Vielmehr existieren immer Situationen, in denen aus irrelevanten Freiheitsgraden relevante Freiheitsgrade werden. Um nun eine Grundlage für die Auswahl der relevanten Freiheitsgrade, also der charakteristischen Längen- und Zeitskalen zu erhalten, gibt es die Möglichkeit der Trennung: Man schneidet das zu betrachtende komplexe System samt einem Teil der Umgebung des Systems aus der Umwelt heraus (Abb. 1.34). Vergleicht man nun die Entwicklung eines solchen herausgeschnittenen Systems mit einem System, welches in der Umwelt verblieben ist, so kann man entweder eine identische Entwicklung feststellen oder Unterschiede wahrnehmen. Wenn keine Unterschiede auftreten, so scheinen die gewählten Vereinfachungen die Lösung des zu betrachtenden Problems nicht zu behindern. (Schulz 2002).

In der Mathematik wird für Komplexität häufig die Definition von Turing verwendet. Dabei geht man davon aus, dass ein universeller Computer in der Lage ist, jedes vernünftig gestellte Problem zu lösen. Im Computer werden für die Lösung des Problems Algorithmen benötigt. Natürlich kann man ein und dasselbe Problem durch verschiedene Algorithmen lösen lassen. Es gibt aber einen Algorithmus, der die geringste Länge aufweist. Solch eine Länge kann man als ein Maß für die Komplexität eines Problems ansehen. Geht man weiter davon aus, dass hinter einem Problem immer auch ein zu beschreibendes System steht, so kann man also dadurch die Komplexität von Systemen beschreiben. (Schulz 2002).

Diese sehr elegante Definition hat allerdings einen Haken: Wie soll man den Algorithmus mit der minimalen Länge finden? Und noch schlimmer: Der Mathematiker Kurt Gödel konnte beweisen, dass kein Verfahren existiert, um solche Algorithmen minimaler Länge zu entwickeln. Man kann also nur für Sonderfälle solche Algorithmen finden. (Schulz 2002).

Der Frage, warum klassische, also triviale, Konzepte bei der Beschreibung von komplexen Systemen versagen, kann man sich auf rein mathematischer Ebene nähern. Zunächst geht man davon aus, dass das Ziel der Newton'schen Mechanik die Beschreibung von Bahnkurven ist. Weiterhin soll gelten, dass anfänglich eng benachbarte Bahnkurven auch in der Zukunft nah beieinander liegen. Diese Annahme spielt eine wesentliche Rolle für die experimentelle Erschließung unserer Welt. Auch wenn man Verhältnisse nicht exakt simulieren kann, aber die Zustände sollen vergleichbar sein. Mathematische Untersuchungen zeigen nun, dass die Evolution solcher Bahnkurven durch so genannte Ljapunow-Exponenten kontrolliert wird. Kennt man also das Spektrum der Ljapunow-Exponenten, kann man die Entwicklung von Bahnkurven charakterisieren. (Schulz 2002).

Die Ljapunow-Exponenten sind komplexe Zahlen. In Abhängigkeit vom Vorzeichen des Realteils der Zahlen ergeben sich gewisse qualitative Eigenschaften der Bahnkurve. So bleiben Bahnkurven benachbart, wenn alle Realanteile der Exponenten negativ bleiben. Existiert aber zumindest ein positiver Realanteil, dann beginnen die Kurven sich voneinander zu entfernen. Wenn sich die Kurven voneinander entfernen, verlieren die Kurven ihre Ähnlichkeit und die Prognose einer Kurve durch eine andere Kurve wird unmöglich. Solch ein Verhalten bezeichnet man als Chaos. Winzigste Unterschiede in den Ausgangsbedingungen zweier Kurven führen zu qualitativ unterschiedlichem Verhalten. Es schließt sich aber die Frage an, ob solche positiven Ljapunow-Exponenten überhaupt existieren. Die

Tab. 1.7 Freiheitsgrade für bestimmte Systeme (Schulz 2002)

System	Gehirn	Klimamodelle	Biologische Systeme	Verkehrsdynamik	Finanzmärkte
Relevante Freiheitsgrade	10^3–10^8	10^6–10^9	10^3–10^8	10^3–10^8	10^3–10^{10}
Irrelevante Freiheitsgrade	10^{25}–10^{27}	10^{45}–10^{52}	10^{30}–10^{40}	10^{30}–10^{40}	10^{40}–10^{52}
Charakteristische Zeitspanne der Relevanten in Sekunden	10^{-3}-10^9	10^0–10^{13}	10^1–10^{15}	10^0–10^7	10^0–10^8
Charakteristische Zeitspanne der Irrrelevanten in Sekunden	10^{-14}	10^{-14}	10^{-14}	10^{-14}	10^{-14}

Invarianz mechanischer Gleichungen führt leider zu der Konsequenz, dass in jedem mechanisch reversiblen System zu jedem Ljapunow-Exponenten ein Ljapunow-Exponent mit entgegengesetztem Vorzeichen existiert. Das bedeutet, in jedem mechanischen System, in dem Wechselwirkungen zwischen Partikeln oder Elementen vorhanden sind, ist die Entwicklung eines chaotischen Verhaltens prinzipiell möglich. Das heißt, einfache triviale Systeme existieren überhaupt nicht. Diese Systeme zeichnen sich höchstens durch eine geschickte Modellbildung aus und besitzen vermutlich eine geringere Verknüpfung mit der Umwelt. (Schulz 2002).

Auch andere Autoren (Weiss 2013) beschreiben die Komplexität eines Problems als den geringsten möglichen Aufwand, der mit irgendeinem Algorithmus dafür erreicht werden kann. Dabei unterscheiden sie:

- Logarithmische Komplexität,
- Lineare Komplexität,
- Quadratische Komplexität,
- Exponentielle Komplexität.

Systeme, für deren Beschreibung der Algorithmus genauso lang ist, wie das System, sind praktisch unbestimmt. Die Frage ist allerdings, wann die Unbestimmtheit beginnt. Darf das Programm z. B. etwas kleiner als das System sein oder ist die praktische Beschreibung erst möglich, wenn deutlich kleinere Programme (z. B. einige Zehnerpotenzen) das System beschreiben können. (Cramer 1989).

Die bisher vorgestellte Behandlung der Komplexität war sehr stark mit der Mathematik verbunden. Im Bereich der Biologie hat sich eine andere Sichtweise entwickelt, wie die nächsten Definitionen der Komplexität zeigen werden.

Zunächst geht man davon aus, dass Komplexität Formen von Ordnung enthält (Riedl 2000). Wenn also Unbestimmtheit und damit Unordnung Komplexität ist, so zeigt sich hier eine deutlich andere Herangehensweise. Diese Entwicklung von Ordnungen hängt zusammen mit der Überschreitung der Verbindungskapazität von komplexen Systemen. Diese Eigenschaft wird noch erläutert. Die Überschreitung der Verbindungskapazität erfordert aber die Entwicklung von Vielschichtigkeit und Organisationsebenen, die diesen Nachteil kompensieren müssen. (Pulm 2004).

Weiterhin geht man davon aus, dass komplexe Systeme Entropie exportieren müssen, um eine Ordnung aufrechterhalten zu können (Abb. 1.32). Diese Eigenschaft wurde bereits im Abschnitt Ordnung erwähnt. Man kann das sehr schön zusammenfassen: Komplexe Systeme brauchen „Futter“ (Riedl 2000) Der Energieumsatz selbst kann als Komplexitätsmaß gelten: Biologische Systeme sind umso komplexer, je mehr Energie sie umsetzen. Man kann hierbei die höhere Stoffwechselrate bei Säugetieren mit der von Reptilien vergleichen. Die konstante Körpertemperatur erlaubt die wetterunabhängige Bewegung des Organismus und erfordert Mechanismen, die zu höherer Komplexität führen. Energieangaben für verschiedene Systeme finden sich in Tab. 1.8. Ein weiterer Komplexitätsindikator ist die Anzahl verschiedener Zelltypen innerhalb eines Organismus. Damit wird eine Vorstellung über den Umfang verschiedener Funktionen innerhalb des Systems gegeben. Dies passt sehr gut zu einer der vorangegangenen Definitionen, die den Begriff der Möglichkeiten integrierte. Solche Ausdifferenzierungen findet man z. B. beim Aufbau der Wirbeltiere von den Fischen bis zu den Säugetieren.

Zeitliche Evolution, wie hier die Weiterentwicklung der Wirbelsäule, ist ein Merkmal komplexer Strukturen (Schulz 2002). Viele Systeme differenzieren sich mit der Zeit immer weiter aus. Dieser Prozess heißt Schismogenese. Um solche Differenzierungen durchzuführen, muss den komplexen Systemen Energie und Materie zugeführt werden (Schulz 2002). Komplexität in diesem Sinne heißt auch Selektionszwang (Wasser 1994). Es scheint generell so, dass

Tab. 1.8 Energie und Leistung verschiedener Systeme

	Leistung	Energie
Gehirnenergieverbrauch	10 ... 20 W	$5{,}05 \times 10^{10}$ über die Lebenszeit 20 % des gesamten Körperenergieverbrauchs (Ruhe) 40...90 Kilojoule pro Stunde
Weltenergieverbrauch	$4{,}415 \times 10^{21}$ W	$5{,}88 \times 10^{20}$ J pro Jahr
Größte Wasserstoffbombe		$2{,}1 \times 10^{17}$ J
Tropischer Wirbelsturm	6×10^{14} W	7×10^{8} J in zwei Wochen
Trägerrakete	$4{,}3 \times 10^{10}$ W	$1{,}2 \times 10^{6}$ J für Minuten
Jahresenergieempfang von der Sonne		$5{,}4 \times 10^{24}$ J
Sonnenproduktion	$3{,}9 \times 10^{26}$ W	$4{,}45 \times 10^{25}$
Supernova		10^{44} J
Masseenergie des sichtbaren Universums		$4{,}0 \times 10^{69}$ J

evolutionäre Systeme Komplexität entwickeln. Biologische Systeme oder Strategien werden zunehmend komplexer. Die Komplexität hat aber auch einen Preis: Die Systeme werden anfälliger gegen Auflösungserscheinungen (Lewin 1993). Darüber lässt sich allerdings streiten.

Der Transport von Informationen durch ein System scheint für die Bildung von komplexen Strukturen ebenfalls notwendig zu sein (Freund et al. 2006). So ist die Fähigkeit zur Informationsbewahrung und -verarbeitung aus biologischer Sicht ein wichtiges Komplexitätsmerkmal (Lewin 1993). Die genetische Information des menschlichen Zellkerns, einem komplexen System, beträgt 10^9 Bits Informationen. Die biologische Informationsmenge eines Menschen beträgt 10^{28} Bit (Riedl 2000). Der menschliche Geist produziert aber allein pro Jahr ca. 10^{18} Bits an Information. Wählt man anstelle der Einheit Bits die Anzahl der Wörter, so kann ein durchschnittlicher Leser 240 Wörter pro Minute in einem Druckmedium und ca. 200 Wörter pro Minute an einem Computer erfassen. Manche Wissenschaftler lesen 250 bis 350 wissenschaftliche Artikel im Jahr (McEntire 2005). Dem stehen allerdings in vielen Fachgebieten mehrere zehntausend veröffentlichte Fachartikel pro Jahr gegenüber. Im Jahre 2004 erschienen allein im deutschsprachigen Raum 74.000 Bucherstausgaben. Die Anzahl der weltweit bisher erschienen Buchtitel liegt bei etwa 100 Mio. Die Verdopplungsgeschwindigkeit der Anzahl der Bücher liegt zwischen 10 und 20 Jahren. Das entspricht etwa einem exponentiellen Wachstum von 3,5 % pro Jahr, und das seit dem 17. Jahrhundert (Plinke 2004).

Noch rasanter aber nehmen Informationen durch die Nutzung von Computern zu. Allein im Jahre 2006 wurden weltweit 3 bis 5 Exabit ($3–5 \cdot 10^{18}$ Bits) Daten erzeugt und gespeichert, der überwiegende Anteil davon in digitaler Form. Dabei handelt es sich um Daten aus allen Bereichen des menschlichen Lebens, z. B. Überwachungsdaten, meistens automatisch erfasst, Daten bei der Bezahlung mit Kreditkarten, bei der Benutzung des Telefons und so weiter. Man vermutete bereits im Jahre 2002, dass in den nächsten drei Jahren genauso viele Daten generiert werden, wie in der gesamten menschlichen Entwicklung zuvor (Keim 2002). Im Jahre 2020 betrug die gesamte digital gespeicherte Datenmenge zwischen 20 und 60 Zettabyte (ct 2020). Nach Grävemeyer (2022) stiegt das weltweite jährliche Datenaufkommen zwischen 2017 und 2020 um ca. 10 Zetabyte pro Jahr.

Sagan und Schklowski (1966) haben das Niveau von potenziellen außerirdischen Zivilisationen an der Gesamtmenge der Informationen, die der Zivilisation zur Verfügung stehen, definiert. So verfügt eine Typ A Zivilisation über 10^6 Bit (ein Buch hat ca. 3×10^6 Bit), während eine Typ H Zivilisation über 10^{13} Bit verfügt. Diese Informationsmenge hängt eng mit den Informationsübertragungsmitteln zusammen. In den frühen Stadien der Menschheitsentwicklung gab es die kognitive Revolution (Harari 2015) mit der Entwicklung der Sprache vor ca. 70.000 Jahren, die Entwicklung der Schrift vor ca. 8000 Jahren, die Entwicklung des Buchdruckes mit beweglichen Lettern vor ca. 500 Jahren und die Entwicklung des Computers und der Massenspeicher vor knapp 50 Jahren.

Damit ist die biologische Evolution von der Informationsmenge her betrachtet weiter hinter der geistigen Evolution zurückgeblieben (Cramer 1989). Menschen sind also Lamarck'sche Wesen: Frieren Menschen, so brauchen sie nicht mehr einige Generationen zu warten, bis sich ein Fell entwickelt hat, sie schneidern sich eine Jacke oder starten die Heizung, weil die Informationsaufnahme und -verarbeitung im Gehirn deutlich schneller erfolgt als im biologischen Informationssystem der Gene.

Aber auch bei den Genen gibt es unterschiedliche Informationsbewahrungssysteme. So hängt die Mutationsrate in Genen vom jeweiligen Organismus, der Länge des Genoms und der Zellteilungsrate ab. Bei primitiven Bakteriophagen tritt bei jeder 4000 Base ein Fehler auf. Beim menschlichen Genom wird dieser Wert weit unterschritten. Das menschliche Genom besitzt etwa 10^{10} Basenpaare. Man schätzt, dass pro Jahr ca. 15 Basenpaaraustausche stattfinden. Das entspricht einer Genauigkeit von $1:10^9$. Dieser Wert kann nur durch hocheffiziente, komplexe Reparaturmechanismen erreicht werden, über die Bakterien z. B. nicht verfügen. Komplexe Systeme sind also in der Lage, Informationen zu gewinnen und zu bewahren. (Cramer 1989).

Um nun in dieser Vielfalt an Definitionen noch eine gewisse Ordnung zu finden, hat man in der Biologie Komplexitätsgrade eingeführt. Man wird später sehen, dass das nicht die einzigen Komplexitätsgrade sind. Die Komplexitätsgrade hier sind subkritische, kritische und fundamentale Komplexität (Tab. 1.9). (Cramer 1989).

Einen ähnlichen Vergleich des Aufbaus verschiedener Systeme (Organismen und Staaten) findet sich z. B. bei Freitas (1980).

Systeme besitzen dann eine subkritische Komplexität, wenn sie durch geschickte Anwendung mathematischer Verfahren in deterministische Systeme überführt werden können. Der Prognostizierbarkeit von Systemen mit kritischer Komplexität sind praktische, keine theoretischen, Grenzen gesetzt. Systeme mit fundamentaler Komplexität haben trotz deterministischer Ausgangsbedingungen indeterminierte und chaotische Lösungen. Die Prognose solcher Systeme ist nicht nur praktisch, sondern grundsätzlich nicht möglich. Der Übergang von kritischer zu fundamentaler Komplexität ist in der Regel nur schwierig oder gar nicht erfassbar. (Cramer 1989).

Die Tab. 1.10 und 1.11 zeigen Unterschiede zwischen komplexen und nicht-komplexen Systemen.

Tab. 1.9 Systeme mit subkritischer, kritischer und fundamentaler Komplexität (Cramer 1989)

System	Ansteigende Komplexität		
	Subkritische	Kritische	Fundamentale
Mathematik			
Axiomatik	Newtonsche	quantenmechanische	Gödelsche
Programme	klein	Groß (kann aber alle Informationen bearbeiten)	Größe Programm = Größe komplexes System
Modelle	Differenzen	Differentialrechnung (theoretisch lösbar, aber praktisch mit Schwierigkeiten verbunden)	Bernoulli-Systeme Bäcker-Transformation
Theorie			
Allgemeine Naturgesetze	Einfaches Gesetz	Statistisches Gesetz	Gesetz, welches genauso groß wie die experimentelle Datenmenge ist
Prognose	Nicht nötig	Im Prinzip möglich	Unmöglich
Physik			
Schwingungen	Harmonische	Interferenzen	Nicht auflösbare Schwingungsbänder
Hydrodynamik	Wärmeleitung	Bénard-Zellen	Turbulenz
Statistische Physik	Newtonsche		Ergodische
Physikalische Chemie	Gleichgewicht	Dissipative Strukturen	Chaos
Biologie			
Moleküle	Kleine	Makromoleküle	Wechselwirkungen von Makromolekülen
Zelle	Zellorganellen	Bakterien, Amöben	Biologisch nicht realisierbar, da fundamentale Komplexität zum Tod führt
Zellverband	Aggregat	Vielzeller (Hydra)	
Organ	Einheitliche Funktion	Einordnung in Organismus	
Komplexes Lebewesen	–	Dem Ökosystem gerade noch angepasst	
Nervensystem	–	Einfache Steuerungen, Instinkte	Zentrales Nervensystem mit Bewusstsein
Evolution			
Darwinismus	Ursuppe	Einzelne Arten	Gesamtes Biotop
Replikation von Nukleinden		Makromolekül mit Information	Informationsverlust
Systeme außerhalb der Naturwissenschaft			
Wissenschaft	Phänomenologie, Beschreibung	Theorien, Reproduktion	Finalisierung der Wissenschaft, Zerstörung des Objektes (Unschärferelation)
Philosophie	Einfache Logik, Einsichten	Systeme	Transzendentale Philosophie
Ästhetik	Einfache Reproduktion	Stil-Bildung	Kunst
Sprache		Einfache Mitteilung, formale Sprache	Sprachdichtung
Religion	Gefühle	Naturreligion, dogmatisierte Religion	Offene Religionen, Religionen, die Freiheit ermöglichen (z. B. frühes und spätes Christentum)
Historie	Chronik, Anekdoten	Geschichtsschreibung, historische Systeme	Offene Geschichte nach Popper

In diesen Definitionen zeigt sich also wieder eine Verbindung zwischen Unbestimmtheit und Komplexität. Das war auch der Ausgangspunkt der Überlegungen. Während bei der letzten Definition das Chaos jedoch eine wichtige Rolle spielte, soll jetzt wieder auf die Zufälligkeit zurückgegriffen werden. Eine Abhängigkeit zwischen Komplexitätsgrad und Zufälligkeit zeigt Abb. 1.51. Diese Abbildung steht zunächst im Widerspruch zu der ursprünglichen Aussage, dass Zufälligkeit Komplexität entspricht. Betrachtet man aber die Grenzkurve zwischen analytischen Lösungen bzw. trivialen Systemen und organisierter Komplexität, also nichttrivialen Systemen, so erkennt man, dass eine Regressionskurve gerade durch diese beiden Bereiche etwa im 45° Winkel laufen würde. Das würde einer starken Ab-

Tab. 1.10 Vergleich von komplexen und linearen Systemen (entnommen Metzner 2002)

Komplexe Systeme	Lineare Systeme
Enge Nachbarschaft	Räumliche Trennung
Common-Mode-Verknüpfungen	Festgelegte Verknüpfungen
Verknüpfte Subsysteme	Getrennte Subsysteme
Eingeschränkte Substitutionsmöglichkeiten	Kaum eingeschränkte Substitutionsmöglichkeiten
Rückkopplungsschleifen	Wenig Rückkopplungsschleifen
Interagierende Kontrollinstrumente mit Mehrfachfunktionen	Unabhängige Kontrollinstrumente mit nur einer Funktion
Indirekte Informationen	Direkte Informationen
Beschränkte Kenntnis	Umfassende Kenntnis

Tab. 1.11 Vergleich von komplexen und komplizierten Systemen (Mikulecky 2005)

Komplexes System	Kompliziertes System
Kein größtes Modell möglich	Größtes Modell möglich
Das Ganze ist mehr als die Summe der Teile	Das Ganze ist die Summe der Teile
Kausalitäten sind vielfältig und verflochten	Kausale Zusammenhänge sind klar
Gewöhnliche Elemente	Keine gewöhnlichen Elemente
Analyse $\neq$ Synthese	Analyse = Synthese
Unteilbar	Teilbar
Nicht berechenbar	Berechenbar

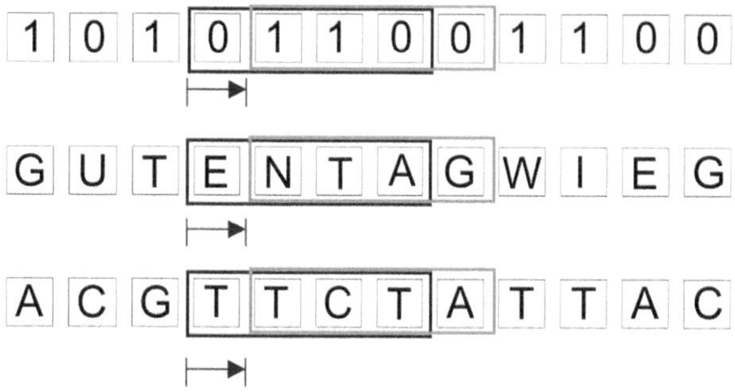

hängigkeit entsprechen. Die Frage, ob die Grenze zwischen unorganisierter Komplexität und organisierter Komplexität noch dazugerechnet werden sollte, muss hier offenbleiben.

Die Frage ist nun, ob man die Komplexität von Netzwerken quantitativ, also durch Maßzahlen ausdrücken kann (siehe Tab. 1.12, Abb. 1.49). Man spricht hier auch von

Tab. 1.12 Anforderungen an Komplexitätsmaße (Randić et al. 2005)

No	Komplexitätsmaße sollten
1	Unabhängig von der Art des Systems sein
2	Einen theoretischen Hintergrund besitzen
3	Verschiedene Komplexitätsebenen und Hierarchien berücksichtigen können
4	Stärker von der Verbindung zwischen Elementen als von der Anzahl der Elemente abhängen
5	Sollen monoton steigen mit steigender Anzahl von Komplexitätseigenschaften
6	Übereinstimmen mit der intuitiven Idee der Komplexität besitzen
7	Nicht-isomorphe Systeme unterscheiden können
8	Nicht zu kompliziert sein
9	Für praktische Fälle anwendbar sein

1 0 1 0 1 1 0 0 1 1 0 0

G U T E N T A G W I E G

A C G T T C T A T T A C

Abb. 1.49 Beispiel für eine Komplexitätsmessung

Magnitude-basiertem Informationsgehalt (Bonchev und Buck 2005). Abb. 1.50 zeigt 13 verschiedene Anordnungen von Elementen und Verbindungen. Für diese Netzwerke wurden anschließend verschiedene Netzwerk-Komplexitätsparameter ermittelt. Solche Parameter sind, ohne dass die Vorgehensweisen für die Berechnung hier gezeigt werden:

- Global Edge Complexity,
- Average Edge Complexity,
- Normalized Edge Complexity,
- Sub graph Count (SC),
- Overall connectivity (OC),
- Total Walk Count (TWC),
- A/D Index und
- Komplexitätsindex B.

Diese Komplexitätsparameter berücksichtigen die Abgrenzung und den Abstand, die Erreichbarkeit und die Verbindungsfähigkeit. Prinzipiell sind solche Netzwerke komplex, die eine hohe Verbindung von Eckpunkten und eine geringe Separation von Eckpunkten besitzen (Bonchev und Buck 2005). Es bleibt festzustellen, dass für die Beurteilung von Netzwerken Komplexitätsmaße vorliegen (Bonchev und Buck 2005).

Die Rényi-Entropie oder Rényi-Komplexität ist eine Verallgemeinerung der Shannon-Entropie.

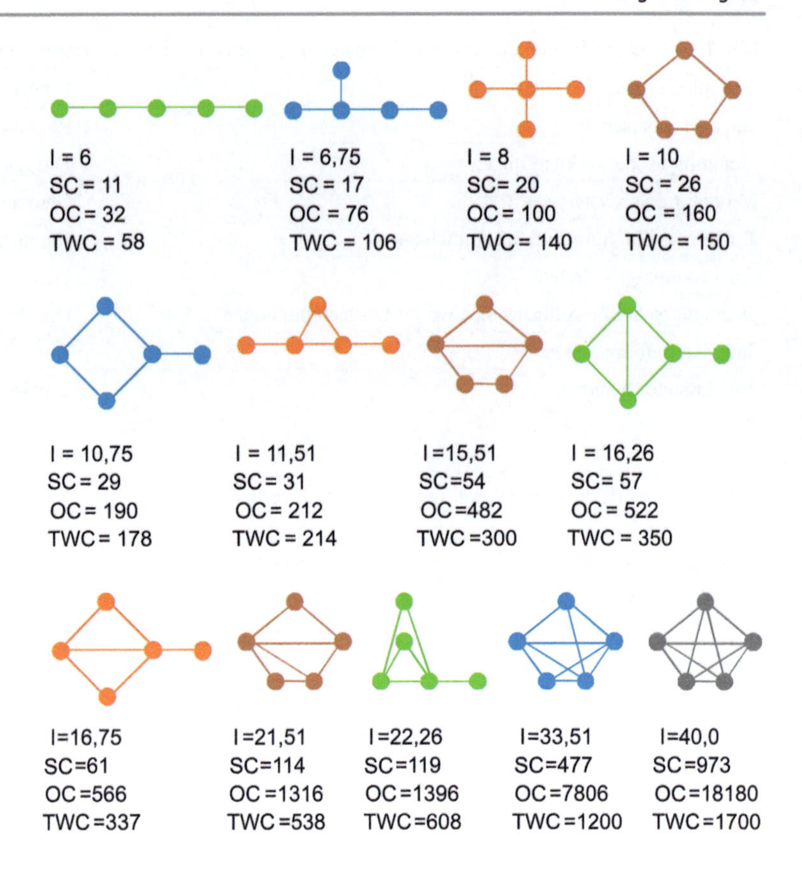

Abb. 1.50 13 Beispiele für die Anordnung und Verbindung von fünf Punkten. Die Komplexität erhöht sich bei Schleifen stärker als mit der Anzahl der Verzweigungen (Bonchev und Buck 2005).

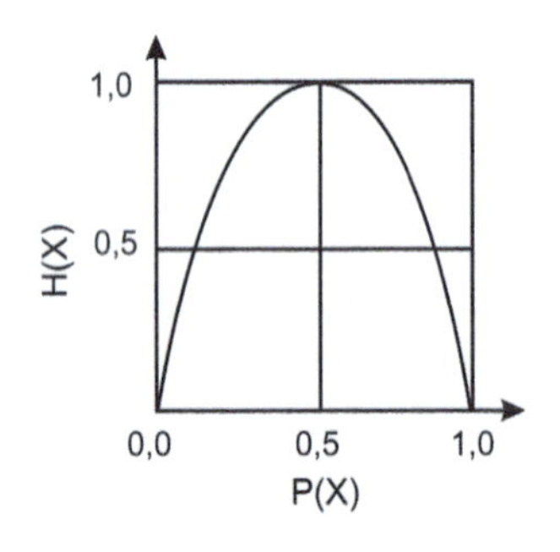

Abb. 1.51 Entropie in Abhängigkeit von der Wahrscheinlichkeit

Für die Beschreibung komplexer Systeme muss man diese modellieren. Hierbei stellt sich die Frage der Abtrennung des Systems von der Umwelt. Man hofft, dass sich das herausgetrennte System wie das Originalsystem verhält. Da aber im Abschnitt Zeit darauf hingewiesen wurde, dass letztendlich alles irgendwie mit allem in Beziehung steht, kann man komplexe Systeme nicht aus der Umwelt herausreißen. Um die Welt zu modellieren, müsste man die gesamte Welt abbilden. Das bereits genannten Zitat von Lewis Thomas beschreibt genau dies.

Man benötigt also ein System, welches vermutlich sehr groß wäre, denn viele Informationen der Welt lassen sich nicht komprimieren, weil sie keine erkennbaren Regeln besitzen. Als Fazit kann man feststellen: Allein die Definition von Komplexität scheitert an der Pluralität dieser Erscheinung. Es scheint sogar so, dass dieses Scheitern weniger mit den Grenzen der menschlichen Sprache, als vielmehr mit den objektiven Eigenschaften der uns umgebenden Welt begründet werden kann.

1.2.7 Gefährdung und Gefahr

„Wo aber Gefahr ist, wächst das Rettende auch." Hölderlin.

Der Begriff des Risikos stellt das Hauptthema des Buches dar. Die Begriffe Sicherheit und Risiko stehen in enger Beziehung zu den Begriffen Gefährdung und Gefahr. Der Begriff der Gefährdung impliziert das Auftreten eines Zustandes oder eines Prozesses, der in einem definierten Raum und einer definierten Zeit Katastrophen für anthropogene Interessensphären androht (Fuchs 2006). Nach DIN EN 61508-4 ist eine Gefährdung ein natürlicher, technischer oder sozialer Prozess oder Ereignis, welches eine potenzielle Schadensquelle darstellt. Im Arbeitsschutz ist die Gefährdung ebenfalls ein Zustand oder eine Situation, in dem die Möglichkeit eines Gesundheitsschadens besteht (BfGA 2021). In technischen Geräten wird die Gefährdung als potenzielle Schadensquelle interpretiert (ISO/IEC Guide 51). Es existieren viele weitere Definitionen von Gefährdungen, auf die hier jedoch nicht eingegangen werden soll.

Unter Gefahr versteht man eine Situation, die bei ungehindertem Ablauf zu einem Schaden für Güter oder Personen führen wird (HVerwG 1997), siehe Kap. 6. Einerseits kann Gefahr als das Gegenteil von Sicherheit gesehen werden, bei der keine Ressourcen aufgewendet werden müssen, siehe Abschn. 1.2.9. So stellt auch Luhmann (1997) fest, dass Risiken und Gefahren in Bezug auf den menschlichen Beitrag gegensätzlich sind. Risiken erfordern immer menschliche Handlungen, während Gefahren unabhängig von menschlichen Handlungen sind. So bestände eine Gefahr völlig unabhängig von den Aktivitäten der Menschen, z. B. dem Abgang einer Lawine oder eines Murganges. Wenn sich jedoch Menschen am Ort des Geschehens aufhalten, dann unterliegen diese Menschen einem Risiko.

Wenn das aber stimmt, dann bedeuten mehr Technologien oder mehr menschliche Ressourcen einfach auch mehr Risiken aufgrund des erhöhten Umfangs menschlicher Handlungen und Entscheidungen im Leben. Dies passt sehr gut zu den Arbeiten von Lübbe (1989), der feststellte, dass das Bewusstsein für Ungewissheit und Risiko mit zunehmenden Ressourcen und Fähigkeiten von Gesellschaften steigt.

Gesellschaftliche Gefahren schließen alle gesellschaftlichen Vorgänge und Entwicklungen ein, deren Folgen für den Menschen, die Umwelt und für Sachwerte schädlich sein können. Gesellschaftliche Katastrophen sind Katastrophen, die durch gesellschaftliche Gefahren verursacht werden. Gesellschaftliche Risiken werden im Abschn. 2.4 behandelt.

1.2.8 Risiko

1.2.8.1 Einleitung

In diesem Buch wird Risiko als quantifizierte *Möglichkeit* eines zukünftigen *Nachteils* bzw. *Schadens* in Verbindung mit zielgerichteten menschlichen Handlungen verstanden. Die Möglichkeit des Schadens kann mathematisch oder anderweitig beschrieben werden, wobei die Beschreibung auch Aussagen zur Größe der Möglichkeit und zur Intensität des Schadens machen kann (siehe Abb. 1.52). Das Risiko unterscheidet sich von der Gefahr, indem die Ziele menschlicher Handlungen nicht erreicht werden. Letztendlich ist die Gefahr eine Untergruppe der Risiken, da Menschen in der Regel immer unbeschadet überleben wollen (Ziel), welches durch die Gefahr behindert wird. Risiken sind letztendlich ein Konstrukt.

Man kann die Unterschiede zwischen Risiko und Gefahr sehr schön bei natürlichen Gefahren sehen. Eine Erdbebengefährdung oder Hochwassergefährdung ist zunächst mal nur eine Bedrohung von Menschen oder Sachgegenständen. Errichten wir aber Dämme oder Bauwerke, so besteht nach der zielgerichteten Handlung „Dammbau" oder „Errichtung Bauwerk", die Möglichkeit, dass diese versagen. Das Bauwerksversagen in Verbindung mit den sich daraus ergebenden Konsequenzen sind die Risiken, aber die Höhe eines Abflusses beim Hochwasser, der damit verbundene Pegelstand oder das Beschleunigungsspektrum, welches sich aus der Boden-Bauwerks-Interaktion auf das Bauwerk ergibt, das sind die Gefährdungen. Da ein Großteil der menschlichen Bevölkerung auf der Erde in der Nähe von Gewässern lebt und eigentlich immer in Bauwerken, und damit die Bedingungen des Begriffs Risiko erfüllt sind, werden die Begriffe Gefahr und Risiko oft bedeutungsgleich verwendet, was sie aber nicht sind. Das

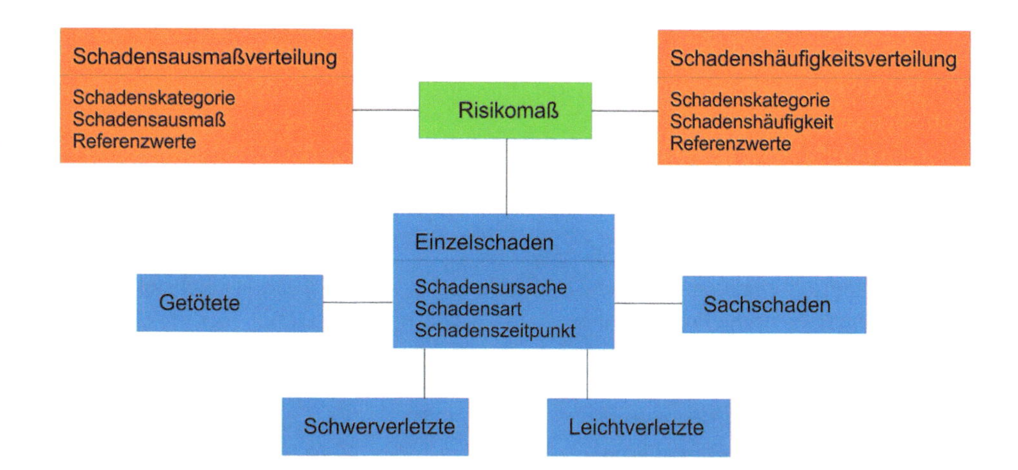

Abb. 1.52 Beispiel der Definition eines Risikomaßes für ein Verkehrsmittel. Die Zahlen für Getötete und Verletzte können z. B. mit dem FWSI-Wert (Fatalities and Weighted Serious Injuries) verbunden werden. Der FWSI-Wert ist die Summe der Todesopfer, der Anzahl der Schwerverletzten multipliziert mit 0,1 und der Anzahl der Leichtverletzten multipliziert mit 0,01 (Braband und Schäbe 2015)

gleiche gilt für Katastrophen und Risiken. Auch hier werden beide Begriffe oft als Synonym verwendet, weil frühere Katastrophen als Risiko für die Zukunft verstanden werden.

Ein Risikomaß bezieht den Nachteil oder Schaden immer auf einen Leistungsparameter der untersuchten Technologie etc., z. B. die Menge erzeugten Stromes. Da es einige Parameter, wie z. B. die Mortalität gibt, die sich auf kalendarische Zeit beziehen, entsteht die berechtigte Frage, warum kalendarische Zeit eine Leistung sein soll. Tatsächlich ist die Sicherstellung von Leben für einen bestimmten Zeitraum eine aktive Leistung (siehe Abb. 1.32). Die Einstellung aller aktiven Lebensprozesse, wie z. B. die Nahrungsaufnahme, die Sauerstoffaufnahme etc. führen zwangsläufig zum Tod: Nichts zu tun führt 100 % zum Tod.

Man kann das Risiko verringern, an Giftstoffen im Trinkwasser oder in Lebensmitteln zu sterben, indem man keine Nahrungsmittel mehr aufnimmt. Allerdings führt diese Schutzmaßnahmen in den meisten Fällen viel schneller zum Tod, also der gerade zu vermeidende Schaden, als die Nutzung der Lebensmittel.

Neben der Verwendung der kalendarischen Zeit werden aber auch Parameter wie Kilometer, Kilowattstunden, Joule etc. als Leistungsgrößen für Risikoparameter verwendet.

Die Einteilung von Risiken kann nach verschiedenen Kriterien erfolgen, z. B.

- nach der Art der Beschreibung der Risiken (Formulierung),
- nach der Gesamtgröße der Risiken bzw. der Größe der einzelnen Faktoren der Risiken (Intensität),
- nach der zeitlichen Prozesslänge (Zeitabhängigkeit),
- nach der Art des Prozesses bei der Risikoentstehung, nach der Wissenschaftsart, die diese Prozesse untersucht (Anamnese),
- nach den Lebensgrundlagen, die durch Eintritt des Ereignisses gestört werden (Konsequenzen),
- nach den Abwehrmöglichkeiten der Risiken (Schutzmaßnahmen) oder
- nach den Erholungseigenschaften nach dem Ereignis.

Im Folgenden werden einige Beispiele für solche Einteilungen gegeben.

Renn (1992) hat z. B. die Risiken nach der Formulierung eingeteilt:

- Versicherungsstatistische Formulierung
- Toxikologisch-empidemiologische Formulierung
- Ingenieurstechnische Formulierung
- Ökonomische Formulierung
- Psychologische Formulierung
- Sozial-theoretische Formulierung
- Kultur-theoretische Formulierung.

Weichselgartner (2001) hat z. B. eine verkürzte Einteilung verwendet.

Zur Größe der Risiken (Intensität) haben insbesondere Science-Fiction Autoren sehr schöne Einteilungen entwickelt. Eine Einteilung stammt von Asimov (1979). Dort werden die Katastrophen je nach Größe zu unterteilt, wobei hier der Begriff als Risiko verstanden wird:

- Katastrophe 1. Art: Das Universum wird unbewohnbar für alle Lebewesen (siehe z.B. Alderamin 2022).
- Katastrophe 2. Art: Das Sonnensystem wird unbewohnbar für alle Lebewesen.
- Katastrophe 3. Art: Die Erde wird unbewohnbar für alle Lebewesen.
- Katastrophe 4. Art: Die Erde wird für Menschen unbewohnbar.
- Katastrophe 5. Art: Unterbrechung der menschlichen Entwicklung.

Eine andere Unterteilung der Zeitabhängigkeit der Katastrophen und Risiken lautet:

- 1. Eine solche Katastrophe bzw. das Risiko ist extrem unwahrscheinlich und kann ausgeschlossen werden.
- 2. Eine solche Katastrophe bzw. das Risiko ist wahrscheinlich oder unwahrscheinlich, kann aber nicht ausgeschlossen werden.
- 2.1. Katastrophen bzw. Risiken der sehr weiten Zukunft,
- 2.2. Katastrophen bzw. Risiken der nahen Zukunft,
- 2.2.1. Katastrophen bzw. Risiken der nahen Zukunft, die für uns Menschen heute unvermeidlich sind,
- 2.2.2. Katastrophen bzw. Risiken der nahen Zukunft, die für uns Menschen heute vermeidbar sind.

Abb. 1.53 zeigt die Vorwarnzeit und die Einwirkungsdauer von Naturgefahren. Im Kap. 2 wird das Thema Vorwarnzeit noch einmal aufgegriffen. Im Kap. 4 wird die Erholungszeit nach Katastrophen diskutiert.

Die Einteilung der Risiken nach der Anamnese, also der fachlichen Einteilung, ist sehr weit verbreitet. Im Folgenden werden zwei Beispiele genannt. Dabei tritt auch wieder die Vermengung von Gefahr und Risiko auf. Zwar verwendet das BBK sowohl 2006 als auch 2012 den Begriff der Gefahr, im Text findet sich aber folgende Aussage: *„Dieser … Gefahrenbericht beschreibt die unterschiedlichen Gefahrenpotentiale und Risiken für unsere Gesellschaft.“*. Auf Grund dieser Gleichstellung werden die Unterteilungen der Gefahren hier im Abschnitt Risiko behandelt. Gemäß BBK (2006, 2012) können Risiken eingeteilt werden in

- A. Atomare Gefahren
- B. Biologische Gefahren

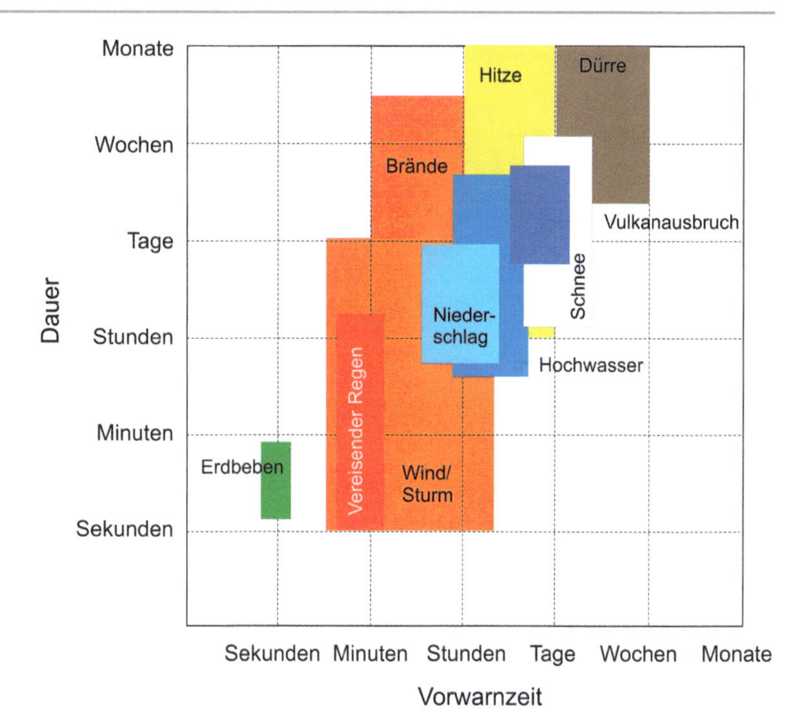

Abb. 1.53 Vorwarnzeit und Einwirkungsdauer von Naturgefahren

- C. Chemische Gefahren
- D. Datennetzbezogene Gefahren
- E. Gefahren durch den Elektromagnetischen Impuls,
- F. Gefahren durch die Freisetzung von mechanischer und thermischer Energie.

In BBK (2012) wurde der Begriff der ABC Bedrohungen durch den internationalen Begriff CBRN-Bedrohungen (chemical, biological, radiological, nuclear) ersetzt. Die Gefahren bzw. Risiken der Gruppe F werden in BBK (2012) wie folgt definiert:

„Die in früheren Gefahrenberichten als F-Gefahren bezeichneten Lagen umfassen die natürliche, unfallbedingte, terroristische, erpresserische, mutwillige und kriegerische Freisetzung von mechanischer und thermischer Energie; hierzu gehören Zug- und zumal Tunnelunfälle, Unfälle auf der Straße, Flugzeug- und Schiffsunglücke, Fernleitungsbrüche, Gebäudeeinstürze, Explosionen, Deponieunfälle, abstürzender Weltraumschrott oder Meteoriteneinschläge, je mit anschließend drohenden Bränden. Ferner saisonale oder klimabedingt dauerhafte Überflutungen, Starkregen, Eisgang, Deichbrüche, Schneefälle, Orkane, Lawinen und Muren, Waldbrände, aber auch der darauf abzielende Einsatz von Bomben und Sprengsätzen. Schließlich Vulkanismus und Erdbeben.“.

Eine weitere bekannte Einteilung nach der Anamnese lautet

- Natürliche Katastrophen und Risiken,
- Na-Tech Katastrophen und Risiken (Naturkatastrophen erzeugen technische Katastrophen),
- Fahrlässige Menschen-gemachte, technische Katastrophen und Risiken,
- Vorsätzliche Handlungen, die zu Katastrophen und Risiken führen.

Eine Einteilung der Risiken gleicher Schäden, aber verschiedener Ursachen findet sich z. B. bei Munroe (2014). Dort werden z. B. die verschiedenen Schadensursachen der DNA unterteilt. Solche Schäden können z. B. durch

- Pilzgifte
- Ionisierende Strahlung
- Krankheiten (Viren)
- Chemische Stoffe

entstehen.

Die Einteilung der Schutzmaßnahmen steht oft in Verbindung zur Einteilung nach den Fachgebieten. So werden gesundheitliche Risiken in der Regel mit den Mitteln der Medizin verringert, technische Risiken werden überwiegend, aber nicht immer, mit technischen Schutzmaßnahmen verringert und soziale Risiken werden mit Sozialmassnahmen verringert.

Die Tab. 1.13, 1.14, 1.15, 1.16, 1.17, 1.18 und 1.19 zeigt eine Einteilung der Gefährdungen nach den wissenschaftlichen Objekten und damit nach den Wissenschaftsgebieten. Teilweise beziehen sich die Tabellen auch nur auf bestimmte Gefahrenbereiche, wie z. B. Tab. 1.14 und 1.16 auf Naturgefahren und Tab. 1.17 sehr spezifisch auf hydrologische Gefahren bzw. die Gefahrenermittlung. Innerhalb

Tab. 1.13 Klassifikation von Gefahren gemäß Karutz et al. (2017)

Ursache	Erklärung	Beispiel
Geologisch-geomorphologisch	Natürliche Prozesse und Phänomene der Erdkruste und der Erdoberfläche	Erdbeben Vulkaneruption Gravitative Massebewegungen
Hydrologisch-kryologisch	Natürliche Prozesse und Phänomene der Hydrosphäre und Kryosphäre	Überschwemmung Sturzflut Schneelawine Gletscherabbruch Permafrostdegradation
Meteorologisch-klimatologisch	Natürliche Prozesse und Phänomene der Atmosphäre	Extremniederschlag Hitzewelle, Kältewelle Wirbelsturm, Tornado
Biologisch	Prozesse der Biosphäre	Infektionskrankheiten beim Menschen Tier- und Pflanzenkrankheiten Insektenplage
Extraterrestrisch		Meteoriteneinschlag
Technologisch	Prozesse und Phänomene der Technosphäre, aber auch der Soziosphäre und Biosphäre	Kontamination von Menschen und Umwelt durch chemische, biologische, radiologische oder nukleare Substanzen
Gefahren aus der Umweltzerstörung		Bodenerosion Entwaldung Verlust an Biodiversität Klimawandel
Kriminelle Gefahren	Prozesse und Phänomene der Soziosphäre	Terroristischer Angriff Amoklauf Sabotage

der einzelnen Gefährdungen gibt es weitere Einteilungen, wie sie Tab. 1.17 zeigt. Beispiele für die Einteilung von Massebewegungen finden sich z.B. bei Cruden & Varnes (1996) oder Hungr et al. (2014). Bei Hochwassern unterscheidet man z.B. Abflussregime nach Parde.

Für die Endlager von hochradioaktivem Material müssen Langzeitgefährdungen berücksichtigt werden, wie z. B. Gletschererosion oder sogenannte unvorhersehbare Naturgefahren, wie neue Eiszeiten.

Der Autor hat bereits 2004 (Proske 2004, 2009) die folgende Unterteilung der Risiken verwendet:

- natürlich (überwiegend unabhängig vom Menschen, wie z. B. Meteoriteneinschläge oder Erdbeben),
- technisch (durch die Anwendung der Technik, wie z. B. das Transportwesen oder die Energieerzeugung),
- gesundheitlich (Krankheiten) und
- sozial (Krieg, Armut, Terror).

Naturkatastrophen werden durch geophysikalische Prozesse ausgelöst, die eine ungewöhnliche Dimension besitzen. Sie können sich in allen Bereichen der Um-welt abspielen, weshalb es Naturkatastrophen der Atmosphäre mit Orkanen und Tornados, Naturkatastrophen der Hydrosphäre mit Sturmfluten und Hochwassern und der Lithosphäre mit Erdbeben, Vulkanen oder Bergstürzen gibt (Steinhauser 1986).

Technische Risiken werden durch technische Prozesse ausgelöst, die bewusst durch Menschen durchgeführt werden. Technik ist die sinnvolle Anwendung von Naturgesetzen. Die Herstellung von Produkten ist ein Kriterium für die Abgrenzung zur Natur, obwohl natürlich auch alles, also auch Technik, innerhalb des Universums als Natur verstanden, so wie der Mensch auch als ein besonderes Säugetier betrachtet werden kann.

Unter gesundheitlichen Risiken werden innerhalb des Buches alle Risiken angesehen, die die Gesundheit von Menschen im Sinne der WHO einschränken. Ein Teil dieser Gesundheitskriterien bezieht sich aber auch auf soziale Systeme und die damit verbundenen Risiken, insofern wird hier zusätzlich noch der Begriff der sozialen Risiken eingeführt.

Soziale Risiken sind Risiken für Menschen, die sich aus dem Versagen von sozialen Systemen ergeben. Die sozialen Risiken sind insofern eine besondere Kategorie, weil die Organisation der menschlichen, sozialen Systeme aufgrund ihrer Mächtigkeit zu erheblichen Verlusten an Menschenleben, zu Schäden an der Umwelt und potenziell sogar zum Aussterben der Menschheit führen kann. Die Weltkriege im 20. Jahrhundert hatten praktisch Einfluss auf den größten Teil der Menschheit. Ein möglicher dritter Weltkrieg würde mit großer Wahrscheinlichkeit zum Verlust der heutigen Zivilisation führen. Allerdings können auch andere soziale Fehlentwicklungen, wie schwere Schädigungen an der Umwelt, die die Lebensgrundlage für die Menschheit sind,

Tab. 1.14 Ursachenbezogene Klassifikation der Naturgefahren (AG NAGEF 2013)

Naturgefahr			Beispiel
Biologische			Epidemien
			Seuchen
			Insektenplagen
Klimatische			Sturmwinde
			Starkregen, Unwetter
			Hagelschläge
			Eisregen
			Schneestürme
			Blitzschläge
			Hitze- und Kältewellen
			Dürren
			Waldbrände
Gravitative	Lawinengefahren	Fliesslawinen	
		Staublawinen	
		Gleitschnee	
		Eislawinen aus Gletscherabstürzen	
	Wassergefahren	Überschwemmungen, Übersarungen	
		Ufererosion	
		Murgänge, Rüfen	
	Massenbewegungen	Sturzgefahren	Steinschläge, Blockschläge
			Felsstürze
			Bergstürze
			Eisschläge
		Rutschgefahren	Oberflächliche Rutschungen
			Mitteltiefe Rutschungen
			Tiefgründige Rutschungen
			Hangmuren, Erdlauenen
		Einstürze, Absenkungen	
Tektonische		Erdbeben	

zu großen Opfern an Menschenleben führen. Weitere Unterteilungen zu sozialen Risiken finden sich z. B. bei Gleißner (2017, 2019).

Der Übergang zwischen diesen Risikogruppen ist in der Realität jedoch fließend, wie Abb. 1.54 zeigt. Dieses Bild gibt die Ergebnisse einer Befragung zur Beurteilung der Ursachen von Unfällen oder Katastrophen wieder. Die bereits genannte Vermengung der Begriffe Risiko und Katastrophe rührt daher, dass anhand früherer Katastrophen Auftrittshäufigkeiten und Schäden für die Ermittlung von Risiken ermittelt werden können. Die Definition des Begriffs Katastrophe erfolgt im Abschn. 1.2.15. Wird eine Katastrophe allein von Menschen verursacht, so hat sie im Abb. 1.54 einen Wert von 1 auf der x-Achse und 0 auf der y-Achse. Der Autounfall oder der Schiffsunfall kommen dem sehr nahe. Im Gegensatz dazu ist erkennbar, dass allgemein als natürliche Risiken anerkannte Ereignisse wie Tornados oder Überschwemmungen von den Befragten nicht ausschließlich als natürliches Risiko angesehen werden. Vielmehr wird auch dort ein antrophogener Anteil gesehen. Den genannten Ereignissen wird zu 80 % ein natürlicher Ursprung und zu 50 % ein menschengemachter Ursprung unterstellt. So können Wirbelstürme oder Überschwemmungen durch vom Menschen verursachte klimatische Änderungen hervorgerufen sein oder aber mögliche Schutzmaßnahmen wurden nur unzureichend eingesetzt, so dass die Schäden beim Auftreten des Ereignisses hätten verringert werden können. Interessant ist die Tatsache, dass die Luft- oder Wasserverschmutzungen zwar kaum als natürliche Risiken angesehen werden, aber auch die Verursachung durch den Menschen heruntergespielt wird.

Nielsen und Faber (2020) diskutieren die Nachteile der fachspezifischen Einteilung der Risiken nach Ursachen.

Sicherlich besitzen alle Einteilungen der Risiken Stärken und Schwächen. Eine abschließende Beantwortung, welches die beste Einteilung ist, muss offenbleiben. Der Autor hat die Frage subjektiv, im Sinne seiner durch die Ingenieursausbildung geprägte Persönlichkeit, beantwortet. Da Persönlichkeit als die individuelle Abweichung von einem optimalen Entscheider angesehen werden kann, ist somit auch die verwendete Einteilung der Risiken nicht optimal.

Neben der Frage der Einteilung der Risiken kommt noch die Tatsache hinzu, dass häufig Gefährdung, Risiko und Katastrophe sinngleich verwendet werden. Auch in diesem Buch werden historische Katastrophen als mögliche Gefahr und, wenn die Gefahren mit menschlichen Handlungen oder menschlichem Verständnis der Handlung in Verbindung gebracht werden, als Risiko angesehen. Dieser Unschärfe ist sich der Autor bewusst, er hat aber den Aufwand gescheut, eine vollständige Trennung der Begriffe im Buch umzusetzen.

Neben der Einteilung verbleiben natürlich noch diejenigen Risiken, die wir noch nicht kennen oder nicht benennen können. Diese Risiken werden nicht eingeteilt. Die Einteilung bleibt also unvollständig. Schneider (1996) hat dies sehr schön dargestellt. Abb. 1.55 ist eine vereinfachte Darstellung der Arbeit von Schneider (1996).

Die Einteilung der Risiken hat nur den Zweck eine gewisse Systematik in die Aufarbeitung der Risiken zu bringen. Sie hat damit allein ordnungsstiftenden Zweck, sie ist eine ordnende Hand.

1.2.8.2 Geschichte

Nach Covello und Mumpower (1985) wurden die ersten einfachen systematischen Risikobewertungen im Tigris-Euph-

Tab. 1.15 Externe Gefahren für Kernkraftwerke (IAEA 2003)

Gefahren	Beispiele
Menschenverursachte	Flugzeugabstürze
	Explosionen (Deflagrationen und Detonationen) mit oder ohne Feuer, mit oder ohne sekundär erzeugte Trümmer, ausgehend von Quellen außerhalb des Geländes und auf dem Gelände (jedoch außerhalb von sicherheitsrelevanten Gebäuden), wie z. B. gefährliche oder unter Druck stehende Materialien
	Freisetzung von gefährlichen Gasen (erstickend, giftig) aus der Lagerung oder dem Transport außerhalb des Betriebsgeländes oder auf dem Betriebsgelände
	Freisetzung von radioaktivem Material aus Quellen außerhalb des Betriebsgeländes oder auf dem Betriebsgelände
	Freisetzung von korrosiven Gasen und Flüssigkeiten bei der Lagerung oder dem Transport außerhalb des Betriebsgeländes oder auf dem Betriebsgelände
	Feuer, das von Quellen außerhalb des Standorts oder am Standort erzeugt wird (hauptsächlich wegen seines Potenzials zur Erzeugung von Rauch und giftige Gase)
	Kollision von Schiffen oder schwimmenden Trümmern mit zugänglichen sicherheitsrelevanten Strukturen, wie Wassereinlässen und Komponenten der ultimativen Wärmesenke (UHS)
	Kollision von Fahrzeugen am Standort mit SSCs
	Elektromagnetische Störungen außerhalb des Geländes (z. B. von Kommunikationszentren und Mobilfunkantennen) und auf der Baustelle (z. B. durch die Aktivierung von Hochspannungsschaltanlagen und durch ungeschirmte Schaltanlagen und von nicht abgeschirmten Kabeln)
	Überflutung infolge des Bruchs von externen Leitungen
	Jede Kombination der oben genannten Ereignisse als Folge eines gemeinsamen auslösenden Ereignisses (z. B. eine Explosion mit Feuer und Freisetzung von gefährlichen Gasen und Rauch)
Naturverursachte	Überschwemmungen z. B. durch Gezeiten, Tsunamis, Seeschlag, Sturmfluten, Niederschläge, Wasserhosen, Dammbildung und Dammbrüche, Schneeschmelze, Erdrutsche in Gewässer, Kanaländerungen und Arbeiten im Gerinne
	Extreme meteorologische Bedingungen (von Temperatur, Schnee, Hagel, Frost, sowie Bedingungen die zu unterirdischem Gefrieren und Trockenheit führen)
	Wirbelstürme (Hurrikane, Tornados und tropische Taifune) und gerade Winde
	Staub- und Sandstürme
	Blitze
	Vulkanismus
	Biologische Phänomene
	Kollision von Treibgut (Eis, Baumstämme) mit zugänglichen sicherheitsrelevanten Strukturen wie Wassereinlässen und UHS-Komponenten
	Geotechnische Gefährdungen (nicht in Verbindung mit seismischen Belastungen)

rat-Tal um 3200 v. Chr. durchgeführt. Diese Risikobewerter unterstützten andere Menschen in ihrem Entscheidungsprozess unter unsicheren Bedingungen. Die Eingangsgrößen für die Analyse waren natürlich *„Zeichen von Göttern"*, die auf eine bestimmte Weise interpretiert worden. Schließlich wurde sogar schon damals ein Abschlussbericht auf einer Tontafel erstellt. Solche Arten von Vorhersagetechniken wurden in den nächsten Jahrtausenden kontinuierlich weiterentwickelt, zum Beispiel beim Orakel von Delphi.

Vermutlich sind subjektive Risikobewertungen bei der Beschaffung von Nahrung aber schon so alt wie die Menschen. Immer wieder mussten die Jäger und Sammler abwägen, welches Wagnis sie für welchen Gewinn eingingen. Insofern ist auch heute jeder Mensch ein Risikobewerter. Der von Covello und Mumpower (1985) bezeichnet nur die erste Berufsausübung als Risikobewerter.

Das Wort Risiko stammt ursprünglich vom italienischen *risco* bzw. *rischio* ab. Diese Worte bedeuten Gefahr und können wiederum von den Wörtern *rischiare* und *risicare* abgeleitet werden. Die weitere Herkunft dieser Worte ist umstritten. Es gibt sowohl Hinweise auf arabische als auch griechische Ursprünge. So wird gelegentlich das griechische Wort *rhiza,* welches *„Wurzel"* bedeutet, als Ursprung angesehen. Dabei weitete sich die Bedeutung dieses Wortes im Laufe der Zeit aus. Auf Kreta wurden Klippen als *rhiza,* als Wurzeln der Berge, bezeichnet. Aus dem Wort *rhiza* entstand das Wort *rhizicon.* Dieses Wort stand nicht mehr nur für das Kliff selbst, sondern auch für die von dem Kliff ausgehende Gefahr und könnte die Grundlage für die italienischen Wörter *rischiare* und *risicare* gewesen sein. (Mathieu-Rosay 1985; Recchia 1999; Romeike und Erben 2003).

Tab. 1.16 Klassifikation von Naturgefahren nach Suda und Rudolf-Micklau (2012)

Gefahrenklasse	Gefahrenart
Geologische Gefahren	Erdbeben, Vulkanausbruch, Bodenerosion, Rutschung, Erdfälle (Bodensenkung), Stein-, Block- und Eisschlag (Felssturz), Bergsturz, Hangmuren, Lahar (vulkanische Aschemure)
Meteorologische Gefahren	Tropische Zyklone, Hurrikane, Tornado, Sandsturm, Blizzard (Schneesturm), Blitzschlag, Starkniederschlag, Hagel, Neben, Dürre, Frost
Hydrologische Gefahren	Hochwasser (Überflutung), Sturzfluten (Wildbach), Feststofftransport (Schwebstoffe, Geschiebe, Schwemmholz), Mure, Gletscherseeausbruch
Schneegefahren	Lawinen (Fließlawine, Staublawine), Eissturz (Eislawine), Gletschervorstoß, Schneedruck
Feuergefahren	Buschbrand, Waldbrand
Ozeanische Gefahren	Meeressturm, Tsunami, Sturmflut
Biologische Gefahren	Seuche, tierische und pflanzliche Massenvermehrung

Tab. 1.17 Detailschritte für das Hochwasserprojekt EXAR (2021)

Grundlagen
Hydrometeorologische Grundlagen
Historische Hochwasser
Rutschungen und Schwemmholz
Versagen wasserbaulicher Einrichtungen
Hydraulische Modellierungen
Morphologische Untersuchungen
Ereignisbäume und Gefährdungskurven

Tab. 1.18 Extreme Wetterbedingungen und zusätzlich eingefügten Hochwasser und Erdbeben (Naturgefahren) (ENSI 2011, 2012)

Quantitativ zu untersuchende Gefährdungen	Qualitativ zu untersuchende Gefährdungen
Extreme Winde	Hagel
Tornados	Vereisender Regen
Extreme Luft- und Flusswassertemperaturen	Trockenheit inklusive niedriger Fluss- und Grundwasserpegel
Starkregen auf dem Anlageareal	Waldbrand
Schneehöhe	Vereisung hervorgerufen durch niedrige Außen- bzw. Flusswassertemperaturen
Hochwasser	Kombination von außerordentlich rauen Winterbedingungen mit Schneeverwehungen, niedrigen Temperaturen und Vereisungen
Erdbeben	Kombination von ausgeprägt harten Sommerbedingungen mit hohen Temperaturen, Trockenheit, Waldbrand und niedrigen Fluss- bzw. Grundwasserspiegeln

Tab. 1.19 Beispiele für Gefährdungen aus dem Sicherheitsbericht EKKB (Resun 2008)

Externe Ereignisse	Industrieanlagen und Verkehrswege	Gefahren aus
Sturmböe	Toxische Gase	Industrieanlagen
Blitzschlag	Zündfähige Gase	Militärischen Anlagen
Tornado	Hitzeeinwirkung	Erdgashochdruckanlagen
Überflutung ausgelöst durch extremen Niederschlag	Druckwelle aus Explosionen	Propangastransporte auf Strasse und Schiene
Vereisung	Turbinenhavarie	Benzintransporte auf Strasse und Schiene
Harte Sommerbedingungen und Trockenheit	Flugzeugabsturz (Trümmerwirkung, Treibstoffbrand)	Chlorgastransporte Strasse und Schiene
Außerordentlich raue Winterbedingungen mit niedrigen Temperaturen, niedriger Wasserführung und Vereisung		Luftverkehr

Zeitlich tauchte das Wort Risiko im 16. Jahrhundert auf. Bereits davor existierten Begriffe für Gefahr, Unsicherheit und Zufall, wie z. B. *virtù* oder *fortitudo*. Mit der zunehmenden Seefahrt und dem Handel entstand jedoch gegen Ende des 16. Jahrhundert die Notwendigkeit der Beschreibung von Verlustmöglichkeiten bzw. von Wagnis. Daher werden die ersten Anwendungen des Begriffs Risiko auch der Seefahrt und dem Handel zu dieser Zeit zugeschrieben. Gegen Ende des 16. Jahrhunderts lassen sich auch die ersten Niederschriften finden. 1598 schrieb Scipio Ammirato in Venedig über das Risiko *(rischio)*, bei der Verbreitung von Informationen die Quelle der Informationen bekannt geben zu müssen. Im gleichen Jahr verwendete auch der Italiener Giovanni Botero den Begriff des Risikos. (Luhmann 1993).

Im Chinesischen besteht das Word Krise aus den Zeichen Gefahr und Änderung. (Mair 2009), im arabischen heißt *Rizk*: von Gott gegeben (Ertekin 2010).

Weitere Ausführungen zur Herkunft des Wortes Risiko finden sich bei Skjong (2005), Cline (2004), Ertekin (2010), Kaplan (1997).

1.2.8.3 Risikokarten und Gesamtbetrachtungen

Für die Bevölkerung in den entwickelten Industriestaaten existierten noch nie so umfassende, klar verständliche und einfach nutzbare Hilfsmittel zur Bewertung von Gefahren und Risiken wie heute. Leider liegen dem Autor keine Informationen darüber vor, wie intensiv diese Hilfsmittel von der Bevölkerung genutzt werden. Manche Interessengruppen, wie z. B. Immobilieninvestoren, schauen auf

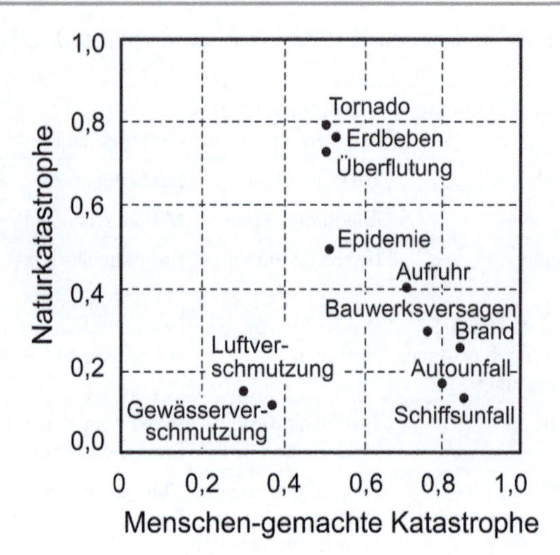

Abb. 1.54 Anteil natürlicher und künstlicher Ursachen für verschiedene Gefahren bzw. Katastrophen (Karger 1996)

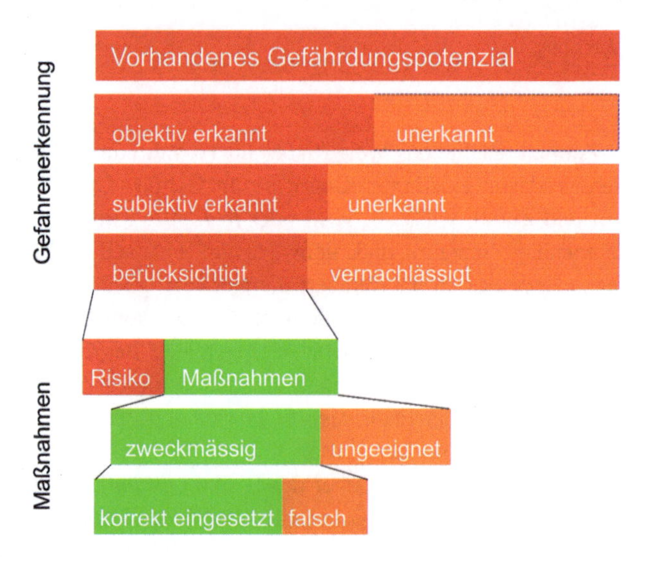

Abb. 1.55 Gefahrenerkennung und Maßnahmen. (In Anlehnung an Schneider 1996)

kommunale Überflutungskarten oder Skifahrer schauen auf Lawinengefährdungskarten. Andere schauen auf die Gefahrenzonenkarten zur Freisetzung von radioaktivem Material von Kernkraftwerken.

In vielen Ländern findet man heute spezifische Risikokarten (Müller et al. 2006; CEDIM 2021; BAFU 2021; Control Risks Group Limited 2021), teilweise aufgelöst für Städte (Dresden 2021) oder Kommunen.

Die singuläre Betrachtung eines einzelnen Risikos kann allerdings zu einem verfälschten Bild führen. Andere Risiken können größer oder entscheidender sein als das singulär betrachtete Risiko. Aus diesem Grund werden vermehrt ganzheitliche Risikobetrachtungen durchgeführt, z. B. für Australien (AEMC 2010), für Kanada (EMPD 2012), Neuseeland (ODESC 2011), die Niederlande (Ministry of the Interior 2008, 2009), Norwegen (NDCPEP 2012), Schweden (SCCA 2011), Großbritannien, die USA (DHS 2011), die EU (EU 2010), OECD (2009, 2012) oder sogar weltweit (UNISDR 2015).

1.2.8.4 Zusammenfassung

Das Ziel menschlicher Handlungen ist ein besseres Leben für alle Menschen. Karl Popper formulierte: *„Alles Lebendige sucht nach einer besseren Welt"*. Auch Aristoteles kam 2000 Jahre davor zu demselben Ergebnis: *„Unsere Vorfahren sehen wir als einfach und barbarisch an. Griechen liefen mit Schwertern umher und kauften Frauen voneinander. Und es gab sicherlich noch mehr solcher Traditionen, die außerordentlich dumm waren. Allgemein kann man sagen: Menschen suchen nicht das Leben ihrer Vorfahren, sondern sie suchen ein gutes Leben."* (Nussbaum 1993).

Ein wichtiger, allerdings nicht alleiniger, Bestandteil eines guten Lebens ist die Gesundheit. Gesundheit ist ein positiver funktioneller Gesamtzustand im Sinne eines dynamischen biopsychologischen Gleichgewichtszustandes, der gemäß WHO erhalten bzw. immer wieder hergestellt werden muss. Die Vielzahl der Faktoren, die darauf Einfluss nehmen, sind vereinfacht in Abb. 1.56 dargestellt. Dabei werden alle krankheitserzeugenden Faktoren als Risiko angesehen und alle gesundheitsfördernden Faktoren als Schutz. In diesem Sinne beinhaltet hier das Risiko keine finanziellen Schäden, sondern ausschließlich Morbidität und Mortalität erhöhende Faktoren.

Die Einteilung umfasst allerdings noch weitere Effekte, wie die Zeitabhängigkeit (kurzfristig, langfristig), die Ortsabhängigkeit (lokal, global), direkte und indirekte Effekte und kann des Weiteren Schutzfaktoren und Risikofaktoren berücksichtigen.

Neben der Verzahnung des Begriffs Risiko in Abb. 1.56 wird in Abb. 1.57 der Begriff Risiko in Verbindung zu

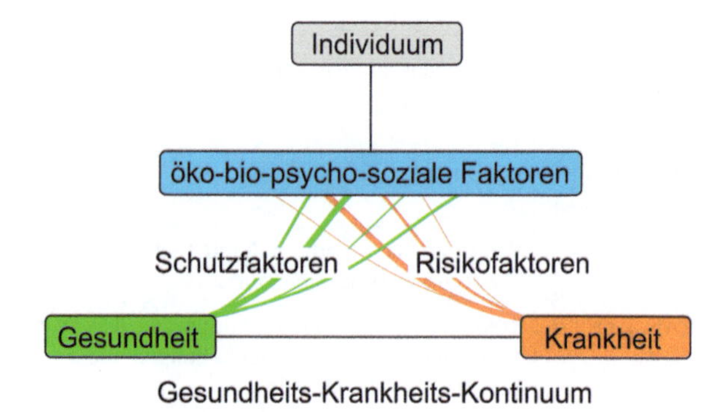

Abb. 1.56 Einbettung eines Individuums in eine ökobiopsychosoziale Umwelt und Definition des Risikos als Krankheitserzeuger (Perspektive Gesundheit 2020)

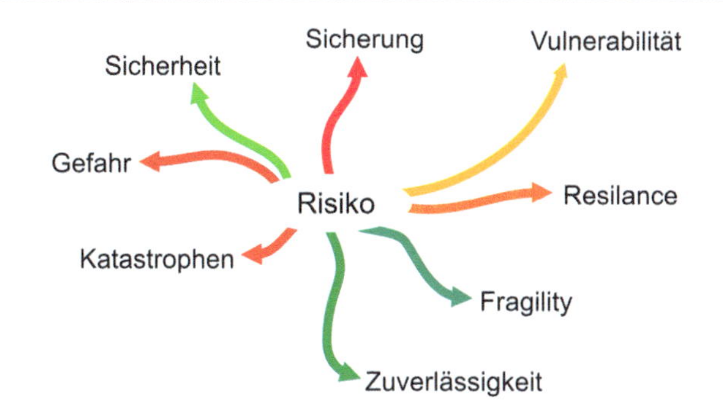

Abb. 1.57 Zusammenstellung der wichtigsten Begriffe

anderen wichtigen themengleichen Begriffen gesetzt. Dies ist allerdings ebenfalls eine stark verienfachte Darstellung. So wurden zum einen nicht alle Begriffe in die Zeichnung aufgenommen und zum anderen besitzen die Begriffe auch untereinander Beziehungen. Oft wird z. B. die Resilienz als das Inverse der Vulnerabilität angesehen, während z. B. die Fragility eine Sonderform der Versagenswahrscheinlichkeit ist, die wiederum einer Untergruppe der Zuverlässigkeit darstellt. Gefahr ist ein Zustand bzw. Prozess, der noch nicht zu einem Schaden geführt hat, während die Katastrophe über die Größe des eingetretenen Schadens definiert wird. Sicherheit bezieht sich auf Zustände, die keine weiteren Schutzmaßnahmen erfordern. Sicherung bezieht sich wiederum auf Schutzmaßnahmen gegen kriminelle, terroristische und militärische Gefahren.

Eine quantitative Untersuchung der Verbindungen der Begriffe findet sich bei Nielsen und Faber (2019).

Abb. 1.58 zeigt die zeitlichen und räumlichen Skalen aller Ereignisse, die Risiken für Menschen umfassen können und das ist praktisch die gesamte Welt. Räumlich sehr kleine Ereignisse können Viren sein oder chemische Gifte, die zu Gesundheitsschäden oder sogar zum Tod führen. Sehr kleine räumliche Einwirkungen können aber auch ionisierende und nicht-ionisierende Strahlung sein, z. B. Sonnenbrand. Auf sehr großen Skalen finden sich Erdbeben, Meteoriteneinschläge oder Supernovä. Ob und inwieweit es Einwirkungen von außerhalb des Universums auf uns Menschen geben kann, ist reine Spekulation. Hier sei auf die Diskussion der beobachteten Fluktuation der kosmischen Hintergrundstrahlung und die Schlussfolgerung von Multiversen verwiesen (Cartwright 2010). Neben den zeitlichen und räumlichen Skalen gibt es auch noch energetische und stoffliche Skalen. Die Wahl der Skalen und die Festlegung der Grenzen entspricht auch den Grenzen des Verständnisses unserer Umwelt.

1.2.9 Sicherheit

Definitionen des Begriffs der Sicherheit finden sich in unzähligen wissenschaftlichen Veröffentlichungen. Beispiele für die Beschreibung der Sicherheit lauten *„Beruhigung des Geistes, aus der Überzeugung heraus, dass keinerlei Katastrophe oder Unglücksfall droht"*, einen *„Zustand des Unbedroht seins"* oder *„in Erfahrung gegründetes und sich bestätigendes Gefühl, von gewissen Gefahren nicht vorrangig getroffen zu werden."* (Murzewski 1974).

In der deutschen Sprache gibt es eine Vermengung der Begriffe Sicherheit und Gewissheit *„Sicherheit ist … Gewissheit von Individuen oder sozialen Gebilden über die Zuverlässigkeit von Sicherheits- und Schutzreinrichtungen."* (Murzewski 1974).

Abb. 1.58 Zeit- und Raumrahmen für Risiken

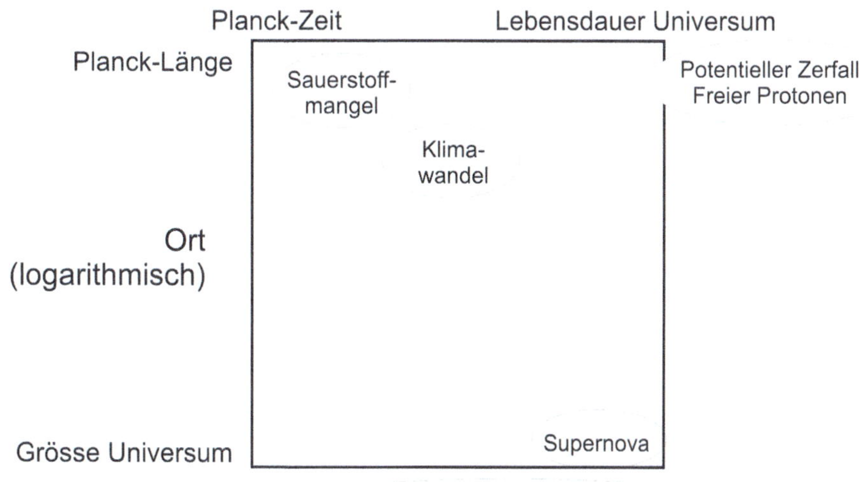

Aus Sicht des Autors beschreibt der Begriff der Sicherheit einen gewünschten Zustand, indem keine weiteren Maßnahmen oder Handlungen zur Aufrechterhaltung des Zustandes notwendig sind. Die Abgrenzung, ob Handlungen notwendig werden, erfolgt über den Grad der subjektiven Entspannung, wobei auf der einen Seite der Skala Angst und Furcht stehen und auf der anderen Seite vollständige Entspannung und innerer Frieden. Jede dieser Entspannungsgrade repräsentiert einen Grad externer Einflüsse auf innere Ressourcen. Jemand, der in Angst und Furcht lebt, wird versuchen, alles ihm mögliche zu unternehmen, um die mit Angst und Furcht verbundenen Bedrohungen zu vermeiden oder abzubauen. In anderen Worten, die Bedrohung zwingt uns Reaktionen auf, die unsere Ressourcen binden. Beim Zustand der Ruhe und inneren Ausgeglichenheit kann dagegen die Verwendung der Ressourcen frei gewählt werden. Dabei ist es egal, ob man ein Eis essen geht oder sein Geld für die Rente zurücklegt. Das Konzept der Verbindung von Ressourcen und Sicherheit findet sich z. B. auch bei Knecht (2010), allerdings sind dem Autor keine empirischen Studien zu den verwendeten Kurven in den Abb. 1.59, 1.60, 1.61, 1.62, 1.63 und 1.64 bekannt.

In dem im Abb. 1.59 gezeigten Entspannungs-Ressourcen-Diagramm muss nun ein Grenzwert gewählt werden, der den Bereich der Sicherheit und Unsicherheit voneinander abgrenzt. Im vorliegenden Beispiel wurde als Grenzwert der Punkt der Wendetangente verwendet. Abb. 1.60 zeigt die Variabilität bei der Wahl des Punktes und mögliche Verschiebungen, z. B. in die Funktionsbereiche der maximalen Krümmung.

Hat man den Funktionswert und den Definitionsbereich der Sicherheit gewählt, kann man den Zustand der Sicherheit z. B. dadurch erreichen, dass man die Ressourcen absolut erhöht. Dann wird die relative Bindung von Ressourcen durch die Gefahr geringer. Ein schönes Beispiel wäre der Einsatz von Superhelden zur Rettung. In diesem Fall

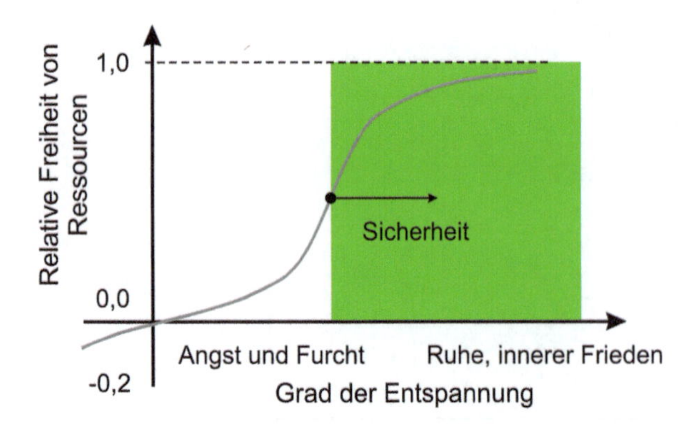

Abb. 1.59 Darstellung von Sicherheit in einem Diagramm der Entspannung und der Ressourcen

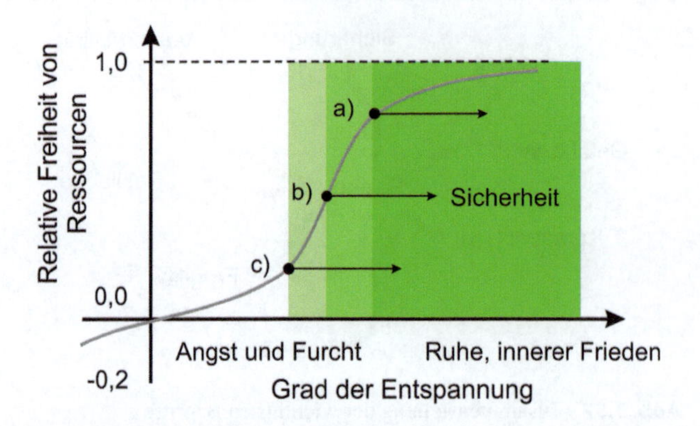

Abb. 1.60 Darstellung von Sicherheit in einem Diagramm der Entspannung und der Ressourcen, wobei die Lage des Übergangs zur Sicherheit variiert wurde (maximale Krümmung und Wendetangente)

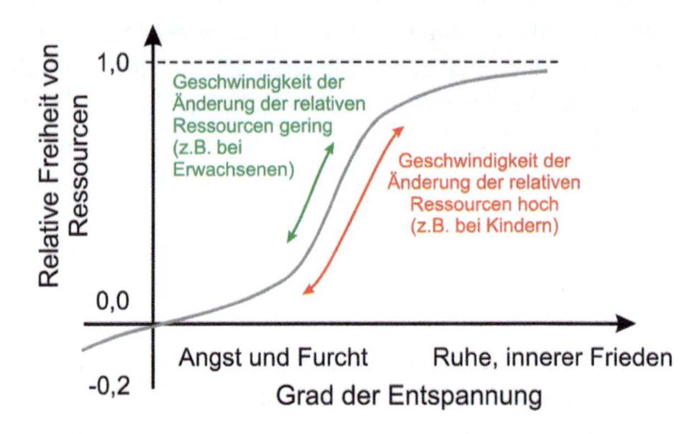

Abb. 1.61 Darstellung von Sicherheit in einem Diagramm der Entspannung und der Ressourcen, wobei verschiedene Änderungsgeschwindigkeiten auf der Kurve abgebildet wurden

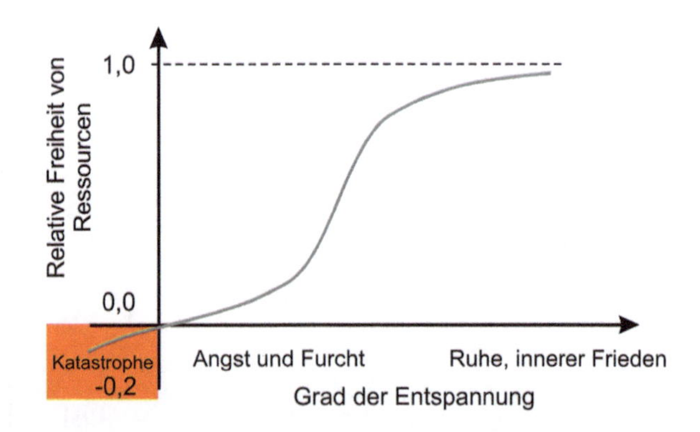

Abb. 1.62 Darstellung von Sicherheit in einem Diagramm der Entspannung und der Ressourcen, wobei hier negative Ressourcen auftreten

lägen nahezu unendliche Ressourcen vor, und jede Bedrohung wäre ein Klacks für den Superhelden. Sind die absoluten Ressourcen dagegen sehr gering, wie z. B. bei Kindern, werden natürlich sehr viel kleinere Bedrohungen als

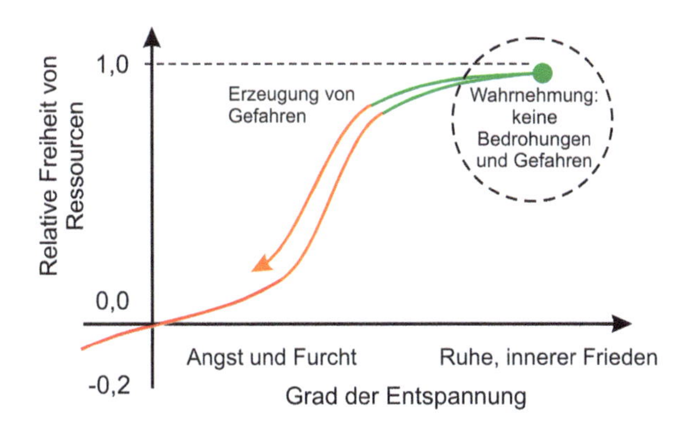

Abb. 1.63 Darstellung von Sicherheit in einem Diagramm der Entspannung und der Ressourcen, in eine hohe wahrgenommen Sicherheit dazu führt, dass Menschen selbstgewählt wieder in den Bereich der Unsicherheit zurückkehren

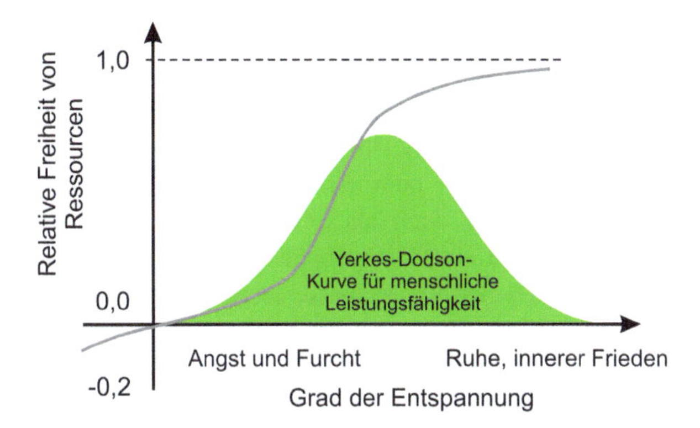

Abb. 1.64 Darstellung von Sicherheit in einem Diagramm der Entspannung und der Ressourcen und Überlagerung mit der Yerkes-Dodson-Kurve, die den Zusammenhang zwischen Leistungsfähigkeit und Stresslevel beschreibt

kritisch gesehen und führen zu einem unsicheren Zustand. Abb. 1.61 zeigt diesen Effekt als erhöhte Geschwindigkeit der relativen Ressourcenänderung.

In dieser Darstellung können negative Ressourcen als Katastrophe definiert werden. Dies stimmt in der Tat mit üblichen Definitionen von Katastrophen überein. Katastrophen werden oft als Situationen mit notwendiger externer Hilfe beschrieben. Übersetzt man Hilfe mit externen Ressourcen, und geht man davon aus, dass externe Ressourcen nur notwendig werden, wenn die eigenen Ressourcen erschöpft sind, so kann man Katastrophen in diesem Diagramm darstellen. Dies ist in Abb. 1.62 erfolgt.....

Die Frage wäre nun, welcher Zustand für den Menschen optimal wäre. Es ist offensichtlich, dass ein dauerhafter Zustand der Angst und Furcht für den Menschen nicht optimal ist. Wäre dann ein Zustand der vollständigen Ruhe und des vollständigen inneren Friedens optimal? Auch wenn gewisse Religionen diesen Zustand anstreben, die Erfahrung zeigt, dass Menschen in solchen Situationen eher dazu neigen, neue Aufgaben anzunehmen und neue Chancen und neue Risiken zu suchen. Im Kap. 4 wird von Homöostase und Homöodynamik der Risiken die Rede sein. Nämlich dann, wenn Menschen eine Risikoverringerung durch technische Schutzmaßnahmen erfahren, diese Verringerung aber durch risikoreicheres Verhalten wieder aufbrauchen (siehe Abb. 1.63). Im extremen Fall erzeugen oder suchen Menschen dann wieder das Risiko, z. B. durch Bergsteigen. Dazu passt sehr schön die Formulierung von Shakeaspeare (1986) in MacBeath: *„Denn, wie ihr wisst, war Sicherheit, des Menschen Erbfeind jederzeit.“*.

Aus diesem Grund erscheint es sinnvoll, den optimalen Zustand für Menschen weder im Bereich der Angst und Furcht noch im Bereich der absoluten Ruhe und des inneren Friedens zu suchen, sondern vermutlich im Grenzbereich der Sicherheit. Die Menschen sollen sich gerade noch sicher fühlen, aber den Blick auf das Risiko nicht vollständig verlernen. Man könnte definieren: *„Sicherheit ist ein Zustand, in dem keine weiteren Maßnahmen zur Aufrechterhaltung dieses Zustandes notwendig sind. Optimal ist ein solcher Zustand, in dem regelmäßig eine Prüfung des Zustandes erfolgt.“*. In der Pädagogik spricht man davon, dass milde Formen von Stress zu maximaler Leistung führen. Dies ist in Abb. 1.64 dargestellt, indem die bisher verwendete Kurve mit der Yerkes-Dodson-Kurve überlagert wird.

Tatsächlich wandern Menschen und Gesellschaften auf dieser Kurve, und zwar nicht nur allein durch die tatsächliche Änderung der äußeren Bedingungen, sondern auch durch die subjektive Wahrnehmung.

Die Forderung nach Sicherheit von Menschen oder Lebewesen allgemein beinhaltet die Aufrechterhaltung der physischen und psychischen Lebensfunktionen. Die Sicherheit von Menschen entspricht damit einem grundlegenden Menschenrecht, z. B. in Form des Rechtes auf Leben und körperliche Unversehrtheit. Diese Rechte finden sich in vielen grundlegenden Gesetzen, wie z. B. im Grundgesetz der Bundesrepublik Deutschland oder in der Schweizer Bundesverfassung. In letzter findet sich der Begriff Sicherheit über 20-mal.

Das Empfinden über die physischen und psychischen lebensnotwendigen Funktionen stimmt zwar bei Menschen in vielen Bereichen überein, weist aber auch Unterschiede auf. Deshalb ist der Begriff der Sicherheit zunächst ein rein philosophischer Begriff (Hof 1991; Murzewski 1974). Aus diesem Grund wurde in den vorangegangenen Abschnitten eine sehr grundlegende Definition des Begriffs Sicherheit eingeführt.

Bei technischen Erzeugnissen, wie z. B. Bauwerken, beinhaltet Sicherheit in der Regel die Aufrechterhaltung der Funktionsfähigkeit des Systems, da diese die Grundlage für die Sicherheit der Menschen ist, die dieses technische Produkt verwenden. Definitionen des Begriffs Sicherheit finden sich daher auch in zahlreichen technischen Normen, z. B. die DIN EN 61508-4, die DIN EN 14971 oder die DIN VDE 31 000 Teil 2.

Die DIN EN 61 508-4, der ISO/IEC Guide 51 und die DIN EN 14 971 definieren Sicherheit als Freiheit von unvertretbaren Risiken. DIN VDE 31 000 Teil 2 versteht unter Sicherheit S eine Sachlage, bei der das vorhandene Risiko *vorh R* nicht größer als das Grenzrisiko *zul R* ist:

Gelegentlich findet man in der Literatur auch die Definition der Sicherheit in der folgenden Form.

$$S = 1 - R.$$

Diese Definition widerspricht allerdings der z. B. aus DIN VDE 31 000 bekannten Definition. Während Sicherheit dort als eine qualitative Größe verstanden wird, ist in der letztgenannten Formel Sicherheit ein quantitatives Maß. In beiden Fällen aber basiert die mathematische Formulierung der Sicherheit auf dem Komplementärereignis Risiko. Der Begriff des Risikos wurde bereits im vorangegangenen Abschnitt und im Kap. 3 behandelt.

Als Beispiel für die technische Interpretation des Begriffs Sicherheit sei an dieser Stelle auf die Definition des Begriffs Sicherheit im Bauwesen eingegangen. Die Normen sind teilweise nicht mehr aktuell, aber es soll der prinzipielle Aufbau erläutert werden. Im Bauwesen versteht man unter Sicherheit die qualitative Fähigkeit eines Tragwerkes, Einwirkungen zu widerstehen (z. B. DIN 1055-100, DIN ISO 8930). Natürlich kann ein Bauwerk nicht allen theoretisch möglichen Einwirkungen widerstehen, aber es muss den meisten der Einwirkungen in einem ausreichenden Maß widerstehen (DIN 1055-9). Die Entscheidung, ob ein Bauwerk sicher ist oder nicht, muss mit einem quantitativen Maß erbracht werden. Die Zuverlässigkeit eines Tragwerkes ist ein solches quantitatives Maß. Diese wird in den gegenwärtig vorliegenden Bauvorschriften als Wahrscheinlichkeit interpretiert (u. a. DIN ISO 8930). Damit ist eine Aussage, ob ein Bauwerk sicher ist oder nicht, durch den Vergleich von Wahrscheinlichkeiten möglich. Weitere Sicherheitskonzepte sind zurzeit Gegenstand der Forschung, wie z. B. das fuzzy-probabilistische Sicherheitskonzept (Möller et al. 2000, Proske 2011a). Eine mögliche Staffelung von Sicherheitskonzepten ist in Abb. 1.65 dargestellt. Auf das Sicherheitskonzept mit Teilsicherheitsfaktoren wird noch im Kap. 3 eingegangen.

Die Geschichte des Verständnisses und der Maßnahmen zur Gewährleistung von Sicherheit werden z. B. im SFB 138 diskutiert. Zachmann (2020) beschreibt die geschichtliche Einordnung der Sicherheitsanforderungen an Kernkraftwerke und Kraftfahrzeuge. Dieses Thema wird noch auch noch im Kap. 4 behandelt.

An die Diskussion des Begriffs Sicherheit und die vorangegangene Diskussion der Kausalität in sozialen Systemen schließt sich der Begriff der Sicherheitskultur an. Dieser Ansatz soll die Sicherheit von Menschen durch organisatorische Regeln gewährleisten. Er basiert auf der Annahme, dass Katastrophen nicht durch einen einzelnen Fehler, sondern durch eine Kaskade von Fehlern entstehen. Reason (1990) hat ein solches Modell vorgestellt, das aus verschiedenen Schichten oder Barrieren besteht (Abb. 1.66). Manchmal wird es auch als Schweizer-Käse-Modell bezeichnet, bei dem eine Katastrophe nur dann eintritt, wenn die Löcher in jeder Käsescheibe übereinander liegen und man durchschauen kann. Der Ursprung des Themas Sicherheitskultur basiert auf dem Versagen der Sicherheitskultur bei der Tschernobyl-Katastrophe (Ostrom et al. 1993), findet aber mittlerweile auch in anderen Bereichen wie der Flugzeugbranche breite Anwendung. In diesen Ansatz passt auch das Integrale Risikomanagement für natürliche Risiken (Kienholz et al. 2004), die Living Safety Analysis für technische Risiken oder der Risk Informed Decision Prozess für politische Risiken. Alle diese Verfahren gehen von sich permanent ändernden Randbedingungen aus, die eine kontinuierliche und damit auch fehlerhafte Sicherheitsbewertung zur Folge haben.

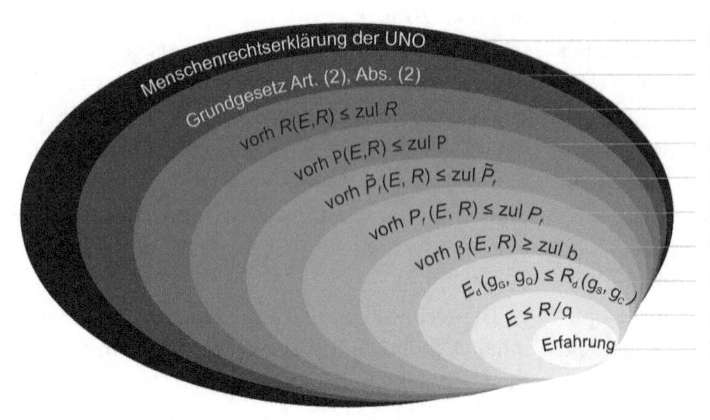

Abb. 1.65 Mögliche Sicherheitskonzepte im Bauwesen

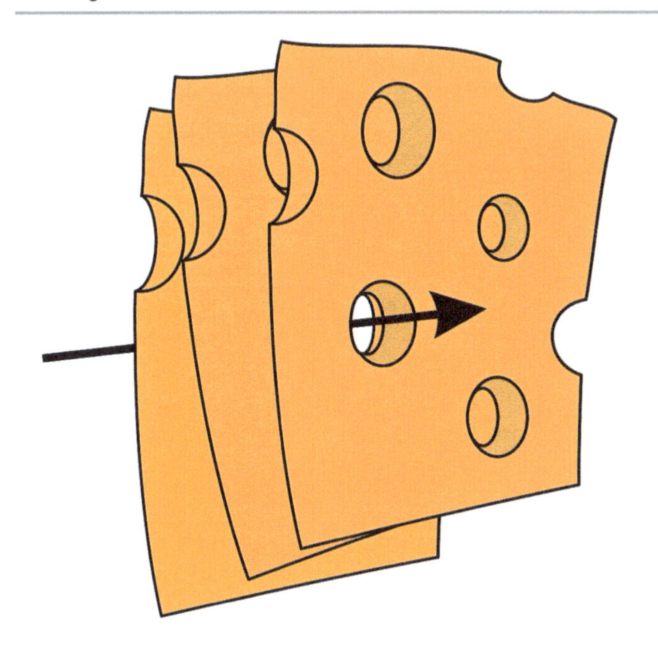

Abb. 1.66 Reason's (1990) Schweizer Käsemodell (Eine Katastrophe ist eine Sequenz, die die Löcher aller Scheiben durchdringt, wobei die Scheiben Sicherheitsmaßnahmen entsprechen.)

1.2.10 Vulnerabilität und Robustheit

Vulnerabilität ist ein Begriff, der eine Erweiterung der klassischen Risikodefinition, die nur zwei Eingangsparameter kennt, erlaubt. Die Vulnerabilität hat sich insbesondere im Naturgefahrenbereich bewährt (Fuchs 2006, 2009; Totschnig et al. 2011; Fuchs und Thaler 2018). Ergänzend können weitere Eigenschaften in den Begriff der Vulnerabilität aufgenommen werden, der dann selbst Teil der Risikodefinition ist (Fuchs 2006):

$$R = f(p, A_O, v_O, p_O) \tag{1.6}$$

Die Gleichung enthält R als Risiko, p als Wahrscheinlichkeit dieses Ereignisses, A_O als Wert eines Objekts, v_O als Verwundbarkeit des Objekts während des Ereignisses und p_O als Wahrscheinlichkeit der Exposition des Objekts während des Ereignisses. Diese Gleichung kann auf mehrere Ereignisszenarien und mehrere Objekte ausgedehnt werden. Der Begriff der Verwundbarkeit muss jedoch noch definiert werden. Wie bei vielen anderen Begriffen auch, ist die Vielfalt der Definitionen von Verwundbarkeit nahezu unüberschaubar. Beispiele für Definitionen sind in Tab. 1.20 aufgeführt. Nach Weichselgartner (2001) wurde der Begriff der Vulnerabilität erstmals 1976 durch O'Keefe, Westgate und Wisner verwendet. Dabei bezieht sich Vulnerabilität auf die sozio-ökonomischen Fähigkeiten, mit katastrophalen klimatologischen und geophysikalischen Ereignissen umzugehen. UNEP (2001) und Sullivan und Huntingford (2009) stellen einen Global Vulnerability Index vor.

Harte et al. (2007) haben eine Quantifizierung der Vulnerabilität V für Bauobjekte eingeführt, die auf dem Schadensparameter D basiert. Im Gegensatz zur bisher genannten Vulnerabilität stehen hier technische Parameter im Vordergrund:

$$V = \int_{\text{Lebenszeit}} D\,dt \tag{1.7}$$

Die Schädigung D kann z. B. durch die Änderung der Eigenfrequenzen f einer Struktur beschrieben werden:

$$D = 1 - \frac{f_{\text{beschädigt}}}{f_{\text{unbeschädigt}}} \tag{1.8}$$

Um bessere Vergleiche zu ermöglichen, kann eine normierte Vulnerabilität eingeführt werden, die auf einem Belastungsfaktor λ basiert:

$$V^* = \int_{\lambda=0}^{\lambda=1} D(\lambda) \cdot (1-\lambda) \cdot \frac{3}{D_{\text{Max}}} \tag{1.9}$$

Abb. 1.67 visualisiert den Zusammenhang zwischen Belastungsparameter und Schädigungsparameter. Für normale Zustände von Strukturen können der Grenzzustand der Gebrauchstauglichkeit mit geringen Änderungen der Struktur und der Grenzzustand der Tragfähigkeit numerisch erreicht werden.

Wenn man davon ausgeht, dass Robustheit das Gegenstück zur Verwundbarkeit bzw. Vulnerabilität ist, dann kann die Untersuchung der Robustheit weitere Informationen über die Verwundbarkeit liefern.

Robustheit ist die Fähigkeit von Systemen, unerwartete oder außergewöhnliche Umstände oder Situationen zu überleben. Für Strukturen bedeutet es, dass die Struktur auch bei unsachgemäßer Nutzung, kurzen Überlastungen oder extremen Bedingungen noch funktioniert (Harte et al. 2007).

Drei Beispiele für Definitionen des Begriffs Robustheit aus Harte et al. (2007) und Petryna und Krätzig (2005) sind:

„Robustheit ist die Belastbarkeit eines Systems, besonders unter Stress und ungültigen Informationen.".

„Robustheit ist der Grad, unter welchem ein System bzw. seine Komponenten in der Gegenwart von Fehlern oder anderen ungültigen oder unnormalen Zuständen seine Funktion erfüllt.".

„Robustheit ist diejenige Eigenschaft, die es Systemen ermöglicht, unvorhergesehene oder ungewöhnliche Umstände zu überleben.".

Bei Bauwerken kann Robustheit durch zwei Möglichkeiten entstehen. Zum einen kann die prozentuale Tragreserve gegenüber dem planmäßig betrachteten Bemessungszustand erhöht werden. Zum zweiten ist es die Art der Konstruktion. So sollte ein robuster Entwurf verhindern, dass infolge des Kollapses eines Bauteiles ein vollständiger

Tab. 1.20 Beispiele der Definition von Vulnerabilität nach Weichselgartner (2001) und GTZ (2002)

Author	Definition
Gabor und Griffith (1980)	Vulnerability is the threats (to hazardous materials) to which people are exposed (including chemical agents and the ecological situation of the communities and their level of emergency preparedness). Vulnerability is the risk context
Timmerman (1981)	Vulnerability is the degree to which a system acts adversely to the occurrence of a hazardous event. The degree and quality of the adverse reaction are conditioned by a system's resilience (a measure of the system's capacity to absorb and recover from the event)
UNDRO (1982)	Vulnerability is the degree of the loss to a given element or set of elements at risk resulting from the occurrence of a natural phenomenon of a given magnitude
Petak und Atkisson (1982)	The vulnerability element of the risk analysis involved the development of a computer-based exposure model for each hazard and appropriate damage algorithms related to various types of buildings
Susman et al. (1983)	Vulnerability is the degree to which different classes of society are differentially at risk
Kates (1985)	Vulnerability is the ‚capacity to suffer harm and react adversely'
Pijawka und Radwan (1985)	Vulnerability is the threat or interaction between risk and preparedness. It is the degree to which hazardous materials threaten a particular population (risk) and the capacity of the community to reduce the risk or the adverse consequences of hazardous material releases
Bogard (1989)	Vulnerability is operationally defined as the inability to take effective measures to insure against losses. When applied to individuals, vulnerability is a consequence of the impossibility or improbability of effective mitigation and is a function of our ability to detect hazards
Mitchell (1989)	Vulnerability is the potential for loss
Liverman (1990)	Distinguishes between vulnerability as a biophysical condition and vulnerability as defined by political, social, and economic conditions of society. She argues for vulnerability in geographic space (where vulnerable people and places are located) and vulnerability in social space (who in that place is vulnerable)
UNDRO (1991)	Vulnerability is the degree of the loss to a given element or set of elements at risk resulting from the occurrence of a natural phenomenon of a given magnitude and expressed on a scale from 0 (no damage) to 1 (total loss). In lay terms, it means the degree to which an individual, family, community, class, or region is at risk from suffering a sudden and serious misfortune following an extreme natural event
Dow (1992)	Vulnerability is the differential capacity of groups and individuals to deal with hazards, based on their positions within physical and social worlds
Smith (1992)	Human sensitivity to environmental hazards represents a combination of physical exposure and human vulnerability – the breadth of social and economic tolerance available at the same site
Alexander (1993)	Human vulnerability is a function of the costs and benefits of inhabiting areas at risk from natural disaster
Cutter (1993)	Vulnerability is the likelihood that an individual or group will be exposed to and adversely affected by a hazard. It is the interaction of the hazard of place (risk and mitigation) with the social profile of communities
Watts und Bohle (1993)	Vulnerability is defined in terms of exposure, capacity, and potentiality. Accordingly, the prescriptive and normative response to vulnerability is to reduce exposure, enhance coping capacity, strengthen recovery potential, and bolster damage control (i.e., minimize destructive consequences) via private and public means
Blaikie et al. (1994)	By vulnerability we mean the characteristics of a person or a group in terms of their capacity to anticipate, cope with, resist and recover from the impact of a natural hazard. It involves a combination of factors that determine the degree to which someone's life and livelihood are put at risk by a discrete and identifiable event in nature or in society
Green et al. (1994)	Vulnerability to flood disruption is a product of dependency (the degree to which an activity requires a particular good as an input to function normally), transferability (the ability of an activity to respond to a disruptive threat by overcoming dependence either by deferring the activity in time, or by relocation, or by using substitutes), and susceptibility (the probability and extent to which the physical presence of flood waters will affect inputs or outputs of an activity)
Bohle et al. (1994)	Vulnerability is best defined as an aggregate measure of human welfare that integrates environmental, social, economic, and political exposure to a range of potential harmful perturbations. Vulnerability is a multilayered and multidimensional social space defined by the determinate, political, economic, and institutional capabilities of people in specific places at specific times
Dow und Downing (1995)	Vulnerability is the differential susceptibility of circumstances contributing to vulnerability. Biophysical, demographic, economic, social, and technological factors such as population ages, economic dependency, racism, and age of infrastructure are some factors which have been examined in association with natural hazard

(Fortsetzung)

Tab. 1.20 (Fortsetzung)

Author	Definition
Gilard und Givone (1997)	Vulnerability represents the sensitivity of land use to the hazard phenomenon Amendola (1998). Vulnerability (to dangerous substances) is linked to the human sensitivity, the number of people exposed and the duration of their exposure, the sensitivity of the environmental factors, and the effectiveness of the emergency response, including public awareness and preparedness
Comfort et al. (1999)	Vulnerability is those circumstances that place people at risk while reducing their means of response or denying them available protection
Weichselgartner und Bertens (2000)	By vulnerability we mean the condition of a given area with respect to hazard, exposure, preparedness, prevention, and response characteristics to cope with specific natural hazards. It is a measure of capability of this set of elements to withstand events of a certain physical character
GTZ (2002)	Vulnerability denotes the inadequate means or ability to protect oneself against the adverse impact of external events on the one hand and on the other to recover quickly from the effects of the natural event. Vulnerability is made up of many political-institutional, economic, and socio-cultural factors

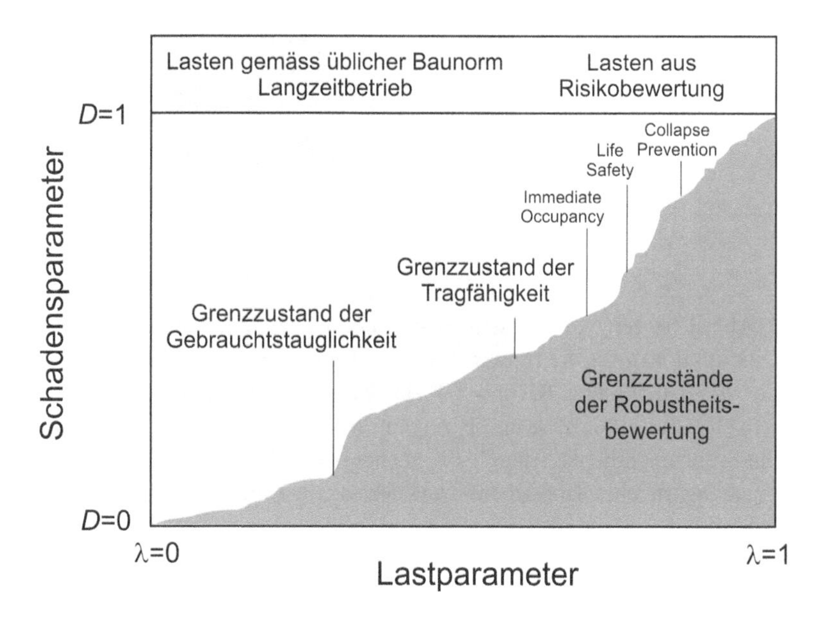

Abb. 1.67 Zusammenhang zwischen Lastparameter und Schadensparameter, Der Lastparameter erreicht 1 beim Einsturz der Struktur, während der Lastparameter bei einer jungfräulichen Struktur ohne irgendwelche Einwirkungen 0 ist. Unter realen Bedingungen wird der Lastparameter nicht 0 sein, weil die Eigenlast bereits eine Einwirkung darstellt. (Harte et al. 2007)

Tragwerkskollaps ausgelöst wird. Beispielsweise versucht man so zu bemessen, dass die schwächsten Glieder einer Baukonstruktion diejenigen sind, die ein duktiles Versagen zeigen und nicht ein sprödes.

Die Robustheit kann gemäß (Harte et al. 2007) quantifiziert werden

$$R = \frac{\lambda_{\text{Versagen}}}{\lambda_{\text{Entwurf}}} \cdot f(D) \tag{1.10}$$

Basierend auf der angenommenen Kontrarietät zwischen Vulnerabilität und Robustheit wird die normalisierte Robustheit auf der Grundlage der normalisierten Vulnerabilität definiert (Harte et al. 2007):

$$R^* = 1 - V^* = 1 - \int_{\lambda=0}^{\lambda=1} D(\lambda) \cdot (1-\lambda) \cdot \frac{3}{D_{\text{Max}}} \cdot \tag{1.11}$$

In diesem Abschnitt wurde sowohl die sozio-ökonomische Betrachtungsweise als auch die technische Betrachtungsweise der Vulnerabilität vorgestellt.

1.2.11 Versagenswahrscheinlichkeit und Zuverlässigkeit

Im Abschn. 1.2.9 wurde bereits auf die Definition der Sicherheit im Bauwesen eingegangen. Es wurde darauf hingewiesen, dass die Sicherheit über die Zuverlässigkeit und diese über die Versagenswahrscheinlichkeit beschrieben wird (Spaethe 1992). Für die Berechnung der Versagenswahrscheinlichkeit werden die Einwirkungen in der Regel als Zufallszahlen bzw. stochastische Prozesse berücksichtigt.

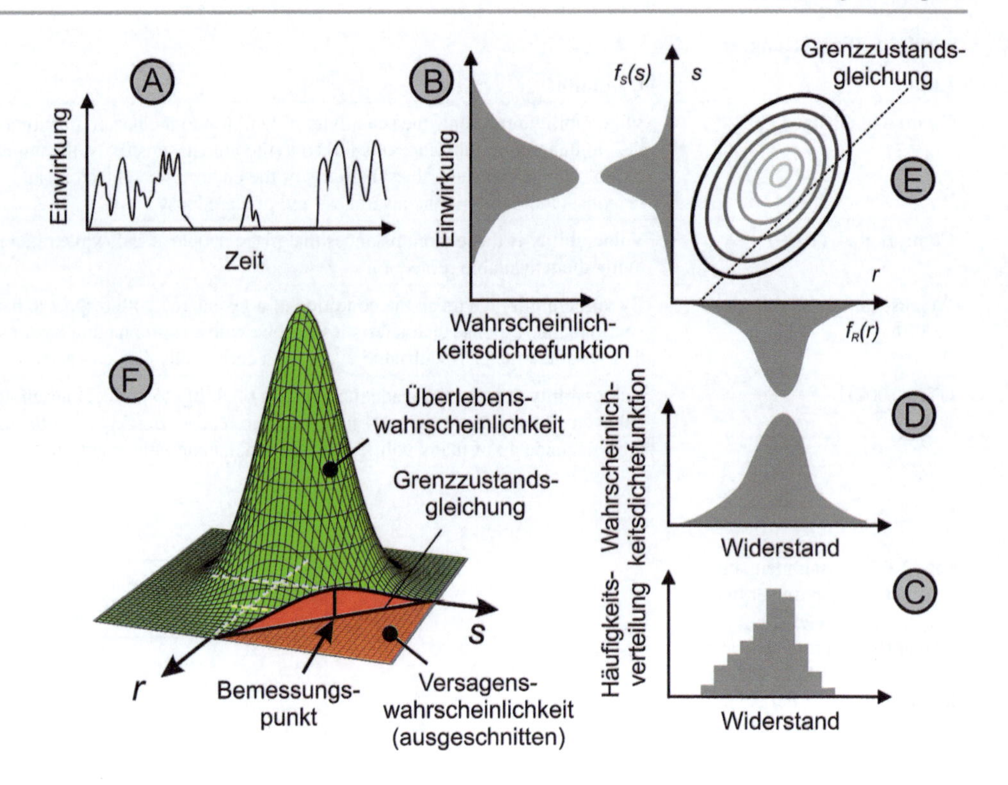

Abb. 1.68 Entstehung der Versagenswahrscheinlichkeit aus den Wahrscheinlichkeitsfunktionen von Einwirkung (A und B) und Widerstand (C und D)

Abb. 1.68 zeigt die Verschmelzung der Wahrscheinlichkeitsfunktionen für die Einwirkungsseite (A und B) und für die Widerstandsseite (C und D) zur Verbundwahrscheinlichkeit (E). Teilbilder E und F zeigen die Teilung der Verbundwahrscheinlichkeit durch die rechnerische Nachweisgleichung in eine Überlebens- und Versagenswahrscheinlichkeit.

Die Versagenswahrscheinlichkeit bildet die Grundlage für die Erstellung der Baunormen. Für die Durchführung der Berechnungen stehen verschiedene Verfahren zur Verfügung, wie First Order Reliability Method (FORM), Second Order Reliability Method (SORM), Monte-Carlo-Simulation und verschiedene Varianten (siehe Pellissetti & Schuëller 2006).

1.2.12 Fragility

Die Berechnung der Versagenswahrscheinlichkeit im Sinne des vorangegangenen Abschnittes kann für Einzelfälle durchgeführt werden. Bei der Berechnung teilweise hunderter Komponenten bzw. zahlreicher Bauwerke, wie sie z. B. für die Durchführung probabilistischer Sicherheitsanalysen für Kernkraftwerke notwendig sind, müssen jedoch Vereinfachungen eingeführt werden. Zu dieser Klasse der vereinfachten Berechnungen der Versagenswahrscheinlichkeiten gehören Fragilities. Fragilities sind Kurven bedingter Versagenswahrscheinlichkeiten von Bauwerken oder Komponenten für eine gegebene Einwirkungsintensität. Die Einwirkung ist damit eine deterministische Größe, die über einen Funktionsbereich definiert wird. Die Einwirkung kann ein Druck (Explosion, Wind) oder eine Beschleunigung (Erdbeben) sein. Fragilities wurden und werden in großem Umfang für die seismische Bewertung kerntechnischer Anlagen (Bayraktarli 2011; EPRI 1994; Kennedy et al. 1980; Kennedy 1999), für Deflagrationen (Proske 2012) und teilweise für die Bewertung von Infrastrukturbauwerken (Bazzurro et al. 2006) verwendet.

Abb. 1.69 zeigt eine Fragility-Funktion, in diesem Falle eine kumulative, logarithmische Normalverteilungsfunktion mit verschiedenen Ankerpunkten, wie A_m (Medianwert) und HCLPF (High Confidence Low Probability of Failure).

Taleb (2012) und Bergmeister (2013) entwickelten das Konzept einer Anti-Fragility.

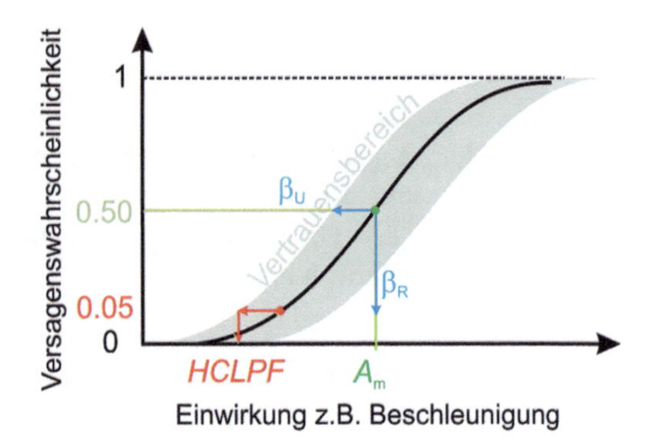

Abb. 1.69 Fragility-Funktion

1.2.13 Resilienz

Als Resilienz wird die schnelle Anpassung und Wiederherstellung der Leistungsfähigkeit von Menschen oder Gesellschaften nach schweren Erschütterungen oder Katastrophen bezeichnet (Coutu 2002; Egeland et al. 1993). Bruneau et al. (2003) beschreiben Resilienz als die Fähigkeit eines Systems, geringe Störungswahrscheinlichkeiten zu zeigen, den Umfang der Störung zu begrenzen, wenn sie auftritt, und die Rückkehr zu einem akzeptablen Leistungsniveau in einer relativ kurzen Zeitspanne nach einer Störung.

Der Begriff Resilienz hat in den letzten Jahrzehnten einen enormen Aufschwung in der Wissenschaft erlebt (Folke 2016). Manchmal wird die Vulnerabilität bzw. die Verletzlichkeit als das Gegenteil von Resilienz bezeichnet. Aus Sicht des Autors muss das aber nicht so sein, da Resilienz eher der schnellen Wiederherstellung entspricht als einer geringen zeitnahen Verletzlichkeit.

Eine Diskussion der quantitativen Darstellung von Resilienz findet sich z. B. bei Faber et al. (2019).

Mock und Zipper (2017) zeigen die verschiedene Bewertungsparameter und die möglichen berücksichtigten Effekte (Tab. 1.21).

1.2.14 Schäden und Nachteile

In den meisten Risiko-Definitionen wird der Schaden als ein Teil des Risikobegriffs verstanden. Unter Schaden kann man eine Veränderung zum Schlechteren (Differenztheorie), z. B. eine körperliche Beeinträchtigung, eine Wertminderung oder den Verlust von Gütern verstehen (DIN VDE 31 000-2). Die meisten Definitionen des Begriffs Schaden sind in der Rechtsprechung zu finden, da dies eines der Kernthemen dieses Fachgebietes darstellt.

Im Bauwesen wird Schaden definiert als: „Veränderung an einem Bauwerk mit Beeinträchtigung des Aussehens, der Gebrauchsfähigkeit (Funktionsfähigkeit) und der Dauerhaftigkeit oder der Standsicherheit. Als Ursache liegt entweder auf der Widerstandsseite ein Mangel und oder auf der Einwirkungsseite eine physikalische oder chemische Überbeanspruchung zugrunde (auch natürlicher Verschleiß). Die Beseitigung des Schadens verursacht Kosten. Die Kosten stellen einen finanziellen Schaden dar. Schäden haben also einen technischen und einen finanziellen Aspekt." (König et al. 1986).

Tab. 1.21 Berücksichtigung von verschiedenen Gefahrenbewertungsparametern und die berücksichtigen Effekte (Mock und Zipper 2017)

	Gefährlich negativ	Ungefährlich negativ	Ungefährlich positiv	Mit Erholung
Zuverlässigkeit	×	×		×
Risikoanalyse gemäß Risk Engineering	×			
Risiko gemäss ISO 31 000	×	×	×	
Resilienz	×	×	×	×

In der Regel geht einem Schaden ein Fehler voraus: Ein Fehler ist eine Abweichung von den Zielvorgaben. Auswertungen zu Fehlern und Schadensursachen im Bauwesen findet man z. B. Calvert (2002), El-Shahhat et al. (1995), Stewart und Melchers (1989), Matousek und Schneider (1976), Rizkallah et al. (1990), Scheer (2001) oder in den Bauschadensberichten (IFB Bauforschung 2018).

Trotz dieser umfangreichen Arbeiten betrachtet der Autor „Schaden" nicht als Teil des Risikos, sondern eher den Begriff des „Nachteils". Wie bereits erwähnt, wird der Schaden hauptsächlich auf der Grundlage der Differenztheorie beschrieben. In dieser Theorie wird ein Wert eines Objekts für zwei Zeitpunkte berechnet. Wenn der Wert zum frühen Zeitpunkt höher ist als zum späteren Zeitpunkt, dann hat das Objekt an Wert verloren. Dies kann als Schaden interpretiert werden.

Diese Theorie vergleicht jedoch nur Werte über die Zeit. Sie berücksichtigt keine Veränderungen in der Umgebung, wie es Menschen tun. Zum Beispiel können sich die Umgebungsbedingungen komplett ändern und das Objekt ist unter diesen neuen Umständen nicht mehr von Nutzen. Natürlich kann dieser Umstand im Preis berücksichtigt werden, aber dann steht der Wertverlust nicht kausal mit dem zu untersuchenden Ereignis oder der Sachlage in Verbindung.

Im Gegensatz zum Begriff Schaden berücksichtigt die Definition von Nachteil die Eigenschaft einer ungünstigeren Situation. Dazu gehört auch der direkte Vergleich zu anderen Personen.

Der Unterschied zwischen Schaden und Nachteil soll an einem einfachen Beispiel gezeigt werden. Stellen Sie sich einen Lehrer vor, der nach einer schriftlichen Prüfung willkürlich allen Schülern in der Klasse die Note 2 gibt. Nur eine Person erhält eine Note 3. Die Noten sind unabhängig von der individuellen Leistung und beruhen nur auf den persönlichen Vorlieben des Lehrers. Die eine Person, die ohne Begründung eine Note 3 erhalten hat, beschwert sich und fordert eine neue Prüfung für die gesamte Klasse. Diese wird durchgeführt und die Noten sind nun für die meisten Schüler unterschiedlich. Der Notendurchschnitt soll konstant bleiben. Die eine Person erhält aufgrund der korrekten Benotung der schriftlichen Prüfung wieder eine Note 3. Für die eine Person hat sich also der Wert nicht verändert, was keinen Schaden bedeutet, vorausgesetzt, der Notendurchschnitt war konstant. Aber diese eine Person wird sich natürlich viel wohler fühlen. Auch wenn im ersten Fall kein Schaden entstanden ist, gab es einen Nachteil.

Darüber hinaus können Nachteile und Schäden erst über die Zeit sichtbar werden. Dieser Effekt ist sehr gut bekannt bei der Einführung neuer Technologien (siehe Abschn. 4.6.4). Kurzfristig sind dann nur die Vorteile sichtbar und erst nach einer gewissen Zeit treten die Nachteile und Schäden zu Tage. Dieser Sachverhalt ist in Abb. 1.70 dargestellt. Als konkretes Beispiel zeigt Abb. 1.71 eine Kerze in der Weihnachtszeit. Den positiven psycho-sozialen Vorteilen stehen Nachteile wie Luftverschmutzung und Brandgefahr gegenüber. Für viele Menschen stellen Kerzen in der Weihnachtszeit eine kurzfristige Freude dar, für manche Menschen, bei denen die Kerzen einen schweren Wohnhausbrand verursacht haben, einen langfristigen Nachteil und Schaden.

Zur Schwierigkeit der Abschätzung von Schadensdaten bei Ereignissen findet sich in Gardoni (2019) folgender Text: „Murphy und Gardoni (2006) *noted that common measures of societal impact (such as direct physical damage, dollar loss and duration of downtime* – Gardoni und LaFave 2016*) are generally incomplete.*“.

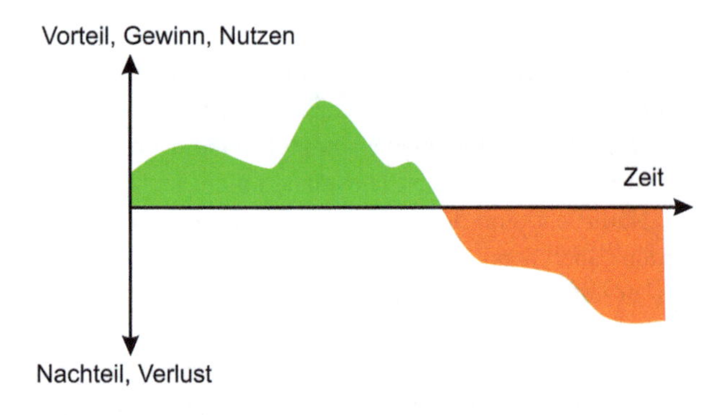

Abb. 1.70 Veränderung von Gewinn und Verlust über die Zeit

Abb. 1.71 Freude über das Licht oder Schaden durch die Luftverschmutzung und die Brandgefahr? (Foto: *U. Proske*)

Abb. 1.72 listet potenzielle Schadensparameter für Brückeneinstürze auf. Eine vereinfachte Form, die z. B. bei Eisenbahnen verwendet wird, ist in Tab. 1.22 dargestellt. Abb. 1.73 zeigt die Anteile der Parameter an den Gesamtschadenskosten für die Einstürze von Straßenbrücken. Deutlich erkennt man die Dominanz der Todesopferzahlen. Beispiele für Betriebsausfallkosten finden sich in Tab. 1.23. Diese können beträchtlich sein.

Beim Brückeneinsturz und schweren Eisenbahnunglück in Eschede am 3 Juni 1998 gab es 101 Todesopfer und 119 Verletzte. Betroffenen wurden 15.345 € Schmerzensgeld offeriert. 5115 € wurden Angehörigen ausgezahlt, wenn sie nachweisen konnten, dass sie schwerem psychologischen Stress ausgesetzt waren. Außerdem bezahlte die Deutsche Bahn für Behandlungskosten, Verdienstausfall und Vermögensverlust. In Fällen, in denen junge Familien den Vater verloren, bezahlt die Deutsche Bahn eine monatliche Rente. Der ökonomische Schaden des Unfalls wurde mit 76,7 Mio. € beziffert, wobei zwei Drittel auf die temporäre Stilllegung der ICE 1 Flotte zurückzuführen sind. (Faber et al. 2004; Rossberg 1999).

Ein Flugzeugabsturz einer Passagiermaschine kann eine Luftverkehrsgesellschaft bis zu einer halben Milliarde Euro kosten (Müller 2003).

1.2.15 Katastrophe

„Katastrophen kennt allein der Mensch, sofern er sie überlebt; die Natur kennt keine Katastrophen.“ Frisch (1979)

*„Man kann nicht vorsichtig genug sein, bei der Auswahl seiner Katastrophen.“*Peter Bux.

„Der moderne Mensch zieht aus den Katastrophen keine Lehre, sondern sieht in ihnen Unverschämtheiten des Universums.“ Gomes Davila.

Der Begriff der Katastrophe kommt aus dem klassischen griechischen Theater und bedeutet eigentlich Gegenwende. In Tragödien ist die Katastrophe diejenige Szene, in der der Zusammenbruch oder das schicksalhafte Verhängnis unausweichlich werden (Eder 1986). Wortwörtlich entspricht der griechische Begriff *„völlig umdrehen“*, *„auf den Kopf stellen“*, *„zu Grund richten“* oder *„zur Erde hindrehen“* (Masius et al. 2010). Erst später wurde der Begriff der Katastrophe nur noch einseitig negativ verwendet (Eder 1986).

Im Folgenden werden vier allgemeine Definitionen für Katastrophen gegeben:

- Als Eintritt einer Katastrophe wird der Moment definiert, in dem Interventionen nicht mehr bewirken, was der Intervenierende intendiert. Ziel nach einer Katastrophe muss daher die Rückkehr zur Handlungssouveränität sein (Dombrowski 2006).

I. Agency Consequences Related to the Element

1. Cost of special inspection of the element (Ce1),
2. Cost of the element demolition and removal of the debris (Ce2), and
3. Cost of the element replacement (Ce3).

II. Agency Consequences Related to the Bridge

4. Cost of special inspection (Cb1) to determine levels of damage of other components of the bridge as a result of the element failure,
5. Cost of maintenance and repair (Cb2) of other elements in the bridge that need repair as a result of the element failure,
6. Cost of demolition and replacement (Cb3) of other damaged elements in the bridge as a result of the element failure,
7. Cost of bridge strengthening (Cb4) that may be needed as a result of the element failure,
8. Cost (Cb5) of fixing or replacing utilities, lightings, and traffic signals on the bridge,
9. Cost of traffic management (Cb6) due to detouring that result from the element failure,
10. Consequences (Cb7) that may result in critical scour conditions due to the failure of some bridge elements,
11. Consequences (Cb8) related to load posting, and user-request permitting,
12. Consequences (Cb9) on the highway network due to congestion resulting from the element failure.

III. Consequences to Bridge Users

13. Cost of travel time delay (Cu1) of bridge users and other travelers in the highway network as a result of the element failure. Time delay could be due to traffic congestion, detours, or closures of bridge lanes. Travel time cost includes costs of time lost due to rerouted or diverted traffic travel, congestion that create queuing delays or stopping, or traffic delays that result from lane closures or work zones,
14. Cost of operating the vehicles (Cu2) of bridge users and other travelers in the highway network due to detours and traffic delays that result from the element failure. Vehicle operating cost includes increased gas or fuel consumption, maintenance, and depreciation of vehicles, and
15. Cost of damage to the vehicles (Cu3) of the bridge users as a result of the bridge element failure.

IV. Consequences Related to Traffic Accidents

16. Cost of traffic accidents due to vehicle collisions with the bridge (Ca1) as a result of the element failure,
17. Cost for load tests (Ca2) to determine the damage due to accidents that result from the element failure,
18. Cost of specific actions (Ca3) needed to repair or replace damaged components of the bridge due to accidents that result from the element failure,
19. Cost of damages to vehicles and other properties (Ca4) due to accidents resulting from the element failure,
20. Cost of removal of damaged cars and debris (Ca5) due to accidents resulting from the element failure,
21. Cost of emergency services and police officers (Ca6) needed for accidents resulting from the element failure,
22. Cost of insurance (Ca7) for accidents resulting from the element failure,
23. Cost of travel time delay (Ca8) due to the emergency services for accidents resulting from the element failure, and
24. Cost of congestion in the highway network (Ca9) due to accidents resulting from the element failure.

V. Consequences Relating to Health and Safety

25. Possible losses of human lives (Ch1),
26. Possible body injuries (Ch2),
27. Medical care expenses (Ch3),
28. Legal expenses (Ch4),
29. Insurance expenses (Ch5),
30. Lost of productivity of affected people (Ch6),
31. Cost of pain and suffering (Ch7),
32. Cost of loss of enjoyment of life (Ch8),
33. Loss of future earnings (Ch9), and
34. Cost of emergency services (Ch10).

VI. Consequences Relating to the Environment

35. Increased air pollution (Cenv1) due to fuel emissions of delayed or diverted vehicles in traffic congestion that result from the element failure (Hawk, 2003),
36. Impacts on water quality (Cenv2) in flowing streams or rivers under or adjacent to the bridge due to pollutants or waste products that result from the element failure (Hawk, 2003),
37. Disturbance to the agricultural land (Cenv3),
38. Impacts on the plants, trees, and forests (Cenv4),
39. Disposal of waste material and debris (Cenv5) that result from the element failure,
40. Noise and dust (Cenv6) due to the element failure,
41. Environmental damage (Cenv7) caused by spillage of hazardous material from vehicles on and under the bridge as a result of the element failure, and
42. Environmental damage (Cenv8) caused by fire and chemical spills resulting from traffic collisions with bridges as a result of the element failure.

VII. Consequences to Nearby Businesses

43. Loss of revenue (Cnb1) to the nearby businesses due to the element failure,
44. Loss of productivity (Cnb2) to the nearby businesses as a result of the element failure,
45. Cost of possible damages of surrounding properties (Cnb3) due to the element failure,
46. Cost of delay of services (Cnb4) to the nearby businesses due to the element failure, and
47. Cost of business travel (Cnb5) due to detours that result from the element failure.

VIII. Consequences to the General Public

48. Consequences on the public due to possible closure of the bridge (Cp1) as a result of the element failure,
49. Consequences on the public due to congestion in the highway network (Cp2) as a result of the element failure,
50. Damages to the society and general public due to public relation costs (Cp3),
51. Disturbance of emergency services (Cp4), and
52. Consequences on access to schools, libraries, health care facilities and governmental agencies (Cp5)

Abb. 1.72 Schadensparameter für Brückeneinstürze nach Al-Wazeer (2007)

Tab. 1.22 Schadensindikatoren gemäß SBB-Risikoanalysen

Personenschäden	Sachschäden	Umweltschäden
Todesopfer Verletzte	Bahninfrastruktur, Rollmaterial Betriebsstörungen, Betriebsunterbruch Sachschäden Dritter	Verschmutztes Grundwasser Verschmutztes Oberflächenwasser Verschmutzer Boden

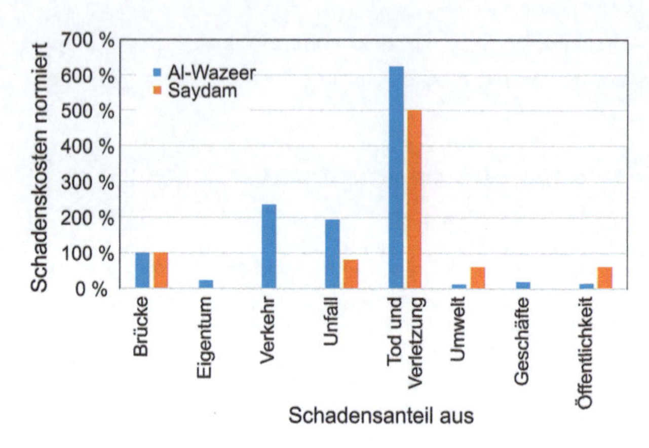

Abb. 1.73 Verhältnis der Schadenskosten im Vergleich zur Brückenneubausumme nach Al-Wazeer (2007) und Saydam (2013)

Tab. 1.23 Richtwerte für Betriebsausfall-Kosten infolge unterbrochener bzw. vorsorglich gesperrter Bahnstrecke (BAFU 2012)

Kosten für den Unterbruch pro Tag in Franken	Unterbruchsdauer 0 bis 3 Tage	3 bis 7 Tage	>7 Tage
BLS AG	100.000	100.000	100.000
Berner Oberland-Bahnen AG	50.000	50.000	50.000
Matterhorn-Gotthard Bahn	20.000	25.000	20.000
Rhätische Bahnen	10.000	10.000	10.000
SBB AG	150.000	150.000	150.000
Zentralbahn AG	20.000	20.000	20.000

- Nach Dombrowski (2006) definiert Lewis Carr Katastrophen als das Versagen der kulturellen Artefakte gegenüber den Kräften der Natur. Diese Definition passt auch zu Masius et al. (2010) und Clausen und Jäger (1975). Diese definieren *„Naturkatastrophen als Kulturkatastrophen"*.
- Dombrowski (2006) definiert Katastrophen als nichts anderes als die Summe der Schäden und des Leids, das Menschen trifft.
- Eine weitere Definition von Dombrowski (2006) lautet: *„[…] Katastrophen [sind] in Anlehnung an Poppers Fallibilismus reale Falsifikationen; sie legen offen, was vom Menschen nicht bzw. noch nicht richtig erkannt und angewandt wurde, wo er sich also noch im Irrtum über sein eigenes Vermögen und über die Wirkkräfte der Natur befindet. Damit sind Katastrophen letztlich die einzigen Kriterien für wahr oder falsch menschlichen Entscheidens und folglich die einzigen, wenn auch negativen Gütesiegel für die Qualität menschlichen Lernens."*

Neben diesen allgemeinen Definitionen von Katastrophen gibt es zahlreiche technische Definitionen. Dabei wird häufig der Schadensumfang, dargestellt als Prozentwert des Bruttosozialproduktes, zur Definition verwendet. So werden die Auswirkungen von extremen natürlichen Ereignissen als natürliche Katastrophen bezeichnet, wenn sie eine bestimmte Größenordnung überschreiten. Die Größenordnung der Schäden wird z. B. durch die folgenden Angaben definiert (Mechler 2003):

- Es sind mehr als 100 Opfer zu beklagen.
- Der finanzielle Schaden überschreitet 1 % des Bruttosozialprodukts des Landes.
- Mehr als 1 % der Bevölkerung ist von der Katastrophe betroffen.

Nach einer anderen Definition gilt:

- Zehn oder mehr Menschen verunglücken tödlich.
- Mehr als 100 Menschen werden durch das Ereignis betroffen.
- Der Notstand wird erklärt.
- Das betroffene Land ersucht internationale Hilfe.

Die beiden Beispiele zeigen, dass die Definition von Katastrophen nicht einheitlich geregelt ist. So verstehen die Vereinten Nationen unter einer Katastrophe eine *„Unterbrechung der Funktionsfähigkeit einer Gesellschaft, die Verluste an Menschenleben, Sachwerten und Umweltgütern verursacht und die Fähigkeit der betroffenen Gesellschaft aus eigener Kraft damit fertig zu werden, übersteigt"*. (DKKV 2002).

Die ständige Konferenz für Katastrophenvorsorge und Katastrophenschutz hat folgende Definition vorgeschlagen: *„Eine Katastrophe ist ein außergewöhnlich schwerwiegendes und/oder umfangreiches, meistens überraschend eintretendes Ereignis, das das Leben und die Gesundheit sehr vieler Menschen und/oder erhebliche Sachwerte und/oder die Lebensgrundlagen einer großen Bevölkerungsgruppe für einen längeren Zeitraum in so erheblichem Maße schädigt und gefährdet, dass es mit den örtlichen oder regional verfügbaren Kräften und Mitteln alleine nicht zu bewältigen ist."* (DKKV 2002).

Das Gesetz über den Katastrophenschutz in Schleswig-Holstein (Landeskatastrophenschutzgesetz) aus dem Jahre 2000 definiert eine Katastrophe im § 1, Abs. (1) wie folgt: *„Eine Katastrophe im Sinne dieses Gesetzes ist ein Ereignis, welches das Leben, die Gesundheit oder die lebensnotwendige Versorgung zahlreicher Menschen, bedeutende Sachgüter oder in erheblicher Weise die Umwelt in so außergewöhnlichem Maße gefährdet oder schädigt, dass Hilfe und Schutz wirksam nur gewährt werden können, wenn verschiedene Einheiten und Einrichtungen des Katastrophenschutzdienstes sowie die zuständigen Behörden, Organisationen und die sonstigen eingesetzten Kräfte unter einheitlicher Leitung der Katastrophenschutzbehörde zusammenwirken.“*

Das Wörterbuch Hochwasserschutz (BWG 2003) definiert Katastrophe als *„Plötzlich und unerwartet eintretendes Ereignis, das Schäden großen Ausmaßes verursacht und Hilfe von außen erfordert, da seine Bewältigung die normalen Kräfte der betroffenen öffentlich-rechtlichen Körperschaften überfordert.“.*

KATARISK (BABS 2003) definiert Katastrophe als *„Ereignis (natur- oder zivilisationsbedingtes Schadenereignis bzw. schwerer Unglücksfall), das so viele Schäden und Ausfälle verursacht, dass die personellen und materiellen Mittel der betroffenen Gemeinschaft überfordert sind.“.*

Weitere Definitionen finden sich in den Zivilschutzgesetzen oder in Gesetzen über den Feuerschutz. Gelegentlich wird auch der Begriff Großschadensereignis verwendet.

Wie bereits im Abschn. 1.2.9 erläutert, kann ein Zustand mit negativen Ressourcen, was im Wesentlichen einer externen Unterstützung entspricht, als Katastrophe bezeichnet werden (siehe Abb. 1.62). Tatsächlich verwenden hier mindestens drei der genannten Definitionen die Eigenschaft der erforderlichen Hilfe von außen.

Eng verbunden mit dem Begriff der Katastrophe ist der Begriff der Krise. Eine Krise ist eine historische Lage, die harte Alternativen herausfordert und eine radikale Entscheidung verlangt. Der Begriff Krise hat mindestens eine medizinische, militärische und politische Bedeutung. Die Krise kann als das letzte und entscheidende Ereignis der Geschichte betrachtet werden. Die Geschichte kann als eine sich ständig vollziehende prozessuale Krise betrachtet werden. Krise kann die Übergangsphase zu einer neuen geschichtlichen Epoche bedeuten. (Imbriano 2013).

1.3 Entscheidungsgrundlagen

1.3.1 Entscheidungsdilemma

Die bisher eingeführten Parameter und Definitionen dienen letztendlich der Unterstützung und Durchführung von Entscheidungen. Genau wie andere Parameter, können diese aber falsch angewendet werden.

So kann die selektive Wahrnehmung von Risiken und der punktuelle Schutz vor diesen selektierten Risiken zu einer Erhöhung des Gesamtrisikos führen. Das sogenannte Vorsorgeprinzip, dass heißt, dass jeder Prozess und jede Situation, welche Menschen gefährdet, verboten oder ausgeschlossen werden muss, ist schon seit vielen Jahren widerlegt, weil die räumlich und zeitlich begrenzte Bewertung der Nachteile nicht die tatsächlichen Verhältnisse berücksichtigt, sondern nur einen Teilaspekt.

Man kann z. B. das Autofahren verbieten, aber viele lebensnotwendige Produkte werden teurer, später oder nicht in ausreichender Menge geliefert und führen zu einer Erhöhung anderer Risiken oder sogar zu neuen Risiken. Die Schifffahrt, die gerade in den vergangenen Jahrhunderten eine unglaubliche Anzahl Opfer gefordert hat (siehe Kap. 2), war auch maßgeblich mitverantwortlich für das Ende der bis dahin regelmäßig auftretenden Hungersnöte in Europa (Kurmann 2004; Abel 1974; Mattmüller 1982, 1987).

In folgenden werden konkret weitere Beispiele genannt, die die Widersprüchlichkeit der Bewertungen und Entscheidungen aufzeigen.

Die Verwendung von Altpapier für die Verpackung von Lebensmitteln schien eine wirtschaftliche und ökologische Maßnahme zu sein: Bäume müssen nicht abgeholzt werden und die Altstoffe werden wiederverwendet. Nicht bedacht hatte man dabei jedoch, dass Altpapier eben auch Druckerfarben aus dem Druckprozess beinhaltet. Diese Druckerfarben beinhalten Mineralöl, welches bei der Verpackung von Lebensmitteln mit diesem Altpapier in die Lebensmittel eindringen kann und damit über die Nahrung aufgenommen wird. Mineralöl hat eine toxische Wirkung auf Leber und Lymphknoten. Deshalb empfahl das Bundesamt für Risikobewertung die Begrenzung der Übergänge von Mineralöl auf die Lebensmittel (BfR 2009). Heute wird kein Altpapier mehr für die Verpackung von Säuglingsnahrung verwendet, um eine Kontamination mit Druckerschwärze auszuschließen. Die Schutzmaßnahme für die Umwelt führte also zu einer Risikoerhöhung für Säuglinge.

Während einer Blutentnahme kollabierte ein 25-jährigen Kältetechniker. Die Betriebsärztin riet ihm, einen Neurologen aufzusuchen und schrieb auf die Überweisung, die sie dem Patienten mitgab, das Wort „Terminalschlaf“. Unter Terminalschlaf bezeichnet man einen Zustand nach einem epileptischen Anfall. Bis der Neurologe ihn freigebe, solle der Patient nicht mehr am Steuer sitzen. Der Neurologe fertigte ein EEG an und veranlasste eine MRT-Untersuchung, konnte aber keine Auffälligkeiten finden. Trotzdem wurden zum Schutz der Person und anderer Verkehrsteilnehmer ein dreimonatiges Fahrverbot verhängt. Sowohl dieses Fahrverbot als auch die normalerweise notwendige Tätigkeit des Patienten in Gefahrenzonen führten zu der Sorge, seine Arbeit zu verlieren. In diesem Fall bestand also auf der einen Seite das Risiko, die Arbeit zu verlieren, und auf der anderen Seite der Eigenschutz (Gessner 2015).

Eine 28-jährige gesunde Frau suchte den Augenarzt auf. Der Augenarzt verkaufte als IGel-Leistung (eine zusätzliche kostenpflichtige Leistung) eine Augeninnendruck- und Gesichtsfelduntersuchung. Bei dieser Untersuchung wurde eine leichte Gesichtsfeldeinschränkung nachgewiesen. Die Frau führte aus, dass ihr diese Einschränkung bekannt sei, es wurde jedoch eine MRT-Untersuchung veranlasst. Der Befund der Untersuchung lautete unklare Struktur am Sehnerv. Während des neuro-chirurgischen Eingriffes (transnasal) zur Klärung des Befundes, kam es zu einer Hirnblutung und nachfolgenden zu einer halbseitigen Lähmung. Auch in diesem Fall bestand auf der einen Seite die Bewertung des Risikos einer Krankheit und auf der anderen Seite das Risiko der diagnostischen Maßnahme (Gessner 2015). In diesem Fall führten die Risikoabklärung bzw. die Schutzmaßnahme zu einem Schaden.

Ein letztes Beispiel ist die Einführung autonomer und teilautonomer Kraftfahrzeuge. Die Einführung dieser Technologie wird oft mit einer Erhöhung der Sicherheit im Fahrzeugverkehr, einer verbesserten Lebensqualität und einer Einsparung von Benzin und Diesel begründet. Ein Unfall, bei dem der Fahrer bei der Fahrt einen Hirnschlag erlitt, mit dem Fuß aber auf dem Gaspedal blieb, zeigt leider die Widersprüchlichkeit. Da das Fahrzeug über einen Spurhalteassistenten verfügte, bliebt das Fahrzeug trotz der hohen Geschwindigkeit auf der Straße. Erst als das Fahrzeug in eine Ortschaft einfuhr, konnte der Spurhalteassistent das Fahrzeug nicht mehr auf der Straße halten. Das Fahrzeug tötete eine Frau mit ihren zwei Kindern, der Fahrer überlebte. *„Ohne Spurhalteassistent wäre es auf der Wiese vor dem Dorf gelandet"*, vermutete der Leiter der Forschungsstelle RobotRecht an der Uni Würzburg. Dann hätte es vermutlich keine drei Todesopfer gegeben. Möglicherweise hätte eine Bremsung die Tragödie verhindert, wäre das Auto so programmiert gewesen. (Stieler 2015a, b).

Aber der Unfall lässt sich zu einer Situation weiterspinnen, die keine einfache Lösung mehr kennt – insbesondere, wenn die Maschinen wirklich autonom handeln sollen. Wäre das Fahrzeug nicht mehr rechtzeitig vor der Familie zum Stehen gekommen – hätte der Computer das Auto in ein Haus lenken sollen, auf die Gefahr hin, den Fahrer zu töten? Und wenn die einzige Ausweichmöglichkeit gewesen wäre, statt der Familie einen Passanten zu überfahren? Nichts davon wäre legal programmierbar. *„Nach heutiger Rechtslage ist beides verboten"*, erklärt Hilgendorf, *„Ich darf Leben nicht gegeneinander aufrechnen."* So bleiben wohl nur zwei Möglichkeiten: autonome Autos verbieten oder bestehende moralische Kategorien überdenken. Hilgendorf plädiert für Letzteres: *„Wir müssen zu einer Quantifizierung von Menschenleben kommen."* (Stieler 2015a, b). Hier aber gerät der Staat in ein Dilemma, weil er allen Menschen den gleichen Schutz verspricht.

Ein weiteres schönes Beispiel sind die versehentlichen Flutungen von Theaterbühnen durch Sprinkleranlagen. Diese dienen eigentlich dem Personen- und Sachschutz vor Bränden in Theatern. Aufgrund von Fehlern bei Tests wurden in Deutschland in den letzten Jahren mehrere Theater versehentlich durch die Sprinkleranlagen geflutet. Dies führte zu erheblichen Sachschäden und Ausfallzeiten.

Es gibt aber auch Beispiele, die zeigen, dass Katastrophen im Nachhinein positive Effekte hatten: In Herrmann (2015) wird die Hypothese aufgestellt, dass die großen Seuchen im Mittelalter, wie die Pest, in Europa die Grundlage für die spätere industrielle Revolution legten, weil die Bevölkerungsdichte geringer war als in den anderen agrarischen Gebieten wie Indien und China. Deshalb war die Ressourcensituation in Europa deutlich besser. Die anderen Gebiete mit ihren reifen agrarischen Zivilisationen mussten einen großen Aufwand zur Versorgung der großen Bevölkerung betreiben, die Arbeitsproduktivität war deshalb insgesamt sehr gering. Laut Herrmann (2015) war nur in einer jungen agrarischen Zivilisation das Entwicklungspotential groß genug, um die industrielle Revolution zu beginnen. Die großen Seuchen des Mittelalters gingen allerdings mit einem außerordentlichen Bevölkerungsrückgang in Europa einher (siehe Kap. 2).

Reichholf (2008) vermutet, dass die Entwicklung Spaniens und Portugals zur Großmacht im 15. Jahrhundert eng mit den schwierigen klimatischen Entwicklungen in Mitteleuropa und den damit begrenzten Ressourcen verbunden war.

Manche Katastrophen zeigen dagegen langfristige Schäden bzw. Risiken, die man so gar nicht erwarten würde. So ereignen sich an der ostdeutschen Küste immer wieder Unfälle, weil Personen scheinbar Bernstein sammeln und in ihre Taschen stecken. Leider handelt es sich dabei aber nicht um Bernstein, sondern um Reste von Brandbomben, die sich in den Taschen entzünden und zu schweren Verbrennungen führen können. Inzwischen wird davor gewarnt (Abb. 1.74). (Lotz et al. 2014).

1.3.2 Rationale und beste Entscheidungen

Nachdem im vorangegangenen Abschnitt das Entscheidungsdilemma aufgezeigt wurde, werden in diesem und dem folgenden Abschnitt Kriterien für möglichst gute Entscheidungen formuliert. In diesem Abschnitt werden die Fragen diskutiert, welche Eigenschaften rationale Entscheidungen besitzen, ob solche Entscheidungen überhaupt existieren und, ob rationale Entscheidungen in der Realität immer zu den besten Ergebnissen führen.

Jede dieser Teilfragen wirft neue Folgefragen auf, was bedeutet z. B. bestes Ergebnis (Marczyk 2003)? In der Mathematik spricht man oft von optimalen Lösungen. Aber sind solche optimalen Lösungen in der Realität auch umsetzbar, und wenn ja, wo?

Beginnen wir zunächst mit der Frage, was rationale Entscheidungen eigentlich sind. Dabei werden im Folgenden

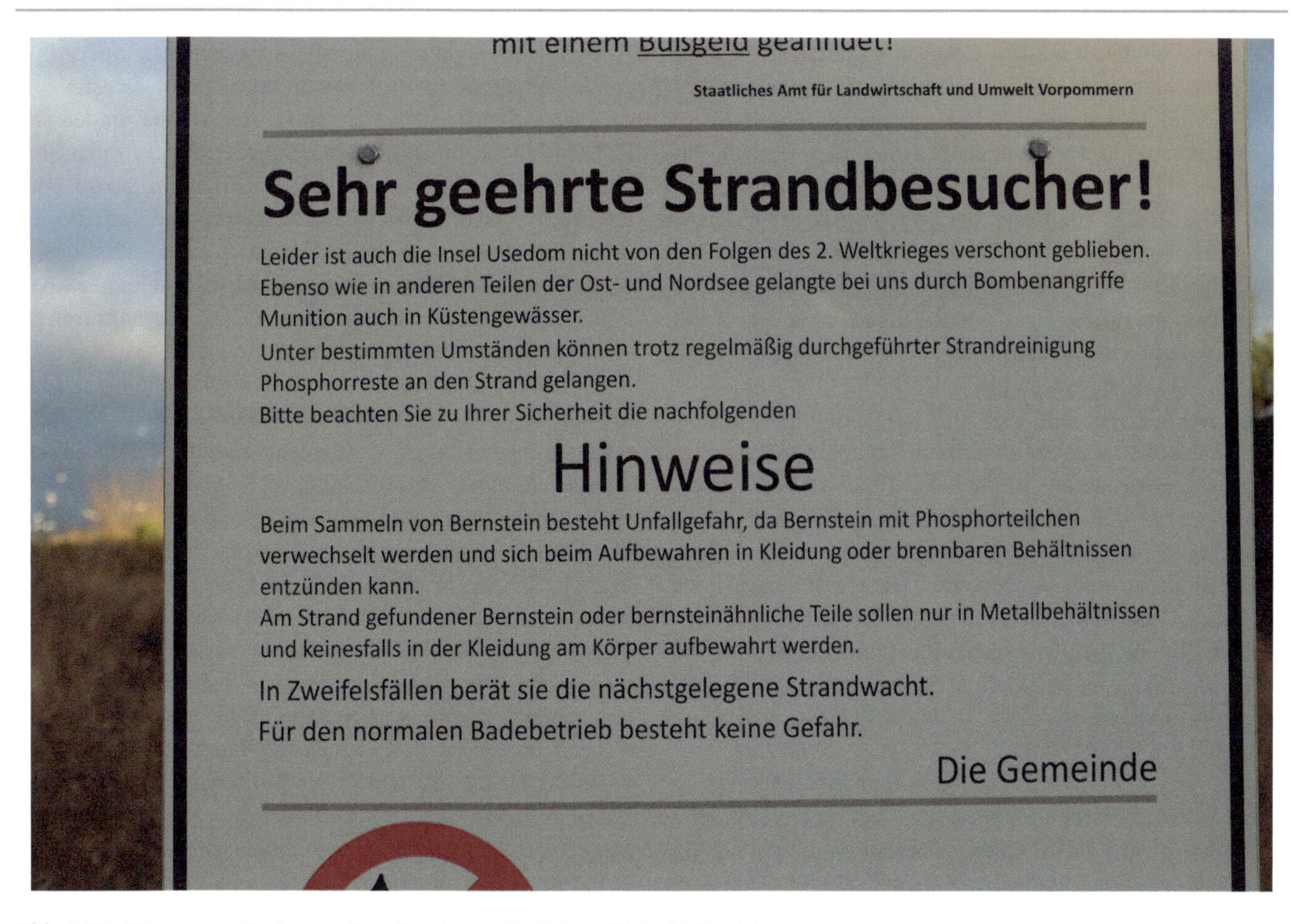

Abb. 1.74 Warnung vor Resten von Brandbomben an der Ostsee. (Foto: *D. Proske*)

die Begriffe „Objektivität" und „Rationalität" gleichgesetzt, also rationale und objektive Entscheidungen sind sinngleich. Es gibt eine ganze Menge wissenschaftlicher Arbeiten, die sich mit der Frage rationaler Entscheidungen befasst haben. Definitionen von rationalen Entscheidungen umfassen:

- Unabhängigkeit der Wahlmöglichkeiten von den Vorlieben (Rubinstein 1998),
- Die Prüfung von Entscheidungen lässt allein Rückschlüsse auf die Fragestellung und keine Rückschlüsse auf den Entscheidungsträger zu (Simon 1981; Todd und Gigerenzer 2003),
- Computational Power und Intelligenz (Tsang 2008),
- Klare Abhängigkeit einer Entscheidung vom Untersuchungsergebnis,
- Klare Modellabgrenzung,
- Lange Kausalketten,
- Bewusste Entscheidungen und
- Denkrichtung im Gegensatz zur Kreativität (Gedankenvielfalt).

Auch wenn es schwerfällt, eine allgemein anerkannte wissenschaftliche Definition zu finden, lässt sich zumindest eine einfache Definition für den Alltag anwenden: Eine objektive Entscheidung enthält keine Informationen über den Entscheidungsträger, sondern allein Informationen über die gestellte Frage. Das würde bedeuten, dass der Entscheidungsträger keine Vorlieben besitzt, alle notwendigen Informationen hatte und, dass er vollständig unbefangen ist. Die Definition steht in Widerspruch zur Definition einer Persönlichkeit, nämlich der individuellen Abweichung vom optimalen Entscheider. Oft möchte man Personen mit einer eigenen Persönlichkeit. Für die Realität würde dies bedeuten, dass die Bewertung eines behördlichen Vorganges vollständig unabhängig vom Sachbearbeiter in der Behörde ist, dass ein Einstellungsgespräch vollständig unabhängig von den Teilnehmern des Einstellungsgespräches ist oder dass ein Gerichtsbeschluss vollständig unabhängig vom Richter ist.

Nimmt man nun an, dass soziale Risiken immer die höchsten Risiken für Menschen darstellen (wie z. B. Armut oder Krieg), dann sollten solche Risiken rational betrachtet werden. Die Führung eines Staates regelt den Umgang mit solchen Risiken. Die Führung eines Staates erfolgt in der Regel durch Politiker, manchmal durch Vertreter des Militärs, gelegentlich durch Finanzeinrichtungen. Gemäß der vorangegangenen Überlegung sollten die politischen Entscheidungen eigentlich unabhängig von den Personen oder Zielrichtungen der Parteien sein. Tatsächlich kann man manchmal beobachten, dass Oppositionsparteien, wenn sie an die Macht kommen, die gleichen Entscheidungen treffen, wie ihre Vorgänger.

Für demokratische Wahlen bedeutet dies, dass Politiker keine Alleinstellungsmerkmale besitzen sollten. Gemäß der obigen Überlegung wäre der beste Politiker der, der gar nicht sichtbar ist. Bei Wahlen entscheiden wir uns oft bewusst gegen eine objektive Führung eines Landes. Dass heißt aber, wir dürfen eigentlich gar keine optimalen Lösungen von Politikern erwarten, da wir sie basierend auf subjektiven Kriterien selektiert haben.

Dieser Widerspruch lässt sich erklären mit rationalen bzw. objektiven Entscheidungen in komplexen Systemen. In Abschnitt Systeme, in dem der Unterschied zwischen komplizierten und komplexen Systemen diskutiert wurde, wurde auch gezeigt, dass für die Beschreibung komplexer Systeme allein objektive Kriterien nicht ausreichend sind. Es müssen also immer auch subjektive Kriterien einfließen, einfach deshalb, weil wir nicht alle Parameter, die das Verhalten des Systems beschreiben, kennen oder messen können. Wir müssen praktisch individuell ein vereinfachtes Modell des Systems bauen.

Das bedeutet im Umkehrschluss, immer wenn wir komplexe Systeme erkennen, wissen wir, dass unsere Objektivität verloren geht. Im Abschnitt Systeme wurde darauf hingewiesen, wie man komplexe Systeme erkennt. Man kann also schlussfolgern: sobald wir ein komplexes System erkannt haben, werden wir es früher oder später mit subjektiven Entscheidungen zu tun haben und unser Konzept der rationalen Entscheidungen geht verloren.

Ein weiterer wichtiger Punkt ist die Konstanz objektive Entscheidungen für alle Parameterbereiche. Es muss nämlich nicht so sein, dass bestimmte Fragen immer objektiv oder subjektiv beantwortet werden. Es ist durchaus möglich, dass für eine Frage beides zutrifft, dies aber von den Parameterbereichen abhängt.

Neben der Frage der individuellen Objektivität stellt sich auch die Frage, ob gesellschaftliche Bereiche objektiv sind. Ist die Wissenschaft, die Medien oder die Politik als soziales Funktionselement objektiv (siehe Richards 2010 und den Wahlspruch der Royal Society: *„Nullius in verba“*)? In der Wissenschaft gilt allein der Anschein von Befangenheit als Ausschlusskriterium bei Gutachten. Allerdings ist dies kein Ausschluss für wissenschaftliche Fehlentwicklungen.

Wir wissen, dass sich Wissenschaft irren kann. Erinnert sei nur an das über Jahrhundert vertretene geozentrische Weltbild, an den an Universitäten gelehrten Marxismus-Leninismus und die Rassenlehre. Ihr sei darauf verwiesen, dass praktisch an jeder Universität in der DDR ein Institut für Marxismus-Leninismus bestand und in Nazideutschland z. B. ein Universitäts-Institut für Erbbiologie und Rassenhygiene in Frankfurt am Main existierte.

Oft stehen solche Fehlentwicklungen auch mit Propaganda, fehlerhaften Berichterstattungen etc. Beispiele zu systematischen Verschiebungen in den Medien finden sich in Deutschland für die Reaktorkatastrophe von Fukushima (Kepplinger und Lemke 2012), die Flüchtlingskrise (Haller 2017) oder die Berichterstattung von Unfällen und Katastrophen (Sandman 1994; Krämer und Machenthun 2001; Chomsky 2020). Die neuen Medien scheinen ebenfalls nicht zwangsläufig zu einer Objektivierung von gesellschaftlichen Diskussionen zu führen (Russ-Mohl 2017).

Es lässt sich festhalten: die Systeme können nicht allein rational bewertet werden und weder auf individueller Ebene noch auf organisatorischer Ebene ist Rationalität umsetzbar.

Sind rationale Entscheidungen aber immer die besten Entscheidungen und sind sie zwingend notwendig? Im Bereich der Ethik wird vielen Lesern sicherlich der kategorische Imperativ von Kant (1786) oder der ethische Imperativ von Heinz von Förster (1993) bekannt sein. Neben diesen Empfehlungen beschreibt die Theorie des Utilitarismus (Kelly 1991) als Handlungsziel *„Zufriedenheit einer maximalen Anzahl von Menschen“*. Eine Zusammenfassung dieser Theorie ist das sogenannte Pareto-Kriterium oder das Kaldor-Hicks-Prinzip in der Ökonomie, welches lautet: *„Eine Entscheidung ist sozial verträglich, wenn die Nutznießer die Geschädigten voll kompensieren können und trotzdem ein Gewinn bleibt.“* (Pliefke und Peil 2007).

Ziel der Aufarbeitung und Bereitstellung von Risiken aller Art, wie in der vorliegenden Form, ist die Verbesserung unserer Entscheidungen. Die vorab genannten Grenzen von Entscheidungen sind nicht so sehr von Bedeutung, vielmehr ist von Bedeutung, dass diese Informationen in den Entscheidungsprozess mit einfließen.

Diese Aussage ist nicht neu. Unter anderem haben Arrows et al. auf die große Bedeutung von Risiko-informierten Entscheidungen hingewiesen. Wenn Entscheider Unsicherheiten und Risiken berücksichtigen, erwarten wir bessere Entscheidungen.

Ein sehr schönes Beispiel für eine Risikobetrachtung stammt aus Schillers (1998) Wilhelm Tell:

Walter *Ei, Vater, warum steigen wir denn nicht geschwind hinab in dieses schöne Land, statt dass wir uns hier ängstigen und plagen?*

Tell *Das Land ist schön und gütig wie der Himmel, Doch die's bebauen, sie genießen nicht den Segen, den sie pflanzen.*

Walter *Vater, es wird mir eng im weiten Land, Da wohn ich lieber unter den Lawinen.*

Tell *Ja, wohl ists besser, Kind, die Gletscherberge im Rücken haben, als die bösen Menschen.*

Hier erfolgt eine Abwägung zwischen Risiken aus Naturgefahren und sozialen Risiken. Wie wir noch sehen werden im Kap. 3, sind soziale Risiken neben gesundheitlichen Risiken die größten Risiken. Insofern erscheint Tells Entscheidung nachvollziehbar.

1.3.3 Mathematische Modelle

Die Anwendung mathematischer, aber auch anders gearteter Modelle, besitzt immer Grenzen. Diese Aussage gilt auch für das Modell der Risiken und Risikobewertungen.

Die Entwicklung der Technik wurde überhaupt nur durch die Entwicklung und Anwendung von Modellen möglich. Unter Modellen versteht man heute oft, aber nicht immer, mathematische, also quantitative Modelle. Sie stellen die Abbildung eines Ausschnittes aus der beobachteten Welt dar. Ein mathematisches Modell zeichnet sich aus durch:

- die Einführung von Systemgrenzen,
- die Auswahl repräsentativer Parameter,
- die Beschreibung des Systemverhaltens in Form einer festgelegten Notation (z. B. in der Mathematik in Form eines funktionellen Zusammenhanges zwischen Eingangsgrößen und Verhaltensgröße),
- die Vereinfachungen und die Anwendbarkeit des Modells für spezifische Fragestellungen (Anwendungsgrenzen).

Grundlagen der Nutzung und des Missbrauchs mathematischer Modelle werden seit ihren ersten Anwendungen diskutiert. Golomb (1970) hat verschiedene grundlegende Kriterien für die Nutzung mathematischer Modelle zusammengestellt:

- Glaube nicht an Konsequenzen höherer Ordnung bei einem Modell erster Ordnung,
- Extrapoliere nicht außerhalb der Region der Anpassung,
- Verwende kein Modell dessen Vereinfachungen Du nicht verstanden hast und dessen Anwendung Du nicht getestet hast,
- Setze Modell und Realität nicht gleich,
- Versuche nicht, die Realität an das Modell anzupassen,
- Begrenze Dich nicht auf ein Modell; verschiedene Modelle können nützlich sein, um verschiedene Phänomene zu beschreiben (in der Physik z. B. Welle- und Teilchentheorie für Licht),
- Verwende kein Modell, welches nachgewiesener Massen nicht funktioniert (z. B. Astrologie),
- Verliebe Dich nicht in Dein Modell (siehe hierzu auch Hossenfelder 2018),
- Weise Daten nicht zurück, die in Konflikt zu Deinem Modell stehen; entwickle stattdessen Dein Modell weiter,
- Führe keine neuen Bezeichnungen für bestehende Phänomene ein; die pure Benennung eines Problems ist keine Lösung des Problems.
- Verwende keine neuen Begriffe, um Eindruck zu hinterlassen, sondern nur, um Probleme zu lösen.
- Kein Modell beschreibt die Realität perfekt; Ergebnisse des Modells müssen immer mit geeigneter Skepsis betrachtet werden.

Durch den Wissenschaftler oder Ingenieur müssen aus der Vielfalt der Modelle Konzepte oder Formeln ausgewählt werden. Ein geeignetes Modell sollte unabhängig von der jeweiligen konkreten Fragestellung verschiedene Kriterien erfüllen (Proske et al. 2008a, b):

- Ein Berechnungsverfahren sollte konvergent sein, dass heißt je genauer die Eingangsgrößen werden, umso genauer sollte das Ergebnis werden.
- Ein Berechnungsverfahren sollte robust sein, dass heißt kleine Änderungen der Eingangsgrößen sollen kleine Änderungen der Berechnungsergebnisse zeigen (Abb. 1.75 rechts zeigt Berechnungspfade, die nicht robust sind). Die Robustheit kann z. B. mit den Ljapunov-Exponenten geprüft werden (Proske 2011b).
- Ein Berechnungsverfahren sollte keinen systematischen Fehler besitzen, also der mittlere statistische Fehler sollte Null sein.

Weiterhin sollte gelten:

- Die Eingangsgrößen des Berechnungsverfahrens müssen mess- oder berechenbar sein. (Weiterhin sollten in der Berechnung hoch gewichtete Eingangsgrößen genauer ermittelbar sein als gering gewichtete Eingangsgrößen).
- Das Berechnungsverfahren sollte einfach handhabbar und praxistauglich sein.
- Das Berechnungsverfahren sollte zumindest ansatzweise über einen theoretischen Hintergrund verfügen.
- Das Berechnungsverfahren sollte in den Bereichen konform mit historischen Berechnungsverfahren sein, die sich bewährt haben.

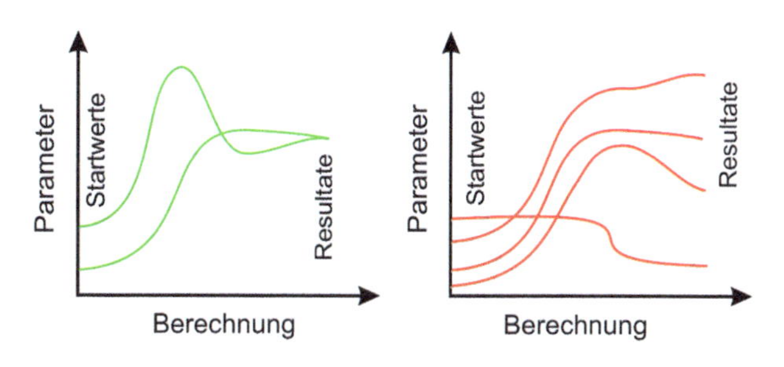

Abb. 1.75 Berechnungsverfahren bzw. reales Verhalten, welches nicht robust ist

- Bei gleicher Genauigkeit zweier Berechnungsverfahren sollte man das Verfahren wählen, welches weniger Eingangsdaten erfordert.

Die häufige und teilweise berechtigte Kritik der Anwendung von Optimierungsverfahren für alle Fragestellungen wird durch einige Anmerkungen aus dem mathematischen Forschungsprojekt „Robuste mathematische Modellierung" abgeschlossen (SCMSA 2007; Proske et al. 2008a, b).

- Im wirklichen Leben gibt es kein klares Optimierungsproblem. Die Ziele sind ungewiss, die Gesetze sind wage und es fehlen Daten. Wenn man ein allgemeines Problem nimmt und es präzise formuliert, begeht man immer einen Fehler. Oder, wenn die Formulierung des Problems heute korrekt ist, wird sie es morgen nicht mehr sein, denn einige Rahmenbedingungen werden sich geändert haben.
- Wenn man eine genaue Antwort bringt, scheint es so zu sein, dass das Problem genau umschrieben war, was nicht der Fall ist. Die Genauigkeit der Antwort ist ein falscher Hinweis auf die Genauigkeit der Frage. Es gibt dann eine unehrliche Heuchelei der wahren Natur des Problems.

Die Kenntnis der Grenzen der Modelle sind für alle Berufe von essenzieller Bedeutung, egal ob es sich um Kranfahrer, Mediziner oder Ingenieure handelt; die Grenzen mathematischer Modelle sind für alle Berufe von Bedeutung, die mit mathematischen Modellen arbeiten.

Die Realität zeigt uns die Grenzen der Modelle, wenn wir sie nicht selbst berücksichtigen, das erfordert Frustrationstoleranz und Kritikfähigkeit. Denn systematische Bias bei der Prüfung eigener Modelle hat das sogenannte Vierkatenproblem sehr schön sichtbar gemacht. Dabei sind vier Karten geben (siehe Abb. 1.76). Durch Wenden der Karten soll man prüfen, ob die Regel *„wenn auf der einen Seite einer Karte ein Vokal steht, steht auf der anderen Seite eine gerade Zahl"* wahr ist. Die Lösung lautet, die Karten E und 7 zu wenden. Die Karte 7 entspricht dem Versuch der Widerlegung der These, nicht der Bestätigung. Der überwiegende Anteil der Testpersonen prüft seine Annahmen nicht (Watson 1968), genauer nur 10 % der Personen wählten die richtige Lösung.

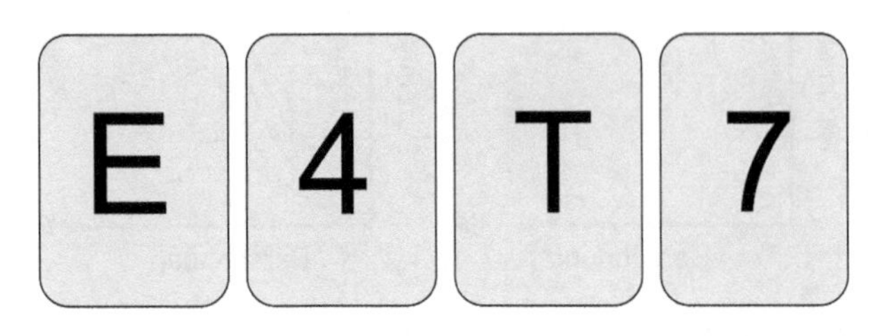

Abb. 1.76 Die gegebenen vier Karten von Watsons Vierkartentest

Grundlagen wissenschaftlicher Diskussionen sollten immer sein:

- Die Gesamtheit der Daten muss zugänglich für alle Forscher sein.
- Jede wissenschaftliche Untersuchung muss mit dem Ziel erfolgen, dass Verständnis der Natur zu verbessern und zwar ohne Vorbehalte; wissenschaftliche Forschung kann nur erfolgreich sein, wenn sie auf dem Geist der Neugier basiert. Experimente müssen ehrlich durchgeführt werden, ohne ein bestimmtes Resultat zu bevorzugen.
- Ergebnisse von Experimenten müssen öffentlich zugänglich sein, nicht nur denjenigen, die einer gewünschten Theorie folgen.
- Alle beobachteten Gesetzmäßigkeiten und Modelle müssen an weiteren Daten validiert werden.
- Die Qualität wissenschaftlicher Studien hängt allein von der Relevanz der Daten, die eine Aussage unterstützen und der Logik der Begründung ab; sie ist unabhängig vom Ansehen des Autors und von der Förderung.
- Die Gültigkeit von Gesetzen wird allein nach ihrer Prognosefähigkeit und ihrer Erklärungskraft bewertet; sie ist unabhängig von einem demokratischen oder wissenschaftlichen Konsens.

Die Bewertung von Risiken ist eine wissenschaftliche Fragestellung, die ausreichendes Fachwissen erfordert. Diese Bewertung muss zwingend außerhalb von öffentlichen Debatten erfolgen. Das Risikomanagement, also das Ranking von verschiedenen Risiken, die Reaktion einer Gesellschaft auf Risiken, ist eine politische Fragestellung, die durch die wissenschaftliche Bewertung der Risiken unterstützt werden muss. (SCMSA 2007; Feynman 1974; Cook et al. 2018).

Ob ein Konsens in der wissenschaftlichen Gemeine existiert, ist kein Kriterium für die Wahrheit. In verschiedenen historischen Fällen bestand ein Konsens unter den Wissenschaftlern ihrer Zeit über eine Erklärung, die falsch war.

Es wurde bereits erwähnt, dass Arrows et al. (1996) darauf hinweisen, dass es nur Risiko-informierte Entscheidungen gibt, keine Risiko-basierten. Dass heißt, es gibt immer noch andere Einflüsse neben den Risiken, die signifikante Auswirkungen auf den Entscheidungsprozess haben.

Kuhn (2012) weist auf die Verwendung von Hilfsmitteln in der Wissenschaft hin: *„Solange die von einem Paradigma gelieferten Hilfsmittel sich als fähig erweisen, die von ihm definierten Probleme zu lösen, schreitet die Wissenschaft dann am schnellsten voran und dringt am tiefsten ein, wenn diese Hilfsmittel voll Überzeugung gebraucht werden. Der Grund ist klar. Wie bei der Fabrikation, so auch in der Wissenschaft – ein Wechsel der Ausrüstung ist eine Extravaganz, die auf die unbedingt notwendigen Fälle beschränkt bleiben soll. Die Bedeutung von Krisen liegt in* *dem von ihnen gegebenen Hinweis darauf, dass der Zeitpunkt für einen solchen Wechsel gekommen ist.“*

Solange die Methoden und Verfahren funktionieren, werden sie also allein aus Effizienzgründen angewendet.

Häufig müssen Modelle validiert, verifiziert und kalibriert werden. Die Begriffe bedeuten:

- Validierung: Überprüfung, ob die spezifizierten Anforderungen für eine beabsichtigte Verwendung ausreichend sind. (JCGM 200 2008)
- Verifizierung: Erbringung des objektiven Nachweises, dass ein bestimmter Gegenstand die spezifizierten Anforderungen erfüllt (JCGM 200 2008)
- Kalibrierung: Vorgang, der unter festgelegten Bedingungen in einem ersten Schritt eine Beziehung zwischen den durch Messnormale vorgegebenen Größenwerten mit Messunsicherheiten und entsprechenden Indikationen mit zugehörigen Messunsicherheiten herstellt und in einem zweiten Schritt diese Informationen verwendet, um eine Beziehung zur Gewinnung eines Messergebnisses aus einer Indikation herzustellen (JCGM 200 2008)

Ein Beispiel für die Grenzen von Modellen sind die Unterschiede in der Statistik zwischen milden und wilden Verteilungen. In der Statistik unterschiedet man sogenannte milde Verteilungen und wilde Verteilungen. Bei Zufallszahlen oder – mengen, die den Gesetzmäßigkeiten der milden Verteilungen, wie z. B. für die Normalverteilung, unterliegen, reichen oft wenige Stichproben, um die Grundgesamtheit abzuschätzen. Aus diesen wenigen Stichproben können statistische Schätzer, wie der Mittelwert oder andere zentrale Schätzer und Streuparameter, wie die Standardabweichung errechnet werden. Manchmal benötigt man auch noch höhere Momente, wie die Schiefe oder die Kurtosis, für die allerdings schon mehr Stichproben nötig sind, da sie langsamer konvergieren und weniger robust sind.

Bei wilden Verteilungen konvergieren selbst die einfachsten statistischen Schätzer wie der Mittelwert nicht mehr. Während man normalerweise sagt, drei Stichproben reichen, um den Mittelwert ausreichend genau zu schätzen, kann sich bei wilden Verteilungen der Mittelwert sprunghaft verändern.

Außerdem kann in vielen Fällen die gewünschte Qualität der wissenschaftlichen Arbeiten, z. B. Evidance Basierte Untersuchungen nicht erfolgen. So kann man keine doppelblinden Studien für die Wirksamkeit des Fallschirmspringens durchführen (Baker 2004).

Die Evidence Based Medicine kennt verschiedene Evidence Level:

- Level I: Evidence obtained from at least one properly designed randomized controlled trial.
- Level II-1: Evidence obtained from well-designed controlled trials without randomization.
- Level II-2: Evidence obtained from well-designed cohort studies or case–control studies, preferably from more than one center or research group.
- Level II-3: Evidence obtained from multiple time series designs with or without the intervention. Dramatic results in uncontrolled trials might also be regarded as this type of evidence.
- Level III: Opinions of respected authorities, based on clinical experience, descriptive studies, or reports of expert committees.

Man beachte die vorangegangene Bemerkung hinsichtlich der Verneinung eines demokratischen Entscheidungsprozesses und der Bedeutung des Committee hier. Diese werden vom Autor hier als Expertensysteme verstanden.

Aufgrund der Unvollständigkeit müssen Modelle immer geprüft werden. Der Vergleich dessen, was Wissenschaftler und Ingenieure erarbeiten, mit dem, was sie in der Realität beobachten, ist essenzieller Bestandteil wissenschaftlicher Arbeit (Popper 1993). Albert Einstein hat dazu festgestellt: *„Alle wesentlichen Ideen in der Wissenschaft werden aus dem dramatischen Konflikt zwischen Realität und unserem Bemühen, diese Realität zu verstehen, geboren.“* Der Vergleich zwischen Beobachtung und Modell ist also unabdingbar für die erfolgreiche Entwicklung und Anwendung von Technik und Technologie.

Gemäß dem berühmten Satz *„Alle Modelle sind falsch, einige sind nützlich“*, muss man grundsätzlich von einer beschränkten Vergleichbarkeit von Modellergebnissen und Beobachtungen ausgehen. Die Wissenschaft kann sich der Wahrheit nur asymptotisch nähern (Bavink 1944). Pestalozzi hat es etwas anders formuliert *„Es ist das Los der Menschen, dass die Wahrheit keiner hat. Sie haben sie alle, aber verteilt.“*.

In den Ingenieurwissenschaften erfolgt der Vergleich zwischen Modell und Beobachtung meistens durch Versuche (Abb. 1.77), in den Sozialwissenschaften durch Befragungen. Allerdings können auch die Beobachtungen unvollständig sein. So findet man in der Realität Under- oder Overreporting von Ereignissen. Auch gibt es den Ausspruch: *„Wer misst, misst Mist“*. Deshalb sind in Abb. 1.78 auch unberücksichtigte Einflüsse bei den Messungen eingezeichnet.

1.3.4 Juristische und ethische Entscheidungen

Die Problematik des potenziellen Abschusses eines Flugzeuges, welches von Terroristen gekapert wurde, um in ein Stadium oder Hochhaus zu fliegen und damit eine sehr große Anzahl von Menschen zu töten war nicht nur Gegen-

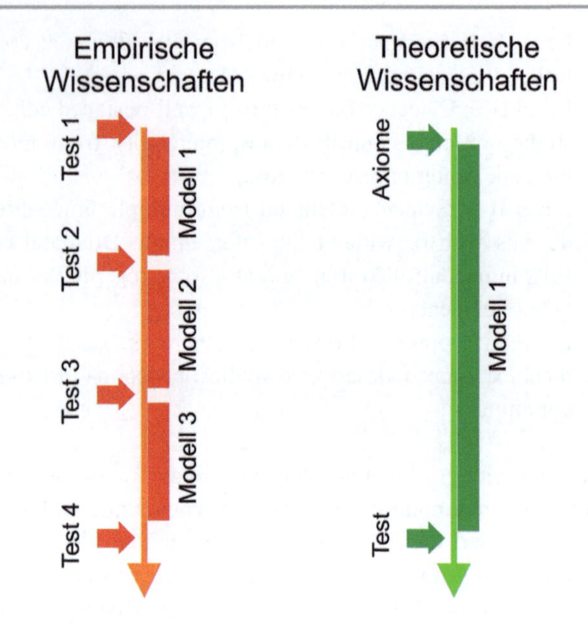

Abb. 1.77 Prüfungsdichte der Modelle im Bereich der empirischen und der theoretischen Wissenschaften

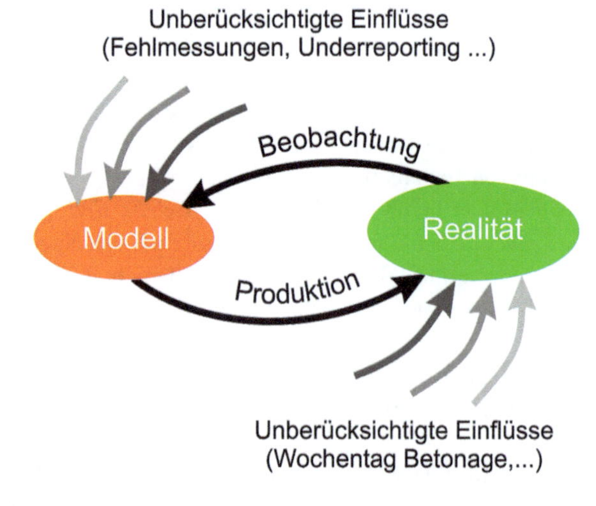

Abb. 1.78 Interaktion zwischen Modellen und Realität

stand intensiver medialer Sendungen (ARD 2016; Rötzer 2004), sondern auch des deutschen Bundesverfassungsgerichts (Mahlke 2005). Letzteres hat eine solche Aktion ausgeschlossen, während die Zuschauer eine solche Aktion eher guthießen. Im Wesentlichen wird die Ablehnung eines Abschusses mit der Kantischen Ethik begründet. Es beschreibt die Entscheidung für die Rettung der Zivilisten im Stadium und die Opferung der Insassen des Flugzeuges als unzulässige Abwägung. Das Problem, welches sich daraus für den einzelnen, z. B. den Flugzeugführer oder den Polizisten, der ein Kind retten will, ergibt, ist eine extreme Rechtsunsicherheit und ein großes moralisches Dilemma. Der Staat und seine Organe kommen hier an ihre Grenzen, denn das Versprechen der Sicherheit und Fürsorge lässt sich nicht mehr für einzelne Bedienstete des Staates umsetzen.

In der Kantischen Ethik (Deontologie) geht man davon aus, dass Dinge zunächst keinen Wert besitzen. Erst durch die Nutzung der Dinge für einen Zweck entsteht für die Dinge ein Wert. Nach Kant sind mit Ausnahme des Menschen keine „Dinge" in der Lage, ihren eigenen Zweck festzulegen (Vernunftwesen). Und weil der Mensch selbst den Zweck festlegen kann, kann man für den Menschen keinen Wert angeben (Gerhardt 2010). Aus diesem Grund findet sich heute in vielen Verfassungen oder Grundgesetzen die Aussage, dass die Würde des Menschen unantastbar ist (Berlt 2011). Allerdings wird auch dieses Grundrecht unter verschiedenen Bedingungen eingeschränkt.

Die mathematischen Modelle der Risikowerte und Risikovergleiche beinhalten in der Regel kein Parameter für juristische, ethische und moralische Überlegungen. Im Gegenteil, die *F*-*N*-Diagramme beinhalten sogar einen Risikoaversionsfaktor, der verlorene Menschenleben bewusst ungleich behandelt: ein schwerer Unfall mit einer hohen Anzahl Opfer wird als schwerer bewertet als viele kleine Unfälle mit der gleichen Gesamtsumme an Opfern. Bei der Anwendung von Lebensqualitätsparametern kann man sogar angeben, welche Gelder man in die Sicherheit von Menschenleben investieren muss, um einen einzelnen oder eine bestimmte Anzahl von Menschen rechnerisch zu retten. Beschreitet man diesen Weg, so muss man aufgrund der grundsätzlich immer begrenzten Ressourcen eine Wahl zwischen verschiedenen Lösungen mit benannten Opfern treffen. Solch eine Wahl führt immer zu einem moralischen Dilemma, weil man wissentlich rechnerische Opfer in Kauf nimmt.

Tatsächlich gibt es verschiedene philosophische Ansätze, mit diesem moralischen Dilemma umzugehen. Dazu muss man sich verschiedenen Fragen stellen:

- Darf man Menschen töten (Kis 2011)?
- Darf man Menschenleben vergleichen und aufrechnen (Ebel (2010)?

Die erste Frage lässt sich prinzipiell mit einem klaren Nein beantworten. Allerdings gibt es weltweit in verschiedenen Kulturen und Rechtssystemen verschiedene Ausnahmen dieses Tötungsverbotes, wie z. B.

- Notwehr,
- Krieg,
- Todesstrafe,
- Euthanasie,
- Abtreibung sowie
- allgemein die Situationen der schmutzigen Hände

Die Situation der schmutzigen Hände beschreibt ein Dilemma, bei der Entscheider ihre tiefsten ethischen Prinzipien aufgeben müsse, um ein größeres Wohl zu erreichen. Geiselnahmen oder Erpressungen können zu solchen Situationen führen. Ebel (2010) lehnt z. B. die Aufrechnung von Menschenleben ab.

In den Ingenieurswissenschaften und auch in der Soziologie rechnet man mindestens unbewusst die Menschenleben auf, weil der Staat über endliche Ressourcen verfügt (Pliefke und Peil 2007; Rackwitz und Streicker 2002; Adorjan 2004).

Man umgeht im Augenblick das moralische Dilemma, indem man klar zwischen individuellen Personen und statistischen Werten unterscheidet. So kann man argumentieren, dass für das Individuum die Würde des Menschen nicht angegriffen wird, dass man aber für Planungen mit begrenzten Ressourcen eine Begrenzung der Mittel für Schutzmaßnahmen umsetzen kann. Denn andernfalls würde jede Begrenzung der Mittel einen Eingriff in die Würde entsprechen, was dazu führen würde, dass keine Maßnahmen zum Schutz von Menschen mehr umgesetzt werden, da die Mittel begrenzt sind.

Die Festlegung gemeinsamer moralischer und ethischer Fundamentalwerte sind von höchster Bedeutung für den Aufbau und die Funktion erfolgreicher menschlicher Gemeinschaften, da die hohe Effizienz und Effektivität moderner Gesellschaften auf einem hohen Maß an Spezialisierung basiert. Diese Spezialisierung funktioniert nur, wenn man Vertrauen in die Ausübung aller Berufe durch seine Mitbürger hat; nur dann geben wir unsere Kinder in den Kindergarten, fahren unbewaffnet mit dem öffentlichen Bus in ein Bürogebäude, verwenden Software, kaufen und verwenden verpackte Lebensmittel ohne Vorkoster und verwenden papierbasierte Zahlungsmittel. Beispiele für Gesellschaften oder Staaten, bei denen dieses Vertrauen nicht existiert, finden sich in der Liste des Fragile State Index ganz oben: Südsudan, Somalia, Jemen, Syrien.

Menschliche Gemeinschaften oder Staaten, die sich aus welchen Gründen auch immer, dafür entscheiden, den Nettogewinn der Spezialisierung nicht zu verwenden, büßen in einem erheblichen Maße Lebenssicherheit, aber vor allem auch Lebensqualität ein.

Sicherheit ist ein Kollektivgut. Die staatliche Gewährleistung der Sicherheit geht einher mit dem Verzicht des Individuums auf gewisse Freiheiten: *„Der Kulturmensch hat für ein Stück Glücksmöglichkeit ein Stück Sicherheit eingetauscht“* (Freud 1974). Dieser Gewährleistung von Sicherheit und Ordnung wird in modernern Gesellschaften zunehmend durch die Wahrnehmung einer Überkomplexität und damit zu einer Einschränkung der sicheren Zukunftsplanungen und Erwartungen. Damit verstößt der Staat gegen sein eigenes primäres Ziel. (Kaufmann 1970; Glaeßner 2003).

„Die Aufgabe des Souveräns, ob Monarch oder Versammlung, ergibt sich aus dem Zweck, zu dem er mit der souveränen Gewalt betraut wurde, nämlich der Sorge für die Sicherheit des Volkes… Mit Sicherheit ist hier aber nicht die bloße Erhaltung des Lebens gemeint, sonder auch alle anderen Annehmlichkeiten des Lebens, die sich jedermann durch rechtmäßige Arbeit ohne Gefahr oder Schaden für den Staat erwirbt.“ (Hobbes 1984).

1.3.5 Endziel Prognose

Nach der Diskussion der Unbestimmtheit und der Erkenntnis, dass die Unbestimmtheit nicht verdrängt werden kann, stellt sich die Frage nach dem Sinn von Prognosen. Diese müssen zu einem gewissen Grad immer scheitern, aber wie soll man dann, z. B. als Ingenieur, entscheiden? Wie kann man als Politiker, Geschäftsmann, Ingenieur oder Mediziner entscheiden, wenn die Entscheidungen Unbestimmtheit und Unsicherheit berücksichtigen müssen. Sollten wir lieber gar keine Entscheidungen treffen und verhungern?

Kann man den überhaupt erfolgreich Prognosen erstellen? Dazu einige Beispiele:

Roger Bacon prognostizierte etwa 1290: *„Wagen werden ohne Pferde mit unglaublicher Geschwindigkeit verkehren.“*.

In den 1970er Jahren sagte Andrej Amalrik den Fall der Sowjetunion für die 1980er Jahre voraus (Amalrik 1970, 1981).

Jules Verne sagte 1865 einen Flug zum Mond voraus.

Im Buch „Die Welt in 100 Jahren“ (Brehmer 2010) von 1910 heißt es: *„Die Bürger des kabellosen Zeitalters werden überall mit ihrem Empfänger sein, welcher, trotz seiner Winzigkeit, ein Wunder der Mechanik sein wird… Könige, Diplomaten, Bankangestellte, Beamte und Direktoren werden ihre Geschäfte überall machen und Unterschriften überall geben können, auf dem Gipfel der Berge oder am Stand.“*.

Im Futurist (1999) heißt es: *„Die USA werden innerhalb der nächsten fünf Jahre Opfer eines Hochtechnologie-Terroranschlages auf ihrem eigenen Gebiet sein.“*.

Friedman (2009) weist auf die kommenden Probleme in der Ukraine und die Auseinandersetzung mit Russland hin.

Das waren fünf Beispiele von erfolgreichen Prognosen. Es geht aber auch anders:

„Ich werde keinen Plan für neue Arbeiten und Kriegsmaschinen mehr zur Kenntnis nehmen, denn die Technik hat ihre Grenzen erreicht, und ich habe keine Hoffnung, dass sie weiter verbessert werden kann.“, Sextus Julius Frontius, Beamter unter Kaiser Vespasian (69–79 n. Chr.).

McKinsey prognostizierte für AT&T im Jahre 1983, dass im Jahre 2000 nur ca. eine Million Amerikaner Mobiltelefone verwenden würden. Tatsächlich waren es am Ende 80 Mio. (Nasher 2019).

Während man das Mobiltelefon in Brehmer (2010) vorhergesagt hat, fehlen im Buch Prognosen der Gleichberechtigung oder das Ende der Kolonialzeit. Die Zahl der gescheiterten Prognosen ist unüberschaubar. Horx (2011) hat für die falschen Annahmen bei Prognosen den schönen Begriff der Gegenwartseitelkeit eingeführt. Sehr schöne Visualisierungen von Zukunftsvorstellungen finden sich bei Laeng (2010). Beispiele für aktuellere Prognosen finden sich z. B. bei Prognos (2010).

Heute wird von Superforecasting gesprochen (Tetlock und Gardner 2019; Good Judgment Inc. 2021).

Manche Prognosen, wie die Einteilung entwickelten Zivilisationen anhand ihrer kontrollierten Energie in Form der Kardashev-Skala sind gar nicht prüfbar (Kardashev 1964). Genauso wie die Vorhersage der Kollision von Andromeda-Nebel und Milchstrasse in 2 Mrd. Jahren. Bei manchen streitet man sich seit vielen Jahren, wie z. B. die Existenz der Kondratjew-Zyklen (Kondratjew 1926) oder 30-Jahre-Zyklen der Brückeneinstürze (Proske 2019). Und machen Prognosen werden erst sehr spät bestätigt, wie z. B. die Existenz von Gravitationswellen.

Ist also die Vorhersage der Zukunft das Ziel. Nein. Aber der Mensch ist in der Lage, die Zukunft aktiv zu gestalten und zu agieren, also zum bewussten und zielgerichteten Handeln, zur planmäßigen Lebenserhaltung und zur Daseinsvorsorge. Dass der Mensch damit scheitert, ist ja genau der Inhalt dieses Buches.

Das lebendige Systeme die Fähigkeit zur Bewertung besitzen, ist die Grundlage des Buches. Daher können lebendige Systeme, und insbesondere intelligente Systeme, Szenarien einplanen und für verschiedene Entwicklungen vorbereitet sein.

Sören Aabye Kierkegaard hat formuliert: *„Es ist wahr, was die Philosophie sagt, dass das Leben rückwärts verstanden werden muss. Aber darüber vergisst man den andern Satz: dass vorwärts gelebt werden muss."* Aber das rückwärtige Verständnis kann uns helfen, das Leben vorwärtsgewandt zu leben.

1.4 Schlussfolgerung

Das Konzept der Sicherheitsbewertung mittels Risikoparametern liefert viele Versprechen: eine Homogenisierung der Sicherheitsbewertung, allgemeingültige Parameter, Visualisierung der Gefahren etc. Im Buch werden wir sehen, dass Risikoparameter tatsächlich viele der Versprechen erfüllen können. Risikoparameter können aber nicht alles sein. Und sie zwingen uns in Situationen, die uns mindestens in ein moralisches Dilemma, unter Umständen in unentscheidbare Situationen bringen. Geraten wir in solche Situationen, dann bleibt die Anwendung der Risikoparameter als pure Eigenabsicherung übrig, unter Umständen bleibt dann nichts weiter übrig, als eine Münze zu werfen.

Die Anwendung der Risikoparameter fordert auch nichts, sie bereitet Informationen auf, die für Entscheidungen notwendig sind. Das Risiko bildet nur *eine* Grundlage von Entscheidungen, es gibt aber viele Wege, auch im Bereich der Risikowissenschaften, wie Abb. 1.79 zeigt, wie uns aber auch schon vom Kaufmännischen Abwägen von Wagnis und Gewinn bekannt ist.

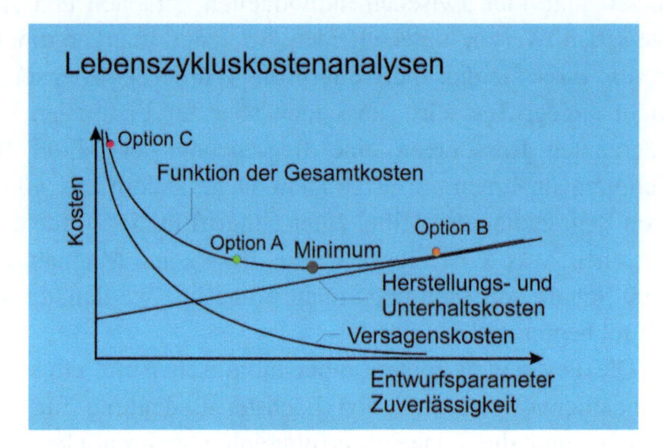

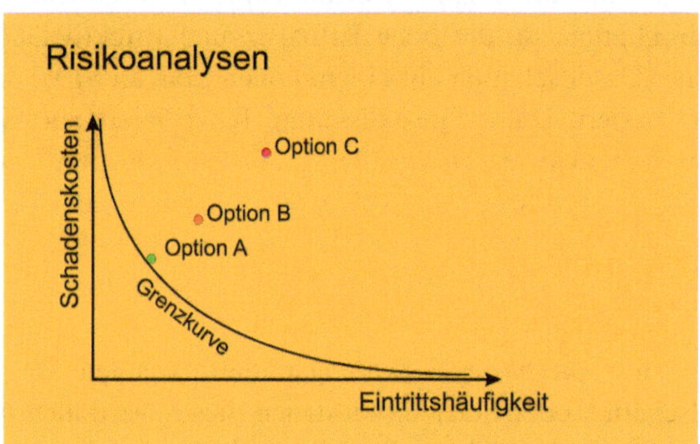

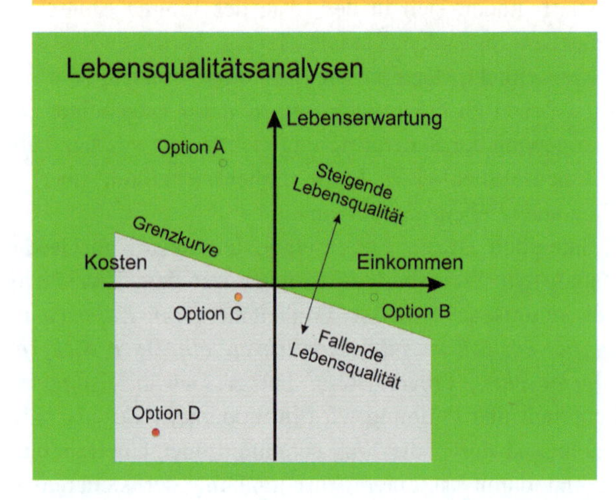

Abb. 1.79 Einordnung klassischer Risikoanalysen als Unterstützung bei der Entscheidungsfindungen in eine Phalanx von ähnlichen Verfahren (Lebenszyklusanalyse, Lebensqualitätsanalyse)

Literatur

Abel M (1974) Massenarmut und Hungerkrisen im vorindustriellen Europa. Versuch einer Synopsis. Paul Parey

Adorjan R (2004) The value of human life. Dissertation, Budapest University of Economics and Public Administration

AEMC (2010) National emergency risk assessment guidelines. Melbourne

AG NAGEF (2013) Achtung, Naturgefahr! Verantwortung des Kantons und der Gemeinden im Umgang mit Naturgefahren, Ausgabe 2013, Arbeitsgruppe Naturgefahren des Kantons Bern. Bern

Aleksic Z (2000) Artificial life: growing complex systems. In: Bossomaier TRJ, Green DG (Hrsg) Complex systems. Cambridge University Press, Cambridge

Al-Wazeer AA-R (2007) Risk-based Bridge Maintenance Strategies. Dissertation, University of Maryland

Amalrik A (1970) Kann die Sowjetunion das Jahr 1984 erleben? Ein Essay, Zürich

Amalrik A (1981) UdSSR – 1984 und kein Ende. Essays, Frankfurt a. M.

Anderson (4. August 1972) More is different. Science 177(4047):393–396

Anger F, Wellner U, Klinger C, Lichthardt S, Haubitz I, Löb S, Keck, T, Germer C-T, Buhr H J, Wiegering A (3. August 2020) Einfluss des Wochentags auf Morbidität und Mortalität nach Kolorektal- und Pankreaschirurgie. Dtsch Arztebl Int 117(31–32):521–527

ARD (2016) Terror – Ihr Urteil, 17.10.2016

ARD (2020) Gott, 23.11.2020, nach dem Buch von F. von Schirach

Arrow KJ, Cropper ML, Eads GC, Hahn RW, Lave LB, Noll RG, Portney PR, Russell M, Schmalensee R, Smith VK, Stavins RN (1996) Is there a role for benefit-cost analysis in environmental, health and safety regulations. Science 272:221–222

Asimov I (1979) A choice of catastrophes. The disasters that threaten our world. Fawcett Columbine, New York

Aspaas A, Stanley L (2006) The Belousov-Schabotinski Reaction, 12.4.2000. http://ed.augie.edu/~awaspaas/inorg/bz.pdf

BABS (2003) KATARISK – Katastrophen und Notlagen in der Schweiz, eine Risikobeurteilung aus der Sicht des Bevölkerungsschutzes. Bundesamt für Bevölkerungsschutz, Bern

BAFU (25. Juni 2012) EconoMeRailway: Risikoanalysen Naturgefahren entlang von Bahnstecken, Methodik, Version 1.0

BAFU (2021) Gemeinsame Informationsplattform Naturgefahren (GIN), Bundesamt für Umwelt. https://www.info.gin.admin.ch/bafu_gin/de/home.html

Baker DE (2004) Parachutes and evidance-based medicine, editorial. Hosp Pharm 39(7):618–619

Bamford W (27–29 April 2010) History of the ASME Code, ASME B&PV Course. Westinghouse

Barrow JD (1998) The limits of science and the science of limits. Oxford University Press, New York (German translation 1999)

Bavink B (1944) Ergebnisse und Probleme der Naturwissenschaften, Achte. Verlage von S, Hirzel, Leipzig

Bayraktarli Y (November 2011) Erdbebenfestigkeitsanalyse (seismic fragility) von Bauwerken, Systemen und Komponenten in Kernkraftwerken – Stand der Praxis für Kernkraftwerke, neue Ansätze für die Zukunft. Vertiefungskurs Sicherheitsanalysen in Kernkraftwerken – Entwicklung und Veran-kerung im Alltagsbetrieb. Olten

Bazzurro P, Cornell CA, Menun C, Motahari M, Luco N (September 2006) Advanced seismic assessment guidelines. Pacific earthquake engineering research center. PEER 2006/05

BBK (März 2006) Dritter Gefahrenbericht der Schutzkommission beim Bundesminister des Innern: Bericht über mögliche Gefahren für die Bevölkerung bei Grosskatastrophen und im Verteidigungsfall, Bundesamt für Bevölkerungsschutz und Katastrophenhilfe (BBK). Neue Folgen, Bd 59. Bonn

BBK (2012) Vierter Gefahrenbericht, Schriften der Schutzkommission, Bd 4. Bundesamt für Bevölkerungsschutz und Katastrophenhilfe (BBK), Bonn

Bergman LA, Shinozuka M, Bucher CG, Sobczyk K, Dasgupta G, Spanos PD, Deodatis G, Spencer Jr. BF, Ghanem RG, Sutoh A, Grigoriu M, Takada T, Hoshiya M, Wedig WV, Johnson EA, Wojtkiewicz SF, Naess A, Yoshida I, Pradlwarter HJ, Zeldin BA, Schuëller GI, Zhang R (1997) A state-of-the-art report on computational stochastic mechanics. 12(4):197–321

Bergmeister K (2013) Are antifragile structures reliable? Novak & Vorechovsky: Proceedings of the 11th International Probabilistic Workshop, Brno, S 13–20

Berlt A (2011) Die Menschenwürde im Unionsrecht, Dissertation, Westfälische Wilhelm-Universität Münster

BfR (9. Dezember 2009) Übergänge von Mineralöl aus Verpackungsmaterial auf Lebensmittel, Stellungnahme Nr. 002/2010 des BfR. https://www.bfr.bund.de/

BfGA (2021) Beratungsgesellschaft für Arbeits- und Gesundheitsschutz mbH, https://www.bfga.de/

BGB (2002) Bürgerliches Gesetzbuch, 2. Januar 2002, https://www.gesetze-im-internet.de/bgb/BGB.pdf

Birkhoff GD (1933) Aesthetic measure. Harvard University Press, Cambridge

Bonchev D, Buck GA (2005) Quantitative measures of network complexity. In: Complexity in Chemistry, Biology and Ecology. Bonchev D, Rouvray DH. Springer Science + Business Media, New York, S 191–235

Borst A (1981) Das Erdbeben von 1348 – Ein historischer Beitrag zur Katastrophenforschung. Hist Z 233:558

Braband J, Schäbe H (2015) Deriving a distribution for accident severity from an F-N curve, In: Safety and Reliability: Methodology and Applications. Nowakowski et al (Hrsg). Taylor & Francis Group, London, S 1635–1638

Brehmer A (2010) Die Welt in 100 Jahren. Georg Olms, Berlin (Erstveröffentlichung 1910)

Brown K (2019) Manual for survival: a chernobyl guide to the future, Norton

Brown RJC (9. October 2020) Standardizes methods for measuring COIVD-related death. Open Access Goverment

Bruneau M, Chang SE, Eguchi RT, Lee GC, O Rourke TD, Reinhorn AM, Shinozuka M, Tierney K, Wallace WA, von Winterfeldt D (November 2003) A framework to quantitatively assess and enhance the seismic resilience of communities. Earthq Spectra 19(4):733–752

BWG (2003) Wörterbuch Hochwasserschutz. Bern

Calvert JB (2002) The collapse of buildings. https://mysite.du.edu/~jcalvert/tech/failure.htm

Cartwright J (13. Dezember 2010) Cosmic radiation features could suggest our universe is not alone. Science, AAAS

CEDIM (2021) Riskexplorer. http://cedim.gfz-potsdam.de/riskexplorer/

Chaitin GJ (January 1970) To a mathematical definition of „life". ACM SICACT News 4:12–18

Chomsky N (2020) Media Control – Wie uns die Medien manipulieren. Nomen

Clausen L, Jäger W (1975) Zur soziologischen Katastrophenanalyse, Zivilverteidigung, Nr. 1: Naturkatastrophen sind Kulturkatastrophen

Cline PB (2004) The Etymology of Risk, Comité Euro-International du beton (CEB): International system of unified standard – codes of practice for structures. Volume I: Common unified rules for different types of construction and material (3rd Draft, Master Copy), Bulletin d'information 116 E, Paris, November 1976

Control Risks Group Limited (2021) Riskmap 21. https://www.controlrisks.com/riskmap

Conze E (2017) Geschichte der Sicherheit – Entwicklung – Themen – Perspektiven. Vandenhoeck & Ruprecht, Göttingen

Cook J, Ellerton P, Kinead D (2018) Deconstructing climate misinformation to identify reasoning errors. Environ Res Lett 13(024018):1–7

Coutu DL (2002) How Resilience works. Harvard Bus Rev 5(2002):2–8

Covello VT, Mumpower J (1985) Risk analysis and risk management: an historical perspective. Risk Anal 5:103–120

Cramer F (1989) Chaos und Ordnung – die komplexe Struktur des Lebendigen. Deutsche Verlags-Anstalt, Stuttgart

Cruden DM, Varnes DJ (1996) Landslide Types and Processes. In: A K Turner & R L Schuster (Hrsg.), Landslides: investigation and mitigation. Special Report 247 (S. 36–75). Trans. Res. Board, National Academy Press

ct (2020) DNA speichert das Menschheitswissen, c't 26/2020, S 47

De Solla Price DJ (1974) Little Science, Big Science. Von der Studierstube zur Großforschung. Suhrkamp, Frankfurt a. M.

Deng J (1988) Essential topics on grey systems. Theory and applications. China Ocean Press, Bejing

DHS (2011) Strategic national risk assessment the strategic national risk assessment in support of PPD 8: a comprehensive risk-based approach toward a secure and resilient nation. Washington

DIN 1055-100 (Juli 1999) Einwirkungen auf Tragwerke, Teil 100: Grundlagen der Tragwerksplanung, Sicherheitskonzept und Bemessungsregeln

DIN 1055-9 (Januar 2002) Einwirkungen auf Tragwerke. Teil 9: Außergewöhnliche Einwirkungen. Weißdruck

DIN 2330 (März 1979) Begriffe und Benennungen. Allgemeine Grundsätze

DIN 2342 (August 2011) Begriffe der Terminologielehre

DIN EN 61508-4 (August 2002) (VDE 0803 Teil 4): Funktionale Sicherheit elektrischer/elektronischer/programmierbar elektronischer sicherheitsbezogener Systeme – Teil 4: Begriffe und Abkürzungen

DIN EN ISO 14971 (2001) 2001-03: Medizinprodukte – anwendung des Risikomanagements auf Medizinprodukte

DIN V ENV 1991-2-7 (Juli 2000) Grundlagen der Tragwerksplanung, Teil 2–7: Einwirkungen auf Tragwerke – außergewöhnliche Einwirkungen

DIN VDE 31000 (Dezember 1987) Teil 2: Allgemeine Leitsätze für das sicherheitsgerechte Gestalten technischer Erzeugnisse – begriffe der Sicherheitstechnik – grundbegriffe

DKKV (2002) Journalisten-Handbuch zum Katastrophenmanagement. Erläuterungen und Auswahl fachlicher Ansprechpartner zu Ursachen, Vorsorge und Hilfe bei Naturkatastrophen, 7., überarbeitete und ergänzte Aufl. Deutsches Komitee für Katastrophenvorsorge e. V., Bonn

Dombrowski WR (2006) Verwaltung und Katastrophen. Spectrum 13(1):4–7

Dresden (2021) Festgesetzte Überschwemmungsgebiete und überschwemmungsgefährdete Gebiete. https://www.dresden.de/de/stadtraum/umwelt/umwelt/hochwasser/oeffentlich/Ueberschwemmungsgebiete.php

Ebel M (19. Juli 2010) Wie viel ist ein Menschenleben wert? Tagesanzeiger. https://akademieintegra.wordpress.com/2010/07/19/wie-viel-ist-ein-menschenleben-wert/

EC (1998) The archaeomedes project. Understanding the natural and anthropogenic causes of land degradation and desertification in the Mediterranean basin. Research report. Luxembourg, European Commission

Eder G (1986) Katastrophen in unserem Sonnensystem, Erdgeschichtliche Katastrophen, Öffentliche Vorträge 1986. Verlag der österreichischen Akademie der Wissenschaften, Wien, S 7–16

Edgington D (1999) Vagueness by degrees. Keefe & Smith, MIT Press, Cambridge, S 294–316

Egeland B, Carlson E, Sroufe LA (1993) Resilience as process. Dev Psychopathol 5:517–528

El-Shahhat AM, Rosowsky DV, Chen, WF (June 1995) Accounting for human error during design and construction. J Archit Eng 1(2):84–92

Emergency Management Planning Division, Canada (2012) All hazards risk assessment methodology guidelines 2011–2012, Ottawa

EMPD (2012) All Hazards Risk Assessment Methodology Guidelines 2011-2012, Ottawa, Emergency Management Planing Division, https://www.publicsafety.gc.ca/cnt/mrgnc-mngmnt/ntrl-hzrds/index-en.aspx

Engels D (2013) Auf dem Weg ins Imperium – die Krise der Europäischen Uniion und der Untergang der römischen Republik. Europa, München

ENSI (1. April 2011) Verfügung: Vorgehensvorgaben zur Überprüfung der Auslegung bezüglich Erdbeben und Überflutung

ENSI (4. Juli 20212) Fukushima-Aktionsplan: Extreme Wetterbedingungen. Brief, Brugg

EPRI (June 1994) Methodology for developing seismic fragilities, prepared by J R Benjamin and Associates, Inc and RPK structural mechanics consulting, TR-103959, Project 2722–2723

Erben RF (2003) Allein auf stürmischer See – risikomanagement für Einsteiger. Wiley-VCH, Weinheim

Ertekin Ö (2010) Präsentation. IMPA World Congress

Eurocode 0 (Januar 2001) Grundlagen der Tragwerksplanung

European Commission (2010) Risk assessment and mapping guidelines for disaster management. Working Paper, Brussels

EXAR (2021) Extremhochwasser an der Aare. https://www.wsl.ch/de/projekte/exar

Exploratorium (2006) http://www.exploratorium.edu/complexity/lexicon/complexity.html

Faber MH, Qin J, Nielsen L (2019) Objectives and metrics in decision support for urban resilience, 13th International Conference on Applications of Statistics and Probability in Civil Engineering, ICASP13 Seoul, South Korea, May 26–30, 2019, S 10

Faber MJ, Kübler O, Fontana M, Knobloch M (Juli 2004) Failure consequences and reliably acceptance criteria for exceptional building structures – a study taking basis in the failure of the World Trade Center Twin Towers. ETH Zürich

FAZ (2008) Wie die Bevölkerung über Nacht schrumpfte. https://www.faz.net/aktuell/wirtschaft/wirtschaftspolitik/jetzt-offiziell-1-3-millionen-weniger-in-deutschland-wie-die-bevoelkerung-ueber-nacht-schrumpfte-1668643.html

Fehling G (2002) Aufgehobene Komplexität: Gestaltung und Nutzung von Benutzungsschnittstellen. Dissertation an der Wirtschaftswissenschaftlichen Fakultät der Eberhard-Karls-Universität zu Tübingen

Feynman RP (June 1974) Cargo Cult Science, Engineering and Science, S 10–13. http://calteches.library.caltech.edu/51/2/CargoCult.pdf

Flood RL (1993) Carson, E.R.: dealing with complexity – an introduction to the theory and application of system science, 2. Aufl., Plenum Press, New York

Folke C (2016) Resilience. Ecol Soc 21(4):44–74

Freitas RA (März 1980) A general theory of living systems, Analog 100, S 61–75

Freud S (1974) Das Unbehagen in der Kultur, Kulturtheoretische Schriften. Frankfurt a. M.

Freund AM, Hütt M-T, Vec M (2006) Selbstorganisation: Aspekte eines Begriffs- und Methodentransfers

Friedman G (2009) Die nächsten hundert Jahre – die Weltordnung der Zukunft. Campus, New York

Frisch B (1989) Die Umweltwissenschaften als Herausforderung an die Politik. In: Hohlneicher G, Raschke E (Hrsg) Leben ohne Risiko. TÜV Rhein-land, Köln, S 267–278

Frisch M (1979) Der Mensch erscheint im Holozän. Suhrkamp, Frankfurt a. M.

Fuchs S (2006) Probabilities and uncertainties in natural hazard risk assessment, In: D Proske, M Mehdianpour & L Gucma (Eds), Proceedings of the 4th International Probabilistic Symposium, Seite 189–204

Fuchs S (2009) Susceptibility versus resilience to mountain hazards in Austriaparadigms of vulnerability revisited. Nat. Hazards Earth Syst Sci 9(2):337–352

Fuchs S, Thaler T (2018) Vulnerability and resilience to natural hazards. Cambridge University Press, Cambridge New York

Funke J (2006) Wie bestimmt man den Grad von Komplexität? Und: Wie sind die Fähigkeiten des Menschen begrenzt, damit umzugehen? http://www.wissenschaft-im-dialog.de/faq_detail.php4?ID=130&Example_Session

OECD (2012) Disaster risk assessment and risk financing. A G20/OECD Methodological framework, Paris

Gaardner J (1999) Sophies World. Phoenix Paperback, London

Gaissmaier W, Gigerenzer G (2012) 9/11, Act II: a fine-grained analysis of regional variations in traffic fatalities in the aftermath of the terrorist attacks. Psychol Sci 23(12):1449–1454

Ganter B (2004) Die Strukturen aus Sicht der Mathematik – strukturmathematik. Wissenschaft Z Technis Universität Dresden 53(3–4):39–43

Gardoni P (2019) Promoting societal well-being by designing sustainable and resilient infrastructure: engineering tools and broader interdisciplinary considerations, In: Life-cycle analysis and assessment in civil engineering: towards an integrated vision, Caspeele, Taerwe & Frangopol (Hrsg) Taylor & Francis Group, London, Seite 25–30

Gardoni P, LaFave J (Hrsg) (2016) Multi-hazard approaches to civil infrastructure engineering. Springer, Cham

Geißler E (1991) Der Mann aus Milchglas steht draußen vor der Tür – die humanen Konsequenzen der Gentechnik. In: Vom richtigen Umgang mit Genen. Fischer E-P, Schleuning W-D (Hrsg) Serie Piper, Bd 1329, Piper, München

Gerhardt V (2010) Ist jedes Leben gleich viel wert? SZ Magazin Wissen. https://www.sueddeutsche.de/wissen/ethik-ist-jedes-leben-gleich-viel-wert-1.830750

Gessner C (Dezember 2015) Angstmedizin richtete schwere Schäden an. Med Tribune 8:33

Glaeßner G-J (2003) Die Schutzfunktion des demokratischen Staates und die Freiheit der Bürger, Springer Fachmedien Wiesbaden

Gleißner W (2017) Grundlagen des Risikomanagements: Mit fundierten Informationen zu besseren Entscheidungen, 3., überarbeitete und erweiterte Aufl. mit Begleit CD-ROM. Vahlen

Gleißner W (Oktober 2019) Krisen, Kriege, Katastrophen & Disruption: Wie riskant ist die Welt wirklich, RMA Jahreskonferenz. https://www.risknet.de/elibrary/kategorien/

Good Judgment Inc. (2021) See the future sooner, https://goodjudgment.com/

Golomb SW (1970) Mathematical models – uses and limitations. Simulation 4(14):197–198

Gottmann J, Silver N (2019) Die Vermessung der Liebe: Vertrauen und Betrug in Paarbeziehungen, Klett-Cotta, Stuttgart

Gottmann JM, Murray JD, Swanson CC, Tyson R, Swanson KR (2005) The mathematics of marriage: dynamic nonlinear models. MIT Press, Cambridge

Grävemeyer A (2022) Bio-Festplatte für Äonen, DNA als Winzspeicher und Jahrtausendarchiv, ct, 202, Heft 14, Seite 118–121

Guntsch, M. (2004) Ant Algorithms in Stochastics and Multi-Criteria Enviroments. Dissertation im Fachbereich Wirtschaftswissenschaften an der Universität Karlsruhe

GTZ (2002) – German Technical Cooperation. Disaster Risk Management. Working Concept. Eschborn

Haken H, Wunderlin A (1991) Die Selbststrukturierung der Materie – synergetik in der unbelebten Welt. Vieweg, Braunschweig

Haller M (2017) Die „Flüchtlingskrise" in den Medien Tagesaktueller Journalismus zwischen Meinung und Information. Otto Brenner Stiftung. Frankfurt a. M.

Harari YN (2015) Eine kurze Geschichte der Menschheit. Pantheon, München

Harte R, Krätzig WB & Petryna YS (2007) Robustheit von Tragwerken – ein vergessenes Entwurfsziel? Bautechnik 84, Heft 4, Seite 225–234

Haury H-J (April 2001) Die Zahl der Todesopfer von Tschernobyl in den deutschen Medien – ein Erklärungsversuch. GSF-Forschungszentrum für Umwelt und Gesundheit

Hegel GWF (1807) Phänomenologie des Geistes, entnommen Projekt Gutenberg-DE

Heisenberg W (1979) Quantentheorie und Philosophie, Reclam, Stuttgart

Herrmann B (2015) Sind Umweltkrisen Krisen der Natur oder der Kultur? Springer, Berlin

Higginbotham A (2019) Midnight in Chernobyl: The untold story of the world's greatest nuclear disaster. Simon & Schuster, New York

Hildebrand, L. (2006) Grundlagen und Anwendungen der Computational Intelligence, Informatik I, Universität Dortmund. http://ls1-www.cs.uni-dortmund.de/~hildebra/Vorlesungen

Hobbes T (1984) Leviathan oder Stoff, Form und Gewalt eines kirchlichen und bürgerlichen Staates. In: Fetcher I (Hrsg). Suhrkamp Verlag, Frankfurt a. M.

Hof W (1991) Zum Begriff Sicherheit. Beton- und Stahlbetonbau 86(12):286–289

Horx M. (2011) Das Megatrend Prinzip. Deutsche Verlags-Anstalt

Hossenfelder S (2018) Das hässliche Universum – warum unsere Suche nach Schönheit die Physik in die Sackgasse führt. Fischer, Frankfurt a. M.

Hungr O, Leroueil S, Picarelli L (2014) The Varnes classification of landslide types, an update. Landslides, 11 (2), 167–194

HVerwG (1997) – Hessischer Verwaltungsgerichtshof: Urteil vom 25.3.1997: Az. 14 A 3083/89

IAEA (2003) External events excluding earthquakes in the design of nuclear installations, Safety Guide NS-G-1.5. Vienna

IFB Bauforschung (2018) Analyse der Entwicklung der Bauschäden und Bauschadenskosten – update 2018, IFB – 18555, 30.9.2018

Imbriano G (2013) Krise und Pathogenese in Renhart Kosellecks Diagnose über die moderne Welt, Forum Interdisziplinäre Begriffsgeschichte (FIB). In: Müller E (Hrsg) Zentrum für Literatur- und Kulturforschung Berlin, E-Journal 2(1):38–48

ISO 8930 (März 1991) Allgemeine Grundsätze für die Zuverlässigkeit von Tragwerken

Jakobi E (2006) Rayleigh-Bénard Konvektion – selbstorganisation und das Entstehen von Strukturen – vortragsnotizen, 8. Dezember 2003, http://www.fkp.tu-darmstadt.de/grewe/staff/eberhard/rbkonv.pdf

JCGM 200 (2008) International vocabulary of metrology – basic and general concepts= and associated terms (VIM)

JCSS (2001) Loads in car parks, JCSS probabilistic model code, Part 2, Load Models, JCSS-RAC-1-10-95

JCSS (2011) Probabilistic model code, joint committee of structural safety, ISBN 978-3-909386-79-6. http://www.jcss.byg.dtu.dk/Publications/Probabilistic_Model_Code.aspx

Kant I (1786) Die Kritik der reinen Vernunft, Philosophische Bibliothek, Meiner, ISBN 9783787313198

Kaplan S (August 1997) The words of risk analysis, Risk Analysis, 17(4):407–417

Kardashev N (1964) Transmission of information by extraterrestrial civilizations. Sov Astron 8(2):217–222

Karger CR (März 1996) Wahrnehmung und Bewertung von „Umweltrisiken". Was können wir aus Naturkatastrophen lernen? Arbeiten zur Risiko-Kommunikation. Heft 57. Programmgruppe Mensch, Umwelt, Technik. Forschungszentrum Jülich GmbH, Jülich

Karutz H, Geier W, Mitschke T (2017) Bevölkerungsschutz: Notfallvorsorge und Krisenmanagement in Theorie und Praxis. Springer, Berlin

Kaufmann FX (1970) Sicherheit als soziologisches und sozialpolitische Problem. Untersuchungen zu einer Wertidee hochdifferenzierter Gesellschaften. Stuttgart

Kelly KE (1991) The myth of 10-6 as a definition of acceptable risk. In Proceedings of the 84th Annual Meeting of the Air & Waste Management Association, Vancouver, B.C., Canada, June 1991

Keefe R, Smith P (1997) Vagueness: a reader. MIT Press, Cambridge

Kegel G (2006) Der Turm zu Babel – oder vom Ursprung der Sprache(n), http://www.psycholinguistik.unimuenchen.de/index.html?/publ/sprachursprung.html

Keim DA (Januar 2002) Datenvisualisierung und Data Mining. Datenbank Spektrum 1(2)

Kennedy RP (1999) Overview of methods for seismic PRA and SMA Analysis including recent innovations, Proceedings of the OECD/NEA workshop on seismic risk, 10–12 August 1999, Tokyo, Japan

Kennedy RP, Cornell CA, Campbell RD, Kaplan S, Perla HF (1980) Probabilistic seismic safety of an existing nuclear power plant. Nuclear Eng Design 59:315–338

Kennedy J, Eberhart RC (2001) Swarm intelligence. Morgan Kaufmann, San Francisco

Kepplinger HM, Lemke R (15. März 2012) Die Reaktorkatastrophe bei Fukushima in Presse und Fernsehen in Deutschland, Schweiz, Frankreich und England, Jahrestagung 2012 der Strahlenschutzkommission. Hamburg

Kienholz H, Krummenacher B, Kipfer A, Perret S (March–April 2004) Aspect of integral risk management in practice – considerations. Österreichische Wasser- und Abfallwirtschaft 56(3–4):43–50

Kis S (2011) Entscheidungen treffen über Leben und Tod. GRIN

Klir GJ (1985) Complexity: some general observations. Syst Res 2(2):131–140

Klir GJ, Folger T (1988) Fuzzy sets, uncertainty, and information. Prentice Hall, Upper Saddle River, New Jersey

Knecht A (2010) Lebensqualität produzieren, Ressourcentheorie und Machtanalyse des Wohlfahrtsstaats. VS Verlag, Wiesbaden

Köllner C (2006) Seminar rough sets presentation. http://www.ipd.uka.de/~ovid/Seminare/IMPWS03/Vortraege/OVID-IMPWS03_RoughSets.pdf

Kondratjew ND (1926) Die langen Wellen der Konjunktur. Archiv für Sozialwissenschaft und Sozialpolitik 56:573–609

König G, Maurer R, Zichner T (1986) Spannbetonbau: Bewährung im Brückenbau, Analyse von Bauwerksdaten, Schäden und Erhaltungskosten. Springer, Berlin

Krämer W, Machenthun G (2001) Die Panik-Macher. Piper, München

Krelle W (1959) Grundlagen einer stochastischen Konjunkturtheorie. Z Gesamte Staatswissensch 115:472–494

Kruse R, Gebhardt J, Klawonn F (1994) Foundations of fuzzy systems. Wiley and Sons, Chichester, West Sussex, England; New York

Kuhn TS (2012) The structure of scientific revolutions, University of Chicago Press, 1962, 50th Anniversary Edition

Kurmann F (2004) Hungerkrisen. http://www.lexhist.ch

Laeng T (2010) Zukunftsträume von gestern, heute und übermorgen. LIT, Berlin

Laszlo E (1998) Systemtheorie als Weltanschauung – Eine ganzheitliche Vision für unsere Zukunft. Eugen Diederichs Verlag, München

Lewin R (1993) Komplexitätstheorie – Wissenschaft nach der Chaosforschung. Knau, München

Lichtman A (2008) Keys to the white house: a surefire guide to predicting the next President. Rowman & Littlefield, Plymouth

Lloyd S (2000) Ultimate physical limits to computation. Nature 406:1047–1054

Lotz C, Proske U, Beissert S (5. Juli 2014) Verbrennungen durch weißen Phosphor nach Verwechslung mit Bernstein, Tagungsband der 55. Dresdner Dermatologischen Gespräche. Klinik und Poliklinik für Dermatologie, Universitätsklinikum Carl Gustav Carus an der Technischen Universität Dresden

Luhmann N (1993) Risiko und Gefahr. In: Riskante Technologien: Reflexion und Regulation – Einführung in die sozialwissenschaftliche Risikoforschung. Krohn W, Krücken G (Hrsg.) 1. Aufl. Suhrkamp, Frankfurt a. M.

Luhmann N (1997) Die Moral des Risikos und das Risiko der Moral. In: G Bechmann (Hrsg): Risiko und Gesellschaft. Westdeutscher Verlag, Opladen, Seite 327–338

Lübbe H (1989) Akzeptanzprobleme. Unsicherheitserfahrung in der modernen Gesellschaft. G Hohlneicher & E Raschke (Hrsg) Leben ohne Risiko. Verlag TÜV Rheinland, Köln, Seite 211–226

Mahlke A (2005) Bundesverfassungsgericht: Abschuss entführter Flugzeuge mit Unbeteiligten an Bord in Deutschland unzulässig, 1 BvR 357/05

Mair VH (2009) How a misunderstanding about Chinese characters has led many astray, http://www.pinyin.info/chinese/crisis.html

Marquardt H-G, Schulze F (1998) Systematische Untersuchungen von Materialflußstrukturen, Erfahrungen aus der Zukunft, Fraunhofer–Institut für Produktionsanlagen und Konstruktionstechnik (IPK), Berlin

Marczyk J (7.–8. Mai 2003) Does optimal mean best? NAFEMS-Seminar: Einsatz der Stochastik in FEM-Berechnungen. International Association for the Engineering Modelling, Analysis and Simulation Community. Wiesbaden

Marx S, Wenner M, Käding M, Wedel F (2018) Vom Rechnen und Wissen – Monitoring an den Talbrücken der Neubaustrecke Erfurt-Leipzig/Halle, 28. Dresdner Brückenbausymposium. TU Dresden, Dresden, S 41–56

Masius P, Sprenger J, Mackowiak E (2010) Katastrophen machen Geschichte, Umweltgeschichtliche Prozesse im Spannungsfeld von Ressourcennutzung und Extremereignis. Universitätsverlag Göttingen, Graduiertenkolleg Interdisziplinäre Umweltgeschichte, Göttingen

Mathieu-Rosay J (1985) Dictionnaire etymologique marabout (Reliure inconnue). Marabout

Matousek M, Schneider J (1976) Untersuchungen zur Struktur des Sicherheitsproblems bei Bauwerken, IBK-Bericht No. 59, ETH Zürich

Mattmüller M (1982) Die Hungersnot der Jahre 1770/71 in der Basler Land-chaft. In: Bernard N, Reichen Q (Hrsg) Gesellschaft und Gesellschaften, S 271–291

Mattmüller M (1987) Bevölkerungsgeschichte der Schweiz, Teil 1. S 260–307

McBean EA, Rovers FA (1998) Statistical procedures for analysis of environmental monitoring data & risk assessment. Prentice Hall PTR environmental management & engineering series, Bd 3, Prentice Hall, Inc., Upper Saddle River

McCauley JL (2000) Nonintegrability, chaos, and complexity, ArcXiv:cond-mat/0001198

McEntire R (2005) Knowledge management in the pharmaceutical industry. Workshop knowledge-based bioinformatics, hosted by the Genome Québec funded project: Ontologies, the semantic web and intelligent systems for genomics, September 21st–23rd 2005. Montréal

Mechler R (2003) Natural disaster risk management and financing disaster losses in development countries. Dissertation. Universität Fridericiana Karlsruhe

Metzner A (2002) Die Tücken der Objekte – Über die Risiken der Gesellschaft und ihre Wirklichkeit. Campus, Frankfurt

Michels R (1911) Zur Soziologie des Parteiwesens in der Modernen Demokratie, Philosphisch-soziologische Bücherei, Bd XXI. Dr, Werner Klinkhardt, Leipzig

Mikulecky DC (2005) The circle that never ends: can complexity made simpler. In: Complexity in Chemistry, Biology, and Ecology, Bonchev, D, Rouvray DH (Hrsg), Springer Science + Business Media, New York, S 97–153

Ministry of the Interior and Kingdom Affairs (2008) DNRA. Dutch National Risk Assessment. The Hague

Ministry of the Interior and Kingdom Relations (2009) Working with scenarios, risk, assessment and capabilities in the national safety and security strategy of the Netherlands. The Hague

Mock R, Zipper C (2017) Risiko – ein Konzept am Ende? Sicherheitsforum 1:45–47

Möller B, Beer M, Graf W, Hoffmann A, Sickert J-U (2000) Modellierung von Unschärfe im Ingenieurbau. Bauinformatik J 3(11):697–708

Moravec H (1998) Robot: mere machine to transcendent mind. Oxford University Press, Oxford

Mühlhauser I (2021) Wissenschaftsleugnung – ein Kommentar aus Sicht der Evidenzbasierten Medizin. Ärzteblatt Sachsen 9(21):27–31

Müller M (2003) Sicherheit und Wirtschaftlichkeit – Erfahrungen aus der Luftfahrt. In: Klinische Ökonomik – Effektivität und Effizienz von Gesundheitsleistungen, RM Kaplan, F Porzsolt, AR Williams (Hrsg), Ecomed, Landsberg, S. 111–125

Müller M, Vorogushyn S, Maier P, Thieken AH, Petrow T, Kron A, Büchele B, Wächter J (2006) CEDIM risk explorer – a map server solution in the project "Risk Map Germany". Nat Hazards Earth Syst Sci 6:711–720

Munroe R (8. September 2014) What if? Was wäre, wenn? Wirklich wissenschaftliche Antworten auf absurde hypothetische Fragen. Knaus, München

Murphy C, Gardoni P (2006) The role of society in engineering risk analysis: a Capabilities-based Approach. Risk Anal 26(4):1073–1083

Murzewski J (1974) Sicherheit der Baukonstruktionen. VEB Verlag für Bauwesen, Berlin, DDR

Musen MA (1, 4, June 2015) The Protégé project: A look back and a look forward. AI matters. Association of computing machinery specific interest group in artificial intelligence. https://doi.org/10.1145/2557001.25757003

Nasher J (2019) Überzeugt!, 4. Aufl. Wilhelm Goldmann Verlag, München

Neundorf W (2006) Wieso weiß die Uhr, wie spät es ist? http://www.neuendorf.de/zeit.htm

NDCPEP (2012) Nasjonalt Risikobilde (NRB), Tønsberg, Norwegian Directorate for Civil Protection and Emergency Planning, Ministry of Justice and Public Security, https://www.preventionweb.net/national-platform/norway-national-platform

Nielsen L (2020a) Toward a unified theory of risk, resilience and sustainability science with applications for education and governance. Aalborg Universitetsforlag, PhD-serien for Det Ingeniørog Naturvidenskabelige Fakultet, Aalborg Universitet

Nielsen L, Faber HF (2019) Impacts of sustainability and resilience research on risk governance, management and education, Sustainable and resilient infrastructure, S 64–109

Nielsen L, Faber MH (13. September 2020) Toward and information theoretic ontology of risk, resilience and sustainability and a blueprint for educations – Part I. Submitted to sustainable and resilient infrastructure

Nielsen L, Glavind ST, Qin J, Faber MH (2019) Faith and fakes – dealing with critical information in decision analysis. Civil Eng Environ Syst 36(1):32–54

Noack A (28. November 2002) Systeme, emergente Eigenschaften, unorganisierte und organisierte Komplexität. http://www-sst.informatik.tu-cottbus.de/~db/Teaching/Seminar-Komplexitaet-WS2002/Thema1-Slides_Andreas.pdf

Normenausschuß Bauwesen im DIN: Grundlagen zur Festlegung von Sicherheitsanforderungen für bauliche Anlagen. Ausgabe 1981

Norwegian Directorate for Civil Protection and Emergency Planning, (2012) Nasjonalt Risikobilde (NRB), Tønsberg

Nussbaum M (1993) Non-relative virtues: an Aristotelian approach. The quality of life. In: Nussbaum MC, Sen A (Hrsg) Clarendon Press, Oxford, S 242–269

ODESC (2011) New Zealand's national security system. Auckland

OECD (2009) Studies in risk management. Innovation in country risk management. Paris

Olsson M-O, Sjöstedt G (2004) Systems and systems theory. In: Olsson M-O, Sjöstedt G (Hrsg) Systems approaches and their applications: examples from Sweden. Kluwer, S 3–29

Ostrom L, Wilhelmsen C, Kaplan B (April-June 1993) Assessing safety culture. In: Mays GT (Hrsg) General safety considerations, nuclear safety, Bd 34, No. 2, S 163–172

Paolucci M, Kossman D, Conte R, Lukowicz P, Argyrakis P, Blandford A, Bonelli G, Anderson S, de Freitas S, Edmonds B, Gilbert N, Gross M, Kohlhammer J, Koumoutsakos P, Krause A, Linnér B-O, Slusallek P, Sorkine O, Sumner RW, Helbing D (2012) Towards a living earth simulator. Eur Phys J Special Topics 214:77–108

Pawlak Z (2004) Some Issues on Rough Sets. Peters JF et al (Hrsg) Transactions on rough sets I. Springer, Berlin, S 1–58

Peitgen H-O, Jürgens H, Saupe D (1994) Chaos – Bausteine der Ordnung. Springer, Klett-Cotta, Stuttgart

Perspektive Gesundheit (2020) Was ist Gesundheit. www.perspektive-gesundheit.de

Petryna Y, Krätzig WB (2005) Structural damage measure and quantification of robustness, Joint Committee on Structural Safety (Hrsg.) Robustness of Structures, Workshop organised by the JCSS & IABSE WC 1, November, 28-29, 2005 BRE, Garston, Watford, UK. Zürich: Joint Committee on Structural Safety

Pfister C (1999) Wetternachhersage – 500 Jahre Klimavariationen und Naturkatastrophen. Haupt, Berlin

Piecha A (1999) Die Begründbarkeit ästhetischer Werturteile. Fachbereich: Kultur- u. Geowissenschaften, Universität Osnabrück, Dissertation

Pliefke T, Peil U (2007) On the integration of equality considerations into the life quality index concept for managing disaster risk. In: Taerwe L, Proske D (Hrsg) Proceedings of the 5th International Probabilistic Workshop, 28.-29.11.2007 in Genth (Belgium), Genth: Acco, S 267–281

Plinke M (2004) Handbuch für Erst-Autoren, 4., erweiterte Aufl. Autorenhaus, Berlin

Popper KR (1993) Alles Leben ist Problemlösen – über Erkenntnis, Geschichte und Politik. Piper, München

Preston R (2003) Das erste Licht – auf der Suche nach der Unendlichkeit. Knaur, München

Prognos (15. November 2010) Prognos Zukunftsatlas 2010 – Deutschlands Regionen im Zukunftswettbewerb. Berlin

Proske D (2004) Katalog der Risiken, Dirk Proske Verlag, Dresden, 1. Aufl.

Proske D (2021) Baudynamik for Beginners, Springer Vieweg Wiesbaden

Proske D (2009) Catalogue of risks, 2. Aufl. Springer, Berlin

Proske D (April 2011a) Zur Zukunft der Sicherheitskonzepte im Bauwesen. Bautechnik 88(4):217–224

Proske D (2011b) Entscheidung unter Unsicherheit als Beruf: Der Bauingenieur. Bauforschung und Baupraxis. Wie wollen wir in Zukunft bauen? Festschrift zum 60. Jahrestag von Prof. Dr.-Ing. Wolfram Jäger. Schriftenreihe des Lehrstuhls für Tragwerksplanung der TU Dresden, Bd 10, S 367–372

Proske D (Januar 2012) Vollprobabilistische Ermittlung der Fragility-Kurve einer Stahldruckschale bei Wasserstoff-Deflagration. Bautechnik 89(1)

Proske D (September 2019) Der 30-Jahre-Zyklus der Brückeneinstürze und der technologische und demographische Wandel im Bauingenieurwesen, Bauingenieur, S 343–352

Proske D, Kaitna R, Suda J, Hübl J (2008a) Abschätzung einer Anprallkraft für murenexponierte Massivbauwerke. Bautechnik 85(2):803–811

Proske D, van Gelder P, Vrijling H (2008b) Some remarks on perceived safety with regards to the optimal safety of structures, Beton- und Stahlbetonbau 103(1:65–71) (Special Edition: Robustness and Safety of Concrete Structures)

Proske D, van Gelder P (September 2006) Analysis about extreme water levels along the Dutch north-sea using Grey Models: preliminary analysis. ESREL 2006 Conference. Portugal

Pulm U (2004) Eine systemtheoretische Betrachtung der Produktentwicklung. Dissertation, Lehrstuhl für Produktentwicklung der Technischen Universität München

Rackwitz R, Streicher H (2002) Optimization and target reliabilities. In: Proceedings of JCSS Workshop on Reliability Bades Code Calibration, 21.-22.3.2002 in Zürich (Switzerland), Swiss Federal Institute of Technology, ETH Zürich

Randić M, Guo X, Plavšić D, Balaban AT (2005) On the complexity of fullerenes and nanotubes. Bonchev D, Rouvray DH (Hrsg) Springer Science + Business Media, New York, S 1–48

Reason J (1990) The contribution of latent human failures to the breakdown of complex systems. Philosophical transactions of the royal society of London. Series B, Biol Sci 327(1241):475–484

Recchia V (November 1999) Risk communication and public perception of technological hazards. FEEM Working Paper No. 82.99

Reichholf JH (2008) Eine kurze Naturgeschichte des letzten Jahrtausends, 2. Aufl. Fischer Taschenbuch, Frankfurt a. M. Februar 2009

Renn O (1992) Concepts of risk: a classification. In: Krimsky S, Golding D (Hrsg) Social theories of risk. Praeger, London, S 53–79

Rescher N (1996) Priceless knowledge? Natural science in economic perspective. Rowman and Littlefield. Lanham

Resun (2008) Sicherheitsbericht Ersatz Kernkraftwerk Beznau, TB-042-RS080021, V. 02.00

Richards D (2010) Nullius in verba, Nature, Seite 66, https://www.nature.com/articles/6400730.pdf

Riedl R (2000) Strukturen der Komplexität – Eine Morphologie des Erkennens und Erklärens. Springer, Heidelberg

Riegel R (2006) Programm ChaosExplorer 1.0.0. http://www.roland-riegel.de/chaosexplorer

Rizkallah V, Harder H, Jebe P, Vogel J (1990) Bauschäden im Spezialtiefbau, Institut für Bauschadensforschung e.V., Heft 3. Eigenverlag, Hannover

Roos D (2011) Multi-domain adaptive surrogate models for reliability analysis. Budelmann, Holst & Proske: Proceedings of the 9th Interna-tional Probabilistic Workshop, Braunschweig, S 191–207

Rossberg RR (14. Mai 1999) Katastrophe von Eschede hat die Bahnwelt verändert, VDI Nachrichten

Rötzer F (21. September 2004) Wie regiert die Bevölkerung eines ganzen Landes auf Terroranschläge, Telepolis. https://www.heise.de/tp/features/Wie-reagiert-die-Bevoelkerung-eines-ganzen-Landes-auf-Terroranschlaege-3436461.html

Rubinstein A (1998) Modeling bounded rationality. The MIT Press, Cambridge, Massachusetts

Russ-Mohl S (2017) Die informierte Gesellschaft und ihre Feinde. Warum die Digitalisierung die Demokratie bedroht. Halem

SächsBO (2004) Sächsische Bauordnung, 28. Mai 2004, https://www.revosax.sachsen.de/vorschrift/1779-SaechsBO

Sagan C, Schklowski IS (1966) Intelligent life in the universe. Holden-Day, San Francisco

Sandman PM (1994) Mass media and environmental risk: seven principles

Saydam D (2013) Reliability and risk of structural systems under progressive and sudden damage, Thesis and Dissertation Paper 1616. Lehigh University, Lehigh Preserver

SCCA (2011) A first step towards a national risk assessment. National Risk Identification, Stockholm

Scheer J (September 2001) Versagen von Bauwerken, Bd 2, Hochbauten und Sonderbauwerke. Ernst und Sohn, Berlin

Schelhase T, Weber S (25. Juni 2007) Todesursachenstatistik in Deutschland, Probleme und Perspektiven, Bundesgesundheitsblatt – Gesundheitsforschung – Gesundheitsschutz 50:969–976

Schiller F (1998) Wilhelm Tell. Westermann Schroedel Diesterweg Schöningh Winklers GmbH, Braunschweig

Schlichting J (1999) Die Strukturen der Unordnung. Essener Unikate 11(1999):8–21

Schmidt H (April 2011) Anpassung der Nutzlasten für Parkhäuser nach DIN 1055-3 an die aktuelle Entwicklung steigender Fahrzeuggewichte. DIBT Mitteilungen 42(2):53

Schmidt K (2003) Pilotstudie – reisen und Gesundheit. Dissertation, Universität Bielefeld, Fakultät für Gesundheitswissenschaften

Schneider J (1996) Sicherheit und Zuverlässigkeit im Bauwesen – grundwissen für Ingenieure. Vdf Hochschulverlag an der ETH Zürich und B.G, Teubner, Stuttgart

Pellissetti MF, Schuëller GI (2006) On general purpose software in structural reliability – An overview, Structural Safety, Vol. 28, N. 1-2 (January 2006), Seite 3-16

Schulz M (3. Juni 2002) Statistische Physik und ökonomische Systeme – theoretische Econophysics.

Schulz M (2006) Statistische Physik komplexer Systeme, Universität Ulm. http://theotp1.physik.uni-ulm.de/~schu/komplex/lec1.html

Schulz U (Hrsg) (1975) Lebensqualität – Konkrete Vorschläge zu einem abstrakten Begriff. Aspekte Verlag, Frankfurt am Main

SCMSA (2007) Robust mathematical modeling, Société de Calcul Mathématique SA. http://perso.orange.fr/scmsa/robust.htm (aktuelle Seite www.scmas.com)

SCMSA (2015) SCM SA white paper global warming, Society de Calcul Mathematique SA, http://www.scmsa.eu/archives/SCM_RC_2015_08_24_EN.pdf

Seemann FW (1997) Was ist Zeit? Einblicke in eine unverstandene Dimension. Wissenschaft & Technik, Berlin

Shakeaspeare W (1986) Macbeth. Reclam, Stuttgart

Siefert M, Renner C (2006) Rayleigh-Bénard-Konvektion – Wärmetransport in konvektiven Strömungen. Universität Oldenburg, Fachbereich Physik, Fortgeschrittenen-Praktikum. http://www.physik.uni-oldenburg.de/hydro/anleitung.pdf

Silver N (2012) The signal and the noise: why so many predictions fail-but some don't. Penguin Books, New York

Silver N (2021) FiveThirtyEight. https://fivethirtyeight.com/. New York

Simon HA (1981) The sciences of the artificial. MIT Press, Cambridge, Massachusetts

Skjong R (2005) Etymology of risk: classical Greek origin – Nautical Expression – Metaphor for „difficulty to avoid in the sea"

Slutzky, E. (1937) The summation of random causes as the source of cyclic processes, Econometrica 5(1937):105–146

Smith K (1996) Environmental hazards – assessing risk and reducing disaster, 2. Aufl. Routledge, London

Smith NJJ (November 2001) Vagueness. PhD. Thesis, Princeton University

Sonderforschungsbereicht/Transregio 138: Dynamiken der Sicherheit: Formen der Versicherheitlichung in historischer Perspektive

Spaethe G (1992) Die Sicherheit tragender Baukonstruktionen. 2., neu, bearbeitete Aufl. Springer, Wien

Spiering C (1989) Auf der Suche nach der Urkraft. Kleine Naturwissenschaftliche Bibliothek. B. G. Teubner, Leipzig

Stabinger S (2018) Putin – KGB + NSA = Obama, ct. 15:182–185
Steinhauser P (1986) Naturkatastrophen aus Historischer Zeit und ihre wissenschaftliche Bedeutung, Erdgeschichtliche Katastrophen, Öffentliche Vorträge 1986. Verlag der österreichischen Akademie der Wissenschaften, Wien, S 31–63
Stewart MG, Melchers RE (1989) Error control in member design. Struct Saf 6:11–24
Stieler W (2015a) Wenn Maschinen entscheiden: Maschinen-Ethik im Widerspruch zur Rechtslage, Technology Review. https://www.heise.de/newsticker/meldung/Wenn-Maschinen-entscheiden-Maschinen-Ethik-im-Widerspruch-zur-Rechtslage-3009146.html
Stieler W (2015b) Wenn Maschinen entscheiden: Maschinen-Ethik im Widerspruch zur Rechtslage, Technology Review. www.heise.de/newsticker/meldung/Wenn-Maschinen-entscheiden-Maschinen-Ethik-im-Widerspruch-zur-Rechtslage-3009146.html. Zugegriffen: 20. Nov. 2015
Strauss A, Bergmeister K, Novák D, Lehký D (2004) Stochastische Parameteridentifikation bei Konstruktionsbeton für die Betonerhaltung. Beton- und Stahlbetonbau 99(12)967–974
Stützle TG (1998) Combinatorial problems – analysis, improvements and new applications. Dissertation am Fachbereich Informatik der Technischen Universität Darmstadt, Darmstadt
Suda J, Rudolf-Micklau F (2012) Bauen und Naturgefahren – Handbuch für konstruktiven Gebäudeschutz, Springer-Verlag, Wien
Sullivan CA, Huntingford C (13–17 July 2009) Water resources, climate change and human vulnerability, 18th World IMACS/MODSIM Congress, Cairns, Australia, S 3984–3990
Taleb NN (2012) Antifragile. Things that gain from the disorder. Random House New York
Tetlock PE, Gardner D (2019) Superforecasting – die Kunst der richtigen Prognose, S. Fischer, Berlin
The Futurist (1999) Superterrorismus
Thoma K (August 2004) Stochastische Betrachtung von Modellen für vorgespannte Zugelemente, IBK Bericht Nr. 287, Institut für Baustatik und Konstruktion. ETH Zürich, Zürich
Todd PT, Gigerenzer G (2003) Bounded rationality to the world. J Econ Psychol 24:143–165
Totschnig R, Sedlacek W, Fuchs S (2011) A quantitative vulnerability function for fluvial sediment transport, Nat. Hazards 58, 2, Seite 681–703
Tsang EPT (January 2008) Computational intelligence determines effective rationality. Int J Autom Comput 5(1):63–66
Ulanowicz RE (2005) The complex nature of ecodynamics. In: Complexity in Chemistry, Biology, and Ecology, Bonchev, D, Rouvray DH (Hrsg), Springer Science + Business Media, New York, S. 303–329
UNEP (2001) On global risk and vulnerability index – trends per year, United Nations Environmental Programme. Global Resource Information Database, Geneva
UNISDR (2015) Sendai framework for disaster risk reduction 2015–2030. Sendai
UNSECEAR (2011) Sources and effects of the ionizing radiation. United Nations Scientific Committee on the Effects of Atomic Radiation, United Nations, New York
Vennemann MMT, Berger K, Richter D, Braune BT (5. Mai 2006) Unterschätzte Suizidraten durch unterschiedliche Erfassung in Gesundheitsämtern, Deutsches Ärzteblatt 103(18):A1222–A1226
Vermeesch P (2011) Lies, damned lies, and statistics (in Geology), EOS Sci News AGU 90(47):443–443 (24 November 2009)
Vigen T (12. May 2015) Spurious correlations hardcover. Hachette Books
Vigen T (2021) Spurious correlations. http://www.tylervigen.com/spurious-correlations
von Bertalanffy L (1968) General system theory. George Braziller, New York
Von Förster H (1993) Wissen und Gewissen. Suhrkamp, Frankfurt a. M.
Wasser H (1994) Sinn Erfahrung Subjektivität – eine Untersuchung zur Evolution von Semantiken in der Systemtheorie, der Psychoanalyse und dem Szientismus. Königshausen & Neumann, Manuskript
Watson PC (1968) Reasoning about a rule. Q J Exp Psychol 20:273–281
Weber WK (1999) Die gewölbte Eisenbahnbrücke mit einer Öffnung. Begriffserklärungen, analytische Fassung der Umrisslinien und ein erweitertes Hybridverfahren zur Berechnung der oberen Schranke ihrer Grenztragfähigkeit, validiert durch einen Großversuch. Dissertation, Lehrstuhl für Massivbau der Technischen Universität München
Weichselgartner J (2001) Naturgefahren als soziale Konstruktion – Eine geographische Beobachtung der gesellschaftlichen Auseinandersetzungen mit Naturgefahren. Dissertation, Rheinischen Friedrich-Wilhelms-Universität Bonn
Weinberg GM (1975) An introduction to general systems thinking. Wiley-Interscience
Weiss M (2013) Data Structures & Problem-Solving Using Java. Pearson Higher Education
Weißmantel C, Lenk R, Forker W, Linke D (Hrsg) (1982) Kleine Enzyklopädie: Struktur der Materie. VEB Bibliographisches Institut Leipzig
WHO (2006) Health effects of the chernobyl accident and special health care programmes, Report of the UN Chernobyl Forum Expert Group „Health". Geneva
Wikipedia (2006) Die freie Enzyklopädie: Definition. http://de.wikipedia.org/wiki/Begriffsbestimmung
Wittgenstein L (1998) Logisch-philosophische Abhandlung. Tractatus logicophilosophicus. Suhrkamp, Original 1922
Wulf I (2003) Wissen schaffen mit Quantencomputern, http://www.heise.de/tp/r4/artikel/15/15398/1.html, 21.08.2003
Zachmann K (2020) „How Safe Is Safe Enough?" Evidenzpraktiken technischer Sicherheit in Zeiten gesellschaftlicher Verunsicherung. https://www.mcts.tum.de/research/how-safe-is-safe-enough-practices-of-evidence-for-technical-safety-in-times-of-societal-uncertainty/
Zadeh LA (1965) Fuzzy-Sets. information and controll 8:338–353
Zentner A, Nadjarian N, Humbert, Viallet E (26–27 November 2008) Estimation of fragility curves for seismic probabilistic risk assessment by means of numerical experiments. Graubner C-A, Schmidt H, Proske D (Hrsg) 6th International probabilistic workshop, Darmstadt, Germany 2008, Technische Universität Darmstadt, S 305–316
Zhang J, Childress S, Libchaber A (1997) Non-Boussinesq effect: Thermal convection with broken symmetry, Physics of Fluids 9, Issue 4, 1034

2 Risiken und Gefährdungen

2.1 Einleitung und Beispiele

Im Kap. 2 werden verschiedene Risiken und Gefährdungen in Form von Beispielen und Zahlenangaben vorgestellt. Dabei werden länger andauernde Prozesse und kurzfristige Ereignisse gemischt. Teilweise überschneiden sich die Zuordnungen.

Tab. 2.1 listet nach heutigem Kenntnisstand die teuersten Katastrophen ohne Kriege und die Covid-19-Pandemie auf. Aus Gründen der Aktualität wurde hier auf eine Zusammenstellung von Wikipedia (2021a, b, c, d, e, f) zurückgegriffen. Alternativ können für solche Zusammenstellungen Daten der Rückversicherer, wie z. B. der Münchner Rück oder der Schweizer Rück verwendet werden.

Tab. 2.1 zeigt, dass Naturkatastrophen bzw. kombinierte Na-Tech-Katastrophen durchaus Kosten in der Größenordnung von einer halben Billion Dollar erreichen können. Hier ist besonders Japan betroffen mit zwei Ereignissen innerhalb von 30 Jahren mit über 300 Mrd. US-Dollar nach aktuellen Preisen. Erschreckend ist auch die häufige Nennung von Sturmereignissen (Zyklone, Winterstürme und Tornados). Zwei Ereignisse in der Tabelle stehen in Verbindung mit der Nutzung der Kernenergie.

Die Ereignisse in Tab. 2.1 sind allerdings bei weitem nicht abdeckend. So übersteigen die Kosten durch Kriege oder Krankheiten die Beträge in Tab. 2.1 deutlich, auch wenn es sich dabei nicht um singuläre Ereignisse, sondern um mehrjährige Prozesse handelt.

Belasco (2009) beziffert für die Kosten des Afghanistan-, des Irak-Krieges und weiterer Anti-Terror-Maßnahmen für die USA bis Ende 2009 mit ca. einer Billion US-Dollar. Stiglitz und Bilmes (2008) schätzen die Kosten des Irak-Krieges auf etwa drei Billionen US-Dollar. Gemäß Statista (2021) kosteten der Afghanistan- und der zweite Irak-Krieg die USA knapp vier Billionen US-Dollar. Der Krieg kostete nicht nur das Geld der Steuerzahler, sondern außerdem mehr als 4000 amerikanischen Soldaten das Leben. Mehr als 60.000 Soldaten wurden schwer verletzt. Die Zahl der irakischen Opfer dürfte die 100.000 weit übersteigen. Daneben gibt es erhebliche Verletztenzahlen und Aufwände für Folgebehandlungen an (Holcomb et al. 2005).

Der Global Preparedness Monitoring Board (GPMB 2020) schätzt die bis Ende 2020 weltweit eingetretenen Schäden und Kosten durch die Covid-19 Pandemie und die damit verbundenen Schutzmaßnahmen auf ca. 11 Billionen US-Dollar. Die Folgeschäden liegen fast in der gleichen Größenordnung und erreichen ca. 10 Billionen US-Dollar.

Damit liegen die Kosten der letzten amerikanischen Kriege beim Zehnfachen der maximalen Kosten der in Tab. 2.1 gelisteten Katastrophen und die Kosten von Covid-19 liegen ca. beim Fünfzigfachen der maximalen Kosten.

Bei Kriegen handelt es sich um soziale Risiken und bei der Covid-19 Pandemie handelt es sich um gesundheitliche Risiken in Verbindung mit sozialen Risiken. Am Ende des Kap. 2 wird ausführlicher auf gesundheitliche und soziale Risken eingegangen. Das Kapitel beginnt aber mit Ausführungen zu natürlichen Risiken gefolgt von technischen Risiken.

2.2 Natürliche Risiken

2.2.1 Einleitung

Während Technik der sinnvollen Anwendung von Naturgesetzen entspricht, besitzen natürliche Objekte und Prozesse mit Ausnahme des Menschen im Sinne der Kantischen Philosophie keinen Zweck. Betrachtet man Technologie und Technik als Verlängerung des Selbstzweckes des Menschen, so verbleiben die natürlichen Objekte und Prozesse ohne Zweck. Natürliche Prozesse befinden sich außerhalb des Handelns der Menschen, wobei der Mensch sich natürliche Prozesse zu nutzen machen kann, wie z. B. in der Landwirtschaft.

Die Einteilung der natürlichen Prozesse erfolgt im Allgemeinen nach den Wissenschaftsbereichen, die sich mit

D. Proske, *Katalog der Risiken*, https://doi.org/10.1007/978-3-658-37083-1_2

Tab. 2.1 Liste der teuersten Katastrophen ohne Kriege (Wikipedia 2021a, b, c, d, e, f) und ohne Covid-19-Pandemie

Kosten in Milliarden US-Dollar	Normiert auf 2017–2018 Preise	Todesopfer	Ereignis	Art	Jahr	Land bzw Region
360	411,3	15.899	2011 Tōhoku Erdbeben und Tsunami	Erdbeben, Tsunami	2011	Japan
197	329,8	5502–6434	Great Hanshin Erdbeben	Erdbeben	1995	Japan
148	176,4	87.587	2008 Sichuan Erdbeben	Erdbeben	2008	China
125	164,9	1245–1836	Hurrikan Katrina	Tropischer Zyklon	2005	USA
125	129,5	107	Hurrikan Harvey	Tropischer Zyklon	2017	USA
91,6	94,9	3057–8498	Hurrikan Maria	Tropischer Zyklon	2017	Nord-amerika
70	70	451	2019–20 Buschbrände	Wald- und Buschbrand	2019	Australien
68,7	76,3	233	Hurrikan Sundy	Tropischer Zyklon	2012	Nord-amerika
64,8	66,5	134	Hurrikan Irma	Tropischer Zyklon	2017	Nord-amerika
60–100	69,7–116,1	11	Deepwater Horizon Ölpest	Kontamination	2010	USA
53,25	115,8	4800–17.000	1988–89 Nord-amerikanische Dürre	Dürre	1988	USA, Kanada
50–433	113 – ~700	31–46	Tschernobyl-Katastrophe	Kontamination	1986	Sowjetunion
49,6–56,1	53,3–60,3	104	2012–13 Nord-amerikanische Dürre	Dürre	2012	USA, Kanada
49	81	57	1994 Northridge Erdbeben	Erdbeben	1994	USA
45,7	49,8	815	2011 Thailand Flut	Überflutung	2011	Thailand
40	44,6	185	2011 Christchurch Erdbeben	Erdbeben	2011	Neuseeland
38	43,3	214	Hurrikan Ike	Tropischer Zyklon	2008	Nord-amerika
32	32	278	2020 China Flut	Überflutung	2020	China
28	36,2	68	2004 Chūetsu Erdbeben	Erdbeben	2004	Japan
27,4	34,4	87	Hurrikan Wilma	Tropischer Zyklon	2005	Nord-amerika
27,3	47,6	65	Hurrikan Undrew	Tropischer Zyklon	1992	USA
26,1	33,9	124	Hurrikan Ivan	Tropischer Zyklon	2004	Nord-amerika
25,1	25,1	74	Hurrikan Michael	Tropischer Zyklon	2018	Nord-amerika
24,0	24,5	103	2018 Kalifornische Waldbrände	Waldbrand	2018	USA
21,8–135	30,2–186,9	2996	11 September Terroranschlag	Terroranschlag	2001	USA
19,2	24,6	110	2002 Europäische Flut	Überflutung	2002	Mitteleuropa
19,1	19,1	77	Hurrikan Laura	Tropischer Zyklon	2020	Nord-amerika

(Fortsetzung)

Tab. 2.1 (Fortsetzung)

Kosten in Milliarden US-Dollar	Normiert auf 2017–2018 Preise	Todesopfer	Ereignis	Art	Jahr	Land bzw Region
18,5	23,2	97–125	Hurrikan Rita	Tropischer Zyklon	2005	USA
17,6	23,9	140	Zyklon Lothar und Martin	Europäischer Wintersturm	1999	West-europa
16,9	21,9	35	Hurrikan Charley	Tropischer Zyklon	2004	Nord-amerika
15,8	17	27	2012 Norditaliänisches Erdbebens	Erdbeben	2012	Italy
15,1	15,4	603	Hurrikan Matthew	Tropischer Zyklon	2016	Nord-amerika
15–20	25,6–34,1	47	Grosse Flut von 1993	Überflutung	1993	USA
15,0	28,8	197	Zyklon Daria, Vivian, und Wiebke	Wintersturm	1990	West-europa
15	19,4	230.000–280.000	2004 Indischer Ozean Erdbeben und Tsunami	Erdbeben, Tsunami	2004	Südost asien
14,2	15,5	58	Hurrikan Irene	Tropischer Zyklon	2011	Nord-amerika
13–14	13–14	128	Zyklon Amphan	Tropischer Zyklon	2020	Südost asien
12,9	14,7	138.366	Zyklon Nargis	Tropischer Zyklon	2008	Myanmar
12,7	13,2	130	November 2015 Paris Anschlag	Terroranschlag	2015	Frankreich
11,6–18,9	17–27,7	17.118–17 127	1999 İzmit Erdbeben	Erdbeben	1999	Türkei
10,4	11	12	Taifun Fitow	Tropischer Zyklon	2013	China
10,2	11,1	348	2011 Super Outbreak	Tornado	2011	USA
10–15	10–15	204	2020 Beirut Explosion	Explosion	2020	Lebanon
10–15	10,3–15,4	13	2016 Louisiana Flut	Überflutung	2016	USA
10	29,6	1700–10.000	1980 Hitzewelle	Dürre	1980	USA
10	18	64	Taifun Mireille	Tropischer Zyklon	1991	Japan
10	12,1	44	Zyklon Kyrill	Europäischer Wintersturm	2007	West-europa
10	11,3	16	Juni 2008 Flut im mittleren Westen	Überflutung	2008	USA

den jeweiligen Objekten und Prozessen befassen. Das wären im Rahmen dieses Kapitels Astronomie, Geomorphologie, Klima- und Wetterkunde und die Biologie für die Pflanzen- und Tierwelt.

Ein Beispiel für die Definition natürlicher Gefahren bzw. Naturkatastrophen findet sich in Steinhauser (1986): „*Naturkatastrophen werden durch geophysikalische Prozesse ausgelöst, die eine ungewöhnliche Dimension besitzen.*“. Sie können sich in allen Bereichen der Umwelt abspielen, weshalb es Naturkatastrophen der Atmosphäre mit Orkanen und Tornados, Naturkatastrophen der Hydrosphäre mit Sturmfluten und Hochwassern und der Lithosphäre mit Erdbeben, Vulkanen oder Bergstürzen gibt (siehe auch Bobrowsky 2013).

Im Bereich der Risikobewertung von Kernkraftwerken werden Gefahren als externe natürliche, als vom Menschen geschaffene Gefahren und als Gefahren, die keiner der beiden Definitionen unterliegen, unterteilt (IAEA 2003).

Die Unterscheidung in natürliche und technische Risiken gelingt aber nicht vollständig, da Menschen nach Naturkatastrophen wie z. B. Erdbeben immer auch eine Teilschuld anderer Menschen sehen (Karger 1996). Abb. 2.1 zeigt eine solche Einteilung nach Befragungen. Deutlich sieht man, dass Tornados oder Erdbeben nicht allein als natürlich, sondern auch zu einem beträchtlichen Teil als menschenverursachte Katastrophen angesehen werden.

Nach Aussage vieler Autoren existieren reine Naturkatastrophen nicht, sondern nur menschliche Entscheidungen, die die Ursache, die Verletzlichkeit, die Vorbereitung, die Vorwarnung, die Schäden oder die Reaktionen auf die Katastrophe beeinflussen und damit auch die Ergebnisse des Naturereignisses. (Kelman 2008).

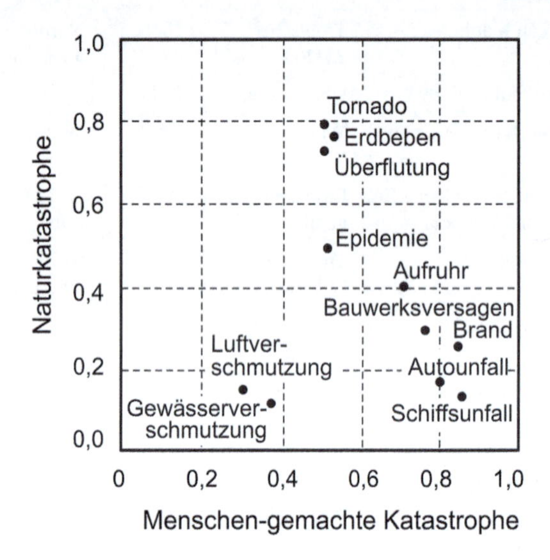

Abb. 2.1 Anteil natürlicher und künstlicher Ursachen für verschiedene Gefahren bzw. Katastrophen (Karger 1996)

Neben der Einteilung natürlicher Prozesse und Gefahren gemäß der Wissenschaftsgebiete können diese auch im Hinblick auf die Wirkungsdauer und die Vorwarnzeit definiert werden. Beispiele solcher Einteilungen finden sich in Abb. 2.2 und in Tab. 2.2.

Für verschiedene Naturgefahren werden jeweils Magnituden-, Intensitäts- und Schadensskalen unterschieden. Die Magnitude sei hierbei immer eine physikalisch messbare Größe, wie z. B. eine Maximalbeschleunigung, eine Windgeschwindigkeit, eine Massefreisetzung, eine Massebewegung oder Tage ohne Niederschlag. Tab. 2.3 zeigt in der zweiten Spalte Beispiele solcher Parameter.

Im Gegensatz dazu hängt der Schadensumfang, den eine Gesellschaft oder z. B. ein Bauwerk erfährt, von der jeweiligen Verletzlichkeit ab (Karutz et al. 2017). Ein Bauwerk, welches sehr gut gegen Erdbebeneinwirkungen geplant und errichtet wurde, zeigt weniger Schäden als eine historische Mauerwerkskonstruktion, die weder für Erdbeben bemessen noch jemals ertüchtigt wurde. Solche Eigenschaften werden in den Parametern in Tab. 2.3 in der dritten Spalte berücksichtigt. Tab. 2.3 zeigt die Magnitude und Schadensintensität für Erdbeben, Stürme, Vulkanausbrüche oder Dürren. Die Dürreklassen wurden hier nach Marx et al. (2017) gewählt.

Die gleichen Ausführungen, die im vorangegangenen Absatz für Bauwerke unter Erdbeben gemacht wurden, gelten auch für Gesellschaften. Die schweren Erdbeben, die z. B. Japan in den letzten Jahrzehnten erlebt hat, haben im

Abb. 2.2 Vorwarnzeit und Einwirkungsdauer von Naturgefahren

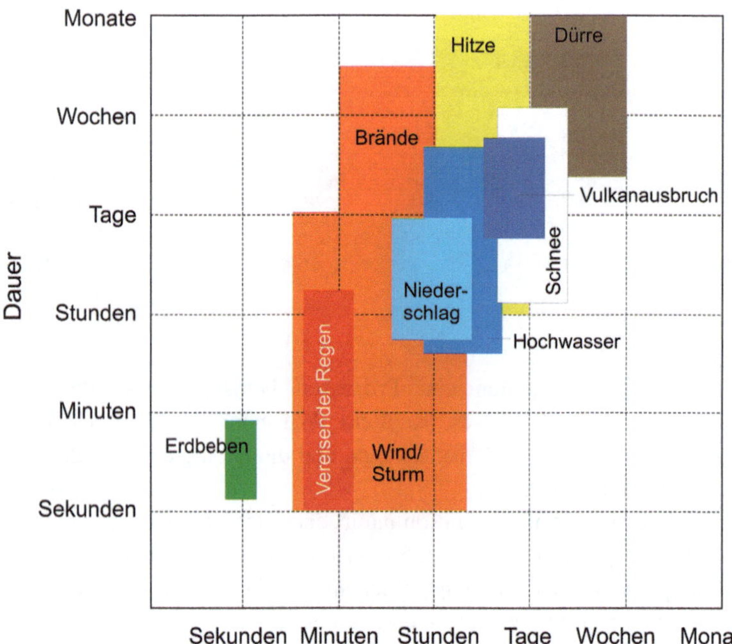

Tab. 2.2 Prozessdauer und Vorwarnzeit nach Karutz et al. (2017)

Naturgefahr	Prozessdauer	Vorwarnzeit
Erdbeben	Sekunden bis Minuten	Keine bzw. Sekunden
Schnee- und Schuttlawine	Sekunden bis Minuten	Sekunden bis Stunden
Gravitative Massebewegungen	Sekunden bis Dekaden	Sekunden bis Jahre
Überschwemmungen	Minuten bis Tage	Minuten bis Tage
Hurrikan	Stunden bis Tage	Stunden bis Tage
Vulkaneruption	Stunden bis Jahre	Minuten bis Wochen
Dürren	Tage bis Jahre	Tage bis Monate
Bodenerosion	Stunden bis Jahrtausende	Jahre

Tab. 2.3 Zusammenhang zwischen Magnitude einer Naturgefahr und der Intensität

Naturgefahr	Magnitude	Intensität
Erdbeben	Momenten-Magnitude	MMIS, EMS
Stürme	Saffir-Simpson-Hurrikan-Skala	Fujita-Skala
Vulkanausbrüche	Vulkanexplosivitätsindex	Vulkanbevölkerungsindex
Dürreereignis	Dürreklassen	

Vergleich zu anderen Ländern zu einem hocheffektiven Katastrophenschutz geführt. Im Gegensatz dazu stehen meist wirtschaftlich schwache Staaten, die im Falle einer Naturkatastrophe Jahrzehnte benötigen, um die Schäden zu kompensieren und den Ausgangslebensstand wieder zu erreichen.

Allerdings erreichen verschiedene natürliche Prozesse und Ereignisse Maximalrisiken für die Menschheit als Ganzes und das Leben auf der Erde, wie z. B. das Aussterben der Menschheit. Tab. 2.4 nennt Beispiele.

Unterhalb des Aussterbens der Menschheit können die Katastrophen bzw. Gefahren nach ihrem Schadenspotential in Klassen eingeteilt werden. Dafür liegen verschiedene Einteilungen vor. Tab. 2.5 und 2.6 zeigen zwei Beispiele. Die Einteilung von Wirasinghe et al. (2013) ist ähnlich zu der Einteilung von Caldera et al. (2016).

Weitere Einteilungen von Naturkatastrophen bzw. Gefahren basieren auf den Schadensumfängen gemäß Blong (2003) und Bobrowsky (2013):

Tab. 2.4 Naturgefahren auf dem Level des Aussterbens der Menschheit bzw. des Untergangs der Zivilisation

Naturgefahr	Auswirkungen auf die Zivilisation	Aussterben der Menschheit
Vulkanausbrüche	Ja	Ja
Meteorit/Asteroid	Ja	Ja
Heißzeit	Ja	Nein
Kaltzeit/Eiszeit	Ja	Nein
Gammablitz	Ja (unwahrscheinlich)	
Supernova	Ja (unwahrscheinlich)	
Erdbeben	Ja	Nein
Gravitative Massebewegungen	Nein	Nein
Meteorologische Gefahren	Nein	Nein

- DIMAK Skala: Magnitude = √ [(log *K*)2 + (log 3 *S*)2], *K* mit Anzahl der Todesopfer und S als Schadenskosten in Millionen US-Dollar (Blong 2003).
- Bradford Katastrophenskala (Keller et al. 1992; 1997) (Tab. 2.7).
- Forster Katastrophenskala (Foster 1976): In dieser Skala werden nicht nur Todesopfer gezählt, sondern auch Sachschäden und emotionaler Stress. In dieser Skala rangiert der Zweite Weltkrieg mit einem Katastrophenwert von 11,1 auf Platz 1, gefolgt von der Pestpandemie im 14. Jahrhundert mit 10,9 und dem Ersten Weltkrieg mit 10,5 (Lerner 1981).
- Granots Community Consequence Scale (Granot 1995).
- Index für die Umweltschäden bei der Freisetzung chemischer Stoffe (Atmospheric Hazard Index: AHI) (Gunasekera und Edwards 2003).

Weitere Einteilungen von Katastrophen berücksichtigen sofortige oder verzögerte Konsequenzen und direkte oder indirekte Schäden (Bourque et al. 2009).

Quarantelli (1995) diskutiert, was überhaupt eine Katastrophe ausmacht. Corey (2015) schrieb dazu sehr passend: *„Der normale Zustand der Natur ist immer der, sich gerade von der jeweils letzten Katastrophe zu erholen.“* Und Max Frisch (1981) schrieb : *„Katastrophen kennt allein der Mensch, sofern er sie überlebt. Die Natur kennt keine Katastrophen.“*. Siehe dazu auch Kap. 1.

Der Mensch kennt Katastrophen allerdings wirklich gut, denn weltweit sind sehr viele Menschen durch Naturkatastrophen betroffen: Der World Disaster Report (IFRC 2016) von 2016 listet die Opfer, die Sachschäden und die Anzahl der Menschen, die durch Katastrophen zwischen 2006 bis 2015 betroffen waren, auf. Gemäß dieser Referenz waren

Tab. 2.5 Einteilung Katastrophen nach Gad-el-Hak (2008)

Klasse	Katastrophe	Anzahl Opfer		Gebiet betroffen
I	Klein	<10	oder	< 1 km^2
II	Mittel	10–100	oder	1–10 km^2
III	Groß	100–1000	oder	10–100 km^2
IV	Enorm	1000–10.000	oder	100–1000 km^2
V	Riesig	>10.000	oder	> 1000 km^2

Tab. 2.7 Bradford Katastrophenskala (Keller et al. 1992)

Klasse	Anzahl Todesopfer
0	1–10
1	10–100
2	100–1000
3	1000–10^4
4	10^4–10^5
5	10^5–10^6
6	10^6–10^7

in diesem Zeitraum 1,9 Mrd. Menschen von Katastrophen betroffen (Tab. 2.8). Diese Zahlen berücksichtigen keine Kriege, keine durch Kriege ausgelöste Hungersnöte und auch keine Krankheiten und Epidemien.

Im 20. Jahrhundert dürften etwa 60 Mio. Menschen durch Naturkatastrophen verstorben sein. Tab. 2.9 listet die 40 opferreichsten Katastrophen von 1970 bis 2001 auf. Am häufigsten werden natürliche Risiken, wie Stürme, Erdbeben, Überflutungen genannt. Sie verursachten immense Schäden in den letzten Jahrzehnten. In den 90er Jahren des 20. Jahrhunderts sind durchschnittlich pro Jahr ca. 80.000 Menschenleben zu beklagen gewesen. Die Kosten für diese Katastrophen dürften 61 Mrd. US-Dollar überschritten haben.

Tab. 2.10 listet die 40 versicherungstechnisch teuersten Katastrophen von 1970 bis 2001 auf. Um dem Leser nicht nur ein Gefühl für die extremen Ereignisse zu vermitteln, befinden sich in Tab. 2.11 und 2.12 die 50 schwersten Naturkatastrophen der Jahre 2000 und 2001. Ohne auf jedes einzelne Ereignis in den Tabellen einzugehen, zeigt sich, dass praktisch alle Regionen der Erde von Naturkatastrophen betroffen sind.

Abb. 2.3 fasst die Entwicklung der Anzahl der weltweit erfassten Naturkatastrophen von 1900 bis 2003 grafisch zusammen. Abb. 2.4 zeigt die Entwicklung der Anzahl Todesopfer durch die weltweit erfassten Naturkatastrophen von 1900 bis 2002. Es zeigt sich, dass zwar die Anzahl der Katastrophen gestiegen ist, aber die Anzahl der Opfer trotz einer signifikanten Zunahme der Weltbevölkerung konstant oder sogar leicht gesunken ist. Sowohl die gestiegene Bevölkerungszahl als auch das gestiegene Vermögen des letzten Jahrhunderts sind bei der Interpretation der steigenden Anzahl der Naturkatastrophen und Schäden zu berücksichtigen. So gibt es Studien, z. B. Crompton und McAneney (2008), die bei einer Normierung der Schäden auf das Vermögen keine Steigung der Schäden sehen (sogenannte normalisierte Schäden).

Tab. 2.8 Hauptwerte von Katastrophen zwischen 2006 und 2015 nach IFRC (2016)

Parameter	2006–2015	Bemerkungen
Anzahl Katastrophen	6090	
Anzahl Todesopfer	771.911	
Betroffene Menschen	1,917 Mrd	
Sachschaden (2015 US-Dollar)	1424 Mrd	

Tab. 2.6 Einteilung Katastrophen basierend auf der Anzahl der Todesopfer nach Caldera et al. (2016)

Art[a]	Anzahl Opfer F	Beispiele
Notfall Unglück Typ 1	1< F < 10 10 < F < 100	Kleine Hangrutschung mit einem Todesopfer Tornado mit ca. 30 Toten, Kanada, 1987
Unglück Typ II Katastrophe Typ I	100< F < 1000 1000 < F < 10^4	Flut in Thailand 2011, 815 Todesopfer Wirbelsturm Katrina, USA 2005, 1833 Todesopfer
Katastrophe Typ II	10^4 < F < 10^5	Tohoku Erdbeben, Japan 2011, ca. 15.000 Todesopfer
Megakatastrophe Typ I	10^5 < F < 10^6	Haiti Erdbeben, 2010, ca. 300.000 Todesopfer
Megakatastrophe Typ II	10^6 < F < 10^7	Überflutungen in China, 1931, 2.5 Mio. Opfer
Kataklysmus Typ I	10^7 < F < 10^8	Pestpandemie im 14. Jahrhundert, Europa
Kataklysmus Typ II	10^8 < F < 10^9	Eruption eines Supervulkan, z. B. Yellowstone
Teilweise oder Vollständige Auslöschung	10^9 < F 10^{10}	Meteoriteneinschlag (Durchmesser größer 1,5 km): geschätzt 1,5 Mrd. Opfer Schwere Pandemie, geschätzt ca. 3 Mrd. Opfer

[a] In der englischen Sprache gibt es für den Begriff Katastrophe verschiedene Wörter: Disaster, Catastrophe, Calamity, Cataclysm. Daher rührt die Einteilung in Unglück, Katastrophe, Megakatastrophe und Kataklysmus

Tab. 2.9 Die 40 todesopferreichsten Katastrophen weltweit von 1970 bis 2001 (Schweizer Rück 2002)

Datum	Land	Ereignis	Opfer
14.11.1970	Bangladesch	Sturm- und Flutkatastrophe	300.000
28.07.1976	China	Erdbeben der Stärke 8,2 in Tangshan	250.000
29.04.1991	Bangladesch	Tropischer Zyklon Gorky	138.000
31.05.1970	Peru	Erdbeben der Stärke 7,7 [1)]	60.000
21.06.1990	Iran	Erdbeben in Gilan	50.000
07.12.1988	Armenien, UDSSR	Erdbeben in Armenien	25.000
16.09.1978	Iran	Erdbeben in Tabas	25.000
13.11.1985	Kolumbien	Vulkanausbruch Nevado del Ruiz	23.000
04.02.1976	Guatemala	Erdbeben der Stärke 7,4	22.000
17.08.1999	Türkei	Erdbeben in Izmit	19.118
26.01.2001	Indien, Pakistan	Erdbeben der Stärke 7,7 in Gujarat	15.000
29.10.1999	Indien, Bangladesch	Zyklon 05B verwüstet Bundesstaat Orissa	15.000
01.09.1978	Indien	Überschwemmungen nach Monsunregen	15.000
19.09.1985	Mexiko	Erdbeben der Stärke 8,1	15.000
11.08.1979	Indien	Dammbruch in Morvi	15.000
31.10.1971	Indien	Überschwemmungen im Golf von Bengalen	10.800
15.12.1999	Venezuela, Kolumbien	Überschwemmungen, Erdrutsche	10.000
25.05.1985	Bangladesch	Zyklon im Golf von Bengalen	10.000
20.11.1977	Indien	Zyklon in Andhra Pradesh, Golf von Bengalen	10.000
30.09.1993	Indien	Erdbeben der Stärke 6,4 in Maharashtra	9500
22.10.1998	Honduras, Nicaragua	Hurrikan Mitch in Zentralamerika	9000
16.08.1976	Philippinen	Erdbeben in Mindanao	8000
17.01.1995	Japan	Great-Hanshin-Erdbeben in Kobe	6425
05.11.1991	Philippinen	Taifune Thelma und Uring	6304
28.12.1974	Pakistan	Erdbeben der Stärke 6,3	5300
05.03.1987	Ecuador	Erdbeben	5000
23.12.1972	Nicaragua	Erdbeben in Managua	5000
30.06.1976	Indonesien	Erdbeben in West-Irian	5000
10.04.1972	Iran	Erdbeben in Fars	5000
10.10.1980	Algerien	Erdbeben in El Asnam	4500
21.12.1987	Philippinen	Fähre Dona Paz kollidiert mit Öltanker Victor	4375
30.05.1998	Afghanistan	Erdbeben in Takhar	4000
15.02.1972	Iran	Sturm und Schnee in Ardekan	4000
24.11.1976	Türkei	Erdbeben in Van	4000
02.12.1984	Indien	Unfall im Chemiewerk in Bhopal	4000
01.11.1997	Vietnam et al.	Taifun Linda	3840
08.09.1992	Indien, Pakistan	Überschwemmungen in Punjab	3800
01.07.1998	China	Überschwemmungen am Jangtse	3656
21.09.1999	Taiwan	Erdbeben in Nantou	3400
16.04.1978	Réunion	Wirbelsturm	3200

Beim Anstieg der Anzahl der Naturkatastrophen wird häufig auf den menschenverursachten Klimawandel verwiesen. In diesem Zusammenhang gibt es Diskussionen, ob eine Verringerung der CO_2-Produktion zur Vermeidung steigenden Schadenskosten aus Naturkatastrophen zielführend ist, da sie extrem teuer ist, da sie die Auswirkungen der bis heute in die Atmosphäre eingetragenen CO_2-Menge nicht mehr verhindern kann und da sie verzögert, wahrscheinlich

Tab. 2.10 Die 40 versicherungstechnisch teuersten Katastrophen weltweit von 1970 bis 2001 (Schweizer Rück 2002)

Versicherter Schaden	Datum	Ereignis	Land
20.185	23.08.1992	Hurrikan „Andrew"	USA, Bahamas
19.000	11.09.2001	Terroranschläge auf WTC und Pentagon,	USA
16.720	17.01.1994	Northridge-Erdbeben	USA
7338	27.09.1991	Taifun „ Mireille"	Japan
6221	25.01.1990	Wintersturm „Daria"	Frankreich, UK
6164	25.12.1999	Wintersturm „Lothar" in Westeuropa	Frankreich, CH
5990	15.09.1989	Hurrikan „Hugo"	Puerto Rico, USA
4674	15.10.1987	Sturm und Überschwemmungen in Europa	Frankreich, UK
4323	25.02.1990	Wintersturm „Vivian"	West-/Zentraleuropa
4293	22.09.1999	Taifun „Bart" trifft den Süden des Landes	Japan
3833	20.09.1998	Hurrikan „Georges"	USA, Karibik
3150	05.06.2001	Tropischer Sturm „Allison"	USA
2994	06.07.1988	Explosion auf Plattform Piper Alpha	Großbritannien
2872	17.01.1995	Great-Hanshin-Erdbeben in Kobe	Japan
2551	27.12.1999	Wintersturm „Martin"	Frankreich, Spanien
2508	10.09.1999	Hurrikan „Floyd"; Regen	USA, Bahamas
2440	01.10.1995	Hurrikan „Opal"	USA et al.
2144	10.03.1993	Schneesturm, Tornados	USA, Mexiko, Kanada
2019	11.09.1992	Hurrikan „Iniki"	USA, Nordpazifik
1900	06.04.2001	Hagel, Überschwemmungen und Tornados	USA
1892	23.10.1989	Explosion in petrochemischem Werk	USA
1834	12.09.1979	Hurrikan „Frederic"	USA
1806	05.09.1996	Hurrikan „Fran"	USA
1795	18.09.1974	Tropischer Zyklon „Fifi"	Honduras
1743	03.09.1995	Hurrikan „Luis"	Karibik
1665	10.09.1988	Hurrikan „Gilbert"	Jamaika et al.
1594	03.12.1999	Wintersturm „Anatol"	West-/Nordeuropa
1578	03.05.1999	Über 70 Tornados im Mittleren Westen	USA
1564	17.12.1983	Schneestürme, Kältewelle	USA, Kanada, Mexiko
1560	20.10.1991	Waldbrände, Stadtbrände, Dürre	USA
1546	02.04.1974	Tornados in 14 Bundesstaaten	USA
1475	25.04.1973	Überschwemmungen des Mississippi	USA
1461	15.05.1998	Wind, Hagel und Tornados	USA
1428	17.10.1989	Loma-Prieta-Erdbeben	USA
1413	04.08.1970	Hurrikan „Celia"	USA, Kuba
1386	19.09.1998	Taifun „Vicki"	Japan, Philippinen
1357	21.09.2001	Explosion in einer Düngerfabrik	Frankreich
1337	05.01.1998	Kältewelle und Eiskatastrophe	Kanada, USA
1319	05.05.1995	Wind, Hagel und Überschwemmungen	USA
1300	29.10.1991	Hurrikan „Grace"	USA

im Zeitbereich von Jahrzehnten und Jahrhunderten, wirken wird (Bastidas-Arteaga und Stewart 2019). Hier kann eine Anpassung der menschlichen Zivilisation an die zunehmende Anzahl Naturkatastrophen kostengünstiger sein. Auf der anderen Seite existieren Schätzungen über die zu erwartenden Schäden, siehe z. B. Risky Business (2014).

Tab. 2.11 Die 50 bedeutendsten Naturkatastrophen 2000 (Münchner Rück 2000a, b)

Datum	Schadensereignis	Gebiet	Tote	Schäden Millionen US-Dollar	Erläuterungen, Schadenbeschreibung
Jan.–Apr.	Winterschäden	Mongolei	7	80	Temperaturen bis −45° C. Strengster Winter seit 30 Jahren. 2,4 Mio. Nutztiere verenden
Jan.–Dez.	Dürre	Afghanistan, Pakistan, Indien, Tadschikistan	35	590	Lebensmittel- und Wasserknappheit. Schwere Verluste in der Viehwirtschaft, 50 Mio. Betroffene
1.1.–5.1	Überschwemmungen, Erdrutsche	Brasilien	26		Städte von der Außenwelt abgeschnitten. 70.000 Obdachlose
14.1	Erdbeben	China	5	75	2 Beben (Stärke 5,9 und 6,5), 290.000 Häuser beschädigt oder zerstört
15.–19.1	Waldbrände	Südafrika: Region Kapstadt		10	Schwerster Waldbrand seit 30 Jahren. Weinbaugebiet betroffen
22.–25.1	Wintersturm	USA	4	350	Über 500.000 Menschen ohne Stromversorgung. Autoindustrie betroffen
2.9–30.1	Wintersturm „Kerstin“	Deutschland und Dänemark	4	100	Windgeschwindigkeiten bis 160 km/h, starke Küstenerosion auf der Insel Sylt
Februar	Frost	Kenia			Schwerste Frostperiode seit Jahren. Teeplantagen betroffen
Febr.–März	Überschwemmungen, tropischer Zyklon „Eline“	Mosambik, Südafrika, Botswana, Swasiland, Simbabwe, Malawi, Sambia	> 1000	660	Schwerste Überschwemmungen seit 50 Jahren. Flüsse über die Ufer getreten. Dämme gebrochen. Infrastruktur zerstört. Lebensmittel- und Wasserversorgung beeinträchtigt. Evakuierungsmaßnahmen behindert. 950.000 Obdachlose. Millionen Betroffene
5.2	Hagelsturm	Argentinien, Santa Isabel		20	Schäden an Autofabrik und Kraftfahrzeugen
27.2–13.3	Tropischer Sturm „Steve“	Australien	1	90	Böen bis 170 km/h. Schwere Schäden in der Land- und Viehwirtschaft

(Fortsetzung)

Tab. 2.11 (Fortsetzung)

Datum	Schadensereignis	Gebiet	Tote	Schäden Millionen US-Dollar	Erläuterungen, Schadenbeschreibung
2.3	Tropischer Sturm „Gloria“	Madagaskar	130		Zahlreiche Häuser überflutet. 150 Schulgebäude zerstört. 750.000 Betroffene
9.–16.3	Überschwemmungen	Tschechische Republik		80	Flüsse über die Ufer getreten. Industrieschäden. Infrastrukturschäden
10.3	Tropischer Sturm Mona	Tonga:		4	Schäden an Versorgungseinrichtungen und in der Landwirtschaft
28.–29.3	Tornado	USA	5	650	1500 Häuser/Gebäude beschädigt. Infrastrukturschäden
31.3–13.4	Vulkanausbruch Mt. Usu	Japan			Mehr als 10.000 Evakuierte
2.4	Tropischer Sturm „Hudah“	Madagaskar, Mosambik	>23		Böen bis 280 km/h, 100.000 Menschen ohne Lebensmittel- und Wasserversorgung
6.–10.4	Überschwemmungen	Rumänien, Ungarn, Serbien	10	100	Flüsse über die Ufer getreten, ca. 10.000 Häuser und 2000 km^2 landwirtschaftliche Fläche überflutet
Mai	Kältewelle, Frost	Ukraine. Weißrussland		115	Schwere Schäden in der Landwirtschaft
Mai–Juni	Überschwemmungen	China	410	960	Hunderttausende Häuser überflutet. Infrastruktur- und Landwirtschaftsschäden, Ölförderung betroffen
Mai–Aug.	Dürre	Iran		35.000	Flüsse und Seen ausgetrocknet. 800.000 Nutztiere gestorben. 3 Mio. t Weizen und Gerste vernichtet
Mai–Sept.	Waldbrände, Dürre	USA	9	>1000	85.000 einzelne Waldbrände im gesamten Jahr. 850 Häuser und 28.000 km^2 Wald verbrannt. Internationale Feuerwehren im Einsatz
4.5	Erdbeben, Tsunami	Indonesien	41	30	Stärke 6,5. Tsunami 6 m hoch. Mehr als 10.000 Gebäude zerstört. Schwere Infrastrukturschäden

(Fortsetzung)

Tab. 2.11 (Fortsetzung)

Datum	Schadensereignis	Gebiet	Tote	Schäden Millionen US-Dollar	Erläuterungen, Schadenbeschreibung
17.–19.5	Unwetter, Tornados, Überschwemmungen	USA	1	300	Gebäude und Kfz beschädigt. Flughäfen geschlossen
24.5	Hagel	Japan		350	Hagelkörner bis 5 cm im Durchmesser. Gebäude- und Ernteschäden
26.–27.5	Hagel	Osterreich		20	Kfz, Gewächshäuser und Ernte beschädigt
28.5	Wintersturm „Ginger“	Deutschland, Belgien, Niederlande	6	200	Böen bis 140 km/h. Kräne, Baugerüste umgestürzt. Landwirtschaftsschäden
Juni–Juli	Hitzewelle, Dürre	Osteuropa, Südosteuropa	70	300	Temperaturen bis 45° C. Schwere Verluste in der Land- und Viehwirtschaft
4.6	Erdbeben	Indonesien	130	6	Stärke 7,7. Gebäude- und Infrastrukturschäden. 2500 Verletzte
12.–26.6	Unwetter, Überschwemmungen	Chile		15	Schwerste Unwetter seit 20 Jahren. Tausende Häuser überflutet. Infrastruktur und Landwirtschaftsschäden. Über 70.000 Betroffene
17.6	Erdbeben	Island		20	Stärke 6,6. Schäden an Gebäuden, Straßen und Rohrleitungen
3.–7.7	Hagelstürme	Österreich	2	125	Hagelkörner bis 5 cm im Durchmesser. Autolager und Landwirtschaft betroffen
5.–13.7	Waldbrände, Hitzewelle	Griechenland	25		Zahlreiche Bauernhöfe verbrannt, Hunderte Gewächshäuser zerstört. Schäden an Olivenplantagen und in Weinanbaugebieten
6.–9.7	Taifun „Kirogi“	Philippinen, Japan, Taiwan	44	300	Windgeschwindigkeiten bis zu 150 km/h, Starkniederschläge 1300 mm in wenigen Stunden. Schäden in der Land- und Viehwirtschaft
14.7	Tornado	Kanada	10	13	F-3-Tornado (Fujitaskala) Campingplatz verwüstet

(Fortsetzung)

Tab. 2.11 (Fortsetzung)

Datum	Schadensereignis	Gebiet	Tote	Schäden Millionen US-Dollar	Erläuterungen, Schadenbeschreibung
21.–25.7	Überschwemmungen	Schweden		8	Infrastruktur betroffen. Schäden an Wasserkraftwerken
Aug.–Okt.	Überschwemmungen	Indien, Nepal	1550	1200	Tausende Dörfer überflutet. Verkehrsverbindungen unterbrochen. Schwere Schäden in der Land- und Viehwirtschaft. 3,5 Mio. Obdachlose/Evakuierte
22.–23.8	Taifun „Bilis“	Taiwan	11	135	Windgeschwindigkeiten über 180 km/h. Straßen- und Flugverkehr behindert. 1 Mio. Haushalte ohne Stromversorgung. Finanzmärkte geschlossen
30.–31.8	Taifun „Prapiroon“ Nr. 12	Südkorea, Nordkorea	42		150.000 Häuser beschädigt oder zerstört. Infrastrukturschäden
Sept.–Okt.	Überschwemmungen	Kambodscha, Vietnam, Laos, Thailand	>900	460	Über 320.000 Häuser schwer beschädigt oder zerstört. Schäden in der Land Viehwirtschaft. 4 Mio. Obdachlose
Sept.–Okt.	Überschwemmungen	Bangladesch	130	500	700.000 Häuser, 1100 km Straßen beschädigt. Schäden an Fischfarmen. 1,3 Mio. Evakuierte
13.–19.9	Überschwemmungen, Taifun „Saomai“	Japan, Südkorea, Russland	25	1500	Rekordniederschläge. Zehntausende Gebäude überflutet. Autoindustrie betroffen
29.9–3.10	Hurrikan „Keith“	Belize, Mexiko, Nicaragua, Honduras, Guatemala	21	280	Windgeschwindigkeiten bis 215 km/h. Infrastruktur- und Landwirtschaftsschäden
Okt.–Nov.	Überschwemmungen	England, Wales, Irland	10	>1500	Flüsse über die Ufer getreten. Gebäudeschäden. Tausende Evakuierte
6.10	Erdbeben, Erdrutsche	Japan		150	Stärke 6,5. 2200 Gebäude beschädigt. Schäden an Hafenanlagen. Infrastrukturschäden
13.–20.10	Überschwemmungen, Erdrutsche	Italien, Schweiz, Frankreich	38	8500	Gebäude- und Infrastrukturschäden. Strom- und Wasserversorgung unterbrochen Automobilindustrie betroffen

(Fortsetzung)

Tab. 2.11 (Fortsetzung)

Datum	Schadensereignis	Gebiet	Tote	Schäden Millionen US-Dollar	Erläuterungen, Schadenbeschreibung
28.–31.10	Taifun „Xangsane"	Philippinen, Taiwan	103	70	Zahlreiche Dörfer überflutet. 40.000 Obdachlose
16.–23.11	Überschwemmungen	Australien		250	Starkregen bis 300 mm/12 h 200.000 km^2 überflutet. Infrastruktur- und Landwirtschaftsschäden
26.–27.11	Wintersturm	Moldawien		30	36.000 Strommasten beschädigt, zwei Drittel des Landes ohne Stromversorgung, Infrastrukturschäden
16.–17.12	Unwetter, Tornados	USA			F-4 Tornado (Fujitaskala), Gebäude und Kfz beschädigt, Stromversorgung unterbrochen

Dort wird geschätzt, dass bis Ende des 21. Jahrhunderts mit einer 1 zu 20 Chance Werte in der Größenordnung von ca. 1 Billion US-Dollar in den Küstengebieten der USA verloren gehen.

2.2.2 Astronomische Gefahren

2.2.2.1 Einleitung

Unter Astronomischen Gefahren werden hier Gefahren verstanden, die ihren Ursprung außerhalb der Erde bzw. des Erdnahen Raumes haben. Auswirkungen von menschengemachten Weltraummüll im Erdnahen Raum werden im Abschn. 2.2.2.5 kurz behandelt. Die natürlichen Gefahren können auf Prozesse zurückzuführen sein, die unter „normalen Bedingungen", also innerhalb bestimmter Prozessparameter, für die Aufrechterhaltung des Lebens auf der Erde notwendig sind. Dazu zählt z. B. die Sonnenaktivität, deren langfristige Schwankungen Auswirkungen auf das weltweite Klima haben, oder Sonnenstürme, die Auswirkungen auf die Stromversorgung in bestimmten geographischen Regionen haben können. Gefahren aus dem Weltall werden auf hervorragende Weise in dem Buch von Webb (2010) behandelt.

Rahmenbedingungen für die Gefahren aus dem Weltall sind die zeitlichen, räumlichen und sonstigen physikalischen Rahmenbedingungen. Da das Universum vermutlich nicht älter als ca. 13,8 Mrd. Jahre ist (Lanius 1988; Gaensler 2015), und da keine seriösen Informationen über die physikalischen Gesetzmäßigkeiten vor dem Urknall existieren, können keine Aussagen über die potenziellen Gefahren aus diesem Zeitraum gegeben werden. Die Bestimmung des Alters des Universums beruht auf drei Säulen: der Rotlichtverschiebung, der Hintergrundstrahlung und des beobachteten Aufbaus des Universums und gilt als relativ gut abgesichert.

Bereits die alten griechischen Philosophen vermuteten: *„Die Zeit ist mit der Welt, die Welt nicht in der Zeit geschaffen."* Wäre dies wahr, könnte man keine Kausalbeziehungen für die Zeit vor der Entstehung der Zeit formulieren und damit auch keine Gefahren benennen. Stephen Hawking hat die Frage nach dem Beginn der Zeit daher durch die Einführung einer imaginären Zeit beantwortet. Damit wird ein Beginn der Zeit zum Zeitpunkt des Urknalles nicht mehr notwendig (Seemann 1997), allerdings können wir zum heutigen Zeitpunkt trotzdem keine Gefahren benennen.

Die langfristige Veränderung des Kosmos, die man beobachten kann, wird sich fortsetzen: Astrophysiker erklären uns, dass eines Tages die Sonne aufhören wird zu scheinen und dass unsere Milchstraße mit dem Andromedanebel

Tab. 2.12 Die 50 bedeutendsten Naturkatastrophen 2001 (Münchner Rück 2001)

Datum	Schadenereignis	Gebiet	Tote	Schäden Millionen US-Dollar	Erläuterungen, Schadenbeschreibung
Jan.–Febr.	Kältewelle, Schneestürme	Russland, China, Mongolei, Afghanistan	850	100	Temperaturen bis −57° C. Energie- und Wasserversorgung beeinträchtigt, 220.000 Rinder erfroren/verhungert. Über 2 Mio. Menschen betroffen
Jan.–April	Hitzewelle	Neuseeland		200	Schwerste Hitzewelle seit 100 Jahren. Schäden in der Land- und Viehwirtschaft
7.–11.1	Winterschäden	Südkorea	10	290	Infrastruktur- und Landwirtschaftsschäden
13.1	Erdbeben, Erdrutsche	El Salvador, Guatemala	853	1500	Stärke 7,7. 16.000 Erdrutsche. 230.000 Gebäude beschädigt oder zerstört. Infrastrukturschäden. 1 Mio. Obdachlose
26.1	Erdbeben	Indien, Pakistan	14.000	4500	Stärke 7,7. Über 1 Mio. Gebäude beschädigt oder zerstört. Schäden an Hafen- und Industrieanlagen. Infrastruktur zerstört
30.1.–13.2	Überschwemmungen	Australien		130	Rekordregenfälle. Schäden an Gebäuden und Geschäften
8.–12.2	Sturzfluten, Erdrutsche	Indonesien	100	10	Schäden in der Landwirtschaft. 145.000 Betroffene
13.2	Erdbeben	El Salvador	315		Stärke 6,5. Schwere Gebäudeschäden
28.2	Erdbeben	USA: Seattle	1	2000	Stärke 6,8. Stärkstes Beben seit 50 Jahren. Industrieschäden
März–Nov	Dürre, Hitzewelle	China		250	Wasserversorgung beeinträchtigt. Verluste in der Landwirtschaft. 22 Mio. Stück Nutzvieh betroffen
März–Nov.	Dürre	Iran			3. Dürrejahr in Folge. Schwere Verluste in der Land- und Viehwirtschaft
6.–14.3	Überschwemmungen	Ungarn, Ukraine, Rumänien	6	15	Hunderte Dörfer betroffen. Schäden in der Landwirtschaft
24.3	Erdbeben	Japan	2	500	Stärke 6,7. Häuser und Infrastruktureinrichtungen beschädigt

(Fortsetzung)

Tab. 2.12 (Fortsetzung)

Datum	Schadenereignis	Gebiet	Tote	Schäden Millionen US-Dollar	Erläuterungen, Schadenbeschreibung
Apr.–Mai	Überschwemmungen	Frankreich		100	Schwerste Überschwemmung in der Picardie seit 80 Jahren. Zahlreiche Häuser wochenlang überflutet
6.–12.4	Unwetter, Hagel	USA	1	2500	Unwetter in weiten Teilen des Landes. Teuerster versicherter Hagelschaden aller Zeiten. Tausende Häuser, Geschäfte, Kfz beschädigt
30.4.–1.5	Unwetter, Tornados, Hagel	USA		650	Schäden an Gebäuden, Fahrzeugen und Infrastruktureinrichtungen
Mai	Eisstaufluten	Russland, Sibirien	7	175	Schwerste Überschwemmung seit 100 Jahren. Tausende Häuser beschädigt oder zerstört. Infrastruktur schwer beschädigt. Öltank beschädigt, 200 t ausgelaufen
2.–3.5	Hagel	Spanien		50	Schäden an Obstplantagen und in Weinanbaugebieten
8.5	Unwetter, Erdrutsche	Puerto Rico	2	145	Straßen und Brücken verschüttet
5.–17.6	Tropischer Sturm „Allison“	USA	25	6000	Rekordniederschläge. Über 100.000 Kfz beschädigt. Tausende Gebäude überflutet, Texas Medical Center schwer beschädigt
9.–12.6	Unwetter, Tornados	USA		450	Tausende Häuser und Geschäfte beschädigt. 70.000 ohne Stromversorgung
23.6	Erdbeben, Tsunami	Peru	75	100–300	Stärke 8,4. 55.000 Häuser beschädigt oder zerstört. Schäden an Industrie- und Hafenanlagen
24.–25.6	Taifun „Chebi“	Taiwan, China	160	425	Böen bis 225 km/h. Schäden in Landwirtschaft und Fischerei. 2 Mio. Betroffene

(Fortsetzung)

Tab. 2.12 (Fortsetzung)

Datum	Schadenereignis	Gebiet	Tote	Schäden Millionen US-Dollar	Erläuterungen, Schadenbeschreibung
Juli–Aug.	Überschwemmungen	Indien	150	90	Schwerste Regenfälle seit 40 Jahren. 16.000 Dörfer betroffen, Hunderttausende Häuser beschädigt oder zerstört. 7000 km^2 Anbaufläche überflutet
1.–10.7	Taifun „Durian“	China, Vietnam	60	500	Starkregen. Schäden in der Landwirtschaft und Fischerei
6.–8.7	Unwetter, Tornados	Deutschland, Italien	25	500	Rekordniederschläge. Infrastrukturschäden. Energieversorgung unterbrochen. Sturzfluten in Frankreich
6.–8.7	Taifun „Utor“ (Nr. 8)	Philippinen, China, Taiwan	188	330	Containerhafen, Handelsmärkte geschlossen. 6 Mio. Betroffene
14.–15.7	Sturzfluten	Südkorea	52	140	60.000 Häuser, Hunderte Fahrzeuge überschwemmt
24.–25.7	Sturzfluten, Erdrutsche	Pakistan	200		Stärkste Regenfälle seit 100 Jahren
24.–31.7	Überschwemmungen	Polen, Slowakei	26	700	Flüsse über die Ufer getreten. Brücken zerstört. Gasleitungen geborsten. Schwere Schäden in der Landwirtschaft
30.7.–1. 8	Taifun „Toraji“	Taiwan, China	200	280	Schäden an Gebäuden und Fahrzeugen. 200.000 Haushalte ohne Stromversorgung
Aug.–Sept.	Überschwemmungen	Nigeria, Sudan, Tschad	210	5	Zehntausende Häuser zerstört. Infrastruktur- und Landwirtschaftsschäden
Aug.–Okt.	Überschwemmungen	Vietnam, Kambodscha	441	120	Schwerste Überschwemmungen in Vietnam seit 50 Jahren. 1,3 Mio. Gebäude überschwemmt. Schwere Schäden in der Landwirtschaft
3.8	Unwetter, Hagel	Deutschland, Polen, Tschechien	1	300	Böen bis 125 km/h, Hagel bis 7 cm Durchmesser, Blitzeinschläge. Häuser, Kfz beschädigt. Infrastrukturschäden
8.8.–6.9	Überschwemmungen	Thailand	177	25	33 Provinzen betroffen. Schäden in der Landwirtschaft, Viehwirtschaft und Aquakultur

(Fortsetzung)

Tab. 2.12 (Fortsetzung)

Datum	Schadenereignis	Gebiet	Tote	Schäden Millionen US-Dollar	Erläuterungen, Schadenbeschreibung
21.–23.8	Taifun „Pabuk“	Japan	8	800	Automobilproduktion eingestellt. Schwere Infrastrukturschäden
Sept.	Überschwemmungen	Indien	150–250	100	Tausende Dörfer betroffen, teilweise von der Außenwelt abgeschnitten
10.–13.9	Taifun „Danas“ (Nr. 15)	Japan: Tokio	5	500	Automobilindustrie betroffen. Infrastrukturschäden
16.9	Unwetter, Erdrutsche	Italien	2	100	Häuser, Kfz beschädigt. Strom- und Wasserversorgung unterbrochen
17.–19.9	Taifun „Nari“	Taiwan	93	800	Sintflutartige Regenfälle. Untergrundbahnhöfe überflutet und wochenlang außer Betrieb. Industrieschäden. 1 Mio. Haushalte ohne Stromversorgung
19.–25.9	Erdrutsche, Überschwemmungen	China	27	300	50.000 Häuser zerstört. Schäden an Infrastruktur und in der Landwirtschaft
23.–24.9	Hurrikan „Juliette“	Mexiko	8	400	Windgeschwindigkeiten bis 230 km/h, Wellen bis 5 m hoch. Häfen geschlossen. Tourismus betroffen
Okt.–Nov.	Überschwemmungen	Argentinien	1	750	Schwerste Überschwemmungen in der Geschichte der Provinz Buenos Aires. 50.000 km^2 landwirtschaftliche Fläche betroffen. Infrastrukturschäden
4.–11.10	Hurrikan „Iris“	Mittelamerika, Belize	29	250	Böen bis 225 km/h. Über 13.000 Häuser beschädigt/zerstört. Wasser- und Energieversorgung unterbrochen
30.10.–5.11	Hurrikan „Michelle“	Karibik, bes. Kuba, Bahamas, Mittelamerika	16	1000	Schwerster Sturm in Kuba seit 40 Jahren. 50.000 Häuser beschädigt oder zerstört. Hohe Verluste in der Land- und Viehwirtschaft, 80.0000 Evakuierte
7.–12.11	Zyklon „Lingling“ (Nanang)	Vietnam. Philippinen	300	80	Schwere Verluste in Fischerei, Aquakultur und Landwirtschaft

(Fortsetzung)

kollidieren wird. Die Physiker weisen uns darauf hin, dass freie Protonen nach einer unglaublich langen Zeit zerfallen können und dass Schwarze Löcher verdampfen. All dies kann das Leben auf der Erde in einer weiten Zukunft beeinflussen. (Alderamin 2022, siehe auch Asimov 1979)

Das Leben in der heute uns bekannten Form infrage stellen würden Veränderungen der physikalischen Naturkonstanten. Diese sind eigentlich ausgeschlossen, denn eine physikalische Konstante oder Naturkonstante (gelegentlich auch als Elementarkonstante bezeichnet) ist eine physikalische Größe, deren Wert sich weder beeinflussen lässt noch sich räumlich oder zeitlich ändert. Die beobachtende Abstimmung der Naturkonstanten, die das Leben ermöglicht, wird gelegentlich als „Anthropisches Prinzip" bezeichnet: Die Welt muss so aussehen, wie sie aussieht, weil nur diese Konstanten und Gesetzmäßigkeiten Leben und damit die Beobachtung der Welt durch lebendige Geschöpfe ermöglichen.

Allgemein geht man heute von einem Radius des Universums von ca. 45 Mrd. Lichtjahren aus (Gott et al. 2005). Wenn wir in einer klaren Nacht in den Himmel schauen, sehen wir unzählige Sterne. Diese Sterne gehören nahezu ausnahmslos zur Milchstraße, unserer Heimatgalaxie. Die Milchstraße besteht aus ca. 200 Mrd. Sternen (Lanius 1988; NGS 1999). Mit ein bisschen Glück sieht man Andromeda, eine andere Galaxie mit einer Entfernung von zwei Millionen Lichtjahren (Lanius 1988; NGS 1999). Die entferntesten Objekte besitzen vermutlich eine Distanz von 13 Mrd. Lichtjahren (Lanius 1988). Innerhalb des beobachtbaren Raums hat man etwa 100 Mrd. Galaxien gefunden (NGS 1999).

Kann aus den Tiefen des Weltraums eine Gefahr für die Menschheit erwachsen? Zwar hat man innerhalb dieser ungeheuren Anzahl von Galaxien auch solche gefunden, die miteinander kollidieren (NGS 1999; NASA 2003), dies dürfte für die Menschheit in absehbarer Zeit aber keine Bedrohung darstellen, da Andromeda, wie bereits erwähnt, etwa zwei Millionen Lichtjahre von der Milchstraße entfernt liegt. Die kleineren Galaxien in der Nähe der Milchstraße, wie z. B. die irregulären Magellanschen Wolken weisen immer noch einen beträchtlichen Abstand von ca. 150.000 Lichtjahren auf (BGS 1999).

Auch die Sterne innerhalb unserer Milchstraße stellen keine kurzfristige Bedrohung dar. Das nächste Sternensystem, Proxima Centauri, ist ca. 4,25 Lichtjahre von uns entfernt (Lanius 1988; NGS 1999). Zwar bewegen sich diese Sterne, aber es handelt sich hierbei um die gemeinsame Rotation um das Zentrum der Galaxie. Diese Umkreisung erfolgt einmal in 225 Mio. Lichtjahren und hat vermutlich bisher ca. 20-mal stattgefunden (NGS 1999). Im Zentrum der Galaxie existiert nach den letzten wissenschaftlichen Erkenntnissen wahrscheinlich ein supermassives Schwarzes Loch (Lanius 1999). Inwieweit davon

Tab. 2.12 (Fortsetzung)

Datum	Schadenereignis	Gebiet	Tote	Schäden Millionen US-Dollar	Erläuterungen, Schadenbeschreibung
9.–13.11	Überschwemmungen	Algerien	750	300	Schwerste Überschwemmungen seit 40 Jahren. Schlammlawinen. Tausende Häuser beschädigt oder zerstört
3.12	Unwetter	Australien	2	50	Hagel bis 5 cm Durchmesser. Schäden an Gewächshäusern
24.–26.12	Unwetter	Brasilien	55	45	Flüsse über die Ufer getreten. Über 200 Häuser zerstört
25.12.2001–04.01.2002	Buschfeuer	Australien		50	Über 100 Brandherde. 160 Häuser zerstört. Verluste in der Viehwirtschaft

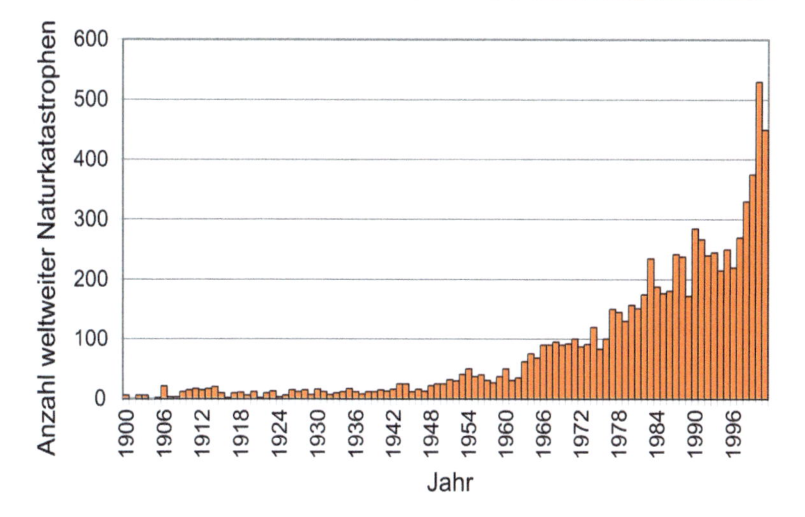

Abb. 2.3 Anzahl der erfassten Naturkatastrophen weltweit von 1900 bis 2003 (EM-DAT 2004)

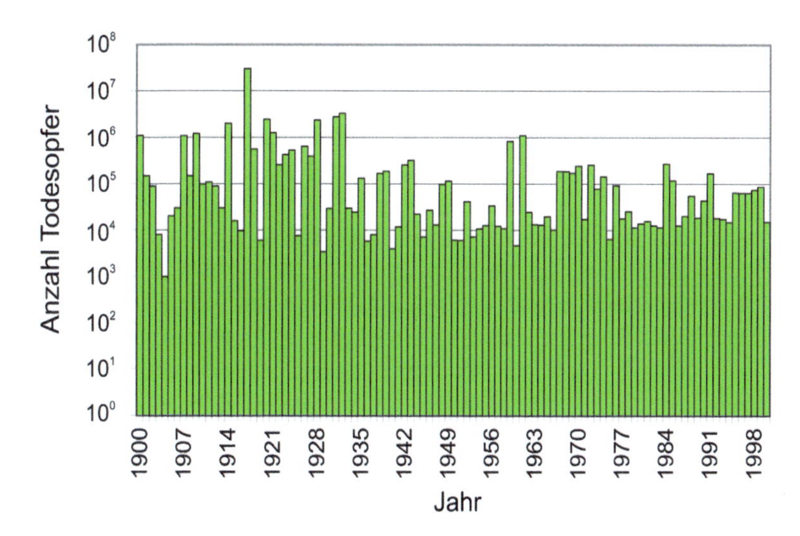

Abb. 2.4 Anzahl der Todesopfer durch weltweit erfasste Naturkatastrophen von 1900 bis 2002 (Mechler 2003)

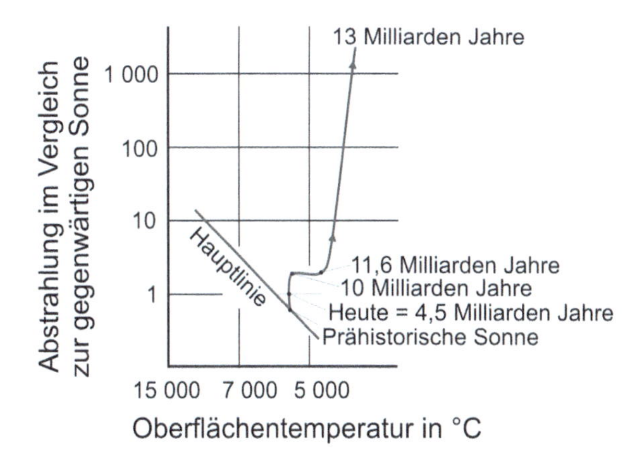

Abb. 2.5 Entwicklung unserer Sonne von einer Ursonne zum Roten Riesen in einem Herzsprung-Russel-Diagramm (Lanius 1988)

eine Gefahr für die Menschheit auf der Erde ausgeht, wissen wir nicht. Im Augenblick sind keine Schutzmaßnahmen dafür vorgesehen.

Wie sieht es mit unserem Zentralgestirn aus? Unsere Sonne ist nach verschiedenen Berechnungen etwa 4,5 Mrd. Jahre alt (Lanius 1999). Dieser Wert passt ebenfalls sehr gut zu Steinproben vom Mond mit einem Alter von 4,5 Mrd. Jahren und von Meteoritengestein mit einem Alter von 4,6 Mrd. Jahren (Lanius 1999, Abb. 2.5). Man geht davon aus, dass der Wasserstoff im Zentrum der Sonne in etwa 5 Mrd. Jahren verbraucht sein wird (Lanius 1999). Eine Heliumkugel wird dann den Kern der Sonne bilden. In dieser wird eine Fusion von Helium zu Kohlenstoff stattfinden. Diese Stufen der Fusion von Wasserstoff zu Helium, von Helium zu Kohlenstoff, bis zu Neon, Sauerstoff, Silizium erreichen ihr Ende beim Eisen. Das eigentliche Ende des Sterns ist eine Supernova, die wahrscheinlich einen Neutronenstern zurücklässt. Beispiele für die Beobachtung von Supernovä finden sich in der Geschichtsschreibung auf der Erde. In historischen japanischen und chinesischen Quellen vom Juli des Jahres 1054 finden sich Berichte über das Aufleuchten eines Sterns im Taurus (Lanius 1988; NGS 1999). Bilder aus diesem Bereich zeigen heute einen Nebel, der auf eine Sternexplosion, eine Supernova, schließen lässt. Die Gefährdung durch Supernovä wird in einem folgenden Abschnitt noch behandelt.

Das Ende des Lebens auf der Erde wird aber weit vor dem Ende unserer Sonne, eintreten. Nach 13 Mrd. Jahren wird unsere Sonne 100-mal größer sein als heute, ihre Leuchtkraft wird sich vertausendfacht haben und ihre Oberflächentemperatur wird von 5800° C auf 4000° C abnehmen (Lanius 1999). Die Sonne wird zu einem Roten Riesen.

Die Erkenntnisse über die Entwicklung der Sonne hat man nicht nur Berechnungen zu verdanken, sondern konnte man auch bei der Beobachtung sehr alter Strukturen im Universum gewinnen (Lanius 1999). Hierbei sind insbesondere Kugelsternhaufen zu nennen. In diesen Kugelsternhaufen konnte man zahlreiche Beispiele von Sternen in den verschiedenen Entwicklungsstufen beobachten. In der Regel gilt aber, dass die Sterne einer Region das gleiche Alter besitzen (Lanius 1999). Die Gefahr von Sternenexplosionen in der näheren Umgebung der Sonne kann damit nahezu ausgeschlossen werden und auch unsere Sonne dürfte die nächsten Millionen Jahre ohne wesentliche Änderungen für die Menschen auf der Erde überstehen.

Änderungen der solaren Strahlungskonstante über verschiedene Zyklen sind bekannt (Iqbal 1983). Während diese in den letzten Jahrzehnten und Jahrhunderten nur geringe Veränderungen aufwies, erreichte die Strahlungskonstante im jungen Alter der Sonne durchaus deutlich geringere Werte. Die Änderungen der solaren Strahlungskonstante sind seit Jahrzehnten Gegenstand der Diskussion zum Klimawandel (Budyko 1969).

Sicherlich wird auch die Erde bis zum Ende der Sonne bestehen bleiben. Dass die Erde aber keineswegs eine statische, erstarrte Masse ist, sondern noch heute dynamisch reagiert, wird mindestens bei Erdbeben und Vulkanausbrüchen sichtbar. Die Erde selbst zählt zu der Himmelskörperklasse der Planeten. Die Planeten untereinander besitzen große Entfernungen, die vereinfacht mit der veralteten Titius-Bodesschen Regel als Vielfache der Astronomischen Einheit angegeben werden. Die Abstände sind in Tab. 2.13 zusammengestellt (Gellert et al. 1983). Unter Astronomischer Einheit (AE) versteht man den mittleren Abstand Erde-Sonne. Das entspricht etwa 8 Lichtminuten oder 149.597.900 km. Einzig die Bahnen von Pluto und Neptun schneiden sich. Auch von den Planeten geht also für die Erde kein Risiko aus. Allerdings wird der Pluto seit 2006 nicht mehr als Planet aufgeführt.

Tab. 2.13 Abstand der Planeten gemäß der Titius-Bodesschen Regel (Gellert et al. 1983)

Planet	n	a_n	a
Merkur	$-\infty$	0,4	0,39
Venus	0	0,7	0,72
Erde	1	1,0	1,00
Mars	2	1,6	1,52
Kleine Planeten	3	2,8	2,78
Jupiter	4	5,2	5,20
Saturn	5	10,0	9,55
Uranus	6	19,6	19,20
Neptun	–	–	30,09
Pluto	7	38,8	39,5

Titius-Bodessche Regel: $a_n = 0{,}4 + 0{,}3 \times 2^n$; a_n Abstand von der Sonne in AE; a beobachteter Abstand von der Sonne in Astronomischen Einheiten (AE).

2.2.2.2 Supernova

Eine Supernova ist die Explosion eines Sternes am Ende seiner Lebenszeit. Auch die Sonne kann sich zu einer Supernova entwickeln. Es handelt sich dabei um die größten im Universum bekannten Explosionen (Gaensler 2015). Neuere Studien gehen allerdings von noch größeren Explosionen aus. In NASA/CXC (2020) beschreiben Astronomen die Überreste der wahrscheinlich größten im sichtbaren Universum bisher gefundenen Explosion. Dabei soll eine Energie von 10^{54} J freigesetzt wurden sein. Dieses Ereignis wird allerdings nicht mit einer Supernova, sondern mit einem Schwarzen Loch in Verbindung gebracht.

Das Risiko einer Supernova in der Nähe unseres Sonnensystems wurde in verschiedenen wissenschaftlichen Veröffentlichungen untersucht (Ellis und Schramm 1993; Brockmann 2010; Janka 2011; Tammann 1974). Dabei wurde unter anderem die Explosion von Geminga Gamma vor ca. 300.000 Jahren in einer Entfernung zwischen 60 und 250 Parsec (1 Parsec = 3,26 Lichtjahren) berücksichtigt. Die Autoren schätzen, dass im Umkreis von 10 Parsec in den letzten 570 Mio. Jahren mindestens eine Supernova-Explosion auftrat. Eine solche Explosion hätte die Zerstörung der Ozonschicht für eine Dauer von 300 Jahren zur Folge. Dies wiederum würde extreme Auswirkungen auf die Photosynthese-Produktion auf der Erde besitzen. Pflanzen würden keinen oder kaum Sauerstoff sowie Lebensmittel produzieren. (Ellis und Schramm 1993; Svensmark 2012).

Die konkreten Auswirkungen einer nahen Supernova wurden im Detail von Whitten et al. (1976) untersucht. Die Auswirkungen sind relevant und langfristig, allerdings ist die Wahrscheinlichkeit einer Supernova in der Nähe der Erde gering. Neuere Studien vermuten geringe Schäden der Ozonschicht der Erde und damit eine geringere Schädigung der Biosphäre. In diesen Studien wird davon ausgegangen, dass eine Supernova in einem Maximalabstand von ca. 25 Lichtjahren stattfinden muss, um eine ausreichende Schädigung der Atmosphäre zu erzeugen. Nahe Supernovä waren die Supernova Vela (800 Lichtjahre, vor 12.000 Jahren) und Geminga (60 und 250 Parsec, vor 300.000 Jahre). (Gehrels et al. 2003).

Die Angaben zur Häufigkeit von Supernovä in der Milchstraße reicht von 0,4 bis 6,6 pro Jahr (Diehl et al. 2006, siehe auch Caswell 1970). Nach Aussage von Naeye (2006) wäre statistisch eine Supernova überfällig.

2.2.2.3 Gammablitze

Gammablitze sind die stärksten Lichterscheinungen im Kosmos (Gaensler 2015). Am 27. Dezember 2004 erreichte die Erde ein Gammablitz (Giant Flare), der so stark war, dass Satelliten das Echo des Gammablitzes auf dem Mond wahrnehmen konnten (Gaensler 2015; Boggs et al. 2007).

Melott et al. (2004) schätzen, dass etwa ein bis zwei Gammablitze pro eine Milliarde Jahre auftreten, die schwere Schäden der Biosphäre auf der Erde bewirken können. Die Autoren vermuten, dass ein Gammablitz vor ca. 440 Mio. Jahren mindestens teilweise ursächlich für das Massenaussterben zu dieser Zeit war. Dabei soll der Gammablitz nicht nur schwere Schäden der Ozonschicht und die sich daraus ergebende extreme ultraviolette Strahlung verursacht haben, sondern unter Umständen auch Auslöser einer Kaltzeit gewesen sein.

2.2.2.4 Schwarze Löcher

Schwarze Löcher könnten theoretisch ein Risiko für die Menschheit darstellen, jedoch ist das nächste bekannte Schwarze Loch ausreichend weit von der Erde entfernt. Wie bereits im Abschnitt Supernova geschrieben, können Schwarze Löcher allerdings Explosionen verursachen, die Schadensbereiche in der Größenordnung mehrerer Milchstraßen erreichen. Es ist hingegen nicht bekannt, ob das Schwarze Loch im Zentrum der Milchstraße eine solche Explosion verursachen könnte (NASA/CXC 2020).

Unter Umständen existieren noch sogenannte Mikroskopische Schwarze Löcher. Dabei handelt es sich um sehr kleine hypothetische Schwarze Löcher. Im Rahmen der Entwicklung und des Baus des Large Hadron Collider beim CERN wurde die Entstehung solcher Objekte und ihre Auswirkungen auf die Erde diskutiert. Giddings und Mangano (2008) haben gezeigt, dass selbst unter konservativsten Annahmen das Wachstum dieser Objekte so langsam erfolgen würde, dass sie keine Gefahr für die Erde und das Leben auf der Erde darstellen.

2.2.2.5 Meteorite

Trotz der großen Entfernungen im Weltraum und der relativen Leere scheinen wiederholt Kollisionen zwischen Himmelskörpern aufzutreten. Auf vielen Planeten oder Monden sind Zeugnisse derartiger Kollisionen zu finden. Der Erdmond mit seiner Struktur aus Meeren, Gebirgen und Kratern belegt dies eindrucksvoll. Ein Beispiel für ein großes Einschlagbecken auf dem Mond ist das Mare Orientale mit einem Durchmesser von 930 km (Langenhorst 2002). Beim Mond wurde sogar schon der Aufschlag eines Meteoriten auf die Oberfläche im Jahre 1999 beobachtet. Dabei handelte es sich aber um einen kleineren Körper. Auf dem Jupiter konnte man im Jahre 1994 den Einschlag von größeren Bruchstücken des Kometen Shoemaker-Levy-9 beobachten. Der Planet Merkur muss im Laufe seiner Geschichte einen derartig großen Einschlag erfahren haben, dass die runde Form des Planeten nicht nur im Einschlaggebiet, sondern auch auf der entgegengesetzten Seite des Anprallpunktes auf dem Planeten verändert wurde.

Die Beobachtung der Topografie der meisten Monde, Planeten oder Asteroiden mit festen Oberflächen zeigt, dass Kurzzeit- und Hochenergieeinschläge die wichtigsten und in vielen Fällen die einzigen heute bekannten geologischen Oberflächenmodellierungsmechanismen sind (Koeberl und Virgil 2019).

Natürlich unterliegt auch die Erde einem Bombardement aus dem Weltraum. Vermutlich hat der Aufprall eines großen Körpers in einem sehr frühen Stadium der Erde erst den Mond geschaffen (Langenhorst 2002). Die Erde wird heutzutage pro Jahr etwa von ca. 20.000 Meteoren getroffen. Andere Quellen sprechen von deutlich höheren Meteoranzahlen, wobei es aber sehr schwer ist, eine genaue Zahl zu schätzen. Die Geschwindigkeit der Meteorite beträgt in der Regel zwischen 10 und 70 km/s (Langenhorst 2002). Die gesamte Masse des meteoririschen Materials, welches pro Jahr auf die Erde fällt, wird mit ca. 4×10^5 t angegeben (Langenhorst 2002). Etwa 20 % der Meteore sind Zerfallsreste von Kometen. Diese Meteorströme treten regelmäßig auf. In Tab. 2.14 sind die wichtigsten regelmäßigen Ströme zusammengefasst. Im englischen Sprachgebrauch wird oft von Asteroiden gesprochen. Darunter versteht man alle kleinen Objekte im Sonnensystem, also alle Asteroiden, Kometen, Meteoriten etc.

Ein Beispiel für meteoreiche Ströme sind die Oktober-Drakoniden. Sie gehen auf den Kometen Giacobini-Zinner zurück und erschienen zum ersten Mal am 9. Oktober 1926. In den Jahren 1933 und 1946 ereigneten sich besonders reiche Meteorfälle. So wurde am 9. Oktober 1933 eine mittlere Meteorhäufigkeit von 14.000 Sternschnuppen je Stunde erfasst (Gellert et al. 1983). Sternschnuppen sind Meteore, die in 70 bis 120 km Höhe durch die Reibung mit der Atmosphäre verglühen. Der Anteil der Sternschnuppen am meteoririschen Material beträgt nur etwa 0,05 % (Gellert et al. 1983). Über 99 % des Materials, welches auf die Erde fällt, stammt von Mikrometeoriten (Gellert et al. 1983). Deshalb ist es auch so schwierig, die gesamte Anzahl der Meteore abzuschätzen, da ein Großteil unbeobachtet durch die Atmosphäre zerstört wird. Nur die größten Körper erreichen die Erdoberfläche.

Zahlreiche Krater auf der Erde beweisen, dass dies trotzdem in der Erdgeschichte aufgetreten ist. Tab. 2.15 gibt einen groben Überblick (Koeberl und Virgil 2019; Pilkington und Grieve 1992). Die Tabelle zeigt, dass sowohl sehr

Tab. 2.14 Jährlich wiederkehrende Meteorströme (Gellert et al. 1983)

Zeit (Maximum)	Name	Herkunft	Erscheinung
03. Januar	Bootiden (Quadrattiden)	Unbekannt	Ergiebiger Strom
12. März – 05. April (25. März)	Hydraiden	Teil Virginiden	Schwacher Strom
01. März – 10. Mai (3. April)	Virginiden	Ekliptikal	Stärkerer Strom
12. April – 24. April (22. April)	Lyriden	Komet 1861 I	Mäßiger Strom
29. April – 21. Mai (5. Mai)	Mai-Aquariden	Komet Halley	Ergiebiger Strom
20. April – 30. Juli (14. Juni)	Scorpius-Sagittariiden	Ekliptikal	Schwacher Strom
25. Juli – 10. August (3. Aug.)	Juli-Aquariden	Ekliptikal	Lebhafter Strom
20. Juli – 19. August (11. Aug.)	Perseiden	Komet 1862 III	Stärkster Strom
11. Okt. – 30. Okt. (19. Okt.)	Orioniden	Komet Halley	Lebhafter Strom
24. Sept. – 10. Dez. (13. Nov.)	Tauriden	Ekliptikal	Mäßiger Strom
10. Nov. – 20. Nov. (16. Nov.)	Leoniden	Komet 1866 I	Mäßiger Strom
05. Dez. – 19. Dez. (12. Dez.)	Geminiden	Ekliptikal	Lebhafter Strom

weit zurückliegend in der Erdgeschichte Meteoriteneinschläge stattfanden als auch in den letzten Jahren. Auf Impact Earth (2020) kann man sich Meteoritenkrater im Internet anschauen. Sicherlich fanden historisch auch deutlich kleinere Einschläge statt, wie wir sie in den letzten Jahren beobachten konnten. Die geologischen Beweise wurden jedoch im Laufe der Jahrmillionen durch Erosion zerstört (Abb. 2.6 und 2.7). Weiterhin sind kleine Krater viel schwieriger zu finden als etwa Krater mit einem Durchmesser von ca. 1 km, wie z. B. der Barringer Krater. Die Arbeiten zur Identifikation eines Meteoriten im Chiemgau in Bayern in der Bronzezeit zeigt Liritzs et al. (2010).

Dass die Tab. 2.16 im Jahre 1969 endet, sollte außerdem nicht als ein Ende der Beobachtungen verstanden werden. So ereignete sich am Jahresanfang 2000 in Kanada ein Meteoriteneinschlag, der durchaus für Aufmerksamkeit in Kanada und Alaska sorgte (Deiters 2001). Der Meteorit wurde nach seinem Fundort als Tagish Lake Meteorit bezeichnet (Deiters 2001). Im April 2002 versetzte ein Meteorit große Teile Bayerns in Aufregung (Deiters 2002). Der Neuschwanstein-Meteorit brachte es auf 1,75 kg und war Bestandteil eines Körpers mit einer Masse von etwa 600 kg (Deiters 2002). Ein letztes Beispiel sei der am 31. Juli 2001 18:00 Uhr Ortszeit beobachtete Pennsylvania Bolide in den USA. Der Meteor konnte bei Tageslicht von Kanada bis zum US-Bundesstaat Virginia gesehen werden. Die Explosion des Meteors in der Luft erschütterte Häuser.

Trotzdem sind die Erfahrungen mit schweren Einschlägen von Meteoriten auf der Erde seit dem Beginn der menschlichen Zivilisation sehr gering. Es handelt sich hierbei um ein Ereignis mit einer geringen Häufigkeit, im Falle eines Eintrittes aber mit hohen möglichen Konsequenzen. Allerdings weist Strelitz (1979) darauf hin, dass ja 70 % aller Einschläge in den Ozeanen stattfanden.

In Tab. 2.16 und in Abb. 2.8 sind die mittleren Wiederkehrperioden, die aus der Eintrittshäufigkeit bzw. -wahrscheinlichkeit berechnet werden können, dargestellt. Die Explosionskräfte beim Aufprall eines Himmelskörpers mit einem Durchmesser von 10 bis 20 km, wie es der Chicxulub Asteroid in Mexiko war, sind gewaltig. Sie liegen bei 10^8 bis 10^9 Megatonnen TNT (Impact Hazard 1999). Zum Vergleich: Der Gesamtbestand an Atombomben auf der Erde liegt etwa bei $10^{5,5}$ Megatonnen TNT (Impact Hazard 1999). Man schätzt, dass etwa ab einer Explosionskraft von 10^4 Megatonnen TNT ein nuklearer Winter auf der Erde eintritt (Impact Hazard 1999). Die Explosionskraft der Hiroshimabombe lag bei ca. 10^2 Megatonnen TNT.

Eine Explosionskraft von 10^8 Megatonnen TNT würde den gesamten Planeten, die gesamte Zivilisation und Biosphäre erschüttern. Der Aufschlag eines mehrere Kilometer großen Körpers würde wahrscheinlich auf der getroffenen Seite der Erde das gesamte Leben auslöschen. Eine Explosionswelle mit extrem hohen Temperaturen (ca. 500° C) und hoher Geschwindigkeit (2000 bis 2500 km/h) würde um die Erde laufen (King 1997). Sollte der Ozean getroffen werden, sind Flutwellen in der Größenordnung von einem Kilometer zu erwarten. Vulkanausbrüche und massive Erdbeben würden die geologischen Reaktionen auf dieses Ereignis sein. Große Mengen Staub führten im Anschluss an die Explosion zu einem rapiden Temperaturabfall auf der gesamten Erde. Nach dem Niederschlag des Staubs würde wahrscheinlich eine starke Erhöhung der Temperatur durch die

Tab. 2.15 Beispiele von Meteoriteneinschlägen (Münchner Rück 2000a, b; Gellert et al. 1983; Koeberl und Virgil 2019; Pilkington und Grieve 1992; Hamilton 2001; Langenhorst 2002, Woronzow-Weljaminow BA 1978)

Name	Alter in Jahren oder Jahreszahl	Besonderheiten
Vredefort-Struktur, Südafrika	2023 Mio.	Kraterdurchmesser 300 km
Sudbury-Struktur, Kanada	1850 Mio.	Kraterdurchmesser 250 km
Clearwater Lakes, Kanada	290 Mio.	Kraterdurchmesser 32 km und 22 km (Doppelkrater)
Manicouagan, Kanada	212 Mio.	Kraterdurchmesser 100 km
Aorounga, Tschad	200 Mio.	Kraterdurchmesser 17 km
Gosses Bluff, Australien	142 Mio.	Kraterdurchmesser 22 km
Deep Bay, Canada	100 Mio.	Kraterdurchmesser 13 km
Chicxulub, Mexico	65 Mio.	Kraterdurchmesser ca. 170 km, Asteroidengröße 10–20 km
Mistastin Lake, Kanada	38 Mio.	Kraterdurchmesser 28 km
Nördlinger Rieskrater, Deutschland	15 Mio.	
Steinheimer Becken, Deutschland	15 Mio.	
Kara-Kul, Taschikistan	10 Mio.	Kraterdurchmesser 45 km
Roter Kamm, Namibia	5 Mio.	Kraterdurchmesser 2,5 km
Bosumtwi, Ghana	1,3 Mio.	Kraterdurchmesser 10,5 km
Wolfe Creek, Australien	300.000	Kraterdurchmesser 0,87 km
Barringer Krater, Arizona USA	50.000	Kraterdurchmesser ca. 1,2 km, Kratertiefe 134 m, Wall 46 m
Chubkrater, Kanada		Kraterdurchmesser ca. 3,2 km
Neapel, Römisches Reich	79	
Ensisheim, Deutschland	1492	
Cape York, Grönland	1895	33 t Eisenmeteorit
Kanyahiny, CSSR	09.06.1866	
Pultusk, Polen	30.01.1868	Steinregen von ca. 100.000 Steinen
Long Island, Kansas, USA	1891	564 kg
Tunguska Meteorit, Russland	30.06.1908	1000 km weit zu hören, 7 Mio. t schwer, 1200–1600 km^2 Wald zerstört
Hoba, Südwestafrika	1920	60 t Eisenmeteorit
Sikhote-Alin-Meteorit, UDSSR	12.02.1947	200 Krater, größter 27 m Durchmesser, 70 t Gesamtmaterial
Furnas Co. Nebraska, USA	18.02.1948	Etwa 1000 Steinmeteorite, davon einer 1074 kg
Allende Meteorit, Mexiko	08.02.1969	4 t Bruchstücke

Zunahme von Treibhausgasen zu verzeichnen sein. Unabhängig davon, ob diese Schilderungen in den Einzelheiten einem wirklichen Szenario entsprechen, die Folgen eines solchen Ereignisses können die Existenz der menschlichen Zivilisation und des Lebens auf der Erde überhaupt bedrohen (Chapmann et al. 2001). Es gibt Studien, die sich mit dem Zustand der Erde nach solch einer extremen Explosion befassen. Diese Studien wurden überwiegend im Zusammenhang mit einem möglichen atomaren Weltkrieg erarbeitet. Aber auch die Vergangenheit gibt uns Informationen über die Auswirkungen, wie z. B. das Aussterben der Dinosaurier.

Die Turiner Skala ist eine Einteilung der Risiken eines Einschlages von Erdnahen Asteroiden und Kometen bei bekannter Erdannäherung. Die Turiner Skala wird auch als Near-Earth Object Hazard Index bezeichnet. Abb. 2.9 und Tab. 2.17 zeigen die Einteilung. Die NASA führte von 1995 bis 2000 das Near-Earth Asteroid Tracking Programm durch (siehe auch Tonry 2010).

Das Maximalrisiko eines Asteroiden- oder Meteoriteneinschlags ist also das Aussterben der Menschheit oder der Zusammenbruch der Zivilisation. Gleichzeitig diskutieren Osinski et al. (2020) die Bedeutung von Meteoriteneinschlägen für die Entstehung von Leben.

Davis et al. (1984) untersucht die Möglichkeit, ob ein unbekannter Planet um die Sonne, der Auswirkungen auf die Oortsche Wolke und dadurch ein erhöhtes Aufkommen

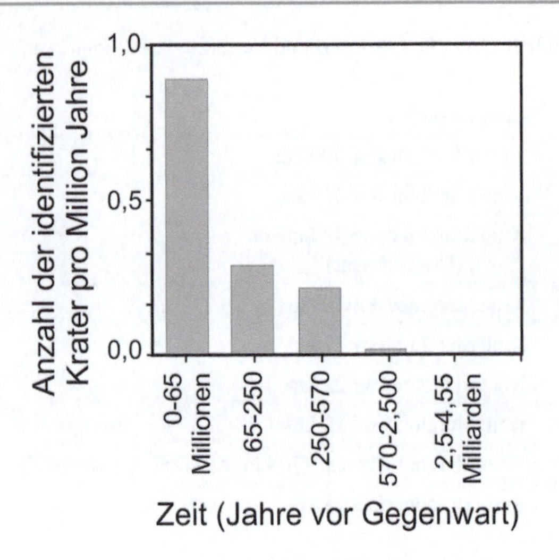

Abb. 2.6 Anzahl der derzeit auf der Erde identifizierten Einschlagkrater pro Million von Jahren (Langenhorst 2002)

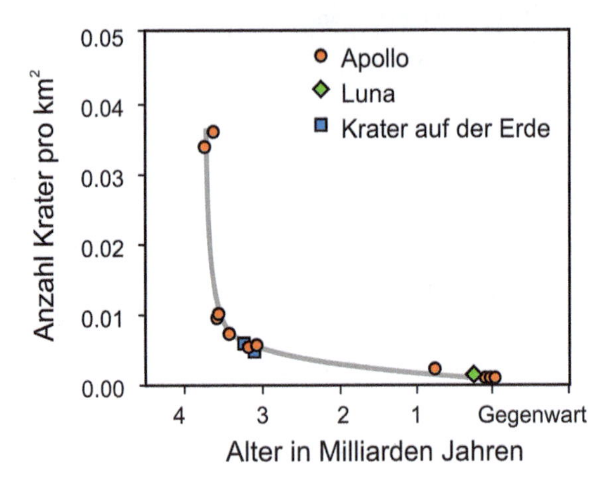

Abb. 2.7 Anzahl der auf dem Mond identifizierten Einschlagkrater bezogen auf das Alter des Mondes. Die Altersbestimmungen beruhen auf Apollo- und Luna-Proben. (Langenhorst 2002)

von Asteroiden im inneren Sonnensystem hervorruft, eine Gefährdung für das Leben auf der Erde ist. Nach den Untersuchungen besteht hier keine Gefahr für die nächsten Millionen Jahre.

Es ist jedoch nicht so, dass nur natürliche Elemente solche Gefahren verursachen. Derzeit werden etwa 11.000 große, vom Menschen geschaffene Objekte im Weltraum beobachtet. Es wird geschätzt, dass es 100.000 kleinere Objekte gibt, und die Zahl der Objekte mit einer Größe von 0,1–1 cm liegt bei über einer Million (McDougall und Riedl 2005, NSTC 1995). Natürlich stellen diese Objekte eher eine Gefahr für Raumschiffe dar, könnten aber auch wieder in die Erdatmosphäre eindringen. Die Internationale Raumstation und das Space Shuttle Programm haben mindestens 15-mal Manöver zur Vermeidung kritischer Nähe zu Meteoriten oder anderen Debrismaterial durchgeführt (HOR 2013).

2.2.2.6 Weltraumwetter

Weltraumwetter beschreibt den veränderlichen Zustand der Weltraumumgebungen um die Erde, welche die Erde, die Besiedlungen und die technologischen Systeme beeinflussen (Dorman et al. 2003; NRC 2009; Hapgood 2002; Lam et al. 2002). Es handelt sich im wesentlich um folgende Effekte:

- Radioaktive Strahlung,
- Protonenstürme und
- Geomagnetische Stürme.

Gewisse Zwergsterne der Klasse M können extreme Sonneneruptionen erzeugen, die den Energiegehalt üblicher Sonneneruptionen um das Millionenfache übersteigen. Eine solche Supereruption auf unserer Sonne würde, wenn sie in Richtung Erde verlief, erhebliche Schäden verursachen. Allerdings ist unsere Sonne ein Stern der Klasse G. Auswertungen von Eisbohrungen, die bei starken Sonneruptionen einen erhöhten Nitratgehalt aufzeigen, und Auswertungen von Mondgestein, welches ebenfalls für solche Auswertungen geeignet ist, erlauben die Erstellung von Häufigkeitsdiagrammen. Ein Sonnensturm mit einer Teilchenflussrate etwa eine Million Mal stärker als das Ereignis von 1859 (siehe Tab. 2.18 und 2.19) tritt etwa einmal alle eine Million Jahre auf. (Marusek 2007; McCracken et al. 2001).

Die Auswirkungen von geomagnetischen Stürmen auf die Stromversorgung in Europa und Amerika wurden in zahlreichen Studien untersucht (Dorman 2005; Lanzerotti

Tab. 2.16 Wiederkehrperiode von Meteoriteneinschlägen auf der Erde (Impact Hazard 1999)

Größe	Mittlere Wiederkehrperiode	Explosionskraft	Beispiel
10 km	50.–100.000.000 Jahre	10^8 Megatonnen TNT	Chicxulub, Mexico
	1.000.000. Jahre	10^5 Megatonnen TNT	Mistastin Lake, Kanada
100 m	10.000 Jahre	10^2 Megatonnen TNT	Barringer Krater, USA
10 m	1000 Jahre	10^{-1} Megatonnen TNT	Tunguska Meteorit, Russland
1 m	1 Jahr	10^{-2} Megatonnen TNT	
1 mm	30 s	10^{-10} Megatonnen TNT	

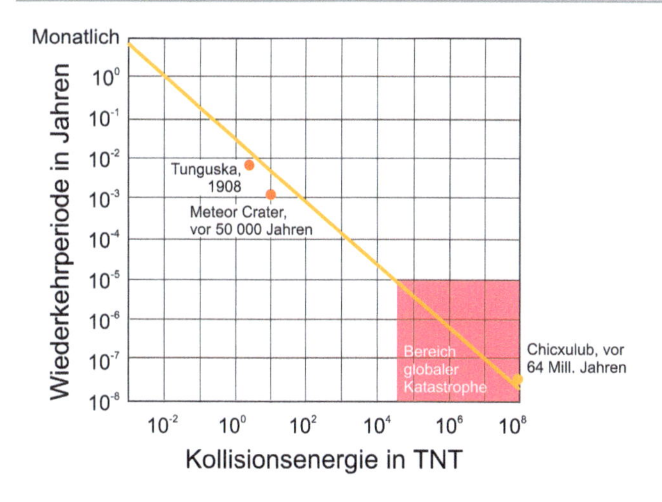

Abb. 2.8 Meteoritengefährdungskurve in äquivalenter Energiefreisetzung in TNT und der Wiederkehrperiode in Jahren nach Chapman und Morrison (1989), entnommen Martel (1997)

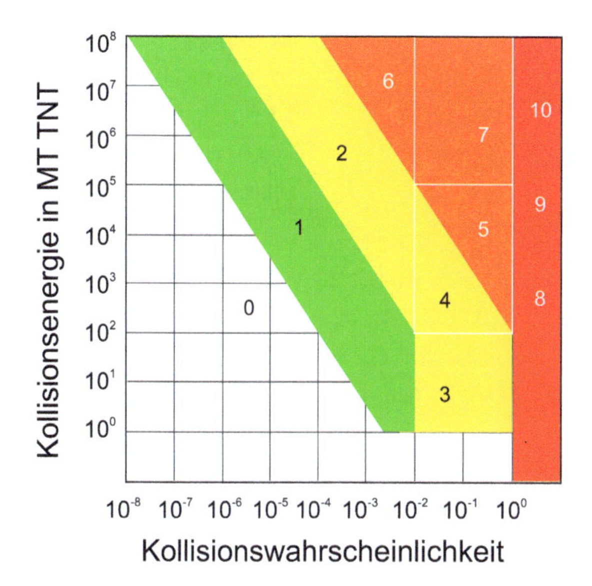

Abb. 2.9 Einteilung der Turiner Skala in Abhängigkeit von der Kollisionsenergie und der Kollisionswahrscheinlichkeit nach Binzel (2000)

1983; Vodyannikov et al. 2006; Pulkkinen 2003; Kappenman 2003; Buresova et al. 2002).

Die Auswirkungen von Weltraumwetter auf technische Einrichtungen auf der Erde hängt maßgeblich von der geographischen Höhe ab. Dies hängt mit der Entstehung von Strömen im Erdmagnetfeld durch geomagnetische Stürme zusammen. Deshalb haben Länder wie Kanada, Norwegen, Schweden, Dänemark oder Russland ein größeres Risiko als Länder am Äquator.

Die Abschirmung technischer Einrichtungen vor fluktuierenden geomagnetischen Feldern ist nicht oder nur mit sehr hohem Aufwand möglich. Alternativ kann man Transformatoren verbauen, die magnetische induzierten Strömen widerstehen können. Eine weitere Möglichkeit wären Vorwarnungen und Abschaltungen der Anlagen.

Im Rahmen der Errichtung des Blocks 3 in Olkiluoto, Finnland, sind die Auswirkungen einer möglichen Polumkehr auf die Sicherheit des Kernkraftwerkes angesprochen wurden (siehe Stadelmann 2005). Inwieweit dazu Untersuchungen durch die Baufirma erfolgten, ist nicht bekannt.

Die Auswirkungen von Sonneneruptionen auf das Auftreten von Pandemien untersucht Tapping et al. (2001). Sie sehen eine Korrelation zwischen Grippeepidemie bzw. Pandemien und der Sonnenaktivität.

2.2.2.7 Astrobiologische Gefahren

Die statistische Bewertung astrobiologischer Gefahren ist nach heutigem Kenntnisstand nicht möglich. Astrobiologische Gefahren bilden zwar das grundlegende Szenario zahlreicher Filme, wie z. B. Independence Day, allerdings basieren die meisten Arbeiten dieser jungen Wissenschaft auf Beobachtungen auf der Erde und daraus abgeleiteten Verallgemeinerungen (Geiger 2009; Plaxco und Groß 2012).

Insbesondere das Fermi-Paradox (Webb 2010) führt immer wieder zu Argumentationsproblemen. Auch wies Stephen Hawking auf die Risiken eines Kontaktes zwischen außerirdischen Zivilisationen und der Menschheit hin (Cordis 2018).

2.2.3 Geomorphologische Prozesse

2.2.3.1 Einleitung

Die Geomorphologie ist die Lehre der Formen der festen Erdoberfläche und aller Prozesse, die ihre Entstehung und Veränderung bewirken. Die Geomorphologie ist also die Wissenschaft vom Relief der Erde. Sie ist ein Teilgebiet der Physischen Geografie. Im Hinblick auf die Risiken sind die Prozesse der Entstehung (Morphogenese) und der Veränderung (Morphodynamik) von Interesse. In der Morphodynamik betrifft dies alle Prozesse, die aufgrund der Reliefenergie zu einer hohen kinetischen Energie von fallenden Körpern führen. Im Rahmen der Geotektonik sind dies Ereignisse wie Erdbeben und Vulkanausbrüche,

2.2.3.2 Erdbeben

Erdbeben sind Erschütterungen der obersten Erdschichten. Diese Erschütterungen sind zwingend messbar, aber nur manchmal spürbar. Ursachen für die Erschütterungen können tektonische Verschiebungen, Vulkanausbrüche, extreme Wetterbedingungen (Frostbeben) und menschlichen Aktivitäten in den obersten Erdschichten, wie Bergbau, Atomwaffenversuche, Rückstau von Wasser (Stauseen) oder

Tab. 2.17 Beschreibung der Stufen der Turiner Skala (Binzel 2000)

Beschreibung	Stufe	Beschreibung
Keine Gefahr (weiß)	0	Kollisionswahrscheinlichkeit Null oder sehr kleine Masse
Gewöhnlich (grün)	1	Kollision extrem unwahrscheinlich
Aufmerksamkeit erforderlich (gelb)	2	Kollision sehr unwahrscheinlich
	3	Kollisionswahrscheinlichkeit > 1 %
	4	Kollisionswahrscheinlichkeit > 1 %, eine Kollision würde regionale Zerstörungen verursachen
Bedrohlich (orange)	5	Enge Annäherung
	6	Enge Annäherung eines großen Objektes mit möglicher globaler Verwüstung
	7	Sehr enge Annäherung, globale Verwüstung
Sichere Kollision (rot)	8	Sicher eintretende Kollision, beispiellose Zerstörung
	9	Sicher eintretende Kollision, beispiellose regionale Zerstörung
	10	Sicher eintretende Kollision, Bedrohung Zivilisation

Tab. 2.18 Bekannte große Solarstürme (Marusek 2007)

Datum	Spitzenwert	Solare Protonenfluenz	Dauer	Magnetische Intensität in Nano-Tesla
01.–02.09.1859	September Carrington White Light Flare	$1{,}88 \times 10^{10}$ cm$-^{2}$	17 h und 40 min	1720 in Bombay
12.10.1859				980 in Bombay
04.02.1872				1020 in Bombay
17.–18.11.1882				1090 in Greenwich
30.03.1894		$1{,}11 \times 10^{10}$ cm^{-2}		
31.10.1903				>950 in Potsdam
25.09.1909				>1500 in Potsdam
13.–16.05.1921				1060 in Potsdam
07.07.1928				780 in Alibag
16.04.1938				1900 in Potsdam
13.09.1957				427
11.11.1958				426
13.03.1989	X15			589
29.10.–05.11.2003	X10 bis X45		19 h	383
18.–21.11.2003	M3.2			422

Bohrungen für und der Betrieb von Erdwärmekraftwerken sein. Darüber hinaus können Erdbeben durch Meteoriteneinschläge entstehen.

Hauptfokus in diesem Abschnitt sind Erdbeben, die an den Rändern der tektonischen Platten (Lithosphärenplatten) durch plötzliche Verschiebungen entstehen, da diese Beben auf der einen Seite die größten Energiefreisetzungen darstellen und damit zu den größten Schäden führen und auf der anderen Seite häufiger auftreten als Erdbeben durch Meteoriteneinschläge.

Tektonische Verschiebungen führen zu Zug- und Druckspannungen an den Rändern der tektonischen Platten, die in Erdbeben abgebaut werden. Auslöser für die Bewegungen der Platten sind vermutlich Konvektionsströmungen unterhalb der Lithosphäre. Es gibt Indizien, die auch eine Plattentektonik für den Mars belegen (Yin 2012).

Abb. 2.10 zeigt die Lage der Plattengrenzen auf der Erde. Zusätzlich ist im Bild auch die Lage verschiedener Vulkane eingezeichnet. Es wird deutlich, dass Vulkane überwiegend an den Rändern der Platten bestehen. Aus diesem Grund sind also die Gefährdungen durch Erdbeben und Vulkane geographisch ungleichmäßig über die Erde verteilt.

An den Rändern der tektonischen Platten, also in erdbebengefährdeten Gebieten, leben etwa drei Milliarden Menschen mit steigender Tendenz. Als Beispiel für ein Erdbebengebiet sei Anatolien genannt. Aufgrund der nur langsamen Entstehung und Verschiebung der tektonischen Platten, entstehen die Erdbeben in den Rändern zwar zeitlich

Tab. 2.19 Einteilung der Intensität der Sonneneruptionen (Marusek 2007)

Klasse	Spitzenwert	Klasse	Spitzenwert
M1	$0{,}1 \times 10^{-4}$ W/m²	X1	$1{,}0 \times 10^{-4}$ W/m²
M2	$0{,}2 \times 10^{-4}$ W/m²	X2	$2{,}0 \times 10^{-4}$ W/m²
M3	$0{,}3 \times 10^{-4}$ W/m²	X3	$3{,}0 \times 10^{-4}$ W/m²
M4	$0{,}4 \times 10^{-4}$ W/m²	X4	$4{,}0 \times 10^{-4}$ W/m²
M5	$0{,}5 \times 10^{-4}$ W/m²	X5	$5{,}0 \times 10^{-4}$ W/m²
M6	$0{,}6 \times 10^{-4}$ W/m²	X6	$6{,}0 \times 10^{-4}$ W/m²
M7	$0{,}7 \times 10^{-4}$ W/m²	X7	$7{,}0 \times 10^{-4}$ W/m²
M8	$0{,}8 \times 10^{-4}$ W/m²	X8	$8{,}0 \times 10^{-4}$ W/m²
M9	$0{,}9 \times 10^{-4}$ W/m²	X9	$9{,}0 \times 10^{-4}$ W/m²

begrenzt zufällig, aber wiederholt. Basierend auf geologischen Untersuchungen konnte man z. B. für Anatolien für die letzten 4000 Jahren ca. 60 Erdbeben mit einer Stärke größer 7,5 bestimmen. Teilweise lassen sich auf Grundlage alter Schriftstücke sogar die Jahreszahlen ermitteln. Die Stadt Antioch, die in diesem Gebiet liegt, wurde 115, 458, 526, 588, 1097, 1169 und 1872 von schweren Erdbeben betroffen (Gore 2000). Das Erdbeben von 458 soll nach wissenschaftlichen Schätzungen 300.000 Opfer gekostet haben. Die Bestimmung der Opferzahlen solcher historischen Ereignisse ist allerdings mit erheblichen Unsicherheiten verbunden.

Das Problem betriff z. B. auch das Erdbebens 1556 in China oder historische Erdbeben in der Schweiz. Oft ist die Beschreibung der Schäden uneinheitlich, teilweise treten Probleme mit Übersetzungen und räumlichen Zuordnungen auf. Beispielhaft wurde lange die Intensität des Lindauer Erdbebens vom 20. Dezember 1720 durch einen Übersetzungsfehler überschätzt (Schwarz-Zanetti und Fäh 2011a). Ein Erdbeben im Jahre 1152 im „Welschland" wurde dem Schweizer Ort Neuenburg zugeordnet. Tatsächlich aber bezeichnete der Begriff Welschland vor dem 19. Jahrhundert nicht die Romandie, sondern Italien (Schwarz-Zanetti und Fäh 2011b). Deshalb verweisen Schwarz-Zanetti und Fäh (2011a, b) explizit auf die Probleme der Zuordnung und der Bestimmung der Schwere historischer Ereignisse. Für die schweren Erdbebenereignisse der letzten Jahrzehnte liegen dagegen gut abgesicherte Zahlen vor.

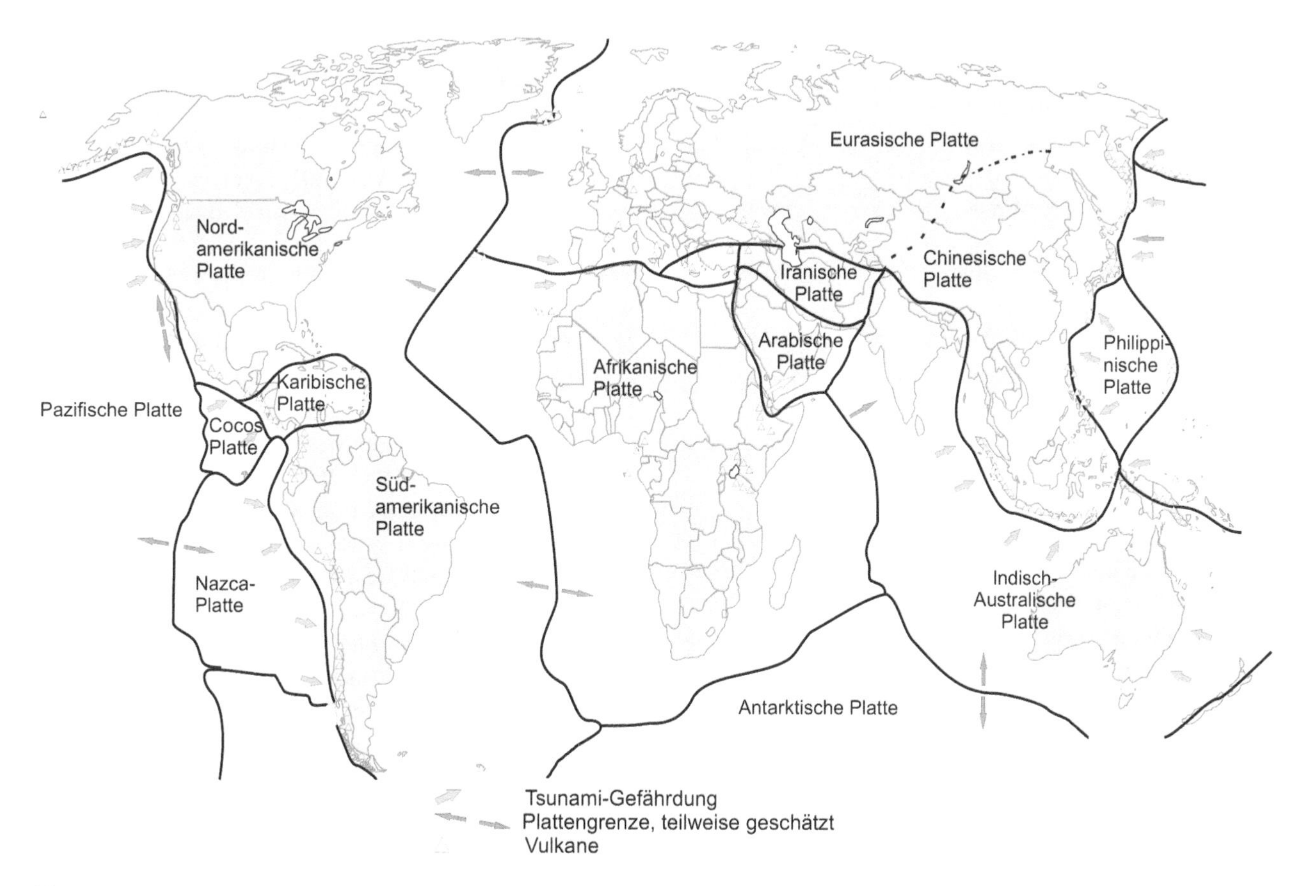

Abb. 2.10 Vereinfachte Darstellung der geographischen Lage der tektonischen Platten nach Diercke (2002)

Tab. 2.20 Zusammenhang zwischen Momenten-Magnitude und der freigesetzten Energie (Gudmundsson 2014, Wikipedia 2020a, b, c, siehe auch Ellis 2016)

Momenten-Magnitude	Energiefreisetzung in Joule
4	$6{,}3 \times 10^{10}$
5	$2{,}0 \times 10^{12}$
6	$6{,}3 \times 10^{13}$
7	$2{,}0 \times 10^{15}$
8	$6{,}3 \times 10^{16}$
9	$2{,}0 \times 10^{18}$[a]

[a] Zum Vergleich: Primärenergieverbrauch Deutschland $13{,}521 \times 10^{18}$ J (2011), der weltweite Energieverbrauche 2020 betrug 131.400 TWh, ein Erdbeben der Stärke 9 hat ca. 555 TWh

Tab. 2.21 Erdbeben mit den weltweit größten Opferzahlen seit 2000 (Kossobokov und Nekrasova 2012)

Region	Datum	Magnitude	Opferzahl
Sumatra – Andaman See	26.12.2004	9,0	227.898
Port-au-Prince (Haiti)	12.01.2010	7,3	222.570
Wenchuan (Sichuan, China)	12.05.2008	8,1	87.587
Kashmir (Indien, Pakistan)	08.10.2005	7,7	86.000
Bam (Iran)	26.12.2003	6,6	31.000
Bhuj (Gujarat, Indien)	26.01.2001	8,0	20.085
Tohoku Erdbeben (Honshu, Japan)	11.03.2011	9,0	> 11.532
Yogyakarata (Java, Indonesien)	26.05.2006	6,3	5749
Südliches Qinghai (China)	13.04.2010	7,0	2698
Boumerdes (Algerien)	21.05.2003	6,8	2266
Nias (Indonesien)	28.03.2005	8,6	1313
Padang (Südliches Sumatra, Indonesien)	30.09.2009	7,5	1117

Die beiden bedeutendsten Stärkemaße von Erdbeben sind Magnitude und Moment (makroseismische Intensitätsskalen). Die Magnitude basiert auf der Messung der Bodenbewegung durch Seismogramme. Für die Bestimmung der Magnitude wird dabei für die meisten Skalen die Amplitude verwendet. Für sehr starke Erdbeben sinkt allerdings die Korrelation zwischen Amplitude und Energiefreisetzung (siehe Tab. 2.20). Im Gegensatz dazu steht die Momenten-Magnitude-Skala.

Die Magnitude bzw. Momenten-Magnitude ist ein nach oben offenes Maß. Da sich jedoch die Momenten-Magnituden-Skala auf ein Bruchlänge bezieht, gibt es einen oberen Grenzwert: Ein Erdbeben der Stärke 12 würde eine Bruchlänge erfordern, die größer als die Erde ist. Beobachtet wurde bisher eine maximale Momenten-Magnitude von 9,5. Es gibt zahlreiche Erdbeben mit einer Magnitude größer 8,0. Tab. 2.21 listet die Erdbeben mit den größten bekannten Momenten-Magnituden in den letzten Jahrzehnten und Tab. 2.22 in den letzten ca. 100 Jahren auf.

Und was die Schwere der bekannten Naturkatastrophen angeht, so führen Erdbeben und Überflutungen die Liste der zivilen Katastrophen mit den größten Verlusten an. Tab. 2.21 listet die schwersten Erdbeben mit Angabe der Opfer seit dem Jahre 2000 auf. Die Tab. 2.23 listet die schwersten Erdbeben bei der Anzahl der Todesopfer der letzten 500 Jahre auf, wobei das 20. Jahrhundert aufgrund der besseren Absicherung und Verfügbarkeit von Opferzahlen dominiert.

Die mittlere globale Anzahl an Todesopfern durch Einstürze während Erdbeben liegt bei 17.000 pro Jahr nur aus den 20 schwersten Erdbeben. Unterschiedliche Studien haben jedoch genauere mittlere Opferanzahl pro Jahr oder pro Jahrhundert ermittelt. In Nichols und Beavers (2008) wird der Mittelwert der Erdbebenopferverteilung über alle Zeiträume mit 400 pro Erdbeben geschätzt, wobei auf ein Defizit der Erdbebenberichte vor 1900 hingewiesen wird. Daniell et al. (2011) gibt eine Gesamtopferzahl aus Erdbeben von 2,42 Mio. für das 20. Jahrhundert an, was 24.000 jährlichen Todesopfern entspricht. Die weltweite durchschnittliche jährliche Opferzahl von 1990 bis 2011 lag nach Guha-Sapir und Vos (2011) bei ca. 27.000. Basierend auf den Angaben in Nichols und Beavers (2008) und Guha-Sapir et al. (2016) ergeben sich aber auch deutlich kleinere (ca. 9000 pro Jahr) und größere (35.000 pro Jahr) Mittelwerte. In Holzer und Savage (2013) werden für das 21. Jahrhundert 2,57 Mio. Todesopfer durch Erdbeben geschätzt. Das entspricht einem jährlichen Mittelwert von 25.700. Allerdings sind allein in den letzten fünfzehn Jahren weltweit über 600.000 Menschenleben durch Erdbeben verstorben (Münchner Rück 2013, 2018, siehe Tab. 2.21).

Bei Erdbeben werden ca. 75 % der Todesopfer durch den Einsturz von Bauwerken verursacht (Coburn et al. 1992). Überflutungen, Brände, Hangrutschungen und andere Ursachen machen ca. 25 % aus, wobei das Tohoku-Erdbeben in Japan 2011 und das Sumatra-Andaman-Erdbeben 2004 einen deutlich höheren Anteil Überflutungsopfer besaßen. Deshalb wird in Daniell et al. (2011) auch ein geringerer Anteil der Todesopfer bei Erdbeben durch Bauwerksversagen angegeben.

Die Berücksichtigung der Effekte von Erdbeben auf Bauwerke erfolgt basierend auf den genannten makroseismischen Intensitätsskalen (Meskouris et al. 2011).

Tab. 2.22 Die 15 größten Erdbeben von 1900 bis 2017 (Münchner Rück 2004; USGS 2018; Destatis 2018)[a]

Date	Magnitude	Region
22.05.1960	9,5	Chile
28.03.1964	9,2	USA, Alaska
26.12.2004	**9,1**	**Indonesien, Nord-Sumatra**
11.03.2011	**9,1**	**Japan, Honshu**
04.11.1952	9,0	Russland, Kamtschatka
27.02.2010	**8,8**	**Chile**
31.01.1906	8,8	Ekuador
04.02.1965	8,7	USA, Alaska
15.08.1950	8,6	Tibet/Indien, Assam
11.04.2012	**8,6**	**Indonesien, Nord-Sumatra**
28.03.2005	**8,6**	**Indonesien, Nord-Sumatra**
09.03.1957	8,6	USA, Alaska
01.04.1946	8,6	USA, Alaska
03.02.1923	8,5	Russland, Kamtschatka
01.02.1938	8,5	Indonesien, Banda Sea
13.10.1963	8,5	Russland, Kuril Islands

[a] Die Liste der größten Erdbeben unterscheidet sich in verschiedenen Veröffentlichungen

Diese können empirisch in Ankerpunkte von Spektralbeschleunigungen umgerechnet werden (siehe Abb. 2.11), z. B. in die Spitzenbodenbeschleunigung (PGA: Peak Ground Acceleration). Für Kalifornien haben Gutenberg und Richter (entnommen Renault 2005) folgenden empirischen Zusammenhang vorgestellt:

$$\log a_{PGA} = I_{MM}/3 - 2{,}5$$

mit

a_{PGA} als PGA-Spektralbeschleunigung in m/s^2

I_{MM} als Momenten-Magnitude-Intensität.

Im Gegensatz zur messungsbasierten Momenten-Magnitude berücksichtigten Erdbebenintensitäten die Auswirkungen des Erdbebens auf die Gebäude, Infrastruktur und Landschaft. Solche Skalen werden insbesondere für historische Erdbeben verwendet, für die keine Messungen vorliegen. Es gibt verschiedene Intensitätsskalen, wie z. B. die Mercalli-Skala und ihre Weiterentwicklungen, die Medwedew-Sponheuer-Karnik-Skala (MSK), die Europäische Makroseismische Skala (EMS, Tab. 2.24), die Environmental Seismic Intensity Skala und die Japan Meteorological Agency Skala (JMA). Die Skalen sind häufig wahrnehmungsabhängig und immer schadensbildabhängig. Da die Schäden auch von der Entfernung zur Erdbebenquelle abhängig sind, sind also auch die Intensitäten von der Entfernung abhängig.

Neben den direkten Schäden an Bauwerke durch Erdbeben, gibt es zahlreiche weitere Folgeschäden, wie z. B. (Swiss Re 2012):

- Erdbebeninduzierte Brände,
- Erdbebeninduzierte Überflutungen, z. B. Tsunami,
- Erhöhte seismische Aktivitäten nach einem Erdbeben,
- Bodenverflüssigung,
- Direkte Unterbrechung der Verkehrs-, Energie- und Personenströme und
- Direkte und indirekte Unterbrechung der Produktionstätigkeit.

Im Folgenden seien einige Beispiele wirtschaftlicher und baulicher Schäden durch Erdbeben genannt. Allein beim Tohoku-Erdbeben 2011 wurden knapp 300 Brücken zerstört. Außerdem wurden dabei gemäß Norio et al. (2011) über 190.000 Gebäude beschädigt und über 45.000 vollständig zerstört. Gemäß Kazama und Noda (2012) wurden sogar 130.000 Gebäude vollständig und 240.000 Gebäude teilweise zerstört, siehe auch Nuklearforum (2013). Noch größere Zerstörungen findet man bei schweren Erdbeben in Entwicklungsländern, z. B. beim Erdbeben 2010 in Haiti mit ca. 250.000 beschädigten Gebäuden und der höchsten absoluten Todesopferzahl bezogen auf die Magnitude (Bilham 2010).

Der verursachte Schaden beim Tohoku-Erdbeben erreicht eine Größenordnung von 200 Mrd. US-Dollar (Münchner Rück 2013) bis 300 Mrd. US-Dollar (Swiss Re 2012). Allein der Produktionsausfall der Kernkraftwerke, von denen zahlreiche noch bis 2020 im Stillstand waren, dürfte bis heute bei über 100 Mrd. US-Dollar liegen. In Tab. 2.1 liegt der inflationsbereinigte Wert inzwischen bei über 400 Mrd. US-Dollar.

Von den weltweit zehn teuersten Schadensereignissen seit 1980 waren drei Ereignisse Erdbeben, wovon zwei Ereignisse Japan betrafen. Die inflationsbereinigten Schadenssummen für Japan liegen bei fast einer ¾ Billion US-Dollar. Trotz der nach wie vor sehr schweren Schäden der Einzelereignisse konnte die Anzahl der Todesopfer im Vergleich zu früheren Ereignissen deutlich verringert werden. Erinnert sei hier nur an das Erdbeben von 1923 in Tokio, welches über 140.000 Opfer forderte.

Die genaue Vorhersage von Erdbeben ist bisher nicht möglich. Allerdings zumindest einmal gelang eine gute Vorhersage: In der Provinz Liaoning, China, erfolgte Anfang Februar 1975 eine Warnung der Bevölkerung. Am Abend des 4. Februar 1975 ereignete sich um 19:36 Uhr in dieser Region ein Erdbeben der Stärke 7,4. Ohne die Warnung wären wahrscheinlich deutlich mehr als 100.000 Opfer zu beklagen gewesen. Leider erfolgte für das Juli-Erdbeben 1977 in Tangshan in China keine Warnung, sodass dort sehr

Tab. 2.23 Die 10 tödlichsten Erdbeben in den letzten 500 Jahren (Münchner Rück 2004, 2015, siehe auch Pino et al. 2009)

Datum	Ereignis	Mag	Region, Ort	Anzahl Todesopfer	Sachschaden in Millionen
1556	Erdbeben		China, Shensi	>800.000	
27/28.07.1976	Erdbeben	7,8	China, Tangshan	>240.000	5,600
16.12.1920	Erdbeben, Hangrutschungen	8,5	China, Gansu	>240.000	25
26.12.2004	Erdbeben, Tsunami		Südostasien	220.000	10.000
12.01.2010	Erdbeben	7,0	Haiti	>150.000	8000
01.09.1923	Erdbeben	7,8	Japan, Tokyo	143.000	2,800
08.10.2005	Erdbeben		Pakistan, India	88,000	5,200
28.12.1908	Erdbeben	7,2	Italien, Messina	85,900	116
25.12.1932	Erdbeben	7,6	China, Kansu	77,000	
31.05.1970	Erdbeben, Hangrutschungen	7,9	Peru, Chimbote	67,000	550
28.12.1908	Erdbeben	7,1	Italien, Str. von Messina	>60.000	
30.05.1935	Erdbeben	7,5	Pakistan, Quetta	50.000	25
20/21.06.1990	Erdbeben	7,4	Iran, Gilan	40.000	7,100
23.05.1927	Erdbeben	8,0	China, Gansu	40.000	25
26.12.1939	Erdbeben	7,9	Turkey, Erzincan	32.900	20
13.01.1915	Erdbeben	7,5	Italien, Avezzano	32.600	25
25.01.1939	Erdbeben	8,3	Chile, Concepción	28.000	100
26.12.2003	Erdbeben	6,6	Iran, Bam	26.200	500
07.12.1988	Erdbeben	6,7	Armenia, Spitak	25.000	14,000
04.02.1976	Erdbeben	7,5	Guatemala	23.000	1,100

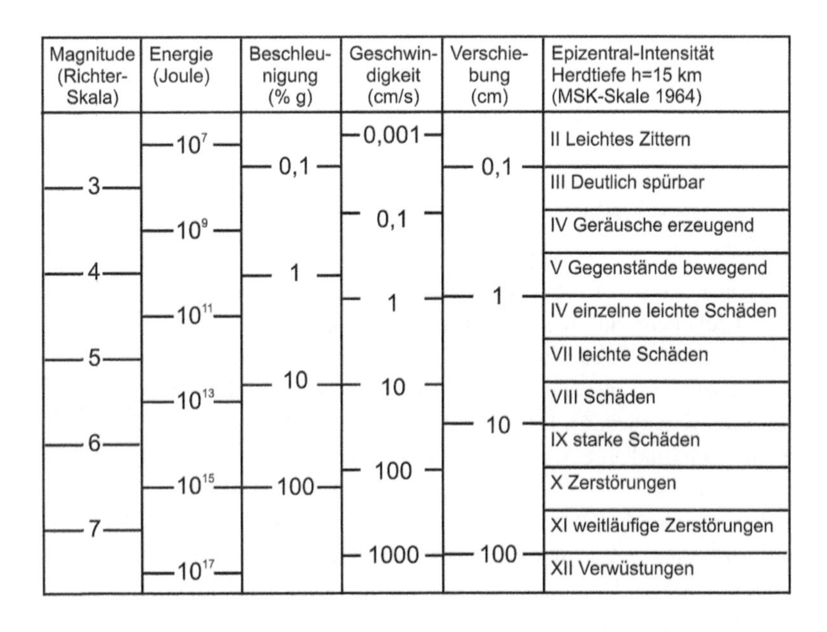

Abb. 2.11 Zusammenhang zwischen Magnitude, Intensität und Bodenbewegungen (Herdtiefe 10 bis 15 km) nach Smit (2004)

hohe Opferzahlen zu beklagen waren. (Gutdeutsch 1986; Keppler 1998).

Die Identifikation und Ausweisung der Unsicherheiten bei der Ermittlung von Erdbebengefährdungen hat in den vergangenen Jahren zu einer deutlichen Qualitätsverbesserung bei den Angaben der Gefährdungen bzw. Einwirkungen geführt. Nicht umsonst hat man in verschiedenen Ländern weltweit die seismischen

Tab. 2.24 Europäische Makroseismische Skala (Grünthal 1998)

Stärke	Kurzbeschreibung	Beschreibung
I	Nicht fühlbar	Nicht fühlbar
II	Kaum bemerkbar	Nur von wenigen ruhenden Menschen in Gebäuden wahrgenommen
III	Schwach	Von manchen Menschen in Gebäude wahrgenommen
IV	Deutlich	Von vielen Menschen in Gebäuden wahrgenommen, von einigen außerhalb von Gebäuden, Fenster und Türen klirren und klappern
V	Stark	Von den meisten Menschen in Gebäuden wahrgenommen, Schlafende Menschen wachen auf, Hängende Objekte schwingen, Türen und Fenster gehen auf oder zu
VI	Leichte Gebäudeschäden	Viele Menschen werden erschreckt und verlassen die Gebäude, Viele Gebäude erleiden leichte Schäden wie Risse etc.
VII	Gebäudeschäden	Die meisten Menschen erschrecken und verlassen die Gebäude. Viele normale Gebäude erleiden Schäden, wie Risse, Schornsteine kippen, Putz fällt ab. Ältere Gebäude zeigen große Risse und Trockenbauwände versagen
VIII	Schwere Gebäudeschäden	Viele Menschen empfinden es als schwer, stehen zu bleiben. Viele Gebäude zeigen große Risse in Wänden, einige Gebäude zeigen Versagen von Wänden; und ältere Gebäude können versagen
IX	Zerstörend	Panik. Viele einfache Konstruktionen versagen. Selbst gut konstruierte Gebäude zeigen sehr schwere Schäden, Teilversagen von Konstruktionen
X	Sehr zerstörend	Viele gut konstruierte Gebäude versagen
XI	Verwüstend	Die meisten gut konstruierten Gebäude versagen, selbst einige Erdbebenfeste Gebäude versagen
XII	Vollständig verwüstend	Fast alle Gebäude versagen

Gefährdungen und Einwirkungen neu bestimmt, wie z. B. in den PEGASOS-, CEUS-SSC-, SIGMA-, EMME- oder SHARE-Studien (Abrahamson et al. 2004; Stirewalt et al. 2012; SIGMA 2015; EMME 2015; Giardini et al. 2013; siehe auch Budnitz et al. 1997). Diese neuen Studien spiegeln den erheblichen wissenschaftlichen Fortschritt in diesem Fachgebiet wider.

Abb. 2.12 zeigt links die im Rahmen einer solchen Studie erstellte Gefährdungskurve als Wahrscheinlichkeits-Spektralbeschleunigungs-Plot und rechts das für eine bestimmte Wahrscheinlichkeit angegebene Spektrum (Uniform Hazard Spectrum: UHS). Zusätzlich sieht man in Bild rechts neben dem UHS noch zwei weitere Spektren: die sogenannte Conditional Mean Spectra, zu deutsch Szenariospektren (Baker 2011; Proske 2016). Die Verwendung von Szenariospektren, bei der die Gefährdungskurve in den Anteil der einzelnen möglichen Erdbeben zerlegt wird (Deaggregation), erlaubt eine zwar deutlich aufwendigere,

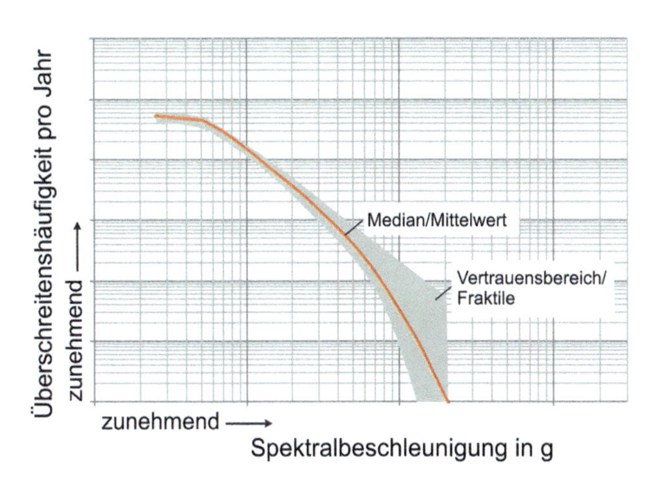

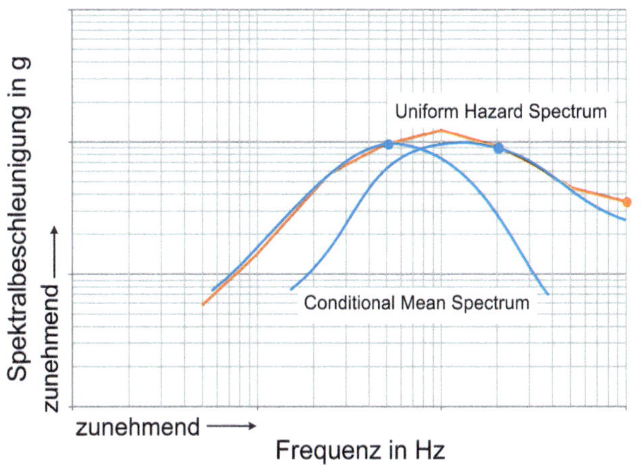

Abb. 2.12 Erdbebengefährdung für eine bestimmte Frequenz (links) und Erdbebengefährdungsspektren – Uniform Hazard Spectrum und Conditional Mean Spectrum (rechts)

aber realitätsnahe Beschreibung der lokalen Erdbebengefährdung von Gebäuden (Proske et al. 2015). Abb. 2.13 zeigt als Beispiel die Deaggregation einer Gefährdung für einen Standort im mittleren Westen der USA (USGS 2015).

Neben der verbesserten Erfassung seismischer Gefährdungen wurden auch aufseiten der Beschreibung des Bauwerks- und Infrastrukturverhaltens deutliche Verbesserungen erzielt. Abb. 2.14 zeigt das Spannungsbild einer nichtlinearen Pushover-Analyse einer Stahlbetonkonstruktion. Aufgrund der heute möglichen realitätsnahen, numerischen Simulation des Verhaltens kann man Schwächen in den Bauwerken sichtbar machen und die Bauwerke verstärken.

Durch die Weiterentwicklung von Wissenschaft und Technik im Bereich des erdbebensicheren Bauens und durch die Berücksichtigung dieses Wissens in neuen Normen konnte die Absolutzahl der Erdbebeneinstürze verringert werden. Abb. 2.15 zeigt die Verteilung der Brückenschäden nach Erdbeben in Bezug auf die verwendete Normengeneration für die Bemessung der Brücken (siehe auch Kiremidjian und Basöz 1997). Man erkennt deutlich, dass insbesondere durch die Nutzung der moderneren

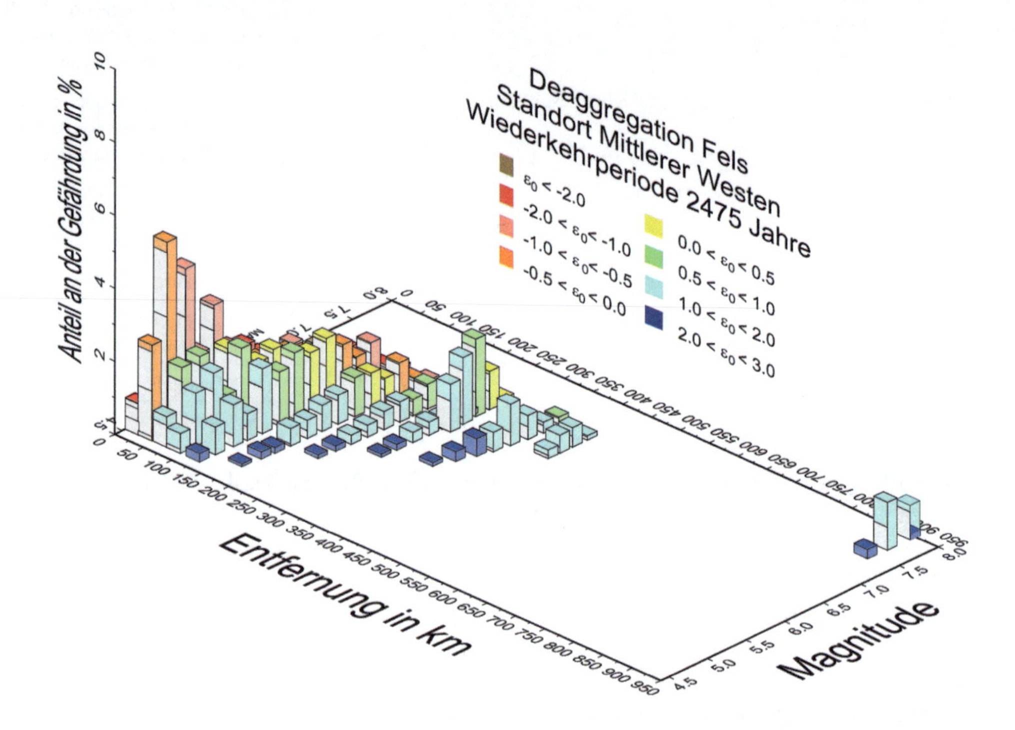

Abb. 2.13 Deaggregation eines Erdbebengefährdungsspektrums (USGS 2015)

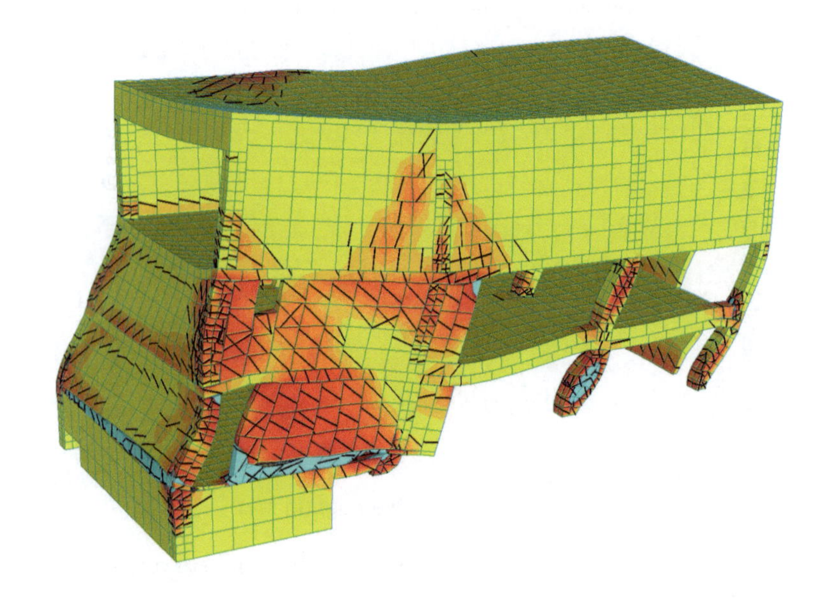

Abb. 2.14 Nichtlineare Pushover-Analyse eines Bauwerkes zur Untersuchung des Erdbebenverhaltens (Proske et al. 2013)

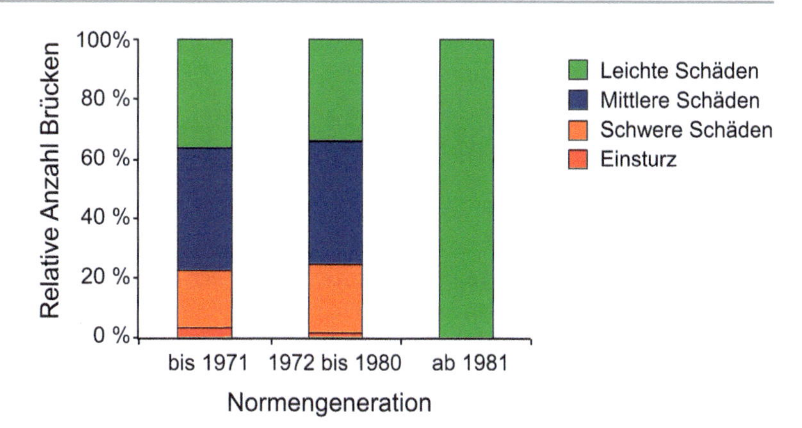

Abb. 2.15 Erdbebeninduzierte Schäden an Brücken im Raum Los Angeles nach dem Northridge-Erdbeben 1994 in Abhängigkeit von der verwendeten Normengeneration zur Bemessung der Brücke (Wenk 2005)

Tab. 2.25 Opfer- und Schadensdaten der Erdbeben von Armenien und Nordkalifornien (Bachmann 2002, 1997; Newson 2001)

	Spitak-Erdbeben	Loma-Prieta-Erdbeben
Datum	7. Dezember 1988	17. Oktober 1989
Magnitude	6,9	7,1
Region	Armenien	Nordkalifornien
Todesopfer	>25.000	67
Verletzte	31.000	2435
Obdachlose	514.000	7362
Sachschäden	Unbekannt	Ca. 10 Mrd. Schweizer Franken

Vorschriften ab Beginn der 1980er Jahre die Häufigkeit des Versagens der Brücken durch Erdbeben, aber auch die Häufigkeit der schweren Schäden, deutlich abgenommen haben.

Bachmann (1997, 2002) vergleicht die beiden Erdbeben von Armenien 1988 und Nord-Kalifornien 1989 (siehe Tab. 2.25). Obwohl sowohl die Magnitude als auch die Topografie und Bevölkerungszahlen vergleichbar waren, unterscheiden sich die Schäden erheblich: Die Todesopferzahlen unterschieden sich um den Faktor 350, die Anzahl der Obdachlosen um den Faktor 70 und die Anzahl der Verletzten immer noch ca. um den Faktor 10.

Tab. 2.26 zeigt die Entwicklung des Verhältnisses von Verletzten zu Todesopfern in verschiedenen Regionen über die Zeit. Man erkennt, dass sich das Verhältnis immer mehr erhöht hat. Unterstellt man, dass weniger Menschen bei gleichen Erdbeben sterben (siehe Tab. 2.25), so zeigt die Tabelle eine Verschiebung der Todesopferzahlen zu den Verletztenzahlen. In anderen Worten: die Bauwerke stürzen nicht direkt ein, sondern erlauben den Nutzern noch die Evakuierung bzw. die Bauwerke überstehen das Erdbeben ohne Einsturz.

Es gibt also zwei Indizien, die zeigen, dass durch geeignete bauliche Maßnahmen die Schäden durch Erdbeben verringert werden können. Das funktioniert leider nicht immer, wie einige schwere Schäden an Bauwerken, die eigentlich für Erdbeben ausgelegt waren, z. B. beim Kobe-Erdbeben 1995 gezeigt haben.

Die Risiken hängen also von beiden ab:

Tab. 2.26 Medianwerte des Verhältnisses Verletzte zu Todesopfern in Erdbeben mindestens der Magnitude 6 und mit mindestens 40 Todesopfern. Bis auf die erste Zeile (Welt) wurden nur Flachbeben auf Land berücksichtigt (Wyss und Trendafiloski 2009).

	500–1899	1900–1949	1950–1969	1970–1985	1985–2008
Welt	1,2	2,8	5,4	4,3	6,9
Entwicklungsländer ohne China			3,0	3,2	4,8
Industriestaaten ohne Japan			8,8		11,2
China			2,5		12,8
Japan			6,6		47,5
Lateinamerika				2,6	8,0
Türkei, Iran			2,6		3,6
Griechenland			18,6		11,2
Italien			3,9		7,0

- Normative Anforderungen an Bauwerke (Vergleich Kalifornien und Armenien)
- Geographischer Standort (Nähe zu Bruchlinien bzw. aktiven Regionen)

Prinzipiell muss man aber feststellen, dass in Regionen, die nicht über die finanziellen Ressourcen zur Umsetzung von Schutzmaßnahmen verfügen, die Anzahl der Opfer bei einem sehr schweren Ereignis in die Hunderttausende und die Anzahl der Obdachlosen in die Million gehen kann. Abb. 2.16 zeigt das Verhältnis von Magnitude zu Opferzahlen. Es zeigt sich, dass die Erdbeben mit großen Opferzahlen entweder vor längerer Zeit oder in Entwicklungsländern stattfanden. Abb. 2.17 zeigt einen Zusammenhang zwischen der Anzahl beschädigter Gebäude und der Anzahl der Todesopfer. Die Anzahl beschädigter Gebäude pro Ereignis und pro Jahr finden sich in den Tab. 2.27 und 2.28.

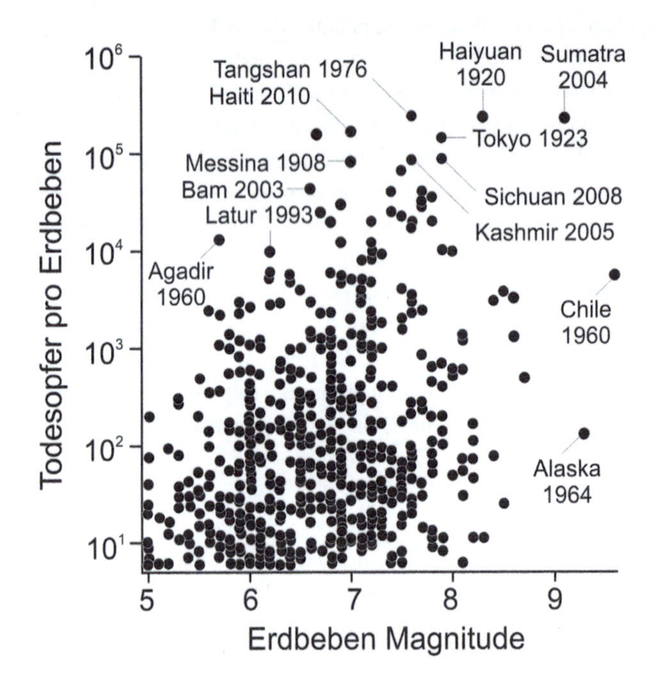

Abb. 2.16 Verhältnis aus Erdbebenmagnitude und Anzahl Todesopfer (Bilham 2010)

In reichen Ländern, wie in Japan oder der Schweiz, können erhebliche Summen in Schutz- und Verstärkungsmaßnahmen investiert werden. Zwar sind die Schadenssummen bei wiederholt auftretenden schweren Erdbeben immer noch erheblich: Japan wurde allein in den letzten fünfzehn Jahren von vier schweren Erdbeben getroffen (1995, 2004, 2011, 2016), aber die Todesopferzahlen konnten verringert werden.

Erdbeben als Naturgefahren stellen für bestimmte geographische Regionen ein sehr großes Risiko dar, und zwar hinsichtlich absoluter und relativer Schadenszahlen als auch hinsichtlich der Häufigkeit. Bezogen auf technische oder soziale Risiken sind diese Risiken aber immer noch klein: die Anzahl der weltweiten Todesopfer durch Kraftfahrzeuge liegen wahrscheinlich eine Zehnerpotenz höher als die Opferzahlen durch Erdbeben, die Kosten für Kriege liegen ebenfalls deutlich höher.

2.2.3.3 Vulkanausbrüche

Die Erde ist in verschiedenen Schichten aufgebaut. Bei den Schichten handelt es sich um die obere Erdkruste, den viskosen Erdmantel, den flüssigen äußeren Kern und den festen inneren Kern. Die Gesteine der Erdkruste sind üblicherweise mehrere hundert Millionen Jahre alt. Allerdings wurden auch schon Gesteine mit einem Alter von mehr als 4,4 Mrd. Jahren gefunden.

Die Erdkruste besteht aus Platten. Die Dicke der Erdkruste beträgt zwischen fünf und 70 km. Die Dicke hängt davon ab, ob es sich um eine ozeanische oder kontinentale Platte handelt. Die Platten bewegen sich hauptsächlich durch Wärmezirkulation in den viskosen und flüssigen Schichten darunter. Wenn die Erdkruste bricht, sich öffnet und

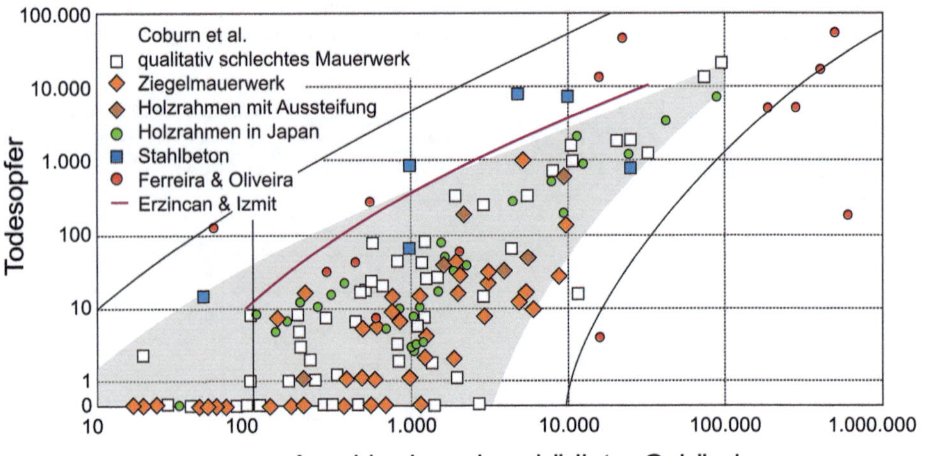

Abb. 2.17 Verhältnis Todesopfer zu Anzahl schwer beschädigter Gebäude (Coburn et al. 1992; Ferreira und Oliveira 2009)

flüssige, heiße Gesteine, Gasse und Asche entweichen, können Vulkane entstehen. Die Freisetzung wird als Eruption bezeichnet. Vulkanismus beschreibt alle geologischen Prozesse und Erscheinungen in Zusammenhang mit Vulkanen. Abb. 2.18 zeigt einen Vulkanausbruch in Guatemala 2018.

Tab. 2.27 Beispiele für die Anzahl zerstörter Gebäude bei verschiedenen Erdbeben und Hochwassern

Jahr	Land	Einwirkung	Anzahl zerstörter Gebäude
1970	Bangladesch	Flut	400.000
1995	Kobe, Japan	Erdbeben	46.000–100.000
2001	El Salvador	Erdbeben	200.000
2001	Peru	Erdbeben	20.000
2004	Südostasien	Erdbeben und Tsunami	300.000
2010	Haiti	Erdbeben	250.000
2011	Japan	Erdbeben und Tsunami	45.000–130.000 zerstört 190.000–240.000 beschädigt

Tab. 2.28 Weltweite jährliche Anzahl beschädigter und zerstörter Gebäude bei Erdbeben nach der Earthquake Impact Database

Jahr	Beschädigte Gebäude	Zerstörte Gebäude
2015	660.000	85.000
2016	380.000	90.000
2017	560.000	115.000
2018	450.000	95.000
2019	340.000	90.000
2020	170.000	30.000

Vulkanausbrüche sind nur eine Form des Vulkanismus. Dabei tritt Magma, also Gesteinsschmelze des oberen Erdmantels an die Erdoberfläche. Die maximale Tiefe des vulkanischen Materials ist die Grenze zwischen äußerem Kern und unterem Mantel, also eine Tiefe zwischen 2500 und 3000 km. Vulkanismus zählt zu den geologischen Prozessen der Oberflächenformung. (DKKV 2002; Szeglat 2020).

Der Austritt des Materials kann explosionsartig, mit der Freisetzung erheblicher Energien (Temperatur, kinetische Energie), mit der Freisetzung erheblicher Massen und der Freisetzung von Gasen (siehe Abb. 2.18) verbunden sein und stellt dadurch ein Risiko für Leib und Leben von Menschen und Tieren und für den Verlust von Sachwerten dar.

Konkrete Gefahren aus Vulkanausbrüchen sind gemäß IAEA (2012)

- Niederschlag von Auswurfmaterial, z. B. Asche
- Vulkanische Auswürfe als Vulcano-born-missiles
- Pyroklastische Ströme, Wellen und Druckwellen
- Lavaflüsse
- Schlammlawinen, Hangrutschungen, Böschungsbrüche
- Vulkanische Schlammlawinen, Lahars und Überschwemmungen
- Tsunamis und Seiches
- Bodensetzungen und –verformungen
- Neue Bodenöffnungen
- Atmosphärische Phänomene
- Vulkanische Erdbeben
- Vulkanische Gase
- Veränderungen der Grundwasserströme und –stände

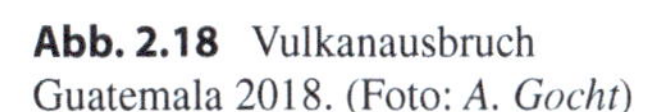

Abb. 2.18 Vulkanausbruch Guatemala 2018. (Foto: *A. Gocht*)

Tab. 2.29 Vulkanexplosivitätsindex (Newhall und Self 1982; USGS 2008)

Kategorie	Ausgestoßenes Volumen in m^3	Höhe in km	Beispiele
0	$<10^4$	< 0,1	Nyiragongo, Tansania (1977)
1	10^4–10^6	0,1–1	Unzen, Japan (1991)
2	10^6–10^7	1–5	Nevado del Ruiz, Colombia (1985)
3	10^7–10^6	3–15	El Chicon, Mexico (1982)
4	10^8–10^9	10–25	Mount St. Helens, US (1980)
5	10^9–10^{10}	>25	Krakatau, Indonesia (1883)
6	10^{10}–10^{11}	>25	Tambora, Indonesia (1815)
7	10^{11}–10^{12}	>25	
8	$>10^{12}$	>25	Taupo, New Zealand

Tab. 2.30 Die größten Vulkanausbrüche der letzten 250 Jahre nach Graf (2001)

Vulkan	Jahr	VEI	Trübung[b]	SO2 (Mt)
Laki-Spalte, Island	1783	4	2300	100[a]
Tambora, Indonesien	1815	7	3000	130[a]
Cosiguina, Nikaragua	1835	5	4000	
Askja, Island	1875	5	1000	
Krakatau, Indonesien	1883	6	1000	32[a]
Tarawera, Neuseeland	1886	5	800	
Santa Maria, Guatemala	1902	6	600	13[a]
Ksudach, Kamtschatka	1907	5	500	
Katmai, Alaska	1912	6	500	12[a]
Agung, Indonesien	1963	4	800	5 ± 13[a]
St. Helens, USA	1980	5	500	1
El Chichón, Mexico	1982	5	800	7
Pinatubo, Philippinen	1991	6	1,000	16 ± 20

[a]geschätzt
[b]atmosphärische Trübung genormt auf die Krakatau-Eruption (1885)

Es gibt weltweit mehrere tausend Vulkane, allerdings werden nur einige Hundert als aktiv eingestuft. Pro Jahr ereignen sich ca. 50 kleinere Ausbrüche und pro Jahrzehnt etwa ein großer Ausbruch (DKKV 2002).

Die Größe des Risikos hängt unter anderem von der Intensität des Vulkanausbruches ab. Sehr große Vulkanausbrüche können die gesamte Menschheit gefährden (DKKV 2002).

Für die Beschreibung der Intensität von Vulkanausbrüchen existieren verschiedene Maße. So gibt es den Vulkanexplosivitätsindex (VEI) nach Newhall und Self (1982), siehe Tab. 2.29. Dieses Maß ist vergleichbar mit der Richter-Skale zur Abbildung der Intensität eines Erdbebens. Der VEI berücksichtigt unter anderem das Volumen des ausgestoßenen Lockergesteins und die Höhe der Eruptionssäule. Kritik gegen den VEI findet sich z. B. bei Smolka (2007). Ein Vorläufer des VEI war der Tsuya-Index, der auf dem ausgestoßenen Volumen basierte (Tsuya 1955). Die Magnitude eines Vulkanausbruches, ein weiteres Intensitätsmaß, berücksichtigt die ausgestoßene Masse (log10 der ausgestoßenen Masse in Kilogramm minus sieben), aber nicht das ausgestoßene Volumen. Neben der Angabe der absoluten Werte gibt es noch Freisetzungsraten, also Masse- und Volumenfreisetzungsraten. Hier gibt es eine Freisetzungsmagnitude (log10 der Massefreisetzungsrate in Kilogramm pro Sekunde plus 3). Teilweise wird auch die Trübung der Atmosphäre als Maß der Intensität verwendet. Der Vulkanbevölkerungsindex (VPI) beschreibt die Bevölkerungsmenge, die durch Vulkanaktivitäten gefährdet ist (Ewert und Harpel 2003; UNDRR 2015)

Gudmundsson (2014) schätzt die freigesetzte elastische Energie sehr großer Vulkanexplosionen, wie z. B. die Vulkanexplosion, die vor ca. 27 bis 28 Mio. Jahren zur La-Garita-Caldera führte oder die Vulkanausbrüche vor ca. 15 bis 16 Mio. Jahren, die zum Columbia-Plateaubasalt in den USA führten, in der Größenordnung von 10^{19} J. Das liegt in der gleichen Größenordnung wie sehr große Erdbeben, z. B. das 1960er 9,5 Magnitude Erdbeben in Chile.

Tab. 2.30 listet die größten Vulkanausbrüche der letzten 250 Jahre auf.

In den letzten 100.000 Jahren ereigneten sich wahrscheinlich zwei Vulkanausbrüche mit einem VIE von 8: der Ausbruch des Taupo in Neuseeland vor etwa 25.000 Jahren mit 1200 km^3 freigesetztem Material und der Ausbruch des Toba in Sumatra, Indonesien, vor etwa 75.000 Jahren mit etwa 2800 km^3 freigesetztem Material. Vermutlich gab es im Gebiet des heutigen Yellowstone Nationalpark Vulkanausbrüche mit einem VIE von 8 (Newhall und Self 1982). Zum Vergleich: das freigesetzte Material der Mount St. Helena-Explosion lag in der Größenordnung von 0,6 km^3. Statistiken über extreme Vulkanausbrüche sind in Mason et al. (2004) zu finden.

Aus Bewertungen des genetischen Drifts und aus Bevölkerungsmodellen kann man die Bevölkerungsgröße der Menschheit herleiten (Behar et al. 2008). Innerhalb der menschlichen Entwicklung gab es vermutlich mehrere genetische Flaschenhälse, bei denen die menschliche Bevölkerung sehr klein wurde. In einem genetischen Flaschenhals sinkt die genetische Diversität der Bevölkerung auf

Grund einer stark verringerten Anzahl von Individuen. So geben Huff et al. (2010) für die Vorfahren der Menschheit vor 1,2 Mio. Jahren eine Bevölkerungszahl von nicht mehr als 26.000 an, vermutlich ca. 18.500. Es existiert die Theorie, dass die Vulkanexplosion des Toba vor ca. 75.000 Jahren zu einem genetischen Flaschenhals führte (Jones und Savina 2015). Diese Theorie ist allerdings umstritten.

Der See Toba auf Sumatra, Indonesien, ist ein Beleg für diesen gewaltigen Vulkanausbruch. Der See besitzt eine Größe von 1146 km^2 und gilt damit als der größte See in Südostasien. Der See mit einer Tiefe von mindestens 450 m füllt die Reste eines Vulkankegels (Caldera) aus, der vor etwa ca. 75.000, manche sprechen von 100.000 Jahren, mit einer gewaltigen Explosion unterging. Die Reste der Vulkanexplosion konnten in einem Gebiet von ca. 30.000 km^2 gefunden werden. Zum Vergleich: Baden-Württemberg hat eine Größe von 35.000 km^2. In der näheren Umgebung des Vulkanes bildete sich eine 600 m dicke Ascheschicht. Vor 30.000 Jahren ereignete sich an diesem Vulkan eine zweite Eruption, die allerdings weitaus kleinere Dimensionen besaß. (Extreme Science 2003).

Ein zweites Beispiel der neueren Erdgeschichte ist, wie bereits erwähnt, der Vulkanausbruch des Taupo (Neuseeland) vor etwa 1800 Jahren. Bei dem Vulkanausbruch wurden schätzungsweise 33 Mrd. t Asche und Gestein ausgestoßen. Es wird vermutet, dass nahezu das gesamte Leben auf der neuseeländischen Nordinsel ausgelöscht wurde. Die Reste der Explosion konnten auf einer Fläche von knapp 50.000 km^2 gefunden werden. In der chinesischen und japanischen Geschichtsschreibung gibt es Hinweise auf eine gewaltige Explosion in der Richtung Neuseelands um diese Zeit.

Deutlich besser dokumentiert ist die Eruption des Krakataus am 27. August 1883 auf der indonesischen Insel Java. Dabei wurden vermutlich ca. 40.000 Menschen getötet. Noch einmal wird der Vulkanausbruch des Mount St. Helens zum Vergleich herangezogen: Dieser Ausbruch tötete 57 Menschen. Der Großteil der Todesopfer, die dieses Ereignis forderte, wurde allerdings nicht direkt durch den Vulkanausbruch getötet, sondern durch ungeheure Wellen, die durch die Explosion im Meer entstanden waren. Die Wellen sollen Höhen von über 30 m erreicht haben. Schiffe wurden meilenweit ins Land getragen. Die Explosion war mehrere tausend Kilometer weit zu hören und die Schockwelle wurde auf der ganzen Welt gemessen. der Ausbruch des Krakataus 1883 führte zu einem durchschnittlichen weltweiten Temperaturrückgang von etwa 0,3 °C. Die Explosion des Krakataus ist aber nur ein Glied in der Kette von schweren Vulkanausbrüchen, wie Tab. 2.30 zeigt.

Aber auch Vulkanausbrüche von geringerer Intensität können schwere Auswirkungen auf den Menschen haben (Sparks und Self 2005). Beispielsweise forderte der Ausbruch des Mont Pelé 1902 auf der französischen Karibikinsel Martinique etwa 30.000 Todesopfer (Newson 2001). Nur zwei Bürger der Stadt St. Pierre überlebten den Ausbruch: ein Gefangener und eine weitere Person. Lacroix untersuchte den Ausbruch des Mont Pelè und veröffentlichte ein berühmtes Werk über Vulkanexplosionen. Bereits im 18. Jahrhundert hatten Menschen wie Hutton damit begonnen, Theorien über eine sich verändernde und sich entwickelnde Erde zu entwerfen (Daniels 1982).

Ein weiteres Beispiel ist der Ausbruch des Tambora in Sumbawa, Indonesien, 1815. Der Ausbruch forderte zunächst etwa 10.000 Todesopfer. Danach gab es in der Region aufgrund von Hungersnot und Krankheiten weitere 82.000 Todesopfer. Darüber hinaus wurde das Wetter weltweit beeinträchtigt, und im Sommer 1815 wurden die kältesten Sommertemperaturen aller Zeiten gemessen. In Verbindung mit den Napoleonischen Kriegen stellte der Ernteausfall eine schwere Belastung für die europäische Bevölkerung dar. Auch in den Neuenglandstaaten Nordamerikas wurden in diesem Jahr im Sommer eisige Temperaturen beobachtet.

Für einige Vulkane gibt es recht umfangreiche historische Aufzeichnungen mit Ausbrüchen, die in den letzten 2000 Jahren auftraten. Zum Beispiel brach der Vesuv in Italien in den Jahren 79 (in der Nähe von Pompeji), 203, 472, 512, 685, 787 aus, fünfmal zwischen 968 und 1037, 1631 (etwa 4000 Todesopfer), neunmal zwischen 1766 und 1794, 1872, 1906 und 1944. Malladra sagte, dass *„das Vesuvious schläft, aber sein Herz schlägt“* (Daniels 1982).

Die gescheiterte Warnung und Evakuierung der Stadt Armero beim Ausbruch des bolivianischen Vulkans Nevado del Ruiz im November 1985 ist ein Beispiel dafür, dass Warnungen möglich sind, aber umgesetzt werden müssen (Gutdeutsch 1986). Die Explosion des Nevado del Ruiz Armero in Kolumbien am 13. November 1985 befindet sich zwar nicht in der Liste der schwersten Vulkanausbrüche der letzten 250 Jahre, die Konsequenzen der Vulkanexplosion waren allerdings dramatisch. Durch die Explosion schmolz die Eiskappe des Vulkans. Wasser- und Schlammmassen verwüsteten daraufhin die Stadt Armero am Fuße des Vulkans. Bei dieser Katastrophe sollen etwa 30.000 Menschen ihr Leben verloren haben (Meijer 1997; Krampe 2004). Auf das Risiko von Lawinen und Erdrutschen wird in einem späteren Abschnitt noch eingegangen.

Es gibt verschiedene Klassifikationstypen für Vulkanausbrüche. Prinzipiell unterscheidet man effusive und explosive Eruptionen. Zu letzterem zählen Peleanische, Plinianische, Vulcanianische, Strombolianische und Hawaiianische Eruption. Darüber hinaus unterscheidet man noch den Unterwasserausbruch, den Ausbruch unterhalb eines Gletschers, Glüheruption, Paroxysmal-Explosion und Überflutungen mit Basalt- und Aschestrom (Daniels 1982). Zusätzlich werden Modelle des Eruptionspotentials von Magma mit der Konzentration von Kieselsäure und Wasser innerhalb des Magmas in Beziehung gesetzt. Abhängig von der Menge dieser Substanzen ist das Magma entweder flüssiger oder viskoser. In Kombination mit hohem Dampfdruck kann viskoses Magma schwere Eruptionen ermöglichen.

Der Einfluss von Vulkanausbrüchen auf den Klimawandel ist in der Wissenschaft unbestritten. Zwar gibt es Aussagen, wie z. B. bei Grothmann (2005), der davon ausgeht, dass Vulkanausbrüche einen geringen Einfluss auf das Weltklima besitzen, aber die überwiegende Mehrheit (Berner und Hollenbach 2013, etc.) der Veröffentlichungen nimmt an, dass Vulkanausbrüche zumindest für einen Zeitraum von wenigen Jahren erhebliche Auswirkungen auf das Klima besitzen können. Der gemittelte dekadische Strahlungsantrieb durch explosive Vulkanausbrüche liegt seit 1850 bei etwa 1,5 W/m^2 (MPI 2001). Im Durchschnitt können Vulkanausbrüche das Klima in der gleichen Größenordnung beeinflussen wie anthropogene Effekte. Um das zu belegen, sind in Tab. 2.30 die gemessenen bzw. aus geologischen Befunden geschätzten SO_2–Emissionen angegeben.

Die Trübung der Atmosphäre in Tab. 2.30 wird auf die Krakatau-Eruption bezogen. Nach dieser Eruption wurden über mehrere Jahre weltweit sehr schöne Sonnenuntergänge beobachtet und die mittlere Erdtemperatur sank, wie bereits erwähnt, um 0,3 Grad. Die Klimaauswirkungen von Vulkanausbrüchen sind allerdings komplex und betreffen nicht allein die Verschmutzung der Atmosphäre und die damit einhergehende Verminderung der Sonnenstrahlung auf der Erde. Parallel dazu gibt es eine Erwärmung höherer Luftschichten. Aber auch kleine Vulkanausbrüche können Auswirkungen auf die Atmosphäre und ihre Zusammensetzung haben. Man geht davon aus, dass sich im Jahr im Mittel etwa 50 kleine Vulkanausbrüche und, wie bereits erwähnt, pro Jahrzehnt eine Großeruption ereignet, wie sie in Tab. 2.30 zusammengefasst sind. Dort zeigt sich im Mittel ein zeitlicher Abstand von ca. 20 Jahren. Die Spannweite der zeitlichen Abstände in der Tabelle ergibt allerdings einen Minimalwert von 2 Jahren und einen Maximalwert von 51 Jahren. Zwar besitzt das 20. Jahrhundert in der Tabelle mehr schwere Vulkanausbrüche als das 19. Jahrhundert, aber das 20. Jahrhundert besaß auch eine sehr lange Ruhepause. Etwa von 1912 bis 1963 gab es keine Großeruptionen. Seit dieser Zeit hat die Dichte, nicht nur von Großeruptionen, sondern allgemein der vulkanischen Aktivitäten, deutlich zugenommen. Man rechnet heute mit 50 bis 60 Vulkanausbrüchen pro Jahr (DKKV 2002). Abb. 2.19 zeigt die zeitliche Entwicklung der Anzahl aktiver Vulkane. Im Bild ist die Zeit der beiden Weltkriege markiert, da wahrscheinlich in dieser Zeit die Dokumentation über aktive Vulkane eingeschränkt war.

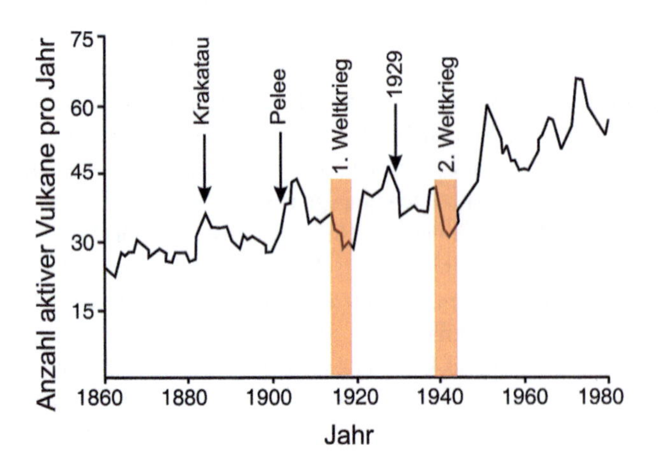

Abb. 2.19 Entwicklung der Anzahl aktiver Vulkane nach Smith (1996)

Unter der Annahme, dass große Vulkanexplosionen einen Einfluss auf das Klima haben, kann man diesen Einfluss für die Schweiz, basierend auf den Messdaten aus Basel, teilweise auch für England, über die letzten 150 bis 250 Jahre prüfen. Während diesem Zeitraum ereigneten sich einige VEI 6 und 7 Vulkanausbrüche. Bei der Überlagerung der Temperaturen mit diesen Ereignissen zeigt sich, dass keine geringeren Tagestiefsttemperaturen auftraten, auch wenn manche Jahre nach solchen Vulkanausbrüchen deutlich kälter waren. Gemäß Luterbacher (2007) führen starke tropische Vulkane ein bis drei Jahre nach dem Ausbruch zu feuchten Sommern und trockenen Wintern in Mitteleuropa. Pfister et al. (2009) vermuten, dass *„während der sogenannten Mittelalterlichen Warmzeit … Jahre ohne Sommer als Auswirkung von Vulkanausbrüchen relativ häufig"* waren. Beide Aussagen belegen, dass Vulkanausbrüche nicht zwangsläufig zu extrem kalten Temperaturen führen müssen.

Zum einen spielt für Temperaturauswirkungen eine Rolle, wo sich der Vulkan befindet (siehe NASA-Report 2005). Weiterhin kann ein Vulkanausbruch auch zu Temperaturerhöhungen führen (Bissolli 2001, Lavignea et al. 2013). Die Rolle der geographischen Lage des Vulkans wurde im Rahmen einer Studie am Mount Katmai in Alaska gezeigt. Dieser Vulkan war im Jahre 2012 ausgebrochen. Der Ascheregen des Ausbruches bedeckte über 7000 Quadratkilometer mit 30 cm Asche.

Ist die Eruption bei diesem Vulkan stark genug, werden Staub und Ascheteile in die Stratosphäre geschleudert. In dieser oberen Atmosphärenschicht verbinden sich die Teilchen der Eruptionswolke mit Tröpfchen. Der Transport dieser Teilchen hängt von der geographischen Breite ab. Große Eruptionen von Vulkanen sehr weit im Norden verteilen ihre Aerosole nur über begrenzte Gebiete, während tropische Vulkan ihre Aerosole über die ganze Erde verteilen können. Die Begrenzung der Teilchen auf bestimmte Gebiete beschränkt die Abkühlung der Atmosphäre.

2.2.3.4 Gravitative Massebewegungen

2.2.3.4.1 Einleitung

Unter Gebirgen versteht man in der Regel zusammenhängende Reliefs der Erdoberfläche, die sich aus der flachen Umgebung erheben. Unter Alpinen Regionen werden im wissenschaftlichen Sprachgebrauch Gebirge mit Bergen über 1500 m über dem Meeresspiegel definiert. Solche geographischen Regionen zeichnen sich durch eine große Reliefenergie aus.

Die Besiedlung und damit verbunden auch die Erschließung solcher Regionen für erdgebundene Verkehrsträger ist mit großem Aufwand verbunden, um die großen vertikalen Höhenänderungen (Gefälle, Hangneigung) in für die Verkehrsträger akzeptable Werte zu überführen. Nicht umsonst weisen solche Regionen in Europa eine besonders hohe Dichte an Tunnel- und Brückenbauwerken auf. Während in Polen oder Dänemark, als Beispiele für Länder mit geringer Gebirgsdichte, die Anzahl der Eisenbahnbrücken zwischen 4 und 6 Brücken pro 10 km Fahrstrecke liegt, erreicht die Schweiz im Durchschnitt 18 Brücken pro 10 km Streckenlänge (Weber 1999; UIC 2005).

Neben einem hohen Erschließungsaufwand, hohen klimatischen Beanspruchungen von Bauwerken – in der Regel sinkt die Durchschnittstemperatur pro einem Höhenkilometer um 6,5 K in der Standardatmosphäre – erhöhten Niederschlägen, sind alle menschlichen Aktivitäten und Siedlungsräume in diesen Regionen ganz spezifischen Naturgefahren ausgesetzt. Bei diesen Naturgefahren handelt es sich um sogenannte gravitative Massebewegungen. Zu den gravitativen Massebewegungen zählen Lawinen, Schlammlawinen (Muren), Steinschläge- oder Steinlawinen, Hangrutschungen und Sturzfluten. Abb. 2.20 zeigt ein System solch unterschiedlicher Massebewegungen in Abhängigkeit von der Wassermenge, des Anteils und der Verteilung der Feststoffgröße. Abb. 2.21 zeigt die Einteilung der Prozesse und deren Intensität (Abflussmenge) in Abhängigkeit vom Niederschlag. Tab. 2.31 gibt eine Einteilung der Prozessgeschwindigkeiten und der zugehörigen Vorwarnzeit. Weitere von Massebewegungen finden sich z.B. bei Cruden und Varnes (1996) oder bei Hungr et al. (2014). Eine Besonderheit bei Massebewegungen sind Übersarungen, also Masseablagerungen außerhalb des Gerinnes.

Dabei wird in der Regel zwischen gerinne-basierten und nicht gerinne-basierten Prozessen unterschieden. Gerinnebasierte Prozesse sind hydraulisch dominierte Prozesse (dominant transportiertes Medium), wie z. B. Hochwasser mit Geschiebetransport, Schlammlawinen oder murenartiges Hochwasser. Steinschlag dagegen zählt nicht zu den gerinne-basierten Prozessen.

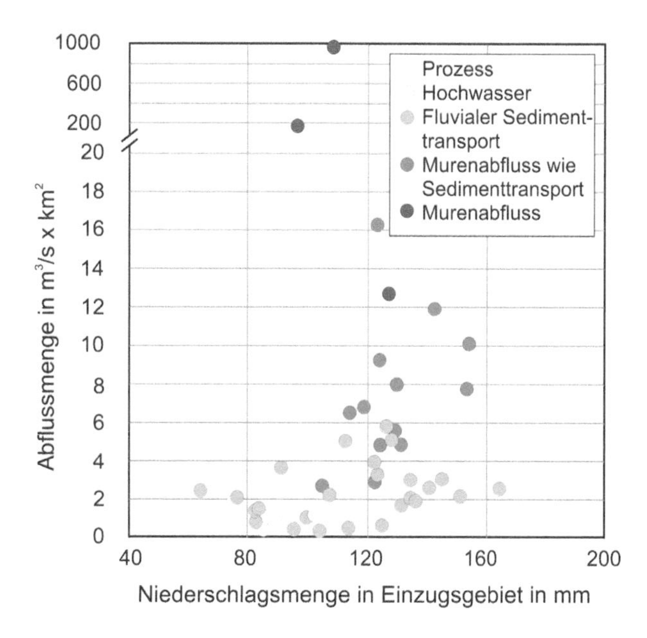

Abb. 2.21 Abhängigkeit der Prozesse vom Niederschlag nach Hübl (2007), Bergmeister et al. (2008)

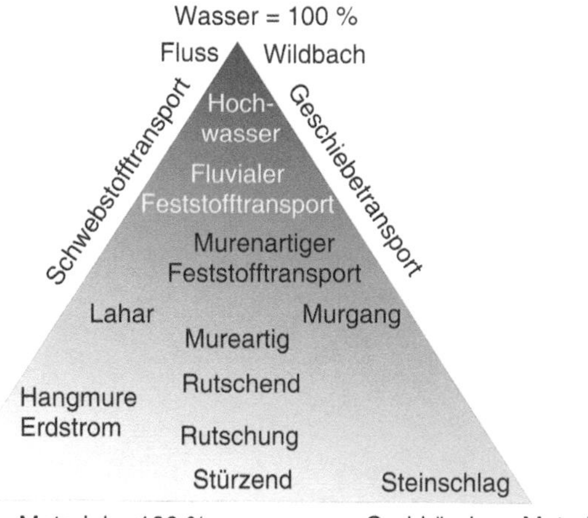

Abb. 2.20 Einteilung der Prozesse nach Hübl (2007), Bergmeister et al. (2008)

Tab. 2.31 Gravitative Prozesse und ihre Geschwindigkeiten (Holub 2007)

Prozess	Geschwindigkeit	Vorwarnung
Flut	20 km/h	Minuten bis Stunden
Schlammlawine	40 km/h	Minuten
Spontanes Böschungsversagen	4 km/h	Sekunden und Minuten
Langsame Hangrutschung	0,0001–1 m/Jahr	Monate bis Jahre
Steinschlag	110–140 km/h	Sekunden
Nassschneelawine	40–140 km/h	Sekunden bis Minuten
Staublawine	110–250 km/h	Sekunden

Tab. 2.32 Kategorisierung kontinuierlicher Rutschungen nach der Tiefe der Gleitschicht

Bezeichnung	Tiefe Gleitfläche unter Terrain
Flachgründig	0–2 m
Mittelgründig	2–10 m
Tiefgründig	10–30 m
Sehr tiefgründig	> 30 m

Für beide Prozesstypen ist es außerordentlich schwierig, eine ausreichende Datenbasis für die Bemessung von Bauwerken zu erstellen. Dies ist zum einen der Veränderung der Grundgesamtheit über lange Zeiträume geschuldet (Klimawandel) und zum zweiten der Berücksichtigung spezieller lokaler Besonderheiten (geomorphologisch, mikroklimatisch, biologisch, sozial).

2.2.3.4.2 Hangrutschungen

Rutschungen sind Massebewegungen bzw. Sturzprozesse. Dabei werden hangabwärts gerichtete Bewegungen von leicht bis steil geneigten Hängen aus Fels- oder Lockergestein als Hangrutschungen bezeichnet. Bei der Art der Bewegung kann es sich um Gleiten, Fallen oder Fließen handeln. Hangrutschungen werden nach der Tiefe der Gleitfläche (siehe Tab. 2.32), ihrer Geschwindigkeit (Tab. 2.33), dem aktivierten Volumen (Tab. 2.34) oder der gesamthaft ermittelten Intensität, die eine Kombination aus drei Parametern ist (Tab. 2.35), unterschieden. Bis auf das Hangkriechen spielen bei den Hangrutschungen Gleitflächen eine wichtige Rolle. (Steger 2012; Bollinger et al. 2008; Veder 1979; Stone 2007).

Weltweite Opferzahlen durch Hangrutschungen finden sich z. B. bei Froude und Petley (2018). Danach starben pro Jahr 4300 Menschen durch Hangrutschungen und im Durchschnitt 11,5 Menschen pro Hangrutschung mit Todesfolge. Daten für die Schweiz finden sich z. B. in Hilker et al. (2009).

2.2.3.4.3 Schlammlawinen und Muren

Ein Murgang ist nach ONR 24800 (2007) „*eine langsam bis schnell abfließende Suspension aus Wasser, Feststoffen und Wildholz, die sich dann entwickelt, wenn in kurzer Zeit große Geschiebemengen verfügbar werden*“. Nach Pierson (1986) sind Murgänge extrem mobile, hochkonzentrierte Mischungen aus schlecht sortierten Sedimenten im Wasser.

Das enthaltene Material variiert von Feststoffen in Tongröße bis hin zu Steinblöcken von mehreren Metern Durchmesser (Abb. 2.22). Die transportierten Feststoffe sind über den ganzen Abflussquerschnitt verteilt und führen in der Regel zu einer Dichte des Gemisches zwischen 1700 und 2400 kg/m^3. Murgänge können die Dichte von Wasser um mehr als den Faktor zwei übersteigen. Der Feststoffanteil am Volumen kann bis zu 80 % erreichen. Diese hohe Sedimentkonzentration führt zu einer starken Erhöhung des theoretischen Reinwasserabflusses bei gleichen hydraulischen Rahmenbedingungen, in Extremfällen um den Faktor 50 (Pierson 1986; Hungr et al. 2001). Muren können Geschwindigkeiten von 20 bis 30 m/s erreichen. (ONR 24800 2007, Costa 1984; Rickenmann 1999).

In der Forschung wird das Fließgemenge meist in die flüssige Matrix, bestehend aus Wasser und Feinsediment in Suspension, und die feste Phase, bestehend aus groben, in der Flüssigkeit dispergierten Partikeln, unterteilt (Abb. 2.22). Abhängig von der relativen Konzentra-

Tab. 2.33 Arten von Hangrutschungen nach der Geschwindigkeit (Cruden und Varnes 1996; Bell 2007)

Geschwindigkeitsklasse	Beschreibung	Geschwindigkeit	Typische Geschwindigkeit	Schaden
7	Extrem schnell	5×10^3	5 m pro Sekunde	Katastrophe, viele Opfer
6	Sehr schnell	5×10^1	3 m pro Minute	Einige Todesopfer
5	Schnell	5×10^{-1}	1,8 m pro Stunde	Evakuierung möglich
4	Mittel	5×10^{-3}	13 m pro Monat	Unempfindliche Bauwerke überleben
3	Langsam	5×10^{-5}	1,6 m pro Jahr	Schutzmaßnahmen notwendig
2	Sehr langsam	5×10^{-7}	16 mm pro Jahr	Einige Bauwerke überleben
1	Extrem langsam			Bewegung nicht wahrnehmbar

Tab. 2.34 Größenklassen von Hangrutschungen (Fell 1994)

Größenklasse	Beschreibung	Volumen in m³
1	Extrem klein	<500
2	Sehr klein	500–5000
3	Klein	5000–50.000
4	Durchschnitt	50.000–250.000
5	Durchschnitt bis groß	250.000–1.000.000
6	Sehr groß	1.000.000–5.000.000
7	Extrem groß	>5.000.000

tion von feinem und grobem Sediment wird Einteilung in viskos oder granular verwendet. Seit Anfang der siebziger Jahre konzentrierte sich die Forschung zunehmend auf das Thema Murgangverhalten (Johnson 1970; Costa 1984). Muren und Murgänge, die aus einer beträchtlichen Menge Feinsediment bestehen, werden oft als homogene Flüssigkeiten betrachtet, bei denen das Fließverhalten durch die rheologischen Eigenschaften des Materialgemisches gesteuert wird (z. B. Julien und O'Brien 1997; Coussot et al. 1998; Cui et al. 2005). Für Murgänge, die hauptsächlich aus groben Partikeln und Wasser bestehen, hat dieser einfache rheologische Ansatz Grenzen. In den letzten Jahrzehnten wurden Modelle eingesetzt, um die Bewegung von (granularen) Murgängen zu beschreiben (z. B. Savage und Hutter 1989; Iverson 1997; Iversion und Denlinger 2001; Weber 2004; Wang et al. 2004). Muren können erhebliche Anprallkräfte (Hauksson et al. 2007) verursachen, die zum Einsturz von Bauwerken führen (siehe Abschnitt Brücken). Die Entwicklung der Häufigkeit von Murenereignissen wird z. B. in Schlögl et al. (2021) untersucht.

Für das zu erwartende Volumen und die Häufigkeit von solchen Ereignissen existieren Modelle. So zeigt Abb. 2.23 verschiedene Anbruchsformen und Abb. 2.24 zeigt für diese Anbruchsformen den Zusammenhang zwischen Intensität und Dauer. Abb. 2.25 zeigt exemplarisch die Einteilung von Gerinnen in Abhängigkeit der Auftrittshäufigkeit solcher Ereignisse.

Es ist schwierig, die jährlichen volkswirtschaftlichen Verluste aufgrund von Muren zu quantifizieren, jedoch wurden in Österreich im Jahr 2005 mehr als 80 Mio. EUR für Schutzmaßnahmen gegen gravitative Gefahren (einschließlich Hochwasser, Geschiebetransport und Murgang) ausgegeben (WLV 2006). Eine Systematik der Einteilung von Murenschutzbauwerken findet sich in Abb. 2.26, Beispiele von Schutzbauwerken zeigen die Abb. 2.27, 2.28, 2.29, siehe auch BAFU (2016).

Dowling und Santi (2014) schätzen die weltweite Anzahl der Todesopfer durch Schlammlawinen für den Zeitraum von 1950 bis 2011 auf ca. 78.000, das entspricht ca. 1300 pro Jahr. Tab. 2.36 listet Beispiele großer Massebewegungen auf. Tab. 2.37 listet Beispiele mit hohen Opferzahlen auf.

2.2.3.4.4 Steinschlag

Der Begriff Steinschlag umfasst verschiedene Bewegungsformen von Steinmaterial. Es handelt sich um einen sehr

Tab. 2.35 BAFU-Kriterien zur Intensitätsbestimmung von Rutschprozessen (v als durchschnittliche langjährige Rutschgewindigkeit, M als Mächtigkeit der potenziell mobilisierbaren Massen und h als Höhe der Ablagerung der Rutschung bzw. der Murenhöhe)

Prozess	Schwache Intensität	Mittlere Intensität	Starke Intensität
Aktive, kontinuierliche permanente Rutschung	$v < 2$ cm/Jahr	2 cm/Jahr $< v <$ 10 cm/Jahr	$v > 10$ cm/Jahr
Spontane Rutschung bzw. Hangmure	$M < 0{,}5$ m h im Dezimeterbereich	0,5 m < M < 2 m $h < 1$ m	$M > 2$ m $h > 1$ m

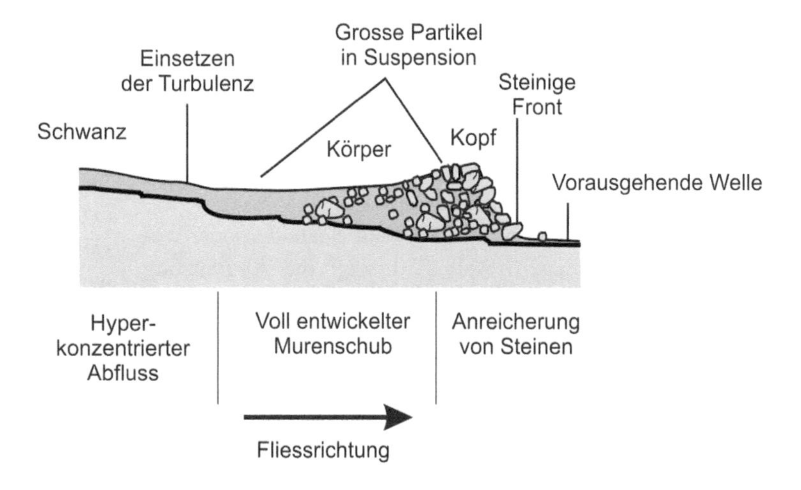

Abb. 2.22 Längsschnitt durch eine Mure nach Rickenmann (2006), Pierson (1986)

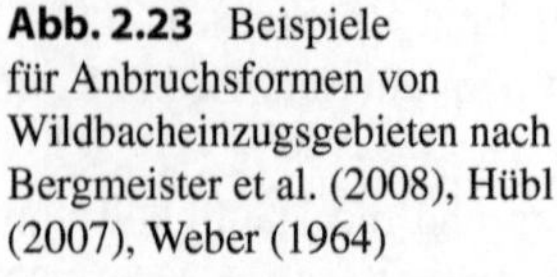

Abb. 2.23 Beispiele für Anbruchsformen von Wildbacheinzugsgebieten nach Bergmeister et al. (2008), Hübl (2007), Weber (1964)

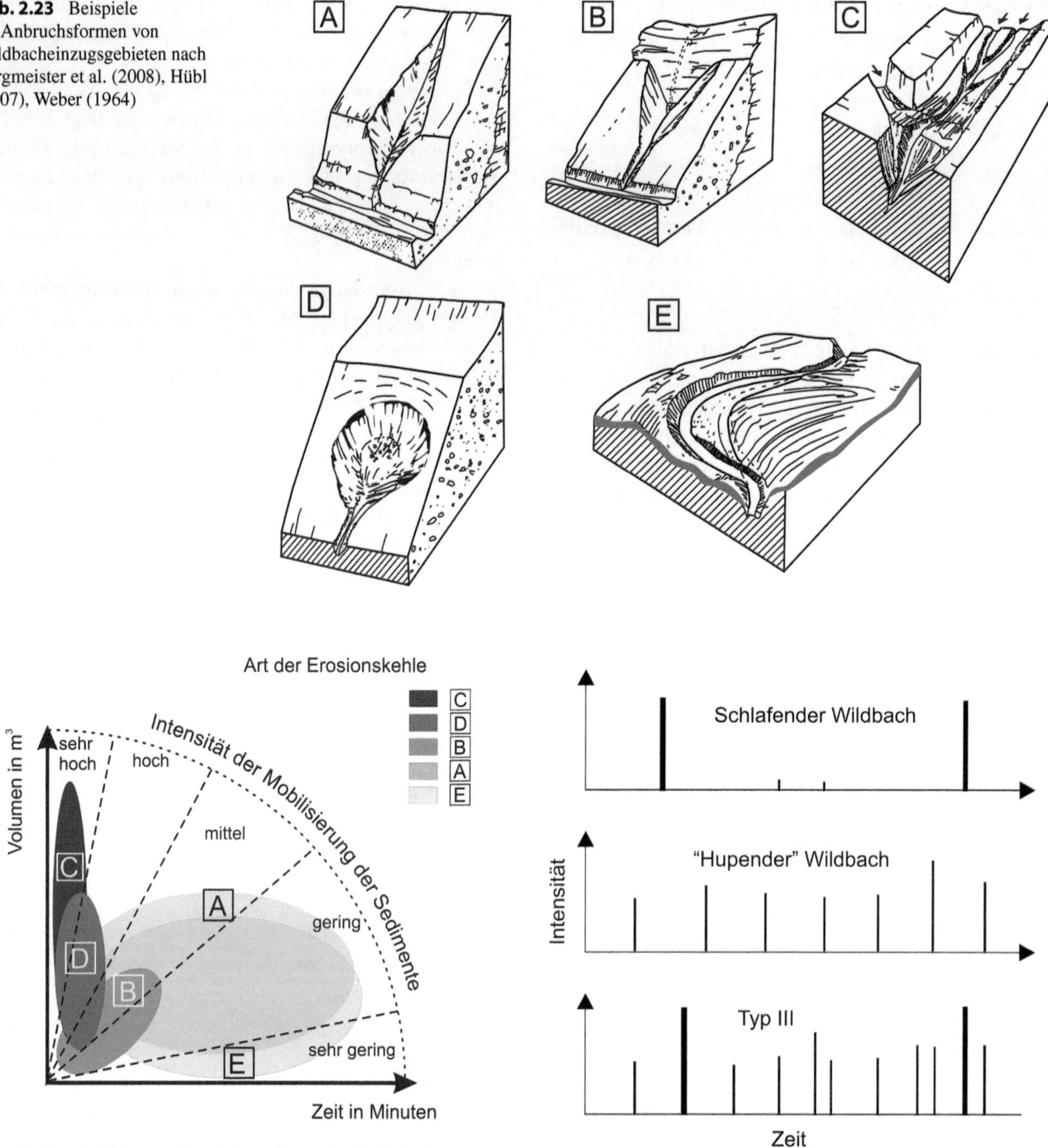

Abb. 2.24 Mobilisierungsintensität der Geschiebeherde nach Bergmeister et al. (2008), Hübl (2007) – für die Buchstaben siehe Abb. 2.23

Abb. 2.25 Ereignis-Zeit-Diagramm für verschiedene Arten von Wildbächen (nach Hübl)

schnellen Prozess, der in der Regel nur Sekunden oder wenige Minuten andauert. Abb. 2.30 zeigt die Abgrenzung zur Hangrutschung. Der Wasseranteil des bewegten Materials ist beim Steinschlag vernachlässigbar. In Abhängigkeit von der Größe des freigesetzten Volumens unterteilt man im deutschen Sprachraum in Steinschläge (< 100 m³, Durchmesser des größten Einzelblockes < 1 m) und in Felsstürze und Bergsturze (mehr als 1 Mio. m³), siehe Tab. 2.38. Eine weitere Einteilung der Massebewegungen mit Festmaterial wurden Tenschert entnommen (Tab. 2.39). Behalten die verschiedenen Blöcke während des Sturzes Kontakt, so spricht man auch von einer Steinlawine. Solche Steinlawinen treten oft auch in Verbindung mit Eisbewegungen auf und bilden kombinierte Stein-Eis-Lawinen.

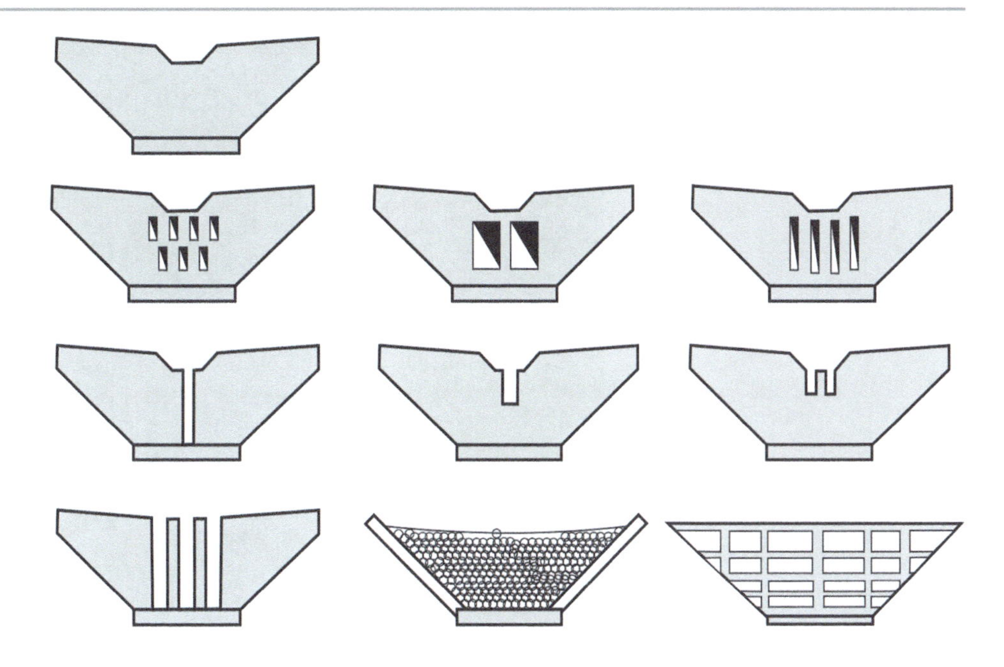

Abb. 2.26 Arten von Murgangssperren nach Bergmeister et al. (2008)

Abb. 2.27 Beispiel eines Schutzverbaus. (Foto: *D. Proske*)

Während massive Steinlawinen ganze Städte zerstört haben, wie z. B. bei der zweiten Huascarán Katastrophe 1970, der Steinlawine am Mont Granier 1248 oder am Piuro 1618 (Erismann und Abele 2001), gibt es auch eine Vielzahl von Beispielen für Steinschläge auf einzelne Bauwerke, z. B. Brücken. 1981 durchschlug z. B. ein 10 m^3 großer Gneissblock die neue Gotthardstrasse in der Nähe von Bedrina. Der Block verfehlte nur knapp die Pfeiler einer vorgespannten Brücke (Bozzolo 1987). Als zweites Beispiel sei die Zerstörung einer Brücke beim Happy Isles Rockfall am 10. Juli 1996 im Yosemite Nationalpark in den USA genannt (Morrissey et al. 1999; Snyder 1996).

Beim Anprall von Steinschlägen gegen Bauwerke handelt es sich um harte Stöße. Durch die Größe und hohe Geschwindigkeit müssen bei einem Anprall erhebliche Energien umgesetzt werden. Aus diesem Grund erfolgt die Be-

Abb. 2.28 Beispiel eines Schutzverbaus. (Foto: *D. Proske*)

Abb. 2.29 Beispiel eines Schutzverbaus. (Foto: *D. Proske*)

messung von Schutzmaßnahmen gegen Steinschläge in der Regel auf Energieniveaus (Abb. 2.31), nicht mittels Kräften. So werden Schutznetze für eine bestimmte Energie gewählt (Abb. 2.32). Die Steinschlagenergie wiederum wird durch numerische Simulationen bestimmt, die die Bewegung der Steinkörper durch physikalische Gleichungen für Gleiten, Rollen, Freien Fall und Springen abbilden, z. B. mit der Software Rockfall. Der Rechenaufwand ist relativ gering. Häufig sieht man sich jedoch mit großen Problemen konfrontiert, wenn man bestimmte Modellierungsparameter wie Dämpfungswerte des Bodens, Rollwiderstände oder Reibungsbeiwerte abschätzen muss. Aus diesem Grund

Tab. 2.36 Liste von Schlammlawinen, Steinschläge und Hangrutschungen (Bolt et al. 1975; Shaei und Ghayoumian 1998; Shreve 1959; Ambraseys und Bilham 2012)

Ort/Name	Zeit	Volumen in Millionen Kubikmeter	Bemerkung
Saidmarreh, Iran	Vor. ca. 103.000 Jahren	20.000–30.000	
Flims, Schweiz	Vor ca. 10.000 Jahren	13.000	
Mt. St. Helens, USA	1980	2800	
Usoy, Pamir, UDSSR	1911	2400	54 Todesopfer
Blackhawk Hangrutschung, Mojave Wüste, Kalifornien, USA	Vor ca. 17.000 bis 20.000 Jahren	320	8 km Länge
Vajont Damm, Italien	1963	250	2000 Todesopfer
Axmouth, Devon, England	1839	40	Keine Opfer
Madison Canyon, Montana, USA	1959	27	26 Todesopfer
Sherman Gletscher Rutschung, Alaska, USA	1964	23	Air crushing mechanisms
Rossberg oder Goldau, Schweiz	1806	14–40	457 Todesopfer, 4 Dörfer
Tsiolkovsky Krater, Mond		3	Entspricht ca. 100 km Länge basierend auf der geringeren Masse des

Tab. 2.37 Tabelle historischer Schlammlawinen mit Todesopfern (Kolymbas 2016, Stone 2006, Pudasaini und Hutter 2007)

Jahr	Ort	Anzahl Todesopfer
1596	Schwaz, Österreich	140
1596	Hofgastein, Österreich	147
1669	Salzburg, Österreich	250
1808	Rossberg/Goldau, Schweiz	450
1881	Elm, Schweiz	115
1893	Verdalen, Norwegen	112
1916	Italien/Österreich	10.000
1920	Kansu Provinz, China	100.000–200.000
1949	UDSSR	20.000
1962	Huascaran, Peru	5000
1963	Vajont-Reservoir, Italien	2043
1996	Aberfan, Südwales	144
1970	Huascaran, Peru	18.000
1974	Mayunmarca, Peru	451
1985	Stava, Italien	269
1985	Nevado del Ruiz, Peru	31.000
1987	Val Pola, Italien	30
2006	Leyte, Philippinen	1400

werden meistens mehrere Simulationen durchgeführt, die zufällige Parameter berücksichtigen. Man erhält dadurch eine Verteilung der Energien und Auslauflängen. Neben konstruktiven Schutzmaßnahmen kann auch Wald als Schutz dienen (Scheidl et al. 2021).

2.2.3.4.5 Lawinen

Bewegte Schneemassen werden als Lawinen bezeichnet. Dabei werden verschiedene Lawinentypen unterschieden: Fließlawinen rutschen oder strömen hangabwärts, während Staublawinen überwiegend aus fliegendem Schneematerial bestehen (qualitativ siehe Tab. 2.40, quantitativ siehe Tab. 2.41). Normalerweise entstehen Fließlawinen aus Schneebrettern (Abb. 2.33). Diese brechen während des Abganges. Trockene und nasse Fließlawinen haben Dichten zwischen 100 und 200 kg/m^3. Staublawinen erreichen dagegen nur eine Dichte zwischen 1 und 10 kg/m^3. Staublawinen erreichen Geschwindigkeit von 90 m/s, während Fließlawinen maximal 40 m/s erreichen (Egli 2005; Mears 2006). Die Anprallkräfte von Lawinen können mittels hydrostatischer und hydrodynamischer Modelle ermittelt werden (Voellmy 1955; Gauer et al. 2008; Eglit et al. 2007; Issler et al. 1998; Sovilla et al. 2007; Pudasiaini 2003). Pro Jahr ereignen sich ca. 10×10^5 Lawinen (Pudasaini und Hutter 2007). Die Lawinengrößen können in Klassen eingeteilt werden, die in Tab. 2.42 aufgelistet sind.

Die Entstehung von Lawinen hängt von einer Vielzahl Faktoren ab, die in Abb. 2.34 vereinfacht dargestellt sind.

Römische Schriftsteller waren die ersten, die Lawinen erwähnten. Bereits Livius erwähnt Lawinenopfer, als Hannibal 218 v. Chr. die Alpen überquerte (Schild 1982). Nach dem Untergang des Römischen Reiches gibt es nur noch seltene Dokumentationen über Lawinen, zum Beispiel das Werk von Isidorus (Schild 1982). Ab Anfang des 12. Jahrhunderts nahm die Zahl der Lawinendokumentationen wieder zu (Schild 1982). Deshalb sprechen Pudasaini und Hutter (2007) von den ersten Berichten über Lawinen aus Is-

Abb. 2.30 Arten der Steinbewegungen (Varnes 1978)

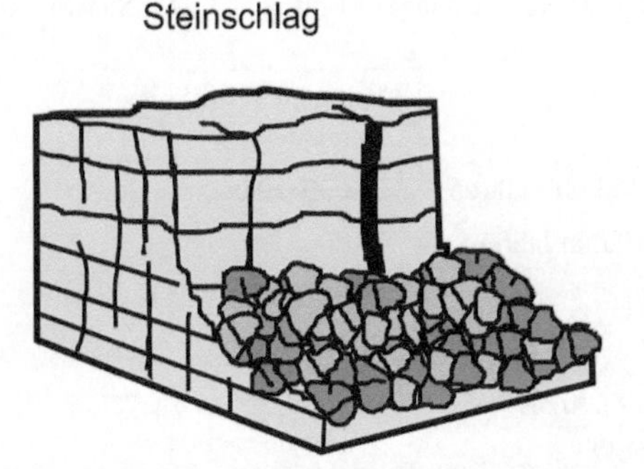

Tab. 2.38 Einteilung der Steinschläge nach Poisel (1997; Poisel et al. 2018)

	Volumen in m^3	Steingrösse	Betroffene Fläche
Erd- bzw. Schuttsturz	0,01	20 cm	< 10 Hektar
Steinschlag	0,1	50 cm	< 10 Hektar
Blocksturz	2	150 cm	< 10 Hektar
Felssturz	10,000	25 m	< 10 Hektar
Bergsturz	> 10,000		> 10 Hektar

land aus dem Jahr 1118, während Ammann et al. (1997) die ersten Berichte für den europäischen Alpenraum für das Jahr 1128 benennt.

Totschnig und Hübl (2008) haben für Österreich Daten über mehr als 13.000 Naturgefahrenereignisse, darunter viele Lawinen, gesammelt. Die Daten beginnen mit dem Jahr 325 und reichen bis ins Jahr 2005. Außerdem gab es die Internetseite „Disaster Information System of ALPine regions" (DIS-ALP 2008).

Vermutlich die erste historische Erwähnung des Begriffes Lawine stammt von dem spanischen Bischof Isidorus im 6. Jahrhundert. Er verwendete die Begriffe „lavina" und „labina" für rutschen und gleiten. Im Gegensatz dazu steht die Annahme, dass der Begriff „Lawine" vom deutschen Begriff „lawen" abstammt. „Lawen" beschreibt das Tauen von Schnee und ist vermutlich später für bewegte Schneemassen verwendet worden (Schild 1982).

Die höchste Zahl der durch Lawinen verursachten Todesopfer war in den Kriegen zu verzeichnen. Fraser (1966, 1978) hat geschätzt, dass während der Weltkriege etwa 40.000 bis 80.000 Soldaten durch Lawinen starben, da Lawinen als Waffen eingesetzt wurden. Allein am 13. Dezember 1916 töteten Lawinen etwa 10.000 Soldaten.

Die schlimmsten Jahre in der norwegischen Lawinengeschichte waren 1679, als bis zu 600 Menschen getötet wurden, und 1755, als etwa 200 Menschen durch Lawinen getötet wurden. Die schlimmste Lawinenkatastrophe der letzten Jahre ereignete sich 1992 in der Türkei mit mehr als 200 Opfern (Newson 2001).

Seit den dreißiger Jahren des 20. Jahrhunderts sind in der Schweiz etwa 1600 Menschen Opfer von Lawinen geworden. Pro Jahr sind damit etwa 25 Opfer in diesem Land zu beklagen. Der opferreichste Winter ereignete sich 1950/51. Damals starben fast 100 Menschen durch Lawinen. Ein vergleichbarer Winter, was die Anzahl und Umfang der Lawinen betrifft, ereignete sich 1998/99. Im Vergleich zu Opferzahlen aus den 50er Jahren verstarben aber 1998/99 deutlich weniger Menschen. Bemerkenswert ist

Tab. 2.39 Klassifikation der Massebewegungen (Varnes 1978; entnommen Tenschert 2017; siehe auch Steger 2012)

Art der Bewegung	Materialtyp		
	Fels	Lockergestein	
		Vorwiegend grob	Vorwiegend fein
Stürzen	Felssturz, Bergsturz	Steinschlag	Erdfall
Toppling	Felstoppling	Schutttoppling	Erdtoppling
Rutschung Rotation	Felsgleitung	Schuttgleitung	Erdgleitung
Rutschung Translation	Felsgleitung	Schuttgleitung	Erdgleitung
Laterale Ausbreitung	Felsdriften	Schuttdriften	Erddrift
Kriechen	Fels- (Gesteins-) Kriechen (tiefes Kriechen)	Schuttstrom	Erdstrom
		Bodenkriechen	
Komplex	Kombination von zwei oder mehr Grundtypen der Bewegung		

Abb. 2.31 Arten der Schutzbauten für Steinschläge in Abhängigkeit der kinetischen Energie (ASTRA 2003)

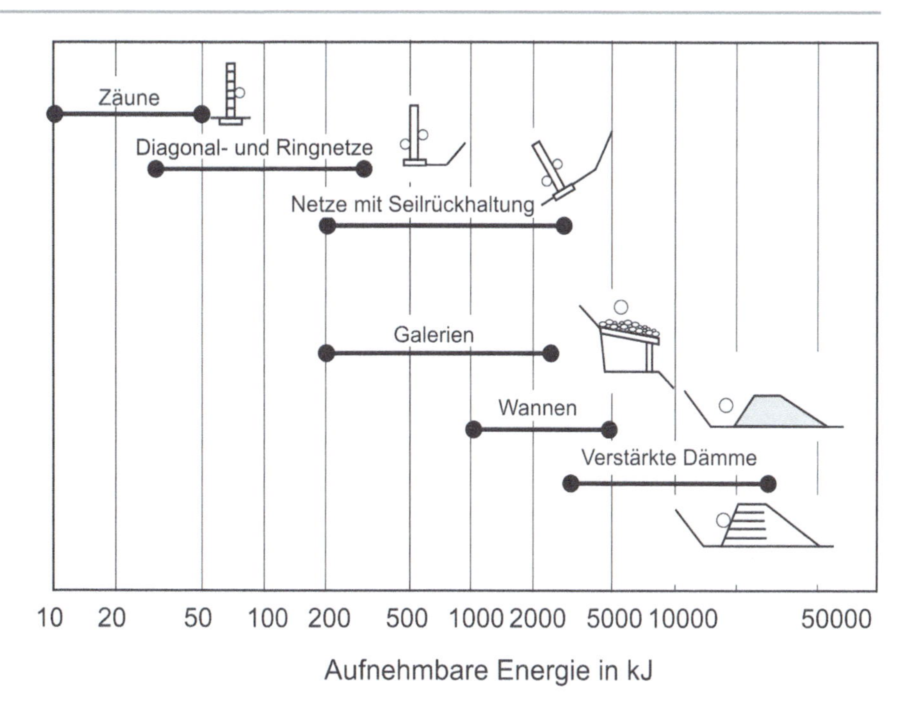

Abb. 2.32 Steinschlagschutzverbau. (Foto: *D. Proske*)

weiterhin die Tatsache, dass die Anzahl der Menschen, die in Gebäuden von Lawinen überrascht wurden, deutlich zurückgegangen ist (Strautmann 2004; WSL 2003). Bekannt dürfte vielen Lesern noch das Lawinenunglück von Galtür mit 38 Todesopfern im Frühjahr 1999 sein. Tab. 2.43 listet eine Vielzahl von Lawinen in der Schweiz auf und erlaubt damit eine subjektive Beurteilung der Häufigkeit dieses Naturereignisses.

Neben Wohngebäuden können auch Brückenschäden durch Lawinen getroffen und zerstört werden. So wurde

Tab. 2.40 Klassifikation verschiedener Lawinentypen nach BAFU (2018), SLF (2019) (entnommen Gugger 2021)

Zone	Kriterium	Alternative Merkmale: Bezeichnung	
Anrissgebiet	Form des Anrisses	Von einem Punkt ausgehen: Lockerschneelawine	Von einer Linie ausgehend: Schneebrettlawine
	Art des anbrechenden Materials	Schnee: Schneelawine	(Gletscher-) Eis: Eislawine/ Gletscherabbruch
	Lage der Gleitfläche	Innerhalb der Schneedecke: Oberlawine	Auf der Bodenoberfläche: Grundlawine
	Feuchtigkeit des Lawinenschnees	Trocken: Trockenschneelawine	Nass: Nassschneelawine
Sturzbahn	Form der Sturzbahn/Querprofil	Flächig: Flächenlawine	Runsenförmig: Runsenlawine (kanalisierte Lawine)
	Form der Bewegung	Stiebend als Schneewolke durch die Luft: Staublawine	Fließend, dem Boden folgend: Fließlawine
		Gemischte Form: Mischlawine	
	Länge der Sturzbahn	Vom Berg ins Tal: Tallawine	Am Hangfuss zum Stillstand kommend: Hanglawine
Ablagerungsgebiet	Oberflächenrauhigkeit der Ablagerung	Grob (über 0,3 m): Grobe Ablagerung	Fein (unter 0,3 m): Feine Ablagerung
	Feuchtigkeit des abgelagerten Schnees	Trocken: Trockene Ablagerung	Nass: Nasse Ablagerung
	Fremdmaterial in der Ablagerung	Fehlend: Reine Ablagerung	Vorhanden (Steine, Erde, Äste, Bäume): Gemischte Ablagerung
	Art des Schadens	Häuser, Siedlungen, Hab und Gut, Verkehr, Wald: Katastrophen-/Schadlawine	Skifahrer und Bergsteiger im freien Gelände: Touristen-/Skifahrerlawine

Tab. 2.41 Eigenschaften verschiedener Lawinenarten (Williams 2006)

Lawinenart	Dichte in kg/m^3	Anteil Feststoff in %	Ablagerungsdichte in kg/m^3
Staublawine	1–10	0–1	100–200
Nassschneelawine	150–200	30–50	500–1000
Trockenschneelawine	100–150	30–50	200–500

die 1906 von Maillart errichtete Tavanasa-Brücke in der Schweiz 1927 durch eine Lawine zerstört. 1979 wurde eine Autobahnbrücke im Glacier Nationalpark in Montana, USA, durch eine Lawine zerstört (Reardon et al. 2008). 1998 wurde in der Schweiz die vorgespannte Straßenbrücke Ri di Rialp von einer Lawine getroffen und zerstört (Margreth und Ammann 2008). Die Brücke Ri di Rialp war 1972 errichtet worden. 1999 wurde eine Brücke auf der Schweizer Bergbahn Lauterbrunnen – Murren durch eine Lawine beschädigt. Im gleichen Jahr wurde die Kipferbrücke zwischen Kalpetran und St. Nikolaus durch eine Lawine vollständig zerstört. Die Eisenbahnstrecke zwischen Brig und Zermatt konnte erst nach Errichtung einer temporären Brücke wieder eröffnet werden.

Gerade nach den schweren Unfällen wurden umfangreiche Schutzmaßnahmen gegen Lawinenunglücke ergriffen, so z. B. bauliche Schutzmaßnahmen, wie in den Abb. 2.35 und 2.36 gezeigt (siehe auch Rudolf-Miklau und Sauermoser 2012). Außerdem wird aktiv auf den Pisten bzw. den gefährdeten Gebieten durch Schilder oder durch Meldungen gewarnt (Abb. 2.37).

Für von Lawinen Verschüttete besteht in der Regel eine begrenzte Chance auf Rettung. Durchschnittlich überlebt jeder zweite Verschüttete eine Lawine. Die Rettung ist allerdings maßgeblich von der Dauer des Einschlusses in einer Lawine abhängig. In den ersten 15 min beträgt die Chance der Rettung fast 90 %, nach einer halben Stunde allerdings nur noch 50 %, siehe Abb. 2.38. (Strautmann 2004).

Heute kann das Lawinenrisiko teilweise mit Apps auf dem Mobiltelefon berechnet werden (Trinkwalder 2021). Auch wird in der Schweiz regelmäßig durch das SLF über die Lawinengefährdungssituation informiert.

2.2.3.4.6 Eislawinen, Gletscherausbrüche

Eislawinen, Gletscherausbrüche oder Gletscherstürze sind ein bekanntes Phänomen im Alpinen Raum (Röthlisberger 1978). In der Schweiz wurde z. B. der Gletschersturz am 11. September 1895 vom Altelsgipfel ausführlich dokumentiert. Vergleichbare Ereignisse sind auch aus dem Hima-

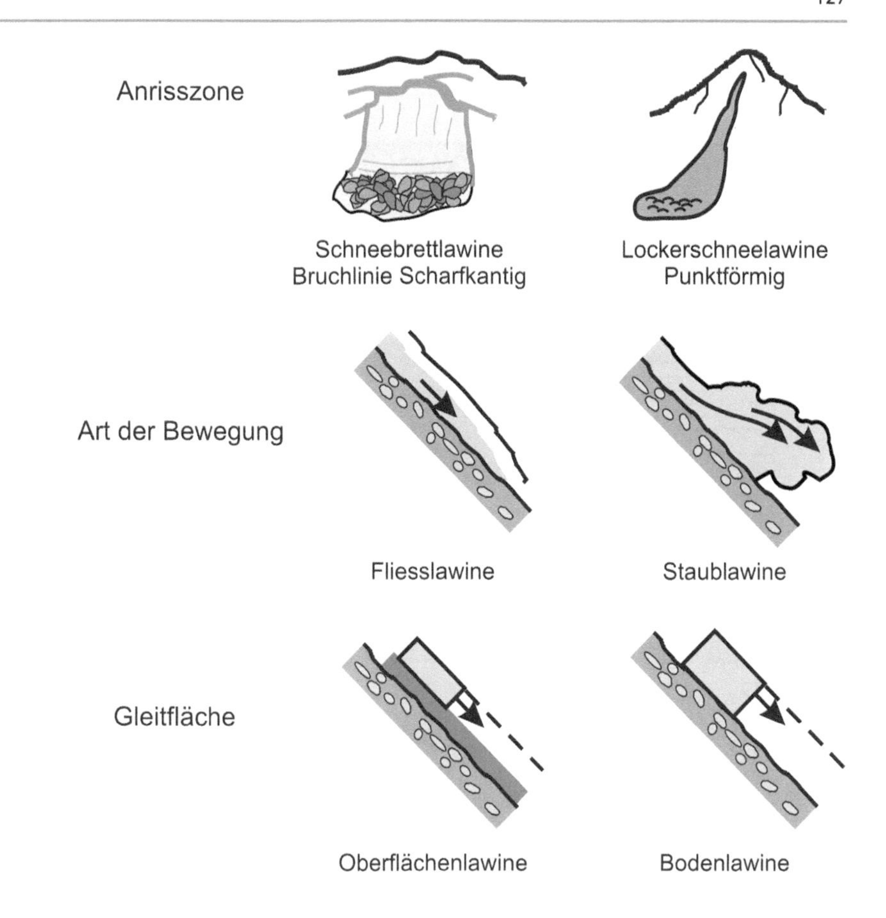

Abb. 2.33 Einteilung der Lawinen nach Munter (1999)

Tab. 2.42 Lawinengrößenklassen nach SLF (2020)

Größenklasse	Beschreibung	Länge	Volumen in m^3
1	Rutschung	10–30 m	100
2	Kleine Lawine	50–200 m	1000
3	Mittlere Lawine	Mehrere 100 m	10.000
4	Große Lawine	1–2 km	100.000
5	Sehr große Lawine	3 km	> 100.000

laya bekannt (Leber 2005). Insbesondere der Ausbruch von Gletscherseen wird dabei diskutiert. Diese Gefährdungen hängen zu großem Maße mit dem dynamischen Verhalten der Gletscher zusammen. Abb. 2.39 zeigt den Aletschgletscher, dessen Umfang und Länge sich in den letzten 1000 Jahren mehrmals verändert hat. Ein Beispiel für das Versagen der Endmoräne des Züricher Sees vor ca. 13 000 Jahren und der damit verbundenen erheblichen Flut nennt Strasser et al. (2008).

Je nach Zählung existieren auf der Erde zwischen 200.000 und 400.000 Gletscher, darunter befinden sich allerdings zahlreiche sehr kleine Gletscher (kleiner 0,2 km^2) (Davies 2021). Die meisten dieser Gletscher verlieren Masse. Sie unterliegen damit dem Risiko von Gletscherseen und Gletscherausbrüchen.

2.2.3.4.7 Blitzfluten

Blitzfluten sind plötzliche, sehr schnelle Überflutungen. Diese können durch verschiedene Ursachen, wie z. B. Brüche von Dämmen, aber auch durch schwere Regenfälle verursacht werden. Aufgrund der Geschwindigkeit des Anstiegs des Wasserspiegels sind Warnungen von großer Bedeutung, wie z. B. im Abb. 2.40.

Ein Beispiel für eine Blitzflut in Verbindung mit einem Gebirgssturz war das Unglück vom 7. Februar 2021 in Indien im Nanda-Devi-Nationalpark. Ein vermutlich 27 Mio. Kubikmeter großes Gemisch aus Gletschereis und Felsbrocken löste sich und verursachte eine Flutwelle, die noch in 15 km Entfernung 20 m Höhe erreichte. Nach Schätzungen starben bis zu 200 Menschen. (Rademacher 2021). Der Übergang zum Begriff Impulswellen ist allerdings fließend.

2.2.4 Klimatologische Gefahren

Extreme Lufttemperaturen können in Abhängigkeit vom Alter bzw. Gesundheitszustand des Menschen und in Abhängigkeit von der Verfügbarkeit von Schutzmaßnahmen, wie Heizungen oder Klimaanlagen, zu erhöhten Mortalitäten führen. So erfrieren Obdachlose in kalten Wintern und im Sommer ist eine erhöhte Mortalität durch hohe Luft-

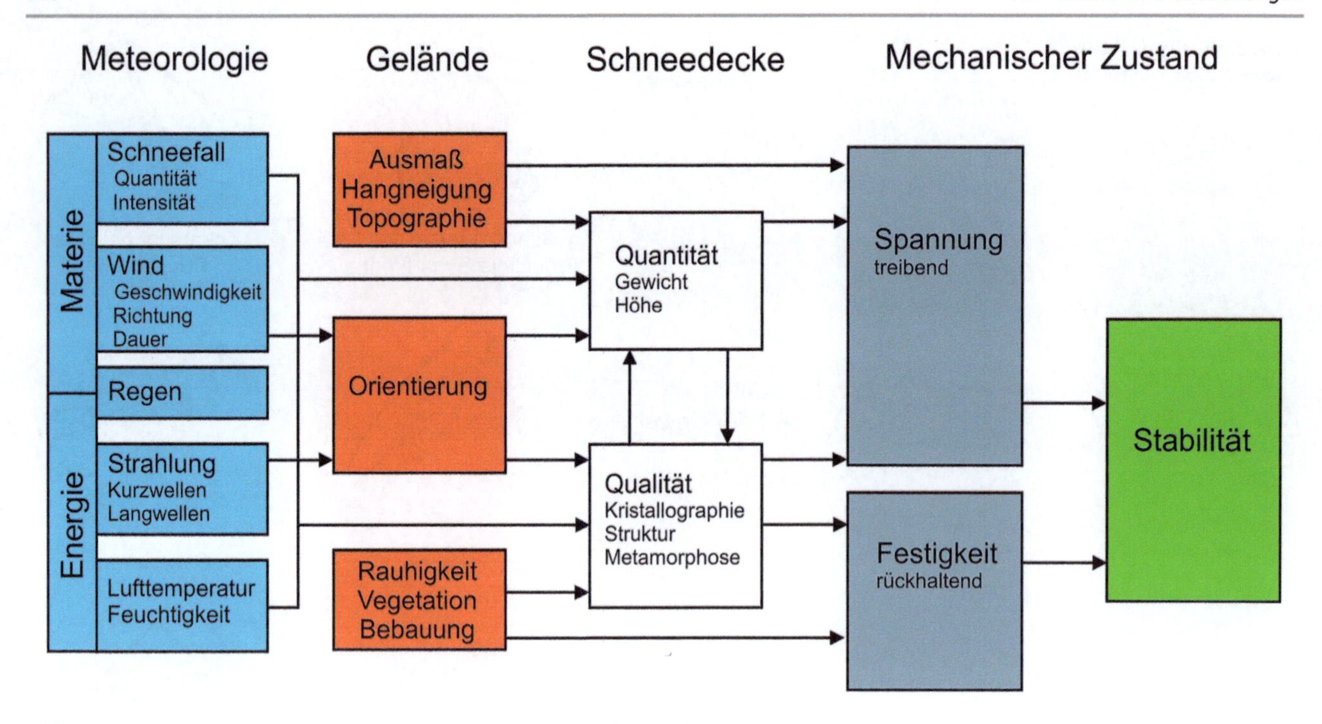

Abb. 2.34 Lawinenbildung, Faktoren und ihre Wechselwirkung (Gugger 2021)

temperaturen zu beobachten. Im Folgenden werden verschiedene klimatologische Parameter diskutiert. Tab. 2.44 erlaubt eine Einteilung der Begriffe Wetter, Witterung und Klima, die eng mit klimatologischen Faktoren verbunden sind. Allerdings werden nicht alle klimatologischen Parameter in diesem Abschnitt beschrieben. Niederschläge als Ursache für Überschwemmungen werden z. B. in Abschn. 2.2.5 Hydrologische Gefahren behandelt.

Auch wenn es sich um eine Vermischung von Gefährdung und Schutzmaßnahme handelt, sei an dieser Stelle schon darauf hingewiesen, dass Bauwerke als Schutz vor klimatologischen Einflüssen zum einen sehr früh in der Geschichte der menschlichen Zivilisation als technisches Erzeugnis entwickelt und angewendet wurden, praktisch nach den Waffen wie Speer und dem Feuer, und dass sie sich bis heute bewährt haben und in großer Zahl eingesetzt werden.

Zunächst listet Tab. 2.45 die weltweiten Extremwerte verschiedener klimatologischer Parameter auf. Tab. 2.46 listet in der Schweiz beobachtete Extremwerte auf.

2.2.4.1 Hohe und Tiefe Lufttemperaturen

Die Bedeutung hoher Lufttemperaturen für die Gesundheit bzw. Mortalität von Menschen wird am Ende dieses Abschnittes diskutiert. Am Anfang wird zunächst auf die statistischen Eigenschaften maximaler Lufttemperaturen eingegangen.

Die Lufttemperatur hängt zuerst von der geographischen Lage eines Messortes ab. Die regionale und lokale Lufttemperatur hängt zusätzlich von verschiedenen weiteren Randbedingungen ab, wie z. B. der Lage in einer Stadt oder auf unbebautem Gebiet (Z'graggen 2006), dem Feuchtegehalt des Bodens oder der Höhe über dem Boden. Die dichte Bebauung, das große Wärmespeichervermögen der Bauwerke, die starke Bodenversieglung, geringe oder fehlende Vegatation und erhöhte Emissionen führen innerstädtisch oft zum Wärmeinseleffekt (Von Storch und Claussen 2009). Gerade der Feuchtegehalt des Bodens führt bei Maximaltemperaturen zu erheblichen Unterschieden. Außerdem ist die Temperatur wenige Meter über dem Boden geringere Extremwerte als am Boden selbst. So stellt Grimbacher (2005) fest: *„In wolkenlosen Nächten sinkt die Grastemperatur T0m (die Temperatur knapp über dem Boden) ausstrahlungsbedingt deutlich tiefer als die Lufttemperatur T2m in 2 m Höhe, da die langwellige Gegenstrahlung von Wolken fehlt."* Häufig erfolgt die Messung der Lufttemperatur zwei Meter über dem Boden.

Bauliche Anlagen, wie z. B. Kühltürme, haben ebenfalls einen Einfluss. E.ON (2008) stellt z. B. fest, dass die Beschattung der Erdoberfläche durch die Feuchtluftfahne von Kühltürmen zu einer Verminderung der Lufttemperatur von maximal einem Grad führen kann. Dagegen führen die Schwaden in der Nacht durch die Erhöhung der atmosphärische Gegenstrahlung zu einer Erhöhung der lokalen Lufttemperatur um ein bis zwei Grad. Die Temperaturänderung durch die Verdunstung der Sprühtropfen ist praktisch vernachlässigbar.

Bei Bauwerken, wie z. B. Brücken, sind Temperaturdifferenzen zu berücksichtigen. Hier besteht ein nicht unerheblicher Einfluss der Strahlungswärme durch die Sonne und durch Windeffekte.

Tab. 2.43 Beispiele von Lawinenunfällen in der Schweiz nach Ammann et al. (1997)

Datum	Betroffenes Gebiet	Opfer, Schäden
Jan, 1459	Trun, Disentis (Surselva/GR)	25 Tote, St. Placidus-Kirche (erbaut 804), ca. 8 Häuser und 8 Ställe zerstört
1518	Leukenbad (VS)	61 Tote, viele Gebäude und Bäder zerstört
Feb. 1598	Graubünden (v. a. Engadin) Livigno, Campodolcino (angrenzendes Italien)	ca. 50 Tote, Gebäude- und Viehschäden ca. 68 Tote
Jan. 1667	Anzonico (II) Fusio-Mogno (II)	88 Tote, Dorf größtenteils zerstört 33 Tote (Ereignis unsicher)
Jan. 1687	Meiental, Gurtnellen (UR) Glarnerland	23 Tote, 9 Häuser und 22 Ställe zerstört, 110 Stück Vieh getötet viele Lawinen
Feb. 1689	St. Antönien, Saas im Prättigau, Davos (CR) Vorarlberg, Tirol (Österreich)	80 Tote, 37 Häuser und viele andere Gebäude zerstört, Wald- und Viehschäden 149 Tote, ca. 1000 Häuser und viele andere Gebäude, über 750 Stück Vieh, viel Wald
Feb. 1695	Bosco Gurin (TI) Villa/Bedretto (TI)	34 Tote, 11 Häuser und viele Ställe zerstört 1 Toter (Pfarrer), Kirche und mehrere Häuser zerstört (Datum unsicher)
Jan. 1719	Leukerbad (VS)	55 Tote, Kapelle, Bäder, über 50 Häuser und viele andere Gebäude zerstört
Feb. 1720	Ftan, St. Antönien, Davos (GR) Ennenda, Engi (GL) Obergesteln (Goms/VS) Brig, Randa, St. Bernhard (VS)	ca. 40 Tote, viele Gebäude und Wald zerstört 7 Tote, 4 Gebäude zerstört, Vieh getötet viele Tote (nach verschiedenen Quellen 48, 84 oder 88), rund 120 Gebäude zerstört und 400 Stück Vieh getötet ca. 75 Tote (Ereignisse und Daten unsicher)
März 1741	Saastal (VS)	18 Tote, ca. 25 Gebäude zerstört
Feb. 1749	Rueras, Zarcuns, Disentis (Surselva GR) BoscoGurin (II) Goms, Vispertäler (VS), Grindelwald (BE)	75 Tote, ca. 120 Gebäude zerstört und rund 300 Stück Vieh getötet 54 Tote, großer Sachschaden viele Lawinen
Dez. 1808	Obermad/Gadmental (BE) Zentralschweiz (vor allem Uri) Selva (Surselva/GR)	ganzes Dorf verwüstet: 23 Tote, große Gebäude- und Viehschäden; 19 weitere Tote durch Lawinen im Berner Oberland rund 20 Tote und große Schäden (Ereignisse z. T. unsicher) unterer Dorfteil total zerstört: 26 Tote, 11 Gebäude zerstört, über 200 Stück. Vieh getötet; total 7 Tote, 50 Gebäude zerstört und rund 130 Stück Vieh getötet durch weitere Lawinen in Nord- und Mittelbünden
März 1817	AndereggIGadmental (BE) Elm (CL), Saastal (VS), Tessin und Engadin (GR)	Dorf zerstört: ca. 15 Tote (Datum, Opfer- und Schadenbilanz unsicher) viele Lawinen mit Verschütteten, Sach- und Viehschäden
1827	Biel, Selkingen (Goms, NS)	ca. 51 Tote, 46 Häuser zerstört
Jan. 1844	Göschenertal (UR), Guttannen, Grindelwald und Saxeten (BE)	13 Tote, Gebäude- und Viehschäden
April 1849	Saas Grund (VS)	19 Tote, 6 Häuser und ca. 30 andere Gebäude zerstört bzw. beschädigt; auch im übrigen Saas-Tal große Gebäudeschäden

(Fortsetzung)

Tab. 2.43 (Fortsetzung)

Datum	Betroffenes Gebiet	Opfer, Schäden
März 1851	Ghirone-Gozzera (II)	23 Tote, 9 Gebäude zerstört, 300 Stück Vieh getötet; Schäden auch im übrigen Nordtessin
Jan. 1863	Bedretto (II)	29 Tote, 5 Häuser und 12 Ställe zerstört; Schäden auch im übrigen Tessin, im Misox und Bergell (GR)
Winter 1887/88	3 Lawinenperioden; Schwerpunkte: Nord- und Mittelbünden Tessin, Goms Tessin, Hinterrhejn	1094 registrierte Lawinen forderten 49 Todesopfer, zerstörten 850 Gebäude, töteten 700 Stück Vieh und schlugen 1325 ha Wald
Dez. 1923	Alpennordseite, Gotthardgebiet, Wallis, Nord- und Mittelbünden	Große Lawinenschäden in weiten Teilen der Schweizer Alpen
Winter 1950/51	2 Lawinenperioden; Schwerpunkte: Graubünden ohne Südtäler Uri, Oberwallis, Berner Oberland Alpensüdseite (Tessin, Simplon)	1421 registrierte Lawinen forderten 98 Todesopfer, zerstörten 1527 Gebäude, töteten 800 Stück Vieh und schlugen 2000 ha Wald
Jan. 1954	Alpennordseite, Nordbünden Vorarlberg (Österreich)	258 registrierte Lawinen forderten 20 Todesopfer, zerstörten 608 Gebäude, töteten ca. 230 Stück Vieh und schlugen 83 ha Wald 125 Tote, 55 Wohnhäuser beschädigt/zerstört
Jan. 1968	Alpennordseite und Graubünden (ohne Südtäler), vor allem Region Davos	211 registrierte Lawinen forderten 24 Todesopfer zerstörten 296 Gebäude, töteten ca. 23 Stück Vieh und schlugen 46 ha Wald
April 1975	Alpensüdseite, stark nach Norden übergreifend	510 registrierte Lawinen forderten 14 Todesopfer zerstörten 405 Gebäude, töteten ca. 170 Stück Vieh und schlugen 600 ha Wald
Feb. 1984	Nördlich des Alpenhauptkamms, v. a. Gotthardgebiet, Samnaun	322 registrierte Lawinen forderten 12 Todesopfer, zerstörten 424 Gebäude, töteten ca. 30 Stück Vieh und schlugen 414 ha Wald

Abb. 2.35 Lawinenschutzverbau. (Foto: *D. Proske*)

Abb. 2.36 Lawinenschutzverbau. (Foto: *D. Proske*)

Abb. 2.37 Warnung vor Lawinengefahr außerhalb der Pisten. (Foto: *D. Proske*)

Die Abb. 2.41 und 2.42 zeigen Gefährdungskurven der maximalen und minimalen Lufttemperatur für Bern, Basel und Extremwerte gemäß Tab. 2.46 und 2.47. Die Kurve Abb. 2.43 zeigt beispielhaft die statistische Unsicherheit der Gefährdungskurve. Nicht verwunderlich zeigen die ex- tremen Lufttemperaturen mit sehr großen Wiederkehrperioden, wie z. B. 10.000 Jahren, eine erhebliche Unsicherheit, da die Messreihen häufig nur wenige Jahrzehnte umfassen. So gibt es tägliche Temperaturmessungen seit dem 18. Jahrhundert (Pfister 1999; Behringer 2011). Die

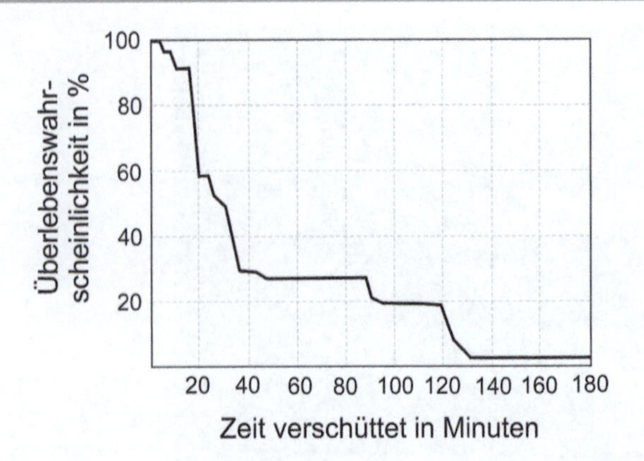

Abb. 2.38 Überlebenswahrscheinlichkeit als Funktion der Verschüttdauer unter einer Lawine nach Falk et al. (1994)

wahrscheinlich ältesten durchgehenden Temperaturmessserien liegen für Mittelengland mit Daten seit 1772 (Parker et al. 1992; Met Office Hadley Centre for Climate Change 2021) oder für Basel (MeteoSwiss 2021) mit Daten seit 1755 vor. Aus diesem Grund erscheint es sinnvoll, sogenannte Proxy-Daten zu berücksichtigen.

Nicht-messtechnisch erfasste klimatologische Daten werden indirekt über biologische, ökonomische, soziale und landwirtschaftliche Proxi-Daten ermittelt (Herlihy 1980; Cronin 1999; Behringer 2011). Die Daten sind in der Regel beschreibend. Die zeitliche und räumliche Auflösung ist deutlich geringer als bei den messtechnischen Daten, kann aber durchaus auch Tageswerte umfassen (Behringer 2011).

In der Schweiz existiert seit 1985 die durch Pfister erstellte klimageschichtliche Dokumentation Climhist-CH (2013), die sich mit der Auswertung von Proxy-Daten befasst. Die Datenbank wird von der Universität Bern gepflegt und vom Bundesamt für Meteorologie und Klimatologie MeteoSchweiz unterstützt. Im Internet liegen zusätzlich verschiedene paleo-klimatologischer Daten für Europa und verschiedene andere Weltregionen vor, auf die unter anderem beim World Data Center for Paleoclimatology, Boulder und dem NOAA (2018) Paleoclimatology Program zugegriffen werden kann. Diese Datensätze umfassen zahlreiche klimatologische Parameter, nicht nur die Temperaturen.

Basierend auf solchen Datensätzen kann man Aussagen zur langfristigen Entwicklung verschiedener klimatologischer Parameter machen. So wurden für die letzten Jahrhunderten und Jahrtausenden mehrere außergewöhnlich kalte Winter in Mitteleuropa dokumentiert. Dazu zählen die Winter von 536, 763/764, 1364, 1607/08, 1709 und 1739/40 (Hennig 1904). Das Jahr 536 ist insbesondere für seine Verdunklung der Atmosphäre bekannt (Barras 2014). Es ist aber nicht bekannt, ob ein Vulkanausbruch, ein Meteoriteneinschlag oder eine Kombination aus beidem zu dieser Verdunklung und Abkühlung geführt hat (Barras 2014). Der Winter 763/764 gilt als einer der kältesten Winter der letzten 2000 Jahre (Pfister et al. 1998) in Europa. Die Winter 1709 und 1739/40 gelten als die kältesten Winter des letzten Jahrtausends (Pfister 1999, Seite 96 und Hennig 1904, Bernhardt und Mäder 1987, Bernhardt et al. 1991). Die Aussage *„kälteste Winter des letzten Jahrtausends"* wurde allerdings auch für einen anderen Winter genutzt (Pfister et al. 2009): *„Der Winter 1364 war möglicherweise der kälteste des verflossenen Jahrtausends"*. In den Wintern 1709 und 1739/40 platzten die Bäume in Deutschland und einigen Gebieten der Schweiz auf. Dazu sind länger

Abb. 2.39 Aletschgletscher (Foto: *D. Proske*). Der Aletschgletscher erreichte 1370, 1678 und 1860 seine letzten Höchststände seit dem Ende der letzten Eiszeit vor ca. 12.000 Jahren

Abb. 2.40 Warnung vor einer Blitzflut in den österreichischen Alpen. (Foto: *D. Proske*)

Tab. 2.44 Einteilung der Begriffe

Begriff	Zeitraum	Phänomene
Mikroturbulenz	Sekunden und Minuten	Böen
Wetter	Stunden und Tage	Hoch- oder Tiefdruckgebiet Stürme
Witterung	Wochen und Monate	Jahreszeiten, wie Winter
Klima	Jahre	Kleine Eiszeit, Klimaoptimum des Holozän

andauernde Tiefsttemperaturen von −25 bis −30° C notwendig. 1709 konnten an mehreren Orten thermometrische Messungen festgehalten werden. In Berlin wurde am 10. Januar 1709 eine Tagesmitteltemperatur von −30° C gemessen. Am 27. November 1739 wurden −25° C in Dresden gemessen.

Die lange messtechnische Datenreihe von Basel erfasst wenigsten den kalten Winter 1962/63. In diesem Winter froren der Rhein in Basel und die Aare letztmalig zu, und auch der Züricher See und der Bodensee froren zu (Scherrer 2009).

Neben solchen Einzelwerten kann man mit Proxy-Daten auch längere Zeitreihen konstruieren. Oft wurden solche Zeitreihen in großen Forschergruppen erstellt, z. B. Temperaturen für Mitteleuropa für die letzten 500 Jahre durch Dobrovolny et al. (2010), für Europa für die letzten 2000 Jahre durch Luterbacher et al. (2016) oder für die weltweite Temperaturvariabilität durch Ahmed et al. (2013).

Abb. 2.44 zeigt die Schätzungen der Mittelwerttemperaturen von April bis Juli für die Schweiz über einen Zeitraum von ca. 500 Jahren in Form von Temperaturabweichungen zum Mittelwert der Jahre 1901 bis 2000. In diesem Diagramm stechen einige Jahre hervor, besonders das Jahr 1540. Nach dem Bild war das Jahr 1540 deutlich wärmer als das Jahr 2003.

Abb. 2.45 zeigt die Schweizer Frühlings- und Sommertemperaturen nach Guiot et al. (2010), Trachsel et al. (2012) und Meier et al. (2007) für einen Zeitraum von 1000 Jahren. Das Jahr 1540 zeigt sich dort nicht als Ausreißer, andere Jahre sind aber in beiden Darstellungen zu finden, wie z. B. das Jahr 1718, 1822 oder 1865.

Die notwendige Erweiterung und Verbesserung der Daten, die sich aus einer extremen Extrapolation ergibt (Abb. 2.43), lässt sich nur bedingt durch die neuen Proxy-Daten erreichen. Im Gegenteil, die Verwendung des Jahresmittels oder eines Viermonatsmittels erschwert die Bestimmung eines Tages- oder Jahresmaximalwertes, weil die Temperatur von kühleren Monaten mit in die Bestimmung des Jahres bzw. Mehrmonatsmittelwertes eingerechnet wird. So werden z. B. für die Frühlingstemperaturen die Monate April, Mai und Juni berücksichtigt. War also der April wärmer, hat das zwar Auswirkungen auf den Mehrmonatsmittelwert, aber nicht zwangsläufig auf den Jahres-

Tab. 2.45 Extremwerte klimatologischer Parameter auf der Erde (DWD 2013)

Klimatologischer Parameter und Ort	Wert	Beschreibung	Datenzeitraum
Höchste Temperatur			
Greenland Ranch (Kalifornien, USA)	56,7 °C	Höchsttemperatur	10.07.1913
Tiefste Temperatur			
Wostok (Antarktis)	– 89,2 °C	Tiefsttemperatur	21.07.1983
Höchste Regenmenge			
Foc-Foc (Insel La Reunion/Indischer Ozean)	1825 mm	24 h	07./08.01.1966
Cratere Commerson (Insel La Reunion/Indischer Ozean)	3929 mm	In 3 Tagen	24.–27.02.2007
Cherrapunji (Indien)	26.467 mm	in 1 Jahr	01.08.1860–31.07.1861
Höchste Windgeschwindigkeit (Böenspitze)			
Barrow Island (Australien)	113 m/s	Wind/Böenmaximum (ausgenommen Tornados)	10.04.1996
Bridge Creek, (Oklahoma, USA)	135 m/s	Tornado	03.05.1999

extremwert der Temperatur. Deshalb geben die Proxy-Daten eher eine Information über die Länge einer Warmperiode. Genau diesen Effekt, nämlich die stärkere Erwärmung der Monate April und Mai, kann man auch tatsächlich an Messstationen beobachten. So stieg die maximale Tagestemperatur für die Monate Mai und Juni in den letzten Jahrzehnen an einem Schweizer Standort (Abb. 2.46). Dies hat allerdings keinen Einfluss auf die Jahresmaximaltemperatur.

Aber selbst vorhandene Messdaten sind kein Garant für die Erstellung fehlerfreier Gefährdungskurven. So kennt man für Basel Unterschiede der Maximaltemperaturen für homogenisierte und nicht-homogenisierten Datenreihen. Für die nicht-homogenisierten Daten ergeben sich Maximaltemperaturen von 38°C für Basel alle 15 Jahre. Die Extremwerte liegen nicht nach 1980, sondern vielmehr Ende der 1940/Anfang der 1950er Jahre. Die Homogenisierung korrigierte die Daten aus den 1940er Jahren nach unten. Nach der Homogenisierung werden Werte von 38°C etwa alle 50 Jahre erreicht. Das heißt, gemessene Tagesmaximalwerte ohne eine Homogenisierung der Daten können die Ergebnisse erheblich verfälschen. Eine Homogenisierung korrigiert Unterschiede aus Messreihen an verschiedenen Messorten und verschiedenen Messverfahren zu einer aussagekräftigen Zeitreihe (Begert et al. 2003, 2005; Füllemann et al. 2011).

2.2.4.2 Klimawandel und historische Klimadaten

Wir wissen heute, dass das Klima auf der Erde in der Vergangenheit einem ständigen Wechsel unterworfen war. Vor ca. 65 Mio. Jahren war das Klima auf der Erde deutlich wärmer und vor 55 Mio. Jahre wurde ein Maximalwert erreicht (Abb. 2.47). Es existierten keine Polareiskappen. Dagegen reichten sub-tropische Wälder bis in diese Regionen (National Geographic Society 1998). Die Vorgänger von Alligatoren lebten bis zu einer geographischen Höhe von Grönland. Die Bodentemperatur der Ozeane, die heute etwa 4 °C entspricht, erreicht damals 17° C (Dinosaur Extinction Giant Meteor Impact 2004). Es existierte nahezu kein Temperaturgradient zwischen dem Äquator und dem Nord- bzw. Südpol. Man darf allerdings nicht vergessen, dass die Landverteilung damals auf der Erde anders war als heute. Zwar existierten die Kontinente bereits, aber die Größe und Lage der Landmasse und der Meere änderte sich damals erheblich. Vor etwa 60 Mio. Jahren spalteten sich die Antarktis und Australien. Damit entstand ein Meer, welches durch seine Strömungen anfing, die Antarktis zu kühlen. Parallel dazu prallte Afrika auf Europa und Indien auf Asien. Dies führte zu neuen Gebirgen, den Alpen und dem Himalaja, und gleichzeitig zu einer Öffnung der Ozeane und einer Absenkung des Meeresspiegels. Damit erhöhte sich die Landfläche auf der Erde. Dies hatte eine Abkühlung der Erde zur Folge, da die Landmasse die Wärme deutlich schlechter speichern konnte als die Ozeane. Außerdem vermutet man, dass durch die Bildung von Kohle und Erdöllagerstätten Kohlenstoff aus dem biologischen Kreislauf entzogen wurde und sich damit der Anteil der Treibhausgase in der Atmosphäre verringerte (National Geographic Society 1998). Von vor 55 Mio. Jahren bis vor 35 Mio. Jahre gab es deshalb eine deutliche Abkühlungsphase auf der Erde. Es bildeten sich Polkappen. Anschließend gab es wieder eine Erwärmungsphase bis vor etwa 14 Mio. Jahre. Von dieser Zeit bis vor etwa 18.000 Jahren gab es eine stetige Abkühlung. Die Polkappen waren etwa dreimal so groß wie heute. Anschließend stieg die mittlere Temperatur auf der Erde wieder an. Vor ca. 10.000 Jahren wurde eine mittlere Temperatur erreicht, die vergleichbar ist mit der Temperatur vor ca. 2,5 Mio. Jahren.

Tab. 2.46 Extremwerte klimatologischer Parameter in der Schweiz (MeteoSchweiz 2018)

Ort	Höhe	Wert	Beschreibung	Datenzeitraum
Wärmster Ort (2 m über Boden gemessen)				
Locarno-Monti (TI)	367 m ü. M	12.4 °C	Mittlere Jahrestemperatur	1981–2010
Lugano (TI)	273 m ü. M	12.4 °C	Mittlere Jahrestemperatur	1981–2010
Kältester Ort (2 m über Boden gemessen)				
Jungfraujoch	3'580 m ü. M	− 7.2 °C	Mittlere Jahrestemperatur	1981–2010
Höchste Temperatur (2 m über Boden gemessen)				
Grono (GR)2)	382 m ü. M	41.5 °C	Höchsttemperatur	11. August 2003
Tiefste Temperatur (2 m über Boden gemessen)				
La Brévine (NE)3)	1'048 m ü. M	− 41.8 °C	Tiefsttemperatur	12. Januar 1987
Trockenster Ort				
Ackersand (VS)	700 m ü. M	545 mm	Mittlere Jahressumme	1981–2010
Nässester Ort				
Säntis	2502 m ü. M	2837 mm	Mittlere Jahressumme	1981–2010
Höchste Regenmenge				
Lausanne (VD)	601 m ü. M	41.0 mm	In 10 min	11. Juni 2018
Locarno-Monti (TI)	366 m ü. M	91.2 mm	In 1 h	28. August 1997
Camedo (TI)	550 m ü. M	455 mm	In 1 Tag	26. August 1935
Mosogno (TI)	760 m ü. M	612 mm	In 2 Tagen	23./24. September 1924
Camedo (TI)	550 m ü. M	768 mm	In 3 Tag	3.–5. September 1948
Camedo (TI)	550 m ü. M	1'239 mm	In 1 Monat	April 1986
Säntis	2502 m ü. M	4'173 mm	In 1 Jahr	1922
Größte Schneehöhe				
Säntis	2502 m ü. M	816 cm		April 1999
Größte Neuschneemenge				
Berninapass	2'307 m ü. M	130 cm	In 1 Tag	15. April 1999
Berninapass	2'307 m ü. M	215 cm	In 2 Tagen	15./16. April 1999
Weissfluhjoch	2'690 m ü. M	229 cm	In 3 Tagen	13.–15. Februar 1990
Höchste Windgeschwindigkeit (Böenspitze)				
Grand St. Bernard (Berge)		75 m/s		27.02.1990 (Sturm Vivian)
Glarus (Flachland)		52.7 m/s		15.07.1985 (Gewittersturm)

Basierend auf den Messungen an Jahresringen von Bäumen, von Korallenriffen, von Eisbohrungen, und, soweit vorhanden, historischen Angaben kann man die klimatischen Verhältnisse der letzten etwa 20.000 Jahre relativ gut beurteilen (siehe den vorangegangenen Abschnitt, aktuelle siehe Osman et al. 2021). Im Vergleich zu den Schwankungen der letzten Millionen Jahre ist die mittlere Temperatur in diesem Zeitraum relativ konstant geblieben. Allerdings gab und gibt es immer wieder Schwankungen. So zeigte sich, dass in der nördlichen Hemisphäre gewisse Temperaturzyklen alle 700 bis 1600 Jahre auftraten. (Wilson 2003).

Eine zeitliche Darstellung der Änderung der mittleren Temperatur der nördlichen Hemisphäre für die letzten 2000 Jahre zeigt Abb. 2.48. Da diese Angaben natürlich mit einer erheblichen Unsicherheit verbunden sind, wurde der 95 % Vertrauensbereich mit angegeben (grauer Bereich). Dort wird auch die ab 1450 einsetzende, sogenannte kleine Eiszeit sichtbar, die z. B. dazu führte, dass die Ostsee in großen Bereichen im Winter zufror. Die Wikinger gaben damals Stützpunkte in Grönland auf (National Geographic Society 1998).

In Abb. 2.48 ist aber auch eine seit etwa 50 Jahren stattfindende relativ, schnelle Änderung der Temperatur der

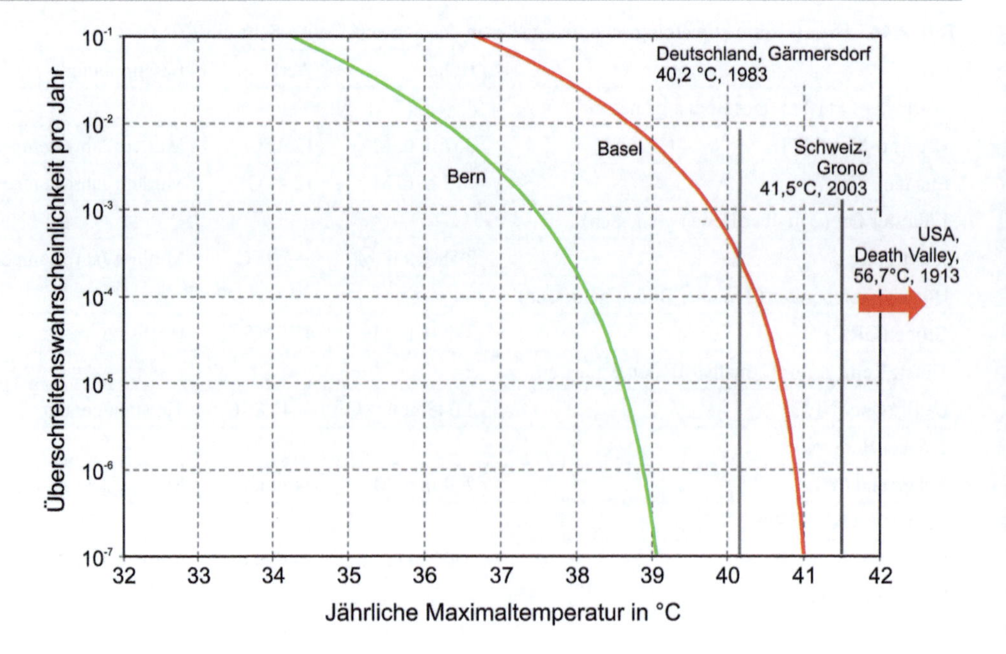

Abb. 2.41 Gefährdungskurve der jährlichen maximalen Lufttemperatur für Basel und Bern und Vergleichswerte (definierte Höhe über Boden)

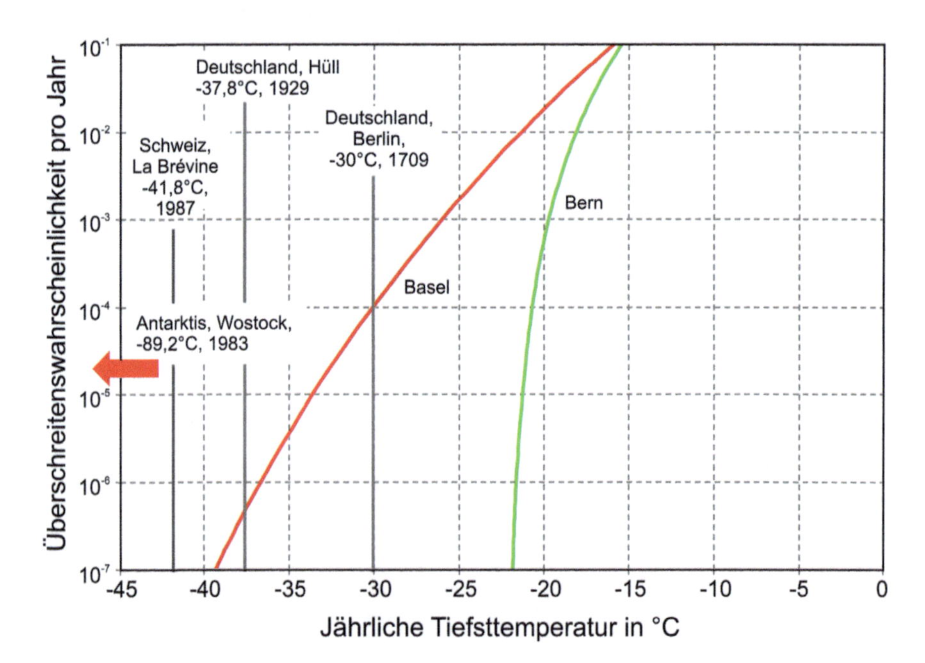

Abb. 2.42 Gefährdungskurve der jährlichen minimalen Lufttemperatur für Basel und Bern und Vergleichswerte (definierte Höhe über Boden)

nördlichen Hemisphäre erkennbar. Basierend auf den vorliegenden Daten hat man in den letzten Jahrtausenden bisher keinen so schnellen Temperaturanstieg beobachten können (Osman et al. 2021). Die Geschwindigkeit der Erhöhung beträgt zurzeit etwa 0,15 bis 0,20 °C pro Jahrzehnt.

2001 erklärte das IPCC (2001) die 90er Jahre des 20. Jahrhunderts zur wärmsten Dekade im letzten Jahrtausend und 1998 zum wärmsten Jahr des Jahrtausends. Die mittlere Oberflächentemperatur auf der Erde war danach in den letzten 100 Jahren um etwa 0,6 °C ± 0,2 °C gestiegen (IPCC 2001). 2017 bezifferte der IPCC den Anstieg der globalen, mittleren, oberflächennahen Lufttemperatur mit 1 °C (IPCC 2017). Aktuelle politische Ziele gehen von einer Beschränkung der Erwärmung von 1,5 bis 2,0 °C aus. In der Schweiz (Basel) wird durch MeteoSwiss (2021) eine Erwärmung von ca. 2,0 °C angegeben. Abweichungen von der mittleren globalen Temperatur im Bereich von –2 °C entsprachen der kleinen Eiszeit. Abweichungen von ca. –5 °C entsprachen einer großen Eiszeit.

Betrachtet man die Temperaturen jahreszeitenabhängig, erhält man etwas andere Ergebnisse, die diese prinzipielle Entwicklung aber bestätigen. So haben Untersuchungen gezeigt, dass der Sommer des Jahres 2003 etwa zwei Grad über der langjährigen Durchschnittstemperatur der ent-

Tab. 2.47 Maximale Lufttemperaturen an verschiedenen Schweizer Orten und die Zuordnung zu Jahren (Z'graggen 2006)

Ort	Messstation	2003	1983	1971	1957	1947	1945	1921
Tessin/Misox	Grono	41.5[a]						
	Locarno-Monti	37.9	37.3				36.0	
	Piotta	34.0	32.8					
	San Bernadino	27.6	27.9					
	Basel	38.6[b]	38.4[d]					38.4[d]
	Zürich	36.0	35.8[e]			35.8		
	Bern	37.0				35.9		
	Altdorf	36.5		35.6[f]				
Berner Oberland	Chateau d Oex	33.4	35.0					
	Gstaad-Grund	32.0	34.0					
	Adelbode	29.4	32.2					
	Mürren (1638 m)		30.4					
Höhenlagen Zentral- und Ostschweiz	Elm und Engelberg	32.6	32.7					
	Napf	29.7	30.4					
	Pilatus	22.3	27.3					
	Gütsch ob Andermatt	22.8	25.1					
	Säntis	18.8	20.8					
Wallis und Nord-/Mittel-bünden	Sion	37.2						
	Ulrichen	30.5	32.2					
	Montana	30.0	30.6					
	Zermatt	30.1	31.9					
	Grächen	29.5	31.5					
	Chur	37.1	37.5					
	Disentis	32.6	32.9					
	Davos	27.3	29.0					
	Arosa	26.2	26.5					
	Weissfluhjoch	19.6	22.8					
Münstertal und Puschlav	Sta. Maria	29.7	30.6					
	Robbia	32.9	33.3					
	Scuol	33.1			34[c]			
	Genf	37.8						38.5

[a] Rekord der Schweiz: Grono liegt nahe der Grenze zu Italien
[b] Rekord nördlich der Alpen
[c] Wert wird angezweifelt
[d] 38.4° C vom Juli 1983 und Juli 1921, der bisherige Maximalwert von 39° C vom 2. Juli 1952 wurde bei der Homogenisierung auf 37.3° C angepasst
[e] Der bisherige Höchstwert von 37.7° C vom 29. Juli 1947 wurde bei der Homogenisierung auf 35.8° C angepasst
[f] Föhn

sprechenden Monate in Europa der Jahre 1901 bis 1995 lag. Vermutlich war der Sommer der heißeste seit dem Jahre 1540. Etwa ab 1750 bis zur Mitte des 19. Jahrhunderts gab es eine ganze Serie von warmen Sommern. Im Gegensatz dazu begann das 20. Jahrhundert relativ kühl. Ab 1923 bis 1947 zeigte sich eine erste Erwärmungsphase. Diese Phase ist etwa vergleichbar mit der Erwärmungsphase zwischen 1731 und 1757. An die Erwärmungsphase von 1923 bis 1947 schloss sich eine Abkühlungsphase etwa bis 1977. Seit dieser Zeit wird eine beispiellose Erwärmung beobachtet. Diese Entwicklung hat von 1993 bis 2003 zum Jahrzehnt mit den heißesten Sommern geführt. (NZZ 2004a, b) Dieser Trend hat sich seitdem fortgesetzt.

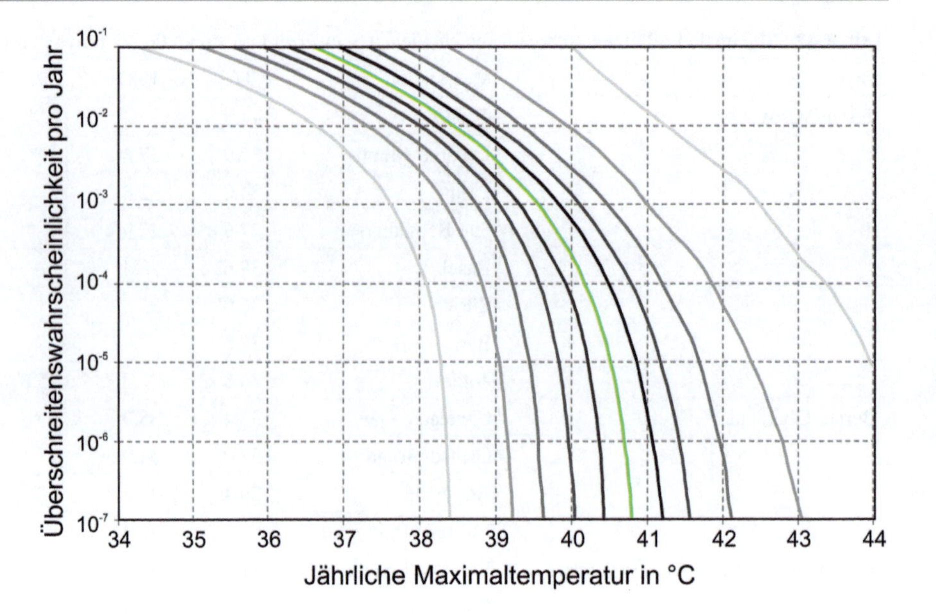

Abb. 2.43 Gefährdungskurve der jährlichen maximalen Lufttemperatur für einen Schweizer Standort mit Darstellung der Unsicherheit (definierte Höhe über Boden)

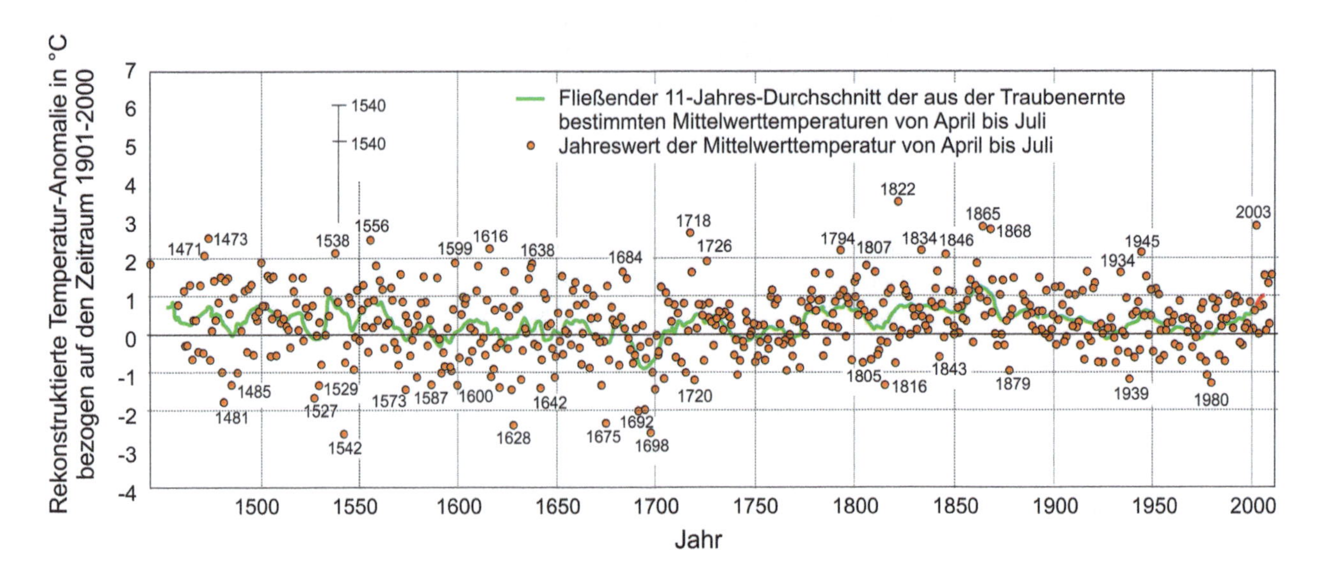

Abb. 2.44 Historische Temperaturen in der Schweiz (Wetter und Pfister 2011, 2012, 2013)

Für die Winter in Europa lassen sich vergleichbare Aussagen treffen. So werden die Winterhalbjahre zwischen 1973 und 2002 als die wärmste 30-Jahre-Phase seit 1500 eingestuft. Dies hat auch Auswirkungen auf die Häufigkeit von Stürmen in Europa. Eine Ausnahme bei den warmen Wintern bildet der Winter 2002/2003. (NZZ 2004a, b).

Aber die bisherige Angabe von Temperaturen ist nur eine Möglichkeit, die Erwärmung der Erdatmosphäre zu belegen. Ein weiterer Parameter ist z. B. das Eisvolumen auf der Erde. Dieses hat seit 1960 etwa um 10 % abgenommen (IPCC 2001). Auch andere klimatische Effekte wurden beobachtet. So hat man festgestellt, dass die vier stärksten El Niño's des letzten Jahrhunderts in den letzten 20 Jahren auftraten. Dazu heißt es in der National Geographic: „*[…] the past 20 years are different from the previous 30*" (National Geographic Society 1999; NASA 2010). Allerdings existieren aber auch schriftliche Zeugnisse über El Niño's seit mindestens 1525. Wissenschaftler vermuten, dass es seit mindestens 13.000 Jahren El Niño's in Peru gibt (National Geographic Society 1999).

Bis heute dauert der Streit darüber an, ob es sich bei der Erwärmung um einen anthropogenen Temperaturanstieg handelt bzw. wie groß der Anteil des Menschen an diesem Klimawandel ist (siehe Abb. 2.49). Und auch wenn, wie wir festgestellt haben, die mittleren Temperaturen auf der Erde vor einigen Millionen Jahren deutlich höher lagen, so ist dieser Fall nicht mit den heutigen Verhältnissen vergleichbar (Chandler 2007; SkepticalScience 2015; IPCC 2014).

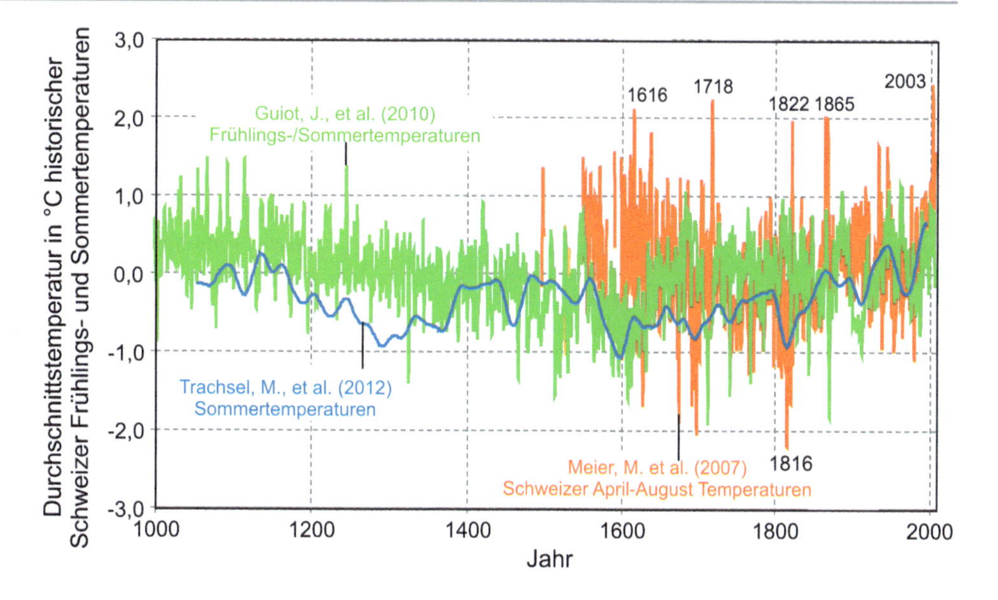

Abb. 2.45 Historische Schweizer Frühlings- und Sommertemperaturanomalien nach Guiot et al. (2010), Trachsel et al. (2012) und Meier et al. (2007)

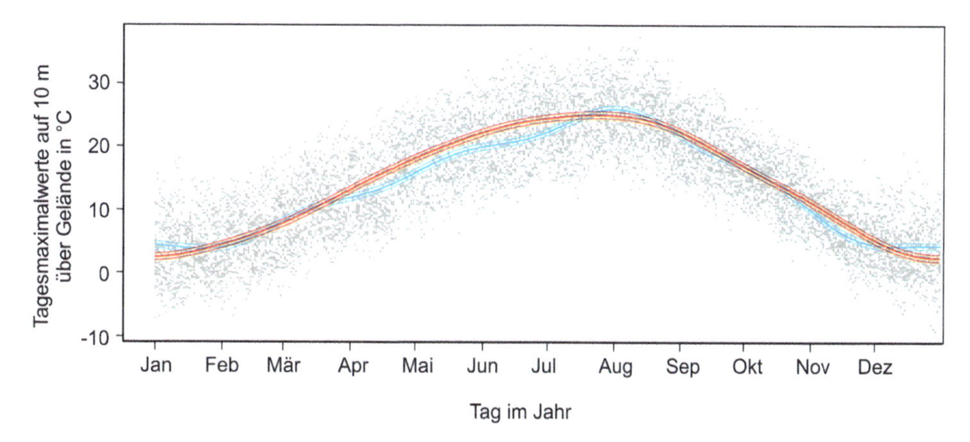

Abb. 2.46 Veränderung der Verlaufsform der Jahrestemperatur an einem Schweizer Standort (Die blaue Linie bezieht sich auf ein weiter zurückliegendes Jahr und die rote Linie bezieht sich auf ein jüngeres Jahr.)

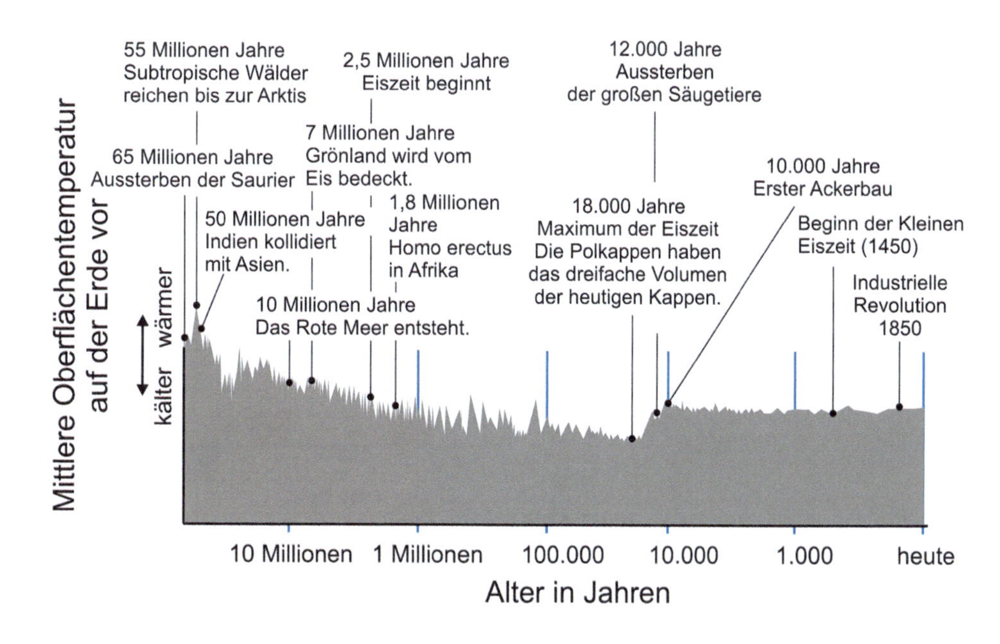

Abb. 2.47 Mittlere Erdtemperatur in den letzten 65 Mio. Jahren in logarithmischer Darstellung (National Geographic Society 1998)

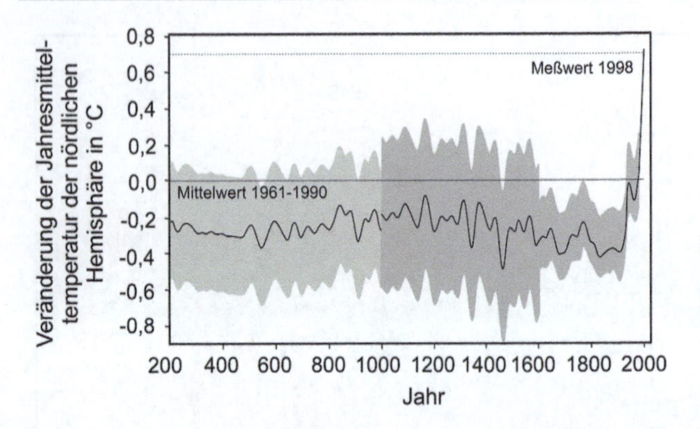

Abb. 2.48 Änderung der mittleren Temperatur der nördlichen Hemisphäre in den letzten Zweitausend Jahren (National Geographic Society 1998)

Die Meere haben völlig andere Strömungsverhältnisse (NASA 2006), der Bewuchs der Kontinente ist ein anderer und auch die Atmosphäre ist eine andere. Gerade hier macht sich der Einfluss des Menschen besonders bemerkbar.

Die Beschreibung der klimatischen Veränderungen auf der Erde im kurz- und mittelfristigen zeitlichen Rahmen ist eine der schwierigsten zurzeit auf der Erde bearbeiteten Forschungsprojekte. Die größten Computer arbeiten an Wetter- und Klimasimulationen. Die Problematik entzieht sich einer einfachen Beschreibung. Die Modelle müssen das Verhalten der Ozeane als Puffer für Kohlendioxid ebenso beschreiben, wie die Menge des Eises am Nord- und Südpol. Eine der möglichen Theorien besagt, dass durch das schmelzende Eis Süßwasser in die Arktische See eingespeist wird. Dadurch wird das den Golfstrom antreibende kalte, salzhaltige Wasser des Golfstromes verdünnt. Wird der Golfstrom abgeschwächt oder bricht zusammen, so hat das weitreichende Konsequenzen für das Klima in Europa und den Tropen. Zurzeit ist eine Abnahme der nord-polaren Eismenge und des Salzgehaltes der Arktischen See zu beobachten (Schweiger et al. 2011). Für die Antarktis gestalten sich die Effekte komplizierter. Weitere Theorien zur Beschreibung des Klimawandels berücksichtigen neben den atmosphärischen und ozeanischen Verhältnissen auch das Vulkangeschehen auf der Erde, die Lage der Querachse der Erde oder die Sonnenaktivitäten. (Lieberwirth 2004).

Trotz der Komplexität der Fragestellung kommt man nicht umhin festzustellen, dass noch niemals in der Geschichte, soweit Daten vorliegen, ein derartig schneller Anstieg der Temperaturen beobachtet werden konnte. Und es steht außer Zweifel, dass der Mensch durch die massenhafte Verbrennung fossiler Brennstoffe auf der Erde klimatische Veränderungen hervorruft. Prognosen für die weitere Temperaturentwicklung der nächsten 100 Jahren liegen bereits vor (Abb. 2.50) (für die Schweiz siehe CH2011 2011). Der dabei erkennbare weitere deutliche Temperaturanstieg wird erhebliche Auswirkungen auf den Meeresspiegel haben (Abb. 2.50). Die Konsequenzen dieses Anstieges um etwa ½ m sind grob in Tab. 2.48 zusammengefasst. Es zeigt sich, dass mehrere Millionen Menschen von dem steigenden Meeresspiegel betroffen sein werden. Allgemein kann man sogar feststellen, dass etwa 1/5 der Erdbevölkerung innerhalb eines Küstenabstandes von 30 km lebt (Geipel 2001). Die meisten Megastädte der Welt sind Küstenstädte oder liegen in der Nähe zum Meer und wären also von einem Meeresanstieg direkt betroffen.

Neben dem Anstieg des Meeresspiegels wird in anderen Regionen der Welt eine Verknappung des Wassers zu beobachten sein. Dieser Wassermangel wird vermutlich nicht

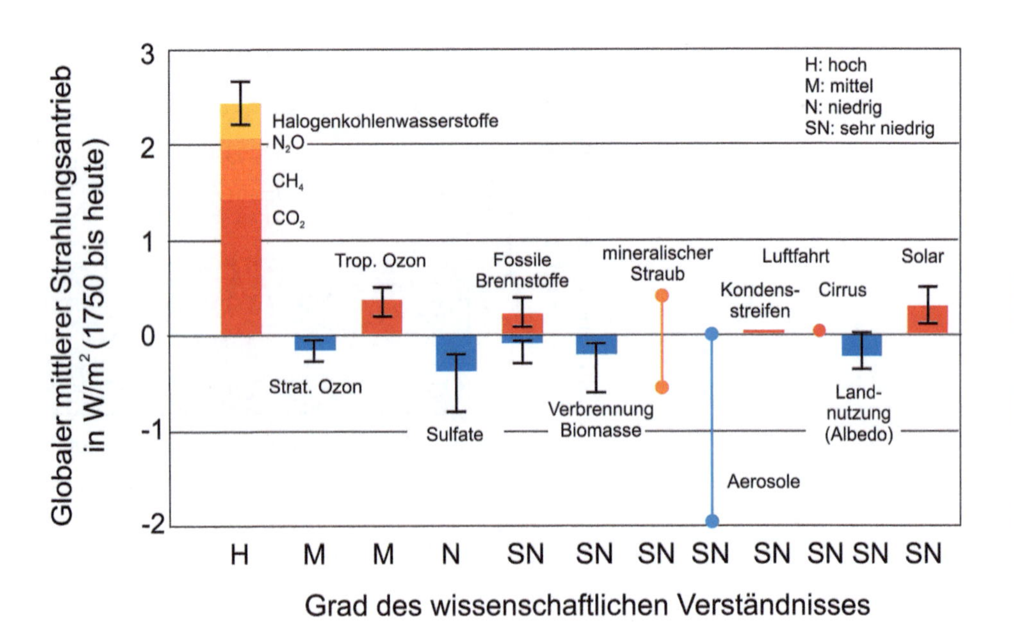

Abb. 2.49 Strahlungsantrieb durch verschiedene Effekte und Angabe der Unsicherheit (Ramaswamy et al. 2018)

nur zur Einschränkung der Industrieproduktion, sondern auch zu Dürresituationen in einigen Regionen oder Ländern führen. Und Dürre steht oft in Verbindung mit Hungersnöten.

Interessant ist, dass Eiszeiten und polare Gebiete noch vor Jahrzehnten als Feind angesehen wurden. Lem (1951) schreibt in seinem Buch *„Der Planet des Todes": [...] Bewegung von Luftmassen zum Frontalangriff gegen den Hauptfeind der Menschheit über, gegen die Kälte, die sich seit ungezählten Millionen Jahren an den Polkappen des Planten festgesetzt hatte... Dieser Eispanzer sollte für immer verschwinden [...]"*

Die Möglichkeit einer neuen Eiszeit wurde von verschiedenen Autoren in den 1970er Jahren formuliert, nachdem es mehrere kalte Winter in Europa gegeben hatte. Die Formulierung der Erderwärmung durch die Verbrennungsprodukte in der Atmosphäre ist dagegen viel älter. Aktuelle Untersuchungen haben gezeigt, dass durch die Verbrennungsprodukte in der Atmosphäre wahrscheinlich die nächste Eiszeit verhindert wird (Feulner und Rahmstorf 2010). Der Klimawandel kann aber immer noch lokal zu Abkühlungen führen (Golfstrom etc.). So sind die Prognosen für die durchschnittliche Temperatur der Winter in Europa unter Einfluss des Klimawandels unterschiedlich: Manche Veröffentlichungen vermuten wärmere Winter (Berz 2001; Lieberwirth 2003), manche kältere Winter (Petoukhov und Semenov 2010). Für die Abkühlung der Winter gibt es eine phänomenologische Begründung: Die durch die Klimaerwärmung verringerte Eisfläche der östlichen Arktis führt zu einer Erwärmung der unteren Luftschichten in diesem Bereich. Dadurch wird eine Luftströmung ausgelöst, die polare Luftmassen nach Europa und Nordasien führt.

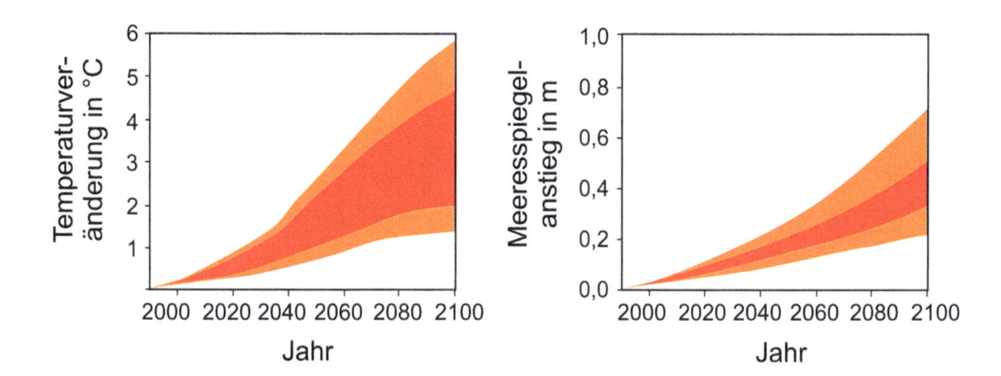

Abb. 2.50 Prognose der mittleren Oberflächentemperatur (IPCC 2001)

Tab. 2.48 Verlust von Landfläche durch einen Meeresanstieg von 0,5 m für Nordamerika und Japan, 0,6 m für Indonesien und 1 m für die restlichen Staaten (Abramovitz 2001)

	Flächenverlust		Betroffene Bevölkerung	
	km²	%	Millionen	%
Ägypten	2000	< 1	8	11,7
Senegal	6000	3,1	0,2	2,3
Nigeria	600	< 1	> 3,7	3
Tansania	2117	< 1	–	
Belize	1900	8,4	0,07	35
Guyana	–	–	0,6	80
Venezuela	5700	0,6	0,06	< 1
Nordamerika	19.000	< 1	-	–
Bangladesch	29,846	20,7	14,8	13,5
Indien	5763	0,4	7,1	0,8
Indonesien	34.000	1,9	2,0	1,1
Japan	1412	0,4	2,9	2,3
Malaysia	7000	2,1	> 0,05	> 0,3
Vietnam	40.000	12,1	17,1	23,1
Niederlande	2165	6,7	10	67
Deutschland	–	–	3,1	4

Die Wahrscheinlichkeit des Auftretens sehr kalter Winter soll sich dadurch verdreifachen (Petoukhov und Semenov 2010). Eder (1986) prognostiziert eine Abkühlung des Klimas in 5000 bis 15.000 Jahren, wobei die Eiszeit auch eher beginnen kann.

Kehren wir aber zu den potenziellen Auswirkungen einer Klimaerwärmung zurück. Abb. 2.51 zeigt die wöchentliche Mortalität für Deutschland für die Jahre 2003 bis 2006. Die beobachteten Werte für das Sommerhalbjahr werden mit einer roten Linie und die Modellrechnungen für eine Mortalität ohne Hitzeopfer werden mit einer blauen Linie dargestellt. Im Abb. 2.52 zeigt die verwendete Expositions-Wirkungs-Beziehung bezogen auf Mittelwerte der Temperatur pro Woche. Es existieren weitere Kurven für die 1. bis 3. Vorwoche. Interessant ist scheinbar eine Adaption an die höheren Temperaturen in den Jahren 2004 und 2005. (an der Heiden et al. 2020).

Die Hitzeperiode im Sommer 2003 in Europa hat nach groben Schätzungen zwischen 10.000 und 20.000 älteren Menschen das Leben gekostet. Ein Zusammenhang zwischen hohen Tagestemperaturen und einer höheren Sterblichkeit wird in Abb. 2.53 bezogen auf die Tagesmaximaltemperatur bezogen. (Münchner Rück 2003).

Neben der Mortalität kann der Klimawandel erhebliche Auswirkungen auf die Funktionsfähigkeit der menschliche Zivilisation besitzen. Hier stellt sich die Frage, welche Konsequenzen haben Änderungen der mittleren Lufttemperatur von+2 °C. Im NRC (2011) Bericht und in Titley (2017) finden sich eine Vielzahl von Konsequenzen der Veränderung des Klimas mit Bezug auf einer Erhöhung der globalen Durchschnittstemperatur, wie vermehrte Dürre, erhöhte Anzahl und Fläche von Waldbränden, verringerte Erträge in der Landwirtschaft, extremere Niederschlags- und Windereignisse.

Die Auswirkungen klimatischer Änderungen, wie z. B. der kleinen Eiszeit, auf die menschliche Geschichte der letzten Jahrhunderte führt uns Behringer (2011) vor Augen. Die Auswirkungen der letzten großen Eiszeit auf die Menschheit, Stichwort genetischer Flaschenhals, werden z. B. bei Marean (2013); Understanding Evolution (2020) erläutert.

Fazit: Seit dem Beginn der Menschheit hat sich das Klima, ausgedrückt als globale Temperatur, mindestens im

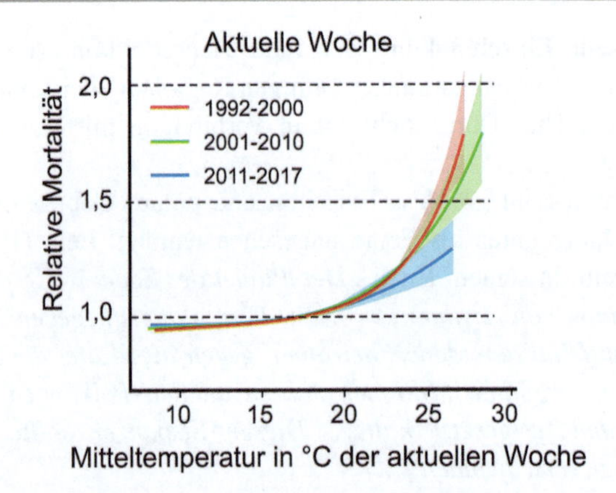

Abb. 2.52 Relative Mortalität in Abhängigkeit von der Mitteltemperatur der Woche (an der Heiden et al. 2020)

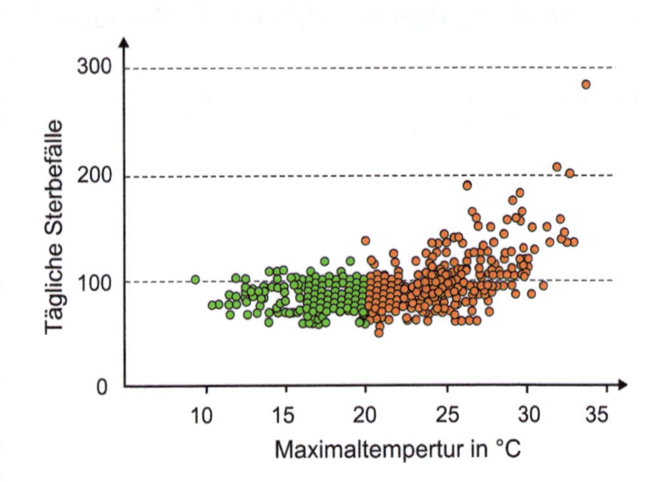

Abb. 2.53 Sterblichkeit zu maximaler Tagestemperatur in Grad Celsius (Munich Re 2003)

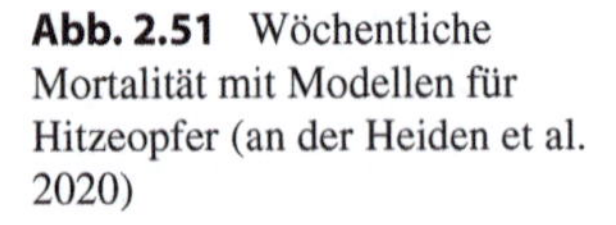

Abb. 2.51 Wöchentliche Mortalität mit Modellen für Hitzeopfer (an der Heiden et al. 2020)

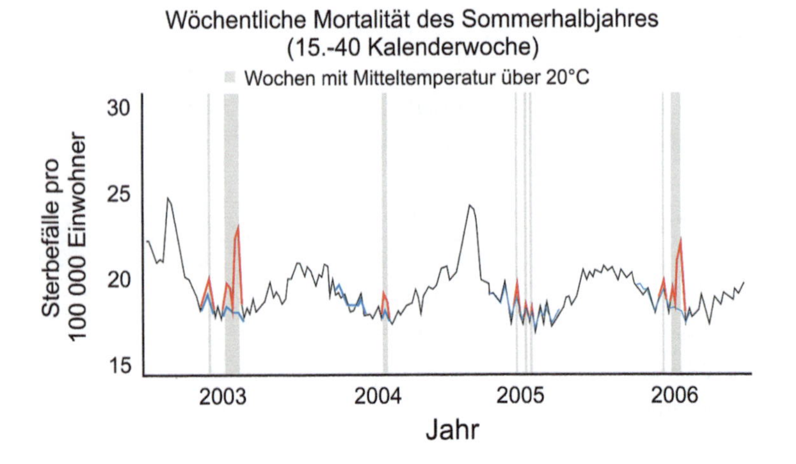

Bereich von fünf Grad bewegt. Die klimatischen Änderungen waren so groß, dass weite Teile von Nordamerika oder Europa für Menschen nicht mehr bewohnbar waren. Vor ca. 120.000 Jahren erreichte die menschliche Bevölkerung vermutlich auch aufgrund der schwierigen klimatischen Verhältnisse ein Minimum (Saale-Riss-Kaltzeit) (Marean 2013).

Pauschal lassen sich zwei Schutzmaßnahmen erkennen: entweder verringert die Menschheit ihre Abhängigkeit vom Erdklima oder die Menschheit greift bewusst in die Gestaltung des Erdklimas ein. Eine extreme Maßnahme der ersten Option wären Niederlassungen von Menschen außerhalb der Erde. Allerdings sind die bisher erreichbaren Orte noch deutlich lebensfeindlicher als die Erde mit einem veränderten Klima. Deshalb müsste die Menschheit geeignete technische Maßnahmen entwickeln und umsetzen, die die Konsequenzen des Klimawandels abfedern, oder die Menschheit verändert bewusst das Klima mit dem Ziel der Wiederherstellung der ursprünglichen klimatischen Verhältnisse. Ob die politisch vorangetriebenen Maßnahmen zur Beendigung des Klimawandels ausreichend sind, darf bezweifelt werden.

2.2.4.3 Dürre und Trockenheit

Nicht nur ein Überangebot an Wasser, welches zu Überflutungen oder Erdrutschen führt, kann katastrophale Folgen haben, auch ein Mangel an Wasser. Beredtes Beispiel dafür war die Sommerhitze in Europa oder die Buschbrände in Kalifornien im Jahr 2003. Sicherlich gehören Dürrezustände in vielen Staaten der Erde zu regelmäßigen natürlichen Erscheinungen. Deshalb werden Dürren in vielen Statistiken auch nicht als natürliche Katastrophen bezeichnet, da sie längerfristig wirken und Vorsorgemaßnahmen getroffen werden können. Das gelingt aber eben nicht immer.

Seit dem Beginn der menschlichen Zivilisation kennt man das Phänomen der Dürre. Vor 5000 Jahren ereigneten sich in Ägypten die ersten bekannten Dürren, die zu katastrophalen Hungersnöten führten. In Indien soll eine Dürre infolge eines El Niño in den Jahren 1789–1793 ca. 600.000 Menschenleben gekostet haben (National Geographic Society 1999). Weitere Beispiele schwerer Dürren und Hungersnöte sind in Tab. 2.49 zusammengefasst. Häufig wurden die Dürren und Hungersnöte von Kannibalismus begleitet.

Manche Dürren, auch in Industriestaaten, liegen erst 100 Jahre zurück. Dust Bowl (deutsch Staubschüssel) wurden in der Zeit der Weltwirtschaftskrise (Great Depression) in den USA und Kanada Teile der Großen Ebenen (Great Plains) genannt, die in den 1930er Jahren – besonders in den Jahren 1935 bis 1938 – von verheerenden Staubstürmen betroffen waren. Nach der Rodung des Präriegrases zur „Urbarmachung" für eine „neue" bzw. andere landwirtschaftliche Nutzung (hauptsächlich Weizenanbau) hatten jahrelange Dürren fatale Auswirkungen.

Auch heute treten noch regelmäßig Dürren in Afrika auf, die teilweise über mehrere Jahre andauern. Die Dürren auf diesem Kontinent sind klimatisch bedingt, da deutlich weniger Wasser zugeführt wird, als abfließt. Zeiträume, in denen das zutrifft, werden als arid bezeichnet. Die Abb. 2.54, 2.55 und 2.56 zeigen aride Gebiete.

Ca. 40 % der Weltbevölkerung leiden bereits heute unter Wasserknappheit (Lange et al. 2001). Der Mangel wird sich in den nächsten Jahrzehnten ausweiten (Abb. 2.57).

Neben möglichen Hungersnöten, die durch Dürren ausgelöst werden können, wurden in den letzten Jahren in zunehmendem Maße auch Waldbrände beobachtet, die durch Dürren zumindest begünstigt wurden. So seien hier nur die schweren Waldbrände in Kalifornien im Oktober/November 2003 erwähnt. Dabei starben mindestens 20 Menschen und über 2200 Häuser wurden zerstört. 13.000 Feuerwehrleute waren im Einsatz, um die Ausbreitung der Brände zu verhindern oder zu verzögern. Diese Brände verursachen erhebliche Kosten. Im Oktober 1991 ereignete sich der Oakland Hills Feuersturm mit einem Versicherungsschaden von 2,3 Mrd. US-Dollar. Zwei Brände im Jahre 1993 verursachen einen Versicherungsschaden von knapp 1 Mrd. US-Dollar. Weitere Beispiele für schwere Waldbrände waren Brände in Arizona (Rodeo-Chediski) und in Neumexiko (Cerro Grande) mit Schäden in Höhe von 125 bzw. 150 Mio. US-Dollar. (Müncher Rück 2004).

Auch in anderen Regionen der Welt sind in den letzten Jahrzehnten schwere Brände beobachtet worden. Beim großen Brand in Sydney im Dezember 2001, der als „Schwarzes Weihnachten" bekannt wurde, waren über 15.000 Feuerwehrleute im Einsatz. Der Name „Schwarzes Weihnachten" bürgerte sich ein, da Sydney unter dicken Rauchwolken verschwand. Zwar kann man auch historische Waldbrände zurückverfolgen, wie z. B. das „Tasmanische Feuer" 1967 oder das „Victoria-Feuer" 1939, aber die Schäden durch Waldbrände haben sich in den letzten Jahren erhöht. Dies mag zum einen an den heißeren Sommern liegen und zum anderen an vermehrter Brandstiftung. Waldbrände an sich sind aber eine natürliche Erscheinung.

Sowohl bei den Dürren als auch den Waldbränden stellt sich die Frage, wie sich beide in Anzahl und Umfang in der nahen Zukunft entwickeln werden. Dazu wird als indirekter Indikator die Entwicklung der Trinkwasserreserven auf der Welt beurteilt. Dabei zeigt sich ein erschreckendes Abb. (2.57). In wenigen Jahren droht zwei Drittel der Weltbevölkerung akute Wassernot. Im Mittel wird im Jahre 2025 pro Kopf der Weltbevölkerung nur noch die Hälfte des heute benötigten Wassers zur Verfügung stehen (Diekkrüger 2004). Das wird für Millionen von Menschen eine er-

Tab. 2.49 Schwere Dürren mit Hungersnöten (Naturgewalt.de 2004)

Jahr	Ort	Auswirkungen
1064–1072	Kairo, Ägypten	Ausbleiben der Nilfluten führt zu Hungersnöten, vermutlich 4000 Menschen verhungerten
1069	Durham, England	Vermutlich 50.000 Menschen verhungerten
1199–1202	Kairo, Ägypten	Ausbleiben der Nilfluten führen zu Hungersnöten, vermutlich 100.000 Menschen verhungerten
1669–70	Surat, Indien	Vermutlich 3 Mio. Menschen verhungerten
1769–70	Delhi, Hindustan, Indien	18 Monate dauerte eine Dürre in Hindustan, ca. drei Millionen Menschen sind angeblich verhungert
1790–91	Bombay, Indien	Schwere Hungersnot in Indien. Vermutlich mehrere Tausend Menschen starben, Kannibalismus tritt auf
1833	Guntur, Indien	Dürre und Hunger mit vermutlich 20.000 Opfern
1866	Raipur, Indien	Dürre in Bengalen, Orissa und Bihar. Angeblich starben 1,5 Mio. Menschen an Hunger oder Krankheiten
1868	Bhopal, Indien	
1876–77	Madras, Indien	Angeblich schwerste Hungersnot mit 3 Mio. Verhungerten und 3 Mio. Choleraopfern
1877–78	Tschangtschun, Mandschurei, China	Nach mehrjähriger Trockenheit Dürre und Hungersnot im Norden und Mitte Chinas mit fast 1,3 Mio. Opfern
1898	Pandschab, Indien	Vermutlich eine Million Menschen verhungerten
1921–22	Nischni Nowgorod, Wolgaregion, Russland	Langanhaltende Dürre führt zu Hungersnot, mehrere Millionen Menschen betroffen
1932–33	Kiew, Russland (heute Ukraine)	Wirtschaftsumstellung und Dürre führen zu Hungersnot, mehrere Millionen Menschen betroffen
1932 bis 1940	Dodge City, Kansas, USA	Dürre im mittleren Westen der USA, 350.000 Menschen verlassen die Region
1962	Parana, Brasilien	Mehrmonatige Dürre führt zu schwerem Brand in Kaffeeanbaugebieten
1967–1970	Biafra	Dürre und Krieg führen zu Hungersnot. 8 Mio. Menschen betroffen
1969–1974	Gao Mali, Sahelzone, Afrika	Dürre und politische Auseinandersetzungen führen zu Hunger und Krankheiten
1972	Nagpur, Indien	Hitzewelle mit über 40°C über mehrere Monate. Schwere Schäden in der Landwirtschaft
1984–1985	Mekele, Äthiopien	Langanhaltende Dürre und Krieg führen zu Hungersnöten in mehreren afrikanischen Staaten. Am schwersten ist Äthiopien betroffen
1992	Bulawayo, Simbabwe	Dürre und Hungersnot betreffen 30 Mio. Menschen
1994	Grafton, Neusüdwales, Australien	90 % der Weizenernte gehen durch Dürre verloren

hebliche Verschlechterung der Lebensbedingungen mit sich bringen. Und nicht nur das: Waldbrände und Dürren werden häufiger auftreten.

Neben dem Begriff der Dürre wird häufig der Begriff der Trockenheit verwendet. Umgangssprachlich bezieht man den Begriff Trockenheit auf niedrige Fluss- und Grundwasserspiegel. Dies ist allerdings nur ein Sonderfall der Trockenheit, die sogenannte hydrologische Trockenheit. Tatsächlich umfasst Trockenheit jedoch neben der hydrologischen Trockenheit auch meteorologische (siehe MeteoSchweiz 2013) und landwirtschaftliche Effekte. Im Rahmen des Schweizer Forschungsprojektes „Früherkennung von kritischer Trockenheit und Niedrigwasser in der Schweiz" wurde die Trockenheit in diesem allgemeineren Sinne verstanden. Daher gilt für die Trockenheitsbewertung der Schweiz (Drought-CH 2014; siehe auch University of Nebraska-Lincoln 2021; BUWAL, BWG, Meteoswiss 2004):

- Trockenheit ist ein komplexes Phänomen und umfasst zahlreiche wechselwirkende klimatische Prozesse und
- die Trockenheitsempfindlichkeit einer Region hängt von verschiedenen Faktoren ab, z. B. den Speichereigenschaften, der Wassernutzung, der natürlichen Widerstandsfähigkeit und den Fähigkeit der sozialen Systeme

Abb. 2.54 Wüste in Dubai. (Foto: *D. Proske*)

Abb. 2.55 Wandernde Dünnen an der polnischen Ostseeküste. (Foto: *D. Proske*)

Die Überwachung der relevanten regionalen Eingangsparameter wie Bodenfeuchte erfolgt in vielen Ländern nicht oder nur unzureichend.

Das Phänomen Trockenheit basiert also nicht allein auf einer klimatologischen Größe, allerdings sind die meisten Trockenheitsparameter hydrologisch oder klimatologisch (MeteoSwiss 2013). Da die Parameter z. B. für die Schweiz nur beding vorliegen, verwendet man vereinfachte Parameter. Dies sind der Standardized Precipitation Index (SPI), die Anzahl der Sonnentage oder die Anzahl zusammenhängender trockener Tage. Solche Werte liegen z. B. in der Schweiz für Basel vor.

Abb. 2.56 Death Valley in den USA. (Foto: *D. Proske*)

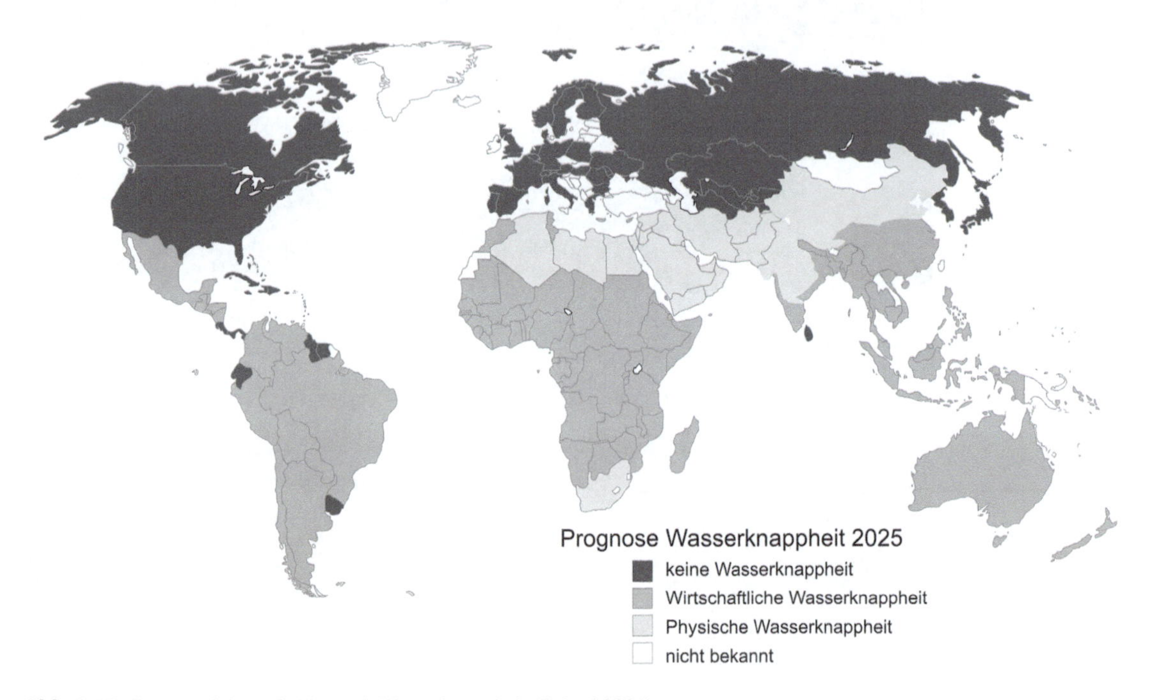

Abb. 2.57 Prognostizierte Gebiete mit Wasserknappheit (Geipel 2001)

Der SPI wird berechnet, indem zunächst die totalen monatlichen Niederschläge durch eine Gammaverteilung angenähert werden. Für Basel liegen hier Daten seit 1864 vor. Anschließend wird für jeden beobachteten Monatsniederschlag der Wahrscheinlichkeitswert der Gammaverteilung bestimmt. Für diese Wahrscheinlichkeit wird dann der Betrag einer Standardnormalverteilung ermittelt. Dieser Betrag kann dann für jeden Monat angegeben werden. In den durchgeführten Berechnungen wurde ein Monat ohne Niederschlag mit einem SPI Wert von −3 definiert. Das Ergebnis für Basel ist in Abb. 2.58 visualisiert. Insgesamt sieht man einen schwachen Trend zu mehr Niederschlag.

Zwei Niedrigwasserphasen der Aare sind in Abb. 2.58 eingezeichnet: das Jahr 1921 und die Jahre 1949/50. Zwar sieht man bei letzterem keinen starken Ausschlag nach unten, aber die Niederschlagswerte bleiben doch über einen längeren Zeitraum negativ. Für das Jahr 2003 ist keine besondere Trockenheit im Bild erkennbar.

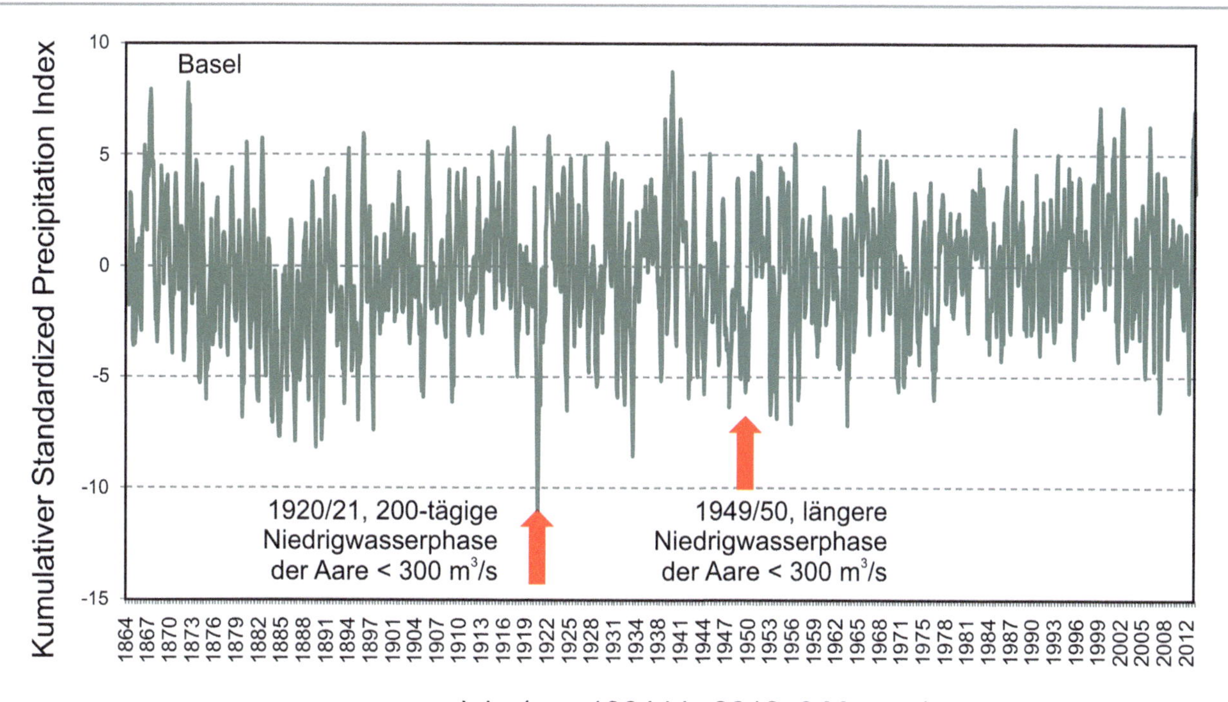

Abb. 2.58 Kumulativer Standardized Precipitation Index für Basel

Zusätzlich kann man z. B. auch die monatliche Anzahl der Sonnentage darstellen. Zwar lässt sich für Basel für den Anfang der 2000er Jahre eine Zunahme erkennen, aber ab etwa 2009 bis 2010 sinken die Werte wieder. Für die Jahre 1919 und 1949/50 wurden keine extremen Werte der Sonnentage beobachtet. Insgesamt sind für die letzten 100 Jahre im Diagramm der Sonnentage keine besonderen Trockenperioden für Basel erkennbar.

Das Abb. 5.59 zeigt die Schweizer Niederschläge von April bis Mai für die letzten 2000 Jahre. Im Vergleich zu den Schwankungen der Jahre 1864 bis 2021 für Basel scheinen insbesondere um das Jahr 500 deutlich geringere Niederschläge aufgetreten zu sein.

Der nächste Ersatzparameter für die Trockenheit ist die maximale bzw. durchschnittliche Anzahl zusammenhängender Trockentage. Auch hier liegen für Basel Werte von 1864 bis 2013 vor. Für das Jahr 1921 gibt auch dieser Parameter wieder einen Hinweis auf eine größer Trockenheit, für die Jahre 1949/50 und 2003 gilt dies aber nur bedingt bzw. gar nicht.

Bereits im vorangegangenen Abschnitt wurden verschiedene Parameter für die meteorologische Trockenheit vorgestellt. Dieser Grundsatz gilt auch für Niedrigwasser als Form der hydraulischen Trockenheit: sie kann über verschiedene Parameter, unter anderem über das Q347, abgebildet werden. Die Abflussmenge Q347 ist diejenige Abflussmenge, die gemittelt über 10 Jahre, durchschnittlich während 347 Tagen des Jahres erreicht oder überschritten wird. Das Q347 beträgt in Untersiggenthal an der Aare z. B. 235 m^3/s.

Man kann die hydraulische Trockenheit auch als Vergleich der Abflüsse mit dem saisonalen 15 % Fraktilwert zeigen. Verwendet man solche Darstellungen, erkennt man die Trockenheit von 1921 und die Trockenheit von 1949/50. Deutlich weniger sticht die Trockenheit von 2003 ins Auge. Scherrer (2009) bestätigt, dass der Abfluss der Aare 1949 und 1921 fast über das ganze Jahr geringer als 2003 war. Niedrigwasserperioden ($Q < 300\ m^3/s$) in der Aare von mehr als 121 Tagen Dauer traten in den letzten ca. 100 Jahren drei Mal auf, wobei zwei Perioden mehr als 160 Tage dauerten. Ein 100-jährliches Niedrigwasser (NQ100) der Aare bei Untersiggenthal liegt bei ca. 130 m^3/s.

Fasst man die bisher diskutierten Trockenheitsparameter und die gemessenen Niedrigwasserstände zusammen, so scheinen die verwendeten Parameter wenig geeignet zu sein, dass Niedrigwasser ausreichend zu beschreiben. Das mag allerdings auch der Tatsache geschuldet sein, dass hier Werte für verschiedene Orte bestimmt und in der Interpretation gemischt wurden. In der Konsequenz muss die hydraulische Trockenheit allein aus den Abflusswerten für den jeweiligen Ort bestimmt werden.

Für das Grundwasser wird nicht der Abfluss, sondern die Oberkante Grundwasser als Maß für die hydraulische Trockenheit verwendet. Die statistischen Eigenschaften der

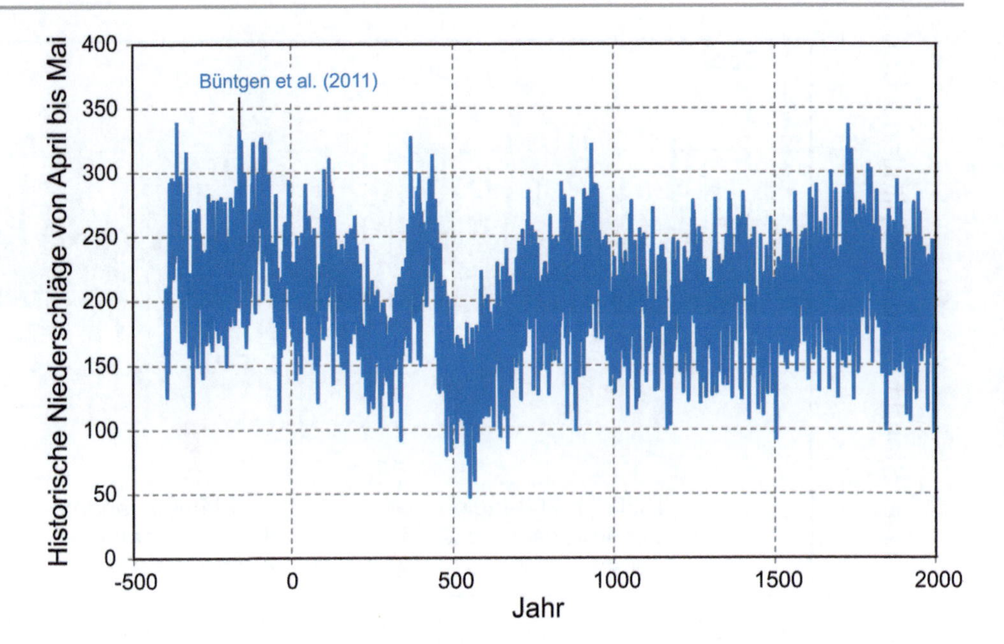

Abb. 2.59 Historische Niederschläge in der Schweiz nach Büntgen et al. (2011)

Grundwasserhöhe für einen Schweizer Ort sind beispielhaft: Mittelwert der Oberkante Grundwasser 320,5 m ü. M und niedrigster Grundwasserstand der letzten 10 Jahre 319,8 m. Selbst während des sehr trockenen Sommers im Jahre 2003 waren die Auswirkungen gering und der Grundwasserspiegel lag im Mittel noch bei 320 m. Insgesamt sind die Änderungen des Grundwasserstands deutlich verzögert und geringer als die des Oberflächenabflusses.

2.2.4.4 Hungersnöte und Unterernährung

Unter Hungersnöten versteht man zeitlich begrenzte Situationen des spürbaren Mangels an Nahrungsmitteln für große Teile der Bevölkerung (Abel 1974; Labrousse 1944). Mangel an Nahrungsmitteln in einzelnen sozialen Schichten über längere Zeiträume wird nicht als Hungersnot angesehen. Ein Beispiel für letzteres findet man heutzutage in Brasilien. Man geht davon aus, dass in Brasilien rund ein Viertel der Bevölkerung nicht über genügend Lebensmittel verfügt (NZZ 2004a, b). In Ghana gelten mehr als 30 % der Bevölkerung als unterernährt (Jelenik 2004). Im Gegensatz zu dieser zeitlich invarianten Aussage lassen sich Hungersnöte zeitlich klar eingrenzen. In der Schweiz konnte man historische Hungernöte in den Jahren 1438, 1530, 1571–1574, 1635–1636, 1690–1694, 1770–1771, 1816–1817 schriftlich belegen (Kurmann 2004; Mattmüller 1987). Hungersnöte werden als eine der Hauptkrisen der vorindustriellen Gesellschaft angesehen und traten vermutlich häufiger auf, als es die Jahreszahlen vermuten lassen (Abel 1974; Labrousse 1944). Zum einen wurden Hungersnöte in der Regel erst seit dem Mittelalter schriftlich überliefert und zum zweiten waren viele Hungersnöte räumlich begrenzt. Angaben über Hungersnöte aus früheren Zeiten, basierend auf der systematischen Untersuchung von Skeletten, waren bisher wenig erfolgreich.

Aber auch im letzten Jahrhundert traten Hungersnöte auf. Erinnert sei hier nur an die Kartoffelpest in Irland zu Beginn des 20. Jahrhunderts. Man vermutet, dass über eine Million Menschen verstarben. Mehrere Millionen Menschen wanderten aus. In den letzten Jahren wurde in den Medien von Hungersnöten in Nordkorea oder in Simbabwe berichtet. Die Food and Agriculture Organization der Vereinigten Nationen gab 2003 an (FAO 2003), dass knapp 850 Mio. Menschen auf der Erde unterernährt sind. In vielen Ländern sind vor allem Kinder von der Unterernährung betroffen, so z. B. im Sudan. Schwere Unterernährung bei Kindern wird gemäß der WHO als *„Weight for Height"* (W/H) von weniger als 70 % und/oder ein altersabhängiger mittlerer Oberarmumfang von weniger als 110 mm und/oder das Vorhandensein von Ödemen definiert. Als Folge der Unterernährung treten bei den Kindern Ödeme an Füßen, Beinen und im Gesicht auf. Die Haut ist brüchig und Haare können ohne Schmerzen ausgezogen werden. Bei stark reduziertem Fett- und Muskelgewebe treten Rippen, Wirbelsäule und Scapula deutlich hervor. Schwer unterernährte Kinder bekommen das Erscheinungsbild von alten Menschen. (Volz 2004).

Die Frage, ob Hungersnöte ein natürliches Risiko sind, lässt sich nicht eindeutig beantworten. In der Regel waren Ernteausfälle oder Missernten Auslöser für Hungersnöte (Abel 1974; Labrousse 1944). Missernten müssen aber nicht zwangsläufig zu einer Hungersnot führen. Im Anschluss an eine Missernte wurde auf Grund der Verknappung oft ein Anstieg der Preise beobachtet, was wiederum zu sinkenden Absätzen und Entlassungen in anderen Bereichen führte (Abel 1974; Labrousse 1944). Die Hungersnöte in der Schweiz 1770–1771 (Mattmüller 1982) und 1816–1817 wurden ganz wesentlich durch konjunkturelle Einbrüche in der Textilindustrie mitverursacht. Damit waren weiten Teilen der Bevölkerung Einnahmen verschlossen, die zum Erwerb der preislich steigenden Nahrungsmittel notwendig gewesen wären. Zusammenfassend kann man feststellen, dass Naturunbilden zwar häufig Auslöser von Hungersnöten waren, aber der Aufbau der menschlichen Gesellschaft einen nicht unerheblichen Anteil an der Entwicklung von Hungersnöten hatte. (Kurmann 2004).

Diese Tatsache gilt auch für einige afrikanische Länder, wo die Pro-Kopf-Nahrungsmittelproduktion gerade ausreicht, um Unterernährung zu vermeiden, der Anteil der unterernährten Kinder aber konstant bleibt. Ein guter Indikator hierfür ist der Prozentsatz des Einkommens, der für Nahrungsmittel ausgegeben wird (Ziervogel 2005). Abb. 2.60 zeigt die geographische Verteilung unterernährter Menschen Anfang der 2000er Jahre. Große Anteile sind in Afrika und in Asien. Allerdings zeigt Abb. 2.61 auch, dass der Anteil unterernährter Menschen an der Gesamtbevölkerung in fast allen geographischen Regionen sinkt, besonders stark im asiatischen Raum.

Generell ist nicht nur die Reduzierung der Unterernährung, sondern auch die Erhöhung der Sicherheit der Nahrungsmittel ein wichtiges Ziel. Das bedeutet, dass die Menschen Zugang zu ausreichender, unbedenklicher und nahrhafter Nahrung haben, die den physiologischen Bedürfnissen entspricht und ein aktives und gesundes Leben ermöglicht. Unterernährung bedeutet nicht unbedingt einen Mangel an Nahrungsmitteln – auch Krankheiten können eine Ursache sein. Der allgemeine Begriff für Unterernährung ist eine negative Energiebilanz im menschlichen Körper. Das Minimum an Energie, das der Mensch benötigt, setzt sich aus der Energie zusammen, die zur Aufrechterhaltung der Körpertemperatur, zur Ermöglichung aktiver Arbeit (Atmung, Herzschlag, Verdauung) und zur Bekämpfung von Krankheiten dient.

2.2.4.5 Waldbrände

Das Waldschutzprogramm des Schweizer Bundes sieht eine Unterschutzstellung von ca. 10 % aller Waldbestände in der Schweiz bis zum Jahre 2015 vor. Im Rahmen der Bewertung des Wildnispotenziales der Schweizer Wälder wurde auch das Thema Waldbrand intensiv von der WSL untersucht und bewertet (Wohlgemuth et al. 2010; Wohlgemuth et al. 2008; Bosshard 2009). Insgesamt spielt Waldbrand in der Schweiz im Vergleich zu anderen Ländern eine unbedeutendere Rolle, aber trotzdem sind für das Mittel-

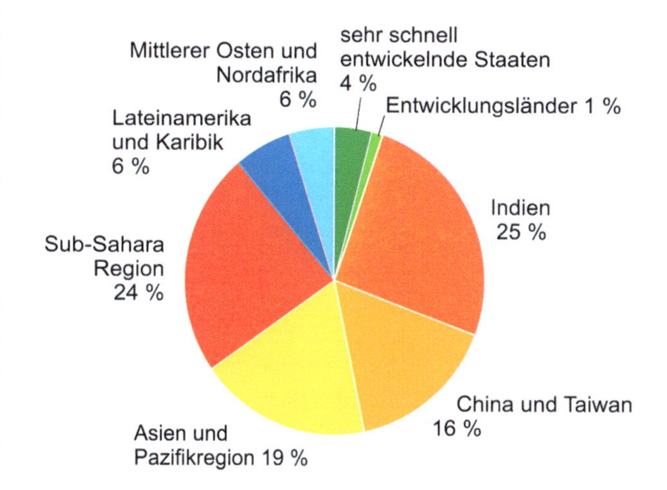

Abb. 2.60 Weltweite geographische Verteilung unterernährter Menschen (FAO 2003)

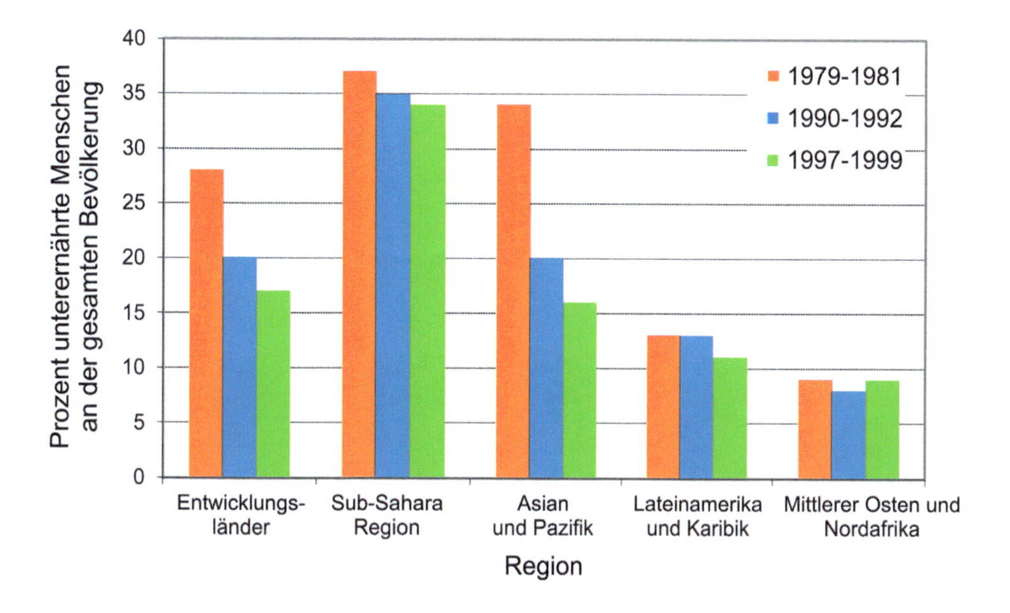

Abb. 2.61 Veränderung des Anteils unterernährter Menschen von 1979 bis 1999 für verschiedene Regionen (FAO 2003)

land in den letzten 40 Jahren ca. 180 Waldbrandereignisse bekannt (Beher et al. 2011). Die Anzahl der Waldbrandereignisse nördlich der Alpen bzw. in den Zentralalpen ist allerdings klein gegenüber der Anzahl der Ereignisse auf der Alpensüdseite. Deutlich größer sind die Sturmschäden nördlich der Alpen, während im Süden die Waldbrände als Schadensursache dominieren. Punktuell sind aber gewisse Gebiete, die durch mehr Trockenheit gekennzeichnet sind, mehr durch Waldbrand betroffen, wie z. B. das Wallis (Wohlgemuth et al. 2010). Die Trockenheitsverteilung in der Schweiz kann in Form der maximalen Anzahl der Tage ohne Regen gezeigt werden. Die Größe der betroffenen Fläche ist im Vergleich zu den Gebieten im Mittelmeerraum gering.

Basierend auf den Daten von Zumbrunnen et al. (2009) und Wohlgemuth et al. (2010) wurden zwei Gefährdungskurven für Waldbrandgrößen im Schweizer Mittelland entwickelt. Abb. 2.62 zeigt, dass Großbrände sehr selten sind. Die auf Zumbrunnen et al. (2009) basierende Gefährdungskurve berücksichtigt fehlende Informationen über sehr kleine Waldbrände. Die sehr großen Waldbrände in der Gefährdungskurve nach Zumbrunnen et al. (2009) sind Hochrechnungen. Die Gefährdungskurve nach Wohlgemuth et al. (2010) zeigt einen viel steileren Abfall der Gefährdungskurve, umfasst allerdings auch nur einen geringen Parameterbereich.

Großwaldbrände sind in der Schweiz in den letzten Jahrzehnten, auch aufgrund der hervorragenden Feuerwehrorganisation und der hohen Feuerwehrdichte, in der Regel nicht aufgetreten. Die fehlenden Daten sind jedoch kein Beweis dafür, dass solche Brände nicht existieren können. Der Klimawandel wird die Feuerhäufigkeit beeinflussen (Schumacher et al. 2006; Schumacher und Bugmann 2006; Wastl et al. 2012; Tinner et al. 1999) und kann die Häufigkeit von Großbränden erhöhen. Andere statistische Methoden zur Entwicklung von Gefahrenkurven für Waldbrände sind bekannt, wurden aber nicht angewandt, wie z. B. Bayessche Modelle (Papakosta und Straub 2011).

Liegen keine Beobachtungen von Waldbränden vor, sind Simulationen nötig, um solche Informationen zu erhalten. Es gibt verschiedene Methoden, um Brandmodelle zu entwickeln, wie empirische (z. B. der australische oder kanadische Ansatz), halbempirische (z. B. Zellulare Automaten) und physikalische Modelle, einschließlich Mehrphasenmodelle. Beispiele für die Anwendung von Zellularen Automaten zur Ausbreitung von Waldbränden finden sich bei Quartieri et al. (2010), Alexandridis et al. (2008, 2010), Karafyllidis und Thanailakis (1997), Achtemeier (2013), Perryman et al. (2013). Abb. 2.63 zeigt die Ergebnisse einer Brandsimulation mit Zellularen Automaten.

Andere Länder erleben aber deutlich häufiger und deutlich schwerere Waldbrände. Bereits im Abschnitt Dürre wurden die schweren Waldbrände in Australien erwähnt. Abb. 2.64 ordnet noch einmal die schweren Waldbrände dort zeitlich über fast 80 Jahre ein. Allerdings muss man auch feststellen, dass die Gesamtanzahl Opfer durch Brände in den entwickelten Industriestaaten sinkt. Dies zeigt sehr schön das Abb. 2.65, aber auch weitere Bilder im Abschnitt Feuer. Waldbrände stellen zwar insbesondere in Nordamerika eine reale Gefahr für Feuerwehrleute dar, sie sind für die Bevölkerung aber mit einem geringem Personenrisiko verbunden, allerdings aber durchaus mit beachtlichen Sachschäden.

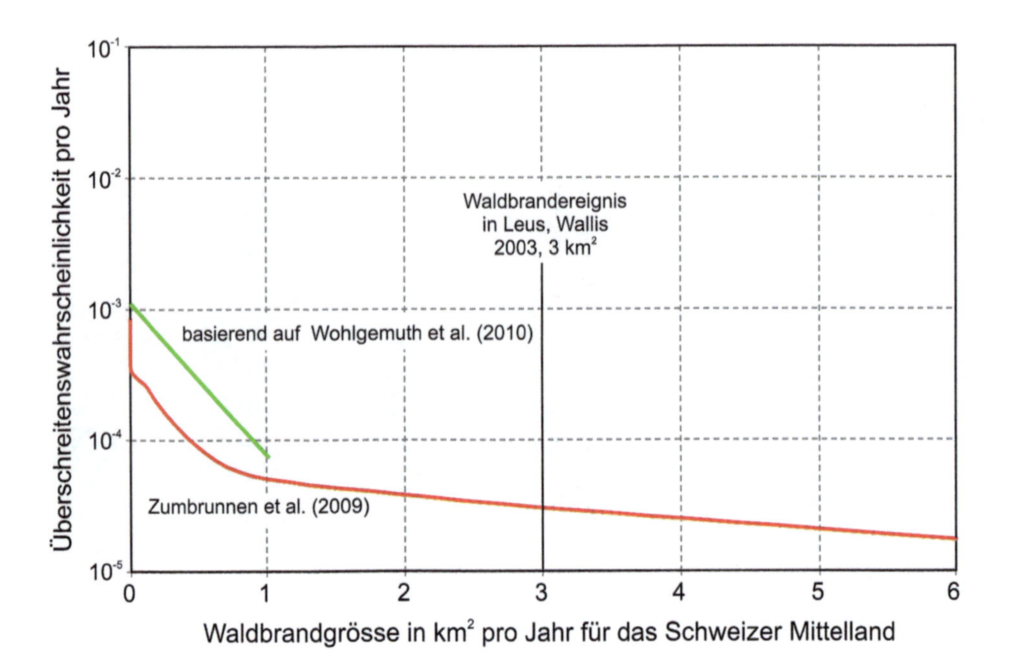

Abb. 2.62 Gefährdungskurve für die Waldbrandgröße in km^2 pro Jahr

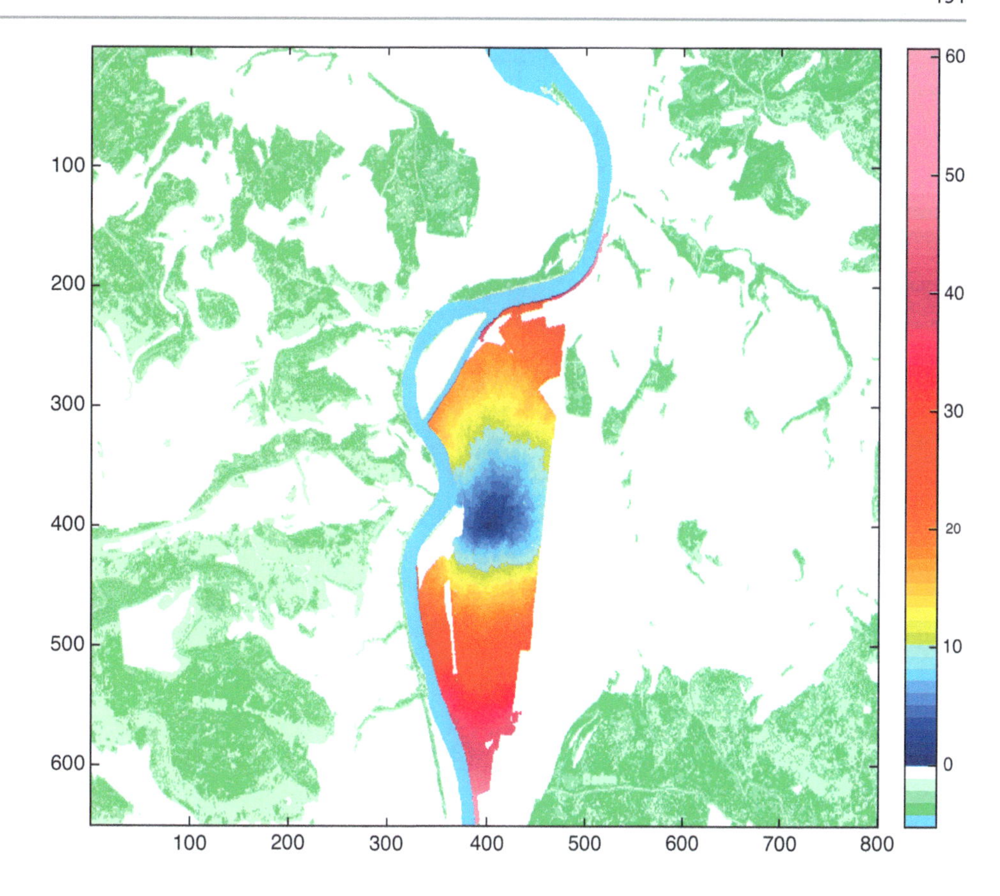

Abb. 2.63 Simulation eines Waldbrandes in der Schweiz

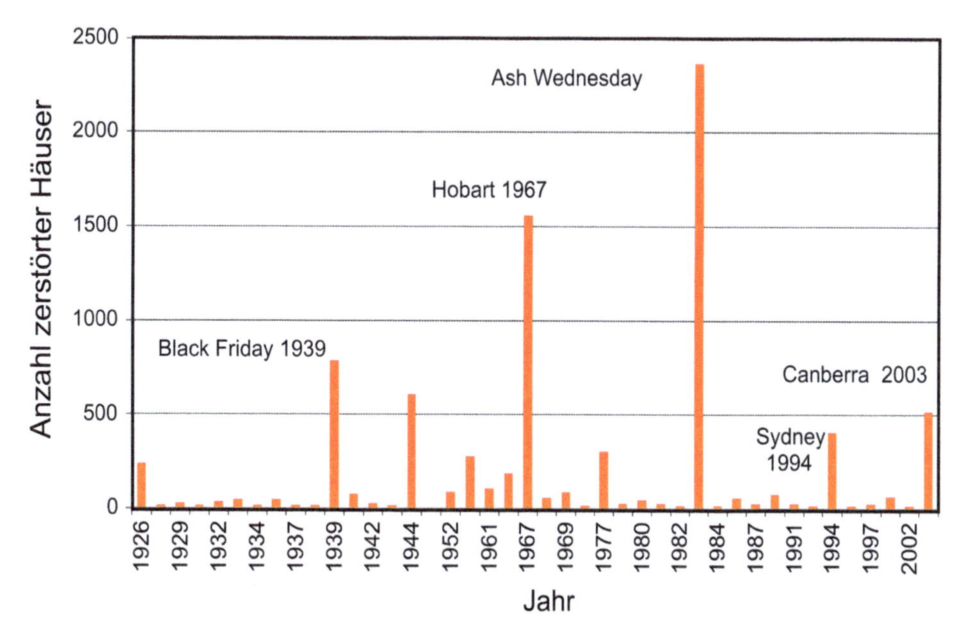

Abb. 2.64 Großwaldbrände in Australien basierend auf der Anzahl zerstörter Gebäude nach McAneney (2005)

2.2.4.6 Hagel

Unter Hagel versteht man eine Niederschlagsform aus Eis, bei der die Eiskörner eine Mindestgröße von 0,5 cm Durchmesser besitzen. Niederschläge mit kleineren Eiskörpern werden als Graupel bzw. Griesel bezeichnet. Theoretisch kann man Hagel auch anhand der Entstehungsphase bzw. durch den Aufbau der Eiskörper von Graupel unterscheiden. Hagelkörner bestehen in der Regel aus einem sogenannten Embryo mit einer harten Eisschicht, während Graupel überwiegend aus Schneekristallen besteht. Allerdings existieren

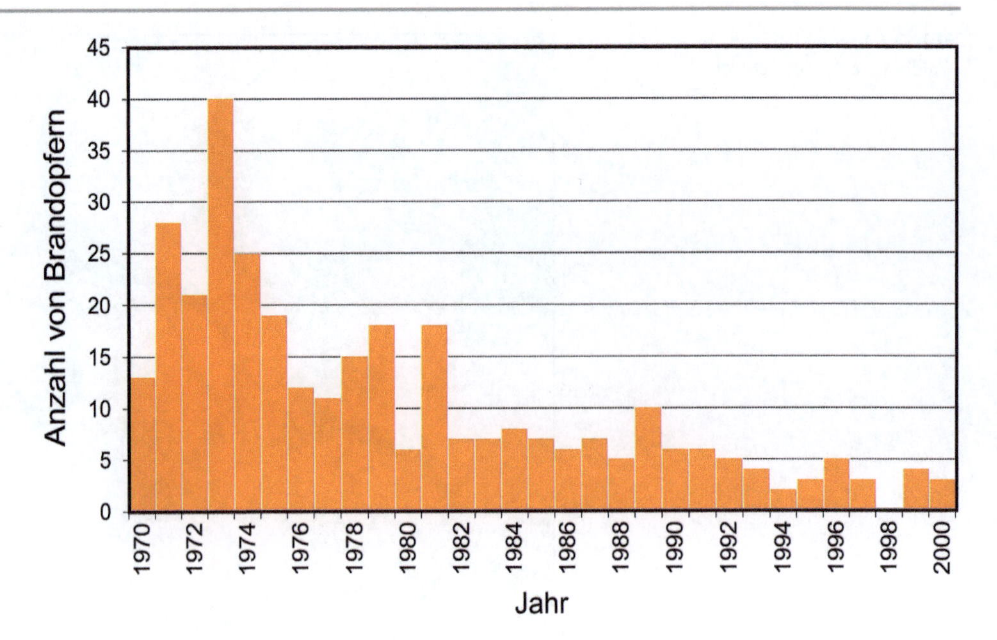

Abb. 2.65 Entwicklung der Anzahl Brandopfer in Kanada nach Maier (2006)

Sonderformen wie Schneegriesel, Frostgraupel oder Reifgraupel, die nicht vollständig dieser Systematik folgen. (OcCC 2003).

Die Intensität von Hagelereignissen wird in der Regel über die Anzahl der Hagelkörner pro m^2, über die Größe und Dichte der Hagelkörner, über die Geschwindigkeit bzw. Energie der Hagelkörner beim Aufschlag oder über die Windgeschwindigkeit definiert (Deepen 2006). Meistens berücksichtigt man nur die Größe der Hagelkörner und die Häufigkeit der Größe. Alternativ kann die kinetische Energie der Hagelkörner und die Masse verwendet werden. Letztere ist aussagekräftiger als der Durchmesser, da Hagelkörner nicht zwangsläufig sphärisch sein müssen.

In den USA hat man maximale Hagelkorndurchmesser von 15 cm (Aurora, 22.06.2003) (DWD 2013; Knight und Knight 2005) und knapp 20 cm (South Dakota, August 2010, Pojorlie et al. 2013) beobachtet. Diese Größe würde mit dem Gipsmodel des größten Kornes übereinstimmen, welches in den 1970er Jahren an der ETH Zürich untersucht wurde. Allerdings unterscheiden sich die klimatischen Bedingungen in den USA und der Schweiz beträchtlich, so dass die zu erwartenden Hagelkorngrößen in der Schweiz geringer sind. In den offenen Landschaften des mittleren Westens der USA bilden sich viel mächtigere Gewittersysteme als in der Schweiz. Zusätzlich ist in den USA durch die Golfregion genügend feuchtwarme Luft vorhanden, um Gewittersuperzellen deutlich länger am Leben zu halten als in der Schweiz. In der Schweiz beträgt die Lebensdauer solcher Zellen in der Regel nur 30 bis 60 min.

Die Gewittersuperzellen mit ihren starken Aufwinden sind Grundlage für die Entstehung von Hagelkörnern. Bei einem Aufwind von 100 km/h in einer solchen Zelle könnte der Aufwind 5 cm große Hagelkörner tragen, bei 120 km/h etwa 6 cm große Körner und in extremen Fällen mit 150 km/h sind Körner mit einem Durchmesser von 10 cm möglich. Bei einem Ausfall der Körner sehr weit oben, können die Körner auf einer Fallstrecke von 4 bis 6 km weiter auf bis zu 8 bis 12 cm Durchmesser wachsen. Erst bei Erreichen der Nullgradgrenze fangen die Körner an zu schmelzen.

Beim Münchner Sturm 12. Juli 1984 wurden Hagelkörner von 9,5 cm beobachtet, am 6. August 2013 wurde in Baden-Württemberg ein Hagelkorn mit einem Durchmesser von 14 cm gefunden.

Für die Schweiz liegen Gefährdungskurven der Wiederkehrperiode der Hagelkorngrößen vor (Abb. 2.66). So liefern dieser Kurven für das Jura Ost größere Hagelkörner bei gleicher Wiederkehrperiode als für das Mittelland. Dabei ergibt sich für ein 10.000 jährliches Ereignis eine Hagelkorngröße von ca. 10 cm. Berücksichtigt man die kurzen Beobachtungszeiträume, so kann man auf Grund der damit verbundenen aleatorischen Unsicherheit durchaus Hagelkörner von bis zu 14 cm ansetzen. Solch ein Hagelkorn wurde, wie bereits erwähnt, auch 2013 auf der Schwäbischen Alb beobachtet. (Schiesser 2006).

Neben der direkten Erfassung der Hagelkorngrößen vor Ort besteht schon seit vielen Jahren die Möglichkeit, die Hagelkorndaten mittels Fernmessungen und Fernüberwachung zu erfassen (Schiesser und Schmit 2011; Schiesser 1988; Schiesser et al. 1997; Betschart und Hering 2012).

Hagelereignisse können zu erheblichen wirtschaftlichen Schäden führen (Leigh 2007). Flugzeuge und Raumfahrzeuge werden für Hagelstürme ausgelegt, um die Häufigkeit der Schäden zu begrenzen (Starke und Mayer 2011).

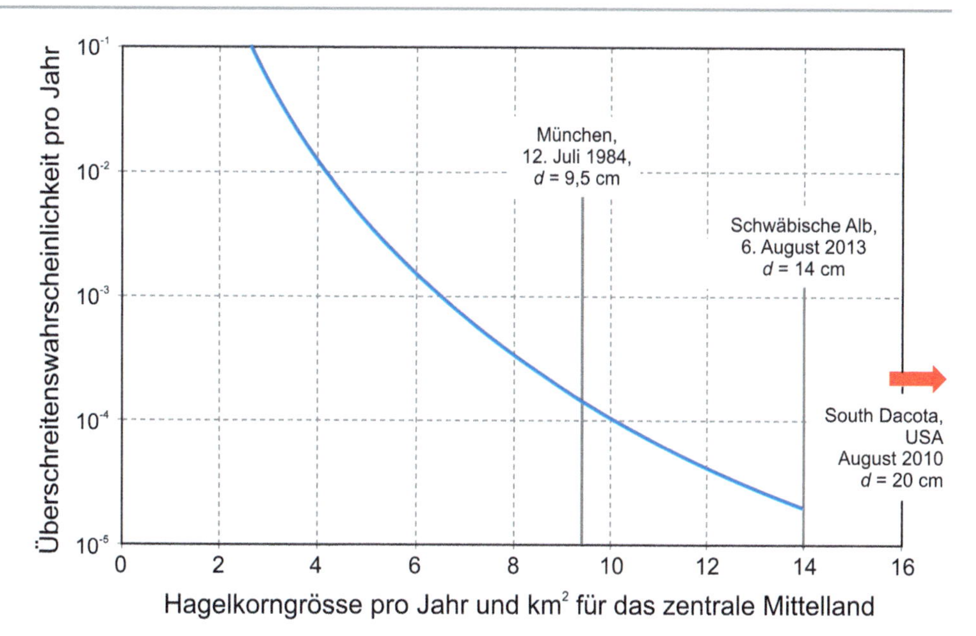

Abb. 2.66 Gefährdungskurve für die Hagelkorngröße für das zentrale Mittelland der Schweiz

Man hat dafür sogenannte Hagelschadensklassen entwickelt (siehe auch Tab. 2.50 für die Hagelkategorien).

Mit der Klimaerwärmung werden größere Hagelkörner möglich, weil auf der einen Seite mehr Feuchtigkeit in der Luft gespeichert wird und weil auf der anderen Seite größere Fallhöhen erreicht werden können.

2.2.4.7 Vereisung

Gemäß ISO-12494 wird allgemein unter Vereisung jede Form von Eisansammlungen auf der Oberfläche von Objekten, die der Außenluft ausgesetzt sind, verstanden (entnommen Fikke et al. 2006; Dierer et al. 2010). Bekannt sind Vereisungen von Bäumen, Fahrzeugen und natürlich Strommasten.

Tab. 2.50 Hagelkategorien (Kaschuba 2013, 2014)

Kategorie	Bezeichnung	Durchmesser in mm	Masse in g
H0	Kleinhagel	5–10	0,1–0,5
H1	Kleiner bis mittelgroßer Hagel	15–20	1,6–3,8
H2	Mittelgroßer Hagel	25–35	7,5–20,6
H3	Großer Hagel	40–50	30,8–60,1
H4	Großhagel	55–70	80,0–164,9
H5	Sehr großer Hagel	75–100	202,8–480,6
H6–H8	Riesenhagel	105–130	556,4–1056
H7	Riesenhagel	135–165	1182,6–2159,1
H8	Riesenhagel	170–200	2361,4–3845,2

Vereisender Regen entsteht bei speziellen Inversionslagen, wenn Warmfronten kalte Luftschichten überschieben. Fällt nun aus dieser Warmfront mit hoher relativer Luftfeuchtigkeit Regen, so kann unter Umständen eine Wassertemperatur von unter 0 °C erreicht werden, ohne dass der Regentropfen gefriert. Erst beim Kontakt mit kalten Festkörpern wird dem Regentropfen ausreichend Wärmeenergie entzogen, um schlagartig zu gefrieren. In diesem Abschnitt wird die Vereisung thematisch aber etwas weiter gefasst als nur für vereisenden Regen.

Die jeweilige Art und Intensität der Vereisung hängt unter anderem vom Wassergehalt der Luft, von der Tropfengröße des Wassers in der Luft, von der Windgeschwindigkeit, von der Lufttemperatur und von der Richtung der Oberfläche zum Wind ab. Mit den theoretischen Grundlagen der Entstehung vereisenden Regens befaßt sich z. B. Zerr (1997). Bei der Bemessung von Windturbinen ist der Lastfall Vereisung zu berücksichtigen, da Eiswurf eine Gefahr für Menschen darstellen kann (Drapalik et al. 2011).

Gemäß Tab. 2.51 wären die Vereisungsbedingungen im Schweizer Mittelland selten erfüllt. Vereisung tritt vielleicht einmal im Jahr auf. Die Vereisungskarte der Schweiz gibt für die Bereiche im Mittelland eine durchschnittliche Vereisungsdauer von vier Tagen pro Jahr an (Dierer et al. 2010). Allerdings bezieht sich das nicht allein auf vereisenden Regen, sondern auch auf Nassschnee, der vereist und auf Raureif.

Für Kanada liegen Gefährdungskurven vor (McKay und Thomson 1969). So werden für Toronto und St. Johns horizontale Vereisungen mit einer Wiederkehrperiode von 10^{-4} pro Jahr von ca. 5 cm und für vertikale Vereisungen von 10 cm geschätzt.

Tab. 2.51 Klassifizierung von Orten bzw. Bedingungen hinsichtlich der Wahrscheinlichkeit von Vereisung (EUMETNET/SWS II Report, entnommen Fikke et al. 2006)

Vereisungsindex	Tage mit Vereisung	Dauer der Vereisung in % des Jahres	Intensität der Vereisung in g/100 cm^2/h	Vereisungsrisiko
S5	> 60	> 20	> 50	Sehr stark
S4	31–60	10–20	25	Stark
S3	11–30	5–10	10	Mäßig
S2	3–10	< 5	5	Gering
S1	0–2	0–0,5	0–5	Selten

In der Meteorologie kennt man verschiedene Begriffe für Glätte: Glatteis entsteht, wenn Regen auf gefrorenen Untergrund fällt oder die Untergrundtemperatur unter dem Gefrierpunkt liegt. Gefrierende Nässe entsteht, wenn die Temperatur der nassen Oberfläche unter den Gefrierpunkt gefällt. Außerdem gibt es noch Eisregen und Schneeglätte.

2.2.4.8 Schnee

Schnee ist eine feste Niederschlagsform. Er besteht aus Wasser in Form von Eiskristallen. Schnee kann sich auf Bauwerken ansammeln und zu einer statischen Belastung führen. Gleichzeitig kann Schnee die Mobilität einschränken. Aus diesem Grund können große Schneemengen zu einer Gefährdung führen.

Für die Abschätzung der Schneebelastungen benötigt man Schneehöhenmessungen. Häufig liegen keine Schneehöhemessungen für die jeweiligen Standorte vor. In der Schweiz werden deshalb die Schneelasten vom SLF ermittelt (MeteoSwiss 2010). Dafür werden Zeitreihen für verschiedene Ort ab 1930 verwendet. Abb. 2.67 zeigt zwei Gefährdungskurven der Schneehöhen für zwei Schweizer Standorte. Abb. 2.68 zeigt das Lötschental nach einem Großschneefall und Lawinenabgängen.

Üblicherweise werden Schneedeckenmessungen heute auf einer möglichst ungestörten, repräsentativen ebenen Fläche vorgenommen. Die in der Realität treten Akkumulations- und Ablationsprozesse der Schneedecke auf Bauwerken auf, die u. a. von der Dachform, -neigung, Oberflächen- und Lufttemperatur, lokalen Windverhältnissen (Wirbelbildungen etc.) sowie der Schneesackbildung (nebeneinanderstehende unterschiedlich hohe Gebäude) abhängig sind. Die Abschätzung der Schneehöhe ist also relativ kompliziert.

Aber auch die Tagesmesswerte der Schneehöhe sind leider nur eine sehr fehleranfällige Abschätzung der Schneelasten. Ursache dafür ist die mit steigender Höhe wachsende Varianz der Schneelast. So besitzen größere Schneedecken ein außerordentliches Wasserspeichervermögen.

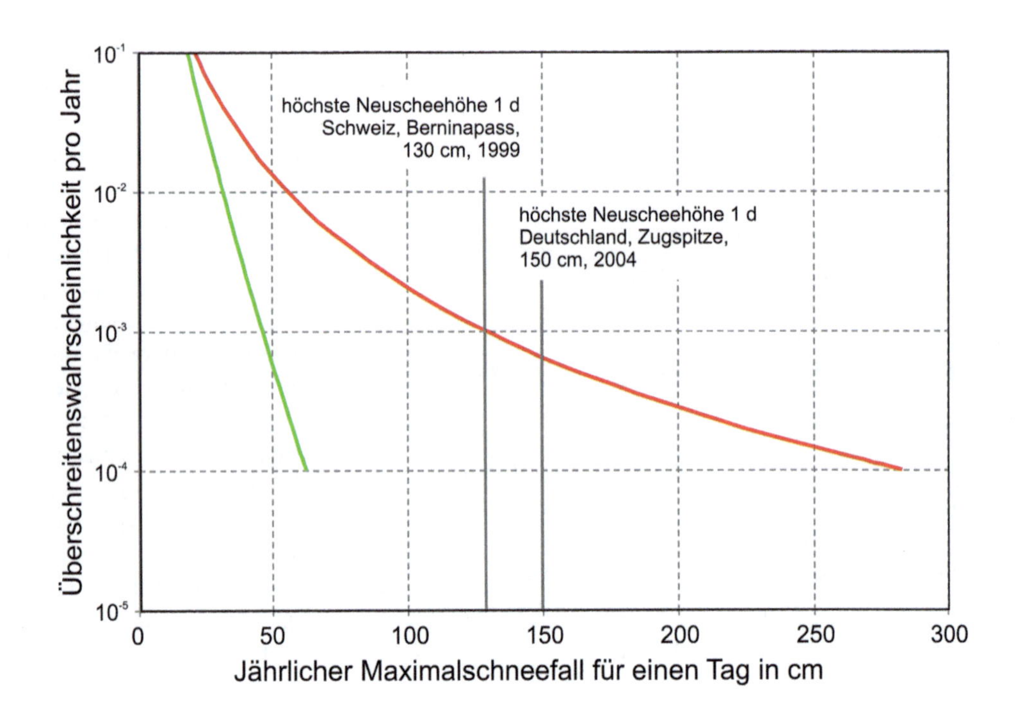

Abb. 2.67 Gefährdungskurve für Tageschneefall für zwei Schweizer Standorte (grün und rot)

Abb. 2.68 Nach einem Großschneefall im Februar 1999 mit bis zu 350 cm Neuschnee innerhalb einer Woche (Höhenlagen) wurde der Talboden des Lötschentals in der Schweiz durch Lawinen mit bis zu 10 m Schnee aufgefüllt. (Foto: *P. Lieberwirth*)

Deshalb wurden u. a. theoretische Näherungsansätze für mittlere Schneedichtefunktionen aufgestellt. Eine Alternative stellt das Wasseräquivalent dar (Lieberwirth 2004). Hierfür liegen aber häufig nur über einen begrenzten Zeitraum Messwertreihen vor. Damit bleibt die Abschätzung der Schneelasten relativ schwierig.

2.2.4.9 Blitzschlag

Bei gewittriger Wetterlage können zwischen der Erdoberfläche und den Wolken Spannungen von mehr als einem Megavolt auftreten. Bei einer Blitzentladung werden Stromstärken von bis zu 100 kA erreicht. Eine Blitzentladung dauert ca. 0,02 s. Durch die hohen Stromstärken erhitzt sich der Blitzkanal auf bis zu 30.000 °C. (Zack et al. 2007).

Blitzanzahl und Blitzintensitäten werden seit einigen Jahre sowohl terrestrisch (Schmidt 2007) als auch über Satelliten (NASA 2004) erfasst. Abb. 2.69 zeigt die Verteilung der Blitzanzahl pro Quadratkilometer weltweit, basierend auf Satellitenmessungen. Die Schweiz liegt mit 2 bis 4 Blitzen pro Jahr pro Quadratkilometer in einem Bereich mit einer mittleren bis geringen Anzahl Blitze. Spezifische

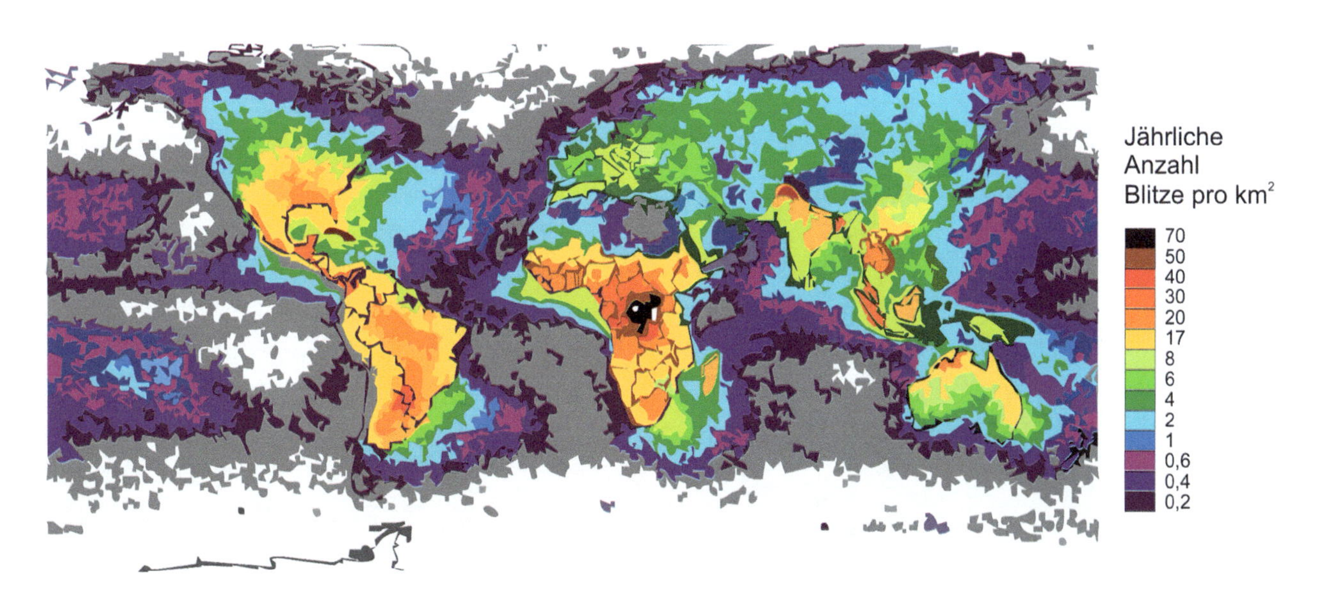

Abb. 2.69 Jährliche Anzahl Blitze pro Quadratkilometer, Daten vom April 1995 bis Februar 2003 vom NASA's Optical Transient Detector und vom Januar 1998 bis Februar 2003 vom NASA's Lightning Imaging Sensor (LIS) (NASA 2004)

Blitzbeobachtungen liegen für Süddeutschland (Finke und Hauf 1996), Österreich (Diendorfer und Schulz 1999; Bertram und Mayr 2004) und die Schweiz (Siemens 2012) vor. Abb. 2.70 zeigt die Verteilung der Blitzstromstärken und die Blitzanzahl für den Süddeutschen Raum (Finke und Hauf 1996).

An verschiedenen Standorten, z. B. bei Kraftwerken, sind Blitzstromzähler installiert. Siemens bietet die Daten seines BLIDS-Dienstens (BLitz InformationsDienst von Siemens 2012) als Datenbasis für die Entwicklung von Gefährdungskurven der Blitzstärke an.

Abb. 2.71 zeigt beispielhaft die Gefährdungskurve der Maximalblitzstromstärke für einen Schweizer Standort. Gemäß Abb. 2.71 liegt ein 10^{-4}-Blitz bei knapp unter 200 kA. Dieser Wert scheint auch mit Beobachtungen im Süddeutschen Raum übereinzustimmen. Zum Vergleich, die Auslegungsblitze für Kerntechnische Anlagen liegen bei 200 bis 300 kA gemäß KTA 2206. Insofern bestätigen die statistischen Beobachtungen die Ergebnisse der Auslegungsanforderungen.

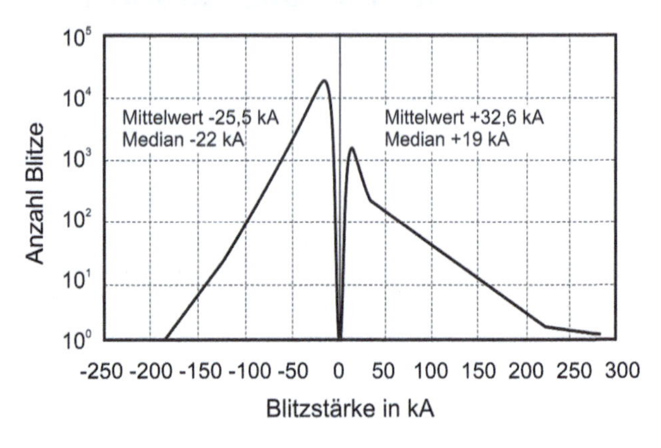

Abb. 2.70 Stromstärke-Blitzanzahl-Verteilung gemessen und geglättet für Süddeutschland 1992–1993 (in Anlehnung an Finke und Hauf 1996)

Blitzunfälle gehören zur Klasse der natürlichen Hochspannungsunfälle. Sie zeichnen sich durch extrem hohe Stromstärken und sehr kurze Expositionszeiten aus. Tod und Verletzung werden durch die elektrische Energie, durch hohe Temperaturen und durch die explosive Kraft der Druckwellen verursacht. (Zack et al. 2007).

Die Anzahl der Todesopfer ist in Deutschland in den letzten 50 Jahren von ca. 50 bis 100 pro Jahr auf 3 bis 7 Sterbefälle gesunken. Allerdings ereigneten sich in den letzten Jahren einige aufsehenerregenden Unfälle in Verbindung mit Sportveranstaltungen. So wurden bei einer Flugschau im August 2006 in der Nähe von Bonn, bei Fußballspielen in Gelsenkirchen im August 2006 und in Hamburg-Bahrenfeld im Juni 2007 mehrere Menschen verletzt. (Zack et al. 2007).

Die Energieübertragung des Blitzes auf den Menschen kann in verschiedenen Formen erfolgen (Zack et al. 2007, siehe Abb. 2.72):

- Beim direkten Treffer geht der Blitz durch den Körper. Dabei sind Blitzeintrittsstellen, meistens am Kopf oder den Schultern, und Blitzaustrittstellen an den Füssen erkennbar.
- Beim Kontakteffekt schlägt der Blitz in ein Objekt ein, welches der Mensch hält. Der Stromweg läuft nur dann über den Menschen, wenn er den geringeren Widerstand bildet.
- Beim Überschlagseffekt schlägt der Blitz in ein anderes Objekt in der Nähe ein, ein Teil der Energie wird jedoch auf den sich in der Nähe befindenden Menschen übertragen.

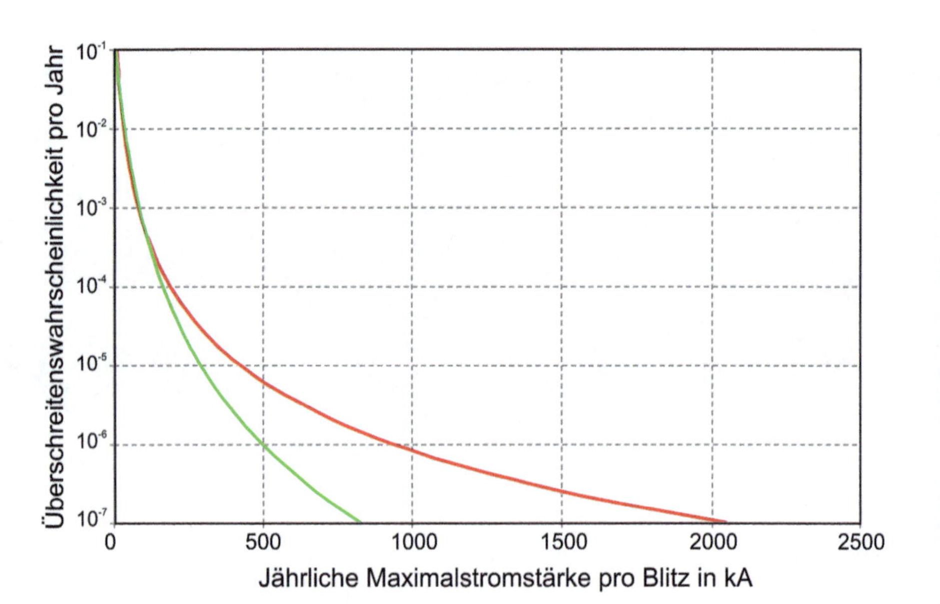

Abb. 2.71 Gefährdungskurve der Blitzstärke in kA für zwei Schweizer Gebiete

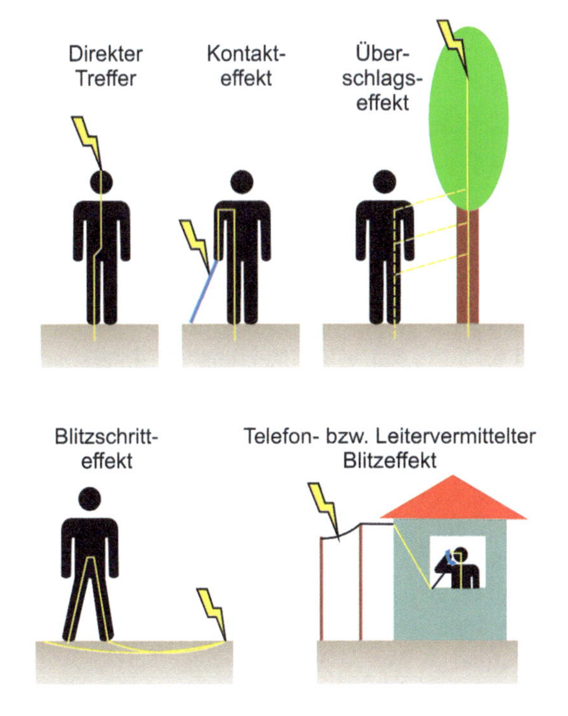

Abb. 2.72 Blitzeffekte (Zack et al. 2007)

Neben diesen drei Haupterscheinungen gibt es noch weitere Effekte:

- Ein Blitzschritteffekt tritt auf, wenn sich ein Mensch mit gespreizten Beinen im Umkreis von 200 m vom Blitzeinschlagsort befindet. Auf Grund der Stellung kann sich eine Potentialdifferenz bilden, die dazu führt, dass Strom in das eine Bein eindringt und über das andere Bein wieder austritt.
- Beim Telefon- bzw. Leitervermittelten Blitzeffekt schlägt der Blitz in eine Telefonleitung oder andere Elektrokabel ein und erreicht über die Telefonleitung den Menschen. Zwar ist die Energie deutlich geringer bei einem direkten Treffer, aber es können Verletzungen am Ohr auftreten.

Der Oberflächeneffekt, der unabhängig von den oben genannten Formen ist, führt dazu, dass der Hauptteil des Blitzstromes auf der Körperoberfläche abgeführt wird. Tritt dieser Effekt ein, können Menschen Blitzeinwirkungen überleben.

Verletzungen durch Blitze betreffen die Haut, das Herz, die Nieren, die Sehorgane und führen zu neurologischen, psychischen, traumatologischen und gynäkologischen Effekten. (Zack et al. 2007).

Die Letalität durch Blitze liegt nach Zack et al. (2016) bei ca. 25 %, in der sonstigen Literatur liegen die Werte zwischen 30 und 90 % (Zack et al. 2016).

2.2.4.10 Wind und Stürme

Wind ist ein Druckausgleich aus Regionen mit hohem Luftdruck zu Regionen mit niedrigem Luftdruck. Die Luftdruckunterschiede entstehen durch Sonneneinstrahlung und die Richtung aus der Orographie und der Rotation der Erde. Relevant für die dynamische Bemessung der Bauwerke sind in der Regel Stürme mit hohen Windgeschwindigkeiten.

Stürme als Sonderfall der Wetterunbilden können auf allen Kontinenten beobachtet werden. Man unterteilt die Stürme in barokline, tropische und konvektive. Für Stürme gleichen Typs finden sich unterschiedliche regionale Bezeichnungen. Hurrikans, Taifune und Zyklone sind tropische Wirbelstürme (Deutsches Komitee für Katastrophenvorsorge e. V. 2002, siehe Abb. 2.73). Nicht nur der Name unterscheidet sich regional, auch die Häufigkeit der Stürme auf der Erde ist nicht gleichverteilt. So gibt es Gebiete mit erhöhtem Sturmaufkommen und geringerem Sturmaufkommen. In den USA werden etwa tausend Stürme pro Jahr erfasst (Vesilind 2004). Im Jahre 2002 starben durch Wirbelstürme 55 Menschen in den USA. Auch in Deutschland sind von 1991 bis 2002 Todesopfer durch Stürme zu verzeichnen gewesen, wie Tab. 2.52 zeigt.

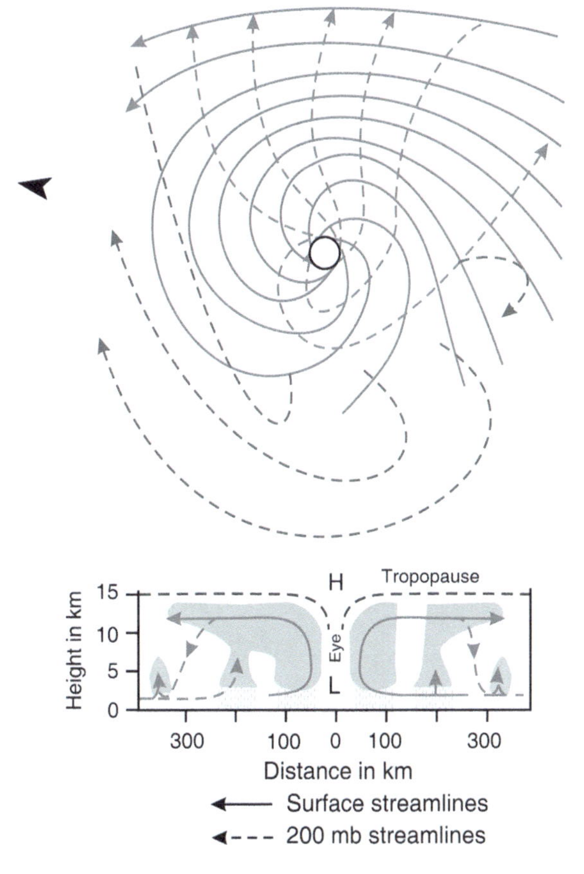

Abb. 2.73 Modell der Struktur eines tropischen Wirbelsturms nach Smith (1996)

In Mitteleuropa können Schäden an Bauwerken durch Gewitterstürme, Herbst- und Winterstürme, Brise und Föhn und Tornados entstehen. Besser wäre eine Unterscheidung in zyklonale und konvektive Böenereignisse, wie bereits oben erwähnt. Zu letzterem zählen die Tornados, aber auch sogenannte Down Bursts. Das sind starke Abwinde am Rande von Konvektionszellen. Diese treten in Mitteleuropa viel häufiger auf als Tornados. Tornadohäufigkeiten für Europa werden unter anderem von Dotzek (2003), dem Storm Prediction Center (2017), Groenemeijer und Kühne (2014) angegeben. Bei den zyklonalen Ereignissen handelt es sich um überwiegend horizontale Windströmungen an den Fronten von Konvergenzlinien.

Windböenspitzen bei zyklonalen Ereignissen von 170 km/h konnten in der Schweiz bereits beobachtet werden. Dies hängt jedoch stark von den lokalen Effekten ab (Kammlage, Düseneffekte in Tälern etc.). Bei den konvektiven Ereignissen konnte in der Schweiz z. B. im August 2017 ein Down Burst von 170 bis 180 km/h beobachtet werden.

Der Schadensumfang eines Sturmes hängt von der Dauer des Sturmes, der überstrichenen Fläche und der Intensität, also der Windstärke ab. Eine allgemeine Einteilung der Windgeschwindigkeit zur Beurteilung von Stürmen ist die Beaufort Skala, die in Tab. 2.53 grob wiedergegeben ist. Da die Windgeschwindigkeit in Wirbelstürmen nur sehr schwierig messbar ist, werden die Schäden durch den Wirbelsturm zur Klassifizierung der Intensität herangezogen. So dient die Fujita-Skala zur Beurteilung von Wirbelstürmen (Tab. 2.54 und 2.55). Für diese existiert außerdem eine Erweiterung. In Europa wird eher die TORRO-Skala verwendet. Für Hurrikans wird die Saffir-Simpson-Skala verwendet, siehe Tab. 2.56 und 2.57.

Basierend auf den Parametern Kubikwert der maximalen Windgeschwindigkeit, Größe des betroffenen Gebietes und Dauer des Ereignisses wurde der Storm Severity Index (SSI) wurde von Walz et al. (2017) eingeführt.

Abb. 2.74 zeigt die weltweite geographische Verteilung der Häufigkeit von Wirbelstürmen. Abb. 2.75 zeigt die Ge-

Tab. 2.52 Die zehn schwersten Naturkatastrophen nach Todesopfern in Deutschland für den Zeitraum 1991 bis 2002 (EM-DAT 2004)

Katastrophe	Datum	Todesopfer
Extreme Temperaturen	04.01.1997	30
Flut	01.08.2002	27
Sturm	26.12.1999	17
Sturm	26.10.2002	10
Sturm	10.07.2002	7
Sturm	14.01.1993	6
Flut	06.08.1991	5
Flut	23.12.1993	5
Sturm	28.01.1994	5
Sturm	07.07.2001	4

Tab. 2.54 Fujita-Skala für Tornados und Downbursts (Vesilind 2004)

Fujita-Skalenwert	Beschreibung	Windgeschwindigkeit in km/h
F 5	Unvorstellbar	420–512
F 4	Verheerend	333–419
F 3	Schwer	254–332
F 2	Bedeutsam	182–253
F 1	Mäßig	117–181
F 0	Sturm	64–116

Tab. 2.53 Beaufort Skala für Stürme nach dem englischen Admiral Sir Francis Beaufort (1774–1854) (Lieberwirth 2004)

#	Bezeichnung	km/h	Anhaltspunkte an Land
0	Windstille	0	Keine Luftbewegung, Rauch steigt senkrecht auf
1	Leiser Zug	1–5	Als Windhauch fühlbar
2	Leichte Brise	6–11	Blättersäuseln
3	Schwache Brise	12–19	Blätter und dünne Zweige fächeln
4	Mäßige Brise	20–28	Zweige und schlanke Äste wiegen sich
5	Frische Brise	29–38	Kräftige Zweige und schwache Bäumchen wiegen sich
6	Starker Wind	39–49	Äste schwanken, Wipfel biegen sich, Wind pfeift um Häuser
7	Steifer Wind	50–61	Bäume schwanken. Gehen gehemmt
8	Stürmischer Wind	62–74	Zweige werden geknickt. Gegenstemmen beim Gehen
9	Sturm	75–88	Gegenstände werden aus ihrer Lage gebracht, Schäden an Dächern
10	Schwerer Sturm	89–102	Bäume werden entwurzelt, Häuser beschädigt
11	Orkanartiger Sturm	103–117	Schwere Sturmschäden
12	Orkan	> 118	Verwüstungen

Tab. 2.55 Erweiterte Fujita-Scale für Tornados (WSEC 2006)

Fujita-Scale	Beschreibung	Windgeschwindigkeit in km/h
F-6	Inconceivable	>512
F 5	Incredible	420–512
F 4	Devastating	333–419
F 3	Severe	254–332
F 2	Significant	182–253
F 1	Moderate	117–181
F 0	Gale tornado	64–116

Tab. 2.56 Saffir-Simpson-Skala für Hurrikans (Kantha 2006)

Kategorie	Windgeschwindigkeit in km/h
Tropisches Tief	< 62
Tropischer Sturm	63–118
Hurrikan Kategorie 1	119–153
Hurrikan Kategorie 2	154–177
Hurrikan Kategorie 3	178–208
Hurrikan Kategorie 4	209–251
Hurrikan Kategorie 5	> 251

fährdungskurve für drei Schweizer Standorte und die Extremwerte. Extremwertanalysen für Windgeschwindigkeiten finden sich z. B. bei Ceppi et al. (2008), Meteotest (2014), Etienne et al. (2010), Jungo et al. (2002). Ein Beispiel für die Untersuchung der Windrichtung findet sich bei Graber und Bürki (1996). Abb. 2.76 zeigt die Warnung von Starkwind am Zürichsee. Eine Beschreibung zum Orkan Lothar findet sich bei WSL (2001).

Tab. 2.57 Saffir-Simpson Skala für Wirbelstürme (Kantha 2006)

Kategorie	Maximale Windgeschwindigkeit in m/s	Luftdruck in mb	Sturmflut m
1	33–42	> 980	1,2–1,6
2	43–49	979–965	1,7–2,5
3	50–58	964–945	2,5–3,8
4	59–69	944–920	3,9–5,5
5	70+	< 920	>5,5

Der Bericht zur Erstellung Schweizer Karten der Sturmgefährdung weist ebenfalls auf die Bedeutung lokaler, orographischer Besonderheiten hin: *„Böengeschwindigkeiten zeigen sowohl in Tälern als auch an sehr exponierten Bergstandorten teilweise grössere Abweichungen zu gemessenen Werten. Insbesondere zeigt sich die Tendenz, dass die Böengeschwindigkeit in Tälern generell überschätzt und an exponierten Bergstandorten unterschätzt wird. Die Ursache dafür ist, dass Simulationen mit 3 km Gitterweite kleinräumige Einflüsse auf die Böen (z. B. Orographie, Rauhigkeit oder Hindernisse) nicht im Detail erfassen können.“*

Webster et al. (2005) haben die möglichen Veränderungen der Sturmintensität in einem wärmeren Klima

Abb. 2.74 Verteilung der Wirbelsturmhäufigkeit auf der Erde (Vesilind 2004)

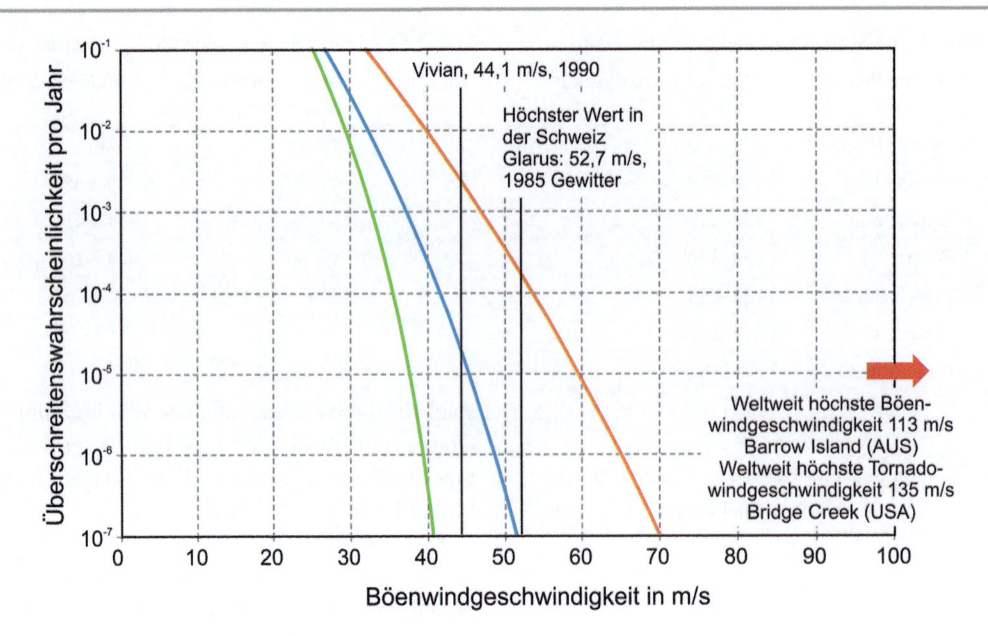

Abb. 2.75 Böengeschwindigkeitsgefährdung für drei verschiedene Schweizer Standorte

Abb. 2.76 Warnung vor Starkwind am Zürichsee. (Foto: *D. Proske*)

beschrieben. Aber auch unter den gegenwärtigen Klimabedingungen stellen Stürme eine große Gefahr dar. Im Jahr 1970 kamen bei einem Sturm in Bangladesch in Verbindung mit einer Sturmflut etwa 300.000 Menschen ums Leben. Dies war wahrscheinlich eine der größten Naturkatastrophen des 20. Jahrhunderts (O'Neill 1998). Im Oktober 1998 erreichte der Hurrikan Mitch Mittelamerika und tötete allein in Honduras 5700 Menschen. Mehr als 600.000 Menschen waren von dem Wirbelsturm betroffen. Die Schäden betrugen bis zu 80 % des Bruttoinlandsprodukts. In Peru wurden etwa 300 Brücken schwer beschädigt (Williams 1999). Ein weiterer schwerer Sturm erreichte das südliche Afrika im Jahr 2000. Im Februar und März zog der Wirbelsturm Eline über Mosambik, Südafrika, Botswana, Swasiland, Simbabwe, Malawi und Sambia und verursachte mehr als 1000 Todesopfer sowie einen Sachschaden von mehr als 660 Mio. US-Dollar (Münchner Rück 2001). Im Jahr 1992 verursachte der Hurrikan Andrew in den USA einen finanziellen Schaden von 15 Mrd. US-Dollar. Auch die Winterstürme in Europa im Jahr 1990 kosteten rund 15 Mrd. US-Dollar (Mechler 2003).

Ein Hagelsturm im Jahre 1360 soll 1000 englische Soldaten in Frankreich getötet haben (History.com 2021). Historische Stürme sind ein wichtiger Gegenstand der aktuellen Forschung, auch um Änderungen durch den Klimawandel zu identifizieren (Cornes 2014; Matthews et al. 2016; Lamb und Frydendahl 1991; de Kraker 2002). Usbeck (2016) und Usbeck et al. (2010) haben Windereignisse ab dem Jahre 1891 als Ursache von Waldschäden für die Schweiz untersucht: Sie stellen fest, dass die schwersten Waldschäden in Mitteleuropa bei Winterstürmen auftraten.

Die größten Hurrikane in den USA, gemessen an der Zahl der Todesopfer, ereigneten sich 1900 in Galveston mit

8000 Todesopfern, 1928 am Lake Okeechobee mit 2500 Todesopfern, 1893 in Savannah, Georgia mit 1500 Todesopfern und 1893 in Cheniere Caminada mit 1250 Todesopfern (Münchner Rück 2006a, b). Diese Zahlen zeigen die enorme Schadenskapazität von Stürmen. Daher wurden in den letzten Jahrzehnten viele Studien zur Risikobewertung von Stürmen bzw. Starkwinden durchgeführt. Beispiele sind Arbeiten von Leicester et al. (1976), Petak und Atkisson (1992), Khanduri und Morrow (2003) und Heneka und Ruck (2004).

Bei solchen Untersuchungen muss man auch die Folgeschäden berücksichtigen. Die wirtschaftlichen Schäden durch den Ausfall des Hafens New Orleans nach der Flut 2005 waren in der Größenordnung der direkten Schäden durch die Überflutung von New Orleans. Das gleiche gilt für die wirtschaftlichen Schäden durch die Beeinträchtigung des kommerziellen Luftverkehrs nach den Anschlägen in New York im September 2001.

Häufig sind großen Naturereignisse auch noch mit Doppel- oder Mehrfacheinwirkungen verbunden, wie z. B. das Erdbeben in San Francisco 1906 mit nachfolgendem Brand, das Kanto-Erdbeben in Japan 1923 mit nachfolgendem Brand, der Hurrikan Katrina 2005 mit nachfolgender Überflutung oder das Tohoku-Erdbeben in Japan 2011 mit nachfolgendem Tsunami.

Gemäß dem aktuellen Regelwerk wird Wind als veränderliche statische Einwirkung auf Bauwerke betrachtet. Dynamische Effekte aus Böen oder dem Verhalten der Konstruktion werden in den statischen, normativen Flächenlasten implizit berücksichtigt.

Böen sind sehr schnelle zeitlich veränderliche Windgeschwindigkeiten. Böen treten mit Frequenzen über einen breiten Frequenzbereich auf. Dieser liegt unterhalb des Frequenzbereiches der Erdbeben. Die Periode liegt zwischen fünf Sekunden und fünf Minuten, also bei 0,2 Hz bis 0,003 Hz. Abb. 2.79 zeigt das Windspektrum nach van der Hoven (1957). Man erkennt in dem Bild die Jahreszeiten (Peak rechts), Tiefdruckgebiete (4 Tage) und mikrometeorologische Effekte im Bereich von einer Minute.

Die Regel, dass dynamische Effekte für Konstruktionen nicht explizit berücksichtig werden müssen, gilt aber nur für bestimmte Bauwerkshöhen oder Konstruktionsarten. Diese Regeln werden normalerweise erfüllt durch Bauwerke kleiner 200 m und durch Massivbrücken mit einer Spannweite von bis zu 40 m. Bei abgespannten Konstruktionen, Hängebrücken oder sonstigen Schwingungsanfälligen Konstruktionen ist die Anwendbarkeit zu prüfen, siehe Weber (2002), Schütz et al. (2006), Schollmayer (2019), Peil und Clobes (2008).

Nach Stürmen erfolgt häufig eine Bewertung und Untersuchung des Verhaltens von Baukonstruktionen während des Sturmes (NIST 2006). Wie Abb. 2.77 zeigt, bleiben nicht alle Bauwerke in einem standsicheren Zustand. Leichte und weitgespannte Konstruktionen müssen darüber hinaus viel intensiver untersucht werden, weil zahlreiche windinduzierte Effekte auftreten können – Abb. 2.78 zeigt verschiedene Effekte für Seilbrücken (Abb. 2.79).

2.2.5 Hydrologische Gefahren

Unter hydrologischen Gefahren versteht man die Gefahr von Überschwemmungen, also die Gefahr einer Überflutung des normalerweise trockenen Grundes und Bodens.

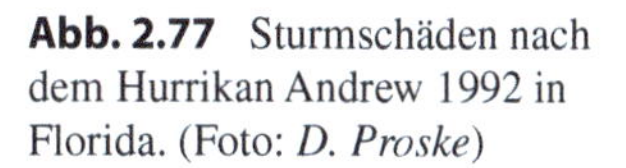

Abb. 2.77 Sturmschäden nach dem Hurrikan Andrew 1992 in Florida. (Foto: *D. Proske*)

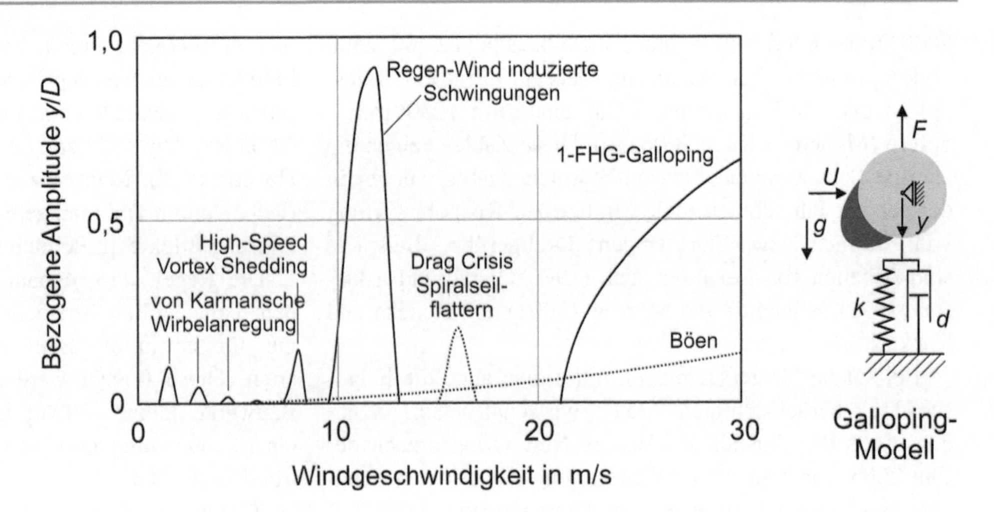

Abb. 2.78 Windinduzierte Effekte an Seilbrücken nach Nahrath (2004)

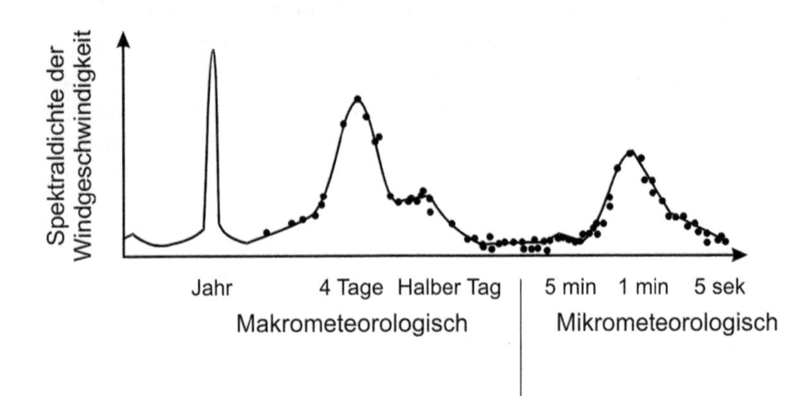

Abb. 2.79 Windspektrum nach van der Hoven (1957)

Überschwemmungen und Überflutungen werden durch Hochwasser verursacht. Hochwasser sind signifikante Überschreitungen des Pegels für das Mittelwasser eines Gewässers. Niedrigwasser sind signifikante Unterschreitungen des Pegels für Mittelwasser. Das Maß der Überschreitung wird oft als statistische Wiederkehrperiode angegeben, also z. B. ein 300-jähriges Hochwasser.

Hochwasser können verschiedene Ursachen haben. Oft gibt es mehrere Ursachen gleichzeitig. Abb. 2.80 zeigt eine Einteilung der Hochwasserursachen in natürliche und menschliche Ursachen. Tab. 2.58 listet verschiedene Hochwasser nach der Lage (Nähe zum Meer, Nähe zum Fluss) bzw. nach der Geschwindigkeit des Hochwasserereignisses (Sturzflut) auf.

Prinzipiell kann man Hochwasser einteilen in (siehe hierzu auch die Abflussregime nach Pardé)

- Großflächige Regen- oder Schneeschmelz-induzierte Hochwasser in Seen und Fließgewässern (siehe Tab. 2.58, siehe Abb. 2.81 und 2.82),
- Hochwasser durch Stürme am Meer (siehe Tab. 2.58),
- Sturzfluten durch lokale Starkregenereignisse (siehe Tab. 2.58),
- Hochwasser durch Gerinneverschluss (Rückstau), z. B. Eishochwasser, Hangrutschungen und Querschnittseinengung, Wehrverschlüsse und Brückenverschlüsse durch Verklausungen etc.
- Schwall- bzw. Impulswellen durch Erdbeben (siehe Abb. 2.83 und 2.84), Hangrutschungen, Gerinneöffnungen etc.
- Grundwasserhochwasser und
- Hochwasser durch Setzungen, z. B. nach einem Erdbeben.

Hochwasser können durch verschiedene weitere natürliche Prozesse begleitet werden. Solche Prozesse sind

- Geschiebe,
- Hangrutschungen,
- Gerinneverlegung,
- Verklausung,
- Auskolkung,
- Auftrieb und
- Anpralle (Totholze, aber auch Schiffe).

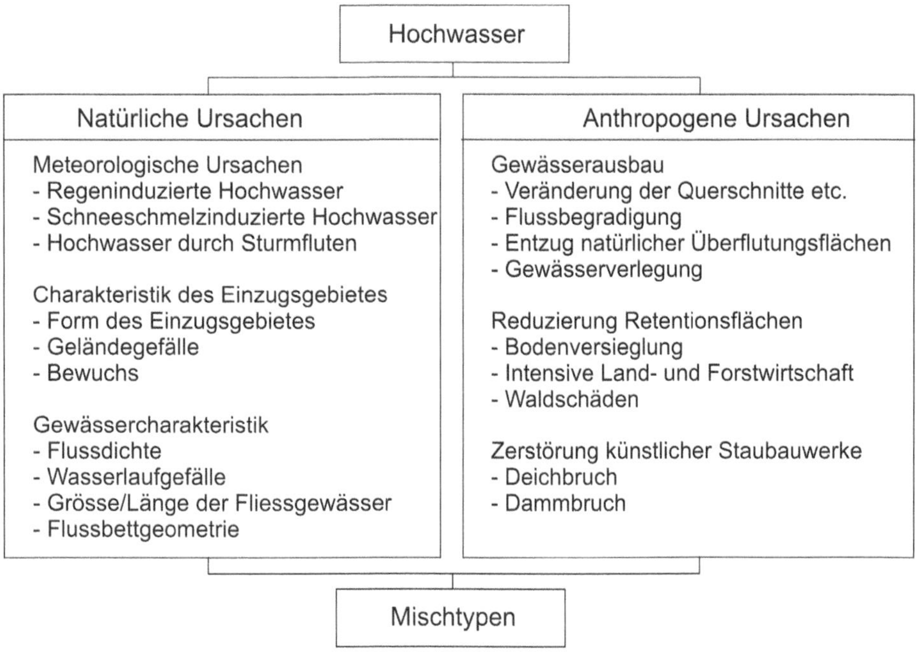

Abb. 2.80 Ursachen von Hochwassern (Frenzel 1999)

Tab. 2.58 Überschwemmungen im Vergleich (Münchner Rück 2018)

Art	Ursache	Gefährdete Bereiche	Schadensfaktoren	Schäden	Vorsorge
Sturmflut	Windstau, hohe Wellen	Schmaler Küstenstreifen	Salzwasser Wellenkräfte	Sehr hohe Schäden Geringe Häufigkeit, wenn Vorsorge	Vorwarnung Deiche Evakuierung
Flussüberschwemmungen	Niederschlag, Schneeschmelze	Bereiche in Flussnähe	Lange Wassereinwirkung Kontamination	Geringe Häufigkeit Hohes Schadenspotential	Vorwarnung Technischer Hochwasserschutz Temporärer Schutz Evakuierung
Sturzfluten	Lokaler Startregen (Gewitter)	Jeder beliebige Ort	Mechanische Wirkung Sediment	Insgesamt häufig, aber lokal sehr geringe Häufigkeit Relativ geringe Schäden Erosion	Ausreichende Drainage Angepasste Bauweise Flucht

Zusätzlich können Hochwasser und Überschwemmungen weitere Effekte verursachen, die auf anthropogene Handlungen zurückzuführen sind:

- Treibgut und Auswirkungen von Treibgut, z. B. Brände,
- Verbreitung von Krankheitserregern,
- Eingeschränkte Erreichbarkeit und Versorgung von Gebieten,
- Kanalisationsausfall bzw. Ausfall der Wasserentsorgung und
- Freisetzung von Gefahrenstoffen durch Beschädigung von Behältern.

Häufig stehen die Überflutungen von Flüssen und Seen mit Starkniederschlägen in Verbindung. Hierfür stehen in der Regel Daten, statistische Auswertungen und Gefährdungskurven zur Verfügung. Abb. 2.59 zeigt mittlere historische Niederschläge von April bis Mai für die Schweiz für einen Zeitraum von ca. 2500 Jahren. Abb. 2.85 zeigt eine aktuelle Gefährdungskurve des maximalen Tagesniederschlages für zwei Schweizer Standorte. Dies ist aber nur ein Parameter. Schlögl et al. (2021) nennen fünfzehn verschiedene Niederschlagsintensitätsparameter, unter anderem den Antecedent Precipitation Index (API), die Anzahl der Tage durchgehenden Regens, den Precipitation Concentration Index

Abb. 2.81 Hochwassermarken in Bad Schandau, Deutschland. (Foto: *D. Proske*)

(PCI), den Jahresniederschlag, die Anzahl der Tage mit mindestens 1 mm Niederschlag, mit 10 mm Niederschlag und mit 20 mm Niederschlag, die Niederschlagsmenge oberhalb des 95 % Fraktil des üblichen Niederschlags, der Anteil der über 95 % Niederschläge am Gesamtjahresniederschlag, den maximalen Tagesniederschlag, den maximalen Fünftagesniederschlag und den Simple Precipitation Intensity Index (SDII). Allerdings scheint der Tagesniederschlag durchaus weite Verwendung zu finden, z. B. in Fischer et al. (2016) oder MeteoSwiss (2009). Generell ist bei der Analyse von Tagesmaxima zu beachten, dass die Messungen immer der Niederschlagssumme von 6 Uhr UTC bis 6 Uhr UTC am Folgetag entsprechen. Es ist also möglich, dass starke Regenfälle über 24 h auf zwei Tage aufgeteilt werden.

Ein Beispiel für ein Starkregenereignis in der Schweiz sind die Niederschläge vom 21. und 22. August 2005. Diese Niederschläge führten an zahlreichen Messstationen in der Schweiz zu den höchsten, seit Beginn des 20. Jahrhunderts gemessenen 48-h-Niederschlägen. An verschiedenen Orten wurden die bisherigen lokalen Rekorde deutlich übertroffen, z. B. in Meiringen oder Weesen. Die Überschreitungen wurden nicht nur bei kurzen, sondern auch bei sehr langen Messreihen, die bis ins 19. Jahrhundert zurückreichen, beobachtet. Für diese Messreihen wurden handschriftliche Werte berücksichtigt. (MeteoSwiss 2006).

Die Abschätzung der Wiederkehrperiode für die 2005-Niederschlagsereignisse in der Schweiz basierend

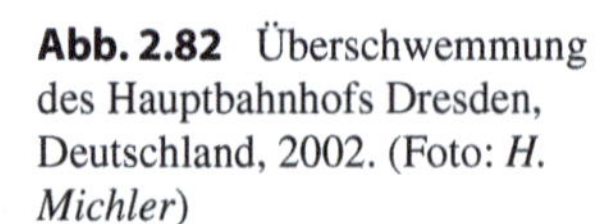

Abb. 2.82 Überschwemmung des Hauptbahnhofs Dresden, Deutschland, 2002. (Foto: *H. Michler*)

Abb. 2.83 Warnung vor Tsunamis (Kalifornien). (Foto: *D. Proske*)

Abb. 2.84 Warnung vor künstlichen Impulswellen. (Foto: *D. Proske*)

auf ca. 100-jährigen Datenreihen, ergab für Engelberg ein 300-jährliches Ereignis und für Meiringen ein ca. 1000-jährliches Ereignis. Meiringen ist sicherlich als Extremfall zu betrachten, aber die Station Engelberg war typisch für eine Reihe Stationen in der Schweiz. (MeteoSwiss 2006).

Tatsächlich zeigt aber der direkte Vergleich der Ortschaften, dass die Absolutwerte erhebliche Unterschiede aufweisen. Meiringen erreichte zwar den Niederschlag mit der höchsten Wiederkehrperiode, lag aber immer noch deutlich unter dem Wert von Weesen.

Abb. 2.86 zeigt die Gefährdungskurve für die Aare (Abflussmenge und Überschreitenswahrscheinlichkeit). Auch hier können jedoch wieder zu kurze Zeitreihen vorliegen. Deshalb wurden die Aare-Hochwasser 1852 (Scherrer 2009, 2014; Kanton Aargau 2014) und 1480/1570 auch intensiv diskutiert. Wetter et al. (2011) gehen z. B. von einem Hochwasserloch am Rhein in Basel im 20. Jahrhundert aus (siehe Abb. 2.87). Das würde bedeuten, dass statistische Auswertungen von Wasserpegelmässigungen, die zur Bemessung von Bauwerken dienen, prinzipiell zu geringe Werte für Hochwasser verwenden. Zur Erfassung der Unsicherheit bei der Hochwasserschätzung wurde deshalb in der Schweiz im Rahmen des Projektes PLATEX eine neue Studie durchgeführt (BAFU 2014; Wetter et al. 2015).

Historische Daten von Hochwassern werden heute bei statistischen Auswertungen regelmäßig berücksichtigt (Barriendos et al. 2003, Aano 2017, Wetter et al. 2011,

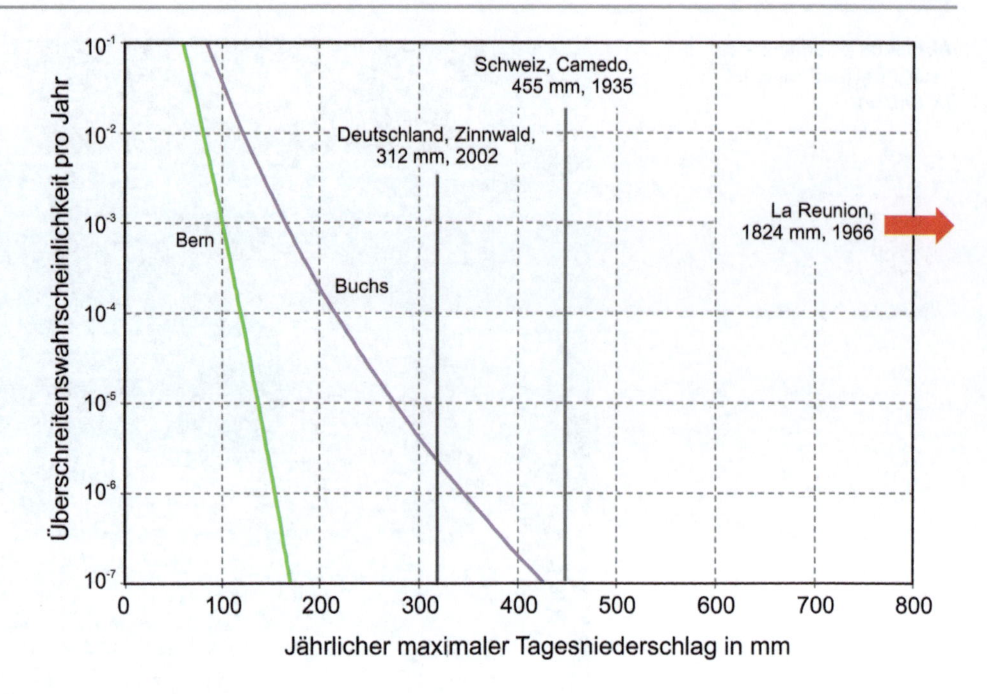

Abb. 2.85 Gefährdungskurve für den jährlichen Tagesmaximalniederschlag für Bern und Buchs mit Vergleichswerten

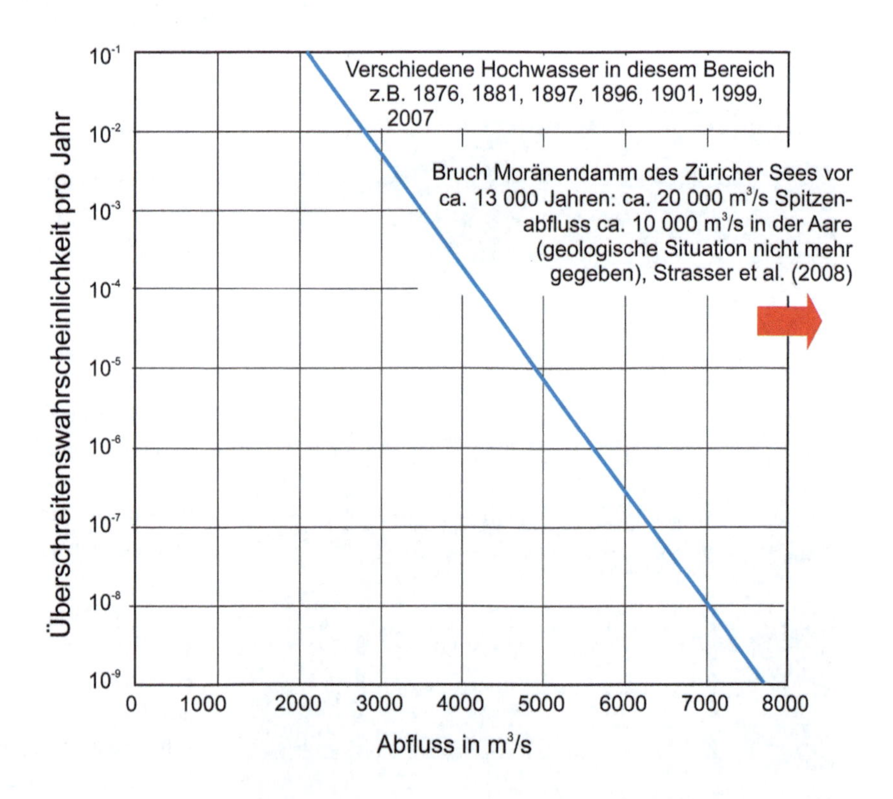

Abb. 2.86 Gefährdungskurve im unteren Flussbereich der Aare

Tetzlaff et al. 2002, Bayliss und Reed 2001, siehe auch Benito et al. 2004, Bardsley 1989). Dafür liegen auch programmtechnisch umgesetzte Verfahren vor (DHI-WASY 2007; DVWK 1999; Lebensministerium 2011).

Die Verwendung von historischen Hochwasserdaten in Europa hat gezeigt, dass Hochwasserereignisse nicht losgelöst voneinander stattfinden. Vielmehr konnten bei einigen Flüssen sogenannte zeitliche Cluster beobachtet werden. Die Cluster werden mit Klimazyklen in Verbindung gebracht. Eine andere Begründung besagt, dass nach einer Flut die Wasserrückhaltereserven einer Landschaft aufgebraucht sind. So ist der Boden vollgesogen, die kleinen Flüsse haben Wasser zurückgestaut etc. Dadurch kann die nächste Flut durch deutlich geringere Wassermengen ver-

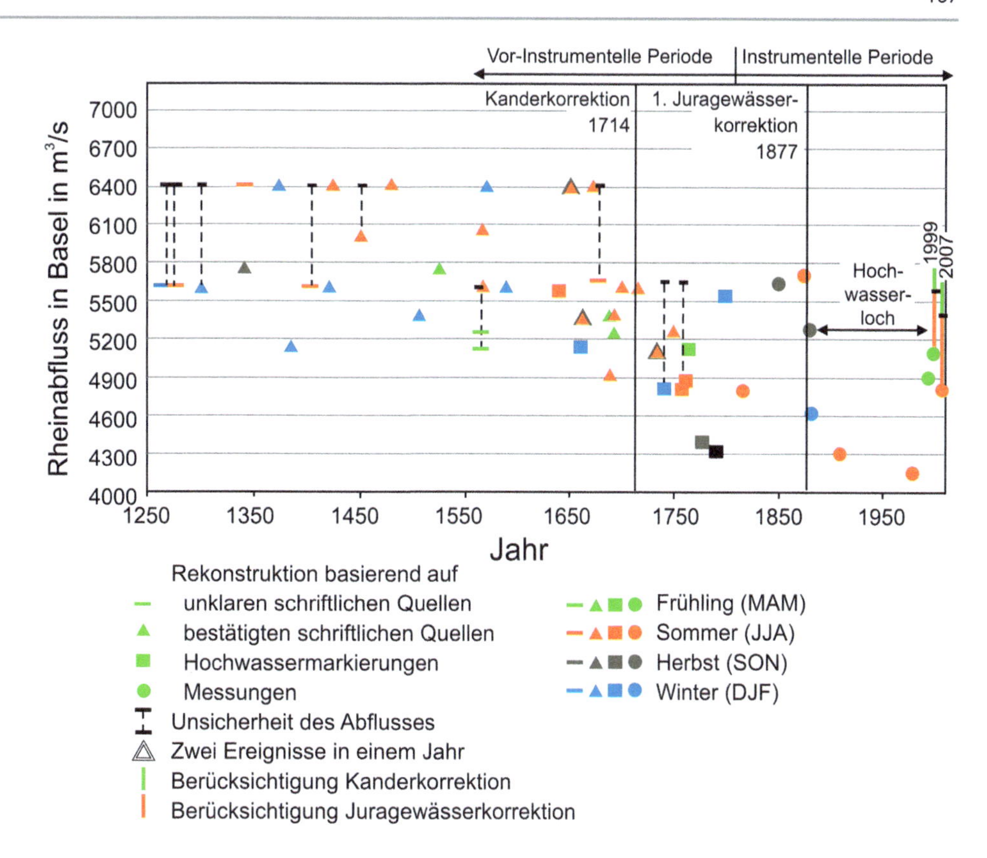

Abb. 2.87 Historische Hochwasser am Rhein in Basel (Wetter et al. 2011)

ursacht werden als unter regulären Umständen. Ein Beispiel für die Wiederkehr von regelmäßigen Fluten zeigen die historischen Flutangaben ab dem Jahre 1300 für die Flüsse Ter, Segre und Llobregat in Frankreich. Dabei traten vermehrt Fluten in den Jahren 1582 bis 1632 mit Spitzenwerten 1592 und 1606 auf, zwischen 1768 und 1800 mit Spitzenwerten 1777 und 1791 und zwischen 1833 und 1868 mit Spitzenwerten 1855. (Huet und Baumont 2004).

Die Intensität von Hochwassern und deren Schäden hängen also nicht allein von der Abflussmenge ab. So listet Tab. 2.59 die Abflussmenge und den Pegel der Elbe auf. Deutlich sieht man, dass das Hochwasser 2002 zwar mit Abstand den höchsten Pegel erreichte, aber das Abflussvolumen nur das fünfgrößte war. Bauliche bzw. wasserbauliche Änderungen im Einzugsgebiet können erhebliche Auswirkungen auf die Fließgeschwindigkeiten und den Pegel besitzen. Deshalb müssen bei Untersuchungen historischer Wasserstände die Abflussquerschnitte im Einzugsgebiet mit großem Aufwand untersucht und bewertet werden.

Die Ursache der bisher genannten Überschwemmungen am Meer waren sogenannte Gezeiten- oder Sturmwellen. Es handelt sich bei diesen Wellen um Oberflächenwellen. Im Gegensatz dazu stehen Tsunamis, die durch unterseeische Erdbeben ausgelöst werden, sogenannte Tiefwellen. Diese Wellen besitzen eine große Wellenlänge und hohe Wellen-

Tab. 2.59 Maximale Wasserpegel der Elbe in Dresden (Fischer 2003)

#	Datum	Wasserpegel in m	Abflussvolumen in m³/s
1	17. August 2002	9,40	4700
2	31. März 1845	8,77	5700
3	1. März 1784	8,57	5200
4	16. August 1501	8,57	5000
5	7. Februar 1655	8,38	4800
6	6. – 7. September 1890	8,37	4350
7	3. Februar 1862	8,24	4493
8	24. Februar 1799	8,24	4400
9	2. März 1830	7,96	3950
10	17. März 1940	7,78	3360
11	20. Februar 1876	7,76	3286

Weitere Hochwasser waren 1015, 1318 und 1432

geschwindigkeit. Sie sind auf offener See nicht oder kaum spürbar. In flachen Küstengebieten können Tsunamis jedoch große Schäden verursachen. 1946 wurde Hawaii nach einem Erdbeben von einem Tsunami getroffen. Dabei verloren ca. 160 Menschen ihr Leben (Pacific Tsunami Museum 2004). 1960 und 1974 wurde Hawaii erneut von Tsunamis getroffen (Pacific Tsunami Museum 2004). 1992 wurde die Stadt Maumere auf den Flores Inseln durch einen Tsunami schwer zerstört (Yeh et al. 1995). Mindestens 2000 Menschen starben durch das vorangegangene Erdbeben und den Tsunami. Zwei Jahre später traf ein Tsunami auf die Küste Ost-Javas und tötete über 220 Menschen (Tsuji et al. 1995). 1998 erreichte nach einem Beben ein Tsunami die Sissano Lagoone in Papua New Guinea. Der Tsunami tötete dort über 2000 Menschen (Synolakis et al. 2020; NGI 2007).

Aber auch in Europa kosteten Tsunamis Menschenleben. In Norwegen ereigneten sich 1905 und 1936 in Loen und 1934 in Tafjord Bergsturzinduzierte Tsunamis, die insgesamt mehr als 170 Todesopfer forderten (Eidsvig et al. 2011).

Weltweit haben Tsunamis in den letzten Jahrzehnten erhebliche Opferzahlen gefordert (Smolka und Spranger 2005; Schenk et al. 2005). Da sie häufig als Folge von Erdbeben (Sekundärkatastrophe) entstehen, sind überwiegend die gleichen Länder betroffen, die auch von Erdbeben betroffen sind: Japan, Südostasien und z. B. das westliche Südamerika (siehe Tab. 2.60). Für die Stärke von Tsunamis gibt es sogenannte Tsunami Intensitäts-Maße (z. B. das New Tsunami Intensity Scale mit 12 Klassen, siehe Papadopoulos et al. 2020).

Solche multiplen Katastrophen, wie Erdbeben, gefolgt von einem Tsunami mit einem anschließenden Nuklearunfall, Krankheiten auf Grund geschlossener Krankenhäuser und Verarmung sowie und Entwurzelung durch Evakuierung können nicht mehr allein durch die Anzahl der direkten Opfer beschrieben werden. Hier müssen entweder gesamtwirtschaftliche Rechnungen verwendet werden oder man nutzt Lebensqualitätsparameter, die sowohl die Anzahl der Opfer als auch die Veränderung der Lebensbedingungen abbilden können.

Tab. 2.60 Tsunamis (Münchner Rück 2004; Smolka und Spranger 2005; Schenk et al. 2005)

Datum	Erdbeben Magnitude	Region	Todesopfer
26.12.2004	9.0	Indonesia, Sri Lanka, Indien, Thailand	>223.000
1883		Krakatau, Indonesien	36.400
01.11.1755		Portugal, Marokko	>30.000
15.06.1896		Japan, Sanriku	27.000
3.2011	9	Japan	20.000
1815		Indonesien	>10.000
17.08.1976	8.0	Philippinen	4000
02.03.1933	8.3	Japan, Sanriku	3060
21.05.1960	9.5	Chile, Hawaii, Japan	3000
28.03.1964		USA, Alaska, Hawaii, Japan, Chile	3000
12.12.1992	7.5	Indonesien, Flores	2500
17.07.1998	7.1	Papua Neuguinea	2400
20.12.1946	8.1	Japan, Nankaido	2000
05.11.1952		Russland, Paramushir Island	1300
07.12.1944	8.0	Japan, Honshu	1000
31.01.1906	8.2	Ecuador, Kolumbinen	500

Überschwemmungen sind neben Erdbeben die größte Naturgefahr, was die Zahl der Todesopfer (Tab. 2.60), aber auch die finanziellen Schäden angeht (Tab. 2.61). Die wahrscheinlich größte Naturkatastrophe aller Zeiten war die Henan-Flut in China im Jahr 1887 mit 900.000 bis 1,5 Mio. Opfern. Die größte Naturkatastrophe in Europa war wahrscheinlich die „Große Manndränke" im Jahr 1362. Hier wurden zwischen 30.000 und 100.000 Opfer gezählt.

Eine unvollständige Liste schwerer Überschwemmungen findet sich in Tab. 2.62. Ein Wirbelsturm in Bangladesch im Jahr 1970, der etwa 300.000 Opfer forderte, wurde bereits erwähnt (Mechler 2003). Erwähnt werden sollte aber auch die Überschwemmung in den 1950er Jahren in den Niederlanden mit etwa 2000 Todesopfern. Das Hochwasser führte zu einem Programm zur Vermeidung von Überschwemmungen in den Niederlanden, in den etwa 40 % der der Bevölkerung hinter Dämmen und unter dem Meeresspiegel leben.

In Jonkman (2005) werden 175.000 Todesopfer durch weltweite Überflutungen für den Zeitraum 1975 bis 2001 genannt. Das entspricht einer weltweiten jährlichen mittleren Opferzahl von 7000. Eine deutlich detailreichere Studie über den Verlust von Menschenleben bei Überschwemmungen wurde von Jonkman (2007) veröffentlicht. Nach Guha-Sapir et al. (2016) liegt die Anzahl der weltweiten jährlichen Todesopfer durch Überflutungen bei ca. 5000.

Das Hochwasser im Sommer 2002 in Mitteleuropa war wohl die teuerste europäische Naturkatastrophe überhaupt (Mechler 2003). Schätzungen reichen von 20 bis 100 Mrd. EUR (Kunz 2002). Abb. 2.82 zeigt den Dresdner Bahnhof in Deutschland während des Hochwassers im Jahr 2002. Der Bahnhof ist normalerweise mehr als einen Kilometer vom Fluss entfernt. Allein in Deutschland waren etwa 300.000 Menschen betroffen. Zum Vergleich: Bei einer Überschwemmung in China im Jahr 1991 waren etwa 220 Mio. Menschen betroffen (Newson 2001).

Hydrologische Gefahren umfassen nicht nur Wasserstände und Abflüsse, sondern auch viele anderen Begleiteffekte. So können während eines Hochwassers Gerinneverschiebungen, Hangrutschungen, Verklausungen, Feststoff- und Totholztransporte, Freisetzungen von Chemikalien und Krankheitserregern erfolgen. Für jedes dieser Themen existieren umfangreiche wissenschaftliche Untersuchungen vor. So liegen für die Verklausung, also den teilweisen oder vollständigen Verschluss eines Fließgewässerquerschnittes in-

Tab. 2.61 Liste schwerer Überflutungen für die deutsche Nordsee und weltweit (Naturgewalt.de 2004; Schröder 2004)

Datum	Land bzw. Ort	Anzahl Opfer
2200 B.C	Hyderabad, Industal, Indien	
26.12.838	Ostfriesische Küste	2437
1099	Boston, England	Tausende
17.02.1164	Ostfriesische Küste	20.000
16.01.1219	Jütland, Dänemark	Tausende – 36.000
14.12.1287	Ostfriesische Küste	Tausende
1287	Dunwich, East Anglia, England	< 500
1332–1333	Peking, China	Millionen
16.01.1362	Schleswig, Deutschland	30.000–100.000
09.10.1374	Ostfriesische Küste	–
1421	Dort, Niederlande	100.000
26.12.1509	Ostfriesische Küste	–
31.10.1532	Ostfriesische Küste	
01.11.1570	Ostfriesische Küste	< 4000
1606	Gloucester, England	> 2000
1634	Cuxhaven, Deutschland	> 6000–8000
1717	Den Haag, Niederlande	11.000
1824	St. Petersburg, Russland	10.000
03.–04.02.1825	Ostfriesische Küste	200
1851–1866	Shanghai, China	Millionen
1887	Henan, China	900,000–1,5 Mio
1890	New Orleans, Louisiana, USA	
1911	Shanghai, China	20.000
1927	Cairo, Illinois, USA	300
1931	Nanking, China	130.000 – Millionen
1935	Jérémie, Haiti	2000
31.01–01.02.1953	Hollandflut	2000
1954	Wuhan, China	40.000
1955	Cuttack, Indien	1700
16.02.1962	Ostfriesische Küste	330
1999	Ovesso Monsun Flood, Indien	10.000
1999	Venezuela	25.000–50.000

folge angeschwemmten Treibgutes z. B. vor: Rickli und Bucher (2006), Strasser (2008), Hartlieb (2012), Rickenmann (1997), Proske und Vögeli (2014), Lindner (2002), Tiroler Landesregierung (2002), Rissler (1998), Gems (2012), BUWAL (1998), Overney und Bezzola (2008), Lange und Bezzola (2006).

Tab. 2.62 Die teuersten Überschwemmungskatastrophen von 1990 bis 2004 (Münchner Rück 2005) sowie USA 2005 und Japan 2011

Rang	Jahr	Betroffenes Gebiet	Schäden in Mio. US-Dollar
	2011	Japan	240.000
1	2005	USA (Hurrikan Katrina)	100.000
2	1998	China (Jangtse, Songhua)	30.700
3	1996	China (Jangtse, Gelber Fluss, Huaihe)	24.000
4	2002	Süd-, Mittel-, Osteuropa (Elbe, Donau)	21.200
5	1993	USA (Mississippi)	21.000
6	1995	Korea	15.000
7	1991	China (Huaihe, Taihu-See)	13.600
8	1993	China	11.000
9	2004	11 Länder im Indischen Ozean (Tsunami)	10.000
10	1994	Italien (Südalpen)	9300
11	1993	Indien, Bangladesch, Nepal	8500
12	2000	Italien, Schweiz (Südalpen)	8500
13	2002	China	8200
14	1999	China	8000
15	2003	China	7890
16	1994	China	7800
17	2004	China	7800
18	1995	China	6720
19	2001	USA (Texas, tropischer Sturm Allison)	6000
20	1997	Osteuropa (Oder)	5900
21	1998	Mittelamerika (Hurrikan Mitch)	5500

2.2.6 Biologische Gefahren

2.2.6.1 Einleitung

Im Rahmen des Bevölkerungsschutzes werden biologische Gefahren als Gefahren aus der Freisetzung von pathogenen Mikroorganismen, wie Viren oder Bakterien angesehen. Dieses Buch verwendet jedoch eine andere Definition für biologische Gefahren. Es handelt sich dabei um Gefahren, die aus potenziellen Wirkungen der Biosphäre im Sinne von Unfällen und Verletzungen entstehen. Das können z. B. Angriffe von Tieren sein, aber auch umstürzende Bäume. Abb. 2.88 zeigt eine Warnung vor Zuchtbullen.

Im Gegensatz zur oben genannten Definition werden die Gefahren aus Erkrankungen des menschlichen Körpers im Kapitel Gesundheitliche Risiken behandelt. Erkrankungen stehen oft, aber natürlich nicht ausschließlich,

Abb. 2.88 Gefahrenhinweis auf Zuchtbullen. (Foto: *U. Proske*)

in Verbindung mit Bakterien und Viren. Die Unterscheidung zwischen biologischen und gesundheitlichen Risiken in diesem Buch basiert im Kern auf der unterschiedlichen Definition von Unfall und Krankheit. Aufgrund versicherungstechnischer Fragestellungen, z. B. bei Unfallversicherungen, gibt es dazu sehr genaue Definitionen.

Prinzipiell ist ein Unfall die plötzliche, nicht beabsichtigte schädigende Einwirkung eines ungewöhnlichen äußeren Faktors auf den menschlichen Körper, die eine Beeinträchtigung der Gesundheit oder den Tod zur Folge hat. Dagegen ist eine Krankheit die Störung der Funktion eines Organs, der Psyche oder des gesamten Organismus. Ein Unfall kann eine Verletzung und damit eine Krankheit verursachen.

2.2.6.2 Haustiere bzw. Nutztiere

Zunächst werden Verletzungen durch Haustiere betrachtet. Dies erscheint insofern sinnvoll, weil der Mensch heute die überwiegende Zeit in gebauter Umwelt ohne Interaktion mit Wildtieren verbringt. Dagegen sind die Interaktionen mit Haustieren deutlich intensiver und häufiger.

Pro Jahr ereignen sich in Deutschland ca. 30.000 bis 50.000 Bissverletzungen. Der Großteil der Bissverletzungen wird durch Hunde verursache, ca. 60 bis 80 %. Katzen verursachen ca. 20 bis 30 % der Bissverletzungen. Bissverletzungen durch andere Tiere treten deutlich seltener auf. Überproportional häufig sind Kinder durch Bissverletzungen betroffen. (Rothe et al. 2015).

Die Schätzungen des Hundebestandes in Deutschland liegen zwischen knapp 5 Mio. und 12 Mio. Der Bestand an Katzen soll ebenfalls im Bereich von ca. 12 Mio. liegen. (Rothe et al. 2015; Roiner 2016).

Abb. 2.89 zeigt die Entwicklung der Anzahl von Tötungen durch Hundeangriffe in Deutschland. Tab. 2.63 listet verschiedene Ereignisse auf.

Haus- und Nutztiere züchtet der Mensch schon sehr lange. Daher gibt es auch schon frühere Abschätzungen der Risiken durch Nutztiere, z. B. Pferde.

Das umfasst allerdings nicht allein Sterberisiken. Stewart (2019) hat auf die sogenannte Great Horse Manure Crisis (Pferdemistkrise) von 1894 hingewiesen. Dabei ging man davon aus, dass bei einem weiteren Wachstum der städtischen Bevölkerung die Anzahl Pferde und damit verbunden auch die Anzahl des Pferdmists in den Städten weiter steigen würde. 1894 hatte die Times vorhergesagt, dass bis zum Jahr 1950 die Straßen drei Meter hoch mit Pferdemist überdeckt wären. Das Leben in Städten wäre damit nicht mehr möglich gewesen. (Morris 2007).

In Ki et al. (2018) wurden historische Aufzeichnungen zu Verletzungen durch Unfälle mit Pferden in Korea aus der Zeit von 1392 bis 1872 gesichtet. Dabei zeigte sich, dass praktisch jedes Jahr solche Unfälle dokumentiert wurden. In knapp 80 % aller Unfälle gab es Verletzungen der Gliedmaßen.

In Mitsuda (2007) wird auf eine Veröffentlichung in der Zeitschrift „Deutsche Landwirtschaftliche Tierzucht" (1908) verwiesen, die feststellte, dass sich in Ostpreußen 11,49 Unfälle mit Pferden auf einen Bestand von 10.000 Pferden ereigneten, während das Verhältnis im Rheinland 4,37 Unfälle betrug. Dabei wurde auf die erhöhte Sorgfalt beim Umgang mit den Pferden hingewiesen.

Thomson & Matthews (2015) berichten, dass ca. 50 % aller Reiter in den letzten 12 Monaten vor einer Befragung mindestens einen Unfall oder einen Near Miss erlebten.

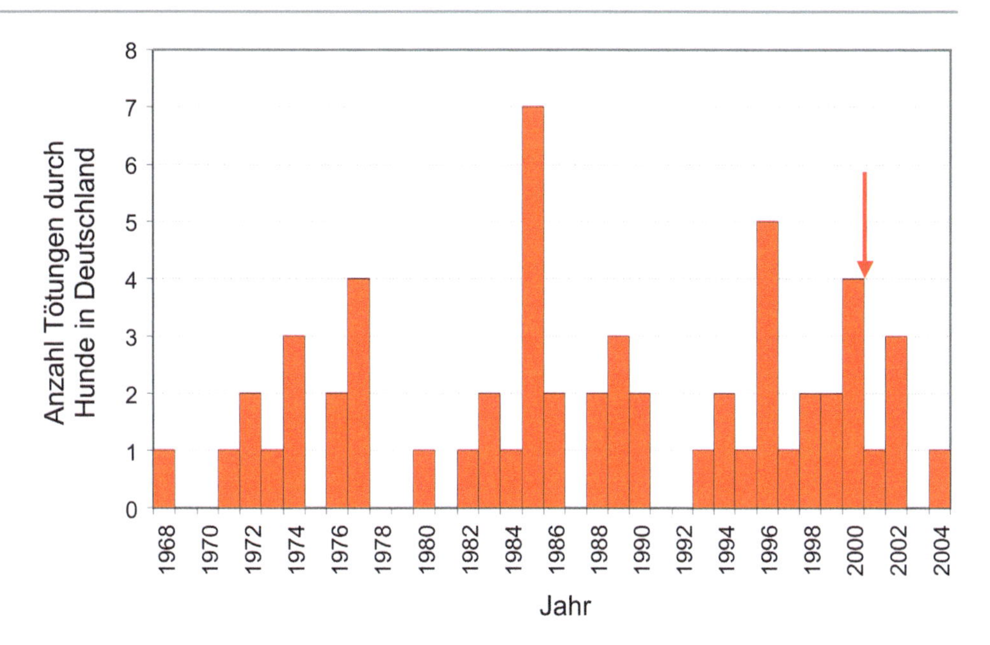

Abb. 2.89 Häufigkeit der Tötungen durch Hunde in Deutschland von 1968 bis 2004 – Überwiegend wurden Kinder, Rentner und Betrunkene angegriffen und getötet. Pfeil: im Jahre 2000 wurde der sechsjährige Volkan durch zwei Kampfhunde getötet (Breitsamer 1987; Bieseke 1986, 1988)

Tab. 2.64 gibt den Anteil von Verletzungen beim Reiten für verschiedene Länder und für verschiedene Zeiten (aktuelle und historisch) an. Die Risiken von Pferderennen werden unter anderem in McManus und Graham (2014), Thompson und Matthews (2015) und Thompson et al. (2015) genannt.

2.2.6.3 Karnivoren

Gemäß Moriceau (2014) wurden Wölfe über viele Jahrhunderte in Europäischen Staaten als Feind angesehen. Oft wurde die Tötung von Wölfen bezahlt. Am Ende des 18. Jahrhunderts gab es eine Wolfspopulation in Frankreich von ca. 10.000 bis 15.000 Tieren. In Frankreich starben die Wölfe zwischen 1882 und 1930 aus. Für die Rückkehr der Wölfe nach Frankreich gilt das Jahr 1992.

Moriceau (2014) gibt für den Zeitraum von 1571 bis 1890 5379 Opfer durch Wölfe in Frankreich an. Das entspricht einem Durchschnitt von knapp 17 Opfern pro Jahr. In manchen Jahren, z. B. von 1596 bis 1600 starben innerhalb von fünf Jahren 152 Menschen durch Wölfe, in den Jahren 1691 bis 1695 starben 262 Menschen durch Wolfsangriffe.

Linnell et al. (2002, 2003); Linnell und Alleau (2016) erstellte verschiedene Zusammenstellungen der Attacken von Wolfen auf Menschen für die letzten 300 Jahre, wobei alle Ereignisse vor 1882 auftraten (Tab. 2.65). Tatsächlich wurden insgesamt knapp 100 Tötungen durch Wölfe gefunden. Der Hauptteil der Opfer waren Kinder jünger als 12 Jahre. Die Tötungen traten sowohl in zeitlichen als auch räumlichen Anhäufungen (Clustern) auf, was auf einzelne Wölfe hinweist. Die Ergebnisse steht in Kontrast zu den Tötungen durch Bären, die nicht räumlich und zeitlich konzentriert sind, sondern gleichverteilt auftreten und die überwiegend Erwachsene betreffen (Tab. 2.66). Auch scheinen diese Tötungen eher auf Verteidigungshandlungen zu beruhen. (Linnell et al. 2003). Andere Autoren sehen größere Risiken für Menschen (Möller 2017).

In Skandinavien ist der Bestand an Braunbären von ca. 500 im Jahre 1977 auf 3300 im Jahre 2008 gewachsen. Nach Støen et al. (2018) steht die steigende Anzahl von Verletzungen und Todesopfern mit der steigenden Anzahl von Tieren in dieser Zeit in Verbindung.

Die Abb. 2.90, 2.91 und 2.92 zeigen Warnungen gegen Karnivoren, aber nicht ausschließlich (siehe Abb. 2.92).

Penteriani et al. (2016) untersuchten die zeitliche Entwicklung der Angriffe von Karnivoren auf Menschen in Industriestaaten. Abb. 2.93 zeigt die Entwicklung für verschiedene Karnivoren in den USA und parallel die Entwicklung der Anzahl der Besucher in den seit 1955 geschützten Naturgebieten in den USA. Penteriani et al. (2016) zeigen auch, dass die Angriffe durch Polarbären im letzten Jahrzehnt besonders zugenommen haben.

Ursachen für die Angriffe liegen zu knapp 50 % im Verhalten der Menschen. Insbesondere unbeaufsichtigte Kinder in Gebieten mit Karnivoren sind eine Hauptursache für Angriffe. Dieses Ergebnis stimmt auch mit den Aussagen von Linnell und Alleau (2016) und Hindrikson et al. (2017) überein.

Gelegentlich kann ein Schutz vor Raubtieren mit einfachen Mitteln erreicht werden. So wird berichtet, dass Holzfäller in Indien Masken auf den Hinterkopf setzten, auf denen Augen aufgemalt sind. Auch wurden Kühen auf die Hinterseite Augen gemalt. Dadurch sollen Raubtiere abgeschreckt werden.

2.2.6.4 Andere Tiere

Neben den bereits genannten Bissen von Hunden, und den Angriffen von Raubtieren, verletzen und töten auch andere Tiere

Tab. 2.63 Beispiele von Tötungen durch Hunde in Deutschland seit 1968 nach Bieseke (1986), Bieseke (1988) & Breitsamer (1987)

Datum	Ort	Unfall
18. November 1968	Landau, Pfalz	Hund tötet Baby (14 Tage alt)
18. März 1971	Wunsiedel	Hund tötet Kind (4 Jahre alt)
2- Januar 1972	Frankfurt/Main	Hund tötet Mann (73 Jahre alt)
23. August 1972		Hund tötet Kind (6 Jahre alt)
25. April 1973	Waiblingen	Hund tötet zwei Schüler (12 Jahre alt)
23. March 1974	Saarland	Hund tötet Kind (6 Jahre alt)
30. September 1974	Herne	Hund tötet Jungen (12 Jahre alt)
6 Oktober 1974	Dinslaken	Hund tötet Kind (8 Jahre alt)
1976	Schwarzwald	Hund tötet verwirrte Frau
1976		Hund tötet betrunkenen Mann
Dezember 1977	Rödental bei Coburg	Hund verletzt und tötet Kind (6 Jahre alt)
Januar 1977	Karlsruhe	Hund tötet Kind (5 Jahre alt)
5. April 1977	Berlin-Frohnau	Hund tötet Kind (3 Jahre alt)
August 1977	Delmenhorst	Hund oder Wolf tötet Kind (7 Jahre alt)
10. September 1979	Rothenburg o.d.T	Hund tötet Frau (82 Jahre alt)
1982	Berlin	Hund tötet Kind (6 Jahre alt)
März 1983	Düsseldorf	Hund tötet Frau (34 Jahre alt)
1983	Munich	Hund tötet Baby (10 Tage alt)
August 1984	Straubing	Zwei Hunde töten Frau (79 Jahre alt)
16. Januar 1985	Hannover	Hund tötet alte Frau
Januar 1985	Nürnberg	Hund tötet junge Frau
28. Januar 1985	Giessen	Zwei Hunde töten Mädchen (10 Jahre alt)
8. Februar 1985	Straubing	Hund tötet Rentner
18. März 1985	Flensburg	Zwei Hunde töten Mädchen (11 Jahre alt)
2. August 1985	Bamberg	Hund tötet Mädchen (3 Jahre alt)
6. August 1985	Berlin	Hund tötet Mann (48 Jahre alt)
Januar 1986	Gosier	Hund tötet Rentner
6. Februar 1986	Frankfurt/Main	Zwei Hunde töteten einen Mann (61 Jahre alt)
Februar 1988	Bavaria	Hund tötet eine alte Frau
5. November 1988	Odenwald	Hund tötet Mann
November 1989	Buchholz	Hund tötet Baby
20. März 1989	Karlsruhe	Drei Hunde töten ein Kind
19. Mai 1989	Ofterdingen	Hund tötet Kind (7 Jahre alt)
September 1990	Berlin	Hund tötet Junge (11 Jahre alt)
Oktober 1990	Rottal-Inn	Drei Hunde töten eine alte Frau
12. Juli 1993	Hannover	Hund tötet Mädchen
27. Juni 1994	Bad Dürkheim	Hund tötet Taxifahrer
3. November 1994	Halberstadt	Hund tötet betrunkenen Mann
Juni 1995	Frankfurt/Main	Hund tötet Frau (86 Jahre alt)
9. April 1996	Arnsberg	Hund tötet Kind (5 Jahre alt)
10. Juni 1996	Berlin	Hund tötet Frau (86 Jahre alt)
10. Juni 1996	Mörfeld-Waidorf	Hund tötet Frau (63 Jahre alt)
26. June 1996	Frankfurt/Main	Hund tötet Frau (86 Jahre alt)
23. Juli 1996	Bamberg	Hund tötet Kind (3 Jahre alt)
15. Februar 1997	Zwickau	Hund tötet Baby (7 Monate alt)

(Fortsetzung)

Tab. 2.63 (Fortsetzung)

Datum	Ort	Unfall
28. April 1998	Bützow	Hund tötet Kind (6 Jahre alt)
11. Mai 1998	Uckermarkt	Hund tötet Frau
14. Februar 1999	Stralsund	Hund tötet zwei Kinder
2. Februar 2000	Frankfurt/Main	Hund tötet Frau (51 Jahre alt)
4. März 2000	Gladbeck	Hund tötet Frau (86 Jahre alt)
März 2000	Untergruppenbach	Hund tötet Mann (24 Jahre alt)
Juni 2000	Hamburg	Hund tötet Kind (6 Jahre alt)
8. August 2001	Pinneberg	Hund tötet Mädchen (11 Jahre alt)
28. März 2002	Zweibrücken	Hund tötet Kind (6 Jahre alt)
3. April 2002	Neuental	Hund tötet Mann (54 Jahre alt)
16. November 2002	Pforzheim	Hund tötet Baby
1. September 2004	Bremen	Hund tötet Drogenabhängigen

Tab. 2.64 Anteil Verletzungen durch das Reiten in Prozent (Ki et al. 2018)

	Klinische Berichte			Historische Berichte
Verletzung am	Rodeo (%)	Schweden	USA (%)	Korea (%)
Kopf und Nacken	39	17	24	5
Rumpf	10	29	29	35
Extremitäten	51	54	46	80

Menschen (siehe Tab. 2.67, Welt 2021; Süddeutsche Zeitung 2011). In den USA ereignen sich z. B. pro Jahr ca. 27.000 Bisse von Nagetieren, 750 Bisse von Stinktieren, 500 Bisse von Füchsen und 8000 Schlangenbisse. (Conover 2001).

In den USA sterben ca. 55 Menschen pro Jahr durch Bisse und Stiche von giftigen Schlangen, Skorpionen, Spinnen. Weltweit sollen ca. 40.000 Menschen pro Jahr durch Schlangenbisse sterben (Conover 2001, siehe auch Dünckelmeyer 1995), siehe Abb. 2.94. Außerdem treten Tötungen durch Elefanten, Flusspferde, Büffel und sogar Affen auf. Angriffe von Krokodilen auf Menschen werden in Crocbite (2021) dokumentiert.

Die International Shark Attack File (ISAF 2018) des Florida Museums enthält Dateneinträge zu mehr als 6200 Ereignissen, mehr als 2900 Angriffen und ca. 100 vollständige medizinische Aufnahmen. Lentz et al. (2010) haben eine Intensitätsskala für Haiangriffe entwickelt, den Shark Induced Trauma (SIT) Scale. Die Sterblichkeit bei einem Haiangriff betrug ca. 8 %, allerdings machen Angriffe mit geringeren Verletzungen (SIK Level 1) über 40 % aus. (Lentz et al. 2010).

Bienen und Wespen gehören zur Teilordnung der Stechimmen. Bei einem Bienenstich werden 50 bis 150 Mikrogramm Gift, bei einem Wespenstich ca. 1,7 bis 17 Mikrogramm Gift abgegeben (Rüeff und Jakob 2018; Betten et al. 2006; Mosbech 1983; Raynamane 2014). Ein Stich führt in der Regel nicht zu einem lebensbedrohlichen Zustand. Das in Deutschland trotzdem pro Jahr mehr als 20 Menschen durch Insektenstiche sterben, liegt zum einen an Stichen im Mund- bzw. Rachenraum und an allergischen Reaktionen.

Eine massive Honigbienenvergiftung ist definiert mit mehr als 20 bis zu 500 Stichen auf einmal. Harvey et al. (1984) geben sehr geringe Mortalitäten durch Bienenstiche an: 0,086 pro 1.000.000. Eine Berücksichtigung möglicher vernachlässigter Fälle in der Datenbank führt nur zu einer leichten Erhöhung zu 0,26/1.000.000. Die Autoren weisen darauf hin, dass die meisten Opfer männlich mit einem Alter von über 40 Jahren waren.

McGain und Winkel (2000) finden eine deutlich geringere Mortalität durch Wespenstiche in Australien von 0,02/1.000.000 als zu Bienenstichen.

Die hier genannten Tierarten sind nur beispielhaft. Zahlreiche weitere Tierarten können über Bisse und Stiche Vergiftungen verursachen, wie z. B. Skorpione, Frösche oder Fische (Fuhrmeister 2005; Mebs und Kettner 2015, 2016). Auch niedere Tiere, wie Quallen, können durch Vergiftungen Lebensgefahr (Winkel et al. 2005) oder Gesundheitsschäden (Schneiderat et al. 2019) verursachen. Wurminfektionen (Bilharziose) mit Gesundheitsschäden liegen weltweit bei ca. 200 Mio. Menschen, manche Autoren vermuten 500 bis 600 Mio. Menschen Wurminfektionen.

Tab. 2.65 Statistiken von Tötungen durch Raubtiere (Linnell et al. 2002) – Die Werte in Klammern gelten für Europa ohne Rumänien

	Zeitraum	Menschen getötet	Angriffe pro Jahr
Braunbären/Grizzly-Bären			
Europa	20. Jahrhundert	36 (12)	0,12 (0,02)
Asien	20. Jahrhundert	206	2,0
Nordamerika	20. Jahrhundert	71	0,71
Tiger			
Indien	1877	798	798
Vereinigte Provinzen, Indien	1902–1910		851
Vereinigte Provinzen, Indien	1922	1603	1603
Vereinigte Provinzen, Indien	1927	1033	1033
Malaysia	1930	15	15
Bangladesch Sundarbans	1945–1985	814	20
Indische Sundarbans	1975–1981	318	45
Bangladesch und Indische Sundarbans	1912–1939	360	13
Bangladesch und Indische Sundarbans	1930–1947	280	16
Uttar Pradesh, Indien	1978–1984	128	18
Sumatra, Indonesien	1996–1997	8	4
Chitwan, Nepal	1979–2001	52	2,2
Bardia, Nepal	1981–2001	7	3
Löwen			
Gir Reservat, Indien	1901–1904	66	17
Gir Reservat, Indien	1977–1991	28	2
Uganda	1923–1994	206	3
Luangwa Valley, Sambia	1991	3	3
Puma			
Nordamerika	1890–2001	17	0,15
Nordamerika	1890–2001	72 (Verletzt)	0,65
Leopard			
Rudraprayag, Indien	1918–1926	125	15,6
Uttar Pradesh, Indien	1990–1994	16	4
Pauri Garhwal, Indien	1987–2000	158	11,3
Uganda	1923–1994	37	0,5

2.2.6.5 Pflanzen und Pilze

Das National Poison Data System (NPDS) ist eine umfassende Datenbank zur Überwachung der Vergiftungen in den USA. Sie wird von der American Association of Poison Control Centers (AAPCC) betrieben und sammelt Informationen über Vergiftungsfälle aus Anrufen bei allen Giftnotrufzentralen in den USA. Das NPDS wurde 1985 eingerichtet und verfügt heute über 50 Mio. Falldatensätze und erfasst jährlich ca. 4 Mio. Anrufe. (ODPHP 2020).

Die Datenbank hilft nicht nur bei akuten Fällen, sondern dient auch als Schutzschirm bei landesweiten Ereignissen in Verbindung mit Vergiftungen. Wichtige Behörden verwenden die Daten, wie die Food and Drug Administration (FDA) oder die Environmental Protection Agency (EPA). (ODPHP 2020).

Neben Vergiftungen durch Arzneimittel oder Haushaltschemikalien können diese auch durch Pflanzen und Pilze hervorgerufen werden.

Es sind ca. 5000 höhere Pilzarten bekannt, davon sind ca. 20 ausgezeichnete Speisepilze, ca. 100 sind essbar und ca. 150 Pilze sind in Europa giftig. Von den giftigen Pilzen sind wiederum einige Pilze potenziell tödlich. Giftpilze werden entweder aufgrund von Verwechslungen mit essbaren Pilzen verzehrt oder sie werden missbräuchlich

Tab. 2.66 Tödliche Unfälle mit Bären in Europa (Riegler 2007)

Land	Bevölkerung in Millionen	Bärenpopulation	Tödliche Unfälle
Norwegen	4	230	1
Schweden	9	700	1
Finnland	5,2	400	0
Russland (Europäischer Teil)	106	2300	6
Albanien	3,1	130	0
Polen	38,6	300	0
Slowakei	5,3	400	0
Rumänien	22,3	6800	24
Jugoslawien	23,5	2300	4
Italien	57,7	110	0
Frankreich	59,5	8	0
Österreich	8	25	0
Griechenland	10,6	200	0
Spanien	40,1	300	0
Gesamt	492,2	14.203	36

Abb. 2.90 Warnschild vor Eisbären auf Spitzbergen. (Foto: *D. Proske*)

als Rauschmittel konsumiert. (Roth et al. 1990; Lancet 1980; Trestrail 1991). Pilzvergiftungssyndrome sind in den Tab. 2.68, 2.69 und 2.70 aufgelistet.

90 % der tödlichen Pilzvergiftungen in Frankreich und Deutschland sind auf den grünen Knollenblätterpilz zurückzuführen. Statistiken zu Pilzvergiftungen in Frankreich und Deutschland finden sich in Tab. 2.71. Nicht alle gastrointestinale Symptome sind auf Giftpilze zurückzuführen, sondern können auch durch Spuren mikrobiell verdorbener, roher bzw. unzureichend gekochter Pilze oder einfach durch zu große Pilzmahlzeiten verursacht werden. (Wennig et al. 2020).

Unabhängig von den Speisepilzen erkranken weltweit ca. eine Milliarden Menschen an Pilzinfektionen und ca. 1,5 Mio. Menschen versterben daran. Diese Krankheiten, meistens in Verbindung mit dem Hefepilz Candida albicans, gehören allerdings nicht in den diesen Abschnitt, sondern in den Abschn. 2.5 Gesundheitliche Risiken.

2.2.7 Aussterben des Menschen

2.2.7.1 Einleitung

Wenn man alle Risiken zusammenträgt und addiert, kann man abschätzen, wie hoch das Risiko für die gesamte Menschheit ist, auszusterben. Tatsächlich haben sich verschiedene Wissenschaftler an die Schätzung der Wahrscheinlichkeit des Untergangs der Menschheit gewagt – alle diese Schätzungen sind, das kann man relativ direkt sagen, ziemlich düster. Für eine Zusammenstellung der Literatur siehe Schneier (2015), aber auch NN (2021).

Der Stern-Bericht (Stern-Review Final Report 2006) verwendet für ökonomische Berechnungen eine Wahrscheinlichkeit von 10 %, dass die Menschheit in den nächsten 100 Jahren untergeht. Die Anwendung dieses Ansatzes wird bereits für die Bemessung von Bauwerken für Wirbelstürme in den USA diskutiert. Eine Zusammenstellung der groben Zahlen verschiedener Autoren findet sich in der Veröffentlichung von Matheny (2007). Rees (2003) schätzt den Untergang der Menschheit mit 50 % Wahrscheinlichkeit bis 2100, Bostrom (2013) (siehe auch Bostrom und Cirkovic 2011) gibt eine Wahrscheinlichkeit kleiner 25 % und Leslie (1996) gibt eine Wahrscheinlichkeit von 30 % an. Nach Meinung des Autors hat Martin Rees den Wert seiner Schätzung während der Reith Lectures auf BBC aber abgemildert.

Egorov (2017) schätzt in einer Veröffentlichung die verbleibende Überlebenszeit für die Menschheit zwischen 11 und 100 Jahren.

In den Hoch-Zeiten des Kalten Krieges dürfte die Wahrscheinlichkeit für einen Atomkrieg mindestens einen zweistelligen Prozentwert betragen haben, wie einige kritische Situationen gezeigt haben. Dies hätte eine erhebliche Verringerung der menschlichen Bevölkerung auf der Erde zur

Abb. 2.91 Warnschild vor Pumas im Yosemite-Nationalpark. (Foto: *D. Proske*)

Abb. 2.92 Warnung vor Tieren in Südafrika. (Foto: *D. Proske*)

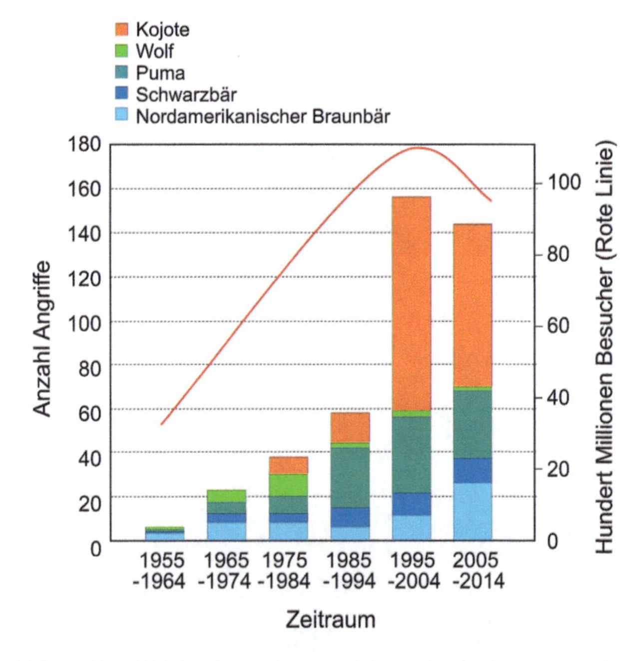

Abb. 2.93 Zeitlicher Trend der Angriffe großer Karnivoren auf Menschen in Industriestaaten

Folge gehabt und ein beträchtliches Risiko für das Ende der modernen menschlichen Gesellschaft bedeutet.

Auf der anderen Seite hat die Vorbereitung der Menschheit auf einen globalen Nuklearkrieg unter Umständen zu einer Verbesserung der Überlebensfähigkeit geführt: Bunker wie z. B. in einer Vielzahl der Häuser in der Schweiz, robuste Versorgungssysteme etc. können für eine begrenzte Anzahl Menschen das Überleben bedeuten.

Es muss jedem klar sein, dass solche Überlegungen von großen Teilen der Bevölkerung als absurd, unpassend und unmenschlich angesehen werden. Für den Falle eines globalen Vulkanausbruches, wie z. B. vor 80.000 Jahren, können diese Maßnahmen aber durchaus sinnvoll sein.

Tab. 2.67 Die tödlichsten Tierarten (McCarthy 2014)

Tierart	Anzahl Todesopfer	Bemerkung
Mosquito	725.000	Krankheiten übertragen
Menschen	475.000	
Schlangen	50.000	
Hunde	25.000	
Tsetsefliege	10.000	Schlafkrankheit
Raubwanzen	10.000	Chagas Krankheit
Süßwasserschnecken	10.000	Bilharziose
Spülwürmer	2500	
Bandwurm	2000	
Krokodil	1000	
Flusspferd	500	
Elefant	100	
Löwen	100	
Wölfe	10	
Haifische	10	

Diese Überlegung ist auch einer der Gründe, warum verschiedene Wissenschaftler vorschlagen, dass die Menschheit auf dem Mond oder Mars einen Außenposten aufbaut. Durch die räumliche Trennung könnte die Überlebenswahrscheinlichkeit der Menschheit signifikant verbessert werden.

2.2.7.2 Historisches Massensterben

Paläontologische Studien legen nahe, dass es in der Geschichte des Lebens auf der Erde verschiedene Phasen gab, in denen der Umfang der Biosphäre erhebliche Einschnitte erfuhr. Eine dieser Phasen ist das sogenannte K/T (Kreide/Tertiär) Boundary Extinction Event, welches vermutlich auf den Einschlag des Chicxulub Asteroiden im Bereich des heutigen Mexiko zurückzuführen ist. In der Konsequenz dieses Ereignisses starben 17 % aller biologischen Familien aus. Dazu zählten auch die Saurier. Darüber, ob der Asteroid die alleinige Ursache für das Aussterben war, streitet man noch, aber die Entstehung der Theorie soll hier kurz wiedergebeben werden (Dinosaur Extinction Giant Meteor Impact 2004).

Der Geologe Walter Alvarez befasste sich in den 70er Jahren mit der Untersuchung von maritimen Ablagerungen (Alvarez et al. 1980). Hierbei interessierte ihn der Anteil von Iridium. Iridium ist eine seltene Erde und wird im Wesentlichen durch meteoritisches Material auf die Erde gebracht. Untersuchungen von Alvarez für Ablagerungsschichten aus Italien (Gubbio) zeigten, dass in der Regel der erwartete Anteil an Iridium gefunden werden konnte, etwa 0,3 ppb (Anteil pro Milliarde). Es wurde jedoch auch eine Schicht entdeckt, die einen zwanzigfach höheren Anteil zeigte, nämlich etwa 10 ppb. Im Anschluss daran wurde Material aus Dänemark (Stevn's Klint) ausgewertet. Hier wurden sogar noch höhere Werte erreicht: 65 ppb. Diese sogenannte Iridium-Spitze konnte überall auf der Welt in Schichten gefunden werden, die etwa aus der Zeit des Übergangs von der Kreide zum Tertiär stammen. Inzwischen hat man auch bei anderen Elementen, die als Indikatoren für Materie aus dem Weltraum dienen, eine derartige Mengenspitze in diesen Schichten gefunden. Das Alter der Schichten konnte zweifelsfrei anhand anderer Parameter geprüft werden. 1980 veröffent-

Abb. 2.94 Warnung vor Schlangen in Brasilien. (Foto: *U. Proske*)

Tab. 2.68 Pilzvergiftungssyndrome (Wennig et al. 2020)

Pilzvergiftungssyndrom	Giftige Pilzarten	Mögliche Verwechslung mit Speisepilzen
Gastrointestinales Pilzsyndrom	Riesenrötling Karbolegerling Birkenmilchling Tigerritterling Leuchtender Ölbaumpilz	Nebelkappe Wiesenegerling Gemeiner Erd-Ritterling Pfifferling
Muskarin-Syndrom	Weiße Trichterlinge, z. B. Ziegelroter Risspilz	Mehl-Räsling
Panther-/Fliegenpilz-Syndrom	Pantherpilz Fliegenpilz	Perlpilz Kaiserling
Psilocybin-/Magic Mushroom-Syndrom	Spitzenkegeliger Kahlkopf Dunkelrandiger Düngerling	
Coprinus-Syndrom	Faltentintling Spitzschuppiger Stachelschirmling	Schopftintling
Paxillus-Syndrom	Kahler Krempling	
Amatoxin-/Phalloides-Syndrom	Grüner Knollenblätterpilz Weisser Knollenblätterpilz Kleine Schirmlinge Gifthäublinge, z. B. Nadelholzhäupling	Wiesenegerling Safranschirmlinge Stockschwämmchen
Gyrometria-Syndrom	Frühjahrslorchel	Morchel
Orellanus-Syndrom	Haar-Schleierlinge, z. B. Orangefuchsiger Rauhkopf, Spitzgebuckelter Rauhkopf	Pfifferling
Rhabdomyolyse-/Equestre-Syndrom	Gelbfleischiger Grünling/Grüner Ritterling Eine in Ostasien vorkommende Täulingsart	

Tab. 2.69 Vergiftungen mit kurzer Latenzzeit (< 6 h) (Wennig et al. 2020)

Pilzvergiftungssyndrom	Symptome
Gastrointestinales Pilzsyndrom 30 min bis 4 (6) Stunden	Erbrechen, Diarrhö, Hypotension
Muskarin-Syndrom 30 min bis 2 h	Erbrechen, Diarrhö, Miosis, Schweissausbrüche, Bradykardie, Hypotonie
Panther-/Fliegenpilz-Syndrom 30 min bis 3 h	Rausch, Halluzinationen, Myoklonien, zerebrale Krampfanfälle, Mydriasis/Miosis, Tachy-/Bradykardie, Bewusstseinsstörung
Psilocybin-/Magic Mushroom-Syndrom	Rausch, Halluzinationen, Übelkeit, Tachykardie, Hyptonie, Mydriasis, Kopfschmerz, psychotische Zustände mit möglichen Unfällen
Coprinus-Syndrom 15 min bis 2 h	Flush, Schweissausbrüche, Tachykardie, Übelkeit, Erbrechen, ggf. Hypotonie
Paxillus-Syndrom 60 min bis 2 h	Erbrechen, Diarrhö, Flankenschmerz, Nierenschäden, Hypotonie, u. U. Multiorganversagen insbesondere nach wiederholten Mahlzeiten, Hämolye mit Todesfolge möglich

Tab. 2.70 Vergiftungen mit langer Latenzzeit (< 6 h) (Wennig et al. 2020)

Amatoxin-/Phalloides-Syndrom 6 bis 12 (max. 24) Stunden	Erbrechen, profuse Diarrhö, Hyptonie, akutes Nieren- und Leberversagen, Koagulopathie, Enzephalopathie
Gyrometria-Syndrom 6 bis 12 h	Übelkeit, Erbrechen, Bewusstseinstörung, ZNS-Exzitation, zerebrale Krampfanfälle, Leber- und Nierenschäden, Methämoglobinämie
Orellanus-Syndrom 36 h bis 17 Tage	Durst, Flankenschmerz, Schwäche, Oligurie bis akutes Nierenversagen, tubulo-interstitielle Nephritis, irreversibles terminales Nierenversagen
Rhabdomyolyse-/Equestre-Syndrom 1 bis 3 Tage	Muskelschmerzen, Rhabdomyolyse, Arrhythmien, Myokarditis, Nierenversagen

Tab. 2.71 Häufigkeit von Pilzvergiftungen in Deutschland und Frankreich (Wennig et al. 2020)

Referenz	Giftinformations-zentrum München	Giftinformations-zentrum Göttingen	Frankreich	Deutschland: Diagnose-daten der Krankenhäuser
Bundesländer	Bayern	Bremen, Hamburg, Nieder-sachsen, Schleswig–Holstein		16 Bundesländer
Einwohner	ca. 13 Mio	ca. 13 Mio	ca. 67 Mio	ca. 83 Mio
Anfragen pro Jahr	Ca. 40.000	Ca. 40.000	Ca. 350.000	
Auswertungszeitraum	2014–2019	2014–2019	2010–2017	2010–2018
Anfragen zu Pilzvergiftungen	3 801	4 750	10 625	4 412 Patienten, die im Krankenhaus behandelt wurden
Todesfälle nach Pilzvergiftungen	0	2	22	22
Schwere Intoxikationen	19	6	217	Keine Angaben
Mittelschwere Intoxikationen	120	366	Keine Angaben	Keine Angaben
Leicht/symptomlos/nicht be-urteilbar	96,3 %	90,9 %	Keine Angaben	Keine Angaben

lichten Alvarez und sein Team die Ergebnisse in dem Artikel des Science Magazine: „Extraterrestrial causes for Cretaceous-Tertiary extinctions". Grundlage dieses Artikels ist die Annahme des Aufpralles eines Asteroiden von etwa 10 km Größe vor ca. 65 Mio. Jahren. Dieser soll das Aussterben der Dinosaurier verursacht haben. Zusätzlich zu der Anhäufung seltener Elemente in Schichten aus dieser Zeit hat man auch sogenannte Mikroteaktide gefunden. Dabei handelt es sich um geschmolzenes Gestein mit einem bestimmten Bruchmuster. Diese Mikroteaktide sind in der Regel Zeugnisse einer gewaltigen Explosion. Mikroteaktide wurden aber nicht überall auf der Welt gefunden, sondern nur in gewissen Regionen (Dinosaur Extinction Giant Meteor Impact 2004). Damit war es möglich, den Aufprallort einzugrenzen. Man geht heute davon aus, dass sich dieser im Gebiet des heutigen Mexiko befand.

Die Auswirkungen des Aufschlags eines Asteroiden dieser Größe wurde im Abschn. 2.2.2.7 besprochen. Insgesamt erscheint diese Theorie geeignet, das Verschwinden der großen Saurier etwa in diesem Zeitraum zu begründen. Kleinere Wirbeltiere waren besser in der Lage, sich an die im Anschluss an den Aufprall vorhandene Dunkelheit zu adaptieren. Nichtsdestotrotz existieren auch gegenteilige Meinungen. Iridium muss nicht zwangsläufig eine extraterrestrische Herkunft besitzen. Es gab auf der Erde Vulkanausbrüche, z. B. Kilauea in Hawaii, nach denen man Spuren von Iridium gefunden hat (Dinosaur Extinction Giant Meteor Impact 2004; National Geographic Society 1998). Weiterhin ist bekannt, dass vor ca. 65 Mio. Jahren eine der größten Vulkanexplosionen in der Erdgeschichte stattgefunden hat, die Schaffung der Deccan Traps in Westindien (Dinosaur Extinction Giant Meteor Impact 2004).

Paläontologen verneinen weiterhin, dass aufgrund eines einzelnen Ereignisses ganze Klassen von Arten aussterben konnten. Hierbei wird nicht die Tatsache des Meteoriteneinschlags infrage gestellt, sondern die Wirkung des Einschlags auf die Biosphäre (Dinosaur Extinction Giant Meteor Impact 2004). In der Geschichte der Lebewesen auf der Erde wiederholten sich in unregelmäßigen Abständen sogenannte Zeiten des Massensterbens von Arten. Nachgewiesen sind mindestens sechs dieser Ereignisse, wobei Tab. 2.72 fünf dieser Ereignisse aufzählt. Um den Umfang des Verlustes an biologischen Familien besser beurteilen zu können, ist in Abb. 2.97 der Verlauf der Anzahl der maritimen Familien über die Zeit dargestellt. Zunächst erkennt man, dass niemals zuvor so viele Arten unseren Planeten bevölkert haben wie heute. Deutlich werden jedoch auch die Einschnitte, also Zeiträume, in denen sehr schnell sehr viele Arten ausstarben. Die älteste Katastrophe dieser Art ist das sogenannte Ordovizium-Aussterben. Gemäß Tab. 2.72 starben 25 % aller Arten aus (Morell 1999). Andere Veröffent-

Tab. 2.72 Massensterben von Tierarten in der Erdgeschichte (Morell 1999)

Zeitalter	Vor	Prozent der biologischen Familien, die ausstarben
Ordovizium	440 Mio. Jahre	25 %
Devon	370 Mio. Jahre	19 %
Perm	250 Mio. Jahre	54 %[a]
Trias	210 Mio. Jahre	23 %
Kreide	65 Mio. Jahre	17 % (K/T Boundary Extinction Event)
Mittelwert	88 Mio. Jahre	Wahrscheinlichkeit von $1{,}14 \cdot 10^{-8}$ pro Jahr

[a] Im Perm starben 90 % aller Meereslebewesen auf der Erde aus. (Hoffmann 2000)

lichungen geben an, dass 75 % der tierischen Lebewesen verschwanden (National Geographic Society 1998). Die Katastrophe im Devon erreichte vermutlich den gleichen Umfang. Deutlich schlimmer war das Massensterben im Perm. Hierbei handelt es sich um die größte Katastrophe dieser Art. Innerhalb von 100.000 Jahren starben auf der Erde ca. 50 % aller biologischen Arten und ca. 90 % der maritimen Arten aus (Morell 1999). Andere Quellen geben etwas geringere Zahlen an (National Geographic Society 1998).

Die mittlere Wiederkehrperiode, also der mittlere zeitliche Abstand derartiger Katastrophen, beträgt etwa 88 Mio. Jahre. Dieser Wert wurde aus den fünf in Tab. 2.72 angegebenen Katastrophen berechnet. Es gibt aber noch eine weitere Zeit des Massensterbens: die Zeit, in der wir leben. Seit 1970 hat die Artenvielfalt um 40 % abgenommen (Pott 2013). Man schätzt die Anzahl aller Arten auf ca. 15 Millionen - ohne Mikroorganismen, dort wird die Zahl der Arten auf 10 bis 100 Millionen geschätzt, von den 15 Millionen Arten sind ca. 1.75 Millionen Arten beschrieben und ca. 40.000 Arten auf die Gefahr des Aussterbens untersucht (Pott 2013). Betz (2011) schätzt, dass pro Jahr ca. 7.000 Arten aussterben. Bei weiter fortschreitenden Verlusten der immergrünen tropischen Wälder von 2 % ihrer Fläche pro Jahr geht man von einem Verlust von etwa einer Million Arten in den nächsten 100 Jahren aus (Betz 2011). Wird diese Geschwindigkeit der Vernichtung der Arten beibehalten, so wird sich die historische Katastrophe im Perm im Vergleich zum heutigen Artenrückgang als eine harmlose Irritation in der Evolution der Arten herausstellen. Eine mathematische Behandlung des Themas bedrohter Arten findet sich bei Embacher (2003). Damit an dieser Stelle nicht nur Zahlen vorherrschen, sollen im Folgenden zur besseren Vorstellung einige in den letzten Jahrzehnten ausgestorbene Tierarten genannt werden:

Ein Beispiel für die effiziente Ausrottung von Arten ist die Wandertaube *Ectopistes migratorius*. Dieser Vogel besiedelte bis zum Ende des 19. Jahrhunderts den Osten Nordamerikas. Der Gesamtvogelbestand belief sich gemäß verschiedenen Schätzungen auf mehrere Milliarden Vögel. Aufgrund des Geschmackes des Vogelfleisches und der guten Konservierbarkeit (Pökeln), wurden die Vögel etwa ab 1870 massiv gejagt. 1879 wurden allein im Bundesstaat Michigan eine Milliarde Tauben gefangen. Das letzte Nest wurde 1894 beobachtet, die letzte freilebende Wandertaube 1907 gesehen und 1914 starb die letzte in Gefangenschaft lebende Wandertaube. Heute existieren nur noch wenige präparierte Exemplare in Museen, z. B. in Jena (Füller 1980).

Im letzten Drittel des 19. Jahrhundert starb im südlichen Afrika das Quagga aus. Es handelte sich hierbei um ein spärlich gestreiftes Zebra. Die einwandernden Siedler, die Buren, sahen das Quagga als Konkurrenten für ihre Viehzucht an und schossen es massiv ab. 1870 gab es nur noch drei Quaggas in zoologischen Gärten und 1883 starb das letzte Tier (Bürger et al. 1980).

1990 starb der Elfenbeinspecht (Campephilus principalis) aus, die Rundinselgrabende Boa (*Bolyeria multocarinata*) 1975, die Westindische Mönchsrobbe (*Monachus tropicalis*) 1962, der Israelfarbige Frosch (*Discoglossus nigriventer*) 1940, der Bali Tiger (*Panthera tigris balica*) 1940 und der Tasmanische Tiger (*Thylacinus dynocephalus*) 1936 (National Geographic Society 1998). Die Liste lässt sich beliebig fortsetzen.

Aber die Ausrottung durch die direkte Einwirkung des Menschen stellt nur die Spitze des Eisberges dar. Die indirekte Ausrottung durch die Ausbreitung des menschlichen Lebensraumes und Vernichtung von Ökosystemen verursacht vermutlich einen weitaus größeren Schaden (Füller 1980). Das soll an einigen Zahlen belegt werden. Man schätzt, dass die Weltbevölkerung zum Zeitpunkt des Beginns der Bodenbearbeitung und der Haustierhaltung vor 10.000 Jahren etwa 10 Mio. Menschen betrug, um 1800 aber schon zwischen 200 (Füller 1980) und 500 (Meadows et al. 1992) Millionen Menschen und heute mehrere Milliarden Menschen. Das Wachstum der Weltbevölkerung, auf das später noch eingegangen wird, betrug in den letzten Jahren zwischen 2,1 (1971) und 1,7 % (1991). Das heißt, die Weltbevölkerung verdoppelt sich alle 30 bis 40 Jahre und damit ihr Anteil an der Biomasse und vermutlich auch der Anteil der Nutztiere (siehe Abb. 2.96).

Die Masseanteile der einzelnen Arten an der Biosphäre listet Tab. 2.73 auf und zeigt Abb. 2.95. Behrens et al. (2007) stellen fest, dass die Biomasse aller Wale größer ist als die gesamte Biomasse aller wildlebenden Landsäugetiere. Insgesamt ist der Anteil der Biomasse der höheren Tiere gering im Vergleich zur Biomasse der anderen Klassen. Die gesamte Biomasse der Tierwelt entsprach 1980 etwa 2000×10^6 t.

Abb. 2.96 zeigt die Veränderung der Biomasse der Säugetiere vor Beginn der menschlichen Zivilisation und für den heutigen Zustand. Die Biomasse hat sich dabei von ca. 0,04 GT C auf über 0,16 GT C fast vervierfacht. Während jedoch allein die Biomasse der Nutztiere heute 0,1 GT C ausmacht – also das 2,5-fache der Biomasse der Säugetiere vor dem Beginn der menschlichen Zivilisation, und die Menschheit allein 0,06 GT C umfasst – also mehr als die gesamte Biomasse der Säugetiere vor dem Beginn der menschlichen Zivilisation, sank die Biomasse der Wildtiere von 0,04 GT C auf 0,007 GT C. Die heutige Biomasse der freilebenden Säugetiere entspricht also fast nur noch einem Sechstel der Biomasse der Säugetiere vor dem Beginn der menschlichen Zivilisation (Abb. 2.97).

Tab. 2.74 setzt verschiedene Massen in Beziehung, wie z. B. die Masse aller menschlichen Bauwerke, die jährlichen menschlichen Masseströme, die Masse der Lebewesen oder die Masse der jährlichen Bodenerosion. Die Biomasse wurde aus der Kohlenstoffmasse in eine Trockenmasse umgerechnet. Übrigens sind die größten Kohlenstoffmassen die Sedimente mit einer Masse von ca. 10^6 Pg. Ge-

Tab. 2.73 Kohlenstoff-Masseanteil der Biosphäre (Behrens et al. 2007)

			Gt C = 10^{15} g C		Anzahl
Pflanzen	Bäume			450	10^{13}
Bakterien	Terrestrisch, tiefer Boden		60		10^{30}
	Maritime, tiefer Boden		7		10^{29}
	Boden		7		10^{29}
	Wasser		1,3		10^{29}
	Gesamt			70	10^{30}
Pilze				12	10^{27}
Archaebakterien	Terrestrisch, tiefer Boden		4		10^{29}
	Maritime, tiefer Boden		3		10^{29}
	Boden		0,5		10^{28}
	Wasser		0,3		10^{28}
	Gesamt			7	10^{29}
Protisten (Algen, Protozoen und einige Pilze)				4	10^{27}
Tiere	Chordata	Fische	0,7		10^{15}
		Nutztiere	0,1		10^{10}
		Menschen	0,06		10^{10}
		Wild-Säugetiere	0,007		
		Wild-Vögel	0,002		10^{11}
	Gliederfüßer	Terrestrisch	0,2		10^{18}
		Maritime	1		10^{20}
	Ringelwürmer		0,2		10^{18}
	Mollusca, Weichtiere		0,2		10^{18}
	Nesseltiere		0,1		10^{16}
	Fadenwürmer		0,01		10^{21}
	Gesamt			2	10^{21}
Viren				0,2	10^{31}

mäß einer aktuellen Studie überschreitet inzwischen die Masse der von der Menschheit erstellten Güter die Biomasse (Elhacham et al. 2020).

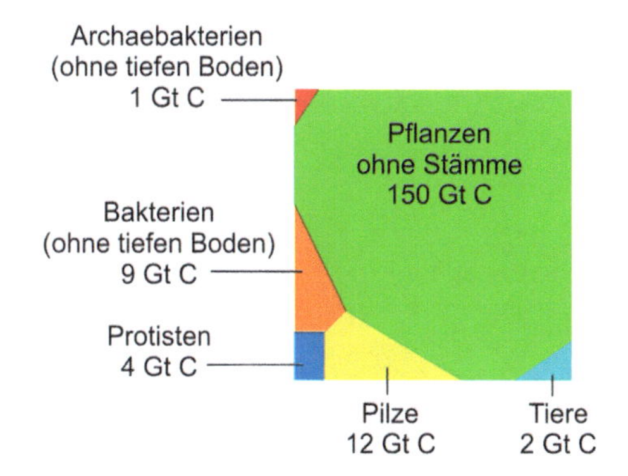

Abb. 2.95 Voronoi-Diagramm der Biomasse der oberen Erdoberfläche (Behrens et al. 2007)

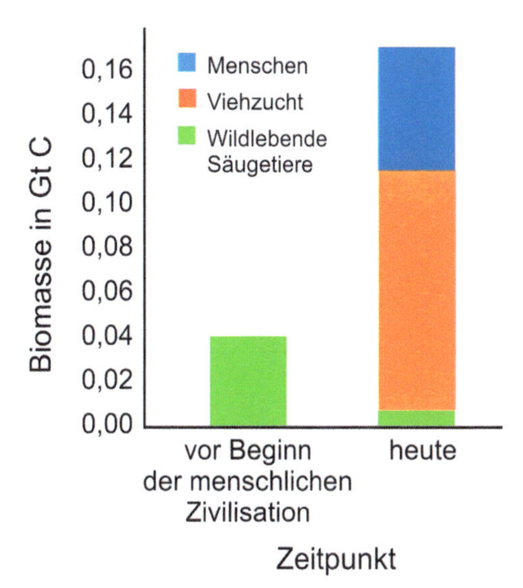

Abb. 2.96 Biomasse der Säugetiere vor Beginn der menschlichen Zivilisation und heute (Behrens et al. 2007)

Massensterben können also entweder durch natürliche Ereignisse, wie Vulkanausbrüche, Meteoriten, Krankheiten oder durch menschliche Handlungen entstehen. Für das Massensterben durch den Menschen liegen bisher keine statistischen Daten vor. Für die Auswertung in diesem Abschnitt wurden beide Auslöser gleichbehandelt.

Die Abb. 2.98 und 2.99 zeigen die Einflüsse des Menschen auf die terrestrische Umwelt. Während Abb. 2.98 einen Braunkohletagebau zeigt, zeigt Abb. 2.99 Aus-

Tab. 2.74 Biologische und menschliche Massen bzw. Masseströme

Masse …	Betrag (Petagramm)
Aller Lebewesen (Kohlenstoffmasse)	530 Pg
Aller Bauwerke auf der Erde	800 Pg
Der durch Menschen ausgelösten jährlichen Bodenerosion	35 bis 200 Pg
Der durch Menschen genutzten Masseströme	55 Pg
Organischer Bestandteile in Böden bis zu einer Tiefe von 1 m	1000 bis 2500 Pg

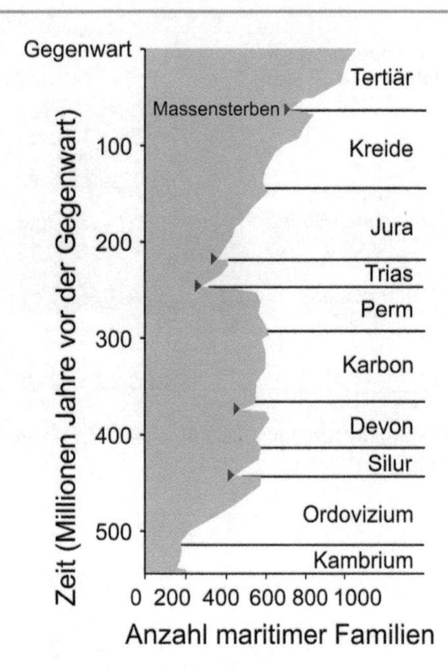

Abb. 2.97 Entwicklung der Anzahl maritimer Familien (National Geographic Society 1998)

Tab. 2.75 Einteilungen von technischen Störfällen und Unfällen in verschiedenen Bereichen

Industrie	Kraftfahrzeugunfälle	Chemische Industrie und Abfälle (EU Richtlinie	Störfallkategorie ENSI	Kernenergie
FETI I	UK 1	H 1	Störfallkategorie 1	INES 1
FETI II	UK 2	H 2	Störfallkategorie 2	INES 2
FETI III	UK 3	H 3 A/B	Störfallkategorie 3	INES 3
	UK 4	H 4	Störfallkategorie 4	INES 4
	UK 5	H 5		INES 5
	UK 6	…		INES 6
		H 15		INES 7

wirkungen der zumindest teilweise menschenverursachten Klimaänderungen. So zeigt Abb. 2.99 die Konkordiahütte am Aletschgletscher, dem längsten und massereichsten Alpengletscher, in ca. 2750 m Höhe und die Lage der Eisoberfläche des Gletschers 1877 und 2003. Der Gletscher hat seit 1877 an der Einmündung des Grüneggfirns etwa 100 m Dicke verloren. (Lieberwirth 2004; Siehoff 2004).

Die Auswirkungen menschlicher Entwicklung und menschlichen Handelns auf die Tragfähigkeit der Erde sind in Abb. 2.100 kurz zusammengefasst. In diesem Buch wurden verschiedene Punkte (biologische Vielfalt, Massetransporte, etc.) kurz behandelt. Wie man in dem Bild erkennen kann, gibt es durchaus verschiedene Bereiche, in denen die Menschheit mit dem vorhandenen Wissen die Tragfähigkeit der Erde nicht beurteilen kann.

Umweltschutz ist häufig Gesundheitsschutz für den Menschen, aber das ist nicht zwangsläufig so (Bechtel und Churchman 2002). Dinge, wie z. B. die Landwirtschaft, die für Menschen gut sein können, sind für die natürlich Umwelt per Definition schlecht. Interessant werden Fragen des Umweltschutzes auf dem Mond, dem Mars oder dem Saturn – siehe den kontrollierten Absturz der Cassini-Sonde auf den Saturn.

2.2.7.3 Sonstige Existenzbedrohende Gefährdungen und ihre Bewertung

Verschiedene Gefahren können nicht mittels statischer Auswertungen bewertet werden, da hierfür keine Beobachtungen vorliegen. Solche Gefährdungen können neue Krankheiten (Zika-Virus, Covid-19), bisher unbekannte Veränderungen der Umwelt oder andere unbekannte Einflüsse sein, wie z. B. außerirdisches Leben. Auch könnten sich hypothetisch Rahmenbedingungen verändern, wie z. B. physikalischen Naturkonstanten. Diese sind laut Definition bis heute unveränderlich: *„Eine physikalische Konstante oder Naturkonstante (gelegentlich auch Elementarkonstante) ist eine physikalische Größe, deren Wert sich weder beeinflussen lässt noch räumlich oder zeitlich verändert.“*, aber das ist natürlich nur eine Annahme.

Neben Veränderungen natürlicher Rahmenbedingungen können sich auch technologische Veränderungen ergeben, die erhebliche Risiken oder sogar das Potenzial zur Auslöschung der Menschheit besitzen (Vinge 1993; Bostrom 2001).

Die Extrapolation von Datenreihen für die Erstellung von Gefährdungskurven soll sehr begrenzt erfolgen (in der Regel Faktor 3 bis 4, Pugh 2004), wird in der Praxis aber intensiv umgesetzt (Faktor 100). Das Auffüllen der nicht-instrumental erfassten Daten kann zu einer Verringerung der Unsicherheit führen, muss es aber nicht.

Die historischen Daten können wiederum selbst Fehler einbringen, die zu einer Verschlechterung der Qualität der Gefahrenschätzungen führt. Es gibt also einen optimalen Wert der Berücksichtigung der historischen Daten.

Es kann also durchaus sinnvoll sein, historische Stichproben nicht zu berücksichtigen, da die Unsicherheit der Stichproben so groß ist, dass sie die Unsicherheit der Gefährdung erhöhen. Im schlimmsten Fall wird die Unsicherheit deutlich größer als für den Fall, dass gar keine Daten vorliegen.

2.3 Technische Risiken

2.3.1 Begriff der Technik und Technologie

Technische Erfindungen und ihre Anwendungen sollen zumindest theoretisch dem Schutz des Menschen und der Verbesserung der menschlichen Lebensbedingungen dienen. Technik ist die bewusste Anwendung von Naturgesetzen. Der Begriff der Technologie befasst sich mit

Abb. 2.98 Braunkohletagebau in der Lausitz als Beispiel für große menschliche Massetransporte. (Foto: *D. Proske*)

Abb. 2.99 Der Aletschgletscher hat seit 1877 an der Einmündung des Grüneggfirns etwa 100 m Dicke verloren. Das Bild zeigt die Konkordiahütte in ca. 2750 m Höhe und die Lage der Eisoberfläche des Gletschers 1877 und 2003. (Foto: *P. Lieberwirth*)

übergeordneten und fachübergreifenden Fragestellungen der Technik. Der Begriff stammt aus dem Griechischen. Im 18. Jahrhundert wurde der Begriff der Technologie als die Lehre der Entwicklung der Technik verstanden und umfasst damit Prinzipien und Prozesse der sinnvollen Anwendung der Naturgesetzte. (Frießem 2014).

Technik und Technologie sind heute essenzieller Bestandteil der Lebenswelt. Die meisten Menschen auf der Erde leben in und umgeben von Bauwerken, sie verwenden Kleidung, Mobiltelefone, Fahrzeuge, Beleuchtungsmittel, Computer und viele andere profane Dinge wie Stühle, Tische oder Stifte. Seit Beginn seiner Evolution hat der Mensch versucht, die natürliche Umwelt an seine Bedürfnisse anzupassen. Dazu hat er sich Werkzeuge als erste Form technischer Erzeugnisse geschaffen.

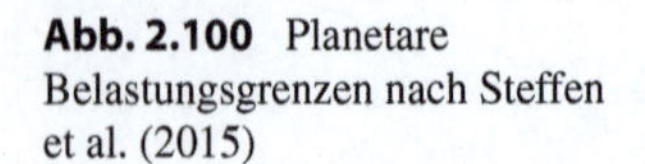

Abb. 2.100 Planetare Belastungsgrenzen nach Steffen et al. (2015)

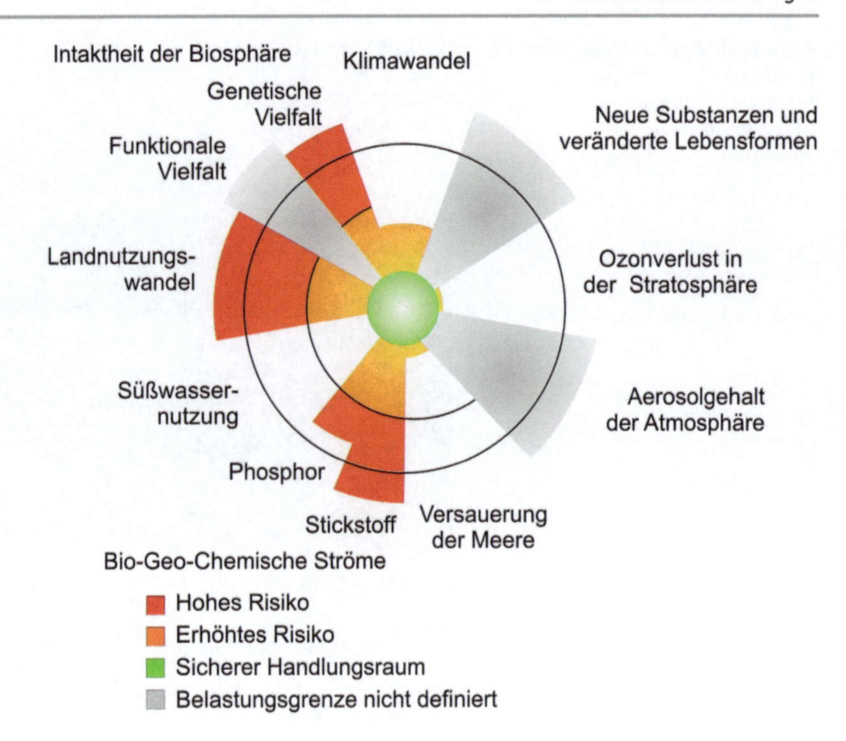

Vermutlich vor 2 bis 2,5 Mio. begannen die Vorfahren des Menschen, den Faustkeil zu nutzen. Der Speer wird seit 400.000 Jahre bis ca. einer Million Jahre verwendet (Thieme 2007). Die passive Nutzung des Feuers ist wahrscheinlich seit mehreren hunderttausend Jahren möglich, die Zündung des Feuers seit ca. 30.000 Jahren (Berna et al. 2012; Roebroeksa und Villa 2011). Erste Behausungen hat es wahrscheinlich schon vor Beginn des Ackerbaus, der vor ca. 13.000 Jahren begann, gegeben. Leichte Bauwerke aus Holzstämmen und Fellen wurden vor ca. 10.000 bis 20.000 Jahren errichtet. Die massiven Bauwerke aus Stein folgten dem Ackerbau vor ca. 8000 bis 9000 Jahren. Abb. 2.101 fasst diese Entwicklungen zusammen.

Vereinfacht kann man sagen, dass auf die Waffe, dem Speer, die Energie, das Feuer und darauf der Schutz vor äußeren Einwirkungen, die Behausung folgte. Dieser frühe Einsatz von Behausungen in der menschlichen Entwicklung ist ein Indiz für die Notwendigkeit dieses Erzeugnisses. Noch heute stellen Bauwerke einen substanziellen Wert

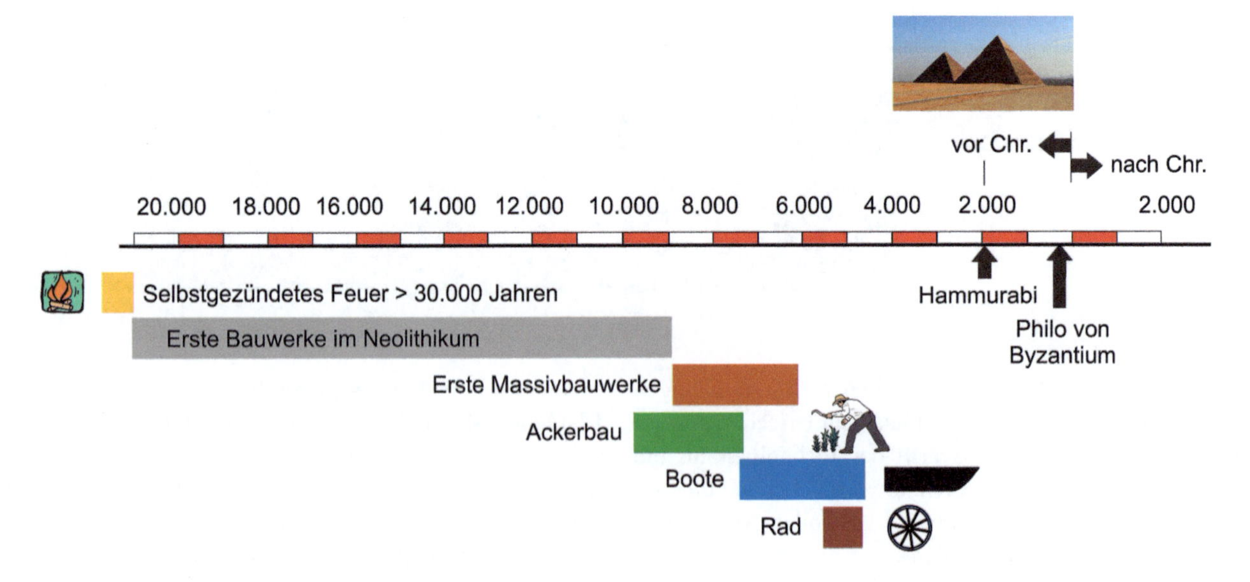

Abb. 2.101 Zeitliche Einordnung früher technischer Erfindungen

der menschlichen Zivilisation und ein Grundbedürfnis von Menschen dar.

Nach der Anwendung des Ackerbaus, wobei hier nicht diskutiert wird, ob es sich dabei um eine technische Anwendung handelt, folgten mit der Erfindung des Bootes vor 8000 bis 9000 Jahren und dem Rad vor ca. 6000 Jahren die ersten Transportmittel. Während der Ackerbau die zeitliche und planerische Kontrolle auf Ressourcen (Nahrung, Energie) verbesserte, stellten die Transportmittel einen verbesserten räumlichen Zugriff auf Ressourcen dar, wobei das Rad vermutlich zuerst im Bereich der Töpferei verwendet wurde.

Die Entwicklung der Menschheit seit dieser Zeit und die zahlreichen Erfindungen und Anpassungen der Umwelt an die Bedürfnisse des Menschen haben, neben der biologischen und sozialen Evolution der Menschheit, inzwischen auch zu einer technischen oder technologischen Evolution geführt. Man geht davon aus, dass im Rahmen dieser Evolution in den nächsten Jahrzehnten eine sich selbst bewusste Maschine entstehen wird. Dieser Zeitpunkt, der häufig auch als Singularität bezeichnet wird, kann hinsichtlich der Verteilung der Ressourcen auf der Erde durchaus ähnliche Konsequenzen haben, wie die Neuverteilung der geologischen und biologischen Ressourcen auf der Erde durch den Menschen.

Die durch den Menschen erschaffenen technischen Erzeugnisse können leider auch zu erheblichen Verschlechterungen des menschlichen und nicht-menschlichen Lebens führen. (Morris 2011).

Für die Einteilung der Gefahren aus Technologien und Technik gibt es verschiedene Möglichkeiten. Im Bereich des Maschinenbaus werden Gefahrenquellen in mechanische (z. B. Kollision, kinetische Energie), thermo-dynamische (z. B. Brandfall), elektro-magnetische (z. B. elektrischer Schlag) und chemisch-biologische (z. B. giftige Chemikalien) Gefahren eingeteilt. Die DIN EN ISO 14121-1 „Sicherheit von Maschinen – Risikobeurteilung" kennt zehn Gefahrentypen. (Drewes 2009).

Während die Gefahren aus natürlichen Ereignissen und Prozessen nahezu immer mittels Intensitäten und Magnituden eingeteilt werden, wird dies bei technischen Gefahren nicht immer angewendet. Ein Beispiel für eine solche Skala ist die INES-Störfallskala bei Unfällen im Bereich der Kernenergie. Zwar gibt es auch in der chemischen Industrie Bewertungen von Störfällen (siehe ZEMA, Abb. 2.102), aber diese haben in öffentlichen Diskussionen keine oder kaum Bedeutung erlangt.

Ein weiteres Beispiel sind Unfallkategorien für Straßenverkehrsunfälle (UK1 bis UK6) (siehe z. B. Polizeipräsidium Südosthessen 2012). Die Schweizerische Sicherheitsuntersuchungsstelle (SUST 2018) hat Kriterien für die Meldepflichtigkeit von Unfällen und Ereignissen entwickelt. Außerdem gibt es noch die Einteilung der Unfälle nach der Ursache, z. B. für Eisenbahnunfälle nach von Stockert (1913) und Schneider und Mase (1968). In der chemischen Industrie existiert z. B. der FETI (Fire Explosion and Toxicity Index). Tab. 2.75 listet verschiedene Schwereeinteilungen auf.

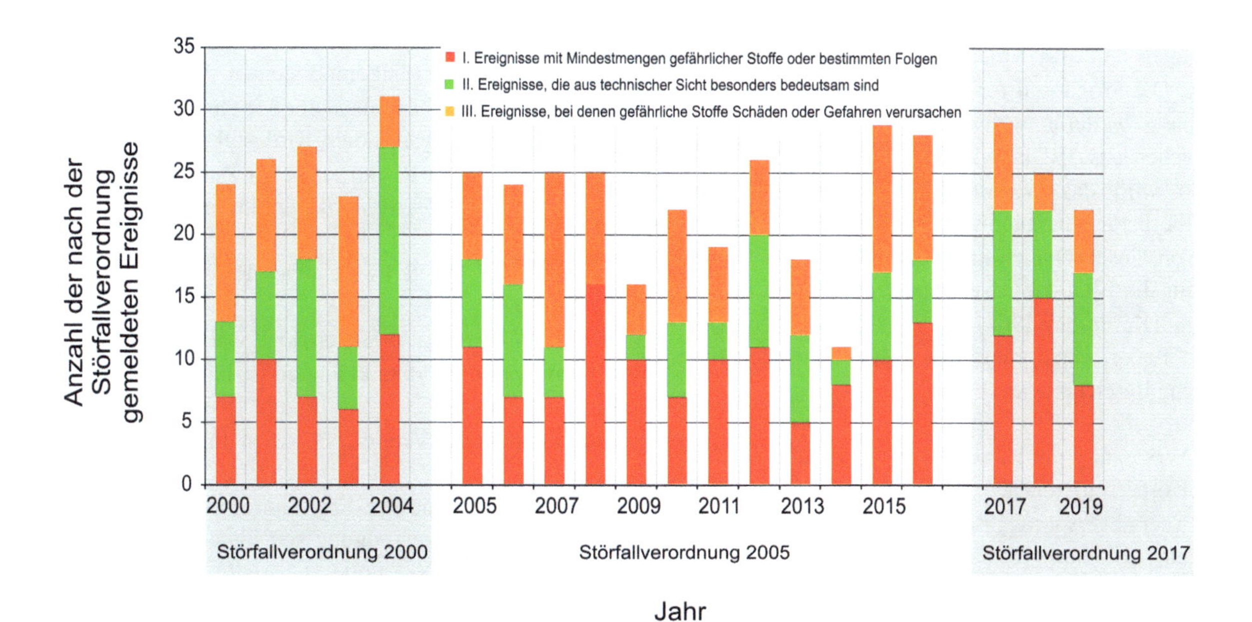

Abb. 2.102 Gemeldete Störfälle nach jeweiliger Störfallverordnung (UBA 2021)

2.3.2 Energieerzeugung

2.3.2.1 Einleitung

Der Mensch hat seit seinem Ursprung stofflich und energetisch von Pflanzen und Tieren gelebt. Er hat beide als Nahrung, Kleidung, Brennstoff und für den Bau von Unterkünften verwendet. Wie bereits beschrieben, ist die Nutzung des Feuers als neue Technologie zur Energienutzung wahrscheinlich seit mehreren hunderttausend Jahren möglich (Berna et al. 2012; Roebroeksa und Villa 2011). Dagegen wird die bewusste Zündung des Feuers durch Menschen wahrscheinlich erst seit ca. 30.000 Jahren genutzt.

Von der Eiszeit bis zur Zeit des Han- oder des Römischen Reiches stieg der menschliche Energieverbrauch pro Person sehr moderat um einen Faktor sieben bis acht, immer basierend auf organischen Materialien. Etwa um das Jahr 1000 wurden jedoch in China die Grenzen der organischen Ökonomie sichtbar. Zu dieser Zeit stand Kaifeng in China kurz vor der industriellen Revolution. Damit begann der Übergang in die Epoche der fossilen Brennstoffe (Morris 2011). Zwar hatten Menschen lange davor die Nutzung der Energie von Wind und Wasser in Form von Segelschiffen und Mühlen erlernt, aber die Nutzung der fossilen Brennstoffe erlaubte eine völlig neue Qualität der Energieversorgung, die später in Europa zur industriellen Revolution mit einem exponentiellen Wachstum des Energieumsatzes, der Bevölkerung und der Waren sowie Güter führte.

Aufgrund der erheblichen ökologischen Auswirkungen der Verwendung fossiler Brennstoffe (Abschn. 2.2.4.2) gibt es heute Überlegungen, das Wachstum des Energieverbrauches auf der Erde zu stabilisieren bzw. zu verringern. Die Prognosen für die nahe Zukunft gehen jedoch von einem weiteren weltweiten Wachstum des Energieverbrauches aus (BDEW 2016). Und auch für die ferne Zukunft wird das Wachstum der verfügbaren und der kontrollierbaren Energie als Zeichen für den Entwicklungsstand von Gesellschaften angesehen, wie die Kardaschow-Skala für die Einteilung von extraterrestrischen Zivilisationen zeigt (Kardashev 1964).

Die Energieversorgung des Menschen betrifft verschiedene Bereiche, wie

- die Versorgung mit Lebensmitteln zur Aufrechterhaltung der Körperfunktionen,
- die Energieversorgung der Klima- und Temperaturregelsysteme (Heizung, Kühlung) und
- die Energieversorgung für die Verkehrsmittel und Transportsysteme zur Aufrechterhaltung der Gesellschaft.

Die Risiken, die aus der Verwendung der Verkehrsmittel stammen, sind also zum Teil ähnlich oder identisch zu den Risiken der Energieerzeugung. Neben den Risiken der Energieerzeugung spielen natürlich bei den Verkehrsmitteln auch Risiken aus der hohen kinetischen Energie der Verkehrsmittel eine Rolle.

Mögliche Eingangsgrößen für die Risikobewertungen in der Energieerzeugung sind z. B. Kurzzeit und Langzeitrisiken, Todesopfer, Verletzte, Sachschaden und Produktionsausfall. Im Kap. 1 wurden bereits Definitionen von Katastrophen gegeben. Hier wird die Definition eines schweren Unfalls im Bereich der Energieerzeugung nach Spada et al. (2018) wiederholt:

- Mindestens 5 Todesopfer
- Mindestens 10 Verletzte
- Mindestens 200 Evakuierte
- Ein weitreichendes Verbot des Verzehrs von Lebensmitteln
- Die Freisetzung von mindestens 10.000 t Kohlenwasserstoffen
- Die Säuberung einer Land- bzw. Wasserfläche von mindestens 25 km^2
- Ein wirtschaftlicher Schaden von mindestens 5 Mio. US-Dollar (Preise bezogen auf das Jahr 2000)

Spada et al. (2018) geben sogar Empfehlungen für die Anwendung eines kohärentes Risikomaßes im Bereich der Energieerzeugung, um einen technologie-neutralen Vergleich zu erlauben. Die Kriterien dafür lauten wie folgt:

- Axiom 1: Wenn Stichprobe *A* mit negativem Ergebnis zur Menge der Ereignisse *M* für die Risikoanalyse addiert wird, soll das Risikomaß steigen. Wenn ein Ereignis B ohne negatives Ergebnis zur Menge der Ereignisse *M* für die Risikoanalyse addiert wird, soll das Risikomaß fallen.
- Axiom 2: Das Risiko aus zwei Zufallsgrößen ist gleich oder kleiner des Risikos der Summe der einzelnen Zufallsgrößen.
- Axiom 3: Die Schwere eines Risikos hängt von seiner Größe ab.
- Axiom 4: Beim Vergleich von zwei Optionen soll immer die Option mit dem kleineren Risiko gewählt werden.

Damit sind dann Vergleiche, wie in Tab. 2.76 gezeigt, möglich.

Tatsächlich sind die Ermittlung und Vergleiche der Risiken zur Energieerzeugung seit vielen Jahren Gegenstand der Forschung. Dies umfasst Unfälle mit Todesfolge, aber auch Umweltzerstörung und Luftverschmutzung (Destatis 2018; McKenna 2011; Bickel und Friedrich 2005; Cohen et al. 2005; NAS 2010; Pope et al. 2002; Scot et al. 2005; WHO 2007).

Tab. 2.76 Sterblichkeit weltweit für Energiequellen, Tote pro Terawattstunde (Destatis 2018)

Energieform	Todesopfer pro Terawattstunde	2016
Kohle	100.000	244
Öl	36.000	52
Erdgas	4000	20
Wasserkraft	1400	0,10
Solar (Dächer)	440	0,10
Wind	150	0,15
Kernenergie	90	0,04

2.3.2.2 Stromerzeugung

Die großtechnische Anwendung von Strom als bedeutende Energieform hat seinen Ursprung gegen Ende des 19. Jahrhunderts. Der große Vorteil der Stromversorgung war die räumliche Trennung von Erzeugern und Nutzern. Der überwiegende Anteil der Stromerzeugung erfolgt heute in Kraftwerken. In den letzten Jahrzehnten waren dies überwiegend Großkraftwerke, zur Zeit wird in Deutschland aber im Rahmen der Energiewende auf kleinere Einheiten umgestellt (Prognos/ewi/GWS 2016). Die Anzahl der Stromerzeuger im Netz wird sich in Deutschland von mehreren Hundert bis Tausend auf ca. sechs Millionen erhöhen.

Kraftwerke sind technische Anlagen zur Stromerzeugung, die meistens auf der Umwandlung mechanischer in elektrische Energie basieren. Die mechanische Energie wird teilweise direkt aus kinetischer Energie wie in Wasserkraftwerken oder Windturbinen gewonnen. Andere Kraftwerksformen nutzen als ersten Schritt thermische Energie, wie z. B. solarthermische Kraftwerke, geothermische Kraftwerke, Kohlekraftwerke, in denen durch Oxidation chemische Energie freigesetzt wird und Kernkraftwerke. Bis auf die Kernkraftwerke und die geothermischen Kraftwerke sind praktisch alle Kraftwerke indirekt solarbetrieben, denn Kohle ist ein Solarenergiespeicher. Die Abb. 2.103 und 2.104 zeigen zwei deutsche Kohlekraftwerke, die Abb. 2.105 und 2.106 zeigen zwei Schweizer Kernkraftwerke und Abb. 2.107 zeigt einen Windpark in Kalifornien.

Die Nutzung aller Technologien der Stromenergieerzeugung ist mit Risiken verbunden: Die Bohrungen für geothermische Kraftwerke können Erdbeben oder Bodenhebungen auslösen, Windturbinen können niederfrequente Strahlung auslösen oder Eisprojektile abwerfen, Kohlekraftwerke können das Klima nachhaltig verändern, Staumauern von Wasserkraftwerken können brechen oder durch Rutschungen überlaufen, Kernkraftwerke können ionisierende Strahlung freisetzen und Photovoltaik-Anlagen können Brände verursachen.

Auf Grund dieser Tatsache sind Risikobewertungen der verschiedenen Technologien notwendig und wurden auch mehrmals durchgeführt. Insbesondere Kernkraftwerke stehen häufig im Brennpunkt des Interesses, auf Grund verschiedener Eigenschaften:

- Die Entwicklung der Kernkraftwerke ist eine direkte Folge militärischer Entwicklungen.
- Einen Kernkraftwerksreaktor kann man nicht einfach abschalten, er erzeugt Nachwärme, die abgeführt werden muss, weil sonst die Barrieren des radioaktiven Materials versagen.
- Kernkraftwerke verfügen über ein hohes toxisches Inventar und können ionisierende Strahlung freisetzen, weshalb dieses Material unter allen Umständen eingeschlossen bleiben muss. Dieser Einschluss muss über einen sehr langen Zeitraum umgesetzt werden.

Abb. 2.103 Kohlekraftwerk Boxberg, Deutschland. (Foto: *D. Proske*)

Abb. 2.104 Kohlekraftwerk Lippendorf, Deutschland. (Foto: *D. Proske*)

Abb. 2.105 Kernkraftwerk Leibstadt, Schweiz. (Foto: *D. Proske*)

Der große Vorteil von Kernkraftwerken ist die hohe Energiedichte in den Reaktoren. Man kann also auf einer relativ kleinen Fläche mit wenig Brennstoff sehr viel Energie erzeugen. Kernreaktoren werden oft nur einmal im Jahr, manchmal nur einmal während der ganzen Lebensdauer beladen. Sie sind daher mit geringen Massetransporten am Kraftwerk verbunden.

Die Anwendung der Kernenergie Ende der 1950er und Anfang der 1960er war von einer großen Euphorie getragen. Man plante nuklearbetriebene Züge, Autos, Schiffe etc. Kernkraftwerke sollten direkt in Städten platziert werden. Naturschutzverbände sprachen sich noch Mitte der 1960er Jahre für Kernkraftwerke und gegen die Luftverschmutzung durch fossile Kraftwerke aus. So empfahl der Schweizer Naturschutzrat: *„Der Naturschutzrat warnt eindringlich vor den Gefahren der Luftverunreinigung durch thermische Kraftwerke und unterstützt die vom Bundesrat mehrfach zum Ausdruck gebrachte Auffassung, direkt*

Abb. 2.106 Kernkraftwerk Beznau, Schweiz. (Foto: *D. Proske*)

Abb. 2.107 Windenergieanlagen, Kalifornien. (Foto: *D. Proske*)

den Schritt zur Gewinnung von Atomenergie zu tun [...]". (Stellungnahme des Naturschutzrates zur Energiepolitik 1966; Brüggemeier und Engels 2005; Kupper 2005).

Anfang der 1970er Jahre gab es etwa 100 Kernkraftwerke weltweit, Anfang der 1980er Jahre ca. 250 und zu Beginn der 1990er Jahre um die 400 Kernkraftwerke. Heute sind ca. 450 Kernkraftwerke weltweit in Betrieb. Berücksichtigt man ferner die militärisch genutzten Reaktoren in etwa 130 nuklear betriebenen U-Booten und die ca. 10 nuklear betriebenen Flugzeugträger, so sind heute ca. 600 großmaßstäbliche Reaktoren in Betrieb, wobei Nullleistungsreaktoren und Forschungsreaktoren nicht mitgezählt worden sind. Die hier diskutierten Ergebnisse von Sicherheitsbewertungen beziehen sich allein auf zivile Reaktoren.

Die Abb. 2.108, 2.109 und 2.110 geben die Ergebnisse der Studie von Hauptmanns et al. (1991), Inhaber (2004) und von Burgherr und Hirschberg (2008), Hirschberg et al. (1998) wieder. Weitere Studien stammen von Preiss et al. (2013); Burgherr et al. (2019); Markandya und Wikinson (2007); Kharecha und Hansen (2013a, b); Ritchie (2017); Wang (2016). Abb. 2.108 gibt die Opferzahlen als absolute Zahlen an, Abb. 2.109 stellt die Opferzahlen normiert auf die produzierte Energie dar und das Abb. 2.110 zeigt das Risiko in Form von Verlorenen Lebensjahren, ebenfalls normiert auf die produzierte Energie.

Um den Vergleich zwischen den Technologien zur Gewinnung von Strom zu verbessern, wurden im Rahmen des ExternE (2007) Projektes außerdem externe Kosten der jeweiligen Technologien benannt und quantifiziert. Durch die Quantifizierung dieser externen Kosten und die Einbeziehung wird der Vergleich der Technologien hinsichtlich der Nachteile (Kosten) und Risiken verbessert.

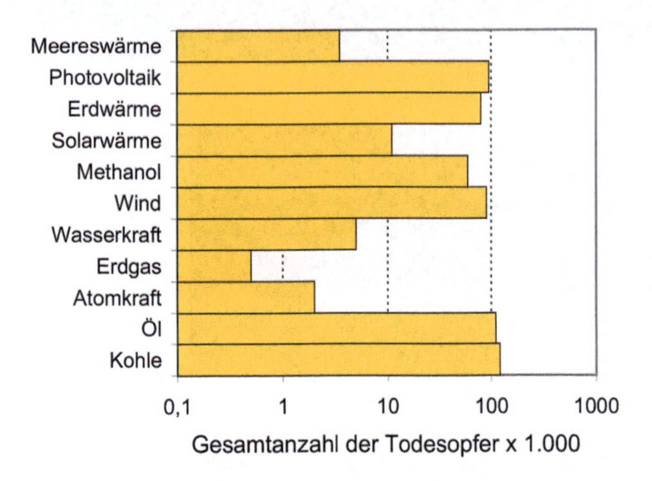

Abb. 2.108 Gesamtzahl von Todesopfern bezogen auf verschiedene Technologien der Energieerzeugung (Inhaber 2004)

Probabilistische Sicherheitsanalysen (PSA) von Kernkraftwerken werden bereits seit Anfang der 1970er Jahre (WASH-1400 Studie 1975) durchgeführt. In Deutschland dürfte die Deutsche Risikostudie „Kernkraftwerke" (GRS 1980) im Auftrag der Gesellschaft für Reaktorsicherheit bekannt sein.

Probabilistische Risikostudien werden in drei Ebenen unterteilt: Level 1, Level 2 und Level 3. Level 1 ermittelt die Wahrscheinlichkeit eines schweren Kernschadens bzw. eines schweren Brennstoffelementschadens. Dafür gibt z. B. die Schweizer Kernenergieverordnung Zielwerte für Neubauten an, die sinngemäß auch für die Altwerke gelten. Auch die IAEA gab Zielwerte an. Tab. 2.77 nennt ältere Zielwerte.

Bei einer Level-2-Analyse wird die Wahrscheinlichkeit einer frühen Freisetzung von radioaktivem Material in die Umwelt berechnet. Auch hierfür werden Zielwerte vorgegeben. Abb. 2.111 zeigt einen Screenshot einer Schwerstörfallanalyse unter Berücksichtigung thermodynamischer und neutronenkinetischer Effekte. Abb. 2.112 zeigt ein Beispiel einer Schmelzausbreitungsrechnung bei einem Störfall nach Ausbruch aus dem Druckwasserreaktor. Bei einem Schwerststörfall findet eine Oxydation von Zirkonium statt, die zur Freisetzung von Wasserstoff führt. Dieser Wasserstoff kann entweder über Rekombinatoren wieder gebunden werden oder gezündet werden. Das Verhalten des Containments bei einer Zündung des Wasserstoff (Deflagration), wie sie z. B. in Fukushima aufgetreten ist, kann in strukturdynamischen Berechnungen erfolgen. Abb. 2.113 zeigt ein dafür verwendetes Finite Elemente Modell. Das Containment ist die letzte Barriere zum Einschluss des radioaktiven Materials.

Bei einer Level-3-Analyse wird die Belastung der Bevölkerung mit radioaktivem Material über die ver-

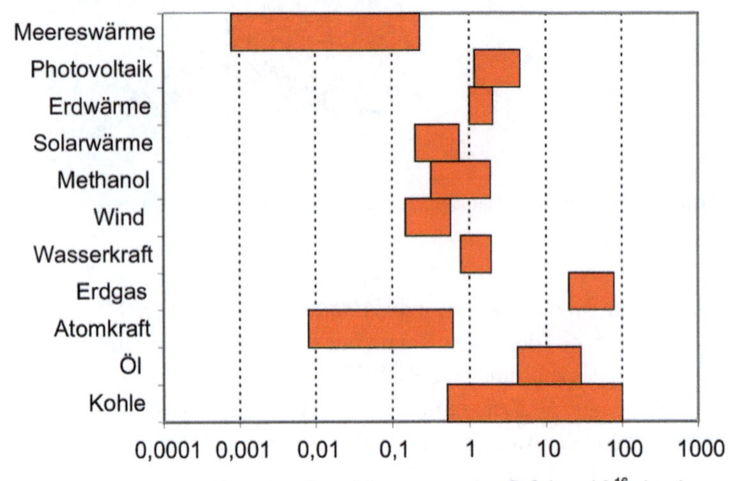

Abb. 2.109 Risiko der Energieerzeugung für verschiedene Technologien als Anzahl der Todesfälle der unbeteiligten Bevölkerung ohne Mitarbeiter (Hauptmanns et al. 1991) normiert auf die Energie. Das Bild zeigt die geringsten und höchsten Literaturangaben für jede Technologie

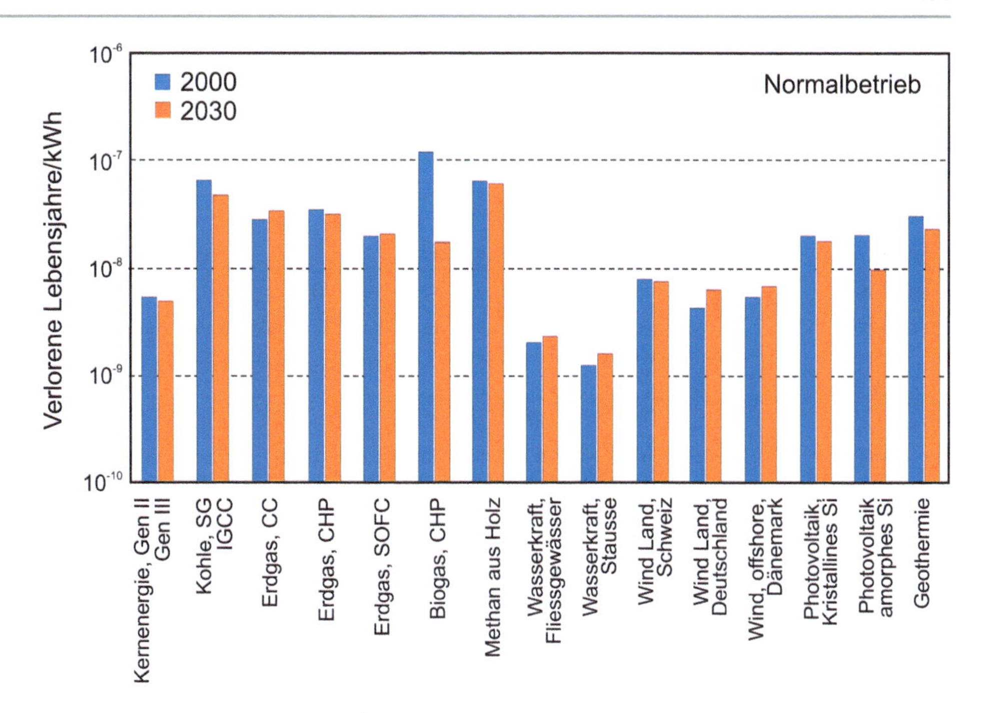

Abb. 2.110 Verlorene Lebensjahre pro kWh für verschiedene Stromerzeugungstechnologien im Normalbetrieb (Burgherr und Hirschberg 2008). Die Abkürzungen entsprechen IGCC: Kohlekraftwerk, bei dem die Kohle getrocknet und in ein brennbares Gas umgewandelt wird, CCS: Carbon Capture and Storage

schiedenen Transportpfade berechnet. Letztere Studien tragen in der Regel noch Forschungscharakter, dagegen sind Level-1 und Level-2-Analysen regelmäßig zu erstellen und an die Behörden, zum Nachweis der Einhaltung gesetzlicher Anforderungen, zu übergeben. Abb. 2.114 zeigt die Erstellung von Gefährdungskurven für solche Freisetzungen basierend auf verschiedenen Rechnungen.

Neben den Berechnungen zur Beschreibung des Verhaltens der Anlagen wurden und werden durch die Kraftwerksbetreiber erhebliche Bemühungen zur Erfassung verschiedener Gefährdungen durchgeführt. Aus diesem Grund haben die Schweizer Kraftwerksbetreiber im Auftrag der Aufsichtsbehörde außerordentlich umfangreiche Erdbebengefährdungsstudien erstellt (Renault und Abrahamson 2013). Sowohl die Ergebnisse der Studien als auch die Fachkommentare der Aufsichtsbehörde sind im Internet abrufbar.

Das Gefahrenpotential durch die Reaktoren war zu Beginn der Technologie sehr hoch. Frühe Kernreaktoren hatten rechnerische Kernschadenshäufigkeiten von bis zu einem Promille pro Jahr (Prasser 2012). Würde man solche Reaktoren unverändert über eine Laufzeit von 60 Jahren laufen lassen, so würde das einer Kernschadenshäufigkeit auf die Lebenszeit von 6 % entsprechen. Außerdem scheiterten zahlreiche Experimente bei der Entwicklung der Reaktoren. So zerstörte am 22. Juli 1954 eine Dampfexplosion einen BORAX-Reaktor am National Reactor Testing Station, als dieser prompt kritisch wurde (Überschuss-Reaktivität 4 %, Leistungsspitze 19 GW). Am 3. Januar 1961 ereignete sich ein Reaktivitätsstörfall an der Nuclear Reactor Testing Station in Idaho, als ein Instandhaltungsarbeiter einen Steuerstab entfernte und der Reaktor prompt überkritisch wurde. Der Reaktorbehälter riss sich aus seiner Lagerung und flog gegen die Deckenkonstruktion (Leistungsspitze 19 GW) (Prasser 2010).

Solche hohen Werte beobachtete man nicht, da praktisch alle heute laufenden Anlagen nachgerüstet wurden. Allerdings zeigte die Anlage Haddam Neck in den USA noch Mitte der 1990er Jahre eine rechnerische jährliche seismische Kernschadenshäufigkeit von $2{,}3 \times 10^{-4}$ (1: 4300). Bei einer Laufzeit von knapp 40 Jahren ergibt sich eine Kernschadenshäufigkeit pro Laufzeit von ca. 40/4300 = 0,009. Das entspricht fast einem Prozent. Das Kernkraftwerk Krsko hat heute eine jährliche rechnerische Kernschadenshäufigkeit von $8{,}5 \times 10^{-5}$. Dafür ergibt sich eine Kernschadenshäufigkeit für die Lebenszeit von 0,0025.

Auf der anderen Seite wurden neue Anlagen deutlich besser ausgelegt: räumlich Trennung, Diversität, Robustheit, Qualifizierung etc. führten zu Verbesserungen der Kernschadenshäufigkeit pro Block um einen Faktor 30 bis 100. So lautete die Schlagzeile im Sonntagsblick vom 26.10.1986: *„US-Studie zeigt: AKW Beznau 100mal unsicherer als Gösgen!"*. Moderne Kernkraftwerke liegen bei der Kernschadenshäufigkeit im Bereich von 1×10^{-6} bis 1×10^{-5} pro Jahr. Das ergibt bei 40 Jahren Laufzeit eine Häufigkeit von 0,0004 bis 0,00004. Rechnet man die ca. 400 Werke weltweit zusammen, so ergibt sich eine Häufigkeit von ca. 0,016 bis 0,16 pro Lebenszeit.

Abb. 2.115 zeigt die Ergebnisse von PSA-Rechnungen Level 1 (Punkte) für europäische und amerikanische Anlagen sowie die Entwicklung der Schätzung der Kernschmelzhäufigkeit (Linien).

Tab. 2.77 Zielwerte und rechnerische Werte von Auftritts- und Versagenswahrscheinlichkeiten technischer Störungen in Kernkraftwerken. Zum Vergleich sind Werte von Bränden in Gebäuden in Deutschland angegeben (NRC 1998; McBean und Rovers 1998; Paté-Cornell 1994; GRS 1999; Dahl und Spaethe 1970; ILK 2000; Gosatomnadzor 1998)

Staatliche Organisation	Sachverhalt, Ereignis	Ziel pro Jahr pro Reaktor
DoE (USA)	Sicherheit des Benutzers	$1{,}0\ 10^{-3}$
DoE (USA)	Sicherheit des Benutzers, weitere Nutzung	$5{,}0\ 10^{-4}$
DoE (USA)	Sicherheit des Benutzers, weitere Nutzung, kein Austritt von Materialien	$1{,}0\ 10^{-4}$
DoE (USA)	Sicherheit des Benutzers, weitere Nutzung, kein Austritt von Materialien mit erhöhten Anforderungen	$1{,}0\ 10^{-5}$
U.S. NRC	Beschädigung des Containments eines Atomkraftwerkes (Core Damage Frequency – CDF)	10^{-4}
U.S. NRC	Frühzeitiger Austritt von radioaktivem Material (Large Early Release Frequency – LERF)	10^{-5}
U.S. NRC	Reaktorkernbeschädigung	10^{-3} bis 10^{-4}
U.S. NRC	Kernschmelzhäufigkeit	10^{-5}
GRS „Precursor“	Ausfall eines Frischdampf-Abblase-Regelventils	$2{,}1 \cdot 10^{-6}$
GRS „Precursor“	Störungen an Armaturen in Treibwasserschleife	$3{,}3 \cdot 10^{-6}$
GRS „Precursor“	Transiente beim Anfahren nach längerem Stillstand	$4{,}7 \cdot 10^{-5}$
GRS „Precursor“	Leck in Kühlwasserleitung eines Notstromdiesels	$3{,}0 \cdot 10^{-6}$
GRS „Precursor“	Unvollständiges Öffnen eines Druckbegrenzungsventils	$1{,}9 \cdot 10^{-5}$
GRS „Precursor“	Schäden an Abgasleitungen von Notstromdieseln	$4{,}7 \cdot 10^{-6}$
GRS „Precursor“	Fehlauslösung von Reaktorschutzsignalen	$1{,}4 \cdot 10^{-5}$
GRS „Precursor“	Reaktorschnellabschaltung infolge einer Dampferzeugerniveauabsenkung	$3{,}4 \cdot 10^{-6}$
GRS „Precursor“	Verdrahtungsfehler an Zeitstufen für Notstromdieselgeneratorschalter	$5{,}4 \cdot 10^{-5}$
GRS „Precursor“	Reaktorschnellabschaltung nach Lastabwurf	$2{,}4 \cdot 10^{-6}$
GRS „Precursor“	Brand in Leittechnikschränken	$1{,}0 \cdot 10^{-3}$
GRS „Precursor“	Brand in Kabelverbindungen	$1{,}0 \cdot 10^{-4}$
GRS „Precursor“	Brand mit Ausfall aller Sicherheitsfunktionen	$1{,}0 \cdot 10^{-7}$
GRS „Precursor“	Systemschadenszustand pro Jahr pro Kraftwerk	$3{,}8 \cdot 10^{-6}$
GRS „Precursor“	Kernschadenszustand pro Jahr pro Kraftwerk	$3{,}8 \cdot 10^{-7}$
NPP Russland	Schwerer Unfall in Kernkraftwerk	$1{,}0 \cdot 10^{-5}$
NPP Russland	Bruch des Reaktordruckbehälters	$1{,}0 \cdot 10^{-7}$
NPP Russland	Strahlung, welche die Evakuierung der umliegenden Bevölkerung erfordert	$1{,}0 \cdot 10^{-7}$
Deutschland	Zerstörung eines Gebäudes durch Brand	$2 \cdot 10^{-4}$

Abb. 2.116 zeigt die Gesamtwahrscheinlichkeit einer großen frühen Freisetzung (LERF) von radioaktivem Material bei einem Unfall für Deutschland über 25 Jahre. Das Diagramm ist also die Summe aller Wahrscheinlichkeiten aller Werke in Deutschland. Man sieht in dem Diagramm zwei Sprünge: der eine war die Stilllegung der Kernkraftwerke in Ostdeutschland und der zweite Sprung die Abschaltung von acht Anlagen 2011 als Konsequenz des Unfalles in Fukushima. Das Diagramm berücksichtigt nicht die Importe und Exporte von LERF-Risiken, wie es z. B. die Universität für Bodenkultur (2015) berechnet hat.

In Abb. 2.115 sind zwar die schweren Störfälle von Lucens, Three-Mile-Island, Tschernobyl und Fukushima eingetragen, aber tatsächlich haben sich in den Kraftwerken weltweit eine Vielzahl von Beinahe-Unfällen ereignet (sogenannte Near Misses). Beispiele dafür sind die Korrosion im Reaktordruckdeckel in Devis Basse oder Dampfaustritte in Schaltanlagen in Kernkraftwerken ohne räumliche Trennung. Aus diesem Grund hat man auch die World Association of Nuclear Operators (WANO) gegründet, um einen Austausch zwischen den Kraftwerken über solche Ereignisse zu ermöglichen.

Darüber hinaus haben die schweren Unfälle zu baulichen Änderungen, wie z. B. gefilterten Druckentlastungen geführt und konstruktive sowie Bedienfehler aufgedeckt. So hat man nach Fukushima in größerem Umfang die Aus-

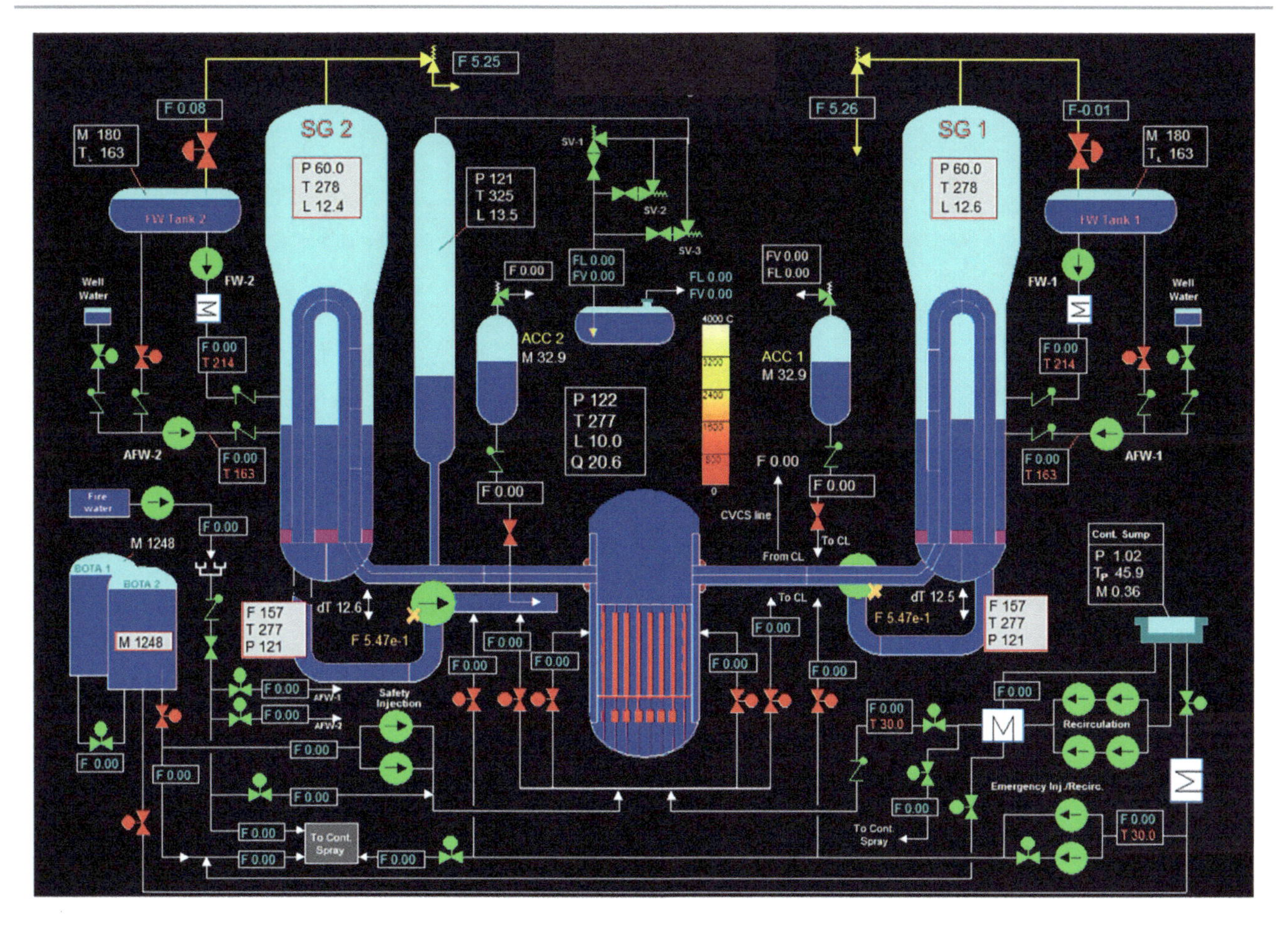

Abb. 2.111 Visualisierung einer Schwerstörfallanalyse

wirkungen von Mehrblockanlagen auf PSAs berücksichtigt. Über 70 % der kommerziellen US-Kernanlagen sind Mehrblockanlagen (Fleming 2013). Bereits der Brand im japanischen Kernkraftwerk Kashiwasaki-Kariwa hatte die Probleme von Mehrblockanlagen aufgezeigt.

Auch ist die Kernschadenshäufigkeit von Kernkraftwerken über das Jahr kein konstanter Wert. Regelmäßig werden verschiedene Komponenten gewartet oder getestet. Dazu müssen sie freigeschaltet, das heißt vom System, für das sie arbeiten, schalttechnisch getrennt werden, indem z. B. Ventile geschlossen werden. Diese Schwankungen der Kernschadenshäufigkeiten werden für viele Werke rechnerisch und graphisch aufbereitet. Die Erhöhung ist reglementarisch begrenzt.

Die Freisetzungen an radioaktivem Material bei schweren Störfällen werden im Kapitel Ionisierende Strahlung behandelt.

Die Kosten der Unfälle von Kernkraftwerken sind immer wieder Gegenstand intensiver Diskussionen. Verschiedene Quellen geben für die Kosten eines bzw. aller Unfälle in der Geschichte der Kernenergie folgende Zahlen:

- auf eine halbe Billion Euro wurden die weltweiten Kosten für alle Unfälle nukleartechnischer Anlagen in der Tagesschau am 11. März 2014 geschätzt (Tagesschau 2014),
- auf 187 Mrd. EUR werden die Schadenkosten in Fukushima geschätzt (Bundesamt für Bevölkerungsschutz 2015),
- auf 200 bis 400 Mrd. EUR werden die Schadenkosten für einen schweren Störfall in Frankreich geschätzt (Pascucci-Cahen, und Momal 2012),
- auf größer eine Billionen Euro werden die Schadenkosten eines schweren Unfalls (EUROSOLAR 2006) in Norddeutschland geschätzt, wobei die gefilterte Druckentlastung ignoriert wird.
- Auch heute noch zahlt die Ukraine einen mittleren einstelligen Betrag des Bruttoinlandsproduktes für den Umgang mit den Schadensfolgen von Tschernobyl (siehe Abb. 2.117).

Die Zahlen legen mittlere Kosten eines schweren Störfalles von mehreren hundert Milliarden Euro nahe. Zum Vergleich, die weltweiten jährlichen Kosten für den Klima-

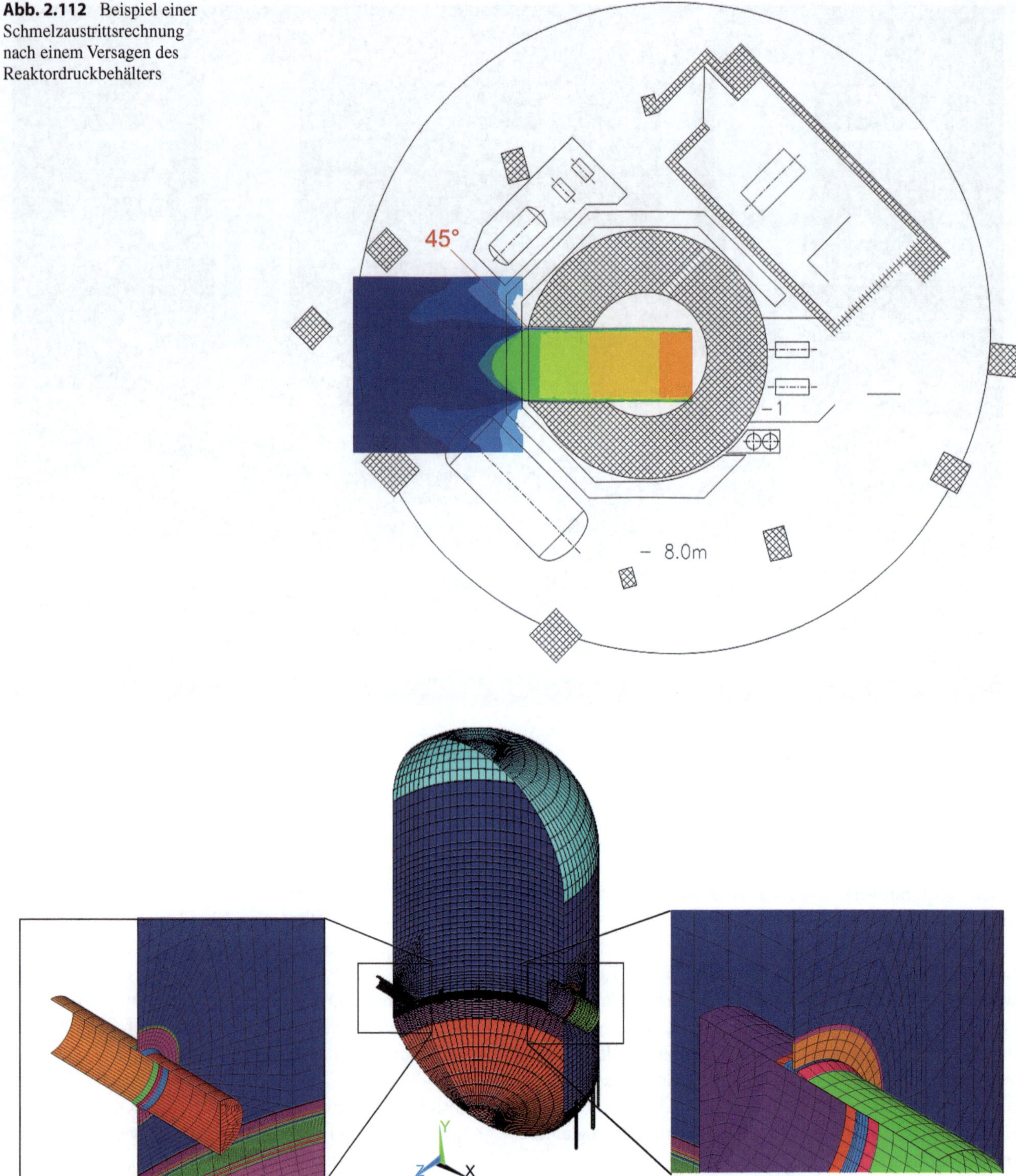

Abb. 2.112 Beispiel einer Schmelzaustrittsrechnung nach einem Versagen des Reaktordruckbehälters

Abb. 2.113 Beispiel eines Finiten Elemente Modells eines Containments für die Untersuchung des Verhaltens bei einer Wasserstoffdeflagration nach schweren Störfällen

wandel liegen bei wenigen Billionen. Die Gesamtkosten des Irak- und Afghanistan Krieges liegen für die USA bei drei bis vier Billionen Euro.

Tatsache ist, dass die Kosten für Unfälle von Kernkraftwerken mit Freisetzungen außerordentlich hoch sind und diese nicht durch das Kraftwerk allein getragen wer-

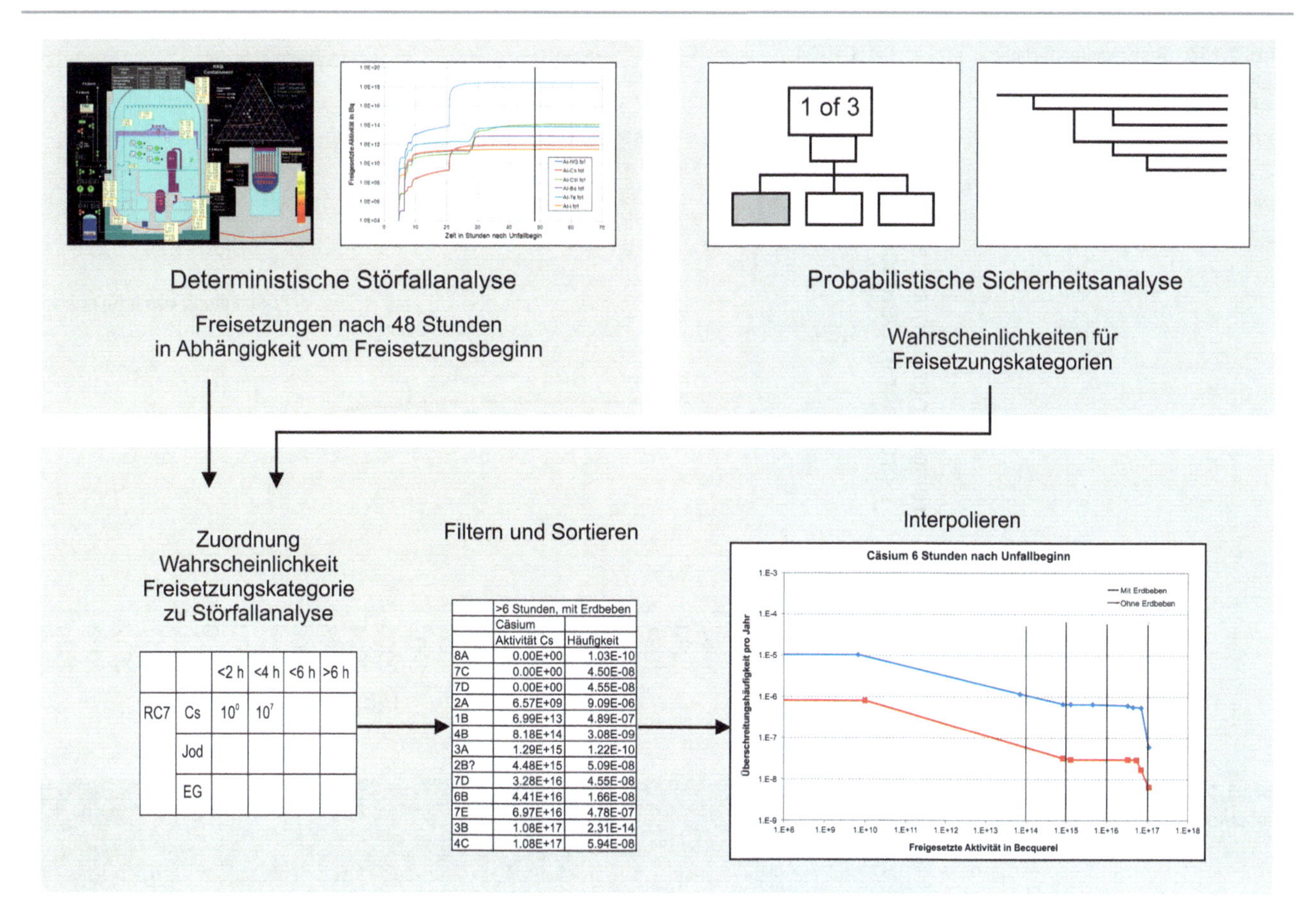

Abb. 2.114 Ermittlung der Freisetzungen (Level 2) durch Verbindung der deterministischen Störfall- und probabilistischen Sicherheitsanalysen

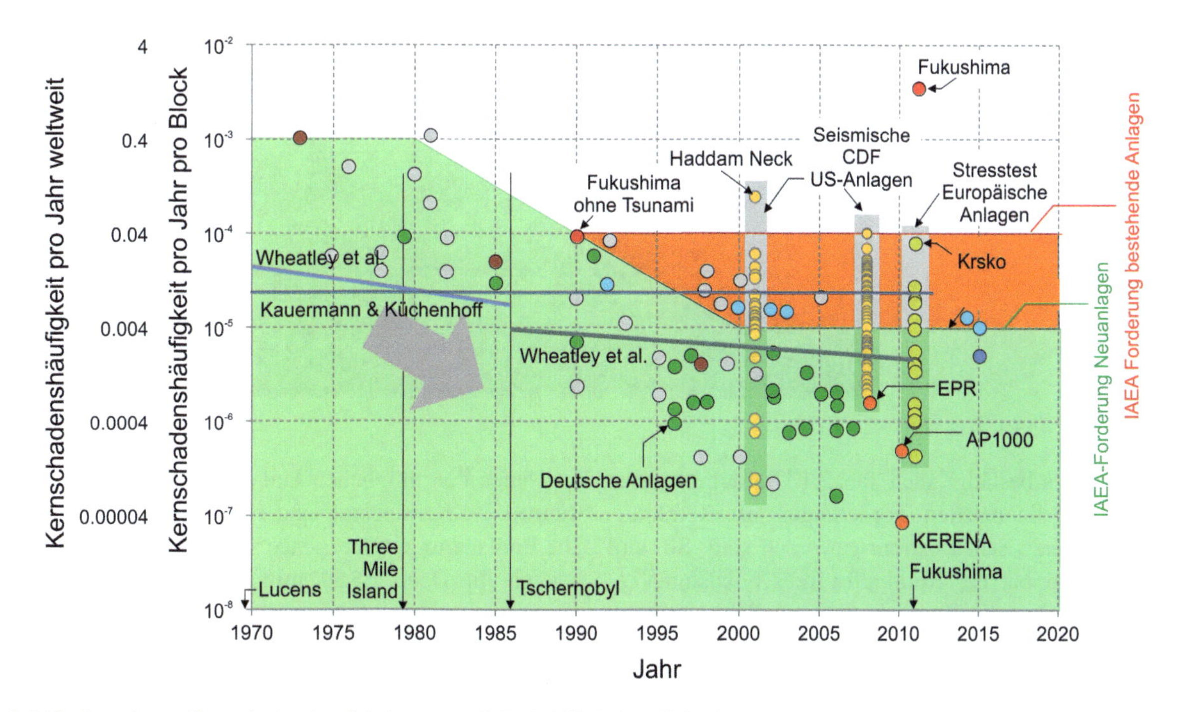

Abb. 2.115 Berechnete Kernschadenshäufigkeiten gemäß Probabilistischer Sicherheitsanalysen und beobachtete Kernschadenshäufigkeiten (Mohrbach 2013; Dedman 2011; ENSREG 2012; Kennedy 2011; Kauermann und Küchenhoff 2011; Wheatley et al. 2015)

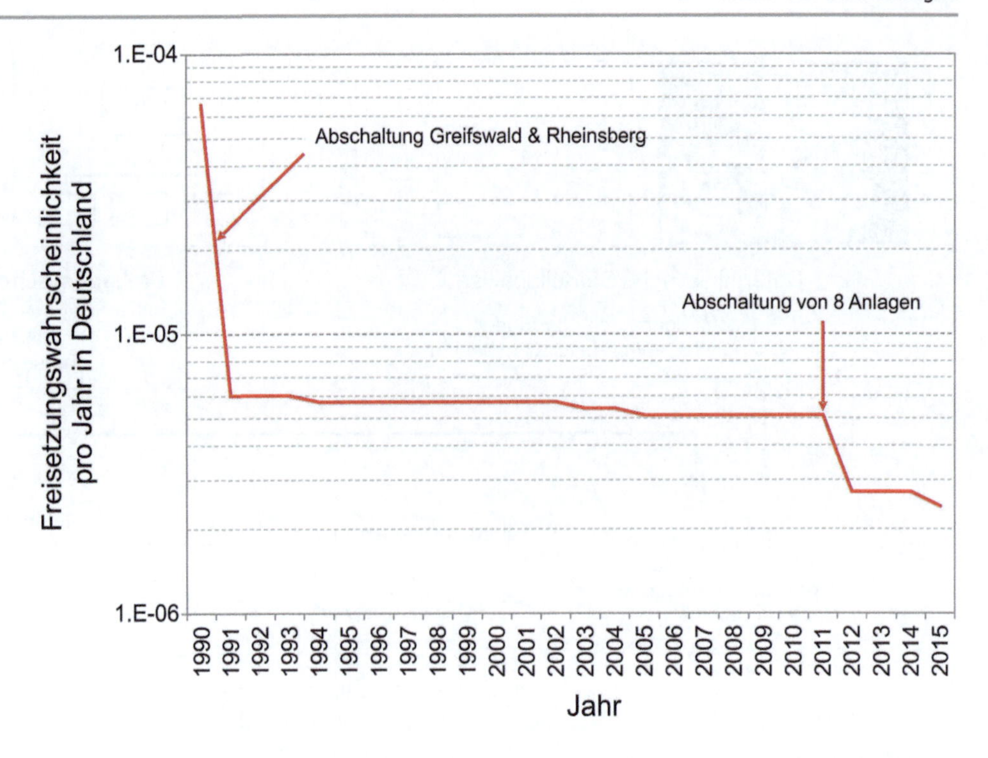

Abb. 2.116 Berechnete jährliche Freisetzungswahrscheinlichkeiten für Deutschland

Abb. 2.117 Sarkophag in Tschernobyl. (Foto: *O. Schib*)

den können. Dies bestätigt auch Tab. 2.1. Tatsache ist aber auch, dass die finanziellen Forderungen an Kernkraftwerksbetreiber inzwischen extrem geworden sind: So wird TEPCO als Betreiber des Kernkraftwerkes Fukushima inzwischen auf finanzielle Kompensation für Selbsttötungen verklagt (Expert Workshop 2016). Eine erhöhte Anzahl von Selbsttötungen gab es in Japan auch nach dem Erdbeben in Kobe, allerdings wurden damals keine Baufirmen zur Kompensation herangezogen.

Neben den möglichen Unfallkosten gab es reale Förderungen der Kerntechnik und es gibt zukünftige Kosten für die Endlagerung. Greenpeace spricht davon, dass die Kernenergie in Deutschland mit ca. 200 Mrd. EUR gefördert wurde und rechnet mit weiteren ca. 100 Mrd. für die Endlagerung (Trotz 2010). In Bollmann (2016) werden die Entsorgungskosten der Kernkraftwerke bis zum Ende des 21. Jahrhunderts auf 168,9 Mrd. EUR geschätzt. Auch hier handelt es sich um signifikante Beträge. In der Schweiz müssen

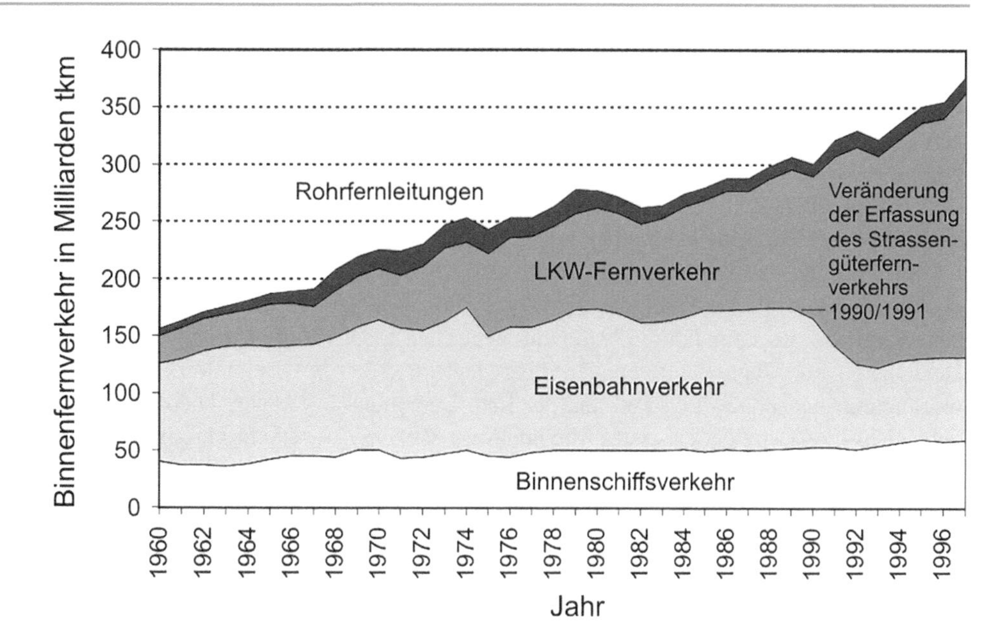

Abb. 2.118 Entwicklung des inländischen Güterfernverkehrs aller Verkehrsträger in Deutschland seit 1960 in Milliarden Tonnenkilometern

die Kernkraftwerksbetreiber Rücklagen für den Rückbau der Kernkraftwerke und die Endlagerung des radioaktiven Materials bilden.

Allerdings hat die Förderung der erneuerbaren Energien basierend auf den Zahlen des bdew (2014, 2021) für die Gesamtbelastung durch Steuern und Abgaben von 1998 bis 2020 über 370 Mrd. EUR in Deutschland gekostet. Das Versprechen, dass die Sonne keine Rechnung schickt, hat sich so nicht bewahrheitet. Man muss also die Zahlen sehr genau vergleichen.

2.3.3 Verkehrsmittel

2.3.3.1 Einleitung

Für den Menschen ist Bewegung eine physische, psychische und soziale Notwendigkeit. Wirtschaftliche Überlegungen davon gehen aus, dass eine erhöhte Transport- und Bewegungskapazität mehr Wohlstand bedeutet. Verkehrsmittel dienen der gerichteten physikalischen Bewegung von Materialien, Gütern, Stoffen, aber auch Menschen und Tieren. Sie stellen einen bedeutenden Pfeiler der modernen Industriegesellschaft dar, die auf dem Prinzip der Spezialisierung und der damit einhergehenden hohen Menschen-, Masse-, Energie- und Stofftransporte basiert.

Natürlich kann man zeigen, wie z. B. von Knoflacher (2001) oder der Weltbank (2017), dass eine beliebige Erhöhung der Transportleistung nicht zwangsläufig zu einer Steigerung des Wohlstands führt. Inhalt dieses Abschnitts ist aber nicht die Einschränkungen der Lebensqualität, sondern die Risiken der Verkehrsmittel für Leib und Leben.

Im allgemeinen Sprachgebrauch wird bei Ortsveränderungen von Waren der Begriff Transport, bei Ortsveränderungen von Menschen und Nachrichten der Begriff Verkehr, verwendet. Verkehr ist also ein Raumüberwindungsvorgang.

Betrachtet man die Entwicklung der Transportleistung der verschiedenen Verkehrsträger wie Straßen-, Eisenbahn-, Schiffs-, Luft- oder Weltraumverkehr, so erkennt man eine nahezu kontinuierliche Zunahme. Abb. 2.118 verdeutlicht diese Aussage für Deutschland anhand des inländischen Transportaufkommens in Milliarden Tonnenkilometern innerhalb der letzten Jahrzehnte. Tab. 2.78 gibt eine Prognose der Entwicklung des Frachtvolumens für Deutschland für das Jahr 2050 an.

Das weltweit stärkste Wachstum der Verkehrsleistungen bis 2050 wird innerhalb Afrikas und Asiens mit 700 % bzw. 400 % stattfinden. Bei den Schifffahrtsrouten zwischen den Kontinenten wird der Nord-Pazifik den Nord-Atlantik als stärkste Schifffahrtsroute ablösen. Der Frachtverkehr wird den Personenverkehr als Haupt-CO_2-Quelle ablösen und um ca. 300 % wachsen. (ITF 2015).

Tab. 2.78 Verkehrsleistung in Deutschland

	Frachtvolumen	In Milliarden Tonnenkilometern
	2010	2050
Luftverkehr	191	1111
Straßenverkehr	6388	30.945
Eisenbahn	4262	19.126
Schiffsverkehr	60.053	256.433
Gesamt	70.894	307.615

Tab. 2.79 listet verschiedene Mobilitätsparameter für Deutschland für verschiedene Jahre auf. Während einige Parameter in den letzten Jahren konstant blieben, steigen die Kilometer pro Person bzw. die mittlere Weglänge kontinuierlich an. Die Wahl der Verkehrsmittel hängt neben der Verfügbarkeit auch von der geplanten Wegstrecke ab. Tab. 2.80 listet die Entwicklung der mittleren Wegstrecken für verschiedene Verkehrsträger auf.

Abb. 2.119 zeigt die Wahl des Verkehrsmittels gemäß einer Umfrage aus dem Jahr 1999 für die deutschen Stadt Heidelberg. Für kurze Entfernungen überwiegt die Bewegung aus eigener Kraft zu Fuß und per Rad. Der öffentliche Nahverkehr erreicht ein erstes Maximum am Verkehrsaufkommen bei 5 bis 6 km. Dabei handelt es sich im Wesentlichen um den innerstädtischen Verkehr. Bei 15 bis 20 km erreicht der motorisierte Individualverkehr sein Maximum, um danach wieder zu fällen. Für größere Entfernungen wird wieder stärker auf das Angebot öffentlicher Verkehrsträger zurückgegriffen wird, wie z. B. das Angebot der Bahn.

Tab. 2.80 Mittlere Transportweite der Verkehrsträger (UBA 2012)

Transportweite in km	1995	2000	2005	2010
Straßengüterverkehr	69	84	99	104
Schienenverkehr	214	248	301	302
Binnenschifffahrt	269	274	271	271

Beim Verkehr kann man Berufsverkehr, Ausbildungsverkehr, Dienstreiseverkehr, Freizeitverkehr oder Urlaubsverkehr klassifizieren. Der Berufsverkehr hat dabei eine besondere Bedeutung. Abb. 2.120 zeigt die Entwicklung des verhaltensorientierten Verkehrs in Deutschland von 1994 bis zum Jahre 2002.

Tab. 2.79 Mobilitätsindikatoren nach Chlond et al. (1998), KIT (2017)

Indikator	1976	1982	1989	1992	1994	1995	1996	1997	2002	2010	2015	2016
Anteil mobiler Personen in %	90,0	82,2	85,0		91,9	93,9	92,9	92,0	91,4	91,0	91,2	90,8
Wege pro Person pro Tag in Anzahl	3,09	3,04	2,75	3,13	3,32	3,39	3,46	3,52	3,49	3,38	3,37	3,38
Anzahl Wege pro mobile Person pro Tag	3,43	3,70	3,24		3,61	3,61	3,73	3,82	3,82	3,71	3,7ß	3,72
Pkw pro Einwohner				0,508	0,502	0,467	0,511	0,518	0,512	0,506	0,525	0,573
Reisezeit pro Tag in Stunden: Minuten	1:08	1:12	1:01		1:19	1:20	1:21	1:22	1:19	1:23	1:22	1:21
Kilometer pro Person pro Tag	26,9	30,5	26,9	33,8	39,3	39,2	39,6	40,4	38,5	40,6	40,9	41,2
Durchschnittliche Weglänge in km	8,7	10,0	9,80	10,8	11,8	11,5	11,5	11,5	11,0	12,0	12,1	12,2

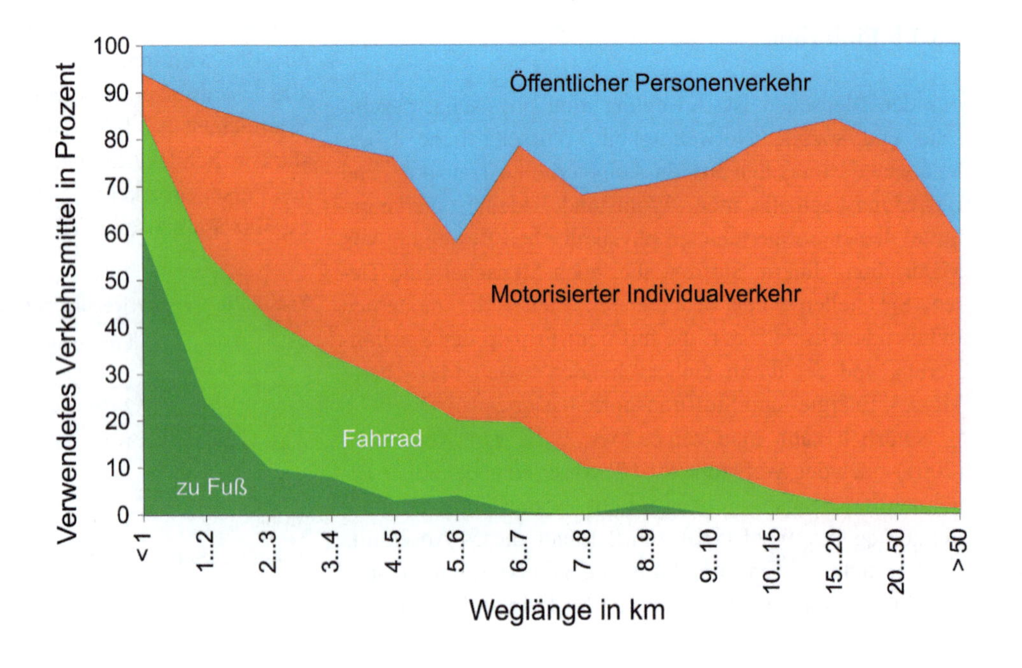

Abb. 2.119 Verkehrsmittel – Weglängen Diagramm für Heidelberg nach einer Befragung 1999

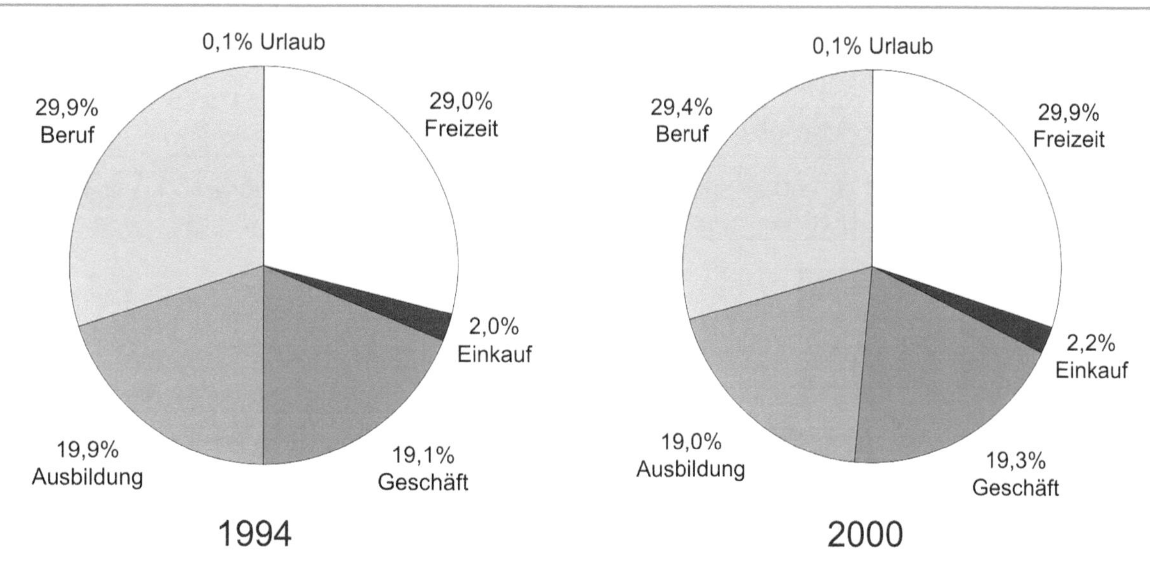

Abb. 2.120 Verhaltensorientierter Verkehr in Deutschland im Jahre 1994 und 2000

Der typische Tagesgang des Verkehrs zeigt in deutschen Städten zwei Maximalwerte. Der erste Wert liegt am Morgen in den alten Bundesländern etwa zwischen 8:00–9:00 Uhr, der zweite Wert etwa zwischen 17:00–18:00 Uhr. In den neuen Bundesländern treten die Maximalwerte ca. eine Stunde eher ein. Diese Verkehrsspitzen beruhen im Allgemeinen auf dem Berufsverkehr.

Der Wirtschaftsverkehr umfasst üblicherweise den Straßengüterverkehr und die dienstlichen sowie geschäftlichen Personenfahrten während der Ausübung des Berufes, also Dienst- und Geschäftsverkehr. In den Randzonen von Städten erreicht der Wirtschaftsverkehr häufig ca. 10 %, im innerstädtischen Bereich von Städten mit mehr als 50.000 Einwohnern bis zu 30 % und in Zentren von Großstädten bis zu 40 %.

Es sei darauf hingewiesen, dass die meisten Menschen und Güter im Mittelalter kaum einen Bewegungsradius von 30 km überschritten. Erst mit der Renaissance stiegt sowohl das Transportvolumen als auch die Reichweite beträchtlich. Heutzutage ist nahezu die gesamte Erdoberfläche mit Transportmitteln erreichbar.

Die Verkehrswegelänge in Deutschland beträgt 2006 ca. 742.000 km inklusive Straßennetz, Schienennetz, Wasserstraßen und Rohrleitungen; ca. 5 % der Fläche Deutschlands sind Verkehrsfläche und ein Vier-Personen-Haushalt gab 2003 ca. 460 EUR pro Monat für Verkehr aus (Destatis 2006). In Deutschland waren 2017 über 2 Mio. Menschen im Sektor Verkehr und Lagerwesen beschäftigt. Außerdem stellt die Produktion von Verkehrsmitteln in Deutschland einen wichtigen Industriezweig dar. So waren im Jahre 2017 in Deutschland über 800.000 Menschen in der Automobilindustrie beschäftigt und die Automobilindustrie setzte 426 Mrd. EUR im In- und Ausland um. Zum Vergleich: das Bruttosozialprodukt betrug 2017 in Deutschland 3,26 Billionen Euro. Alle diese Zahlen belegen die große Bedeutung des Verkehrssektors in Deutschland.

Verkehrsmittel lassen sich nach ihrem Antrieb (elektrisch, fossil), dem geographischen Ort (Wasserfahrzeuge, Luftverkehr), nach dem Fahrzeugführer und Nutzer (Individualverkehr und öffentlicher Nahverkehr), aber auch dem beförderten Gut (Lastkraftwagen, Weiße Flotte, Schwarze Flotte) einteilen. In diesem Abschnitt werden Verkehrsmittel in Oberflächen-gebundenen Verkehr (Straßenverkehr, Schienenverkehr, Schiffsverkehr) und Luftverkehr unterschieden. Luftverkehr zeichnet sich dadurch aus, dass er außer der Start- und Landebahn keinen baulichen Fahrweg benötigt.

Die Wahl geeigneter, also repräsentativer Risikoparameter ist von entscheidender Bedeutung für den Vergleich der Risiken von Technologien, in diesem Fall also von Verkehrsmitteln (Halperin 1993; Higgins 2015; Savage 2013). Repräsentativität beschreibt die Eigenschaft der Extrapolation von Aussagen, gewonnen aus einer kleinen Stichprobe auf eine größere Grundgesamtheit. Im vorliegenden Fall verstehen wir unter Repräsentativität des Risikoparameters, dass der Parameter die wesentlichen Eigenschaften der Technologie hinsichtlich des Risikos berücksichtigt.

Verkehrsmittel unterschieden sich hinsichtlich einer Vielzahl von Eigenschaften, z. B. des Ortes der Anwendung (Bodenverkehrsmittel, Luftverkehrsmittel, Schifffahrt), hinsichtlich der Spurführung der Verkehrsmittel (Schienengeführt, freier Verkehr), hinsichtlich der Ausbildung und des Trainings der Fahrzeugführer (Individualverkehr, Luftverkehr, Schifffahrt), hinsichtlich der Anzahl Räder, der Antriebe, der Größe der Verkehrsmittel und der Anzahl der Passagiere, der Häufigkeit der Verwendung und der Reiselänge. Abb. 2.121 zeigt eine mögliche Einteilung

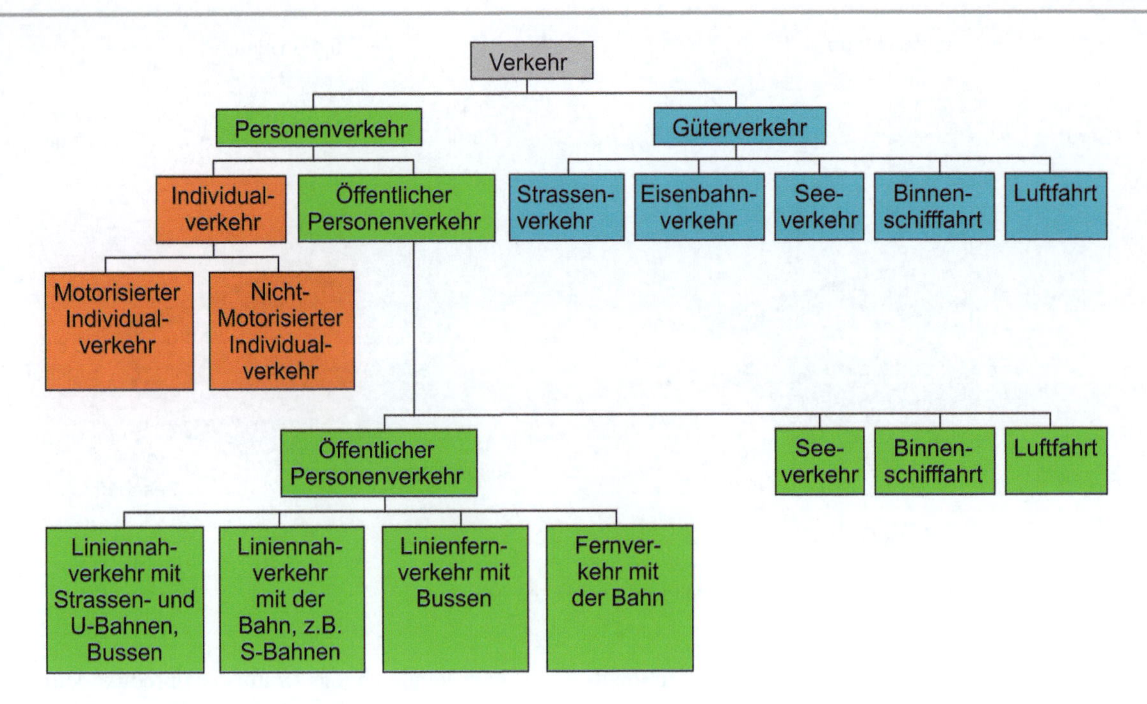

Abb. 2.121 Verkehrseinteilung (Destatis 2006)

von Verkehrsmitteln. Werden diese Eigenschaften bei den Risikoparametern berücksichtigt?

Die Produktion und Nutzung von Verkehrsmitteln ist aber mit Risiken verbunden, wie z. B. Todesopfer durch Unfälle, durch die Herstellung von Fahrzeugen, Verkehrswegen, Kraftstoffversorgung und Entsorgung, durch die Auswirkungen auf die Umwelt, z. B. Luftverschmutzung und Lärm. Aufgrund der Einteilung von Unfällen während der Nutzung und während der Produktion wird meistens auf die direkten Unfälle bei der Nutzung der Verkehrsmittel fokussiert. Allerdings sind in letzter Zeit auch mögliche Todesopfer durch Luftverschmutzung wieder thematisiert wurden. Das Thema Luftverschmutzung war vor ca. 50 Jahren ein großes Thema, wurde dann aber zurückgedrängt.

Abb. 2.122 zeigt eine Einteilung der Risiken bzw. Schäden für Verkehrsmittel (siehe auch Felek et al. 2018; Centers for Disease Control und Prevention 2016).

Das Risiko des Verlustes von Menschenleben (Mortalität) von Verkehrsmitteln wird häufig angeben mit Anzahl Opfer

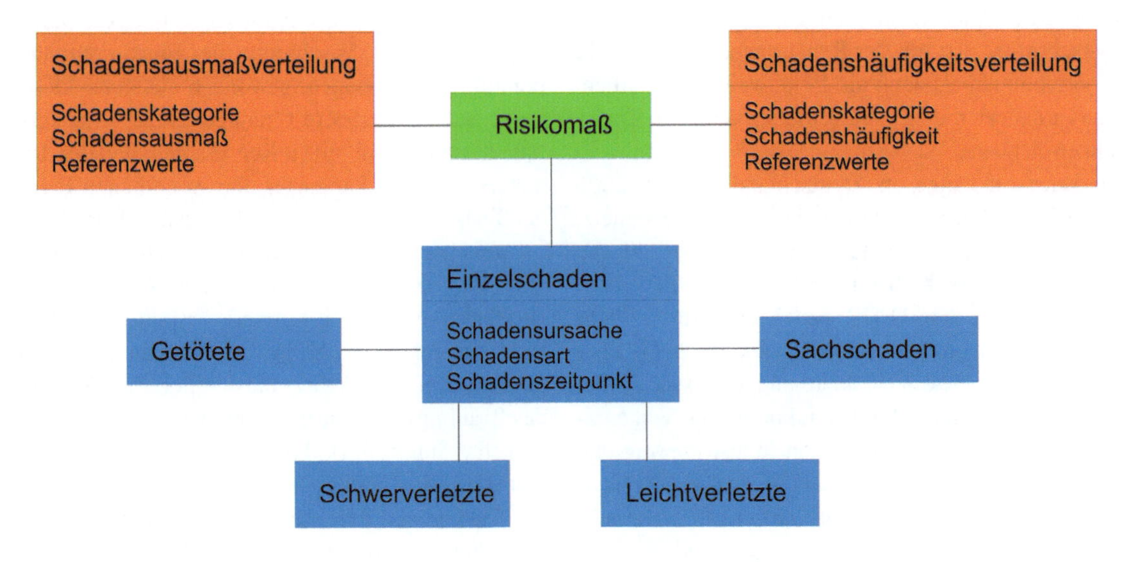

Abb. 2.122 Entwicklung eines Risikomaßes für Verkehrsmittel bzw. – Systeme (Schnieder und Drewes 2008)

- pro Reiselänge (Passagierkilometer),
- pro Reise (beinhaltet alle Etappen der Reise),
- pro Reisezeit (Passagierstunden),
- pro Fahrzeug,
- pro Bevölkerung,
- pro standardisierter Nutzungszeit (Fatal Accident Rate),
- pro kalendarische Zeit (kalendarisches Jahr).

Des Weiteren werden die Risiken angegeben in

- Verlorene Lebensjahre – Lost Life Years (berücksichtigt die Altersverteilung der Nutzer),
- Maximale Todesopferanzahl pro Unfall und
- Rank des Risikos aller Risiken einer Kohorte.

Jeder dieser Parameter berücksichtigt verschiedene Eigenschaften der Verkehrsmittel, z. B. ihre Größe, die Anzahl der üblichen Reisen, die Anwendung des Verkehrsmittels für lange oder kurze Reisen etc. Weitere Parameter wären z. B. die Abhängigkeit von professionellen oder individuellen Fahrzeugführern, die Abhängigkeit von der Ausbildung und dem Training der Fahrzeugführer, aber auch Fahrzeugführer pro Rad, Fahrzeugführer pro Antrieb etc.

Vergleicht man z. B. den Transport zwischen Bus und Flugzeug hinsichtlich der Kilometer, so ist das Risiko des Verlustes an Menschenleben beim Flugzeug deutlich kleiner als beim Bus. Auf der anderen Seite ist das Risiko des Verlustes von Menschenleben beim Bus (insbesondere im Stadtverkehr) bezogen auf die Anzahl der Reisen viel kleiner als beim Flugzeug. Des Weiteren müsste man das Risiko der gesamten Reise bewerten: Das beinhaltet in der Regel auch bei Flugreisen immer Anfahrten mit dem PKW bzw. mit dem öffentlichen Nahverkehr (Zug, Bus). Außerdem sind Verkehrsmittel unterschiedlich anfällig gegen Witterungsbedingungen (Flüge werden gestrichen, man sagt PKW-Fahrten ab – z. B. bei der Ankündigung von Stürmen).

Die Anzahl Todesopfer pro Jahr ist sicherlich der Parameter, der am universellsten ist und mit allen anderen Risiken, nicht nur Risiken der Verkehrsmittel, direkt verglichen werden kann. Dabei fließen jedoch keine konkreten Informationen über die Verkehrsmittel ein. Weitere Unterschiede zwischen den Risikobewertungen der Verkehrsmittel können unterschiedliche Grenzwerte sein, wie z. B. beim kommerziellen Luftverkehr, bei dem Luftfahrzeuge mit einem Gewicht kleiner 5,7 t oder mit weniger als 40 Sitzplätzen ausgeschlossen werden. Manchmal werden z. B. auch nur Sitzplätze berücksichtigt und nicht Personen. Während im Personenstraßenverkehr auch Kleinkinder einen eigenen Sitzplatz benötigen, können in Flugzeugen die Kinder auf den Schoss genommen werden und haben keinen eigenen Sitzplatz. Da häufig auch das Verhältnis Todesopfer zur Anzahl Verletzter eine Rolle bei der Risikobewertung spielt, sind die Definitionen von Todesopfern bzw. Verletzten ebenfalls von Bedeutung. Im Straßenverkehr zählt als Todesopfer, wer innerhalb von 30 Tagen an den Unfallfolgen stirbt, als Schwerverletzter zählt jemand, der mindestens für 24 h zur stationären Behandlung in ein Krankenhaus aufgenommen wird. Die Definitionen für Verletzte unterscheiden sich in verschiedenen Ländern: in manchen Ländern zählt als Verletzter, wer das für sich reklamiert, in anderen, wer drei Tage nicht arbeiten oder nicht in die Schule gehen konnte.

Vor einem Vergleich der Risiken muss man sich also fragen: sind die Grundgesamtheiten vergleichbar: ist z. B. der kommerzielle Luftverkehr (ohne Kleinflugzeuge, die den höchsten Beitrag liefern) mit dem Individualverkehr (PKW) vergleichbar; ist der Busverkehr (Stadtverkehr, geringe Geschwindigkeiten, viele kurze Reisen) vergleichbar mit kommerziellen Flügen über lange Strecken?

Im Ergebnis der sorgfältigen Auswahl der Risikoparameter können aber sehr konkrete Aussagen erfolgen. So scheint die Nutzung großer Flugzeuge (das Risiko des Absturzes großer Flugzeuge ist kleiner als das Risiko des Absturzes kleiner Flugzeuge) für wenige, aber weite Reisen (das Risiko pro Reise ist beim Flugzeug größer als das Risiko pro Kilometer.) als die optimale Lösung inklusive des Vorteils kürzerer Reisezeit im Vergleich zu allen anderen Transportmitteln und inklusive der Tatsache, dass ein großer Flugzeugabsturz zur Insolvenz einer Luftverkehrsgesellschaft führen kann und deshalb ein gewisser wirtschaftlicher Druck für die Luftverkehrsgesellschaft besteht (Müller 2003) gewählt werden.

Die folgende Tab. 2.81 gibt die Risiken von Verkehrsmitteln hinsichtlich der Berücksichtigung wesentlicher Eigenschaften wieder.

Die maximale Anzahl der Todesopfer für verschiedene Verkehrsmittel ist in Tab. 2.82 angegeben. Dies ist ebenfalls oft ein Risikomaß, welches für die individuelle Bewertung von Bedeutung ist. Man sieht deutlich, dass die Anzahl der Todesopfer pro Unfall im Bereich des Straßenverkehrs gering ist. Selbst sehr schwere Unfälle mit über 100 beteiligten Fahrzeugen haben heute oft weniger als 10 Todesopfer. Die schweren Busunfälle mit großen Opferanzahlen ereigneten sich oft in Entwicklungsländern oder stehen in Verbindung mit Gefahrentransporten. 1978 fährt ein mit Propylen beladener Tranklastzug auf einen Campingplatz in Spanien und tötet 215 Menschen. Im Jahre 2000 sterben 200 Menschen in Lagos, Nigeria, als ein Tanklastzug in einen Stau fährt und explodiert.

Eisenbahnunfälle können durchaus mehr als 100 Todesopfer fordern, wie z. B. der Unfall von Eschede 1998. Das schwere Eisenbahnunglück in Sri Lanka 2004 mit deutlich über 1000 Todesopfern stand in Verbindung mit dem schweren Tsunami in Südostasien und stellt sicherlich einen Sonderfall dar, genau wie die große Anzahl der Todesopfer bei den beiden Flugzeugangriffen auf das World-Trade-Center in den USA 2001.

Tab. 2.81 Mögliche Bezugspunkte für Risikoparameter

Einheit Todesopfer/Verletzte/Sachschaden pro	Bemerkungen
Kalendarischer Zeit (z. B. pro Jahr)	Vorteil für Verkehrsmittel, die selten verwendet werden
Anzahl Reisen (pro Reisen)	Günstig für Verkehrsmittel für kurze Reisen mit geringer Geschwindigkeit, z. B. Stadtbus
Reisezeit (pro Passagierstunden)	Berücksichtigt die Anzahl der Passagiere pro Fahrzeug (Vorteil für große Fahrzeuge)
Reiselänge (pro Passagierkilometer)	Vorteil für Verkehrsmittel für lange Reisen (Flugzeuge)
Pro Anzahl Fahrzeuge	Üblich
Pro Kopf Bevölkerung	Üblich
Ranking in der Kohorte (Todesursache Nr. 1 bei 20- bis 30-Jährigen)	Berücksichtigt indirekt andere Risiken, wie z. B. Krankheiten
Anzahl Todesopfer bezogen auf die Anzahl aller Todesopfer	
Maximale Opferanzahl	Berücksichtigt die mögliche Schwere von Unfällen, die für die subjektive Bewertung von Bedeutung ist
Verhältnis Verletzte zu Todesopfern	Berücksichtigt die mögliche Schwere von Unfällen, die für die subjektive Bewertung von Bedeutung ist
Ausbildung und Training der Fahrzeugführer	Unüblich
Ausbildung und Training der Insassen	Unüblich
Prüfrhythmus der Fahrzeuge	Unüblich
Bedeutung der Antriebe/Fahrzeugintegrität	Bei einem Straßenfahrzeug kann man die Straße verlassen
Routenabhängige Opferzahlen	Üblich

Die größten Unfälle hinsichtlich der Opferanzahlen sind also meistens Sonderfälle gewesen. Allerdings bestätigen die Zahlen die Tendenz, dass Schiffsunfälle durchaus in Verbindung mit mehreren hundert oder mehreren tausend Opfern stehen können, Flugzeug- und Zugunglücke mit mehreren hundert Opfern auftreten können und Unfälle im Straßenverkehr deutlich unterhalb hundert Opfern pro Ereignis liegen. Tab. 2.82 fasst die Zahlen zusammen.

Neben der Maximalanzahl von Opfern wird oft auch das Verhältnis von Todesopfern zu Verletzten verwendet. Dieser Parameter beschreibt die Schwere der einzelnen Unfälle. In Deutschland gibt es pro Jahr fast eine halbe Million Straßenverkehrsunfälle. Die meisten Unfälle führen zu keinen oder nur zu einem geringen Personenschaden, das heißt, das Verhältnis von Verletzten zu Todesopfern ist sehr günstig. Um dieses Ziel zu erreichen, sind in heutigen Fahrzeugen eine Vielzahl von Schutzsystemen installiert, wie z. B. Knautschzonen, Airbags, Sicherheitsgurte, Fahrassistenten, etc. Das gleiche gilt für den Schiffsverkehr. Moderne Fahrgastschiffe verfügen über Rettungsboote, Schwimmwesten und viele andere Schutzsysteme. Auch hier ist das Verhältnis von Verletzten zu Todesopfern sehr günstig. Ungünstiger sieht die Situation für den Eisenbahnverkehr und noch ungünstiger für den Luftverkehr aus. Auch im Eisenbahnverkehr hat man zahlreiche Schutzsysteme installiert. Trotzdem zeigen Unfälle im Eisenbahnverkehr, z. B. Zusammenstöße immer noch beträchtliche Anzahl von Todesopfern. Tab. 2.83 fasst auch in diesem Fall die Zahlen zusammen.

Tab. 2.82 Maximale Todesopferanzahlen für Verkehrsmittel pro Unfall

Verkehrsmittel	Maximale Anzahl Todesopfer pro Unfall	Bemerkung
Schifffahrt (Flotte)	~100.000	Untergang römische Flotte 255 v. Chr
Schifffahrt (Einzel)	~9000	Untergang im Zweiten Weltkrieg
Luftverkehrsunfall	~3000	Terroranschlag New York
Luftverkehrsunfall	583	Zusammenstoß zweier Boeing 747 in Teneriffa
Eisenbahnunfall	> 1000	Einwirkung eines Tsunami
Kraftfahrzeugunfall	~200	Tanklaster fährt in Stau und explodiert, Lagos
Kraftfahrzeugunfall (Bus)	~80	

Tab. 2.83 Verhältnis Verletzte zu Todesopfer über alle Unfälle basierend auf Eurostat (2017), WHO (2018a, b), Destatis (2016), Rackwitz (1998)

Verkehrsmittel	Verhältnis
Kraftfahrzeugunfall	1:40
Schifffahrt (Flotte)	1:10
Eisenbahnunfall	1:1
Luftverkehrsunfall	<<1

Higgins (2015) schlägt vor, das Risiko in Passagierreisestunden anstelle von Passierkilometern anzugeben. Higgins argumentiert, dass beim Verbleiben zu Hause die zurückgelegten Passierkilometer praktisch null sind und damit ein unendlich hohes Risiko entsteht, während ein sehr schnelles Fahrzeug, wie z. B. das Space Transportation System mit dem Space Shuttle (2 Verluste bei 134 Flügen), welches im Orbit sehr viele Kilometer zurücklegt (Gesamtfluglänge knapp 900 Mio. km, NASA 2011), ein sehr sicheres Transportmittel wird. Außerdem verweist er darauf, dass wir Menschen nicht in Kilometern, sondern in Zeit denken und dass in der Luftfahrindustrie für die Instandhaltung ebenfalls Flugstunden und nicht Kilometer herangezogen werden (Tab. 2.84, 2.85, 2.86, 2.87, 2.88, 2.89 und Abb. 2.123). Bezüglich der Reisezeit hat schon Knoflacher (2001) darauf hingewiesen, dass Schnellstraßen für die Wahrnehmung Fernstraßen sind und dass Schnellstraßen allein dazu führen, dass die Reisezeit konstant bleibt, aber der Bewegungsradius größer wird. Die verschiedenen Tabellen erlauben eine Prüfung der Zahlen.

Durch die Berücksichtigung von Verkehrsleistung, Reisezeit und Modal Split können die Risiken ineinander umgerechnet werden (Abb. 2.124).

Genauso wie für die Stromerzeugung hat man auch für die Verkehrsmittel externe Kosten abgeschätzt

- Todesopfer durch Herstellung Fahrzeuge, Straßen, Kraftstoff, Entsorgung
- Todesopfer durch Luftverschmutzung und Lärm,

Werte dazu finden sich in Tab. 2.90 (siehe auch The World Bank 2014; Blincoe et al. 2015).

Wie bereits erwähnt, wird für den Vergleich und die Bewertung von Handlungen und Technologien neben dem

Tab. 2.85 Verlorene Lebensjahre pro 1. Mio. Personenkilometer nach Schwartz (2003)

Art der Verkehrsbeteiligung	Verlorene Lebensjahre je 1 Mio. Personenkilometer
Insgesamt	1,50
Kfz	1,31
Bahn	0,05
Bus	0,11
Fahrrad	0,02
Fußgänger	0,00

Tab. 2.86 Verunglückte und Getötete für verschiedene Verkehrsmittel nach Vorndran (2010), ADAC (2015)

	Verunglückte je Milliarde Personenkilometer	Getöteter je Milliarde Personenkilometer
Mofas/Mopeds	2990[a]	12,3[a]
Fahrrad	2130[a]	9,8[a]
Motorrad	2210[a]	46,5[a]
Fußgänger	920[a]	15,4[a]
Personenkraftwagen	250[a]	1,9[a]
Kraftomnibus	150[a]	0,1[a]
Personenkraftwagen	275,8[b]	2,93[b]
Kraftomnibus	73,9[b]	0,17[b]
Eisenbahn einschl. S-Bahn	2,7[b]	0,04[b]
Straßen-, Stadt-, Hochbahn	42,3[b]	0,16[b]
Flugzeug (>5,7 t)	0,3[b]	0,00[b]

[a] 2014 (Deutschland)
[b] Durchschnitt 2005–2009 (Deutschland)

Tab. 2.84 Tabelle der Todesopfer verschiedener Verkehrsmittel bezogen auf verschiedene Risikoparameter nach Ford (2000), Brignell (2018), Wikipedia (2018a, b), Higgins (2015)

Verkehrsmittel	Todesopfer pro Milliarden Reisen	Todesopfer pro Milliarden Stunden	Todesopfer pro Milliarden Kilometern
Bus	4,3	11,1	0,4
Eisenbahn	20	30	0,6
Van	20	60	1,2
PKW	40	130	3,1
Fußgänger	40	220	54,2
Wasser	90	50	2,6
Luftverkehr	117	30.8	0,05
Fahrrad	170	550	44,6
Paraglider		972	
Motorrad	1640	4840	108,9
Space Shuttle	104.477.612	441.898	41,9

Tab. 2.87 Verunglückte und Getötete für verschiedene Verkehrsmittel nach MoT (2016)

	Getöteter und Verletzte je Milliarden Stunden Reisezeit	Getöteter und Verletzte je Milliarde Personenkilometer
Fahrrad	31.000	2480
Motorrad/Mofas/Mopeds	196.000	4580
Fußgänger	4600	116
Personenkraftwagen Fahrer	8000	22
Personenkraftwagen Passagier	5000	13
Kraftomnibus	700	3

Tab. 2.88 Getötete für verschiedene Verkehrsmittel und Fahrcharakteristika nach Halperin (1993)

	Todesopfer pro 1 Mrd. Reisen (Reiselänge ca. 600 Meilen)
Autofahrer, High Risk	290.000
Autofahrer, Average Risk Fahrer	3900
Autofahrer, Low-Risk Fahrer	470
Fahrt zum Flughafen, High Risk Fahrer	19.000
Fahrt zum Flughafen, Average Risk Fahrer	560
Fahrt zum Flughafen, LowRisk Fahrer	330
Flughafen, Transit zum Flughafen	310
Eisenbahn	290
Kraftomnibus	170

Tab. 2.89 Opferanzahlen in der EU in den Jahren 2001–2002 nach ETSC (2003)

	Getöteter je Milliarden Stunden Reisezeit	Getöteter je Milliarde Personenkilometer
Fahrrad	750	54
Motorrad/Mofas/Mopeds	4400	138
Fußgänger	250	64
Auto	250	7
Fähre	80	2,5
Zugverkehr	20	0,35
Luftverkehr (Civil Aviation)	160	0,35
Kraftomnibus	20	0,7

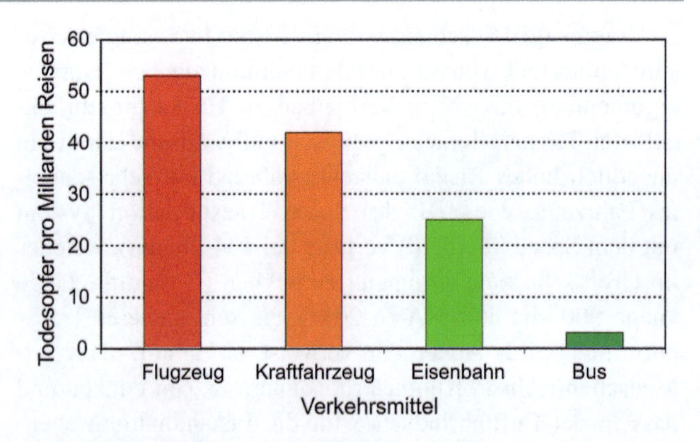

Abb. 2.123 Risiko für die verschiedenen Verkehrsmittel bezogen auf die Anzahl Reisen

Risiko auch der Nutzen und die Nutzbarkeit mit herangezogen. Es erscheint wenig sinnvoll, mit dem Flugzeug den Wochenendeinkauf zu tätigen und es erscheint auch wenig sinnvoll, mit dem Fahrrad von Europa nach Wladiwostok zu fahren (auch wenn es das durchaus gibt). Die Verkehrsmittel sind also nicht über alle Rahmenbedingungen vergleichbar. Allein die vorgestellten Überlegungen zeigen, dass selbst die Risikobewertung allein sehr anspruchsvoll ist, da die Wahl der geeigneten Risikoparametern, der verschiedenen Eigenschaften der Verkehrsmittel hervorheben oder vernachlässigender kann. Dabei wurden noch nicht einmal subjektiven Risikobewertungen mit einer weit größeren Anzahl von Parametern berücksichtigt.

2.3.3.2 Straßenverkehr

Der Straßenverkehr zählt mit Ausnahme der Tunnel zu den oberflächen- und landgebundenen Verkehrsmitteln. Während der Schienenverkehr erst wenige Jahrhunderte alt ist, werden Wege und Straßen bereits seit über 4000 Jahren erbaut. Der motorisierte Straßenverkehr ist allerdings ca. 130 Jahre alt.

Der heutige moderne Straßenverkehr bietet eine Vielzahl von Vorteilen, wie z. B. eine hohe Flexibilität, eine große Flächenabdeckung, in der Regel geringe Stillstands- und Wartezeiten und eine direkte Haus- zu Haus-Beförderung.

Bei Straßenverkehr unterscheidet man

- Individual- und öffentlichen Nahverkehr,
- Fossile Antriebe, elektrische Antriebe, Freizeitfahrzeuge mit Windantrieb, Fahrzeuge mit Bewegung durch Muskelkraft oder unter Verwendung von Tieren
- Kraftfahrzeuge und Lastkraftwagen
- Straßengebundene und Off-Road Verkehrsmittel

Den Vorteilen stehen aber auch Nachteile gegenüber, wie Witterungsanfälligkeit (siehe Abb. 2.125), Abhängigkeit

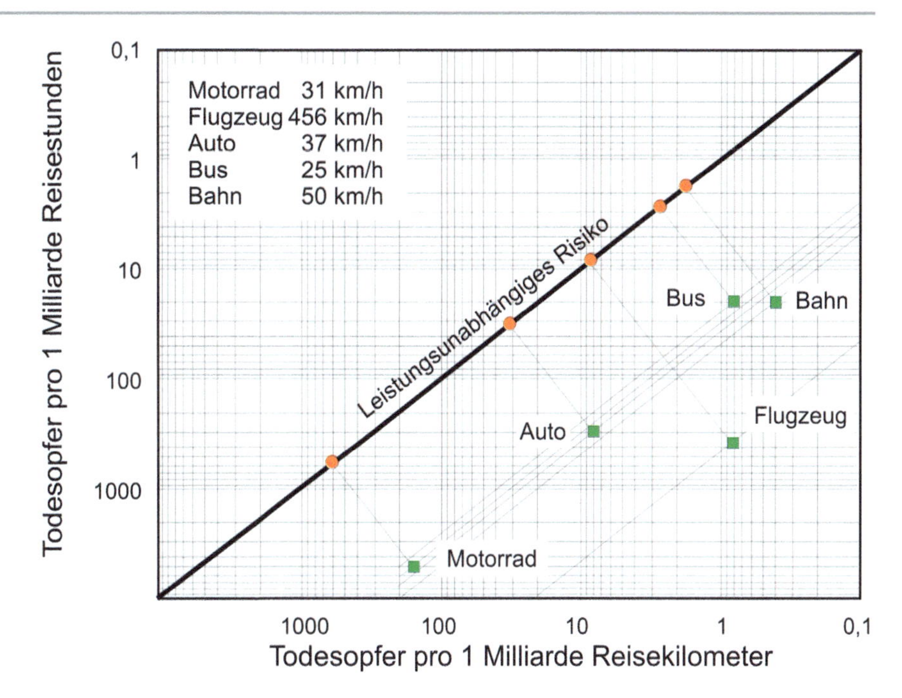

Abb. 2.124 Verkehrsleistungs- und zeitliche verkehrsteilhabende Risikowerte (Drewes 2009)

Tab. 2.90 Durchschnittliche Externe Kosten pro Verkehrsträger in den EU-Staaten (mit Schweiz und Norwegen, ohne Malta und Zypern) (CE Delft, Infras, Fraunhofer ISI 2011)

	Euro pro 1000 Personenkilometer	Bemerkungen
PKW	65,7	Hauptanteil Unfälle (ca. 50 %)
Bus	33,8	Hauptanteil Unfälle (ca. 30 %)
Straßenverkehr gesamt	65,1	Hauptanteil Unfälle (ca. 50 %)
Eisenbahnverkehr	15,3	
Flugzeugverkehr	57,1	Hauptanteil Klimawandel

von den individuellen Fahrfähigkeiten, eine unkontrollierte Fahrrichtung mit Zusammenstößen, ökologische Auswirkungen wie erheblicher Flächenbedarf, Geländezerteilung und Luftverschmutzung. Diese Nachteile können zu Schäden führen, wie z. B. dem Verlust von Menschenleben oder Gütern. Diese Nachteile sind insbesondere mit dem erheblichen Wachstum des motorisierten Individualverkehrs Ende der 1960er und Anfang der 1970er Jahre sichtbar geworden. Abb. 2.126 zeigt die Entwicklung des PKW-Bestandes in Deutschland vom Jahr 1914 bis zum Jahr 2000 und Abb. 2.127 zeigt die Entwicklung der Brückenbauzahlen für die USA.

Einer der Nachteile des Straßenverkehres sind Unfälle. Die Ursachen für Straßenverkehrsunfälle kann man hinsichtlich menschlicher Fehler gemäß Tab. 2.91 einteilen.

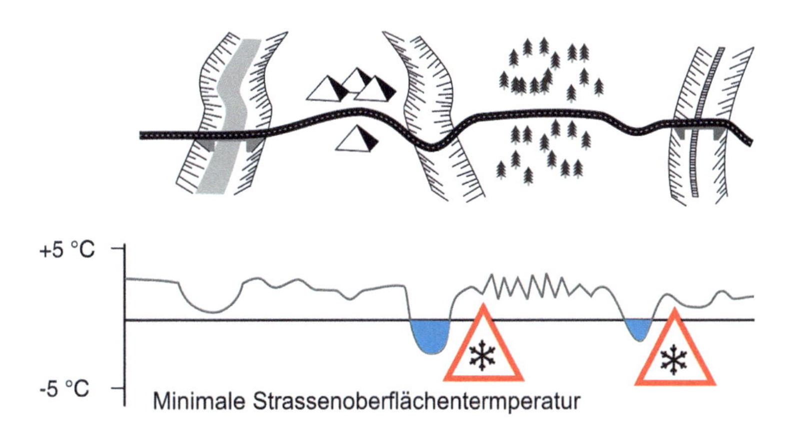

Abb. 2.125 Minimale Straßenoberflächentemperatur auf einer Strecke nach Smith (1996)

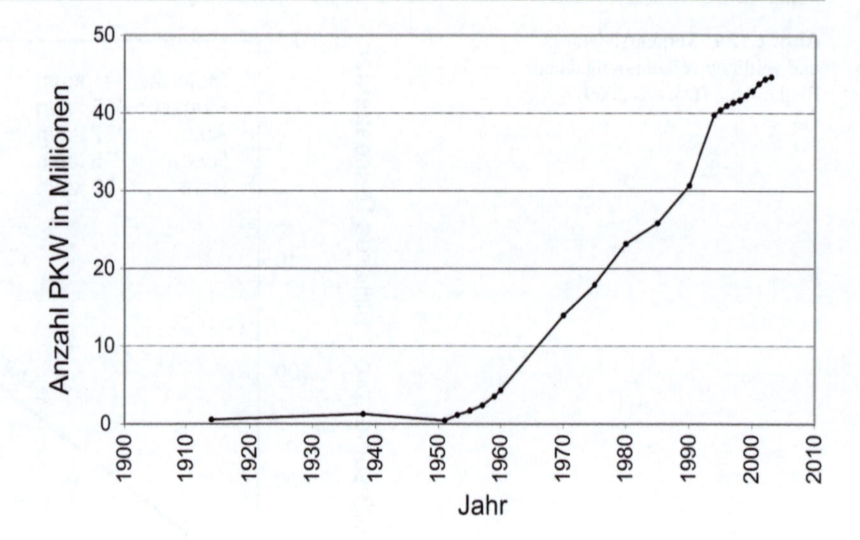

Abb. 2.126 Entwicklung des Bestandes an Personenkraftfahrzeugen in Deutschland, überwiegend KBA (2003)

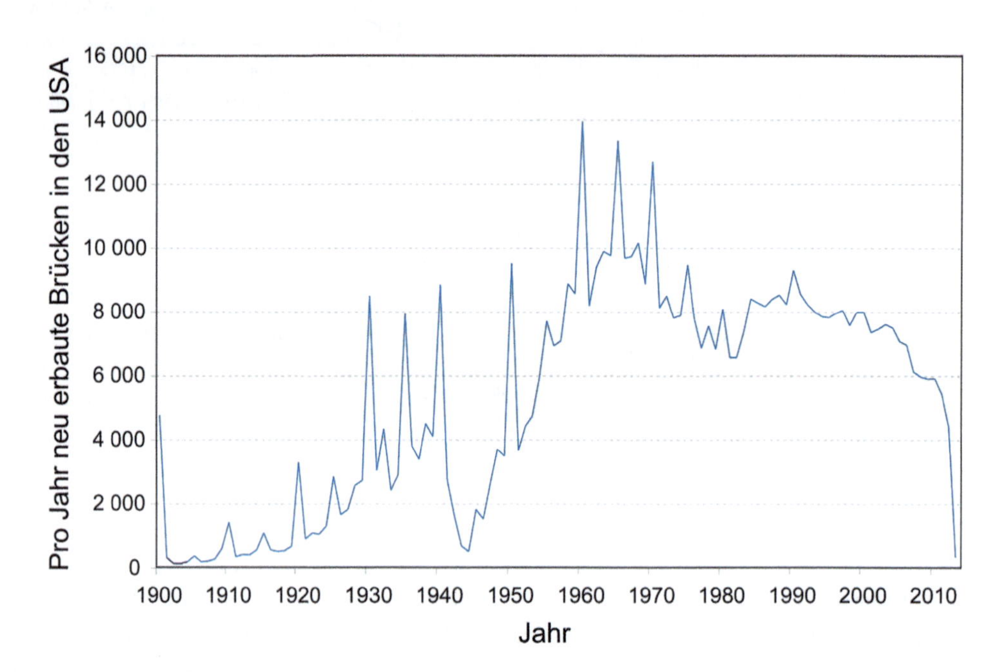

Abb. 2.127 Brückenbau in den USA von ca. 1900 bis 2010 (FHA 2019)

Tab. 2.91 Menschliche Fehlhandlungen im Zusammenhang mit Fahrunfällen (Drewes 2009)

Menschliche Fehlhandlung als Ursache von Fahrunfällen	Anteil Fahrunfälle
Fehlinterpretation der aktuellen Situation	n. v
Fehleinschätzung des Verhaltens anderer	n. v
Fehlanpassung der eigenen Fahrmanöver an die Situation	84,6 %
Missachtung oder Ausbleiben bestimmter Fahraufgaben	9,8 %
Fehlerhafte Ausführung	2,8 %
Bewusstes Überschreiten und Akzeptieren des Risikos	n. v
Keine Zuordnung bzw. ausgeschlossene Unfälle	2,8 %

n. v. – nicht vorhanden

Deutlich erkennbar ist die signifikante Fehleinschätzung des eigenen Fahrvermögens. Im Kap. 4 wird auf diesen „*Optimism Bias*" eingegangen.

Da die Mortalität bei jungen Menschen üblicherweise gering ist (mit Ausnahme von Kriegen in verschiedenen Ländern und HIV in Südafrika), treten hier die negativen Effekte des Straßenverkehrsrisikos deutlich zu Tage. Abb. 2.128 zeigt die verkehrsbedingte Mortalität in Deutschland 2002 für bestimmte Altersgruppen. Deutlich erkennbar ist die Spitze der Mortalität im Altersbereich 18 bis 24 Jahre. Das Diagramm zeigt allerdings nicht den Bereich der über 80-Jährigen. Dort ist ebenfalls wieder einer Spitze der Mortalität sichtbar (BMW 2001).

Löst man die Opferzahlen auf die Wochentage, Stunden und die Straßenarten auf, so erkennt man in Abb. 2.129, dass insbesondere Samstagnacht für junge

Leute sehr gefährlich ist. Diese Samstagnachfahrten stehen in Verbindung mit Alkoholkonsum und überhöhten Geschwindigkeiten. Geschwindigkeit spielt eine Rolle bei der Unfallschwere und wahrscheinlich eine Rolle bei der Unfallhäufigkeit.

Sowohl für übliche Streckenabschnitte als auch für Anschlussknotenpunkte existieren verschiedene Unfallmodelle. Diese Modelle erlauben die Abschätzung der mittleren Anzahl von Unfällen mit Personenschaden in Abhängigkeit vom Verkehrsaufkommen, der mittleren Geschwindigkeit und einem Umfeldfaktor. An bestimmten Punkten kann es zu Unfallhäufungen kommen, die auf einen oder mehrere lokale Defizite beim Entwurf der Punkte hinweisen. (Schüller 2010).

Die Häufigkeit und Schwere der Fehlhandlungen lässt sich möglicherweise durch Assistenzsysteme verringern. Ziele der Assistenzsystem sind Gefährdungsvermeidung, Gefahrenabwehr und Auswirkungsreduzierung. Eine voll-

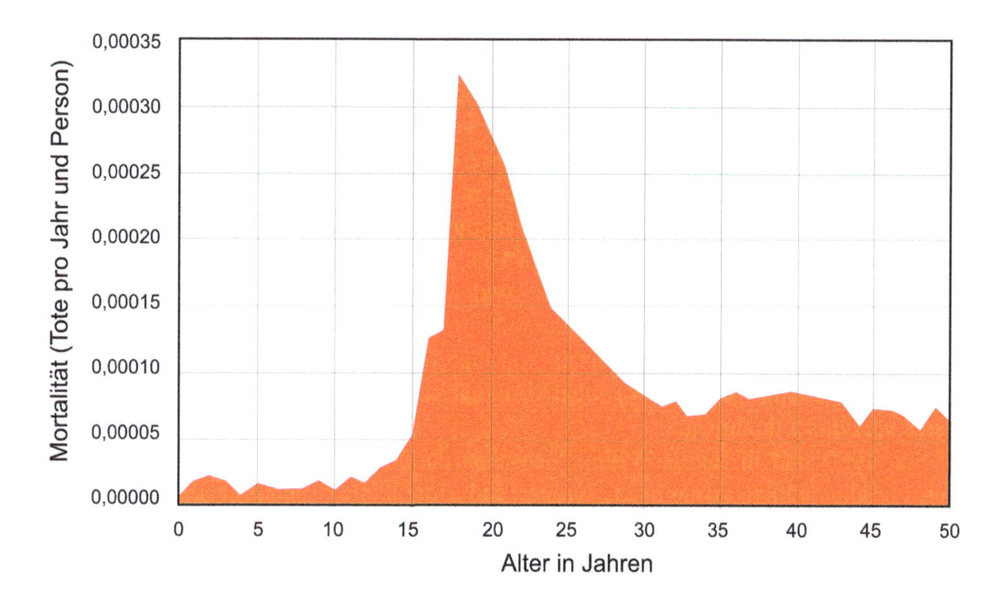

Abb. 2.128 Verkehrsbedingte Mortalität in Deutschland 2002 (Drewes 2009)

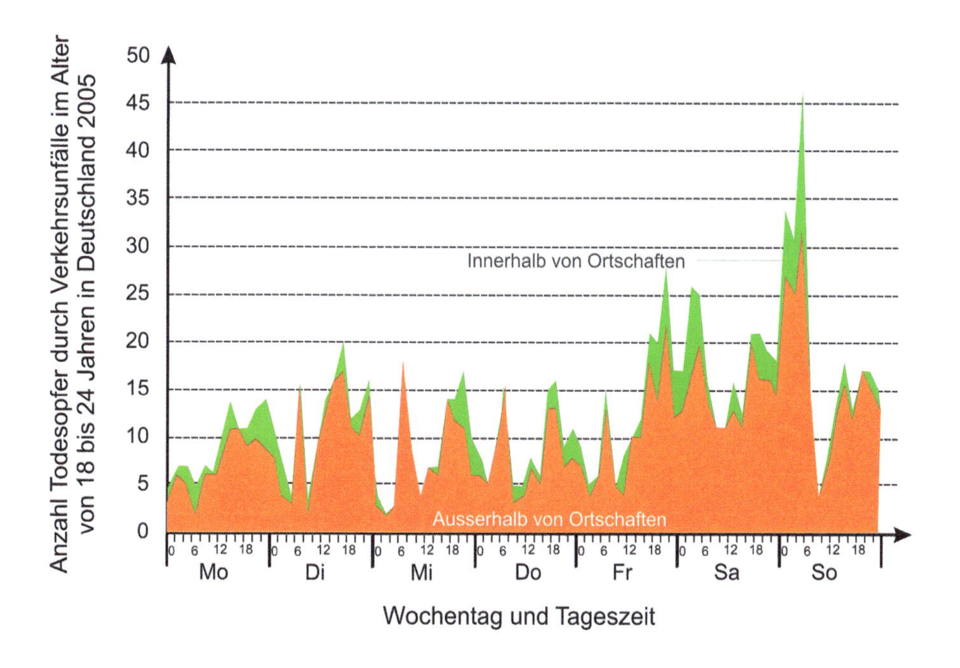

Abb. 2.129 Risiken für junge Leute in der Woche (Statistisches Bundesamt 2006)

ständige Automatisierung des Fahrens kann menschliche Fehler bei der Fahrt ausschließen, führt aber zu neuen Risiken, wie z. B. Softwareproblemen.

Prognosen für der Unfallhäufigkeit vollautomatisierter Straßenverkehrssysteme liegen noch nicht vor oder sind dem Autor nicht bekannt.

Die maximale und die durchschnittliche Anzahl Opfer pro Unfall ist im Vergleich zu allen anderen Verkehrsträgern gering und das Verhältnis Verletzte zu Opfern ist im Vergleich zu allen anderen Verkehrsträgern sehr günstig. Nachteilig ist die sehr große Anzahl an Unfällen und die erwähnte Tatsache, dass Verkehrsunfälle bei jungen Menschen Haupttodesursache Nummer eins sind.

Die Entwicklung der Anzahl der Todesopfer pro Verkehrsleistung zeigt in den letzten Jahrzehnten verschiedene Abhängigkeiten und Tendenzen. Eine Tendenz ist eine generelle Abnahme der Anzahl der Todesopfer (siehe die Abb. 2.130, 2.131 und 2.132), eine Schwankung über die Wochentage sowie über die Jahrzeiten (Abb. 2.133) und eine Schwankung über die Wirtschaftszyklen. In Zeiten hoher Wirtschaftsaktivität ist ein erhöhtes Verkehrsaufkommen mit einer erhöhten Anzahl von Opfern zu beobachten, in Zeiten geringer Wirtschaftsaktivität ein geringeres Verkehrsaufkommen.

Seit 1960 sind in Europa 5 Mio. Menschen durch Verkehrsunfälle tödlich verunglückt (Kröger und Høj 2000). Allein 1997 starben 120.000 Menschen in Europa (Kröger und Høj 2000). In Deutschland verunglückten um das Jahr 2000 zwischen 6000 und 8000 Menschen pro Jahr und es wurden ca. 500.000 Verletzte gezählt. 1999 ereigneten sich 2,4 Mio. Verkehrsunfälle mit 7700 Verkehrstoten in Deutschland. Im Jahr 2003 starben ca. 6500 Menschen. Die Zahl der Verletzten ist aber weiter gestiegen (Böse-O'Reilly 2001).

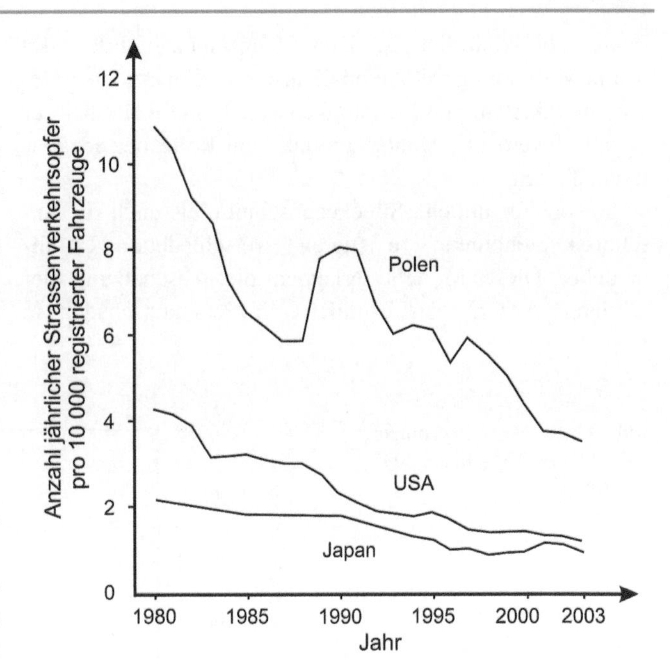

Abb. 2.130 Entwicklung der Straßenverkehrsopfer in Polen, den USA und Japan nach Krystek und Zukowska (2005)

Im Jahre 2020 wurden in Deutschland bei Straßenverkehrsunfällen ca. 2700 Menschen getötet. Damit wurde der bereits geringe Wert von 2019 weiter verbessert. Auch die Zahl der Verletzten ging auf ca. 330.000 zurück. Die Zahl der Unfälle betrug ca. 2,3 Mio. Interessant ist, dass auch die Zahl der tödlich verunglückten Fußgänger gesunken ist, aber die Zahl der tödlich verunglückten E-Bike-Fahrer gestiegen ist. (ADAC 2021).

Straßenverkehrsunfälle gibt es seit Beginn des Kraftfahrzeugverkehrs. So wurden 1909 in Deutschland 6603 Unfälle mit 194 Verkehrstoten gezählt. Der Maximalwert der jährlichen Opferzahlen infolge Kraftverkehres wurde in

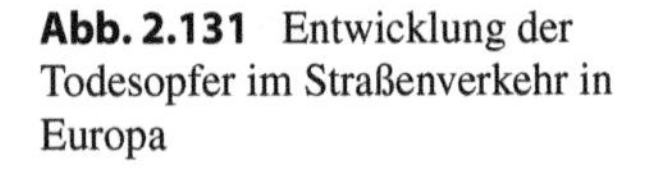

Abb. 2.131 Entwicklung der Todesopfer im Straßenverkehr in Europa

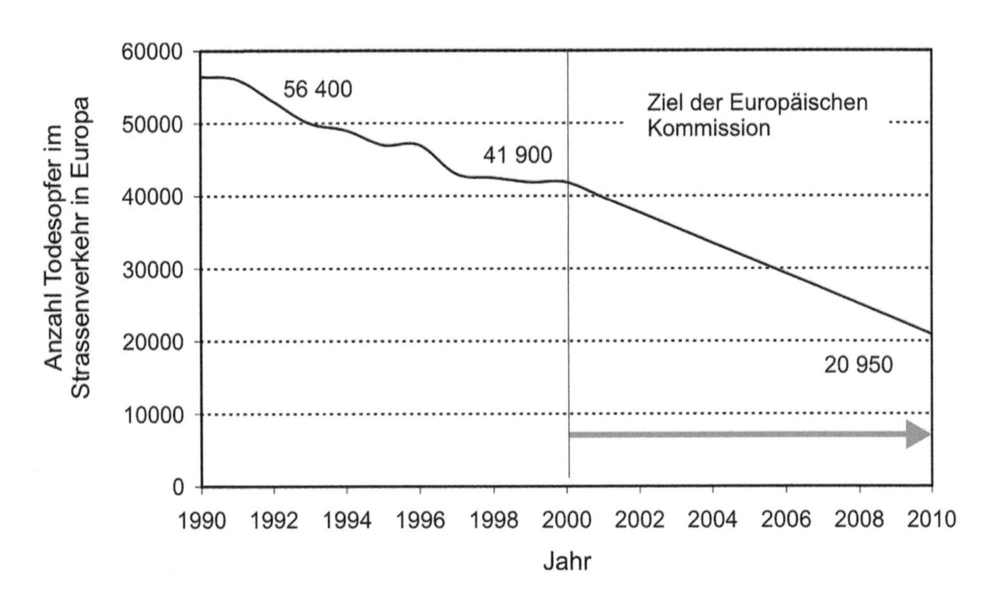

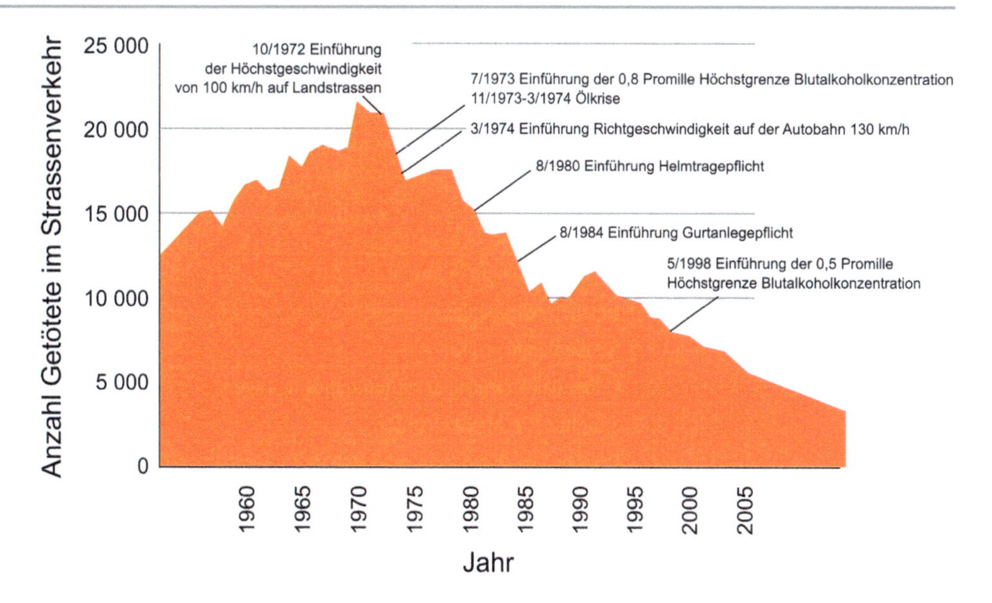

Abb. 2.132 Entwicklung der Todesopfer im Straßenverkehr in Deutschland von 1953 bis 2005 (Statistisches Bundesamt 2006)

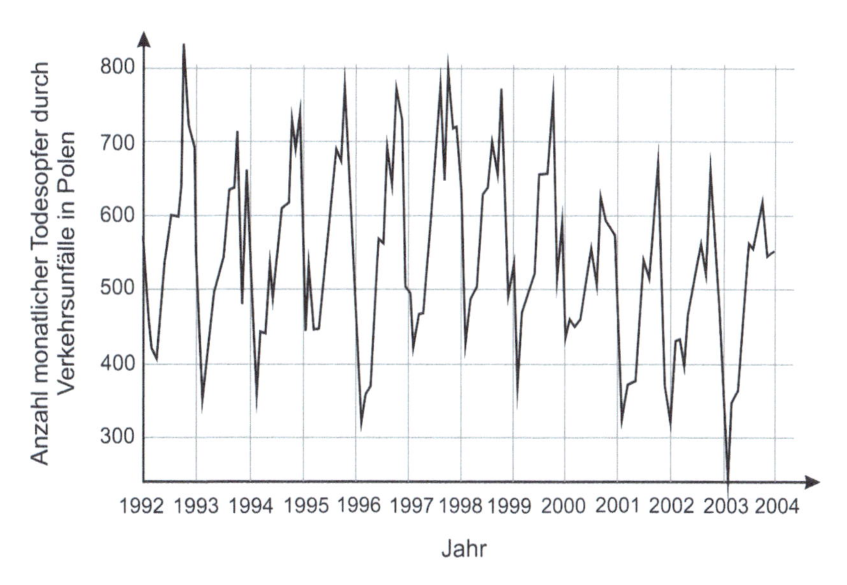

Abb. 2.133 Fluktuation über das Jahr, über Wirtschaftskrisen (Krystek und Zukowska 2005)

Deutschland 1970 mit 21.332 Toten erreicht. Die Absolutzahlen der Unfälle und Opfer weisen dramatische Unterschiede auf. Man muss an dieser Stelle aber auch berücksichtigen, dass seit dem Jahre 1909 die Anzahl der Kraftfahrzeuge von 42.000 bis 2004 auf etwa 52 Mio. gestiegen ist. Berechnet man das Verhältnis aus der Anzahl der Unfälle und der Fahrzeuge, so stellt man fest, dass im Jahre 1909 etwa jedes siebente Fahrzeug in einen Unfall verwickelt war, im Jahre 1999 dagegen nur jedes zwanzigste Fahrzeug (Statistisches Bundesamt 2000). Die Anzahl der Todesopfer pro Jahr ist heute auf dem Stand von vor 40 Jahren, und dass, obwohl sich das Verkehrsaufkommen dramatisch erhöht hat. Auf eine Milliarde gefahrene Kilometer kommen heute zehn Todesopfer. Vermutlich war Autofahren niemals sicherer als heute (Kröger und Høj 2000). Übrigens gab es auch schon erhebliche Opferzahlen im Straßenverkehr vor der Einführung des motorisierten Straßenverkehres. 1875 starben doppelt so viele Menschen im Straßenverkehr in Berlin wie im Jahre 2000 (BMW 2001).

Die Darstellung der Verteilung der Unfallorte mit Personenschäden findet sich in Destatis als Interaktive Unfallkarte (2021). Derartige Analysen bilden die Grundlage für die Auswahl von Maßnahmen zur Erhöhung der Straßenverkehrssicherheit (siehe z. B. Doerfel 2011; Roth et al. 2009, Lindenmann et al. 2004 für die Schweiz).

Auch in anderen Ländern wurden deutliche Fortschritte bei der Verringerung der Anzahl von Verkehrsunfallopfern erzielt. So liegt die Anzahl der Todesopfer durch Verkehrsunfälle in Großbritannien 2004 mit 3500 pro Jahr etwa 45 % niedriger als die Zahlen 20 bis 30 Jahre davor. Für den Zeitraum 2000 bis 2010 strebte die britische Regierung einen weiteren Abbau der Opferzahlen um 40 % an (Noland und Quddus 2004). Zum Vergleich sind in Tab. 2.92 einige der Unfallzahlen der Jahre 1979 und 1998 angegeben.

Tab. 2.92 Verkehrsunfallzahlen für Großbritannien mit Vergleichswerten (Noland und Quddus 2004)

	1979	1998	% Änderung
Leichte Verletzungen	247.347	280.957	13,5
Schwere Verletzungen	68.757	40.834	−40,6
Todesopfer	6352	3421	−46,1
Gesamtanzahl	322.456	325.212	0,85
Autobahnlänge in km	2366	3187	34,7
Fernstraßenlänge in km	12.463	12.620	1,3
Restliche Straßenlängen in km	323.163	362.367	12,1
Straßenlänge pro km^2	1,5	1,6	6,67
Dauer des Krankenhausaufenthaltes in Tagen	9,36	5,1	−45,5
Säuglingssterblichkeitsrate	13,3	5,7	−57,13
Personen, eine medizinische Behandlung erwartend	13,47	15,67	+16,33
Mitarbeiter Gesundheitswesen pro 1000 Einwohner	19,57	20,96	0,07

Zum Vergleich eine Zahl aus einem Entwicklungsland: In Nikaragua lag die Anzahl der Verkehrsunfallopfer 1993 bei etwa $56/100.000 = 5{,}6 \times 10^{-4}$ (Tercero und Andersson 2004), in Deutschland bei $8{,}1 \times 10^{-4}$ und in Großbritannien bei $5{,}8 \times 10^{-4}$ pro Jahr.

Verkehrsunfallopfer machen weltweit 2.2 % der weltweiten Mortalität und 2.6 % der gesamten Krankheitslast aus (Bhalla et al. 2007).

Wie wird sich die Anzahl der Verkehrstoten in Europa weiterentwickeln? Dazu hat die Europäische Union im EU-Weißbuch das Ziel festgeschrieben, dass sich für die EU-Länder die Anzahl der Verkehrstoten bis zum Jahre 2010 halbieren soll. Die Industrie versucht, dieses Ziel durch den vermehrten Einsatz von Steuercomputern in Kraftfahrzeugen umzusetzen. Erwähnt sei hier nur ADR (automatische Distanzregelung), ESP (elektronisches Stabilitätsprogramm), RDK (Reifendruckkontrolle), AirMotion (Luftfederung mit kontinuierlicher Dämpferregelung), Pre-Safe, AFL (Advanced Front Light System), Servotronik (Grell 2003). Aber auch schärfere Geschwindigkeitskontrollen oder Geschwindigkeitsbeschränkungen können erheblich dazu beitragen, die Anzahl der Verkehrsopfer zu senken. Es gibt Veröffentlichungen, die eine Verringerung der Opferzahlen um 2000 und eine Verringerung der Anzahl der Verletzten um 100.000 pro Jahr in Deutschland durch restriktive Geschwindigkeitsregelungen für möglich halten (Böse-O'Reilly 2001). Diese strengeren Anforderungen gelten insbesondere im Hinblick auf junge, unerfahrene Autofahrer, die sich z. B. neben dem Fahren unter Alkohol auch bei sogenannten illegalen Rennfahrten einer großen Gefahr aussetzen.

Auch beim legalen Automobilrennsport sind im Vergleich zum alltäglichen Kraftfahrzeugnutzer deutlich höhere Risiken zu erwarten. Als Beispiel soll die Formel 1 gelten. Pro Jahr nehmen ca. 30 Fahrer an einer Rennsession teil. In den letzten Jahren 1990 bis 2000 starben mindestens zwei Fahrer. Das ergibt eine Sterbewahrscheinlichkeit für jeden Fahrer pro Jahr von etwa $2/(10 \times 30) = 0{,}0067 = 6{,}7 \times 10^{-3}$.

Auch die Besucher solcher Rennen unterliegen einem erhöhten Risiko. Am 11. Juni 1955 starben bei dem 24 h Rennen von Le Mans in Frankreich 85 Menschen und etwa 100 Menschen wurden verletzt. Nach einer Kollision mit 260 km/h fuhr der Wagen des Franzosen Pierre Levegh vor der großen Tribüne in die Absperrung, wurde in die Luft geschleudert, um anschließend wieder auf die Fahrbahn zu fallen und dort zu explodieren. Teile des Wagens wurden in die Zuschauermenge geschleudert und führten zu furchtbaren Verletzungen. (Hofmann 2004).

2.3.3.3 Schienenverkehr

Der Schienenverkehr zählt zu den oberflächen- (mit Ausnahme der Tunnel) und landgebundenen Verkehrsmitteln. Der Schienenverkehr ist deutlich jünger als der Straßenverkehr, obwohl Vorläufer von Schienensystemen, sogenannte Spurrillen wahrscheinlich seit mehreren tausend Jahren verwendet wurden. Der heutige moderne motorisierte Schienenverkehr begann im ersten Viertel des 19. Jahrhundert. Die erste öffentliche Zuglinie (Stockton-Darlington) mit Dampflokomotiven wurde 1825 eröffnet (Kirchenside 1998). Abb. 2.134 zeigt das Wachstum der Bahnstrecke in Großbritannien über die Anzahl der Neubaubrücken.

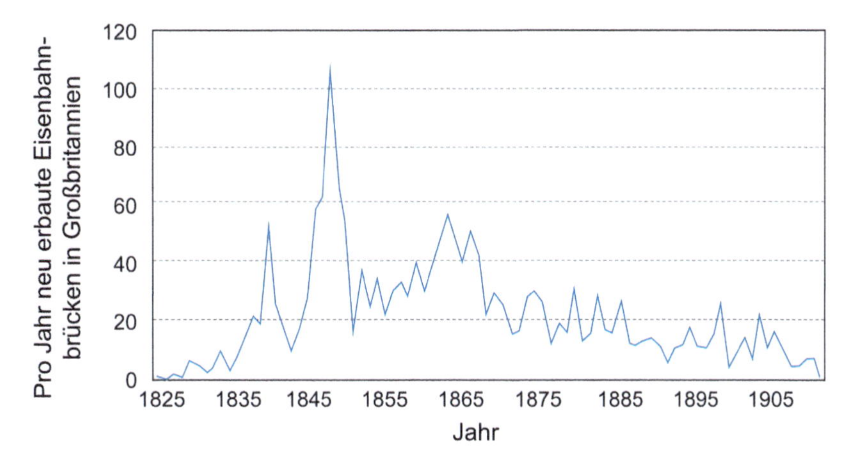

Abb. 2.134 Eisenbahnbrückenbau in Großbritannien von ca. 1825 bis 1910 nach Bogart et al. (2018)

Deutschland erlebte etwa ab den 60er Jahren des 19. Jahrhunderts den im Vergleich zu anderen europäischen Nationen verspäteten Übergang in das Industriezeitalter (Mann 1991a, b). Dieser zeichnete sich unter anderem durch einen wachsenden Bedarf für Transportleistungen aus, der zu steigenden Investitionen in den Eisenbahnwegebau (Tab. 2.93) führte.

Der Schienenverkehr bietet eine Vielzahl von Vorteilen, wie z. B. Umweltfreundlichkeit (mit der Ausnahme des Lärms), geringe Kosten bei Massengütern, teilweise Unabhängigkeit von den Witterungsbedingungen und hohe Verkehrssicherheit aufgrund der Schienenführung. Nachteilig ist die Schienenführung bei der Auswahl der Start- und Zielorte, da diese eingeschränkt ist.

In Europa sterben 2015/16 pro Jahr ca. 800 bis 900 Menschen in Verbindung mit Eisenbahnunfällen. Diese Zahl lag noch 2004 mit über 3000 Todesopfern pro Jahr viel höher. Eine Vielzahl dieser Unfälle sind Unfälle an Bahnübergängen und Selbsttötungen (Eurostat 2006); die Opferzahl der Zugfahrgäste ist deutlich geringer. Allerdings hat sich in Deutschland 1998 mit dem Unfall von Eschede ein schwerer Eisenbahnunfall mit über 100 Todesopfern ereignet. Eine Liste über schwere Unfälle im Schienenverkehr findet sich auf Wikipedia (2021a, b, c, d, e, f), Evans (2017), NN (2014), European Union Agency for Railways (2018), UIC (2019), für Deutschland Böhmer (2020) und für frühe Eisenbahnunfälle Höllersberger (2017). Im Folgenden werden einige Unfälle benannt.

Tab. 2.93 Entwicklung der Streckenlänge der Eisenbahn in Deutschland[a] (Mann 1991a, b)

Jahr	Streckenlänge der Eisenbahn in Deutschland[a] in km
1840	549
1850	6 044
1870	19 575
1910	61 148

[a] Deutschland war vor 1871 kein einheitlicher Staat

Der weltweit schwerste Eisenbahnunfall ereignete sich 2004 in Peraliya (Sri Lanka), als ein Eisenbahnzug von dem großen ostasiatischen Tsunami getroffen wurde. Die Anzahl der Opfer wurde mit deutlich über 1000 geschätzt, manche Schätzungen sprechen von ca. 1700 Opfern.

Der wahrscheinlich zweitgrößte Unfall ereignete sich 1917 an der Grenze Frankreich-Italien in der Nähe von Modane. Ein völlig überladener Militärzug, der Soldaten in den Weihnachtsurlaub bringen sollte, konnte aufgrund des großen Streckengefälles nicht mehr bremsen. Dadurch entgleisten Waggons. Die Waggons gerieten in Brand und explodierten teilweise aufgrund der von den Soldaten mitgeführten Munition. Bei dem Unfall starben zwischen 600 und 800 Soldaten. (Kirchenside 1998).

Beim Unfall von Ufa 1989 in der Sowjetunion fuhren zwei Züge in den Bereich eines Leitungsleckes einer Erdgasleitung. Dies führte zu einer Explosion. Die Anzahl der Opfer ist unbekannt, lag aber wahrscheinlich zwischen 500 und 700.

Beim Unfall von Balvano 1944 wurde die Dampflokomotive mit sehr schlechter Kohle mit einem großen Staubanteil betrieben. Dadurch erreichte der Lokomotive nicht die geplante Leistung, sodass der Zug im Armi-Tunnel (Italien) aufgrund der Steigung stehen blieb. Der Sauerstoff im Tunnel reichte nicht aus, um die Kohle vollständig zu verbrennen, sodass sich Kohlenmonoxid bildete. Dieses vergiftete ca. 400 bis 500 Menschen. (Kirchenside 1998).

Als ein weiterer schwerer Unfall gilt eine Eisenbahnkollision im August 1999 in Indien. Der Awadh-Assam Express und der Brahmaputra Postzug kollidierten frontal. Es dauerte Tage, bis alle der über 300 Opfer geborgen werden konnten.

Tab. 2.94 Schwere Eisenbahnunglücke nach Kirchenside (1998), Preuß (1997), DNN (2005), Wikipedia (2021a, b, c, d, e, f)

Ort und Land	Datum	Todesopfer	Bemerkung
Sri Lanka, Seenigama	26.12.2004	1000–1700	Tsunami trifft den Zug
Indien			
Frankreich, Saint Michel	12.12.1917	660	Ein Zug mit mehr als 1100 Soldaten entgleist
Sowjetunion, Tscheljabinsk	03.06.1989	645	Eine Gasleitung explodiert und trifft zwei Züge
Italien, Balvana	02.03.1944	521	Durch Überlastung und schlechte Kohle kommt ein Zug in einem Tunnel zum Stillstand. Die Passagiere ersticken
Äthiopien, Schibuti-Addis-Abeba	13.01.1985	428	Zug entgleist auf einer Brücke: vier Waggons stürzen von der Brücke
Indonesien Sumatra	08.03.1947	400	
Spanien, Leon	16.01.1944	400	Zug stoppt in einem Tunnel

Auch 2021 ereigneten sich schwere Eisenbahnunglücke, z. B. im April 2021 in Taiwan mit über 50 Todesopfern.

Tab. 2.94 listet die schwersten Unglücke auf. Tab. 2.95 listet verschiedene Opferzahlen pro Passagierkilometer bzw. pro Zugkilometer auf. Abb. 2.135 zeigt die Entwicklung der Unfallzahlen für die britische Eisenbahn über einen Zeitraum von 30 Jahren. Dort liegen die Unfallzahlen pro Zugkilometer deutlich unterhalb der $2{,}13 \times 10^{-5}$, die in Tab. 2.95 genannt wird. Aus diesem Grund werden die aktuellen Zahlen für die Deutsche Bundesbahn überschlagen: 2016 leistete die Bundesbahn ca. 1,1 Mrd. Trassenkilometer (DB 2017). Diese Strecke wird als Zugkilometer interpretiert. Jahre 2016 starben in Deutschland ca. 150 Personen in Verbindung mit den Bahnverkehr. Das ergibt eine Mortalität pro Zugkilometer von ca. $1{,}34 \times 10^{-7}$ bzw. $0{,}14 \times 10^{-6}$. Dieser Wert entspricht dem Werten in Abb. 2.135 für die Jahre 2002 mit ca. $0{,}1 \times 10^{-6}$. Diese geringen Zahlen stimmen auch mit EU-Zahlen für das Jahr 2004 überein. Dort werden Zahlen zwischen 2×10^{-7} bis $3{,}0 \times 10^{-6}$ pro Zugkilometer angegeben (Eurostat 2006). Die Zahlen bezogen auf den Fahrgastkilometer liegen bei 1×10^{-10} bis 2×10^{-9}.

Ursachenanalysen von Eisenbahnunfällen findet sich z. B. in Wernitz (2018), Moser et al. (2017) und Liu et al. (2012). Abb. 2.136 zeigt die Anzahl von Entgleisungen, die Ursachen und die Anzahl der entgleisten Wagons.

Die Forensik der Opfer von Eisenbahnunfällen wird z. B. von Özdogan et al. (2006), Kernbach-Wighton (2014) und Forsberg (2012) behandelt. Aus diesem Grund hat man versucht, ähnlich wie bei Kraftfahrzeugen, das Crashverhalten der Waggons zu untersuchen und zu verbessern (De Carvalho 2001; Tyrell 2001; Pereira 2006; Scholes und Lewis 1993). Außerdem werden heutzutage häufig Risikoanalysen für Streckenelemente oder ganze Eisenbahnnetze erstellt (Evans 2003a, b; Weli 2013; Parkinson und Bamford 2016; Adams et al. 2011; Proske et al. 2008).

Tab. 2.95 Todesopfer- und Unfallhäufigkeit für den Eisenbahnverkehr nach Kafka (1999), Kröger und Høj (2000)

	Todesopfer
Eisenbahn (Japan)	$7{,}69 \times 10^{-13}$ pro Passagierkilometer
Eisenbahn (Güterverkehr Deutschland)	$5{,}00 \times 10^{-7}$ pro Güterkilometer
Unfall Eisenbahn	$2{,}13 \times 10^{-5}$ pro Zugkilometer

Der FWSI-Wert (Fatalities and Weighted Serious Injuries) wird oft zur Beschreibung der Schwere von Eisenbahnunglücken verwendet. The FWSI-Wert berechnet sich aus der Summe der Todesopfer, der Anzahl der Schwerverletzten multipliziert mit 0,1 und der Anzahl der Leichtverletzten multipliziert mit 0,01 (Braband und Schäbe 2015).

Das Verhältnis der Opfer zu den Passagierenzahlen ist in Tab. 2.96 für verschiedene schwere Eisenbahnunglücke aufgelistet. Dabei zeigt sich ein Bereich von 0,3 bis 36,4 %. Es gibt insgesamt vier Unfälle mit mehr als 30 % Anteil Opfer an den Passagierzahlen. Einige weitere Unfälle, wie der Eisenbahnunfall in Sri Lanka in Verbindung mit dem Tsunami oder die schweren Eisenbahnunfälle um den Ersten Weltkrieg herum dürften diese Verhältnisse noch übersteigen. Noch größere Verhältnisse finden sich bei Flugzeugen, dort versterben häufig 100 % der Passagiere.

2.3.3.4 Schiffsverkehr

Der Schiffsverkehr zählt zur Klasse der oberflächengebundenen Verkehrsmittel, da der Schiffsverkehr überwiegend auf terrestrischen Wasseroberflächen stattfindet. Der Schiffsverkehr, der im Wasser stattfindet (U-Boote) wird hier für die Klassifikation vernachlässigt. Wasserfahrzeuge müssen permanent schwimmfähig sein, das heißt, einen ausreichenden Auftrieb besitzen. Bei Verlust dieser Eigenschaft kann das Wasserfahrzeug seine Funktion nicht mehr erfüllen.

Die ersten Boote wurden wahrscheinlich vor mehr als 10.000 Jahre entwickelt (Mann 1991a, b). Die Erfindung

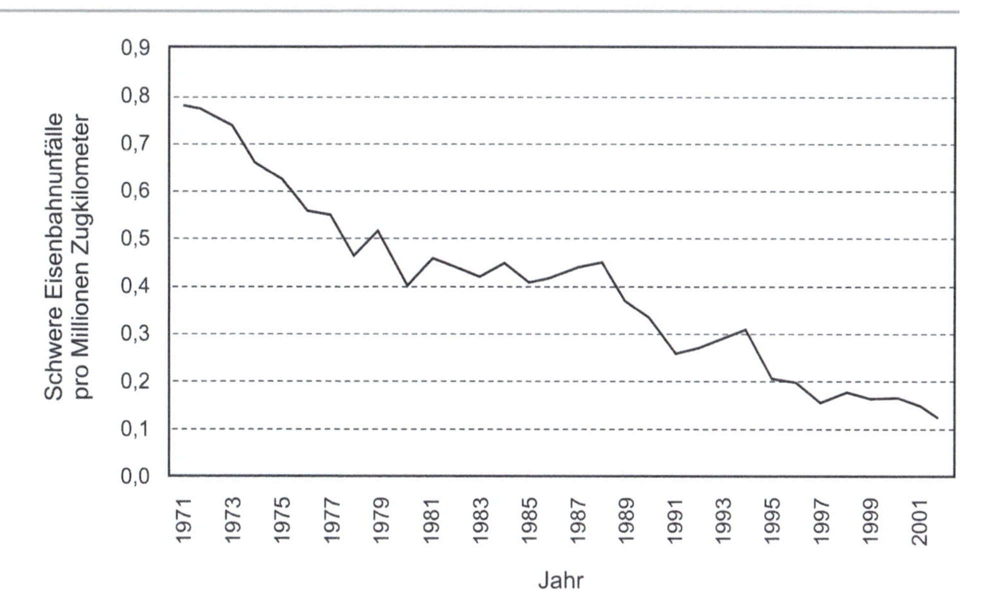

Abb. 2.135 Entwicklung der Unfallzahlen für Großbritannien von 1971 bis 2002 (Evans 2004)

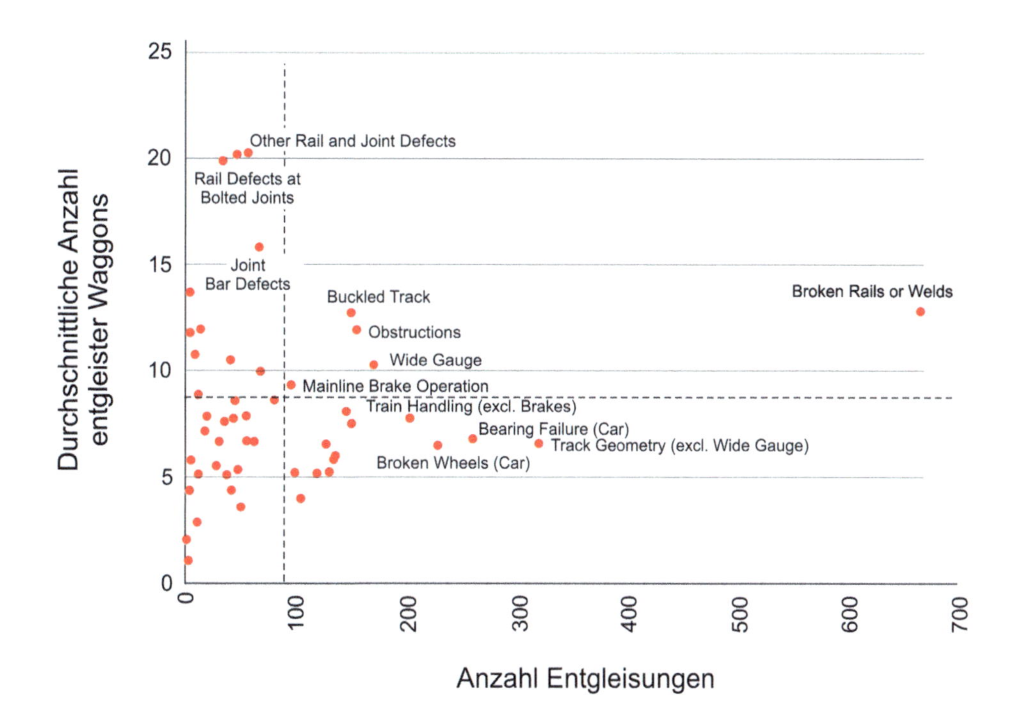

Abb. 2.136 Häufigkeit und Intensität von Eisenbahnentgleisungen in Abhängigkeit verschiedener Ursachen nach Liu et al. (2012)

des Bootes und der Schiffe ermöglichte dem Menschen den Zutritt zu einem neuen Lebensraum und damit dem Gewinn von Nahrung und die Erschließung neuer Gebiete, wie z. B. die Entdeckung Amerikas durch Kolumbus. Außerdem wird das Ende der Hungerkatastrophen in Europa maßgeblich auf den Erfolg des Schiffsverkehrs zurückzuführen. Die Nutzung von Schiffen ermöglichte die Versorgung ganzer Küstenregionen. Der Schiffsverkehr war im Mittelalter das mit Abstand preiswerteste Transportmittel.

Große Teile des weltweiten Handels erfolgen heute über den maritimen Schiffsverkehr (ca. 90 %). Da der Handel in den letzten Jahrzehnten schneller gestiegen ist als das Bruttosozialprodukt, hat insbesondere der maritime Schiffsverkehr, auch durch die Einführung der Containerschifffahrt ein gewaltiges Wachstum erfahren. Durch die Standardisierung ist dieses Verkehrsmittel sehr kostengünstig, allerdings auch witterungsabhängig und unterliegt dem Risiko der Piraterie. Antriebsmöglichkeiten sind fossile Treibstoffe (Diesel, Gas), Wind oder elektrische Antriebe.

Seit der Nutzung der Boote und Schiffe gab es aber auch unzählige Untergänge. So geht man davon aus, dass an der britischen Küste mindestens eine Viertelmillion Schiffsfracks liegt (Wilson 1998). Angeblich soll im Jahre 255 vor Christus die römische Flotte bei der Rückkehr aus Karthago in

Tab. 2.96 Verhältnis Todesopfer zu Passagieren bei verschiedenen Eisenbahnunfällen

Unfallort	Geschwindigkeit in km/h	Verhältnis Todesopfer zu Passagiere (%)	Jahr	Ursache
Eschede	170	35,2	1998	Brückeneinsturz
Compostella	160	36,4	2013	Entgleisung
Brühl	122	4,5	2000	Entgleisung
Wenzhou	99	2,5	2011	Entgleisung
Chengdu-Kunming	40	30,8	1981	Brückeneinsturz
Milano	300	6,1	2018	Entgleisung
Amagasaki	116	15,3	2005	Entgleisung
Glacier	56	0,3	2010	Entgleisung
NY Metro	131	3,5	2013	Entgleisung
Amtrak	163	3,4	2015	Entgleisung
Big Bayou	115	21,0	1993	Brückeneinsturz
Wolga	100	33,3	1983	Brückeneinsturz

einen Sturm geraten und 280 Schiffe mit 100.000 Menschen untergegangen sein (Eastlake 1998). Auch der Untergang der spanischen Armada 1588 mit ca. 90 Schiffen und über 20.000 Opfern ist ein tragisches Beispiel für das Risiko des Schiffsverkehrs (Wilson 1998). Eine genaue Beschreibung dieser Schlacht findet z. B. in Hintermeyer (1998).

Zur Zeit der großen Entdeckungen um 1500 kalkulierte man den Verlust von 30 % der Besatzung ein (Schadewaldt 1968). Auf einer zweimonatigen Reise verlor ein spanisches Schiff von seiner ursprünglichen 360-köpfigen Besatzung 123 Mann. Während seiner Fahrt nach Westindien 1585 verlor Francis Drake von 2300 Seeleuten 600 Mann und auf der Fahrt von James Lancaster nach Ostindien um 1600 starb die Hälfte der Besatzung. Das englische Linienschiff Gloucester verlor 1617 auf seiner Fahrt 626 Mann seiner ursprünglichen 961 Mann-Besatzung. Auslöser für die hohen Verluste waren Skorbut, Schiffsfieber, Malaria und Gelbfieber. Im 17. und 18. Jahrhundert sankt die Mortalität und erreichte dann ca. ein % der Besatzung.

Trotzdem bliebt die Absolutzahl der Opfer hoch. Allein im Jahre 1852 gingen 1115 Schiffe an der britischen Küste verloren mit über 900 Todesopfern. Ein Januarsturm in diesem Jahr über fünf Tage führt zu 257 Schiffsverlusten mit 486 Opfern unter den Seeleuten. Die maximale Anzahl verlorener Schiffe in dieser Zeit wurde 1864 mit 1741 Schiffen und 516 Opfern gezählt.

Tab. 2.97 nennt einige Zahlen.

Neben den vielen berühmten Unfällen gibt es zahllose Beispiele von Schiffsverlusten. Einige von ihnen, die Wilson (1998) und Eastlake (1998) entnommen wurden, werden im Folgenden genannt:

Tab. 2.97 Mortalität auf Schiffen der Marine nach Schadewaldt (1968)

Jahre bzw. Zeitraum	Britische Marine (%)	Kaiserliche Marine (%)	Deutsche Handelsmarine (%)
1760	12,5		
1810	5		
1830	1,5		
1878	0,67	0,3	1
1901–1910			0,4

- 1545 geht die „Mary Rose“ verloren: 665 Opfer
- Am 22. Oktober 1707 laufen vier Schiff auf Grund, nachdem sie in einem Sturm die Orientierung verloren hatten: 1650 Opfer
- 1852 läuft die „Birkenhead“ auf Grund: 445 Opfer
- 1853 geht die „Annie Jane“ verloren: 348 Opfer
- 1854 geht das Dampfschiff „City of Glasgow“ verloren: 480 Passagieropfer
- 1857 geht die „Central America“ verloren: 426 Passagieropfer
- 1858 geht die „Austria“ verloren: 471 Passagieropfer
- 1859 geht die „Royal Charter“ verloren: 459 Opfer
- 1865 explodieren auf der „Sultana“ die Dampfkessel: ca. 1600 Opfer
- 1870 geht die „Captain“ unter: 483 Opfer
- 1873 geht die „Atlantic“ verloren: 560 Opfer
- 1874 geht die „Cosapatrick“ verloren: 472 Opfer
- Am 3. September 1878 wird das Passagierschiff „Princess Alice“ von einem Kohleschiff gerammt: 645 Opfer

- 1898 kollidieren die „La Bourgogne“ und die „Cromartyshire“: 546 Menschen ertrinken
- 1904 brennt die „General Slocum“: 955 Opfer, überwiegend Frauen und Kinder
- 1912 geht die „Titanic“ unter: 1503 Opfer
- 1914 geht die „Empress of Ireland“ und die „Storstad“ verloren: 1078 Opfer
- 1917 geht die „Vanguard“ durch eine Explosion verloren: 670 Opfer
- Am 30. Januar 1945 ereignete sich das wahrscheinlich schwerste Schiffsunglück (mit einem Schiff); die „Wilhelm Gustloff“ geht nach einem Angriff durch ein U-Boot unter: ca. 9000 Opfer
- 1957 geht das größte Segelschiff, die „Pamir“, unter: 80 Opfer
- 1987 ereignet sich das größte Schiffsunglück in Friedenszeiten, als die Fähre „Dona Paz“ mit dem Öltanker „Vector“ kollidiert. Obwohl die Fähre nur für ca. 1,500 Passagiere gebaut war, waren vermutlich ca. 4400 Passagiere an Bord. Der Öltanker explodiert durch den Zusammenstoß: ca. 4400 Opfer
- 1994 geht die „Estonia“ unter: 757 Opfer

Um die Mitte des 19. Jahrhunderts ereignete sich praktisch jedes Jahr mindestens ein schwerer Untergang mit mehreren hundert Opfern. Auf Grund dieser hohen Anzahl wurden ab dieser Zeit die Schutzmaßnahmen verbessert. So wurde in Deutschland am 29. Mai 1865 die Organisation zur Rettung Schiffbrüchiger gegründet. Nach eigenen Angaben rettete die Organisation mehr als 62.000 Menschen (Hintermeyer 1998).

Allerdings treten auch heute noch schwere Unfälle bzw. Schiffsuntergänge auf, die Hunderte, teilweise Tausende von Opfern fordern, z. B. sank 2006 in Ägypten eine Fähre mit etwa 1600 Passagieren.

Noch einmal erlebte die Schifffahrt einen Boom mit tragischem Ausgang Ende des 19. und Anfang des 20. Jahrhunderts. Die Einführung der Dampfschifffahrt mit seinen zahlreichen Explosionen der Dampfkessel, aber auch die Einführung neuer Schiffsbautechnologien, erinnert sei hier nur an den Untergang der Titanic, führten zu zahllosen Opfern.

Die Einführung von Dampfern führte zu einer weiteren deutlichen Verringerung der Mortalitäten. Bei einer Überfahrt eines französischen Expeditionskorps von Frankreich nach China im Jahre 1859 lag die Mortalität auf den Dampfern doppelt so hoch wie auf den Segelschiffen (Schadewaldt 1968).

Die größten Untergänge hinsichtlich der Todesopfer ereigneten sich im Zweiten Weltkrieg mit dem Angriff auf Flüchtlingsschiffen, aber auch in den letzten Jahren, wie z. B. bei der Kollision eines Tankers mit einer Fähre auf den Philippinen 1987 mit über 4000 Todesopfern.

Die großen Erfolge der Seefahrer zu Zeiten der Renaissance waren also auch mit unglaublichen menschlichen Verlusten verbunden. Diese wiederholten sich auf einem geringeren Niveau mit der Einführung der Dampfschifffahrt.

Aber auch heutzutage wird häufig über Schifffahrtsunfälle in den Medien berichtet. Es handelt sich dann meistens um den Untergang von völlig überladenen oder schlecht gewarteten Fähren in Entwicklungsländern. Ausnahmen wie der Untergang der Fähre Estonia bestätigen die Regel. Zunächst einmal ist bei der Schifffahrt wie beim motorisierten Individualverkehr eine Abnahme der relativen Unfallzahlen zu beobachten. Das Verhältnis von Schiffsverlusten zu seetüchtigen Schiffen ist zwischen 1975 und 2000 von 0,8 % auf 0,3 % gefallen (Hormann 2003). Für größere Schiffe ergeben sich noch günstigere Zahlen: Von den Schiffen mit einer Masse größer 500 t sinken innerhalb der zwanzigjährigen Lebens-dauer nur 0,05 % (Naito et al. 2003). Diese Zahlen geben allerdings keinen Eindruck darüber, wie häufig Schiffe heute verunglücken. Für den japanischen Schiffsverkehr wurde im Rahmen einer intensiven Studie eine Kollisionswahrscheinlichkeit von $1{,}67\cdot \times 10^{-3}$ pro Fahrt, eine Wahrscheinlichkeit für das Auflaufen aufgrund von $3{,}00 \times 10^{-3}$ pro Fahrt und für den Untergang eines Schiffes von $1{,}64 \times 10^{-5}$ pro Fahrt ermittelt (Matsuoka et al. 2004).

Untersuchungen von Schiffsunfällen haben gezeigt, dass etwa 2 % der Menschen an Bord beim langsamen Sinken eines Schiffes tödlich verunglücken, bei einem schnellen Untergang etwa 72 % (Vassalos et al. 2003). Hier ist jedoch der Ausstattungsgrad des Schiffes zu beachten. Und dieser ist in der Regel in entwickelten Ländern deutlich günstiger als in Entwicklungsländern. Deshalb sind dort auch Untergänge von Fähren oder Schiffen mit hohen Opferzahlen verbunden. Ein Beispiel dafür ist das Fährunglück von Meghna. Dabei ertranken 650 Menschen.

Bei der Untersuchung von schweren Schäden an modernen großen Schiffen kristallisieren sich wenige Ursachen heraus. Eine dieser Ursachen sind sogenannte *„Rogue waves“* oder *„Freak waves“*. Nach der Einführung der schweren Containerschiffe in den 70er Jahren wurde an ca. 1/10 dieser Schiffe, die um das Kap Horn fuhren, schwere Schäden beobachtet. Beispielhaft sollen die Schäden an den Schiffen *„Ville de Marseille“* und *„World Glory“* genannt werden. Der Kiel der *„Ville de Marseille“* war durch eine extreme Welle über eine Länge von ca. 15 m mehrere Dezimeter nach oben gebogen worden. Das Schiff *„World Glory“* wurde 1986 ebenfalls durch eine extreme Welle in zwei Teile gerissen. (Huther und Olagnon 2003).

Diese *„Rogue“* oder *„Freak“*-Wellen unterscheiden sich von den üblichen Sturmwellen. Unter der Annahme eines dreistündigen, unveränderten, extremen Seezustandes werden maximale Sturmwellen als Wellen mit der doppelten Höhe der mittleren Sturmwellenhöhe angesehen. *„Rogue“* oder *„Freak“*-Wellen erreichen mehr als das Dreifache der mittleren Sturmwellenhöhe. Diese Wellen erscheinen in der Regel ohne Vorankündigung und dauern nur wenige Sekunden an. Als Ursachen werden zeitliche und räumliche Interferenzen zwischen unterschiedlichen Wellenfronten angesehen (Huther und Olagnon 2003). Von den ersten *„Freak"*-Wellen wurde bereits in den 30er Jahren berichtet. Lange hielt man die Berichte darüber aber für nicht vertrauenswürdig. Die Existenz dieser Wellen wurde inzwischen auch durch Satellitenbeobachtungen bestätigt. (Rosenthal 2004).

Neben dem Verlust eines Schiffes kann ein Schiffsuntergang auch Unbeteiligte schädigen. Ein klassischer Fall dafür sind Schäden an Öltankern, die Umweltkatastrophen verursachen. Von 1979 bis 1999 ereigneten sich weltweit 780 registrierte unkontrollierte Ölverluste auf den Weltmeeren mit jeweils mehr als 7 t Verlust (Friis-Hansen und Ditlevsen 2003). Eine Zusammenstellung von Unfällen findet sich in Tab. 2.98. Ein Beispiel für ein Tankerunfall ist das Auflaufen des Tankers *„Braer"* am 5. Januar 1993. Dabei wurden 84.000 t Öl ins Meer an den Shetlandinseln freigesetzt. In Folge des Ölauslaufs wurde innerhalb einer 400 km Zone südlich der Shetlandinseln die Fischerei und die Lachszucht verboten. Weitreichender war die Rufschädigung für die Fischerei. Obwohl 90 % der in den Shetland-Fischereien verarbeiteten Fische keinerlei Beeinträchtigungen durch das Öl aufwiesen, wurden Fische aus diesem Gebiet durch die Konsumenten als „vergiftet" eingestuft. Aufgrund dieser wirtschaftlichen Schäden wurde der Fischindustrie in diesem Gebiet eine Entschädigung durch den ITOPF (International Tanker Owners Pollution Federation) von über 33 Mio. Pfund überreicht. Zum Vergleich: Die Kosten für die Ölreinigung von Wasser und Land betrugen dagegen nur 0,20 Mio. Pfund (Friis-Hansen und Ditlevsen 2003). Ein weiteres Beispiel für ein Tankerunglück ist der Untergang des norwegischen Tankers „Berge Istra" 1975. Von den 32 Seeleuten überlebten nur zwei. Das Unglück wurde vermutlich durch eine Explosion des Schiffes ausgelöst. Ein ähnliches Unglück ereignete sich 1979 beim Untergang der „Berge Vanga". Dabei gab es keine Überlebenden. (Soma 2004).

Tab. 2.98 Tankerunglücke von 1979 bis 1999 gemäß IOPC (Friis-Hansen und Ditlevsen 2003)

Schadensursache	Anzahl
Bruch	2
Kollision	28
Beladung/Entladung	17
Feuer und Explosion	2
Auflaufen auf Grund	26
Falsche Behandlung der Ladung	13
Sinken	8
Sturmschäden	1
Unbekannt	4

Abb. 2.137 zeigt den Verlust an Tonnage pro Jahr für verschiedene Schiffstypen. Tab. 2.99 listet verschiedene Unfälle mit nur einem Schiffstyp auf (LNG-Transporter).

U-Boote zeigen eine deutlich höhere Mortalität. Dies bezieht sich nicht nur auf Kriegszeiten, wie der Untergang der Kursk 2000 belegt. Eine Liste von U-Boot-Unglücken findet sich in Wikipedia (2021a, b, c, d, e, f), aber auch bei Evans (1986) und Gray (1986).

Risikoanalysen sind heute auch im Schiffsverkehr möglich (Kristiansen 2005).

2.3.3.5 Luftverkehr

Der Luftverkehr umfasst die Beförderung von Lebewesen oder Fracht durch Luftfahrzeuge. Luftfahrzeuge können schwerer oder leichter als Luft sein. Schwerer als Luft sind z. B. Flugzeuge, Hubschrauber oder Drohnen, leichter als Luft sind z. B. Ballone. Insbesondere für den Personen- und

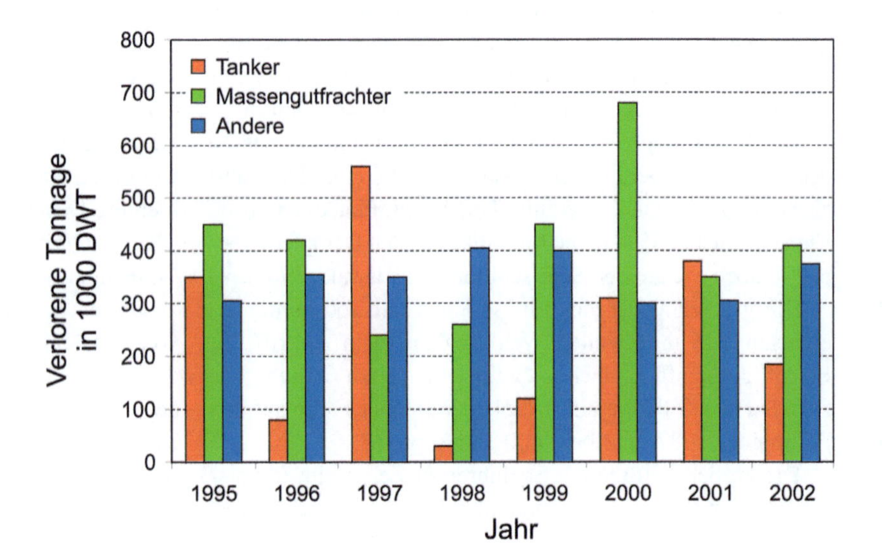

Abb. 2.137 Verlust an Tonnage (DWT – Deadweight Tonnage) (ISL 2007)

Tab. 2.99 Unfälle mit LNG-Transportschiffen (Foss 2003; Gucma 2010)

Jahr	Schiff	Ereignis	Personenschäden	Schäden am Schiff	Freisetzung LNG
1965	Jules Verne (heuteCinderella)	Überfüllung	Keine	Brüche in den Druckbehältern und im Deck	Ja
1965	Methane Princess	Ventilleckage	Keine	Brüche im Deckbereich	Ja
1971	Esso Brega (heute LNG Palmaria)	Druckanstieg	Keine	Schäden an den Druckbehältern	Ja
1974	Massachusetts (barge)	Ventilleckage	Keine	Brüche im Deckbereich	Ja
1974	Methane Progress	Grundberührung	Keine	Keine	Nein
1977	LNG Delta	Ventilleckage	Keine	Keine	Ja
1977	LNG Aquarius	Überfüllung	Keine	Keine	Ja
1979	Mostefa Ben Boulaid	Ventilleckage	Keine	Brüche im Deckbereich	Ja
1979	Pollenger (now Hoegh Galleon)	Ventilleckage	Keine	Brüche in den Tankabdeckungen und im Deck	Ja
1979	El Paso Paul Keyser	Auf Grund gelaufen	Keine	Schwere Schäden am Schiffskörper und den Tanks	Nein
1980	LNG Libra	Shaft moved against rudder	Keine	Fracture to tailshaft	Nein
1980	LNG Taurus	Auf Grund gelaufen	Keine	Beschädigung Schiffskörper	Nein
1985	Gadinia (jetzt Bebatik)	Steering gear failed	Keine	Keine	Nein
1985	Isabella	Ventilversagen	Keine	Brüche im Deckbereich	Ja
1989	Tellier	Broken moorings	Keine	Schäden am Schiffskörper	Ja
1990	Bachir Chihani	Ermüdung Schiffshülle	Keine	Risse im Schiffskörper	Nein
1996	LNG Portovenere	Fehlfunktion der Brandschutzanalage	6 Todesopfer	Keine	Nein
2002	Norman Lady	Zusammenstoß mit U-Boot	Keine	Geringfügige Schäden am Schiffskörper	Nein
2003	Century	Maschinenausfall	Keine	Keine	Nein
2003	Hoegh Galleon	Maschinenausfall	Keine	Keine	Nein
2004	Tenaga Lima	Beschädigte Abdichtung	Keine	Geringfügige Reparaturen	Nein
2004	British Trader	Brand im Transformator	Keine	Geringfügige Reparaturen	Nein
2005	Laieta	Maschinenausfall	Keine	Geringfügige Reparaturen	Nein
2005	LNG Edo	Vibrationen Schaltanlage	Keine	Ersatz Schaltanlage (Gearbox)	Nein
2005	Methane Kari Elin	Leckage in den Haupttanks	Keine	Umfangreiche Reparaturarbeiten	Nein
2006	Catalunya Spirit	Beschädigte Abdichtung	Keine	Umfangreiche Reparaturarbeiten	Nein

Frachtfernverkehr über lange Strecken sind heute Flugzeuge unverzichtbar.

Die Sicherheits- bzw. Risikobewertung von Luftfahrzeugen ist heute Bestandteil zahlreicher Untersuchungen. Das hat verschiedene Ursachen, eine davon ist das ungünstige Verhältnis Verletzter zu Todesopfer.

Die Untersuchungen werden zum einen durch staatliche Organe, die die Luftfahrunternehmen überwachen und die Aufklärung von Unfällen übernehmen, und zum anderen durch die großen Flugzeughersteller durchgeführt. Organisationen, die sich mit der Sicherheit des Luftverkehrs befassen, sind auf nationaler Ebene z. B. das Luftfahrt-Bundesamt (LBA, Bundesstelle für Flugunfalluntersuchung 2000) in Deutschland, das Bundesamt für Statistik in der Schweiz (BfS 2017), das US Department für Transportation (DOT/FAA 2010), auf internationaler Ebene die European Union Aviation Safety Agency (EASA 2016), der European Transport Safety Council (ETSC 2003), die International Air Transport Association (IATA 2018), die International Civil Aviation Organization (ICAO 2017, 2018) und die International Association of Oil and Gas (IOGP 2010, 2017). Bewertungen der Unfallhäufigkeiten im gewerblichen Luftverkehr werden jährlich von Boeing (2017, 2020), aber auch von Airbus (2018) veröffentlich.

Darüber hinaus gibt es zahlreiche öffentliche Untersuchungen und Bewertungen zur Sicherheit von Flughäfen (Fricke 2006; Konersmann 2006) oder Kraftwerken (Resun 2008). Die Berechnungsverfahren von lokalen Absturzhäufigkeiten sind heute veröffentlicht und im Internet zugänglich.

Übliche Einheiten für die Risikobewertungen sind:

- Todesopfer pro Jahr (total fatalities per year),
- Todesopfer pro Millionen Passagierkilometer (fatalities per million passenger kilometer),
- Absturz pro km (Absturz per Flugkilometer) und
- Todesopfer pro Start/Landung/Flug (Aircraft accidents per million departures).

In Tab. 2.100 werden solche Risikoparameter basierend auf verschiedenen Referenzen aufgelistet. Die zeitliche Veränderung der Unfallraten für Passagierflugzeuge zeigt Tab. 2.101 für die jeweilige Flugzeuggeneration und Tab. 2.102 für den Flughafen Frankfurt am Main in Deutschland für einen Zeitraum von 15 Jahren. Abb. 2.138 und 2.142 zeigen die zeitliche Entwicklung der Flugunfallzahlen für kommerzielle Fluggesellschaften bzw. für Flugzeuge mit einem Mindeststartgewicht von 5,7 Tonnen. Tab. 2.103 und Abb. 2.139 zeigen die Unfallrate bezogen auf die Flugzeugklassen und damit ebenfalls für die Gewichtsklassen. Die Tab. 2.105 ordnet die Unfälle der Luftverkehrsart zu. Tab. 2.104 und die Abb. 2.140 und 2.144 ordnen die Flugunfälle der Flugphase zu.

Im Zeitraum von 1954 bis 1983 stürzten etwa 5000 Flugzeuge ab, wobei diese Zahlen nicht die Abstürze in der Sowjetunion und China berücksichtigen. Von 1953 bis 1986 wurden in der westlichen Welt etwa 8300 Düsenflugzeuge gebaut. Im Jahr 1986 waren etwa 6200 in Betrieb.

Der schlimmste Unfall ereignete sich 1977, als zwei Boeing 747 auf dem Flughafen der Kanarischen Inseln zusammenstießen und fast 600 Menschen ums Leben kamen (Gero 1996). Im Allgemeinen ist die Zahl der Flugzeugunfälle jedoch seit Anfang der 1990er Jahre zurückgegangen. Diese Aussage muss im Kontext der starken Entwicklung des Luftverkehrs gesehen werden.

Wesentlich interessanter als die bisher genannten sehr kleinen Wahrscheinlichkeiten dürfte aber das Risiko für einen Flugpassagier sein. Gemäß BfU (2000) wird für das Jahr 1996 ein Wert von 0,17 tödlichen Unfällen pro 100.000 Flugstunden angegeben. Dieser Wert kann in eine mittlere Wiederkehrperiode eines tödlichen Unfalles alle 588.000 Flugstunden umgerechnet werden. Das entspricht etwa 67 Jahren Flugzeit für eine Person (BfU 2000). Zielwerte für das Versagen von Militärflugzeugen liegen bei $1{,}0 \cdot 10^{-6}$/h (Graham et al. 1999) und für Zivilmaschinen bei $1{,}0 \cdot 10^{-9}$/h (Kafka 1999).

Die Häufigkeit für den Absturz eines Militärflugzeuges auf einen Quadratkilometer Fläche in Deutschland betrug 1984 im Mittel $1{,}0 \times 10^{-4}$ pro Jahr. Diese Zahl verringerte sich seit 1990 erheblich. Der Rückgang ist darauf zurückzuführen, dass ab 1990 die Flugzeuge vom Typ Starfighter außer Dienst gestellt wurden. Da im Zeitraum von 1960 bis 1990 die Abstürze militärischer Flugzeuge von diesem Typ

Tab. 2.100 Fatal Accident Rate für den Flugverkehr pro Flugkilometer und pro Flug

Referenz	Fatal Accident Rate
Bureau of Transportation Statistics: Flugzeuge < 20 t	$1{,}1 \times 10^{-8}$ pro Flugkilometer
International Air Transport Association	$4{,}2 \times 10^{-10}$ pro Flugkilometer
Bureau of Transportation Statistics: Flugzeuge > 20 t	$3{,}8 \times 10^{-10}$ pro Flugkilometer
ENSI (2009), >5.7 t	$5{,}8 \times 10^{-11}$ pro Flugkilometer
ENSI (2018), >5.7 t	$3{,}4 \times 10^{-11}$ pro Flugkilometer
Deutsche Risikostudie Kernkraftwerke (GRS 1999)	$2{,}5 \times 10^{-12}$ pro Flugkilometer
ICAO (2017): Welt	$2{,}1 \times 10^{-6}$ pro Flug
Airbus (2018): Second Generation[a]	$2{,}1 \times 10^{-6}$ pro Flug
ENSI (2009)	$7{,}8 \times 10^{-7}$ pro Flug
Boeing (2017): Hull Loss Accident Rate	$6{,}4 \times 10^{-7}$ pro Flug
Deutsche Risikostudie Kernkraftwerke B (GRS 1999)	$6{,}0 \times 10^{-7}$ pro Flug
ENSI (2018): Anflug	$4{,}7 \times 10^{-7}$ pro Flug
Boeing (2017): Fatal Accident Rate	$2{,}5 \times 10^{-7}$ pro Flug
Airbus (2018): Third Generation[a]	$1{,}6 \times 10^{-7}$ pro Flug
ENSI (2018): Abflug	$9{,}4 \times 10^{-8}$ pro Flug
Airbus (2018): Fourth Generation[a]	$8{,}0 \times 10^{-8}$ pro Flug

[a] Passagierflugzeuge nach westlichen Standards mit mehr als 40 Sitzplätzen

Tab. 2.101 Unfallrate für kommerzielle Flugzeuge verschiedener Generationen. Es ist zu beachten, dass einige Flugzeuge, z. B. die Fokker F.28, unter sehr schwierigen Umständen verwendet wurden (Moser 1987)

Model	Anteil der produzierten Flugzeuge eines Typs in %, die in Unfälle involviert waren	Anzahl tödlicher Unfälle pro Millionen Flüge
1. Generation		
Aérospatiale Caravelle	11,8	
DeHavilland Comet	9,8	
Convair 880/990	8,8	
McDonnell Douglas DC-8	8,1	
Boeing 707	7,6	
Boeing 720	3,3	
2. Generation		
Fokker F.28	7,4	3,38
British Aerospace One-Eleven	5,7	0,54
Vickers VC10	3,7	
McDonnell Douglas DC-9	3,5	0,49
Hawker Siddeley Trident	2,6	
Boeing 737	2,2	0,74
Boeing 727	2,1	0,51
3. Generation		
McDonnell Douglas DC-10	3,0	2,87
Boeing 747	1,5	1,51
Lockheed 1011 TriStar	1,2	1,21
Airbus A300	0,8	

dominiert wurden, verbesserte sich mit dem Ausscheiden dieser Flugzeuge aus dem aktiven Flugbetrieb auch die Statistik erheblich. Die Anzahl der Flugzeugabstürze verringerte sich von 27,72 Flugzeugabstürzen pro Jahr in den 80er Jahren auf 6,2 Flugzeugabstürze pro Jahr in den 90er Jahren. Bezogen auf einen Quadratkilometer ergibt sich damit eine Häufigkeit von $1{,}74 \times 10^{-5}$ pro Jahr.

Auch beim Absturz von Hubschraubern verbesserten sich die Zahlen in den 90er erheblich (Abb. 2.146). Dies lässt sich durch den deutlich gesunkenen Hubschrauberverkehr in Deutschland seit 1990 erklären. Der Hauptanteil der Hubschrauberflüge erfolgte im Rahmen der Überwachung der innerdeutschen Grenze. Mit dem Wegfall dieser Grenze erübrigte sich der massenhafte Einsatz der Hubschrauber. Die Häufigkeit für einen Hubschrauberabsturz sank von $6{,}5 \times 10^{-5}$ pro Jahr und km^2 auf $9{,}1 \times 10^{-6}$ pro Jahr und km^2 (Weidl und Klein 2004). Für zivile Flugzeuge werden die Absturzhäufigkeiten in Tab. 2.100 genannt:

Gemäß der 5000 Abstürze von 1954 bis 1983 ergeben sich damit 166 Abstürze pro Jahr. Unter der Annahme, dass ca. 1 % der Fläche eines Landes bebaut ist, ergibt sich eine Trefferwahrscheinlichkeit für ein Gebäude durch ein abstürzendes Flugzeug in einer Größenordnung von 10^{-8} pro Jahr (van Breugel 2001). Tab. 2.106 nennt Beispiele von Flugzeugabstürzen auf Gebäude. Es sei an dieser Stelle erwähnt, dass in Australien Raketen, die zum Transport von Satelliten in den Weltraum gestartet werden, gegen einen Absturzschaden auf der Erde, der mit einer Wahrscheinlichkeit von $1{,}0 \times 10^{-7}$ pro Start auftreten kann, versichert sein müssen (Der Kiureghian und Birkeland 1999).

Zusammenfassend zeigt die Risikobewertung, dass das Risiko beim Flugverkehr trotz steigender Verkehrsleistung weiter abnimmt (Abb. 2.143). Das größte Risiko besteht bei kleinen Flugzeugen auf kurzen Strecken (Abb. 2.141). Der Luftverkehr spielt sicherheitstechnisch seine Vorteile bei großen Flugzeugen und weiten Strecken aus. Auf solchen Strecken ist der Einsatz von Passagierflugzeugen praktisch alternativlos.

Neue Entwicklungen, wie der vermehrte Einsatz von Drohnen, können allerdings zu einer Änderung der Risikolage führen. Jovanovic (2009) zeigt das Beispiel einer Drohne in Afghanistan, die nur knapp eine Passagiermaschine verfehlt

2.3.3.6 Rohrleitungen

Neben den Transportmitteln, die sowohl für Menschen und Güter geeignet sind und damit direkte Risiken für Menschen darstellen, können auch Transportmittel, die ausschließlich für Güter verwendet werden, Risiken für Menschen besitzen.

Über Rohrleitungen werden erhebliche Mengen an Energie und Rohstoffen transportiert. Allein in den USA gibt es ca. 500.000 km Gasleitungen und ca. 300.000 km für flüssiger Gefahrenstoffe, wie z. B. Erdöl (Mazumder et al. 2021).

Bereits im Abschnitt Schienenverkehr wurde auf das große Eisenbahnunglück 1989 in der Sowjetunion hingewiesen, bei der durch die Explosion einer Gasleitung zwei Züge getroffen wurden. Dabei sollen zwischen 500 und 700 Menschen verstorben sein. In Tab. 2.107 wird die Häufigkeit von Gasexplosionen in Gebäuden in Abhängigkeit der Explosionsstärke angegeben.

Insbesondere beim Transport von Öl und Gas in Rohrleitungen ereignen sich immer wieder schwere Katastrophen. Oft sind diese allerdings mit der bewussten Schädigung der Leitungssysteme verbunden (Onuoha 2008; Omodanisi et al. 2014). Die Tageszeitungen informieren dann über die damit verbundenen Explosionen, die Hunderte von Opfern fordern können (FAZ 2006; Die Presse 2011).

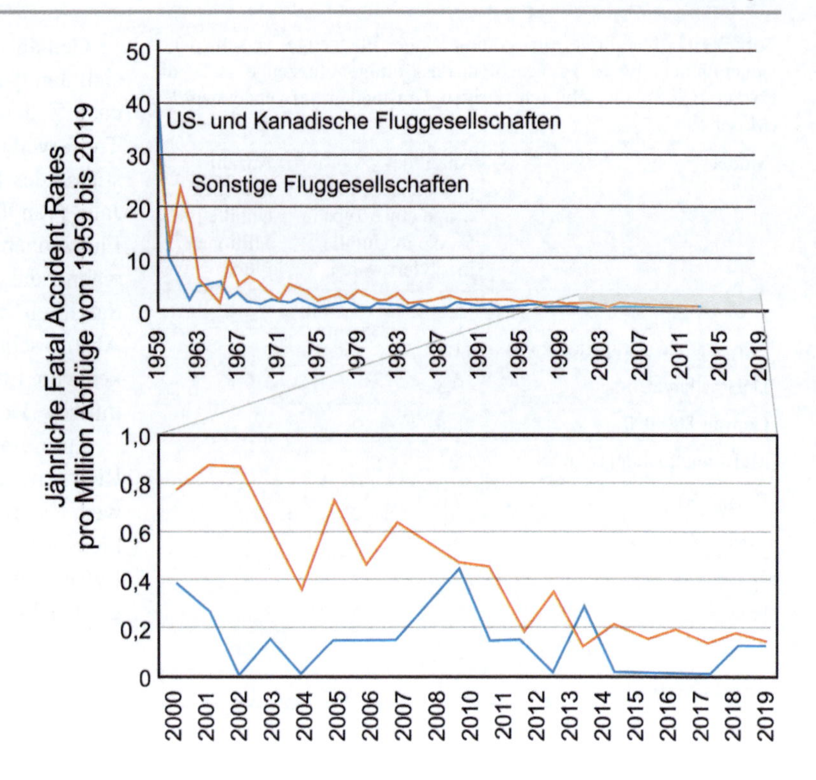

Abb. 2.138 Fatal Accident Rate für den kommerziellen Luftverkehr nach Boeing (2020)

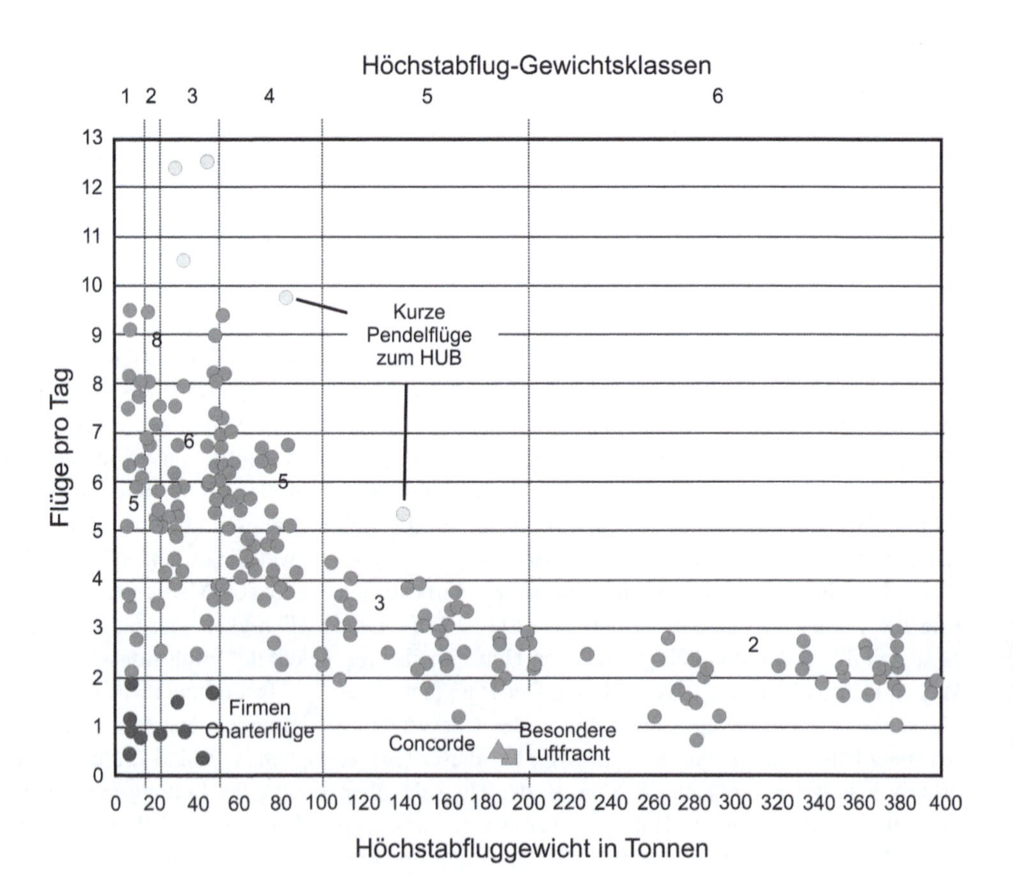

Abb. 2.139 Aufteilung der Unfallzahlen der allgemeinen Luftfahrt (Konersmann 2006)

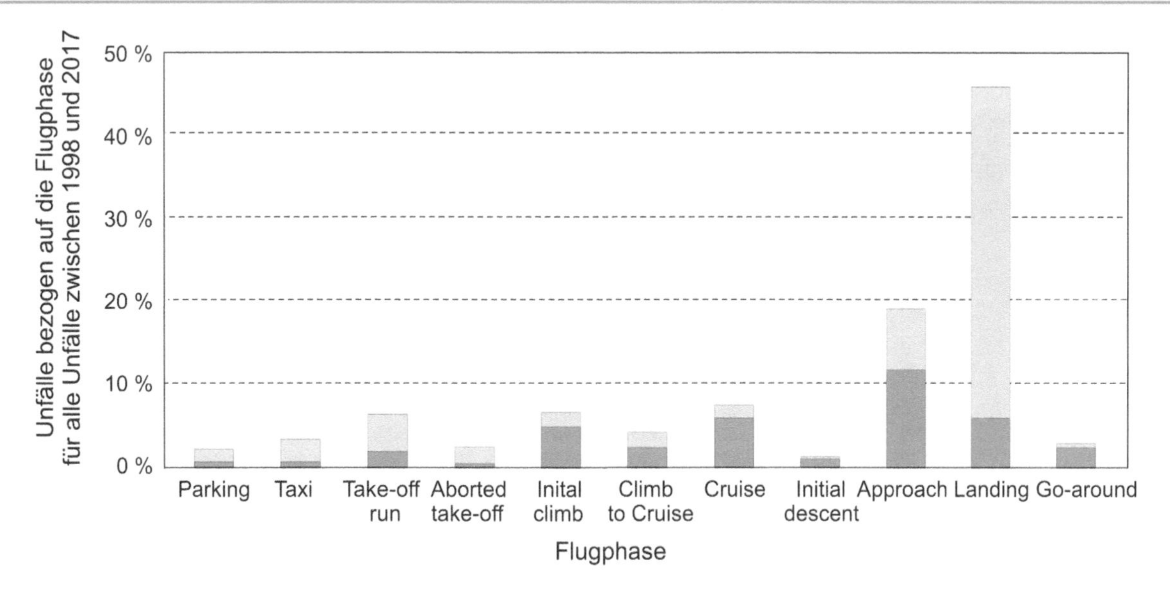

Abb. 2.140 Anteil der Unfälle im kommerziellen Luftverkehr bezogen auf die Flugphase (Airbus 2018)

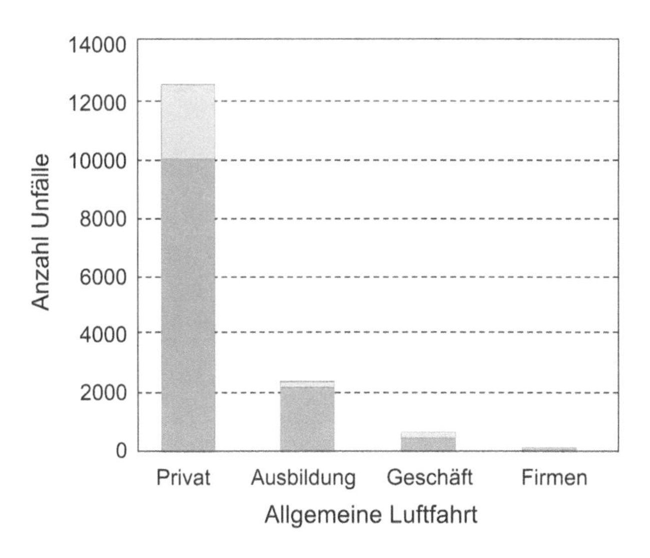

Abb. 2.141 Aufteilung der Unfallzahlen der allgemeinen Luftfahrt (GAO 2012)

Carlson et al. (2015) führten eine systematische Analyse der Veröffentlichungen solcher Ereignisse in der Tagespresse durch. Dabei wurden aus über 5000 relevanten Artikeln am Ende ca. 400 Artikel berücksichtigt. Dabei überwiegen Berichte aus Kenia und Nigeria. Insgesamt wurden ca. 30 Ereignisse mit Opferzahlen zwischen 0 und 500 mit einer Gesamtopferzahl von knapp 2000 erfasst.

Rohrleitungsbrüche finden aber auch in Industriestaaten statt und können dort durchaus Todesopfer fordern. Abb. 2.147 bezieht sich auf Rohrleitungsbrücke in den USA. Die Explosionen von Gasleitungen in Häusern waren über viele Jahre bekannt.

Die Entwicklung, das Verhalten und mögliche Schutzmaßnahmen gegen Explosionen in Rohrleitungen sind seit Jahrzehnten Gegenstand der Forschung (Heinrich 1974; Bartknecht 1980).

2.3.3.7 Seilbahnen

Seilbahnen können gemäß verschiedenen Normen, z. B. der CEN EN 12929 (2004), unterteilt werden. Besonders bekannt ist die Einteilung nach dem Tragmittel, Schiene oder Seil. Eine Liste von Seilbahnunglücken findet sich auf Wikipedia (2022), siehe Tab. 2.108. Bekannt dürfte vielen Lesern noch das Unglück vom Mai 2021 in Italien mit 14 Todesopfern sein. Insbesondere in Österreich führte der Brand der Gletscherbahn Kaprun 2 2000 mit 155 Todesopfern zu Verschärfungen der Sicherheitsanforderungen.

2.3.3.8 Raumfahrtverkehr

Im Gegensatz zu den bisher untersuchten Transportmitteln weist die Raumfahrt einige Besonderheiten auf. Zunächst ist die Anzahl der Menschen, die bisher in den Weltraum flogen, im Vergleich zu allen anderen Transportmitteln sehr gering. Parallel dazu ist das Verhältnis Verunglückter Raumfahrer zu Absolutzahl der Raumfahrer sehr ungünstig. Obwohl die Sicherheit von Raumfahrzeugen seit Beginn der bemannten Raumfahrt deutlich gesteigert wurde, arbeiten Raumfahrer auch heute noch gefährlich. Das machten die beiden Unglücke des Space Shuttles in den letzten Jahren deutlich.

Aber auch in der Frühzeit der Raumfahrt gab es zahlreiche Unglücksfälle. Selbst auf der Erde verunglückten Raumfahrer, als bei einem Training in den 60er Jahren eine Apollo-Kapsel ausbrannte und die Raumfahrer die brennende Kapsel nicht mehr verlassen konnten. In der Sowjetunion starb bei der Rückkehr der Sojus-1 Mission am 24. April 1967 der Kosmonaut Komarow, weil sich der Landefallschirm nicht öffnete. 1971 ereignete sich das zweite

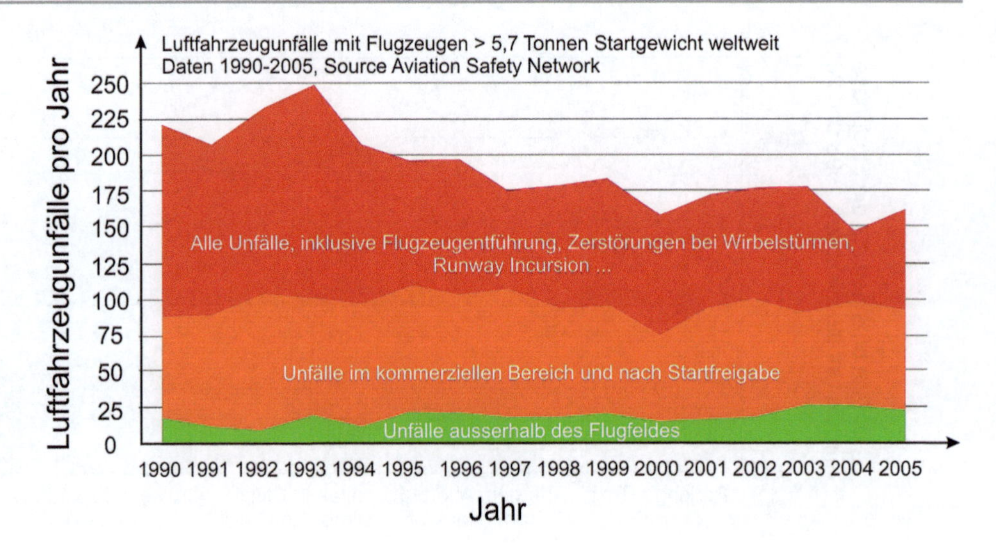

Abb. 2.142 Entwicklung der Anzahl der Flugunfälle (Konersmann 2006); ein Beispiel für einen tödlichen Flugzeugabsturz durch einen Bombenanschlag zeigt Abb. 2.145.

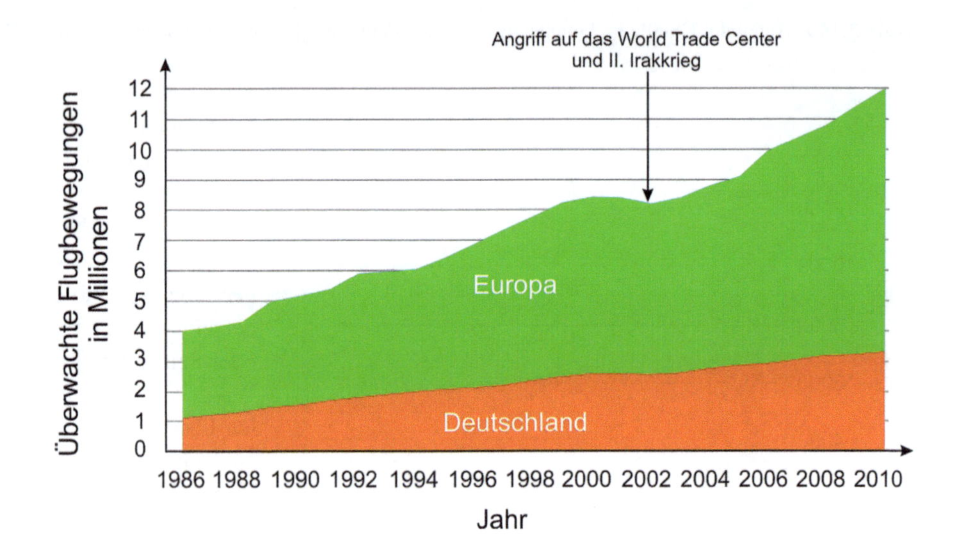

Abb. 2.143 Entwicklung der Anzahl der Flugbewegungen in Europa und Deutschland (Konersmann 2006)

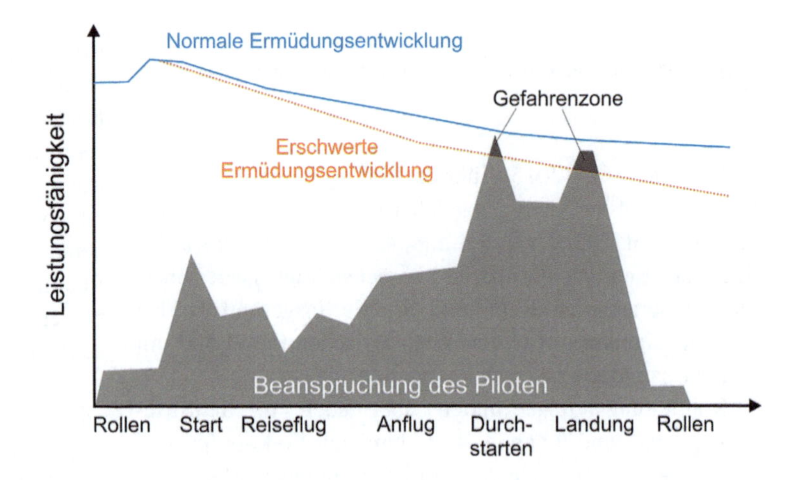

Abb. 2.144 Überlagerung der Leistungsfähigkeit des Piloten und der Beanspruchung

Tab. 2.102 Unfallzahlen für den Flughafen Frankfurt/Main, Deutschland, Fricke (2006)

	2000	2015
Wahrscheinlichkeit für einen schweren Unfall pro Flug	$5{,}75 \times 10^{-8}$	$5{,}15 \times 10^{-8}$
Wahrscheinlichkeit für einen schweren Unfall pro Jahr	0,026	0,034

Tab. 2.104 Zuordnung der Flugzeugunfälle zum Flugabschnitt für die Jahre 1959 bis 1985 (Moser 1987)

Phase des Fluges	Anteil an der Flugzeit in %	Anteil an den Unfällen %	Trend
Take off	1	21.8	Fallend
Climb	19	7.2	Steigend
En route	37	5.5	Fallend
Initial approach	14	6.1	Constant
Final approach	10	32.4	Constant
Landing	1	24.5	Fallend
Rolling	18	2.5	Growing

Tab. 2.105 Zuordnung der Unfälle im Luftverkehr in Abhängigkeit von der Art (Passagierverkehr bzw. Güterverkehr) für das Jahr 1985 (Moser 1987)

Unfälle	Anzahl
Tödlicher Unfall mit Linienverkehr	16
Tödlicher Unfall im Bedarfsflugverkehr (Charter)	5
Tödlicher Unfall im Regionalflugverkehr	10
Tödlicher Unfall im Güterflugverkehr	9
Nicht-tödlicher Unfall mit Linienverkehr	115
Nicht-tödlicher Unfall im Bedarfsflugverkehr (Charter)	5
Nicht-tödlicher Unfall im Güterflugverkehr	16

tragische Unglück mit den Sojus-Raumfahrzeugen. Im Juni 1971 koppelte Sojus 11 mit der Raumstation Salut 1 an. Dabei erfolgte die Inbetriebnahme der Raumstation. Ein technischer Defekt verursachte bei der Rückkehr am 30. Juni 1971 einen Druckabfall in der Kabine, der zum Tod der drei Kosmonauten führte (Mielke 1980). Bis Mitte 1979 waren 92 Menschen im All. Rechnet man die drei Apollo-Opfer auf der Erde mit, so sind sieben Menschen dabei verstorben. Damit ergibt sich eine Sterbehäufigkeit von $7/95 = 0{,}07$ (Mielke 1980). Das entspricht einer Sterbehäufigkeit von 10^{-1} pro Mission.

Man hat einmal die Mondlandung als die größte ingenieurtechnische Leistung der Menschheit beschrieben. Bei einer derartig komplexen Maßnahme ist die Gefahr von Ausfällen oder Schäden natürlich immer latent vorhanden. Ursprüngliche Risikountersuchungen von Apollo gaben eine Erfolgschance von 5 bis 10 %. Eigene Schätzungen der Apollo 11 Astronauten lagen bei 50 %. In anderen Worten, die geschätzte Versagenswahrscheinlichkeit lag zwischen 50 und 95 %. Die empirische Versagenshäufigkeit lag deutlich niedriger (Jones 2020). Später rechnete man bei den Apollomissionen mit einer Versagenswahrscheinlichkeit von 10^{-1}.

In der Tat ereignete sich bei der Apollo 13 Mission eine schwere Tankexplosion, die nur durch glückliche Umstände nicht zu einer Katastrophe führte. Allerdings erlebten auch andere Missionen ihre Probleme: Apollo 11 erlebte wenige Minuten vor dem Aufsetzen eine Computerwarnung (Will und Stiller 2019). Apollo 12 wurde beim Start von einem Blitz getroffen und das führte zum Ausfall des Telemetrie-Systems (Heise Online 2019). Apollo 14 hatte mit einem Wackelkontakt an einem Landeabbruch-Schalter zu kämpfen (Will 2021).

Tab. 2.103 Beispiele von Unfallraten für verschiedene Flugzeugklassen (Konersmann 2006) – siehe auch Abb. 2.139

Höchstabflug-Gewichtsklassen					
1	2	3	4	5	6
Anzahl Flugzeuge Bestand 2005					
4847	1792	5025	8806	3307	2603
Durchschnitt der täglich möglichen Flüge (Anflug und Landung = 1 Flug)					
5	8	6	5	3	2
Durchschnittliche Anzahl der Flüge im Jahr					
8.845.775	5.232.640	11.004.750	16.070.950	3.621.165	1.900.190
Durchschnittliche Anzahl der Risiko-relevanten Abstürze und Unfälle					
9	1	5	4	2	1
Unfallrate pro Gewichtsklasse					
1×10^{-6}	$1{,}9 \times 10^{-7}$	$4{,}5 \times 10^{-7}$	$2{,}5 \times 10^{-7}$	$5{,}5 \times 10^{-7}$	$5{,}3 \times 10^{-7}$

Abb. 2.145 Denkmal für den Flugzeugabsturz in Würenlingen, Schweiz (Foto: *D. Proske*), siehe auch Schneider (2015)

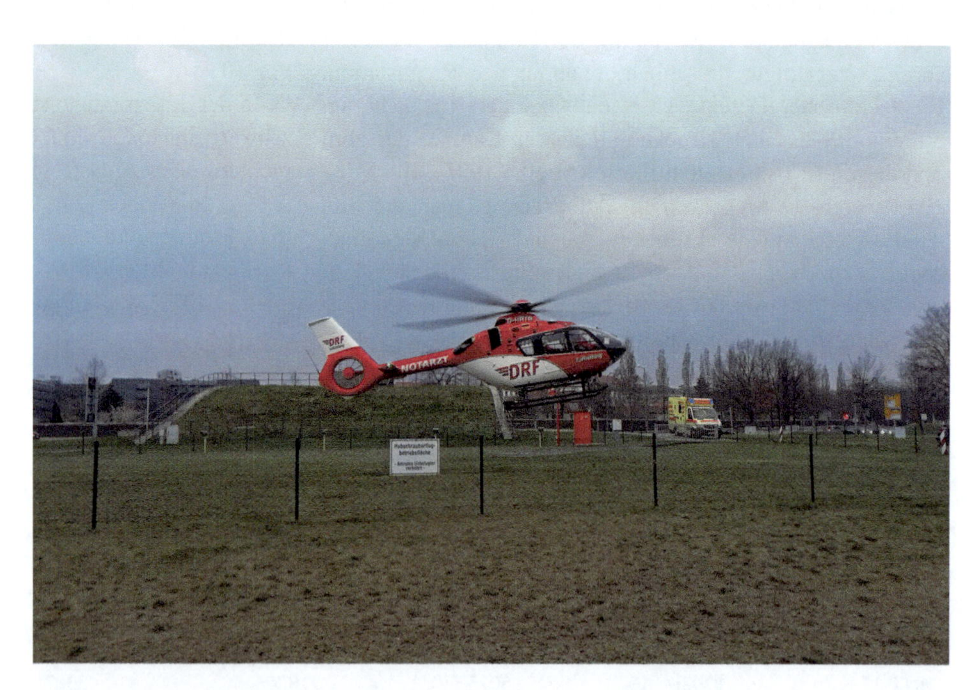

Abb. 2.146 Start eines Hubschraubers (Foto: *D. Proske*)

Es wurden zehn bemannte Missionen durchgeführt (Apollo 7 bis Apollo 17). Damit entspricht die beobachtete Häufigkeit schwerer Schäden sehr genau den Erwartungen.

Die folgende Generation der Raumfahrzeuge, der Space Shuttle (Abb. 2.148), sollte eine Versagenswahrscheinlichkeit besitzen, die eine Zehnerpotenz niedriger ist als die der Apollo-Fahrzeuge. Der rechnerische Verlust einer Raumfähre pro Mission sollte also bei 10^{-2} liegen (Paté-Cornell und Fischbeck 1994). Nimmt man an, dass jede Mission mit einer gleichen Anzahl von Leuten besetzt war, so entspricht der Wert des Verlustes einer Raumfähre auch der Sterbewahrscheinlichkeit. Leider wurde dieser Wert nicht erreicht. Die Explosion der Challenger 1986 und der Verlust der Columbia 2003 bei einer Anzahl von etwa 130 Starts ergibt eine höhere Versagenswahrscheinlichkeit.

Tab. 2.106 Unfälle mit Flugzeugabstürzen auf Bauwerke (van Breugel 2001)

Jahr	Land/Beschreibung	Opfer
1945	Bomber fliegt in Empire State Building, New York	14 Todesopfer, 24 Verletzte
1987	Deutschland, Privatflugzeug stürzt in Restaurant nahe München	6 Tote
1987	USA, A-7 Corsair stürzt auf Hotel in Indianapolis	14 Tote
1987	Deutschland, Harrier Jump-Jet stürzt auf Farm nahe Detmold	1 Toter
1988	Deutschland, A-10 Thunderbolt II stürzt ab und trifft 12 Häuser nahe Remscheid, sechs Wohnblöcke fangen Feuer	6 Tote, 40 Verletzte
1988	Schottland, Boeing 747 explodiert über Lockerbie, Teile treffen Tankstelle und drei Häuser	280 Tote
1989	Brasilien, Boeing 707 stürzt auf Slum nahe Sao Paulo	17 Tote, 200 Verletze
1990	Italien, Militärflugzeug fliegt in Schule	12 Tote
1992	USA, Hercules Transporter stürzt in Restaurant/Motel in Evanswille	16 Tote
1992	Niederlande, Boeing 747 fliegt in ein zehnstöckiges Gebäude	43 Tote
1992	USA, C 130 fliegt in ein Haus in West Virginia	6 Tote
1996	Brasilien, Fokker-100 stürzt in Sao Paulo ab, zahlreiche Häuser brennen	98 Tote
2000	Griechenland, Militärflugzeug fliegt in Haus	4 Tote
2000	Indien, Boeing 737–200 stürzt nahe Patna ab, zahlreiche Häuser brennen	57 Tote
2000	Frankreich, Concorde stürzt in Motel nahe Paris	113 Tote

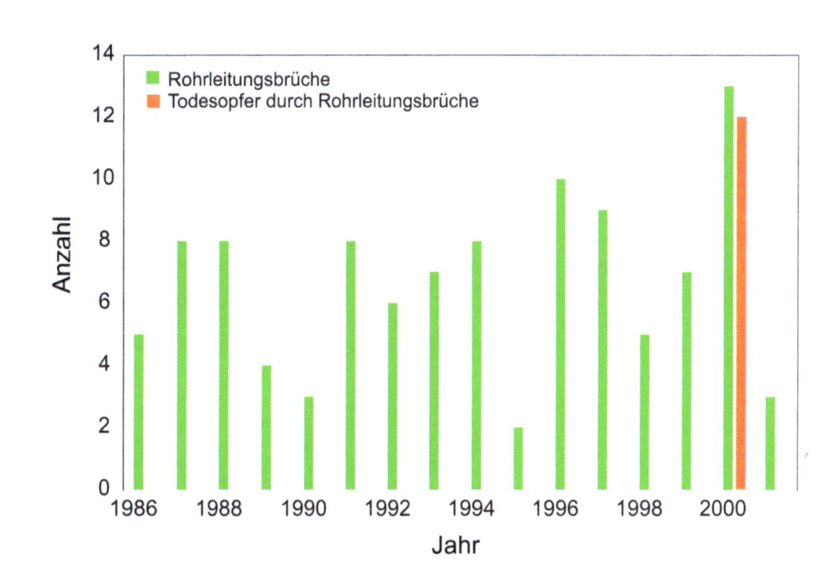

Abb. 2.147 Anzahl Rohrleitungsbrüche von Gasleitungen in den USA in dünnbesiedelten Gebieten (Maes und Dann 2017)

Tab. 2.107 Häufigkeit von Gasexplosionen in Wohnhäusern nach Canisius (2015)

Explosionsstärke	Eintrittshäufigkeit in Wohnhäusern	Mögliche Druckspitze
Gemeldete/dokumentierte Explosion, aber nicht schwerwiegend	$0{,}0640 \times 10^{-4}$	$<< 17\ kN/m^2$
Mittlere Explosionsstärke	$0{,}0100 \times 10^{-4}$	$< 17\ kN/m^2$
Schwere Explosion	$0{,}0050 \times 10^{-4}$	$> 17\ kN/m^2$
Sehr schwere Explosion	$0{,}0002 \times 10^{-4}$	$>> 17\ kN/m^2$

Hamlin (2013) beschreibt die Veränderungen des Risikos beim Space Shuttle durch bauliche Änderungen am Raumflugkörper. So wurden beispielsweise die Schleudersitze, die in der Erprobungsphase noch aktiv waren, beim Übergang in den Betrieb abgeschaltet. Veränderungen an den Tanks führten zu Erhöhung der Schäden am Shuttle und

Tab. 2.108 Beispiele für Seilbahn-Unglücke mit Todesopfern

Datum	Land	Name	Todesopfer
9. März 1976	Italien	Cavalese Seilbahn	43
29. Januar 1983	Singapore	Singapore Seilbahn	7
3. Februar 1998	Italien/Flugzeug USA	Cavalese Seilbahn	20
1. Juni 1999	Georgien	Tiblisi-Seilbahn	19
1. Juli 1999	Frankreich	Saint-Etienne-en-Devoluy Seilbahn	20
3. Oktober 1999	China	Maling Seilbahn	14
23. Mai 2021	Italien	Stresa-Mottarone Seilbahn	14

damit zu einer weiteren Erhöhung des Risikos. Eine weitere Risikoerhöhung hatte die Leistungserhöhung des Haupttriebwerks, um größere Lasten in den Orbit zu bringen, zur Folge. Allerdings standen diese Risikoerhöhungen auch Risikoverringerungen gegenüber. So geht Hamlin (2013) bei den ersten Missionen von einer Wahrscheinlichkeit für den Verlust von Crew und Fahrzeug von ca. 1:10 aus, während bei den letzten Missionen eine Wahrscheinlichkeit von ca. 1:73 vorlag.

Aber auch die europäische Raumfahrt zeigt, dass die angepeilten Versagenswahrscheinlichkeiten der Raumfahrzeuge nicht ohne Probleme zu erreichen sind. Der blinde Glaube an die Unfehlbarkeit der Technik führte z. B. bei der ersten kommerziellen Nutzung der Ariane 5 zu einem Verzicht auf die Versicherung des Transportgutes im Wert von 1 Mrd. DM. Für diese Fehlentscheidung musste teuer bezahlt werden, denn bekanntlich scheiterte der Start dieses Raumfahrzeuges. Als im Jahre 2003 der Telstar 4 Satellit aufgrund eines Kurzschlusses stillgelegt werden musste, kostete das den Versicherer 140 Mio. US-Dollar.

Trotz der verfehlten Ziele werden die Ansprüche an die Ausfallwahrscheinlichkeit in der Raumtechnik weiter steigen. Tab. 2.109 zeigt verschiedene Zielwerte für Projekte der bemannten Raumfahrt. Diese Tatsache gilt übrigens nicht nur für die bemannte Raumfahrt.

Abb. 2.148 Space Shuttle in Los Angeles. (Foto: *U. Proske*)

Tab. 2.109 Wahrscheinlichkeit des Verlustes oder des Eintrittes von Schäden an im Jahre 2000 geplanten Raumflugkörpern (Altavilla et al. 2000)

Zukünftige Projekte	Eintrittswahrscheinlichkeiten von Schäden
Hermes Project	Versagen des Flugkörpers 10^{-4} pro Mission Verlust von Teilen 10^{-3} pro Mission Generell 10^{-2} pro Mission
Assured Crew Return Vehicle (ACRV)	Versagen $3 \cdot 10^{-3}$ bei Mission und vier Jahren Aufenthalt im Raum
Crew Rescue Vehicle (CRV)	Versagen $5 \cdot 10^{-3}$ bei Mission und fünf Jahren Aufenthalt im Raum
Crew Transport Vehicle (CTV)	Verlust des Flugkörpers $3 \cdot 10^{-3}$ pro Mission Schwerer Verlust $2 \cdot 10^{-3}$ pro Mission Bevölkerung am Boden 10^{-7} pro Mission

Foust (2020) nennt in Anlehnung an NASA-Quellen eine Sterbewahrscheinlichkeit der neuen Dragon Kapsel von Space X in der Region von 3×10^{-3} pro Start.

Eine Untersuchung der Wahrscheinlichkeit eines Verlusts einer neuen Mond-Mission und einen Vergleich verschiedener Raumfahrzeuge (Space Shuttle, Ariane etc.) findet sich in NN (2008).

2.3.3.9 Fahrradfahren

Im Jahre 2010 verunglückten in Deutschland ca. 65.000 Fahrradfahrer im Straßenverkehr. Dabei verstarben knapp 400 Fahrradfahrer und ca. 12.000 wurden schwer verletzt. Etwa die Hälfte der Verstorbenen war älter als 65 Jahre. (Difu 2012).

Für verschiedene Städte, wie z. B. Berlin, gibt es Karten mit den Unfallorten der getöteten Radfahrenden (ADFC Berlin 2021).

Studien, z. B. aus den Niederlanden bestätigen, dass die Anzahl der tödlichen Unfälle mit der Zunahme des Fahrradverkehr sinkt (Pucher und Buehler 2008).

Auf detaillierte Untersuchungen, z. B. zur Schwere der Unfälle in Abhängigkeit von der Fahrsituation (Abbiegen, Kreuzen etc.), soll hier nicht eingegangen werden (siehe z. B. Morrison et al. 2019; Tin et al. 2013).

Mit der Zunahme von Elektro-Fahrrädern stieg und steigt auch die Anzahl der Unfälle und die Anzahl der Todesopfer. 2020 starben in Deutschland fast 150 Fahrer von Elektrofahrrädern. Als Hauptursache für die steigende Anzahl wird die höhere Geschwindigkeit und das größere Gewicht dieser Fahrzeuge angesehen.

Für den Fahrradrennsport gibt es Listen von tödlichen Unfällen unter Wikipedia (2021a, b, c, d, e, f).

Einen schönen Vergleich der Risiken verschiedener Fortbewegungsmittel in Form von Weglängen findet sich in Tab. 3.52.

2.3.3.10 Reiten

Die Gefährdung durch das Reiten als Transportmittel wurde im Kap. 2, Abschnitt Haus- und Nutztiere behandelt. Die Anwendung von Pferden oder anderen Tieren, wie Elefanten oder Kamelen als Transportmittel ist aus Sicht des Verfassers kein technisches Risiko, sondern ein natürliches Risiko.

2.3.4 Bauwerke

2.3.4.1 Einleitung

Bauwerke stellen eins der frühesten, langlebigsten und erfolgreichsten technischen Erzeugnisse zum Schutz von Menschen und Tieren, zur Erhöhung der Lebensqualität für Menschen und zur Vermögensspeicherung dar.

Es gibt verschiedene Definitionen für den Begriff Bauwerk. Die allgemeingültigste Definition lautet: *Als Bauwerk „[...] gilt eine mit dem Erdboden fest verbundene Sache, die durch Material und Arbeit (durch Menschen) hergestellt wurde. Ein Bauwerk ist ein wesentlicher Bestandteil des Grundstücks und kann nur unter Beschädigung oder Wesensveränderung wieder vom Grundstück getrennt werden.“*.

Im Wesentlichen lassen sich Bauwerke in zwei Klassen einteilen:

- Hochbauten als Wohn- und Bürogebäude sowie Sport-, Freizeit- und Produktionshallen und
- Infrastrukturbauten mit Brücken, Dämmen, Stützwänden und Tunneln.

Tab. 2.110 listet die Anzahl der verschiedenen Klassen von Bauwerken für Industrie- und Entwicklungsländer auf. Wie man sieht, existieren mehr als eine Milliarde Gebäude. Pro Jahr wird mindestens ein Kubikmeter Beton pro Mensch verbaut. Der Bestand an Bauwerken auf der Erde wächst massiv.

Menschen haben bereits sehr frühzeitig in ihrer Entwicklung Behausungen (Höhlen) gesucht oder errichtet (Bauwerke). Behausungen bieten Schutz vor Raubtieren (Carnivoren), vor kriegerischen Auseinandersetzungen, sie erlaubten den Schutz des wichtigen Wärmespenders Feuer, die Lagerung von Lebensmitteln und vor allem den Schutz vor meteorologischen und klimatischen Umwelteinflüssen. Stellen Sie sich vor, Sie stehen vor der Wahl, im Winter draußen im Wald zu übernachten oder in ein baufälliges Haus zu ziehen. Die meisten werden das baufällige Haus wählen und das scheint auch vernünftig, wie Abb. 2.149 zeigt. Behausungen gewährleistungen die Erfüllung sehr fundamentaler Lebensbedürfnisse. Wahrscheinlich wurden deshalb die ersten Behausungen, neben der Nutzung von

Tab. 2.110 Anzahl Bauwerke weltweit (Proske 2020a)

	Industrieländer	Entwicklungsländer	Weltweit
Einwohner in Milliarden	1,27	6,36	7,62
Gebäude in Millionen	364,4	940,3	1304
Brücken in Millionen	1,97	3,14	5,11
Stützmauern in Millionen	7,52	18,87	26,39
Dämme in Tausend	451	452	903
Tunnel in Tausend	23,57	28,5	39,99

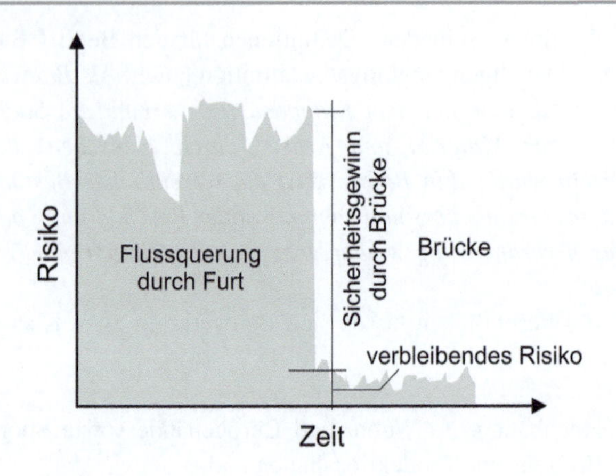

Abb. 2.149 Risiko vor versus nach Brückenbau

Höhen, im Neolithium errichtet. Abb. 2.150 zeigt den Nachbau eines Pfahlbauhaus von Seengen in der Schweiz. Das Original wurde vermutlich vor ca. 6000 Jahren errichtet. Abb. 2.151 zeigt die berühmten Pyramiden von Gizeh mit einem Alter von mehr als 4000 Jahren. Heute erreichen Bauwerke Höhen von ca. 830 m, wie das Burj Khalifa in Dubai (Abb. 2.152).

Natürlich waren die ersten Behausungen nicht perfekt. Viele Bauwerke werden eingestürzt sein, haben unter Umständen die Bewohner unter sich begraben. Aber da die Schutzbedeutung von Behausungen so groß war, hat man relativ frühzeitig Sicherheitsanforderungen formuliert. Nur so ist es verständlich, dass sich bereits vor 4000 Jahren die ersten Gesetze mit der Sicherheit von Bauwerken befassten, wie die Gesetzessammlung von Hammurabi (Abb. 2.153). Natürlich auf eine etwas direkte Art, aber so wie das Bauwesen damals neu war, war natürlich auch die Gesetzgebung neu. Seitdem wurden verschiedene Sicherheitskonzepte für Bauwerke entwickelt und angewendet, die verschiedene Grenzzustände als Barrieren verwenden (siehe Abb. 2.154). Die Nachweise dieser Grenzzustände können mit erheblichem rechnerischem Aufwand verbunden sein. Abb. 2.155 zeigt die numerische Pushover-Analyse eines bestehenden Stahlbetongebäudes für die Ermittlung der seismischen Tragfähigkeit.

Heute existieren zahlreiche Studien, die die Ursachen von Bauwerkseinstürzen untersuchen und bewerten. Grundsätzlich kann man als Ursache aller Bauwerkseinstürze menschliche Fehler ansehen, entweder wurden Einwirkungen in der Planung nicht oder nicht adäquat berücksichtigt, die Errichtung war fehlerhaft oder die Nutzung des Bauwerkes erfolgte nicht gemäß Nutzungsbedingungen.

Abb. 2.156 zeigen die Ursachen von Bauwerkseinstürzen in Nigeria und Abb. 2.157 in den USA.

2.3.4.2 Gebäude

Häufig werden die Begriffe „Gebäude“ und „Hochbauten“ als bedeutungsgleich angesehen und als Synonyme verwendet. Daher werden im Folgenden drei Beispiele für die Definition von Hochbauten bzw. Gebäuden gegeben:

Das Statistisches Bundesamt (2014) definiert Hochbauten als: *„[...] Bauwerke, die sich im Allgemeinen wesentlich über die Erdoberfläche erheben. Zu den Hochbauten zählen aus technischen Gründen auch solche selbstständig benutzbaren unterirdischen Bauwerke, die von*

Abb. 2.150 Pfahlbauhaus von Seengen (Schweiz), Original ca. 6000 Jahre alt. (Foto: *D. Proske*)

Abb. 2.151 Pyramiden von Gizeh (Ägypten, 4500 Jahre alt). (Foto: *D. Proske*)

Abb. 2.152 Burj Khalifa in Dubai. (Foto: *D. Proske*)

Menschen betreten werden können und geeignet oder bestimmt sind, dem Schutz von Menschen, Tieren oder Sachen zu dienen (z. B. Schutzraumtiefbunker, unterirdische Krankenhäuser, unterirdische Ladenzentren und Produktionsstätten, Tiefgaragen).".

Die Schweizerische Eidgenossenschaft (2017) definiert in der Verordnung über das eidgenössische Gebäude- und Wohnungsregister, Art. 2, Absatz b: „*Gebäude [sind] auf Dauer angelegter, mit einem Dach versehener, mit dem Boden fest verbundener Bau, der Personen aufnehmen kann und Wohnzwecken oder Zwecken der Arbeit, der Ausbildung, der Kultur, des Sports oder jeglicher anderer menschlicher Tätigkeit dient; ein Doppel-, Gruppen- und Reihenhaus zählt ebenfalls als ein Gebäude, wenn es einen eigenen Zugang von außen hat und wenn zwischen den Gebäuden eine senkrechte vom Erdgeschoss bis zum Dach reichende tragende Trennmauer besteht.*"

Der Freistaat Sachsen (2018) definiert in der Sächsischen Bauordnung im § 2, Absatz 2: „*Gebäude sind selbstständig benutzbare, überdeckte bauliche Anlagen, die von Menschen betreten werden können und geeignet oder bestimmt sind, dem Schutz von Menschen, Tieren oder Sachen zu dienen.*"

In den letzten Jahrzehnten ereigneten sich nicht nur in Entwicklungsländern Einstürze von Gebäuden bzw. Hochbauten, wie z. B. in Mumbai (Indien) 2017, in Accra (Ghana) 2012 und in Sabhar (Bangladesch) 2013 mit über 1000 Todesopfern, sondern auch in Industrieländern wie in Halstenbeck (Deutschland) 1997/98, in Bad Reichenhall (Deutschland) 2006, in Köln (Deutschland) 2009, in Marseille (Frankreich) 2018, in Neapel (Italien) 2017 oder der Einsturz des World-Trade-Centers 2001 in New York (USA) mit über 3000 Todesopfern (zum Einsturz siehe Bazant et al. 2008).

Ein Einsturz ist eine Abfolge des Versagens von Tragwerkelementen, welche zur Zerstörung des Bauwerks führen. Ausgelöst wird diese Zerstörung, wenn die lokalen

Abb. 2.153 Kopie der Gesetzesstele des Kodex Hammurabi in Berlin (Original 3800 Jahre alt). (Foto *D. Proske*)

oder globalen Einwirkungen den Tragwiderstand der gesamten Tragstruktur überschreiten. Der Ablauf des Versagens wird als progressiver Kollaps bezeichnet und beschreibt die Kettenreaktion beginnend von einem versagenden Tragwerkselement hin zum Einsturz des Bauwerkes. Ein lokales Querschnittsversagen oder die Überschreitung eines Grenzwertes, die nicht zur Entstehung einer kinematischen Kette führen, werden hier nicht als Einsturz interpretiert, sondern das Bauwerk verbleibt in einem sanierungsfähigen Zustand.

Die meisten Einstürze ereignen sich durch großflächige außergewöhnliche Einwirkungen wie Hochwasser, Erdbeben oder Krieg. So wurden allein beim Tohoku-Erdbeben 2011 zwischen 45.000 (Norio et al. 2011) und 130.000 (Kazama und Noda 2012) Gebäude vollständig und zwischen 190.000 (Norio et al. 2011) und 240.000 (Kazama und Noda 2012) Gebäude teilweise zerstört. Beim Erdbeben 2010 in Haiti wurden ca. 250.000 Gebäude beschädigt (Bilham 2010). Im Zweiten Weltkrieg wurden allein in Deutschland knapp 4 Mio. Gebäude zerstört (Hardinghaus 2020). Hiroshima verlor durch die Atombombe im August 1945 ca. 60.000 der 90.000 Gebäude der Stadt (Groves 1946).

Bei Erdbeben stehen ca. 75 % der Opfer in Verbindung mit Bauwerkseinstürzen. Opferzahlen durch Erdbeben finden sich in diesem Buch im Kapitel Erdbeben, aber auch in der Literatur, wie z. B. Bachmann (2012). Nach eigenen Schätzungen sterben pro Jahr im Durchschnitt ca. 20.000 bis 30.000 Menschen weltweit durch Erdbeben.

Angaben zum Gebäudebestand finden sich in der Tab. 2.111 auf Länderebene und in der Tab. 2.112 auf Ebene der Kontinente. Insgesamt dürften zwischen 1,1 und 1,5 Mrd. Gebäude existieren.

Die sich aus den Daten ergebenden Einsturzhäufigkeiten sind für verschiedene Länder in Abb. 2.158 zusammengefasst

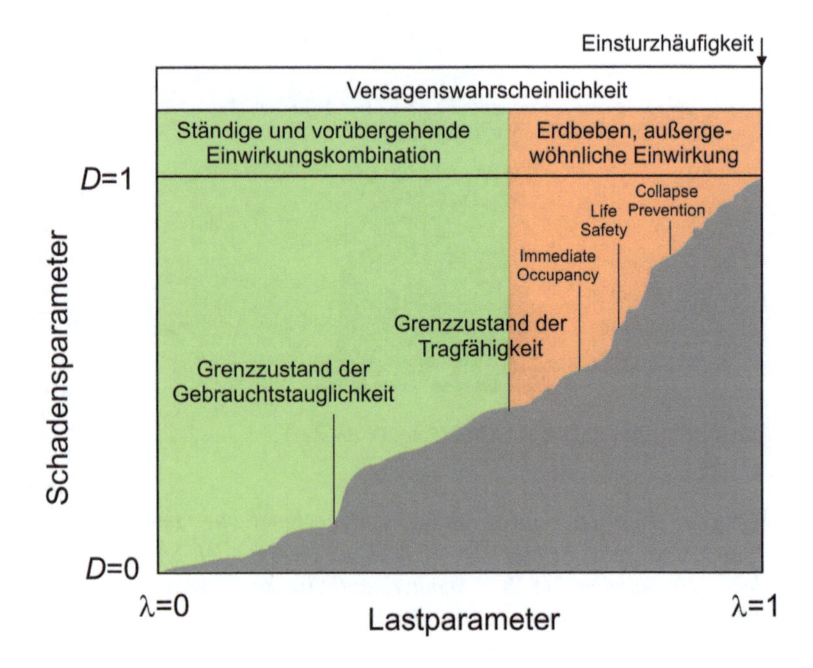

Abb. 2.154 Gestaffeltes Sicherheitskonzept für Bauwerke mit verschiedenen Grenzzuständen

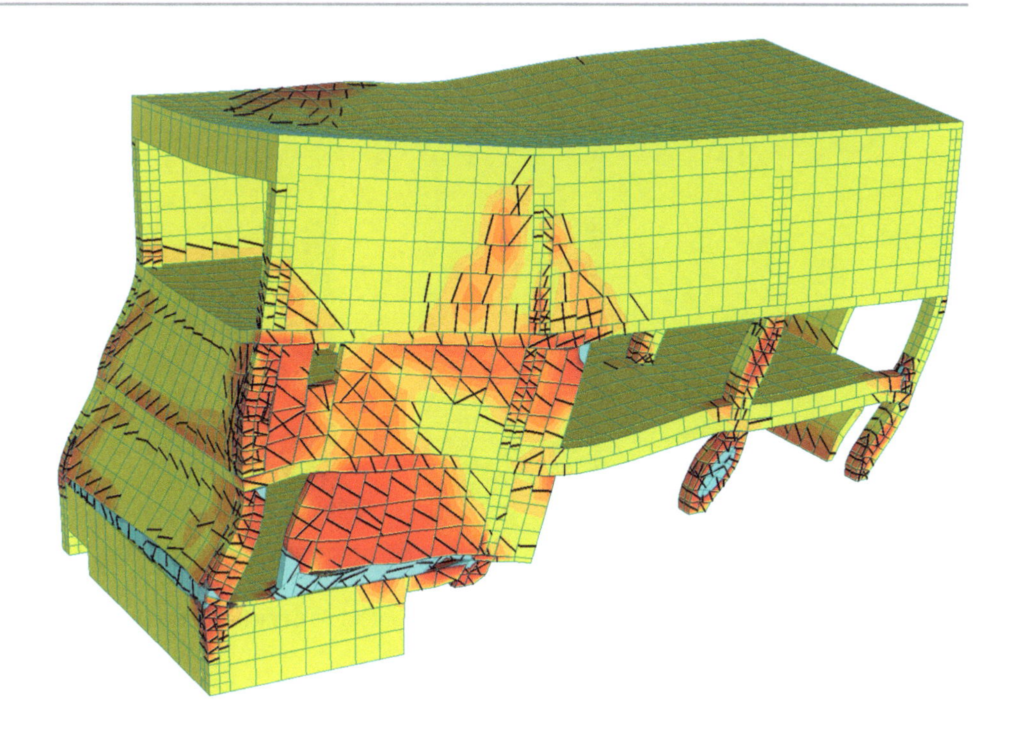

Abb. 2.155 Simulation des Verhaltens eines Stahlbetongebäudes bei Erdbeben mittels Pushover-Analyse

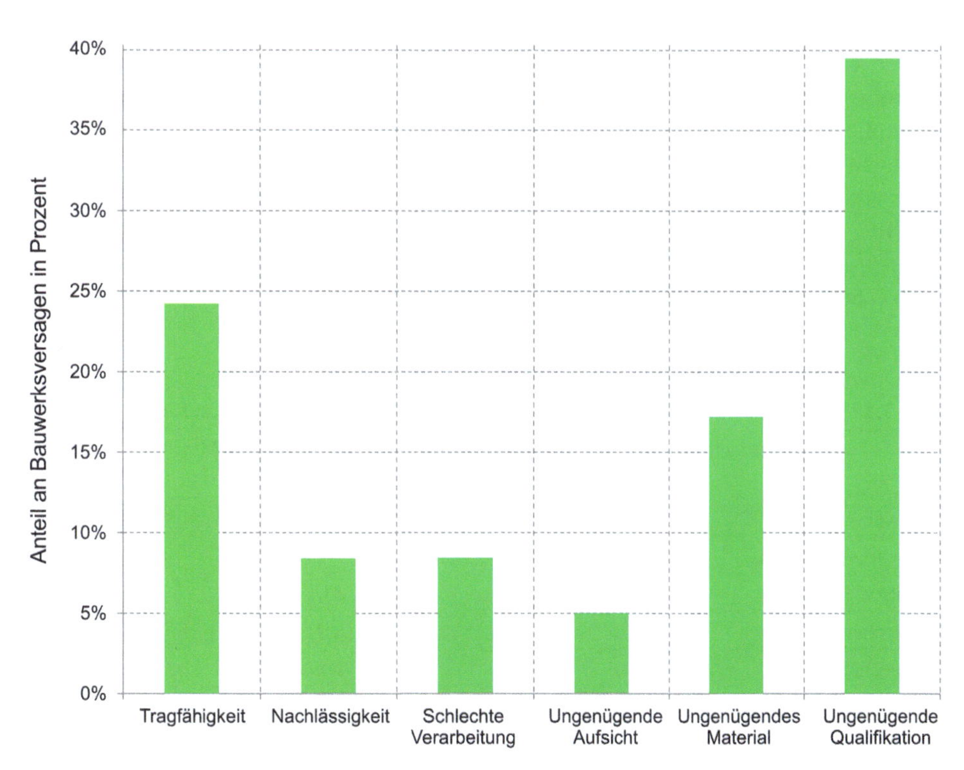

Abb. 2.156 Ursachen für Bauwerksversagen in Nigeria (Omenihu et al. 2016)

und die Mortalität ist in Abb. 2.159 dargestellt. Insgesamt sind Bauwerke in Industriestaaten mit ihrer sehr geringen Einsturzhäufigkeit und der sehr geringen Mortalität ein außerordentlich sicheres technisches Erzeugnis.

2.3.4.3 Absperrbauwerke

Absperrbauwerke sind künstliche Bauwerke in Form von Talsperren, Dämmen oder Wehren, die der kontrollierten Rückhaltung von Wasser, meistens in Fließgewässern,

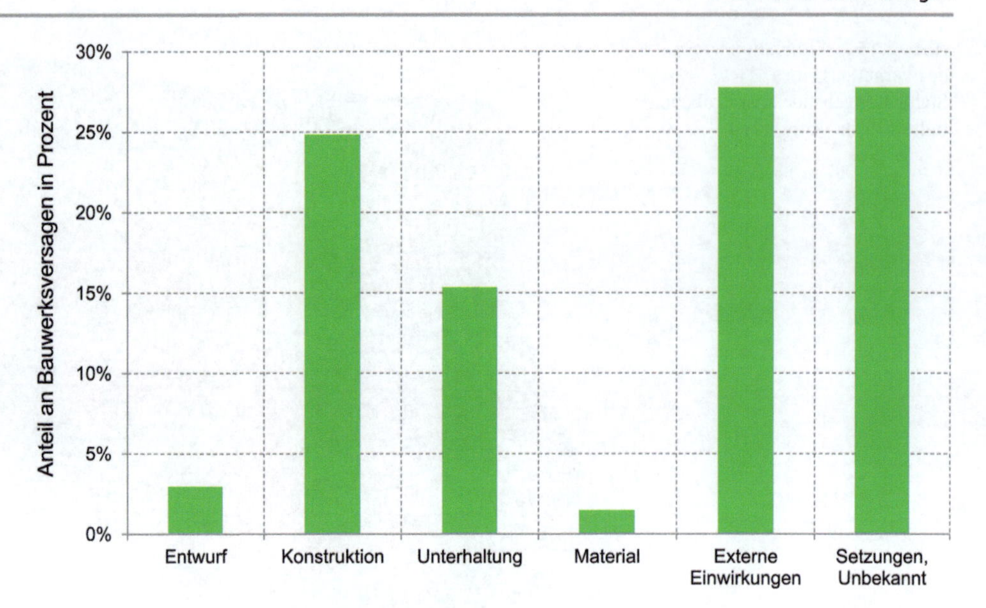

Abb. 2.157 Ursachen für Bauwerksversagen in den USA (Wardhana und Hadipriono 2003)

dienen (Abb. 2.160 und 2.161). Absperrbauwerke bilden einen wesentlichen Teil der Infrastruktur in Entwicklungs- und Industrieländern. Sie werden für verschiedene Zwecke errichtet, wie der Bereitstellung von Wasser für die Bevölkerung und die Industrie, für die Bewässerung, die Flutkontrolle, für Erholungsgebiete, die Navigation, Fischzucht, Sedimentationskontrolle oder Stromerzeugung. Absperrbauwerke können auch mehrere Zwecken dienen (ICOLD 2018).

Absperrbauwerke in Form von Dämmen werden seit mindestens 5000 Jahren errichtet (ICOLD 2013; Yang et al. 1999; White 2016). Einige Dämme, die vor über 3000 Jahren errichtet wurden, sind auch heute noch, wenn auch instandgesetzt und erweitert, in Nutzung (Water-Technology 2018). Schätzungen für die Anzahl der Dämme liegen zwischen 800.000 und 850.000.

Allerdings können Absperrbauwerke auch versagen. Dazu gibt es verschiedene Statistiken, z. B. Zhang et al. (2017), ICOLD (1995), Wikipedia (2018a, b), ASDOS (2018), Ott et al. (1984), Ebi (2007), Ferrante et al. (2013), Kalinina et al. (2016, 2017), Baecher et al. (1980), DOI (2014), Lombardi (2014).

Tab. 2.111 Gebäudeanzahl und -fläche für verschiedene Länder (Proske und Schmid 2021)

	Gebäudefläche Mrd. m^2	Gebäude in Mio	Einwohner in Mio. (2019/20)	Gebäude pro Einwohner	Fläche pro Einwohner in m^2
Schweiz	0,6	2,75	8,6	0,32	69,8
Italien	2,95	43,19	60,3	0,72	48,1
Deutschland	4,3	21,7	83,1	0,26	51,8
Österreich	0,4	2,19	8,9	0,25	44,9
Tschechien	0,39	2,41	10,7	0,23	37,4
USA		158,54	329	0,48	
Kanada		13,3	38,03	0,35	
Australien		15,2	25,72	0,59	
Russland	5,4		146,8		36,8
China	56,1	264	1.400,5	0,18	41,0
Japan		34	126,5	0,27	
Europa		146,3	746	0,19	48,8
Indien		361	1366	0,33	
Ghana		4,65	30,7	0,15	

Tab. 2.112 Extrapolierte Gebäudeanzahl für verschiedene Kontinente (Proske und Schmid 2021)

Region	Einwohner in Mio. 2019	Gebäude Mio
Europa	746	203,38
Nordamerika	367	158,54
Australien	25,3	15,24
Summe	1138,3	377,16
Mittelwert	1138,3	377,16
Asien	4603,7	533,48
Afrika	1305	127,78
Lateinamerika	645	106,48
Summe	6553,7	767,74
Mittelwert		767,74
Weltweit	7692	1.144,89

Tab. 2.113 listet verschiedene Versagensfällen mit den geschätzten Opferzahlen auf. Jonkman (2005) nennt 175.000 Todesopfer durch weltweite Überflutungen für den Zeitraum 1975 bis 2001. Das entspricht einer weltweiten jährlichen mittleren Opferzahl von 7000.

Abb. 2.162 zeigt die Entwicklung der Versagenswahrscheinlichkeit von Dämmen.

Am 7. August 1975 versagte nach mehr als 26 h sintflutartigen Regens der Banqiao Damm in Zentral China in der Provinz Henan inklusive weiterer Dämme, wie z. B. dem Shimantan Damm. Dabei wurden 600 Mio. m^3 Wasser freigegeben, die sich mit einer Geschwindigkeit von ca. 50 km/h über die dahinter befindlichen Täler und Ebenen bewegten. Nach chinesischen Angaben starben innerhalb der nächsten 24 h ca. 85.000 Menschen. Infolge des Hungers und der Ausbreitung von Krankheiten als Folge der Überschwemmung starben noch einmal 145.000 Menschen. Sollten die Angaben korrekt sein, ist die Henan-Katastrophe hinter den Sturm- und Überschwemmungsschäden 1970 in Bangladesch und dem Tangshan-Erdbeben von 1976 die drittgrößte registrierte zivile Katastrophe im 20. Jahrhundert. Sie gilt als die größte erfasste technische Katastrophe aller Zeiten. (Lind und Hartford 1999).

Deutlich erkennbar ist in diesem Beispiel die Verbindung von natürlichen und technischen Risiken. Außerdem werden die sekundären bzw. indirekten Auswirkungen einer Katastrophe sichtbar. Derartige Auswirkungen werden auch als Folgekatastrophen bezeichnet. In diesem Fall waren die sekundären Auswirkungen die anschließende Hungersnot und die unzureichende medizinische Versorgung. Der Umfang dieser sekundären Auswirkungen war größer als die Opferanzahl bei der direkten Katastrophe, dem Dammversagen. Eine sekundäre Auswirkung von Zerstörungen ist z. B. die beschränkte Erreichbarkeit von Regionen nach Naturkatastrophen. So gibt es in Japan Untersuchungen über die Auswirkung des Einsturzes von Brücken auf die Erreichbarkeit von durch Erdbeben zerstörten Regionen. (Kimura und Aoyama 1999).

Die Auswirkungen des Versagens von Dämmen wie beim o. g. Beispiel lassen sich aber nicht verallgemeinern. Üblicherweise hat das Versagen von Dämmen keine so gewaltigen Ausmaße: Von 1960 bis 1996 versagten von ca. 23.700 Dämmen in den USA 23 Dämme (Lind und Hartford 1999; Jansen 1983). Dabei waren 318 Todesopfer zu beklagen. Das jüngste Beispiel für einen Dammbruch ereignete sich am 7. Juni 2002 in Syrien mit 22 Toten, aber mindestens 3800 Obdachlosen.

Eine besondere Katastrophe mit einem Staubauwerk ereignete sich 1963 in Vajont in Italien. Durch starke Regenfälle wurde eine gewaltige Böschungsrutschung ausgelöst.

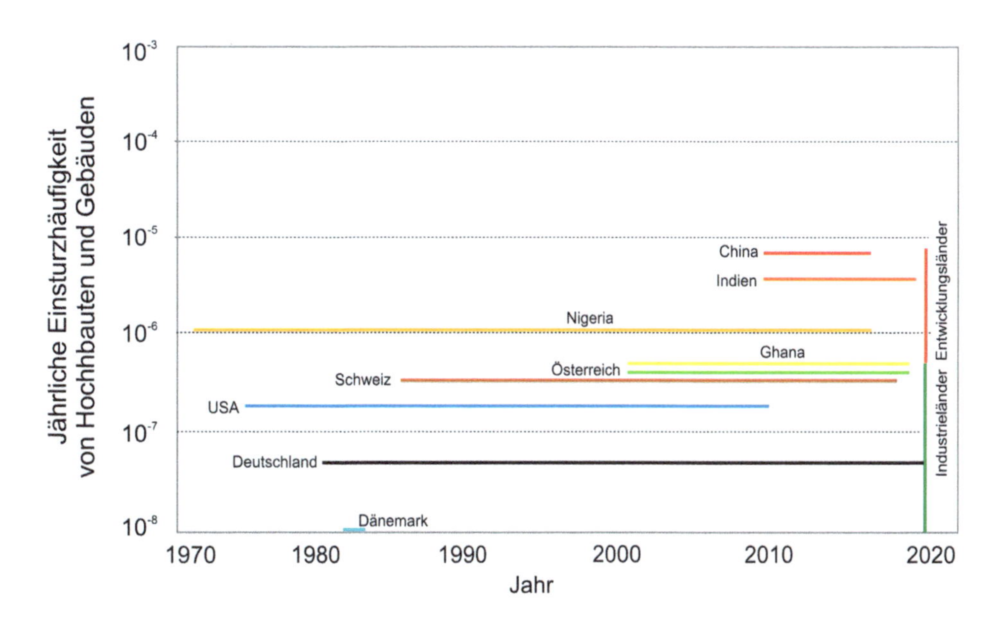

Abb. 2.158 Jährliche Einstürzhäufigkeiten von Hochbauten für verschiedene Länder zusammengefasst (Proske und Schmid 2021)

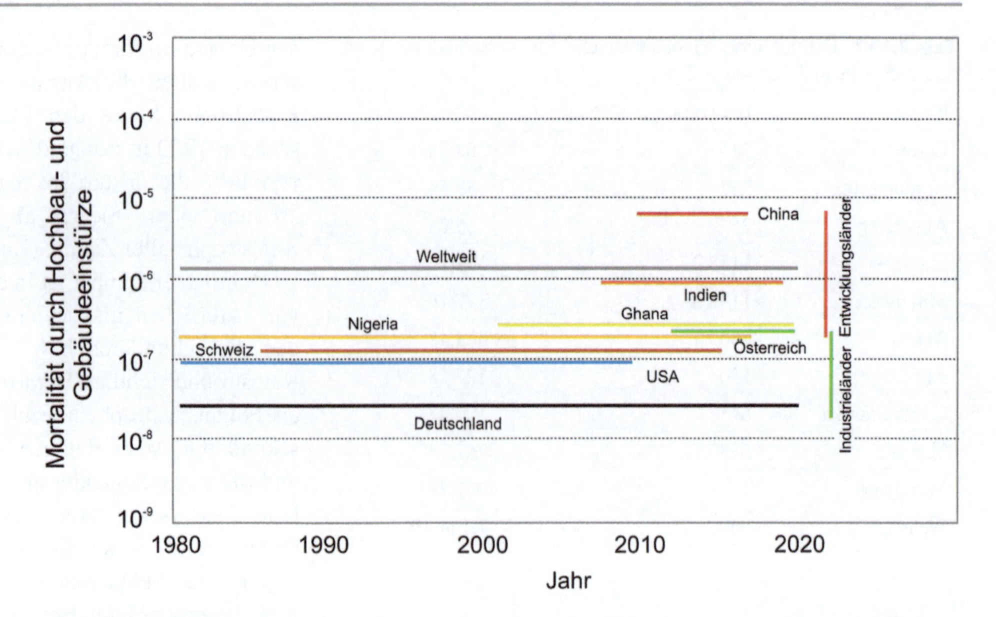

Abb. 2.159 Jährliche Mortalitäten durch Hochbaueinstürze für verschiedene Länder zusammengefasst (Proske und Schmid 2021)

Abb. 2.160 Katse-Talsperre während der Errichtung 1995/96 in Lesotho. (Foto: *D. Proske*)

Das in Bewegung geratene Material dürfte ein Volumen von 2 km × 1 km × 150 m besessen haben. Diese Masse rutschte mit hoher Geschwindigkeit in einen Stausee und führte zu einer Flutwelle von über 70 m. Diese Flutwelle forderte in den umliegenden Ortschaften ca. 2500 Todesopfer. (Pohl 2004).

Neben dem Versagen von Dämmen bergen diese Bauwerke aber auch ein Risiko durch die Erfüllung ihrer Aufgabe. 1950 existierten weltweit 5000 Dämme mit einer Kronenhöhe von mehr als 30 m. Im Jahre 2000 gab es über 45.000 solcher Dämme weltweit. Dadurch verändern Dämme ganze Landschaften. So mussten für drei Dämme am Jangtse in China zwei Millionen Menschen umgesiedelt werden. Zurzeit findet eine wissenschaftliche Diskussion darüber statt, ob durch die Wassermassen an großen Dämmen Erdbeben ausgelöst werden können. (Klesius 2002).

2.3.4.4 Brücken

Der Begriff der Brücken wird in verschiedenen Normen definiert. So findet sich in der deutschen DIN 1076 (1999): *„Überführungen eines Verkehrsweges über einen anderen Verkehrsweg, über ein Gewässer oder tiefer liegendes*

Abb. 2.161 Talsperre im Tessin. (Foto: *D. Proske*)

Gelände, wenn ihre lichte Weite rechtwinklig zwischen den Widerlagern gemessen 2,00 m oder mehr beträgt.“. Die Definitionen sind inhaltlich weltweit ähnlich, jedoch unterscheidet sich die Festlegung der Mindestspannweite: Für die USA findet man eine Mindestspannweite von 20 Fuß (6,1 m) (FHWA 1996), für Südafrika 6 m (Wolhuter 2015).

Weltweit dürfte der Bestand an Brücken heute zwischen 5 bis 6 Mio. liegen. Bleibt die Bedeutung der bodengebundenen Verkehrsmittel erhalten, so wird sich dieser Bestand in den nächsten Jahrzehnten mindestens verdoppeln, wahrscheinlich sogar verdreifachen. Abb. 2.163 zeigt die Entwicklung des Brückenbestandes für die USA und China. Außerdem werden in dem Bild Zahlen für verschieden europäische Staaten und Japan angegeben.

Abb. 2.164 zeigt die Entwicklung der Versagenshäufigkeit von Brücken über die letzten 150 Jahre. Die Namen an den Linien nennen den Erstautor der Veröffentlichung. Die Linienlänge zeigt den betrachteten Zeitraum, das Rechteck den Schwerpunkt der Linie, der für die Bestimmung des Trends zu Grunde gelegt wurde. Cook (2014) hat selbst einen Trend angegeben. Das Bild zeigt eindrücklich, dass Brücken in den letzten 150 Jahren mindestens um den Faktor 10, eher um den Faktor 100 sicherer geworden sind.

Abb. 2.165 zeigt die Ursachen für Brückeneinstürze bezogen auf die Einwirkungen. Das Bild ist die Mittelwertbildung verschiedener Veröffentlichungen zu den Ursachen. Deutlich erkennbar ist, dass Überflutungen und damit verbundene Unterspülungen die Hauptursache sind. Dies bestätigt auch Tab. 2.114. Da bei Überflutungen Brücken oft gesperrt werden oder gar nicht mehr erreichbar sind, sind hier auch wenige Todesopfer zu beklagen. Insofern zeigen Brücken eine bessere Statistik als Gebäude.

Die maximalen Opferzahlen von Brückeneinstürzen liegen im Bereich über 200 Todesopfern. Beispielhaft genannt sei hier die maximale Opferzahl bei einem Brückeneinstürze liegen im Bereich über 200 (z. B. die Liziyida-Brücke in China nach einem Murenereignis). Bei der Katastrophe von Ponte das Barcas während der napoleonischen Kriege sollen mehrere tausend Opfer beim Versagen einer Schiffsbrücke zu beklagen gewesen sein.

Brückeneinstürze führen nicht zwangsläufig zu Todesopfern. Tatsächlich liegt der Anteil der Brückeneinstürze mit Todesopfern im unteren einstelligen Prozentbereich. Häufig wird ein Wert um die 5 % angegeben. Dieser geringe Prozentsatz liegt daran, dass der Hauptteil der Brückeneinstürze sich bei Hochwassern ereignet. Zum Einsturzzeitpunkt sind entweder die Brücken gesperrt oder die Zufahrtsstecken zu den Brücken nicht mehr passierbar. Tab. 2.115 bestätigt dies auch sowohl durch die absoluten Mortalitäten als auch die expositionszeitbezogenen Mortalitäten (Fatal Accident Rate).

Eigene statistische Untersuchungen der Opferzahlen von Brückeneinstürzen zeigen eine bimodale Verteilung. Diese ist in Abb. 2.166 dargestellt. Die beiden Hügel bedeuten, dass ein bestimmter Anteil der Einstürze mit Todesfolge nur geringe Opferzahlen zeigt und bei einem zweiten Anteil sehr große Opferzahlen zu erwarten sind. Das Verhältnis

Tab. 2.113 Versagen von Dämmen mit Todesopferzahl (Proske 2018a, b)

Damm	Land	Jahr	Ungefähre Anzahl Todesopfer
Banqiao und Shimantan Dämme	China	1975	175.000
Machchu-2 Damm	Indien	1979	5000
South Fork Damm	USA	1889	2200
Vajont Damm	Italien	1963	2000
Sempor Damm	Indonesien	1967	2000
Möhne Damm	Deutschland	1943	1600
Kurenivka Hangrutschung	Sowjetunion	1961	1500
Tigra Damm	Indien	1917	1000
Panshet Damm	Indien	1961	1000
Iruka Lake Damm	Japan	1868	950
Puentes Damm	Spanien	1802	610
St-Francis Damm	USA	1928	600
Vratsa	Bulgarien	1966	600
Malpasset Damm	Frankreich	1959	420
Vega de Tera	Spanien	1959	400
Gleno Damm	Italien	1923	350
Val di Stava Damm	Italien	1985	270
Koshi Barrage	Nepal	2008	250
Rapid City	USA	1972	250
Dale Dike Reservoir	Großbritannien	1984	240
Qued-Fergoug	Algerien	1881	200
Bouzey	Frankreich	1895	100
Austin	USA	1910	100

der beiden Anteile ist ca. zwei Drittel (kleine Opferzahl) zu einem Drittel (große Opferzahl).

Das folgende Abb. 2.167 zeigt die zeitliche Entwicklung der maximalen Opferzahlen über knapp 200 Jahre. Dabei ist ein schwacher Trend zu geringeren Opferzahlen erkennbar. Im Gegensatz dazu hat sich das Verhältnis der Verletzten zu Todesopfern bei Einstürzen mit Todesfolge nicht wesentlich verändert. Dies steht im Widerspruch zu den Einstürzen von Gebäuden durch Erdbeben. Hier sehen wir seit mehreren Jahrzehnten eine Verschiebung von den Todesopfern zu den Verletztenzahlen. In der Konsequenz bedeutet das Abb. 2.168, dass beim Absturz von Verkehrsmitteln bei Brückenabstürzen keine Verschiebung von den Todesopfern zu den Verletzten zu beobachten ist.

2.3.4.5 Tunnel

Gemäß ITA (2019) ist ein Tunnel ein künstlicher unterirdischer Gang, der an beiden Enden offen ist. Der aktuelle weltweite Bestand an Tunneln wird offiziell mit ca. 40.000 angegeben (ITA 2019). Spyridis und Proske (2021) schätzen, dass es mehr als 125.000 Tunnel gibt. Für einige Länder, wie z. B. die Schweiz (STS 2020; SBB 2018; ASTRA 2016), liegen detaillierte Zahlen vor, für die meisten Länder sind nur begrenzte Informationen verfügbar (DoT 2020; Wikipedia 2020a, b, c; Statista 2020), so dass eine Schätzung schwierig ist.

Erste Tunnel wurden vor mindestens 4000 Jahre errichtet. Frühe Tunnel wurden in Ägyptern, Indien und China gebaut. Der erste gebaute Tunnel, dessen Ingenieur aufgezeichnet ist, ist der 1036 m lange Wassertunnel des Eupalinos von Megara auf Samos, Griechenland, der um 530 v. Chr. gebaut wurde (ITA 2019; Sandström 1963).

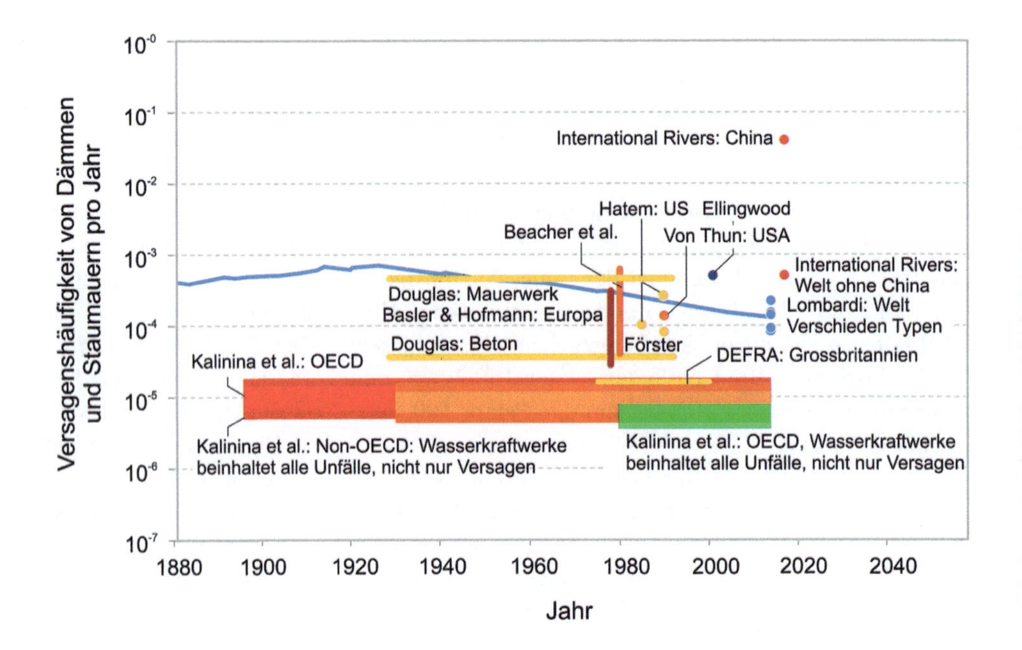

Abb. 2.162 Entwicklung der Versagenshäufigkeit von Staudämmen und Mauern über die letzten 100 Jahre (Proske 2018a, b)

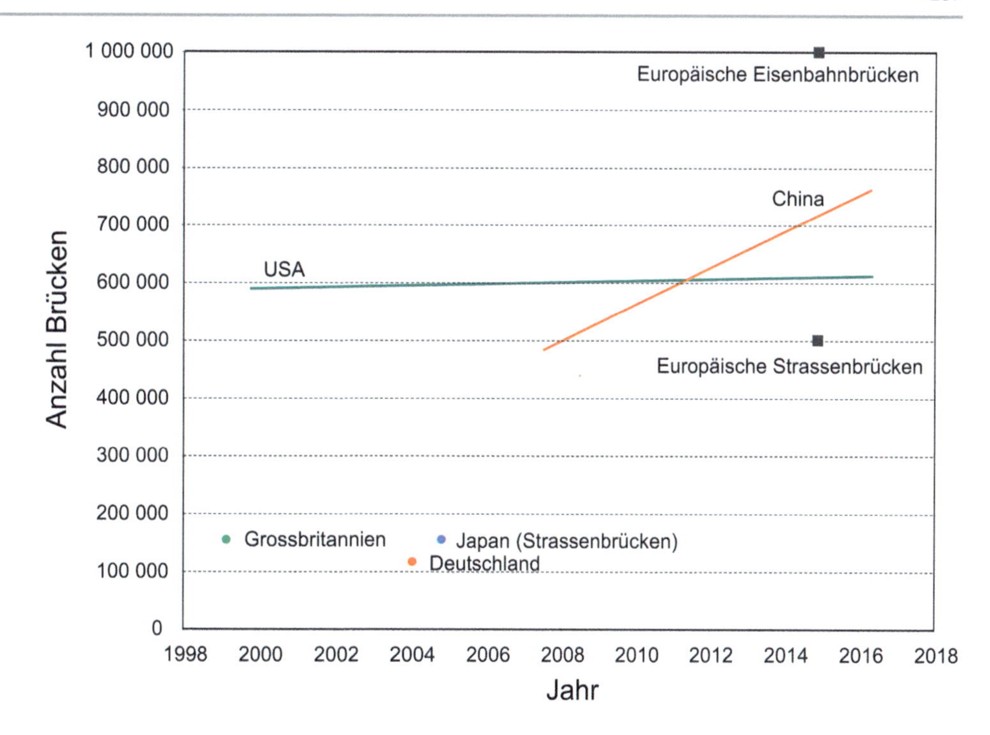

Abb. 2.163 Brückenbestand in verschiedenen Ländern (Proske 2017, 2018a, b)

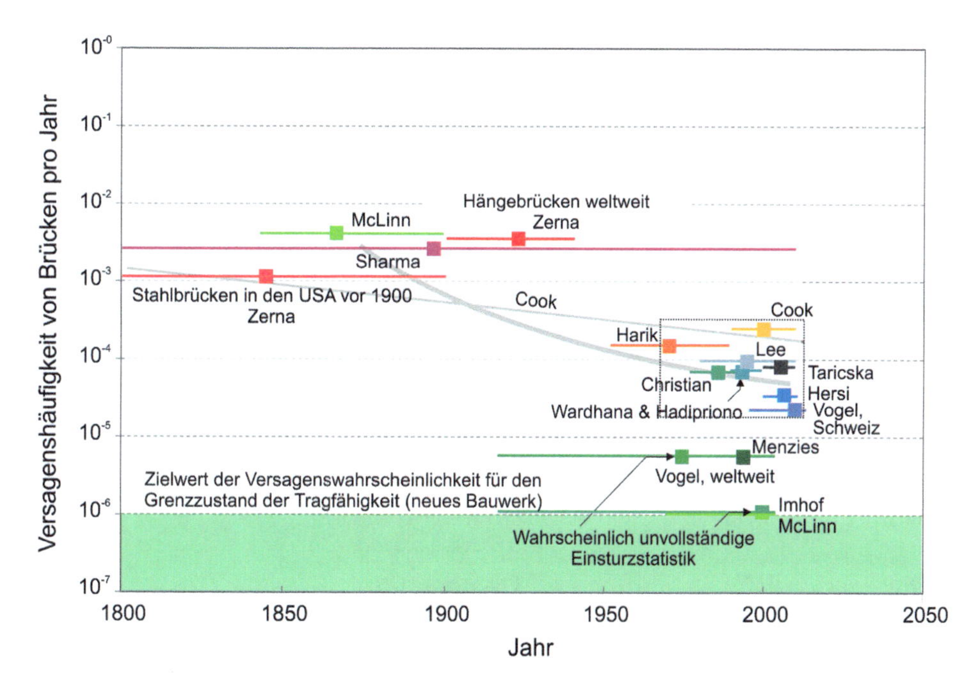

Abb. 2.164 Entwicklung der Versagenshäufigkeit von Brücken. (Proske 2018a, b)

In den letzten Jahren steigt die Zahl der Tunnel und Tunnelbauprojekte weltweit rasant an. Im Jahr 2016 lag das jährliche Wachstum bei ca. 7 % (ITA 2016, 2017).

Bei der statistischen Auswertung der Einstürze von Tunneln müssen zwei Besonderheiten berücksichtigt werden:

- Der Großteil der Tunneleinstürze (80 bis 90 %) erfolgt während der Bauphase (Konstantis et al. 2016).
- Viele Schäden stehen im Zusammenhang mit Unfällen von Transportmitteln innerhalb des Tunnels und mit anschließenden Bränden. (Ingason et al. 2015).

Abb. 2.169 zeigt die Einsturzhäufigkeit von Tunneln basierend auf der Auswertung einzelner Einstürze und Vergleichswerte in der Literatur.

Interessant ist die Frage, ob Peak um das Jahr 2000 ein statistisches Artefakt oder ein reales Phänomen ist.

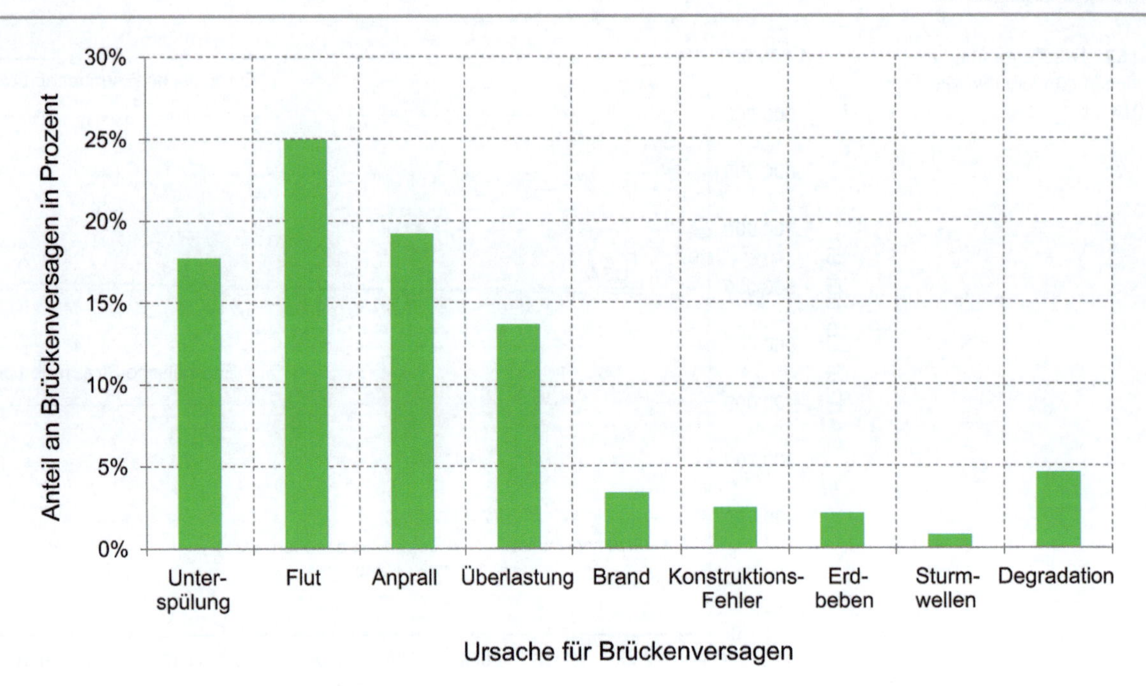

Abb. 2.165 Ursachen für Brückenversagen (Proske 2018a, b)

Tab. 2.114 Großflächige außergewöhnliche Ereignisse mit einer großen Anzahl Brückeneinstürzen (Proske 2021)

Jahr	Ort	Beschreibung bzw. Anzahl in der Literatur	Auslöser
1784	Mitteleuropa	22 Brücken zerstört oder beschädigt	Hochwasser
1947	USA	„Große Verluste“ an Brücken	Hochwasser
1952	GB	28 Brücken beschädigt und zerstört	Hochwasser
1964/1972	USA	383 Brücken zerstört oder beschädigt	Hochwasser
1976	Japan	233 Brücken zerstört oder beschädigt	Taifun und Überflutung
1985	USA	73 Brücken zerstört	Hochwasser
1987	USA	17 Brücken zerstört	Hochwasser
1993	USA	110 Brücken zerstört	Hochwasser
1994	Harz, Deutschland	> 15 Brücken zerstört	Hochwasser
1998	Bangladesch	400 Brücken beschädigt	Hochwasser
2002	Sachsen	> 450 Brücken beschädigt, > 15 Brücken zerstört	Hochwasser
2005	USA	70 Brücken zerstört	Sturm Katrina und Hochwasser
2008	China	Eine „große Anzahl“ Brücken stürzte ein (Hangrutschungen), 4840 Brücken beschädigt	Erdbeben
2009	GB	7 Brücken zerstört	Hochwasser
2011	USA	40 Brücken zerstört	Hochwasser
2011	Japan	> 300 Brücken zerstört	Erdbeben und Tsunami
2012	Afghanistan	400 Brücken zerstört	Hochwasser
2015	GB	131 Brücken beschädigt	Hochwasser
2021	Deutschland	52 Brücken zerstört oder beschädigt	Flut

Zwischen 1994 und 2003 ereigneten sich einige große Tunneleinbrüche, wie z. B. bei der Münchner U-Bahn, dem Great Belt Link, dem Flughafen Heathrow, dem L.A.-Metrotunnel (1994–1995). Im Jahr 2003 wurde teilweise als Reaktion auf diese Tunneleinstürze der Joint Code of Practice for Risk Management of Tunnel Works von der Bri-

Tab. 2.115 Verschiedene Risikowerte für Brücken und Gebäude (Das 1997, Vogel et al. 2009, Bockley 1980, Menzies 1996)

Risikoparameter	Brücken	Gebäude	Zielwert
Mortalität pro Jahr	2×10^{-9}–10^{-8}	10^{-7}	10^{-6}
Fatal Accident Rate	0,00002	0,002	0,2 bis 2,0
Verlust an Lebensjahren	Sekunden und Minuten		KFZ: 200 Tage

tish Tunneling Society und den Construction Risk Insurers eingeführt (BTS 2003). Die International Tunnel Association übernahm ihn vermutlich aufgrund weiterer Tunnelkatastrophen weltweit (wie z. B. dem Einsturz des Nicholson Highway 2004).

Einstürze von Tunneln können neben erheblichen wirtschaftlichen Verlusten mit Todesopfern verbunden sein, siehe Abb. 2.170.

2.3.4.6 Stützbauwerke

Stützbauwerke zählen wie Brücken, Tunnel oder Dämmen zur Klasse der Infrastrukturbauwerke. Es existieren verschiedene technisch-konstruktive Arten von Stützbauwerken, wie z. B. Schwergewichtsmauern oder Winkelstützmauern. Definitionen für Stützbauwerke lauten z. B. (Hofmann et al. 2021):

- *„Stützbauwerke umfassen alle Arten von Wänden oder Stützsystemen, bei denen Bauteile durch Kräfte aus dem gestützten Material beansprucht werden."*
- *„Der Zweck eines Stützbauwerkes ist es, eine ansonsten instabile Bodenmasse durch seitliche Abstützung oder Bewehrung zu stabilisieren."*
- *„Stützbauwerke sind Stützkonstruktionen, die waagerechte und senkrechte Lasten (dynamische und/oder statische) aus dem Boden aufnehmen und diese im Fußbereich in den Boden übertragen."*.

Gemäß Tab. 2.110 gibt es mindestens 26 Mio. Stützbauwerke. In Tab. 2.116 finden sich Anzahl und teilweise die Streckenlänge von Stützbauwerken. Abb. 2.171 zeigt die Einsturzhäufigkeit von Stützbauwerken und die berechnete Versagenswahrscheinlichkeit. Im Vergleich zu anderen Bauwerken zeigen Stützbauwerke eine relativ hohe Einsturzhäufigkeit.

2.3.4.7 Deponien und Tanks

Deponien dienen der Rückhaltung und räumlichen Fixierung von Material. In der Regel handelt es sich bei dem zurückgehaltenen Material um Abfälle. Die Abfallmenge betrug 1983 in den alten Bundesländern 30 Mio. t bzw. eine halbe Tonne pro Einwohner und Jahr (Merz 2001). In den USA stieg die Abfallmenge von 0,5 Mio. t pro Jahr während des Zweiten. Weltkrieges auf ca. 300 Mio. t pro Jahr

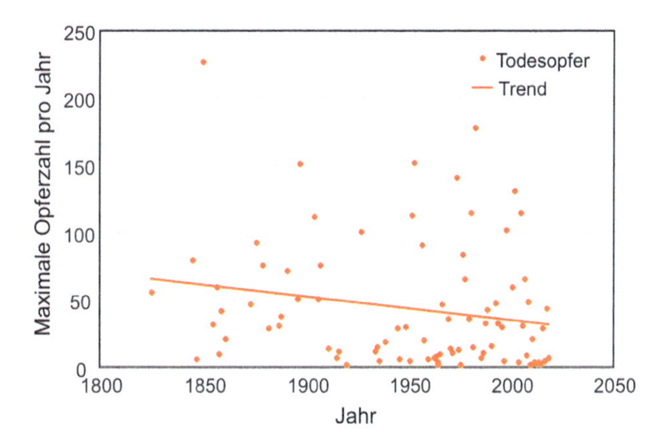

Abb. 2.167 Maximale Opferzahl durch Brückeneinstürze pro Jahr (Proske 2020b)

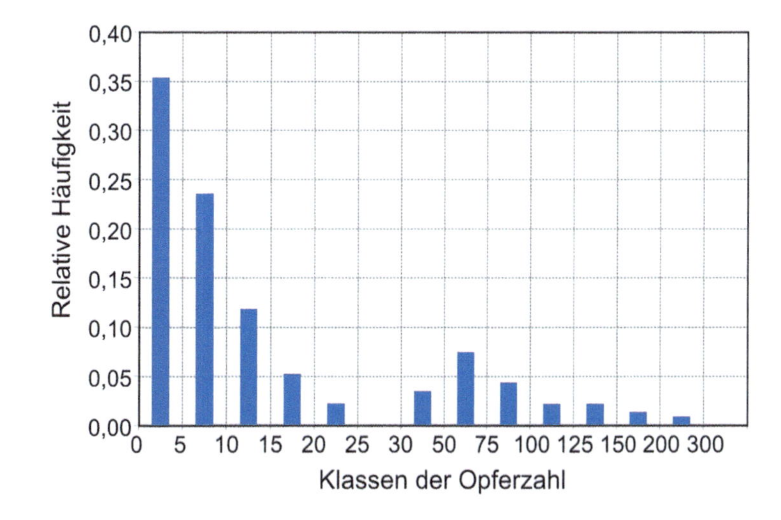

Abb. 2.166 Verteilung der Opferzahlen bei Brückeneinstürzen (Proske 2020b)

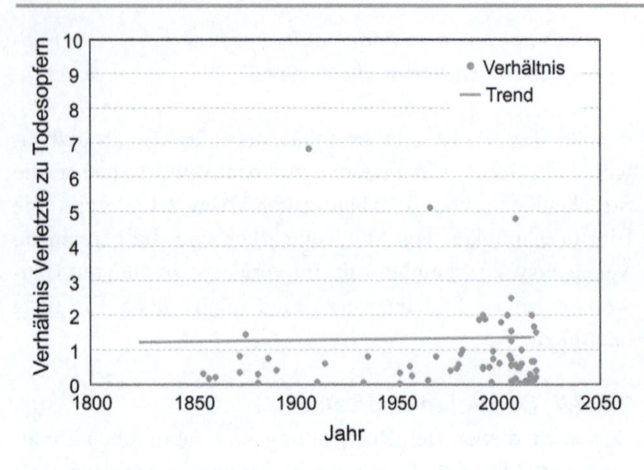

Abb. 2.168 Verhältnis Verletzte zu Todesopfern bei Brückeneinstürzen (Proske 2020b)

1993 125. Zwar stieg auch in Deutschland die Abfallmenge bis 1993 weiter auf 43 Mio. t (Garrick 2000), aber die Menge pro Kopf pro Einwohner und Jahr blieb etwa konstant. Die Menge des Sondermülles konnte im letzten Jahrzehnt trotz strengerer Definitionen in Deutschland deutlich gesenkt werden.

Sondermüll und Abfall im Allgemeinen enthalten häufig toxische Substanzen. In Deutschland ist der Bau von Deponien zur Lagerung von Abfall, z. B. von sogenannten Hochsicherheitsdeponien oder Dichtbarrieren, in den 80er und 90er Jahren intensiv untersucht worden (Hessisches Ministerium für Umwelt, Energie und Bundesangelegenheiten 1992). Ende der 80er Jahre musste die Bundesrepublik Deutschland Abfall zur Entsorgung ins Ausland exportierten, da die Kapazitäten zur Verbrennung und

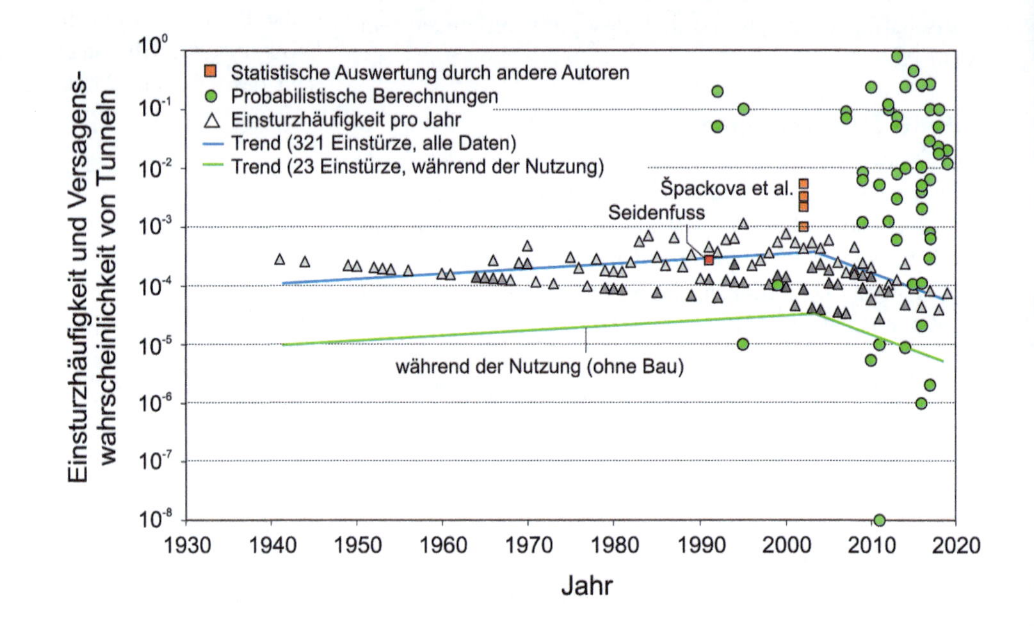

Abb. 2.169 Einstürzhäufigkeit von Tunneln nach verschiedenen Autoren, probabilistischen Berechnungen und eigenen Untersuchungen mit Daten von Reiner (2011) und MED (2015) (Spyridis und Proske 2021)

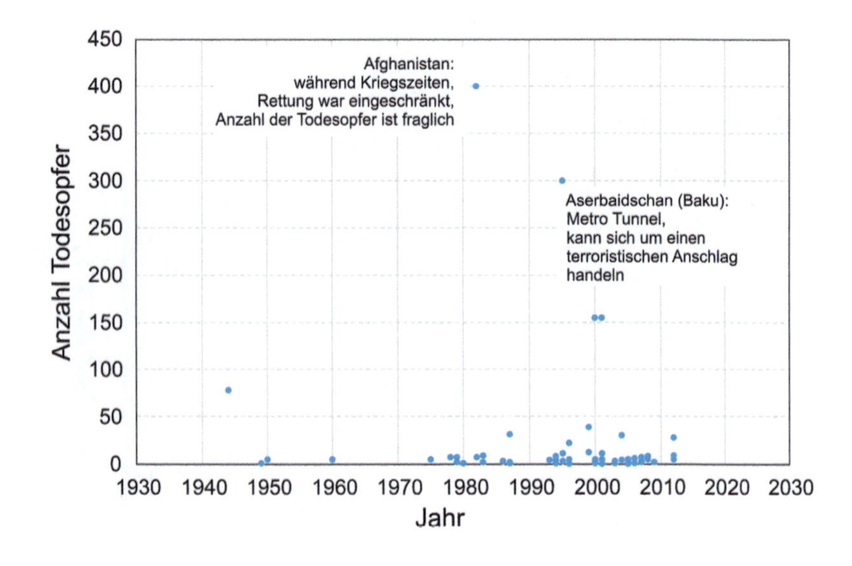

Abb. 2.170 Anzahl Todesopfer bei Tunneleinstürzen pro Jahr (Spyridis und Proske 2021)

Tab. 2.116 Anzahl Stützbauwerke in verschiedenen Ländern bzw. bei verschiedenen Infrastrukturbetreibern (Hofmann et al. 2021)

Region bzw. Land	Infrastrukturbetreiber	Anzahl	Kilometer
Europäische Union			50.000
Deutschland	Deutsche Bahn	10.033	1229
Österreich	Gesamt	140.000	
Österreich	ÖBB	10.000	
Österreich	ASFINAG	961	
Schweiz	Gesamt	50.000	
Schweiz	SBB	11.000	413
Schweiz	ASTRA	2500	
Japan	Eisenbahn	7989	
Tschechien		5543	
Dänemark	Nationalstraßen	18	
Frankreich	Nationalstraßen	13.729	
Spanien	Nationalstraßen	3641	
Schweden	Nationalstraßen und Straßen in Stockholm	600	
Großbritannien			4433

Deponierung von Sonderabfällen unzureichend waren (Hessisches Ministerium für Umwelt, Energie und Bundesangelegenheiten 1992). Seit Mitte der 80er Jahre ist man darum bemüht, die Menge der deponierten Abfälle zu verringern. Man geht heute davon aus, dass ein Drittel des Abfalls durch Müllverbrennung oder Recycling beseitigt wird. Dies gilt gleichermaßen für die USA wie für Deutschland (Merz 2001; Garrick 2000). Parallel dazu wird es insbesondere in dicht bevölkerten Regionen immer schwieriger, neue Deponien anzulegen. In Deutschland sind neue Mülldeponien für Siedlungsabfall nicht mehr genehmigungsfähig. Reststoffe müssen in Zukunft zunehmend durch Trennung, Verbrennung, Vergasung, Hydrierung und biologische Verfahren endgelagert werden (Merz 2001).

Trotzdem existieren heute in den alten Bundesländern über 3000 Deponien. Der überwiegende Anteil davon sind sogenannte Bauschutt- und Bodenaushubdeponien (2700) und nur knapp 300 Deponien sind Hausmülldeponien (Paffrath 2004). Bei einem Drittel der Anlagen erfolgt keine Behandlung von Deponiegasen. Nur bei knapp 20 % der Anlagen wird das Sickerwasser gereinigt, bei 7 % der Anlagen wird das Sickerwasser nicht aufgefangen oder gereinigt, sondern gelangt unkontrolliert in den Boden (Paffrath 2004). Die restlichen Anlagen leiten das Sickerwasser in die kommunale Abwasserreinigung. Auf dem Gebiet der DDR vermutete man über 10.000 Müllkippen, wobei 1990 noch ca. 6000 verwendet wurden. Davon verdienen nur ca. 120 den Begriff einer Deponie (Paffrath 2004). Allerdings muss auch hier von unzureichenden Abdichtungen ausgegangen werden.

Aber auch in den alten Bundesländern waren in den 70er Jahren die Begriffe Abfalltrennung, Deponiebasisabdichtung, Sickerwassererfassung, Entgasung oder Kontroll- und Nachsorgemaßnahmen den Deponieplanern noch fremd (Hessisches Ministerium für Umwelt, Energie und Bundesangelegenheiten 1992). Heute existieren mehrere Systeme von verschiedenen Herstellern zur Ausbildung von Hochsicherheitsdeponien z. B. mit sogenannten Multi-Barriere-Systemen, die eine hohe Sicherheit während der Lebens- bzw. Nachsorgedauer gewährleisten. Die Nachsorgedauer ist gesetzlich geregelt (Paffrath 2004). Man sieht Deponien nicht mehr als passive Lager an, sondern versteht sie als Reaktoren, in denen in der Regel chemische und

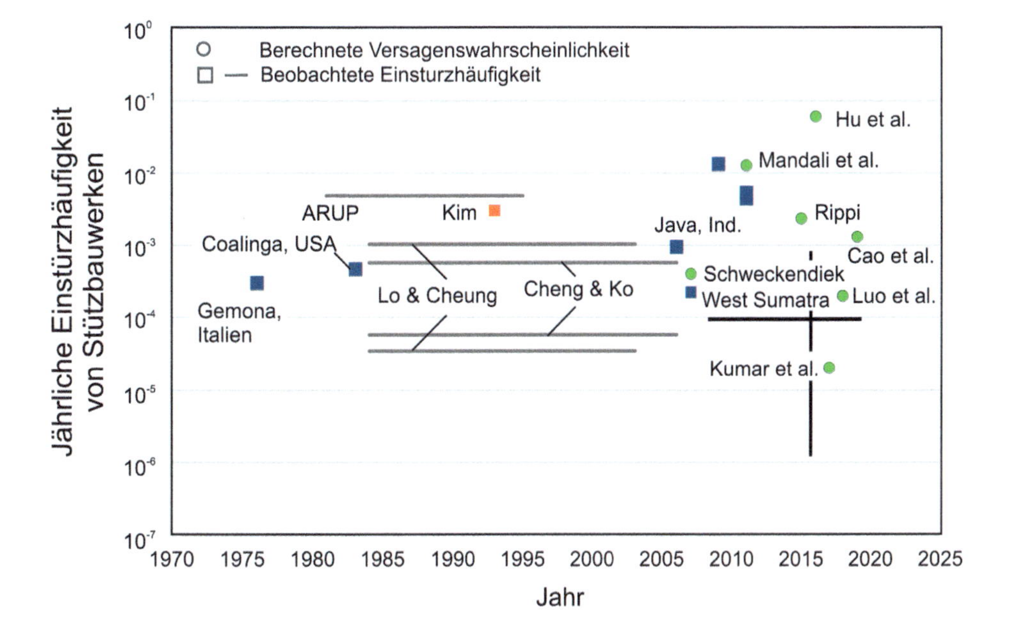

Abb. 2.171 Einstürzhäufigkeit von Stützbauwerken nach verschiedenen Autoren, probabilistischen Berechnungen und eigenen Untersuchungen (Hofmann et al. 2021)

biologische Prozesse stattfinden. Die Lebensdauer der Deponien schätzt man auf 30 bis 100 Jahre (Paffrath 2004).

Trotzdem ist auch hier ein hundertprozentiger Schutz nicht möglich. Angaben zu zulässigen Risiken lassen sich z. B. bei den Anforderungen an Dichtbarrieren aus Beton finden. Bei der Planung der Dichtbarrieren für den Umgang mit wassergefährdenden Stoffen geht man von einer jährlichen mittleren Wahrscheinlichkeit für den Austritt von Stoffen aus einer Primärbarriere von 10^{-4} pro Jahr aus. In Abhängigkeit von einer Schutzklasse wird ein akzeptables Risiko festgelegt (Tab. 2.117) (Kiefer 1997; Wörner 1997).

Daneben muss natürlich die Gefährdungsklasse des ausgetretenen Stoffes berücksichtigt werden. Die Gefährdungsklasse berücksichtigt die Toxizität und die Migrationsfähigkeit des Stoffes. Für die Beschreibung der Toxizität wird häufig die sogenannte Median Letal Dosis (LD_{50}) verwendet. Das ist diejenige Dosis eines Stoffes, bei der 50 % der Betroffenen versterben. Dabei wird die Toxizität für Säugetiere, Fische und Bakterien unterschieden.

Im Jahre 1998 wurden in Deutschland ca. 2700 Fälle des unkontrollierten Austrittes von sogenannten wassergefährdenden Stoffen registriert. Etwa 900 Fälle des Austrittes erfolgten bei der Lagerung. Unter wassergefährdenden Stoffen versteht man Substanzen, die in der Lage sind, Gewässer zu verunreinigen und die Eigenschaften der Gewässer zu verändern. Gelangen solche Stoffe in die Umwelt, so muss man von einer Gefährdung oder Schädigung von Menschen ausgehen.

Konkrete Beispiele für den unkontrollierten Austritt von Abfällen werden im Abschnitt Bergbau beschrieben. Beim Bergbau entstehen große Mengen an Abraum, die oft giftige Substanzen enthalten und entsprechend ihrer Gefährdung deponiert werden müssen. Dazu werden die Abfälle in Seen gelagert, die häufig durch künstliche Dämme eingegrenzt werden. Zwei Beispiele im Abschnitt Bergbau beschreiben die Folgen des Versagens solcher Dämme und damit die Folgen der unkontrollierten Massebewegung des Abraums.

Neben Deponien als Rückhaltebauwerke dienen auch Tanks als Speicherbauwerke. Sie sind allerdings häufig dem Maschinenbau zugeordnet und nicht dem Bauwesen. Gleichartige Fragestellungen der Zuordnung kennt man auch von den Windenergieanlagen. Angaben zum Versagen von Tanks finden sich z. B. bei Lee (2012). Dort wird eine Häufigkeit des katastrophalen Versagens von Tanks in der Größenordnung von 5×10^{-6} pro Jahr angegeben, wobei auch andere Versagensformen bekannt sind. Im Rahmen von PSA-Modellen für Kernkraftwerke werden die Versagenswahrscheinlichkeiten von Tanks berechnet oder als generische Werte aus Dokumenten entnommen, z. B. von der NRC.

Ein Beispiel für die Konsequenzen eines Tankversagens ist die sogenannte Melasse- bzw. Sirup-Katastrophe im Winter 1919 in Boston (Great Treacle Flood). Dabei brach einer Siruptank am Rande von Bostons dichtest besiedeltem Viertel. Eine Flutwelle von mindestens 3 m Höhe verwüstete das Viertel und führte zu 21 Todesfällen und mindestens 150 Verletzten.

Boston war damals das Zentrum der amerikanischen Destillationsindustrie. Der Alkohol wurde unter anderem für die Herstellung von Schießpulver, Sprengstoff und Rum verwendet. 1915 plante die Purity Distilling Company in der Nähe des Bostoner Hafens einen Tank für 2,3 Mio. Liter Sirup. Der Tank wurde vom Schatzmeister ohne Konsultationen von Ingenieuren oder Architekten bestellt. Auf Grund von Terminschwierigkeiten wurde der fertiggestellte Tank nicht mit Wasser auf Dichtheit geprüft, sondern sofort mit Sirup gefüllt. Der Tank leckte so stark, dass Kinder die Leckage in Töpfen einsammelten. Während des Krieges wurde der Tank durchgehend genutzt. Bereits in dieser Zeit zeigten sich Arbeiter und Anwohner besorgt über die Strukturintegrität des Tanks. (Walker 2005).

Am 13. Januar 1919 überschritt die Füllung des Tanks den bisherigen Maximalwert. Am 15. Januar 1919 gegen 12:30 Uhr sprangen die Nieten am Tank ab und der Tank versagte. Wie bereits erwähnt führte die Flutwelle zahlreichen Opfern und zu schweren Schäden. Die späteren Aufräumarbeiten waren eine Herausforderung, weil man den zähen Sirup nur schwer beseitigen konnte. Die Aufräumarbeiten dauerten über sechs Monate. Auch der Bostoner Hafenbetrieb war eingeschränkt. (Walker 2005).

Die Anwohner reichten eine Sammelklage gegen den Besitzer ein. Das beklagte Unternehmen hoffte jedoch, den Fall zu gewinnen, da die meisten Kläger mittellos waren. Der Rechtsstreit dauerte sechs Jahre mit 3600 Zeugen und 45.000 Seiten Dokumentation. Im Prozess behauptete die Firma, der Tank sei gesprengt wurden. Die Klage verlief aber erfolgreich und es wurden 628.000 US-Dollar Schadenersatz gezahlt, für die damalige Zeit eine außergewöhnlich hohe Summe. (Walker 2005).

Tab. 2.117 Akzeptabler Mengenaustritt von wassergefährdenden Stoffen (Kiefer 1997; Wörner 1997)

Schutzklasse	Schutzbedürftigkeit des Bodens und der Gewässer	Akzeptables Risiko
1	Mindere Schutzbedürftigkeit (z. B. vorbelasteter Boden)	1 m^3/100 Jahre
2	Normale Schutzbedürftigkeit	1 m^3/10.000 Jahre
3	Besondere Schutzbedürftigkeit (z. B. ein Trinkwassereinzugsgebiet)	1 m^3/100.000 Jahre

2.3.4.8 Zusammenfassung

Bauwerke zählen zu den langlebigsten, ältesten und am verbreitetsten technischen Produkten. Trotzdem unterscheiden sich die Einsturzhäufigkeiten der Bauwerke nach dem Bauwerkstyp. Tab. 2.118 listet die mittleren beobachteten Einsturzhäufigkeiten verschiedener Bauwerkstypen auf. Zum Vergleich wurde die mittlere beobachtete Kernschadenshäufigkeit von Kernkraftwerken mit aufgenommen.

Die beobachtete mittlere Einsturzhäufigkeit reicht von knapp 1×10^{-3} für Stützbauwerke bis zu ca. 1×10^{-6} für Hochbauten und Gebäude. Dabei wurde nicht die Streuung der Einsturzhäufigkeiten innerhalb der Bauwerkstypen berücksichtigt, die selbst mehrere Zehnerpotenzen erreichen kann.

2.3.5 Bergbau

Bergbau ist die Suche, Erschließung und Gewinnung von terrestrischen Bodenschätzen aus dem Bereich der oberen Erdkruste. Bergarbeiter unter Tage sind auch heute noch im Vergleich zu anderen Berufsgruppen hoch gefährdet.

Tab. 2.118 Einsturzhäufigkeit von Bauwerken (Proske 2021)

Technisches Produkt	Beobachtete Häufigkeit
Stützbauwerke	$8{,}2 \times 10^{-4}$
Dämme	$3{,}0 \times 10^{-4}$
Brücken	$1{,}2 \times 10^{-4}$
Tunnel	$2{,}2 \times 10^{-5}$
Kernkraftwerke	$2{,}0 \times 10^{-5}$
Gebäude	$3{,}3 \times 10^{-6}$

Man schätzt, dass in China Ende der 1990er Jahre pro Jahr mehr als 8000 Bergleute während der Ausübung ihres Berufes verunglücken. So starben im Juli 2001 über 200 Bergarbeiter bei einem schweren Grubenunglück in Südchina, als Wasser in ein Zinnbergwerk einbrach. Zwar ist man bestrebt, die Opferzahlen auf 5000 zu verringern, da aber neben den 3200 staatlichen Gruben auch noch 22.000 kommunale und private Gruben existieren, ergeben sich erhebliche Schwierigkeiten bei der Umsetzung dieses Zieles.

Sicherlich gibt es Grubenunglücke seit Bergbau unter Tage betrieben wird. Im Ruhrgebiet erfolgte die erste schriftliche Erwähnung des Bergbaus im 13. Jahrhundert. Der Abbau durch Stollen begann im 16. Jahrhundert. Abb. 2.172 zeigt eine Gedenktafel für die Opfer einer Schlagwetterexplosion 1869 in einer Grube in Freital, Sachsen. 1881 wurde durch die zuständige Bergbaubehörde im Ruhrgebiet bestimmt, dass jede Zeche mindestens zwei befahrbare Schächte besitzen muss, um im Gefahrenfall eine bessere Verbindung der Grube zur Oberfläche zu erreichen. Diese Anforderung ist ein wichtiges Indiz dafür, dass bereits damals Vorsorge betrieben wurde. Die folgenden Zahlen belegen, dass Vorsorgemaßnahmen nicht unberechtigt waren. 1908 ereignete sich in Hamm eine Schlagwetterexplosion und ein Brand, die beide zusammen 349 Todesopfer forderten. Als Folge dieses Unglückes wurden elektrischen Grubenlampen angeschafft. 1925 forderte eine Schlagwetterexplosion 136 Todesopfer in Dortmund. 1950 ereignete sich eine Schlagwetter- und Kohlestaubexplosion in Gelsenkirchen mit 78 Todesopfern, 1955 gab es eine Schlagwetterexplosion in Dahlbusch mit 42 Todesopfern und 1960 ereignete sich eine Explosion in Grimberg mit 405 Todesopfern. Unter einer Schlagwetterexplosion wird

Abb. 2.172 Gedenktafel in Freital an die Opfer einer Schlagwetterexplosion

das Eindringen von Gasen in den Stollen und die nachfolgende Explosion verstanden. (Bergbau Archiv 1999).

1963 ereignete sich ein Bergwerksunglück, welches zu besonderer Berühmtheit gelangte: „Wunder von Lengede" (Niedersachsen). Am 24. Oktober 1963 brach in der Eisenerzgrube „Mathilde" ein Klärteich. Etwa 500.000 Kubikmeter Wasser und Schlamm schlossen 129 Bergleute ein. Obwohl die Rettungsarbeiten offiziell bereits eingestellt waren, wurden noch zwei Wochen nach dem Unglück 11 Bergarbeiter lebend geborgen. Eine vergleichbare glückliche Rettung von eingeschlossenen Bergleuten gelang 2003 nach einem Wassereinbruch in der Kohlegrube „Sapadnaja-Kapitalnaja" nahe Rostow am Don in Russland. Dabei wurden zunächst 46 Bergleute von der Außenwelt abgeschnitten. Nach zwei Tagen konnten 33 Bergleute und vier Tage darauf 12 weitere Bergleute geborgen werden.

Tab. 2.119 listet verschiedene Bergwerksunglücke.

Neben dem Einschluss von Menschen im Bergwerk besteht auch eine Gefährdung für die umliegende Bevölkerung. Dies kann zum einen durch Erdbeben geschehen, die durch den Bergbau ausgelöst werden, und zum zweiten durch die Freisetzung von giftigem Material, welches aus dem Berg gewonnen wird. Dem zweiten Risiko kann auch der Lagerung gefährlicher Güter zugeordnet werden. Da mehrere derartige Unglücke durch die Kommission der Europäischen Union über Sicherheit von Bergwerken behandelt werden, ist diese Art der Unglücke ebenfalls hier eingeordnet.

Im April 1998 ereignete sich der sogenannte Unfall von Doñana. Dabei brach ein Damm, der einen See zur Ablagerung des Abraumes der Minen bei Aznalcóllar (Spanien) begrenzte. In der Mine wird Zink, Silber, Blei und Kupfer abgebaut. Das Erz und der Abraum enthalten daneben aber auch Arsen, Kadmium, Thallium und andere Metalle in geringen Konzentrationen. Beim Bruch des Dammes wurden etwa drei Millionen Kubikmeter Schlamm und vier Millionen Kubikmeter säurehaltigen Wassers freigesetzt. Der Großteil des Schlamms lagerte sich in der Nähe des Sees ab, aber Teile des ausgetretenen Materials überfluteten ein Gebiet in der Nähe eines Nationalparks und gelangten anschließend in den Fluss Guardiama. Zwar wurden bei dem Unfall keine Menschen verletzt, aber es trat ein erheblicher ökologischer Schaden auf. (Sjöstedt 2004).

Tab. 2.119 Liste schwere Unglücke im Bergbau (Kroker und Farrenkopf 1999)

Jahr	Ort und Land	Anzahl Todesopfer
1942	Benxihu, China	1500
1906	Courrières, Frankreich	1100
1960	Shanxi, China	680
1960	Coalbrook, Südafrika	440
1913	Colliery, Wales	440
1946	Grimberg, Deutschland	405
1866	Yorkshire, England	390
1907	Monongah, USA	360
1908	Bochum, Deutschland	350

Ein zweites Unglück dieser Art ereignete sich im Januar 2000 an der Goldmine Baia Mare in Rumänien. Auch dort brach der Damm für den Abraum, der u. a. 120 t Zyanid enthielt. Insgesamt wurden ca. 100.000 Kubikmeter Schlamm und Abwasser freigesetzt, die zu großen Teilen in den Fluss Lapus gelangten. Da der Fluss in die Theiß und Donau strömt, wurden auch diese Flüsse von der Zyanid-Belastung betroffen. Besonders an der Theiß führte das Zyanid zu schweren Schäden der Pflanzen- und Tierwelt. Ungarische Behörden schätzen die Menge der vergifteten Fische auf über 1000 t. Noch vier Wochen nach dem Unfall waren erhöhte Zyanid-Mengen im 2000 km entfernten Donaudelta messbar. Auch bei diesem Unfall erfolgte keine direkte Gefährdung von Menschen, da die Trinkwasserversorgung in der Nähe des Flusses durch Tiefbrunnen sichergestellt werden konnte. Ob langfristige Schäden auftreten, wird z. Z. noch in wissenschaftlichen Kreisen diskutiert. (Sjöstedt 2004).

Der Bruch von Dämmen, die Seen zur Ablagerung von Abraum begrenzen, ereignete sich in den letzten Jahren recht häufig (Dammbruch von Brumadinho in Brasilien im Januar 2019). Es wird geschätzt, dass pro Jahr knapp zwei Dämme weltweit brechen. Da der Bau dieser Dämme unregelmäßig erfolgt und in den meisten Fällen auch für die Dämme nur Abraum verwendet wird, ist die Statik dieser Dämme oft unzureichend. Da die beiden bisher genannten Beispiele den Eindruck erwecken, Abraumbewegungen stellen keine Gefahr für Menschen dar, sollen noch zwei weitere Unfälle erwähnt werden, die diese Aussage widerlegen.

Zunächst einmal sei die Abrutschung einer Halde eines Kohlebergwerkes in Aberfan (Wales) erwähnt. 1966 verloren bei diesem Unfall 144 Menschen ihr Leben. Die Opfer waren überwiegend Kinder. 1985 brach in Trentin (Italien) ein Damm, der ebenfalls Abraummaterial einer Mine zurückhielt. Es kamen 200.000 Kubikmeter Material ins Rutschen. Dabei wurden 62 Gebäude zerstört und 268 Menschen getötet. (Europäisches Parlament 2003).

2.3.6 Unkontrollierte Freisetzung

Die Verhinderung der unkontrollierten Freisetzung von toxischen Materialien stellt einen wesentlichen Schwerpunkt beim Einsatz von Technik dar. Die Freisetzung kann sich sowohl auf die Luft, das Wasser oder den Boden beziehen. Beispiele für ein Versagen der Verhinderung der Freisetzung sind die folgenden Unglücke, wie

- das Unglück von Soveso 1976,
- die Katastrophe von Bhopal 1984,
- der Sandoz-Unfall 1986,
- die Katastrophe von Tschernobyl 1986,
- die Ölpest im Golf von Mexiko 2010,
- die Katastrophe von Fukushima 2011 und
- der VW-Dieselskandal 2015.

Die Freisetzungen wurden im Rahmen dieses Buches den Industrien zugeordnet, also der Stromerzeugung durch Kernkraftwerke oder der chemischen Industrie. Abb. 2.173 zeigt ein Beispiel einer Freisetzung als Spätfolge des Zweiten Weltkrieges. Dabei war die Freisetzung während des Krieges gewünscht, ist aber 80 Jahre später nicht mehr erwünscht, da die Materialien zu Brandverletzungen führen können (Lotz et al. 2014).

2.3.7 Natürliche Umgebungsbedingungen

2.3.7.1 Einleitung

Neben den direkten Risiken durch die Verwendung von Verkehrsmitteln oder der Energieerzeugung im Sinne von Unfällen können diese Technologien zu einer Veränderung der natürlichen Umwelt führen, die neue Risiken beinhaltet. Solche Veränderungen der Umwelt können Veränderungen der Luft, des Wassers, der Böden, aber auch Strahlung sein. Die Veränderung der natürlichen Umgebungsbedingungen führt oft nicht direkt zu einer Erkrankung, sondern kann sich über viele Jahre und Jahrzehnte entwickeln.

2.3.7.2 Luft

Luft kann, neben den für das Leben notwendigen Bestandteilen, auch Schadstoffe enthalten. Diese können durch natürliche Ereignisse, wie z. B. Waldbrände, oder durch anthropogene Handlungen entstehen. In den letzten Jahrhunderten und Jahrzehnten spielten hierbei besonders die Abgase von Verbrennungsprozessen eine wesentliche Rolle.

Smog, also ein mit Rauch und Abgasen gemischter Dunst über Großstädten, war insbesondere im 19. Jahrhundert in Großbritannien ein häufiges Phänomen. Er trat aber auch später auf, z. B. 1952 in London und forderte damals ca. 12.000 Todesopfern. Auch in Deutschland trat Smog auf, z. B. 1962 im Ruhrgebiet. Heute tritt Smog in den großen Metropolen der Entwicklungsländer, wie z. B. in Indien oder China auf. (Leopoldina 2019).

Eine Quantifizierung der Gesundheitsrisiken durch Luftverschmutzung listet Tab. 2.120 auf. Insbesondere Hirschberg (2015) hat hierzu detaillierte regionale Untersuchungen vorgestellt, z. B. für China. Allerdings existieren auch deutlich ältere Untersuchungen (Foulger 1954). In den vergangenen Jahrzehnten ist die Schadstoffbelastung der Luft in Deutschland deutlich zurückgegangen. Diese Aussage ist auch für Stickstoffoxid und Feinstaub gültig, auch wenn Überschreitungen von Grenzwerten vorkommen. (Leopoldina 2019).

Ritz et al. (2019) weisen allerdings darauf hin, dass auch unterhalb der Grenzwerte negative Gesundheitsauswirkungen erkennbar sind oder mindestens vermutet werden (siehe Tab. 2.121). Loß (2020) weist darauf hin, dass eine solche Argumentation z. B. für pflanzliche Lebensmittel nicht umsetzbar ist. Dort hatte man im Jahre 1958

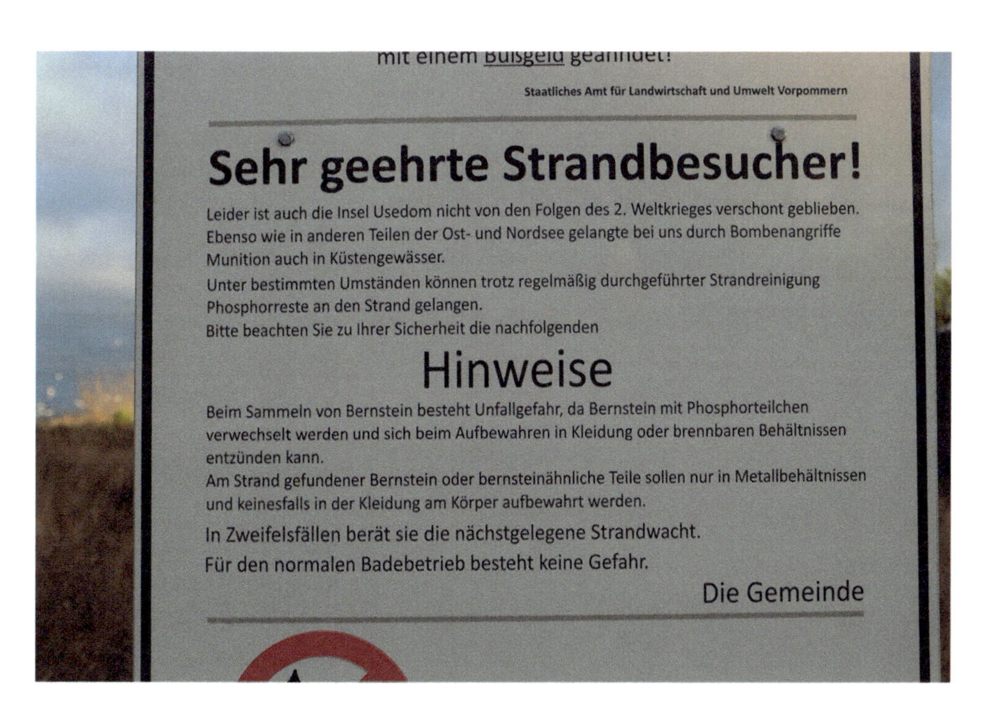

Abb. 2.173 Warnhinweis am Stand von Usedom auf Bombenresten des Zweiten Weltkrieges. (Foto: *D. Proske*)

Tab. 2.120 Gesundheitsrisiken durch Luftverschmutzung gemäß ExternE (2007)

	Verschmutzung	Verlorene Lebensjahre pro Person pro µg/m³
Akute Sterblichkeit	Stickstoffdioxid	$5{,}4 \times 10^{-6}$
Chronische Erkrankungen	PM_{10}	$1{,}57 \times 10^{-4}$
	Nitrate	$1{,}57 \times 10^{-4}$
	Feinstaub	$2{,}60 \times 10^{-4}$
	Sulfate	$2{,}60 \times 10^{-4}$

gefordert, dass Lebensmittel keinerlei krebserzeugende Zusätze enthalten dürfen. Mit immer besseren Messmethoden konnten immer geringere Mengen krebserzeugender Zusätze nachgewiesen werden. Außerdem konnte gezeigt werden, dass Pflanzen selbst krebserzeugende Stoffe produzieren.

2.3.7.3 Wasser

Flüssiges Wasser bildet eine wichtige Grundlage für das Leben auf der Erde. Der überwiegende Anteil der Erdoberfläche ist mit Wasser bedeckt. Die Schifffahrt ist für 90 % des globalen Handels verantwortlich (IMO 2020). Auf der Erde fahren mehr als 100.000 Schiffe mit mehr als 100 Registertonnen (IMO 2020).

Die gesamte terrestrische Wassermenge wird auf 1,4 Mrd. Kubikkilometer geschätzt. Der Mensch nutzt direkt davon nur einen geringen Anteil. Allerdings hat sich der anthropogene Wasserverbrauch in den letzten 100 Jahren versechsfacht. Pro Jahr steigt der Wasserverbrauch weltweit um 1 %. Über 2 Mrd. Menschen leben in Ländern mit hohem Wasserstress. Vier Milliarden Menschen leiden mindestens einen Monat pro Jahr unter Wasserknappheit (Mekonnen und Hoekstra 2016). Eine Verschärfung dieser Situation durch den Klimawandel wird prognostiziert (UNO 2020).

80 % der Abwässer weltweit werden ungeklärt entsorgt, in Entwicklungsländern über 95 % (UNO 2017). Abb. 2.174 zeigt im Gegensatz dazu ein Klärwerk in Dresden, Deutschland, an der Elbe. Während die Elbe Ende der 1990er Jahre einen erheblichen Verschmutzungsgrad erreichte, kann man heutzutage wieder in der Elbe schwimmen (Abb. 2.175). Allerdings sind neue Probleme entstanden, wie z. B. die Rückstände von Medikamenten im Grund- und Trinkwasser.

Die Verschmutzung von Wasser verursacht jährlich zusätzliche Gesundheitskosten von 12 Mrd. Dollar und 3 Mio. Verlorene Lebensjahre (Shuval 2003). Die Veränderung der maritimen Bedingungen hat sich in den letzten Jahrzehnten massiv verschlechtert (UNEOP 2006).

Dienemann und Utermann (2012) und Merkel (2006) befassen sich mit Uranmengen im Wasser.

2.3.7.4 Boden

Etwa 50 % der Vegetationsfläche auf der Erde werden durch Ackerbau beeinflusst. Die landwirtschaftliche Fläche wuchs von ca. 4 Mio. km² um ca. 1700 auf 18 Mio. km² in den 1990ern (Foley et al. 2005; Ramankutty und Foley 1999). Der Mensch beeinflusst maßgeblich die Wasserkreisläufe und die Gaskreisläufe (Kohlendioxid) der Erde. Die vom Menschen gelenkten Stoffströme haben heute die Dimensionen natürlicher geologischer Bewegungen erreicht (Schmidt-Bleek 2014). Die durch Menschen ausgelöste jährliche Bodenerosion liegt im Bereich von 35 Pg bis 200 Pg (1 Pg entspricht 1 Gt bzw. einer Milliarde Tonnen) (Borrelli et al. 2013; FAO 2015). Zum Vergleich, der weltweite organische Bestandteil in Böden bis zu einer Tiefe von 1 m liegt zwischen 1000 und 2500 Pg (Köchy et al. 2015; FAO 2015; Scharlemann et al. 2014).

Dienemann und Utermann (2012) und Schnug (2012) befassen sich mit Uran im Boden.

2.3.7.5 Biosphäre

Das Leben hat bisher auf der Erde ca. 10^{20} t Biomasse (Trockenmasse) produziert. Die Masse technischer Produkte beträgt ca. ein Milliardstel (UIP 2018). Die aktuelle Biomasse der Erde beträgt $3{,}5 \times 10^{12}$ t (Brefed 2018), die

Tab. 2.121 Wissenschaftlich gesicherte Zusammenhänge zwischen Luftverschmutzungen und Gesundheitsauswirkungen (Ritz et al. 2019)

Luftschadstoff	Gesundheitsauswirkung	Bewertung
Feinstaub	Sterblichkeit	Kausal
	Herz-Kreislauf-Erkrankungen	Kausal
	Krebserkrankungen	Kausal
	Atemwegserkrankungen	Wahrscheinlich kausal
Ozon	Kurzzeitwirkung auf Atemwegserkrankungen	Kausal
	Kurzzeitwirkung auf Herz-Kreislauf-Erkrankungen	Wahrscheinlich kausal
	Atemwegserkrankungen	Wahrscheinlich kausal
Stickstoffdioxid	Kurzzeitwirkung auf Atemwegserkrankungen	Kausal
	Atemwegserkrankungen	Wahrscheinlich kausal

Abb. 2.174 Klärwerk Dresden, Deutschland. (Foto: *D. Proske*)

Abb. 2.175 Elbeschwimmen im August 2019 (Foto: *U. Proske*): Zu DDR-Zeiten zeigte die Elbe eine erhebliche Verschmutzung

Biomasse der Menschheit beträgt ca. $0{,}4 \times 10^9$ t (siehe auch Bar-On et al. 2018).

Die gesamte Energieumsetzung durch die Biosphäre beträgt ca. 6×10^{19} t Steinkohleeinheiten $= 4 \times 10^{12}$ Terrawatt (UIP 2018) (Umrechnung 1 kg SKE = 7000 kcal = 29,3076 MJ = 8,141 kWh = 0,7 kg ÖE (Öleinheit), siehe Tab. 2.122.

Der gesamte Energieumsatz der lebenden Umwelt beträgt ca. 100 TW, wobei die Landlebewesen ca. 70 % beitragen. Der Mensch hat wahrscheinlich den Energieumsatz der lebenden Umwelt bereits um ca. 40 % bzw. 40 TW verringert. Von diesen 40 TW dienen nur 6 TW der Versorgung des Menschen mit Nahrung und Holz (siehe Tab. 2.122,

Tab. 2.122 Energieumsatz der Erdoberfläche für Natur und menschliche Zivilisation in Terrawatt (10^{12} W) (Makarieva et al. 2008), 1 kWh pro Jahr = 0,11 W

Prozess	Natur	Zivilisation
Erde		
Sonnenstrahlung	8×10^4	
Verdunstung	4×10^4	
Eigenwärme	2×10^4	
Thermohaline maritime Zirkulation (globales Förderband)	1×10^3	
Atmosphärische Zirkulation (Wind)	1×10^3	
Photosynthese	1×10^2	
Festland		
Sonnenstrahlung	3×10^4	0,004
Verdunstung	5×10^3	–
Verdunstung (Lebewesen)	3×10^3	–
Atmosphärische Zirkulation (Wind)	300	0,01
Photosynthese	60	6 (40)
Wasserkraft	3	0.3
Osmotischer Übergang (Fluss-Meer)	3	
Meereswellen	3	0,0001
Gezeiten	1	0,0001
Geothermisch (konzentriert)	0.3	0,01
Anthropogener Energieverbrauch		15

Zeile Photosynthese, Spalte Zivilisation). Die restlichen ca. 34 TW Verlust basieren allein auf der Störung der Biosphäre durch den Menschen, das entspricht 1/3 des potenziellen weltweiten biologischen Energieumsatzes. (Makarieva et al. 2008).

2.3.7.6 Nichtionisierende Strahlung und Schall

Neben der ionisierenden Strahlung kann auch nicht-ionisierende Strahlung zu Gesundheitseinschränkungen führen (Junkert und Dymke 2004; Kiefer 2011; Greinert 2011; Leitgeb 2011; Lerchl 2011).

Nichtionisierende Strahlung ist eine Strahlung, deren Strahlungsenergie nicht ausreicht, Atome zu ionisieren, also Elektronen aus den Atomhüllen oder Molekülen zu entfernen. Dies entspricht einer Photonenenergie von unter 3 Elektronenvolt und einer Frequenz von unter 750 THz. Zur nichtionisierenden Strahlung gehören die Strahlung von Hochspannungsleitungen und Computerbildschirmen, Funkwellen für Rundfunk, Fernsehen und mobile Empfangsgeräte, Infrarotstrahlen und das sichtbare Licht. Man bezeichnet die biologische Wirkung auch als thermische Wirkung.

Ultraviolettes Licht gehört bereits zu den ionisierenden Strahlungen, wird aber mit dem Bezug zur Sonnenstrahlung in diesem Abschnitt behandelt. Sonnenstrahlung kann zu Verbrennungen, aber auch zu verschiedenen Krebsformen der Haut führen. In Deutschland leiden ca. 6 Mio. Menschen an Vorstufen des Hautkrebses und jedes Jahr kommen ca. 400.000 Menschen dazu. Die Zahl der Neuerkrankungen war im Jahre 2009 doppelt so hoch, wie 1999. Die Inzidenzen liegen in Mittel- und Nordeuropa deutlich höher als in den Mittelmeerländern. Durch geeignetes Verhalten und Schutzmaßnahmen sind also die Schädigungen vermeidbar bzw. können verringert werden. In Deutschland werden pro Jahr ca. 100 Mio. EUR für Sonnenschutzpräparate ausgegeben. In Australien diskutiert man den Einsatz von Strandwächtern, die z. B. die Nutzung des Strandes zwischen 11:00 und 15:00 Uhr untersagen.

Abb. 2.176 zeigt die Sonnenbrandeinheiten für verschiedene Berufsgruppen und für Urlaubsverhalten. Deutlich erkennt man, dass gerade Winterurlaube in den Süden einen erheblichen Betrag Sonnenbrandeinheiten darstellt.

Verschiedene Studien nennen somatische Effekte durch Infraschall (Schenk 2019). Allerdings sind hier weitere Untersuchungen notwendig. Als Infraschall bezeichnet man Schall unterhalb von 20 Hz. Obwohl Infraschall außerhalb

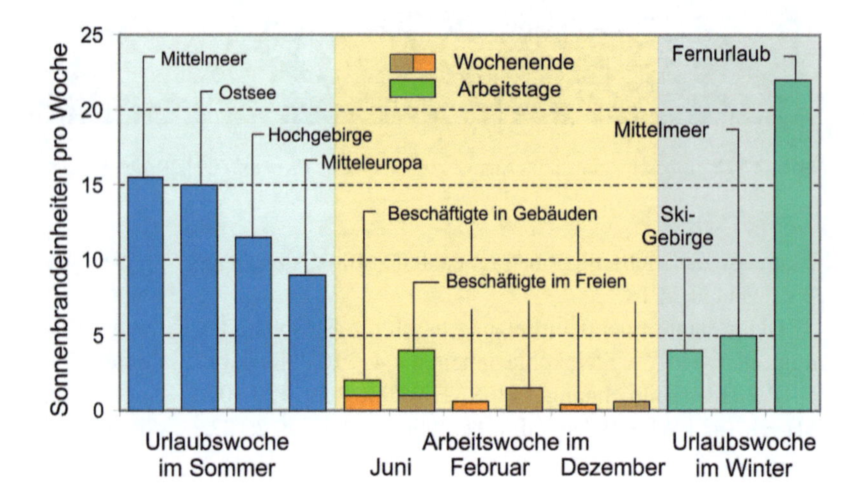

Abb. 2.176 Belastung durch Sonnenstrahlen für verschiedene geografische Regionen, Beschäftigungs- und Urlaubszeiträume (Knuschke et al. 2004)

des Hörbereiches liegt, kann er wahrgenommen werden, allerdings bei deutlich größeren Schallpegeln. Durch die große Wellenlänge kann sich Infraschall über Hunderte von Kilometern ausbreiten. Infraschall rückte aufgrund des massiven Ausbaus von Windenergieanlagen in den Fokus der Wissenschaft (Schenk 2019).

2.3.7.7 Ionisierende Strahlung

Während die chemischen Elemente allein durch die Anzahl der Protonen im Atomkern beschrieben werden, kann die Anzahl der Neutronen im Kern schwanken. Diese Varianten des chemischen Elements werden als Isotope oder Nuklide bezeichnet. Eine visuelle Einordnung von über 4000 Nukliden ist die Karlsruher Nuklidkarte. Von den bekannten über 4000 Nukliden sind ca. 250 Nuklide stabil. Die instabilen Nuklide zerfallen unter Freisetzung ionisierender Strahlung. Sie sind radioaktiv.

Die Verwendung radioaktiver Materialen und die damit verbundene ionisierende Strahlung sind heute Bestandteil vieler erfolgreicher technischer Verfahren. Solche Anwendungen finden sich nicht nur in der diagnostischen und therapeutischen Medizin, sondern auch in der Materialprüfung, der Landwirtschaft oder der Energieerzeugung. Die genannten Fachgebiete tragen maßgeblich zur hohen Lebensqualität in den entwickelten Industrieländern bei. Allerdings ist das Risikopotential verschiedener solcher Industrien enorm: Mit dem radioaktiven Inventar eines kommerziellen Kernkraftwerksreaktors könnte man mit Ingestion praktisch die gesamte Weltbevölkerung vergiften.

Unter normalen Bedingungen ist ionisierende Strahlung nicht sichtbar. Sie kann allerdings in Nebelkammern sichtbar gemacht werden (siehe Abb. 2.177). Ursachen für die ionisierende Strahlung sind in Abb. 2.178 dargestellt, einmal basierend auf dem Bundesamt für Strahlenschutz (Deutschland) und einmal basierend auf dem National Radiological Protection Board (USA).

Radionuklide sind jedoch in der Umwelt weit verbreitet. Die Menge an radioaktivem Material in einem typischen menschlichen Körper ist in Tab. 2.123 dargestellt. Tab. 2.124 gibt einige Werte für Radon 226 in deutschem Bier und Trinkwasser (Überkinger Quelle) an (Tab. 2.125).

Diese natürliche Strahlung ist nicht überraschend, da Radionuklide in der natürlichen Zersetzung zu finden sind. Die Herkunft der Nuklide kann in zwei Bereiche unterteilt werden: Die galaktischen kosmischen Prozesse, wie die Hintergrundstrahlung und Supernovä stellen den ersten Bereich dar. Dieser Teil ist die Quelle aller schweren Nuklide im Menschen und in der Umwelt. Die solarkosmischen Prozesse einschließlich der Sonnenaktivität und der Sonneneruptionen bilden den zweiten Bereich. Die Sonne ist eigentlich die Quelle aller leichten Nuklide im Menschen und in der Umwelt. (Van der Heuvel 2006).

Natürliche Radionuklide mit ihrer Halbwertszeit sind in Tab. 2.125 und 2.126 angegeben. Man erkennt, dass hier erhebliche Spannweiten vorliegen, von wenigen Tagen bis zu Milliarden Jahren. Neben den genannten Parametern ist auch die Halbwertszeit der Nuklide von Bedeutung, weil sich daraus die zeitliche Belastung abschätzen lässt.

Als Maß für die Radioaktivität wird in den Tabellen die Einheit Becquerel verwendet. Dabei handelt es sich um die Aktivität, also die Anzahl Zerfälle pro Sekunde. Gray ist dagegen das Maß für die absorbierte Energiedosis. Während Becquerel pro Sekunde angegeben wird, wird Gray (Gr) in Joule pro Kilogramm angegeben. Gray wird häufig in der Medizin verwendet, z. B. bei Bestrahlungen. Ein weiteres auf die Dosis bezogenes Maß ist das Sievert. Das Sievert

Abb. 2.177 Spuren ionisierender Strahlung in einer Nebelkammer. (Paul-Scherrer-Institut, Foto: *D. Proske*)

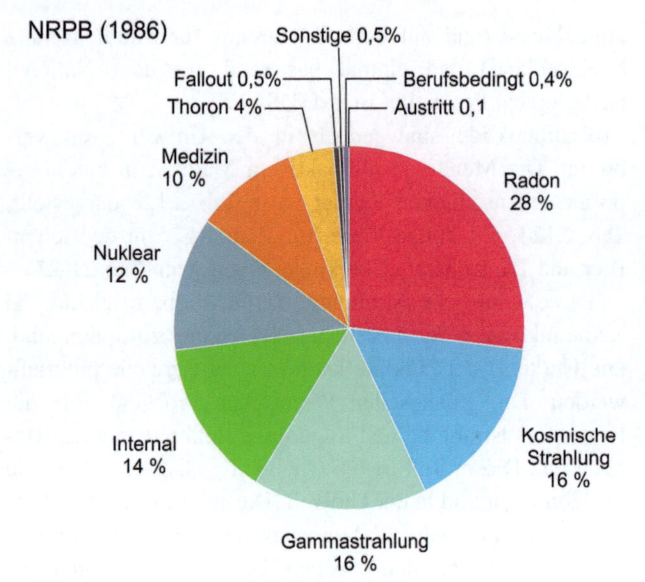

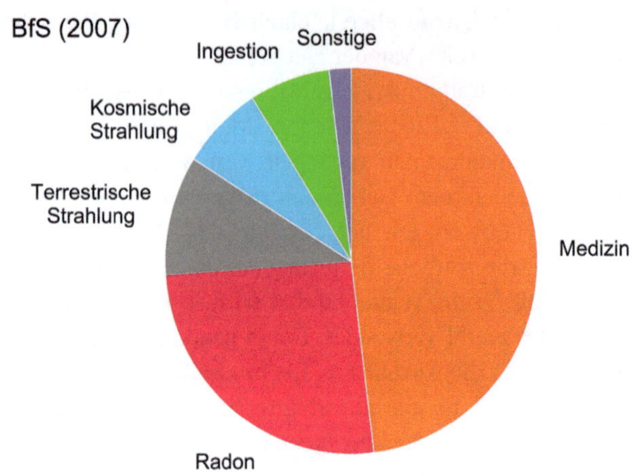

Abb. 2.178 Ursachen ionisierender Strahlung (BfS 2007; NRPB 1986)

Tab. 2.123 Mengen natürlicher Radioaktivität im menschlichen Körper (50 kg) in Becquerel (Paretzke et al. 2007)

Nuklid	Natürliche Radioaktivität im menschlichen Körper in Becquerel
Tritium	20
Kohlenstoff-14	3500
Pottasium-40	4,0
Rubidium-87	600
Blei-210	18
Polonium-210	15
Radium-226	1,2
Uran-238	0,5

wird ebenfalls in Joule pro Kilogramm angegeben, berücksichtigt aber die unterschiedlichen Wirkungen verschiedener Arten von ionisierender Strahlung (α-, β-, γ-Strahlung) auf den menschlichen Körper bzw. die verschiedenen Körperteile. Man spricht daher auch von einer Äquivalentdosis.

Tab. 2.124 Anteil der Radioaktivität durch Radon 226 in deutschem Bier und Wasser (Paretzke et al. 2007)

Nuklid	mBq/l
Schneider Weiße	147
Erdinger Weißbier	13
Weizenbock	9
Paulaner Beer	33
Überkinger Quelle	296

Tab. 2.125 Halbwertszeit für Radionuklide (Paretzke et al. 2007)

Nuklid	Halbwertszeit in Jahren
K-40	1.3×10^{9}
Rb-87	4.8×10^{10}
In-115	4.0×10^{14}
Te-123	1.2×10^{13}
Te-128	1.5×10^{24}
Te-130	1.0×10^{21}
La-138	1.4×10^{11}
Nd-144	2.1×10^{16}
Sm-147	1.1×10^{11}
Sm-148	7.0×10^{16}
Gd-152	1.1×10^{14}
Lu-176	3.6×10^{10}
Hf-174	2.0×10^{15}
Ta-180	1.0×10^{13}
Re-187	5.0×10^{10}
Os-186	2.0×10^{16}
Pb-190	6.1×10^{11}
Pb-204	1.4×10^{17}

Tab. 2.126 Halbwertszeit für Radionuklide (Paretzke et al. 2007)

Nuklid	Halbwertszeit in Jahren
Tritium	12,3 Jahre
Beryllium 7	53,3 Tage
Kohlenstoff 14	5 730 Jahre
Natrium 22	2,6 Jahre

Die Dosis kann zur Quantifizierung von Schäden an Lebewesen verwendet werden. Leider kann die exakte tödliche Dosis nicht angegeben werden, daher wird die sogenannte mittlere tödliche Dosis (LD_{50}) angegeben. Dies ist die Dosis, die 50 % der exponierten Bevölkerung tötet. Für Menschen mit einer guten medizinischen Behandlung erreicht dieser Wert etwa 5 Gy, während eine ausgezeichnete medizinische Behandlung die LD_{50} auf bis zu 9 Gy verschieben kann. Abb. 2.179 zeigt die Verteilung des prozentualen Anteils der Todesfälle in einer Bevölkerung für eine bestimmte Dosis.

Bei einer akuten Strahlenbelastung mit weniger als 0,1 Gy (in terrestrischer Umgebung) hat man bisher keine Auswirkungen auf Lebenswesen. Bei chronischer Strahlenexposition zeigten sich bei weniger als 1 mGy pro Tag keine Effekte. In aquatischer Umgebung liegen diese Werte um den Faktor 10 höher (Paretzke et al. 2007).

Die Wahrnehmung und öffentliche Diskussion über die Akzeptanz und den Schutz vor ionisierender Strahlung werden in der Regel nicht allein durch wissenschaftliche Fragen geprägt, wie ein Zitat von Taylor (1980) zeigt: *„Strahlenschutz ist nicht nur eine Frage der Wissenschaft. Es ist auch eine Frage der Philosophie, der Moral und größter Weisheit.“*. Denn Trotz der Erfolge wird die Anwendung ionisierender Strahlung durch die Öffentlichkeit in den Industrieländern häufig als unakzeptables Risiko wahrgenommen.

Die Freisetzung von radioaktivem Material und damit von Radioaktivität ist eine der größten Sorgen um die Sicherheit von Kernkraftwerken. Etwa 2000 Messstellen beobachten die Radioaktivität nahezu gleichmäßig über Deutschland verteilt. Zusätzlich gibt es weitere Messstellen rund um die Kernkraftwerke.

Seit Jahren gibt es in Deutschland und weltweit eine politische Diskussion über die Fortführung der Energiegewinnung durch Kernspaltung. Diese Diskussion wurde maßgeblich durch das Unglück in Tschernobyl 1986 initiiert, wurde durch den Unfall in Fukushima verschärft und dauert seitdem an.

Sie wurde zum wiederholten Mal durch die 2007 veröffentlichte KIKK Studie entfacht, die eine Unabhängigkeit zwischen der räumlichen Nähe eines Wohnortes zu einem Kernkraftwerk im Normalbetrieb in Deutschland und der Auftretenshäufigkeit von Krebserkrankungen bei Kindern diskutiert (Strahlenschutzkommission 1994; Brauns und Hippler 2008; Deutsches Ärzteblatt 2007; Kaatsch et al. 2007). Eine Studie der Schweiz zeigt keinen Zusammenhang, allerdings wurde hier die statistische Relevanz kritisch hinterfragt (Spycher et al. 2011; Ledermann et al. 2009; Forum Medizin und Energie 2012, 2013). Ähnliche Studien gab es auch schon vorher, wie z. B. Conrady et al. (1996) zu erhöhten Krebserkrankungsfällen in der Nähe des Kernforschungszentrums Rossendorf.

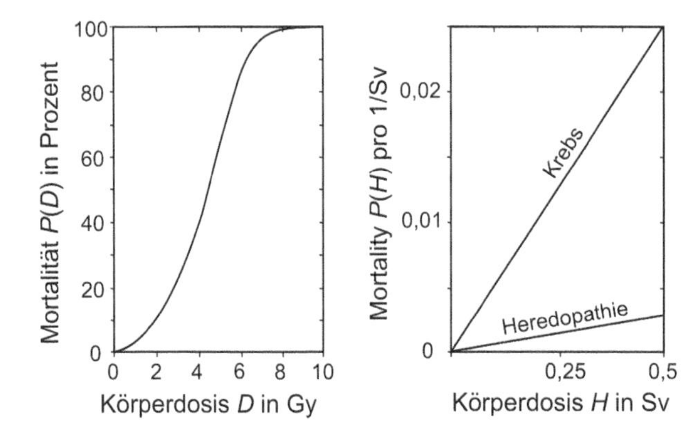

Abb. 2.179 Zusammenhang zwischen Sterbewahrscheinlichkeit infolge Knochenmarkerkrankung und absorbierter Strahlendosis (links) und Zusammenhang zwischen Sterbewahrscheinlichkeit in Abhängigkeit von der Strahlendosis (rechts) (Jensen 1994; IAEA 1991)

Die Freisetzung radioaktiven Materials ist nicht nur mit Kernkraftwerken verbunden, sondern auch mit der Waffenherstellung, der Verwendung medizinischer Geräte oder im Bereich der Materialprüfung. Beispiele für schwere Unfälle finden sich in SUVA (2001) und UNSCEAR (2008) und sind in Tab. 2.127 und 2.128 aufgelistet und stehen oft mit der Nutzung der Kernenergie in Verbindung. Solche Unfälle zählen auch mit zu den teuersten Katastrophen weltweit, siehe Abschn. 2.1. Eine Einteilung der Schwere solcher Unglücke gemäß INES-Skala findet sich in Tab. 2.131. Tab. 2.129 listet die Nuklid-spezifische Freisetzung für verschiedene Unfälle auf. Tab. 2.130 dokumentiert die Reststrahlung in Deutschland in Bezug zu Unfällen und anderen Ursachen.

Auf Grund der Schwere des Unglückes von Tschernobyl wird im Folgenden kurz darauf eingegangen. Der Reaktor vier in Tschernobyl könnte vor der Explosion radioaktives Material in der Größenordnung von 4×10^{19} Bq enthalten haben. Während und nach der Explosion wurden etwa $5–8 \times 10^{18}$ Bq freigesetzt. Es wird angenommen, dass sich alle Edelgase verflüchtigt haben. Zusätzlich wurden etwa 10 bis 20 % der Nuklide Jod, Cäsium und Tellur freigesetzt. Andere Nuklide wurden in geringeren Anteilen freigesetzt. (Kröger und Cahraborty 1998)

25 % des freigesetzten Materials verließen den Reaktor bereits am ersten Tag. Der Rest des Materials wurde im Laufe der nächsten neun Tage in die Umwelt freigesetzt. Etwa 115.000 Menschen wurden nach dem Unfall evakuiert.

Am 26. und 27. April erreichte die Strahlung etwa 10 Millisievert pro Stunde. Bei dieser Strahlungsmenge wurde beschlossen, die Bevölkerung zu evakuieren. Menschen, die im Rettungsteam arbeiteten, könnten bis zu 15 Gy ausgesetzt gewesen sein. Extremwerte der Strahlung könnten in der Größenordnung von 40 Gy gelegen haben. Die durchschnittliche Dosis in dem Gebiet, das in einer Entfernung von 30 km um das Kernkraftwerk lag, betrug 2 Gy. Mindestens 237 Menschen erlitten eine schwere Strahlenkrankheit und ca. 30 Menschen starben kurz nach dem Ereignis an dieser Krankheit. Tab. 2.132 nennt die Dosen für bestimmte Länder.

Die meisten Menschen, die das Gebiet reinigten, waren einer Äquivalentdosis von 100 bis 250 Milli-

Tab. 2.127 Großunfälle und Ereignisse mit der Freisetzung radioaktiven Materials in die Umwelt (Paretzke et al. 2007)

Aktivität	Längerfristige Anwendung	Ereignis bzw. Unfall
Waffenproduktion	Hanford, USA (1944–1945) Chelyabinsk, UdSSR (1948–1956)	Techa River, UdSSR (1949–1951) Kysim, UdSSR (1957) Windscale, Großbritannien (1957) Rocky-Flats, USA (1969) Tomsk-7, UdSSR (1993)
Atmosphärische Atomwaffentests	Nevada, USA (1951–1962) Semipalatinsk, UdSSR (1949–1962) Novaya Zemlya, UdSSR (1955–1962)	Altay, UdSSR (1949) Marshall Inseln, USA (1954)
Nukleare Flotte	Kola Halbinsel, UdSSR	
Waffentransport		Palomares, Spanien (1966) Thule, Grönland (1968)
Kommerzielle Stromerzeugung in Kernkraftwerke	Weltweit	Three Mile Island, USA (1979) Chernobyl, UdSSR (1986) Fukushima, Japan (2011)
Brennstoffverarbeitung	Sellafield, Großbritannien La Hague, Frankreich	
Verlust radioaktiver Isotope		Cuidad Juarez, Mexico (1982) Goiania, Brasilien (1987)
Satellitenwiedereintritt		SNAP-9 A, weltweit (1964) Cosmos-954, Kanada (1978)

Tab. 2.128 Beispiele für schwere Strahlenunfälle (Paretzke et al. 2007)

Datum	Ort	Ereignis	Opfer bzw. Schäden
29.09.1957	Kerntechnische Anlage Majak, Sowjetunion	Chemische Explosion von Lagerbehältern mit hochradioaktiven Materialien	10^{17} Bq Spaltprodukte freigesetzt, ca. 10.000 Personen umgesiedelt
1960er Jahr	Karatschai-See, Nähe Kyschtym, Sowjetunion	Lagerung von radioaktivem Material in einem natürlichen See und Austrocknung des Sees mit Abtragung des Materials durch Wind	$4{,}44 \times 10^{18}$ Bq Spaltprodukte, mehrere hunderttausend Menschen betroffen
06.12.1983	Ciudad Juarez, Mexiko	Kobald-60-Therapie-Einheit gestohlen	200 Personen mit Dosen zwischen 0,01 bis 0,5 Gy, 4 Personen mit Ganzkörperdosen von 3 Gy
26.04.1986	Tschernobyl, Ukraine	Kritikalitätsexkurs (Explosion mit anschließendem Graphitbrand)	$5–8 \times 10^{18}$ Bq Spaltprodukte freigesetzt, ca. 30 Personen direkt verstorben, ca. 230 Personen wegen Strahlungssymptomen behandelt, ca. 120.000 Menschen evakuiert mit Dosen von 0,06 Sv
13.09.1987	Goiana, Brasilien	Zurückgelassene Cäsium-137-Therapie-Einheit aufgebrochen	110.000 Menschen dosimetriert, ca. 250 kontaminiert, Ganzkörperdosen von 4,5 bis 6 Gy

Tab. 2.129 Nuklid-spezifische Aktivität in 10^{15} Bq (Paretzke et al. 2007)

Ereignis bzw. Prozess	131 I	137 Cs	90 Sr	106 Ru	144 Ce	239, 240 Pu
Techa River	$6{,}5 \times 10^5$	12	12	10…20	≈ 10	11
Atombombenversuche 1952–1962	0,7	910	600	12.000	30.000	0,07
Kyschtym	1200	0,03	2	1,4	24	$6{,}0 \times 10^{-6}$
Windscale		0,02	8	0,003	140	
Tschernobyl		85		30	0,0002	
Goiania		0,05		0,01		
Tomsk-7						

Tab. 2.130 Reststrahlung in Deutschland (Paretzke et al. 2007)

	mSv im Jahr
Fallout Tschernobyl	0,015
Fallout Atombomben	0,01
Technik und Wissenschaft	< 0,02
Kernkraftwerke	< 0,001
Berufliche Strahlenbelastung	< 0,01

Tab. 2.132 Strahlenbelastung durch das Tschernobyl-Unglück

Land	Gesamtdosis (man Gy)	Anzahl der betroffenen Menschen
Russland	30×10^3	705×10^3
Ukraine	245×10^3	1277×10^3
Weißrussland	561×10^3	466×10^3
Summe	836×10^3	2448×10^3

sievert ausgesetzt (IPSN 1996). Die meisten Teile der Bevölkerung waren 15 Millisievert (mSv) ausgesetzt. Von dieser Strahlenmenge stammte der größte Teil aus dem Verzehr von radioaktivem Fleisch und Milchprodukten. Etwa 700.000 Menschen waren 100 Millisievert ausgesetzt. Die damit verbundene Wahrscheinlichkeit, an Krebs zu erkranken, beträgt etwa 0,005. Die meisten Länder der nördlichen Hemisphäre waren von dieser Freisetzung von radioaktivem Material betroffen. Allerdings sind die Strahlungswerte eher gering. So wurde z. B. in Dänemark eine Dosis von 0,02 Millisievert erreicht, verglichen mit der natürlichen Strahlendosis von 2,4 Millisievert. Weitere Informationen sind auch in Jacob (2006) zu finden. Kellerer (2006) erwähnt, dass sich die Krebswahrscheinlichkeit für die Gesamtbevölkerung in Russland von 20 auf 22 % verändert hat. In Deutschland wird von etwa 2000 zusätzlichen Krebsfällen ausgegangen. Die Zahl der Krebsneuerkrankungen erreicht jedoch etwa 330.000 pro Jahr.

Die Evakuierung selbst ist allerdings ebenfalls mit Risiken verbunden. So sehen konservative Schätzungen des Fukushima-Unfalls langfristig ca. 100 Todesopfer. Die Evakuierung dürfte allerdings zwischen 245 und 600 Opfer gekostet haben, überwiegend ältere und kranke Menschen. (Rüegg 2012).

Rüegg (2012) weist außerdem darauf hin, dass eine Evakuierung üblicherweise bei zusätzlichen Jahresdosen zwischen 1 und 20 mSv erfolgt. In Tschernobyl wurde z. B. bei ca. 5 mSv pro Jahr zusätzliche Strahlendosis evakuiert. Hochgerechnet ergeben sich Lebenszeitdosen von ca. 60 mSv. Allerdings wird in großen Teilen der Schweizer Alpen eine Lebensdosis von 120 mSv erreicht. Unter dem Ansatz der Gleichheit müssten großen Teile der Schweizer Alpen gesperrt werden.

Diskussionen der Strahlenbelastung durch Reaktorunfälle wurden intensiv geführt (Völkle 2012; GSF 2006; UNSCEAR 2013). Man hat solche Untersuchungen sogar auf der Ebene Import und Export von Nuklearrisiken untersucht (Seibert et al. 2013).

Tab. 2.131 International Nuclear Event Scale (INES-Skala) (IAEA 2007)

Level	Auswirkungen auf die Umwelt	Auswirkungen auf dem Werksgelände	Beispiele
7: Katastrophaler Unfall	Erhebliche Freisetzung mit weitreichenden Auswirkungen auf Menschen und Umwelt		Kernkraftwerk Tschernobyl, Sowjetunion, 1986
6: Schwerer Unfall	Signifikante Freisetzung: wahrscheinlich Notwendigkeit der Umsetzung von Notmaßnahmen		Kyschtym Wiederaufbereitungsanlage, Sowjetunion, 1957
5: Unfall mit Risiken für die Umwelt (Ernster Unfall)	Begrenzte Freisetzung: erfordert wahrscheinlich eine teilweise Umsetzung der geplanten Notmaßnahmen	Schwere Schäden des Reaktorkerns und mögliche Schäden an radiologischen Barrieren	Windscale, Großbritannien, 1957 Three Mile Island, USA, 1979
4: Unfall ohne Risiken für die Umgebung (Unfall)	Geringe Freisetzung: Exposition der Öffentlichkeit im Bereich der Grenzwerte	Erhebliche Beschädigung des Reaktors und mögliche Schäden radiologischer Barrieren	Windscale, Großbritannien, 1973 Kernkraftwerk Saint-Laurent, Frankreich, 1980 Buenos Aires, Argentinien, 1983
3: Schwerer Störfall	Sehr geringe Freisetzung: Exposition der Öffentlichkeit zu einem Bruchteil der Grenzwerte	Schwere Ausbreitung kontaminierter Materialien und gesundheitliche Auswirkung auf einen Arbeitnehmer	Kernkraftwerk Vandellos, Spanien, 1989
2: Störfall		Signifikante Ausbreitung kontaminierter Materialien und Überexposition eines Arbeitnehmers	
1: Störung		Außerhalb des Betriebsregimes	
0: Abweichung	Keine	Keine Sicherheitsrelevanz	

Ein weiteres Beispiel für einen schweren Unfall, der allerdings nichts mit Kernkraftwerken zu tun hat, war die Freisetzung von radioaktivem Material in der brasilianischen Stadt Goiania. Hier wurde ein Röntgenapparat gestohlen und auf einem Schrottplatz zerlegt. Etwa 249 Menschen wurden kontaminiert und ca. 120.000 Menschen wurden auf Kontamination kontrolliert.

Ein zunehmend wichtiges Thema ist Radon in der Umwelt (Brüske-Hohlfeld et al. 2006). Umhausen mit 2600 Einwohnern in Tirol in Österreich ist ein Beispiel für einen Ort mit hoher natürlicher Radonbelastung. Im Folgenden werden einige Messwerte der Aktivität innerhalb von Häusern in Umhausen angegeben:

- Jährliche Durchschnittsdosis: 2000 Bq/m^2
- Extremwerte: 40.000 Bq/m^2
- Höchster jemals gemessener Wert: 274.000 Bq/m^2

In den letzten 20 Jahren gab es in Umhausen etwa 41 Todesfälle aufgrund von Lungenkrebs. Statistisch waren nur sechs bis sieben Fälle zu erwarten. Hauptursache für die hohe Radioaktivität ist vermutlich die sehr hohe Durchlässigkeit des Bodens, die durch einen gewaltigen Gesteins- oder Murgang vor etwa 10.000 Jahren verursacht worden sein könnte. Radon ist nicht nur in einigen Regionen ein Hauptverursacher der natürlichen Strahlung, wie in Umhausen oder in einigen Teilen Indiens. Auch in Deutschland trägt Radon zu etwa 25 % zur natürlichen Strahlung bei (Brüske-Hohlfeld et al. 2006).

Auch die Strahlung während des Fliegens wird als Risiko angesehen (Schraube 2006).

Immer wieder tritt auch radioaktiv belasteter Stahl auf. Dabei werden Schrottteile mit radioaktiven Stoffen, z. B. Nuklearbatterien oder Teile von medizinischen Bestrahlungsgeräten, eingeschmolzen. Sehr bekannt ist das Ereignis von Taiwan, als Baustahl mit Kobalt-60 kontaminiert hergestellt und verwendet wurde. Die ca. 10.000 Bewohner verschiedener Gebäude mit diesem Baustahl wurden über einen Zeitraum von zehn Jahren bis 20 Jahren mit erheblichen Dosen belastet. Erstaunlicherweise wurden nicht die erwarteten Krebsopferzahlen beobachtet, und zwar mit einem mittleren zweistelligen Faktor Unterschied. (Chen et al. 2007).

Obwohl sich Unfälle in Kernkraftwerken oder bei der Produktion und Lagerung von Kernwaffen ereignet haben, wie in Tab. 2.127 und 2.128 gezeigt, ist der Gesamtbeitrag eher gering, wie in Tab. 2.130 dargestellt wird. Besorgniserregender ist die zunehmende radiologische Strahlenexposition durch medizinische Behandlungen, z. B. Computertomographie (DA 2007), wie in Abb. 2.178 dargestellt. Hier findet sich eine Empfehlung bei der EANM (2007). Neben der erhöhten Strahlenexposition durch geplante diagnostische und therapeutische Maßnahmen gibt es auch Unfälle, wie z. B. den berühmten Softwarefehler beim THERAC-25 Ereignis.

Am Rande sei hier aber erwähnt, dass man in der Republik Gabun einen natürlichen Kernreaktor gefunden hat. Durch das Zusammentreffen mehrerer Umstände erfolgte dort in sechs Reaktorzonen über vermutlich 150.000 Jahre eine Kernreaktion. Die Moderation erfolgte durch Wasser und die abnehmende U 235 Konzentration. Der Abbau des Urans dort war 1975 bereits zu Teilen erfolgt, bevor man diesen natürlichen Kernreaktor entdeckte. (Weißmantel et al. 1982).

Abschließend listet Tab. 2.133 Strahlendosen an öffentlichen Plätzen in deutschen Großstädten auf.

Fazit: Auch bei ionisierender Strahlung macht die Dosis das Gift (Langeheine 2014; Olipitz et al. 2012; UNs Scientific Committee on the Effects of Atomic Radiation 2008, 2021).

2.3.7.8 Chemikalien

Zurzeit sind der Menschheit ca. 100 Mio. verschiedene chemische Verbindungen bekannt. Chemische Verbindungen werden kontrolliert in der chemischen Industrie bzw. Prozessindustrie produziert (Abb. 2.180).

Tab. 2.133 Strahlendosen an öffentlichen Plätzen im Zentrum deutscher Städte nach Gellermann (2012)

Stadt	Ort	Material	Strahlungsrate in μSv/h	Zeitdauer bis 20 mSv in Tagen
Hannover	De-Haen-Platz	Fußweg	1,6	500
Hannover	Lister Damm	Parkplatz	15,6	50
Oranienburg	Lehnitzstrasse	Parkplatz, Industriebrache	1,2	700
Dresden	Theaterplatz	Roter Granit Pflaster	0,4	2100
Dresden	Fahrbahn	Pflaster	0,7	1200

Abb. 2.180 Chemiewerk Nünchritz (Wacker AG). (Foto: *D. Proske*)

Die chemische Industrie wird häufig von der Öffentlichkeit nicht nur für die dort Beschäftigten als gefährlich eingestuft, sondern auch für die Öffentlichkeit selbst.

In Deutschland existierten 2004 etwa 8000 chemische Betriebe. Pro Jahr ereignen sich etwa 10 bis 20 schwere Unfälle, sodass sich eine Wahrscheinlichkeit für einen Unfall pro Fabrik pro Jahr von $1–2 \times 10^{-3}$ ergibt (Ruppert 2000). Die Anzahl der Unfälle ist aber bei vielen Firmen rückläufig, so z. B. bei der Firma BASF. Dort konnte die Anzahl der Unfälle seit zwanzig bis dreißig Jahren kontinuierlich verringert werden (Ruge 2004).

Eines der ersten schweren Unglücke in chemischen Fabriken war die Explosion der BASF Stickstoffwerke in Oppau 1921. Am 21. September 1921 explodierte das Lager mit vermutlich 4500 t Ammoniumnitrat. Dabei entstand ein Krater mit einem Durchmesser von 100 m und einer Tiefe von 20 m. Über 500 Menschen fanden den Tod. Nach dieser Explosion durfte in Deutschland kein Ammonsalpeter mehr vertrieben werden (siehe auch Tab. 2.152 im Abschn. 2.3.7.10). In den USA ereignete sich in Cleveland 1944 ein Unfall mit über 128 Opfern bei der Verarbeitung von flüssigem Brennstoff in einer Fabrik (Considerine 2000). Ein weiterer schwerer Unfall war das Unglück von Soveso 1976 in Italien. In einer Anlage zur Herstellung von Trichlorphenol wurde ca. 2 kg hochgiftiges Dioxin freigesetzt. In der näheren Umgebung der Anlage verstarben in großer Anzahl Rinder und Kleintiere. Etwa 200.000 Menschen wurden ärztlich untersucht, 70.000 Tiere notgeschlachtet und mehrere Häuser abgerissen.

In der Nacht des 2. Dezember 1984 ereignete sich einer der schwersten Industrieunfälle der Geschichte. Dabei wurde in einer Pestizidfabrik der Firma Union Carbide in Indien eine Wolke von Methylisocyanit freigesetzt, die über tausend Menschen tötete und zwischen 20.000 und 50.000 Menschen verletzte. Die gleiche Anlage existierte auch in den USA. Dort wurde das Werk allerdings von deutlich besser ausgebildeten Angestellten kontrolliert.

Im November 1986 trat ein Brand auf dem Werksgelände der Schweizer Sandoz AG auf, bei dem durch Löschwasser hochgiftige Insektizide in den Rhein gespült wurden. Auf über 400 km Flusslänge traten Schäden in der Pflanzen- und Tierwelt auf (Rütz 2004). Eine der letzten schweren Unglücke war die Explosion einer Düngemittelfabrik am 21. September 2001 in Toulouse in Frankreich. Dabei explodierten zwei Fabrikhallen der Düngemittelfabrik AZF. Es waren mindestens 29 Opfer zu beklagen und es gab über 2000 Leichtverletzte (Münchner Rück 2003). Andere Quellen nennen 30 Opfer und über 9000 Verletzte (Hubert et al. 2004). Es wurden 30.000 Wohnungen beschädigt, 700 öffentliche Gebäude und 112 Schulen. Die Explosion war so stark, dass in der Stadt eine Panik ausbrach. Da sich vom Fabrikgelände eine Gaswolke Richtung Stadt bewegte, wurden in der Stadt Toulouse Gasmasken verteilt (Münchner Rück 2003). Noch drei Tage nach der Explosion gab es in der Umgebung von Toulouse keine funktionierende Wasserversorgung (Hubert et al. 2004). Im Januar 2003 ereignete sich eine schwere Explosion in einer pharmazeutischen Fabrik in Kingston, North Carolina. Dabei wurden über 30 Menschen verletzt (Münchner Rück 2003).

Als weiteres Beispiel sei ein Unfall in einem chinesischen Gasfeld erwähnt. Auch wenn es sich dabei nicht um eine chemische Anlage handelt, verdeutlicht es doch die Gefahren chemischer Gase. Bei dem Gasunfall in China nahe der westchinesischen Stadt Chongqing im Dezember 2003 wurden mehr als 9000 Menschen verletzt, 243 starben und mehr als 60.000 Menschen wurden evakuiert (25 km^2).

Auch kleine Unglücke sind bekannt, wie die Explosion des Riesaer Ölwerkes am 5. Februar 1979. Dabei starben 10 Menschen und 50 wurden verletzt (Geißler et al. 2004).

Aufgrund der historischen Entwicklung hat man, wie bei Kernkraftwerken, frühzeitig mit der Untersuchung von Risiken begonnen. Als Beispiel für die rechnerische Untersuchung der Auftrittswahrscheinlichkeiten von verschiedenen Unfallszenarien in einer chemischen Fabrik dient Tab. 2.134. Neben der rein rechnerischen Erfassung der Auftretenswahrscheinlichkeit werden oft auch Risikokarten entwickelt, die z. B. die Wahrscheinlichkeiten der Windrichtungen und -stärken berücksichtigen. Abb. 2.181 zeigt eine stark vereinfachte Karte. In der Regel sind diese Karten deutlich umfangreicher. Abb. 2.182 zeigt verschiedene Warnhinweise, wobei hier Gefahren durch chemische Stoffe einen beträchtlichen Anteil ausmachen (toxisch, ätzend, explosiv).

Bereits in diesem Abschnitt zeigte sich, dass chemische Unfälle häufig mit Explosionen oder Bränden einhergehen. Da Brände aber nicht nur bei chemischen Unfällen auftreten, sondern verschiedene Ursachen besitzen können, wird an dieser Stelle noch einmal ausführlicher darauf eingegangen. Im Unterschied zum Abschnitt Brände im Kapitel natürliche Risiken werden folgend Brände von Städten oder Fabriken untersucht.

Eine Möglichkeit zur Verringerung des Risikos für die Bevölkerung durch chemische Anlagen ist die Platzierung der Anlagen in einer ausreichenden Entfernung zu bewohnten Gebieten. Tab. 2.135 listet Empfehlungen auf (Hubert et al. 2004; Uguccioni 2004).

Die Toxizität chemischer Stoffe ist ein separates Fachgebiet. Die Anwendung toxischer Stoffe z. B. im Bereich krimineller Handlungen findet sich z. B. bei Mußhoff und Heß (2014).

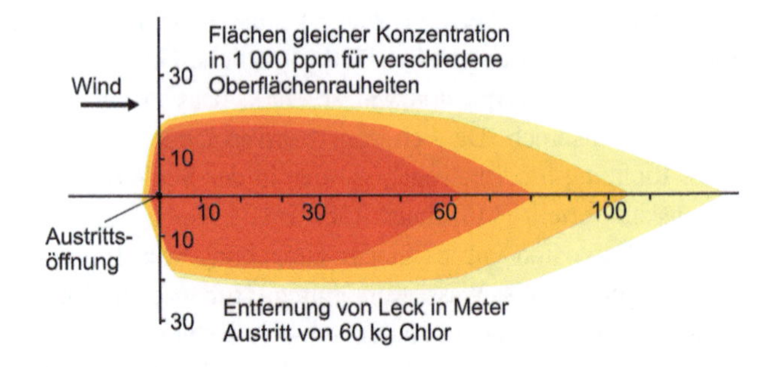

Abb. 2.181 Beispiel für den Austritt von Chlor (Gmünder et al. 2000)

Abb. 2.182 Beispiele für Warnzeichen in der chemischen Industrie

2.3.7.9 Feuer und Brände

Wie bereits erwähnt, kann Feuer ein Risiko im Zusammenhang mit einigen Chemikalien darstellen. Im Allgemeinen wird Feuer als *„unbestimmte, sich unkontrolliert ausbreitende Verbrennungsart"* definiert (DIN 14011 und ÖNORM F 1000 Teil 2). Feuer benötigt Wärme, Sauerstoff und brennendes Material. Eine Liste von Großbränden ist in Tab. 2.136 enthalten.

Nicht in der Tabelle enthalten sind die größten Brände, die während des Zweiten Weltkriegs vorsätzlich verursacht wurden. Einige Städte, die mit Brandbomben schwer bombardiert wurden, hatten Zehntausende von Todesopfern zu beklagen, wie Hamburg 1943 oder Dresden 1945.

Brände sind seit der Nutzung des Feuers durch den Menschen auch eine Bedrohung für den Menschen. Diese beachtliche Bedrohung führte auch sehr frühzeitig zu Risikovorsorgemaßnahmen: der Einrichtung von Feuerwehren. Bereits unter Hammurabi im alten Babylon waren rudimentäre Brandschutzregeln bekannt. Im Römischen Reich wurde unter Kaiser Augustus (63 v. Chr. – 14 n. Chr.) eine Nacht- und Feuerpolizei eingerichtet. Ursache dafür dürfte die größte überlieferte Brandkatastrophe des Altertums gewesen sein. Vom 19. bis 28. Juni 64 v. Chr. ereignete sich der Brand von Rom, angeblich von Kaiser Nero veranlasst

Tab. 2.134 Explosions- und Feuerwahrscheinlichkeiten für chemische Anlagen (Considine 2000)

Anlage	Explosion pro Jahr	Jetfeuer pro Jahr	Flash-Feuer pro Jahr	Gaswolke pro Jahr
Alkylation	$3{,}4\cdot10^{-4}$	$6{,}9\cdot10^{-4}$	$6{,}9\cdot10^{-4}$	$2{,}4\cdot10^{-3}$
FCCU	$1{,}3\cdot10^{-3}$	$2{,}6\cdot10^{-3}$	$2{,}6\cdot10^{-3}$	$9{,}2\cdot10^{-3}$
Cat. Reformer	$9{,}8\cdot10^{-5}$	$2{,}0\cdot10^{-4}$	$2{,}0\cdot10^{-4}$	$6{,}9\cdot10^{-4}$
CDU	$3{,}9\cdot10^{-4}$	$6{,}1\cdot10^{-4}$	$6{,}1\cdot10^{-4}$	$2{,}1\cdot10^{-3}$
Hydrocracker	$2{,}9\cdot10^{-3}$	$4{,}1\cdot10^{-3}$	$4{,}1\cdot10^{-3}$	$1{,}4\cdot10^{-2}$
Hydrotreater	$2{,}8\cdot10^{-4}$	$5{,}7\cdot10^{-4}$	$5{,}7\cdot10^{-4}$	$2{,}0\cdot10^{-3}$
Coker	$3{,}8\cdot10^{-4}$	$7{,}7\cdot10^{-4}$	$7{,}7\cdot10^{-4}$	$2{,}7\cdot10^{-3}$
Alle Einheiten	$4{,}0\cdot10^{-4}$	$8{,}1\cdot10^{-4}$	$8{,}1\cdot10^{-4}$	$2{,}8\cdot10^{-3}$

Tab. 2.135 Klassifizierung von Gebieten zur Prüfung der Platzierung von risikoreichen Industrieanlagen (Uguccioni 2004)

Klasse						
	A	B	C	D	E	F
Wohngebiet in m^3/m^2	>4,5	1,5–4,5	1–1,5	0,5–1	<0,5	
Gebiete mit einer Konzentration von Menschen mit eingeschränkter Beweglichkeit, z. B. Schulen, Krankenhäuser	> 25 Betten > 100 Menschen	< 25 Betten < 100 Menschen				
Gebiete mit großen Menschenansammlungen außerhalb von Gebäuden, z. B. Marktplätze	> 500 Menschen	< 500 Menschen				
Gebiete mit großen Menschenansammlungen innerhalb von Gebäuden, z. B. Einkaufszentren, Bürogebäude, Universitäten		> 500 Menschen	< 500 Menschen			
Plätze mit großen Menschenansammlungen für kurze Perioden		> 100 im Gebäude > 1000 Menschen außerhalb des Gebäudes	< 100 im Gebäude < 1000 Menschen außerhalb des Gebäudes, beliebige Anzahl von Menschen mit einer maximalen Anwesenheitszeit von einer Woche	beliebige Anzahl von Menschen mit einer maximalen Anwesenheitszeit von einem Monat		
Bahnhof		> 1000 Menschen pro Tag	< 1000 Menschen pro Tag			
Eingezäunte Gebiete						x

(Tosa 1999). Im Mittelalter gibt es ebenfalls Feuerverordnungen, so 1086 in Merane in Tirol oder 1189 in London (Schwenk 2004). Im Mittelalter ereigneten sich in vielen Städten und Dörfern schwere Brände. Steinhäuser waren selten, überwiegend wurden Fachwerkhäuser aus Holz und Lehm, mit Holzschindeln oder Stroh gedeckt, erbaut. Die Häuser boten den Flammen ausreichend Nahrung. Zusätzlich standen die Häuser sehr dicht, sodass das Feuer ungehindert überspringen konnte (Schwenk 2004). In Berlin/Cölln brachen 1348, 1376 und 1380 schwere Feuer aus (Schwenk 2004). Zwar existieren über den Umfang der Brandschäden aus dem Jahre 1348 nur geringe Anhaltspunkte, aber um so schwerere Schäden belegen die Dokumente für die zwei weiteren Brände. Berlin erlitt schwere Schäden durch den Brand aus dem Jahre 1376. Auch die Feuersbrunst vom 10. und 11. August 1380 legte große Teile von Berlin/Cölln in Asche. Als Folge dieser verheerenden Brände änderte sich das Bauverhalten und es wurden in zunehmendem Maße Ziegeldächer eingesetzt (Schwenk 2004).

Ein weiterer großer Brand ist der schwere Brand von 1666 in London. Der Architekt der Sankt Pauls Kathedrale in London, Wren, erbaute nach dem Brand über 60 neue Kirchen in der Stadt. Vom 5. bis 8. Mai 1842 brennt der Stadtkern von Hamburg trotz des Einsatzes von 1000 Feuerwehrmännern mit 46 Land- und Schiffsspritzen zu 2/3 nie-

Tab. 2.136 Liste von Großbränden nach Flemmer et al. (1999)

Jahr	Ort	Opfer	Bemerkung
19. Juli 64 A.D	Rom	Unbekannt	Wahrscheinlich Brandstiftung
August 70 A.D	Jerusalem	¼ der jüdischen Bevölkerung	Wahrscheinlich Brandstiftung
September 1666	Great Fire of London	Nur 8 Todesopfer, aber 100.000 Obdachlose	London hatte gerade erst eine Pestepidemie überstanden
September 1812	Moskau		Brandstiftung
17. Januar 1863	Brand in der Kirche Santiago de Chile	2,500 Todesopfer	
8. Oktober 1871	Chicago	300 Todesopfer, but 90.000 Obdachlose	Der Schaden wurde mit 200 Mio. US-Dollar geschätzt und führte zu Insolvenz von 54 amerikanischen Feuerversicherungen
8. Oktober 8, 1871	Peshtigo, Wisconsin	2682 Todesopfer	Ca. 1000 km^2 Waldfläche brennt
8. Dezember 1881	Theaterbrand in Wien	896 Todesopfer	
3. Februar 1901	Brand der Ölfelder in Baku	Mehr als 300 Todesopfer	
15. Juni 1904	Brand auf dem Dampfschiff „General Slocum" auf dem Hudson	Mehr als 1000 Kinder und ihre Mütter	
10. März 1906	Grubenbrand „Courrières"	1,205 Todesopfer	
22. September 1928	Brand im Novedades Theater in Madrid	Ca. 110 Todesopfer und 350 Verletzte	
6. Juni 1931	Glaspalast in München		
2. März 1934	Hakodate, Japan	Mehr als 900 Todesopfer, 2000 Verletzte und 150.000 Obdachlose	Der Brand erfolgt zeitlich mit einem Schneesturm. Die Hydranten sind zugefroren, ein Gebiet von 15 km^2 wird vollständig zerstört
Mai 1937	Brand des Luftschiffes „Hindenburg" in Lakehurst	35 Todesopfer	Insgesamt erfolgten bis dahin 590 Flüge mit ca. 16.0000 Passagieren
1937	Brand in einer Schule in London, Texas	294 Kinder	Gasexplosion
28. Juli 1945	Brand im Empire State Building, New York		
16. April 1947	Explosion of French Tanker „Grandcamp" in Texas City	Mehra als 2000 Todesopfer	90 % aller Häuser in der Stadt Texas zerstört, 100 Mio. US-Dollar Schaden
28. Juli 1948	Brand bei BASF in Ludwigshafen	178 Todesopfer und 2500 Verletzte	
9. June 1995	Kollision der „Johannishus" im Ärmelkanal		
1. Dezember 1960	Brand einer Schule in Chicago		
19. Juli 1960	Grubenbrand in Salzgitter		
17. Oktober 1960	Schiffsbrand auf dem Rhein		
17. Dezember 1961	Zirkusbrand in Niteroi, Brasilia	323 Todesopfer und über 500 Verletzte	2,500 Menschen besuchen die Zirkusvorstellung, als das Zelt anfängt zu Brennen und einstürzt
22. Dezember 1963	Brand auf der „Lakonia"		
11. Juli 1978	Explosion eines Tankfahrzeuges auf dem Campingplatz „Los Alfaques" in Spain	180 Todesopfer und 600 Verletzte	
6. Juli 1988	Explosion der Ölplattform „Piper Alpha" in der Nordsee	170 Todesopfer	
15. April 1997	Brand in Mina (nahe Mekka)	343 Todesopfer und 2000 Verletzte	
1998	Brand einer Spielzeugfabrik in Bangkok	210 Todesopfer und 500 Verletzte	

(Fortsetzung)

Tab. 2.136 (Fortsetzung)

Jahr	Ort	Opfer	Bemerkung
17. Oktober 1998	Brand einer Ölleitung in Nigeria	> 1000 Todesopfer	Die Ölleitung hatte eine Leckage. Personen versuchen, von der Leckage Öl zu entnehmen. Dabei entzündet sich das Öl
30. Oktober 1998	Brand in einer Diskotheke in Göteborg	61 Todesopfer	
3. Dezember 1998	Brand in einem Waisenhaus in Manila	30 Todesopfer	

der. Am 5. Oktober 1871 ereignet sich der *„große Brand von Chicago"*. Angeblich wurde der Brand durch eine Kuh ausgelöst, die im Stall beim Melken die brennende Laterne umstieß. Nach dem Brand lag die Stadt zu großen Teilen in Schutt und Asche. Man geht davon aus, dass Hunderttausende durch diese Katastrophe obdachlos wurden (Tosa 1999). In Verbindung mit anderen Katastrophen, wie Krieg oder Erdbeben, ereigneten sich ebenfalls schwere Brände. Erwähnt sei hier nur der Brand von Lissabon oder das Feuer in Dresden am 13. Februar 1945. Auch in den letzten Jahren haben sich wiederholt schwere Brände ereignet. Die Brandgebiete liegen allerdings heute weniger in Städten, sondern in großen Waldgebieten. Auf Waldbrände wurde bereits eingegangen.

Oft spielen Brände eine Rolle in Verbindung mit Gefahrengütertransporten und Tunneln. In Tab. 2.137 sind einige Beispiele von Bränden in Straßentunneln aufgeführt. Unglücke in Tunneln können hohe Opferzahlen verursachen, wie z. B. der Unfall im Mont-Blanc-Tunnel 1999 (siehe Abb. 2.183). Die beträchtliche Gefahr von Bränden in Tunneln oder unterirdischen Einrichtungen erwächst nicht so sehr aus der Temperatur, die in 20 oder 30 m Entfernung vom Brand durchaus tolerabel sein kann, sondern aus der Rauchbelastung. Sie führt zu erheblichen Ein-

Tab. 2.137 Brände in Straßentunneln in Verbindung mit dem Transport gefährlicher Güter (Cassini und Pons-Ineris 2000)

Tunnel	Guadarrama	Freéjus	Gotthard	Caldcott	Nihonzaka	Velsen	Billwerder-Moorfleet
Baujahr Land	1972 Spanien	1980 Frankreich Italien	1980 Schweiz	1965 USA	1969 Japan	1957 Niederlande	1963 BRD
Stadt oder Region	Guadarrama	Modane Bardonecchia	Geschenen Airolo	Oakland	Shizuoka	Velsen	Hamburg
Länge	3330 m	12.868 m	16.221 m	1028 m	2045 m	770 m	243 m
Anzahl Röhren	2	1	1	3	2	2	2
Datum Umfall	14.08.1975	03.02.1983	02.04.1984	07.04.1982	11.07.1979	1979	31.08.1968
Entfernung Einfahrt	220 m	4300 m	6000 m	530 m	1625 m	500 m	120 m
Ursprungsfahrzeug des Brandes	LKW	LKW	LKW	LKW	4 LKWs, 1 Bus, 1 PKW	2 LKW, 4 PKW	LKW-Anhänger
Landung des Fahrzeuges	Kieferharz	Plasteprodukte	33 Rollen Plastikfolie	33.000 l Benzin			14 t Plastikgranulate
Brandursache			Motorfeuer	Auffahrunfall	Auffahrunfall	Auffahrunfall	Blockierte Bremsen
Zeit bis Beginn der Brandbekämpfung	70 min	8 min	11 min	90 min	40 min	10 min	60 min
Branddauer	2:45	1:50	24 h	2:40	2 Tage	1:20	1:30
Opfer				7 Tode, 3 Verletzte	7 Tode, 2 Verletzte	5 Tode, 5 Verletzte	
Fahrzeugschäden	1 LKW	1 LKW	1 LKW	3 LKWs, 1 Bus und 4 PKWs	179 Fahrzeuge	2 LKW, 4 PKW	1 Anhänger
Schaden über eine Tunnellänge von	210 m	200 m	30 m	580 m	1100 m	30 m	34 m

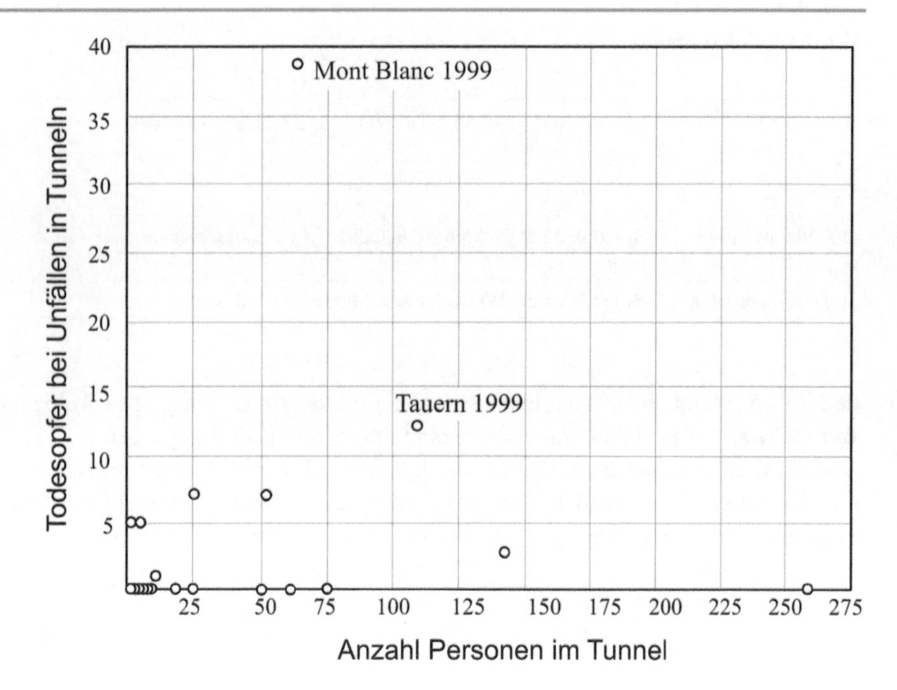

Abb. 2.183 Todesopfer bei Tunnelunglücken nach Rackwitz und Streicher (2002)

schränkungen bei der Orientierung. Man geht davon aus, dass bei einer optischen Dichte des Rauches von 0,066 m^{-1}, welches einer Sichtbarkeit unter 4 m entspricht, Menschen, die sich in den Örtlichkeiten nicht auskennen, keinen Fluchtweg mehr finden. Menschen, die die Notausgänge kennen, können noch bis zu einer Sichtbarkeit von 1 m bzw. einer optischen Dichte von 0,22 m^{-1} fliehen. Neben der eingeschränkten Sichtbarkeit durch den Rauch enthält dieser zusätzlich oft auch giftige Bestandteile, wie z. B. Kohlenmonoxid oder Salzsäure. Bei einer Kohlenmonoxiddichte von 600 bis 800 ppm in der Luft verliert ein Mensch nach wenigen Minuten das Bewusstsein (Fileppo et al. 2004). In Tab. 2.138 wird der Kohlenmonoxidgehalt des Rauchs verschiedener brennender Substanzen angegeben.

Zur Verbesserung des Brandschutzes wurden in den letzten Jahren umfangreiche wissenschaftliche Arbeiten durchgeführt. (z. B. Dehne 2003; Albrecht 2012; De Sanctis 2015; Fischer 2014; Maag 2004; Berchtold 2019; Van Coile 2017; Van Coile and Hopkin 2018; Van Coile und Pandey 2017; Van Coile et al. 2019a, b). Kap. 7 nennt verschiedene Arbeiten, die zu großen Teilen auf Risikoansätzen basieren (Lebensqualitätsindex LQI).

Tab. 2.138 Kohlenmonoxidgehalt des Rauches beim Brand verschiedener Substanzen (Fileppo et al. 2004)

Brennbare Substanz	CO in ppm bei einer optischen Dichte von 0,22 m^{-1}
Holz	36,0
Kohle	9,0
Transportband aus SBR	2,5
Transportband aus PVC	3,0
Transportband aus Neopren	7,0

Verschiedene Autoren haben für die Schweiz die Entwicklungen des Brandrisikos zusammengefasst (Bürge et al. 2018; Fischer et al. 2018, 2012; Fischer und Faber 2012):

- Das Sterberisiko durch Gebäudebrand in der Schweiz ist im Vergleich zu anderen Ländern gering (siehe Abb. 2.184, Tab. 2.139).
- Große Verbesserungen wurden in den letzten Jahren in Ländern mit höheren Risiken erreicht (siehe Abb. 2.184).
- Bei mehr als 90 % der Gebäudebrände mit Todesfolge stirbt nur eine Person. Ereignisse mit 2 oder mehr Opfern sind sehr selten und sinken (siehe Abb. 2.185). Beispiele solcher Ereignisse listen Tab. 2.140 und 2.141 auf. Insbesondere Tab. 2.141 belegt die Tatsache, dass solche schweren Ereignisse oft multiple Katastrophen sind, also Erdbeben und Brand, mechanische Einwirkung und Brand etc. (Abb. 2.186).
- Die meisten Brandopfer treten in Wohngebäuden auf (Abb. 2.186, Tab. 2.142 und 2.143). Diese stellen aber auch die absolut größte Zahl, sodass die Zahlen normiert werden sollten (Abb. 2.187). Nach der Normierung ergibt sich die folgende Reihenfolge:
  - Spitäler und Pflegeheime
  - Wohngebäude mit einem Anteil anderer Nutzung
  - Hotel- und Gastwirtschaftsbetriebe
  - landwirtschaftliche Wohngebäude

Weder die Bauweise noch die Anzahl der Geschosse zeigt einen Einfluss.

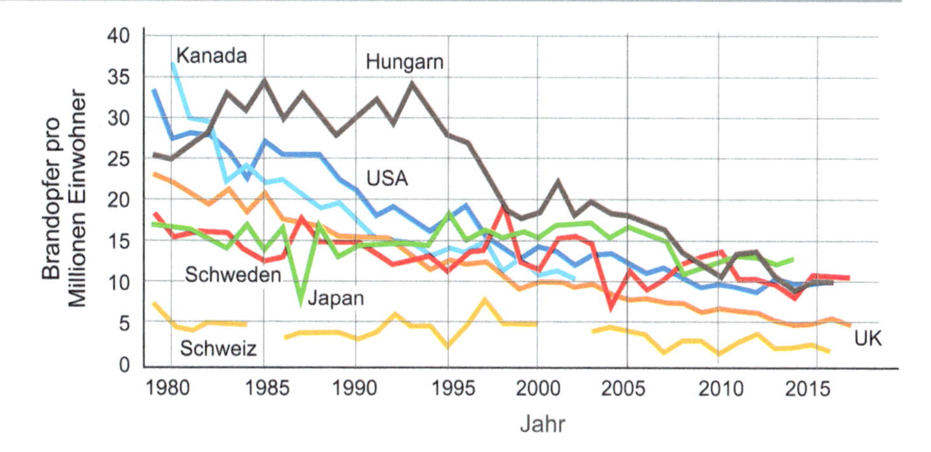

Abb. 2.184 Zeitliche Entwicklung der Brandopfer für verschiedene Länder (Fischer et al. 2018)

Tab. 2.139 Anzahl Brandschäden und Opfer für verschiedene Länder (Schneider und Lebeda 2000; Mehlhorn 1997; Tri Data Corporation 1998, World Fire Statistics Center London)

	Brandschäden als Prozent des Bruttosozialproduktes	Anzahl Brandtoter pro 1.000.000 Einwohner (Mehlhorn 1997)
USA		21–27
Finnland	0,19	22–24
England	0,24	19–21
Schweden	0,21	16–20
Dänemark	0,39	15–20
Belgien	0,45	20
Frankreich	0,26	13–19
Norwegen	0,34	17–18
Niederlande	0,20	6–13
Deutschland	0,19	9–13
Italien	0,15	7–9
Schweiz	0,25	5–6
Österreich	0,16	7
Kanada		18–22
Spanien		7–12
Japan		14–16

Die Ursachen von Brandfällen mit Todesfolge zeigen die folgende Reihenfolge (siehe auch Tab. 2.144):

- Rauchzeug oder Kerzen, Zündhölzer etc.
- Küchen- oder Elektrobrände oder Elektroinstallationen
- Explosionen
- Brandstiftungen
- Feuerungsanlagen

Datenbanken zu Brandereignissen existieren auch für andere Länder, siehe z. B. Manes und Rush (2019). Die meisten Brandfälle mit Todesfolge entstehen durch menschliche Fehler. Technische Defekte spielen nur eine untergeordnete Rolle. Brandverletzungen entstehen überwiegend im Küchenbereich. Das Verhältnis von Verletzten zu Todesopfern ist für verschiedene Technologie in Tab. 2.145 aufgelistet. Die wesentlichen Brandlasten in Wohngebäuden sind Möbel, insbesondere Polstermöbel, Bettwaren und Kleidung (siehe Tab. 2.146). Die wichtigsten Risikofaktoren sind Schlafen, Mobilitätseinschränkungen z. B. durch das Alter und Alkoholkonsum. Haupttodesursache sind Rauchgasvergiftungen.

Die Wirksamkeit von Brandschutzmaßnahmen wird vereinfacht in Tab. 2.147 dargestellt.

Aufgrund der frühen Anwendung von Feuer und damit auch einer zivilisatorisch frühen Wahrnehmung der Risiken lassen sich auch frühe Schutzmaßnahmen nachweisen. Die erste Wasserpumpe zur Brandbekämpfung wurde 250 v. Chr. von Ktesibios in Alexandria erfunden. Hero aus Alexandria setzte dies durch die Einführung einer tragbaren Pumpe fort (NN 1997). Doch schon vor 2400 bis 2000 v. Chr. gab es in der altägyptischen Sprache Zeichen für Feuersbrunst und brennende Stadt. (Flemmer et al. 1999).

Im Jahr 1518 erfand der Augsburger Goldschmied eine fahrbare Spritze (NN 1997). Hydranten wurden in Großbritannien nach dem großen Brand von London 1666 eingeführt. Etwa zur gleichen Zeit erfand der Niederländer van der Heijden den Wasserschlauch und die Handpumpe zur Brandbekämpfung.

1676 wurde die erste Feuerversicherung, die Hamburgische General-Feuer-Versicherung, gegründet. Die meisten regionalen Feuerversicherungen in Deutschland wurden im 18. Jahrhundert gegründet, zum Beispiel die Lippische Landes-Feuerversicherung. Bevor es Versicherungen gab, erhielten Menschen, die ihr Eigentum durch Feuer verloren hatten, in der Regel eine Bettelerlaubnis. Dies half den Menschen jedoch nicht viel (NN 1997).

Technische Erfindungen verbesserten jedoch die Brandsicherheit weiter. Blitzableiter waren bereits im Altertum bekannt, gerieten aber in Vergessenheit. Sie wurden 1750 von Benjamin Franklin neu erfunden. Der erste Blitzableiter in Deutschland wurde 1769 an der Hamburger Kirche

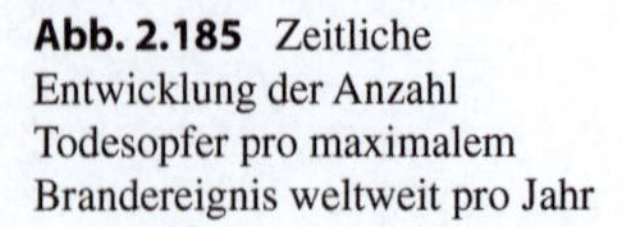

Abb. 2.185 Zeitliche Entwicklung der Anzahl Todesopfer pro maximalem Brandereignis weltweit pro Jahr

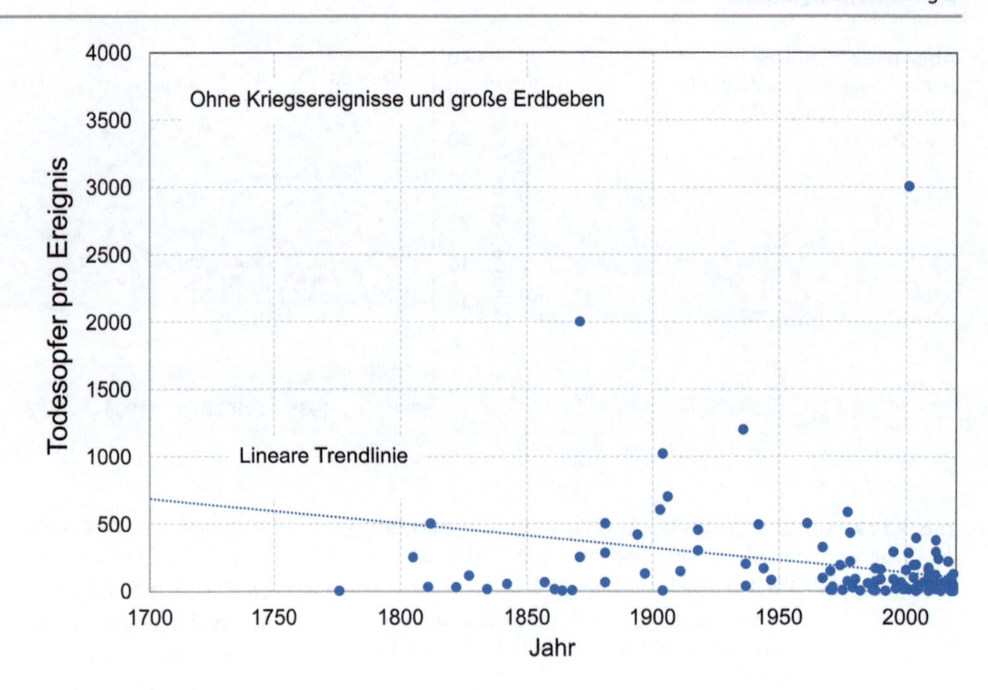

Tab. 2.140 Brandereignisse der letzten 10 Jahre in entwickelten Industriestaaten und der letzten 30 Jahre in der Schweiz (Brandereignisse in Ländern wie Indien, Mexiko etc. wurden herausgenommen)

Ort und Land	Datum	Art	Todesopfer	Bemerkung
London, U.K	14.06.2017	Gebäudebrand im Grenfell Tower in West London	79	Fassadenisolierung aus Kunststoff
Shanghai, China	15.11.2010	Gebäudebrand in Hochhaus	53	Vermutlich durch Baustelle
Lac-Mégantic, Québec, Kanada	26.07.2013	Eisenbahnunfall, Stadtbrand, Gefahrgutunfall	47	Eisenbahnunfall
Kyoto, Japan	18.07.2019	Gebäudebrand	36	Brandanschlag
Jecheon, Südkorea	21.12.2017	Gebäudebrand	28	Fahrzeugbrand
Titisee-Neustadt im Schwarzwald, Deutschland	26.11.2012	Gebäudebrand	14	Gasexplosion in Behindertenwerkstatt
Solothurn, Schweiz	26.11.2018	Gebäudebrand	7	
Zürich, Schweiz	14.02.1988	Gebäudebrand	6	Brand in Hotel
Niederbipp, Schweiz	19.07.1996	Brand in Papierfabrik	3	Todesopfer sind Feuerwehrleute
Oberegg, Schweiz	14.04.1994	Gebäudebrand	2	Altersheim

Tab. 2.141 Beispiele von Unglücken in Verbindung mit Bränden und mit hohen Opferzahlen

Land und Ort	Datum	Anzahl Todesopfer	Bemerkungen
USA, New York	11.09.2001	3000	Terroranschlag, Mechanische Zerstörung und Brand
USA, Chicago	30.12.1903	602	Brand in einem Theater
USA, New York	15.06.1904	1021	Schiffsbrand
USA, San Francisco	April 1906	700	Brand nach Erdbeben
Sowjetunion	03.08.1936	1200	Waldbrand
Spanien, Teneriffa	27.03.1977	583	Zusammenstoß zweier Flugzeuge und Brand

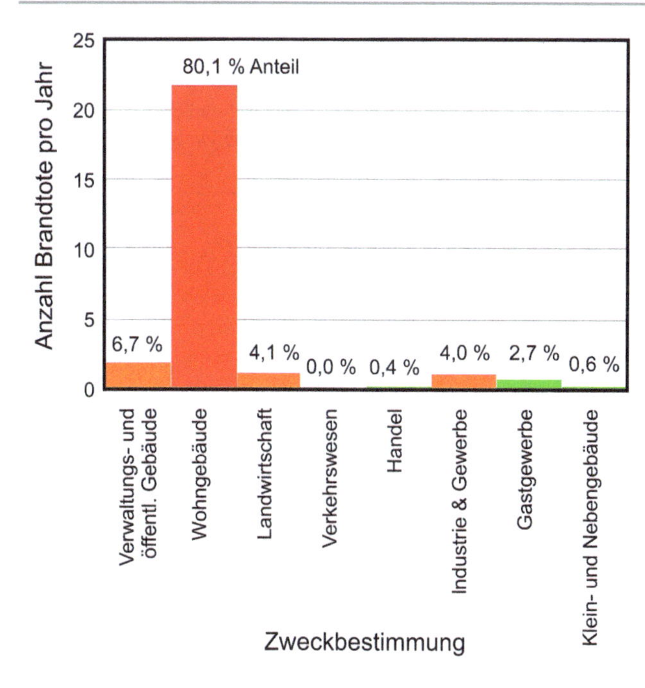

Abb. 2.186 Absoluter Anteil der Gebäudenutzungen an den Brandtoten in der Schweiz (Fischer et al. 2018)

Tab. 2.142 Anzahl Brände von 1996 bis 1999 und für verschiedene Gebäudenutzungen in Finnland nach Rahikainen und Keski-Rahkonen (2004)

Gebäudenutzung	Anzahl Brände	Nutzfläche in m^2
Wohngebäude	4361	231.565.978
Wirtschaftsgebäude	356	18.990.450
Bürogebäude	140	16.354.516
Dienstgebäude	123	10.627.751
Gebäude für Altersversorgung	197	8.780.942
Versammlungsgebäude	112	7.379.199
Schule, Ausbildungsräume	122	15.801.759
Industriegebäude	1038	40.321.357
Lagergebäude	405	7.434.710
Andere Gebäude	2650	2.437.960

Tab. 2.143 Brandwahrscheinlichkeit für verschiedene Gebäudenutzungen (Schneider und Lebeda 2000)

Gebäudenutzung	Land	Brandwahrscheinlichkeit pro Million m^2 Nutzfläche und Jahr
Industriegebäude	Großbritannien	2
Industriegebäude	Deutschland	2
Bürogebäude	Großbritannien	1
Bürogebäude	USA	1
Wohngebäude	Großbritannien	2
Wohngebäude	Canada	5
Wohngebäude	Deutschland	1

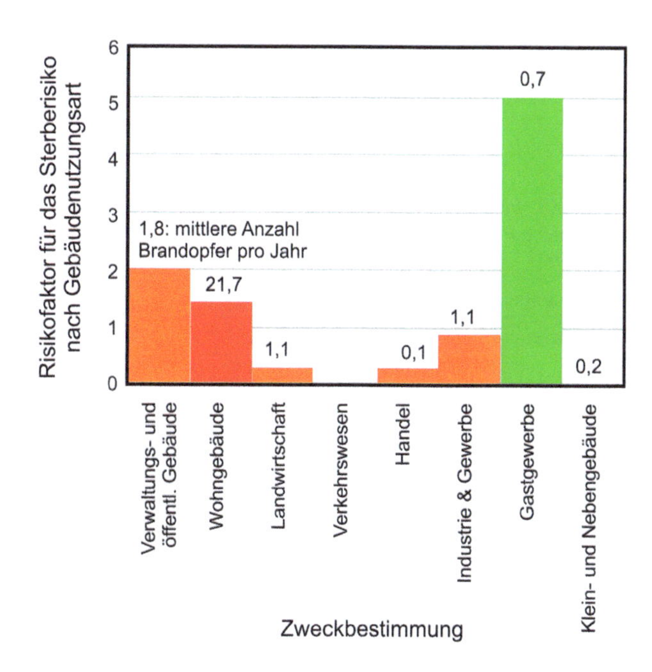

Abb. 2.187 Anteil der Gebäudenutzungen an den Brandtoten in der Schweiz normiert auf den Gebäudeanteil (Fischer et al. 2018)

St. Jacobi installiert (NN 1997). 1829 wurden Handpumpen durch Maschinenpumpen ersetzt und 1888 wurde in Chicago die erste Drehleiter eingeführt. (Flemmer et al. 1999). Insbesondere die Einführung von Sprinklerlöschanlagen verringerte die Zahl der Brandopfer.

Schutzmaßnahmen können allerdings auch wieder neue Risiken verursachen. Fluchttreppen sind eine wichtige Schutzmaßnahme zur Vermeidung von Todesopfern bei Gebäudebränden. Eine maximale Fluchtweglänge und die Existenz eines zweiten Fluchtweges, welches beides Fluchttreppen erforderlich macht, werden in vielen modernen Brandschutznormen festgelegt. Auf der anderen Seite besuchen jedes Jahr in der Schweiz ca. 20.000 Menschen einen Arzt wegen Stürzen auf Treppen. Darüber hinaus ereignen sich in vielen Altersheimen schwere Unfälle, weil Bewohner mit einem Rollstuhl oder Rollator zu nah an die Treppenabgänge fahren und abstürzen. Da es sich um Fluchtwege handelt, sind Absturzsicherungen nicht zulässig. Natürlich kann man nicht alle diese Stürze den Fluchttreppen zuzuordnen, aber das Risiko von Stürzen ist natürlich im realen Brandfall noch höher. (Schmid 2019).

Ein zweites Beispiel sind die Brandschutzanlagen in Theatern und auf Bühnen. Er ereigneten sich in den letzten

Tab. 2.144 Brandursachen nach Tri Data Corporation (1998)

Brandursache	Prozent aller Brände inclusive unbekannter Ursache
Unbekannt	47,2
Brandstiftung	15,5
Offenes Feuer	6,6
Brände durch Kinder	2,9
Heizen	3,8
Kochen	5,4
Elektrischer Verteiler (Kabel)	4,5
Heizung von anderen Quellen	2,4
Rauchen	3,2
Natürliche Brände (Blitzschlag)	1,3
Elektrische Geräte im Haushalt	2,1
Explosionen und Feuerwerk	3,0
Andere elektrische Nutzungen	2,0

Tab. 2.145 Verhältnis Verletzte zu Todesopfer über alle Unfälle basierend auf Eurostat (2018), WHO (2018a, b), Destatis (2016), Rackwitz (1998)

Verkehrsmittel	Verhältnis
Kraftfahrzeugunfall	40:1
Schifffahrt (Flotte)	10:1
Eisenbahnunfall	1:1
Luftverkehrsunfall	<<1
Brände	6:1

Tab. 2.146 Auszug aus Table 19 BS 7974-1:2003 und NFSC nach Weilert und Hosser (2007)

Gebäudenutzung	Brandlast in MJ/m^2	Fraktil		
	Durchschnitt	80 %	90 %	95 %
Wohngebäude	780	870	920	970
Krankenhaus (Raum)	230	350	440	520
Krankenhaus (Lager)	2000	3000	3700	4400
Hotel (Raum)	310	400	460	510
Büro	420	570	670	760
Läden	600	900	1100	1300
Produktion	300	470	590	720
Produktion und Lager	1180	1800	2240	2690
Bibliotheken	1500	2250	2550	–
Schulen	285	360	410	450

Jahren mehrere erhebliche wirtschaftliche Schäden, weil die Brandschutzanlagen im Rahmen von Prüfung versehentlich ausgelöst wurden und die Bühnentechnik beschädigten.

Tab. 2.147 Wahrscheinlichkeit der erfolgreichen Brandbekämpfung in Abhängigkeit von der Ausrüstung nach Bub et al. (1983)

Brandbekämpfung durch	Wahrscheinlichkeit, dass sich der Brand voll entfaltet
Öffentliche Feuerwehr	0,1
Sprinkler	0,01
Gut ausgerüstete Fabrik mit eigener Feuerwehr und Brandmeldesystem	0,001–0,01
Gut ausgerüstete Fabrik mit eigener Feuerwehr und Sprinklersystem	0,0001

2.3.7.10 Explosionen und Deflagrationen

Brände werden oft durch Explosionen verursacht. Eine Explosion ist eine auf dem Ausdehnungsbestreben von Gasen oder Dämpfen beruhende, sehr schnelle Kraftäußerung (§ 5 Nr. 3 VGB 2001). Die Schnelligkeit ist meist so groß, dass der Verlauf einer Explosion in der Regel durch einen Menschen nicht wahrgenommen werden kann. Tab. 2.148 ordnet die Explosionsregimes verschiedenen Flammgeschwindigkeiten zu. Für die Bewertung wird häufig Dows Fire Explosion Index und Monds Toxicity Index, zusammen als Fire Explosion and Toxicity Index (FETI) bezeichnet, verwendet (Nezamodini et al. 2017).

Beispiele für industriebezogene Explosionen werden im Folgenden vorgestellt:

Spätestens seit der Wasserstoffexplosion von 400 Gasflaschen am 25. Mai 1894 auf dem Tempelhofer Feld bei Berlin oder dem Brand des Luftschiffes Hindenburg am Lakehurst am 6. Mai 1937 sind sich sowohl Fachspezialisten als auch die Bevölkerung des Brand- und Explosionsrisikos bei der technischen Verwendung von Wasserstoff bewusst (Schmidtchen 2003). Verschiedene Industrieunfälle in den letzten Jahren, so z. B. der Tankunfall in Hanau 1991, bei dem ein 100 m^3 Wasserstoff-Tank barst, die Wasserstoffverpuffung am 8. Mai 1996 im Brunsbütteler Bayer-Werk, die Knallgasexplosion im Chemiepark Linz vom 21. Dezember 2006 mit zwei Todesopfern oder der Wasserstoffbrand im Industriegebiet „Am Mechtenberg" in Essen am 6. März 2007 mit einem Evakuationsradius von 500 m (Hzwei 2007) zeigen, dass dieses Risiko weiterhin besteht. Auf der anderen Seite wird heute weltweit die gewaltige Menge

Tab. 2.148 Klassifikation von Explosionsregime in Abhängigkeit von der Flammengeschwindigkeit

	Flammengeschwindigkeit
Verbrennung	Millimeter pro Minute
Deflagration	Zentimeter pro Minute
Explosion	Meter pro Sekunde
Detonation	Kilometer pro Sekunde

von ca. 500 Mrd. m^3 Wasserstoff hergestellt und verbraucht (Breitung, Friedrich und Schmidtchen 2004).

Der erste wasserstoffgekühlte Generator ging 1937 in Betrieb (Wikipedia 2011). Heute sind nahezu 70 % aller elektrischen Generatoren mit einer Leistung über 60 MW wasserstoffgekühlt (Spring 2009). Die CIGRE (International Council on Large Electric Systems) schätzt die Gesamtzahl der weltweit in Betrieb stehenden wasserstoffgekühlten Generatoren auf ca. 40.000 (Hamza 2010).

Der erfolgreiche Einsatz von Wasserstoff als Kühlmittel hängt eng mit den physikalischen Eigenschaften zusammen, wie z. B. der hohen spezifischen Wärmekapazität bei geringer Masse. Nachteilig ist jedoch der hohe Mischbereich mit Luft, indem Wasserstoff entflammbar ist. Dieser liegt zwischen ca. 4 und 75 Vol.-%. Im Vergleich dazu sind die Mischungsbereiche anderer Treibstoffe, wie z. B. Methan (5–15 Vol.-%), Propan (2–10 Vol.-%), Methanol (6–36 Vol.-%) oder Benzin (1–8 Vol.-%) deutlich kleiner (HFCERT 2001).

Die hohe Konzentrationsspanne erleichtert die Entstehung von Bränden oder Explosionen. Tatsächlich finden sich in Zeitschriften Hinweise auf verschiedene Leckage- bzw. Brandereignisse in Verbindung mit wasserstoffgekühlten Generatoren. Einer der genannten Unfälle steht in Verbindung mit der Anlieferung bzw. dem Transport von Wasserstoff. Bezüglich der Anlieferung sind weitere Unfälle bekannt, die nicht direkt in Verbindung zu Generatoren stehen, wie z. B. ein Unfall in Stockholm 1984, bei dem 180 m^3 Wasserstoff freigesetzt worden (Breitung, Friedrich und Schmidtchen 2004). Solche Unfälle können erhebliche Risiken darstellen. Tab. 2.149 listet die Schäden in Abhängigkeit vom Überdruck auf.

Bevor jedoch die Auswirkungen von Wasserstoffverpuffungen auf Tragstrukturen berechnet werden (Ngo et al. 2007), wird in einem ersten Schritt geprüft, ob die erforderlichen Wasserstoff-Konzentrationen erreicht werden. Das Wasserstoffvolumen in Generatoren kann über 100 Kubikmeter betragen. Gleichzeitig besitzen jedoch Maschinenhallen, in denen sich die Generatoren befinden, normalerweise erhebliche Volumina, z. B. über 100.000 m^3. Bei einer Mischung über dieses Volumen können die für eine Wasserstoffverpuffung erforderlichen Konzentrationen nicht erreicht und eine Wasserstoffverpuffung damit ausgeschlossen werden. Natürlich können Konzentrationsspitzen beim Entweichen des Wasserstoffs auftreten. Diese können deutlich größer sein als die mittlere Konzentration. Daher wird in der Regel für Maschinenhäuser ein Volumenstrom bzw. eine Luftaustauschrate festgelegt, so dass die möglichen Aufkonzentrationen immer noch weit unterhalb der erforderlichen Wasserstoff-Konzentration liegen.

Tab. 2.149 Gesundheitseffekte bei Explosionen in Abhängigkeit vom Überdruck

Überdruck in bar	Effekte
0,60	Sofortige Todesopfer
0,30	Einsturz von Gebäuden
0,20	Schwere Schäden an Gebäuden
0,14	Tödliche Verletzungen
0,07	Schwere Verletzungen
0,03	Glasbruch

Im vorindustriellen Zeitalter ereigneten sich oft Explosionen mit Sprengpulver. Im Jahre 1645 explodierte z. B. ein Pulverturm in Delft. Die Explosion war ca. 80 km weit zu hören. Noch heute befindet sich am ehemaligen Platz des Pulverturmes ein Markt (Ale 2003). 1807 erfolgte eine Explosion einer mit Sprengstoff beladenen Barkasse in der Stadt Leiden. Circa 150 Menschen, darunter 50 Kinder, fanden dabei den Tod (Ale 2003). Napoleon besuchte den Ort der Katastrophe und verfasste 1810 einen kaiserlichen Erlass. Dieser Erlass regelte, welche Manufakturen sich innerhalb einer Stadt ansiedeln dürfen (siehe Tab. 2.150 und 2.151). Manufakturen mit einer zu großen Gefährdung der Bevölkerung wurden aus Städten verbannt. Es muss bedauerlicherweise festgestellt werden, dass der Umgang mit Sprengstoff sich auch in den folgenden Jahrhunderten nicht besserte. 1867 ereignete sich eine schwere Explosion von Sprengstoffen in Athen (Ale 2003).

Tab. 2.150 Definition eines Schädigungsgrades nach Italian Ministry of Public Works Decree 2001, (Uguccioni 2004), siehe Tab. 2.135

Unfallszenario	Hohe Letalität	Beginn der Letalität	Irreversible Schäden	Reversible Schäden	Bauwerksschäden und progressives Versagen
Stationäre Wärmestrahlung	12,5 kW/m^2	7 kW/m^2	5 kW/m^2	3 kW/m^2	12,5 kW/m^2
BLEVE/Feuerball	Feuerball Radius	350 kJ/m^2	200 kJ/m^2	125 kJ/m^2	200–800 m abhängig von der Lagerungsart
Flash Fire	LFL	½ LFL	–	–	–
VCE (Spitzenüberdruck))	0,5 bar (0,6 offene Flächen)	0,14 bar	0,07 bar	0,03 bar	0,3 bar
Freisetzung toxischer Stoffe	LC_{50} (30 min, hmn)	–	IDLH	–	–

BLEVE: Boiling Liquid Expanding Vapour Explosion
VCE: Vapour Cloud Explosion

Tab. 2.151 Landnutzungskategorien für die Industrie nach dem Italian Ministry of Public Works Decree (2001) (Uguccioni 2004), siehe Tab. 2.135 und 2.150

Eintrittswahrscheinlichkeit	Effekte			
	Hohe Letalität	Beginn Letalität	Irreversible Schäden	Reversible Schäden
$<10^{-6}$	DEF	CDEF	BCDEF	ABCDEF
10^{-4}–10^{-6}	EF	DEF	CDEF	BCDEF
10^{-3}–10^{-4}	F	EF	DEF	CDEF
$>10^{-3}$	F	F	EF	DEF

Besonders schwere Unglücke mit Sprengstoff verursachten Explosionen von mit Munition beladenen Kriegsschiffen. Die erste Katastrophe dieser Art ist die sogenannte Halifax-Katastrophe, die sich am 6. Dezember 1917 im kanadischen Halifax ereignete. Das französische Transportschiff Mont Blanc sollte Sprengstoff an die europäischen Kriegsschauplätze transportieren. Das Schiff hatte im November in New York Sprengstoff geladen, dessen Sprengkraft drei Kilotonnen TNT (Trinitrotoluol) entsprach. Das Schiff sollte in Halifax, Kanada, einen Zwischenstopp vor der Fahrt nach Europa einlegen. Um nach Halifax einzufahren, musste ein Kanal vor der Stadt, der Narrow-Kanal, passiert werden. Dies tat zur gleichen Zeit auch der norwegische Frachter Imo. Dieser fuhr mit etwa der doppelten zulässigen Geschwindigkeit in den Kanal und rammte die Mont Blanc. Bei der Kollision bohrte sich der Vorsteven der Imo in die Steuerbordseite der Mont Blanc. Dabei wurden Benzolfässer auf dem Deck der Mont Blanc beschädigt und liefen aus. Unglücklicherweise entschied sich der Kapitän der Imo dafür, sein Schiff wieder freizufahren. Durch die Reibung zwischen den Metallteilen der ineinander verkeilten Schiffe wurde das Benzol entzündet. Anschließend explodierten weitere Benzolfässer auf dem Deck der Mont Blanc. Der Vorderteil der Mont Blanc stand in Flammen. Die Feuerlöschkapazität des Schiffes reichte nicht aus, den entstandenen Brand zu bekämpfen. Der Kapitän der Mont Blanc konnte sich auch nicht entschließen, dass Schiff zu versenken. Da sowohl die Mannschaft als auch der Kapitän die Explosion des auf dem Schiff vorhandenen Sprengstoffes voraussahen, verließen sie das Schiff. Das brennende Schiff explodierte jedoch nicht sofort, sondern trieb unkontrolliert Richtung Richmond, einem Vorort von Halifax. Es erreichte auch die Pier und setzte sie in Flammen. Zwar wurde versucht, das Schiff wegzuschleppen, aber der Versuch scheiterte. Eine halbe Stunde nach der Kollision explodierte die Mont Blanc. Das Schiff wurde in Einzelteile zerrissen, die teilweise mehrere Meilen durch die Luft flogen. Zahlreiche Schiffe wurden zerstört oder beschädigt. Eine Eisenbahnbrücke in Halifax stürzte durch die Explosion ein. Mehrere Waggons stürzten mit der Brücke in die Tiefe. Die Explosion soll nach verschiedenen Schätzungen die Sprengkraft einer kleinen Atombombe besessen haben. Die Stadt bot ein Bild des Grauens, überall gab es Brände. Insgesamt forderte die Explosion 2000 Todesopfer und 9000 Verletzte. Die Anzahl der Opfer ist vermutlich auch deshalb so hoch, weil viele Schaulustige zum Pier strömten, um das brennende Schiff zu sehen. Etwa 25.000 Menschen wurden in Halifax obdachlos. (Korotikin 1988).

Eine vergleichbare Katastrophe ereignete sich 1944 in Bombay. Auch hier war das Schiff, die Fort Stikene, mit Sprengstoff beladen. Es handelte sich um ca. 1400 t, allerdings wurden auf dem Schiff auch Baumwolle und Trockenfisch transportiert. Das Schiff sollte am 13. April 1944 entladen werden. Am Morgen des 13. April war zunächst ein Großteil der Fracht ausgeladen worden. Nach dem Mittag, als man die Entladung der Baumwollballen abschließen wollte, entdeckte man gegen 13:30 Uhr einen Brandherd in den Baumwollballen auf dem Schiff. In den nächsten zweieinhalb Stunden gelang es nicht, diesen Brand zu löschen. Im Gegenteil, an der Außenwand des Schiffes zeigte sich ein glühender Fleck. Das Feuer breitete sich zu den Lagerräumen aus, in denen sich der Sprengstoff befand. Auch hier wurde das Schiff nicht aus dem Hafen gezogen oder versenkt. Gegen 16:00 Uhr erreichte das Feuer den Sprengstoff. Das Schiff explodierte in zwei Phasen. Im Hafen von Bombay gingen in der Nähe der Fort Stikene 13 Schiffe verloren. Im Radius von 400 m um das Schiff wurden sämtliche Gebäude sehr schwer beschädigt. Die Beschädigung betraf auch 50 Hafenspeicher, deren Inhalt, wie z. B. Getreide, durch die Explosion breitgetragen wurde. Durch die glühenden Explosionsteile des Schiffes wurden in der Stadt hunderte Brände entfacht, die am 15. April, zwei Tage später, das Zentrum der Stadt erfasst hatten. Der Brand erreichte solche Ausmaße, dass er etwa 120 km weit zu sehen war. Um zu verhindern, dass die Stadt Bombay vollends verloren geht, wurde in der Stadt ein 400 m breiter Brandschutzstreifen geschaffen. In diesem Streifen wurde alles dem Boden gleich gemacht. Insgesamt forderte diese Katastrophe 1500 Tote und 3000 Verletzte (Korotikin 1988). Aber auch in der jüngsten Vergangenheit ereigneten sich Explosionen. Vielen Lesern wird noch die Explosion einer Feuerwerksfabrik im Mai 2000 in Enschede (Niederlande) in Erinnerung sein. Dabei wurden knapp 300 Häuser nahezu komplett zerstört und 22 Menschen fanden den

Tod. Um die Gewalt von Explosionen darzustellen, findet sich in Tab. 2.152 eine Zusammenstellung der Reichweite und Masse von Explosionsteilen bei schweren historischen Explosionen von Tankbehältern.

Abschn. 2.3.7.8 wurden bereits auf das Ereignis in Oppau 1921 eingegangen. Wie man an Tab. 2.153 sehen kann, traten solche Explosionen im Rahmen der Erstellung von Ammoniumnitrat immer wieder auf.

2.3.7.11 Landwirtschaft und Nahrungsmittel

Der Übergang der Menschheit von einer Gemeinschaft der Jäger und Sammler zur Agrargesellschaft begann vor ca. 10.000 Jahren. Dies erhöhte die Planungssicherheit zur Bereitstellung von Lebensmitteln, führte aber zu neuen Risiken, wie z. B. Pflanzenkrankheiten oder Befall mit Parasiten.

Durch die Einführung der Massentierhaltung und durch die industrielle Fertigung von Lebensmitteln insgesamt haben sich auch die Risiken in der Landwirtschaft in den letzten Jahrzehnten verändert. Während historisch die Ernteausfälle aufgrund von Witterungsunbilden eine große Gefahr für die Bevölkerung darstellten, geht die Gefahr heute von Zusatzstoffen in Lebensmitteln aus. Die Risiken bei der Herstellung und dem Verbrauch von Lebensmitteln werden von der Bevölkerung besonders sensibel wahrgenommen, da jeder Mensch Lebensmittel benötigt (Pollmer 2006; Grimm 2001).

Mehrere Ereignisse in den letzten Jahren haben aber gezeigt, dass die neuen Gefahren in diesem Wirtschaftszweig aufgrund des ökonomischen Druckes durchaus real sind (Tab. 2.154).

Besonders bedeutsam war für die Öffentlichkeit die sogenannte BSE-Epidemie in Großbritannien und Europa. Vermutlich stammt BSE (bovine spongiforme Enzephalopathie) von Schafen ab, die an der Traberkrankheit (Scrapie) erkrankt waren. Die Traberkrankheit ist seit über 200 Jahren bei Schafen bekannt. Vor wenigen Jahren begann man jedoch, aus diesen erkrankten Tieren Futter für andere Tiere, in diesem Fall Rinder, herzustellen. Einige Wissenschaftler gehen davon aus, dass die BSE-Epidemie bei Rindern durch die Verfütterung von Tiermehl aus kranken Schafen entstanden sei. In einer anderen Theorie wird angenommen, dass BSE zuerst spontan an einem Rind auftrat. Aber auch hier wurde das Tier zu Tiermehl, also Futter, verarbeitet und verfüttert. Die Verfütterung von Tiermehl führte zur Erkrankung von über 200.000 Rindern. (Land Tirol 2004; WDR 2004; Worth Matravers et al. 2000).

Die Diskussion, woher die Krankheit kommt, ist insofern von Bedeutung, als dass auch der Mensch daran erkranken kann, wenn die Krankheit die Artenbarriere überspringen kann. Wissenschaftler sehen die sogenannte Creutzfeld-Jakob-Krankheit als menschliches Äquivalent zum BSE beim Rind an. Zwar geht man von einem Zusammenhang von BSE und Creutzfeld-Jakob-Krankheit aus, muss diesen Beweis aber noch erbringen. Inzwischen sind in Großbritannien knapp 100 Menschen an Creutzfeld-Jakob erkrankt. Das klingt zunächst nicht beunruhigend. Es muss aber berücksichtigt werden, dass der Ausbruch der Krankheit beim Menschen ca. 20 Jahre nach der Infektion erfolgt. Der Höhepunkt der BSE-Epidemie war etwa 1992/93. Es bleibt abzuwarten, ob ab 2012 eine Zunahme

Tab. 2.152 Beispiele von Explosionen (van Breugel 2001)

	Jahr	Entfernung der Explosionsteile vom Epizentrum	Masse der Teile in kg	Geschwindigkeit der Teile in m/s
Romeo Village	1984	Tankfragmente 500 m hoch und 3000 m weit	–	100–170
Crescent City		Tankfahrzeugfragmente 100 m weit	>10.000	85
Mexiko City	1984	Tankfragmente 400 m weit	13.000	60–150
Feyzin	1966	Plattenteile 300 m weit	70.000	–
Texas City	1978	Teile 230 m weit	–	–

Tab. 2.153 Explosionen mit Ammoniumnitrat (Industrieunfälle)

Datum	Ort	Menge	Opfer
21.09.1921	Oppau, Deutschland	400 t	ca. 600 Todesopfer, ca. 2000 Verletzte
16.04.1947	Texas City, USA	2.300 t	500 bis 600 Todesopfer, 8000 Verletzte
28.07.1947	Brest, Frankreich	Schiff	26 Todesopfer, 100 Verletzte
21.09.2001	Toulouse, Frankreich	Düngemittelfabrik	31 Todesopfer
22.04.2004	Ryongchon, Nordkorea	Zugwaggon	ca. 160 Todesopfer, 1300 Verletzte
12.08.2015	Tianjin, China	800 t	
04.08.2020	Beirut, Libanon	2750 t	190 Todesopfer, 6500 Verletzte, Schwere Schäden an Hafen und Stadt

Tab. 2.154 Lebensmittelskandale in Europa (Dittberner 2004)

Jahr	Region oder Land	Lebensmittelvergiftung
1971	Rheinland-Pfalz	Unzulässige Mengen von HCH (Hexachlorcyclohexan) in der Milch
1972	Baden-Württemberg	Unzulässige Mengen von HCH in Milch-, Gemüse und Futterprodukten
1976		Salmonellen im Geflügel
1977	Deutschland	Unzulässige Mengen von HCH in Milch
1979	Hessen, Hamburg	Unzulässige Mengen von HCH in Milch
1979	Nordrhein-Westfalen	Unzulässige Mengen von Thallium in Milch
1979	Hamburg	Unzulässige Mengen von Dieldrin (Pestizid) in 500 t dänische Butter
1980	Deutschland	Nachweis vom synthetischen Hormon DES (Diethylstilboestrol) in Kalbfleisch
1981	Spanien	Vermischung von Olivenöl mit für den industriellen Gebrauch vorgesehenem Rapsöl. Ca. 20.000 Menschen erleiden Vergiftungen, z. T. tödlich
1982	Deutschland	Bei 70 % aller Tiefkühlhähnchen können Salmonellen nachgewiesen werden
1984	Bonn	Unzulässige Mengen von Cadmium in Milch
1985	Österreich, Deutschland	Nachweis von Frostschutzmittel in österreichischen Weinen. Der österreichische Weinexport kommt nahezu zum Erliegen. Auch in Deutschland sind 75 Weine betroffen
1986	Ukraine, Europa	Radioaktivität in Lebensmitteln aufgrund des Austrittes von radioaktivem Material in Tschernobyl
1986	Italien	Rotwein wird mit Methylalkohol vermischt. Ca. 30 Menschen sterben
1987	Deutschland	Nachweis von Würmern in Seefischen. Daraufhin bricht der Fischverzehr in Deutschland ein. Neue Kontrollverfahren und Vorschriften werden eingeführt
1987	Großbritannien	Erste Publikation über BSE
1988	Deutschland	Hormonskandal in Deutschland. Ca. 70.000 Kälber sind davon betroffen
1993	Deutschland	Berichte über verdorbenes Fleisch in Kühltruhen
1994	Deutschland	Pestizide in Babynahrungsmitteln
1995	Bayern, Baden-Württemberg	Belastung von naturreinem Honig mit Antibiotikum
1996	Deutschland	Verwendung von giftigem Desinfektionsmittel zur Reinigung von Hühnerställen
1997	Deutschland	Illegaler Import von Rindfleisch aus Großbritannien
1997-1999	Italien, Belgien	Herstellung von Chemiebutter aus Rindertalg und Chemikalien in Italien und Vertrieb hauptsächlich nach Belgien
1999	Belgien	Verseuchung von Tierfutter mit dioxinhaltigem Industriealtöl. Verkaufsverbot für Eier, Butter und Fleischprodukte
2000	Spanien	Hochgradige Belastung von spanischem Gemüsepaprika mit Pestiziden
2001	Deutschland, Österreich	Verwendung von Hormonen und Impfstoffen für die Schweinemast
2001	Europa	Einfuhr von mit Antibiotikum belasteten Shrimps aus Asien
2002	Niederlande, Deutschland	Einfuhr von mit Chloramphenicol belastetem Kalbfleisch nach Deutschland
2002	Schweden, Europa	Nachweis von Acrylamid in zahlreichen Lebensmitteln
2002	Thailand, Hessen	Vertrieb von thailändischem Geflügel, welches mit Nitrofuranen belastet war
2002	Deutschland	Herbizid Nitrofen in Futterweizen
2002	Italien, Deutschland	Import von mit Tetracyclin belastetem Putenfleisch
2002	Deutschland	Verdorbenes Geflügelfleisch im Handel
2002	Deutschland, Mecklenburg	Durch die Lagerung von Getreide auf dem Boden eines ehemaligen Militärflughafens wird das Getreide stark mit Blei belastet
2003	Deutschland, Israel	Muttermilchersatz besitzt unzureichende Mengen an dem Vitamin B 1. In Israel sterben 2 Säuglinge
2003	Italien	Giftanschläge auf Mineralwasser und Milchprodukte

der Krankheitsfälle zu beobachten sein wird. (Land Tirol 2004; WDR 2004, siehe auch Carrell 2004, Prusiner 1995).

Rückblickend erkennt man, dass die Einführung neuer Verfahren in der Tierhaltung die Ausbreitung der BSE-Epidemie erst möglich machte. Dieses Risiko wird auch für die neuen Verfahren der Zukunft gelten. Hier ist in der Pflanzenzucht vor allem die Einführung genetisch modifizierter Pflanzen zu nennen. Die Risiken dieser neuen Technologien sind in der Regel nur schwer abzuschätzen. Es ist möglich, dass unerwünschte Effekte erst festgestellt werden können, wenn die genetisch modifizierten Pflanzen bereits seit Jahren verwendet wurden. Auch ist die ungewollte Vermischung zwischen modifizierten Pflanzen und anderen Pflanzen möglich. Man muss ehrlicher Weise aber auch erwähnen, dass seit ca. 30 Jahren bei zahlreichen Nutzpflanzen der Samen mit mutationsverursachender Strahlung behandelt wird, um neue Züchtungen zu erhalten. Auch hierbei handelt es sich eigentlich um genetisch modifizierte Pflanzen (Uni-Protokolle 2004; siehe auch Spahl und Deichmann 2001). Diese Technologie wird aufgrund der Erfahrung aber akzeptiert, während die neue Technologie deutlich kritischer bewertet wird.

Unabhängig von gentechnisch veränderten Lebensmitteln sind viele andere Risiken im Zusammenhang mit Lebensmitteln entstanden. In den Industrieländern hat sich die gesamte Ernährung verändert. Dazu gehören nicht nur die Auswirkungen von Lebensmitteln, das Design von Lebensmitteln oder die aktuelle kulturelle Entwicklung in Bezug auf die Schlankheit von Frauen, sondern auch der Zeitaufwand für Mahlzeiten. Eine Übersicht über solche Auswirkungen findet sich bei Grimm (2001) und Pollmer (2006).

Die Erfahrung der letzten Jahre hat gezeigt, dass eine intensivere Risikobetrachtung neuer Technologien in der Landwirtschaft notwendig ist. Aber bekanntlich existieren auch Gefahren in anderen Wirtschaftsbereichen.

2.3.8 Berufsrisiken

2.3.8.1 Einleitung

Mit der zunehmenden Spezialisierung der menschlichen Gesellschaft entfernte sich auch die berufliche Teilnahme einer Vielzahl von Menschen von der ursprünglichen Tätigkeit als Jäger und Sammler und der überwiegend agrarischen Tätigkeit zu einer großen Vielzahl von Berufen. Ein Teil dieser Berufe ist immer noch mit der Bereitstellung grundsätzlicher Bedürfnisse, wie Lebensmittel, Wasser, Wohnraum und Heizung verbunden. Ein weiterer Teil ist mit der Herstellung und dem Betrieb technischer Einrichtungen verbunden, wie z. B. der Entwicklung von Verkehrsmitteln. Ein zunehmender Anteil der Bevölkerung ist in anderen Berufen tätig, die sich z. B. mit der Entwicklung von Softwares befassen.

Eine Möglichkeit, die Berufsrisiken einzuteilen, ist die Sortierung nach Berufen. Hierbei schneiden bezüglich der vorzeitigen Berentung besonders Bauberufe sehr schlecht ab, wie z. B. Gerüstbauer, Dachdecker, Fliesenleger, Maurer, Zimmermann oder Bauhilfsarbeiter etc. Allerdings zeigen auch Berufe im Lebensmittelbereich, wie Fleischer oder Bäcker frühere Berentungen, genauso wie Bergarbeiter. Eine größere Unfallrate für das Bauwesen belegt auch Abb. 2.188. Abb. 2.189 soll rein visuell die Schwierigkeiten bei der Errichtung von Bauwerken und das damit erhöhte Risiko zeigen. Statistiken zu Arbeitsunfällen finden sich z. B. beim RKI (2015a, b), Liersch (2014), Destatis (2020a, b) (Abb. 2.188).

Eine andere Einteilung der Berufsrisiken erfolgt über die Gefährdungsbilder, wie z. B. (Bergmeister et al. 2005):

- Gefahren durch Maschinen und andere Arbeitsmittel,
- Gefahren auf Verkehrs- und Transportwegen,
- Gefahren durch unkontrolliert bewegte Teile,
- Gefahren durch Sturz auf einer Ebene,
- Gefahren durch elektrischen Strom,
- Gefahren durch biologische Arbeitsstoffe,
- Gefahren durch chemische Arbeitsstoffe,
- Explosionsgefahren,
- Belastung durch Lärm,
- Belastung durch Staub,
- Belastung durch Vibrationen,
- Gefahren durch Laserstrahlung,
- Gefahren durch UV-Strahlung,
- Schlechtes Licht und schlechte Sicht,
- Schlechtes Klima und
- Physische Belastungen.

2.3.8.2 Industrieunfälle

Unfälle treten in der Industrie auf, seit es eine solche gibt. Bereits frühzeitig begann man jedoch, Maßnahmen zur Vermeidung von Unfällen zu planen und durchzusetzen. So spielt die Vermeidung von Unfällen in der Industrie eine tragende Rolle bei der Bewertung von Häufigkeiten und Schadensumfängen für Versicherungsgesellschaften.

Arbeitsunfälle mit Todesfolge treten auch heute noch in vielen Industriebereichen auf. Aber durch die lange Geschichte der Industrieunfälle stehen gut abgesicherte Überschlagsformeln zur Verfügung. Ein bekanntes Verhältnis für die Häufigkeit ist 1:29:300 für schwere Unfälle, leichte Unfälle und Unfälle ohne Verletzungen (basierend auf 5000 Unfällen). Ähnliche Werte von 1:30:60:600 für Unfälle mit Todesfolge oder schwerer Verletzung, Unfälle mit leichten

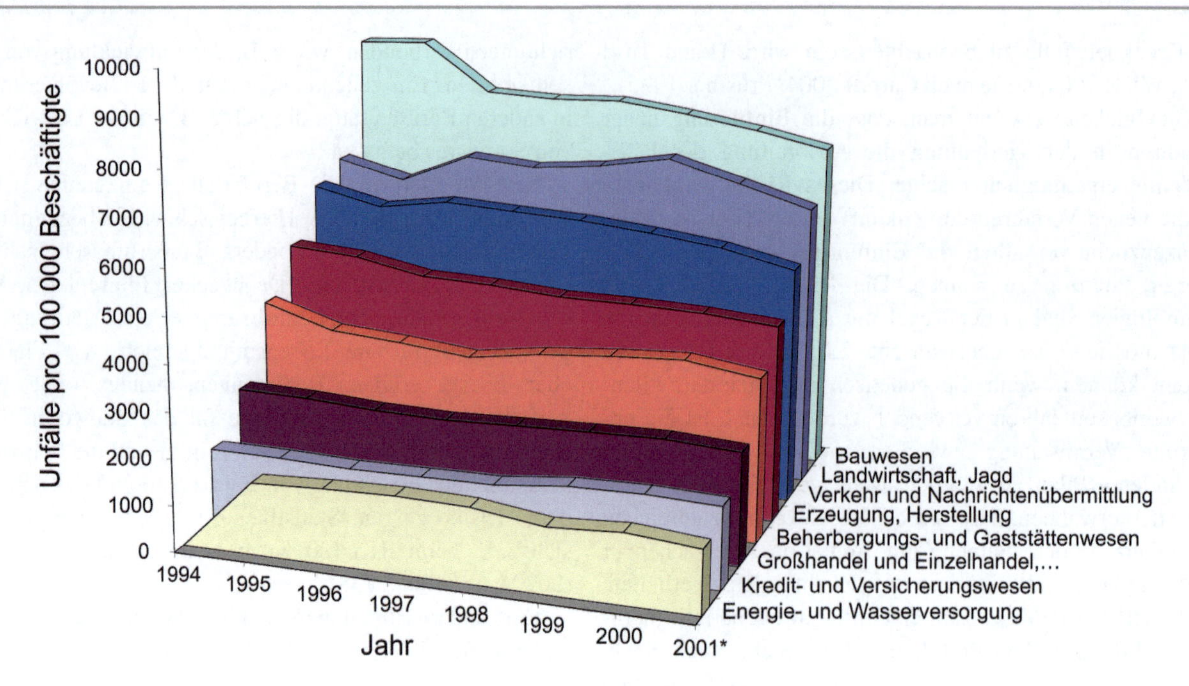

Abb. 2.188 Unfälle pro 100.000 Beschäftige innerhalb der EU (Bergmeister et al. 2005)

Abb. 2.189 Golden Gate Brücke in den USA. (Foto. D. *Proske*)

Verletzungen, Unfälle mit Beschädigung von Sachgut und Unfälle ohne Verletzungen und ohne Beschädigungen werden basierend auf 1.753.489 Unfällen angegeben (Hanayasu und Tang 1999). Aufgrund dieser Untersuchungen können auch industriezweigabhängige Formeln entwickelt werden. Eine weiterführende Diskussion zu Industrieunfällen findet sich in Kafka (1999).

Oft treten Industrieunfälle in Verbindung mit anderen Risiken auf, wie z. B. Explosionen, Gasaustritt, Einsturz von Anlagen etc. Etwa ab 1840 führte in Großbritannien der Einbau von Hochdruckkesseln in Dampfmaschinen zu zahlreichen Explosionen. Vom sogenannten „Lancashire Boiler" wird berichtet, dass pro Tag ein oder zwei Kessel explodierten. Zur Untersuchung der Explosionen, der Durchführung und Bewertung von Versuchen wurde die sogenannte „Manchester Steam Users Association" gegründet. Auf Grundlage dieser Untersuchungen konnte bis 1860 die Anzahl der Explosionen auf 8 von 11.000 installierten

Kesseln pro Jahr gesenkt werden. Da die Firmen aber die Kontrolle der Kessel bezahlen mussten, wollte die Industrie die Kontrolleure auch in die Pflicht nehmen. Wenn ein Kessel geprüft und als sicher bewertet worden war, so sollten die Inspektoren des Kessels für den Schaden nach einer Explosion aufkommen. Die „Manchester Steam Users Association" wehrte sich zunächst dagegen, aber 1855 wurde die „Steam Boiler Assurance Company" gegründet. Diese Organisation untersuchte nicht nur das Versagen von Dampfkesseln und führte regelmäßige Inspektionen an Dampfkesseln durch, sondern versicherte sie auch. Damit wurde die erste Ingenieurversicherung gegründet. (Quinn 2003).

Eine parallele Entwicklung konnte in den USA beobachtet werden (siehe Tab. 2.155). Während der Wirtschaftskrise 1835 versuchte der Fabrikant Zachariah Allen, Besitzer einer Textilmühle (textile mill) auf Rhode Island, verschiedene Vorsorgemaßnahmen zur Vermeidung von Sachschäden innerhalb seiner Fabrik zu etablieren. Dazu zählte unter anderem ein Brandschutzsystem. Er hoffte, damit bei seiner Versicherungsgesellschaft eine Verringerung seiner Versicherungskosten zu erreichen. Leider gingen seine Hoffnungen nicht in Erfüllung und die Versicherung lehnte eine Neubewertung des Risikos ab. Daraufhin verkaufte Allen seine Idee an einen befreundeten Fabrikanten, der eine Versicherungsgesellschaft gründete, die Maßnahmen zur Schadensvermeidung berücksichtigte. Die „Manufacturers Mutual Fire Insurance Company", die 1835 gegründet, später in „Associated Factory Mutual Fire Insurance Company" umbenannt wurde, erzielte aufgrund der Beurteilung von Risiken erhebliche Gewinne. Die Gewinne wurden zu großen Teilen an die Textilmühlenbesitzer weitergegeben. In der Regel waren die Versicherungsbeiträge bei dieser Versicherung 50 % geringer als bei den traditionell arbeitenden Versicherungen. Der technologische Fortschritt dieser Versicherung, nämlich die Untersuchung der Ursachen von Unfällen und die Entwicklung von Vorschlägen, um die Unfälle zu verhindern, wurde später auch von anderen Versicherungen aufgegriffen. Im Jahre 1878 formte die „Mutual Fire Insurance Company" einen losen Verbund von Ingenieuren, der Brandschutzinspektionen durchführte und Empfehlungen zur Vermeidung von Bränden entwickelte. Die spätere „Factory Mutual Engineering Association" führte Risikountersuchungen durch, in dem sie die Häufigkeit und die Schadensfolgen von Unfällen untersuchte und bewertete. (Factory Mutual Insurance Company 2002).

2.3.8.3 Informationstechnik

Informationstechnologie beschreibt im Allgemeinen die elektronische Datenverarbeitung und im Speziellen die dazu notwendige Hard- und Software. Da die Datenverarbeitung zunächst einmal keine aktiven Handlungen ausführt (außer Schaltungen), ist der Nachweis der Software als Fehlerursache für Todesfälle oder Unglücke schwierig.

Die Sicherheit von Software ist insbesondere bei der aktuellen Entwicklung autonomer Fahrzeuge ein relevantes Thema. So wurde z. B. in Stieler (2015) ein Unfall geschildert, bei dem durch den Spurhalteassistenten, der eigentlich die Sicherheit erhöhen soll, ein tragisches Unglück verursacht wurde. Dabei erlitt der Fahrer des Fahrzeuges vor einer Ortseinfahrt einen Hirnschlag und konnte das Fahrzeug nicht mehr steuern. Leider blieb der Fuß des

Tab. 2.155 Schwere Kesselexplosionen in den USA (Emigh 2003)

Ort	Datum	Opfer	Bemerkung
Hartford Fales und Gray Car Works, Hartford, Connecticut	2. März 1854	21 Todesopfer und 50 Verletzte	
Sultana, Mississippi, außerhalb Memphis, Tennessee	27. April 1865	1800 Todesopfer	Erregte damals wenig Aufmerksamkeit in der Öffentlichkeit aufgrund der Ermordung von Abraham Lincoln und dem Bürgerkrieg
Grover Shoe Factory, Brockton, Massachusetts	20. März 1905	58 Todesopfer	
American Sheet and Tin Plate Company, Canton, Ohio	17. Mai 1910	15 bis 17 Todesopfer, 50 Verletzte	
New York Telephone Company, New York, New York	3. Oktober 1962	23 Todesopfer, 94 Verletzte	
Gate City Day Care Center, Atlanta, Georgia	13. Oktober 1980	5 Todesopfer, 7 Verletzte	Vier der fünf Todesopfer und alle Verletzten waren Kinder
Star Elementary School, Spencer, Oklahoma	19. Januar 1982	7 Todesopfer, 42 Verletzte	Sechs der Sieben Todesopfer waren Kinder
Mohave Power Plant, Laughlin, Nevada	9. Januar 1985	6 Todesopfer, 12 Verletzte	Explosion einer Leitung, nicht des Kessels
Medina County Fair, Medina, Ohio	29. Juli 2001	5 Todesopfer, 48 Verletzte	Explosion eines historischen Dampffahrzeuges

Fahrers auf dem Gaspedal. Der Spurhalteassistent hielt das Fahrzeug auf der Straße, bis dies auf Grund der hohen Geschwindigkeit bei den Kurven in der Ortschaft nicht mehr gelang. Dabei tötete das Fahrzeug eine Frau mit ihren zwei Kindern. Hilgendorf (Stieler 2015) stellt dazu fest *„Ohne Spurhalteassistent wäre es auf der Wiese vor dem Dorf gelandet.“* Natürlich entstehen dabei sogenannte unentscheidbare Situationen, die also kein richtig und falsch sowohl auf ethischer als auch auf gesetzlicher Grundlage besitzen.

Sokolov (2015) berichtet über eine Diskussion der Sicherheit von Netzwerken an Bord von Flugzeugen und die Möglichkeit, bestimmte System abzuschalten. Haupt (2011) berichtet von einem Softwarefehler, der basierend auf einem Messfehler den Autopiloten veranlasste, innerhalb weniger Sekunden die Flughöhe des Flugzeugs, um ca. 200 m zu verringern. Czerulla (2015) berichtet davon, dass ein Softwarefehler im Boeing Dreamliner zu einem Ausfall der gesamten Elektronik führen kann. Heise-Online (2015) berichtet über die Vermutung, dass Softwareprobleme ursächlich für den Absturz einer Airbus A400M Maschine 2015 war. In diesem Zusammenhang stehen auch die zwei Abstürze der Boeing 737 Max (Mühlbauer 2020). Dabei wird nicht ausschließlich der Software die Ursache für die beiden Abstürze gegeben, sondern auch fehlerhaftes Verhalten der Crew, aber Maneuvering Characteristics Augmentation System (MCAS) wird als maßgebliche Ursache benannt.

Beim Therac-25 Unfall handelte es sich um die Fehlsteuerung einer Bestrahlungseinheit. Man geht davon aus, dass zwischen 1985 und 1987 mindestens in sechs Fällen erhebliche Überdosen auftraten, die teilweise zum Tode führten. Es wurden verschiedene Softwarefehler gefunden, wie z. B. der Texas- und der Washington-Bug. (Pfeifer 2003; Leveson 1999; Leveson und Turner 1993).

Pfeifer (2003) verweist auf weitere Softwarefehler im Medizinbereich, wie

- Software- und Hardware-Ausfall der Dosierung einer Arsen-Spritze mit Todesfolge und
- Softwarefehler führt zu geringeren Bestrahlungsdosen bei mehr als 1000 Patienten als geplant (North Staffordshire Hospital Centre, 1992)

Ein Beispiel für die Auswirkungen des unkontrollierten Einsatzes der Finiten Elemente Methode ist der Untergang der Sleipner A Plattform (Jakobsen und Rosendahl 1994). Insbesondere mit Bezug auf Computer- und Rechentechnik sei auf den Fehlstart der ersten Ariane V (Dowson 1997), auf das Therac 25 Ereignis oder auf den Zusammenbruch des Londoner Ambulance Service verwiesen (Finkelstein und Dowell 1996; Finkelstein 1993). So wäre bei der massenhaften Einführung von BIM im Bauwesen zu prüfen, ob dadurch neue Gefährdungen für die Sicherheit der Bauwerke entstehen können. (Pfeifer 2003).

Eine Beschreibung der Probleme bei der Softwareentwicklung findet sich bei Brooks (2010). Ewusi-Mensah (2003) behandelt verschiedene Beispiele gescheiterter Softwareprojekte wie das Reisereservierungsprogramm CONFIRM failure, das Denver International Airport Baggage System Failure oder FoxMeyer Failure. Es wird geschätzt, dass ca. 1/3 aller Softwareprojekte scheitern oder mindestens signifikante Termin- und Kostenüberschreitungen aufweisen.

Weitere Referenzen für Software-Versagen findet sich bei Flowers (1996), Glass (1998), Jones (1996), Neumann (1995, 2021), Peterson (1996), Sherer (1992)

Insbesondere im Jahr 1999 während der Diskussion des „Jahr-2000-Problems“ wurden die Auswirkungen des massenhaften Ausfalles von Rechentechnik beurteilt. Allerdings wurde weniger eine Gefahr für Leib und Leben von Menschen gesehen, als vielmehr enorme negative wirtschaftliche Konsequenzen des Computerausfalles. Diese wirtschaftlichen Schäden können aber auch ohne ein solches hervorstechendes Problem beobachtet werden, da Softwarefehler eine latente Erscheinung sind. Im Jahre 1999 wurde der Schaden durch Computerfehler auf über 100 Mrd. US-Dollar allein in den USA geschätzt. Zusätzlich entstehen mutwillige Schäden durch Viren und Würmer. Der Schaden, den der Internetvirus „Mydoom“ im Februar 2004 verursachte, dürfte 21 Mrd. EUR betragen haben. Dies ist kein Einzelfall. Der Virus „Iloveyou“ verursachte im Jahre 2000 einen Schaden von etwa 5 Mrd. EUR. Im Jahre 2001 verursachten Viren Schäden von 13 Mrd. US-Dollar, 2002 etwa von 20 bis 30 Mrd. US-Dollar und 2003 etwa 55 Mrd. US-Dollar. (c't 2004; ORF 2004; PC Magazin 2004; Tecchanel 2004).

Aktuellere Untersuchungen finden sich in Borchers (2017), BSI (2019), c't (2019) und SPP 1079 (2005).

Die bisher genannten Wirtschaftsbereiche Landwirtschaft, Industrie, Bergbau oder Chemie existieren seit vielen Jahrzehnten, einige Wirtschaftsbereiche wie die Landwirtschaft sogar seit mehreren tausend Jahren. Aber bereits dort wurde angesprochen, dass neue technologische Verfahren zu neuen Risiken führen können. Eine sehr junge Technologie ist der Bereich der elektronischen Informationstechnik. So liegt die Einführung des „Personal Computers“ gerade einmal wenige Jahrzehnte zurück. Eine massenhafte Verbreitung des Computers hat seit dieser Zeit stattgefunden, auch wenn die Einführung des PC's nicht als ursprüngliche Geburtsstunde des Computers angesehen werden darf. Heute finden sich in unzähligen technischen Erzeugnissen Rechnerkomponenten. Beispielhaft seien neue Kraftfahrzeuge, Flugzeuge, Schiffe Fahrstühle, Waschmaschinen oder Ampeln genannt. Computer steuern die Strom- oder Wasserversorgung. Die Wirtschaftsbereiche mit der höchsten Durchdringung mit Computern sind das Verkehrswesen, die Telekommunikation, die Versorgung und die Finanzinstitute.

Die Rechentechnik übernimmt zunehmend Aufgaben, die direkt das Leben und die Gesundheit von Menschen, wie z. B. in der Medizin, betreffen. Computer steuern Flugzeuge und der Ausfall eines solchen Computers kann den Absturz des Flugzeuges und den Tod der Passagiere verursachen. Deshalb werden heute in solchen Fällen redundante Systeme eingesetzt, das heißt die Rechentechnik ist mehrmals vorhanden.

In einem gemeinsamen Positionspapier fordern der Bundesverband der Deutschen Industrie e. V. (BDI) und die nationalen Normungsorganisationen DIN und DKE nachdrücklich die Einführung verpflichtender, horizontaler Cybersicherheitsanforderungen nach den Grundsätzen des New Legislative Framework (NLF) auf europäischer Ebene. Mit dem gemeinsamen Papier liefern BDI, DIN und DKE einen Vorschlag zur Erweiterung des effektiven und erfolgreichen Schulterschlusses von Staat und Industrie im Bereich Sicherheit auf den digitalen Raum.

Eine hervorragende Berichterstattung über Risiken bei der Verwendung von IT findet sich in der Computerzeitschrift c't. Neben den direkten Risiken kann die vermehrte Anwendung von IT aber auch langfristige Auswirkungen auf Menschen haben, hier sei nur die sogenannte digitale Demenz genannt (Spitzer 2012). Gerade auch der Lockdown im Rahmen von Covid-19 hat die Möglichkeiten und negativen Auswirkungen einer übermäßigen Digitalisierung und Digitalität aufgezeigt.

Ein weiterer wichtige Meilenstein bei der Sicherheit von IT wird die erfolgreiche Entwicklung sich selbst erkennender künstlicher Überintelligenzen sein (Vinge 1993, Bostrom 2001). Da diese Maschinen die Intelligenz der Menschen per Definition überschreiten sollen, wird der Zeitpunkt der Entstehung und Entwicklung solcher Maschinen als Singularität bezeichnet, da ihr Handeln nicht mehr durch Menschen prognostizierbar ist. Es gibt sogar wissenschaftliche Arbeiten, die sich mit der Frage befassen, ob solche Maschinen aus Sicht des Menschen gut handeln werden.

2.3.8.4 Sonstige Unfälle

Es existieren eine Internetseite und Bücher über skurrile, teilweise unglaubliche, Unfälle (DarwinAwards.com 2021; Northcutt 2005).

2.4 Soziale Risiken

2.4.1 Einleitung

Soziale Risiken sind Risiken, die eine Ausgrenzung aus und eine Begrenzung des Zugriffes auf das soziale Umfeld und die damit verbundenen Ressourcen umfassen. Die Ausgrenzung kann Kleinstgruppen, wie eine Familie oder ein Kleinunternehmen, aber auch Gruppen in der Größenordnung von Ländern oder Klassen umfassen.

Allgemeiner kann man soziale Risiken als Risiken interpretieren, die auf Fehlentwicklungen der menschlichen Gesellschaft beruhen (Keller et al. 2013; Armingeon und Bonoli 2006; Taylor-Gooby und Zinn 2006; Schmid und Schömann 2004).

Die Phänomene innerhalb der sozialen Risiken sind verschieden. Während im Bereich des Arbeitsrechtes soziale Risiken wie Krankheit, Arbeitslosigkeit, Berufskrankheit und Berufsunfähigkeit, Mutterschaft, Tod und Familienlasten berücksichtigt werden (ILO 2016), sind es in anderen Bereichen Kriminalität, Terrorismus, Bürgerkriege oder Kriege. Darüber hinaus gibt es soziale Risiken, die durch bestimmte soziale Rahmenbedingungen entstehen können, wie z. B. Drogenmissbrauch, unzureichende Bewegung oder Extremsportarten. Selbsttötungen können krankheitsbedingt auftreten oder in Verbindung mit sozialen Risiken stehen.

Soziale Risiken können neben einer signifikanten Verringerung der Lebensqualität auch zu einem deutlich erhöhten Sterberisiko führen.

Eigentlich sind alle Risiken sozial konstruiert, da die Zuordnung zum Individuum und zum Kollektiv von sozialen Normen und anderen historischen Gegebenheiten abhängt. So werden im Sinne des europäischen Wohlfahrtsstaates verschiedene Aufgaben an den Staat übergeben, während diese Aufgaben im anglo-amerikanischen System bei den einzelnen Individuen verbleiben. Das Verständnis von Eigen- und Staatsverantwortung ist nicht nur geographisch variabel, sondern auch über die Zeit. Früher war Altern ein normaler biologischer Entwicklungsschritt, der auf familiärer Ebene organisiert wurde. Heute werden verschiedene staatliche Systeme, wie das Gesundheitssystem oder das Pflegesystem zur Organisation herangezogen. So kann Altern auch ein erhöhtes Arbeitslosigkeitsrisiko verursachen, welches dann wiederum durch soziale Auffangsysteme kompensiert werden kann bzw. soll.

Prinzipiell werden soziale Risiken vermehrt durch soziale Sicherungssysteme aufgefangen. Soziale Risiken stellen neben gesundheitlichen Risiken die größten Risken für Menschen dar. Im Folgenden werden einige Beispiele sozialer Risiken vorgestellt.

2.4.2 Armut

Unter Armut versteht man die Nichterfüllung von Grundbedürfnissen des Menschen, wie z. B. der Verfügbarkeit von Nahrungsmitteln, der medizinischen Versorgung, Sicherheit, Arbeit und Ausübung weiterer Rechte.

Die Weltbank (2017), BMZ (2021), Mahla et al. (2017) definieren Armut, wenn ein Mensch weniger als 1,90 kaufkraftkorrigierte US-Dollar pro Tag zur Verfügung hat. Gemäß dieser Definition waren im Jahr 2015 etwa 700 Mio.

Menschen auf der Erde arm. Tab. 2.156 nennt weitere Parameter, die ebenfalls auf Kriterien der Weltbank basieren. Dabei werden neben dem Einkommen auch die zur Verfügung stehende Lebensmittelenergiemenge, die Lebenserwartung, die Kindersterblichkeit und die Geburtenrate mit herangezogen.

Zum Vergleich: Gemäß der Schweizerischen Konferenz für Sozialhilfe betrug die Armutsgrenze in der Schweiz 2293 Schweizer Franken pro Monat für eine Einzelperson und 3968 Franken pro Monat für zwei Erwachsenen und zwei Kindern in einem Haushalt (SKOS 2020).

Armut ist eine massive Einschränkung der Entfaltungsmöglichkeiten von Menschen. Armut ist nicht nur ein Mangel an finanziellen Mitteln, es ist ein Mangel an Lebensmöglichkeiten. Dieser Mangel hat erschreckende Folgen: Ein Leben in Armut ist sowohl signifikant kürzer im Vergleich zu Normalbedingungen und erreicht auch nur eine deutlich geringe Lebensqualität. Es gibt kein größeres Lebensrisiko in Friedenszeiten für einen Menschen auf der Erde, als in einem armen Land oder in einer armen Familie geboren zu werden.

Ein alleinstehender verarmter Mann stirbt selbst in entwickelten Industrieländern im Durchschnitt sieben Jahre vor der mittleren Lebenserwartung (Cohen 1991). Wie später im Kapitel Lebensqualität noch ausführlich gezeigt wird, lässt sich ein klarer Zusammenhang zwischen Gesundheitsparametern und Parametern zur Beschreibung der Einkommensverhältnisse zeigen. So ist die mittlere Lebenserwartung deutlich vom Pro-Kopf-Einkommen innerhalb eines Landes abhängig.

Die begrenzten Lebensmöglichkeiten können dazu führen, dass die Menschen ihre Unzufriedenheit über die vorhandenen sozialen Strukturen mittels Gewalt zum Ausdruck bringen. Das kann sich in Kriminalität, Terrorismus oder Aufständen und Krieg widerspiegeln, aber auch in Selbsttötungen.

2.4.3 Selbsttötungen

Unter Suizid versteht man die erfolgreiche vorsätzliche Beendigung des eigenen Lebens. Ein Suizidversuch ist eine gescheiterte vorsätzliche Beendigung des eigenen Lebens, der jedoch trotzdem zu schweren Verletzungen und verbleibenden Beeinträchtigungen führen kann. Es werden verschiedene Begriffe bedeutungsgleich verwendet wie Selbsttötung, Suizid oder Freitod. Der Begriff Selbstmord wird nicht mehr verwendet, da er eine Straftat nahelegt.

Tab. 2.156 Indikatoren der absoluten Armut gemäß Weltbank (2017)

Parameter	Grenzwert
Pro-Kopf-Einkommen	< 150 US-$/Jahr
Kalorienaufnahme	<2160–2670 kcal/Tag
Durchschnittliche Lebenserwartung	< 55 Jahre
Kindersterblichkeit	> 33/1000
Geburtenrate	> 25/1000

In Deutschland ist Beihilfe zum Suizid aufgrund einer Neuinterpretation der Rechtslage ein öffentliches Diskussionsthema (siehe z. B. Richter-Kuhlmann 2021). Der Europäische Gerichtshof hat das Recht auf Beendigung des eigenen Lebens als Menschenrecht anerkannt.

Insgesamt hat die Anzahl der Suizide in Deutschland seit Mitte der 80er Jahre beträchtlich abgenommen. 1982 verstarben in Deutschland 18.711 Menschen durch Selbsttötung (Helmich 2004). Im Jahre 2000 starben 8100 Männer und 3000 Frauen durch Selbsttötung. 2002 wurde ein vergleichbarer Gesamtwert von 11.163 Selbsttötungen erfasst (Helmich 2004; Eichenberg 2002).

Suizide bilden 1,3 % aller Todesfälle. Man vermutet allerdings, dass die Dunkelziffer recht hoch ist. Gelegentlich finden sich Angaben der Dunkelziffer von etwa 25 % der bekannten Suizidzahlen (Helmich 2004). Wie viele Verkehrsunfälle, Tod durch Überdosis oder andere Unfälle bewusst herbeigeführt worden sind, lässt sich nur schwer untersuchen. Suizidversuche werden aus datenschutzrechtlichen Gründen gar nicht erst erfasst.

Die Suizidfälle treten über das Lebensalter verteilt recht unterschiedlich auf. Prinzipiell kann man sagen, dass Suizidfälle mit steigendem Lebensalter zunehmen. Jede zweite Frau, die einen Suizid begeht, ist älter als 60 Jahre. Das heißt allerdings nicht, dass Suizide nicht auch bei jungen Menschen auftreten. Zwischen dem 15. und 29 Lebensjahre ist der Suizid die zweithäufigste Todesursache (Dlubis-Mertens 2003). Es gab sogar Internetforen für die Vorbereitung. So verabredeten sich über das Internet eine 25-jährige Norwegerin und eine 17-jährige Österreicherin und sprangen gemeinsam von einem Felsen in den Tod.

Medienberichte spielen nachweislich eine große Rolle für die Anzahl der Suizidversuchen bei jungen Menschen. Der sogenannte Nachahmungseffekt kann sogar ganze Ketten von Selbsttötungen initiieren. Man bezeichnet das auch als Werther-Effekt, da nach dem Buch „*Die Leiden des jungen Werthers*" von Goethe dieser Nachahmungseffekt zum ersten Mal beobachtet wurde.

Man hat deshalb in einigen Regionen daraus Schlussfolgerungen gezogen. So stoppte man in San Francisco die Berichterstattung über Selbsttötungen an der Golden Gate Brücke (Abb. 2.189) im Juni 1995, da sich die Anzahl der Tötungen an der Brücke der magischen Zahl 1000 näherte. In Frankreich wurden Fotos in Zeitungen und Zeitschriften über Selbsttötungen verboten, um Nachahmungen zu vermeiden. Auch in Österreich wurden die Veröffentlichungen über Selbsttötungen in der U-Bahn eingestellt, nachdem sich eine ganze Kette von Selbsttötungen dort ereignet hatte. In der Regel führte diese Einschränkung der Medien zu einem Abbruch der sogenannten Selbsttötungsketten.

Verschiedene Bauwerke oder Orte haben sich weltweit zu Anziehungspunkten für Suizidversuche entwickelt. Einige international besonders attraktive Selbsttötungsbauwerke sind in Tab. 2.157 zusammengefasst. In Deutschland erfolgten einige Suizide an der Göltzschtalbrücke (Abb. 2.190) oder an der Friedensbrücke in Bautzen. An einigen Brücken, wie z. B. in Abb. 2.191 gezeigt, hat man konstruktive Maßnahmen zur Verhinderung von Suiziden umgesetzt.

Beim Vergleich der Geschlechter zeigt sich, dass Männer deutlich öfter Suizid begehen als Frauen. In Deutschland beträgt der Anteil der Männer bei Selbsttötungen etwa das Doppelte. In anderen Ländern, wie z. B. in Russland, begehen etwa viermal soviel Männer wie Frauen eine Selbsttötung. Bei der zeitlichen Entwicklung der Suizidrate, das heißt der Anzahl von Selbsttötungen auf 100.000 Einwohner, stellt man aber fest, dass dieses Verhältnis veränderlich ist. Gerade in den Staaten der ehemaligen Sowjetunion mussten in den Jahren nach dem Zusammenbruch des Ostblockes hohe Suizidraten beobachtet werden. Im

Tab. 2.157 Bauwerke mit hohen Selbsttötungszahlen

Bauwerke	Anzahl Selbsttötungsversuche
Golden-Gate-Bridge in San Francisco	ca. 1200
Eiffelturm	ca. 370
Skyway-Bridge in Florida	ca. 81 seit 1989
Arro-Secco-Bridge in Pasadena (Kalifornien)	
Mount Mihara Vulkan in Japan	
Empire-State-Building in New York	
Space-Needle in Seattle	

Abb. 2.191 Beispiel für Fangnetze an einer Brücke in Bern zur Verhinderung von Selbsttötungen. (Foto: *D. Proske*)

Abb. 2.190 Göltzschtalbrücke in Deutschland. (Foto. *H. Michler*)

Vergleich dazu waren die Suizidraten Ende der 80er Jahre deutlich niedriger (Abb. 2.192). Hierfür können Einschränkungen beim Alkoholkonsum verantwortlich sein. Man weiß heute, dass die Einführung strenger Alkoholkontrollen in der Sowjetunion 1985 zu einer Erhöhung der mittleren Lebenserwartung beigetragen hat, die sich auch in einer Verringerung der Selbsttötungen bei Männern widerspiegelte. Die Einführung der Marktwirtschaft zu Beginn der 90er Jahre führte jedoch zu einer Explosion der Suizidzahlen von Männern. Von 1991 bis 1994 verdoppelte sich die Anzahl der Selbsttötungen bei Männern. Im Vergleich dazu blieben die Suizidraten bei Frauen nahezu konstant. Offensichtlich waren die Frauen in den ehemaligen Sowjetrepubliken besser in der Lage, die gesellschaftlichen Umwälzungen zu verarbeiten. Die hier dargestellte zeitliche Entwicklung lässt sich vergleichbar auch in Weißrussland, Lettland, Estland und Litauen finden. (Felber 2004).

Auch in Deutschland liegt der Männeranteil höher. Allerdings liegt die Anzahl der Selbsttötungen heute deutlich unter den Werten von vor zwanzig Jahren. 1982 starben in Sachsen etwa 2000 Menschen bei Selbsttötungen, 2002 knapp 800. Sachsen war übrigens über Jahrzehnte die Region mit der höchsten Selbsttötungsrate in Deutschland. Der Abbau eines der häufigsten Mittel für die Selbsttötung, der Stadtgasanschluss, hat ebenso zur Verringerung der Zahlen beigetragen, wie eine verbesserte Behandlung depressiver Menschen. (Felber 2004).

Als einer der wichtigsten Gründe für Suizide in Deutschland gelten unbehandelte Depressionen. In Deutschland leiden etwa vier Millionen Menschen an Depressionen. In der Tat werden Depressionen aufgrund der hohen Gefahr der Selbsttötung als lebensgefährlich eingestuft. Wenn Suizide so stark mit einer Krankheit verbunden sind, stellt man sich die Frage, warum Suizide als soziales Risiko gewertet werden und nicht als gesundheitliches Risiko. Tatsächlich geht aber bei zwei Drittel aller von der Depression betroffenen Menschen der Krankheit ein einschneidendes Lebensereignis voraus: Verlust des Arbeitsplatzes, Verlust eines Partners, eines Kindes oder eines Elternteils. Es handelt sich dabei um schwere Einschnitte in die sozialen Bindungen eines Menschen. Die Auswirkungen des Verlustes enger sozialer Bindungen wurde sowohl bei der Definition des Begriffes Sicherheit (Kap. 1) behandelt als auch im Kap. 5. Daher werden die Suizide hier als soziales Risiko angesehen.

Selbsttötungen von Farmern in Indien Anfang der 2000er Jahre ein Maximum aufgrund schlechter ökonomischer und finanzieller Rahmenbedingungen. (Nagaraj et al. 2014).

In Dresden wurden das Werner-Felber-Institut für Suizidprävention und interdisziplinäre Forschung im Gesundheitswesen e. V. gegründet, welches sich ebenfalls mit aktuellen Fragen der Suizidprävention befasst (Lewitzka, Glasow und Jabs 2021). Denn oft sind die Schutzmaßnahmen nicht einfach erkennbar. So verbessert Sonnenlicht nicht automatisch den Schutz vor Suiziden, den die Anzahl Suizide und Suizidversuche erreicht im Frühling und Anfang Sommer ein Maximum. Erst Sonnenscheinperiode von 14 bis 60 Tagen senken das Suizidrisiko. Sonnenlicht bis zu 10 Tagen erhöht die Impulsivität und kann dadurch das Suizidrisiko erhöhen. (Bauer et al. 2019).

2.4.4 Gewalt

Unter Gewalt versteht man die Ausübung eines physisch oder psychisch wirkenden Zwangs auf Menschen oder andere Lebewesen. Dieser Zwang kann durch den Einsatz körperlicher Kraft, aber auch durch anderes Verhalten

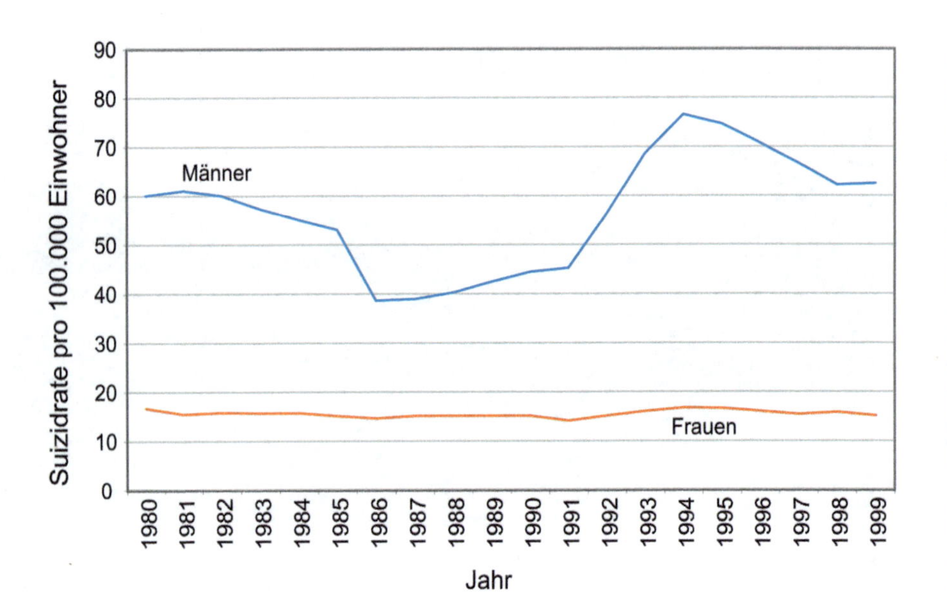

Abb. 2.192 Entwicklung der Suizidrate in Russland von 1980 bis 2000 für Männer und Frauen (Felber 2004)

entstehen und erfolgt mit dem Ziel, die freie Willensbildung und Willensbetätigung von anderen Personen zu beeinträchtigen oder zu verhindern.

Nach Pinker (2011) sinkt die Gewalt in der menschlichen Gesellschaft. Allerdings gibt es auch gegenteilige Aussagen. Abb. 2.193 zeigt die Entwicklung der Mordquote als Beispiel für Gewalt in verschiedenen Gesellschaften. Die Inuit, die !Kung (Südafrika) und die Semai (Malaysia) sind nichtstaatliche Gesellschaften mit sehr geringen Gewaltquoten. Im Vergleich zu Westeuropa um das Jahre 2000 ist die Mordquote um einen Faktor 100 größer. In der Regel ist Gewalt in nichtstaatlichen Gesellschaften ausgeprägter als in staatlichen Gesellschaften. Diese Aussage gilt allerdings nicht für Kriege.

Gewalt wird in den beiden folgenden Abschnitten auf Terrorismus, Kriminalität, Krieg und kriegerische Konflikte bezogen.

2.4.5 Terrorismus

Terrorismus ist eine besondere Form der Gewaltandrohung und Gewaltanwendung. Die Definition für Terrorismus ist weltweit nicht einheitlich, allerdings zeigen die beiden folgenden Beispiele die wesentlichen Eigenschaften des Terrorismus. Das amerikanische Außenministerium beschreibt Terrorismus als *„vorsätzliche, politisch motivierte Gewalt, die von subnationalen Gruppen oder Geheimagenten gegen nicht kämpferische Ziele verübt wird, die in der Regel dazu bestimmt sind, ein Publikum zu beeinflussen.“*. Im zweiten Beispiel wird Terrorismus als *„die angedrohte oder tatsächliche Anwendung illegaler Gewalt und Gewalttaten durch einen nichtstaatlichen Akteur, um durch Angst, Zwang oder Einschüchterung ein politisches, wirtschaftliches, religiöses oder soziales Ziel zu erreichen“* definiert (siehe dazu auch Köster 2011; Lehner 2014).

Terrorismus existiert seit mindestens zweitausend Jahren, moderner Terrorismus seit dem Ende des zweiten Weltkrieges. Zur statistischen Bewertung terroristischer Akte liegen umfangreiche Datenbanken vor, wie z. B. Johnson (2018), Ritchie et al. (2019), EMI (2017), MIPT (2004), Universität Maryland (2021) und Sheehan (2012). Basierend auf solchen Statistiken lassen sich Häufigkeits-Schwere-Beziehungen erstellen, wie in Abb. 2.194.

Die Wirksamkeit von Schutzmaßnahmen wird in verschiedenen Studien bewertet, z. B. in Lum und Kennedy (2012) oder Fischer et al. (2014)

In Medien wird häufig der Eindruck vermittelt, dass die Anzahl terroristischer Aktionen in den letzten Jahren konstant gestiegen ist. Aber im Jahre 2003 erreichte die Anzahl der Opfer durch Terrorismus so geringe Werte, wie sie zuletzt in den 60er Jahren beobachtet wurden. 2003 wurden weltweit 190 terroristische Aktionen unternommen. Zum Vergleich: Im Jahre 2002 wurden 198 und im Jahre 2001 346 Terroranschläge verübt. Nicht nur die Anzahl der Anschläge, auch die Anzahl der Opfer verringerte sich von 725 im Jahre 2002 auf 307 im Jahre 2003. Besonders furchtbar waren die Opferzahlen im Jahre 2001 mit 3.295 Opfern. Diese hohe Opferzahl ist im Wesentlichen auf die Angriffe auf das World Trade Center und das Pentagon und die Flugzeugentführung in Pennsylvania zurückzuführen. (DoS 2004). Die Entwicklung der Opferzahlen der letzten Jahre zeigt Abb. 2.195. Nach der stabilen Phase bis 2011 gab es wieder einen deutlichen Anstieg bis 2014.

Umfangreiche Untersuchungen über Auftrittshäufigkeiten und Auswirkungen von Terroranschlägen existierten vor wenigen Jahren nur in Israel und Großbritannien. In diesen Ländern zählten (Großbritannien) und zählen (Israel) solche Anschläge leider seit Jahren zum Alltag. Regelmäßig erreichen uns Schlagzeilen über Selbstmordattentate aus Israel. Wirklich wahrgenommen haben viele Menschen Terroranschläge jedoch erst mit den Ereignissen des 11. September 2001. Die Anschläge vom 11. September

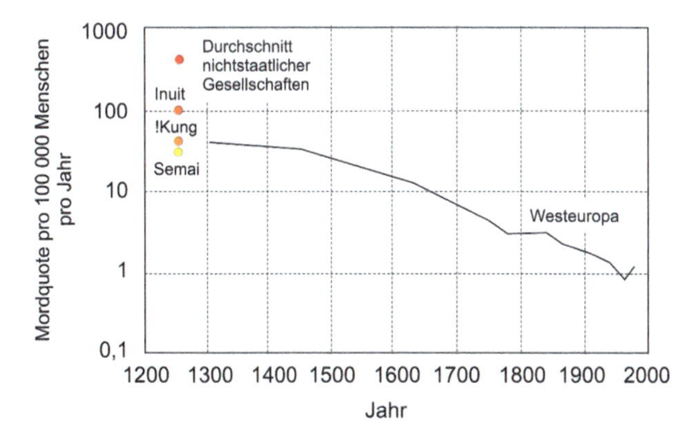

Abb. 2.193 Mordquote in nichtstaatlichen Gesellschaften und in Westeuropa (Pinker 2011)

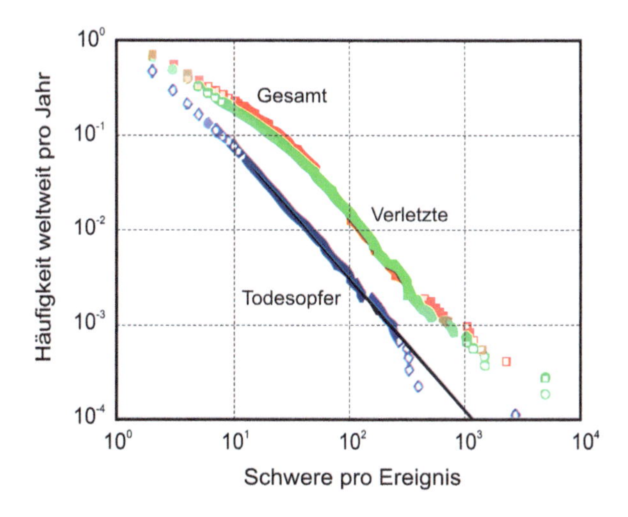

Abb. 2.194 Häufigkeits-Schwere-Diagramm für Terroranschläge für den Zeitraum 1968 bis 2006 nach Clauset et al. (2007)

2001 dürften allein von ihren Ausmaßen die größten Terroraktionen bisher gewesen sein.

Die Konsequenzen dieses Anschlages waren und sind enorm und hatten weltweite politische Auswirkungen. Auf die Kosten und die Wirksamkeit der Maßnahmen gehen z. B. Mueller und Stewart (2011, 2015) ein. Neben diesen politischen Auswirkungen wurde Europa aber auch direkt von Terroranschlägen betroffen. Insbesondere ist der Anschlag auf einen Zug im März 2004 in Spanien mit ca. 200 Todesopfern und ca. 1000 Verletzten zu nennen. Eine vergleichbare Größenordnung erreichte in Europa das letzte Mal das Bombenattentat auf eine Boeing 747 1988, die über Lockerbie in Schottland explodierte und 280 Menschenleben forderte. Frankreich hat in den letzten Jahren einige sehr schwere Terroranschläge erlebt, z. B. am 13. November 2015 mit ca. 130 Todesopfern und über 600 Verletzten. Im Irak, Pakistan, aber auch Nigeria, Syrien, selbst Norwegen sind im letzten Jahrzehnt schwere Terroranschläge mit deutlich über 100 Todesopfern aufgetreten. Entführungen von Fluggesellschaften waren früher häufig, sind heute aber sehr selten. Bei der Fußballweltmeisterschaft in Deutschland wurde die Wahrscheinlichkeit für einen Bombenanschlag mit 0,38 % geschätzt (Woo 2006).

Seit Jahren treten Bombenanschläge in verschiedenen entwickelten Industrieländern selten, aber regelmäßig auf. In Tab. 2.158 und 2.159 werden die teuersten und opferreichsten Terroranschläge der letzten 30 Jahre genannt.

Anschläge in Großbritannien werden in Tab. 2.158 mehrmals erwähnt. In diesem Land gab es in den 80er und 90er Jahren häufig Bombenwarnungen und -explosionen. Vielen Lesern dürften noch die Bombenwarnungen sowohl zur Weihnachtszeit in der Londoner Innenstadt als auch in der Londoner U-Bahn bekannt sein. So, wie die IRA in Großbritannien für zahlreiche Bombenanschläge verantwortlich ist, so trägt in Spanien die ETA die Verantwortung für viele Bombenexplosionen.

Auch in Deutschland existierten Terrorgruppen, wie z. B. die Rote-Armee-Fraktion. 1986 fand in der Westberliner Disco „La Belle" ein Bombenanschlag statt, bei dem 3 Todesopfer und 200 Verletzte zu beklagen waren (Löer 2004). In Japan ereignete sich am 20. März 1995 ein Giftgasanschlag auf die Metro in Tokio mit dem Nervengas Sarin. Dabei fanden 5 Menschen den Tod und 5000 Menschen wurden verletzt. Auch mehrere Bombenexplosionen in Moskau belegen diese Gefahr.

Das Ausmaß terroristischer Akte wird im Allgemeinen nach dem Bedarf an Hilfskräften (Mediziner, Feuerwehr, Polizei, Armee) beurteilt. Bei einem katastrophalen terroristischen Akt wird ein Schaden verursacht, der durch den Einsatz der örtlich verfügbaren Kräfte nicht mehr zu bewältigen ist (siehe Kap. 1 die Definition von Katastrophe). Bei einem Schaden in der Bevölkerung, der sich unterhalb dieser Schwelle bewegt, spricht man von einem Schadensfall oder Großschadensfall. Für den Großschadensfall geht man davon aus, dass 50 bis 300 verletzte Personen durch den regulären Rettungsdienst unter Einbeziehung umliegender Krankenhäuser betreut werden können. Die Betreuung von bis zu 1000 betroffenen Personen sollen durch eine Verstärkung der Hilfskräfte im Radius von 200 km möglich sein. (Adams et al. 2004).

Tab. 2.158 Die teuersten Terroranschläge aus Sicht der Versicherer (bis 2004)

Versicherter Schaden	Opfer	Datum	Ereignis	Land
19.000	3000	11.09.2001	Terroranschläge auf WTC, Pentagon und andere Gebäude	USA
907	1	24.04.1993	Bombe explodiert in der Londoner City (Nähe NatWest-Turm)	Großbritannien
744	–	15.06.1996	Bombe explodiert in Manchester	Großbritannien
725	6	26.02.1993	Bombe explodiert in Tiefgarage des World Trade Centers	USA
671	3	10.04.1992	Bombe explodiert im Londoner Finanzdistrikt	Großbritannien
398	20	24.07.2001	Selbstmordanschlag auf Colombo International Airport	Sri Lanka
259	2	09.02.1996	Bombenanschlag auf Londoner South Key Docklands	Großbritannien
145	166	19.04.1995	Bombenanschlag auf Regierungsgebäude in Oklahoma City	USA
138	270	21.12.1988	PanAm Boeing 747 stürzt durch Bombenexplosion über Lockerbie ab	Großbritannien
127	0	17.09.1970	Sprengung dreier entführter Passagierflugzeuge in Zerqa	Jordanien

Tab. 2.159 Die opferreichsten Terroranschläge nach Thomann (2007)

Versicherter Schaden	Opfer	Datum	Ereignis	Land
19.000	3000	11.09.2001	Terroranschläge auf WTC, Pentagon und andere Gebäude	USA
	360	03.09.2003	Beslan, Geiselnahme	Russland
–	300	23.10.1983	Bombenanschlag auf US- und französische Truppenbasis in Beirut	Libanon
6	300	12.03.1993	Serie von 13 Bombenanschlägen in Bombay	Indien
138	270	21.12.1988	PanAm Boeing 747 stürzt wegen Bombe über Lockerbie ab	Großbritannien
–	253	07.08.1998	Zwei Bombenanschläge auf US-Botschaftskomplex in Nairobi	Kenia
	192	11.03.2004	Anschläge auf Nahverkehrszüge, Madrid	Spanien
-	190	19.10.2002	Anschläge auf Nachtlokal in Bali	Indonesien
145	166	19.04.1995	Bombenanschlag auf Regierungsgebäude in Oklahoma City	USA
45	127	23.11.1996	Entführte Boeing 767-260 der Äthiopien Airlines stürzt in den Indischen Ozean	
–	118	13.09.1999	Bombenexplosion zerstört Wohnblock in Moskau	Russland
–	100	04.06.1991	Brandstiftung in einem Waffenlager in Addis Abeba	Äthiopien
6	100	31.01.1999	Bombenanschlag auf Ceylinco House in Colombo	Sri Lanka

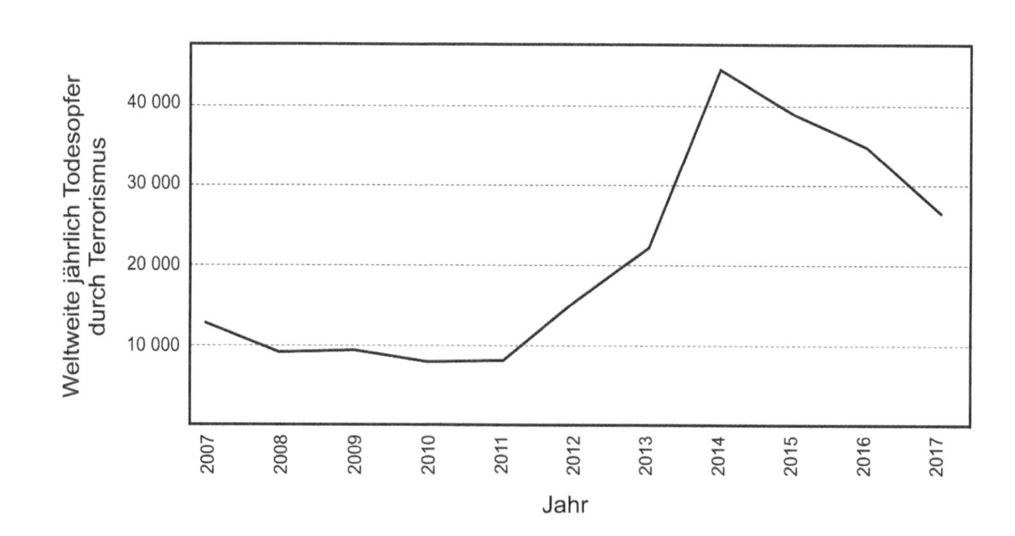

Abb. 2.195 Weltweite jährliche Anzahl Todesopfer durch Terrorismus

Man muss sich aber bewusst sein, dass in solchen Katastrophensituationen die Betreuung von Opfern nicht vergleichbar ist mit der üblichen medizinischen Versorgung von Patienten (siehe auch Benkendorff 2020 für sekundäre Angriffe). In solchen Katastrophenfällen geht man davon aus, dass die Sichtung eines Patienten zwei Minuten nicht überschreitet, man spricht auch von einer Triage (Adams et al. 2004).

Prinzipiell existieren in Deutschland Strukturen, die im Falle eines terroristischen Aktes, z. B. mit ABC-Kampfmitteln, die Betreuung und Versorgung der betroffenen Bevölkerung aufrechterhalten sollen. Hierzu zählt neben der polizeilichen, der ermittlungstechnischen, der geheimdienstlichen auch die präklinische medizinische Gefahrenabwehr. So sollen im Fall atomarer terroristischer Angriffe neben der sofortigen Behandlung akuter Verletzungen auch Jod-Tabletten an die Bevölkerung ausgeteilt werden, um die Einlagerung radioaktiven Jodids (J-131) im Gewebe zu unterbinden. Auch die Abwehrmöglichkeiten beim Einsatz hochkontagiöser Infektionskrankheiten, wie Cholera, hämorrhagisches Fieber, Milzbrand, Pest oder chemischer Angriffe mit den klassischen chemischen Kampfstoffen oder einfach nur toxischen Substanzen aus der Industrie wurden bereits in der Literatur diskutiert. Abwehrmaßnahmen hängen jedoch von zahlreichen Faktoren, wie z. B. der Flüchtigkeit bzw. Sesshaftigkeit, Stabilität, Freisetzung und Toxizität der Substanz ab. (Adams et al. 2004).

In den vergangenen zehn Jahren haben Terroristen jährlich weltweit durchschnittlich 21.000 Menschen getötet (siehe Abb. 2.195). Die Zahl schwankte zwischen 8000 im Jahr 2010 bis zu einem Höchststand von 44.000 im Jahr 2014. Im Jahr 2017 war der Terrorismus für 0,05 % der weltweiten Todesfälle verantwortlich. In den meisten Ländern ist der Terrorismus für weniger als 0,01 % der Todesfälle verantwortlich, aber in Ländern mit Konflikten kann dieser Anteil bis zu mehreren Prozent betragen. Der Terrorismus ist in der Regel geografisch ausgerichtet: 95 % der Todesfälle im Jahr 2017 ereigneten sich im Nahen Osten, in Afrika oder Südasien (Ritchie et al. 2019).

Die öffentliche Besorgnis über den Terrorismus ist groß – in vielen Ländern geben mehr als die Hälfte der Bevölkerung an, dass sie besorgt darüber sind, ein Opfer eines Terroranschlages zu werden. Die Medienberichterstattung über den Terrorismus steht oft in keinem Verhältnis zu seiner Häufigkeit und seinem Anteil an den Todesopfern (Köster 2011).

2.4.6 Kriminalität

Terroranschläge sind, wie bereits erwähnt, kriminelle Handlungen. Eine besondere schwerwiegende Form der Kriminalität sind Mord und Totschlag. Mord wird im Strafgesetzbuch der Bundesrepublik Deutschland definiert. Sinngemäß ist ein Mord eine Straftat gegen das Leben, die durch besondere Heimtücke und niedere Beweggründe gekennzeichnet ist. Die Tötung von Menschen, die nicht gemäß dieser Definition erfolgt, wird als Totschlag angesehen.

In den USA sterben durch Morde und Polizeiaktionen zur Vermeidung von Straftaten im Durchschnitt 22.000 Menschen pro Jahr (Parfit 1998). Zum Vergleich sind in Tab. 2.160 einige Mordraten für die USA und verschiedene Länder angegeben (Remde 1995, Walter 2000, BKA 2004).

Die geschichtliche Entwicklung der Mordrate in den USA ist in Abb. 2.196 angegeben. Es zeigt sich in dieser Darstellung, dass die Durchführung von Hinrichtungen keine oder nur geringe Auswirkungen auf die Anzahl der Morde hatte (Walker 2000). Im Gegensatz dazu wird aber vermutet, dass wirtschaftliche Prosperität Auswirkungen auf die Auftrittshäufigkeit von Morden besitzt. So sinkt in wirtschaftlich erfolgreichen Zeiten die Anzahl der Morde, während in wirtschaftlich schwierigen Zeiten hohe Mordzahlen zu verzeichnen sind. Während die USA in den 80er Jahren eine schwere wirtschaftliche Krise erlebte, waren die 90er Jahre für die USA aus wirtschaftlicher Sicht sehr erfolgreich. Diese Entwicklung wird durch den Rückgang der Mordrate von 10,2 Morden pro 100.000 Einwohner zu Beginn der 80er Jahre auf etwa 6 Morde pro 100.000 Einwohner Ende der 90er Jahre deutlich.

Tab. 2.160 Mordraten für verschiedene Länder

Jahr	Land bzw. Stadt	Mordrate pro 100.000 Einwohner	Sterbewahrscheinlichkeit
1981	USA	10,2	0,000102
1989	USA	9,8	0,000098
1998	USA	6,3	0,000063
1993	Johannesburg, Südafrika	155,0	0,001540
1993	London, Großbritannien	2,5	0,000025
1999	Dresden, Deutschland	0,8	0,000008
1996	Dresden, Deutschland	1,9	0,000019

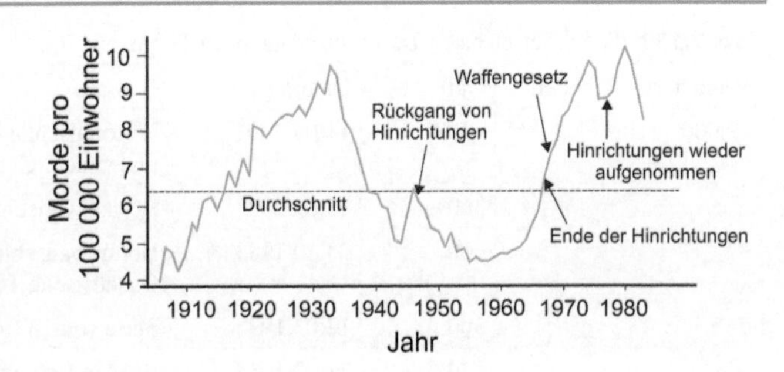

Abb. 2.196 Morde pro 100.000 Einwohner in den USA zwischen 1905 und 1985 (Walker 2000)

Für Deutschland ist die Entwicklung der Anzahl versuchter und vollendeter Morde in Abb. 2.197 dargestellt. Es ist allerdings zu beachten, dass bis 1993 nur die Zahlen für die alten Bundesländer erhoben wurden. 1998 wurde außerdem der Straftatenschlüssel geändert. Damit wird ein Vergleich erschwert, wobei die Tendenz trotzdem erkennbar bleibt. Deutlich sichtbar ist ein kontinuierlicher Abfall der Zahlen versuchter und vollendeter Morde seit ca. 1993.

Die Anzahl erfasster Morde hat in Deutschland allerdings seit dem Jahre 2015 zugenommen und fällt seit 2017 wieder (Abb. 2.198). Verschiedene Veröffentlichungen gehen davon aus, dass diese Erhöhung auf den Flüchtlingsstrom zurückzuführen ist, andere Autoren sehen keinen Zusammenhang (Stimmtdas.org 2018; Freistaat Sachsen 2017; BMI 2018).

Tatsächlich ist die Herleitung solcher Zusammenhänge schwierig. So zeigen Auswertungen von Kriminalitätsstatistiken ein erhebliches Ungleichgewicht der Herkunftsländer der Straftäter. In Deutschland treten praktisch keine Straftaten durch Personen aus Japan, China oder Taiwan auf. Jedoch kommen hohe Straftäteranteile bei Personen aus Algerien oder Georgien vor. Dies kann auch durch Mehrfachtäter beeinflusst werden. Interessant ist in diesem Fall die Berichterstattung, siehe z. B. Haller (2017).

Oft treten die kriminellen Aktivitäten gehäuft in bestimmten Gebieten auf. In amerikanischen Städten trifft dies insbesondere für ärmere Vorstädte (Slums) zu. In

Abb. 2.197 Anzahl versuchter und vollendeter Morde in Deutschland von 1970 bis 2002 (Rückert 2004)

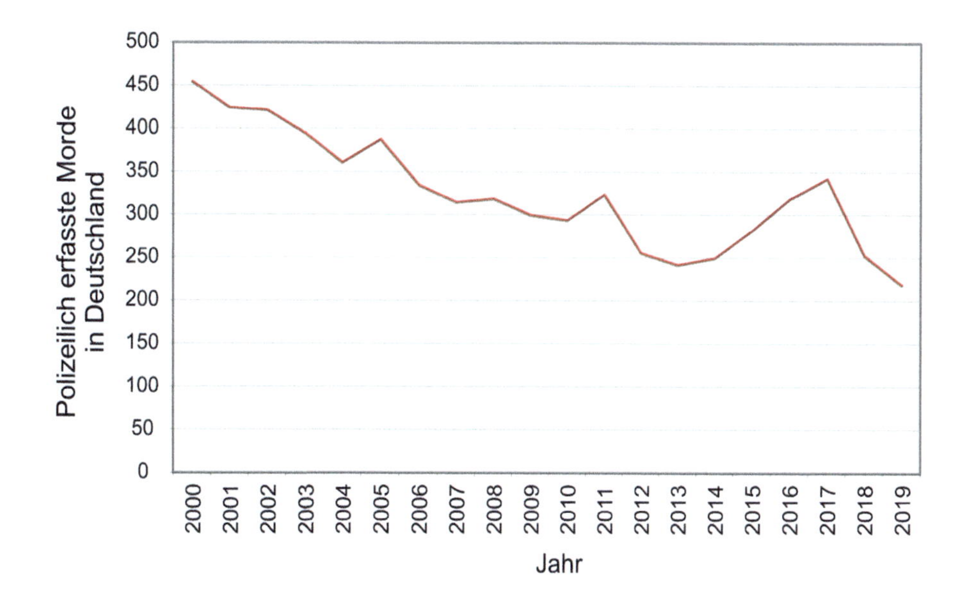

Abb. 2.198 Polizeilich erfasste Morde in Deutschland von 2000 bis 2019

Abb. 2.199 ist beispielhaft ein Ausschnitt eines Stadtplanes von Philadelphia mit Gebieten erhöhter krimineller Aktivitäten dargestellt. Die Karte zeigt sehr deutlich, dass die Morde oder Bedrohungen mit Waffengewalt nur in wenigen Straßenzügen auftreten. Die Kenntnis solcher Gebiete erlaubt die Planung und Durchführung von Polizeihandlungen zur Verringerung der Häufigkeit von Straftaten. In der Tat entstammt die Karte dem Polizeibericht der Stadt Philadelphia aus dem Jahre 1998.

2.4.7 Krieg und kriegerische Konflikte

Es gibt verschieden Definitionen des Begriffes Krieg. Prinzipiell ist der Kriegszustand durch drei Merkmale gekennzeichnet (DB 2007; HIIK 2018):

- Es gibt mindestes von einer Seite eine Erklärung zum Kriegseintritt entweder als Kriegserklärung oder in Form eines Ultimatums. Heute werden allerdings von verschiedenen Staaten keine Kriege mehr deklariert, um einen Verstoß gegen internationale Regel zu umgehen.
- Es muss ein bewaffneter Kampf zwischen Staaten bzw. Staatengruppen stattfinden. Deshalb wird Krieg auch als Gewaltmaßnahme zwischen Staaten bei gleichzeitigem Abbruch der diplomatischen Beziehungen definiert. Allerdings gab es im Zweiten Weltkrieg Kriegserklärungen zwischen Deutschland und Lateinamerikanischen Ländern ohne tatsächliche Kampfhandlungen.
- Die Gültigkeit der Definition von Krieg ist außerdem auch vom Umfang des Waffeneinsatzes und der Anzahl

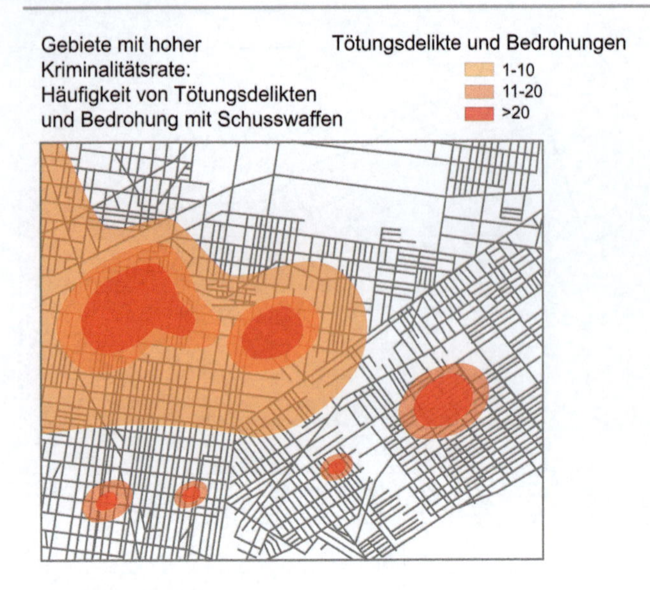

Abb. 2.199 Verbrechensschwerpunkte im Stadtplan von Philadelphia 1998 (Fragola & Bedford 2005)

der Opfer abhängig. Akutelle Datenbanken berücksichtigen militärische Auseinandersetzungen als Kriege, wenn die Anzahl der Opfer 1000 übersteigt. Militärische Konflikte mit weniger Opfern werden als bewaffnete Konflikte bezeichnet.

Neben diesen objektiven Eigenschaften gibt es auch subjektive Eigenschaften wie den Kriegsführungswillen (DB 2007).

Ein Krieg ist das Ergebnis eines Konfliktprozesses (Abb. 2.200). Die Konfliktintensität kann in mehrere Stufen eingeteilt werden. Sie hängt von der Art der eingesetzten Waffen, der Anzahl des eingesetzten Personals, der Anzahl der Opfer und Flüchtlinge, vom Grad der Zerstörung, von der Dauer des Waffeneinsatzes und der betroffenen Fläche (Region, Land, Kontinent) ab (Abb. 2.200 und 2.201).

Die Intensität von Kriegen wird nach Richardson als Magnitude in Form des dekadischen Logarithmus der

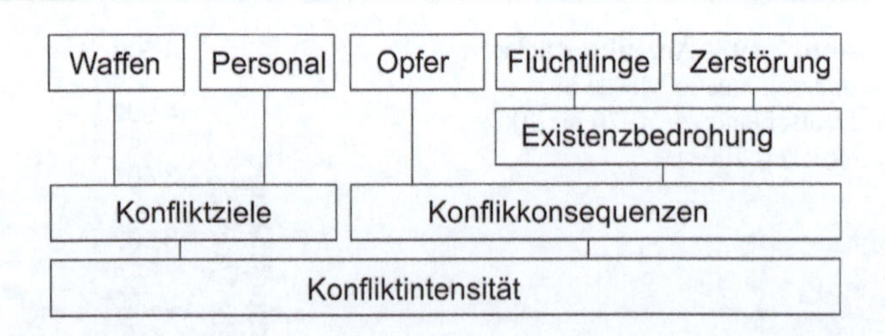

Abb. 2.201 Zusammenführung von Einzelindikatoren zur Konfliktintensität (HIIK 2018)

Anzahl der Opfer angegeben (Richardson 1944; Rapoport 1957; Hayes 2002). Ein Krieg der Magnitude 9,8 würde praktisch einer vollständigen Vernichtung der Menschheit entsprechen, siehe Tab. 2.161.

Die statistische Auswertung der Häufigkeit und Intensität von Kriegen findet sich in verschiedenen Veröffentlichungen (Hayes 2002; Roberts und Turcotte 1998; Cederman 2003; Clauset 2018; Richardson 1944). Man kann sie als kumulierte Häufigkeitsverteilung darstellen (Rapoport 1957; Clauset 2018). Eine solche Häufigkeitsverteilung zeigt Abb. 2.202. Die Häufigkeit von Kriegen über die Zeit

Tab. 2.161 Magnitude von Kriegen als Funktion der Opferanzahl

Magnitude	Anzahl Todesopfer
0	1
1	10
2	100
3	1000
4	10.000
5	100.000
6	1.000.000
7	10.000.000
8	100.000.000
9	1.000.000.000
10	10.000.000.000

Abb. 2.200 Stufen der Konfliktintensität (HIIK 2018)

Intensität	Terminologie	Gewaltgrad	Intensitätsklasse
1	Disput	Gewaltfreier Konflikt	Geringe Intensität
2	Gewaltfreie Krise		
3	Gewalttätige Krise	Gewalttätiger Konflikt	Mittlere Intensität
4	Begrenzter Krieg		Große Intensität
5	Krieg		

ist in den Abb. 2.203 und 2.204 dargestellt. Beispiele für Kriege und die Opferzahlen finden sich in Tab. 2.162.

Für die Erstellung solcher statistischen Auswertungen liegen heute umfangreiche Datenbanken vor, z. B. die Correlates of War Project (COW 2018), das Uppsala Conflict Data Program (UCDP 2018), aber auch Brecke (2000), Gantzel und Schwinghammer (1995), Richardson (1944), Levy und Clifton (1984), Clauset (2018).

Kriege führen zu einer so drastischen Anhebung des Sterberisikos, dass sie eigentlich nicht mehr als Risiko im klassischen Sinne angesehen werden können. Um aber einen Vergleich zu ermöglichen, seien hier einige wenige Werte genannt. In Deutschland starb während des Zweiten Weltkrieges rund jeder achte männliche Bewohner. Das waren im Zeitraum von 1939–1945 5,3 Mio. Männer. Von den 42 Mio. jeglichen Alters in Deutschland lebenden Männern waren 18,2 Mio. im Krieg. Mehr als jeder vierte Soldat starb dort. Allein im Januar 1945 verstarb eine halbe Million Soldaten (Overmans 1999).

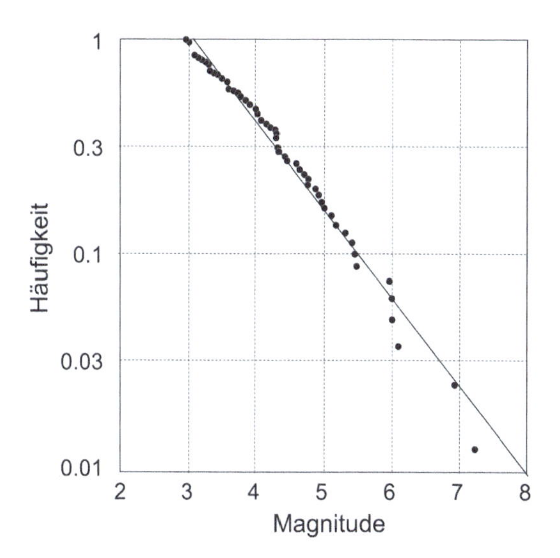

Abb. 2.202 Kumulative Häufigkeitsverteilung für Kriege zwischen 1820 und 1997 (Cederman 2003)

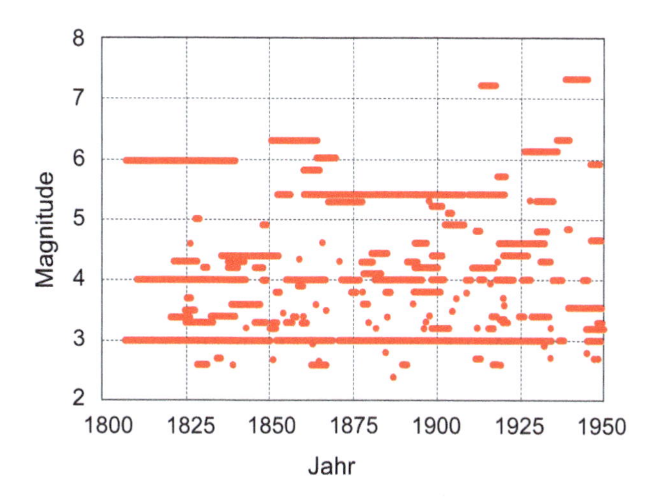

Abb. 2.203 Zeitliche Verteilung von Kriegen über die letzten 150 Jahre (Hayes 2002)

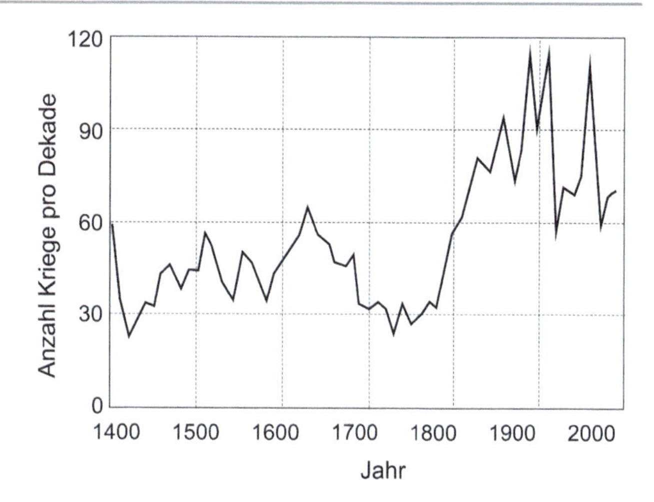

Abb. 2.204 Zeitliche Verteilung von Kriegen über die letzten 600 Jahre (Hayes 2002)

Mit über 50 Mio. Todesopfern stellt der Zweiten Weltkrieg eine in der Geschichte der Menschheit beispiellose Katastrophe dar. Aber Kriege ereigneten sich seit Tausenden von Jahren. Die menschliche Geschichte ist geprägt von kriegerischen Auseinandersetzungen. Ob Kriege im alten Ägypten, Kriege im frühen Griechenland, die Entstehung Roms, die Völkerwanderung, das Mittelalter. Wo immer wir in die menschliche Geschichte schauen, finden wir Kriege. Allerdings wurden bei den Kriegen im 20. Jahrhundert ungeheure Opferzahlen erreicht. Tab. 2.162 nennt die Opferzahlen von einigen großen Kriegen der letzten 500 Jahre. Deutlich treten die beiden Weltkriege hervor. Es wird geschätzt, dass im 20. Jahrhundert etwa 4,5 % aller Todesursachen durch Kriege und Gewaltverbrechen gegen die Menschheit verursacht wurden. Das entspricht etwa 150 bis 200 Mio. Menschen (siehe Abb. 2.205).

Neben den beiden Weltkriegen seien weitere Kriege kurz genannt: Verschiedene Angaben nennen Werte von 10 bis 20 Mio. Todesopfer durch die Kreuzzüge (Zöllner 1990; Wollschläger 1992), diese Werte werden jedoch häufig als zu hoch angesehen, da die Gesamtbevölkerung in Europa zu dieser Zeit maximal 50 Mio. Menschen betragen hat. Das LexMA führt für die Zeit um 1000 in ganz Westeuropa (inkl. Spanien und Skandinavien) rd. 24 Mio. und für 1340 rd. 53 Mio. Einwohner an (höchste Anzahl: Frankreich mit 19 Mio.). Der wahre Wert der Gesamtbevölkerung am Ende des 11. Jahrhunderts liegt wohl irgendwo dazwischen (eher bei 30 als bei 40).

Einer der ersten großen historischen Kriege war der 30jährige Krieg. Die Anzahl an Todesopfern durch Kämpfe stellte beim Dreißigjährigen Krieg nur den geringsten Teil der Opfer. Dieser Krieg war vor allem durch die

Tab. 2.162 Beispiele bedeutender Kriege (Renner 1999, White 2003, zur Diskussion solcher Zahlen siehe Jongman und Van der Dennen 1988)

Konflikt	Zeitraum	Anzahl der getöteten Menschen in Millionen	Anteil der Zivilbevölkerung in %
Bauernkriege in Deutschland	1524–1525	0,17	57
Niederländischer Unabhängigkeitskrieg gegen Spanien	1585–1604	0,18	32
30jähriger Krieg	1618–1648	4,00	50
Spanischer Thronfolgekrieg	1701–1714	1,25	–
Siebenjähriger Krieg	1755–1763	1,36	27
Französische Revolution und Napoleonische Kriege	1792–1815	4,19	41
Krimkrieg	1854–1856	0,77	66
Amerikanischer Bürgerkrieg	1861–1865	0,82	24
Paraguay Krieg gegen Brasilien und Argentinien	1864–1870	1,10	73
Deutsch-Französischer Krieg	1870–1871	0,25	25
Kongo-Krieg	1886–1908	8,00	
Amerikanisch-Spanischer Krieg	1898	0,20	95
Mexikanische Revolution	1910–1920	1,00	
Russischer Bürgerkrieg	1917–1922	4,0–10,	
Erster Weltkrieg	1914–1918	26	50
Armenische Massaker	1915–1923	1,00	
Stalins Regime	1924–1953	15–30	
Zweiter Weltkrieg	1939–1945	53,5	60
Chinesischer Bürgerkrieg	1945–1949	1,2–6,0	
Volksrepublik China	1949–1975	40–45	
Koreakrieg	1950–1953	2,7–2,9	
Ruanda und Burundi	1959–1995	0,7–1,7	

Grausamkeiten von Soldaten an der Zivilbevölkerung geprägt. Weitaus schlimmer aber noch als die kriegerischen Handlungen und Misshandlungen an der Zivilbevölkerung waren kriegsbedingte Krankheiten und Seuchen. Eine detaillierte Zusammenstellung der Opfer dieses Krieges findet sich in der Arbeit *„Geschichte der Seuchen, Hungers- und Kriegsnot zur Zeit des Dreißigjährigen Krieges“*, die durch einen königlich-preußischen Bezirksarzt im 19. Jahrhundert verfasst wurde. Es seien hier wieder nur Beispiele genannt: Das gesamte Herzogtum Württemberg verlor in fünf Kriegsjahren drei Viertel seiner gesamten Bevölkerung, die Mark Brandenburg etwa die Hälfte (Mann 1991a, b). Es gibt allerdings auch Veröffentlichungen, die darauf hinweisen, dass große Teile der Bevölkerung den Kriegswirren entflohen und dass daher diese Zahlen nicht den Todesopferzahlen entsprechen. In der damaligen Zeit war es nämlich landlosen Bauern untersagt, die Dörfer zu verlassen. Viele dieser Bauern nutzen die Gelegenheit, um in Städte zu ziehen, dort ihr Glück zu suchen, und dann weiterzuwandern. Daher wird gelegentlich davon gesprochen, dass der Dreißigjährige Krieg die deutsche Bevölkerung entwurzelt hat. Fazit bleibt aber, dass das Deutsche Reich ohne die Niederlande und Böhmen, aber mit dem Elsass, zu Beginn des Krieges zwischen vierzehn (Jacobeit und Jacobeit 1985) und einundzwanzig Millionen (Wedgwood 1990) Einwohner besaß. Am Ende des Krieges sollen es nur noch ca. 13½ Mio. Einwohner gewesen sein (Wedgwood 1990).

Da offensichtlich auch die historischen Kriege durch die massenhafte Anwendung von Gewalt geprägt waren, stellt sich die Frage, wieso die Todesanzahlen geringer waren als bei den großen Kriegen des 20. Jahrhunderts. Um diese Frage zu beantworten, muss man die Entwicklung der Waffentechnik berücksichtigen. Die Entwicklung der Vernichtungskraft von Waffen stellt Tab. 2.163 dar. Als Parameter dienen die Sprengkraft in Kilo- oder Megatonnen TNT (Trinitrotoluol) der Waffe und ein sogenannter Tödlichkeitsindex. Der Tödlichkeitsindex, der unter anderem in Armeen für die Ausbildung verwendet wird, berücksichtigt die Feuergeschwindigkeit und die Zahl der möglichen Ziele, die pro Einsatz erreicht werden können. Dieser Wert ist allerdings eher theoretischer Natur, da für die Feuergeschwindigkeit Maximalwerte angesetzt werden, die keinerlei logistische Probleme berücksichtigen

(Albrecht 1985). Über die größte Zerstörungskraft verfügen in Tab. 2.163 die Kernwaffen.

Als Kernwaffen bezeichnet man allgemein für den militärischen Einsatz vorgesehene Sprengkörper, die die erforderliche Energie aus der Spaltung oder Fusion von Atomkernen beziehen. Wie bereits erwähnt, wird als Vergleichsmaß die Sprengkraft des Trinitrotoluols (TNT) verwendet. Die Spaltenergie von 1 g U-235 entspricht 2×10^4 kg TNT oder $8{,}2 \times 10^{10}$ J. Die Kernspaltung der instabilen Nuklide U 235 und Pu 239 kann man durch den Beschuss mit Neutronen erzwingen. Es handelt sich um einen natürlichen Vorgang, der nur effizienter gestaltet wird. Da durch die Kernspaltung selbst wieder freie Neutronen entstehen, kann man eine Kettenreaktion initiieren. Diese Kettenreaktion läuft bei einer ausreichenden Menge spaltbaren Materials (kritische Masse) von allein ab. Diese kritische Masse beträgt bei U 235 etwa 50 kg. Durch entsprechende technische Hilfsmittel kann man diese Menge aber deutlich reduzieren (um bis zu zwei Größenordnungen). Die über Hiroshima abgeworfene Bombe besaß etwa 1 kg U 235 und erreichte eine Sprengkraft von 2×10^7 kg TNT (Rennert et al. 1988).

Tab. 2.163 Sprengkraft und Tödlichkeitsindex von Waffen (Albrecht 1985)

Waffe	Sprengkraft in TNT	Tödlichkeitsindex
Wurfspieß		18
Schwert		20
Pfeil und Bogen		20
Armbrust		32
Feldschlange, 12-Pfünder, 16. Jahrhundert		43
Flinte mit Steinschloß, 18. Jahrhundert		47
Minie-Gewehr, Mitte 19. Jahrhundert		150
Feldgeschütz, 12-Pfünder, 17. Jahrhundert		230
Hinterlader-Gewehr, Ende 19. Jahrhundert		230
Magazin-Gewehr, Erster Weltkrieg		780
Feldgeschütz Typ Gribeauval, 12-Pfund-Granate, 18. Jahrhundert		4000
Maschinengewehr, Erster Weltkrieg		13.000
Maschinengewehr, Zweiter Weltkrieg		18.000
Feldgeschütz, Explosivgranate 75 mm, Ende 19. Jahrhundert		34.000
Tank, Erster Weltkrieg (2 Maschinengewehre)		68.000
Flugzeug, Erster Weltkrieg (1 Maschinengewehr, 2 Bomben)		23.0000
Feldgeschütz, Explosivgranate 155 mm, Erster Weltkrieg		470.000
Haubitze, Granate mit Annäherungszünder 155 mm, Zweiter Weltkrieg		660.000
V-2-Rakete, Zweiter Weltkrieg		860.000
Panzer, Zweiter Weltkrieg (1 Kanone, 1 Maschinengewehr)		2.220.000
Jagdbomber, Zweiter Weltkrieg (8 Maschinengewehre, 2 Bomben)		3.000.000
Hiroshima-Bombe	20 Kilotonnen	49.000.000
Kurzstreckenrakete Typ Lance	0,05 Kilotonne je Sprengkopf	60.000.000
Kurzstreckenrakete Typ Lance	1 Kilotonne pro Sprengkopf	170.000.000
Haubitze Kaliber 155 m, Typ M 109	0,1 Kilotonne je Sprengkopf	680.000.000
Taktische Rakete, französischer Typ Pluton	20 Kilotonnen	830.000.000
Phantom-Jagdbomber mit einer Bombe B-61	350 Kilotonnen	6.200.000.000
Mittelstreckenrakete, französisches Modell M-20	1 Megatonne	18.000.000.000
Interkontinentalrakete, sowjetischer Typ SS-18	25 Megatonnen	210.000.000.000
USA, 1954, Test einer Wasserstoffbombe	15 Megatonnen	
UDSSR, 1960, Test der größten Wasserstoffbombe	60 Megatonnen	

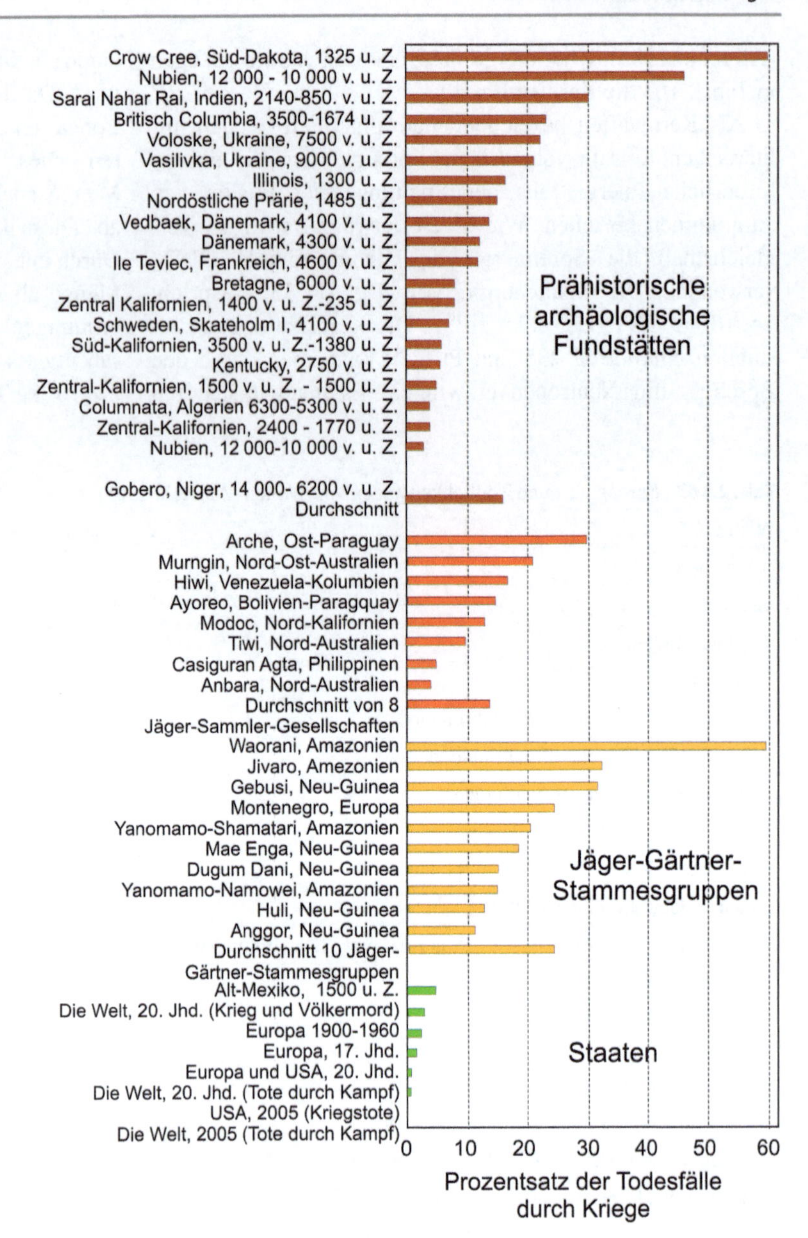

Abb. 2.205 Prozentsatz der Todesfälle durch Kriege in staatlichen und nichtstaatlichen Gesellschaften (Pinker 2011)

Im Gegensatz zum beschriebenen Bombentyp existieren auch noch Kernfusionswaffen. Hierbei wird die Energie nicht mehr durch die Kernspaltung, sondern durch die Kernfusion gewonnen. Während bei Kernspaltungswaffen die Explosionsgröße aufgrund der kritischen Masse des spaltbaren Materiales nach oben begrenzt ist, sind die Kernfusionswaffen von der Explosionskraft nicht mehr begrenzt, da die für die Explosion erforderlichen Mengen Lithium-Deuterium in beliebiger Menge herstellbar und lagerbar sind (Rennert et al. 1988).

Im Jahre 1962 wurde eine 1,5 Megatonnen Wasserstoffbombe in 400 km Höhe über dem Pazifik gezündet. Infolge der Explosion brach im 1500 km entfernt liegenden Honolulu die Stromversorgung zusammen (Rennert et al. 1988).

Bei einer Explosionskraft in der Größenordung von 10^{10} kg TNT kommt es bis zu einer Entfernung von 8 km vom Explosionszentrum zur vollständigen Zerstörung der Gebäude (Tab. 2.164). Bis zu einer Entfernung von 15 km

Tab. 2.164 Fatalitätsradius der Schockwelle von Nuklearwaffen (Rennert et al. 1988)

Explosionskraft in TNT kg Äquivalent	Fatalitätsradius in km
10^6	0,2
10^7	0,5
10^8	1,5
10^9	3,0
10^{10}	6,6

ist immer noch mit schweren Gebäudezerstörungen zu rechnen. Bei einer Explosionsstärke von 10^7 kg TNT führt die Explosion auf Grund der großen Blendwirkung (100 mal stärker als die Sonne) zu Netzhautverbrennungen. Der Entflammungspunkt liegt bei einem Explosionsäquivalent von 2×10^8 kg TNT bei etwa 4,5 km. (Rennert et al. 1988).

Die Explosion einer Atombombe mit einer Explosionsstärke einer Megatonne TNT würde eine Stadt wie New York nahezu komplett auslöschen. Eine solche Bombe würde ca. 2000 m über der Stadt gezündet. Etwa ein Drittel der bei der Explosion gewonnenen Energie wird als Licht freigesetzt, welches sofort Brände innerhalb der Stadt entzündet (Tab. 2.165). Zwar würden diese Brände durch die anschließend über die Stadt hereinbrechende sphärische Stoßwelle und die damit ausgelösten Stürme wieder ausgelöscht, aber gleichzeitig würden sich an anderen Stellen wieder neue Brände ergeben. Diese Brände würden sich wahrscheinlich zu einem großen Feuersturm zusammenschließen. Durch die Hitze würde in der Stadt ein Sogwind mit einer Geschwindigkeit von etwa 160 km pro Stunde entstehen. Das Feuer würde vermutlich nach mehreren Tagen von selbst ausbrennen. Stellt man sich vor, dass sich dieses Szenario bei einem weltweiten Krieg in hunderten oder tausenden Städten abspielt, so ergeben sich ungeheure Staub- und Rauchmengen. Diese Partikel würden zu einer deutlichen Abschirmung der Erdoberfläche vor dem Sonnenlicht führen und ein drastischer Temperaturabfall wäre die Folge. Man spricht deshalb auch von einem *„nuklearen Winter"* (siehe auch Starr 2021; Ehrlich et al. 1983; Harwell et al. 1985; Martin 1982). Tab. 2.167 gibt für verschiedene Szenarien eines atomaren Weltkrieges die Sprengkraft und die Rauchmenge bzw. die Staubpartikelmenge an. Tab. 2.166 gibt die Dosis in Abhängigkeit zum Abstand der Explosion an. Aufgrund der Erkenntnis, dass ein solcher Krieg keinen Gewinner hinterlassen würde (Turco et al. 1985) und durch die weltpolitische Entspannung, geht man heute nur noch von sogenannten lokal begrenzten Kriegen aus.

Tab. 2.165 Anteile der freigesetzten Energie bei der Explosion einer Nuklearwaffe (Rennert et al. 1988)

Energie	Anteil (%)
Schockwelle	50
Wärmestrahlung	35
Sofortige radioaktive Strahlung	5
Langzeit radioaktive Strahlung	10

Tab. 2.166 Auswirkungen der radioaktiven Strahlung bei einer Nuklearwaffe mit einem TNT Äquivalent von 10^6 kg (Rennert et al. 1988)

Abstand zur Explosion in Meter	Dosis in Gy	Zeit bis zum Tod in Tagen
400	180	1–2
500	80	1–2 (5 min mit Handlungsfähigkeit)
640	30	5–7
760	6,5	5–7 (2 h Handlungsfähigkeit)

Diese sogenannten modernen Kriege im 21. Jahrhundert geben weiterhin vor, durch den Einsatz von Technik das Risiko für die Bevölkerung und die Soldaten zu verringern. Inwieweit solche Angaben allerdings korrekt sind, ist dem Autor nicht bekannt. So starben im Irak-Krieg 2003 mindestens 300 US-Soldaten während und nach den Kampfhandlungen. Es waren etwa 100.000 Soldaten im Einsatz. Das entspricht einer Sterbehäufigkeit für die Soldaten von $3{,}0 \cdot 10^{-3}$. Mit an Sicherheit grenzender Wahrscheinlichkeit ist dieser Wert ein unterer Grenzwert für Kriege. In welchem Ausmaß Iraker im Krieg starben, ist allerdings nicht bekannt. Alle sonstigen zurzeit auf der Erde stattfindenden Kriege besitzen deutlich höhere Sterbehäufigkeiten.

Tab. 2.167 Untersuchte Nuklearkriegsszenarien (Turco et al. 1985)

Szenario	Gesamtsprengkraft in Megatonnen	Bewohnte oder industrialisierte Zielräume, Sprengkraft in Prozent	Sprengkraft der Gefechtsköpfe in Megatonnen	Gesamtanzahl der Explosionen	Rauchpartikel < 1 µm in Millionen Tonnen	Staubpartikel < 1 µm in Millionen Tonnen
Schwache oberirdische Explosionen	5000	33	0,1–1	22.500	300	15
Voller SA	10.000	15	0,1–10	16.160	300	130
Mittlerer SA	3000	25	0,3–5	5433	175	40
Begrenzter SA	1000	25	0,2–1	2250	50	10
Allg. A. gegen militärische Ziele	3000	0	1–10	2150	0	55
A. gegen harte Ziele (Bunker etc.)	5000	0	5–10	700	0	650
A. auf Ballungsräume	100	100	0,1	1000	150	0
Weltkrieg	25.000	10	0,1–10	28.300	400	325

A.-Angriff, SA-Schlagabtausch

Nach dem Irak-Krieg nahmen die Verluste der amerikanischen Soldaten aber nicht deutlich ab. Vom Mai 2003 bis zum April 2004 starben 538 amerikanische Soldaten bei militärischen Auseinandersetzungen im Irak. In der Region sind etwa 150.000 amerikanische Soldaten stationiert, im Irak selbst etwa 120.000. Damit betrug die Sterbewahrscheinlichkeit für einen amerikanischen Soldaten im Irak weiterhin ca. $3{,}0 \cdot 10^{-3}$ pro Jahr (Fischer 2004). Auch Bird und Fairweather (2007) kommen zu diesem Wert und stellen fest, dass ein Soldat in Afghanistan eine höhere Mortalität hat als ein Drogenabhängiger in den USA. Weitere Ausführungen zu den Opfern des Irak-Krieges finden sich auf Wikipedia (2021a, b, c, d, e, f). Viscusi (2020) hat die Mortalitätskosten der letzten amerikanischen Kriege sowohl relativ (Abb. 2.206) als auch absolut (Abb. 2.207) ermittelt.

Wie das Beispiel Irak-Krieg belegt, bleiben die Mortalitäten auch nach Kriegsende hoch. So sollen nach Bacque (2002) nach dem Ende des Zweiten Weltkrieges noch ca. 5 Mio. Deutsche verstorben sein.

Interessant ist, dass Personen, die für Kriege mit großen Opferzahlen verantwortlich sind, durchaus heute noch hoch angesehen werden (siehe Abb. 2.208).

Generell hatte bis zum Jahr 2005 die Zahl der Militäraktionen weltweit zugenommen (Ipsen 2005). Auch die Dauer der Kriege hat zugenommen, wie einige Beispiele in Tab. 2.168 zeigen. Beide Effekte stehen im Gegensatz zu den beobachteten Entwicklungen in den 1990er Jahren mit einem Rückgang der Militärausgaben. Nach dem Zusammenbruch des kommunistischen Systems sanken die weltweiten Militärausgaben erheblich (Tab. 2.169). Die jüngsten Entwicklungen zeigen jedoch alarmierende Anzeichen. (SIPRI 2022)

In Tab. 2.170 werden die höchsten absoluten Militärausgaben verschiedener Länder aufgelistet. Zum Vergleich findet sich in der letzten Spalte auch noch die Angabe der Militärausgaben pro Kopf. Während die USA in beiden Spalten führend ist, absolut mit erheblichem Abstand, verschieben sich die Plätze bei der Berechnung der Pro-Kopf-Ausgaben.

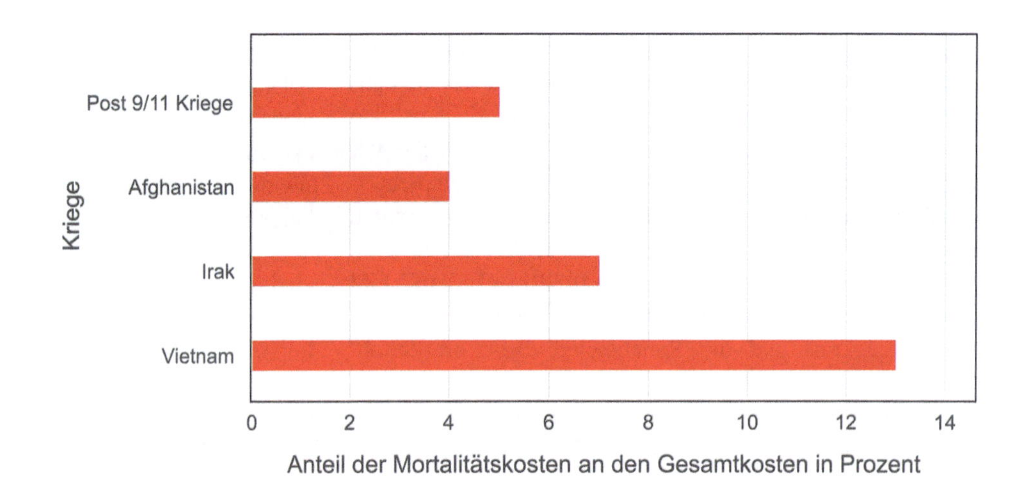

Abb. 2.206 Anteil Mortalitätskosten an den Gesamtkosten verschiedener Kriege der letzten Jahre (Viscusi 2020)

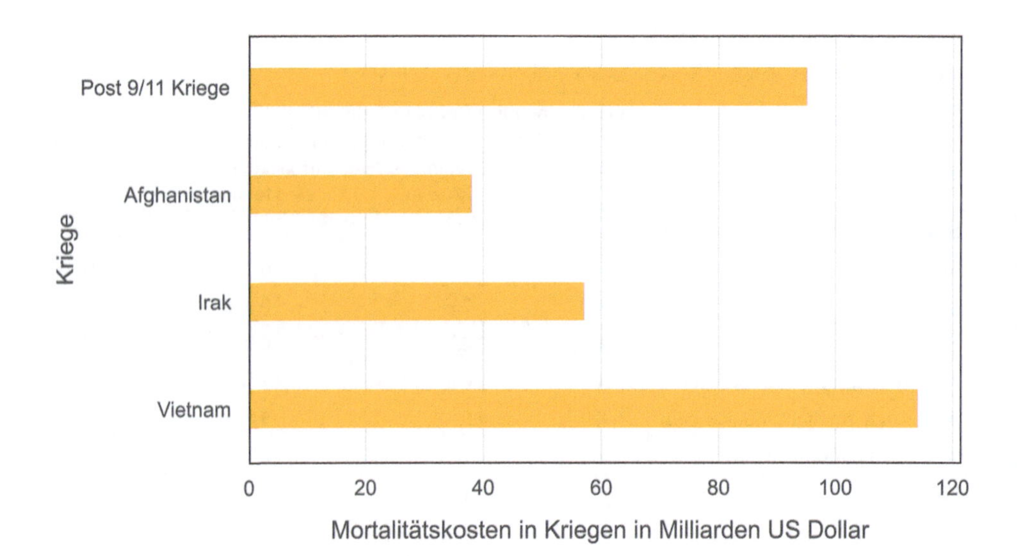

Abb. 2.207 Mortalitätskosten in Milliarden US-Dollar für verschiedene Kriege der letzten Jahre (Viscusi 2020)

Abb. 2.208 Napoleons Grab im Invalidendom in Paris. (Foto: *D. Proske*)

Tab. 2.168 Länge von verschiedenen Kriegen im 20. Jahrhundert (Ipsen 2005)

Land	Kriegsbeginn	Kriegsdauer bis 2005
Burma	1949	56
Kolumbien	1965	40
Israel und Palästina	1967	38
Nordirland	1969	36
Philippinen	1970	35
Kambodscha	1975	30
Irak und Kurdistan	1976	29

Tab. 2.169 Militärausgaben in verschiedenen Ländern absolut und pro Kopf (Destatis 2021a, b)

Militärausgaben	Milliarden US-Dollar	US-Dollar pro Kopf
USA	732,0	2228,58
China	261,0	186,43
Indien	71,1	51,99
Russland	65,1	443,61
Saudi-Arabien	61,9	1745,63
Frankreich	50,1	768,76
Deutschland	49,3	593,33
Großbritannien	48,7	730,68
Japan	47,6	377,21
Südkorea	43,9	847,82
Brasilien	26,9	128,00
Italien	26,8	444,52
Australien	25,9	1007,00
Kanada	22,2	577,52
Israel	20,5	2221,02

Dann liegt Israel auf Platz 2 und Saudi-Arabien auf Platz 3. Indien hat zwar absolut die dritthöchsten Militärausgaben, ist aber bei den Pro-Kopf-Ausgaben weit abgeschlagen hinter den anderen Ländern in der Liste.

Reale Kriegskosten umfassen nicht nur die Militärausgaben, sondern zahlreiche weitere Faktoren. Der Erste Weltkrieg hat Deutschland etwas das Sechsfache des jährlichen Bruttosozialproduktes gekostet. Das entsprach etwa dem damaligen Volksvermögen. Das Volksvermögen liegt heute bei dem 4-fachen des Bruttosozialproduktes. Eine Rückzahlung der Kosten über 20 Jahre hätte immer noch einer jährlichen Belastung von über 30 % des Bruttosozialproduktes entsprochen und war praktisch nicht umsetzbar.

Zum Vergleich: Die Deutsche Wiedervereinigung hat Deutschland bis 2015 ca. 1,7 bis 1,8 Billiarden Euro gekostet, das waren ca. 70 % des Bruttosozialproduktes des Jahres 2012 von ca. 2,5 Billiarden Euro. Diese Kosten wurden allerdings über einen Zeitraum von 25 Jahren gestreckt, so dass die jährliche Belastung nur bei ca. 3 % des Bruttosozialproduktes lag.

Die Kosten der Corona-Krise wurden im Oktober 2020 für Deutschland mit ca. 1,5 Billionen Euro angenommen (FAZ 2020), das entspricht bei einem Bruttosozialprodukt von ca. 3,4 Billionen Euro fast 45 %. Unter der Annahme,

Tab. 2.170 Schätzungen von Sportverletzungen für das Jahr 1998 in den USA (NEISS 2004)

Sportart	Anzahl der Unfälle	Prozent der Unfälle in der Altersklasse		
		0–4	5–14	15–24
Basketball	631.186	0,6	31,5	46,4
Fahrrad fahren	577.621	7,1	55,0	15,2
American Football	355.247	0,3	45,0	43,1
Baseball	180.582	4,5	50,4	23,3
Fußball	169.734	0,5	45,7	37,6
Softball	132.625	0,3	19,2	30,1
Fitnessgeräte	123.177	0,4	13,9	26,3
In-Line Skating	110.783	0,7	61,1	18,7
Trampolin	95.239	9,6	69,6	14,0
Skifahren	81.787	0,5	14,2	15,9

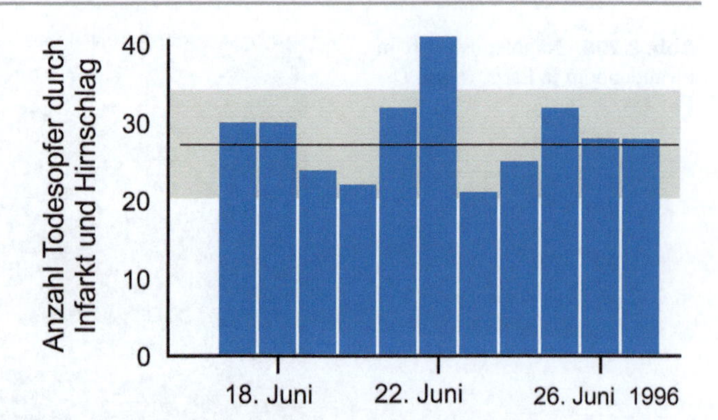

Abb. 2.210 Sterblichkeit in den Niederlanden während einer Fußball-EM (Dekking et al. 2005)

dass die Kosten weiter steigen, dürfte sich der Wert dem Verhältnis der Kosten der Wiedervereinigung annähern.

Ein eintätiger Stromausfall kostet in Deutschland ca. 14 Mrd. EUR. Andere Autoren sprechen bei einem landesweiten Stromausfall von Kosten im Bereich von ein bis zwei Prozent des Bruttosozialproduktes.

2.4.8 Sportverletzungen und Extremsport

So, wie man bei Medikamenten zunächst nicht an ein Risiko denkt, so erscheint es auch beim Sport zunächst verwunderlich, von einem sozialen Risiko zu sprechen. Dabei muss man aber berücksichtigen, dass die ursprüngliche Lebensweise des Menschen Sport nicht erforderlich machte. Erst die Bewegungsarmut des heutigen Lebens erfordert einen Bewegungsausgleich in Form von Sport. Der Mensch besitzt nun einmal einen umfangreichen Bewegungsapparat und die Verwendung dieses Apparates ist essenziell für den Menschen. Durch Sport kann dieses Bewegungsbedürfnis befriedigt werden, welches in immer geringerem Maße im Berufsalltag gelingt. Sicherlich ist Sport damit eine der wichtigsten lebensverlängernden Maßnahmen. Allerdings können auch beim Sport Unfälle auftreten, die die Gesundheit und das Leben von Menschen gefährden. Tab. 2.170 listet die Sportarten mit der größten Anzahl von Sportunfällen in den USA auf (siehe auch Abb. 2.209). Die Zahlen basieren auf Erhebungen in 100 repräsentativen Krankenhäusern der USA. Die meisten dieser Unfälle sind allerdings nicht lebensbedrohend. Zahlen für Deutschland finden sich z. B. bei Seither (2008). Abb. 2.210 zeigt die Häufigkeit von Infarkt und Hirnschlag in den Niederlanden während der Fußball-Europameister-

Abb. 2.209 Werbung vor Schutz von Sportverletzungen. (Foto: *D. Proske*)

schaft. Deutlich erkennt man das Spiel der niederländischen Mannschaft am 22. Juni (Dekking et al. 2005). Wie das Bild zeigt, kann auch die passive Teilnahme am Sport ein Risiko darstellen.

Tatsächlich ist heute das Risiko, sich nicht zu bewegen größer, als sich zu bewegen. Der tägliche Energieumsatz des Menschen betrug seit ca. 3.5 Mio. Jahren ca. 16.000 kJ. In den letzten Jahrzehnten hat sich dieser Energieumsatz allerdings deutlich verringert. Heute bewegen sich 60 % der Weltbevölkerung weniger als 30 min am Tag. (Leyk et al. 2008).

Neben diesen gewöhnlichen Sportarten existieren auch noch sogenannte Extremsportarten, die eine deutlich höhere Gefährdung für die Ausübenden darstellen (Brymer 2010). Ein besonders markantes Beispiel ist der Bergsport. Tab. 2.171 listet die Mortalität für verschiedene Extremsportarten auf.

Tab. 2.171 Mortalitäten für verschiedene Freizeitaktivitäten in den USA (Windsor et al. 2009)

Aktivität	Mortalität (pro 100 Teilnehmern)
Bergsteigen	0,5988
Hang Gliding	0,1786
Parachuting	0,1754
Boxen	0,0455
Mountain Hiking	0,0064
Scuba Diving	0,0029
American Football	0,0020
Skiing	0,0001

Es gibt verschiedene Datenquellen für Unfälle beim Wandern und Bergsteigen im Gebirge, z. B. den Deutschen und Österreichischen Alpenverein (Österreichisches Kuratorium für Alpine Sicherheit 2018, 2019, 2022; DAV 2018), die Statistischen Bundesämter (Statista 2018; Brämer 2001), siehe auch Tab. 2.171.

Anfang der 1990er verunglückten über 40 Bergsteiger beim Aufstieg auf den Pik Lenin (7134 m) im Pamirgebirge tödlich (Häußler 2004). Solche Ereignisse machen immer wieder Schlagzeilen. Aber selbst in den Alpen sterben jährlich zahlreiche Bergsteiger.

Das Sterberisiko ist besonders hoch im hochalpinen Bereich (siehe Tab. 2.172, 2.175 und 2.176). Höbenreich (2002) hat eine Zusammenstellung der Opferzahlen aller Achttausender erstellt (Tab. 2.172). Detaillierte Angaben zum Mount Everest finden sich z. B. in Klesius (2003) und Firth et al. (2008) (Tab. 2.173, 2.174, Abb. 2.211 und 2.212).

Zwischen 1975 und 2002 wurde der Gipfel des Mount Everest von 1200 Bergsteigern erklommen. Dabei starben ca. 175 Bergsteiger. Allein 1996 wurden 15 Bergsteiger getötet. Das entspricht in etwa einem Verhältnis von eins zu sieben. In den letzten Jahren hat sich das Verhältnis allerdings verbessert, wie Abb. 2.211 zeigt. Firth et al. (2008) nennt 8030 Bergsteiger und Sherpas und 212 Todesfälle (Abb. 2.212). Das ergibt eine Fatalität von 2×10^{-2}.

Windsor et al. (2009) bestimmen die Mortalität in den Bergen mittels zwei Parametern: die Anzahl der Opfer dividiert durch die Anzahl der Exponierten (Grundgesamtheit) und die Anzahl der Opfer für eine Million Tage Ex-

Tab. 2.172 Opferzahlen für verschiedene Gipfel (Höbenreich 2002)

	Höhe in m	Gipfelerfolge	…davon Wiederholungen	Individuen am Gipfel	Gesamttote	… davon Tote im Abstieg vom Gipfel	Verhältnis Gesamttote zu Gipfelerfolge	Verhältnis Tote im Abstieg zu Gipfelerfolge
Everest	8 850	1 173	299	874	165	40	1:7,1	1:29,3
K2	8 611	164	1	163	49	22	1:3,4	1:7,5
Kantschendzönga	8 586	153	7	146	38	7	1:4	1:21,9
Lhotse	8 516	129	1	128	8	2	1:16,1	1:64,5
Makalu	8 463	156	0	156	19	8	1:8,2	1:19,5
Cho Oyu	8 201	1 090	92	998	23	5	1:47,4	1:218
Dhaulagiri	8 167	298	8	290	53	5	1:5,6	1:59,6
Manaslu	8 163	190	1	189	51	3	1:3,7	1:63,3
Nanga Parbat	8 125	186	2	184	61	3	1:3,1	1:62
Annapurna	8 091	109	3	106	55	8	1:2	1:13,6
Gasherbrum I	8 068	164	3	161	17	3	1:9,7	1:54,7
Broad Peak	8 047	217	5	212	(+107)	18	(1,2)%	22,2 %
Gasherbrum II	8 035	468	12	456	15	3	1:31,2	1:156
Shisha Pangma	8 027	167	2	165	(+434)	19	(0,3)%	10,5 %
Summe		4 664	436	4 228	591	115		
Mittelwert	8 282	333,1	31,1	—	42,2	8,2	1:7,9 (8,8)	1:40,6

Tab. 2.173 Opferraten für den Abstieg gemäß Firth et al. (2008)

Route	Bergsteiger	Todesopferrate während Abstieg vom Gipfel in %
Nord	Bergsteiger	3,4
	Sherpas	<0,2
Süd	Bergsteiger	1,7
	Sherpas	0,4
Kombiniert Nord und Süd	Bergsteiger	2,5
Nord	Sherpas	0,2
Süd	Bergsteiger	2,0
	Bergsteiger	1,1

Tab. 2.174 Grundgesamtheit des untersuchten Zeitraums von Firth et al. (2008)

	Bergsteiger	Sherpas	Gesamt
Männlich	7404	6106	13510
Weiblich	626	2	628
Gesamt	8030	6108	14138
Aufstiege			
1953–81	94	23	117
1982–2006			
S-Frühling	663	661	1324
N-Frühling	732	484	1216
Anderes	279	122	401
Gesamt	1768	1290	3058

positionszeit. Die Mortalität für Ski- und Snowboardfahrer liegt zwischen 0,11 und 2,46 für eine Million Tage Expositionszeit und für Bergesteigen zwischen 2,3 und 1870.

Tab. 2.175 Mortalität für Bergsteiger in Nepalesischen Himalaja oberhalb 6000 m zwischen 1990 und 2006 (Windsor et al. 2009)

Peak Altitude Range in m	Anzahl über dem Basiscamp	Todesopfer über dem Basiscamp	Mortalität pro 100 Bergsteigern über dem Basiscamp
6000–6499	712	0	0
6500–6999	4509	34	0,75
7000–7499	3814	48	1,26
7500–7999	961	11	1,14
8000–8499	9365	116	1,23
8500–8850	10780	122	1,11
Gesamt	40141	331	1,10

Bei legalen Rennsportveranstaltungen, Auto- und Fahrrad, best eht ebenfalls ein erhöhtes Risiko – siehe Abschn. 2.3.3.2 und 2.3.3.9.

Die weltweite Todesopferzahlen durch Covid-19 im Jahre 2020 wurde mit ca. 2,9 Mio. geschätzt. Die weltweite Todesopferzahlen durch zu geringe Bewegung wurde nach Katzmarzyk et al. (2021) mit 4 Mio. geschätzt. Danach ist Bewegungsmangel ein globaler Killer: 7,2 % aller Todesfälle weltweit stehen in Verbindung mit Bewegungsmangel, allerdings fast 70 % aller Todesfälle in Ländern mit mindestens mittleren Einkommen stehen in Verbindung mit Bewegungsmangel (Katzmarzyk et al. 2021). Spitzer (2018, 2016) geht davon aus, dass Einsamkeit in Industriestaaten der größte Killer ist.

2.4.9 Suchtmittel

Die Beschaffung und der Handel mit illegalen Suchtmitteln sind kriminelle Handlungen. Allerdings gibt es auch legale

Tab. 2.176 Mortalität für Bergsteiger für verschiedene Regionen (Windsor et al. 2009)

Region	Zeitraum	Aktivität	Todesopfer	Anteil Männer	Mortalität pro einer Million Expositionstagen
England und Wales	1982–1988	Bergsteigen	70	95	2,3
Südtirol, Italien	2001–2002	Ski/Snowboard fahren	–	–	1,6
Vasaloppet, Schweden	1970–2005	Skifahren	13	100	0,11
Mt. McKinley Nationalpark, USA	1990–2006	Bergsteigen	96	92	100
Mt Cook Nationalpark, Neuseeland	1981–1995	Bergsteigen	33	94	1870
Vermont, USA	1979–1986	Skifahren	16	81	0,67
Nepal	1984–1987	Trekking	23	–	11
Snowy Mountain, Australien	1956–1987	Skifahren	29	86	0,87
Utah, USA	1969–1974	Skifahren	10	80	2,86
Colorado, USA	1980–2001	Ski/Snowboard fahren	274	81	0,53–1,88

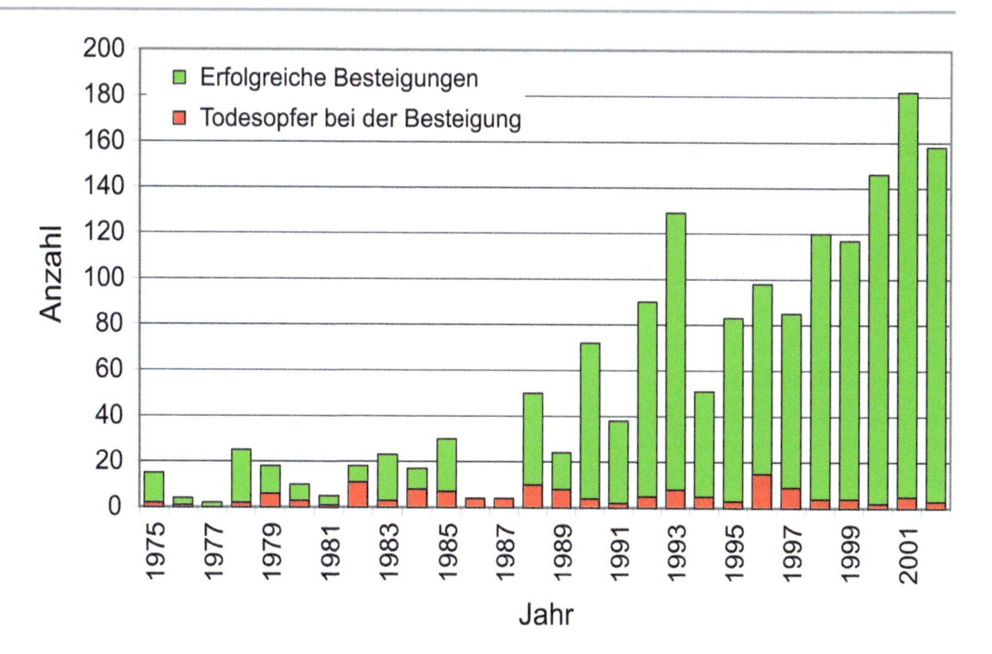

Abb. 2.211 Anzahl der erfolgreichen Besteigungen des Mt. Everest in verschiedenen Jahren und Anzahl der Bergsteiger, die am Berg tödlich verunglückten (Klesius 2003)

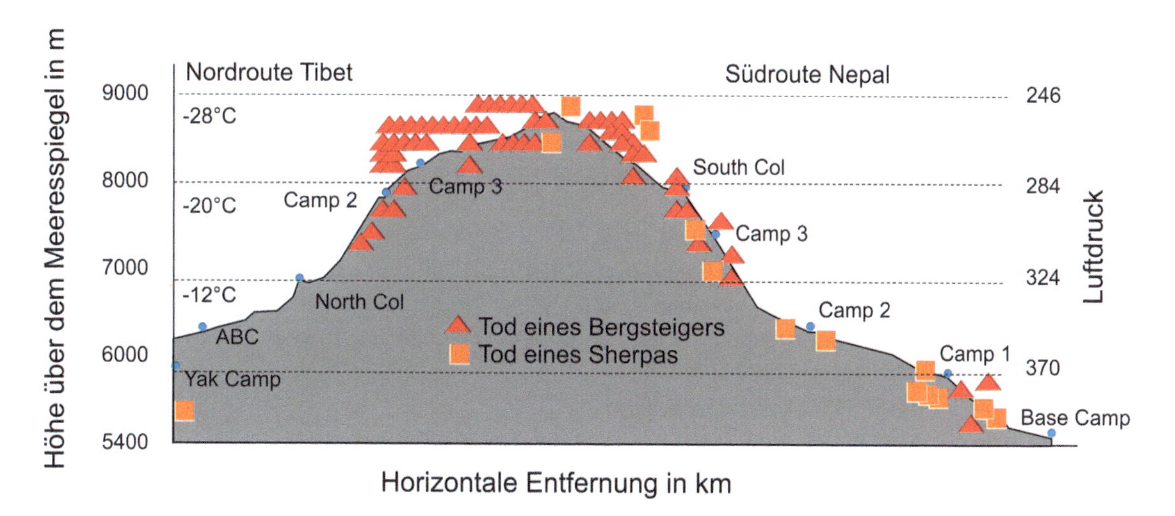

Abb. 2.212 Todesopfer auf der Standard Nord- und Südroute während der Frühlingssaison (April–Juni) 1982–2006. Todesopfer während des Abstieges sind über dem Routenprofil und Todesopfer während des Aufstieges sind unter dem Profil eingezeichnet (Tab. 2.173 und 2.174). Der Luftdruck ist in mm Wassersäule angegeben (Firth et al. 2008)

Suchtmittel, wie z. B. Alkohol und Tabak. Die gesetzlichen Regelungen finden sich im Betäubungsmittelgesetz. Die Konsequenzen und konkreten Handlungen werden meistens in den Drogen- und Suchtberichten der Bundesregierung (BfG 2000; Mortler 2017) bzw. der Berichterstattung des Deutsches Ärzteblatt (2021) vorgestellt.

Obwohl es zunächst einmal verwunderlich erscheint, dass Suchtmittel einen Menschen töten können, so ist doch bekannt, dass Tabak zu den größten Killern für Menschen in den entwickelten Industrieländern zählt. Man schätzt, dass in Deutschland pro Jahr etwa 100.000 tabakbedingte Todesfälle auftreten (BfG 2000). Tabak führt zu Krebserkrankungen (ca. 43.000 Todesopfer pro Jahr), Erkrankungen des Herz-Kreislauf-Systems (ca. 37.000 Todesopfer pro Jahr) und Erkrankungen der Atemwege (ca. 20.000 Todesopfer pro Jahr) (BfG 2000). Fast jeder vierte tabakbedingte Todesfall in Europa ereignet sich in Deutschland (BfG 2000). Die Wahrscheinlichkeit, an Lungenkrebs zu erkranken, ist für einen Raucher zwanzig Mal höher als für einen Nichtraucher. Bei Kehlkopfkrebs ist die Wahrscheinlichkeit zehnmal so hoch. Günstig ist zu werten, dass die Attraktivität des Rauchens zurückgegangen ist. Innerhalb von 20 Jahren (1980 bis 1999) ist der Anteil der Raucherquote bei Männern von 61 % auf 46 % und bei Frauen von 54 % auf 34 % gefallen.

Beurteilt man die Suchtmittel nach der Anzahl der Opfer, so steht Alkohol an zweiter Stelle nach dem Tabak.

Zwar ist die Erfassung von Todesopfern durch Alkohol nach wie vor sehr schwierig, aber für Deutschland schätzt man etwa 40.000 Todesopfer pro Jahr durch Alkohol (BfG 2000). Als ein problematischer Alkoholkonsum wird durch die Weltgesundheitsorganisation eine Menge von 20 g reinem Alkohol pro Tag für Frauen und eine Menge von 60 g pro Tag für Männer bei dauerhaftem Konsum angesehen (BfG 2000). Ca. 10–15 % der Männer und ca. 3–5 % der Frauen, die Alkohol trinken, weisen einen derartigen Konsum auf (BfG 2000). Pro Jahr wird in Deutschland bei etwa 170.000 Menschen Alkoholabhängigkeit diagnostiziert (BfG 2000). Wegen Alkoholerkrankung werden pro Jahr etwa 25.000 Männer und 6000 Frauen stationär und weitere 88.000 Männer und 10.000 Frauen ambulant behandelt. Es sei an dieser Stelle darauf hingewiesen, dass sich pro Jahr unter Alkoholeinfluss etwa 33.000 Verkehrsunfälle mit ca. 1500 Todesopfern in Deutschland ereignen.

Alkoholismus kann man gemäß Tab. 2.177 einordnen. Neuere Forschungen unterteilen Alkoholiker aber nur noch in zwei Gruppen: Bei Typ I beginnt die Alkoholabhängigkeit nach dem 25. Lebensjahr. Die Alkoholabhängigkeit ist durch geringere soziale Folgeprobleme gekennzeichnet als bei Typ II, bei dem ein früher Beginn der Alkoholabhängigkeit in Verbindung mit schweren sozialen Komplikationen, gleichzeitigem Missbrauch von Drogen und Alkoholismus in der Verwandtschaft beobachtet werden kann.

Folgen der Alkoholabhängigkeit können eine Leberzirrhose (ab ca. 60 g reinen Alkohol bei Männern und 20 g bei Frauen chronisch konsumiert), aber auch psychiatrische Folgekrankheiten, wie akute Alkoholintoxikation, Delirium, Alkoholhalluzinose, alkoholischer Eifersuchtswahn, Persönlichkeitsveränderungen, Demenz, Wernicke-Enzephalopathie oder Korsakow-Syndrom sein (Möller et al. 2001).

Weitere Suchtmittel sind illegale Drogen. Cannabis dürfte die am häufigsten benutzte illegale Droge sein. Allerdings ist der Einsatz von Cannabis im medizinischen Bereich seit 2017 in der Schmerzbehandlung, bei Multipler Sklerose, Migräne oder Krebserkrankung möglich. Man schätzt, dass ca. 2 Mio. Menschen in Deutschland pro Jahr mindestens einmal Cannabis konsumieren. Cannabis gilt allgemein als eine Einstiegsdroge. Eine zweite illegale Droge ist Heroin. Der Anteil der Bevölkerung, der Heroin anwendet, dürfte im Promillebereich liegen. Etwa 8000 sogenannte erstauffällige Heroinkonsumenten werden jedes Jahr erfasst. Die Zahl der erstauffälligen Kokainkonsumenten liegt im Vergleich dazu etwas niedriger bei 5000. Ecstasy als Designerdroge dürfte etwa von 500.000 Menschen innerhalb eines Jahres mindestens einmal angewendet werden. Die Zahl der erstauffälligen Konsumenten lag bei ca. 4000. Etwas darüber liegt die Zahl der erstauffälligen Amphetaminkonsumenten mit knapp 7000. Unter erstauffälligen Konsumenten versteht man Personen, die der Polizei oder dem Zoll in Verbindung mit dem Missbrauch von Drogen bekannt wurden. Hierunter zählt man auch Probierer oder Erstkonsumenten. Es handelt sich hierbei also nicht ausschließlich um Abhängige. (Mortler 2017)

Die Mehrzahl der drogenbedingten Todesfälle sind auf den Mehrfachkonsum verschiedener Substanzen oder dem langjährigen Missbrauch zurückzuführen. 1999 waren in Deutschland etwa 1800 drogenbedingte Todesfälle zu verzeichnen (Abb. 2.213).

In den USA kennt man seit einigen Jahren die Opioid-Krise. Dabei starben allein 2017 über 70.000 Menschen an einer Überdosis, 2016 gab es ca. 63.000 Todesopfer und 2010 gab es ca. 16.000 Todesopfer. Für das Jahr 2016 konnte gezeigt werden, dass Opioide bei ca. 40 % aller Todesfälle eine Rolle spielten. Die Todesfälle durch Opioide werden auf über 10 pro 100.000 Einwohnern geschätzt (Schmitt-Sausen 2018; Schenk 2020).

2.4.10 Massenpanik

Massenpanik beschreibt das menschliche Verhalten einer panikartigen Flucht, die zu Todesopfern führen kann. Massenpaniken entstanden bei zahlreichen Ereignissen, wie Sportveranstaltungen, Discos etc. und oft in Verbindung mit beengten Raumverhältnissen.

Tab. 2.177 Klassifizierung des Alkoholismus (Möller et al. 2001)

Art des Alkoholismus	Typisierung	Abhängigkeit	Suchtkennzeichen	Häufigkeit
Alpha	Konflikttrinker	Nur psychisch	Kein Kontrollverlust, Fähigkeit zur Abstinenz	5 %
Beta	Gelegenheitstrinker	Keine	Kein Kontrollverlust, Fähigkeit zur Abstinenz	5 %
Gamma	Süchtiger Trinker	Zuerst psychisch, später physisch	Kontrollverlust, jedoch zeitweilige Fähigkeit zur Abstinenz	65 %
Delta	Gewohnheitstrinker (Spiegeltrinker)	Physisch	Unfähigkeit zur Abstinenz, rauscharmer, kontinuierlicher Alkoholkonsum	20 %
Epsilon	Episodischer Trinker	Psychisch	Mehrtätige Exzesse mit Kontrollverlust	5 %

Die verschiedene Bedingungen für den Ausbruch einer Massenpanik sind (Auf der Heide 2004):

- Die Opfer fühlen eine akute Bedrohung des Eingeschlossenseins in einem Raum.
- Die Fluchtrouten scheinen sich zu schließen.
- Flucht erscheint als einige Option zum Überleben
- Niemand bietet Hilfe an.

Einige Beispiele werden im Folgenden gegeben (siehe auch Tab. 2.178).

Die Hillsborough-Katastrophe in Sheffield am 15. April 1989 mit knapp 100 Todesopfern und knapp 800 Verletzten ist wahrscheinlich eher eine Überfüllung des Stadiums als eine Panik gewesen. Dagegen war die Massenpanik im Nationalstadion von Peru 1964 eine klassische Panik, die in diesem Fall fast 350 Todesopfer und, je nach Schätzung, bis zu knapp 1000 Todesopfer fordert. Nach einem Spielabbruch und einer Stürmung des Platzes wurde durch die Polizei Tränengas eingesetzt, welches zu einer Massenpanik führte. Die Katastrophe von Heysel 1985 war ebenfalls eine Massenpanik mit ca. 40 Todesopfern und Schätzungen von bis zu 600 Verletzten.

Am 6. Dezember 1976 ereignete sich eine Panik in Port-au-Prince während eines Fußballspieles zwischen Haiti und Kuba. Nachdem ein Tor gefallen war, feuerte ein Fan Blitzknaller. Andere Fußballfans glaubten, es handelte sich um Schüsse und überrannten Soldaten. Die Waffe eines Soldaten löste aus und tötete zwei Kinder. In der Panik wurden weitere Menschen getötet und der Soldat beging Suizid. (CDL 2007).

Mehrere Paniken ereigneten sich in Mekka während der Pilgerfahrten (Haddsch), so z. B. 1990, 1994, 1998, 2001,

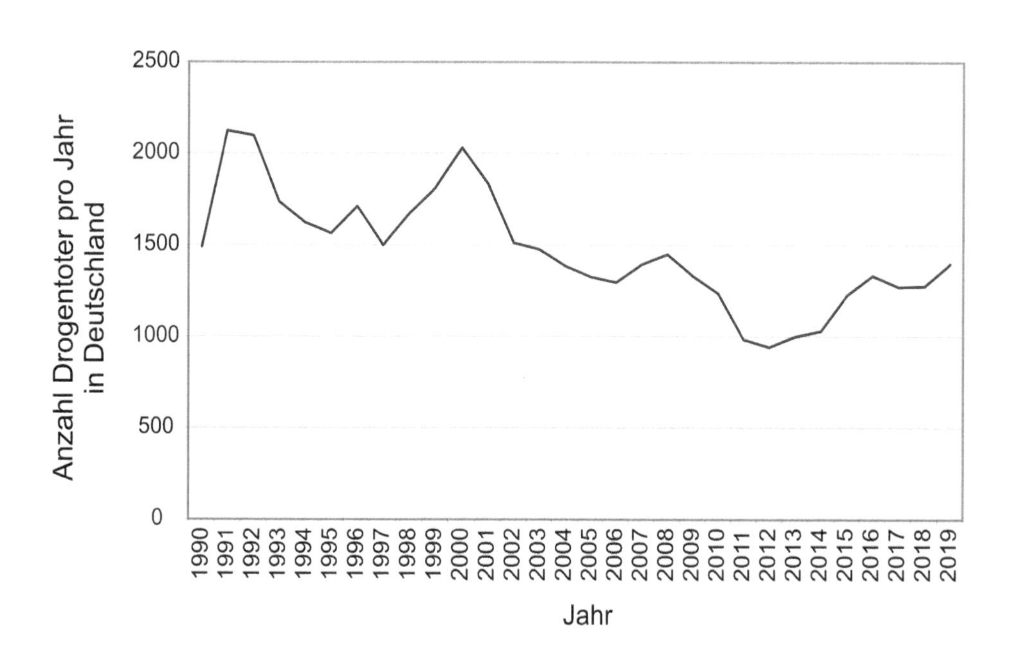

Abb. 2.213 Entwicklung der Anzahl Drogentoter in Deutschland

Tab. 2.178 Ereignisse von Massenpanik nach Saloma et al. (2003)

Datum	Ort	Opfer	Beschreibung
18. Mai 1896	Moskau, Russland	1388 Tote, ca. 1300 Verletzte	Massenpanik bei der Krönungsfeierlichkeit des russischen Zaren Nikolaus II
24. Mai 1964	Lima, Peru	328 Tote, ca. 500 Verletzte	Massenpanik bei einem Fußballspiel ausgelöst durch Tumulte und Polizeiaktionen
15. April 1989	Sheffield, England	96 Tote	Gedränge im Hillsborough-Stadion
2. Juli 1990	Mekka, Saudi-Arabien	1427 Tote	In einem Fußgängertunnel brach eine Massenpanik aus
12. Januar 2006	Mekka, Saudi-Arabien	362 Tote, mindestens 250 Verletzte	
24. September 2015	Mekka, Saudi-Arabien	769 bis 2411 Tote, mindestens 934 Verletzte	Massenpanik beim Zusammentreffen mehrerer Pilgerzüge

2004, 2006, 2014 und 2015. Die Opferzahlen streuen und reichen von ca. 14 (2003) bis knapp 1500 (1990). Die Opferangaben der Massenpanik 2015 schwanken zwischen knapp 800 und 2400.

Im Juni 2000 wurden bei einer Trauerfeier in Addis Abeba 14 Kinder durch eine Panik getötet.

Bei einem Festival in Minsk, Weißrussland, wurden am 30 Mai 1999 53 Menschen durch eine Massenpanik am Eingang einer U-Bahn-Station getötet.

Am 20. Februar 2003 ereignete sich in West Warwick auf Rhode Island eine Massenpanik durch ein Feuer. 99 Menschen wurden zu Tode getrampelt und 190 schwer verletzt.

Am 24. Juli 2010 ereignete sich eine Panik während der Loveparade in Duisburg. Dabei verstarben 21 Menschen und es gab über 500 Verletzte durch den Rückstau an einer Tunnelrampe.

Mindestens 45 Tote und 150 Verletzte sind die Bilanz einer Massenpanik im Wallfahrtsort Meron in Israel (vom 29. zum 30. April 2021).

Gemäß Desaster Research Center (2021) ist Panik ein seltenes Phänomen. Untersuchungen der Universität Delawares (Disaster Reserach Center 2021) für Katastrophenforschung von mehr als 500 Ereignissen zeigte, dass Panik nur von sehr geringer Bedeutung ist.

Trotzdem sterben pro Jahr gemäß Schulz und Voss (2016) durchschnittlich 1000 Menschen bei Paniken. Ursache für Paniken sind in der Regel nicht asoziales Verhalten, sondern sogenannte Flaschenhalseffekte. Unter Flaschenhalseffekt versteht man eine sich soweit verdichtende Menschenmenge, dass Menschen durch unkontrollierte Bewegungen stürzen, sich verletzen oder ohnmächtig werden und sich die nicht steuernde Menschenmasse über diese Menschen hinwegschiebt.

Die Vorhersage des menschlichen Verhaltens in solchen Situationen ist außerordentlich komplex. Auslöser für Massenpaniken können vielfältig sein: schlechtes Wetter am Ende einer Open-Air-Veranstaltung, Rauch und Feuer in geschlossenen Räumen, komplizierte Raumverhältnisse in Gebäuden, Regen, Sturm, Zeitdruck oder Angst und Hysterie. Während solcher Ereignisse sind die individuellen Freiheiten stark eingeschränkt.

Man kann sich praktisch nicht oder nur sehr schwer gegen die kollektiven Bewegungen stemmen. Das führt z. B. zu juristischen Problemen (Kretz 2005).

Der Vorschlag, einfach mehr Notausgänge zu installieren, mag in manchen Fällen helfen, aber nicht in allen. Die Anzahl der Notausgänge ist oft nicht relevant, weil alle Besucher die gleichen Ausgänge nehmen wollen. (Kretz 2005).

Helbing et al. (2000) haben verschiedene numerische Modelle für die Beschreibung von Massenpaniken entwickelt. Sie vergleichen das Verhalten während Massenpaniken mit dem Fließverhalten granularer Medien.

2.5 Gesundheitliche Risiken

2.5.1 Einleitung

Die bisherigen Erläuterungen von Risiken gingen überwiegend davon aus, dass die Risiken außerhalb des Menschen entstehen. Dabei wurden natürliche oder technische Risiken beschrieben, die zum Tod von Menschen führen können. Tatsächlich sterben die meisten Menschen aber durch gesundheitliche Risiken. Daher bilden gesundheitliche Risiken offensichtlich die größte Gefährdung für Menschen.

Mit Abb. 2.214 soll diese Aussage belegt werden. In der Abbildung sind oben die häufigsten Todesursachen in Deutschland zusammengefasst. Aus Abb. 2.214 wird ersichtlich, dass der Anteil der nicht gesundheitlich bedingten Todesfälle etwa 5 bis 6 % beträgt. Der restliche Anteil der Todesfälle, etwa 95 %, besitzt gesundheitliche Ursachen. Der hohe Anteil gesundheitlicher Todesursachen erscheint plausibel, wenn man berücksichtigt, dass der Mensch mit zunehmendem Alter mehr gesundheitlichen Komplikationen ausgesetzt ist. Der Mensch ist ein zeitlich befristetes Lebewesen. Dieser Satz schlägt sich in Abb. 2.214 nieder.

Abb. 2.215 zeigt die Todesursachen in Form von Verlorener Lebenszeit. Die Krankheiten für diese „Global Burden of Disease Studie“ werden in drei Gruppen eingeteilt (siehe Tab. 2.179):

- Übertragbare, mütterliche, perinatale und ernährungsbedingte Krankheiten,
- Nicht übertragbare Krankheiten und
- Verletzungen (zu denen Gewalt und Konflikte gehören).

Krankheiten können heute z. B. gemäß des *„International statistical Classification of Diseases and related health problems“* (ICD 10) eingeteilt werden. Dabei ist im Augenblick die Version 10 gültig und ab 2022 soll die Version 11 angewendet werden. Die Einteilung der Krankheiten unterliegt zeitlichen Veränderungen, weil sich z. B. gesellschaftliche Ansichten ändern. So wurde Homosexualität bis Anfang 1990 noch als psychische Krankheit eingestuft. Die Klassifikation von Krankheiten wurde mit der zunehmenden Bedeutung von Sterbetafeln und deren Auswertungen im 19. Jahrhundert immer wichtiger. Allerdings gab es bereits erste Untersuchungen im 16. Jahrhundert zu Mortalitäten (siehe auch Abschn. 3.7).

Aktuell finden sich im ICD 10 über 20 Krankheitskapitel, über 200 Krankheitsgruppen, ca. 2000 Krankheitsklassen und 12.000 Krankheitsunterklassen.

Die Abb. 2.214 und 2.215 erlauben es, diejenigen Krankheiten zu benennen, die besonders viele Todesfälle verursachen. Einige dieser Krankheiten sollen im Folgenden näher beleuchtet werden.

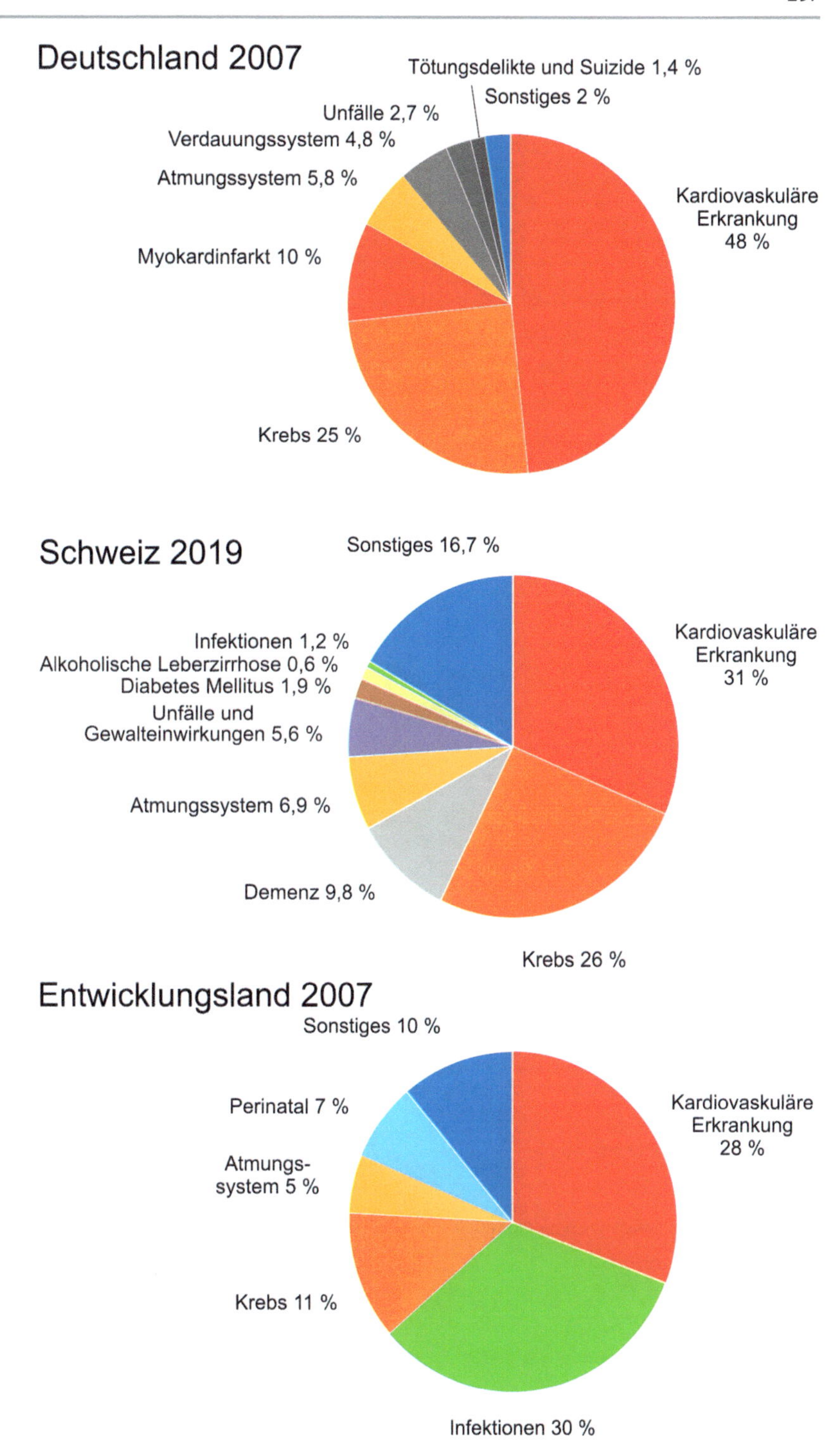

Abb. 2.214 Todesursachen in Deutschland (2007), der Schweiz (2019) und einem Entwicklungsland (2007) nach dem Deutschen Statistischen Bundesamt, dem Schweizer Bundesamt für Statistik und der UNO

2.5.2 Kardiovaskuläre Erkrankungen

Zwischen 30 und 50 % aller Todesfälle in den entwickelten Industriestaaten sind auf kardiovaskuläre Erkrankungen bzw. Herz-Kreislauf-Erkrankungen zurückzuführen. In absoluten Zahlen bedeutet das: zwischen 1975 und 1995 verstarben pro Jahr im Durchschnitt mehr als 700.000 US-Amerikaner an Herz-Kreislauf-Erkrankungen (Parfit 1998).

Der Begriff Herz-Kreislauf-Erkrankungen kann im Allgemeinen definiert werden als morbide Veränderungen des Herzens und des Gefäßsystems (Ganten und Ruckpaul 1998). Unter diesem Begriff werden verschiedene Erkrankungen zusammengefasst. Dazu gehören z. B. Koronarerkrankungen,

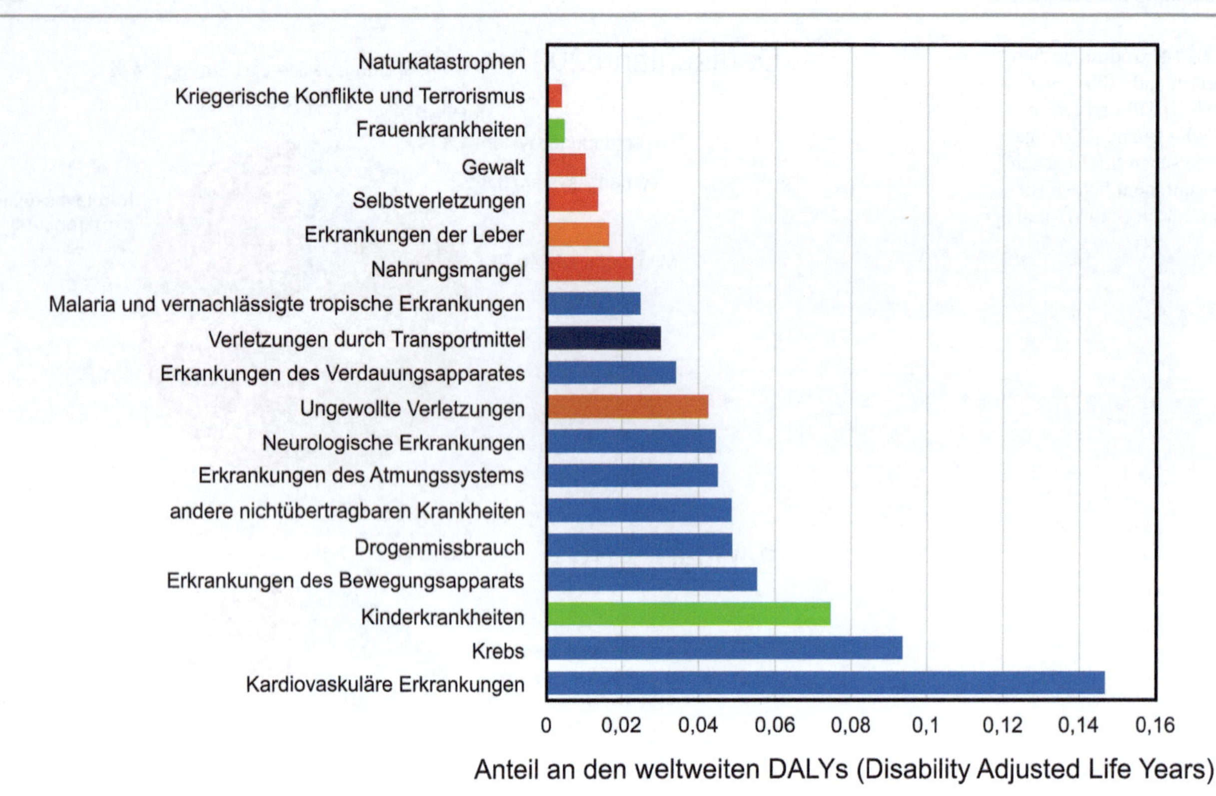

Abb. 2.215 Weltweite Krankheitslast (2017) dargestellt als Disability-Adjusted Life Years (DALYs) mit den Unterteilungen Unfall und Krankheit. DALYs berücksichtigen sowohl eine verkürzte Lebenserwartung als auch eine eingeschränkte Lebenszeit. Ein DALY entspricht einem verlorenen Lebensjahr. (Roser und Ritchie 2016)

Tab. 2.179 Untergruppen der Erkrankungen gemäß Roser und Ritchie (2016)

Übertragbare, Frauenerkrankungen, perinatale und ernährungsbedingte Krankheiten	Nicht übertragbare Krankheiten	Verletzungen (zu denen Gewalt und Konflikte gehören)
Durchfall, Erkrankungen der unteren Atemwege und andere häufige Infektionskrankheiten	Herz-Kreislauf-Erkrankungen (einschl. Schlaganfall, Herzkrankheiten und Herzinsuffizienz)	Verletzungen im Straßenverkehr
Erkrankungen im Säuglingsalter	Krebserkrankungen	Andere Transportverletzungen
Frauenerkrankungen	Atemwegserkrankungen	Stürze
Malaria & vernachlässigte Tropenkrankheiten	Diabetes, Blut und endokrine Krankheiten	Ertrinken
Ernährungsmängel	Psychische und Substanzgebrauchsstörungen	Feuer, Hitze und heiße Substanzen
HIV/AIDS	Leberkrankheiten	Vergiftungen
Tuberkulose	Verdauungskrankheiten	Selbstverletzung
Andere übertragbare Krankheiten	Muskel- und Skeletterkrankungen	Interpersonelle Gewalt
	Neurologische Störungen (einschließlich Demenz)	Konflikt & Terrorismus
	Andere nicht-übertragbare Krankheiten	Naturkatastrophen

Herzinsuffizienz, lokale Asphyxie, Herzinfarkt (je nach Definition), Bluthochdruck oder Schlaganfall.

Die Diagnose von Herz-Kreislauf-Erkrankungen basiert auf verschiedenen Techniken, wie z. B. Anamnesen, Identifizierung familiärer Risiken, Körperdiagnose, Elektrokardiogramm, Blutdiagnose oder Angiographien. Obwohl im Allgemeinen ältere Menschen Herz-Kreislauf-Erkrankungen zeigen, wurden in den letzten Jahrzehnten zahlreiche Fortschritte erzielt, um Inzidenz- und Sterblichkeitsraten im Zusammenhang mit Herz-Kreislauf-Erkrankungen zu senken.

Zum Beispiel führte Finnland, dass eine überproportionale Belastung durch Herz-Kreislauf-Erkrankungen erlebte, in den 1980er Jahren ein spezielles Präventionsprogramm ein.

Dieses Programm beinhaltete die regelmäßige Kontrolle des Blutdrucks, das Rauchverbot, die Einführung des Themas „Gesundheit und Hygiene" in Schulen und die Aufforderung an die Industrie, fettarme und salzarme Lebensmittel anzubieten. In der Folge sank die Zahl der Herz-Kreislauf-Erkrankungen (Walter 2004).

Dabei sank nicht nur die Inzidenzrate, sondern auch die Mortalitätsrate wurde durch die Anwendung von Medikamenten wie Betablockern, Thrombolyse oder Angiotensin-Converting-Enzymin-Hemmer (ACE-Hemmer) verbessert. Man nimmt an, dass etwa 2/3 des Rückgangs der Todesfälle auf präventive Maßnahmen und etwa 1/3 auf verbesserte Akutbehandlungen zurückzuführen sind. Auf Grund des hohen Anteils bei präventiven Maßnahmen erscheint eine frühzeitige Identifizierung von Risikopersonen sinnvoll. Zu den Untersuchungen zur Identifizierung der wichtigsten Risikogruppen gehören die:

- Framingham Heart Study, USA
- Seven Country Study, USA
- MONICA (Monitoring of Trends and Determinants of Cardiovascular Disease), WHO
- ARIC (Atherosclerosis Risk in Communities), USA
- PROCAM (Prospective Cardiovascular Münster Study), Münster, Deutschland
- KORA (Kooperative Gesundheitsforschung in der Region Augsburg)
- SHIP (Studie zur Gesundheit in Pommern), Greifswald, Deutschland
- Heinz Nixdorf Recall Studie (Risikofaktoren, Bewertung der koronaren Verkalkung und Lebensstil), Essen, Deutschland

Diese Studien haben bisher sogenannte kausale Risikofaktoren (Tab. 2.180), bedingte Risikofaktoren und prädisponierende Risikofaktoren identifiziert. Die vier Hauptrisikofaktoren sind Bluthochdruck, Rauchen, Hypercholesterinämie und Diabetes. Damit können etwa 75 bis 85 % aller Neuerkrankungen erklärt werden.

Tab. 2.180 Risikofaktoren für kardiovaskuläre Erkrankungen nach Grundy (1999)

Risikofaktor	Grenzbetrag
Rauchen	Jede beliebige Menge
Blutdruck	≥ 140 mm Hg systolisch
	≥ 90 mm Hg diastolisch
LDL Cholesterin	≤ 160 mg/dL
HDL Cholesterin	< 35 mg/dL
Plasma-Glukose	> 126 mg/dL (fasting)

In den letzten Jahren wurden Risikorechner im Internet zur Verfügung gestellt, allerdings sind diese häufig nur für eine gewisse Zeit nutzbar, wie zum Beispiel an der Universität Münster (2007) oder an der BNK (2007). Viele dieser Risikofaktoren sind reversibel oder behandelbar. Weitere Risikofaktoren, die noch in der Diskussion sind, sind Triglyceridämie, Lipoprotein (a), Hyperhomocysteinämie, Hyperkoagulabilität, Entzündungsprozesse und Arteriosklerose (WHO 2004; Schaefer et al. 2000; Fargeman 2003; Marmot und Elliott 1995; Keil et al. 2005; Kolenda 2005).

Herz-Kreislauf-Erkrankungen sind multifaktorielle polygenetische Krankheitsbilder, an deren Zustandekommen neben pathologischen Veränderungen der Blutgefäße des Herzens und der Niere auch Veränderungen des Stoffwechsels sowie zentralnervöse Faktoren beteiligt sind.

2.5.3 Maligne Tumore (Krebs)

Maligne Tumore sind ursächlich für etwa 25 % aller Todesfälle in den entwickelten Industriestaaten. Unter malignen Tumoren bzw. Krebs wird ein bösartiger Tumor mit weitgehender Unreife der Zellen, autonomen und invasivem Wachstum sowie der Fähigkeit, Metastasen zu bilden, verstanden (Hoffmann – La Roche 1993).

Tumorzellen können während der gesamten Lebenszeit des Menschen auftreten. Die Ursachen für die Entstehung von Krebs sind in der Regel multikausal und hängen nicht nur von einem einzigen Faktor ab. Für einige Effekte hat man jedoch kausale Zusammenhänge beschrieben. In den meisten Fällen können die Tumorzellen durch den Körper erkannt und durch die körpereigene Abwehr zerstört werden. Allerdings wird die körpereigene Abwehr mit zunehmendem Alter schwächer und die Zahl der fehlerhaften Zellen steigt. Daher steigt ab einem bestimmten Alter das Krebsrisiko deutlich an.

Im Jahr 1997 erkrankten in Deutschland etwa 330.000 Menschen an einer beliebigen Form von Krebs. Etwa ¼ der 330.000 Patienten waren jünger als 60 Jahre, aber das Durchschnittsalter betrug 66 Jahre bei Männern und 67 Jahre bei Frauen. Menschen mit Krebs verlieren ca. 8 Jahre Lebenserwartung. Allerdings hat sich für einige Krebsarten die Überlebenschance in den letzten Jahrzehnten deutlich erhöht. Dies beruht hauptsächlich auf verbesserten Behandlungstechniken, aber auch auf einer früheren Diagnose und einigen Veränderungen im Verhältnis der verschiedenen Krebsarten. So ist zum Beispiel die Zahl der Menschen mit Magenkrebs gesunken und die Zahl der Menschen mit Dickdarmkrebs gestiegen. Für letztere ist die Überlebenschance höher als für Magenkrebs. (Krebsregister 1997).

Die Gesamtwahrscheinlichkeit, während des gesamten Lebens an Krebs zu erkranken, ist in Tab. 2.181 angegeben.

Tab. 2.181 Krebsrisiko während der Lebenszeit (EPA 1991)

Nr	Karzinogene Situation oder Material	Krebsrisiko während der Lebenszeit
1	UV-Strahlung (Hautkrebs)	$3,3 \times 10^{-1}$
2	Rauchen (eine Packung am Tag)	$8,0 \times 10^{-2}$
3	Natürliche Radonkonzentration im Inneren eines Hauses	$1,0 \times 10^{-2}$
4	Natürliche Strahlung außerhalb von Häusern	$1,0 \times 10^{-3}$
5	Passives Rauchen	$7,0 \times 10^{-4}$
6	Künstliche Chemikalen in Gebäuden	$2,0 \times 10^{-4}$
7	Luftverschmutzung in Industriegebieten	$1,0 \times 10^{-4}$
8	Chemikalien im Trinkwasser	$1,0 \times 10^{-5}$
9	Chemikalien in Nahrungsmitteln	$1,0 \times 10^{-5}$
	(a) 60 g Erdnussbutter pro Woche (Aflatoxin)	$8,0 \times 10^{-5}$
	(b) einmal pro Jahr eine Forelle aus dem Michigan-See	$1,0 \times 10^{-5}$
10	Austritt von Chemikalien aus einer Deponie	$1,0 \times 10^{-4}$-$1,0 \times 10^{-6}$

Obwohl die Zahlen für die USA gelten, können sie auf die meisten entwickelten Industrieländer angewendet werden.

Tatsächlich sind die Lebenszeithäufigkeiten für das Auftreten von Krebs beachtlich. Zum Beispiel wird jeder dritte Mensch irgendwann in seinem Leben mit Hautkrebs konfrontiert. Auch jeder zehnte Raucher wird von einem Krebsleiden betroffen sein. Es wird geschätzt, dass etwa ¼ aller Krebserkrankungen mit dem Rauchen zusammenhängen. Abb. 2.216 und 2.217 verdeutlichen den Zusammenhang zwischen Lungenkrebs und Rauchen.

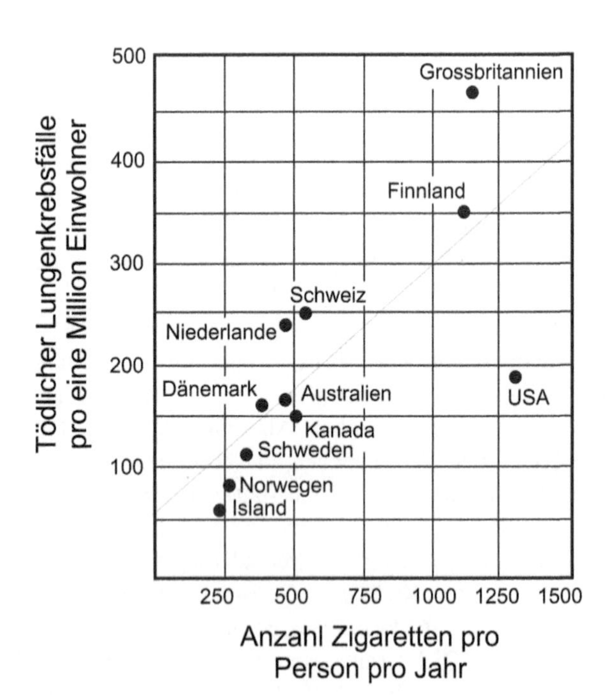

Abb. 2.216 Zusammenhang zwischen durchschnittlicher Anzahl gerauchter Zigaretten und der Anzahl tödlicher Lungenkrebsfälle für verschiedene Länder nach Henschler (1993)

Darüber hinaus scheinen verschiedene Chemikalien karzinogene Wirkungen zu besitzen. Etwa 2000 Chemikalien haben sich in Tierversuchen als karzinogen erwiesen (Henschler 1993). Beziehungen zu einigen speziellen Berufen oder besonderen Lebensformen wurden bereits vor Jahrhunderten gefunden (Tab. 2.182). Die Ursachen für Krebs sind in den Abb. 2.218 und 2.219 dargestellt (siehe auch Müller 2018).

Da ionisierende Strahlung oft als Krebsrisiko angesehen wird, werden im Abb. 2.220 die Ursachen der ionisierenden Strahlung nochmals dargestellt, um zu zeigen, wie solche Kausalketten zur Ursachenbeschreibung erweitert werden können.

Die Krebslast wurde für Deutschland in verschiedenen Veröffentlichungen 2018 untersucht (Mons et al. 2018; Behrens et al. 2018; Gredner et al. 2018). Die Ergebnisse der Studie sind im Wesentlichen vergleichbar mit den Ergebnissen für Großbritannien und die USA, auch wenn sich die Zahlen dort leicht unterscheiden. Für Deutschland wird ermittelt, dass ca. 37,4 % aller Krebserkrankungen durch die Vermeidung der untersuchten Faktoren, wie Rauchen, Übergewicht etc. vermieden werden könnten, für Großbritannien werden 42,7 % und für die USA 42 % ermittelt. (Katalinic 2018).

2.5.4 Perinatal

Selbst natürliche menschliche Entwicklungsprozesse beinhalten erhebliche gesundheitliche Gefahren. Dies wird bei der Geburt deutlich. Tab. 2.183 zeigt einige Beispielwerte der Säuglings- und Müttersterblichkeit. Hier wird zum wiederholten Male der Unterschied zwischen weniger entwickelten Ländern und entwickelten Industrieländern sichtbar.

Noch detaillierter wird dies in den Tab. 2.184, 2.185 und 2.186 sichtbar. Man geschätzt, dass pro Jahr weltweit

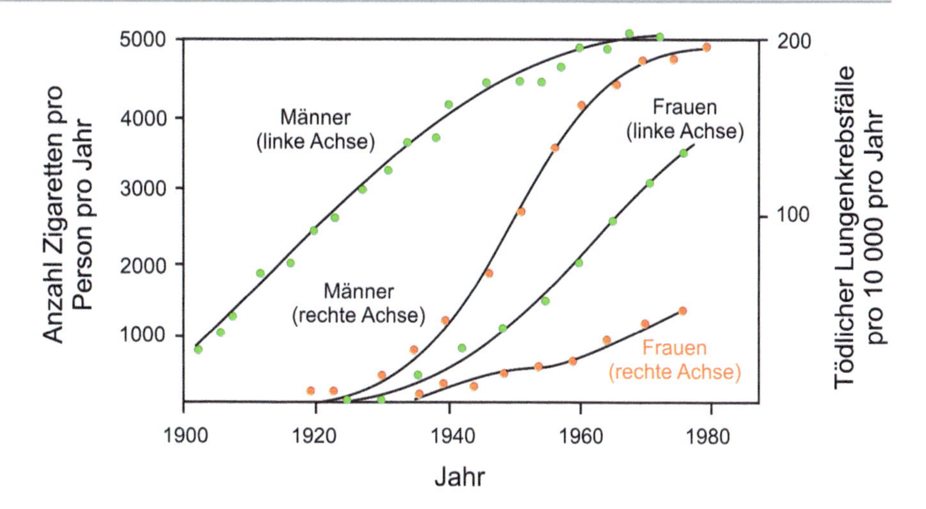

Abb. 2.217 Zusammenhang zwischen durchschnittlicher Anzahl gerauchter Zigaretten und der Anzahl tödlicher Lungenkrebsfälle für verschiedene Zeitpunkte nach Henschler (1993)

Tab. 2.182 Frühe medizinische Untersuchungen zu Krebsursachen aus Henschler (1993)

Jahr	Autor	Krebsart	Arbeit oder Lebensbedingung
1743	Ramazzini	Brustkrebs	Nonne
1761	John Hill	Nasenkrebs	Schnupftabak
1775	Percival Pott	Hodensack-Krebs	Schornsteinfeger
1795	Soemmering	Lippenkrebs	Pfeifenraucher
1820	Ayrton et al.	Hautkrebs	Arsen-Therapie
1874	Volkmann	Hodensackkrebs	Braunkohlenteer
1895	Rehn	Harnblasenkrebs	Anilin-Arbeiter
1902	Frieben	Hautkrebs	Röntgenbilder
1933	CIF	Lungenkrebs	Nickel-Extraktion
1935	Lynch & Smith	Lungenkrebs	Asbest
1940	Müller	Lungenkrebs	Rauchen von Zigaretten
1943	Wedler	Mesotheliom	Asbest
1974	Creech & Johnson	Leber-Hämangiosarkom	Vinylchlorid

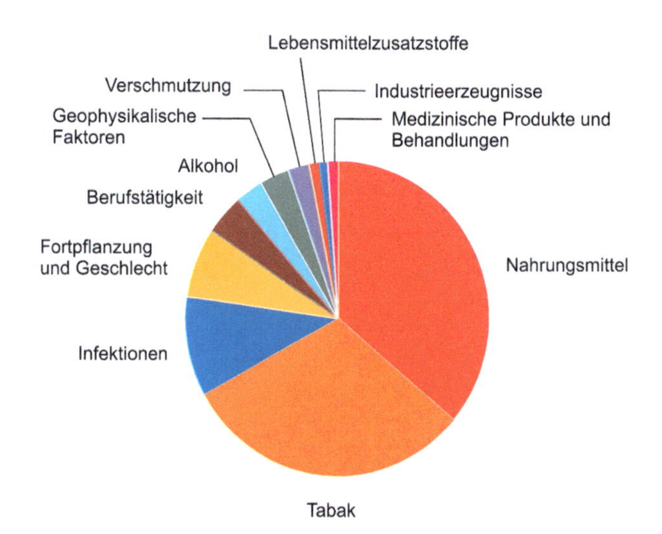

Abb. 2.218 Ursachen für die Entstehung von Krebs nach Doll und Peto (1981). Eine Diskussion der Arbeiten von Doll und Peto (1981) findet sich in Schmähl et al. (1989)

etwa 10,6 Mio. Kinder unter fünf Jahren sterben. Diese hohe Zahl dürfte mit dem heutigen menschlichen Kenntnisstand und den weltweiten Ressourcen vermeidbar sein (Razum und Breckenkamp 2007). In einigen endogenen Gesellschaften erreicht die Säuglingssterblichkeit bis zu 30 % (Schiefenhövel 2004). Dies ist ein Wert, der den Sterblichkeiten im Tierreich recht nahekommt. Beispielsweise erreicht die Welpensterblichkeitsrate bei Tigern in den Sümpfen von Bangladesch in den ersten drei Lebensmonaten 60 %.

Glücklicherweise weist die Säuglingssterblichkeit in den entwickelten Ländern wesentlich geringere Werte auf. In vielen Ländern werden Werte von weniger als 1 % erreicht. Die niedrigsten Werte auf Länderebene liegen bei etwa 0,4 %. Die Entwicklung der Säuglingssterblichkeit in Deutschland von 1870 bis 2006 zeigt Abb. 2.221.

Dieser Fortschritt steht in engem Zusammenhang mit einigen medizinischen und hygienischen Verbesserungen im späten 19. Jahrhundert in Europa und Amerika. Dieser Fortschritt betrifft nicht nur die Geburt, sondern auch praktisch alle auf der Erde bekannten Krankheiten.

2.5.5 Unerwünschte Ereignisse

Das Ziel medizinischer Behandlung ist die Heilung und Unterstützung von erkrankten Menschen. Unter Umständen kann aber durch die Behandlung selbst eine gegenteilige negative Wirkung entstehen. Die gegenteilige negative Wirkung kann bekannt oder unbekannt sein.

Abb. 2.219 Anteil der Krebserkrankungen, die sich auf die untersuchten Faktoren zurückführen lassen (Gredner et al. 2018, siehe auch Brenner et al. 2018)

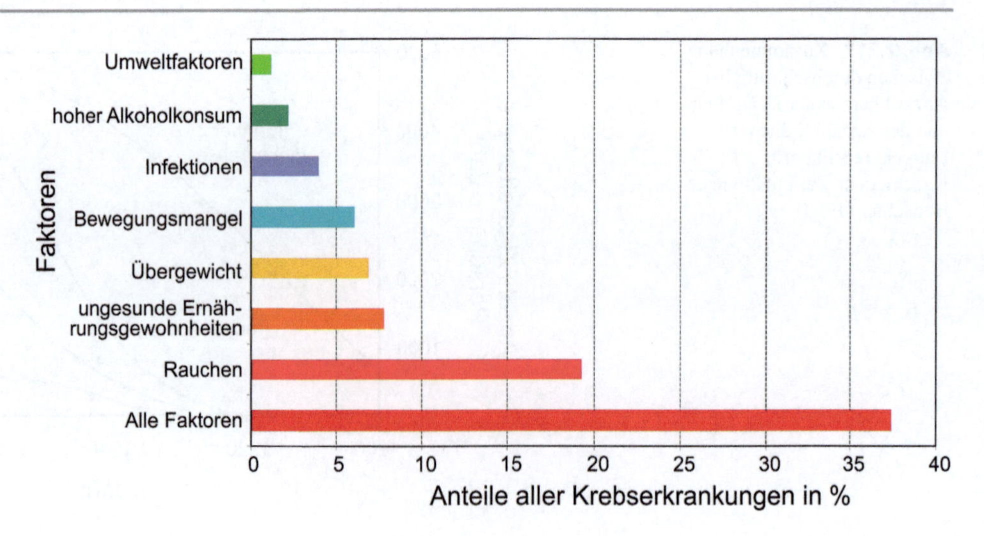

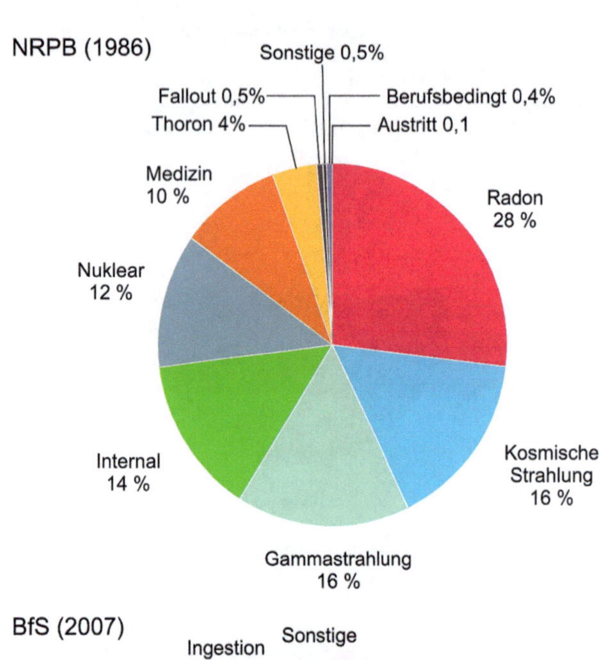

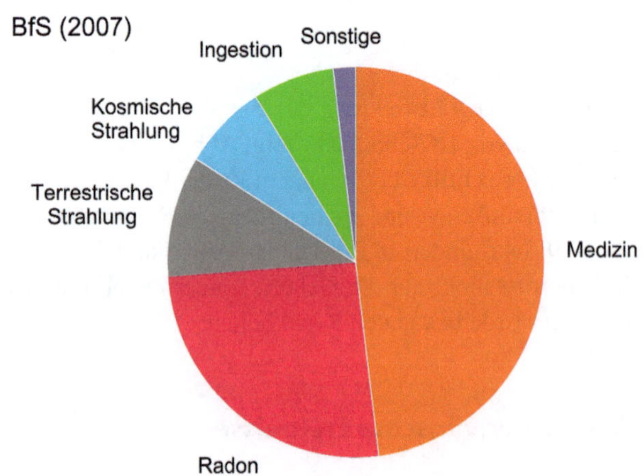

Abb. 2.220 Ursachen für ionisierende Strahlung nach NRPB (1986) und BfS (2007)

Tab. 2.183 Säuglingssterblichkeit für verschiedene Länder nach Zwingle (1998)

Land	Säuglings-sterblichkeit			
Kolumbien	$28 \cdot 10^{-3}$		Säuglingssterblichkeit für Regionen	
Brasilien	$43 \cdot 10^{-3}$		Entwickelte Industriestaaten	$8 \cdot 10^{-3}$
Nicaragua	$46 \cdot 10^{-3}$		Entwicklungsländer	$64 \cdot 10^{-3}$
Mexiko	$28 \cdot 10^{-3}$		Müttersterblichkeit bei der Geburt	
USA	$7 \cdot 10^{-3}$		Entwickelte Industriestaaten	$1.0 \cdot 10^{-4}$
Russland	$17 \cdot 10^{-3}$		Entwicklungsländer	$50.0 \cdot 10^{-3}$
Großbritannien	$6 \cdot 10^{-3}$			
Italien	$6 \cdot 10^{-3}$			
Türkei	$42 \cdot 10^{-3}$			
Deutschland	$5 \cdot 10^{-3}$			
Mali	$123 \cdot 10^{-3}$			
Ägypten	$63 \cdot 10^{-3}$			
Nigeria	$63 \cdot 10^{-3}$			
Botswana	$60 \cdot 10^{-3}$			
Iran	$35 \cdot 10^{-3}$			
Saudi-Arabien	$29 \cdot 10^{-3}$			
Indien	$72 \cdot 10^{-3}$			
China	$31 \cdot 10^{-3}$			
Japan	$4 \cdot 10^{-3}$			
Bangladesch	$82 \cdot 10^{-3}$			
Papua-Neuguinea	$77 \cdot 10^{-3}$			
Australien	$5 \cdot 10^{-3}$			

Tab. 2.184 Rangfolge nach absoluter Anzahl gestorbener Kinder unter 5 Jahren nach Razum und Breckenkamp (2007)

Nr	Land	Absolute Zahl gestorbener Kinder unter 5 Jahren
1	Indien	2.204.000
2	Nigeria	1.059.000
3	Kongo	589.000
4	China	537.000
5	Äthiopien	515.000
6	Pakistan	482.000
7	Bangladesch	289.000
8	Uganda	203.000
9	Angola	199.000
10	Niger	194.000

Tab. 2.185 Rangfolge nach relativer Anzahl gestorbener Kinder unter 5 Jahren bezogen auf 1000 Lebendgeborene (Sterberate) nach Razum und Breckenkamp (2007)

Nr	Land	Relative Zahl gestorbener Kinder unter 5 Jahren pro 1.000 Lebendgeborenen
1	Sierra Leone	283
2	Angola	260
3	Niger	259
4	Mail	219
5	Demokratische Republik Kongo	205
6	Äquatorialguinea	204
7	Guinea-Bissau	203
8	Tschad	200
9	Nigeria	197
10	Elfenbeinküste	194

Ein Beispiel für eine zeitweise akzeptierte Verschlechterung des Gesundheitszustandes ist die Anwendung einer Chemotherapie bei einem an Krebs erkrankten Patienten. Man nimmt in solchen Fällen den zeitlich befristet verschlechterten Gesundheitszustand in Kauf, um langfristig eine Verbesserung oder sogar Heilung zu erreichen.

Unter einem „*Adverse Event*" versteht man eine nachteilige unbeabsichtigte Wirkung (Symptom) einer medizinischen Behandlung bei empfohlener Dosierung. Unerwünschte Wirkungen sind allerdings keine Fehler. Trotzdem treten bei medizinischen Behandlung Fehler auf und können die Überlebenswahrscheinlichkeit des Patienten direkt verringern und zu einem vermeidbaren Tod führen.

Es gibt verschiedene Arten von Fehlern oder Irrtümern während der medizinischen Behandlung. Zum Beispiel kann eine falsche Krankheit diagnostiziert werden, die falsche Behandlung geplant und durchgeführt werden oder die Behandlung fehlerhaft durchgeführt werden.

Die Zahl der durch unerwünschte Wirkungen der medizinischen Behandlungen verursachten Todesfälle wird in den USA auf 44.000 bis 98.000 pro Jahr geschätzt. Vergleichbare relative Werte wurden in Kanada, Australien, Großbritannien und Neuseeland beobachtet (Wreathall 2004; JCAHO 2004; Davis et al. 2001; Vincent et al. 2001;

Tab. 2.186 Räumliche Verteilung der absoluten und relativen Zahlen gestorbener Kinder unter 5 Jahren und anteilige Verteilung der Todesursachen für sechs WHO-Regionen nach Razum und Breckenkamp (2007) (Jährlicher Mittelwert 2000–2003)

	Afrika	Südostasien	Östliches Mittelmeer	Westlicher Pazifik	Amerika	Europa
Absolute Zahl gestorbener Kinder unter 5 Jahren	4,4 Mio	3,1 Mio	1,4 Mio	1,0 Mio	0,4 Mio	0,3 Mio
Relative Zahl gestorbener Kinder unter 5 Jahren pro 1000 Lebendgeborenen	171	78	92	36	25	23
Perinatale Komplikationen	26 %	44 %	43 %	47 %	44 %	44 %
Lungenentzündung	21 %	19 %	21 %	13 %	12 %	12 %
Durchfall	16 %	18 %	17 %	17 %	12 %	13 %
Malaria	18 %	0 %	3 %	0 %	0 %	0 %
Masern	5 %	3 %	4 %	1 %	0 %	1 %
HIV/Aids	6 %	1 %	0 %	0 %	1 %	0 %
Unfälle	2 %	2 %	3 %	7 %	5 %	7 %
Andere	5 %	12 %	9 %	13 %	25 %	23 %

Mio – Million

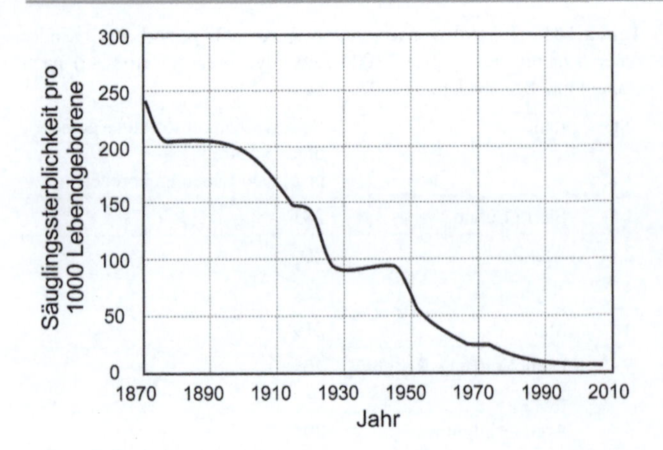

Abb. 2.221 Säuglingssterblichkeit in Deutschland von 1870 bis 2006, Kurvenverlauf interpoliert, nach Razum und Breckenkamp (2007)

Wilson et al. 1995). Auch wenn diese Werte recht hoch scheinen, so muss man bedenken, dass die Zahl der Todesfälle ohne die medizinische Behandlung deutlich höher liegen würde.

Es wird geschätzt, dass etwa 6 % aller Krankenhausaufenthalte durch unerwünschte Wirkungen verursacht werden. Die unerwünschten Wirkungen machen etwa 0,1 bis 0,2 % aller Todesfälle aus. Etwa 80 % dieser Todesfälle waren vermeidbar. (Fauler 2006).

Bei diesen Zahlen muss man also berücksichtigen, dass die Todesursache oft nicht allein im *„Adverse Event"* gesucht werden kann, sondern eben auch in der bereits vorangegangenen Erkrankung, die eine medizinische Betreuung erst erforderlich machte. Der theoretisch vermeidbare Anteil der Opfer wird deshalb nur auf 40 bis 70 % der genannten Fälle geschätzt (Wreathall 2004).

Die Konsequenz aus der Feststellung und Bestimmung solcher unbeabsichtigten Effekte ist keine grundsätzliche Kritik am medizinischen System, sondern soll vielmehr bei der Einführung von Qualitätsstandards und Risikomanagementverfahren helfen.

Die konkreten Ursachen von „Adverse Events" sind vielfältig. Es kann sich um menschliche Fehler, Kommunikationsfehler, technisches Versagen oder bekannte und unbekannte Nebenwirkungen von Medikamenten handeln. Die organisatorischen Ursachen unterscheiden sich nicht prinzipiell von den Ursachen für Bauwerkseinstürzen. Wie jedoch im Kap. 1 ausgeführt, wird das komplexe System *„Mensch"* teilweise überraschende Reaktionen zeigen. Dies kann die Ergebnisse der medizinischen Behandlung beeinflussen. Ein Beispiel dafür ist die spontane Krebsheilung, die zwar eintritt, aber extrem selten ist.

Intensiv und öffentlich werden Folgeschäden von Impfungen diskutiert. Obwohl moderne Arten von Impfungen nicht mit historischen Arten von Impfungen verglichen werden können, die hohe Inzidenzraten von unerwünschten Wirkungen aufwiesen, treten auch heute noch unerwünschte Nebenwirkungen auf. Interessant ist, dass die Effizienzbewertung von Impfungen bereits sehr alt ist (Bernoulli 1766).

Zum Beispiel wurden in deutschen Bundesland Sachsen zwischen 2001 und 2004 fast 9,2 Mio. Impfungen durchgeführt. Von diesen 9,2 Mio. Impfungen verursachten zehn Fälle Nebenwirkungen. Die Verteilung dieser Fälle im Verhältnis zu den verschiedenen Impfungen ist in Abb. 2.222 dargestellt.

Betrachtet man einen längeren Zeitraum, ändert sich das Verhältnis natürlich. Von 1990 bis 2000 wurden in Sachsen etwa 22 Mio. Impfungen durchgeführt, was 23 Schadensfällen entspricht. Den größten Beitrag leistete hier die BCG-Impfung. (Bigl 2007).

Das wahrscheinlich weltweit am häufigsten verwendete Arzneimittel ist Acetylsalicylsäure (Aspirin). Aspirin senkt nachweislich die Wahrscheinlichkeit von Herzinfarkten oder Schlaganfällen. Auf der anderen Seite erhöht es die Wahrscheinlichkeit von Magenschmerzen und Hirnapoplexie. Daher kann das Medikament gleichzeitig als Sicherheitsmaßnahme und als Risikoerhöhung angesehen werden. Während hier Vor- und Nachteile gegeneinander abgewogen werden können und müssen, ist die Entscheidung deutlich schwieriger, wenn eine Kombination verschiedener Medikamente eingenommen wird.

Die unerwünschten Wirkungen nehmen mit der Anzahl der verabreichten Medikamente exponentiell zu (Smith 1966). Die Identifizierung solcher unerwünschten Wirkungen auf der Grundlage der Anwendung verschiedener Arzneimittel ist sehr schwer zu beweisen, wie Tab. 2.187 zeigt. In der Regel liegt die Zahl der untersuchten Patienten während der Zulassungsphase zwischen 3000 und 5000 und während der auf drei Jahre begrenzten vorläufigen Zulassung zwischen 10.000 und 100.000. Dazu kommt, dass

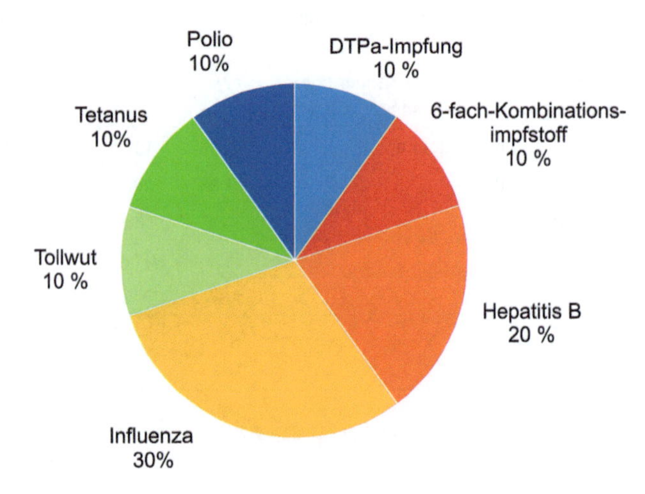

Abb. 2.222 Verhältnis der verschiedenen Impfungen zur Gesamtzahl unerwünschter Wirkungen in Sachsen, basierend auf Bigl (2007)

Tab. 2.187 Verhältnis der verschiedenen Impfungen zur Gesamtzahl der behandelten Patienten, um eine, zwei oder drei unerwünschte Wirkungen mit einem Konfidenzintervall von 95 % zu identifizieren, bezogen auf einige unterschiedliche Inzidenzen. Es wird deutlich, dass niedrige Inzidenzen extrem schwierig nachzuweisen sind (WHO 1983).

Inzidenz adverser Effekts	Anzahl behandelter Patienten zur Erkennung adverser Effekte		
	Einer	Zwei	Drei
1/100	300	480	650
1/200	600	960	1300
1/1000	3000	4800	6500
1/2000	60.00	9600	13.000
1/10.000	30.000	48.000	65.000

die Zulassungsstudien an Gesunden, meist männlichen Probanden und Patienten erfolgen. Im klinischen Alltag werden die Medikamente aber dann an Patienten, z. B. mit Begleiterkrankungen und Co-Medikation verabreicht.

Es sollte erwähnt werden, dass die Zulassung eines neuen Arzneimittels etwa 500 Mio. EUR kostet. (Fauler 2006).

Die Probleme bei der Identifizierung der kausalen Zusammenhänge (AVP 2005) zwischen Arzneimitteln und unerwünschten Wirkungen werden durch den Vorfall des Dysmelie-Syndroms, auch bekannt als Contergan-Skandal, sichtbar.

Der Contergan-Skandal ereignete sich in der Bundesrepublik Ende der 1950er und Anfang der 1960er Jahre. Der in dem Medikament enthaltene Wirkstoff Thalidomid führte zu Wachstumsstörungen der Föten in der dritten bis sechsten Schwangerschaftswoche. Die Einnahme einer Tablette reichte. Es wurden zwischen 3000 und 10.000 Kindern mit schweren Missbildungen geboren. Das Präparat wurde später zurückgezogen. (Maio 2001; Friedrich 2005; Luhmann 2000).

Weitere Ereignisse mit schwersten unerwünschten Wirkungen war z. B. die Katastrophe von London im März 2006 bei der erstmaligen Testung des Anit-CD-28 Antikörpers TGN1412 am Menschen. Bei der klinischen Prüfung kam es bei allen sechs Männern zu einem multiplen Organversagen mit langfristiger intensivmedizinsicher Betreuung. Auch die Einführung des Cyclooxygenase-2-Inhibitor Rofecoxib (Handelsname Vioxx) zur Behandlung von rheumatischen Erkrankungen und akuten Schmerzen führte zu einer signifikanten Erhöhung des Risikos von Herzinfarkten und Schlaganfällen (Otte und Nguyen 2009).

Die Untersuchung und Bewertung unerwünschte Arzneimittelwirkungen umfassen aber praktisch alle heute neu eingeführten Medikamente. Einteilungen finden sich in Mikus (2011) oder ein Beispiel für ein Antibiotikum in Esch et al. (1991).

Der Produktzyklus verschiedener Pharmazeutika ist in Abb. 2.223 und 2.224 dargestellt, was den Eindruck erweckt, dass bei der Anwendung öfter solche solcher *„Adverse Effects"* gefunden werden. Wie der nächste Abschnitt zeigt, wurden Pharmazeutika jedoch erfolgreich gegen viele Krankheiten eingesetzt.

Tatsächlich wurde z. B. jüngst die Zulassung von Raptiva in der Psoriasistherapie durch die Europäische Arzneimittelagentur ausgesetzt. Grund war das Auftreten einer progressiven multifokalen Leukenzephalopathie in zeitlicher Nähe bei drei von 47.000 mit Raptiva behandelten Patienten. Das Medikament wurde zurückgezogen, obwohl die Kausalzusammenhänge unklar sind. (DDG 2009). Die Einführung neuer Medikamente kann dann auch zu Schadensersatzzahlen führen. Tab. 2.188 nennt einige Beispiele.

2.5.6 Epidemien und Pandemien

Epidemien waren vor dem Beginn der industriellen Revolution und der parallel damit einhergehenden Verbesserung der Arbeits- und Lebensbedingungen eine der größten Geißeln der Menschheit. Allerdings traten auch später und treten auch heute noch zahlreiche Epidemien und Pandemien auf.

Das Wort Epidemie beschreibt eine Krankheitswelle, also das massenhafte bzw. vermehrte Auftreten bestimmter Krankheitsfälle einheitlicher Ursache in einem begrenzten Gebiet und einem begrenzten Zeitraum. Unter Pandemie versteht man eine zeitlich begrenzte, aber weltweit starke Ausbreitung einer Infektionskrankheit mit hohen Erkrankungszahlen und auch mit schweren Krankheitsverläufen. (RKI 2015a, b).

Es gibt zahlreiche verschiedene Krankheiten, die als Epidemien oder Pandemien in der Geschichte der Menschheit aufgetreten sind. Im Wesentlichen handelt es sich dabei um Infektionskrankheiten. Einige Beispiele sollen in diesem und den folgenden Abschnitten erläutert werden, um eine Vorstellung über die Gefahr derartiger Krankheiten zu erhalten.

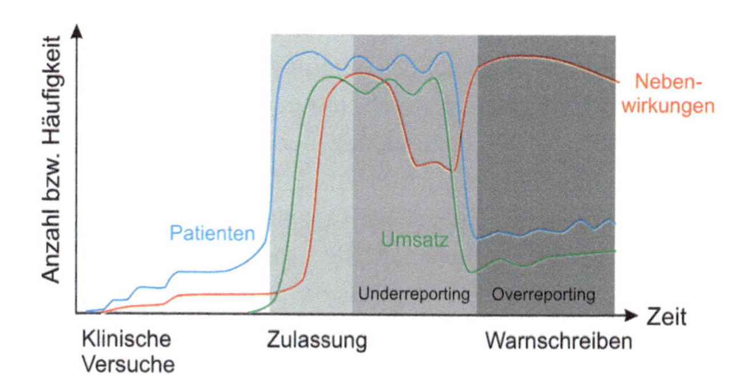

Abb. 2.223 Modell für die Entwicklung von Patienten-, Umsatz- und Nebenwirkungszahlen bei der Einführung eines Medikaments (Münchner Rück 2005)

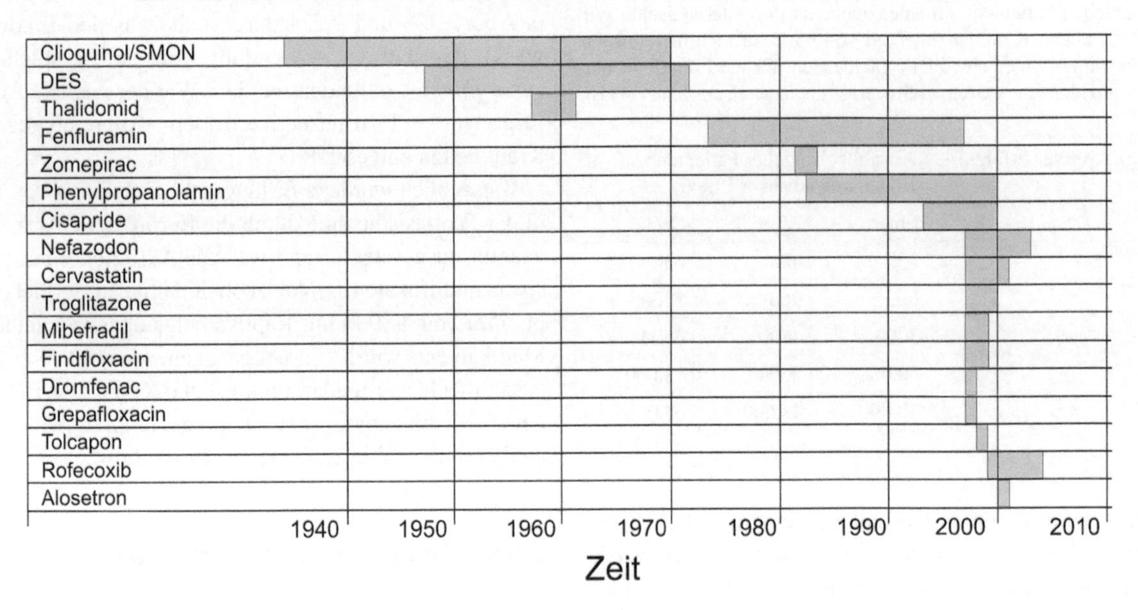

Abb. 2.224 Zeit auf dem Markt für verschiedene Wirkstoffe vor dem Rückruf (Münchner Rück 2005)

Tab. 2.188 Beispiele für Schadenszahlungen durch Pharmaunternehmen in den vergangenen Jahren (Münchner Rück 2012)

Hersteller	Medikament	Grund	Vergleichszahlung in US-Dollar
Merck	Vioxx	Mangelnde Sicherheit	4,8 Mrd.
Pfizer	Bextra	Off-Label-Werbung	2,3 Mrd.
Eli Lilly	Zyprexa	Off-Label-Use	1,4 Mrd.
GlaxoSmithKline	Paxil	Mangelnde Sicherheit	1,0 Mrd.
GlaxoSmithKline	Avandia	Mangelnde Sicherheit	460 Mio.
Schering-Pough	Temodar, Intron A	Off-Label-Use	435 Mio.
Eli Lilly	Zyprexa	Off-Label-Use	1,4 Mrd.

Die Grippe tritt häufig als Epidemie oder Pandemie in Verbindung mit bakteriellen Superinfektionen auf, so 1889 oder 1918/1919. Seit dem 16. Jahrhundert hat man ca. 30 Pandemien gezählt. Opferzahlen der letzten fast 40 Jahre für Deutschland finden sich in Tab. 2.189 und 2.190.

Die sogenannte Spanische Grippe trat zwischen 1918 bis 1920 in vier Wellen auf. Sie erfasste ca. 15 bis 50 % der weltweiten Bevölkerung. Damit wären bis zu 500 Mio. Menschen infiziert gewesen. Die Fallsterblichkeit lag bei ca. 1 %. Ingesamt wird die Zahl der Todesopfer auf 20 (Schott 2005) bis 50 Mio. Opfern (Maybaum 2018; Witte 2004; Jütte 2006) geschätzt. Michels (2010) schätzt die weltweite Opferzahl zwischen 25 und 39 Mio. Allein in Deutschland sind mehr als 200.000 Menschen daran gestorben.

Die asiatische Grippe forderte 1957 etwa eine Million Opfer, die Hongkong Grippe 1968 etwa 700.000 Opfer.

Aufgrund des immer wieder zu beobachteten Auftritts von schweren Epidemien und Pandemien werden sie auch in Risikountersuchungen berücksichtigt. So berücksichtigt der Bericht zur Risikoanalyse im Bevölkerungsschutz des Deutschen Bundestages ein Szenario mit 6 Mio. Erkrankten innerhalb von 300 Tagen (Deutscher Bundestag 2013). Der Niederösterreichische Zivilschutzverband hat z. B. 2005 (NÖZ 2005) ein Informationsblatt über das Verhalten bei Grippalen Epidemien veröffentlicht. Dort finden sich zahlreiche der im Rahmen der Corona-Pandemie umgesetzten Maßnahmen.

Besonders berüchtigt unter den historischen Epidemien ist die Pest, auf die im folgenden Abschnitt eingegangen wird.

2.5.7 Pest

Die Pest, der sogenannte schwarze Tod, zählte vom 14. bis zum 18. Jahrhundert zu den großen Volksseuchen in Europa. Es handelt sich bei dieser Krankheit um eine hochkontagiöse Infektionskrankheit, die auch bei Nagetieren (Ratten) auftritt und durch Flöhe übertragen wird. Es existieren verschiedene Formen, wie z. B. Lungenpest oder die seltener vorkommende Hautpest.

Tab. 2.189 Exzess-Todesfälle während Influenzawellen (RKI 2008)

Saison	Exzesstote	Exzesstote konservativ
1984/85	22.237	17.802
1985/86	23.594	20.683
1986/87	3585	699
1987/88	6742	3716
1988/89	1811	0
1989/90	2.0974	16.431
1990/91	4638	3220
1991/92	9059	4429
1992/93	12.721	9582
1993/94	6521	3373
1994/95	10.609	7452
1995/96	10.420	26.327
1996/97	12.206	9135
1997/98	7388	4318
1998/99	18.636	15.566
1999/00	16.382	13.263
2000/01	81	0
2001/02	708	0
2002/03	11.888	8645
2003/04	1181	0
2004/05	15.513	12.376
2005/06	1055	0
2006/07	3893	653

Tab. 2.190 Geschätzte Influenza bedingte Todesfälle sowie laborbestätigten Todesfälle (RKI 2019a, b)

Saison	Exzess-Schätzung (konservative Schätzung)	Laborbedingte Todesfälle
2001/02	0	8
2002/03	8000	17
2003/04	0	6
2004/05	11.700	13
2005/06	0	5
2006/07	200	8
2007/08	900	7
2008/09	18.800	10
2009/10	0	258
2010/11	0	165
2011/12	2400	14
2012/13	20.700	196
2013/14	0	23
2014/15	21.300	274
2015/16	0	237
2016/17	22.900	722
2017/18	25.100	1674
2018/19		954

Die Sterbewahrscheinlichkeit ist abhängig von der Art der Pest. Bei der Lungenpest beträgt sie etwa 95 %, bei der Beulenpest etwa 75 % und die Pestsepsis ist immer tödlich. Eingeschleppt wurde die Pest immer wieder aus den sogenannten Pestreservoiren in Nordasien, hier vor allem aus Sibirien und der Mongolei. Auch Iran und Afrika gelten als Ursprungsorte (Hoffmann – La Roche 1993).

Die wahrscheinlich schwerste Pestwelle herrschte in den Jahren 1347–1352. In diesen Jahren starben vermutlich 25 Mio. Menschen in Europa an der Krankheit, ca. ein Viertel der gesamten Bevölkerung. Lübeck verlor neunzig Prozent seiner Einwohner. Selbst Reichtum schützte nur begrenzt: 25 % der Hausbesitzer und 35 % der Ratsherren starben in Lübeck (Leberke 2004). Frankfurt am Main verzeichnete zweitausend Opfer pro Woche und in Erfurt starb über die Hälfte der Bevölkerung (Grau 2004).

Der Ursprung dieser Pandemie lässt sich bis auf die Halbinsel Krim zurückverfolgen. Dort wurden genuesische Kaufleute durch kriegerische Tataren und Awaren in der Stadt Kaffa (heute Feodossija) eingeschlossen. Die Stadt wurde etwa ein Jahr belagert. Je nach Quelle wird davon berichtet, dass die Angreifer die Stadt mit Leichen beschossen oder die Tataren ihre Angriffe aufgaben und sich zurückzogen, wobei viele Leichen zurückblieben. Die Genuesen besuchten auf ihrem Weg nach Hause die Hafenstädte Konstantinopel, Messina und Neapel. Dort traten auch die ersten Krankheitsfälle auf. Die Krankheit erreichte in den nächsten Jahren ganz Europa, zunächst Italien, etwa 1348 Wien und ab 1350 England und Skandinavien. Selbst Island wurde durch die Krankheit erreicht. Ob die Todesopferangaben aus dieser Zeit korrekt sind, kann heute nur noch schwer überprüft werden. Sicher ist aber, dass in der Folge dieser Pandemie ganze Landstriche verödeten. In Italien dauerte es etwa ein Jahrhundert, bis die Bevölkerung wieder den Stand vor der Krankheit erreichte (Grau 2004; Berdolt 2011).

Die Pest war ein ständiger Begleiter vom 14. bis zum 19. Jahrhundert. So brach die Pest in Lübeck nicht nur bei der bereits erwähnten Pandemie etwa um 1350 auf. Vielmehr traten Fälle der Pest in Lübeck auch 1406, 1420, 1433, 1451, 1464, 1483–1484, 1525–1529, 1537, 1548 1550, 1564–1565, 1625 und 1639 auf 221. Auch vor dem 14. Jahrhundert gab es Beispiele für das Auftreten der Pest. 430 v. Christus starb bei der Belagerung von Athen während des Peloponnesischen Krieges etwa ein Drittel der Bevölkerung von Athen durch die Pest. 170 n.Chr. gab es Epidemien im Osten des Römischen Reiches. 542 trat die nach dem Kaiser Justinian benannte Justinianische Pest auf, die alle Ziele des Kaisers zunichte machte, das Römische Reich wiederzuerrichten (Köster-Lösche 1995). 630 trat in Persien eine Pestepidemie auf. Auch nach der großen Pestpandemie im 14. Jahrhundert gab es weitere schwere Epidemien, so 1630 in Italien, 1665/1666 in London mit ca. 100.000 Opfern und 1678/1679 in Wien mit ebenfalls ca. 100.000 Opfern. Ca. 1720 gab es eine Epidemie in Frankreich und 1814 in Belgrad. Ende des 19. Jahrhunderts wurde eine Pandemie in Asien beobachtet, die mehrere Jahrzehnte anhielt. Die Krankheit brach 1894 in Hongkong aus und griff 1896 auf China, Japan und Indien (Bombay) über. Man schätzt, dass etwa 15 Mio. Menschen an der Pest starben. Aufgrund des Handels erreichte die Krankheit auch andere Kontinente, so 1897 Suez, 1899 Südafrika, 1900 San Francisco und 1920 Paris (20 Fälle). Die letzte große Epidemie 1911 in der Mandschurei konnte erfolgreich bekämpft werden. (Grau 2004; Köster-Lösche 1995; Berdolt 2011; Jochmann 1911).

Vereinzelt tritt die Krankheit auch heute noch auf. So berichtet die WHO von 1000 bis 3000 Pestfällen pro Jahr (siehe Tab. 2.191). 1994 gab es in Indien einen neuen Epidemieherd. Die Lungenpest trat z. B. im Jahre 2017 in Madagaskar auf. Das RKI (2017) schätze zunächst knapp 2000 Fälle mit ca. 7 % tödlichem Verlauf. Bertherat (2019) gibt deutlich weniger Fälle an. Pest kommt in Madagaskar endemisch vor und fast jährlich treten wenige Fälle von Beulenpest auf. (RKI 2017; Bertherat 2019).

Die letzten Angaben zeigen aber, dass die Pest in den letzten Jahrzehnten deutlich an Bedrohung verloren hat. Im Gegensatz dazu ist die Malaria auch heute noch eine akute Bedrohung in vielen Ländern dieser Erde.

2.5.8 Malaria

Malaria ist eine in wärmeren Ländern vorkommende Infektionskrankheit. Die Krankheit (*Malaria tropica*) kann tödlich verlaufen (Hoffmann – La Roche 1993). Sie wird durch Protozoen der Gattung Plasmodium verursacht und durch die Anopheles-Mücke übertragen. Plasmodien sind intrazelluläre Parasiten. Die Entwicklung dieser Parasiten verläuft in zwei Zyklen, wobei ein Zyklus innerhalb des Menschen und ein Zyklus innerhalb der Überträgermücke stattfindet. Die Inkubationszeit beträgt in Abhängigkeit vom Plasmodium zwischen sieben und vierzig Tagen. Eine direkte Ansteckung von Mensch zu Mensch ist nicht möglich. (RKI 2020a, b).

In älteren Veröffentlichungen fanden sich Erkrankungszahlen von 300 und 500 Mio. Menschen und zwischen 1,5 bis 2,3 Mio. jährlichen Sterbefällen. Die Hälfte der Opfer sind Kinder unter 5 Jahren. Aktuelle Veröffentlichungen nennen Erkrankungszahlen im Bereich von etwas über 200 Mio. und jährliche Sterbefälle im Bereich von 400.000 bis 600.000. Insgesamt hat sich die Zahl der jährlichen

Tab. 2.191 Anzahl der Pesterkrankten und Todesopfer weltweit zwischen 2013–2018 nach Bertherat (2019)

	2013	2014	2015	2016	2017	2018
Afrika						
Demokratische Republik Kongo	55 (5)	78 (12)	18 (5)	116 (9)	10 (2)	133 (5)
Madagaskar	675 (118)	482 (112)	275 (63)	126 (28)	661 (87)	104 (34
Uganda	13 (3)	6 (0)	3 (0)	0 (0)	0 (0)	0 (0)
Tansania	0 (0)	31 (1)	5 (3)	0 (0)	0 (0)	0 (0)
Gesamt	743 (126)	597 (125)	301 (71)	242 (37)	671 (89)	237 (39)
Amerika						
Bolivien	0 (0)	2 (1)	0 (0)	… (…)	… (…)	1 (1)
Peru	24 (2)	8 (1)	0 (0)	1 (0)	3 (0)	4 (1)
USA	4 (1)	10 (0)	16 (4)	4 (0)	5 (0)	1 (0)
Gesamt	28 (3)	20 (2)	16 (4)	5 (0)	8 (0)	6 (2)
Asien						
China	0 (0)	3 (3)	0 (0)	1 (0)	1 (0)	0 (0)
Russland	0 (0)	1 (0)	0 (0)	0 (0)	0 (0)	0 (0)
Kirgisistan	1 (1)	0 (0)	0 (0)	0 (0)	0 (0)	0 (0)
Mongolei	0 (0)	1 (0)	3 (2)	0 (0)	1 (0)	0 (0)
Gesamt	1 (1)	5 (3)	3 (2)	1 (0)	2 (0)	0 (0)
Welt	772 (130)	622 (130)	320 (77)	248 (37)	681 (89)	243 (41)

Todesopfer in den letzten 20 Jahren nahezu halbiert, siehe Tab. 2.192.

Die Krankheit wird in Afrika, Südamerika, Asien oder im Mittelmeerraum erworben, wobei Afrika mit 90 % der Fälle den Hauptanteil stellt (Abb. 2.225). In Deutschland werden pro Jahr ca. 1000 Fälle erfasst. Die Krankheit wurde danach in den meisten Fällen im Ausland erworben. (RKI 2020a, b).

Tab. 2.192 Weltweite Malariafälle und Todesopfer zwischen 2000 und 2019 nach WHO (2020a, b)

Jahr	Fälle in Millionen	Todesopfer in Tausend
2000	238	736
2001	244	739
2002	239	736
2003	244	723
2004	248	759
2005	247	708
2006	242	716
2007	241	685
2008	240	638
2009	246	620
2010	247	594
2011	239	545
2012	234	517
2013	225	487
2014	217	471
2015	218	453
2016	226	433
2017	231	422
2018	228	411
2019	229	409

Es gibt allerdings auch Fälle, die nicht im Ausland erworben wird, sondern durch verschiedene Transportwege und den damit verbundenen Transport der Überträger verbunden ist, z. B. die sogenannte Airport-Malaria (RKI 1999).

Malariaerkrankungen müssen entwicklungsgeschichtlich schon sehr lange auf den Menschen einwirken, denn es haben sich genetische Veränderungen als Abwehrmaßnahme entwickelt (Sichelzellen). Zwar ging man zunächst davon aus, dass die Sichelzellenmutation im Neolithikum auf der Arabischen Halbinsel auftrat. Heute geht man aber davon aus, dass parallel mehrere Mutationen überwiegend in Afrika, z. B. im Gebiet des heutigen Senegal, im Gebiet der Zentralafrikanischen Republik und in weiteren Gebieten zu einem deutlich früheren Zeitpunkt (vor ca. 70.000 bis 150.000 Jahre) entstanden. Diese Erkrankung ist mit gewissen Nachteilen verbunden, wie Blutarmut, Infektionsanfälligkeit und verkürzte Lebenserwartung, sie erhöht aber die Widerstandsfähigkeit gegen Malaria (Malowany und Butany 2012; Desai und Dhanani 2020).

2.5.9 HIV/AIDS

HIV (Human Immunodeficiency Virus)/AIDS (Acquired Immune Deficiency Syndrome) ist eine relativ neue Krankheit. Sie wurde erst 1980 wissenschaftlich beschrieben. Der erste Patient war Gaetan Dugas, doch aufgrund späterer Untersuchungen konnte AIDS auf Krankheiten von Schimpansen und anderen Primaten zurückgeführt werden. Vermutlich startete die Krankheit wahrscheinlich nicht erst 1980, sondern hat bereits früher begonnen (Köster-Lösche 1995).

Abb. 2.225 Räumliche weltweite Verteilung der Gebiete mit Malaria-Risiko

Nach einer Inkubationszeit von 2 bis 6 Wochen kann es für 7 bis 10 Tage zu einer ersten akuten HIV-Infektion kommen. Diese Infektion wird in der Regel nicht als HIV diagnostiziert, da keine Antikörper nachweisbar sind. Nach der akuten Infektion beginnt im Durchschnitt über einen Zeitraum von zehn Jahren eine chronische Infektion. In dieser Zeit wird das Immunsystem zunehmend geschädigt und die Zahl der CD4-Zellen (Lymphozyten) sinkt von ca. 1000 auf ca. 200 pro µl Blut. Bei dieser Konzentration ist das Immunsystem so stark geschädigt, dass es zu sogenannten opportunistischen Infektionen kommt. Anhand der Zahl der Lymphozyten pro µl Blut werden verschiedene Stadien der HIV-Infektion klassifiziert.

In den frühen 1980er Jahren starben etwa 150 Menschen an der Krankheit, und etwa 500 Menschen wurden infiziert. Bis 1985 waren etwa 12.000 Menschen infiziert. Einigen Publikationen zufolge sind derzeit zwischen 34 und 46 Mio. Menschen mit HIV/AIDS infiziert. Im Jahr 2003 wurden zwischen 4,2 und 5,8 Mio. Menschen neu infiziert. In dieser Zahl sind etwa 800.000 Kinder enthalten. In einigen Regionen ist die Zahl der Neuinfektionen rückläufig. In Deutschland lag die Zahl der Neuinfektionen in den 1980er Jahren bei etwa 8000, während sie derzeit zwischen 2000 und 2500 liegt. In anderen Regionen steigt die Zahl jedoch dramatisch an. In einigen Regionen, wie zum Beispiel im südlichen Afrika, sind mehr als 10 % der Bevölkerung infiziert. In einigen asiatischen Regionen nimmt die Zahl der Infizierten ebenfalls deutlich zu. (Bloom et al. 2004; BfG 1997).

Im Jahr 2003 starben weltweit etwa 2,3 bis 3,5 Mio. Menschen an AIDS. Es wird geschätzt, dass seit dem Beginn der Krankheit 1980 über 20 Mio. Todesopfer zu beklagen sind. Mathers und Loncar (2006) haben die Gesamtzahl der AIDS-Todesfälle für das Jahr 2030 auf 117 Mio. geschätzt, bei einer jährlichen Opferzahl von etwa 6,5 Mio.

Der starke Einfluss von AIDS auf die Sterblichkeit in Südafrika ist in Abb. 2.226 dargestellt. Während in den meisten Ländern weltweit die Zahl der Todesfälle im Alter zwischen 15 und 40 Jahren eher gering ist, wird hier ein Maximum erreicht (van Gelder 2003).

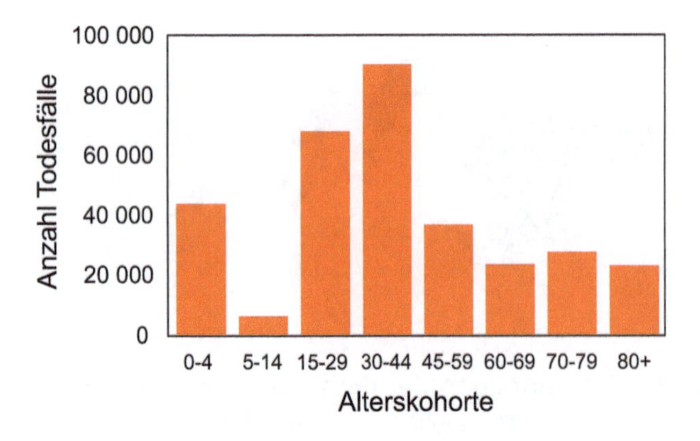

Abb. 2.226 Mortalität für verschiedene Alterskohorten in Südafrika nach van Gelder (2003)

Seit der ersten Beschreibung von AIDS und der Entdeckung des HI-Virus durch Robert Gallo und Luc Montagnier 1983 und 1984 wurde viel Forschungsarbeit geleistet. Dennoch ist die Krankheit nach wie vor nicht heilbar. 1987 wurde das erste HIV-Medikament eingeführt. Gegenwärtig sind 25 Einzel- oder Kombinationspräparate aus vier Wirkstoffklassen zur Behandlung zugelassen. (Rieger und Rappersberger 2018).

2.5.10 Tuberkulose

Die Tuberkulose ist eine in Schüben verlaufende bakterielle Infektionserkrankung. Sie zählt zu den zehn bedeutendsten Todesursachen weltweit. Daniel et al. (1994) gehen davon aus, dass die Tuberkulose die Haupttodesursache zwischen dem 18. und dem frühen 19. Jahrhundert war.

Die WHO schätzt, dass ca. 2 Mrd. Menschen mit Tuberkulose infiziert sind. Ähnliche Zahlen finden sich z. B. in Sudre et al. (1992). Pro Jahr infizieren sich etwa 10 Mio. Menschen neu mit dem Erreger (Mycobacterium tuberculosis). Die Anzahl der Todesopfer liegt pro Jahr zwischen 1 und 2 Mio. 95 % aller Fälle treten in den Entwicklungsländern auf.

Tuberkulose kann in der überwiegenden Anzahl der Fälle erfolgreich behandelt werden (85 %). Die WHO (2020a, b) schätzt, dass durch die Behandlung seit dem Jahre 2000 etwas 60 Mio. Menschenleben gerettet wurden.

Gesellschaftliche Umbrüche und die damit einhergehende Verarmung lassen sich an der Tuberkulosestatistik ablesen. So hat sich die Zahl der Tuberkuloseneuerkrankungen in den Ländern der ehemaligen Sowjetunion in den letzten zehn Jahren mehr als verdoppelt. Die Sterblichkeit hat sich sogar verdreifacht (RKI 2003; RKI 2020a, b). Abgebrochene Behandlungen, insbesondere in russischen Gefängnissen, haben dazu geführt, dass sich resistente Tuberkulose-Stämme entwickelt haben.

2.5.11 Cholera

Historisch gesehen war auch die Cholera eine große Plage (Daniel et al. 1994). Im Jahr 1817 starben etwa 600.000 Inder an Cholera. Anfänglich waren die Briten in Indien von dieser Krankheit nicht betroffen, weshalb die Krankheit für sie nicht von Interesse war. Es wurde jedoch interessant, nachdem 9000 von 18.000 Soldaten im britischen Hauptquartier starben. (Köster-Lösche 1995).

Abb. 2.227 zeigt als Beispiel das Muster der Cholera während der Londoner Epidemie 1854. Hier wird der Zusammenhang mit der Wasserqualität sichtbar.

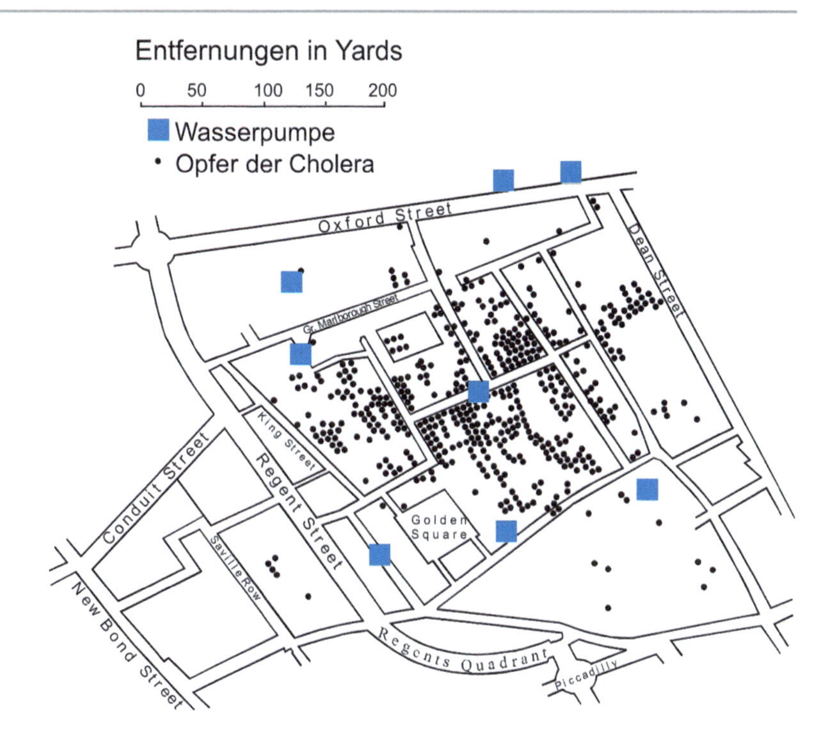

Abb. 2.227 Cholera-Fälle in London (Fragola 2003)

Abb. 2.228 zeigt die Anzahl der weltweiten Cholerafälle zwischen 1989 und 2017 (WHO 2018a, b).

2.5.12 Andere ansteckende Krankheiten

Die Aufzählung von Krankheiten, die in der Vergangenheit erhebliche Opferzahlen forderten, ließe sich beliebig fortsetzen. Seien es die Pocken, die nach verschiedenen Schätzungen zwischen 1880 und 1980 über 500 Mio. Menschenleben gefordert haben oder die Masern, die noch heute ca. 900.000 Opfer pro Jahr weltweit fordern (Weis 2002). Nach Riedel (2005) starben pro Jahr im 18. Jahrhundert in Europa etwa 400.000 Menschen an den Pocken, ein Drittel der Überlebenden wurde blind. Die Fallsterblichkeit bei den Pocken lag zwischen 20 und 60 %, bei Kindern zwischen 80 % (London) und 98 % (Berlin) (Riedel 2005). Die Pocken spielten eine wesentliche Rolle bei der Besiedlung Nordamerikas durch die hohe Sterblichkeit unter den Indianern (Casler 2016).

Noch im Jahre 1995 starben mehr als 50 Mio. Menschen an Infektionskrankheiten (Bringmann et al. 2005). Eine detaillierte Liste würde den Rahmen des Buches sprengen. Für den interessierten Leser werden die „*Global Burden of Disease*“ (Lancet 2018, 2020) empfohlen. Diese Studien werden auch Auslöserspezifisch durchgeführt, wie z. B. durch

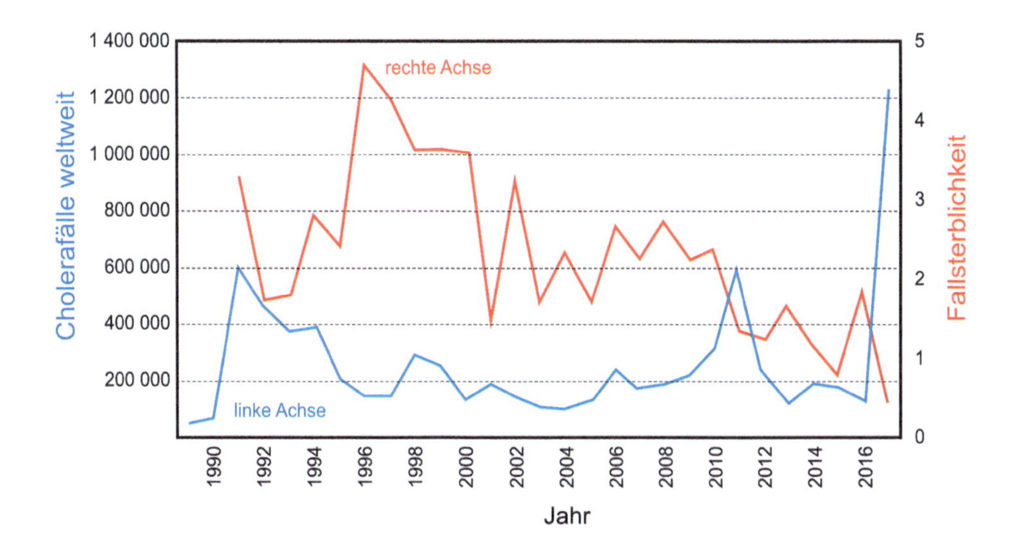

Abb. 2.228 Weltweite Cholerafälle zwischen 1989 und 2017 nach WHO (2018a, b)

die Weltbank für den Straßenverkehr (World Bank 2014) oder für den Einsturz von Bauwerken (Proske 2020a, b).

Vor allem in vielen Entwicklungsländern bleibt die Zahl der Infektionskrankheiten hoch. Krankheiten wie Malaria, Amöbenruhr, Bilharziose, Leishmaniose und Schlafkrankheit fordern eine große Zahl von Opfern.

Bisher sind mehr als 25 Ausbrüche des Ebola Virus in Afrika seit der ersten Identifikation 1976 in Zaire bekannt (Camacho et al. 2014). Verschiedene Meta-Analysen zeigte eine hohe Letalität (Case Fatality Rate) von über 50 % (Lefebvre et al. 2014; Rojek et al. 2019). Eine Liste der Case Fatality Rates (fallbezogene Fatalitätsrate) für verschiedene Krankheiten findet sich im Internet unter Wikipedia (2020a, b, c).

Teilweise werden Krankheitserreger resistent. Dies gilt nicht nur in den Entwicklungsländern, sondern auch in den Industrieländern. Erwähnt sei hier der Methicillin-resistenter Staphylococcus aureus (MRSA) oder multiresistente gramnegative Erreger, die eine Widerstandsfähigkeit auf 3 oder 4 Anti aufweisen (3 MRGN, 4 MRGN). Seit den 1970er Jahren wurden mit Ausnahme des pharmazeutischen Linezolid keine neuen Antibiotika mehr entwickelt. Andererseits wurden im Laufe der Geschichte viele Infektionskrankheiten erfolgreich bekämpft, z. B. Cholera, Pocken, Lepra, Syphilis und Pest, nicht allein durch Arzneimittel, sondern auch durch verbesserte Lebensbedingungen. Dies zeigt, dass nicht nur die gesundheitlichen Risiken zum Tode führen, sondern auch soziale Bedingungen oder soziale Risiken.

2.5.13 DNA-Schäden

Die DNA ist ein chemisch sehr stabiles Molekül und wahrscheinlich deshalb auch Träger des Gencodes (Williams und Schumacher 2016). Trotzdem unterliegt das Molekül Schäden, die repariert werden müssen, da sie sonst zu Krankheiten oder dem Tod des Individuums führen können.

Schätzungen gehen davon aus, dass pro Tag pro Zelle zwischen 1000 und 1.000.000 Schäden am Molekül auftreten (Wang et al. 2011; Lodish et al. 2004). Oelmann (2014) spricht von hunderttausenden Einzelstrangbrüchen jeden Tag und erläutert die Reparaturmechanismen, um damit umzugehen. Bei 10^{14} Zellen ergeben sich damit 10^{17} bis 10^{20} DNA-Schäden pro Tag in einem menschlichen Körper. Die schädlichste Form von DNA-Schäden sind Doppelstrangbrüche. Pro Tag nimmt der Mensch ca. 1 g DNA von anderen Lebewesen über die Nahrung auf (Schmidt 2014). Davon wird ca. ein 1 % wieder ausgeschieden (Doerfler und Schubbert 1997). Bei einer Million Einwohner einer Region macht das zwischen 1 kg und 10 kg aus. Auch durch Beerdigungen oder Pollenflug wird DNA freigesetzt (Doerfler und Schubbert 1997).

Der Mensch besitzt etwa 10^{14} Zellen, wobei jede Zelle etwa 10^{-6} Mikrogramm DNA enthält. Damit besitzt ein Mensch selbst etwa 10^{2} g DNA. (Doerfler und Schubbert 1997).

2.5.14 Falsche Ernährung

In Deutschland sind ca. die Hälfte aller Frauen und ca. ein Drittel aller Männer übergewichtig. Von den ca. 80 Mio. Einwohner sind ca. 20 Mio. fettleibig (Adipositas) (Hollstein 2021). Weltweit wurde die Anzahl Fettleibiger 2014 auf ca. 560 Mio. in den Industriestaaten und auf ca. 900 Mio. in den Entwicklungsländern geschätzt (Deutsches Ärzteblatt 2014). Fettleibigkeit ist ein bekannter Risikofaktor für Herz-Kreislauf-Erkrankungen, Diabetes und Krebs.

Schubert (2006) schätzt zwischen 200.000 bis 400.000 Todesopfer in Deutschland jährlich durch falsche Ernährung. Im Abschn. 2.4.8 wird auf die Anzahl Opfer durch zu wenig Bewegung hingewiesen. Katzmarzyk et al. (2021) schätzt, dass ca. 7 % aller Todesfälle mit Bewegungsmangel in Verbindung stehen.

Zum Vergleich: Schubert (2006) schätzt die jährliche Anzahl der Todesopfer in Deutschland durch Alkohol auf 50.000 und durch Mikroorganismen wie Salmonellen auf 200 bis 300.

2.5.15 Abschließende Bewertung

Die richtige Festlegung der Todesursachen ist, und das wurde bereits im Kap. 1 und wird noch einmal in Kap. 3 diskutiert, eine fundamentale Grundlage für die Anwendung der in diesem Buch vorgestellten Verfahren und diskutierten Gefährdungsprozesse. Oft aber stehen Ärzte, die letztendlich die Todesursache festlegen müssen, vor dem Problem, dass ein Patient z. B. Multimorbidität zeigt. Darüber hinaus können gesellschaftliche Bedingungen und Prozesse, die der Arzt weder kennt noch kennen kann, die bei einer intensiveren Verfolgung der Kausalketten aber sichtbar werden würden, einen maßgeblichen Einfluss auf das Versterben besitzen. Normalerweise gelten maligne Tumore und kardiovaskuläre Erkrankungen als Haupttodesursachen in Industriestaaten. In Tab. 2.193 wird aber eine andere Ursache angegeben: Einsamkeit. Diese Ursache ist wiederum eng mit den gesellschaftlichen Konventionen und Lebensstilen verbunden.

Tab. 2.193 Relative Erhöhung der Sterbewahrscheinlichkeit (Spitzer 2016) (gerundet)

Ursache	Relative Erhöhung der Sterbewahrscheinlichkeit in Prozent
Luftverschmutzung	5
Bluthochdruck	15
Übergewicht	20
Bewegungsmangel	25
Alkohol	30
Rauchen	50
Einsamkeit	65

Literatur

Aano AH (2017) Flood frequency analyses based on streamflow time series, historical information & paleohydrological data. Department of geosciences, The faculty of mathematics and natural sciences, MSc Thesis

Abel M (1974) Massenarmut und Hungerkrisen im vorindustriellen Europa

Abrahamson N, Coppersmith K, Koller M, Roth P, Sprecher C, Toro G, Youngs R (2004) Probabilistic seismic hazards analysis for swiss nuclear power plant sites (PEGASOS Project). NAGRA, Wettingen

Abramovitz J (2001) Unnatural disasters. Worldwatch Paper 158, October 2001, Worldwatch Institute

Achtemeier GL (2013) Field validation of a free-agent cellular automata model of fire spread with fire-atmosphere coupling. Int J Wildland Fire 22(2):148–156

ADAC (2015) Unfallrisiko. https://www.adac.de/_mmm/pdf/statistik_7_1_unfallrisiko_42782.pdf

ADAC (2021) Corona-Jahr 2020: Die wenigsten Verkehrstoten seit Beginn der Statistik. www.adac.de. Zugegriffen: 25. Febr. 2021

Adams G, Mintz T, Necsoiu M, Mancillas J (2011) Analysis of severe railway accidents involving long duration fires. NUREG/CR-7034, U.S. NRC, Washington, DC

Adams H-A, Vogt M, Desel H (2004) Terrorismus und Medizin – Versorgung nach Einsatz von ABC-Kampfmitteln. Deutsches Ärztebl Jahrg 101(13):B 703–B 706

ADFC Berlin (2021) Karte der Unfallorte der im Jahr 2021 im Berliner Verkehr getöteten Radfahrenden. https://adfc-berlin.de/radverkehr/sicherheit/information-und-analyse/145-unfallorte/949-getoetete-radfahrende-2021.html

Ahmed M, Anchukaitis KJ, Asrat A, Borgaonkar H-P, Braida M, Buckley BM, Büntgen U, Chase BM, Christie DA, Cook ER, Curran MAJ, Diaz HF, Esper J, Fan ZX, Gaire NP, Ge Q, Gergis J, González-Rouco JF, Goosse H, Grab SW, Graham R, Graham N, Grosjean M, Hanhijärvi ST, Kaufman DS, Kiefer T, Kimura K, Korhola AA, Krusic PJ, Lara A, Lézine A-M, Ljungqvist F-C, Lorrey A-M, Luterbacher J, Masson-Delmotte V, McCarroll D, McConnell JR, McKay NP, Morales MS, Moy AD, Mulvaney R, Mundo IA, Nakatsuka T, Nash DJ, Neukom R, Nicholson SE, Oerter H, Palmer JG, Phipps SJ, Prieto MR, Rivera A, Sano M, Severi M, Shanahan TM, Shao X, Shi F, Sigl M, Smerdon JE, Solomina ON, Steig EJ, Stenni B, Thamban M, Trouet V, Turney CSM, Umer M, van Ommen T, Verschuren D, Viau AE, Villalba R, Vinther BM, von Gunten L, Wagner S, Wahl ER, Wanner H, Werner JP, White JWC, Yasue K, Zorita E (2013) Continental-scale temperature variability during the last two millennia PAGES 2k consortium. Nat Geosci 6:339–346

Airbus (2018) Commercial aviation accidents 1958–2017: a statistical analysis, Blagnac Cedex, France. https://www.airbus.com/content/dam/corporate-topics/publications/safety-first/Airbus-Commercial-Aviation-Accidents-1958-2017.pdf

Albrecht C (2012) A risk-informed and performance-based life safety concept in case of fire. Dissertation, TU Braunschweig

Albrecht U (1985) Einführung. Rüstung und Sicherheit. Spektrum der Wissenschaft: Verständliche Forschung. Verlagsgesellschaft, Heidelberg, S 7–16

Ale BJM (2003) Keynote lecture: living with risk: a management question. In: Bedford T, van Gelder PHAJM (Hrsg) Safety & reliablity – (ESREL) European safety and reliability conference 2003, Bd 1. A.A. Balkema Publishers, Lisse, S 1–10

Alexandridis A, Russo L, Vakalis D, Bafas GV, Siettos CI (2010) Wildland fire spread model-ling using cellular automata: evolution in large-scale spatially heterogeneous environments under fire suppression tactics. Int J Wildland Fire 20(5):633–647

Alexandridis A, Vakalis D, Siettos CI, Bafas GV (2008) A cellular automata model for forest fire spread prediction: the case of the wildfire that swept through Spetses Island in 1990. Appl Math Comput 204:191–201

Altavilla A, Garbellini L, Spazio A (2000) Risk assessment in thes aerospace industry. In: Proceedings – part 2/2 of promotion of technical harmonization on risk-based decision-making, workshop, Stresa, Italy, May 2000

Alvarez LW, Alvarez W, Asaro F, Michel HV (1980) Extraterrestrial cause for the cretaceous-tertiary extinction. Science 208(4448):1095–1108. https://doi.org/10.1126/science.208.4448.1095

Ambraseys N, Bilham R (2012) The Sarez-Pamir earthquake and landslide of 18 February 1911. Seismol Res Lett 83(2):294–314

Ammann W, Buser O, Vollenwyder U (1997) Lawinen. Birkhäuser, München

An der Heiden M, Muthers S, Niemann H, Buchholz U, Grabenhenrich L, Matzarakis A (2020) Heat-related mortality—an analysis of the impact of heatwaves in Germany between 1992 and 2017. Dtsch Arztebl Int 2020(117):603–609. https://doi.org/10.3238/arztebl.2020.0603

Armingeon K, Bonoli G (2006) The politics of post-industrial welfare states. Routledge, Taylor and Francis Group, New York

ASDOS (2018) Failure and incidents at dams, association of state dam safety officials. https://damsafety.org/dam-failures

Asimov I (1979) A choice of catastrophes. The disasters that threaten our world. Fawcett Columbine, New York

ASTRA (2003) Steinschlag: Naturgefahr für die Nationalstrassen, Bundesamt für Strassen. Schlussbericht der ASTRA-Expertengruppe, S 48 (mit Anhängen)

ASTRA (2016) Netzzustandsbericht der Nationalstrassen. Bundesamt für Strassen, Ittigen, Schweiz

Auf der Heide E (2004) Common misconceptions about disasters: panic, the disaster syndrome, and looting. In: O'Leary M (Hrsg) The first 72 hours: a Community approach to disaster preparedness. iUniverse Publishing, Lincoln, S 340–380

AVP (2005) Arzneimittelkommission der deutschen Ärzteschaft. Arzneiverordnung in der Praxis. Pharmavigilanz, Berlin

Bachmann H (1997) Erdbebensicherung der Bauwerke. In: Mehlhorn G (Hrsg) Der Ingenieurbau: Grundwissen, Teil 8: Tragwerkszuverlässigkeit, Einwirkungen. Verlag Wilhelm Ernst & Sohn, Berlin

Bachmann H (2002) Erdbebensicherung von Bauwerken, 2. Aufl. Birkhäuser, Basel

Bachmann H (2012) Erdbebensicherung von Bauwerken, 2. Aufl. Birkhäuser, Basel

Bacque J (2002) Verschwiegene Schuld: Die alliierte Besatzungspolitik in Deutschland nach 1945. Pour le Mérite; Sonderausgabe Edition (1. Oktober 2002)

Baecher GB, Pate ME, De Neufville R (1980) Risk of dam failure in benefit-cost analysis. Water Resour Res 16(3):449–456

BAFU (2014) Extremhochwasser an Aare und Rhein: Grundlagen für die Gefährdungsbeur-teilung. http://www.bafu.admin.ch/dokumentation/medieninformation/00962/index.html?lang=de&msg-id=51321
BAFU (2016) Schutz vor Massenbewegungsgefahren. Bundesamt für Umwelt, Bern
BAFU (2018) Naturereigniskataster StorMe. Bundesamt für Umwelt, Bern
Baker J W (2011) Conditional mean spectrum: tool for ground motion selection. J Struct Eng 137(3):322—331
Bardsley WE (1989) Using historical data in nonparametric flood estimation. J Hydrol 108:249–255
Bar-On YM, Philips R, Milo R (2018) The biomass distribution on earth. PNAS 115(25):6506–6511
Barras C (2014) The year of darkness. NewScientist 2952:35–38
Barriendos M, Coeur D, Lang M, Llasat MC, Naulet R, Lemaitre F, Barrera A (2003) Stationary analysis of historical flood series in France and Spain (14th–20th centuries). Nat Hazards Earth Syst Sci 3:583–592
Bartknecht W (1980) Sicherheitsmaßnahmen gegen die Auswirkungen von Explosionen in Rohrleitungen. Explosionen. Springer, Berlin, S 153–190
Bastidas-Arteaga E, Stewart MG (2019) Climate adaptation engineering risks and economics for infrastructure decision making. Butterworth-Heinemann, Oxford
Bauer M et al (2019) Association between solar insolation and a history of suicide attempts in bipolar I disorder. J Psychiatr Res 113:1–9
Bayliss AC, Reed DW (2001) The use of historical data in flood frequency estimation. Centre for Ecology and Hydrology, Wallingford
Bazant ZP, Le J-L, Greening FR, Benson DB (2008) What did and did not cause collapse of world trade center twin towers in New York? J Eng Mech, ASCE 134(10):892–906
BDEW (2016) Delphi energy future 2040, Delphi-Studie zur Zukunft der Energiesysteme in Deutschland, Europa und in der Welt im Jahre 2040, Bundesverband der Energie- und Wasserwirtschaft e. V, März 2016
BDEW (2021) BDEW Bundesverband der Energie- und Wasserwirtschaft e. V. BDEW, Berlin (Erstveröffentlichung 2014)
Bechtel RB, Churchman A (2002) Handbook of environmental psychology. Wiley, New York
Begert M, Schlegel T, Kirchhofer W (2005) Homogeneous temperature and precipitation series of Switzerland from 1864 to 2000. Int J Climatol 25:65–80
Begert M, Seiz G, Schlegel T, Musa M, Baudraz G, Moesch M (2003) Homogenisierung von Klimamessreihen der Schweiz und Bestimmung der Normwerte 1961–1990. Schlussbericht des Projektes NORM90
Behar DM, Villems R, Soodyall H, Blue-Smith J, Pereira L, Metspalu E, Scozzari R, Makkan H, Tzur S, Comas D, Bertranpetit J, Quintana-Murci L, Tyler-Smith C, Wells RS, Rosset S (2008) The dawn of human matrilineal diversity. Am J Hum Genet 82(5):1130–1140
Beher J, Lachat T, Wohlgemuth T (2011) Wildnispotential in Wäldern des Schweizer Mittel-landes Bericht der Vorstudie, Eidgenössische Forschungsanstalt für Wald. Schnee und Landschaft WSL, Birmensdorf, S 33
Behrens A, Giljum S, Kovanda J, Niza S (2007) The material basis of the global economy Worldwide patterns of natural resource extraction and their implifications for sustainable resource use policies. Ecol Econ 64:444–453 (Supplementary Information Appendix, 112)
Behrens G, Gredner T, Stock C, Leitzmann MF, Brenner H, Mons U (2018) Krebs durch Übergewicht, geringe körperliche Aktivität und ungesunde Ernährung. Deutsches Ärztebl 115(35–36):578–585
Behringer W (2011) Kulturgeschichte des Klimas. Von der Eiszeit bis zur globalen Erwärmung. dtv, München
Belasco A (2009) The cost of Iraq, Afghanistan, and other globar war on terror operations since 9/11. Congressional Research Service, Washington, DC
Bell R (2007) Lokale und regionale Gefahren- und Risikoanalyse gravitativer Massenbewegungen an der Schwäbischen Alb. Dissertation, Rheinischen Friedrich-Wilhelms-Universität Bonn
Benckendorff A (2020) Terroristischer Anschlag – Die Second-Hit-Gefahr für Helfer. Deutsches Ärzteblatt 117(6):A258–A262
Benito G, Lang M, Barriendos M, Llasat MC, Frances F, Ouarda T, Thorndycraft V, Enzel Y, Bardossy A, Coeur D, Bobee B (2004) Use of systematic, palaeoflood and historical data for the improvement of flood risk estimation. Rev Sci Methods, Nat Hazards 31:623–643
Berchtold F (2019) Metamodel for complex scenarios in fire risk analysis of road tunnels. Dissertation, Bergische Universität Wuppertal, Fakultät für Architektur und Bauingenieurwesen, Wuppertal
Berdolt K (2011) Der Schwarze Tod in Europa: Die große Pest und das Ende des Mittelalters, 3. Aufl. Beck, München
Bergbau Archiv (1999) Grubenunglücke im deutschsprachigen Raum: Bilder der Bergwerke, Opfer, Ursachen und Quellen, Veröffentlichungen aus dem Deutschen Bergbau-Museum Bochum. Schriften des Bergbau-Archivs, Bd 79. Dt. Bergbau-Museum, Bochum, S 8
Bergmeister K, Curbach M, Strauss A, Proske D (2005) Sicherheit und Gefährdungspotentiale im Industrie und Gewerbebau. Betonkalender 95:669–668
Bergmeister K, Suda J, Hübl J, Rudolf-Miklau F (2008) Schutzbauwerke gegen Wildbachgefahren. In: Bergmeister K, Wörner J-D (Hrsg) Beton Kalender 2008, Bd. 1 II. Ernst & Sohn Verlag, Berlin, S 89–289
Berna F, Goldberg P, Horwitz LK, Brink J, Holt S, Bamford M, Chazan M (2012) Microstratigraphic evidence of in situ fire in the Acheulean strata of Wonderwerk Cave, Northern Cape province, South Africa. Proc Natl Acad Sci USA 109(20):E1215–E1220. https://doi.org/10.1073/pnas.1117620109
Berner U, Hollerbach A (2013) Klimawandel und CO2 aus geowissenschaftlicher Sicht, VDI Nachrichten, Kontroverse Positionspapiere. http://www.vdi.de/technik/fachthemen/energie-und-umwelt/fachbereiche/strategische-energie-und-umweltfragen/themen/kontroverse-positionen-zur-klimabeeinflussung-durch-den-menschen/
Bernhardt K-H, Helbig G, Hupfer P, Klige RK (1991) Rezente Klimaschwankungen. Das Klimasystem der Erde. Akademie, Berlin
Bernhardt K-H, Mäder C (1987) Statistische Auswertung von Berichten über bemerkenswerte Witterungsereignisse seit dem Jahre 1000. Z Meteorol 37(2):120–130
Bernoulli D (1982) Analysis Wahrscheinlichkeitsrechnung (Gesammelten Werke der Mathematiker Und Physiker der Familie Bernoulli) (Bd 2). In: Speiser D, Bouckaert LP, van der Waerden BL (Hrsg) Die Werke von Daniel Bernoulli, Bd 2. Birkhäuser, Zürich, S 235–267 (Bernoulli D (1766) Essai d'une novelle analyse de la mortalite causee par la petite verole. Memoires de mathematique et de physique, Paris)
Bertherat E (2019) Plague around the world in 2019. Wkly Epidemiol Rec 25:289–292
Bertram I, Mayr GJ (2004) Lightning in the eastern Alps 1003–1999 part I: thunderstorm tracks. Nat Hazards Earth Syst Sci 4:501–511
Berz G (2001) Naturkatastrophen im 21. Jahrhundert – Trends und Schadenspotentiale. Graduiertenkolleg „Naturkatastrophen". Zweites Forum Katastrophenvorsorge, Leipzig, S 253–264
Betschart M, Hering A (2012) Automatic Hail Detection at MeteoSwiss – Verification of the radar-based hail detection algorithms POH. MESHS and HAIL, Arbeitsberichte der MeteoSchweiz 238:59
Betten DP, Richardson WH, Tong TC, Clark RF (2006) Massive honey bee envenomation induced rhabdomyolysis in an adolescent. Paediatrics 117:231–235

Betz O (2011) Artentstehung, natürliches Aussterben und anthropogene Krise der Biodiversität Darwins Theorie aus heutiger evolutionsbiologischer Sicht, In: Engels E-M, Betz O, Köhler H-R, Potthast, T (Hrsg) Charles Darwin und seine Wirkung in Wissenschaft und Gesellschaft, Attempto, Tübingen, S 89-119
BfG (1997) Bundesministerium für Gesundheit: AIDS-Bekämpfung in Deutschland. Bonn 1999, 7. überarb. Aufl. Kölnische Verlagsdruckerei, Berlin
BfG (2000) Drogen- und Suchtbericht 1999 der Drogenbeauftragten der Bundesregierung. Bundesministerium für Gesundheit, Bonn
BfS (2007) Bundesamt für Strahlenschutz. www.bfs.de
BfS (2017) Swiss civil aviation 2013. Bundesamt für Statistik, Neuchâtel, FSO number 409–1600
Bhalla K, Ezzati M, Mahal A, Salomon J, Reich M (2007) A risk-based method for modeling traffic fatalities. Risk Anal 27(1):125–136
Bickel P, Friedrich R (2005) Externalities of energy. European Union Report EUR 21951, Luxembourg
Bieseke D (1986) Wenn Adenauer Hunde geschlachtet hätte. – Die Selbstverwirklichung des Hundes durch Beißen. Eine Aufzeichnung des Schreckens. Ararat, Berlin
Bieseke D (1988) Wie vor. Alle Hunde in den Himmel. – Bissiges zu einem Missbrauch. Tykve, Böblingen
Bigl S (2007) Unerwünschte Nebenwirkungen nach Schutzimpfungen im Freistaat Sachsen. Ärztebl Sachs 3:128–134, 5:230
Bilham R (2010) Lessons from the Haiti Earthquake. Nature 463:878–879
Binzel RB (2000) The torino impact hazard scale. Planet Space Sci 48(4):297–303
Bird SM, Fairweather CB (2007) Military fatality rates (by cause) in Afghanistan and Iraq: a measure of hostilities. Int J Epidemiol 36(4):841–846
Bissolli P (2001) Vulkanismus und Klima. DWD, Darmstadt
BKA (2004) Polizeiliche Kriminalstatistik 1999 für die Bundesrepublik Deutschland, Bundeskriminalamt. http://www.bka.de
Blincoe LJ, Miller TR, Zaloshnja E, Lawrence BA (2015) The economic and social impact of motor vehicle crashes, 2010, Revised, Report No. DOT HS 812 013. National Highway Traffic Safety Administration, Washington, DC
Blong R (2003) A review of damage intensity scales. Nat Hazards 29:57–76
Bloom DE, Bloom LR, Steven D & Weston M (2004) Business and HIV/AIDS: who me? a global review of the business response to HIV/AIDS. In: K Talyor, P DeYoung (Hrsg) Joint United Nations Program on HIV/AIDS, Geneva
BMI (2018) Bericht zur Polizeilichen Kriminalstatistik 2017. Bundesministerium des Innern, für Bau und Heimat, Berlin
BMW (2001) Verkehr und Sicherheit – Symbiose, nicht Gegensatz. BMW Group, München, S 24
BMZ (2021) Armut, Bundesministerium für wirtschaftliche Zusammenarbeit und Entwicklung. https://www.bmz.de/de/service/glossar/A/armut.html
BNK (2007) http://www.bnk.de/transfer/euro.htm
Bobrowsky PT (2013) Encyclopedia of Natural Hazards, Springer Science+Business Media Dordrecht, Dordrecht
Boeing (2017) Statistical summary of commercial jet airplane accidents worldwide operations | 1959–2016. Boeing, Seattle
Boeing (2020) Statistical summary of commercial jet airplane accidents worldwide operations | 1959–2019. boeing.com
Bogart D, Shaw-Taylor R, You X (2018) The development of the railway network in Britain 1825–1911
Boggs SE, Zoglauer A, Bellm E, Hurley K, Lin RP, Smith DM, Wigger C, Hajdas W (2007) The giant flare of December 27, 2004 from SGR 1806–20. Astrophys J 661:458–467. https://doi.org/10.1086/516732
Böhmer G (2020) Ein trauriges Kapitel Eisenbahngeschichte – Bahnbetriebsunfälle bei der DR und DB nach dem Zweiten Weltkrieg. www.gerdboehmer-berlinereisenbahnarchiv.de/Statistiken/BBU-DR-DB.html
Bollinger D, Bonnard C, Keusen H (2008) Teil D: Rutschungen, Nationale Plattform Naturgefahren PLANAT
Bollmann R (2016) Das kostet den Steuerzahler der Atommüll. FAZ 2(5):2016
Bolt BA, Horn WL, Macdonald GA, Scott RF (1975) Geological hazards – earthquakes – tsunamis – volcanoes – avalanches – landslides – floods. Springer, New York
Borchers D (2017) Und er sah, dass es viral war – 25 Jahre Michelangelo-Virus: ein Rummel mit Folgen, ct 6/2017, S 60
Borrelli P et al (2013) An assessment of the global impact of 21st century land use change on soil erosion. Nat Commun 8:1–13
Böse-O'Reilly S (2001) Verkehr. In S Böse-O'Reilly, S Kammerer, V Mersch-Sundermann, M Wilhelm (Hrsg) Leitfaden Umweltmedizin, 2. Aufl. Urban & Fischer, München
Bosshard M (2009) Risikoanalyse als integrierender Bestandteil des Waldbrandmanagements im schweizerischen Nationalpark. Geographischen Institut der Universität Zürich-Irchel. Masterarbeit, Zürich
Bostrom N (2001) Existential risks: analyzing human extinction scenarios and related hazards
Bostrom N (2013) Existential risk prevention as global priority. Global Pol 4(1):15–31
Bostrom N, Cirkovic MM (2011) Global Catastrophic risks, Taschenbuch. Oxford University Press, New York
Bourque LB, Siegel JM, Kano M, Wood MW (2009) Morbidity and mortality associated with disasters, Handbook of disaster research. Springer, New York, S 97–112
Bozzolo D (1987) Ein mathematisches Modell zur Beschreibung der Dynamik von Steinschlag. ETH Zürich, Promotionsarbeit
Braband J, Schäbe H (2015) Deriving a distribution for accident severity from an F-N curve. T Nowakowski et al (Hrsg) Safety and reliability: methodology and applications. Taylor & Francis Group, London, S 1635–1638
Brämer R (2001) Bergwandern gefährlicher als Autofahren? Zum Unfallrisiko beim alpinen Wandern, Wanderforschung
Brauns J, Hippler S (2008) Kritische Bewertung der Kinderkrebsstudie in der Umgebung von Kernkraftwerken (KiKK). Strahlenschutzpraxis 3:40–47
Brecke P (2000) Violent conflicts 1400 A.D. to the present in different regions of the world. http://www.cgeh.nl/data#conflict
Brefed W (2018) Das Leben auf der Erde und seine Masse. http://www.brefeld.homepage.t-online.de/leben-auf-der-erde.html
Breitsamer F (1987) Wenn Hunde Menschen töten – eine fachpolizeiliche Untersuchung für die Praxis – Naturbedingtes Fehlverhalten der Tiere oder vorwerfbares Schuldverhalten der Menschen? Die Polizei 77(8):267–271
Breitung W, Friedrich H, Schmidtchen U (2004) Wasserstofftechnik – Forschung für Sicherheit und Transport. FVS Themen 2004:146–151
Brenner et al (2018) Was in Deutschland wie viel Krebs verursacht. Deutsches Ärztebl 115:571–577, 578–585, 586–593
Brignell J (2018) Number Watch. http://www.numberwatch.co.uk/risks_of_travel.htm
Bringmann G, Stich A, Holzgrabe U (2005) Infektionserreger bedrohen arme und reiche Länder – Sonderforschungsbereich 630: „Erkennung, Gewinnung und funktionale Analyse von Wirkstoffen gegen Infektionskrankheiten", BLICK. Forschungsschwerpunkt, S 22–25
Brockmann M (2010) Die Zukunftsmacher: Die Nobelpreisträger von morgen verraten, worüber sie forschen. Fischer, Frankfurt a. M.
Brooks Jr. FP (2010) The mythical man month: essays on software engineering, 20th anniversary edition. Addison-Wesley, Crawfordsville
Brüggemeier FJ, Engels JI (2005) Natur- und Umweltschutz nach 1945: Konzepte, Konflikte, Kompetenzen. Campus, Frankfurt a. M.

Brüske-Hohlfeld I, Kreienbrock L & Wichmann H-E (2006) Inhalation natürlicher Strahlung: Lungenkrebs durch Radon. In: Klemm C, Guldner H & Haury H-J (Hrsg) GSF – Forschungszentrum für Umwelt und Gesundheit GmbH in der Helmholtz-Gemeinschaft. Strahlung. 18. Ausgabe 2006. Neuherberg. S 37–43

Brymer E (2010) Risk taking in extreme sports: a phenomenological perspective. Ann Leisure Res 13(1/2):218–239

BSI (2019) Die Lage der IT-Sicherheit in Deutschland 2019. Bundesamt für Sicherheit in der Informationstechnik (BSI), Bonn

BTS (2003) The British tunnelling society: the joint code of practice for risk management of tunnel works in the UK. BTS, London

Bub H, Hosser D, Kersen-Bradley M, Schneider U (1983) Eine Auslegungssys-tematik für den baulichen Brandschutz. Brandschutz im Bauwesen, Bd 4. Schmidt, Berlin

Budnitz RJ, Apostolakis G, Boore DM, Cluff LS, Coppersmith KJ, Cornell CA, Morris PA (1997) Recommendations for probabilistic seismic hazard analysis: guidance on uncertainty and use of experts. NUREG/CR-6372, Livermore

Budyko MI (1969) The effect of solar radiation variations on the climate of the earth. Tellus 21(5):611–619

Bundesamt für Bevölkerungsschutz (2015) Katastrophen und Notlagen Schweiz 2015, Welche Risiken gefährden die Schweiz. Bundesamt für Bevölkerungsschutz, Bern

Bundesstelle für Flugunfalluntersuchung (2000) Unfallstatistik deutsch zugelassener Flugzeuge. http://www.bfuweb.de/fustat/statflz5p7.htm

Büntgen U, Tegel W, Nicolussi K, McCormick M, Frank D, Trouet V, Kaplan JO, Herzig F, Heussner K-U, Wanner W, Luterbacher J, Esper J (2011) 2500 Years of European Climate Variability and Human Susceptibility. Science 331:578-583

Buresova D, Lastovicka J, Altdadill D, Miro G (2002) Daytime electron density at the F1-region in Europe during geomagnetic storms. Ann Geophys 20:1007–1021

Bürge M, Scheiwiller A, Fischer K (2018) Schutzziele im Brandschutz Recherche für die Spurgruppe BSV 2025 der VKF. Schlussbericht, 19. September 2018, Version 1.2

Bürger M, Sedlag U, Zieger R (1980) Zooführer. Urania-Verlag, Leipzig

Burgherr P, Hirschberg S (2008) Comparative risk assessment of severe accidents in the energy sector, international disaster and risk conference, IDRC, 25–29 August 2008, Davos

Burgherr P, Spada M, Kalinina A, Vandepaer L, Lustenberger P, Kim W (2019) Comparative risk assessment of accidents in the energy sector within different long-term scenarios and marginal electricity supply mixes. Proceedings of the 29th European safety and reliability conference, M Beer and E Zio (Hrsg) Research Publishing, Singapore, S 1525–1532. https://doi.org/10.3850/978-11-2724-3_0674-cd

BUWAL (1998) Begriffsdefinitionen zu den Themen: Geomorphologie, Naturgefahren, Forstwesen, Sicherheit, Risiko, Arbeitspapier. BUWAL, Bern

BUWAL, BWG, MeteoSchweiz (2004) Auswirkungen des Hitzesommers 2003 auf die Gewässer. Schriftenreihe Umwelt Nr. 369. Bundesamt für Umwelt, Wald und Landschaft, Bern, S 174

c't (2004) Milliarden Schaden durch Liebesbrief. http://www.heise.de/newsticker/meldung/9390

c't (2019) Sicherheits-Checklisten, Kompact 3/2019, Hannover

Caldera HJ, Wirasinghe SC, Zanzotto L (2016) An approach to classification of natural disasters by severity. Resilient Infrastructure, London, S 10

Camacho A, Kucharski AJ, Funk S, Breman J, Piot P, Edmuns WJ (2014) Potential for large outbreaks of Ebola virus disease. Epidemics 9:70–78

Canisius G (2015) Robustness of structures, October 2015, WSP/Parsons Brinckerhoff, presentation, with material from H Gulvanessian

Jones C (1996) Patterns of software systems failure and success. International Thomson Computer Press, London

Carlson LC, Rogers TT, Kamara TB, Rybarczyk MM, Leow JJ, Kirsch TD, Kushner AL (2015) Petroleum pipeline explosions in sub-Saharan Africa: a comprehensive systematic review of the academic and lay literature. Burns 41(3):497–501

Carrell RW (2004) Prion dormancy and disease. Science 306(5702):1692–1693

Casler MM (2016) This outrageous diseas – Chalres Larpenteurs observations of the 1837 smallpox epidemic. Rocky Mt Trade J 10:18–33

Cassini P, Pons-Ineris P (2000) Risk assessment for the transport of goods through road tunnels. Proceedings – Part 2/2 of promotion of technical harmonization on risk-based decision-making, Workshop, May 2000, Stresa, Italy

Caswell JL (1970) The frequency of supernovae in our galaxy, estimated from supernova remnants detected at 178 MHz. Astron Astrophys 7:59–64

CDL (2007) Crowd dynamics limited. http://www.crowddynamics.com/

CE Delft, Infras, Fraunhofer ISI (2011) External costs of transport in Europe update study for 2008. CE Delft, Delft

Cederman L-E (2003) Modeling the size of wars, from billiard balls to sandpiles. Am Polit Sci Rev 97(1):135–150

CEN EN 12929-1 (2004) Sicherheitsanforderungen für Seilbahnen für den Personenverkehr – Allgemeine Bestimmungen. Berlin, Beuth Verlag GmbH

Centers for Disease Control and Prevention (2016) Motor vehicle crash deaths – how is the US doing? https://www.cdc.gov/vitalsigns/motor-vehicle-safety/index.html

Ceppi P, Della-Marta PM, Appenzeller C (2008) Extreme value analysis of wind speed observations over Switzerland. Arbeitsberichte der MeteoSchweiz 219:43

CH2011 (2011) Swiss climate change scenarios CH2011, published by C2SM, meteoswiss, ETH, NCCR climate, and OcCC. Zurich, Switzerland, S 88. ISBN: 978-3-033-03065-7

Chandler DL (2007) Climate myths: It's been far warmer in the past, what's the big deal? https://www.newscientist.com/article/dn11647-climate-myths-its-been-far-warmer-in-the-past-whats-the-big-deal/

Chapman CR, Morrison D (1989) Cosmic catastrophes. Plenum Press, New York

Chapmann CR, Durda DD, Gold RE (2001) The comet/asteroid impact hazard: a system approach. Office of space studies, Southwest research institute, Boulder CO 80302 und space engineering and technology branch. Johns Hopkins University Applied Physics Laboratory, Laurel MD 20723

Chen WL, Luan YC, Shieh MC, Chen ST, Kung HT, Soong KL, Yeh YC, Chou TS, Mong SH, Wu JT, Sun CP, Deng WP, Wu MF, Shene ML (2007) Effects of Cobalt-60 Exposure on Health of Taiwan Residents Suggest New Approach Needed in Radiation Protection, Dose Response, Vol. 5, Heft 1, Seite 63–75

Chlond B, Lipps O, Zumkeller D (1998) Das Mobilitätspanel (MOP) – Konzept und Realisierung einer bundesweiten Längsschnittbeobachtung. Universität Karlsruhe – Institut für Verkehrswesen. IfV – Report Nr. 98-2

Clauset A (2018) Trends and fluctuations in the severity of interstate wars. Sci Adv 4(2):9

Clauset A, Young M, Gleditsch KS (2007) On the frequency of severe terrorist events. J Conflict Resolut 51(1):58–88

Climhist-CH (2013). http://www.euroclimhist.unibe.ch/de/

Coburn AW, Spence RJS, Pomonis A (1992) Factors determining human casualty levels in earthquakes: mortality prediction in building collapse. Earthquake Engineering, Tenth World conference, Balkema, Rotterdam, S 5989–5994

Cohen AJ et al (2005) The global burden of disease due to outdoor air pollution. J Toxicol Environ Health A 68:1301–1307
Cohen BL (1991) Catalog of Risks extendet and updated. Health Pysics 61:317–335
Conover MR (2001) Resolving human-wildlife conflicts: the science of wildlife damage management. CRC Press, Boca Raton
Conrady J, Nagel M, Martin K (1996) PreCura Institut für Präventive Medizin e. V.: Vergleichende Analyse der räumlichen und zeitlichen Verteilung von Krebserkrankungsfällen in Gebieten mit hoher natürlicher Strahlenbelastung im Vergleich zur Umgebung des Zentralinstitutes für Kernforschung (ZfK) Rossendorf (Hrsg) Sächsisches Staatsministerium für Soziales, Gesundheit und Familie (SMS), Sächsisches Staatsministerium für Umwelt und Landesentwicklung (SMU), Dresden
Considine M (2000) Quantifying risks in the oil and chemical industry. In: Proceedings – Part 1/2 of promotion of technical harmonization on risk-based decision-making, Workshop, Mai 2000, Stresa, Italy
Cook W (2014) Bridge failure rates, consequences, and predictive trends. Dissertation, Utah State University Logan
Cordis (2018) Wissenschaft im Trend: Was hat er noch mal gesagt? Die Welt aus der Sicht von Stephen Hawking. https://cordis.europa.eu/article/id/123063-trending-science-he-said-what-the-world-according-to-stephen-hawking/de
Corey J (2015) Cibola brennt Roman. Heyne, München
Cornes RC (2014) Historic storms of the northeast Atlantic since circa 1700: a brief review of recent research. Weather 69(5):121–125 (Special Issue: Hubert Lamb Centenary)
Costa JE (1984) Physical geomorphology of debris flows. In JE Costa, PJ Fleischer (Hrsg) Developments and applications of geomorphology. Springer, Berlin, S 268–317
Coussot P, Laigle D, Arattano M, Deganutti A, Marchi L (1998) Direct determination of rheological characteristics of debris flow. J Hydr Eng 124(8):865–868
COW (2018) The correlates of war project. http://www.correlatesofwar.org/
Crocbite (2021) Worldwide crocodilian attack database. http://www.crocodile-attack.info/data-viz
Crompton R, McAneney J (2008) Normalised Australien insured losses from meteorological hazards: 1967–2006. Environ Sci Policy 11:371–378
Cronin TM (1999) Principles of paleoclimatology: perspectives in paleobiology and Earth history. Columbia University Press, New York
Cruden DM, Varnes DJ (1996) Landslide types and processes. In: Turner AK, Schuster RL (Hrsg) Landslides: investigation and mitigation. TRB special report, 247. National Academy Press, Washington, DC, S 36–75
Cui P, Chen X, Waqng Y, Hu K, Li Y (2005). Jiangia Ravine debris flows in southwestern China. In: Jakob M, Hungr O (Hrsg) Debris-flow hazards and related phenomena. Springer, Berlin, S 565–594
Czerulla HA (2015) Reboot hilft gegen stromausfall: software-fehler bei Boeing 787 Dreamliner. 2. Mai 2015. http://www.heise.de/newsticker/meldung/Reboot-hilft-gegen-Stromausfall-Software-Fehler-bei-Boeing-787-Dreamliner-2631259.html
DA (2007) Deutsches Ärzteblatt. Von vielen Ärzten unterschätzt. 104(30):B 1899
Dahl J, Spaethe G (1970) Sicherheit und Zuverlässigkeit von Bauwerken. Schriftenreihen der Bauforschung. Reihe Technik und Organisation, Bd 36. Deutsche Bauinformation, Berlin
Daniel TM, Bates JH, Downes KA (1994) History of tuberculosis, bloom: tuberculosis: pathogenesis, protection, and control. ASM Press, Washington, DC
Daniell JE, Khazai B, Wenzel F, Vervaek A (2011) The CATDAT damaging earthquakes database. Nat Hazards Earth Syst Sci 11:2235–2251
Daniels GG (Hrsg) (1982) Planet earth – vulcanos. Time-Life Books. E. V., Amsterdam
DarwinAwards.com (2021). www.DarwinAwards.com
Das PC (1997) Safety of bridges. Thomas Telford, London
DAV (2018) Bergunfallstatistik 2016/17, Deutscher Alpenverein. https://www.alpenverein.de/der-dav/presse/presse-aktuell/berg-unfallstatistik-2016_aid_30183.html
Davies B (2021) What is the global volume of land ice and how is it changing. http://www.antarcticglaciers.org/glaciers-and-climate/what-is-the-global-volume-of-land-ice-and-how-is-it-changing/
Davis M, Hut P, Muller RA (1984) Extinction of species by periodic comet showers. Nature 308:715–717. https://doi.org/10.1038/308715a0
Davis P, Lay-Yee R, Briant R, Schug S, Scott A, Johnson S, Bingley W, (2001) Adverse events in New Zealand public hospitals. Principal findings from a national survey, No. 3 Occasional Papers. (December 2001) Department of public health and general practice. University of Otago, Christchurch, New Zealand, Christchurch School of Medicine and Health Sciences
DB (2007) Die völkerrechtliche Definition von Krieg, Sachstand, Wissenschaftliche Dienste des Deutschen Bundestages
DB (2017) 2016 Wettbewerbskennzahlen, Deutsche Bahn Potsdamer Platz 2, Berlin, Mai 2017. https://www.deutschebahn.com/resource/blob/265910/beff1a33d90afb0f96429144cd279b68/DB_Wettbewerbskennzahlen-2016-data.pdf
DDG (2009) Aussetzung der Zulassung von Raptiva, Deutsche Dermatologische Gesellschaft
de Carvalho AV (2001) Safetrain and safetram projects: results and objectives. Adtranz, Portugal
de Kraker AMJ (2002) Historic storms in the North Sea area, an assessment of the storm data, the present position of research and the prospects for future research. In: Wefer G, Berger WH, Behre KE, Jansen E (Hrsg) Climate development and history of the North Atlantic realm. Springer, Berlin
De Sanctis G (2015) Generic risk assessment for fire safety: performance evaluation and optimisation of design provisions performance evaluation and optimisation of design provisions, Doctoral Thesis, IBK Bericht, Bd. 363, Zürich: Institut für Baustatik und Konstruktion der ETH Zürich. https://www.research-collection.ethz.ch/handle/20.500.11850/113121
Dedman B (2011) What are the odds? US nuke plants ranked by quake risk. NBCnews
Deepen J (2006) Schadenmodellierung extremer hagelereignisse in Deutschland. Institut für Landschaftsökologie der West-fälischen Wilhelms-Universität Münster, Juli, Diplomarbeit im Fachbereich Geowissenschaften, S 2006
Dehne M (2003) Probabilistisches Sicherheitskonzept für die brandschutztechnische Bemessung, Dissertation, TU Braunschweig, Institut für Baustoffe, Massivbau und Brandschutz
Deiters S (2001) Tagish Lake Meteorit – Überbleibsel von der Entstehung des Sonnensystems. 28. August 2001. http://www.astronews.com/news/artikel/2001/08/0108-029.shtml
Deiters S (2002) Meteoriten – Teil der bayerischen Feuerkugel gefunden. 31. Juli 2002. http://www.astronews.com/news/artikel/2002/07/0207-024.shtml
Dekking FM, Kraaikamp C, Lopuhaä HP, Meester LE (2005) A modern introduction to probability and statistics – understanding why and how. Springer, London
Der Kiureghian A, Birkeland P (1999) Risk assessment for satellite launch operations. Application of Statistics and Probability (ICASP 8), Sydney 1:219–226
Desai D, Dhanani H (2020) Sickle cell disease: history and origin. Int J Hematol 1:2
Destatis (2006) Verkehr in Deutschland 2006, Statistisches Bundesamt Wiesbaden. Sept. 2006. https://www.destatis.de/DE/Publikationen/

Thematisch/TransportVerkehr/Querschnitt/VerkehrinDeutschland-Blickpunkt1021216069004.pdf?__blob=publicationFile
Destatis (2016) Verkehr, Verkehrsunfälle, Fachserie 8, R. 7. Statistisches Bundesamt, Wiesbaden. https://www.destatis.de/DE/Publikationen/Thematisch/TransportVerkehr/Verkehrsunfaelle/VerkehrsunfaelleJ2080700157004.pdf?__blob=publicationFile
Destatis (2018) Mortality rate worldwide in 2018, by energy source (in deaths per terawatt hours). https://www.statista.com/statistics/494425/death-rate-worldwide-by-energy-source/
Destatis (2020a) Anzahl der Konflikte weltweit nach Konfliktintensität von 2005 bis 2020. https://de.statista.com/statistik/daten/studie/2736/umfrage/entwicklung-der-anzahl-von-konflikten-weltweit/
Destatis (2020b) Tödliche Arbeitsunfälle. https://www.destatis.de/DE/ZahlenFakten/Indikatoren/QualitaetArbeit/QualitaetArbeit.html
Destatis (2021a) Anzahl der Todesfälle beim Bergsteigen in der Schweiz von 2010 bis 2019. https://de.statista.com/statistik/daten/studie/501311/umfrage/anzahl-der-toedlichen-unfaelle-beim-bergsteigen-in-der-schweiz/
Destatis (2021b) Unfallatlas. https://unfallatlas.statistikportal.de/
GRS (1980) Deutsche Risikostudie Kernkraftwerke. Gesellschaft für Reaktorsicherheit, Verlag TÜV Rheinland GmbH, Köln
Bundestag D (2013) Bericht zur Risikoanalyse im Bevölkerungsschutz 2012. Drucksache 17/12051, Berlin
Deutsches Ärzteblatt (2007) Expertengremium: Zusammenhang von Kinderkrebs und Strahlung von Atomkraftwerken denkbar. Aerzteblatt.de
Deutsches Ärzteblatt (2014) Mehr Übergewichtige in Entwicklungsländern
Deutsches Ärzteblatt (2021) Themenschwerpunkt Drogen. https://www.aerzteblatt.de/nachrichten/sw/Drogen
Deutsches Komitee für Katastrophenvorsorge e. V. (2002) Journalisten-Handbuch zum Katastrophenmanagement -2002-. Erläuterungen und Auswahl fachlicher Ansprechpartner zu Ursachen, Vorsorge und Hilfe bei Naturkatastrophen, 7. überarbeitete und ergänzte Aufl. Deutsches Komitee für Katastrophenvorsorge e. V., Bonn
DHI-WASY (2007) Software HQ-EX 3.0: Programm zur Berechnung von Hochwasserwahrscheinlichkeiten. Benutzerhandbuch, Berlin
Die Presse (2011) Chronologie: Explosionen an Pipelines in Afrika. 12. Sep. 2011. https://www.diepresse.com/692652/chronologie-explosionen-an-pipelines-in-afrika
Diehl R, Halloin H, Kretschmer K, Lichti GG, Schönfelder V, Strong AW, von Kienlin A, Wang W, Jean P, Knödlseder J, Roques J-P, Weidenspointner G, Schanne S, Hartmann DH, Winkler C, Wunderer C (2006) Radioactive 26Al and massive stars in the galaxy. Nature 439:45–47. http://xxx.lanl.gov/ftp/astro-ph/papers/0601/0601015.pdf
Diekkrüger B (2004) Hydrologie in der Grundvorlesung „Physische Geografie“. Geographische Institute der Universität Bonn, Bonn
Diendorfer G, Schulz W (1999) Die lokale Blitzdichte als wesentliche Eingangsgröße bei der Risikoanalyse, Beitrag zur 3. VDE-ABB Tagung, Neu-Ulm
Dienemann C, Utermann J (2012) Uran in Boden und Wasser, Text, 37/2012. Umweltbundesamt, Dessau-Roßlau
Diercke (2002) Weltatlas, Westermann Schulbuchverlag GmbH, Braunschweig 1988, 5. Aufl.
Dierer S, Cattin R, Steiner P, Grünewald T, Steinkogler W, Lehning M (2010) Vereisungskarte der Schweiz, Schlussbericht. BFE
Difu (2012) Forschung Radverkehr. Deutsches Institut für Urbanistik, Berlin
DIN 1076 (1999) Ingenieurbauwerke im Zuge von Straßen und Brücken
Dinosaur Extinction Giant Meteor Impact (2004). http://town.morrison.co.us/dinosaur/extinction/meteor.html
DIS-ALP (2008). www.dis-alp.org
Disaster Research Center (2021). University of Delaware. https://www.drc.udel.edu/
Dittberner K-H (2004) Europas wichtigste Lebensmittel-Skandale. http://earth.prohosting.com/khdit/BSE/Skandale.html#1982_1
DKKV (2002) Deutsches Komitee für Katastrophenvorsorge e. V.: Journalisten-Handbuch zum Katastrophenmanagement -2002-. Erläuterungen und Auswahl fachlicher Ansprechpartner zu Ursachen, Vorsorge und Hilfe bei Naturkatastrophen, 7. überarbeitete und ergänzte Aufl. DKKV, Bonn
Dlubis-Mertens K (2003) Suizidforen im Internet – Ernstzunehmende Beziehungen. Deutsches Ärztebl 99(3):118
DNN (2005) Dresdner Neueste Nachrichten: Zugfahrt in den Tod. DNN, Dresden, S 3
Dobrovolny P, Moberg A, Brazdil R, Pfister C, Glaser R, Wilson R, van Engelen A, Limanowka D, Kiss A, Halickova M, Mackova J, Riemann D, Luterbacher J, Böhm R (2010) Monthly, seasonal and annual temperature reconstructions for Central Europe derived from documentary evidence and instrumental records since AD 1500. Climatic Change 101(1–2):69–107
Doerfel M (2011) Safe Design for Roads in Urban Areas. In: XXIV. World Road Congress 2011. Mexico-City. 11/2011
Doerfler W, Schubbert R (1997) Deutsches Ärzteblatt 94(51–52):A-3465–A-3470
DOI (2014) RCEM – Reclamation Consequence Estimation Methodology: dam failure and flood event case history compilation, U.S. Department of Interior. February 2014. https://www.usbr.gov/ssle/damsafety/documents/RCEM-CaseHistories20140731.pdf
Doll R, Peto R (1981) The causes of cancer: quantiative estimates of avoidable risks of cancer in the U.S. toady. J Nat Cancer Inst 66:1191–1308
Dorman LI (2005) Space weather and dangerous phenomena on the Earth: principles of treat geomagnetic storms forcasting by online cosmic ray data. Ann Geophys 23:2997–3002
Dorman LI, Belov AV, Eroshenko EA, Pustilnik LA, Sternlieb A, Yanke VG, Zukerman IG (2003) Possible cosmic ray using for forecasting of major geomagnetic storms, accompaniend by forbush-effects, 28th international cosmic ray conference, S 3553–3556
DoS (2004) Patterns of global terrorism 2003. Department of State, United States of America
DoT (2020) National tunnel inventory, US department of transportation. https://www.fhwa.dot.gov/bridge/inspection/tunnel/inventory/download.cfm
DOT/FAA (2010) Trends in accidents and fatalities in large transport aircraft, final report, US department of transportation/Federal aviation administration, DOT/FAA/AR-10/16
Dotzek N (2003) An update estimate of tornado occurrence in Europe. Atmos Res 67–68
Dowling CA, Santi P (2014) Debris flows and their toll on human life: a global analysis of debris-flow fatalities from 1950 to 2011. Nat Hazards 71(1):208–227
Dowson M (1997) The Ariane 5 software failure. ACM SIGSOFT Softw Eng Notes 22 (2):84
Drapalik M, Formayer H, Pospichal B, Kromp W (2011) Risk of ice shed from wind turbines, Budelmann, Holst & Proske. In: Proceedings of the 9th international probabilistic workshop, Braunschweig, nachgereichter Beitrag
Drewes J (2009) Verkehrssicherheit im systemischen Kontext. Dissertation, Fakultät Maschinenbau, Technische Universität Carolo-Wilhelmina zu Braunschweig
Drought-CH (2014) Ein NRP61-Forschungsprojekt zur Früherkennung von kritischer Trockenheit und Niedrigwasser in der Schweiz. http://www.drought.ch/projekt/index_DE
Dünckelmeyer J (1995) Vorsätzliche und fahrlässige Intoxikationen mit Schlangengift. Dissertation, Universität Erlangen-Nürnberg

DVWK (1999) Statistische Analyse von Hochwasserabflüssen. DVWK-Merkblatt 251, Deut-sche Vereinigung für Wasserwirtschaft, Abwasser und Abfall e. V., ISBN 3-935067-97-6
DWD (2013) Wetterrekorde, Deutscher Wetterdienst, 6. Aufl. DWD, Offenbach
E.ON (2008) Auswirkungen des Kühlturmbetriebs Neuplanung Block 6 Kraftwerk Staudinger, Einfluss auf Lokalklima und Schwadenschatten, Varianten-Vergleich im Rahmen des Raumordnungsverfahrens
EANM (2007). www.eanm.org
EASA (2016) Annual safety review 2016, European Aviation Safety Agency, Cologne
Eastlake K (1998) A century of sea disasters. German Version Gondrom Verlag, Brown Partworks Limited, Blindlach
Ebi P (2007) Risk analysis for hydropower, Paul Scherrer Institute, Villigen
Eder G (1986) Katastrophen in unserem Sonnensystem, Erdgeschichtliche Katastrophen, Öffentliche Vorträge 1986. Verlag der österreichischen Akademie der Wissenschaften, Wien, S 7–16
Egli T (2005) Objektschutz gegen gravitative Naturgefahren. Vereinigung Kantonaler Feuerversicherungen, Bern
Eglit ME, Kulibaba VS, Naaim M (2007) Impact of a snow avalanche against an obstracle. Formation of shock waves. Cold Reg Sci Technol 50:86–96
Egorov VV (2017) Dozy-chaos end of the human civilization. J Ultra Sci Phys Sci, Sect B 29(4):87–96
Ehrlich PR, Harte J, Harwell MA, Raven PH, Sagan C, Woodwell GM, Berry J, Ayensu ES, Ehrlich AH, Eisner T (1983) Long-term biological consequences of nuclear war. Science 222(4630):1293–1300
Eichenberg C (2002) Suizidprophylaxe. Deutsches Ärztebl 99(8):366
Eidsvig UM, Medina-Cetina Z, Kveldsvik V, Glimsdal S, Harbitz CB, Sandersen F (2011) Risk assessment of a tsunamigenic rockslide at aknes. Nat Hazards 56:529–545
Elhacham E, Ben-Uri L, Grozovski J, Bar-On YM, Milo R (2020) Global human-made mass exceeds all living biomass. Nature 588:442–444
Ellis J, Schramm DN (1993) Could a nearby supernova explosion have caused a mass extinction, arxiv.org. CERN-TH.6805/93. http://arxiv.org/pdf/hep-ph/9303206v1.pdf
Ellis P (2016) Energy release from earthquakes is extremely variable. http://freerangestats.info/blog/2016/11/19/earthquakes
Embacher F (2003) Von Graphen, Genen und dem WWW, Online-Skriptum zur Lehrveranstaltung Außermathematische Anwendungen im Mathematikunterricht gehalten am Institut für Mathematik der Universität Wien im Sommersemester 2003. Institut für Theoretische Physik der Universität Wien. http://homepage.univie.ac.at/Franz.Embacher/Lehre/aussermathAnw/Populationen.html
EM-DAT (2004) The OFDA/CRED International Disaster Database, Université catholique de Louvain, Brussels, Belgium. http://www.cred.be/emdat/profiles/natural/germany.htm
EMI (2017) Terrorist event database, Frauenhofer Institut für Kurzzeitdynamik, Ernst-Mach-Institut
Emigh ML (2003) Nine boiler accidents that changed the way we live. Natl Board Bull 58(2):20–25
EMME (2015) Earthquake model of the middle East region: hazard, risk assessment, economics & mitigation. http://www.emme-gem.org/. Zugegriffen: 11. Dez. 2015
ENSI (2009) Probabilistische Sicherheitsanalyse (PSA): Qualität und Umfang. ENSI-A05/d, Brugg
ENSI (2018) Probabilistische Sicherheitsanalyse (PSA): Qualität und Umfang. ENSI-A05/d, Brugg
ENSREG (2012) EU stress tests and follow-up, Diverse Dokumente. http://www.ensreg.eu/EU-Stress-Tests
EPA (1991) US environmental protection agency: environmental risk: your guide to analysing and reducing risk. Publication Number 905/9-91/017
Erismann TH, Abele G (2001) Dynamics of rock slides and rock falls. Springer, Berlin
Esch B, Paeschke N, Christ W, Kreutz G (1991) Dokumentation und Bewertung von Arzneimittelnebenwirkungen am Beispiel des Ofloxacins. Infection 19:S9–S12
Etienne C, Lehmann A, Goyette S, Lopez-Moreno J-I, Beniston M (2010) Spatial predictions of extreme wind speeds over Switzerland, using generalized additive models. J Appl Meteorol Climatol 49(9):1956–1970
ETSC (2003) Transport safety performance in the EU – A statistical overview. Brüssel, European Transport Safety Council. http://etsc.eu/wp-content/uploads/2003_transport_safety_stats_eu_overview.pdf
EUROSOLAR (2006) Die Kosten der Atomenergie. April 2006. http://www.eurosolar.de/de/images/stories/pdf/Infoblatt_Kosten_Atomenergie06_de.pdf
Europäisches Parlament (2003) Entwurf einer Richtlinie über die Bewirtschaftung von Abfällen aus der mineralgewinnenden Industrie. Brüssel. 2. Juni 2003. http://wko.at/up/enet/bergbauabfrl.pdf
European Union Agency for Railways (2018) Report on railway safety and interoperability in the EU. Publication Office of the European Union, Luxembourg
Eurostat (2006) Eisenbahnunfälle in der Europäischen Union 2004, Verkehr 6/2006, S. Pasi. http://ec.europa.eu/eurostat/documents/3433488/5444985/KS-NZ-06-006-DE.PDF/a0e5833c-57f6-4772-af1f-ab7b845c129d
Eurostat (2017) Railway safety statics. December 2017. http://ec.europa.eu/eurostat/statistics-explained/index.php/Railway_safety_statistics
Eurostat (2018) Railway safety statistics: number of persons killein railway accidents, 2015–2016. http://ec.europa.eu/eurostat/statistics-explained/index.php/Railway_safety_statistics
Evans AS (1986) Beneath the waves – a history of HM submarine losses. William Kimber, London
Evans AW (2003a) Estimating transport fatality risk from past accident data. Accid Anal Preventation 35:459–472
Evans AW (2003b) Transport fatal accidents and FN-curves:1967–2001, prepared by University College London for the Health and Safety Executive 2003, Research Report 073. Caerphilly, London
Evans AW (2004) Railway risks, safety values and safety costs. Imperial Colleage London, Center for Transportation Studies
Evans AW (2017) Fatal train accidents on Europe's railways: 1980–2016, centre for transport studies, department of civil and environmental engineering, Imperial College London
Ewert JW, Harpel CJ (2003) A volcano population index for estimating relative risk with example data from central America, American Geophysical Union, Fall Meeting 2003, abstract id. U22C-03
Ewusi-Mensah K (2003) Software development failures, MIT Press, Cambridge
Expert Workshop (2016) Fukushima five years on: legal fallout in Japan, lesson for the EU, 4–5 March 2016. Darwin College Cambridge, Cambridge
ExternE (2007) Externalities of energy. http://www.externe.info/
Extreme Science (2003). http://www.extremescience.com/BiggestVolcano.htm
Factory Mutual Insurance Company (2002) Factory Mutual Global History, Corporate Communications. www.fmglobal.com
Falk M, Brugger H, Adler-Kastner L (1994) Avalanche survival chances. Nature 368(21):482
FAO – Food and Agriculture Organisation (Hrsg) (2003) The state of food insecurity in the world 2003. Monitoring progress towards the world food summit and millennium development goals year. FAO, Rome

FAO (2015) Status of the worlds soil ressource, food and agriculture organization of the United Nations and the intergovernmental technical panel on soils. FAO, Rome
Fargeman O (2003) Coronary artery disease. Genes, drugs and the agricultural connection. Elsevier, Amsterdam
Fauler J (2006) Risiko Arzeimittel. Wissenschaftliche Zeitschrift der Technischen Universität Dresden, 55, Heft 3–4, S 79–83
FAZ (2006) Nigeria: Öldiebe lösen Katastrophe aus: Hunderte Tote bei Explosion. 13.05.2006. https://www.faz.net/aktuell/politik/ausland/nigeria-oeldiebe-loesen-katastrophe-aus-hunderte-tote-bei-explosion-1330747.html
FAZ (2020) Die Corona-Krise kostet Deutschland fast 1,5 Billionen Euro. 18.10.2020. https://www.faz.net/aktuell/wirtschaft/finanzministerium-corona-kostet-fast-1-5-billionen-euro-17007794.html
Felber W (2004) Suizidraten in den Ländern der ehemaligen Sowjetunion und in Sachsen. Technische Universität Dresden, Klinik und Poliklinik für Psychiatrie und Psychotherapie
Felek R, Scholes S, Wrdlaw MJ, Mindell J (2018) Comparative fatality risk for different travel modes by age, sex, and deprivation, September 2017. J Transp Health 8:307–320
Fell R (1994) Landslide risk assessment and acceptable risk. Can Geotech J 31:261–272
Ferrante F, Bensi M, Mitmann J (2013) Uncertainty analysis for large dam failure frequencies based on historical data, NRC, ADAMS Accession No. ML1398A170
Ferreira MA, Oliveira CS (2009) Discussion on human losses from Earthquake models. International Workshop on Disaster Casualties, Cambridge, 15–16 June 2009, S 9
Feulner G, Rahmstorf S (2010) On the effect of a new grand minimum of solar activity on the future climate on Earth. Geophys Res Lett 37:L05707
FHA (2019) Federal Highway Administration: National Bridge Inventory (NBI). https://www.fhwa.dot.gov/bridge/nbi.cfm
FHWA (1996) Recording and coding guide for the structure inventory and appraisal of the nations bridges. Report FHWA-PD-96–001, Federal Highway Administration. US Department of Transportation, Washington, DC
Fikke S, Ronsten G, Heimo A, Kunz S, Ostrozlik M, Persson P-E, Sabata J, Wareing B, Wichura B, Chum J, Laakso T, Säntti K, Makkonen L (2006) COST-727 – Atmospheric Icing on structures, measurements and data collection on icing: State of the art. Publ MeteoSwiss 75:110
Fileppo E, Marmo L, Debernardi ML, Demetri K, Petusio R (2004) Fire prevention in underground works: software modelling applications. In: Spitzer C, Schmocker U, Dang VN (Hrsg) International conference on probabilistic safety assessment and management 2004, Bd 2. Springer, Berlin, S 726–731
Finke U, Hauf T (1996) The characteristics of lightning occurrence in southern Germany. Phys Atmosph 69(2):361–374
Finkelstein A (1993) Report of the inquiry into the London ambulance service, international workshop on software specification and design case study, University College London. http://www.cs.ucl.ac.uk/staff/A.Finkelstein/las/lascase0.9.pdf. Zugegriffen: 4. Juli 2019
Finkelstein A, Dowell J (1996) A comedy of errors: the London ambulance service case study, school of informatics. In: Proceedings of the 8th international workshop on software specification and design, 3 Seiten
Firth PG, Zheng H, Windsor JS, Sutherland AI, Imray CH, Moore GWK, Semple JL, Roach RC, Salisbury RA (2008) Motality on mount everest, 1921–2006: descriptive study. BMJ Res 337:1–6
Fischer D (2003) Jahrhundert-Hochwasser oder drastische Klimaveränderung. In: Fischer D, Frohse J (Hrsg) Als dem Löwen das Wasser bis zum Rachen stand. Elbhang-Photo-Galerie, Dresden, S 71–75
Fischer EM, Schär C, Seneviratne SI (2016) Kapitel 1.8 Klima- und Wetterextreme. In: Akademien der Wissenschaften Schweiz (Hrsg) Brennpunkt Klima Schweiz. Grundlagen, Folgen und Perspektiven. Swiss Academies Reports 11(5)
Fischer K (2014) Societal decision-making for optimal fire safety, Doctoral Thesis, Zürich. https://www.research-collection.ethz.ch/bitstream/handle/20.500.11850/84660/eth-8687-02.pdf?sequence=2&isAllowed=y
Fischer K, Bürge M, Michel C (2018) Personenrisiken aus Brand Recherche für die Spurgruppe BSV 2025 der VKF, Schlussbericht, 19. September 2018, Version 1.1
Fischer K, Faber MH (2012) The LQU acceptance criterion and human compensation costs for monetary optimization – a discussion note, LQI Symposium in Kgs. Lnynby, Denmark
Fischer K, Kohler J, Fontana M, Faber MH (2012) Wirtschaftliche Optimierung im vorbeugenden Brandschutz, ETH Zürich, Institut für Baustatik und Konstruktion
Fischer K, Siebold U, Häring I, Riedel W (2014) Empirische Analyse sicherheitskritischer Ereignisse in urbanisierten Gebieten. Bautechnik 91(4):262–273
Fischer S (2004) Falludscha erlebt nur 90 Minuten Waffenruhe. Sächsische Zeitung, 10. April, S 4
Fleming KN (2013) Application of probabilistic risk assessment to multi-unit sites, smirt 22. San Francisco
Flemmer S, Willing M, Brehlo A (1999) Brandkatastrophen – Die verheerendsten Brände des 20. Jahrhunderts. Tosa Verlag, Wien
Flowers S (1996) Software failure: management failure. Wiley, Chichester
Foley JA et al (2005) Global consequences of land use. Science 309:570–574
Ford R (2000) Risk, perception and the cold numbers. Modern Railways,19–22
Forsberg R (2012) Train crashes – consequences for passengers. Section of surgery, Umea University, Department of Surgical and Perioperative Sciences
Forum Medizin und Energie (2012) Kinderleukämie und Kernkraftwerke – (K)Ein Grund zur Sorge? Grundlagen, Studien, Analysen. 3. erw. Aufl. Forum Medizin und Energie, Zürich
Forum Medizin und Energie (2013) Neue Studien zu Kinderleukämie und KKW. News, 14/2013, S 1–2
Foss MM (2003) LNG Safety and security. Center for energy economics, Texas, Oktober 2003. www.utexas.edu/energyecon/lng
Foster HD (1976) Assessing disaster magnitude: a social science approach. Professional Geographer 28(3):241–247
Foulger JH (1954) Smog and human health. In: Sargent F, Stone RG (Hrsg) Recent studies in bioclimatology. Meteorological monographs, Bd 2. American Meteorological Society, Boston, MA. https://doi.org/10.1007/978-1-940033-11-2_12
Foust J (2020) Commercial crew astronauts accept risks of test flight. Spacenews.com
Fragola JR (2003) Emerging failure phenomena in complex systems. Vortrag präsentiert bei der ESREL 2003 15–18 Juni 2003, Maastricht
Fragola JR & Bedford T (2005) Identifying emerging failure phenomena in complex systems through engineering data mapping. Reliab Eng Syst 90:247–260
Fraser C (1966) The avalanche enigma. John Murray Publishers Ltd., London
Fraser C (1978) Avalanches and snow safety. John Murray Publishers Ltd., London
Freistaat Sachsen (2017) Tötungsdelikte Deutscher und Ausländer in Sachsen in den ersten 5 Monaten 2017. Staatsministerium des Inneren, Dresden
Freistaat Sachsen (2018) Sächsische Bauordnung in der Fassung der Bekanntmachung vom 11. Mai 2016 (SächsGVBl. S 186) mit letzter Änderung vom 11. Dezember 2018 (SächsGVBl. S 706)
Frenzel M (1999) Die Ursachen von Hochwässern

Fricke H (2006) Modellierung von Öffentlichen Sicherheitszonen um Verkehrsflughäfen und deren wirtschaftliche Konsequenzen. Wiss Z Technischen Univ Dresden 55(3–4):123–130

Friedrich C (2005) Contergan — zur Geschichte einer Arzneimittelkatastrophe. In: Die Contergan Katastrophe- Eine Bilanz nach 40 Jahren. Deutsches Orthopädisches Geschichts- und Forschungsmuseum, Bd 6, 1–12

Frießem MR (2014) Multikriterielle, kausalanalytische Betrachtung von Erfolgstreibern technologischer Frühaufklärung in industriellen Unternehmensnetzwerken. Springer Fachmedien, Wiesbaden

Friis-Hansen P, Ditlevsen O (2003) Nature preservation acceptance model applied to tanker oil spill simulations. Struct Saf 25(1):1–34

Frisch M (1981) Der Mensch erscheint im Holozän. Suhrkamp, Frankfurt a. M.

Froude MJ, Petley DN (2018) Global fatal landslide occurence from 2004 to 2016. Nat Hazards Earth Syst Sci 18:2161–2181

Fuhrmeister AC (2005) Vergiftungen – Panoramawechsel der letzten Jahrzehnte. Ergebnisse einer Literaturstudie. Dissertation, Rheinische Friedrich-Wilhelm-Universität Bonn

Füllemann C, Begert M, Croci-Maspoli MS, Brönnimann S (2011) Digitalisieren und Homogenisieren von historischen Klimadaten des Swiss NBCN – Resultate aus DigiHom. Arbeitsberichte der MeteoSchweiz, Bd 236. MeteoSchweiz, Zurich

Füller H (1980) Das Bild der modernen Biologie. Urania-Verlag, Leipzig

Gad-el-Hak M (2008) The art and science of large-scale disasters. In: Gad-el-Hak M (Hrsg) Large-scale disasters. Cambridge University Press, Cambridge, S 5–68

Gaensler B (2015) Kosmos xxxtrem! Springer, Berlin

Ganten D, Ruckpaul K (1998) Herz-Kreislauf-Erkrankungen, Handbuch der Molekularen Medizin. Springer, Berlin

Gantzel KJ, Schwinghammer T (1995) Die Kriege nach dem Zweiten Weltkrieg 1945 bis 1992, Daten und Tendenzen. LIT, Münster

GAO (2012) General aviation safety, additional FAA efforts could help identify and mitigate safety risks, October 2012, GAO-13-36. https://www.gao.gov/assets/650/649219.pdf

Garrick BJ (2000) Nonradioactive waste disposal. In: Proceedings – Part 1/2 of promotion of technical harmonization on risk-based decision-making, Workshop, May, Stresa, Italy

Gauer P, Lied K, Kristensen K (2008) On avalanche measurements at the Norwegian full-scale test-site Ryggfonn. Cold Reg Sci Technol 51:138–155

Gefahrenbericht Alpen Österreich

Gehrels N, Laird CM, Jackmann CH, Cannizzo JK, Mattson BJ, Chen W (2003) Ozone depletion from nearby supernovae. Astrophys J 585(2003):1169–1176

Geiger H (2009) Astrobiologie. vdf UTB, Zurich

Geipel R (2001) Zukünftige Naturkatastrophen in ihrem sozialen Umfeld. Zukünftige Bedrohungen durch (anthropogene) Naturkatastrophen. In: Linneweber V (Hrsg) Deutsches Komitee für Katastrophenvorsorge e. V. (DKKV), Bonn. S 31–41

Geißler R et al (2004) Bilder aus der DDR – Riesa – Industriestadt an der Elbe, Museums-Verein Riesa e. V. Sutton Verlag, Erfurt

Gellermann R (2012) The world we really live in – communication on radiation. Kerntechnik 77(3):158–162

Gellert G, Gärtner R, Küstner H, Wolf G (Hrsg) (1983) Kleine Enzyklopädie Natur. VEB Bibliographisches Institut, Leipzig (21. durchgesehene Auflage)

Gems B (2012) Entwicklung eines integrativen Konzeptes zur Modellierung hochwasserrelavanter Prozesse und Bewertung der Mitwirkung von Hochwasserschutzmassnahmen in alpinen Talschaften – Modellanwendungen auf Basis einer regionalen Betrachtungsebene am Beispiel des Ötztales in den Tiroler Alpen. Forum Umwelttechnik und Wasserbau, Bd 13, Innsbruck university press

Gero D (1996) Luftfahrtkatastrophen. Motorbuch Verlag, Stuttgart

Giardini D, Woessner J, Danciu L, Crowley H, Cotton F, Grünthal G, Pinho R, Valensise G (2013) SHARE European seismic hazard map for peak ground acceleration, 10% exceedance probabilities in 50 years. ETH Zürich, Zürich. https://doi.org/10.2777/30345, ISBN-13, 978-92-79-25148-1

Giddings SB, Mangano ML (2008) Astrophysical implications of hypothetical stable TeV-scale black holes. Phys Rev D 78:035009-1–035009-47

Glass RL (1998) Software runaway, Prentice Hall PTR, Upper Saddle River

Gmünder FK, Schiess M, Meyer P (2000) Risk based decision making in the control of major chemical hazards in Switzerland – liquefied petroleum, ammonia and chloride as examples. In: Proceedings – part 2/2 of promotion of technical harmonization on risk-based decision-making, Workshop, May, Stresa, Italy

Gore R (2000) Wrath of the gods. Centuries of upheaval along the Anatolian fault. Nat Geogr 2000:32–71

Gosatomnadzor (1998) General regulations on ensuring of nuclear power plants safety (OPB-88/97), Russian Federation Gosatomnadzor (Regulatory Body) approved with degree No. 9 of 14.11.1997: PNAE G-01–011–97. Valid since 1.7.1998

Gott JR, Juric M, Schlegel D, Holyle F, Vogeley M, Tegmark M, Behcall N, Brinkmann J (2005) A Map of the Universe. v2, S 51. https://arxiv.org/pdf/astro-ph/0310571.pdf

GPMB (2020) A world in dsorder, global preparedness monitoring board. World Health Organization, Geneva. Licence: CC BY-NC-SA 3.0 IGO

Graber & Bürki (1996) Projekt Windbank unteres Aartal, Klassifikation von Windfeldern. Paul-Scherrer-Institut, Nr 96–11, Villingen

Graf H (2001) Klimaänderungen durch Vulkane. Max-Planck-Institut für Meteorologie. Hamburg. http://www.mpimet.mpg.de/institut/jahresberichte/jahresbericht-2002.html

Graham D, Tong C, Mallinson GD (1999) NERF – A tool for aircraft structural risk analysis. Application of Statistics and Probability (ICASP 8). Sydney 2:1175–1182

Granot H (1995) Proposed scaling of the communal consequences of disaster. Disaster Prev Manag 4(3):5–13

Grau G (2004) Der schwarze Tod. Wochenpost Nr. 30/1988. http://home.eplus-online.de/jmct/interess/pest.html

Gray E (1986) Few survived – a history of submarine disasters. Leo Cooper/Martin Secker & Warburg Ltd, London

Gredner T, Behrens G, Stock C, Brenner H, Mons U (2018) Krebs durch Infektionen und ausgewählte Umweltfaktoren. Deutsches Ärztebl 115(35–36):586–593

Greinert R (2011) Risiken von UV-Strahlung, Infrarot-Strahlung und sichtbarem Licht, Veröffentlichungen der Strahlenschutzkommission, Bd 66, Risiken ionisierender und nichtionisierender Strahlung, Klausurtagung der Strahlenschutzkommission am 5./6. November 2009, S 141–162

Grell D (2003) Rad am Draht – Innovationslawine in der Autotechnik. Report Computer im Auto. c't magazin für computer technik 2003, Bd 14. Heise-Verlag, S 170–178

Grimbacher T (2005) Bestimmung und Vorhersage von Bewölkung mit bodennahen Temperaturmessungen, Dissertation, ETH Nr. 15798

Grimm H-U (2001) Aus Teufels Topf – die neuen Risiken beim Essen. Knaur Ta-schenbuchverlag, München

Groenemeijer P, Kühne T (2014) A climatology of tornadoes in Europe: results from the European severe weather database. Mon Wea Rev 142:4775–4790. http://journals.ametsoc.org/doi/abs/10.1175/MWR-D-14-00107.1

Grothmann T (2005) Klimawandel, Wetterextreme und private Schadensprävention, Entwicklung, Überprüfung und praktische Anwendbarkeit der Theorie privater proaktiver Wetterextrem-Vorsorge. Dissertation an der Otto-von-Gueriche-Univeristät Magdebur

Groves LR (1946) The atomic bombings of hiroshima and nagasaki, manhattan engineer district of the United States army, June 29. https://www.atomicarchive.com/resources/documents/med/index.html
GRS (1999) Zur Sicherheit des Betriebs der Kernkraftwerke in Deutschland. Gesellschaft für Anlagen- und Reaktorsicherheit (GRS) mbH, Köln
Grundy SM (1999) Primary prevention of coronary heart disease: integrating risk assessment with intervention. Circulation 100:988–998
Grünthal G (Hrsg) (1998) European macroseismic scale. ESC Working Group Macroseismic Scales, Luxenbourg
GSF – Forschungszentrum für Umwelt und Gesundheit der Helmhotz-Gemeinschaft (2006) Von Röntgen bis Tschernobyl: Strahlung, 18. Aufl. GSF, München
Gucma L (2010) LNG terminals design and operation, navigational safety aspects
Gudmundsson A (2014) Elastic energy release in great earthquakes and eruptions. Front Earth Sci | Struct Geol Tectonics 2(10):1–12
Gugger D (2021) Beurteilung Lawinengefahr Gelmerhütte (SAC), Bachelorthesis Bauingenieur, Berner Fachhochschule
Guha-Sapir D, Hoyois P, Wallemacq P, Below R (2016) Annual disaster statistical review 2016: the numbers and trends. Centre for Research on the Epidemiology of Disasters, Brussels
Guha-Sapir D, Vos F (2011) Earthquakes, an epidemiological perspective on Pattern and trends. In: Spence, R, So E, Scawthorn C (Hrsg) Human casualties in earthquakes, progress in modelling and mitigation. Springer, Dordrecht S 13–24
Guiot J, Corona C, ESCARSEL members (2010) Growing Season Temperatures in Europe and Climate Forcings Over the Past 1400 Years. PLoS ONE 5(4):e9972. https://doi.org/10.1371/journal.pone.0009972
Gunasekera MY, Edwards DW (2003) Estimating the environmental impact of catastrophic chemical releases to the atmosphere: an index method for ranking alternative chemical process routes. Process Saf Environ Prot 81(6):463–474
Gutdeutsch R (1986) Naturkatastrophen der Gegenwart und ihre mögliche Vorhersage, Erdgeschichtliche Katastrophen, Öffentliche Vorträge 1986. Verlag der österreichischen Akademie der Wissenschaften, Wien
Haller M (2017) Die Flüchtlingskrise in den Medien, Tagesaktueller Journalismus zwischen Meinung und Information. OBS Arbeitsheft, Bd 93. Otto Brenner Stiftung, Frankfurt a. M.
Halperin K (1993) A comparative analysis of six methods for calculating travel fatality risk. Issues in Health & Safety, RISK, S 15–33
Hamilton CJ (2001) Terrestrial impact craters. http://www.solarviews.com/eng/tercrate.htm
Hamlin TL (2013) Shuttle risk progression – focus on historical risk increases. Int J Perform Eng 9(6):633–640
Hamza K (2010) Lessons learned from a hydrogen explosion. http://www.powerplantforum.com/generator-auxiliary-systems/460-hydrogen-explosion-accident-u-s-lessons.html. Zugegriffen: 24. Aug 2011
Hanayasu S, Tang WH (1999) Probabilistic assessment for structural changes in industrial accident damage. Application of Statistics and Probability (ICASP 8), Sydney 1:183–190
Hapgood M (2002) The science of space weather. Ann Geophys 20:875–877
Hardinghaus C (2020) Die Verratene Generation – Gespräche mit den letzten Zeitzeuginnen des Zweiten Weltkrieges. Europa, Zürich
Hartlieb A (2012) Modellversuche zur Verklausung von Hochwasserentlastungsanlagen mit Schwemmholz. Wasserwirtschaft 6:15–19
Harvey P, Sperber S, Kette F, Heddle RJ, Roberts-Thomson PJ (1984) Bee-sting mortality in Austriala. Med J Austrialia 140(4):209–211
Harwell MA, Hutchinson TC, Cropper WP Jr, Harwell CC, Grover HD (1985) Environmental consequences of nuclear war, Bd II. Ecological and agricultural effects. Wiley, New York
Hauksson S, Pagliardi M, Barbolini M, Johannesson T (2007) Laboratori measurements of impact forces of supercritical granular flow against mast-like obstracles. Cold Reg Sci Tech 49:54–63
Haupt J (2011) Computerfehler schuld an Beinaheabsturz. http://www.heise.de/newsticker/meldung/Computerfehler-schuld-an-Beinahe-absturz-1398777.html. Zugegriffen: 20. Dez 2011
Hauptmanns U, Herttrich M, Werner W (1991) Technische risiken. Springer, Berlin
Häußler O (2004) Am blutigen Berg im Himmelsgebirge. Frankfurter Allgemeine Zeitung, Dienstag, 10. August, Nr 184, S 9
Hayes B (2002) Statistics of deadly quarrels. Am Sci 90(1):10–15
Heinrich H-J (1974) Zum Ablauf von Gasexplosionen in mit Rohrleitungen verbundenen Behältern, BAM-Bericht Nr. 28. Bundesanstalt für Materialprüfung, Berlin
Heise online (2019) Tollkühne Männer in ihren fliegenden Dosen: Die Apollo-Mondmissionen, Zweiter! Apollo 12
Heise-Online (2015) Absturz des Airbus A400M: Doch Softwarefehler in der Triebwerksteuerung. https://www.heise.de/newsticker/meldung/Absturz-des-Airbus-A400M-Doch-Softwarefehler-in-der-Triebwerksteuerung-2678691.html. Zugegriffen: 3. Juni 2015
Helbing D, Farkas I & Vicsek T (2000) Simulating dynamical features of escape panic. Nature 407:487–490
Helmich P (2004) Selbstmord – Ein Wort, das es nicht geben sollte. Deutsches Ärztebl 101(23):B 1374–1375
Heneka P & Ruck B (2004) Development of a strom damage risk map. In: Mahlzahn D & Plapp T (Hrsg) A review of strom damage functions. Disasters and Society, Logos Verlag, S 129–136
Hennig R (1904) Katalog bemerkenswerter Witterungsereignisse von den ältesten Zeiten bis zum Jahre 1800. Abhdl Kgl Preuß Met Inst 2(4)
Henschler D (1993) Krebsrisiken im Vergleich – Folgerungen für Forschung und politisches Handeln. GSF – Mensch und Umwelt. Ein Magazin des GSF-Forschungszentrums für Umwelt und Gesundheit. 8. Aufl. GSF, Neuherberg, S 65–73
Herlihy D (1980) Climate and documentary sources: a comment. J Interdisc Hist 10(4):713–718
Hessisches Ministerium für Umwelt, Energie und Bundesangelegenheiten (1992) Hochsicherheitsdeponie-Konzepte. Entwicklung und Planung eines Modellvorhabens für eine Hochsicherheitsdeponie als Sonderabfalllager – Ergebnisse einer Studie. Schmidt, Berlin
HFCERT (2001) Hydrogen fuel cell engines and related technologies. Rev 0
Higgins C (2015) Travel safety: time versus distance. Int J Humanit Soc Sci 5(7(1)):132–133
HIIK (2018) Die Methodik der Heidelberger Konfliktforschung. Heidelberg Institute for International Conflict Research. https://hiik.de/hiik/methodik/
Hilker N, Badoux A, Hegg C (2009) The Swiss flood and landslide damage database 1972–2007. Nat Hazards Earth Syst Sci 9:913–925
Hindrikson M, Möls M, Valdmann H (2017) The patterns of wolf attacks on humans: an example from the 19th century Euroepan Russia. Balt For 23(2):432–437
Hintergrundinformationen (2013) Fukushima zwei Jahre nach der Naturkatastrophe. Bull Nuklearforum Schweiz 2:9–14
Hintermeyer H (1998) Schiffskatastrophen – von der spanischen Armada bis zum Untergang der Pamir. Pietsch Verlag, Stuttgart
Hirschberg S (2015) Environmental assessment, PSI-Swissnuclear Fortbildungskurs Kernenergie 2014
Hirschberg S, Spiekerman G, Dones R (1998) Project GaBE: Comprehensive assessment of energy systems: sever accidents in the energy sector, 1. Aufl., PSI-Bericht Nr. 98-16. PSI, Villigen

History.com (2021) Hail storm kills 1,000 english troops in France. http://www.history.com/this-day-in-history/hail-kills-english-troops

Höbenreich C (2002) Todesrisiko Achttausender, Trockene Zahlen, nüchterne Fakten. Berg & Steigen 1(02):29–32

Hoffmann – La Roche (1993) Roche Lexikon Medizin. Hrsg. Hoffmann – La Roche AG und Urban & Schwarzenberg. 3. neubearbeitete Aufl. Urban & Schwarzenberg, München

Hoffmann HJ (2000) When Life nearly came to an end – the permian extinction. Nat Geogr 3:100–113

Hofmann C, Proske D, Zeck K (2021) Vergleich der Einsturzhäufigkeit und Versagenswahrscheinlichkeit von Stützbauwerken. Bautechnik 99(7):475–481

Hofmann M (2004) Den Dämon der Motoren gebannt. Neue Züricher Ztg 61:9

Holcomb JB, Stansburgy LG, Champion HR, Wade C, Bellamy RF (2005) Understandig combat casualty care statistics. J Tauma, Inj, Infect, Crit Care 60(2):397–401

Höllersberger H (2017) Eisenbahnunfälle und die Entwicklung der Sicherheit auf dem Betriebsnetz der österreichischen Eisenbahnen bis 1914, Masterarbeit. Universität Wien, Wien

Hollstein T (2021) Kalorien versus Kohlenhydrate. Deutsches Ärztebl 118(41):B1543–B1544

Holub M (2007) Studienmaterial Wildbach- und Lawinenverbauung. Universität für Bodenkultur Wien, Wien

Holzer TL, Savage JC (2013) Global earthquake fatalities and population. Earthq Spectra 29(1):155–175

HOR (2013) Threats from space: a review of US government efforts to track and mitigate asteroids and metors, part I, house of prepresentatives. Committee on Science, Space, and Technologiy, Washington, DC. https://www.gpo.gov/fdsys/pkg/CHRG-113hhrg80552/pdf/CHRG-113hhrg80552.pdf

Hormann H (2003) Design for safety. In: Proceedings of the 8th international marine design c¥onference, Athens, Greece, 5.–8. May 2003, Bd I, S IV-1-IV-7

Hubert E, Debray B, Londicke H (2004) Governance of the territory around hazardous industrial plants: decision process and technological risk. In: Spitzer C, Schmocker U, Dang VN (Hrsg) International conference on probabilistic safety assessment and management 2004, Bd 3. Springer, Berlin, S 1258–1263

Hübl J (2007) Skriptum Wildbach- und Lawinenverbauung, Institut für Alpine Naturgefahren. Universität für Bodenkultur Wien, Wien (unveröffentlicht)

Huet P, Baumont G (2004) Lessons learnt from a mediterranean flood (Gard, September 2002). In: Spitzer C, Schmocker U, Dang VN (Hrsg) International conference on probabilistic safety assessment and management 2004, Bd 2. Springer, Berlin, S 638–643

Huff CD, Xing J, Rogers AR, Witherspoon D, Jorde LB (2010) Mobile elements reveal small population size in the ancient ancestors of Homo sapiens. Proc Nat Acad Sci US Am 107(5):2147–2152

Hungr O, Leroueil S & Picarelli L (2014) The Varnes classification of landslide types, an update. Landslides 11(2): 167–194

Hungr O, Evans SG, Bovis MJ & Hutchinson JN (2001) A review of the classification of landslides of the flow type. Environ Eng Geosci VII(3):221–238

Huther M, Olagnon M (2003) Rogue Waves, A Reality at Sea, a Nightmare for Naval Architects. In: Proceedings of the 8th international marine design conference, Athens, Greece, 5.–8. May 2003, Bd II, S 367–378

Hzwei (2007) Das Magazin für Wasserstoff und Brennstoffzellen. Hydrogeit Verlag. www.hzwei.info. Zugegriffen: 7. Apr 2007

IAEA (1991) The international chernobyl project: assessment of radiological consequences and evaluation of protective measures. Technical report by an international advisory committee, Vienna

IAEA (2003) External events excluding earthquakes in the design of nuclear power plants. IAEA Safety Standard Series No. NS-G-1.5, Vienna

IAEA (2007) INES, international Atomic Energy Association. http://www.iaea.org/Publications/Factsheets/English/ines.pdf

IAEA (2012) Volcanic hazards in site evaluation for nuclear installations. Specific Safety Guide, No. SSG-21, Vienna

IATA (2018) Safety report 2017, Issued April 2018. International air transport association, Montreal-Geneva

ICAO (2017) Safety report, 2017 Edition. International civil aviation organization, Montreal, Canada

ICAO (2018) Accident statistics. https://www.icao.int/safety/iStars/Pages/Accident-Statistics.aspx

ICOLD (1995) Dam failures – statistical analysis, international commission on large dams, bulletin 99. ICOLD, Paris

ICOLD (2013) International commission on large dams, bulletin 143: historical review on ancient dams. ICOLD, Paris

ICOLD (2018) International commission on large dams: role of dams. http://www.icold-cigb

IFRC (2016) World disaster report, international federation of red cross and red cresecent socieites, Genf. https://www.ifrc.org/Global/Documents/Secretariat/201610/WDR%202016-FINAL_web.pdf

ILK (2000) ILK Stellungnahme zur Sicherheit der Kernenergienutzung in Deutschland. Internationale Länderkommission Kerntechnik

ILO (2016) Übereinkommen über die Mindestnormen der sozialen Sicherheit, Internationale Arbeitsorganisation. https://www.ilo.org

IMO (2020) IMO and the environment, international maritime organisation. https://wwwcdn.imo.org/localresources/en/OurWork/Environment/Documents/IMO%20and%20the%20Environment%202011.pdf

Impact Earth (2020) Interactive impact crater map. https://impact.uwo.ca/

Impact Hazard (1999). http://liftoff.msfc.nasa.gov/Academy/SPACE/SolarSystem/Meteors/ImpactHazard.html

Ingason H, Li YZ, Lönnermark A (2015) Tunnel fire dynamics. Springer, New York

Inhaber H (2004) Risk analysis applied to energy systems. Encyclopedia of energy. Elsevier, Amsterdam

IOGP (2010) Aviation transport accident statistics, international association of oil and gas producers: risk assessment data directory, Report No. 434–11.1, March 2010

IOGP (2017) Safety performance indicators – aviation – 2013–2016 data, data series, report 2016a, international association of oil and gas producers, November 2017

IPCC (2001) Intergovernmental panel on climate change: climate change 2001: the scientific basis. Cambridge University Press, Cambridge

IPCC (2014) Klimaänderung 2013, Naturwissenschaftliche Grundlagen, Deutsche IPCC-Koordinierungsstelle, DLR, Umweltbundesamt, ProClim

IPCC (2017) Is the current climate change unusual compared to earlier changes in Earth's history? https://web.archive.org/web/20160516185930/http://www.ipcc.ch/publications_and_data/ar4/wg1/en/faq-6-2.html

Ipsen K (2005) Der ewige Krieg – Kapitulation des Völkerrechts vor der Realität? Rubin 2/2005. Ruhr-University Bochum, Bochum, S 26–31

IPSN (1996) Institut de Protection et de Sûreté Nucléaire (IPSN): Bilanz über die gesundheitlichen Folgen des Reaktorunfalls von Tschernobyl. http://www.grs.de/products/data/3/pe_159_20_1_ipsn_d.pdf

Iqbal M (1983) An introduction to solar radiation. Academic, Ontario

ISAF (2018) International shark attack file, the florida museum of natural history. https://www.floridamuseum.ufl.edu/shark-attacks/
ISL (2007) Institute of shipping economics and logistics. www.isl.org
Issler D, Lied K, Rammer L, Revol P, Sabot F, Cornet ES, Bellavista GF, Sovilla B (1998) European avalanche test sites – overview and analysis in view of coordinated experiments. SAME – avalanche mapping, model validation and warning systems. Reports, on CD, Fourth European Framework Programme Environment and Climate
ITA (2016) Tunnel Market Survey 2016, International Tunneling and Underground Space Association (ITA)
ITA (2017) Tunnelbau-Marktstudie 2016, Fachtagungen/Conferencen, Tunnel, 7, International Tunneling and Underground Space Association (ITA)
ITA (2019) International tunneling and underground space association, chatelaine, Switzerland. https://www.ita-aites.org/
ITF (2015) Global trade: international freight transport to quadruple by 2050. International Transport Forum. https://www.itf-oecd.org/sites/default/files/docs/2015-01-27-outlook2015.pdf
Iversion MR, Denlinger RP (2001) Flow of variably fluidized granular masses across three-dimensional terrain: 1. Coulomb mixture theory. J Geophys Res 106(B1):537–552
Iverson RM (1997) The physics of debris flows. Rev Geophys 35(3):245–296
Jacobeit S, Jacobeit W (1985) Illustrierte Alltagsgeschichte des deutschen Volkes: 1550–1810. Urani-Verlag, Leipzig
Jacob P (2006) 20 Jahre danach: Der Unfall von Tschernobyl. In: Klemm, C Guldner H & Haury H-J (Hrsg) GSF – Forschungszentrum für Umwelt und Gesundheit GmbH in der HelmholtzGemeinschaft. Strahlung. 18. Ausgabe 2006. Neuherberg S. 46–54
Jakobsen B, Rosendahl F (1994) The sleipner platform accident. Struct Eng Int 3:190–193
Janka H-T (2011) Supernovae und kosmische Gammablitze: Ursachen und Folgen von Sternexplosionen. Astrophysik aktuell. Spektrum Akademie, Heidelberg
Jansen RB (1983) Dams and public safety, a water resources technical publication, U.S. department of the interior. Bureau of Reclamation, Denver
JCAHO (2004) Joint Commission on Accreditation of Healthcare Organizations: Patient Safety Standard LD.5.1 and LD.5.2
Jelenik A (2004) Ghana – Mit Kräutern gegen Malaria und Aids. Deutsches Ärztebl 101(23):B1381–1382
Jensen PH (1994) The Chernobyl accident in 1986 – Causes and Consequences. Lecture at the Institute of Physics and Astronomy, University of Aarhus, 30. November 1994
Jochmann G. (1911) Pest. In: Mohr L, Staehelin R (Hrsg) Infektionskrankheiten. Handbuch der Inneren Medizin. Springer, Berlin, S 897–916
Johnson AM (1970) Physical processes in geology. Freeman and Cooper, San Francisco
Johnson R (2018) Chronology of terrorist attacks in Israel. http://www.johnstonsarchive.net/terrorism/terrisrael.html
Jones HW (2020) NASAs understanding of risk in Apollo and Shuttle. https://ntrs.nasa.gov/search.jsp?R=20190002249 2020–04–07T19:18:49+00:00Z, S 8
Jones MD, Savina JM (2015) Supervolcano: the catastrophic event that changed the course of human. CreateSpace Independent Publishing Platform, Martinez
Jongman B, Van der Dennen JMG (1988) The great "War Figures" Hoax: an investigation in polemomythology. Secur Dialogue, 19(2):197–202
Jonkman SN (2005) Global perspectives on loss of human live caused by floods. Nat Hazards 34:151–175. https://doi.org/10.1007/s11069-004-8891-3
Jonkman SN (2007) Loss of Life Estimation in Flood Risk Assessment. Theory and Application. Delft cluster, Delft
Jovanovic A (2009) iNTeg-Risk project: providing the basis for a harmonized EU response to the challenges of new technology, 1st iNTeg-Risk Conference, Juni 2–4, 2009, Stuttgart, Germany. http://www.integrisk.eu-vri.eu/Events.aspx?ind=pub&lan=230&tab=248&itm=248&pag=233
Julien PY, O'Brien JS (1997) Selected notes on debris flow dynamics. In: Armanini A, Michiue M (Hrsg) Recent developments on debris flows. Springer, Berlin, S 144–162
Jungo P, Goyette S, Beniston M (2002) Daily wind gust speed probabilities over Switzerland according to three types of synoptic circulation. Int J Climatol 22:485–499
Junkert A, Dymke N (2004) Strahlung – Strahlenschutz. Eine Information des Bundesamtes für Strahlenschutz. Braunschweig
Jütte R (2006) Geschichte der Medizin – Verzweifelter Kampf gegen die Seuche. Deutsches Ärztebl 103(1–2):A32–A33
Kaatsch P, Spix C, Schmiedel S, Schulze-Rath R, Mergenthaler A, Blettner M (2007) Vorhaben StSch 4334: Epidemiologische Studie zu Kinderkrebs in der Umgebung von Kernkraftwerken (KiKK-Studie) Umweltforschungsplan des Bundesumweltministeriums (UFOPLAN), Reaktorsicherheit und Strahlenschutz
Kafka P (1999) How safe is safe enough? – an unresolved issue for all technologies. In: Schuëller G, Kafka P (Hrsg) Safety and reliability. Balkema, Rotterdam, S 385–390
Kalinina A, Sacco T, Spada M, Burgherr P (2017) Risk assessment for dams of different types and purposes in OECD and non-OECD countries with a focus on time trend analysis. HYDRO 2017, Sevilla, Spain, S 11
Kalinina A, Spada M, Marelli S, Burgherr P, Sudret B (2016) Uncertainties in the risk assessment of hydropower dams: state-of-the-art and outlook. Paul Scherrer Institute, ETH Zürich, Zürich
Kantha L (2006) Time to Replace the Saffir-Simpson Hurrican Scale? Eos, Vol. 87, No. 1, 3 January 2006, S 3.6
Kanton Aargau (2014) Department Bau, Verkehr und Umwelt: Gefahrenkarte Hochwasser Kanton Aargau, Hydrologie Aare, Ergänzende Untersuchungen zum Hochwasser 1852, flussbau AG, 3. April 2014, Zürich
Kappenman JG (2003) The Vulnerability of the US electric power grid to space weather and the role of space weather forecasting, US house subcommittee on environment. Technology and Standards, Hearing
Karafyllidis I, Thanailakis A (1997) A model for predicting forest fire spreading using cellular automata. Ecol Model 99:87–97
Kardashev N (1964) Transmission of information by extraterrestrial civilizations. Sov Astron 8(2):217–222
Karger CR (1996) Wahrnehmung und Bewertung von „Umweltrisiken". Was können wir aus Naturkatastrophen lernen? Arbeiten zur Risiko-Kommunikation. Bd 57. Programmgruppe Mensch, Umwelt, Technik, Forschungszentrum Jülich GmbH, Jülich
Karutz H, Geier W, Mitschke T (2017) Bevölkerungsschutz: Notfallvorsorge und Krisenmanagement in Theorie und Praxis. Springer, Berlin
Kaschuba M (2013) Hagel. http://www.marcokaschuba.com/hagel_2013/index.php
Kaschuba M (2014) Hagel-Intensitätsskala (2.2), Hail Research Laboraty
Katalinic A (2018) Zahlen zur Krebslast in Deutschland. Deutsches Ärztebl 115(35–36):569–570
Katzmarzyk PT, Friedenreich C, Shiroma EJ, Lee I-M (2021) Physical inactivity and non-communicable disease burden in low-income, middle-income and high-income countries, British Journal of Sports Medicine Published Online First: 29 March 2021. https://doi.org/10.1136/bjsports-2020-103640
Kauermann G, Küchenhoff H (2011) Reaktorsicherheit: Nach Fukushima stellt sich die Risikofrage neu. FAZ, 30. März
Kazama M, Noda T (2012) Damage statistics (Summary of the 2011 off the Pacific Coast of Tohoku Earthquake damage). Soils and Found 52(5):780–792

KBA (2003) Kraftfahrzeugbundesamt. http://www.kba.de

Keil U, Fitgerald AP, Gohlke H, Wellmann J, Hense H-W (2005) Risikoabschätzung tödlicher Herz-Kreislauf-Erkrankungen. Die neuen SCORE-Deutschland-Tabellen für die Primärprävention. Deutsches Ärztebl 102(25):B 1526–B 1530

Keller AZ, Meniconi M, Al-Shammari I, Cassidy K (1997) Analysis of fatality, injury, evacuation and cost data using the Bradford Disaster Scale. Disaster Prev Manage: An Int J 6(1):33–42. https://doi.org/10.1108/09653569710162433

Keller AZ, Wilson HC, Al-Madhari A (1992) Proposed disaster scale and associated model for calculating return periods for disasters of given magnitude. Disaster Prev Manage: An Int J 1:1. https://doi.org/10.1108/09653569210011093

Keller J, Baum D, Gojova A (2013) Neue soziale Risiken und Soziale Arbeit in der Transformationsgesellschaft. Ein empirisches Beispiel aus der Tschechischen Republik. Springer Fachmedien, Wiesbaden

Kellerer A M (2006) Von der Dosis zum Risiko. In: Klemm C, Guldner H & Haury H-J (Hrsg) GSF – Forschungszentrum für Umwelt und Gesundheit GmbH in der Helmholtz-Gemeinschaft. Strahlung. 18. Ausgabe 2006. Neuherberg. S 23–36

Kelman I (2008) Addressing the root causes of large-scale disasters. In: Gad-el-Hak M (Hrsg) Large-scale disasters. Cambridge University Press, Cambridge, S 94–119

Kennedy RP (2011) Risk (Performance-Goal) based approach for establishing the SSE design response spectrum aimed at achieving a seismic core damage frequency less than a target goal for future nuclear power plants. RPK Structural Mechanics Consulting, Escondido, CA

Keppler E (1998) Die unruhige Erde: Erdbeben, Vulkane, Meteoriten, Stürme, Klima. Rasch & Röhring, Hamburg

Kernbach-Wighton G (2014) Railway accidents. In Madea B (Hrsg) Handbook of forensic medicine. Wiley, Chichester, S 1121–1127

Khanduri A & Morrow G (2003) Vulnerability to buildings to windstorms and insurance loss estimation, Journal of Wind Engineering and Industrial Aerodynamics, 91, S. 455–467

Kharecha PA, Hansen JE (2013a). Prevented mortality and greenhouse gas emissions from historical and projected nuclear power. Environ Sci Technol 47(9):4889–4895

Kharecha P, Hansen J (2013b) Coal and gas are far more harmful than nuclear power. Global Climate Change: Vital Signs of the Planet. NASA Goddard Space Flight Center

Ki HC, Shin E-K, Woo EJ, Lee E, Hong JH, Shin DH (2018) Horse-riding accidents and injuries in historical records of Joseon Dynasty, Korea. Int J Paleopathology 20:20–25

Kiefer D (1997) Sicherheitskonzept für Bauten des Umweltschutzes. DAfStb, Bd 481. Beuth Verlag GmbH, Berlin

Kiefer J (2011) Wirkungsmechanismen ionisierender und nichtionisierender Strahlungen, Veröffentlichungen der Strahlenschutzkommission, Bd 66, Risiken ionisierender und nichtionisierender Strahlung, Klausurtagung der Strahlenschutzkommission am 5./6. November 2009, S 31–54

Kimura T, Aoyama K (1999) Earthquake induced disaster during snow period – Questionnaire survey on earthquakes occurred in Niigata Prefecture during snowfall period. Application of Statistics and Probability (ICASP 8), Sydney 1:535–543

King DA (1997) Air blast produced by the meteor crater impact event and a reconstruction of affected environment. Meteorit Planet Sci 32:517–530

Kirchenside G (1998) Katastrophale Eisenbahnunfälle – Die Schwärzesten Tage. Bechtermünz-Verlag, Weltbild-Verlag, Augsburg

Kiremidjian A A, Basöz N (1997) Evaluation of bridge damage data from recent earthquakes, NCEER bulletin. Q Publ NCEER 11(2):1–7

KIT (2017) Deutsches Mobilitätspanel (MOP) – Wissenschaftliche Begleitung und Auswertungen, Bericht 2016/2017. Alltagsmobilität und Fahrleistung, Karlsruhe

Klesius M (2002) The state of the Planet. Nat Geogr 202(3):103–115

Klesius M (2003) Everst's greatest hits. Nat Geogr 2–71

Knight CA, Knight NC (2005) Very large hailstones from aurora, nebraska. Bull Amer Meteor Soc 86(12):1773–1782

Knoflacher H (2001) Stehzeuge – Der Stau ist kein Verkehrsproblem. Böhlau, Wien

Knuschke P, Kurpiers M, Koch R, Kuhlisch W, Witte K (2004) Mean individual UV-exposures in the population. Final Report on BMBF-project 07UVB54C/3, TIB Hannover F05B898

Köchy M, Hiederer R, Freibauer A (2015) Global distribution of soil organic carbon – Part 1: Masses and frequency distributions of SOC stocks for the tropics, permafrost regions, wetlands, and the world. Soil 1:351–365

Koeberl C, Virgil LS (2019) Terrestrial impact craters slide set. Lunar and Planetary Institute. https://www.lpi.usra.edu/publications/slidesets/craters/

Kolenda K-D (2005) Sekundärprävention der koronaren Herzkrankheit: Effizienz nachweisbar. Deutsches Ärtzebl 102(26):B 1596–B1602

Kolymbas D (2016) Geotechnik, Bodenmechanik, Grundbau und Tunnelbau, 4. Aufl. Springer-Vieweg, Berlin

Konersmann R (2006) Die Vorteile der QRA bei der Abschätzung des externen Risikos der Flughäfen. 44. Tutzing Symposium „QRA – Quo Vadis?“, 12.–15.3.2006 in der evangelischen Akademie Tutzing

Konstantis T, Konstantis S, Spyridis P (2016) Tunnel losses, causes, impact, trends and risk engineering management, ITA – AITES, WTC 2016, The World Tunnel Congress Including NAT2016. San Francisco

Korotikin IM (1988) Seeunfälle und Katastrophen von Kriegsschiffen, 4. unveränderte Aufl. Militärverlag der Deutschen Demokratischen Republik, Berlin

Kossobokov VG, Nekrasova AK (2012) Global seismic hazard assessment program maps are erroneous. Seismic Instr 48(2):162–170

Köster-Lösche K (1995) Die großen Seuchen – Von der Pest bis Aids. Insel Ta-schenbuchverlag, Frankfurt a. M. und Leipzig

Köstler S (2011) "Sicher ist nur die Angst" Angstkommunikation als Form sozialer Erwartungsbildung in Medienberichterstattung über Terrorismus, Dissertation, Fakultät für Soziologie, Universität Bielefeld

Krampe C (2004) Berühmte Vulkanausbrüche. http://www.vulkanausbruch.de

Krebsregister (1997) Arbeitsgemeinschaft Bevölkerungsbezogener Krebsregister in Deutschland (Hrsg) Krebs in Deutschland – Häufigkeiten und Trends. Gesamtprogramm zur Krebsbekämpfung. Saarbrücken

Kretz T (2005) Der Fußgängerverkehr – Theorie, Experiment. Anwendung. XIV Heidelberger Graduiertenkurs Physik

Kristiansen S (2005) Maritime transportation safety management and risk analysis. Elsevier, Oxford

Kröger W, Cahraborty S (1998) Tschernobyl und weltweite Konsequenzen. TÜV Media GmbH, Köln

Kröger W, Høj NP (2000) Risk analyses of transportation on road and railway. In: Proceedings – part 2/2 of promotion of technical harmonization on risk-based decision-making, workshop, May, Stresa, Italy

Kroker E, Farrenkopf M (1999) Grubenunglücke im deutschsprachigen Raum. Katalog der Bergwerke, Opfer, Ursachen und Quellen. Dt. Bergbau-Museum, Bochum

Krüger H-P, Vollrath M (2004) The alcohol-related accident risk in Germany: procedure, methods and results. Accident Analysis and Prevention 36(1):125–133

Krystek R, Zukowska R (2005) Time series – the tool for traffic safety analysis, In: Kolowrocki (Hrsg) Advances in Safety and Reliability. Taylor and Francis, London, S 1199–1202

Kupper P (2005) Gestalten statt Bewahren: Die umweltpolitische Wende der siebziger Jahre am Beispiel des Atomenergiediskurses im Schweizer Naturschutz. Natur- und Umweltschutz nach 1945: Konzepte, Konflikte, Kompetenzen herausgegeben von Franz-Josef Brüggemeier, Jens Ivo Engels, Stiftung Naturschutzgeschichte in Deutschland. Campus, New York

Kunz M (2002) Simulation von Starkniederschlägen mit langer Andauer über Mittelgebirgen. Dissertation. Universität Fridericiana Karlsruhe

Kurmann F (2004) Hungerkrisen. http://www.lexhist.ch

Labrousse E (1944) La crise del l'economie francaise à la fin de l´ancien régime et au début de la Révolution. Presses universitaires de Franc, Paris

Lam HL, Boteler H, Trichtchenko L (2002) Case studies of space weather events from their launching on the Sun to their impacts on power systems on the Earth. Ann Geophys 20:1073–1079

Lamb HH, Frydendahl K (1991) Historic storms of the North Sea, British Isles and Northwest Europe. Cambridge University Press, Cambridge

Land Tirol (2004) Die Rinderseuche BSE – Die Fakten. http://gin.uibk.ac.at/thema/neurologie/bse.html

Lange D, Bezzola RG (2006) Schwemmholz – Probleme und Lösungsansätze, Ver-suchsanstalt für Wasserbau Hydrologie und Glaziologie der Eidgenössischen Technischen Hochschule Zürich, Mitteilungen 188. VAW, Zürich

Lange U, Waskow F, Mersch-Sindermann V (2001) Wasser. In: Böse-O'Reilly S, Kammerer S, Mersch-Sundermann V, Wilhelm M (Hrsg) Leitfaden Umweltmedizin, 2. Aufl. Urban & Fischer, München

Langeheine J (2014) Die Dosis macht das Gift – auch bei Strahlenbelastung. atw 59(11):631–633

Langenhorst F (2002) Einschlagskraft auf der Erde – Zeugen der kosmischen Katastrophen. Sterne und Weltraum. De Gruyter, Berlin, S 34–44

Lanius K (1988) Mikrokosmos – Makrokosmos. Das Weltbild der Physik. Urania Verlag, Leipzig

Lanzerotti LJ (1983) Geomagnetic induction effects in ground-based systems. Space Sci Rev 34:347–356

Lavignea F, Degeai J-P, Komorowskic J-C, Guillet S, Robert V, Lahitte P, Oppenheimer C, Stoffel M, Vidal CM, Surono, Pratomo I, Wassmer P, Hajdas I, Hadmoko DS & de Belizal E (2013) Source of the great A.D. 1257 mystery eruption unveiled, Samalas volcano, Rinjani Volcanic Complex, Indonesia, PNAS Early Edition, https://www.pnas.org/doi/full/10.1073/pnas.1307520110

Lebensministerium (2011) Leitfaden Verfahren zur Abschätzung von Hochwasserkennwerten. Lebensministerium, Wien

Leber D (2005) Gletschergefahren im Himalaya- Gefahrenanalyse und Schutzmassnahmen, 3. Probabilistic Workshop, Universität für Bodenkultur Wien, S 193–194

Leberke M (2004) Mit dem Tod tanzen. http://tms.lernnetz.de/religion2.htm

Ledermann K, Niggli F, Pretre S, Schädelin J, Frey D (2009) Kinderleukämie und Kernkraftwerke – (K)Ein Grund zur Sorge? Grundlagen, Studien, Analysen. Forum Medizin und Energie, Zürich

Lee F (2012) Lees' Loss Prevention in the Process Industries: hazard identification. Assessment and Control. Butterworth-Heinemann, Amsterdam

Lefebvre A, Fiet C, Belpois-Duchamp C, Tiv M, Karine A, Glele LSA (2014) Case fatality rates of Ebola virus diseases: a meta-analysis of world health organization data. Med et Mal Infectieuses 44(9):412–416

Lehner A (2014) Die Straftatbestände zur Bekämpfung der Terrorismusfinanzierung, Eine rechtsvergleichende Untersuchung der österreichischen und deutschen Bestimmungen unter Berücksichtigung internationaler und europäischer Rechtsinstrumente, Dissertation, Universität Wien, Wien

Leicester R, Aust M, Reardon G (1976) A statistical analyses of the structural damage by cyclone Tracy. Civil Engineering Transactions 2:50–54

Leigh R (2007) Hail storm – one of the costliest natural hazards. Coastal Cities Natural Disasters, 20–21

Leitgeb N (2011) Gesundheitliche Risiken niederfrequenter und statischer Felder, Veröffentlichungen der Strahlenschutzkommission, Bd 66, Risiken ionisierender und nichtionisierender Strahlung, Klausurtagung der Strahlenschutzkommission am 5./6. November 2009, S 163–176

Lem S (1951) Der Planet des Todes. Volk und Welt, Berlin

Lentz AK, Burgess GH, Perrin K, Brown JA, Mozingo DW, Lottenberg L (2010) Mortality and management of 96 shark attacks and development of a shark bite severity scoring system. Am Surg 76(1):101–106

Leopoldina (2019) Saubere Luft – Stickstoffoxide und Feinstaub in der Atemluft: Grundlagen und Empfehlungen, April 2019. Ad-hoc-Stellungnahme, Deutsche Akademie der Naturforscher Leopoldina e. V. – Nationale Akademie der Wissenschaften, Halle (Saale)

Lerchl A (2011) Hochfrequenzfelder/Mobilfunk – heutiger Kenntnisstand, Veröffentlichungen der Strahlenschutzkommission, Bd 66, Risiken ionisierender und nichtionisierender Strahlung, Klausurtagung der Strahlenschutzkommission am 5./6. November 2009, S 177–188

Lerner ER (1981) The black death and Western European eschatological mentalities. Am Hist Rev 86(3):533–552

Leslie J (1996) The end of the world: the science and ethics of human extinction. Routledge, London

Leveson N (1999) Medical devises: The Therac-25. University of Washington

Leveson NG, Turner CS (1993) An Investigation of the Therac-25 Accidents. Computer 26(7):18–41

Levy JS, Clifton TM (1984) The frequency and seriousness of war. J Conflict Resolut 28:731–749

Lewitzka U, Glasow N, Jabs B (2021) Werner-Felber-Institut für Suizidprävention und interdisziplinäre Forschung im Gesundheitswesen e. V. https://www.felberinstitut.de/

Leyk D, Rüther T, Wunderlich M, Heiß A, Küchmeister G, Piekarski C, Löllgen H (2008) Sportaktivität, Übergewichtsprävalenz und Risikofaktoren. Dtsch Arztebl 105(46):793–800

Lieberwirth P (2003) Ein Beitrag zur Wind- und Schneelastmodellierung. 1. Dresdner Probabilistik-Symposium. Fakultät Bauingenieurwesen, Technische Universität Dresden, S 123–138

Lieberwirth P (2004) Technische Universität Dresden, unveröffentlicht

Liersch A (2014) Arbeitsunfälle und arbeitsbedinge Gesundheitsprobleme – Ergebnisse einer Zusatzerhebung im Rahmen des Mikrozensus 2013, Statistisches Bundesamt, Wiesbaden. https://www.destatis.de/DE/Publikationen/WirtschaftStatistik/Arbeitsmarkt/ArbeitsunfaelleGesundheitsprobleme_92014.pdf;jsessionid=C14DB96D2CD7E822A19490537ACD9535.Internet-Live1?__blob=publicationFile

Lind N, Hartford D (1999) Probability of human instability in flooding: a hydrodynamic model. Application of Statistics and Probability (ICASP 8). Sydney 2:1151–1156

Lindenmann HP, SpacekP, Doerfel M (2004) Erarbeitung der Grundlagen für eine Strassenverkehrssicherheitspolitik des Bundes (VESIPO), Massnahmenkatalog zur Erhöhung der Verkehrssicherheit, Teil Infrastruktur und Betrieb. IVT ETH Zürich, VSS 2001/060, Dez. 2004

Lindner J (2002) Beseitigung von Verklausungen" Erfahrungen – Hochwassereinsatz 2002, Bezirks-Feuerwehrkommando PERG. http://bfw.ac.at/ort1/Vortraege_als_pdf/verklausung/Lindner_Verklausung.pdf

Linnell JDC, Alleau J (2016) Predators that kill humans: myth, reality, context and the politics of wolf attacks on people. In: Angelici FM (Hrsg) Problematic wildlife. Springer, Cham

Linnell JDC, Andersen R, Andersone Z, Balciauskas L, Blanco JC, Boitani L, Brainerd S, Breitenmoser U, Kojola I, Liberg O, Loe J, Okarma H, Pedersen HC, Promberger C, Sand H, Solberg EJ, Valdmann H, Wabakken P (2002) The fear of wolves: a review of wolf attacks on humans. NINA Oppradsmelding 731:1–65

Linnell JDC, Solberg EJ, Brainerd S, Liberg O, Sand H, Wabakken PW, Kojola I (2003) Is the fear of Wolves justified? A fennoscandian perspective. Acta Zool Lituanica 13(1):27–33

Liritzs I, Zahcarias N, Polymeris GS, Kitis G, Ernstson K, Sudhaus D, Neumair A, Mayer W, Rappenglück MA, Rappenglück B (2010) The Chiemgau meteorite impact and Tsunami event (Southeas German): first OSL dating. Mediterr Archeology Archeometry 10(4):17–33

Liu X, Saat MR, Barkan CPL (2012) Analysis of causes of major train derailment and their effect on accident rates, transportation research record: journal of the transportation research board, No. 2289. Transportation Research Board of the National Academies, Washington, DC, S 154–163

Lodish H, Berk A, Matsudaira P, Kaiser CA, Krieger M, Scott MP, Zipursky SL, Darnell J (2004) Molecular biology of the cell, 5. Aufl. WH Freeman, New York

Löer W (2004) 18 Jahre lang Albträume. Frankfurter Allgemeine Sonntagszeitung, 4. April, S 12

Lombardi Engineering Ltd (2014) Switzerland

Loß M (2020) Eine schadstofffreie Umwelt gibt es nicht. Dtsch Arztebl Int 117:287. https://doi.org/10.3238/arztebl.2020.0287a

Lotz C, Proske U, Beissert S (2014) Verbrennungen durch weißen Phosphor nach Verwechslung mit Bernstein, Tagungsband der 55. Dresdner Dermatologischen Gespräche, 5. Juli 2014, Klinik und Poliklinik für Dermatologie, Universitätsklinikum Carl Gustav Carus an der Technischen Universität Dresden

Luhmann H-J (2000) Die Contergan-Katastrophe revisited – Ein Lehrstück vom Beitrag der Wissenschaft zur gesellschaftlichen Blindheit, Umweltmed. Forsch Prax 5(5):295–300

Lum C, Kennedy LW (2012) Evidence-based counterterrorism policy. Springer, New York

Luterbacher J (2007) Niederschlagsvariabilität der letzten 500 Jahre und einige Anwendungen – Klimawandel und Hydrologie, Esslingen

Luterbacher J, Werner JP, Smerdon JE, Fernández-Donado L, González-Rouco FJ, Barriopedro D, Ljungqvist FC, Büntgen U, Zorita E, Wagner S, Esper J,McCarroll D, Toreti A, Frank D, Jungclaus JH, Barriendos M, Bertolin C, Bothe O, Brázdil R, Camuffo D, Dobrovolný P, Gagen M, García-Bustamante E, Ge Q, Gómez-Navarro JJ, Guiot J, Hao Z, Heger GC , Holmgren K , Klimenko VV, Martín-Chivelet J, Pfister C, Roberts N , Schindler A, Schurer A, Solomina O, von Gunten L, Wahl E, Wanner H, Wetter O, Xoplaki E, Yuan N, Zanchettin D, Zhang H, Zerefos C (2016) European summer temperatures since Roman times. Environ Res Lett 11:1–12

Maag T (2004) Risikobasierte Beurteilung der Personensicherheit von Wohnbauten im Brandfall unter Verwendung von Bayes'schen Netzen, Doctorial Thesis, IBK Bericht, Bd 282. vdf Hochschulverlag AG an der ETH Zürich, Zürich. https://www.research-collection.ethz.ch/bitstream/handle/20.500.11850/147976/eth-1549-01.pdf?sequence=1&isAllowed=y

Maes MA, Dann MR (2017) Freak events, black swans, and unkownable unknowns: impact on risk-based design. In: Caspeele R et al (Hrsg) 14th international probabilistic workshop. Springer, Cham, S 15–30

Mahla A, Bliss F, Gaesing K (2017) Wege aus extremer Armut, Vulnerabilität und Ernährungsunsicherheit. Begriffe, Dimensionen, Verbreitung und Zusammenhänge. Institut für Entwicklung und Frieden (INEF), Universität Duisburg-Essen (AVE-Studie 1/2017)

Maier A (2006) Feuer – vom Risikofaktor zum Risikomanagement, Schadenspiegel 2/2006. Munich Re. S 21–25

Maio G (2001) Zur Geschichte der Contergan-Katastrophe im Lichte der Arzeimittelgesetzgebun, Medizingeschichte. Dtsch Med Wochenschau 126(42):1183–1186

Makarieva AM, Gorshkov VG, Li B-L (2008) Energy budget of the biosphere and civilization: rethinking environmental security of global renewable and non-renewable resources. Ecol Complex 5:281–288

Malowany JI, Butany J (2012) Pathology of sickle cell disease. Semin Diagn Pathol 29(1):49–55

Manes M, Rush D (2019) A critical evaluation of BS PD 7974-7 structural fire response data based on USA fire statistics. Fire Technol. https://doi.org/10.1007/s10694-018-0775-2

Mann G (1991a) Das Zeitalter des Dreißigjährigen Krieges. Propyläen Weltgeschichte: Eine Universalgeschichte. „Von der Reformation zur Revolution", Bd 7. Propyläen Verlag, Frankfurt a. M., S 133–230

Mann G (1991b) Propyläen Weltgeschichte – Eine Universalgeschichte. Propyläen Verlag Berlin

Marean CW (2013) Als die Menschen fast ausstarben. In: Spektrum der Wissenschaft Spezial. Archäologie, Geschichte, Kultur. Der kreative Mensch zwischen Biologie und Kultur, 2/2013

Margreth S & Ammann WJ (2008) Hazard scenarios for avalanche actions on bridges. Ann Glaciol 38:89–96

Markandya A, Wilkinson P (2007) Electricity generation and health. The Lancet 370(9591):979–990

Marmot M, Elliott P (1995) Coronary heart disease epidemiology. From aetiology to public health. Oxford Medical Publications, New York

Martel LMV (1997) Damage by impact, hawaii institute of geophysics and planetology. http://www.psrd.hawaii.edu/Dec97/PSRD-impactBlast.pdf

Martin B (1982) The global health effects on nuclear war. Curr Aff Bull 59(7):14–26

Marusek JA (2007) Solar storm threat analysis. Impact

Marx A, Treffeisen R, Grosfeld K, Hiller W, Heygster G, Samaniego L, Kumar R, Pommerencke J, Zink M (2017) Wissenschaftliche Information für die Anwendung. In: Marx A (Hrsg) Klimaanpassung in Forschung und Politik. Springer-Spektrum, Wiesbaden, S 119–142

Mason BG, Pyle DM, Oppenheimer C (2004) The size and frequency of the largest explosive eruptions on Earth. Bulletin of Volcanology. 66:735–748

Matheny JG (2007) Reducing the risk of human extinction. Risk Anal 27(5):1335–1344

Mathers CD, Loncar D (2006) Updated projections of global mortality and burden of disease, 2002–2030: data sources, methods and results. Evidence and Information for Policy Working Paper, Evidence and Information for Policy, World Health Organization, October 2005, Revised November 2006

Matsuoka T, Mitomo N, Kaneko F (2004) Evaluation of occurrence frequencies of marine accidents by event tree analysis. Spitzer C, Schmocker U, Dang VN (Hrsg) International conference on probabilistic safety assessment and management 2004, Bd 6. Springer, Berlin, S 3269–3274

Matthews T, Murphy C, Wilby RL, Harrigan S (2016) A cyclone climatology of the British-Irish Isles 1871–2012. Int J Climatol 36(3):1299

Mattmüller M (1982) Die Hungersnot der Jahre 1770/71 in der Basler Landschaft. Gesellschaft und Gesellschaften. In: Bernard N, Reichen Q, S 271–291

Mattmüller M (1987) Bevölkerungsgeschichte der Schweiz, Teil 1. Helbing & Lichtenhahn, Basel, S 260–307

Maybaum T (2018) Spanische Grippe: Ein Virus – Millionen Tote. Med Stud 1:36

Mazumder RK, Salman AM, Li Y (2021) Reliability assessment of oil and gas pipeline systems at burst limit state under active corrosion. In: Matos JC et al (Hrsg) 18th international probabilistic workshop. Lecture notes in civil engineering, Bd 153. Springer Nature, Switzerland AG, S 653–660
McAneney KJ (2005) Australian Bushfire: Quantifying and Pricing the Risk to Residential Properties, Proceedings of the Symposium on Planning for Natural Hazards – How Can We Mitigate the Impacts? University of Wollongong, 2–5 February 2005
McBean EA, Rovers FA (1998) Statistical procedures for analysis of environmental monitoring data & risk assessment. Prentice Hall PTR environmental management & engineering series, Bd 3. Prentice Hall Inc, Upper Saddle River
McCarthy N (2014) The World's deatliest animals. https://www.statista.com/chart/2203/the-worlds-deadliest-animals/
McCracken KG, Smart DF, Shea MA, Dreschhoff GAM (2001) 400 years of large fluence solar proton events. In: Proceedings of ICRC, Copernicus Gesellschaft, S 3209–3212
McDougall PR, Riedl C (2005) US-amerikanische Verordnung will Gefahren durch Weltraummüll verhindern. Schadenspiegel 2(48):2–8
McGain HJ, Winkel KD (2000) Wesp sting mortality in Australia. MJA 173:198–200
McKay GA, Thompson HA (1969) Estimating the hazard of ice accretion in Canada from climatological data. J Appl Meteorol 8:927–953
McKenna P (2011) Fossil fuels are far deadlier than nuclear power, NewScientist, Special Report, 23 March 2011. https://www.newscientist.com/article/mg20928053.600-fossil-fuels-are-far-deadlier-than-nuclear-power/
McManus P, Graham R (2014) Horse racing and gambling: comparing attitudes and preferences of racetrack patrons and residents of Sydney, Australia. Leisure Stud 33:400–417
Meadows D, Meadows D, Randers J (1992) Die neuen Grenzen des Wachstums. Bertelsmann Club GmbH, Gütersloh
Mears A (2006) Avalanche dynamics. www.avalanche.org
Mebs D, Kettner M (2015) Vergiftungen durch Meerestiere, Rechtsmedizin, 25(6):577–589
Mebs D, Kettner M (2016) Vergiftungen durch Tiere des Festlands. Rechtsmedizin 26(1):67–76
Mechler R (2003) Natural disaster risk management and financing disaster losses in development countries. Dissertation, Universität Fridericiana Karlsruhe
MED (2015) Catalogue of Notable Tunnel Failures – Case Histories (up to April 2015), Mainland East Division, Geotechnical Engineering Office, Civil Engineering and Development department, The Government of the Hong Kong Special Administrative Region
Mehlhorn G (Edr) (1997) Bauphysik and Brandschutz. In: Der Ingenieurbau: Grundwissen in 9 Bänden. Verlag Ernst und Sohn, Berlin
Meier N, Rutishauser T, Pfister C, Wanner H, Luterbacher J (2007) Grape harvest dates as a proxy for Swiss April to August temperature reconstructions back to AD 1480, Geophysical Research Letters 34:L20705. https://doi.org/10.1029/2007GL031381
Meijer PJ (1997) Vulkane und Thermalquellen. Parkland Verlag, Köln
Mekonnen MM, Hoekstra AY (2016) Four billion people facing severe water scarcity, Sci Adv 2:e1500323
Melott A, Lieberman B, Laird C, Martin L, Medvedev M, Thomas B, Cannizzo J, Gehres N, Jackmann C (2004) Did a gamma-ray burst initiate the late Ordovician mass extinction? Int J Astrobiol 3:55
Menzies J B (1996) Bridge Failures, Hazards and Societal Risk. In Parag C. Das (Hrsg) Proceedings of international symposium on the safety of bridges, 4./5.7.1996. Thomas Telford, London, S 36–41
Merkel BJ (2006) Uran in Trink- und Mineralwasser. TU Bergakademie Freiberg, S 11
Merz T (2001) Müll. In: Böse-O'Reilly S, Kammerer S, Mersch-Sundermann V, Wilhelm M (Hrsg) Leitfaden Umweltmedizin. 2. Aufl. Urban & Fischer, München
Meskouris K, Hinzen KG, Chr B, Mistler M (2011) Bauwerke und Erdbeben: Grundlagen – Anwendung – Beispiele. Vieweg + Teubner, Wiesbaden
Met Office Hadley Centre for Climate Change (2021) Hadley Centre Central England Temperature (HadCET) dataset. http://www.metoffice.gov.uk/hadobs/hadcet/
MeteoSchweiz (2013) SPI und SPEI, https://www.meteoschweiz.admin.ch/home/klima/schweizer-klima-im-detail/klima-indikatoren/trockenheitsindikatoren/spi-und-spei.html
MeteoSchweiz (2018) Rekorde Schweiz, http://www.meteoschweiz.admin.ch/home/klima/klima-derschweiz/rekorde-und-extreme.html?query=rekord, Zugriff 14.06.2018
MeteoSwiss (2006) Starkniederschlagsereignis August 2005. Arbeitsbericht MeteoSchweiz 211:63
MeteoSwiss (2009) Basisanalysen ausgewählter klimatologischer Parameter am Standort KKW-Beznau. Arbeitsbericht MeteoSchweiz 224:135
MeteoSwiss (2010) Die langen Schneemessreihen der Schweiz – Eine basisklimatologische Netzanalyse und Bestimmung besonders wertvoller Stationen mit Messbeginn vor 1961. Arbeitsberichte der MeteoSchweiz 233
MeteoSwiss (2021) Klimawandel Schweiz. https://www.meteoschweiz.admin.ch/home/klima/klimawandel-schweiz.html
Meteotest (2014) Geographisches Institut der Universität Bern: Karten der Sturmgefährdung in der Schweiz. Meteotest, Bern
Michels E (2010) Die Spanische Grippe 1918/19, Verlauf, Folgen und Deutungen in Deutschland im Kontext des Ersten Krieges, Vierteljahrehefte für Zeitgeschichte, Oldenburg. Institut für Zeitgeschichte, München
Mielke H (1980) Transpress Lexikon: Raumfahrt, 6. bearbeitete Aufl. Transpress VEB Verlag für Verkehrswesen, Berlin
Mikus G (2011) Unerwünschte Arzneimittelwirkungen (UAW) und Arzneimittel-Interaktionen – Definition und Einteilung. Ther Umsch 68:3–9
Ministry of Public Works (2001). Decree 9th May 2001: "Minimum safety requirements regarding land use planning for areas around major hazard installations" (in Italian), issued on "Supplemento Ordinario" n. 151 to the "Gazzetta Ufficiale Italiana n. 138", 16th June 2001
MIPT (2004) Memorial Institute for the Prevention of Terrorism: MIPT Terrorism Knowledge Base. MIPT, Oklahoma
Mitsuda T (2007) The horse in European history, 1550–1900, PhD Thesis, University of Cambridge, Faculty of History
Mohrbach L (2013) Fukushima two years after the tsunami – the consequences worldwide. atw 58(3):152–155
Möller FN (2017) Zur Hölle mit den Wölfen, 1. Aufl. Books on Demand, Norderstedt
Möller HJ, Laux G, Deisler A (2001) Psychiatrie und Psychotherapie, 2. Aufl. Thieme Verlag, Psychiatrie und Psychotherapie
Mons U, Gredner T, Behrens G, Stock C, Brenner H (2018) Krebs durch Rauchen und hohen Alkoholkonsum. Deutsches Ärztebl 115(35–36):571–577
Morell V (1999) The sixth extinction. National geographic magazin. Nat Geogr Soc 195(2):43–59
Moriceau J-M (2014) The wolf threat in france from the middle ages to the twentieth century, HAL Id: hal-01011915. https://hal.archives-ouvertes.fr/hal-01011915
Morris E (2007) From horse power to horsepower. Access Mag 1(30):2–9
Morris I (2011) Wer regiert die Welt: Warum Zivilisationen herrschen oder beherrscht werden. Campus Verlag GmbH, Frankfurt a. M.

Morrison CN, Thompson J, Kondo MC, Beck B (2019) On-road bicycle lane types, roadway characteristics, and risks for bicycle crashes. Accid Anal Prev 123:123–131
Morrissey MM, Savage WZ & Wieczorek GF (1999) Air blasts generated by rockfall impacts: analysis of the 1996 happy isles event in yosemite national park. J Geophys Res 104(noB10):23189–23198
Mortler M (2017) Drogen- und Suchtbericht 2017, Drogenbeauftragte der Bundesregierung. https://www.aerzteblatt.de/nachrichten/77721/Drogen-und-Suchtbericht-Bilanz-einer-Amtszeit
Mosbech H (1983) Death caused by wasp and bee stings in Denmark 1960–1980. Allergy 38:195–200
Moser M, Schibig G, Reif M, Tschumi J, Würgler D (2017) Analyse und Modellierung von Eisenbahnunfällen. Züricher Hochschule für Angewandte Wissenschaften, Institut für angewandte Mathematik und Physik, Zürich
Moser S (1987) Wie sicher ist Fliegen? 2. Aufl. Orell Füssli Verlag, Zürich
MoT (2016) Risk on the road: introduction and mode comparision, August 2005. Ministry of Transport, New Zealand, Government. https://www.transport.govt.nz/assets/Uploads/Research/Documents/Risk-2015-intro-overview-final.pdf
MPI (2001) Klimaänderung durch Vulkane. Forschungsbericht. Max-Planck-Institut für Meteorologie, Hamburg
Mueller J, Stewart MG (2011) Terror, security, and money: balancing the risks, benefits, and costs of homeland security. Oxford University Press, Oxford
Mueller J, Stewart MG (2015) Chasing ghosts: the policing of terrorism. Oxford University Press, Oxford
Mühlbauer P (2020) Boeing 737 Max: softwareproblem beseitigt, systemisches problem belassen? Telepolis. https://www.heise.de/tp/features/Boeing-737-Max-Softwareproblem-beseitigt-systemisches-Problem-belassen-4964842.html. Zugegriffen: 19. Nov 2020
Müller M (2003) Sicherheit und Wirtschaftlichkeit – Erfahrungen aus der Luftfahrt. In: Porzsolt F, Williams AR, Kaplan RM (Hrsg) Klinische Ökonomik – Effektivität & Effizienz von Gesundheitsleistungen. ecomed Verlag, Landsberg, S 111–125
Müller T (2018) Viele falsche Vorstellungen, was Krebs verursacht. CME 10:42
Münchner Rück (2000a) Welt der Naturgefahren. CD-Programm, erschienen 2000. München
Münchner Rück (2000b) Weltkarte der Naturkatastrophen. München
Münchner Rück (2001) Topics geo: annual review: natural catastrophes. München
Münchner Rück (2001) Weltkarte der Naturkatastrophen. München
Münchner Rück (2003) Topics geo: annual review: natural catastrophes. München
Münchner Rück (2004a) Topics geo: annual review: natural catastrophes 2003. Münchner Rück, München
Münchner Rück (2004b) NatCatSERVICE
Münchner Rück (2005a) Themenheft Risikofaktor Wasser. Schadenspiegel, Bd 3. Münchener Rückversicherungs-Gesellschaft, München, S 48
Münchner Rück (2005b) Topics 2:23–24
Münchner Rück (2006a) Hurricans, stronger, more frequent, more costly. Hurrikane – stärker, häufiger, teurer. Assekuranz im Änderungsrisiko. München
Münchner Rück (2006b) Hurrikansaison 2005: Zeit zum Umdenken. Topics Geo 2005. München
Münchner Rück (2012) Bittere Pillen. Topics Schadenspiegel 2
Münchner Rück (2013) Bedeutende Naturkatastrophen 1980–2012: „Die 10 tödlichsten Ereignisse weltweit" & „Die 10 teuersten Ereignisse weltweit". GeoRisiko-Forschung NatCatSERVICE, München
Münchner Rück (2015) NatCatService: Schadensereignisse weltweit 1980–2015, 10 tödlichsten Erdbeben. https://www.munichre.com/site/touch-naturalhazards/get/documents_E1264999427/mr/asset-pool.shared/Documents/5_Touch/_NatCatService/Significant-Natural-Catastrophes/2015/1980_2015_Erdbeben_dth_d.pdf
Münchner Rück (2018) Überschwemmung. https://www.munichre.com/touch/naturalhazards/de/naturalhazards/hydrological-hazards/flood/flood/index.html
Munter W (1999) 3 mal 3 Lawinen. Bergverlag Rother, München
Mußhoff F, Heß C (2014) Mordsgifte – ein Toxikologe berichtet. Bastei-Lübbe Taschenbuch, Köln
Naeye R (2006) Milky Way Supernova Rate Confirmed. https://www.skyandtelescope.com/astronomy-news/milky-way-supernova-rate-confirmed/
Nagaraj K Sainath P, Rukmani R, Gopinath R (2014) Farmers suicides in India: magnitudes, trends and spatial patterns, 1997–2012. Rev Agrarian Stud 4(2):53–83
Nahrath N (2004) Modellierung Regen-Wind-induzierter Schwingungen, Dissertation, TU Braunschweig
Naito S, Hamanaka S, Minoura M (2003) New long-term prediction of ship response considering critical standard deviation. Proceedings of the 8th International Marine Design Conference, Athens, Greece, Volume II, 5.–8. May 2003, S 379–390
NAS (2010) Hidden costs of energy: unpriced consequences of energy production and use committee on health, environmental, and other external costs and benefits of energy production and consumption. Nat Res Council. ISBN: 0-309-14641-0
NASA (2003) Trail of black holes and neutron starts points to ancient collision. http://www.nasa.gov. Zugegriffen: 12. Aug 2003
NASA (2004) NASA research helps highlight lightning safety awareness week. http://www.nasa.gov/centers/goddard/news/topstory/2004/0621lightning_prt.htm
NASA (2005) Ort eines Vulkanausbruchs bestimmt Klimafolgen. http://www.springer.com/earth+sciences+and+geography?SGWID=1-10006-2-157467-0
NASA (2006) Scientists confirm historic massive flood in climate change. https://www.nasa.gov/vision/earth/lookingatearth/abrupt_change.html
NASA (2010). https://earthobservatory.nasa.gov/WorldOfChange/decadaltemp.php
NASA (2011) Space Shuttle Era Facts, John F. Kennedy Space Center, Florida. https://www.nasa.gov/pdf/566250main_2011.07.05%20SHUTTLE%20ERA%20FACTS.pdf
NASA/CXC (2020) Record-breaking explosion by black hole spotted. https://chandra.si.edu/press/20_releases/press_022720.html. Zugegriffen: 27. Febr 2020
National Geographic Society (1998) Physical earth – millenium in maps. National Geographic Society, Washington, DC
National Geographic Society (1999) El Niño – La Niña: Nature's vicious cycle. Nat Geogr 195(3):72–95
Naturgewalt.de (2004) Dürre, Hitze, Hungersnot. http://www.naturgewalt.de/duerrechronologie.htm. Zugegriffen: Mai 2004
NEISS (2004) Product summary report, injury estimates for calendar year 1998, and National Electronic Injury Surveillance System (NEISS). The National Injury Information Clearinghouse, U.S. Consumer Product Safety Commission, Washington, DC 20207, 301-504-0424. http://www.cpsc.gov
Neumann PG (1995) Computer Related Risks. Addison Wesley, New York
Neumann PG (2021) Forum on risks to the public in computers and related systems. http://catless.ncl.ac.uk/risks
Newhall CG, Self S (1982) The volcanic explosivity index (VEI). An estimate of explosive magnitude for historical volcanism. J Geophys Res 87:1231–1238
Newson L ((2001) The atlas of the world's worst natual disasters. Dorling Kindersley, London
Nezamodini ZS, Rezvani Z, Kian K (2017) Dow's fire and explosion index: a case-study in the process unit of an oil extraction factory. Electron Physician 9(2):3878–3882

NGI (2007) Tsunamis. http://www.geohazards.no/projects/tsunamis.htm

Ngo T, Mendis P, Gupta A, Ramsay J (2007) Blast loading and blast effects on structures – an overview. EJSE 1(Special Issue: Loading on Structures):76–91

NGS (1999) National Geographic Society: Universe – millennium in maps. NGS, Washington, DC

Nichols JM, Beavers JE (2008) World earthquake fatalities from the past: implifications for the present and future. Nat Hazards Rev 9(4):179–189

NIST (2006) Performance of physical structures in Hurricane Katrina and Hurricane Rita: a reconnaissance report, NIST technical note 1476. National Institute of Standards and Technology, Gaithersburg

NN (1997) Exhibition at the Lippischen Landesbibliothek 4.8.–12.9.1997: Brand und Katastrophe – Alte Bücher zum Feuerlöschwesen

NN (2008) 8. Risk and Reliability. S 563–622

NN (2014) The worlds worst train disasters. https://www.railway-technology.com/features/featurethe-worlds-deadliest-train-accidents-4150911/

NN (2021) Existential risk. https://www.lesswrong.com/tag/existential-risk

NOAA (2018) National climatic data center: NOAA Paleoclimatology. http://www.ncdc.noaa.gov/paleo/recons.html

Noland RB, Quddus MA (2004) Improvements in medical care and technology and reductions in traffic-related fatalities in Great Britain. Accid Anal Prev 36(1):103–113

Norio O, Ye T, Kajitani Y, Shi P, Tatano, H (2011) The 2011 Eastern Japan Great Earthquake Disaster: overview and comments. Int J Disaster Risk Sci 2(1):34–42

Northcutt W (2005) Neueste darwin awards, Die skurrilsten Arten, zu Tode zu kommen, 3. Aufl. Wilhelm Goldmann Verlag, München

NÖZ (2005) Safety Radgeber Grippepandemie. Niederösterreichischer Zivilschutzverband, Tulln

NRC (1998) US Nuclear regulatory commission, office of nuclear regulatory research: regulatory guide 1.174: an approach for using probabilistic risk assessment in risk-informed decisions on plant-specific changes to the licensing basis. http://www.nrc.gov/NRC/RG/01/01-174.html. Zugegriffen: July 1998

NRC (2009) Severe space weather events – understanding societal and economic impacts: a workshop report – extended summary, national research council. The National Academies Press, Washington, DC

NRC (2011) Climate Stabilization Targets: Emissions, Concentrations, and Impacts over Decades to Millennia. The National Academies Press, Washington, DC

NRPB (1986) National radiological protection board. Living with radiation. HMSO, London

NSTC (1995) Interagency Report on Orbital Debris, The National Science and Tehcnology Council, Cimmittee on Trasnprotation Research and Development, November 1995, Washington

NZZ (2004a) Der Hitzesommer 2003 im 500-jährigen Vergleich: Zwei Grad wärmer als 1901 bis 1995. Neue Züricher Zeitung – Internationale Ausgabe, 5. März 2004, Nr 54, S 43

NZZ (2004b) Über Frauen die den Hunger bekämpfen. Neue Züricher Zeitung – Internationale Ausgabe, 6./7. März 2004, Nr 55, S 9

OcCC (2003) (Beratendes Organ für Fragen der Klimaänderung) Extremereignisse und Klimaänderung. OcCC, Bern

ODPHP (2020) National poison data system, office of disease prevention and health promotion. https://www.healthypeople.gov/2020/data-source/national-poison-data-system

Oelmann JT (2014) In vivo Reparaturkapazität von DNA Doppelstrangbrüchen männlicher Keimzellen und somatischer Zellen anhand reparatur-profizienter und -defizienter Mausstämme nach Bestrahlung, Dissertation zur Erlangung des Grades eines Doktors der Medizin der Medizinischen Fakultät der Universität des Saarlandes, Homburg/Saar

Olipitz W, Wiktor-Brown D, Shuga J, Pang B, McFaline J, Lonkar P, Thomas A, Mutamba JT, Greenberger JS, Samson LD, Dedon PC, Yanch JC, Engelward BP (2012) Integrated molecular analysis indicates undetectable DNA damage in mice after continuous irradiation at ~400-fold natural background radiation. J Environ Health Perspect 120(8):1130–1136

Omenihu FC, Onundi LO, Alkali MA (2016) An analysis of building collapse in Nigeria (1971–2016): Cchallenges for stakeholders, University of Maiduguri. Ann Borno XXVI:113–139

Omodanisi EO, Eludoyin AO, Salami AT (2014) A multi-perspective view of the effects of a pipeline explosion in Nigeria. Int J Disaster Risk Reduction 7:68–77

O'Neill R (1998) Natural Disasters. Parragon Books, Bristol

ONR 24800 (2007) Schutzbauwerke der Wildbachverbauung- Begriffsbestimmungen und Klassifizierung. Wiley, ONR

Onuoha FC (2008) Oil pipeline sabotage in Nigeria: dimensions, actors and implications for national security. Afr Secur Stud 17(3):99–115

ORF (2004) Futurezone. http://futurezone.orf.at/futurezone.orf?read=detail&id=27704

Osinski GR, Cocktell CS, Pontefract A, Sapers HM (2020) The role of meteorite impacts in the origin of life. Astrobiology 20(9):1–29

Osman MB, Tierney JE, Zhu J, Tardif R, Hakim GJ, King J, Poulsen CJ (2021) Globally resolved surface temperatures since the last glacial maximum. Nature 599:239–244

Österreichisches Kuratorium für Alpine Sicherheit (2018) analyse:berg. Winter 2017/18. https://www.alpinesicherheit.at/

Österreichisches Kuratorium für Alpine Sicherheit (2019) Alpinunfälle in Österreich 2018. https://bergrettung.at/news/alpinunfaelle-in-oesterreich-2018-quelle-kurasi/

Österreichisches Kuratorium für Alpine Sicherheithttps (2022) Bergunfälle in Österreich 2021. https://www.alpenverein.de/bergsport/sicherheit/bergunfaelle-in-oesterreich-2021_aid_37923.html

Ott KO, Hoffmann H-J, Oedekoven L (1984) Statistical trend analysis of dam failures since 1850, Jul-SPez-245. Kernforschungszentrum Julich Gmbh (KFA), Julich

Otte A, Nguyen T (2009) Risiken und Nebenwirkungen von Arzneimitteln. Schriften der Wissenschaftlichen Hochschule Lahr, Nr. 16. WHL, Lahr

Overmans R (1999) Deutsche militärische Verluste im Zweiten Weltkrieg. Beiträge zur Militärgeschichte, Bd 46. Oldenbourg, München

Overney O, Bezzola RG (2008) Schwemmholz: Strategien und Perspektiven. In: Minor H-E (Hrsg) Neue Anforderungen an den Wasserbau, Versuchsanstalt für Wasserbau, Hydrologie und Glaziologie der Eidgenössischen Technischen Hochschule Zürich. Mitteilungen, Bd 207, ETH Zürich, Zürich

Özdogan M, Caka S, Agalar F, Eryilmaz M, Aytac B, Aydinuraz K (2006) The epidemiology of the railway related casualties. Turk J Trauma Emerg Surg 12(3):235–241

Pacific Tsunami Museum Inc. (2004) Tsunami Photographs. http://www.tsunami.org/archivespics.htm

Paffrath G (2004) Die Anwendung des Multibarrierenkonzepts zur Erhöhung der Sicherheit bei Deponien und behandelten Altlasten. Fachhochschule Darmstadt, Fachbereich Chemie- und Biotechnologie

Papadopoulos GA, Imamura F, Nosov M, Charalampakis M (2020) Tsunami Magnitude Scales, In: Engel M, Pilarczyk J, May SM, Bill D, Garret E (Hrsg) Geological Records of Tsunamis and Other Extreme Waves. Elsevier, Seiten 33-46

Papakosta P, Straub D (2011) Effect of Weather Conditions, Geography and Population Density on Wildfire Occurrence: A Bayesian Network Model. In: Faber MH, Köhler J, Nishijima K (Hrsg) „Ap-

plication of statistics and probability in civil engineering" Proceedings of the ICASP 2011. CRC Press, Zurich, S 8
Paretzke HG, Oeh U, Pröhl G, Schneider K (2007) Radioactivity in the population by nuclides in the environment (in German). Leipzig
Parfit M (1998) Living with natural hazards. Nat Geogr 194(1):2–39
Parker DE, Legg TP, Folland CK (1992) A new daily central England temperature series, 1772–1991. Int J Clim 12:317–342
Parkinson HJ, Bamford G (2016) The potential for using big data analytic to predict safety risks by analysing rail accidents. In: Proceedings of the Third International Conference on Railway Technology: Research, Development and Maintenance, J. Pombi (Editor), Civil-Comp Press, Stirlingshire, Scotland, Paper 66, S 1–18
Pascucci-Cahen L, Momal P (2012) Massive radiological releases profoundly differ from controlled releases, Eurosafe – Towards Convergence of Technical Nuclear Safety Practices in Europe, S 7
Paté-Cornell ME (1994) Quantitative safety goals for risk management of industrials facilities. Struct Saf 13:145–157
Paté-Cornell M-E, Fischbeck PS (1994) Risk management for the tile of the space shuttle. The institut of management sciences. Stanford University, Californien. Interfaces 24(1):64–86
PC Magazin (2004) 55 Milliarden US-Dollar Schaden durch Viren
Peil U, Clobes M (2008) Dynamische Windwirkungen. In: Kuhlmann von U (Hrsg) Stahlbau-Kalender 2008. Kap. 4. Ernst & Sohn, S 439–476
Penteriani V, Delgado M, Pinchera F, Naves J, Fernández-Gil1 A, Kojola I, Härkönen S, Norberg H, Frank J, Fedriani J M, Sahlén V, Støen O-G, Swenson J E, Wabakken P, Pellegrini M, Herrero S, López-Bao J V (2016) Human Behaviour can trigger large carnivore attacks in developed countries. Sci Rep Nat 6:20552. https://doi.org/10.1038/srep20552
Pereira MS (2006) Structural crashworthiness of railway vehicles. WCR
Perryman HA, Dugaw CJ, Varner JM, Johnson DL (2013) A cellular automata model to link surface fires to firebrand lift-off and dispersal. Int J Wildland Fire 22(4):428–439
Petak W & Atkisson A (1992) Natural Hazard Risk Assessment and Public Policy. Springer, New York
Peterson I (1996) Fatal defect. Vintage Books, New York
Petoukhov V, Semenov VA (2010) A link between reduced Barents-Kara sea ice and cold winter extremes over northern continents. J Geophys Res 115:D21111
Pfeifer M (2003) Berühmt berüchtigte Softwarefehler Therac-25. Seminar, Universität Koblenz
Pfister C (1999) Wetternachhersage – 500 Jahre Klimavariationen und Naturkatastrophen. Haupt, Berlin
Pfister C, Camenisch C, Pribyl K (2009) Das Klima Europas im Mittelalter (Vortrag), Zusammen mit EU Projekt „Millennium" (017008–2), 6. Rahmenprogramm – Rudolf Bràzdil, Chantal Camenisch, Dario Camuffo, Rüdiger Glaser, Andrea Kiss, Jarmila Mackova, Kathleen Pribyl, Tagung: Variabilität, Vorhersagbarkeit und Risiken des Klimas: acht Jahre NFS Klima, 12 June 2009, Bern. http://occr23.unibe.ch/conferences/acht_jahre/pdfs/Pfister.pdf
Pfister C, Luterbacher J, Scharz-Zanetti G, Wegmann M (1998) Winter air temperature variations in western Europe during the early and high middle ages (AD 750–1300). The Holocene 8:535–552
Pierson TC (1986) Flow behavior of channelized debris flows, Mount St. Helens, Washington. In: Abrahams AD (Hrsg) Hillslope processes. Allen and Unwin, Boston, S 269–296
Pilkington M, Grieve RAF (1992) The geophysical signature of terrestrial impact craters. Rev Geophys 30:161–181
Pinker S (2011) Gewalt – Eine neue Geschichte der Menschheit. Fischer Taschenbuch, Frankfurt a. M.
Pino NA, Piatanesi A, Valensise G, Bosch E (2009) The 28 December 1908, Messina straits earthquake (MW 7.1): a great earthquake through a century of seismology. Seismol Res Lett 80(2):243–259
Plaxco KW, Groß M (2012) Astrobiologie für Einsteiger. Wiley-VCH, Weinheim
Pohl R (2004) Talsperrenkatastrophen. Technische Universität Dresden, Professor für Hydromechanik
Poisel R (1997) Geologische-geomechanische Grundlagen der Auslösemechanismen von Steinschlag. In: Institut für Wildbach und Lawinenschutz (Hrsg) Tagungsband "Steinschlag als Naturgefahr und Prozess". Universität für Bodenkultur, Wien
Poisel R, Preh A, Kolenprat B (2018) Tagungsband – Gefahren durch Steinfall und Felssturz. Berichte der Geologischen Bundesanstalt, Bd 125. Geologische Bundesanstalt, Wien
Pojorlie JI, Doering S, Fowle MA (2013) The record-breaking Vivian, South Dakota, hailstrom of 23 July 2010. J Oper Meteor 1(2):3–18
Polizeipräsidium Südosthessen (2012) Verkehrsbericht, Hessen
Pollmer U (2006) Wohl bekomms! Prost Mahlzeit! Was sie vor dem Einkauf über Lebensmittel wissen sollten. Kiepenheuer & Witsch, Köln
Pope CA et al (2002) Lung cancer, cardiopulmonary mortality, and long-term exposure to fine particulate air pollution. J AMA 287(9):1132–1141
Pott R (2013) Biodiversitätskrise und das „Sechste Massensterben" auf der Erde? Ber. d. Reinh.-Tüxen -Ges 25:7-36
Prasser H-M (2010) Betriebsstörungen und Auslegungsstörfälle, Fortbildungskurs Kerntechnik 2010. PSI, Villingen
Prasser H-M (2012) Kernkraftwerke und Sicherheit. http://blogs.ethz.ch/math_phys_alumni/files/2012/11/Alumni_2012_11_13_Prasser.pdf
Preiss P, Wissel S, Fahl U, Friedrich R, Voß A (2013) Die Risiken der Kernenergie in Deutschland im Vergleich mit Risiken anderer Stromerzeugungstechnologien, Arbeitsbericht – Working Paper, Universität Stuttgart, Institut für Energiewirtschaft und Rationelle Energieanwendung, Bericht Nr. 11, Februar 2013
Preuß E (1997) Reise ins Verderben: Eisenbahnunfälle der 90er Jahre. Transpress Verlag, Stuttgart
Prognos/ewi/GWS (2016) Black Swans (Risiken) in der Energiewende: Risikomanagement für die Energiewende. Auftraggeber: Bundesministerium für Wirtschaft und Energie, Basel
Proske D (2016) Zur Anwendung von Szenario-Spektren beim seismischen Nachweis von Brücken. Dresdner Brückenbausymposium, Bd 26. TU Dresden, Dresden
Proske D (2018a) Bridge collapse frequencies versus failure probabilities. Springer, Berlin
Proske D (2018b) Comparison of Dam Failure Frequencies and Failure Probabilities, Sonderdruck zum 16. International Probabilistic Workshop 2018. Beton- und Stahlbetonbau, Wien
Proske D (2020a) Die globale Gesundheitsbelastung durch Bauwerksversagen. Bautechnik 97(4):233–242
Proske D (2020b) Zur Berücksichtigung hypothetischer Opferzahlen in Lebenszykluskostenberechnungen von Brücken. Beton- und Stahlbetonbau 115(6):459–468
Proske D (2021) Die Einsturzhäufigkeit von Bauwerken - Brücken – Dämme – Tunnel – Stützbauwerke – Hochbauten, Springer Vieweg: Wiesbaden
Proske D, Kurmann D, Cervenka J (2013) Seismische Tragfähigkeit eines Stahlbetongebäudes. Beton- und Stahlbetonbau 108(8):552–561
Proske D, Renault Ph, Kurmann D, Asfura A (2015) Computation of the seismic CDF of a NPP using conditional spectra approach. In: Patelli E, Kougioumtzoglou I (Hrsg) Proceedings of 13. International Probabilistic Workshop, Liverpool (GB). Research Publishing, S 42–51

Proske D, Schmid M (2021) Häufigkeit von und Mortalität bei Hochbaueinstürzen. Bautechnik 98(6):423-432

Proske D, Vögeli A (2014) Bestimmung des Verklausungsrisikos von Brücken bei Hochwasser. Dresdner Brückenbausymposium, Bd 24. Technische Universität Dresden, Dresden, S 243–254

Proske, D, Kaitna R, Suda J, Hübl J (2008) Abschätzung einer Anprallkraft für murenexponierte Massivbauwerk. Bautechnik 85(12):803–811

Prusiner SB (1995) Prionen-Erkrankungen. Spektrum Wiss 1995:44

Pucher J, Buehler R (2008) Making cycling irresistible. Lessons from the Netherlands, Denmark, and Germany. Transp Rev 28(4)495–528

Pudasaini SP (2003) Dynamics of flow avalanches over curved and twisted channels, Theory, Numerics and Experimental Validation. TU Darmstadt, PhD work. http://elib.tu-darmstadt.de/diss/000393/

Pudasaini SP, Hutter K (2007) Avalanche dynamics. Dynamics of rapid flows of dense granular avalanches. Springer, Berlin

Pugh C (2004) Changing sea levels – effects of tides, weather and climate. Cambridge University Press, Cambridge

Pulkkinen A (2003) Geomagnetic induction during highly disturbed space weather conditions: studies on ground effects. University of Helsinki, Department of Physical Sciences, Helsinki, PhD thesis

Quarantelli EL (November 1995) (1995) What Is a Disaster? Int J Mass Emerg Disasters 13(3):221–229

Quartieri J, Mastorakis NE, Iannone G, Guarnaccia C (2010) A cellular automata model for fire spreading prediction. In: Proceedings of "3rd WSEAS International Conference on Latest Trends on Urban Planning and Transportation", Corfu Island, Greece, July 22–24, 2010, WSEAS Press, S 173–179

Quinn M (2003) Forensic investigation of engineering claims. IMIA Conference, Stockholm, September 2003

Rackwitz R (1998) Zuverlässigkeit und Lasten im konstruktiven Ingenieurbau, Teil I: Zuverlässigkeitstheoretische Grundlagen. Technische Universität München, München, S 1993–1998

Rackwitz R, Streicher H (2002) Optimization and target reliabilities. JCSS workshop on reliability bades code calibration. Zürich, Swiss Federal Institute of Technology, ETH Zürich, Switzerland, March 21–22

Rademacher H (2021) Als der Berg Ronti plötzlich zu Tal stürzte, Frankfurter Allgemeine Zeitung, 15. Okt 2021. https://www.faz.net/aktuell/wissen/erde-klima/seismische-chronik-einer-katastrophe-als-der-berg-ronti-ploetzlich-zu-tal-stuerzte-17569687.html. Twin Towers in New York? J Eng Mech, ASCE, Oktober 2008, S 892–906

Rahikainen J, Keski-Rahkonen O (2004) Statistical determination of ignition frequency of structural fires in different premises in Finland. Fire Technol 40:335–353

Ramankutty N & Foley JA (1999) Estimating historical changes in global land cover: 44cCroplands from 1700 to 1992. Glob Biogeochem Cycles 13:997–1027

Ramaswamy V, Boucher O, Haigh J, Hauglustaine D, Haywood J, Myhre G, Nakajima T, Shi GY, Solomon S, Betts R, Charlson R, Chuang C, Daniel JS, Del Genio A, van Dorland R, Feichter J, Fuglestvedt J, de F. Forster PM, Ghan SJ, Jones A, Kiehl JT, Koch D, Land C, Lean J, Lohmann U, Minschwaner K, Penner JE, Roberts DL, Rodhe H, Roelofs GJ, Rotstayn LD, Schneider TL, Schumann U, Schwartz SE, Schwarzkopf MD, Shine KP, Smith S, Stevenson DS, Stordal F, Tegen T, Zhang Y, Joos F, Srinivasan J (2018) Radiative forcing of climate change. IPCC – The Intergovernmental Panel on Climate Change, Geneva

Rapoport A (1957) Lewis F. Richardsons mathematical theory of war. J Conflict Resolut 1(3):249–299

Raynamane AP, Kumar MP, Kishor DG, Dayananda R, Saraf A (2014) Honey bee stings and anaphylaxis: review. J Forensic Med, Sci Law 23(1):8

Razum O & Breckenkamp J (2007) Kindersterblichkeit und soziale Situation: Ein internationaler Vergleich. Deutsches Ärztebl 104 (43):A 2950–2956

Reardon BA, Pederson GT, Caruso CJ, Fagre DB (2008) Spatial reconstructions and comparisons of historic snow avalanche frequency and extent using tree rings in glacier national park, Montana, U.S.A., J Arct Antarct Alp Res 40(1)

Rees M (2003) Our final hour: a scientist's warning: how terror, error, and environmental disaster threaten humankind's future in the century-on Earth and beyond. Basic Books, New York

Reiner H (2011) Developments in the Tunnelling Industry Following Introduction of the Tunneling Code of Practice, Presentation, Amsterdam, 21st September 2011, IMIA Annual Conference, Münchner Rück

Remde A (1995) Afrikas Süden, Namibia-Botswana-Zimbabwe-Südafrika Richtig Reisen. DuMont, Köln

Renault P (2005) Bewertungsverfahren zur Beurteilung der Erdbebensicherheit von Brückenbauwerken. Dissertation, RWTH Aachen

Renault P, Abrahamson N (2013) Probabilistic seismic Hazard analysis for Swiss nuclear power plant sites – PEGASOS refinement project. Final Report 1–6, swissnuclear. https://www.swissnuclear.ch/de/downloads.html

Renner M (1999) Ending Violent Conflict. Worldwatch Paper 146, April 1999, Worldwatch Institute

Rennert P, Schmiedel H, Weißmantel C (1988) Kleine Enzyklopädie Physik, 2. Aufl. VEB Bibliographisches Institut, Leipzig

Resun AG (2008) Sicherheitsbericht Ersatzkernkraftwerk Beznau, RESUN AG, Dezember 2008, TB-042-RS080021, Version 2.0

Richardson LF (1944) The distribution of wars in time. J Roy Stat Soc 107(3/4):242–250

Richter-Kuhlmann E (2021) Gesetzentwürfe zur Suizidhilfe – Die Debatte ist entfacht. Dtsch Arztebl 118(5):A-239/B-211

Rickenmann D (1997) Schwemmholz und Hochwasser. Wasser Energie Luft 89(5/6):115–119

Rickenmann D (1999) Empirical relationships for debris flows. Natural Hazards 19(1):47–77

Rickenmann D (2006) Naturgefahren: Vorlesungsunterlagen SS 2006, BOKU Wien. Institut für alpine Naturgefahren, Wien

Rickli C, Bucher H (2006) Einfluss ufernaher Bestockungen auf das Schwemmholzvorkommen in Wildbächen, WSL-Projektbericht vom 22.12.06 zuhanden des Bundesamtes für Umwelt BAFU, Sektion Schutzwald und Naturgefahren

Riedel S (2005) Edward Jenner and the history of smallpox and vaccination. Baylor Univ Med Cent Proc 18(1):21–25

Rieger A, Rappersberger K (2018) HIV/AIDS. In: Plewig G, Ruzicka T, Kaufmann R, Hertl M (Hrsg) Braun-Falco's Dermatologie, Venerologie und Allergologie, 7. Aufl. Springer, Berlin, S 335–387

Riegler A (2007) Beeinträchtigung der Lebensqualität durch die Rückkehr von Großraubtieren (Bär, Luchs und Wolf). Studienarbeit, Universität für Boden-kultur Wien

Risky Business (2014) A climate risk assessment for the United States, June 2014, The economic risk of climate change in the United States, RiskyBusiness.org

Rissler P (1998) Talsperrenpraxis. Oldenbourg, München

Ritchie H (2017) It goes completely against what most believe, but out of all major energy sources, nuclear is the safest, July 24, 2017. https://ourworldindata.org/what-is-the-safest-form-of-energy

Ritchie H, Hasell J, Appel C, Roser M (2019) Terrorism. https://ourworldindata.org/terrorism

Ritz B, Hoffmann B, Peters A (2019) Auswirkungen von Feinstaub, Ozon und Stickstoffdioxid auf die Gesundheit. Deutsches Ärztebl 116(51–52):881–886

RKI (1999) Zur Airport-Malaria und Baggage-Malaria. Robert-Koch-Institute. Epid Bull 37:274

RKI (2003) Bericht zur Epidemiologie der Tuberkulose in Deutschland für 20002. Robert Koch Institut, Berlin
RKI (2008) Abschlussbericht der Influenzasaison 2008/09, Robert Koch Institut. Arbeitsgemeinschaft Influenza, Berlin
RKI (2015a) Infektionsschutz und Infektionsepidemiologie, Fachwörter – Definitionen – Interpretationen. Robert Koch Institut, Berlin
RKI (2015b) Welche Faktoren beeinflussen die Gesundheit? Robert Koch-Institut, Berlin. https://www.rki.de/DE/Content/Gesundheitsmonitoring/Gesundheitsberichterstattung/GBEDownloadsGiD/2015/03_gesundheit_in_deutschland.pdf?__blob=publicationFile
RKI (2017) Update zum gehäuften Auftreten von Lungenpest in Madagaskar. Robert Koch-Institut. Epid Bull 44:508
RKI (2019a) Bericht zur Epidemiologie der Influenza in Deutschland Saison 2018/19, Arbeitsgemeinschaft Influenza. Robert Koch Institut, Berlin
RKI (2019b) Bericht zur Epidemiologie der Influenza in Deutschland Saison 2018/19, Robert Koch Institut. Arbeitsgemeinschaft Influenza, Berlin
RKI (2020a) Bericht zur Epidemiologie der Tuberkulose in Deutschland für 2019. Robert Koch Institut, Berlin
RKI (2020b) Ratgeber Infektionskrankheiten – Merkblätter für Ärzte. Malaria. Robert Koch Institut. http://www.rki.de
Roberts DC, Turcotte DL (1998) Fractality and self-organized criticality of wars. Fractals 6(4):351–357
Roebroeksa W, Villa P (2011) On the earliest evidence for habitual use of fire in Europe. Proc Nat Acad Sci Unit States Am 108(13):5209–5214. https://doi.org/10.1073/pnas.1018116108
Roiner K (2016) Beißvorfälle unter Berücksichtigung der Hunderassen in Deutschland und Umfrage bei Hundebisspatienten in vier Berliner Kliniken, Dissertation, Aus dem Institut für Arbeitsmedizin, Charité Universitätsmedizin Berlin und dem Fachbereich Veterinärmedizin der Freien Universität Berlin, Berlin
Rojek AM, Salam A, Ragotte RJ, Liddiard E, Elhussain A, Carlqvist A, Butler M, Kayem N, Castle L, Odondi LO, Stepniewska K, Horby PW (2019) A systematic review and meta-analysis of patient data from the West Africa (2013–16) Ebola virus disease epidemic. Clin Microbiol Infect 25:1307–1314
Rosenthal W (2004) MaxWave Rogue waves – Forecast and impact on marine structures, GKSS Forschungszentrum GmbH, Germany. http://w3g.gkss.de/projects/maxwave/
Roser M, Ritchie H (2016) "Burden of Disease", Published online at OurWorldInData.org. https://ourworldindata.org/burden-of-disease
Roth G, Bernhard Th, Beer-Tóth K, Doerfel M (2009) Sicherheit der Strasseninfrastruktur in der Schweiz – Analyse und Vorkonzept. IC infraconsult, Ingenieurbüro Doerfel DCE, i.A. ASTRA, Nov. 2009
Roth L, Frank H, Kormann K (1990) Giftpilze – Pilzgifte, Schimmelpilze, Mykotoxine, Vorkommen, Inhaltsstoffe, Pilzallergien, Nahrungsmittelvergiftungen. Nikol Verlagsgesellschaft mbH & Co KG, Hamburg
Rothe K, Tsokos M, Handrick W (2015) Tier- und Menschenbissverletzungen. Deutsches Ärztebl 112(25):433–443
Röthlisberger H (1978) Eislawinen und Ausbrüche von Gletscherseen, Sonderdruck aus dem Jahrbuch der Schweizerischen Naturforschenden Gesellschaft, wissenschaftlicher Teil, Birkhäuser, S. 170–212
Rückert S (2004) Tatort-Analyse. Die Zeit, 7. April, Nr. 16, S 15–16
Rudolf-Miklau F, Sauermoser S (2012) Handbuch Technischer Lawinenschutz. ERnst und Sohn, Berlin
Rüeff F, Jakob T (2018) Erkrankungen durch Bienen- und Wespenstiche. In: Plewig G, Ruzicka T, Kaufmann R, Hertl M (Hrsg) Braun-Falco's Dermatologie, Venerologie und Allergologie, 7. Aufl. Springer, Berlin, S 467–473
Rüegg W (2012) Lonisierende Strahlung: Wie gefährlich ist sie wirklich, Nuclearforum Schweiz 9/2012
Ruge B (2004) Risk matrix as tool for risk assessment in the chemical process industries. In: Spitzer C, Schmocker U, Dang VN (Hrsg) International conference on probabilistic safety assessment and management 2004, Bd 5. Springer, Berlin, S 2693–2698
Ruppert A (2000) Application of the Term „Risk" from the viewpoint of the German chemical industry. In: Proceedings – part 1/2 of promotion of technical harmonization on risk-based decision-making, Workshop, May, Stresa, Italy
Rütz N (2004) Versicherungsprodukte und Umwelthaftungsrecht unter besonderer Berücksichtigung von Öko-Audit und ISO 14001. BTU Cottbus, Fakultät Umweltwissenschaften und Verfahrenstechnik. http://www.tu-cottbus.de/BTU/Fak4/Umwoek/Publikationen/AR_4_01.pdf
Saloma C, Perez GJ, Tapang G, Lim M, Palmes-Saloma C (2003) Self-organized queuing inad scale-free behavior in real escape panic. PNAS 100(21):11947–11952
Sandström GE (1963) The history of tunneling: underground working through the ages. Barrie and Rockliff, London
Savage I (2013) Comparing the fatality risks in United States transportation across modes and over time. Res Transp Econ 43:9–22
Savage SB, Hutter K (1989) The motion of a finite mass of granular material down a rough incline. J Fluid Mech 199:177–215
SBB (2018) Die SBB in Zahlen und Fakten 2017. Schweizer Bundesbahn, Bern
Schadewaldt H (1968) Zur Geschichte der Verkehrsmedizin unter besonderer Berücksichtigung der Schifffahrtsmedizin. In: Wagner K, Wagner H.-J (Hrsg) Handbuch der Verkehrsmedizin. Springer, Berlin
Schaefer H, Jentsch G, Huber E, Wegener B Urban & Fischer (2000). Herzinfarkt-Report 2000
Scharlemann JPW, Tanner EVJ, Hiederer R, Kapos V (2014) Global soil carbon: understanding and managing the largest terrestrial carbon pool. Carbon Manage 5(1):81–91
Scheidl C, Heiser M, Vospernik S, Lauss E, Perzl F, Kofler A, Kleemayr K, Bettella F, Lingua E, Garbarino M, Skudnik M, Trappmann D, Berger F (2020) Assessing the protective role of alpine forests against rockfall at regional scale. Eur J Forest Res 139(6):969–980
Schenk C, Beitz S, Buri P (2005) Zwischenbilanz des deutschen Beitrages zum Wiederaufbau. Ein Jahr nach der Flutkatastrophe im Indischen Ozean. Bundesministerium für wirtschaftliche Zusammenarbeit und Entwicklung (BMZ), Bonn
Schenk M (2019) Windenergieanlagen und Infraschall – Der Schall, den man nicht hört. Deutsches Ärztebl 116(6):A264–A268
Schenk M (2020) Wie sich Opioide einsparen lassen. Deutsches Ärztebl 117(8):B 334–338
Scherrer AG (2009) Hydrologische Untersuchungen an der Aare für die Kraftwerke in Beznau – Analyse und Prognose zu Hoch- und Niederwasser, Wassertemperaturen und Eisbildung, Bericht: 08/102 C Reinach
Scherrer AG (2014) Aktennotiz zu TFK vom 13.12.2013, 21.1.2014, Reinach
Schiefenhövel W (2004) Fertilität zwischen Biologie und Kultur. Traditionelle Geburtenkontrolle in Neuguinea. Neue Züricher Zeitung, 13./14. März 2004, Nr 61, S 57
Schiesser H-H (1988) Fernerkundung von Hagelschäden mittels Wetterradar untersucht an Ackerkulturen. Department of Geography, University of Zürich, Bd. 14, Remote Sensing Series
Schiesser H-H (2006) Hagelstürme in der Schweiz: Wiederkehrperioden von schaden-bringenden Hagelkorngrössen – eine Abschätzung. Studie erstellt im Auftrag der Präventionsstiftung der kantonalen Gebäudeversicherung Bern, Teilprojekt des Gesamtprojektes „Elementarschutzregister Hagel", Zürich, Mai 2006 (Version 2)
Schiesser H-H, Schmid W (2011) Monitoring von starken Hagelstürmen in der Schweiz 2010 – eine Weiterführung der NFP31-Be-

richte, meteoradar gmbh, mit Unterstützung der Schweizerischen Hagelversicherungs Gesellschaft, Stallikon

Schiesser H-H, Waldvogel A, Schmid W, Willemse S (1997) Klimatologie der Stürme und Sturmsysteme anhand von Radar- und Schadendaten, Schlussbericht NFP 31. vdf Hochschulverlag AG an der ETH, Zürich

Schild M (1982) Lawinen. Dokumentation für Lehrer, Skilager- und Tourenleiter. Lehrmittelverlag des Kantons, Zürich

Schlögl M, Fuchs S, Scheidl C, Heiser M (2021) Trends in torrential flooding in the Austrian Alps: a combination of climate change, exposure dynamics, and mitigation measures. Clim Risk Manage 32:1–23

Schmähl D, Preussmann R, Berger MR (1989). Causes of cancer- an alternative view to Doll and Peto (1981). Klin Wochenschr 67(23):1169–1173

Schmid G, Schömann K (2004) Managing social risks through transitional labour markets: towards a European social model. tlm.net, Working Paper 2004–1, Berlin

Schmid R (2019) E-Mail, Brandschutzvorschriften 2026: Stand der Arbeiten, BFU, 7. August 2019

Schmidt K (2007) Ortung und Analyse von Blitzentladungen mittels Registrierung von VLF-Atmospherics innerhalb eines Messnetzes, Dissertation, Ludwig-Maximilians- Universität München

Schmidt T (2014) Wer satt ist, kann mit Ethik argumentieren. Interview im Dresdner Universitätsjournal 25(8):4

Schmidt-Bleek F (2014) Grüne Lügen: Nichts für die Umwelt, alles fürs Geschäft – wie Politik und Wirtschaft die Welt zugrunde richten, 2. Aufl. Ludwig Verlag, München

Schmidtchen U (2003) Sicherheit bei Wasserstoff-Anwendungen. Deutscher Wassersoff-Verband, Hamburg

Schmitt-Sausen N (2018) Seltene Einigkeit. Deutsches Ärztebl 115(45):A 2060

Schneider A (2015) Goodbye everybody – Flugzeugabsturz Würenlingen 1970. ArVe Würenlingen GmbH, Würenlingen

Schnieder E, Drewes J (2008) Bemessung und Kenngrößen der Verkehrssicherheit. Zeitschrift für Verkehrssicherheit 54(3):117–123.

Schneider U, Lebeda C (2000) Baulicher Brandschutz. Kohlhammer, Stuttgart

Schneider W, Mase A (1968) Railway accidents of great Britain and Europe. David and Charles, Newton Abbot

Schneiderat S, Berndt K, Heyne S, Asschoff R, Abraham S (2019) Quallenverletzung verursacht toxische Kontaktdermatis

Schneier B (2015) Resources on existential risk, catastrophic risk: technologies and policies berkman center for internet and society harvard university

Schnug E (2012) Uran in Phosphor-Düngemitteln und dessen Verbleib in der Umwelt. Strahlentelex 612–613:3–10

Scholes A, Lewis JH (1993) Development of crashworthiness for railway vehicle structures. IMechE, Part F: Journal of Rail and Rapid Transit 7(1):1–16

Schollmayer M (2019) Schutzmaßnahmen vor Wind- und Schneelasten, CAS Schutz vor Naturgefahren – Projektierung und Umsetzung von Objektschutzmassnahmen, Februar 2019, Berner Fachhochschule, Burgdorf, S 28

Schott H (2005) Seuchen spanische grippe. Deutsches Ärztebl 102(43):A 2944

Schraube H (2006) Höhenstrahlung: die Exposition beim Fliegen. GSF – Forschungszentrum für Umwelt und Gesundheit GmbH in der HelmholtzGemeinschaft. In: Klemm C, Guldner H, Haury H-J (Hrsg) Strahlung. 18. Aufl. Neuherberg, S 14–15

Schröder H (2004) Sturmfluten an der ostfriesischen Küste. http://home.t-online.de/home/Heiner.Schoeder.html. Zugegriffen: Apr 2004

Schubert H (2006) Kausalität in der Verfahrenstechnik, dargestellt am Beispiel der Bio- und Lebensmittelverfahrenstechnik, Berlin-Brandenburgische Akademie der Wissenschaften. Akademie Debatten: Kausalität in der Technik 24.2./5.5./18.10.2006, S 29–43

Schüller H (2010) Modelle zur Beschreibung des Geschwindigkeitsverhaltens auf Stadtstraßen und dessen Auswirkungen auf die Verkehrssicherheit auf Grundlage der Straßengestaltung, Dissertation, Fakultät für Verkehrswissenschaften „Friedrich List". Technische Universität Dresden, Dresden

Schulz K, Voss M (2016) Manual zur Zusammenarbeit mit Mithelfenden bei der Katastrophenbewältigung, Katastrophenforschungsstelle. Freie Universität Berlin, Berlin

Schumacher S, Bugmann H (2006) The relative importance of climatic effects, wildfires and management for future forest landscape dynamics in the Swiss Alps. Glob Change Bio. 12:1435–1450

Schumacher S, Reineking B, Sibold J, Bugmann H (2006) Modeling the impact of climate and vegetation on fire regimes in mountain landscapes. Landsc Ecol 21:539–554

Schütz KG, Ehmann R, Gitterle M (2006) Winderregte Hängerschwingungen an Stabbogenbrücken – Baupraktische Nachweismodelle und Empfehlungen für ermüdungsgerechtes Konstruieren. Der Prüfingenieur, S 21–35

Schwartz FW (2003) Public Health: Gesundheit und Gesundheitswesen, 2. völlig neu bearbeitete und erweiterte Aufl. Urban & Fischer, München

Schwarz-Zanetti G, Fäh D (2011a) Grundlagen des Makroseismischen Erdbebenkatalogs der Schweiz, Band 2 1681–1878, Schweizerischer Erdbebendienst (Hrsg). vdf Hochschulverlag AG an der ETH, Zürich

Schwarz-Zanetti G, Fäh D (2011b) Grundlagen des Makroseismischen Erdbebenkatalogs der Schweiz, mit Beiträgen von Virgilio Masciadri und Philipp Kästli, Band 1 1000–1680, Schweizerischer Erdbebendienst (Hrsg). vdf Hochschulverlag AG an der ETH, Zürich

Schweiger A, Lindsay R, Zhang J, Steele M, Stern H (2011) Uncertainty in modeled arctic sea ice volume. J Geophys Res. https://doi.org/10.1029/2011JC007084

Schweizer Rück (2002) Sigma Nr. 1, Zürich

Schweizerische Eidgenossenschaft (2017) Verordnung über das eidgenössische Gebäude- und Wohnregister (VGWR), Bern, 2017, vom 9. Juni 2017 (Stand am 1. Juli 2017)

Schwenk H (2004) … in Asche versank deine Schönheit. Verheerende Brände in Berlin und Cölln im 14. Jahrhundert. http://www.luise-berlin.de

Scott J et al (2005) The clean air act at 35. Environmental Defense, New York. www.environmentaldefense.org

Seemann F W (1997) Was ist Zeit? Einblicke in eine unverstandene Dimension. Wissenschaft & Technik Verlag, Berlin

Seibert P, Arnold D, Arnold N, Gufler K, Kromp-Kolb H, Mraz G, Sholly S, Wenisch A (2013) Flexrisk –Fexible tools for assessment of nuclear risk in Europe. Final Report, Preliminary Version

Seither B (2008) Sportverletzungen in Deutschland. Eine repräsentative Studie zu Epidemiologie und Risikofaktoren, Dissertation, Ludwig-Maximilians-Universität München

Shaei Z, Ghayoumian J (1998) The largest debris flow in the world, seimareh landslide, Western Iran. Environ Forest Sci 54:553–561

Sheehan I S (2012) Assessing and comparing data sources for terrorism research. In Evidence-based counterterrorism policy. Springer, New York, S 13–40

Sherer SA (1992) Software failure risk. Plenum, New York

Shreve RL (1959) Geology and mechanics of the Blackhawk landslide, Lucerne Valley, California. PhD, California Institute of Technology. http://resolver.caltech.edu/CaltechETD:etd-02212006-085518

Shuval H (2003) Estimating the global burden of thalassogenic disease-human infectious disease caused by wastewater pollution of the marine environment. J Water Health 1(2):53–64

Siehoff J (2004) Letzte Grüße aus den Alpen. www.faz.net. Zugegriffen: 4. Mai 2004

Siemens (2012) Genaueste Informationen über Gewitterblitze – Lösung zur effektiven Schadensbegrenzung, Industrial Technologies. www.siemens.de/blids

SIGMA (2015) Seismic ground motion assessment. http://www.projet-sigma.com/

Sjöstedt J (2004) Entwurf eines Berichtes über die Mitteilung der Kommission über die Sicherheit im Bergbau: Untersuchung neuerer Unglücke im Bergbau und Folgemaßnahmen (KOM(2000) 664 – C5–0013/2001 – 2001/2005(COS)), Ausschuss für Umweltfragen, Volksgesundheit und Verbraucherpolitik. http://www.europarl.eu.int/meetdocs/committees/envi/20010618/431467de.pdf

SkepticalScience (2015) How does the Medieval Warm Period compare to current global temperatures? https://www.skepticalscience.com/medieval-warm-period.htm. Update 2015

SKOS (2020) Armut und Armutsgrenzen. Schweizerische Konferenz für Sozialhilfe, Bern

SLF (2019) Lawinengutachten und technische Beratungen des SLF

SLF (2020) Lawinengrösse. https://www.slf.ch/de/lawinenbulletin-und-schneesituation/wissen-zum-lawinenbulletin/lawinengroesse.html

Smith K (1996) Environmental hazards – assessing risk and reducing disaster. Routledge, London

Smith NJJ (2001) Vagueness. PhD. Thesis, Princeton University

Smit P (2004) Entstehung und Auswirkungen von Erdbeben. Forum 4/2004, Bundesamt für Bevölkerungsschutz, Bern, Seite 5–17

Smolka A (2007) Vulkanismus – Neuere Erkenntnisse zum Risiko von Vulkanausbrüchen. Münchner Rück. Schadenspiegel 1/2007, München, S 34–39

Smolka A, Spranger M (2005) Tsunamikatastrophe in Südostasien. Topics Geo: Jahresrückblick Naturkatastrophen 2004. Münchner Rück, München, S 26–31

Snyder J (1996) The ground shook and the sky fell: Yosemite association. Fall 1996 58(4):2–9

Sokolov DAJ (2015) Unsichere IT in Flugzeugen: FBI möchte Security-Experten belangen. http://www.heise.de/newsticker/meldung/Unsichere-IT-in-Flugzeugen-FBI-moechte-Security-Experten-belangen-2651680.html. Zugegriffen: 18. Mai 2015

Soma T (2004) Commercial accidents – an assessment of four leading tanker companies. In: Spitzer C, Schmocker U, Dang VN (Hrsg) International conference on probabilistic safety assessment and management 2004, Bd 6. Springer, Berlin, S 3256–3262

Sovilla B, Schaer M, Rammer L (2007) Measurements and analysis of full-scale avalanche impact pressure at the Vallée de la Sionne test site. Cold Reg Sci Technol 51:122–137

Spada M, Parashiv F, Burgherr P (2018) A comparison of risk measures for accidents in the energy sector and their implications on decision-making strategies. Energy 154(1):277–288

Spahl T, Deichmann T (2001) Das populäre Lexikon der Gentechnik – Überraschende Fakten von Allergie über Killerkartoffeln bis Zelltherapie. Eichborn Verlag, Frankfurt a. M.

Sparks S, Self S (2005) Super eruptions: global effects and future threats. Report of a Geological Society of London, Working Group

Spitzer M (2012) Digitale Demenz: Wie wir uns und unsere Kinder um den Verstand bringen, Gebundene Ausgabe – 3. August 2012. Droemer HC

Spitzer M (2016) Einsamkeit – erblich, ansteckend, tödlich. Nervenheilkunde 11(35):734–741

Spitzer M (2018) Einsamkeit – die unerkannte Krankheit: schmerzhaft, ansteckend, tödlich, Droemer HC

SPP 1079 (2005) Sicherheit in der Informations- und Kommunikationstechnik, DFG. https://gepris.dfg.de/gepris/projekt/5469759?context=projekt&task=showDetail&id=5469759

Spring N (2009) Hydrogen Cools Well, but Safety is Crucial, 24. August 2011. http://www.powereng.com/articles/print/volume-113/issue-6/features/hydrogen-cools-well-but-safety-iscrucial.html

Spycher BD, Feller M, Zwahlen M, Röösli M, von der Weid NX, Hengartner H, Egger M, Kuehni CE (2011) Childhood cancer and nuclear power plants in Switzerland: a census based cohort study. Int J Epidemioloy 40:1247–1260

Spyridis P, Proske D (2021) Revised comparison of tunnel collapse frequencies and tunnel failure probabilities. ASCE-ASME J Risk Uncertainty Eng Syst, Part A: Civ Eng 7(2):04021004-1–04021004-9

Stadelmann A (2005) Globale Effekte einer Erdmagnetfeldumkehrung: Magnetosphärenstruktur und kosmische Teilchen, Copernicus GmbH, Katlenburg-Lindau

Starke P & Mayer F (2011) Hail Impact Simulation on CFC Covers of a Transport Aircraft, 8. European LS-DYNA Users Conference 2011, May 23–24, 2011

Starr S (2021) Nuclear famine – the deadly consequences of nuclear war. https://nuclearfamine.org/

Statista (2018) Stärkste Erdbeben weltweit nach Ausschlag auf der Richterskala von 1900 bis 2018. https://de.statista.com/statistik/daten/studie/151030/umfrage/staerkste-erdbeben-weltweit-seit-1900/

Statista (2020) Number of Road Tunnels in China from 2010 to 2018, Length of Road Tunnels in Japan from 2010 to 2017 (in kilometers), Number of Deutsche Bahn AG Tunnels in Germany from 2012 to 2019, de.statista.com

Statistia (2021) Kosten der USA im Afghanistan-Krieg und im zweitem Irak-Krieg von 2001 bis 2013 und noch erwartete Kosten. https://de.statista.com/statistik/daten/studie/425065/umfrage/kosten-der-usa-im-afghanistan-krieg-und-zweiten-irak-krieg/

Statistisches Bundesamt (2000) Die „gute alte Zeit" war bei den Straßenverkehrsunfällen gar nicht so gut. Mitteilung für die Presse: Die Zahl der Woche. Pressestelle 5. Dezember 2000. http://www.statistik-bund.de

Statistisches Bundesamt (2006) Unfallgeschehen im Straßenverkehr 2005, Statistisches Bundesamt Wiesbaden, Deutschland

Statistisches Bundesamt (2014) Systematik der Bauwerke, Erstausgabe 1978, Version vom 1.1.2014, Wiesbaden

Steffen W, Richardson K, Rockström J, Cornell SE, Fetzer I, Bennett EM, Biggs R, Carpenter SR, de Vries W, de Wit CA, Folke C, Gerten D, Heinke J, Mace GM, Persson LM, Ramanathan V, Reyers B, Sörlin S (2015) Sustainability. Planetary boundaries: guiding human development on a changing planet. Science 2015 347(6223):1259855

Steger S (2012) Räumliche Analyse und Gefährdungsmodellierung von Rutschungen in der rhenodanubischen Flyschzone Universität Wien, Wien, September 2012

Steinhauser P (1986) Naturkatastrophen aus Historischer Zeit und ihre wissenschaftliche Bedeutung, Erdgeschichtliche Katastrophen, Öffentliche Vorträge 1986. Verlag der österreichischen Akademie der Wissenschaften, Wien, S 31–63

Stellungnahme des Naturschutzrates zur Energiepolitik vom 11.12.1965 (1966) Schweiz Naturschutz 1:14

Stern-Review Final Report (2006) Stern review on the economics of climate change. http://webarchive.nationalarchives.gov.uk/20100407172811/http://www.hm-treasury.gov.uk/stern_review_report.htm

Stewart GM (2019) Präsentation zum International Probabilistic Workshop in Edinburgh, Schottland

Stieler W (2015) Wenn Maschinen entscheiden: Maschinen-Ethik im Widerspruch zur Rechtslage, Technology Review. http://www.heise.de/newsticker/meldung/Wenn-Maschinen-entscheiden-Maschinen-Ethik-im-Widerspruch-zur-Rechtslage-3009146.html. Zugegriffen: 20. Nov 2015

Stiglitz JE, Bilmes LJ (2008) Three trillion dollar war – the true cost of the Iraq Conflict. W. W. Norton & Company Inc, New York

Stimmtdas.org (2018) Flüchtlinge sind krimineller als deutsche Staatsbürger! https://www.stimmtdas.org/2018/02/06/kriminalitaet-unter-fluechtlingen-statistik-faktencheck/

Stirewalt G, Salomone L, McDuffie S, Coppersmith K, Fuller C, Hartleb R, Lettis W, Lindvall S, McGuire R, Toro G, Slayter D, Cumbest R, Shumway A, Syms F, Glaser L, Hanson K, Youngs R, Boz-

kurt S, Montaldo Falero V, Perman R, Tuttle M (2012) Central and Eastern United States Seismic Source Characterization for Nuclear Facilities, NUREG-2115. NRC, Washington, DC
SIPRI (2022) SIPRI Yearbook 2022 Armaments, Disarmament and International Security, Summary, Stockholm International Peace Research Institute. https://www.sipri.org/research/conflict-peace-and-security
Støen O-G, Ordiz A, Sahlen V, Arnemo JM, Saebø S, Mattsing G, Kristofferson M, Brunsberg S, Kindberg J, Swenson JE (2018) Brown bear (Ursus arctos) attacks resulting in human casualties in Scandinavia 1977–2016; management implications and recommendations. PLoS ONE 13(5):e0196876. https://doi.org/10.1371/journal.pone.0196876
Stone R (2007) Too late, earth scans reveal the power of a killer landslide. Science 311(2006):1844–1845
Storm Prediction Center (SPC) (2017) Daten zu Tornados für den Zeitraum 1950–2016. https://www.spc.noaa.gov/wcm/data/1950%E2%80%932016_actual_tornadoes.csv. Zugegriffen: 14. Dez 2017
Strahlenschutzkommission (1994) Ionisierende Strahlung und Leukämieerkrankungen von Kindern und Jugendlichen, Stellungnahme der Strahlenschutzkommission. Bundesanzeiger Nr 155 vom 18. August 1994, Bd 36. Strahlenschutzkommission, Bonn
Strasser K-H (2008) Schwemmholzmanagement – Probleme und Lösungsansätze. In Minor H-E (Hrsg) Neue Anforderungen an den Wasserbau, Versuchsanstalt für Wasserbau. Mitteilungen, Bd 207. Hydrologie und Glaziologie der Eidgenössischen Technischen Hochschule Zürich, Zürich
Strasser M, Schindler C, Anselmetti FS (2008) Late Pleistocene earthquake-triggered moraine dam failure and outburst of Lake Zurich, Switzerland. J Geophys Res Atmos 113(F2):16
Strautmann F (2004) Der Tod trägt weiß, Mach es wie die Paranuß, Frankfurter Allgemeine Sonntagszeitung, 29. Februar 2004, Nr 9, S 61
Strelitz R (1979) Meteorite impact in the ocean. Proc Lunar Planet Sci Donf 10th: 2799–2813
STS (2020) Anzahl der Tunnel und Stollen. Swiss Tunneling Society, Berlin
Süddeutsche Zeitung (2011) Welche sind die tödlichsten Tiere? http://www.sueddeutsche.de/wissen/frage-der-woche-welche-sind-die-toedlichsten-tiere-1.589060-2
Sudre P, ten Dam G, Kochi A (1992) Tuberculosis: a global overview of the situation today. Bull World Health Organ 70(2):149–159
SUST (2018) Jahresbericht 2017. Schweizerische Sicherheitsuntersuchungsstelle SUST, Bern, 6/2018
SUVA (2001) Der Strahlenunfall – Informationsschrift zur Behandlung von Strahlenverletzten. Schweizerische Unfallversicherungsanstalt, Luzern
Svensmark H (2012) Evidence of neary supernovae affecting life on earth. Mon Not R Astron Soc 423(2):1234–1253
Swiss Re (2012) Lessons from recent major earthquakes. Economic Research & Consulting, Zürich
Synolakis CE, Bardet JP, Borrero JC, Davies HL, Okal EA, Silver EA, Sweet S, Tappin DR (2020) The slump origin of the 1998 Papua New Guinea Tsunami. Proc R Soc Lond, Ser A 458:763-789
Szeglat M (2020) Vulkane Net Newsblog, Nachrichten über Vulkanausbrüche, Erdbeben und Naturkatastrophen. http://www.vulkane.net/blogmobil/magnituden-und-erdbeben/
Tagesschau (2014) Kosten von Atomunfällen. Fukushima, Tschernobyl und viele andere, Hintergrund 11(3):2014
Tammann GA (1974) Statistics of supernovae. In: Cosmovici CB (Hrsg) Supernovae and supernova remnants. Astrophysics and space science library (A series of books on the recent developments of space science and of general geophysics and astrophysics published in connection with the journal space science reviews), Bd 45. Springer, Dordrecht
Tapping KF, Mathias RG, Surkan DI (2001) Pandemics and solar activity. Can J Infect Deseases 12(1):61–62
Taylor LS (1980) Some non-scientific influences on radiation protection standards and practice: the sievert lecture. Health Phys 39:851–874
Taylor-Gooby P, Zinn J (2006) Risk in social science. Oxford University Press, New York
Tecchanel (2004) Code Red: 2,6 Milliarden US-Dollar Schaden. http://www.tecchannel.de/news/allgemein/6449/
Tenschert E (2017) Massenbewegungen: was wissen wir – vor allem: was wissen wir nicht. S 1–10
Tercero F, Andersson R (2004) Accident analysis and prevention. 36(1):13–20
Tetzlaff G, Börngen M, Mudelsee M, Raabe A (2002) Das Jahrtausendhochwasser von 1342 am Main aus meteorlogisch-hydrologischer Sicht. Wasser & Boden 54(10):41–49
The Lancet (1980) Mushroom poisoning. Edr 316(8190):P351–352
The Lancet (2018) The global burden of disease study 2017. 392(10159):1683–2138, e14–e18
The Lancet (2020) The global burden of disease study 2019. 396(10258):1129–1306
The World Bank (2014) Transport for health. The global burden of disease from motorized road transport. Institute for health metrics and evaluation, University of Washington, The World Bank Group, Washington, DC
Thieme H (2007) Die Schöninger Speere. Mensch und Jagd vor 400 000 Jahren. Theiss, 1. Aufl. (29. November 2007)
Thomann C (2007) Terrorversicherung, Risikomanagement und Regulierung. Veröffentlichungen der Hamburger Gesellschaft zur Förderung des Versicherungswesens mbH, Bd 33. VVW, Hamburg
Thompson K, Matthews C (2015) Inroads into equestrian safety: rider-reported factors contributing to horse–related accidents and near misses on Australian roads. Animals 5:592–609
Thompson K, McGreevy P, McManus P (2015) A critical review of horse-related risk: a research agenda for safer mounts, riders and equestrian cultures. Animals 5:561–575
Tin Tin S, Woodward A, Ameratunga S (2013) Incidence, risk, and protective factors of bicycle crashes: findings from a prospective cohort study in New Zealand. Prev Med 57(3):152–161
Tinner W, Hubschmid P, Wehrli M, Ammann B, Conedera M (1999) Long-term forest fire ecology and dynamics in southern Switzerland. J Ecoology 87:273–289
Tiroler Landesregierung (2002) Landesbaudirektion, Abteilung Wasserwirtschaft: Fließgewässeratlas Tirol – Handbuch, Innsbruck
Titley D (2017) Why is climate changes 2 degreess Celsius of warming limit so important? The conversation. https://theconversation.com/why-is-climate-changes-2-degrees-celsius-of-warming-limit-so-important-82058
Tonry JL (2010) An early warning system for asteroid impact. Instrumentation and methods for astrophysics. https://doi.org/10.1086/657997
Tosa (1999) Brandkatastrophen – Die verheerendsten Brände des 20. Jahrhunderts. Tosa, Wien
Totschnig R, Hübl J (2008) Historische Ereignisdokumentation. Universität für Bodenkultur Wien, Institut für Alpine Naturgefahren
Trachsel M, Kamenik C, Grosjean M, McCarroll D, Moberg A, Brázdil R, Büntgen U, Dobrovolný P, Esper J, Frank DC, Friedrich M, Glaser R, Larocque-Tobler I, Nicolussi K, Riemann D (2012) Multi-archive summer temperature reconstruction for the European Alps, AD 1053-1996. Quaternary Science Reviews 46:66-79
Trestrail JH (1991) Mushroom poisoning in the United States – an analysis of 1989 United States Poison Center Data. J Toxicol Clin Toxicol 29(4):459–465
Tri Data Corporation (1998) Fire in the United States 1986 – 1995. Federal Emergency Management Agency. United States Fire Administration, National Fire Data Center, FA-183, Emmitsburg MD

Trinkwalder A (2021) Kalkuliertes Lawinenrisiko – Skitouren-App mit Lawinen-Expertise zur Auswahl möglichst sicherer Routen. c't 2021 10:148–149

Trotz S (2010) Atomstrom – Mit 304 Milliarden Euro subventioniert. https://www.greenpeace.de/themen/atomkraft/atomstrom-mit-304-milliarden-euro-subventioniert

Tsuji Y, Matsutomi S, Imamura F, Synolakis CE (1995) Field survey of the East Java Earthquake and tsunami. Pure Appl Geophys 144(3/4):839–855

Tsuya H (1955) Geological and petrological studies of volcano Fuji, 5. Tokyo Daigaku Jishin Kenkyusho Iho 33:3–382

Turco RP, Toon OB, Ackermann TP, Pollack JB, Sagan C (1985) Die klimatischen Auswirkungen eines Nuklearkrieges. Verständliche Forschung. Verlagsgesellschaft, Heidelberg, Seite, Spektrum der Wissenschaft, S 52–64

Tyrell DC (2001) Rail passenger equipment accidents and the evaluation of crashworthiness strategies, Paper Presented at 'What Can We Realistically Expect From Crash Worthiness? Improving Train Design to Withstand Future Accidents', Institute of Mechanical Engineers Headquarters, London, England, May 2, 2001, S 30

UBA (2012) Daten zum Verkehr, Ausgabe 2012, Umweltbundesamt. UBA, Dessau

UBA (2021) Zentrale Melde- und Auswertestelle für Störfälle und Störungen, Zentrale Melde- und Auswertestelle für Störfälle und Störungen (ZEMA). https://www.umweltbundesamt.de/themen/wirtschaft-konsum/anlagensicherheit/zentrale-melde-auswertestelle-fuer-stoerfaelle

UCDP (2018) Uppsala conflict data program, department of peace and conflict research. http://ucdp.uu.se/

Uguccioni G (2004) The criteria for compatibility between industrial plants and land use in Italy. ESRA Newsletter, July 2004, S 2–5

UIC (2005) Improving assessment, optimization of maintenance and development of database for masonry arch bridges, international union of railways. http://orisoft.pmmf.hu/masonry

UIC (International Union of Railways) (2019) UIC safety report 2019: Significant Accidents 2018, Public Report, Department of Fundametal Values, Safety Unit, October 2019, Paris

UIP (2018) Leistungen und Funktionen der Biosphäre – Ein System-Vergleich mit der menschlichen Zivilisation, Umwelt- und Prognose-Institut e. V., UPI-Bericht Nr. 15: Ergebnisse. http://www.upi-institut.de/upi15.htm

Understanding Evolution (2020) University of California Museum of Paleontology. http://evolution.berkeley.edu/evolibrary/news/131211_bottlenecks

UNDRR (2015) Volcano – Population Exposure Index (GVM). https://data.humdata.org/dataset/volcano-population-exposure-index-gvm

UNEOP (2006) The state of the marine environment – trends and processes, United Nations Environment Programme (unep), Global Programme of Action for the Protection of the Marine Environment from Land-based Activities (gpa)The Hague

Uni-Protokolle (2004). http://www.uni-protokolle.de/Lexikon/Gentechnik.html

Universität für Bodenkultur (2015) Flexrisk. http://flexrisk.boku.ac.at/en/site_list.html

Universität Maryland (2021) Global Terrorism Database. www.start.umd.edu/gtd/

Universität Münster (2007) http://chdrisk.uni-muenster.de/calculator.php

University of Nebraska-Lincoln (2021) Droughtscape, National Drought Mitigation Center. http://drought.unl.edu/Publications/DroughtScape.aspx

UNO (2017) The United Nations world water development report 2017: wastewater the untapped resource. UNO, Paris

UNO (2020) Weltwasserbericht der Vereinten Nationen 2020: Wasser und Klimawandel. Colombella, Italien

UNs Scientific Committee on the Effects of Atomic Radiation (2008) Sources and effects of Ionizing radiation UNSCEAR 2008 Report, UN

UNs Scientific Committee on the Effects of Atomic Radiation (2021) Sources, effects and risks of Ionizing radiation UNSCEAR 2020 Report, UN, Februar 2021

UNSCEAR 2013 Report, Levels and effects of radiation exposure due to the nuclear accident after the 2011 great east-Japan earthquke and tsunami

Usbeck T (2016) Zeitliches und räumliches Wintersturmschadrisiko in den Wäldern der Schweiz: Bilanzierung von Waldfläche, Holzvorrat, Sturmschaden und Wettermessungen im Wandel der gesellschaftlichen Bedingungen von 1865–2014. Promotion Universite de Neuchatel, Switzerland

Usbeck T, Wohlgemuth T, Ch, Pfister, Volz R, Benistone M, Dobbertin M (2010) Wind speed measurements and forest damage in Canton Zurich (Central Europe) from 1891 to winter 2007. Int J Climatol 30:347–358

USGS (2008). http://volcanoes.usgs.gov/Products/Pglossary/vei.html

USGS (2015) Geological survey. http://geohazards.usgs.gov/deaggint/2008/

USGS (2018). https://earthquake.usgs.gov/earthquakes/browse/largest-world.php

van Breugel K (2001) Establishing performance criteria for concrete protective structures fib-symposium: concrete & environment. Berlin

Van Coile R (2015) Reliability-based decision making for concrete elements exposed to fire. Dissertation, Universität Gent

Van Coile R, Hopkin D, Lange D, Jomaas G, Bisby L (2019a) The need for hierarchies of acceptance criteria for probabilistic risk assessments in fire engineering. Fire Technol. https://doi.org/10.1007/s10694-018-0746-7

Van Coile R, Gernay T, Hopkin D, Khorasani NE (2019b) Resilience targets for structural fire design – an exploratory study. In: Yurchenko D, Proske D (Hrsg) Proceedings of the 17th international probabilistic workshop. Edinburgh, S 196–201

Van Coile R, Hopkin DJ (2018) Target safety levels for insulated steel beams exposed to fire, based on Lifetime Cost Optimisation, IALCCE, Ghent

Van Coile R, Pandey MD (2017) Investments in structural safety: the compatibility between the economic and societal optimum solutions. ICOSSAR, Vienna

Van der Heuvel M (2006) Strahlenquelle Atomkern: Ionsierende Strahlung. GSF – Forschungszentrum für Umwelt und Gesundheit GmbH in der HelmholtzGemeinschaft. In: Klemm C, Guldner H, Haury H-J (Hrsg) Strahlung. Neuherberg, S 6–13

Van der Hoven I (1957) Power Spectrum of Horizontal Wind speed in the Frequency Range from 0.0007 to 900 Cycles per Hour. J Meteorol 14:160–164

van Gelder PHAJM (2003) Cost benefit analysis of drugs against AIDS in South Africa using a life-quality index, chapter 2. In: Proceedings of the workshop on advanced models in survival analysis, Bloemfontein

Varnes DJ (1978) Slope movement types and processes. In: Schuster RL, Krizek RJ (Hrsg) Special report 176: Landslides: analysis and control. Transportation and road research board. National Academy of Science, Washington, DC, S 11–33

Vassalos D, Konovessis D, Vassalos G (2003) A risk-based framework on ship design for safety. In: Proceedings of the 8th International Marine Design Conference, 5.–8. May 2003, Athens, Greece, Bd I, S 225–240

Veder C (1979) Rutschungen und ihre Sanierung. Springer, Graz

Vesilind PJ (2004) Chasing tornadoes. National Geographic Magazine, April 2004, S 3–37

Vincent C, Neale G, Woloshynowych M (2001) Adverse events in bristol hospitals: preliminary retrospective record review. Br Med J 322:517–519

Vinge V (1993) The coming technological singularity: how to survive in the post-human era, Winter 1993, Whole Earth Review

Viscusi WK (2020) Extending the domain of the value of a statistical life. Benefit Cost Anal 12(1):1–23

Vodyannikov VV, Gordienko GI, Nechaev SA, Sokolova OI, Khomutov SY, Yakovets AF (2006) Geomagnetically induced currents in power lines according to data on geomagnetic variations. Geomagnetism and Aeronomy 46(6):809–813

Voellmy A (1955) Über die Zerstörungskraft von Lawinen. Schweiz. Bauzeitung, Jahrgang 73:159–165, 212–217, 246–249, 280–285

Vogel T, Zwicky D, Joray D, Diggelmann M, Hoj NP (2009) Tragsicherheit der bestehenden Kunstbauten, Sicherheit des Verkehrssystems Strasse und dessen Kunstbauten. Bundesamt für Strassen, 12/2009, Bern

Völkle H (2012) Strahlenbelastung nach Reaktorstörfällen: Tatsachen und Meinungen, Vortrag am 7. Juni 2012, FME, Aarau, Aarauerhof

Volz S (2004) Sudan: Zentrum der Hoffnung, Themen der Zeit. Deutsches Ärztebl 101(25):A-1798

von Stockert L (1913) Eisenbahnunfälle. Engelmann, Leipzig

Von Storch H, Claussen M (2009) Klimabericht für die Metropolregion Hamburg, Entwurf, November 2009, KlimaCamp, GKSS Forschungszentrum

Vorndran I (2010) Unfallstatistik – Verkehrsmittel im Risikovergleich, Statistisches Bundesamt, Wirtschaft und Statistik, 12/2010, S 1083–1088

Walker D (2000) Death penalty has slim effect on murder rate, Guardian News Service. The Jakarta Post 5:5

Walker P (2005) The great boston treacle flood. Westinghouse

Walter U (2004) Gesündere Lebensmittel müßten billiger werden. Gesundheit – Das Magazin aus Ihrer Apotheke, S 16–17

Walz MA, Kruschke T, Rust HW, Ulbrich U, Leckebusch GC (2017) Quantifying the extremity of windstorms for regions featuring infrequent events. Atmos Sci Let 18:315–322

Wang B (2016) Update of death per terawatt hour by energy source. https://www.nextbigfuture.com/2016/06/update-of-death-per-terawatt-hour-by.html

Wang H, Shen P, Zhu W-G (2011) Damage and replication stress responses, DNA replication-current advances. In: Seligmann H (Hrsg) InTech Europe: Rijeka, S 183–200

Wang Y, Hutter K, Pudasaini SP (2004) The Savage-Hutter theory: a system of partial differential equations for avalanche flows of snow, debris and mud. ZAMM – J Appl Math Mech 84(8):507–527

Wardhana A, Hadipriono FC (2003) Study of recent building failures in the United States. J Perform Constr Facil ASCE 2003:151–158

WASH-1400 (1975) An assessment of nuclear risks in U.S. commercial nuclear power plants. NUREG 75/014. NRC, National technical information service: Springfield

Wastl C, Schunk C, Leuchner M, Pezzatti GB, Menzel A (2012) Recent climate change: long-term trends in meteorological forest fire danger in the Alps. Agric For Meteorol 162:1–13

Water-Technology (2018) The world's oldest dams still in use. http://www.water-technology.net/features/feature-the-worlds-oldest-dams-still-in-use/

WDR (2004) Quarks und Co Extra: BSE. http://www.quarks.de/bse2/

Webb S (2010) Where is everybody: fifty solutions to the fermi paradox and the problem of extraterrestrial life, copernicus books. Praxis Publishing Lds, New York

Weber A (1964) Wildbachverbauung, Kapitel XIII. In: Uhden O (Hrsg) Taschenbuch landwirtschaftlicher Wasserbau. Franckh'scher Verlagsbuchhandlung, Stuttgart, S 483–528

Weber B (2002) Tragwerksdynamik. ETH, Zürich

Weber D (2004) Untersuchungen zum Fliess- und Erosionsverhalten granularer Murgängen, Eidg. Forschungsanstalt für Wald, Schnee und Landschaft WSL, Birmensdorf

Weber WK (1999) Die gewölbte Eisenbahnbrücke mit einer Öffnung. Dissertation. Technische Universität München, München

Webster PJ, Holland GJ, Curry, JA, Chang H-R (2005) Changes in tropical cyclone number, duration, and intensity in a warming environment. Sci 309:1844–1846

Wedgwood CV (1990) Der 30jährige Krieg. Paul List Verlag, 1990 Himberg bei Wien

Weidl T, Klein G (2004) A new determination of air crash frequencies and its implications for operation permissions. In: Spitzer C, Schmocker U, Dang VN (Hrsg) International conference on probabilistic safety assessment and management 2004, Bd 1. Springer, Berlin, S 248–253

Weilert A & Hosser D (2007) Probabilistic safety concept for fire safety engineering based on natural fires. 5th international probabilistic workshop – Taerwe & Proske (Hrsg), Ghent, 2007, S 29–42

Weis R (2002) Challenges for humanity: war on disease. Nat Geogr 2002:5–31

Weißmantel C, Lenk R, Forker W, Linke D (1982) Struktur der Materie – Kleine Enzyklopädie. VEB Bibliographisches Institut Leipzig, Leipzig

Weli E (2013) Maximum risk reduction with a fixed budget in the railway industry, PhD. Oxford Brookes University, Oxford

Welt (2021) Das sind die Topkiller unter den Tieren. http://www.welt.de/wissenschaft/article131831471/Das-sind-die-Topkiller-unter-den-Tieren.html

Weltbank (2017) Monitoring global poverty, report of the commission on global poverty. International Bank for Reconstruction and Development, Washington, DC

Wenk T (2005) Beurteilung der Erdbebensicherheit bestehender Strassenbrücken. Bundesamt für Strassen ASTRA, Bern

Wennig R, Eyer F, Schaper A, Zilker T, Andresen-Streichert H (2020) Mushroom poisoning. Dtsch Arztebl Int 117:701–708. https://doi.org/10.3238/arztebl.2020.0701

Wernitz D (2018) Metaanalyse von Eisenbahnunfällen anhand von Untersuchungsberichten, Studienarbeit. Technische Universität Dresden, Fakultät Verkehrswissenschaften Friedlich List, Professur für Verkehrssicherungstechnik

Wetter O, Pfister C (2011) Spring-summer temperatures reconstructed for northern Switzerland and southwestern Germany from winter rye harvest dates, 1454–1970. Clim Past 7:1307–1326

Wetter O, Pfister C (2012) An underestimated record breaking event: why summer 1540 was very likely warmer than 2003. Clim Past Discuss 8:2695–2730. www.clim-past-discuss.net/8/2695/2012/

Wetter O, Pfister C (2013) An underestimated record breaking event – why summer 1540 was likely warmer than 2003. Clim Past 9:41–56

Wetter O, Pfister C, Werner JP, Zorita E, Wagner S, Seneviratne SI, Herget J, Grünewald U, Luterbacher J, Alcoforado M-J, Barriendos M, Bieber U, Brázdil R, Burmeister K-H, Camenisch C, Contino A, Dobrovolný P, Glaser R, Himmelsbach I, Kiss A, Kotyza O, Labbé T, Limanówka D, Litzenburger L, Nordli Ø, Pribyl K, Retsö D, Riemann D, Ch, Rohr, Siegfried W, Söderberg J, Spring J-J (2014) The year-long unprecedented European heat and drought of 1540 – a worst case. Clim Change 125:365–367

Wetter O, Ch, Pfister, Weingartner R, Luterbacher J, Reist T, Trösch J (2011) The largest floods in the High Rhine basin since 1268 assessed from documentary and instrumental evidence. Hydrol Sci J 56(5):733–758

Wetter O, Tuttenuj D & Longoni R (2015) Rekonstruktion vorinstrumenteller Scheitelwasser-stände der Aare – einschliesslich ihrer wichtigsten Zubringer Saane, Emme, Reuss und Limmat inklusive einer Meteoumfeldanalyse für die extremsten Hochwasser. Bundesamt für Umwelt (BAFU), 128

Wheatley S, Sovacool B, Sornette D (2015) Of Disasters and dragon kings: a statistical analysis of nuclear power incidents & accidents. [physics.soc-ph], S 24. arXiv:1504.02380v1. Zugegriffen: 7. Apr 2015

White E (2016) A history of dams: from ancient times to today. Tata & Howard. https://tataandhoward.com/2016/05/a-history-of-dams-from-ancient-times-to-today/
White M (2003) Twenthieth centuray atlas – worldwide statistcs of death tolls. http://users.erols.com/mwhite28
Whitten RC, Cuzzi J, Boruck WJ, Wolfe JH (1976) Effect of nearby supernova explosions on atmospheric ozone, ames research center, NASA, moffett field, California 94035. Nature 263:398–400
WHO (1983) Safety requirements for the first use of new drugs and diagnostic agens in man. COMS
WHO (2004) Neglected global epidemics: three growing threats. The world health report 2003 – shaping the future, chapter 6. World Health Organisation. http://www.medicusmundi.ch/mms/services/bulletin/bulletin200401/kap02/14who.html
WHO (2007) Health effects of chronic exposure to smoke from biomass fuel burning in rural areas. Chittaranjan National Cancer Institute, cnci.academia.edu/1123846/
WHO (2018a) Cholera, 2017. Weekly epidemiological record, 21. September 2018 93:489–600
WHO (2018b) Road traffic injuries, 19. February 2018. http://www.who.int/news-room/fact-sheets/detail/road-traffic-injuries
WHO (2020a) Global tuberculosis report. World Health Organisation, Geneva
WHO (2020b) World malaria report 2020: 20 years of global progress and challenges. World Health Organization, Geneva
Wikipedia (2011) Hydrogen-cooled turbogenerator, 24. August 2011. https://www.wikipedia.com
Wikipedia (2018a) Aviation safety. https://en.wikipedia.org/wiki/Aviation_safety
Wikipedia (2018b) Dam failures. https://en.wikipedia.org/wiki/Dam_failure
Wikipedia (2020a) List of countries by total road tunnel length. https://en.wikipedia.org/wiki/List_of_countries_by_total_road_tunnel_length
Wikipedia (2020b) List of human disease case fatality rates. https://en.wikipedia.org/wiki/List_of_human_disease_case_fatality_rates, https://de.wikipedia.org/wiki/Fall-Verstorbenen-Anteil
Wikipedia (2020c) Momenten-Magnituden-Skala. https://de.wikipedia.org/wiki/Momenten-Magnituden-Skala#cite_note-usgs_energy-5
Wikipedia (2021a) Lancet Surveys of Iraq Ware Casualties. https://en.wikipedia.org/wiki/Lancet_surveys_of_Iraq_War_casualties
Wikipedia (2021b) List of disasters by cost. https://en.wikipedia.org/wiki/List_of_disasters_by_cost
Wikipedia (2021c) Liste schwerer Unfälle im Schienenverkehr. https://de.wikipedia.org/wiki/Liste_schwerer_Unf%C3%A4lle_im_Schienenverkehr
Wikipedia (2021d) Liste von tödlich verunglückten Radrennfahrern. https://de.wikipedia.org/wiki/Liste_von_t%C3%B6dlich_verungl%C3%BCckten_Radrennfahrern
Wikipedia (2021e) Liste von U-Boot-Unglücken seit 1945. https://de.wikipedia.org/wiki/Liste_von_U-Boot-Ungl%C3%BCcken_seit_1945
Wikipedia (2021f) Liste von Unglücken im Bergbau. https://de.wikipedia.org/wiki/Liste_von_Ungl%C3%BCcken_im_Bergbau#cite_note-3
Wikipedia (2022) Seilbahnunglücke. https://de.wikipedia.org/wiki/Liste_von_Seilbahnungl%C3%BCcken
Will M (2021) Zahlen, bitte! Wie der IT-Support die Mondlandung von Apollo 14 rettete, heise online, 9.2.2021
Will M, Stiller A (2019) Robuster Begleiter zum Mond: Der Apollo Guidance Computer, Robuster Computer, smarte Software, 7/2019, Heise online
Williams AB, Schumacher B (2016) DNA-Reparatur ist lebenswichtig, bei Krebszellen aber unerwünscht. Deutsches Ärztebl 113(50):A2320–A2321
Williams M (2006). Snow Hydrology: Avalanches
Williams R (1999) After the deluge – Central America's Storm of the Century. Nat Geogr 196(5):108–129
Wilson J (2003) climate change: wilson.jimjudy@worldnet.att.net, 30 Oct 2003, Mailing list for risk professionals: riskanal@lyris.pnl.gov
Wilson N (1998) Great sea disasters. Parragon, German Version, Bechtermünz Verlag, Weltbild Verlag, Augsburg
Wilson RM, Runciman WB, Gibberd RW, Harrison BT, Newby L, Hamilton HD (1995) The quality of Australian health care study. Med J Aust 163
Windsor JS, Firth PG, Grocott MP, Rodway GW, Montgomery HE (2009) Mountain mortality: a review of death that occur during recreational activities in the moutnains. Postgrad Med J 85:316–321. http://pmj.bmj.com
Winkel KD, Tibballs J, Molenaar P et al (2005) Cardiovascular actions of the venom from the Irukandji (Carukia barnesi) jellyfish: effects in human, rat and guinea-pig tissues in vitro and in pigs in vitro. Clin Exp Pharmacol Physiol
Wirasinghe SC, Caldera HJ, Durage SW, Ruwanpura JY (2013) Preliminary analysis and classification of natural disasters. The 9th Annual International Conference of the International Institute for Infrastructure, Renewal and Reconstruction (IIIRR), 7–10 July 2013, Queensland University of Technology, Brisbane, Australia, S 1–10
Witte W (2004) Erklärungsnotstand. Die Grippe-Epidemie 1918–1920 in Deutschland unter besonderer Berücksichtigung Badens, Medizinische Fakultät Heidelberg, Heidelberg
WLV (2006) Jahresbericht 2005 des Forsttechnischen Dienst für Wildbach- und Lawinenverbauung. Bundesministerium für Land- und Forstwirtschaft, Umwelt und Wasserwirtschaft, Sektion Forst. Wildbach- und Lawinenverbauung, Wien
Wohlgemuth T, Brigger A, Gerold P, Laranjeiro L, Moretti M, Moser B, Rebetez M, Schmatz D, Schneiter G, Sciacca S, Sierro A, Weibel P, Zumbrunnen T, Conedera M (2010) Leben mit Waldbrand, Merkblatt für die Praxis, Eidg. Forschungsanstalt WSL, Birmensdorf, S 46
Wohlgemuth T, Condedra M, Kupferschmid A, Moser B, Usbeck T, Brang P, Dobbertin M (2008) Effekte des Klimawandels auf Windwurf. Waldbrand und Walddynamik im Schweizer Wald. Schweiz Z Forstwesen 159(10):336–343
Wolhuter KM (2015) Geometric Design of Roads Handbook. CRP Press, Taylor & Francis Group, Boca Raton
Wollschläger H (1992) Die bewaffneten Wallfahrten gen Jerusalem. Geschichte der Kreuzzüge. Diogenes, Zürich
Woo G (2006) Terror attacks during world soccer championship 2006. Tageszeitung Österreich, 17 May, S 2
Wörner J-D, (1997) Grundlagen zur Festlegung und Beurteilung von Dichtheitsanforderungen für Anlagen mit wassergefährdenden Stoffen (Grundlagen 1994). DAfStb Bd 481. Anlage, Beuth Verlag, Berlin
Woronzow-Weljaminow BA (1978) Das Weltall, 2. durchgesehene Aufl. Urania-Verlag, Leipzig
Worth Matravers P, Bridgeman J, Ferguson-Smith M (2000) The BSE inquiry report. http://www.bseinquiry.gov.uk/report
Wreathall J (2004) PRA, patient safety and insights for quality improvement in healthcare. In: Spitzer C, Schmocker U, Dang VN (Hrsg) International conference on probabilistic safety assessment and management 2004, Bd 4. Springer, Berlin, S 2206–2211
WSEC (2006) A recommendation for an enhanced fujita scale (EF Scale), wild science and engineering center, Texas Tech University, Revision 2, Lubbock, Texas. http://www.depts.ttu.edu/nwi/Pubs/FScale/EFScale.pdf. Zugegriffen: 10 Okt 2006
WSL (2001) Lothar Der Orkan 1999, Ereignisanalyse, Bundesamt für Umwelt. Wald und Landschaft BUWAL, Bern
WSL (2003) Eidgenössisches Institut für Schnee- und Lawinenforschung. Davos-Dorf

Wyss M, Trendafiloski G (2009) Trends in the casualty ration of injured to fatalities in earthquakes. Second International Workshop on Disaster Casualties, 15–16 June 2009, University of Cambridge, UK, S 1–6

Yang H, Hayes M, Winzenread S & Okada K (1999) History of dams. https://watershed.ucdavis.edu/shed/lund/dams/Dam_History_Page/History.htm

Yeh H, Imamura F, Synolakis CE, Tsuji Y, Liu P, Shi S (1995) The Flores Island Tsunamis, EOS, Transactions. Am Geophys Union 74(33):369:371–373

Yin A (2012) Structural analysis of the Valles Marineris fault zone: possible evidence for large-scale strike-slip faulting on Mars. Lithosphere 4(4):286–330

Z'graggen L (2006) Die Maximaltemperaturen im Hitzesommer 2003 und Vergleich zu früheren Extremtemperaturen, Arbeitsbericht MeteoSchweiz Nr. 212, (Hrsg) Bundesamt für Meteorologie und Klimatologie, MeteoSchweiz

Zack F, Puchstein S, Büttner A (2016) Letalität von Blitzunfällen. Rechtsmedizin 26:1

Zack F, Rothschild MA, Wegener R (2007) Blitzunfall – Energieübertragungsmechanismen und medizinische Folgen. Deutsches Ärztebl 104(51–52):A-3545–A-3549

Zerr RJ (1997) Freezing rain: an observational and theoretical study. Am Meteorol Soc

Zhang L, Peng M, Chang D, Xu Y (2017) Dam failure mechanisms and risk assessment. Wiley, Hoboken

Ziervogel G (2005) Understanding resilient, vulnerable livelihoods in South Africa, Malawi, Zambia. Disaster Reduction in Africa – ISDR Informs, Issue 6, 6th December 2005, S 19–23

Zöllner W (1990) Die Geschichte der Kreuzzüge, 6. Aufl. Deutscher Verlag der Wissenschaften, Berlin

Zumbrunnen T, Bugmann H, Conedera M, Bürgi M (2009) Linking forest fire regimes and climate: a historical analysis in a dry inner alpine valley. Ecosystems 12:73–86

Zwingle E (1998) Women and population. Nati Geogr 4:36–55

3 Risikoparameter

3.1 Einführung

Nach der Benennung der Risiken im vorigen Kapitel und der Einführung von Intensitätsparametern für verschiedene Gefährdungen, Technologien und Expositionen, sollen in diesem Kapitel die zur Beschreibung dieser Gefährdungen geeigneten Risikoparameter systematisch aufgearbeitet und erläutert werden. Prinzipiell können solche Risikoparameter hochspezifisch oder sehr allgemein formuliert sein. Tab. 3.1 listet z. B. die Risikodefinitionen für Hangrutschungen beginnend mit sehr allgemeinen Definitionen (oben) zu immer fachspezifischen Definitionen (unten) auf. Zwar werden im Abschnitt „Einfache Risikoparameter" auch einige fachspezifische Risikoparameter erwähnt, aber dieses Kapitel fokussiert überwiegend auf sehr allgemeinen Risikoparametern, also Parametern, die für viele bzw. alle Fachgebiete, die in Kap. 2 genannt wurden, verwendet werden können.

Risikoparameter beinhalten immer Informationen über potenzielle Schäden bezogen auf einen Leistungsparameter. Dieser Leistungsparameter kann eine kalendarische Zeit, eine Expositionszeit, eine Erfahrungszeit, eine Fläche, eine Länge, ein Volumen, eine Konzentration, eine Anzahl, eine Menge, ein Objekt oder ein anderer Parameter sein. Der Schadensparameter kann ebenfalls sehr weit definiert sein: von der Anzahl getöteter oder verletzter Menschen bis zum Anzahl Verlust an Nutztieren, Flächen, Sachschäden, Energien, kulturellen Gütern, ökologischen oder sozialen Werten. Diese Vielfalt der Parameter erschwert natürlich die Vergleichbarkeit und erklärt, warum, wie in Tab. 3.1 gezeigt, für verschiedene Fachgebiete sehr spezifische Risikoparameter entwickelt wurden.

Um Risiken von verschiedenen Technologien, Situationen oder Handlungen trotzdem vergleichbar zu machen, müssen die Risikoparameter vergleichbar sein. Bei den Transportmitteln verwendet man z. B. häufig Passagierkilometer, also eine Länge, oder die Anzahl der Reisen; bei Naturkatastrophen verwendet man häufig Todesfälle pro Fläche. Dadurch kann man Risiken in bestimmten Fachgebieten vergleichen, z. B. Verkehrsmittel oder Naturgefahren. Wenn man allerdings Risiken über alle Fachgebiete vergleichen möchte, benötigt man ein noch universelleres Leistungsmaß.

Der universellste Risikoparameter bezieht sich auf das kalendarische Jahr. Zum einen kann man ein solches Risiko basierend auf den Sterbetafeln, die heute vorliegen, für alle Situationen und Handlungen bestimmen. Zum anderen ist der Aufwand für die Berechnung sehr gering. Dieser Parameter wäre die Mortalität.

Der Parameter kann aber leider nicht berücksichtigen, ob die Expositionszeit über das Jahr sehr kurz war, und daher die Verwendung des Kalenderjahrs nicht geeignet ist, oder ob die Expositionszeit praktisch das ganze Jahr umfasst. Ein Beispiel für eine relativ kurze Expositionszeit ist Motorradfahren in den gemäßigten und nördlichen Breiten. Dies erfolgt oft nur in den Sommermonaten. Die reine Expositionszeit ist also viel geringer als beim Auto, welches auch im Winter vergleichsweise viel verwendet wird. Die Expositionszeit für die Nutzung von Gebäuden ist dagegen über das ganze Jahr sehr groß und unterscheidet sich nur geringfügig von der Zeitdauer eines Jahres.

Die Weiterentwicklung der Risikoparameter zur Umgehung und Vermeidung ihrer spezifischen Nachteile bildet eine Evolution der Parameter: beginnend bei den einfachsten Parametern, wie Gefahrenzonenkarten oder Versagenswahrscheinlichkeiten von Bauwerken, in denen einfach nur die Wahrscheinlichkeit eines Ereignisses ermittelt wird, nicht aber die Konsequenzen in Form von Todesopfern oder Sachschäden. Darauf aufbauend stehen die ersten Risikoparameter, die Schadenspotentiale in Form von Todesopfern angeben, wie z. B. die Sterbehäufigkeiten bzw. Mortalitäten. Dieser Parameter berücksichtigt aber nicht die Expositionszeit, weshalb Expositionszeit bezogene Mortalitäten, wie z. B. die Fatal Accident Rates entwickelt wurden. Die Fatal Accident Rate ist ein universeller Risikoparameter aus Sicht der objektiven Risikobewertung. Aller-

D. Proske, *Katalog der Risiken*, https://doi.org/10.1007/978-3-658-37083-1_3

Tab. 3.1 Beispiele der Risikodefinition für Hangrutschungen (Düzgün und Lacasse 2005)

Risikoparameter	Referenz
$R = H \times C$	Einstein (1988)
$R_s = H \times V$	Varnes (1984)
$R_t = R_s \times E = (H \times V) \times E$	Varnes (1984)
$R_t = \sum (R_s \times E) = \sum (H \times V \times E)$	Fell (1994)
$R_s = P(H_i) \times \sum (E_t \times V \times E_X)$ $R_t = \sum R_s$ (Ereignis 1, … *n*)	Lee und Jones (2004)
$R(DI) = P(H) \times P(S\|H) \times P(T\|S) \times P(L\|T)$	Morgan et al. (1992)
$R(PD) = P(H) \times P(S\|H) \times V(P\|S) \times E_P$	Dai et al. (2002)

Parameter: *R:* Risk, *H:* Hazard, *C:* Consequence, *V:* Vulnerability, R_s: Specific Risk, R_t: Total Risk, *E:* Element at Risk, $P(H_i)$: Hazard for a particular magnitude of landslide, E_t: Total Value of Element at Risk, E_x: Exposure, *R(DI)*: Individual Risk, *P(H)*: Hazard, *P(S|H)*: Probability of spatial impact, *P(T|S):* Probability of temporal impact, *P(L|T):* Probability of loss of life for an individual, *R(PD):* Specific risk (Property), *P(H):* Hazard, *P(S|H):* Probability that landslide impact the property, *V(P|S):* Vulnerability, E_P: Value of property.

dings kann er für den Vergleich verschiedener Risiken mit hohem Schadenspotential nur bedingt eingesetzt werden, weil er die sogenannte subjektive Risikoaversion nicht berücksichtigt. Die Risikoaversion sagt aus, dass Menschen viele kleine Unfälle, die in der Summe genauso viele Opfer haben wie ein großer Unfall, die kleinen Unfälle dem großen Unfall vorziehen. Das macht durchaus Sinn, da die aleatorische und epistemische Unsicherheit der Opferzahlen bei großen potenziellen Opferzahlen natürlich absolut größer ist als bei vielen kleinen Opferzahlen. Diesen Korrekturfaktor können wiederum Zielkurven für *F-N*-Diagramme berücksichtigen. Eine andere Weiterentwicklung sind die „Verlorenen Lebensjahre". Bei diesem Parameter kann man alle potenziell negativen Effekte auf eine erhöhte Morbidität oder Mortalität zurückrechnen. Dieser Parameter berücksichtigt nicht die Schwere eines einzelnen Ereignisses, aber er kann gesundheitliche Einschränkungen sehr gut abbilden. Tab. 3.2 listet die wesentlichen Risikoparameter kurz auf.

Letztendlich müsste ein perfekter Risikoparameter eine Vielzahl potenzieller negativer Effekte berücksichtigen. Ein Ansatz, der hier Lösung verspricht, ist die Anwendung von Lebensqualitätsparametern. Diese Parameter sind nicht nur in der Lage, die Schäden für Leib und Leben vona Menschen und an Sachgütern numerisch zu homogenisieren, unabhängig vom moralischen Dilemma. Sie sind auch sehr gut in der Lage, subjektive Effekte abzubilden, und zwar sowohl auf gesellschaftlicher als auch auf individueller Ebene. Tatsächlich geben verschiedene solcher Lebensqualitätsparameter seit Jahren Hinweise auf eine Überlastung der Schutzsysteme in modernen Gesellschaften, seien es soziale Lebensqualitätsparameter oder Lebensqualitätsparameter, die die Biosphäre mitberücksichtigen. Lebensqualitätsparameter weichen allerdings grundsätzlich das Konzept der Risikoparameter auf, weil sie nicht nur die Nachteile einer Handlung sehen. Eine gute Lebensqualität für eine maximale Anzahl an Menschen ist das Konzept des Utilitarismus. Insofern ist die Anwendung der Lebensqualitätsparameter ein grundsätzliches Entscheidungskonzept, während die risikoparameter gemäß dem Grundsatze der Risikoinformierten Entscheidungen für Entscheidungen herangezogen werden, sie

Tab. 3.2 Verschiedene Stufen der Risikoparameter und ihre Eigenschaften

Risikoparameter	Statistische Eigenschaft	Zeitbezug	Anderen Bezug	Anfänge
Versagenswahrscheinlichkeit	Individuell	Pro Jahr		Anfang 1920er Jahre
Einsturzhäufigkeit	Mittelwert	Pro Jahr		
Gefahrenzone	Individuell	Pro Jahr		Ende 19. Jh
Risikodiagramme				
Sterbehäufigkeit, Mortalität	Mittelwert	Pro Jahr		ab 16. Jh
Sterbehäufigkeit, Mortalität	Mittelwert		Pro Reiselänge, pro Reisezeit, pro Reise, pro Fahrzeug	
Sterbehäufigkeit, Mortalität	Mittelwert		Pro Fläche, Volumen, Konzentration, elektrischer Leistung	
Fatal Accident Rate	Mittelwert	Standard-Expositions zeit		Vermutlich Anfang der 1970er Jahre
Verlorene Lebensjahre	Mittelwert	Lebenszeit	Umrechnung von negativen Auswirkungen auf die Gesundheit in Verlust an Lebenszeit	Anfang der 1970er Jahre
F-N-Diagramme	Verteilung	Pro Jahr	Pro Energie, Strahlungsmenge, Fläche, Volumen, Masse etc.	1967, Anfang 1970er Jahre

aber keine alleinige Entscheidungsgrundlage, also risikobasierte Entscheidungen, darstellen sollen.

Neben den bisher genannten statischen Risikoparametern sind diese oft auch zeitabhängig. Auf die Zeitabhängigkeit wird meist in Form von Jahresangaben bei der Nennung der Risikozahlen hingewiesen, teilweise wird aber auch die Zeitabhängigkeit direkt untersucht.

3.2 Räumliche und zeitliche Abhängigkeiten

3.2.1 Einleitung

Risiken sind keine statischen Erscheinungen. Sie verändern sich zeitlich und räumlich. In vielen Fällen wird man die Änderung gar nicht wahrnehmen, weil sie außerhalb der menschlichen sensorischen Fähigkeiten liegt. Unter Umständen können auch Handlungen, die vor vielen Jahren stattfanden, plötzlich Einfluss auf heutige Risiken erlangen.

3.2.2 Lern- und Vergessenskurven

Eine Lernkurve beschreibt die sinkende Anzahl von Fehlern und Schäden menschlicher und organisatorischer Handlungen mit zunehmender Erfahrung (Duffey und Saull 2012; Argote 1999). Die übliche Funktionsform für die Häufigkeit der Fehler oder Schäden y lautet $y = a\ x^{-b}$, wobei a und b Kurvenparameter sind. Abb. 3.1 vermittelt einen qualitativen Eindruck des Kurvenverlaufs. Für den Erfahrungswert x muss man nicht die kalendarische Zeit verwenden, man kann z. B. auch Erfahrungsjahre verwenden. Solche Erfahrungsjahre können viel schneller steigen als die kalendarischen Jahre, wenn z. B. ein Produkt sehr häufig hergestellt und parallel genutzt wird. Duffey und Saull (2012) zeigen z. B. die Risiken von Dammversagen in Form der kumulierten Dammjahre. Der Autor hat die Erfahrungswerte von Brücken in Form von kumulierten Brückenjahren angegeben (Proske 2019, Abb. 3.2).

Neben den Lernkurven gibt es auch Vergessenskurven (Abb. 3.3). Diese können sich sowohl auf einzelne Menschen als auch auf Organisationen beziehen. Ein Beispiel für das Vergessen einer Technologie ist der Verlust des Wissens des *„Opus caementicium"* oder des Steinbogenbrückenbaus am Ende des römischen Reiches. Ein aktuelles Beispiel ist das Ende des Kernenergiebaus in Europa und den USA.

Die Verbindung solcher Zyklen kann unter Umständen zu wiederkehrenden Katastrophen führen. Beim Brückenbau spricht man z. B. von einem 30-Jahre-Zyklus wichtiger Brückeneinstürze (Sibly und Walker 1977; Petroski 1993, 2006a, b; Brady 2013; Boutellie und Heinzen 2014; Steedman 2010; Akesson 2008).

Tatsächlich stürzen natürlich weltweit jedes Jahr Brücken ein, z. B. im August 2018, im März 2017 und im

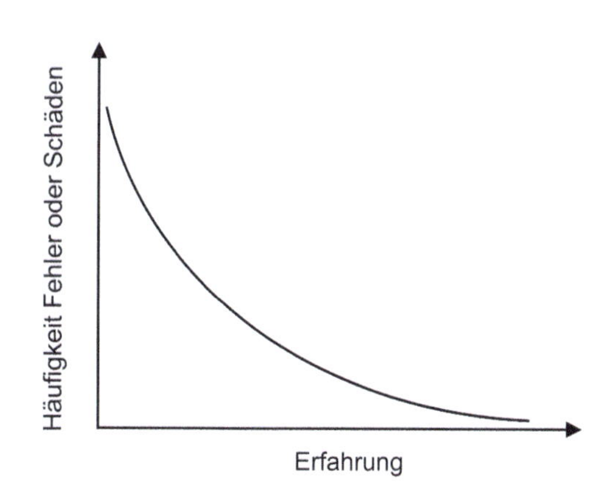

Abb. 3.1 Darstellung einer Lernkurve

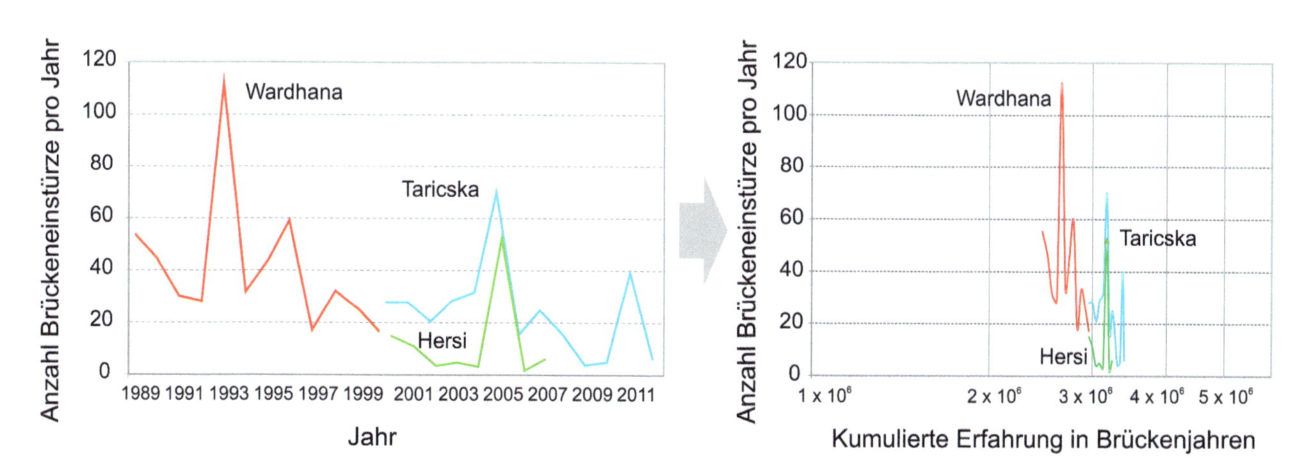

Abb. 3.2 Brückeneinsturzwerte bezogen auf kalendarische Zeit links und Brückenjahre rechts. (Daten nach Wardhana und Hadipriono 2003; Taricska 2014; Hersi 2009)

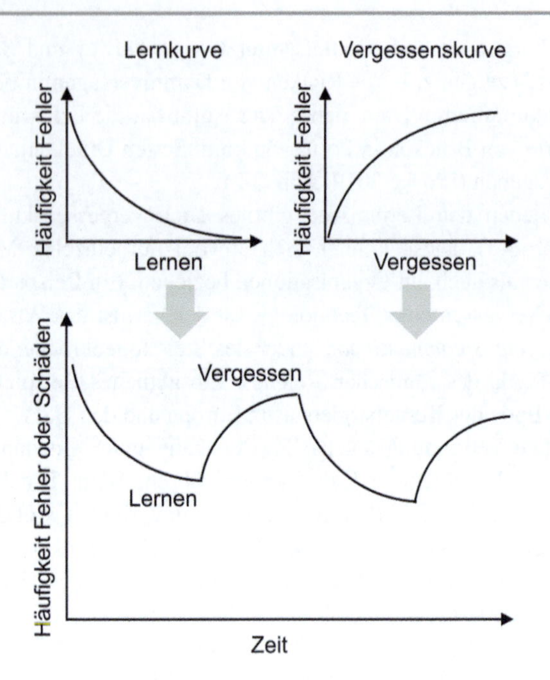

Abb. 3.3 Verknüpfung von Lern- und Vergessenskurven

Oktober 2016 in Italien, im Dezember 2017 in Tschechien, im Januar 2018 in Kolumbien und im März 2018 in Florida, aber der 30-Jahre-Zyklus berücksichtigt Brückeneinstürze, die mit einem Vergessen der Hintergründe von Berechnungsverfahren in Baunormen einhergehen. Technologische Zyklen passen in diese Theorie und werden im Kap. 4 „Subjektive Risikobewertung" behandelt.

Eine andere Form der Grenzen der Modelle zeigt Abb. 3.4. Dort werden symbolisch die räumlichen und zeitlichen Grenzen von Normen dargestellt. Man sieht sehr schön, dass zwischen den normativ behandelten Bereichen auch Bereiche ohne Abdeckung existieren.

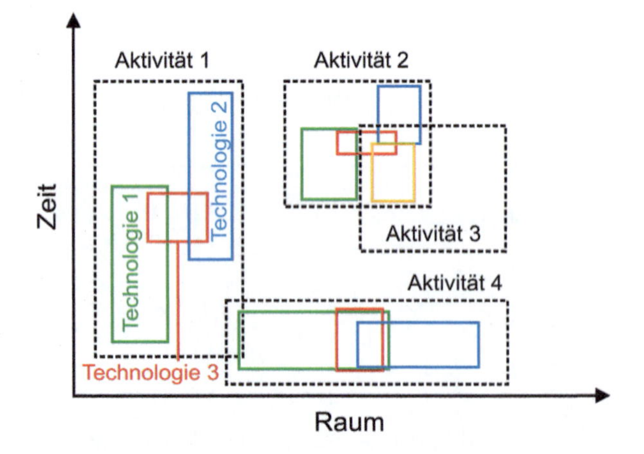

Abb. 3.4 Verteilung der normativen Bereiche für verschiedene Technologien über Raum und Zeit (Faber et al. 2015)

3.2.3 Tages- und saisonale Schwankungen

Den langwelligen Risikoschwankungen über die Evolution der menschlichen Gesellschaft, über mehrere Jahrzehnte, wie z. B. dem hypothetischen 30-Jahre-Zyklus und über die Lebenszeit jedes Menschen (siehe Abb. 3.30 und 3.31), stehen auch sehr kurzwellige Risikoschwankungen gegenüber. Diese können sich auf den Tagesverlauf, auf Wochentage, Monate oder Jahreszeiten beziehen. Abb. 3.5 zeigt beispielhaft den Risikoverlauf über einen Arbeitstag. Deutlich treten Risikospitzen während der Nutzung von Verkehrsmitteln und beim Sport auf. Übergeordnet stellt Tab. 3.63 die Sterbeorte von Menschen dar.

Abb. 3.6 zeigt die saisonalen Risiken in einem Skigebiet. Hier verändert sich sowohl die Anzahl der exponierten Personen (Hochsaison, Nebensaison), als auch die Gefahren (Lawinen, Überflutungen, Steinschläge, Muren).

Auch die jahreszeitabhängigen Schwankungen der Mortalität (Hitze, Grippesaison) können hierunter gezählt werden (siehe Abb. 3.40).

3.3 Einfache Risikoparameter

3.3.1 Einleitung

Normalerweise benötigen Risikobewertungen aufwendige Untersuchungen, die entweder umfangreiche Rechnungen oder Befragungen umfassen. Häufig muss die Risikobewertung jedoch schnell durchgeführt werden, um zeitnah über erforderliche Maßnahmen entscheiden zu können oder sie muss mit einfachen Mitteln erstellt werden, um die Risikobewertung auch für Nichtfachleute nachvollziehbar zu gestalten. Dadurch werden eine Risikokommunikation und ein Risikodialog ermöglicht.

Ein Teil der im Folgenden vorgestellten einfachen Risikoparameter basiert auf diesen einfachen Ansätzen. Dabei werden subjektive und qualitative Einschätzungen von Gefährdungen und potenziellen Schäden teilweise numerischen Werten zugeordnet. Diese werden meistens in Risikomatrizen zusammengeführt und mit zulässigen Werten verglichen. Auf Grund der Verwendung von üblichen, alltäglichen Begriffen zur Einschätzung der Häufigkeiten und der potenziellen Schadensintensitäten kann praktisch jeder diese Verfahren innerhalb kürzester Zeit anwenden. Nachteilig ist natürlich, dass die Auswahl der Begriffe einer subjektiven Wertung unterliegt. Eine kritische Diskussion der Risikomatrizen findet sich z. B. bei Cox (2008).

Interessant ist die Tatsache, dass sich solche vereinfachten Risikobewertungen unabhängig voneinander in verschiedenen Fachgebieten entwickelt haben und dort auch angewendet werden. Die Fachgebiete reichen von der Me-

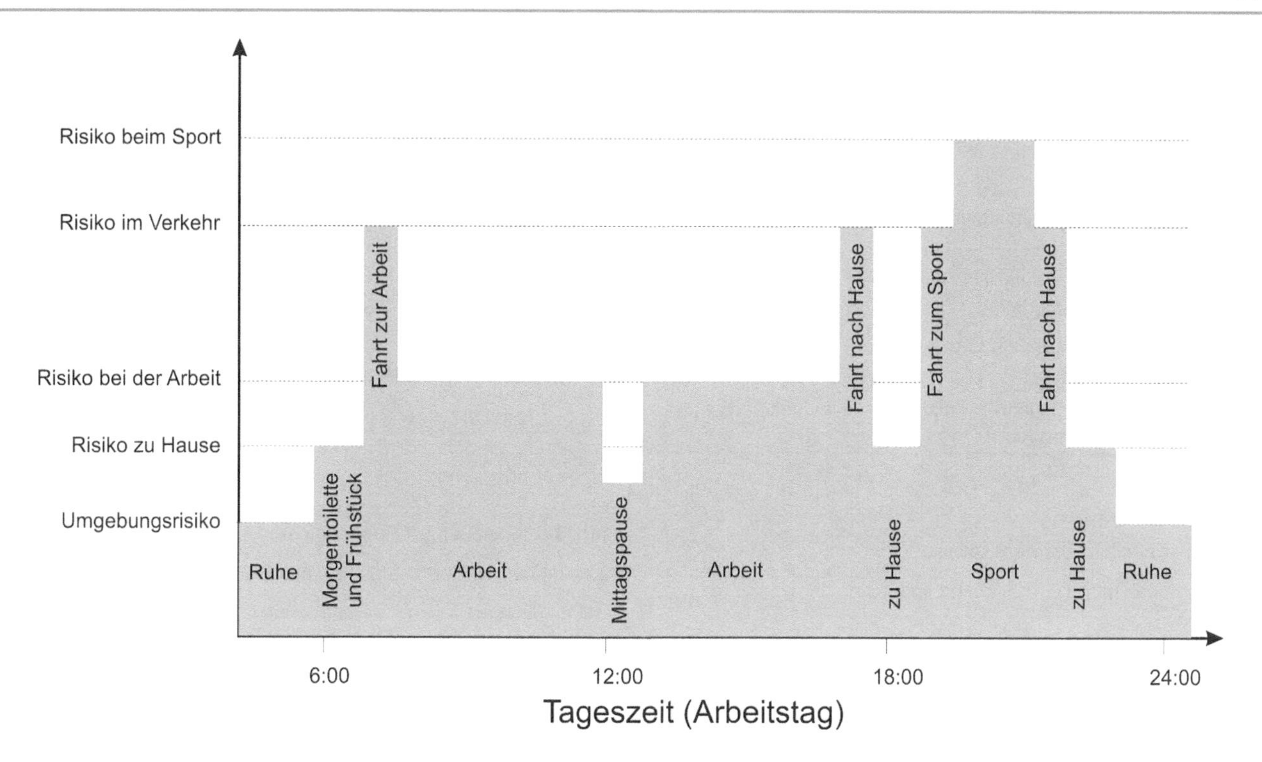

Abb. 3.5 Beispiel eines Tagesverlauf des Risikos (Kuhlmann 1981)

Abb. 3.6 Beispiel eines Tagesverlauf des Risikos (Keiler et al. 2005; Fuchs 2006)

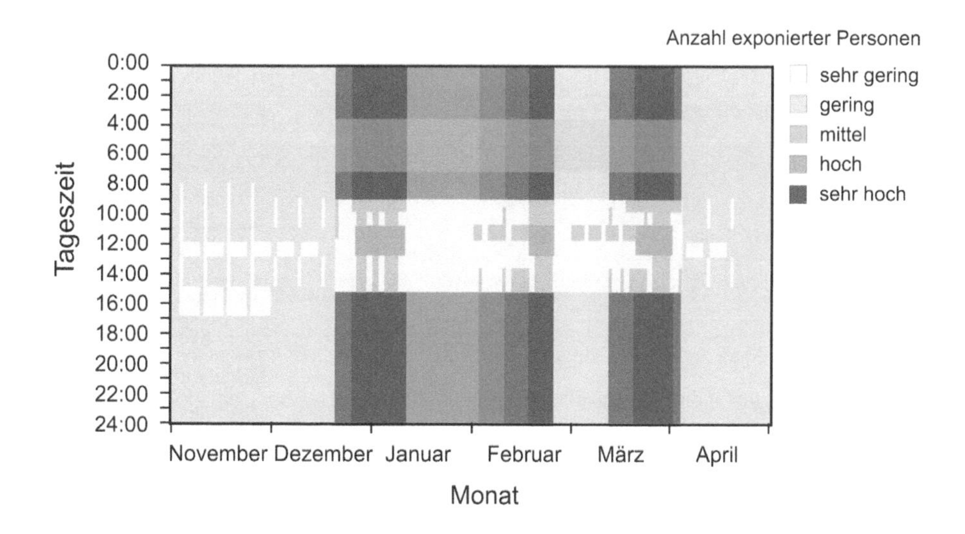

dizin mit der klassischen Triage über die Finanzwirtschaft zur Vermarktung ihrer Risikoprodukte bis zu technischen Risiken, z. B. in der Raumfahrt oder der chemischen Industrie und natürlichen Risiken, wie z. B. für Hangrutschungen. Selbst im Bereich Spionageabwehr werden solche Methoden verwendet. Die im Folgenden vorgestellten Verfahren basieren entweder auf zwei bis vier Tabellen oder auf Diagrammen. Die folgenden Beispiele sind nur ein Auszug, es existieren zahlreiche weitere solche Parameter (siehe z.B. auch BABS 2013, BUWAL 1999, Hennings & Mertens 1998, SSI 2013, Ganz 2018, SBB 2014, 2015).

3.3.1.1 NASAs Risikotabelle

Die NASA hat für eine schnelle Risikobewertung ein einfaches System von Tabellen entwickelt. Dabei werden die Einschätzungen der Tab. 3.3 und 3.4 in Tab. 3.5 zusammengeführt und mit den Zielwerten in Tab. 3.6 verglichen.

Mit diesem System kann durch die Festlegung von subjektiven Begriffen für die Eintrittshäufigkeit und die Konsequenzen eine Risikomatrix erstellt werden, für die Zielwerte vorgegeben sind. Die Werte in Tab. 3.6 liegen im Bereich von 1 bis 20 und damit in einem sehr gut verständlichen Zahlenbereich.

Tab. 3.3 Einteilung der Gefährdungshäufigkeit

Level	Description	Component	Fleet or entire construction
A	Frequent	Presumably frequent	Continuously found
B	Likely	Several times during lifetime	Widespread
C	Occasional	Presumably one time per lifetime	Several times
D	Remote	Unlikely during lifetime	Unlikely but has to be considered
E	Unlikely	So unlikely, that it can be excluded	Unlikely, but possible

Tab. 3.4 Einteilung der Konsequenzen

Level	Description	Scenario and detail
I	Disaster	Death and system loss
II	Critical	Serious accident, serious system damage
III	Insignificant	Minor accident, minor system damage
IV	Neglectable	Damage less than during minor accident

Tab. 3.5 Risikomatrix

Probability of hazard		Severity		
	Disaster	Critical	Insignificant	Neglectable
Likely	1	3	7	13
Probable	2	5	9	16
Occasional	4	6	11	18
Rare	8	10	14	19
Unlikely	12	15	17	20

Tab. 3.6 Zielwerte für die Risikomatrix

Goal value	Category
1–5	Unacceptable
6–9	Undesirable
10–17	Acceptable with further assessment
18–20	Acceptable without further assessment

Die Vorgehensweise stimmt mit einer Vielzahl der im Folgenden vorgestellten vereinfachten Verfahren überein.

3.3.1.2 Australisch-neuseeländische Norm AS/NZS 4360

Eine vergleichbare Vorgehensweise bietet die australisch-neuseeländische Norm AS/NSZ 4360 an. Auch hier werden übliche Häufigkeitsbegriffe (Tab. 3.7) und einfache

Tab. 3.7 Einteilung der Gefährdungshäufigkeit von Begriffen in Wahrscheinlichkeitsbereiche

Level	Description	Scenario and Detail	Probability (%)
16	Very likely	Will happen under virtually all conditions	> 85
12	Highly likely	Will happen under most conditions	50–85
8	Fairly likely	Will happen quite often	21–49
4	Unlikely	Will happen sometimes	1–20
2	Very unlikely	Not expected	< 1
1	Almost impossible	Possible, but very surprising	< 0,01

Tab. 3.8 Einteilung der Konsequenzen

Level	Description	Scenario and Detail
1000	Disaster and catastrophe	Fatalities, release of poison with considerable effects on the environment, bankrupt
100	Major accident	Serious injuries, release of poison from production, serious hazard for the business
20	Average accident, substantial damage	Medical care required, release from poison but not outside the production area or without any effects on the environment, but substantial loss of profit
3	Minor accident	First aid required, released poison is immediately bound, low effects on business
1	Neglectable, no significant	No injuries, no effects on environment, neglectable effects on business

Tab. 3.9 Risikomatrix

	Seriousness				
Likelihood	Neglectable	Minor	Substantial	Major	Disaster
Very likely	16	48	320	1600	16.000
Highly likely	12	36	240	1200	12.000
Fairly likely	8	24	160	800	8000
Unlikely	4	12	80	400	4000
Very unlikely	2	6	40	200	2000
Almost impossible	1	3	20	100	1000

Tab. 3.10 Zielwerte für die Risikomatrix

Value	Category
> 1000	Not acceptable
101–1000	Not desired
21–100	Acceptable
< 20	Neglectable

Schadenbeschreibungen (Tab. 3.8) verwendet, um eine Risikomatrix (Tab. 3.9) zu erstellen und wieder mit Zielwerten (Tab. 3.10) zu vergleichen. Die Zielwerte umfassen allerdings eine größere Spannweite, von 1 bis knapp 20.000. Die Risiken könnten damit zwar theoretisch feiner aufgelöst werden, allerdings wird sich das in der Praxis kaum als Vorteil erweisen, weil die Auflösung der Eingangsparameter nur geringfügig größer als in den Tabellen der NASA ist. (Schmid 2005).

3.3.1.3 Sherman-Kent Modell

Die Sherman Kent Skala wurden in den 1960er Jahren durch Sherman Kent, einem Mitarbeiter der CIA entwickelt. Sie sollten dazu dienen, die Unsicherheit von Aussagen zu charakterisieren (Weiss 2007). Das Verfahren wurde unter anderem später beim Geheimdienst verwendet. Heute wird das Verfahren auch bei der Suche nach Rohstoffen, insbesondere bei der Erdölsuche verwendet oder im Tunnelbau (Lu et al. 2003). Tab. 3.11 und 3.12 erlauben die Zuordnung von qualitativen Beschreibungen zu quantitativen Wahrscheinlichkeitsbereichen. Die Tabellen unterscheiden sich hinsichtlich der Anzahl der Klassen. Während

Tab. 3.11 Einteilung der Gefährdungshäufigkeit von Begriffen in Wahrscheinlichkeitsbereiche

Term	Synonym	Rank	Probability (%)
Highly certain	Apparently certain, highly probable	5	91–100
Probable	Chance is high, people believe in it	4	61–90
Equal Chance	Balanced	3	41–60
Improbable	Not probable	2	11–40
Impossible	Low chance, very doubtful	1	1–10

Tab. 3.12 Einteilung der Gefährdungshäufigkeit von Begriffen in Wahrscheinlichkeitsbereiche

Term	Synonym	Rank	Probability (%)
Proofed	True	8	98–100
Virtually certain	Convincible	7	90–98
Highly likely	Strong belief, highly likely	6	75–90
Likely	Presumably true, good chances	5	60–75
Balanced	Less good chances, balanced	4	40–60
Presumably not true	Unlikely, bad chances	3	20–40
Possible, but unlikely	Very low chance, highly unlikely	2	2–20
Invalidity proofed	Impossible	1	0–2

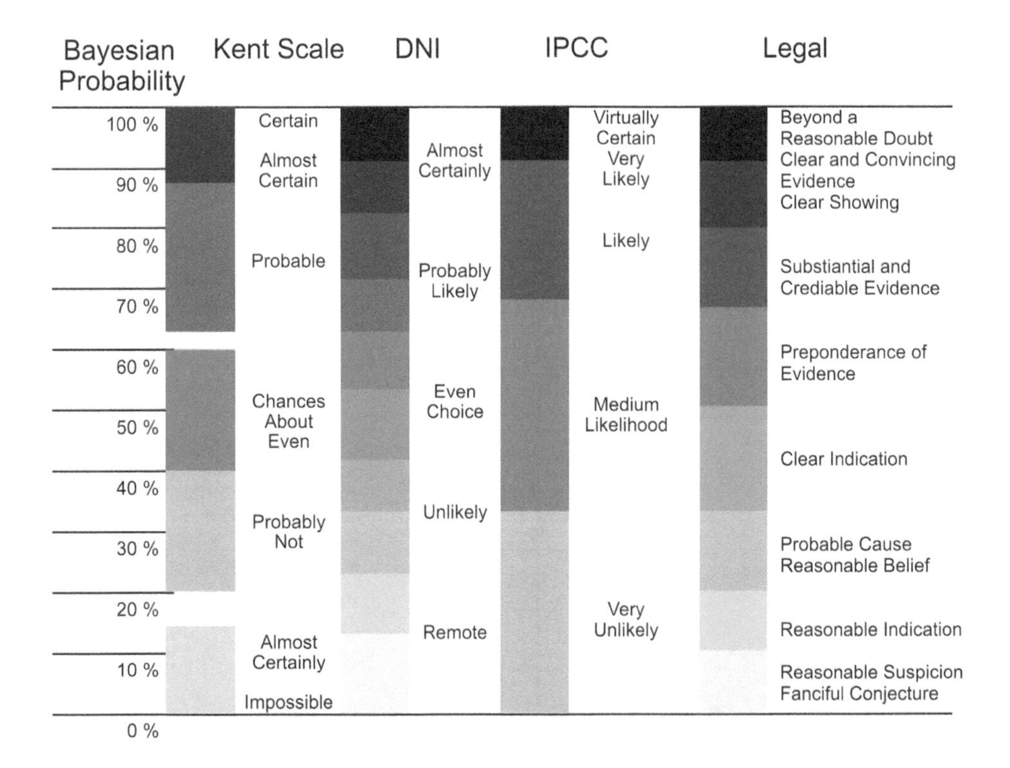

Abb. 3.7 Zuordnung von subjektiven Wahrscheinlichkeitsbereichen zu bestimmten Begriffen in verschiedenen Berichten und Fachgebieten (Weiss 2007)

die obere Tabelle fünf Unterteilungen besitzt, verwendet die untere Tabelle acht Einteilungen (Kreuzer et al. 2008).

Die Zuordnung von qualitativen Aussagen zu Wahrscheinlichkeitsbereichen findet sich nicht nur hier, sondern auch in anderen Bereichen, z. B. in den Berichten des IPCC (Abb. 3.7). Auch im Rechtswesen werden solche Begriffe verwendet, wie z. B. „*beyond a reasonable doubt*" und auch dort hat man versucht, den Begriffen Wahrscheinlichkeitsbereiche zuzuordnen, allerdings tun sich Richter und Anwälte damit schwer (Weiss 2007). Abb. 3.7 zeigt die Zuordnung im Vergleich.

3.3.1.4 Australia's Paper's risk score

Auch der australische Papers Risk Score ist ein einfacher Weg zur Abschätzung von Risiken, in diesem Fall allerdings nicht basierend auf Tabellen, sondern durch die Verwendung eines Diagramms (Abb. 3.8). Zunächst wird wieder die Häufigkeit eines Ereignisses abgeschätzt. Im Bild nach Burgmann (2005) finden sich Begriffe wie ungewöhnlich bis entfernt möglich. In nächsten Schritt wird die Exposition abgeschätzt. Häufigkeit und Exposition werden in einer Frequenzlinie (A) zusammengefasst. Im nächsten Schritt wird die Konsequenz des Ereignisses abgeschätzt (B). Die Linien aus (A) und (B) wird zu einer Einteilung der Risiken weitergezogen.

3.3.1.5 Hicks Scale

Die Hicks Scala oder Hicks Tabellen erlauben wiederum eine einfache tabellarische Einteilung der Risiken (Shortreed et al. 2003). Zwar sind hier nur drei Tab. (3.13 bis 3.15) dargestellt, aber die tabellarische Zusammenführung von Häufigkeiten (Tab. 3.13) und Konsequenzen (Tab. 3.14) wurde nicht aufgelistet, sondern nur die Tabelle der Zielwerte (Tab. 3.15).

Tab. 3.13 Einteilung der Gefährdungshäufigkeit

Weight	Possibility
Frequent (5)	1 or more events per year
Probable (4)	12 or more events in 10 years
Occasional (3)	1 or more events per 30 years
Remote (2)	1 or more events per 200 years
Improbable (1)	Less than 1 event per 200 years

Tab. 3.14 Einteilung der Konsequenzen (Risiko für Leib und Leben)

Consequence	Public health consequences
Catastrophic (100)	Multiple fatalities and injuries
Major (60)	Single fatality, permanent total disability
Serious (25)	Major injuries, partial injury or longer-term injury
Moderate (10)	Minor injuries, medical aid, and low severity impairment
Minor (2)	Slight injury, illness, first aid not required

Tab. 3.15 Zielwerte der Risiken (Ereignishäufigkeit × Konsequenzen)

Risk score	Risk level	Action required
> 400	Extreme risk	Intolerable, immediate action necessary to reduce risk
100–400	High risk	Unacceptable for long-term, risk controls have to be implemented
30–100	Moderate risk	Undesirable, evaluate risk reduction measures in long-term
< 30	Low risk	No mitigation necessary, periodic evaluation to maintain low level

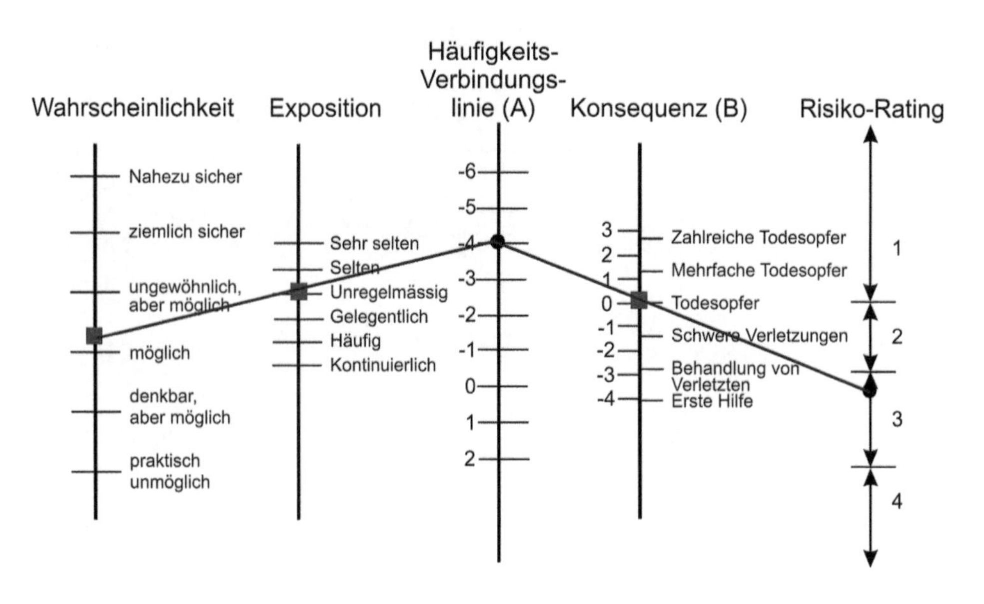

Abb. 3.8 Australien Risk-Score (Achsen nicht in den Originalverhältnissen)

Tab. 3.16 Qualitative Beschreibung der Häufigkeit von Hangrutschungen

Level	Deskriptoren	Beschreibung
A	Almost certain	The event is expected to occur
B	Likely	The event will probably occur under adverse conditions
C	Possible	The event could occur under adverse conditions
D	Unlikely	The event could occur under very adverse conditions
D	Rare	The event is conceivable but only under exceptional circumstances
E	Not credible	The event is inconceivable or fanciful

Tab. 3.17 Qualitative Beschreibung der Konsequenzen für Vermögensschäden

Level	Deskriptoren	Beschreibung
1	Catastrophic	Structure completely destroyed or large scale damage requiring major engineering works for stabilization
2	Major	Extensive damage to most of structure, or extending beyond site boundaries requiring significant stabilization works
3	Medium	Moderate damage to some of structure, or significant part of site requiring large stabilization works
4	Minor	Limited damage to part of structure, or part of site requiring some reinstatement/stabilization works
5	Insignificant	Little damage

3.3.1.6 AGS 2000

Für die qualitative Risikobewertung von Hangrutschungen wurden im AGS 2000 (Fell et al. 2005a, b) Tabellen zur Verwendung vorgeschlagen (Tab. 3.16). Mit diesen Tabellen (Tab. 3.16 und 3.17) kann wieder eine Risikomatrix (Tab. 3.18) erstellt werden. Mit dieser ist eine einfache Bewertung der Risiken möglich. Solche Tabellen können als Voruntersuchung verwendet werden, um dann weitere Studien auszuwählen und zu beauftragen.

3.3.1.7 Eskensen et al.

Eskensen et al. (2004) und Stille (2017) beschreiben die Umwandlung und Zusammenführung qualitativer Aussagen der Häufigkeit (Tab. 3.19) und des Schadens (Tab. 3.20) im Fachgebiet des Rock Engineering. Auch wenn Stille (2017) darauf hinweist, dass die Risikoklassen (Tab. 3.21) nicht den Konsequenzklassen des Eurocodes für Bauwerke entsprechen, so sind sie aus Sicht des Autors durchaus ein mögliches Verfahren zur schnellen Bewertung von Risiken.

Tab. 3.18 Risikomatrix

Häufigkeit	Konsequenzen				
Almost certain	Catastrophic	Major	Medium	Minor	Insignificant
Likely	VH	VH	H	H	M
Possible	VH	H	H	M	L-M
Unlikely	H	H	M	L-M	VL-L
Rare	M-H	M	L-M	VL-L	VL
Not credible	M-L	L-M	VL-L	VL	VL
Almost certain	VL	VL	VL	VL	VL

VH: Very high risk, H: high risk, M: Moderate risk, L: low risk, VL: very low risk

Tab. 3.19 Qualitative Einteilung von Häufigkeiten

Klasse	Deskriptoren	Wahrscheinlichkeit
1	Very unlikely	< 0,0003
2	Unlikely	0,0003 bis 0,003
3	Occasional	0,003 bis 0,03
4	Likely	0,03 bis 0,3
5	Very likely	> 0,3

Tab. 3.20 Qualitative Einteilung von wirtschaftlichen Schäden

Klasse	Deskriptoren	Schäden im Millionen Euro
1	Insignificant	< 0,003
2	Considerable	0,003 bis 0,03
3	Serious	0,03 bis 0,3
4	Severe	0,3 bis 3
5	Disastrous	> 3

Tab. 3.21 Qualitative Einteilung von Schäden für Leib und Leben

Klasse	Deskriptoren	Schwere Verletzungen
1	Insignificant	Keine
2	Considerable	Im Allgemeinen keine
3	Serious	1
4	Severe	1 bis 10
5	Disastrous	> 10

Das Verfahren des Eurocodes 0 ist dagegen eher auf die explizite Berechnung der Versagenswahrscheinlichkeit ausgerichtet, die im Bereich des Rock Engineering mit seinen großen inhärenten Unsicherheiten unter Umständen wenig geeignet erscheint.

3.3.1.8 Risikodiagramm von Hoffmann-La Roche AG

Ein weiteres vereinfachtes Verfahren zur Risikoabschätzung ist ein Risikodiagramm von Hoffmann-La Roche (Abb. 3.9). Dabei werden wieder subjektive, qualitative Häufigkeitsbegriffe in Wahrscheinlichkeitsbereiche überführt. Die Schäden werden in verschiedene Schadenstypen, wie Sachschaden, Personenschaden und Umweltschäden eingeteilt. (Hungerbühler et al., 1999).

3.3.1.9 Toxikologie und Konzentrationsbasierte Risikoparameter

Während die einfachen Risikomaße in vielen Bereichen, wie z. B. Naturgefahren, chemische Industrie und Luft- und Raumfahrtindustrie, breite Anwendung gefunden haben, wurden in anderen Bereichen hochspezifische Risikoparameter entwickelt. Solche Risikoparameter werden hier nicht vollständig vorgestellt, aber es werden einige Beispiele aus zwei Bereichen gegeben: Toxikologie und Medizin. Schütz et al. (2003) geben einen Überblick über die Vielfalt solcher Parameter, die für weitere Studien genutzt werden können.

In der Toxikologie bzw. Pharmakologie werden in der Regel Risikoparameter verwendet, die sich auf die Dosis und die Konzentration eines toxischen Stoffes bzw. eines Arzneimittels beziehen. Man spricht in der Regel von einer Dosis bei Messungen am Organismus, während man von der Konzentration spricht, wenn die Messungen an einzelnen Zellen, Mikroorganismen oder Molekülen erfolgt. Die Risikoparameter unterscheiden sich bezüglich der Konsequenzen der inhalierten oder inkorporierten Dosis. Die Parameter decken damit verschiedene Punkte der Verteilungsfunktion der biologischen Wirkungen ab. So deckt die Effektive Dosis (EC) verschiedene Wirkungen ab, während die Letale Dosis (LD) ein festgelegtes Verhältnis der Todesopfer bei einer bestimmten Konzentration abbildet. Verschiedene Parameter sind hier noch einmal aufgelistet, wobei die Dosis von oben nach unten steigt:

- NOEC (No observed effect concentration): keine Wirkungen beobachtbar,
- LOEC (Lowest observed effect concentration):geringste Konzentration, bei der Wirkungen beobachtbar sind,

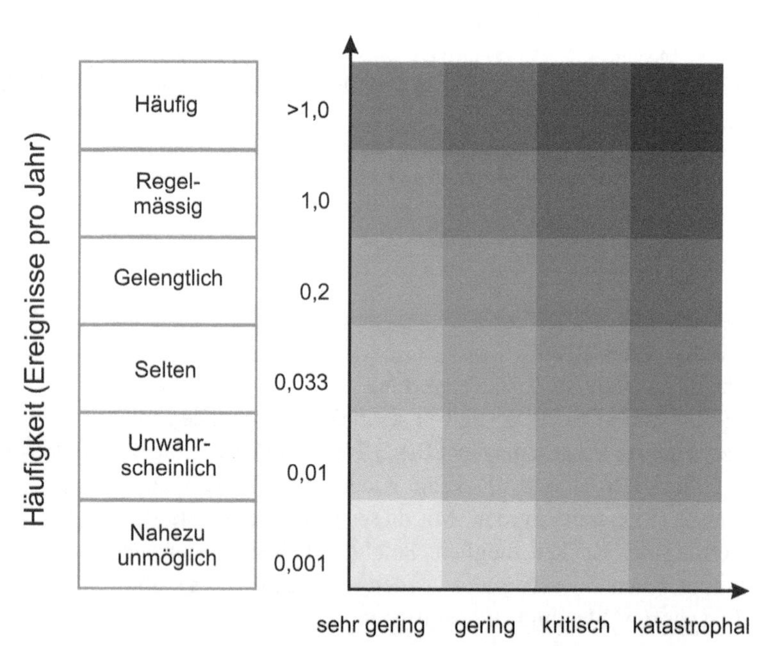

	leichte Verletzungen	Verletzungen		Todesfälle
Menschen — Opfer / Nachbarschaft	-	Störungen	Irritation	Evakuierung
Umwelt	Nur System betroffen	System und Areal betroffen	Reversible Schäden	Irreversible Schäden
Materielle Vermögenswerte — CHF	< 1 Mio	1-2 Mio	2-10 Mio	>10 Mio
Materielle Vermögenswerte — Ausfall	Tage	Wochen	Monate	Jahre

Konsequenzen

Abb. 3.9 Risikodiagramm von Hoffman-La Roche

- EC_{50} (Median effective concentration): Medianwert der effektiven Dosis, bei der eine bestimmte biologische Wirkung zu beobachten ist. Neben dem Medianwert gibt es hier auch andere Fraktilwerte.
- LC min: minimale letale Dosis LC_{10} (10 % Quantile lethal concentration),
  LC_{10}: 10 % der mit dieser Dosis exponierten Personen versterben und
- LC_{50} (Median lethal concentration):
  50 % der mit dieser Dosis exponierten Personen versterben.

Tab. 3.22 Ungefähre LD50 Werte für Tiere für verschiedene toxische Chemikalien (Burgmann 2005)

Chemikalie	Dose (LD50) mg per kg Körpergewicht
Natriumchlorid	4000
Eisensulfat	1500
Strychnin	2
Nikotin	1
Dioxin (TCDD)	0,001
Botulinum	0,00.001

Abb. 3.10 zeigt beispielhaft den Bezug der Parameter auf einer logarithmischen Konzentrationsskala. Abb. 3.11 zeigt die Toxische Dosis (TD_{50}) und Tab. 3.22 die LC_{50} für verschiedene Chemikalien.

Neben den Dosis- bzw. Konzentrationswerten spielt auch die Expositionszeit eine wichtige Rolle. Beispielsweise wird für die o. g. Parameter häufig eine Expositionszeit von 96 h verwendet. Das entspricht vier Tagen. Neben der Suche der jeweiligen Konzentration mit einer definierten biologischen Wirkung, kann man auch die Konzentration gleich halten und die biologischen Wirkungen erfassen. (SFA 2018).

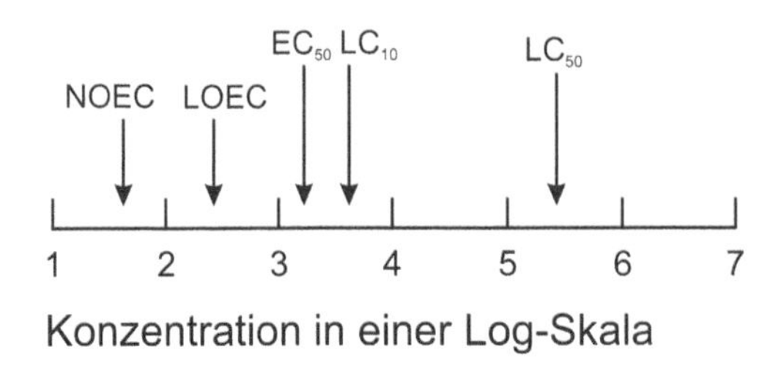

Abb. 3.10 Einordnung der verschiedenen Konzentrationen (Burgmann 2005)

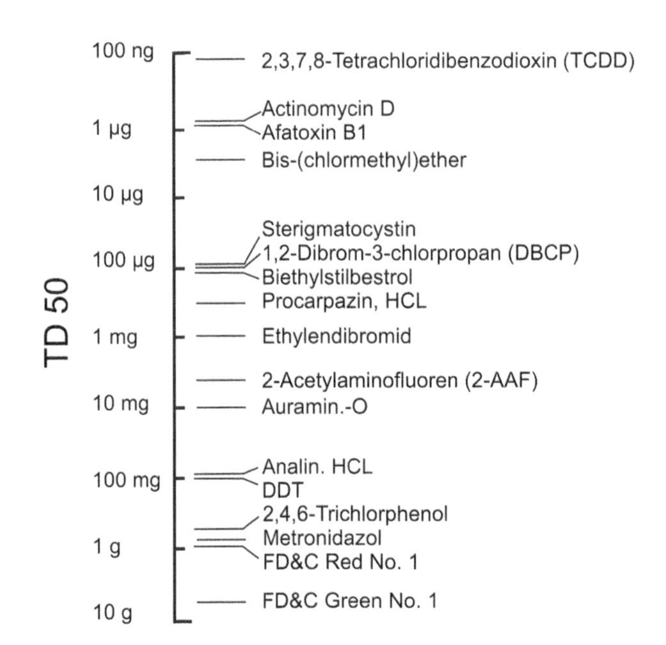

Abb. 3.11 Toxische Dosen (TC) für verschiedene Chemikalien

Diesem Konzept folgt des Unit Risk Values. Dieser bezieht sich auf eine Inhalation eines Stoffes bei einer Konzentration von 1 Mikrogramm pro Kubikmeter Luft über die Lebenszeit (meistens 70 Jahre) und gibt das Krebsrisiko für diese Exposition an. In der Regel werden pro Tag 20 m^3 Luft angesetzt. Werte finden sich in vielen Regelungen und Normen, z. B. der EPA in den USA. Für die Inkorporation gibt es den Oral Slope Factor, der das Krebsrisiko bei einer Exposition von 1 mg/kg pro Tag über die Lebenszeit ermittelt. Es gibt zahlreiche weitere Parameter, wie z. B. die akzeptable tägliche Aufnahme.

Die Tab. 3.23 gibt die Unit Risk Wert für verschiedene Substanzen an und die Tab. 3.24 die Risikoerhöhung.

3.3.1.10 Gesundheitswesen

Im Gesundheitswesen werden eine Vielzahl von epidemiologischen Parametern zur Abbildung von Risiken verwendet. Tab. 3.25 listet solche Parameter auf.

Man hat im Rahmen der Entwicklung dieser Parameter zahlreiche Standardisierungen für die Bevölkerung und die

Tab. 3.23 Unit Risk Value für verschiedene Substanzen (LUW 2005)

Substanz	Unit Risk Value
Arsen	4×10^{-3}
Asbest[1]	2×10^{-5}
Benzol	9×10^{-6}
Kadmium	1.2×10^{-2}
Dieselruß[2]	10×10^{-5}
Polyzyklische aromatische Kohlenwasserstoffe (PAK)	7×10^{-2}
2,3,7,8-Tetrachloridbenzodioxin (TCDD)	1.4

[1]bezogen auf 100 Fasern pro m^3,
[2]Messung der Partikelmasse

Tab. 3.24 Risiko basierend auf dem Unit Risk (LUW 2005)

		Risiko		
Substanz	1:1000	1:2500	1:5000	Konzentration
Arsen	13	5	2,5	ng/m^3
Asbest1	220	88	44	$Fibers/m^3$
Benzol	63	2,5	1,3	$\mu g/m^3$
Kadmium	4,2	1,7	0,8	ng/m^3
Dieselruß	2,8	1,1	0,6	$\mu g/m^3$
PAK	3,2	1,3	0,6	ng/m^3
2,3,7,8-TCDD	39	16	7,8	fg/m^3

Parameter entwickelt, z. B. die altersstandardisierte Sterberate. Solche standardisierten Bevölkerungswerte, wie z. B. für die Neue Europäische Standardbevölkerung, haben sich jedoch in der Gesundheitsberichterstattung nicht durchsetzen können. Auch die Standardisierung am Geschlecht wird eher als Nachteil angesehen (Bardehle und Annuß 2016).

Das Risiko negativer biologischer Wirkungen durch die Exposition mit Substanzen ist ein bedeutendes Thema in der Medizin, der Toxizitätsforschung, der Ökologie und dem Arbeitsschutz. Die Dosis- bzw. Konzentrationsmaße im vorangegangenen Abschnitt bezogen sich überwiegend nur auf die spezifischen Wirkungen des untersuchten chemischen Wirkstoffes. Eine zweite bedeutende Frage bei der Bewertung der Stoffe ist jedoch das Verhältnis von Wirkungen beim Vergleich zweier oder mehrerer Stoffe. Dazu können sogenannte Vierfeldertafeln verwendet werden (siehe Tab. 3.26). Mit diesen Zahlen können dann bestimmte Risikoparameter bestimmt werden, wie z. B. das Relative Risiko. Das Relative Risiko berechnet sich wie folgt (Schütz et al. 2003):

Tab. 3.26 Vierfeldertafel mit den Variablen gemäß den Gleichungen (Bender und Lange 2001)

	Negative Effekte	Keine negativen Effekte
Einer Substanz ausgesetzt	A	B
Nicht der Substanz ausgesetzt	C	D

$$RR = \frac{A/(A+B)}{C/(C+D)} \tag{3.1}$$

Die Variablen werden in Tab. 3.26 erklärt. Interessant ist hier, dass negative Wirkungen ohne die Inkorporation oder Inhalation der Stoffe beobachtet werden können. Hier sei noch einmal auf die multikausalen Zusammenhänge in der Medizin und in der Soziologie hingewiesen (Kap. 1). Teilweise sind gar keine Kausalketten prognostisch formulierbar.

Ein weiterer Parameter ist die Risikodifferenz (*RD*). Sie wird wie folgt berechnet:

$$RD = \frac{A}{A+B} - \frac{C}{C+D} \tag{3.2}$$

Der Parameter wird auch als absolute Risikoreduktion bezeichnet. Ein Wert von $RD = 0$ bedeutet keine Veränderung, während ein *RD*-Wert < 0 anzeigt, dass das Risiko gesunken ist, und ein *RD*-Wert von > 0 bedeutet, dass die Substanz das Risiko für den Patienten sogar erhöht. (Schütz et al. 2003).

In vielen Fällen soll nicht nur die Untersuchung eines Autors in die Risikoabschätzung einfließen, sondern es sollen auch weitere Publikationen berücksichtigt werden. Hier kann die sogenannte gepoolte Risikodifferenz (*PRD*) verwendet werden.

Tab. 3.25 Risikoparameter im Bereich der Epidemiologie (Ressing et al. 2010)

Parameter	Berechnung
Inzidenzrate	$\frac{\text{Anzahl der Neuerkrankungen im Zeitraum} \times 100000}{\text{Anzahl der Personenjahre}}$
Kumulative Inzidenz pro Zeitraum	$\frac{\text{Anzahl der Neuerkrankungen im Zeitraum} \times 100000}{\text{Anzahl der Personen in Kohorte}}$
Mortalitätsrate (Rohe Sterberate)	$\frac{\text{Anzahl der Todesfälle im Zeitraum} \times 100000}{\text{Anzahl der Personenjahre}}$
Kumulative Mortalität pro Zeitraum (Altersspezifische Sterberate)	$\frac{\text{Anzahl der Todesfälle im Zeitraum} \times 100000}{\text{Anzahl der Personen in Kohorte}}$
Letalität	$\frac{\text{Anzahl der Verstorbenen an definierer Erkrankung im Zeitraum} \times 100}{\text{Anzahl der Neuerkrankungen an definierter Erkrankung in Population}}$
Odds Ratio	$\frac{\left(\frac{\text{Anzahl der exponierten Fälle}}{\text{Anzahl der nichtexponierten Fälle}}\right)}{\left(\frac{\text{Anzahl der exponierten Kontrollen}}{\text{Anzahl der nichtexponierten Kontrollen}}\right)}$
Prävalenz	$\frac{\text{Anzahl der Erkrankten in Studienpopulation} \times 100}{\text{Anzahl der Personen in studienpopulation}}$
Relatives Risiko	$\frac{\left(\frac{\text{Anzahl der erkrankten Exponierten}}{\text{Anzahl der Exponierten}}\right)}{\left(\frac{\text{Anzahl der erkrankten Nichtexponierten}}{\text{Anzahl der Nichtexponierten}}\right)}$
Risikodifferenz	$\frac{\text{Anzahl der erkrankten Exponierten}}{\text{Anzahl der Exponierten}} - \frac{\text{Anzahl der erkrankten Nichtexponierten}}{\text{Anzahl der Nichtexponierten}}$
Standardisierte Inzidenzratio	$\frac{\text{beobachtete Fälle}}{\text{erwartete Fälle}}$
Standardisierte Mortalitätsratio	$\frac{\text{beobachtete Todesfälle}}{\text{erwartete Todesfälle}}$

$$PRD = \frac{\sum_{i=1}^{k} \left(A_i \cdot \left(\frac{C_i + D_i}{N_i} \right) - C_i \cdot \left(\frac{A_i + B_i}{N_i} \right) \right)}{\sum_{i=1}^{k} \left(\frac{(A_i + B_i) \cdot (C_i + D_i)}{N_i} \right)} \tag{3.3}$$

$$N_i = A_i + B_i + C_i + D_i$$

Die drei verschiedenen vorgestellten Risikoparameter haben nicht explizit die negativen Auswirkungen durch eine Behandlung oder ein Arzneimittel beschrieben. In vielen Fällen ist der konkrete negative Effekt jedoch ein Verlust von Menschenleben. Daraus ergibt sich der Begriff Sterblichkeit. Insbesondere mit der Corona-Pandemie sind die verschiedenen Mortalitätsdefinitionen in der Presse aufgetaucht, wie z. B. Case Fatality Rate, Crude Mortality oder Infection Fatility Rate (Stiller 2020) und werden daher hier nicht weiter diskutiert. Beispielhaft gibt Tab. 3.27 Case Fatility Rates für verschiedene Krankheiten an.

Tab. 3.28 fasst die in der Epidemiologie verwendeten Parameter zusammen und ordnet sie auch historisch ein.

3.3.1.11 Der Heilmannsche Sicherheitsgrad

Der Heilmannsche Sicherheitsgrad S_g wird z. B. im Gesundheitswesen verwendet. Er ist wie folgt definiert:

$$S_g = -\log \frac{N_D}{N}$$

mit N_D als spezifische Todesfälle und N als Gesamtpopulation.

Eine mögliche Anwendung im Bereich der Verkehrssicherheit basiert ebenfalls auf dem Heilmannschen Sicherheitsgrad mit T_L als mittlere Lebensdauer:

$$\psi = S_g - \log \left(\frac{T_L}{1\,\text{Jahr}} \right)$$

Tab. 3.29 stellt einen Zusammenhang zwischen dem Sicherheitsindex und der Verkürzung der Lebenszeit dar.

Tab. 3.27 Geschätzte Case Fatility Rates für verschiedene Krankheiten (Roser et al. 2020, siehe auch Rajgor et al. 2020)

Krankheit	Infection Fatality Rate in Prozent	Case Fatality Rate (CFR) in Prozent
SARS-CoV		10
MERS-CoV		34
Grippe	0,04–0,2	0,1–0,2
Ebola		50
Covid-19	0,6	0,9 (ohne Vorerkrankungen) bis 10,5

Tab. 3.28 Epidemiologische Modelle, Konzepte und Maße im Gesundheitswesen (Lenk 2002)

Jahr	Kausalmodel	Gesundheitskonzepte	Gesundheitsmaß
1900	Single-Cause-Model (Infektionserkrankung)	Ökologische Modelle (Agent-Host-Umwelt)	Mortalität, Morbidität
1920	Multiple-Cause-Model (Infektionszyklen, Übergang zu chronischen Erkrankungen)	Sozio-ökologische Modelle (Host-Umwelt-Verhalten)	Arbeitsbezogene Invalidität
1940		WHO-Modell (physische, psychische und soziale Gesundheit)	
1970	Multiple-Cause- und Multiple –Effekt-Model (Zyklen chronischer Krankheiten)	Holistische Risikofaktorenmodelle (Umwelt, Biologie, Lebensstil, Gesundheitswesen), WHO-Strategie: Gesundheit für alle	Risikofaktoren, Verhalten, Lebensstil, Umwelt
1980		Wellness-Modelle (Erhöhung der Wellness)	Maße für Wellness und Lebensqualität (Wellness und Funktionsfähigkeit), Maße für Ressourcenallokation
1990	Multiple-Cause- und Multiple –Effekt-Model (Soziale Transformationen und Krankheitszyklen)	WHO: Gesundheitsförderung, Entwicklung von gesunder Politik	Maße für Gleichheit, soziale Indizes
2000			Maße für alle Bereiche in Ökonomie und Gesellschaft mit Auswirkungen auf die Gesundheit

Tab. 3.29 Korrespondenz zwischen Lebenszeitverkürzung und Sicherheitsindex gemäß Schnieder und Drewes (2008), Drewes (2009)

Lebenszeitverkürzung	Sicherheitsgrad
1 Tag	4,46
1 Monat	2,93
1 Quartal	2,50
1 Jahr	1,89
2 Jahre	1,59
5 Jahre	1,19
10 Jahre	0,89
Mittlere Lebenserwartung	0,00

3.4 Versagenswahrscheinlichkeit

3.4.1 Einleitung

Während im vorangegangenen Abschnitt verschiedene Risikoparameter für die Medizin vorgestellt wurden, wird hier ein Risikoparameter für das Bauwesen vorgestellt. Dieser wurde bereits kurz im Kap. 1 erläutert.

Im Bauwesen ist Sicherheit die qualitative Fähigkeit eines Tragwerkes, Einwirkungen zu widerstehen. Die Entscheidungsgrundlage über das Vorhandensein dieser Fähigkeit ist ein quantitatives Maß, die Zuverlässigkeit. Die Zuverlässigkeit wird in Bauvorschriften als Versagenswahrscheinlichkeit interpretiert.

Gerade in den letzten Jahren hat sich die Anwendung solcher Berechnungen vervielfacht. Eine Vielzahl von kommerziellen oder universitären Softwareprogrammen ermöglicht, durch die programmtechnische Umsetzung der Berechnungsverfahren, eine schnelle Anwendung. Die Entwicklung und kostenlose Bereitstellung eines Modellcodes (JCSS 2011) für probabilistische Berechnungen unterstützt die Anwendung in der Praxis durch die Formulierung von Rahmenbedingungen.

3.4.2 Geschichte

Die ersten Vorschläge zur Beschreibung der Sicherheit von Bauwerken in Form von Versagenswahrscheinlichkeiten gehen auf eine Arbeit in Deutschland von Mayer (1926) und in der Sowjetunion von Chocialov zurück. In den 30er Jahren befassten sich bereits, unabhängig voneinander, Streleckij in der Sowjetunion, Wierzbicki in Polen und Prot in Frankreich mit der Beschreibung der Sicherheit von Bauwerken als Zufallserscheinung. 1947 veröffentliche Freudenthal seinen bekannten Aufsatz über die Sicherheit von Bauwerken. In den 50er Jahren flossen die ersten Erkenntnisse in Bauvorschriften ein. Wahrscheinlichkeitstheoretische bzw. probabilistische Grundlagen sind heute fester Bestandteil moderner Vorschriften im Bauwesen und haben eine fast einhundertjährige Geschichte hinter sich.

3.4.3 Berechnung

Ziel probabilistischer Berechnungen ist die Ermittlung der Versagenswahrscheinlichkeit bzw. eines äquivalenten Ersatzmaßes (Sicherheitsindex). Eingangsgrößen derartiger Berechnungen sind Zufallsvariablen, die Wahrscheinlichkeitsdichtefunktionen gehorchen (Abb. 3.12, Punkte A – D). Durch beliebige funktionale Zusammenhänge wird die Verbundwahrscheinlichkeitsdichte dieser Zufallsvariablen in zwei Teile gespalten (Abb. 3.12). Den funktionalen Zusammenhang bezeichnet man üblicherweise als Grenzzustandsgleichung. Diese Gleichung beschreibt einen Tragfähigkeits- oder Gebrauchstauglichkeitsnachweis ohne Sicherheitselemente, da die Unsicherheiten direkt durch die Verwendung von Wahrscheinlichkeitsfunktionen berücksichtigt werden. Die Berechnung der Versagenswahrscheinlichkeit, P_f, ist wie folgt definiert:

$$P_f = \iint_{g(\mathbf{X})<0} f_{\mathbf{X}}(\mathbf{x})\, d\mathbf{x} \tag{3.4}$$

wobei die Integration über den Vektor der Basisvariable X und über die Versagenszone, $g(\mathbf{X}) < 0$ erfolgt; $f_{\mathbf{X}}(x)$ beschreibt die Verbundwahrscheinlichkeitsdichte des Vektors **X.**

Versagenswahrscheinlichkeit und Sicherheitsindex β sind wie folgt verbunden:

$$P_f = \Phi(-\beta) \tag{3.5}$$

wobei Φ die Standardnormalverteilung ist. Auch hier visualisiert Abb. 3.13 den Übergang von der Integration in die Extremwertaufgabe.

3.4.4 Beispiele

Der Autor hat zahlreiche probabilistische Berechnungen durchgeführt und über 100 solche Berechnungen für verschiedenste Bauwerke, wie Brücken, Dämme, Tunnel, Stützbauwerke und Hochbauten, ausgewertet und verglichen (Proske 2018a, b; Proske et al. 2019; Hofmann et al. 2021; Proske und Schmid 2021).

3.4.5 Zielwerte

In Risikoangaben findet man häufig die Bezeichnung de „*minimis risk*“. Als „*de minimis risk*“ bezeichnet man ein Risiko, welches der Gesetzgeber als akzeptabel betrachtet

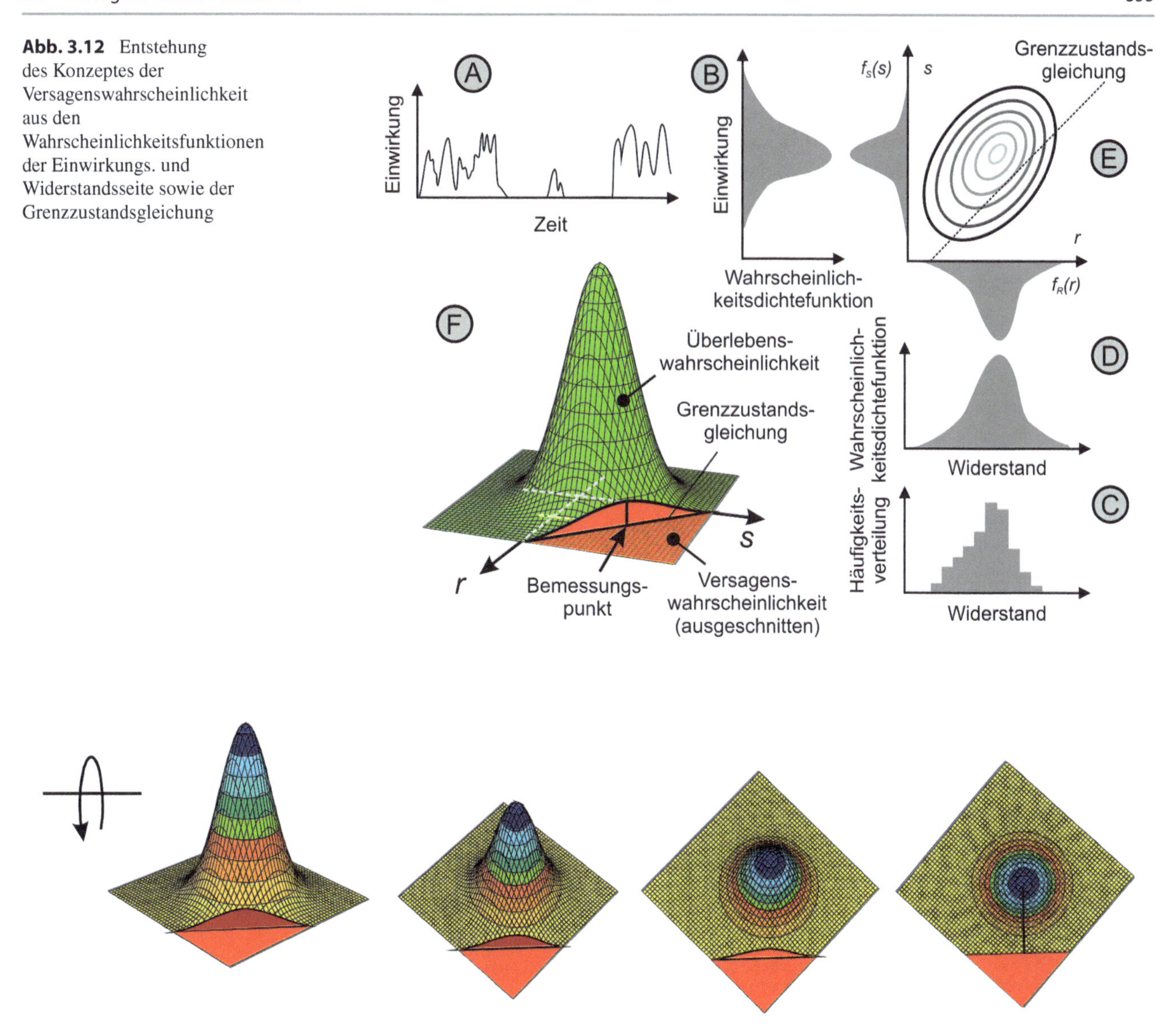

Abb. 3.12 Entstehung des Konzeptes der Versagenswahrscheinlichkeit aus den Wahrscheinlichkeitsfunktionen der Einwirkungs. und Widerstandsseite sowie der Grenzzustandsgleichung

Abb. 3.13 Symbolische Darstellung der Umwandlung der Volumenberechnung (Integration) in eine Längenberechnung (Extremwertberechnung)

und welches keine weiteren Handlungen erfordert. Auf die Bezeichnung de minimis risk wird noch einmal im Abschnitt Recht und Risiko eingegangen. In der Regel liegt der Wert etwa bei 10^{-6} pro Jahr.

Dieser Wert findet sich in den verschiedensten Normen als Zielversagenswahrscheinlichkeit, so z. B. in den Bauvorschriften, in der Sicherheitsbeurteilung von Deponien oder in der Beurteilung der Sicherheit von Lebensmittelzusätzen. Die Herkunft dieses Wertes bleibt umstritten. Häufig wird hierbei auf Arbeiten aus den 60er Jahren verwiesen. Damals gaben zwei Wissenschaftler des Nationalen US-Krebsinstitutes einen Wert von 10^{-8} für die Wahrscheinlichkeit der Krebsauslösung durch eine karzinogene Substanz an. Die Arbeit der Wissenschaftler über die Definition von Sicherheit war eine Spätfolge der sogenannten Preiselbeeren-Panik zum Erntedankfest in den USA 1959. In diesem Jahr waren kurz vor dem Erntedankfest Spuren eines krebserzeugenden Herbizides in Lieferungen von Preiselbeeren gefunden worden, was zu einer öffentlichen Warnung des Ministeriums für Gesundheit, Bildung und Soziales führte. Diese Warnung führte zu einer leichten Form der Panik, die nahezu einen Ruin der Preiselbeeren-Industrie in den USA zur Folge hatte. Die nach dieser Panik durchgeführte Arbeit der beiden Wissenschaftler Mantel und Bryan, war der erste Versuch, Sicherheit zu definieren (Kelly 1991).

Einer der Autoren, Mantel, beantwortete später die Frage, wie sie zur Festlegung der akzeptablen Sicherheit gelangt waren, mit der Antwort: *„We just pulled it out of a hat"*, was sinngemäß mit *„Wir haben uns den Wert ausgedacht"*, übersetzt werden kann. Der Wert von 10^{-8} wurde von der U.S Food and Drug Administration (FDA) 1973 offiziell übernommen. Allerdings wurde der Wert bis zur Inkraftsetzung der Regelung 1977 auf 10^{-6} abgemindert. Der Wert 10^{-6} wurde dort als maximale Erhöhung des Lebensrisikos durch die Verwendung einer beliebigen Chemikalie definiert. Kleinere Wahrscheinlichkeiten erfordern im Sinne der FDA keine Schutzmaßnahmen.

Auch im Bauwesen findet man den Wert von 10^{-6} als operative Versagenswahrscheinlichkeit pro Jahr im Grenzzustand der Tragfähigkeit für das Versagen von Bauteilen. Dieser Wert soll Sterbehäufigkeiten repräsentieren, ohne Opferzahlen angeben zu müssen. Erste Werte finden sich bereits in Veröffentlichungen aus dem Jahre 1974. Damals wurde ein maximaler Wert der Versagenswahrscheinlichkeit von 10^{-5} pro Jahr genannt (Mathieu und Saillard 1974). Bereits 1976 erfolgte eine Verfeinerung durch die Angabe von Zielversagenswahrscheinlichkeiten für Stahlbetonbalken (Tab. 3.30) (JCSS 1976). Das Comité Euro International du Beton 61 veröffentlichte 1976 ebenfalls Zielwerte (Tab. 3.31) von Versagenswahrscheinlichkeiten in Abhängigkeit von der Anzahl der gefährdeten Personen.

Jedoch soll gelten: zul $P_f = \frac{10^{-5} \cdot \text{Nutzungsdauer}}{\text{Anzahl der gefährdetenPersonen}}$.

Aus dem Jahre 1977 gibt es folgende Annahme unter Berücksichtigung der möglichen Anzahl der Todesopfer (CIRIA 1977; Müller 1995)

$$P_f = \frac{10^{-4} \cdot \xi \cdot T}{L} \quad (3.6)$$

Tab. 3.32 Gefahrenpotential

Gefahrenpotential	ξ
Bauwerke mit öffentlichen Menschenansammlungen, Staudämme	$5 \cdot 10^{-3}$
Wohnhäuser, Verwaltungs-, Handels- und Industriegebäude	$5 \cdot 10^{-2}$
Brücken	$5 \cdot 10^{-1}$
Türme, Masten, Erdölplattformen	5

mit T als Nutzungszeitraum in Jahren, L als die Anzahl der Menschen im Gefährdungsbereich und ξ gemäß Tab. 3.32.

Ein weiterer Vorschlag lautet (Allen 1991):

$$P_f = 10^{-5} \frac{T}{\sqrt{L}} \cdot \frac{A_c}{W} \quad (3.7)$$

mit dem Faktor W zur Berücksichtigung einer möglichen Vorankündigung des Versagens (Tab. 3.33) und A_c als Aktivitätsfaktor (Tab. 3.34).

Eine Vermischung der Vorschläge erfolgte in Schueremanns (2001), wobei noch ein Kostenfaktor (Tab. 3.35) berücksichtigt wird:

$$P_f = 10^{-4} \cdot \xi \cdot \frac{T}{L} \cdot \frac{A_c}{W} \cdot C_f \quad (3.8)$$

1979 werden Zielversagenswahrscheinlichkeiten für Stahlbetonstützen bei Brandfall unter Berücksichtigung der Art des Gebäudes, der Art und Bedeutung des Traggliedes, der Wahrscheinlichkeit des Vorhandenseins von Löschmitteln und der Wahrscheinlichkeit der Verfügbarkeit einer Feuer-

Tab. 3.30 Zielversagenswahrscheinlichkeiten pro Jahr gemäß JCSS (1976)

	Spannweite eines Biegebalkens in Meter				
Nutzungsart	6	8	10	12	14
Büro	$3{,}7 \cdot 10^{-6}$	$2{,}1 \cdot 10^{-6}$	$1{,}3 \cdot 10^{-6}$	$9{,}3 \cdot 10^{-7}$	$6{,}8 \cdot 10^{-7}$
Verkaufsraum	$1{,}4 \cdot 10^{-6}$	$7{,}9 \cdot 10^{-7}$	$5{,}1 \cdot 10^{-7}$	$3{,}5 \cdot 10^{-7}$	$3{,}6 \cdot 10^{-7}$
Lagerraum	$1{,}2 \cdot 10^{-5}$	$6{,}7 \cdot 10^{-6}$	$4{,}3 \cdot 10^{-6}$	$3{,}0 \cdot 10^{-6}$	$2{,}2 \cdot 10^{-6}$

Tab. 3.31 Zielversagenswahrscheinlichkeiten pro Jahr nach CEB (1976)

Durchschnittliche Anzahl der gefährdeten Personen	Wirtschaftliche Folgen		
	gering	mittel	groß
Gering (< 0,1)	10^{-3}	10^{-4}	10^{-5}
Mittel	10^{-4}	10^{-5}	10^{-6}
Groß (> 10)	10^{-5}	10^{-6}	10^{-7}

Tab. 3.33 Faktor zur Berücksichtigung der Vorankündigung eines Versagens

Versagen mit Vorankündigung	W
Störungssicheres System	0,01
Teilweises Versagen mit Vorankündigung	0,10
Teilweises Versagen ohne Vorankündigung	0,30
Versagen ohne Vorankündigung	1,00

Tab. 3.34 Aktivitätsfaktor

Aktivitätsfaktor	A_c
Aktivitäten nach einem Unfall	0,3
Normale Aktivitäten: allgemeine Bauwerke	1,0
Normale Aktivitäten: Brücken	3,0
Bauwerke mit hoher Beanspruchung: Erdölplattform	10,0

Tab. 3.35 Ökonomiefaktor

Ökonomiefaktor	C_f
Geringe Schäden	10,0
Beträchtliche Schäden	1,0
Katastrophale Schäden	0,1

wehr angegeben (Henke 1979). Die vorgeschlagenen operativen Versagenswahrscheinlichkeiten lauteten:

- $p_{f1} = 10^{-6}$ Sicherheitsklasse 3 für Teile des Haupttragwerkes,
- $p_{f2} = 10^{-5}$ Sicherheitsklasse 2 für sonstige wichtige Bauteile und
- $p_{f3} = 10^{-4}$ Sicherheitsklasse 1 für untergeordnete Bauteile.

Diese Werte dürfen zusätzlich noch durch die vorhandene Brandabschnittsfläche gewichtet werden:

$$p'_{fi} = \frac{A_{zul}}{A} \cdot p_{fi} \text{ mit } A_{zul} = 2500 \text{ m}^2. \quad (3.9)$$

Erste normative Regelungen über Zielversagenswahrscheinlichkeiten aus den 80er Jahren finden sich in den Tab. 3.36–3.41. Aktuelle Regelungen in Deutschland für erforderliche Sicherheitsindizes bzw. Zielversagenswahrscheinlichkeiten finden sich z. Z. in den Grundlagen der Sicherheit baulicher Anlagen (Tab. 3.40), dem Eurocode 1 und der DIN 1055-100 (Tab. 3.41).

Abb. 3.14 zeigt die Zielwerte bzw. Bereiche der Zielwerte für die Baunormen verschiedener Länder (Vrouwenvelder 2002). Schweckendiek et al. (2018) gibt eine Zusammenstellung der Zielwerte der Versagenswahrscheinlichkeiten von über 20 Normen an (Tab. 3.42).

Alle aufgeführten Tabellen und Referenzen scheinen eine Zielversagenswahrscheinlichkeit im Bereich von 10^{-6} pro Jahr zu bestätigen. Im Gegensatz zu vielen anderen Risikohandlungen setzen wir uns aber sehr lange und häufig dem Bauwerksrisiko aus. Anderen Risiken, wie z. B. dem Bergsteigen, ist man deutlich kürzer ausgesetzt. Diese Zeitdauer, in der man während eines Jahres, dem einen Risiko ausgesetzt ist, müsste bei der Darstellung der Risiken berücksichtigt werden, um einen objektiven Vergleich

Tab. 3.36 Zielversagenswahrscheinlichkeiten pro Jahr, 1982, Grenzzustand der Tragfähigkeit (Spaethe 1992)

Versagensfolgen	Art des Bruches	
	zäh	spröde
nicht schwer	$6{,}2 \cdot 10^{-3}$–$1{,}3 \cdot 10^{-3}$	$1{,}3 \cdot 10^{-3}$–$2{,}3 \cdot 10^{-4}$
schwer	$1{,}3 \cdot 10^{-3}$–$2{,}3 \cdot 10^{-4}$	$1{,}3 \cdot 10^{-5}$ und weniger

Tab. 3.37 Richtlinie der Last- und Sicherheitsvorschriften für den bautechnischen Entwurf der skandinavischen Länder (Spaethe 1992)

Sicherheitsklasse	Folgen im Versagensfall	Versagenswahrscheinlichkeit im Grenzzustand der Tragfähigkeit pro Jahr
Niedrige Sicherheitsklasse	Leichte Personenschäden Unwesentliche wirtschaftliche Verluste	$1{,}0 \cdot 10^{-4}$
Normale Sicherheitsklasse	Einige Personenschäden Wesentliche wirtschaftliche Verluste	$1{,}0 \cdot 10^{-5}$
Hohe Sicherheitsklasse	Erhebliche Personenschäden Sehr hohe wirtschaftliche Verluste	$1{,}0 \cdot 10^{-6}$

Tab. 3.38 Niederländische Norm NEN 6700, Werte für die Nutzungsdauer, die Umrechnung von Werten in Nutzungsdauer und Jahr erfolgt nach $P_f(n) \leq 1 - (1 - P_f(1))^n$(Spaethe 1992)

Sicherheitsklasse	ökonomische Verluste	Wahrscheinlichkeit des Verlustes von Menschenleben	Sicherheitsindex	
			Windlast dominiert	Andere Lasten dominieren
1	Klein	Vernachlässigbar	$1{,}0 \cdot 10^{-2}$	$6{,}9 \cdot 10^{-4}$
2	Mittel	Klein	$1{,}0 \cdot 10^{-2}$	$3{,}4 \cdot 10^{-4}$
3	Groß	Groß	$4{,}7 \cdot 10^{-3}$	$1{,}6 \cdot 10^{-4}$

Tab. 3.39 Entwurf der DDR für die Zielversagenswahrscheinlichkeit pro Jahr, Grenzzustand der Tragfähigkeit (Franz et al. 1991)

Zuverlässigkeitsklassen	Folgen	Sicherheitsindex
I	Sehr große Gefahren für die Bevölkerung Sehr große wirtschaftliche Folgen Katastrophenartige Zustände	$1{,}0 \cdot 10^{-7}$
II	Große Gefahren für die Bevölkerung Große wirtschaftliche Folgen Große kulturelle Verluste	$1{,}0 \cdot 10^{-6}$
III	Gefahren für Personengruppen Wesentliche wirtschaftliche Folgen	$1{,}0 \cdot 10^{-5}$
IV	Geringe Personengefährdung Geringe wirtschaftliche Folgen	$1{,}0 \cdot 10^{-4}$
V	Sehr geringe Personengefährdung Sehr geringe wirtschaftliche Folgen	$7{,}0 \cdot 10^{-4}$

Tab. 3.40 Zielwerte für operative Versagenswahrscheinlichkeiten pro Jahr in der GruSiBau (1981)

Sicherheitsklasse	Mögliche Folgen von Gefährdungen, die vorwiegend die Tragfähigkeit betreffen	Mögliche Folgen von Gefährdungen, vorwiegend die Gebrauchsfähigkeit betreffen	Grenzzustand der Tragfähigkeit	Grenzzustand der Gebrauchstauglichkeit
1	Keine Gefahr für Menschenleben und geringe wirtschaftliche Folgen	Geringe wirtschaftliche Folgen, geringe Beeinträchtigung der Nutzung	$1{,}34 \cdot 10^{-5}$	$6{,}21 \cdot 10^{-3}$
2	Gefahr für Menschenleben und/oder beachtliche wirtschaftliche Folgen	Beachtliche wirtschaftliche Folgen, beachtliche Beeinträchtigung der Nutzung	$1{,}30 \cdot 10^{-6}$	$1{,}35 \cdot 10^{-3}$
3	Große Bedeutung der baulichen Anlage für die Öffentlichkeit	Große wirtschaftliche Folgen, große Beeinträchtigung der Nutzung	$1{,}00 \cdot 10^{-7}$	$2{,}33 \cdot 10^{-4}$

Tab. 3.41 Zielwerte für operative Versagenswahrscheinlichkeiten pro Jahr in der DIN 1055–100 (1999), Anhang A oder im Eurocode 1 (1994)

Grenzzustand	Versagenswahrscheinlichkeit	
	Lebensdauer	Jahreswert
Tragfähigkeit	$7{,}24 \cdot 10^{-5}$	$1{,}30 \cdot 10^{-6}$
Ermüdung		
Gebrauchstauglichkeit	$6{,}68 \cdot 10^{-2}$	$1{,}35 \cdot 10^{-5}$

zu erlauben. Tatsächlich gibt es Studien, z. B. von Maag (2004), die die Expositionsdauer mitberücksichtigen.

3.4.6 Schlussfolgerungen

Die Berechnung der Versagenswahrscheinlichkei ist heute im Bauwesen mindestens Stand von Wissenschaft und Technik, aber wahrscheinlich sogar schon Stand der Technik.

Eine Vielzahl von Promotionen hat probabilistische Rechnungen für die Kalibrierung der Normen und teilweise für Einzelfälle angewendet. Große Projekte, wie Tunnel, Kernkraftwerke oder Dämme werden heute schon in einem normalen Entwurfs- und Bemessungsprozess probabilistisch untersucht.

3.4.7 Fehler- und Ereignisbäume

Neben der im Abschn. 3.4.3 vorgestellten Berechnung existiert auch noch die Berechnung über Fehler- und Ereignisbäume. Dabei werden die einzelnen Versagenswahrscheinlichkeiten von Komponenten und Ereignissen zusammengeführt. Beide Verfahren, Fehlerbäume und Ereignisbäume, besitzen verschiedene Vorteile. So kann man bei Ereignisbäumen sehr schön den Ablauf eines Ausfalls bzw. eines Versagens verfolgen.

Die Abb. 3.15 und 3.16 zeigen die in Fehlerbäumen häufig verwendeten Symbole für die einzelnen Verknüpfungen und Objekte und eine beispielhafte Anwendung. Abb. 3.17 zeigt

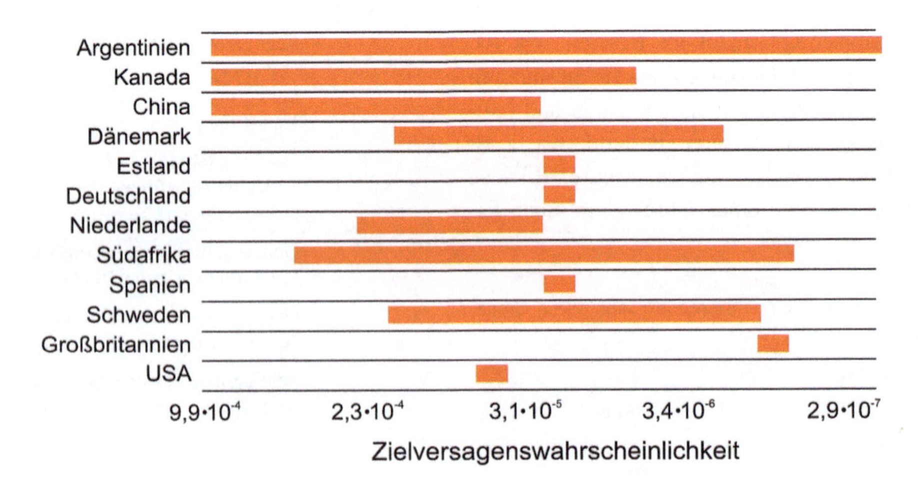

Abb. 3.14 Zielversagenswahrscheinlichkeiten in verschiedenen internationalen Normen (Vrouwenvelder 2002)

Tab. 3.42 Zielversagenswahrscheinlichkeiten nach Schweckendiek et al. (2018)

Norm	Anwendung	Konsequenzklasse				
		A	B	C	D	E
ISO 2394 (2015)	Alle Bauwerke		$1,3 \times 10^{-5}$	$5,4 \times 10^{-6}$	$1,3 \times 10^{-6}$	
JCSS (2001)	Alle Bauwerke		$1,3 \times 10^{-5}$	$5,4 \times 10^{-6}$	$1,3 \times 10^{-6}$	
Structural Concrete (2012)	Beton	$2,3 \times 10^{-4}$	$2,1 \times 10^{-5}$		$1,3 \times 10^{-6}$	$1,7 \times 10^{-7}$
EN 1990 (2002)	Alle Bauwerke		$1,3 \times 10^{-5}$		$1,3 \times 10^{-6}$	$1,7 \times 10^{-7}$
Rackwitz (2000)	Brücken	$1,1 \times 10^{-4}$		$8,5 \times 10^{-6}$	$1,3 \times 10^{-6}$	
DNV (1992)	Maritim	$1,0 \times 10^{-3}$	$1,0 \times 10^{-4}$	$1,0 \times 10^{-5}$	$1,0 \times 10^{-6}$	
USACE (1997)	Geotechnik	$6,2 \times 10^{-3}$	$3,2 \times 10^{-5}$			$2,9 \times 10^{-7}$
ISO 2394 (1998)	Alle Bauwerke	$1,1 \times 10^{-2}$	$9,7 \times 10^{-4}$		$7,2 \times 10^{-5}$	$8,5 \times 10^{-6}$
ISO 238222 (2019)	Alle Bauwerke	$1,1 \times 10^{-2}$	$9,7 \times 10^{-4}$		$7,2 \times 10^{-5}$	$8,5 \times 10^{-6}$
JSANS 10160 (2019)	Alle Bauwerke		$4,8 \times 10^{-4}$		$7,2 \times 10^{-5}$	$8,5 \times 10^{-6}$
NEN 6700 (2005)	Alle Bauwerke		$6,9 \times 10^{-4}$	$3,4 \times 10^{-4}$	$1,6 \times 10^{-4}$	
ASCE (2010)	Alle Bauwerke	$6,2 \times 10^{-3}$	$1,3 \times 10^{-3}$	$2,3 \times 10^{-4}$	$8,8 \times 10^{-5}$	$1,1 \times 10^{-5}$
NBCC (2010)	Hochbauten		$9,7 \times 10^{-4}$	$2,3 \times 10^{-4}$	$1,1 \times 10^{-4}$	
CDHBDC (2014)	Brücken		$9,7 \times 10^{-4}$	$2,3 \times 10^{-4}$	$1,1 \times 10^{-4}$	
STOWA (2011)	Wasserbauten	$1,1 \times 10^{-2}$	$3,5 \times 10^{-3}$	$3,4 \times 10^{-4}$	$1,1 \times 10^{-4}$	
TAW (2003)	Wasserbauten				$7,2 \times 10^{-5}$	$8,5 \times 10^{-6}$
ROM 0.5–05 (2008)	Geotechnik	$9,9 \times 10^{-3}$	$9,7 \times 10^{-4}$		$1,0 \times 10^{-4}$	
CUR 166 (2012)	Spundwände	$6,2 \times 10^{-3}$		$3,4 \times 10^{-4}$		$1,3\ 10^{-5}$
OCDI (2009)	Maritim	$1,4 \times 10^{-2}$	$3,5 \times 10^{-3}$		$1,3\ 10^{-4}$	
CUR 211 (2003)	Kaimauer		$6,9 \times 10^{-4}$	$3,4 \times 10^{-4}$	$1,6 \times 10^{-4}$	
CUR 211 (2013)	Kaimauer		$4,8 \times 10^{-4}$		$7,2 \times 10^{-5}$	$8,5 \times 10^{-6}$

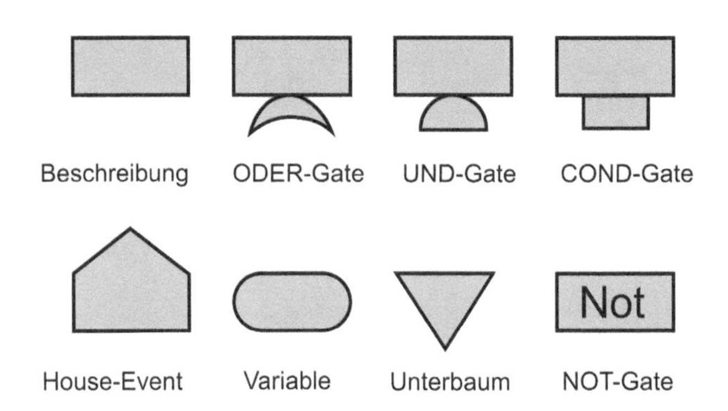

Abb. 3.15 Fehlerbäume (Bezeichnungen)

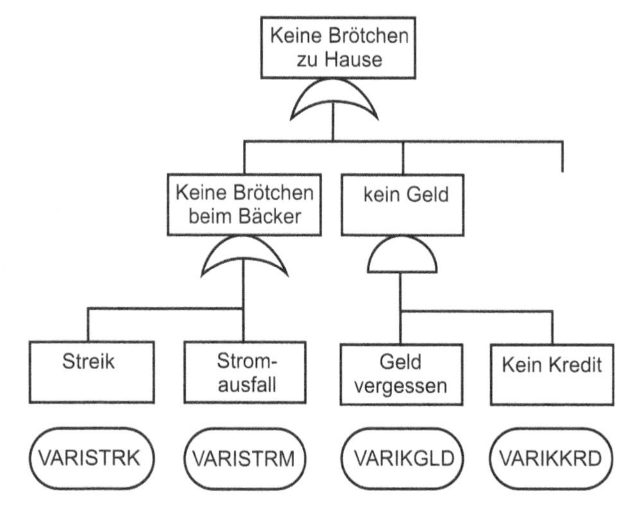

Abb. 3.16 Fehlerbaum (Beispiel)

dagegen einen Ausschnitt aus einem Ereignisbaum. Abb. 3.18 zeigt den Ausschnitt aus einem Ereignisbaum einer PSA-Berechnung eines Kernkraftwerkes. Solche Modelle können im Gegensatz zu den in Abschn. 3.4.3 vorgestellten Modellen Tausende von Zufallszahlen, Tausende von Systemen wie Pumpen, Rohrleitungen etc. oder Hunderte von auslösenden Ereignissen umfassen. Die Rechenzeiten können je nach Modellumfang Tage, Wochen oder sogar Monate umfassen.

Fehlerbäume und Ereignisbäume sind heute in der Prozessindustrie, der Nuklearindustrie aber auch anderen Bereichen, wie z. B. im Brandschutz, weit verbreitet.

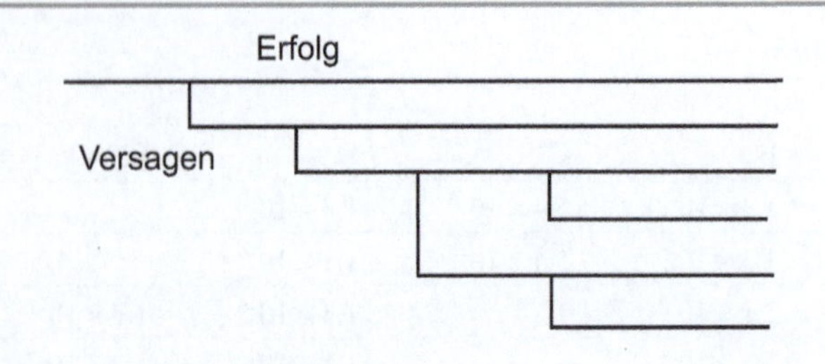

Abb. 3.17 Ereignisbaum (Prinzip)

3.5 Fragilities

3.5.1 Einleitung

Die Berechnung der Versagenswahrscheinlichkeit im Sinne des vorangegangenen Abschnittes kann für Einzelfälle durchgeführt werden. Bei der Berechnung teilweise hunderter Komponenten bzw. zahlreicher Bauwerke, wie sie z. B. für die Durchführung Probabilistischer Sicherheitsanalysen (PSA) Level 1 und Level 2 für Kernkraftwerke notwendig sind, müssen jedoch Vereinfachungen eingeführt werden. Zu dieser Klasse der vereinfachten Berechnungen der Versagenswahrscheinlichkeiten gehören Fragilities. Fragilities sind Kurven bedingter Versagenswahrscheinlichkeiten von Bauwerken oder Komponenten für eine gegebene Einwirkungsintensität. Die Einwirkung ist damit eine deterministische Größe, die über einen Funktionsbereich definiert wird. Die Einwirkung kann ein Druck (Explosion, Wind) oder eine Beschleunigung (Erdbeben) sein. Fragilities werden z. B. massiv für die seismische Bewertung kerntechnischer Anlagen (EPRI 1994; Kennedy et al. 1980; Kennedy 1999) und teilweise für die Bewertung von Infrastrukturbauwerken (Bazzurro et al. 2006) verwendet. In der Regel sind die strukturmechanischen und probabilistischen Modelle zur Bestimmung der Fragilities nicht so detailliert, wie für die Berechnung einzelner Versagenswahrscheinlichkeiten im Bauwesen. Das liegt an der großen Anzahl der erforderlichen Bewertungen, denn in Kernkraftwerken müssen nicht nur die baulichen Strukturen, sondern auch eine Vielzahl von Komponenten, die natürlich nicht im Einzelnen strukturmechanisch und probabilistisch umfassend modelliert werden können, untersucht werden. Auf der anderen Seite können heute moderne Verfahren zur Berechnung der Versagenswahrscheinlichkeit in die Fragility-Berechnungen einbezogen werden.

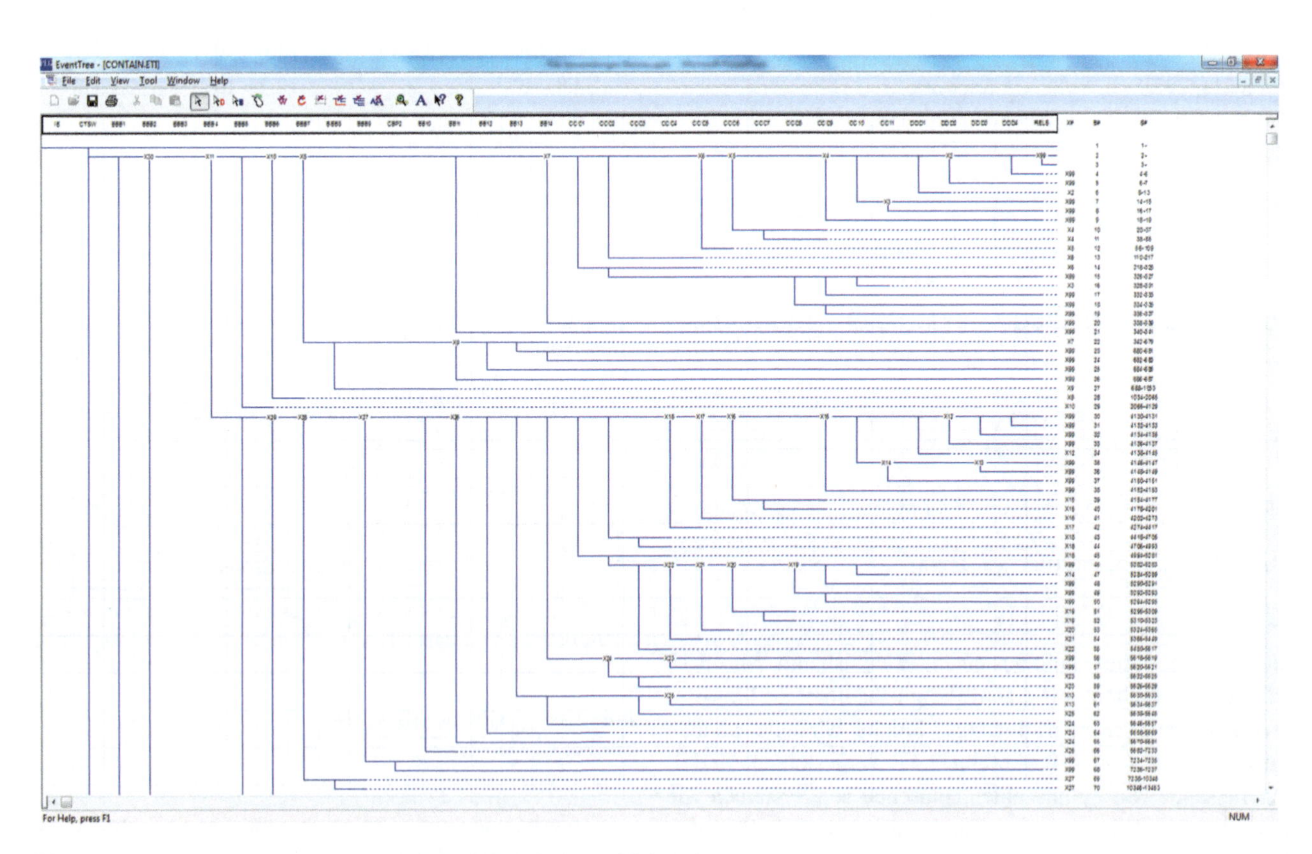

Abb. 3.18 Beispiel eines Ereignisbaums (Screenshot der Software Riskman)

3.5.2 Geschichte

Mit der Erkenntnis, dass die friedliche Anwendung der Kernspaltung mit gewissen Risiken verbunden ist und die ursprünglichen Pläne, wie die Positionierung von Kernkraftwerken mitten in Städten, die Anwendung der Kernspaltung im Flugzeugbau oder für Raumfahrzeuge nicht umsetzbar war, stieg auch der Bedarf nach rechnerischen Bewertungen der Risiken.

Auf Grund der Tatsache, dass Kernkraftwerke einer Vielzahl von Gefährdungen ausgesetzt sind und aus zahlreichen, in manchen Fällen mehreren tausend Komponenten bestehen, konnte das Verfahren der direkten Berechnung der Versagenswahrscheinlichkeit nicht umgesetzt werden. Daher entwickelte insbesondere Kennedy (Kennedy et al. 1980; Kennedy und Ravindra 1984) das Konzept der seismischen Fragilities. Nur damit war es überhaupt möglich, für die steigende Zahl der Kernkraftwerke in den 1970er und 1980er Jahren solche rechnerischen Nachweise umzusetzen.

3.5.3 Berechnung

Die Fragility ist eine Wahrscheinlichkeitsfunktion über die Einwirkungsintensität. Man umgeht in der Regel die Berechnung der gesamten Funktion, indem man zunächst den Medianwert der Versagenswahrscheinlichkeit, also den Wert der Einwirkung, bei dem die Versagenswahrscheinlichkeit 50 % beträgt, bestimmt. Das kann relativ einfach durchgeführt werden, indem man für alle Eingangsgrößen Medianwerte verwendet und eine deterministische Rechnung durchführt. In Abb. 3.19 ist dies der Punkt, der auf der Abszissenachse A_m und auf der Ordinatenachse 0,5 zugeordnet ist.

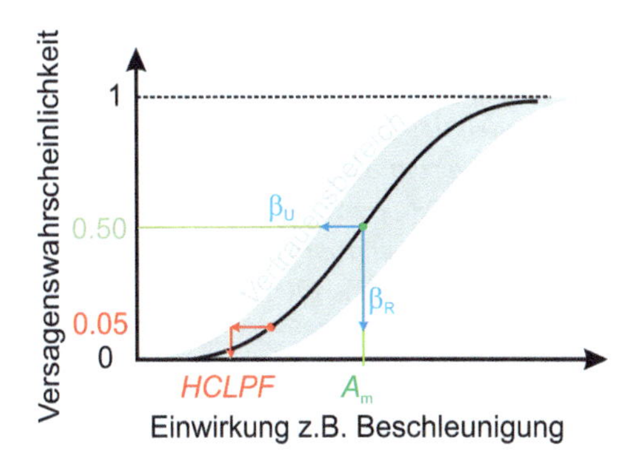

Abb. 3.19 Darstellung einer seismischen Fragility (Funktion zwischen Versagenswahrscheinlichkeit und einem Intensitätsparameter, z. B. der Beschleunigung in g)

Der Medianwert der Versagenswahrscheinlichkeit ist aber mit einer Unsicherheit behaftet, die in der Regel gemäß der folgenden Gleichung beschrieben wird.

$$P_f(a) = A_m \cdot \varepsilon_R \cdot \varepsilon_U \tag{3.10}$$

Dabei entspricht β_R der aleatorischen Unsicherheit und β_U der epistemischen Unsicherheit. Auch wenn aus dem Bauwesen bekannt ist, dass die Festlegung eines Verteilungstyps erhebliche Auswirkungen auf das Ergebnis hat, so wird z. B. für die Bestimmung der seismischen Fragilities in Kernkraftwerken eine Lognormalverteilung angenommen. Die Gleichung obige wird dann umgeschrieben:

$$P_f(a) = \Phi\left(\frac{\log\left(\frac{a}{A_m}\right) + \beta_U \cdot \Phi^{-1}(Q)}{\beta_R}\right) \tag{3.11}$$

mit Φ als Standardgaußverteilung, Am als Medianintensität der Einwirkung, a als Einwirkungsintensität, Q als Vertrauensbereich und β_u und β_R als Unsicherheitsgrößen.

Ähnlich den charakteristischen Werten im Bauwesen gibt es bei den seismischen Fragilities der Kernkraftwerke einen Ankerpunkt für Nachweise, den sogenannten HCLPF-Wert. Der HCLPF-Wert (High Confidence of Low Probability of Failure) ist definiert als der 5 %-Fraktilwert der Versagenswahrscheinlichkeitskurve bei 95 %-Vertrauensbereich. Diese Definition weicht nicht wesentlich von aktuellen Festlegungen charakteristischer Werte ab.

Berechnet wird der HCLPF-Wert gemäß der beiden folgenden Gleichungen:

$$HCLPF = A_m \cdot \exp\left[-1,65 \cdot (\beta_R + \beta_U)\right] \tag{3.12}$$

oder

$$HCLPF = A_m \cdot \exp[-2,3 \cdot \beta_C],\ \beta_C = \sqrt{\beta_R^2 + \beta_U^2} \tag{3.13}$$

Die untere Gleichung ist eine Alternative zur oberen Gleichung. Sie zeigt eine Verschiebung zum 1 %-Fraktilwert der Versagenswahrscheinlichkeitskurve, wenn der 95 %-Vertrauensbereich nicht bekannt bzw. nicht berücksichtigt wird. Die Unsicherheitsfaktoren β werden häufig als generische Werte aus der Literatur entnommen.

Die Ausführungen zeigen, dass die Berechnung von Fragilities Gemeinsamkeiten und Unterschiede zu den Berechnungen der Versagenswahrscheinlichkeiten im Bauwesen aufweist.

3.5.4 Zusammenfassung

Das Verfahren der Fragilities ist heute weltweit im Bereich Nukleartechnik verbreitet. Praktisch alle seismisch exponierten Kernkraftwerke verfügen über eine seismische Probabilistische Sicherheitsanalyse, die mindestens zu Teilen auf Fragilities basiert. Dabei werden heute außerordentlich komplizierte mechanische Modelle verwendet, siehe z. B. Zentner et al. (2008). Eine Geschichte der seismischen Risiken findet sich bei Scawthorn (2006).

Fragilities werden auch für andere Einwirkungen, wie Hochwasser, Stürme oder Wasserstoffdeflagrationen (Proske 2012) verwendet.

3.6 Gefahrenzonen

3.6.1 Einleitung

Doch nicht nur im Bereich der Nukleartechnik verwendet man Vereinfachungen bei der Ermittlung von Versagenswahrscheinlichkeiten. Im Alpinen Raum werden für die Sicherheitsbewertung sogenannte Gefahrenzonen- bzw. Intensitätskarten entwickelt. Diese Karten beschreiben auf visuelle Art geographische Flächen (kartographische Darstellungen) mit erhöhten Gefährdungspotentialen durch Gravitative Massebewegungen wie Hangrutschungen, Schlammlawinen, Lawinen, Steinschläge oder Überflutungen. Die Intensität der Gefährdung wird durch die Farbauswahl abgebildet. Praktisch existieren heute für alle Alpinen Kommunen in Österreich, der Schweiz und Italien solche Karten. Diese Karten betrachten aber ausschließlich die Einwirkungsseite.

3.6.2 Geschichte

Die Geschichte der Gefahrenzonenplanung beginnt in Österreich in den 1880er Jahren mit den Gesetzen zum Schutz vor Gebirgshochwässern, z. B. dem Wildbachverbauungsgesetz von 1884. Die Gefahrenzonenplanung im Flussbau beginnt in den 1930er Jahren in Österreich. Gefahrenzonenkarten für andere Naturgefahren, wie für z. B. Lawinen, folgten deutlich später, z. B. erst in den 1960er bzw. 1970er Jahren mit dem Forstgesetz 1975, der Gefahrenzonenplanverordnung 1976 und dem Wasserrechtsgesetz 1983. (Hübl et al. 2007; Rickenmann 2005).

Allerdings lassen sich erste Lawinenschutzmaßnahmen in Tirol seit dem Jahr 1613 nachweisen. Es handelt sich dabei um einen steingeschichteten Ablenkkeil zum Schutz des Weilers Birche in der Gemeinde Galtür. Die älteste noch existierende Wildbachsperre Österreichs stammt von 1884. Auch wurden 1925 Erdterrassen zum Schutz des Weilers Mitteregg in Österreich erbaut. Diese historischen Schutzmaßnahmen müssen bereits geographisch eingeordnet gewesen sein, so dass sie ebenfalls als eine frühe Art der Gefahrenzonenplanung angesehen werden können. (Siegele 2017).

Erste Gefahrenzonenkarten in der Schweiz, z. B. für die Stadt Brienz, erfolgten indirekt mit der Erstellung des Siegfried Atlas als Karte der bebauten Gebiete im Jahre 1870, die später erweitert wurde und 1997 in einer Gefahrenkarte mündete (Rickenmann 2005). Aber bereits in den Jahren 1876 bis 1938 wurden in der Schweiz über 1000 km Stützbauwerke als Schutzmaßnahmen errichtet. In der Schweiz ist die frühe Entwicklung der Gefahrenzonenkarten eng mit dem Namen Johann Coaz verbunden. Die ersten Gefahrenzonenkarten für Lawinen wurden 1954 erstellt. Gesetzliche Grundlagen für die Erstellung der Gefahrenzonenkarten waren später das Raumplanungsgesetz von 1979, das Wasserbaugesetz von 1991, das Waldgesetz von 1991, die Waldverordnung von 1992 und die Wasserbauverordnung von 1994. Seit mindestens 1997 gibt es eine Gefahrenzonenkarte für durch Muren und Sedimentation gefährdete Gebiete. (Rickenmann 2005).

In Frankreich wurde die Erstellung von Gefahrenzonenkarten maßgeblich durch das Lawinenunglück von 1970 in Val d'Isere beeinflusst. So entstanden die Gefahrenkarten R 111–3 für Naturgefahren, ZERMOS für Bodeninstabilitäten und CPLA für Lawinen. Eine zusammenfassende Karte war PER 1985 und für Schutzmaßnahmen PPR 1995. (Rickenmann 2005).

Twyrdy (2010) hat allerdings gezeigt, dass der technische Umgang mit Naturgefahren nur eine Strategie früher Gesellschaften war, mit Naturgefahren umzugehen.

3.6.3 Berechnung

Suda & Rudolf-Micklau (2012) definieren Gefahrenkarte als: *„Karte, die nach wissenschaftlichen Kriterien erstellt wird und innerhalb eines Untersuchungsperimeters detaillierte Aussagen über die Gefahrenart, die Gefahrenstufe und die räumliche Ausdehnung der gefährlichen Prozesse macht.“ Diese Autoren definieren Gefahrenzonenplan als „Für den Grundeigentümer verbindliches Planungsinstrument, das auf einer umfassenden Gefahrenanalyse basiert und von den zuständigen politischen Instanzen genehmigt wurde.“*.

Suda & Rudolf-Micklau (2012) gehen ausführlich auf die Entwicklung und die Grenzen von Gefahrenkarten und -plänen ein. Dabei wird insbesondere darauf hingewiesen, dass die Karten nur im Bereich der Grenzlinien genau sind. Kriterien für die Grenzlinien finden sich in den Tab. 3.43 und 3.44 für Österreich und 3.45 und 3.46 für die Schweiz.

Solche Gefahrendarstellungen müssen aber nicht allein flächig sein, sie können auch linienförmige und punktar-

Tab. 3.43 Maßgebliche Definitionen von Gefahrenzonen in Österreich (entnommen Hübl et al. 2007, aktuelle Version z. B. Lebensministerium 2011)

Zone	Beschreibung
Rote	Die ständige Nutzung dieser Flächen, z. B. für Siedlungs- oder Verkehrszwecke, ist nicht oder nur mit unverhältnismäßig großem Aufwand möglich
Gelbe	Übrige Flächen, die in der Nutzung beeinträchtigt sind
Vorbehaltsbereich (blau)	Flächen, die für die Durchführung von Schutzmaßnahmen notwendig sind
Hinweisbereich (lila)	Flächen, die für die Erhaltung des Geländes notwendig sind
Hinweisbereich (braun)	Flächen, die anderen Gefährdungen ausgesetzt sind

tige Raumelementen umfassen (BUWAL 1999a, 1999b). Beispiele für die linienförmige Auslegung finden sich in BAFU (2012, 2018), EconoMe (2019, 2021), Liener et al. (2012, PLANAT (2015), Bründl (2009) z. B. für Eisenbahnstrecken oder Straßen.

3.6.4 Beispiele

In diesem Abschnitt werden keine genauen Rechnungen vorgestellt, sondern es wird ein Gefahrenzonenplan in Abb. 3.20 mit den Zonen rot und gelb dargestellt. Die Berechnungen der Karten basiert auf der Prozessmodellierung der einzelnen Gefährdungen, wie z. B. Muren über das mobilisierbare Volumen, den Spitzenabfluss, die Mobilisierungszeit und die Geschwindigkeit und Reichweite.

3.6.5 Zielwerte

Auf Grund der Tatsache, dass die Gefahrenzonenpläne für eine Vielzahl von Behörden als Planungsgrundlage dienen, wie z. B. für die Raumplanung, die Bemessung der Bauwerke, die Sicherheitsbehörden und andere, gibt es keine festen Zielwerte. Vielmehr müssen verschiedene qualitative Anforderungen an die Gefahrenzonenpläne gelten und umgesetzt werden, wie z. B. Nachvollziehbarkeit und Transparenz, Vergleichbarkeit, um planerische und vorbeugende Maßnahmen durchzuführen.

3.6.6 Schlussfolgerungen

Gefahrenzonenkarten sind heute im Alpinen Raum ein gängiger Bestandteil der kommunalen Bauplanungen. Die räumliche und zeitliche Zuordnung von Gefährdungen ist ein unabdingbarer Schritt für die Umsetzung von Risikobewertungen. Gefahrenzonenpläne sind aus Sicht des

Tab. 3.44 Abgrenzungskriterien für die Gefahrenzonen Österreich (entnommen Hübl et al. 2007, aktuelle Version z. B. Lebensministerium 2011)

Gefahrenzone	Rot		Gelb		Braun
Wiederkehrperiode	150 Jahre	150 Jahre	150 Jahre	1–10 Jahre	
Stehendes Wasser	$h = \geq 1{,}5$ m	$h = 0{,}2–0{,}5$ m	$h = < 1{,}5$ m	$h = 0{,}2–0{,}5$	
Fließendes Wasser	$h = \geq 1{,}5$ m	$h = \geq 0{,}25$ m	$h = < 1{,}5$ m	$h = > 0{,}25$ m	
Erosionsrinnen	$h = \geq 1{,}5$ m	Erosionsrinne möglich	$h = < 1{,}5$ m	Keine Erosionsrinne	
Geschiebeablagerung	$h = \geq 0{,}7$ m	Geschiebe-ablagerung möglich	$h = < 0{,}7$ m	Keine Geschiebeablagerung	
Nachböschung infolge Tiefen- bzw. Seitenschurf	Oberkante der Nachböschungs-bereiche		Sicherheits-streifen		
Mur- & Erdströme	Rand der ausgeprägten Murenablagerung				
Rückschreitende Erosion	Mögliches Ausmaß	Erosionsrinnen und Nachböschung			
Lawine	$p > 10$ kN/m^2 $h > 1{,}5$ m		$p = 1–10$ kN/m^2 $h = 0{,}2–1{,}5$ m		
Steinschlag					Betroffener Bereich
Rutschung					Betroffener Bereich

Tab. 3.45 Maßgebliche Definitionen von Gefahrenzonen in der Schweiz (entnommen Hübl et al. 2007 basierend auf BUWAL, BRP & BWW 1997)

Zone	Beschreibung
Verbotsbereich (rot)	Personen sind innerhalb und außerhalb von Gebäuden gefährdet. Gebäude können zerstört werden
Gebotsbereich (blau)	Personen sind außerhalb von Gebäuden gefährdet. Gebäude können beschädigt werden
Hinweisbereich (gelb)	Personen sind kaum gefährdet. Geringe Schäden an Gebäuden, aber es treten durchaus Schachschäden in den Gebäuden auf
Hinweisbereich (hellgelb)	Gefährdungen mit geringer Eintrittswahrscheinlichkeit, aber hohem Schadenspotential

Verfassers genauso wie Versagenswahrscheinlichkeiten oder Fragilities Risikoparameter Nullter Art.

Gefahrenzonenkarten sind nicht nur Stand der Technik für Alpine Naturgefahren oder Hochwassergefährdungen, sondern auch im Bereich technischer Risiken und Gefährdungen, wie in der chemischen Industrie oder in der Nuklearindustrie.

Darüber hinaus können alle Erdbebengefährdungskarten, Wind- und Schneelastzonen ebenfalls als Gefährdungszonen angesehen werden, die hier jedoch direkt mit der Planung der Schutzmaßnahme bzw. der Auslegung der Nutzbauwerke verbunden ist.

In diesem Sinne sind auch Verbreitungskarten von Krankheiten, wie Malaria oder Gelbfieber Gefahrenzonenkarten, weil diese Karten für die Planungen von Impfungen verwendet werden. Abb. 3.21 zeigt die Verteilung von Cholera-Todesopfern in London und die Lage der Wasserpumpen. Gefahrenzonenkarten werden teilweise auch im Bereich der Kriminalistik verwendet, wenn bestimmte Gebiete von Städten als gefährlich eingestuft werden, wie z. B.

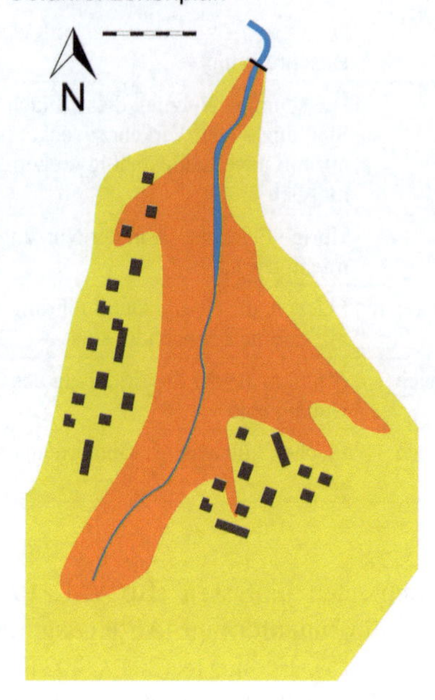

Abb. 3.20 Beispiel eines Gefahrenzonenplans

in Abb. 3.22. Abb. 3.23 zeigt punktuelle Gefährdungen in einem Infrastruktursystem.

3.7 Mortalität

3.7.1 Einleitung

Im Jahre 2004 erblicken auf der Erde täglich etwa 400.000 Menschen das Licht der Welt. Gleichzeitig starben jeden Tag etwa 200.000 Menschen. Einige von diesen Menschen

Tab. 3.46 Prozessintensitäten für Siedlungsgebiete (entnommen Hübl et al. 2007 basierend auf BUWAL, BRP & BWW 1997)

	Kriterium	Hohe Intensität	Mittlere Intensität	Schwache Intensität
Überschwemmung	Abflusstiefe Abflussintensität	$h > 2$ m $v \times h > 2$ m³/s	$h > 0{,}5$–2 m $v \times h > 0{,}5$–2 m^3/s	$h > 0{,}5$–2 m $v \times h < 0{,}5$ m^3/s
Ufererosion	Mittlere Abtragungshöhe	$d > 2$ m	$d > 0{,}5$–2 m	$d > 0{,}5$–2 m
Murgang	Ablagerungstiefe Fließgeschwindigkeit	$h > 1$ m $v > 1$ m/s	$h < 1$ m $v < 1$ m/s	
Hangmure	Ablagerungstiefe Abflusstiefe	$M > 2$ m $h > 1$ m	$M < 2$ m $h < 1$ m	$M < 0{,}5$ m
Murgang & Mure	Abflusstiefe Fließgeschwindigkeit	$h > 1{,}5$ m $v > 1{,}5$ m/s	$h < 1{,}5$ m $v < 1{,}5$ m/s	$h < 0{,}5$ m $v < 0{,}5$ m/s
Steinschlag	Kinetische Energie	Ekin > 300 kJ	Ekin < 300 kJ	Ekin < 30 kJ
Lawine	Lawinendruck	$p > 30$ kN/m^2	$p < 30$ kN/m^2	$p < 3$ kN/m^2
Rutschung	Geschwindigkeit	m/d	m/a	cm/a

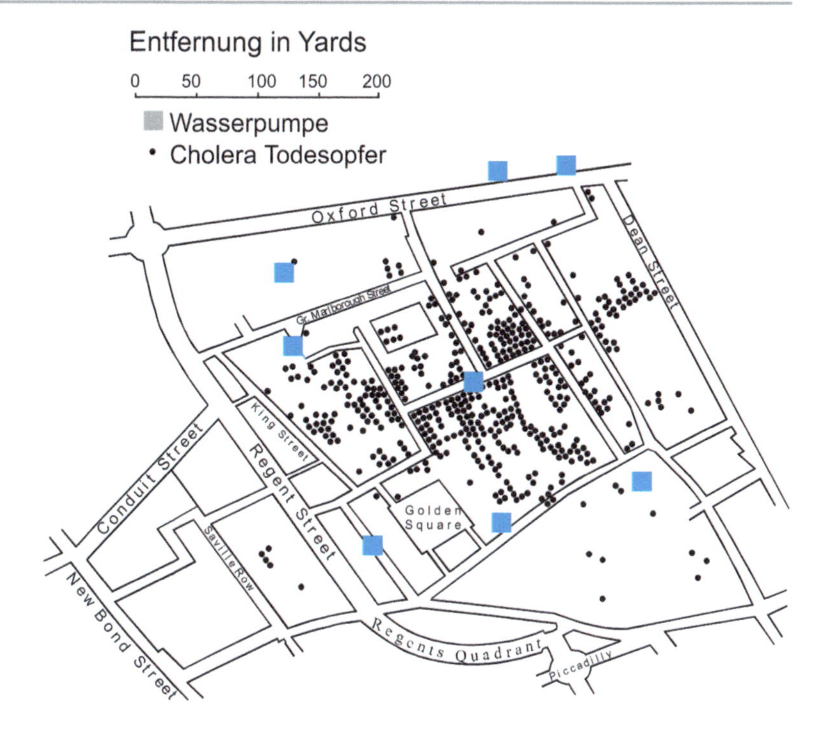

Abb. 3.21 Gefahrenkarte mit Darstellung der jeweiligen Wasserpumpen und der Anzahl Cholera-Todesfälle in London

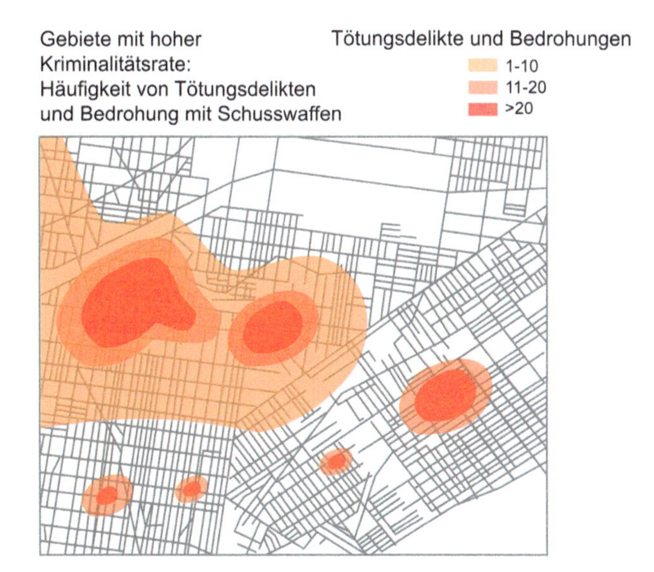

Abb. 3.22 Gefahrenkarte im Bereich der Kriminalität

hatten ein langes und erfülltes Leben hinter sich, andere sterben viel zu früh. Wann immer ein Mensch in einem entwickelten Industrieland stirbt, wird erfasst, woran er gestorben ist. Ist er bei einem Autounfall ums Leben gekommen, bei einem Flugzeugabsturz, durch einen Herzinfarkt oder durch ein anderes Ereignis? Am Ende eines Jahres kann man die Zahlen zusammenfassen und erhält die Anzahl der Menschen, die durch eine bestimmte Ursache verstorben sind. Diese Angaben werden regelmäßig veröffentlicht.

Beispielsweise verstarben in Deutschland in den letzten Jahren zwischen 3000 und 4000 Menschen im Jahr durch Kraftfahrzeugunfälle. Es sind auch ca. 50 Menschen im Jahr ertrunken. Diese Zahlen erlauben in einem Land den Vergleich von verschiedenen Ursachen. Wie aber sehen solche Zahlen in einem anderen Land mit einer größeren oder kleineren Bevölkerung aus? Um diese Werte zu vergleichen, teilt man die Anzahl der Todesfälle an einer Ursache durch die Bevölkerungsanzahl und erhält damit die Mortalität.

Die Unsicherheit bei der Ermittlung der Todesopferstatistiken wurde bereits im Kap. 1 besprochen. Hier sein noch einmal auf die Arbeiten von Vandormael et al. (2018) hingewiesen, der Fehlerraten im unteren und mittleren zweistelligen Prozentbereich sieht. Die Kenntnis solcher Fehler ist weder neu (Alderson 1983, 1988), noch länderspezifisch, wie die Studien von Schelhase und Weber (2007) und Vennemann et al. (2006) für Deutschland zeigen.

Die unterschiedliche systematische Zuordnung der Todesopfer für verschiedene Ursachen wurden ebenfalls schon im Kap. 1 angesprochen. So werden im Bereich des Kraftverkehrs Todesopfer zugeordnet, die innerhalb von 30 Tagen nach dem Unfall versterben. Im Bereich Brand werden dagegen Brandopfer, die im Krankenhaus versterben, nicht dazu gerechnet. Im Bereich des kommerziellen Flugverkehrs werden Flugzeuge unterhalb von 5,7 t nicht mitgezählt. Aber gerade bei den Kleinflugzeugen erfolgen die meisten Abstürze.

Darüber hinaus sind nicht nur die Zuordnungen teilweise unsicher, sondern auch die Bezugsgröße der Bevölkerung.

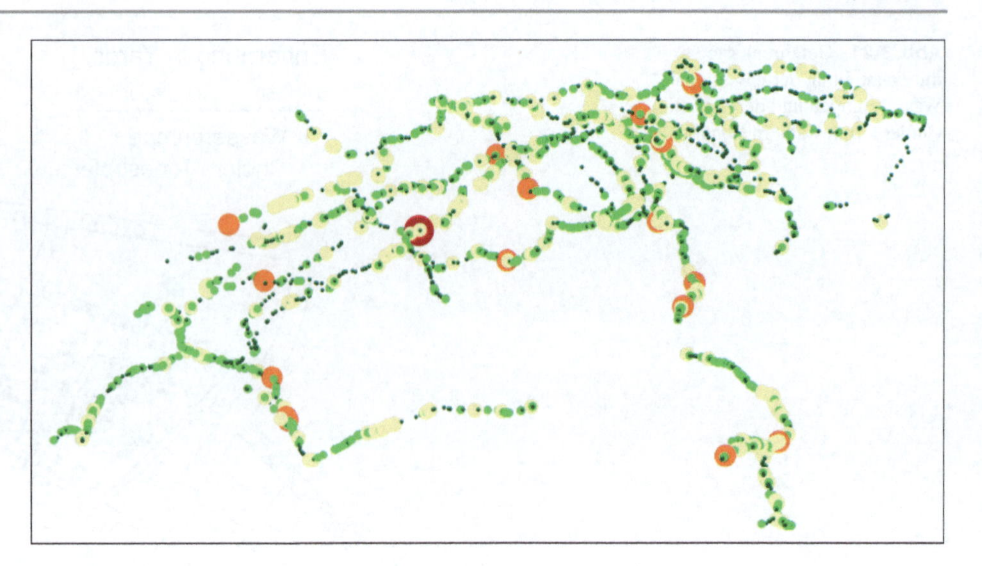

Abb. 3.23 Gefahrenpunkte auf einem Infrastrukturnetz

So stellte die FAZ (2008) fest, dass über eine Million Menschen in der Statistik Deutschlands verschwanden. Das Statistische Bundesamt (Destatis 2019) führte ausführlicher aus: „*Nach der Einführung der persönlichen Steuer-Identifikationsnummer erfolgten Melderegisterbereinigungen, bei denen die Daten sowohl für Personen, die zwar gemeldet, aber nicht mehr wohnhaft waren (Karteileichen), als auch für Personen, die zwar wohnhaft, aber nicht gemeldet waren (Fehlbestände) korrigiert werden konnten.*“

Abb. 3.24 zeigt, dass die Bezugswerte für die Opferzahlen eine wesentliche Rolle bei der Interpretation spielen. So zeigt das Abb. 3.24 links die Anzahl kindlicher Todesopfer durch den Straßenverkehr bezogen auf 100.000 Kinder, während das Bild rechts die gleiche Zahl, aber bezogen auf die 100.000 Fahrzeuge, darstellt.

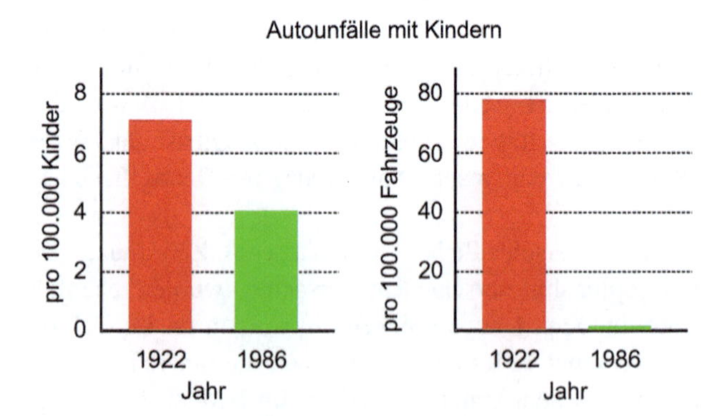

Abb. 3.24 Vergleich der Opferzahlen von Kindern durch Autounfälle bezogen auf die Anzahl Kinder und die Anzahl Fahrzeuge (Adams 1995)

3.7.2 Geschichte

Grundlage für die Ermittlung von Mortalitäten sind neben der statistischen Erfassung der Todesursachen auch die Erfassung der Bevölkerungszahlen. Tatsächlich lässt sich die Erhebung von Bevölkerungszahlen, die Anzahl der Haushalte oder der Besitz von Menschen (Sklaven) bis zu den frühesten Staatsformen zurückverfolgen. Damit sind Volkzählungen mehr als 4000 Jahre alt. Sie wurden wahrscheinlich zum ersten Mal 2700 vor Christus in Ägypten durchgeführt. Im Römischen Reich wurde alle fünf Jahre ein Census durchgeführt. (Scholz 2014).

Im Römischen Reich entstanden auch die ersten Krankenhäuser (Wilmanns 2003). Es kann vermutet werden, dass den dort tätigen Ärzten bereits Zusammenhänge zwischen Krankheiten, Opferzahlen und Behandlungsmöglichkeiten bewusst waren, ohne dass diese heute schriftlich belegt werden können.

Basierend auf historischen Dokumenten ist es jedoch heute möglich, Mortalitäten für frühere Gesellschaften zu ermitteln. So hat man für Rom für bestimmte Jahre die Mortalitätsverteilung über das Jahr bestimmen können (Scheidl 2015). Langner (1998) hat die Säuglingssterblichkeit bestimmt.

Seit dem Mittelalter gibt es jedoch schriftliche Zeugnisse über die Todeszahlen. Genf verfügt z. B. mindestens seit 1549 über Todesregister. Zahlreiche Mathematiker, z. B. Daniel Bernoulli befassten sich mit der Erstellung von Sterbetafeln seit dem 16. Jahrhundert (Bichel 1949; Bernoulli 1766). Eine Auflistung der Pioniere der Gesundheitsstatistik findet sich auch bei Bundesamt für Arzneimittel (2021).

Erste Todesursachenstatistiken für England und Wales gehen mindestens bis ins 17. Jahrhundert zurück. Ab Mitte des 19. Jahrhunderts wurden verschiedene Vorschriften erlassen, die die Erfassung von Geburten, Hochzeiten und Todesfällen festlegten. Ab Mitte des 19. Jahrhunderts folgten außerdem die ersten Klassifizierungen von Krankheiten. Damit war die Grundlage für die statistische Auswertung der Todesursachen und die Berechnung der Mortalität gelegt. (Wellcome Trust 2021).

3.7.3 Berechnung

Die Berechnung soll am Beispiel der jährlichen Todesopfer im Straßenverkehr in Deutschland erfolgen. Pro Jahr starben in den letzten Jahren zwischen 3000 und 4000 Menschen. Dies ist deutlich weniger als noch vor einigen Jahrzehnten. Damals starben über 20.000 Menschen pro Jahr. Mit den heutigen Zahlen ergibt sich die folgende Berechnung der Mortalität. Die zweite Gleichung ist allgemein und als Nachweis geschrieben, da es einen Zielwert gibt.

$$\frac{\text{Anzahl der Todesopfer im Strassenverkehr}}{\text{Gesamtbevölkerung}} = \frac{3000...4000}{82.000.000}$$
$$= 3,66 \cdot 10^{-5}...4,88 \cdot 10^{-5} \approx 0,5 \cdot 10^{-4} \tag{3.14}$$

$$R_H = \frac{N_O}{N_G} \leq \max R_H \tag{3.15}$$

Das Ergebnis wird als Mortalität, Sterbewahrscheinlichkeit bzw. Sterbehäufigkeit bezeichnet. Der Wert bezieht sich auf ein Jahr und auf eine Region oder ein Land. Die Unterscheidung zwischen Sterbehäufigkeit und Sterbewahrscheinlichkeit soll die Anwendung der berechneten Werte aus historischen Daten (Häufigkeit) für die Prognose, also zukünftige Zustände (Wahrscheinlichkeit) zeigen. Ob diese Annahme gerechtfertigt ist, ist im Zweifelsfall zu prüfen, da sich die Zahlen zeitlich verändern können, wie bereits für die Anzahl der Todesopfer im Straßenverkehr erwähnt wurde. Ein Beispiel, in dem die gewählte Bezugszeit einen falschen Eindruck vermitteln kann, kann ein kalter und langer Winter sein, der Auswirkungen auf das Verkehrsvolumen hat, übrigens genauso wie schlechte Wirtschaftsverhältnisse. Hier kann der Eindruck entstehen, dass die Teilnahme am Straßenverkehr sicherer geworden ist, obwohl eine Berücksichtigung der Verkehrsleistung dies widerlegen würde.

Tatsächlich hat die Wahl der repräsentativen Zeitperioden für die Daten zu erbitterten Diskussionen bei der Entscheidung, ob in der Nähe eines Bayerischen Kernkraftwerkes ein erhöhte Auftretenshäufigkeit von Leukämie bei Kindern zu beobachten war, geführt. So kann es wenige Jahre mit sehr hohen Zahlen geben und viele Jahre mit sehr geringen. Die Prüfung, ob diese Spitzenwerte statistische Ausreißer sind, ist in der Regel noch relativ einfach. Sehr schwierig wird die Benennung der kausalen Ursachen bei solchen Abweichungen. Oft ist das gar nicht möglich, weil es sich um hochdimensionale multifaktorielle Abhängigkeiten handelt.

Ein zweites Beispiel für die Zeitabhängigkeit der Zahlen ist die Anzahl Todesopfer durch Blitzschläge in Deutschland. Während in den 1950er und 1960er Jahren ca. 50 bis 100 Menschen pro Jahr durch Blitze starben, sind es in den letzten Jahren nur noch 3 bis 7 Todesopfer jährlich (Zack et al. 2007).

Neben der Wahl des Zeitraumes der Datenerhebung ist auch die Wahl der Bezugspopulation von entscheidender Bedeutung. In der obigen Gleichung wurde die gesamte Bevölkerung in Deutschland als Teilnehmer des Straßenverkehrs angesehen. Dies entspricht nicht vollständig den Tatsachen, ist aber eine relativ gute Annahme (über 90 %). Aber wie sieht es mit Motorradfahrern aus. Ein nicht unerheblicher Anteil der Todesopfer im Straßenverkehr sind motorisierte Zweiradfahrer. Nimmt man eine Opferzahl von 2000 an, so ergibt sich für die Mortalität:

$$\frac{\text{Anzahl der Todesopfer durch Motorradfahren}}{\text{Gesamtbevölkerung}} = \frac{1000}{82.000.000} = 1.22 \cdot 10^{-5} \tag{3.16}$$

Aber nur ein geringer Anteil der Bevölkerung fährt aktive motorisierte Zweiräder. Nimmt man an, dass es fünf Millionen Fahrer gibt, dann würde sich die Letalität (bezogen auf die Anzahl Exponierter) wie folgt berechnen:

$$\frac{\text{Anzahl der Todesopfer durch Motorradfahren}}{\text{Anzahl Motorradfahrer}} = \frac{1000}{5.000.000} = 2.0 \cdot 10^{-3} \tag{3.17}$$

Das ist ein sehr konservativer Wert, weil natürlich auch Teilnehmer des Straßenverkehres, die nicht selbst ein motorisiertes Zweirad fahren, in einen tödlichen Unfall verwickelt werden können, wie z. B. Fußgänger oder Fahrradfahrer.

Dieses Beispiel zeigt, dass die Auswahl der Bezugszahl mit Bedacht erfolgen muss.

Neben der Festlegung des Bezugsortes und des Beobachtungszeitraumes ist auch der Bezug auf ein Jahr von Bedeutung. Dieser Bezugswert auf ein Jahr ist nicht zwingend und kann z. B. auch Entfernungs bezogene oder Stoffkonzentrationsbezogen sein. Daher gibt es eine Vielzahl von

Mortalitätsparametern. Im Folgenden werden einige Beispiele basierend auf Slovic (1999) genannt:

- Todesopfer pro Jahr (absolut),
- Todesopfer pro Millionen Menschen der Gesamtbevölkerung (relativ),
- Todesopfer pro Millionen Menschen bezogen auf eine Strecke bzw. eine Exposition,
- Todesopfer pro Einheit Konzentration,
- Todesopfer pro Einrichtung,
- Todesopfer pro Tonne in die Luft freigesetzter toxischer Stoffe,
- Todesopfer pro Tonne in die Luft freigesetzten und absorbierten toxischen Stoffen,
- Todesopfer pro Tonne der Chemikalie produziert,
- Todesopfer pro Millionen Dollar produziertes Produkt,
- Todesopfer pro Reise,
- Todesopfer pro Kilometer gereist und
- Todesopfer pro produzierte Energie.

Femers und Jungermann (1992) geben sogar noch weitere Risikoeinheiten. Halperin (1993) vergleicht verschiedene Risikoparameter für Verkehrsmittel (Tab. 3.47).

Tab. 3.48 und 3.49 listen verschieden medizinische Parameter auf.

Die Berechnung der Mortalitäten und der epidemiologischen Untersuchungen geht davon aus, dass die Todesursachen korrekt sind. Untersuchungen zur Prüfung dieser Annahme zeigten jedoch signifikante Abweichungen. So zeigten Qualitätsprüfungen von Sterbeurkunden und Autopsien, dass z. B. 11.000 unnatürliche Tode als natürliche Tode ausgewiesen wurden. Solche Abweichungen zwischen Todesurkunde, Autopsien und Mortalitäten sind weltweit bekannt. (Bratzke et al. 2004).

Manchmal tritt die Häufigkeit von Todesursachen in den Todesurkunden sogar als Trends, ähnlich Modeerscheinungen, auf. Ein Beispiel dafür sind Luftverschmutzungen von Kraftfahrzeugen als Todesursache oder der plötzliche Kindstod.

3.7.4 Beispiele

Bisher wurde hier nur die Mortalität auf Grund des motorisierten Straßenverkehrs genannt. Wie sieht es aber mit anderen bereits Risiken aus? Um alle Gefahren vergleichen zu können, muss man sie in der oben genannten Weise er-

Tab. 3.47 Verschiedene Risikoparameter für Verkehrsmittel (Halperin 1993)

Risikoparameter	Beschreibung
Mileage Death Rate	Jährliche Todesopfer pro 100 Mio. Meilen
Registration Death Rate	Jährliche Todesopfer pro 10.000 Fahrzeugen
Population Death Rate	Jährliche Todesopfer pro 100.000 Menschen der Bevölkerung
Trip Fatality Risk	Todesrisiko für eine bestimmte Reise, für einen bestimmten Reisenden, für ein bestimmtes Verkehrsmittel und für ein bestimmtes Fahrzeug
Aggregate Fatality Risk	Lebensrisiko für eine bestimmte Ursache
Route Fatality Risk	Todesrisiko für eine bestimmte Strecke

Tab. 3.48 Medizinische Parameter nach Kreienbrock et al. (2012), siehe auch Fisher und Darnay (1998) und CDC (2021)

Eigenschaft	Mortalitätsrate	Letalitätsrate	Geburtenrate	Fertilitätsrate
Maßzahl	Inzidenz	Inzidenz	Inzidenz	Inzidenz
Zähler	Alle Todesfälle in einer definierten Periode	Todesfälle durch eine bestimmte Erkrankung in einer definierten Periode	Alle Lebendgeburten in einer definierten Periode	Alle Lebendgeburten in einer definierten Periode
Nenner	Anzahl der Personen in der Population unter Risiko	Anzahl der erkrankten Personen	Anzahl der Personen in der Gesamtpopulation	Anzahl der Frauen im gebärfähigen Alter

Tab. 3.49 Erklärung zu den medizinischen Parametern nach Kreienbrock et al. (2012)

Eigenschaft	Prävalenz	Kumulative Inzidenz	Inzidenzrate
Was wird gemessen?	Anteil der Erkrankten an der Population	Wahrscheinlichkeit zu erkranken	Geschwindigkeit, mit der Neuerkrankungen auftreten
Zähler	Alle gegenwärtig Erkrankten	Alle Neuerkrankungen in einer definierten Periode	Alle Neuerkrankungen in einer definierten Periode
Nenner	Gesamte Population	Anzahl der Individuen in der Population unter Risiko	Summe der Zeiten unter Risiko aller Individuen in der Population
Einheit	Prozent	Prozent	Fälle pro Risikozeit

fassen und gegenüberstellen. Um die Werte in Tab. 3.51 einordnen zu können, wird in Tab. 3.50 die Bedeutung der verschiedenen Potenzen kurz aufgezeigt.

Tab. 3.51 ist eine äußerst umfangreiche Zusammenstellung zahlreicher, in verschiedensten Quellen genannter Sterbehäufigkeiten in verschiedenen Ländern. Da es sich um über 100 Zahlen handelt, erscheint es sinnvoll, zunächst einmal einen Überblick über die Größenordnungen zu erhalten. Eine kurze Zusammenfassung der Werte aus Tab. 3.51 gibt Abb. 3.25. Hierbei werden die Grenzen deutlich, in denen sich die Sterbehäufigkeiten bewegen.

Man kann die Mortalitäten nicht nur auf einen Zeitraum oder einen Leistungsparameter beziehen, man kann auch die Mortalität festlegen und die mögliche Zeitdauer einer Exposition oder Handlung zurückrechnen. Das wäre z. B. sinnvoll, wenn man einen Zielwert vorgibt und die zulässige Handlung bestimmen möchte.

Tab. 3.52 bezieht verschiedene Handlungen auf eine Erhöhung der Mortalität von 10^{-6}. Die Abb. 3.26 und 3.27 beziehen die Mortalität auf die erzeugte Strommenge. Da dieses Thema immer wieder Gegenstand nicht nur wissenschaftlicher, sondern auch politischer Diskussion ist, sei der Fairness hier auch auf andere Veröffentlichungen verwiesen, wie Markandya und Wilkinson (2007), Kharecha und Hansen (2013), van der Merwe (2019), Sovacool et al. (2015), Burgherr und Hirschberg (2014), Inhaber (2004, 2016), Hauptmanns et al. (1991), European Commission (1995, 2007), Universität Stuttgart (2018).

3.7.5 Zielwerte

Man kann nicht nur die Mortalitäten berechnen, sondern man kann sie auch mit Zielwerten vergleichen. Diese Zielwerte können sich auf die Mortalität pro Jahr, aber auch auf Streckenlängen etc. beziehen. Verschiedene Organisationen, Verwaltungen und Infrastrukturbetreiber besitzen eigene Zielwerte. Dies umfasst Bereiche wie Hochwasserschutz, Naturgefahren, Verkehrsmittel, Dammsicherheit, Tunnelnutzung etc. Zusammenfassungen von Zielwerten finden sich in Fell et al. (2005a, b), Düzgün und Lacasse

Tab. 3.50 Bedeutung von Potenzen

10^{-6}	=	1/1.000.000	=	0,000.001
10^{-3}	=	1/1.000	=	0,001
10^{-1}	=	1/10	=	0,1
10^{1}	=		=	10
10^{3}	=		=	1000
10^{6}	=		=	1.000.000
10^{8}	=		=	1.000.000.000

Tab. 3.51 Sterbehäufigkeiten nach verschiedenen Quellen fallend sortiert. Gleiche Aktivitäten können auf Grund unterschiedlicher Regionen und unterschiedlicher Bezugszeiten unterschiedliche Sterbehäufigkeiten besitzen. Die meisten Zahlen entstammen Paté-Cornell (1994), Parfit (1998), Kafka (1999), Mathiesen (1997), Spaethe (1992), Ellingwood (1999), James (1996) and DUAP (1997). Exakte Zuordnungen der Zahlen zu den Quellen finden sich in Proske (2004)

Todesursache oder Sachverhalt	Relative Sterbehäufigkeit pro Jahr
Dschungelkinder in den ersten zwei Lebensjahren in Irian Jaya	$2,5 \cdot 10^{-1}$
Säuglingssterblichkeit in Mali	$1,2 \cdot 10^{-1}$
Deutscher Soldat im II. Weltkrieg	$7,0 \cdot 10^{-2}$
Säuglingssterblichkeit (Entwicklungsländer)	$6,4 \cdot 10^{-2}$
Storebælt Link Brücke (<19 Todesopfer) rechnerisch	$2,0 \cdot 10^{-2}$
Motorradfahrer (USA)	$2,0 \cdot 10^{-2}$
Allgemein Männer zwischen 54 und 55 Jahren in der DDR 1988	$1,0 \cdot 10^{-2}$
Allgemein Frauen zwischen 60 und 61 Jahren in der DDR 1988	$1,0 \cdot 10^{-2}$
Verlust einer Raumfähre pro Mission (NASA 1989)	$1,0 \cdot 10^{-2}$
Allgemeine Sterbehäufigkeit in den USA	$9,0 \cdot 10^{-3}$
Allgemeine Sterbewahrscheinlichkeit (USA 1999)	$8,6 \cdot 10^{-3}$
Säuglingssterblichkeit (Industrieländer)	$8,0 \cdot 10^{-3}$
Krebs (USA 1999)	$5,7 \cdot 10^{-3}$
Herzkrankheit (USA 1999)	$5,7 \cdot 10^{-3}$
Müttersterblichkeit bei Geburt (Entwicklungsländer)	$5,0 \cdot 10^{-3}$
Luftakrobat (USA)	$5,0 \cdot 10^{-3}$
Akzeptables Risiko in der britischen Schwerindustrie (alter Wert)	$4,0 \cdot 10^{-3}$
Rauchen (USA 1999)	$3,6 \cdot 10^{-3}$
US-Soldaten im Irak-Krieg 2003	$3,0 \cdot 10^{-3}$
Raucher (USA)	$3,0 \cdot 10^{-3}$
Herzkrankheit in den USA (1975–1995)	$2,9 \cdot 10^{-3}$
Krebs (jedes Alter, U.K.)	$2,8 \cdot 10^{-3}$
Bergsteigen (international)	$2,7 \cdot 10^{-3}$
Parachouting (USA)	$2,0 \cdot 10^{-3}$
Raumfahrer (ESA Crew Recovery Vehicle)	$2,0 \cdot 10^{-3}$
Akzeptables Risiko in der britischen Schwerindustrie (neuer Wert)	$2,0 \cdot 10^{-3}$
Canvey Island (England)	$2,0 \cdot 10^{-3}$
Arbeiter in der Schwer- und Bauindustrie (U.K. 1990)	$1,8 \cdot 10^{-3}$
Hochseefischerei	$1,7 \cdot 10^{-3}$
Gewaltverbrechen (Johannesburg 1993)	$1,5 \cdot 10^{-3}$
Alpines Klettern (50 h pro Jahr)	$1,5 \cdot 10^{-3}$
Untertagebau (Deutschland 1950)	$1,3 \cdot 10^{-3}$
Arbeiter auf einer Erdölplattform (U.K. 1990)	$1,3 \cdot 10^{-3}$

(Fortsetzung)

Tab. 3.51 (Fortsetzung)

Todesursache oder Sachverhalt	Relative Sterbehäufigkeit pro Jahr
Fliegen (Crew)	$1{,}2 \cdot 10^{-3}$
Raucher (Tod durch Krebs)	$1{,}2 \cdot 10^{-3}$
Arbeiter in der Öl- und Gasproduktion	$1{,}0 \cdot 10^{-3}$
Allg. Männer zwischen 17 und 18 Jahren in der DDR 1988	$1{,}0 \cdot 10^{-3}$
Allg. Frauen zwischen 35 und 36 Jahren in der DDR 1988	$1{,}0 \cdot 10^{-3}$
Bergsteigen (USA 1999)	$1{,}0 \cdot 10^{-3}$
Maximales tolerierbares Risiko für Arbeiter	$1{,}0 \cdot 10^{-3}$
Akzeptables Risiko bei medizinischen Operationen	$1{,}0 \cdot 10^{-3}$
Akzeptables Risiko auf britischen Erdölplattformen	$1{,}0 \cdot 10^{-3}$
Akzeptables Risiko auf norwegischen Erdölplattformen	$1{,}0 \cdot 10^{-3}$
Rauchen (400 h im Jahr)	$1{,}0 \cdot 10^{-3}$
Hochseefischerei	$8{,}4 \cdot 10^{-4}$
Untertagebau (USA 1970)	$8{,}4 \cdot 10^{-4}$
Feuerwehrmann (USA)	$8{,}0 \cdot 10^{-4}$
Hang-gliding (USA)	$8{,}0 \cdot 10^{-4}$
Untertagebau (U.K. 1950)	$7{,}4 \cdot 10^{-4}$
Arbeit in einer Kohlemine (USA)	$6{,}3 \cdot 10^{-4}$
Untertagebau (Kanada 1970)	$6{,}2 \cdot 10^{-4}$
Untertagebau (Deutschland 1980)	$5{,}9 \cdot 10^{-4}$
Versagen von Dämmen	$5{,}0 \cdot 10^{-4}$
Unerwarteter Tod (USA)	$3{,}7 \cdot 10^{-4}$
Farmer (USA)	$3{,}6 \cdot 10^{-4}$
Kohlebergbau	$3{,}3 \cdot 10^{-4}$
Lungenkrebs in Deutschland	$3{,}2 \cdot 10^{-4}$
Untertagebau (U.K. 1970)	$3{,}0 \cdot 10^{-4}$
Kohlebergbau (1500 h pro Jahr)	$3{,}0 \cdot 10^{-4}$
Verkehrsunfälle mit Motorfahrzeugen (USA 1967)	$2{,}7 \cdot 10^{-4}$
Unerwarteter Tod (Australien)	$2{,}5 \cdot 10^{-4}$
Kraftfahrzeugunfall (USA)	$2{,}4 \cdot 10^{-4}$
Polizist (USA)	$2{,}2 \cdot 10^{-4}$
Autofahren	$2{,}2 \cdot 10^{-4}$
Autounfall (USA 1999)	$2{,}0 \cdot 10^{-4}$
AIDS (USA 1995)	$2{,}0 \cdot 10^{-4}$
Autofahren (300 h im Jahr)	$2{,}0 \cdot 10^{-4}$
Bauarbeit	$1{,}7 \cdot 10^{-4}$
Schwimmen (50 h im Jahr)	$1{,}7 \cdot 10^{-4}$
Ford wählte als akzeptables Risiko (70er Jahre)	$1{,}6 \cdot 10^{-4}$
Arbeiter in der Forstwirtschaft	$1{,}5 \cdot 10^{-4}$
AIDS (USA 1996)	$1{,}5 \cdot 10^{-4}$
Bauarbeiter (2200 h pro Jahr)	$1{,}5 \cdot 10^{-4}$
Bergbau	$1{,}4 \cdot 10^{-4}$

(Fortsetzung)

Tab. 3.51 (Fortsetzung)

Todesursache oder Sachverhalt	Relative Sterbehäufigkeit pro Jahr
Containerschiffbesatzung	$1{,}3 \cdot 10^{-4}$
Fliegen (Passagier)	$1{,}2 \cdot 10^{-4}$
Verkehrsunfälle mit Motorfahrzeugen (Deutschland 1988)	$1{,}2 \cdot 10^{-4}$
AIDS weltweit	$1{,}2 \cdot 10^{-4}$
Boot fahren (80 h im Jahr)	$1{,}2 \cdot 10^{-4}$
Versagen von Brücken	$1{,}1 \cdot 10^{-4}$
Hausarbeit	$1{,}1 \cdot 10^{-4}$
Urlaub machen (U.K. 1990)	$1{,}0 \cdot 10^{-4}$
Arbeiter auf Baustellen	$1{,}0 \cdot 10^{-4}$
Zulässiges Risiko für alte Bauwerke	$1{,}0 \cdot 10^{-4}$
Maximales tolerierbares Risiko für die Öffentlichkeit	$1{,}0 \cdot 10^{-4}$
Unfall zu Hause (USA – 1999)	$1{,}0 \cdot 10^{-4}$
Stürze (USA 1967)	$1{,}0 \cdot 10^{-4}$
Haushalt	$1{,}0 \cdot 10^{-4}$
Gewaltverbrechen (USA 1981)	$1{,}0 \cdot 10^{-4}$
Allgemein 14-jährige Mädchen in den Niederlanden	$1{,}0 \cdot 10^{-4}$
Krebsauftrittswahrscheinlichkeit mit Handlungsbedarf	$1{,}0 \cdot 10^{-4}$
Müttersterblichkeit bei Geburt (Industrieländer)	$1{,}0 \cdot 10^{-4}$
Gewaltverbrechen (USA 1981)	$9{,}8 \cdot 10^{-5}$
Eisenbahner	$9{,}6 \cdot 10^{-5}$
Straßenverkehr (U.K.)	$9{,}1 \cdot 10^{-5}$
Todesopfer bei Polizeiaktionen in den USA	$8{,}6 \cdot 10^{-5}$
Stürze (Deutschland 1988)	$8{,}1 \cdot 10^{-5}$
Schiffsverkehr (Linienfahrten)	$8{,}0 \cdot 10^{-5}$
Arbeiter in der Landwirtschaft	$7{,}9 \cdot 10^{-5}$
Flugverkehr (Linienflüge) 10.000 Meilen pro Jahr	$6{,}7 \cdot 10^{-5}$
Gewaltverbrechen (USA 1998)	$6{,}3 \cdot 10^{-5}$
Kernkraftwerksversagen in Deutschland (Früh- und Spätfolgen)	$5{,}8 \cdot 10^{-5}$
Arbeiter in der Metallherstellung	$5{,}5 \cdot 10^{-5}$
Industrieanlagen (West Australien)	$5{,}0 \cdot 10^{-5}$
Boot fahren (USA)	$5{,}0 \cdot 10^{-5}$
Industrieanlagen (New South Wales, Australien)	$5{,}0 \cdot 10^{-5}$
Fabrikarbeit	$4{,}0 \cdot 10^{-5}$
Feuer und Explosionen (USA 1967)	$3{,}7 \cdot 10^{-5}$
Storebælt Link (20–200 Todesopfer) rechnerisch	$3{,}0 \cdot 10^{-5}$
An einem Rodeo teilnehmen (USA)	$3{,}0 \cdot 10^{-5}$
Jagen gehen (USA)	$3{,}0 \cdot 10^{-5}$
Ertrinken (USA 1967)	$2{,}9 \cdot 10^{-5}$
Feuer (USA)	$2{,}8 \cdot 10^{-5}$

(Fortsetzung)

Tab. 3.51 (Fortsetzung)

Todesursache oder Sachverhalt	Relative Sterbehäufigkeit pro Jahr
Arbeiter in der Energieproduktion	$2{,}5 \cdot 10^{-5}$
Gewaltverbrechen (London 1993)	$2{,}5 \cdot 10^{-5}$
Dammversagen mit Todesfolge in den USA	$2{,}5 \cdot 10^{-5}$
Flugreisen (20 h pro Jahr)	$2{,}4 \cdot 10^{-5}$
Drogenkonsum (Deutschland 1999)	$2{,}2 \cdot 10^{-5}$
Arbeiter in der chemischen Industrie	$2{,}1 \cdot 10^{-5}$
Flugzeugunfall (USA 1999)	$2{,}0 \cdot 10^{-5}$
Bauingenieur	$1{,}9 \cdot 10^{-5}$
Durchschnitt über alle Produktionsbetriebe	$1{,}9 \cdot 10^{-5}$
Durchschnitt über alle Industriebereiche	$1{,}8 \cdot 10^{-5}$
Bahnfahren (200 h im Jahr)	$1{,}5 \cdot 10^{-5}$
Arbeitsunfälle (U.K.)	$1{,}4 \cdot 10^{-5}$
General Motors wählte als akzeptables Risiko (90er Jahre)	$1{,}2 \cdot 10^{-5}$
Akzeptables Risiko	$1{,}1 \cdot 10^{-5}$
Einkaufszentren, Sportzentren (Western Australien)	$1{,}0 \cdot 10^{-5}$
Sportstätten, Freiluftgebäude (New South Wales, Australien)	$1{,}0 \cdot 10^{-5}$
Lagerhallen, Bürogebäude (New South Wales, Australien)	$1{,}0 \cdot 10^{-5}$
Maximal akzeptierbares Risiko für bekannte Situationen (NL)	$1{,}0 \cdot 10^{-5}$
Feuer (USA 1999)	$1{,}0 \cdot 10^{-5}$
Versagen von Hochbauten	$1{,}0 \cdot 10^{-5}$
FDA zulässige Krebswahrscheinlichkeit einer Substanz	$1{,}0 \cdot 10^{-5}$
Zulässiges Risiko für neue Bauwerke (Niederlande)	$1{,}0 \cdot 10^{-5}$
Akzeptables Risiko (Niederlande)	$1{,}0 \cdot 10^{-5}$–$1{,}0 \cdot 10^{-6}$
Flugverkehr (USA 1967)	$9{,}0 \cdot 10^{-6}$
Elektroingenieur	$8{,}0 \cdot 10^{-6}$
Straßenverkehr (10.000 Meilen pro Jahr, vorsichtiger Fahrer)	$8{,}0 \cdot 10^{-6}$
Gebäudebrände	$8{,}0 \cdot 10^{-6}$
Brände	$8{,}0 \cdot 10^{-6}$
Gasvergiftungen (USA – 1967)	$7{,}9 \cdot 10^{-6}$
Durchschnitt über alle Serviceindustrien	$7{,}0 \cdot 10^{-5}$
Eisenbahnverkehr (USA – 1967)	$5{,}0 \cdot 10^{-6}$
Eisenbahnverkehr (Deutschland 1988)	$4{,}4 \cdot 10^{-6}$
Storebælt Link (> 200 Todesopfer) rechnerisch	$3{,}0 \cdot 10^{-6}$
Erfrierung (USA – 1967)	$1{,}6 \cdot 10^{-6}$
Naturkatastrophen in den USA	$1{,}4 \cdot 10^{-6}$
Flugverkehr (Deutschland 1988)	$1{,}2 \cdot 10^{-6}$
Wohngebäude, Hotels (New South Wales, Australien)	$1{,}0 \cdot 10^{-6}$

(Fortsetzung)

Tab. 3.51 (Fortsetzung)

Todesursache oder Sachverhalt	Relative Sterbehäufigkeit pro Jahr
Maximal akzeptierbares Risiko für neue Situationen (NL)	$1{,}0 \cdot 10^{-6}$
Maximale zulässige Sterbewahrscheinlichkeit	$1{,}0 \cdot 10^{-6}$
Vernachlässigbares Risiko (De minimis Risk)	$1{,}0 \cdot 10^{-4}$
De minimis Risk	$1{,}0 \cdot 10^{-6}$
De minimis Risk	$1{,}0 \cdot 10^{-6}$
Dürre USA (1980–2000)	$1{,}0 \cdot 10^{-6}$
EPA zulässige Krebswahrscheinlichkeit einer Substanz	$1{,}0 \cdot 10^{-6}$
Gefährdung von Individuen durch Kernkraftwerke USNRC	$1{,}0 \cdot 10^{-6}$
Akzeptables Risiko	$1{,}0 \cdot 10^{-6}$
Hunger, Durst, Erschöpfung (USA 1967)	$9{,}7 \cdot 10^{-7}$
Naturkatastrophen (Erdbeben, Hochwasser u. ä.) (USA 1967)	$8{,}2 \cdot 10^{-7}$
Hochseeunfall (USA)	$8{,}0 \cdot 10^{-7}$
Flugzeugunfall (USA)	$7{,}5 \cdot 10^{-7}$
Flut (USA)	$6{,}0 \cdot 10^{-7}$
Tod durch Überflutung in den USA (1967–1996)	$5{,}4 \cdot 10^{-7}$
Eisenbahn (USA)	$5{,}1 \cdot 10^{-7}$
Krankenhäuser, Schulen (New South Wales, Australien)	$5{,}0 \cdot 10^{-7}$
Krankenhäuser, Schulen (West Australien)	$5{,}0 \cdot 10^{-7}$
Blitzschlag (USA)	$5{,}0 \cdot 10^{-7}$
Blitzschlag (USA 1967)	$4{,}4 \cdot 10^{-7}$
Wirbelstürme USA (1967–1996)	$3{,}7 \cdot 10^{-7}$
Blitzschlag USA (1967–1996)	$3{,}2 \cdot 10^{-7}$
Bisse und Stiche von Tieren (USA 1967)	$2{,}2 \cdot 10^{-7}$
Bauwerksversagen	$1{,}0 \cdot 10^{-7}$
De minimis Risk für Arbeiter	$1{,}0 \cdot 10^{-7}$
Tod eines Menschen auf dem Arbeitsweg mit ÖPNV/Bahn	$1{,}0 \cdot 10^{-7}$
De minimis Risk	$1{,}0 \cdot 10^{-7}$
Blitzschlag (U.K.)	$1{,}0 \cdot 10^{-7}$
Bauwerksversagen	$1{,}0 \cdot 10^{-7}$
Hoher und tiefer Luftdruck (USA 1967)	$6{,}5 \cdot 10^{-8}$
Erdbeben (1990–2000)	$5{,}1 \cdot 10^{-8}$
Hagelstürme USA (1990–2000)	$3{,}1 \cdot 10^{-8}$
Vulkanausbruch USA (1990–2000)	$2{,}2 \cdot 10^{-8}$
Massensterben in der Erdgeschichte	$1{,}1 \cdot 10^{-8}$
De minimis Risk für die Öffentlichkeit	$1{,}0 \cdot 10^{-8}$
Akzeptables Risiko für Krebs Ende der 50er Jahre (erste Zahlen)	$1{,}0 \cdot 10^{-8}$
Meteoriteneinschlag	$6{,}0 \cdot 10^{-11}$

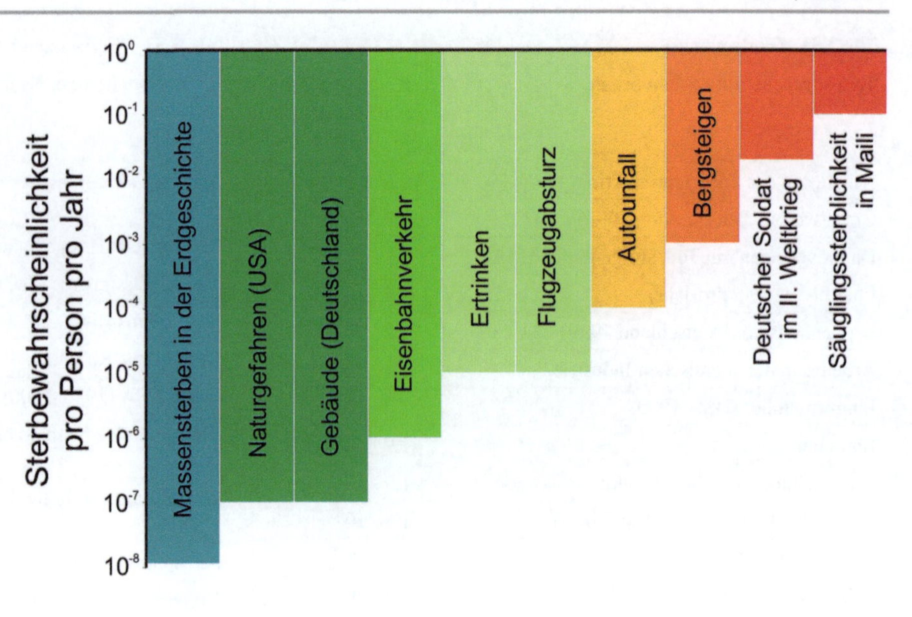

Abb. 3.25 Einige ausgewählte rechnerische Sterbewahrscheinlichkeiten und empirische Sterbehäufigkeiten basierend auf verschiedenen Tätigkeiten und Umständen

Tab. 3.52 Handlungen, welche die Sterbewahrscheinlichkeit um $1 \cdot 10^{-6}$ erhöhen McBean und Rovers (1998), Viscusi (1995), Corotis (2003), Technology Review (1979)

Tätigkeit	Todesursache
1,4 Zigaretten rauchen	Krebs, Herzinfarkt
Einen halben Liter Wein trinken	Zirrhose der Leber
1 h in einem Kohlebergwerk verbringen	Schwarze Lunge
3 h in einem Kohlebergwerk verbringen	Unfall
2 Tage in New York oder Bosten leben	Luftverschmutzung
6 min mit einem Kanu fahren	Unfall
10 km mit einem Fahrrad fahren	Unfall
250 km mit einem Auto fahren	Unfall
1600 km mit einem Flugzeug fliegen	Unfall
10.000 km mit einem Flugzeug (Jet) fliegen	Krebs durch kosmische Strahlung
2 Monate in einem üblichen Mauerwerkshaus leben	Krebs durch natürliche Radioaktivität
Eine Röntgenuntersuchung in einem guten Krankenhaus	Krebs durch Röntgenstrahlung
2 Monate mit einem Raucher zusammen leben	Krebs, Herzinfarkt
40 Esslöffel Erdnussbutter essen	Krebs durch Aflatoxin B
1 Jahr das Trinkwasser von Miami trinken	Krebs durch Chloroform
30 × 360 ml-Dosen eines Diät Softdrinks trinken	Krebs durch Saccharin
1000 × 720 ml Softdrinks aus Plastikflaschen trinken	Krebs durch Acrylnitril Monomer
100 gegrillte Steaks essen	Krebs durch Benzpyren
150 Jahre im 20 km Radius eines Kernkraftwerkes leben	Krebs durch Strahlung

(2005), Trbojevic (2005a, b, c, 2009a, b), Dukim (2009), Skjong (2002a, b), Beard und Cope (2007), Fischer et al. (2018). Abb. 3.28 zeigt die Bandbreite der Zielwerte, wobei in der Regel in Mitarbeiter und Nutzer bzw. Öffentlichkeit unterschieden werden muss. In der Regel sind die Zielwerte für Mitarbeiter weniger streng, es wird also eine höhere Mortalität als für die Öffentlichkeit zugelassen. Bestimmte Bereiche, wie z. B. Krankenhäuser, Schulen etc. haben hinsichtlich der Mortalität bezogen auf Sicherheitsanforderungen, noch strengere Zielwerte.

Abb. 3.29 fasst die Werte in Form eines Histogramms zusammen. Man erkennt deutlich, dass die Spannweite der Zielwerte mehrere Zehnerpotenzen umfasst. Damit kann man nicht einfach einen beliebigen Zielwert verwenden, sondern muss sehr genau prüfen, für welche Rahmenbedingungen ein Zielwert entwickelt wurde. Der Großteil der Zielwerte liegt im Bereich von 10^{-5} pro Jahr.

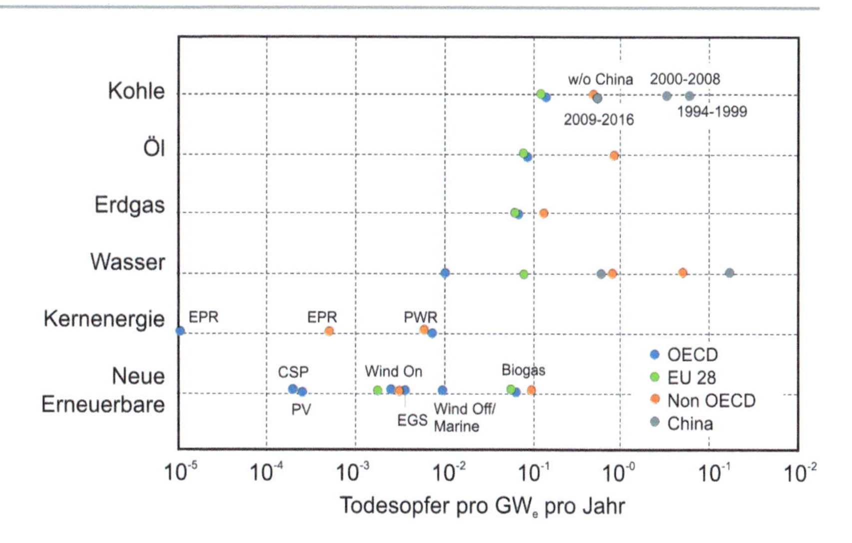

Abb. 3.26 Vergleich der Todesraten für verschiedene Formen der Energieerzeugung und für verschiedene Ländergruppen für den Zeitraum 1970–2016 (Burgherr et al. 2019) (Abkürzungen: EPR: Europäischer Druckwasserreaktor, PWR: Druckwasserreaktor, CSP, PV: Photovoltaik, CSP: Solarkraftwerke, EGS: Tiefe Geothermie)

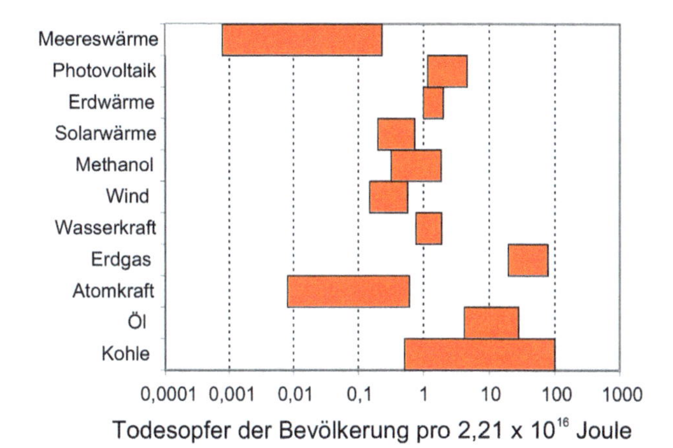

Abb. 3.27 Vergleich der Todesraten für verschiedene Formen der Energieerzeugung

Wie bereits erwähnt, liegen für die Mortalitäten umfangreiche Daten vor, entweder länderspezifisch oder für bestimmte Regionen (Shkolnikov et al. 2018; EuroMOMO 2021). Man kann die Mortalitäten über die Lebenszeit (siehe Abb. 3.30) und sogar ab der Empfängnis darstellen (Abb. 3.31).

3.7.6 Schlussfolgerungen

Die Mortalität, also die bezogene Sterblichkeit, ist heute ein etablierter Risikoparameter für die rückwärtsgewandte Bewertung von Gefährdungen und Schutzmaßnahmen. Sie besitzt allerdings auch Unsicherheiten auf Grund der Festlegung einer Todesursache z. B. bei einer Multimorbidität. Darüber hinaus lassen sich Veränderungen der Mortalität durch Schutzmaßnahmen schwierig bewerten. So wird die Anzahl geretteter Menschen durch die Covid-19-Schutzmaßnahmen in Deutschland mit einer Größenordnung von 370.000 bis 770.000 angegeben (zur Nieden et al. 2020; Flaxman et al. 2020). Diese Zahlen besaßen zumindest zum Zeitpunkt der Erstellung der Dokumente eine erhebliche Unsicherheit. Außerdem existieren Studien, die davon ausgehen, dass die Spätfolgen der Schutzmaßnahmen größere Schäden als die eigentliche Krankheit verursachen (als Beispiel siehe Felder 2020). Das Statistische Bundesamt (Destatis 2021) schätze im Juli 2021 die Anzahl der Todesopfer durch Covid-19 in Deutschland auf ca. 30.000, wobei Covid-19 zusätzlich bei ca. 6.000 Fällen als Begleiterkrankung auftrat. Damit unterscheiden sich die beobachteten Werte nicht wesentlich von Jahren mit schweren Influenza-Epidemien, wie z. B. 2017/18 mit über 20.000 Todesopfern. Das Robert-Koch-Institut gab im Gegensatz dazu eine Todesopferzahl für Deutschland von ca. 44.000 an. Das Statistische Bundesamt erklärte zwar diese Unterschiede, aber das Beispiel zeigt die Unsicherheit bei der Ermittlung der Werte (Destatis 2021).

3.8 Lebenserwartung

3.8.1 Einleitung

Wenn die Sterblichkeit als Risikomaß verstanden werden kann, dann kann auch die Summe daraus als Risikomaß betrachtet werden: die Lebenserwartung der Menschen. Wenn die durchschnittliche Lebenserwartung steigt, dann sinkt nach dem Verständnis der Sterblichkeit die Summe der Risiken. Die Lebenserwartung ist allerdings nur ein teilkumulativer Parameter, singuläre Ereignisse können längerfristige geringe Risikogesamtwerte aufzehren.

In der Tat ist die durchschnittliche Lebenserwartung in den entwickelten Ländern in den letzten Jahrhunderten dra-

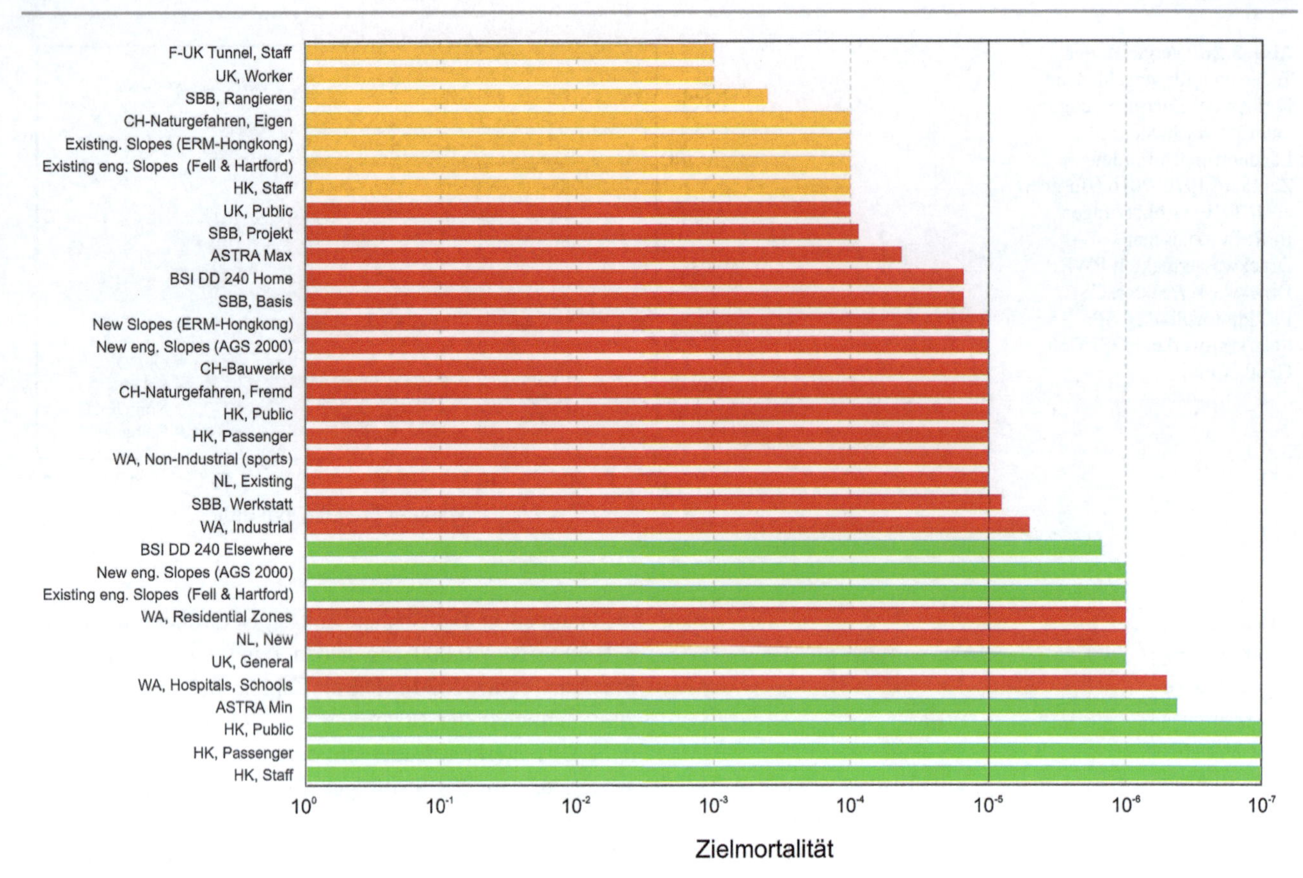

Abb. 3.28 Zielmortalitäten nach verschiedenen Regelungen und Richtlinien (Fell et al. 2005a, b; Düzgün und Lacasse 2005; Trbojevic 2005a, b, c, 2009a, b; Dukim 2009; Skjong 2002a, b; Beard und Cope 2007; Fischer et al. 2018)

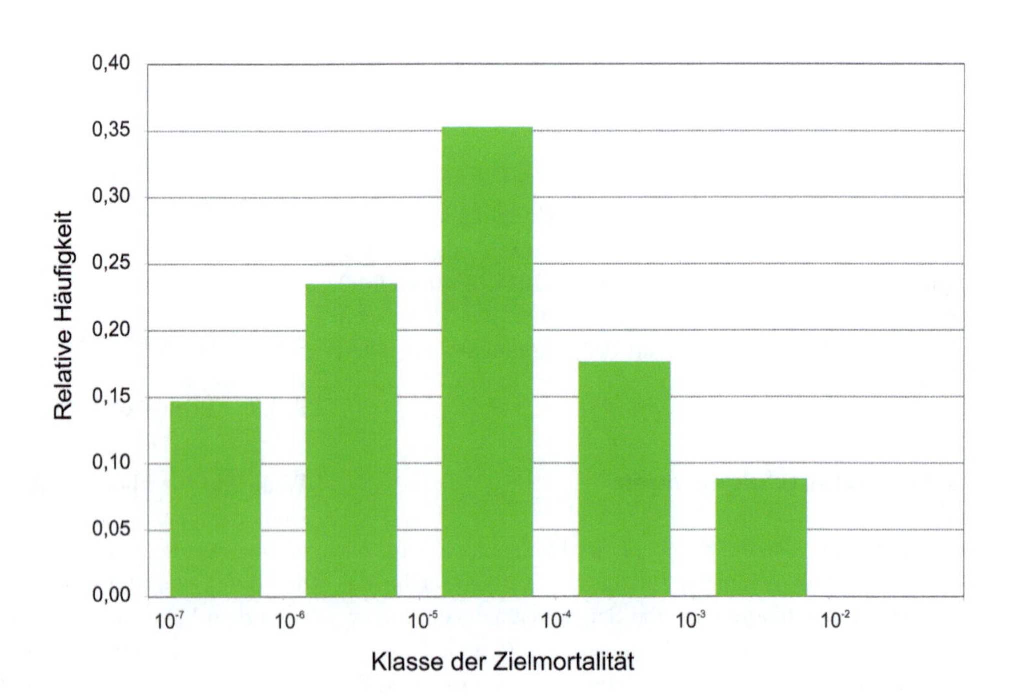

Abb. 3.29 Relative Häufigkeitsverteilung der Zielmortalitäten in verschiedenen Regelungen und Richtlinien

matisch gestiegen. Die Abb. 3.32 und 3.33 belegen diese Entwicklung eindrucksvoll. Zusätzlich ist für das Jahr 2000 die Vielfalt dieses Maßes für etwa 170 Länder in Abb. 3.32 enthalten. Seit einigen Jahren wird sehr intensiv diskutiert, ob dieser permanente Zuwachs der Lebenserwartung pro Jahr von ca. 2–3 Monaten anhalten wird oder nicht (Wei-

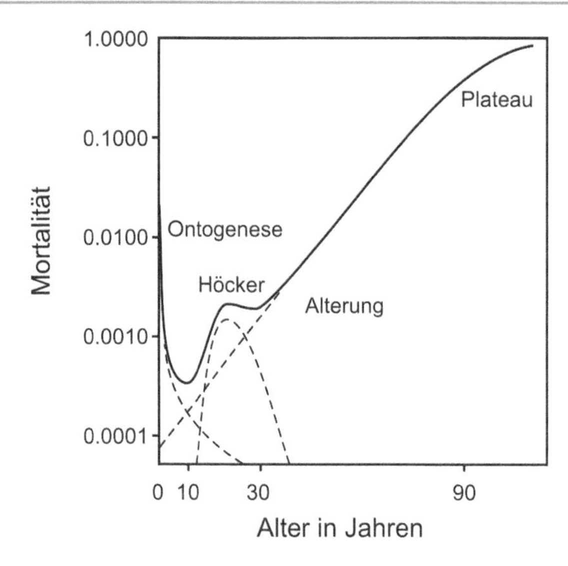

Abb. 3.30 Jährliche Mortalität (Remund et al. 2018)

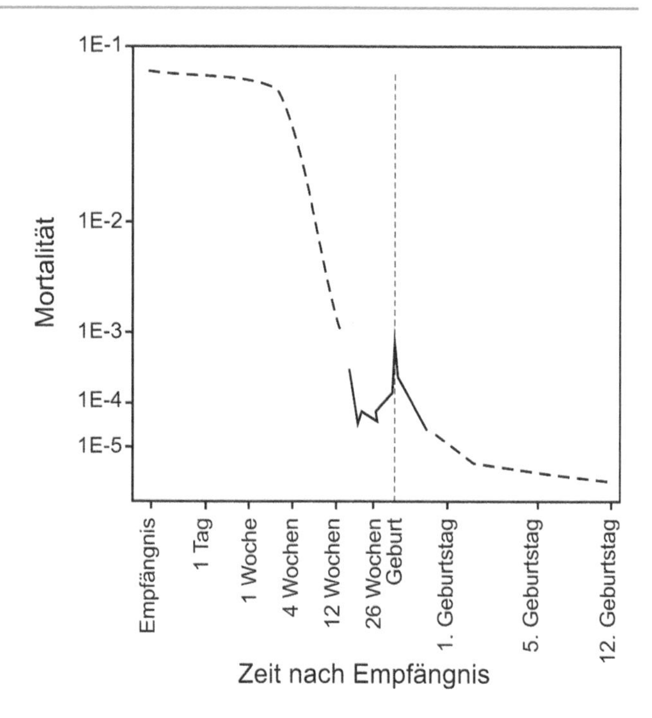

Abb. 3.31 Mortalität ab der Empfängnis bis zum 12. Geburtstag (Levitis 2010)

land et al. 2006). Oeppen & Vaupel (2002) vermuten, dass dieses Wachstum die nächsten Jahrzehnte anhalten wird.

Nach Meinung des Autors wird dieses Wachstum früher oder später auf neue Grenzen stoßen. Wie zu Beginn des Buches erwähnt, ist der Mensch ein zeitlich begrenztes Wesen. Daher erfährt der menschliche Körper eine Alterung. Seit den 1950er Jahren wird das Altern durch die Entstehung und Reaktion von ROS (reaktive Sauerstoffspezies) und RNS (reaktive Nitratspezies) in Organismen beschrieben. Weitere Theorien beschreiben die Alterung durch (Kleine-Gunk 2007):

- Theorie der Entstehung von AGE (Advanced Glycosylation Endproducts),
- Theorie der Entstehung des Alterns durch Hormonmangel,
- Theorie der Alterung durch Hayflicks Teilungskonstante und
- Chronische Entzündungsprozesse.

Es bleibt die Frage, ob solche Prozesse mit einem begrenzten Ressourcenaufwand beherrschbar sind (metabolische Konstanten). Hier könnte die Veränderung der Todesursachen auf solche zukünftigen Barrieren hinweisen. Abb. 3.34 zeigt die Todesursachen in Deutschland und der Schweiz als Beispiele von Industriestaaten sowie die Verteilung für ein Entwicklungsland. In dem Bild ist deutlich zu erkennen, dass sich die Verteilung der Ursachen verändert hat. Diese Veränderung ist auch in Abb. 3.35 aus

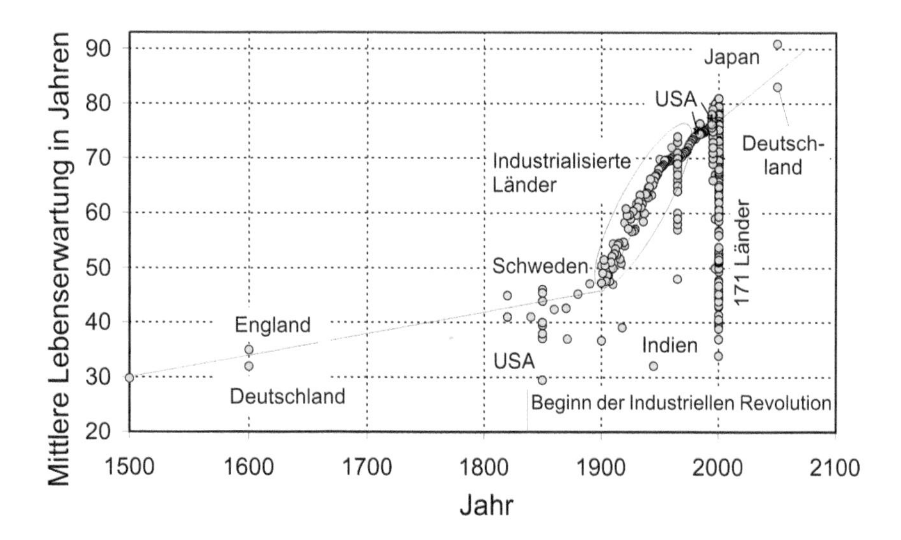

Abb. 3.32 Entwicklung der Lebenserwartung über die letzten fünfhundert Jahre (Cohen 1991, Becker et al. 2005, Easterlin 2000, NCHS 2001, Skjong und Ronold 1998, siehe auch Hanse & Longstrup 2015, d Albis & Bonnet 2018, Acemoglu und Johnson 2006, Azomahou et al. 2008)

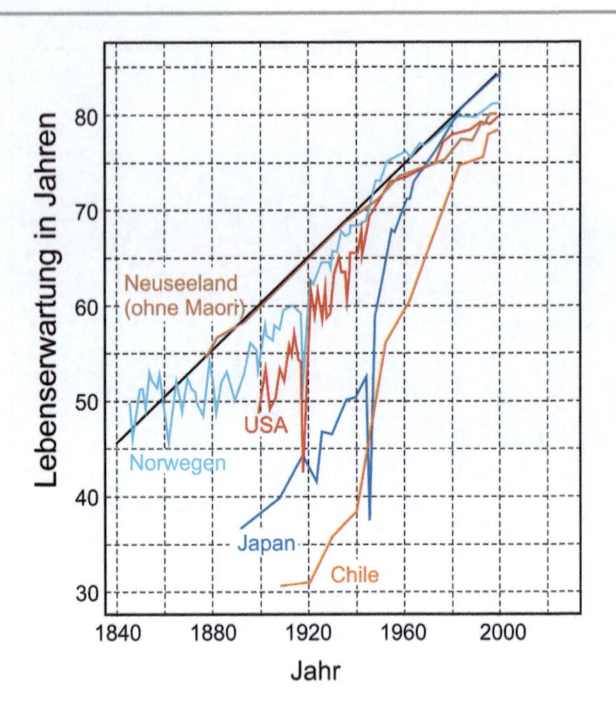

Abb. 3.33 Entwicklung der Lebenserwartung nach Oeppen & Vaupel (2002)

Adams (1995) sichtbar. Eine schöne Visualisierung findet sich in den Abb. 3.36 und 3.37.

Allerdings stellt sich dann die Frage, wie zuverlässig die Daten sind. Abb. 3.38 ist eine Zusammenfassung verschiedener Referenzen über die menschliche Bevölkerung der westlichen Hemisphäre im Jahr 1492, nur als Beispiel. Auch wenn man die Neuzeit mit besseren Daten betrachtet, geht dieses Problem sehr oft in ontologische Probleme über, wie im Kapitel „Unbestimmtheit und Risiko" erwähnt.

Die Lebensqualität kann ein Indikator für wirtschaftliche Veränderungen sein. Dieses Thema wird im Kapitel Lebensqualitätsparameter noch ausführlich behandelt. Hier soll nur ein kurzes Beispiel dargelegt werden. Nach der schweren Weltwirtschaftskrise Ende der 1920er Jahre, verbesserte sich ab 1933 das wirtschaftliche Klima in Deutschland- die Arbeitslosigkeit sank. Dieses Wirtschaftswachstum wird aber als deformiertes Wirtschaftswachstum angesehen, denn es erfolgte kein Wachstum des Exportes, kein Wachstum des Konsums und kein Wachstum der Wirtschaftlichkeit, so dass man annimmt, dass große Teile dieses Wachstum auf die Militarisierung der Wirtschaft und Gesellschaft zurückzuführen sind (Buchheim 2001). Dies führte auch zu einer Begrenzung der Mittel für das Gesundheitswesen, mit der Folge, dass die Sterberate in Deutschland bereits ab 1935 wieder stieg (Baten und Wagner 2002). Die Mortalität in Deutschland war damals deutlich höher als in den Niederlanden oder Dänemark. Aber auch die Ernährung war eingeschränkt, so dass das Wachstum der Kinder über die Generationen aufhörte (Baten und Wagner 2002).

Die Schätzungen für die zukünftige Entwicklung der Lebenserwartung gehen sowohl von Verbesserungen als auch Verschlechterungen aus. Die geringen Erhöhungen der Lebenserwartung in Ländern mit sehr geringen Säuglingssterblichkeiten sind auf Verbesserungen der Mortalität bei kardiovaskulären Erkrankungen und Krebs zurückzuführen. Diese Verbesserungen gehen allerdings relativ langsam vonstatten. Marck et al. (2017a, b) sehen eine maximale Lebenserwartung für Menschen von 115 bis 120 Jahren, siehe auch Young (2018).

Abb. 3.39 zeigt die Entwicklung des Maximalalters von Frauen seit 1955. Deutlich sichtbar ist die Spitze des Maximalalters von Jeanne Calment, die ein Alter von 122 Jahren erreicht haben soll. (GRG 2018).

In den letzten 30 Jahren wurden keine Fortschritte bei der Lebenserwartung von Menschen mit einem Alter über 100 Jahren erreicht. Das jährliche Sterberisiko erreicht für Männer beim Alter von 103 Jahren und bei Frauen im Alter von 107 Jahren ein Plateau von 50 % (Modig et al. 2017).

Die Lebenserwartung ist in den USA in den letzten zwei Jahren gesunken. Insgesamt ist die außerordentlich hohe Lebenserwartung zu Beginn der 1960er Jahre, im Vergleich zu anderen OECD-Staaten, seit den 1980er Jahren gesunken und liegt heute unter dem Durchschnitt der OECD-Staaten. (Wolf und Aron 2018).

Die Verringerung der Lebenserwartung gilt nicht allein für die USA, auch in anderen Ländern, wie z. B. in der Schweiz, in Österreich oder in Deutschland, ist die Lebenserwartung 2014–2015 gesunken. In Italien ist die Lebenserwartung für weibliche Neugeborene sogar um über ein halbes Jahr gesunken. (Ho und Hendi 2018; Müller-Jung 2018).

Gemäß Bestattungen.de (2012) sterben die meisten Menschen in Deutschland im Februar, gefolgt vom Januar und vom März (Abb. 3.40). Die geringe Sterbehäufigkeit ist im August. Als Ursache für die ungleiche Verteilung werden klimatologische Faktoren gesehen.

Ein Beispiel für Auswirkungen auf die Mortalität und Lebenserwartung zeigt Abb. 3.41. Dieses Bild zeigt die Anzahl Todesopfer durch Infarkt und Hirnschlag für einen Zeitraum im Juni 1996 für die Niederlande. In diesem Zeitraum fand die Fußball-Europameisterschaft statt. Das Ereignis, welches deutlich sichtbar ist, bezieht sich auf ein wichtiges Fußballspiel der niederländischen Nationalmannschaft.

Die Lebenserwartung und die sozio-ökonomischen Einflüsse können heute sowohl regional spezifisch ermittelt werden als auch historisch. Die Abb. 3.42 und 3.43 belegen

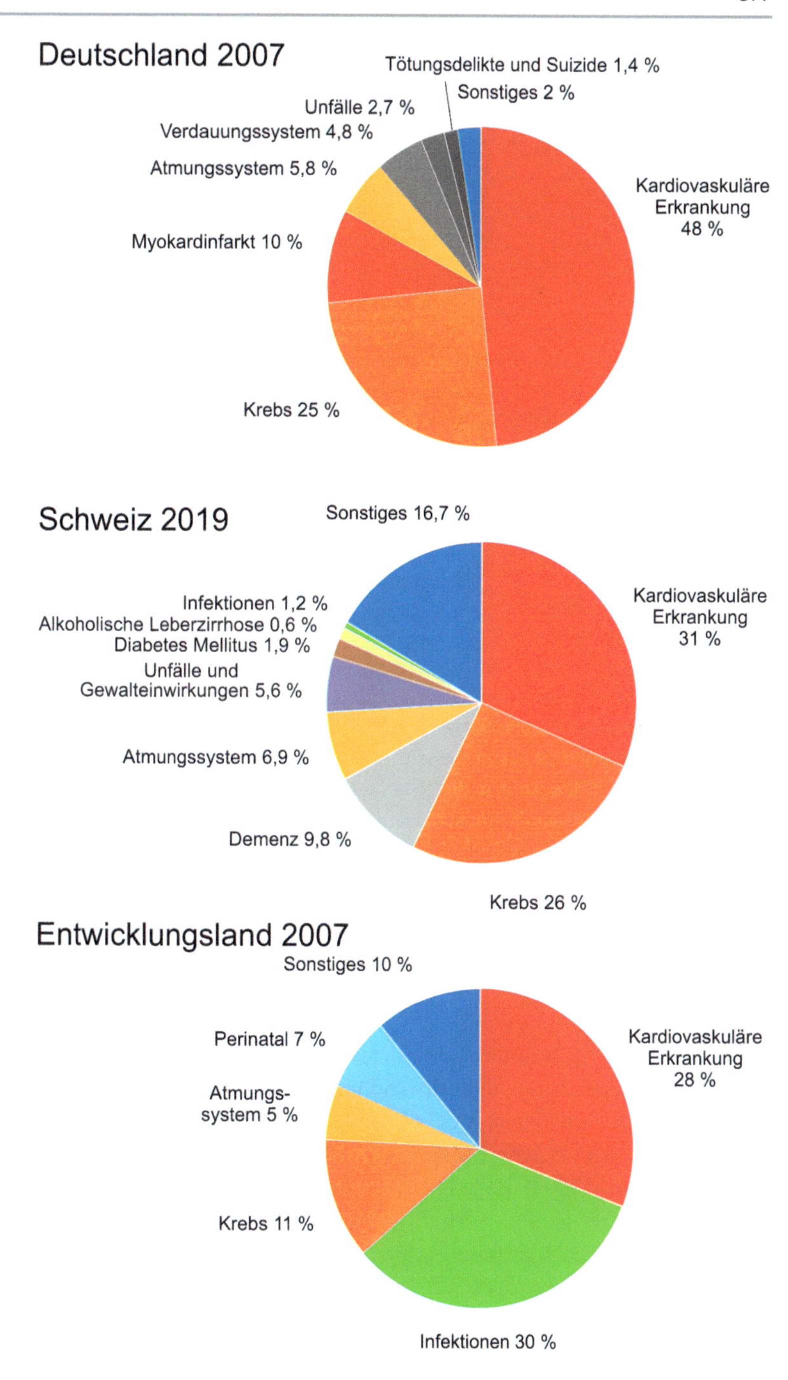

Abb. 3.34 Todesursachen für ein Entwicklungsland und zwei Industriestaaten (GFSO 2007, Bringmann et al. 2005)

dies für die regionalen Angaben und 3.44 für die historischen Angaben.

3.9 Fatal Accident Rate

3.9.1 Einleitung

Die Mortalität bezieht sich in der Regel auf eine kalendarische Zeit, meistens ein Jahr. Dadurch kann sie aber nicht die tatsächliche Expositionszeit für bestimmte Gefährdungen oder Handlungen berücksichtigen, so dass eine Verzerrung bei der Darstellung der Risiken auftreten kann. Ein viel größeres Risiko mit nur einer kurzen Expositionszeit über das Jahr erscheint gleich groß wie ein geringeres Risiko, welches kontinuierlich über das Jahr besteht. Diesen Nachteil kann man umgehen, wenn man die Mortalität auf eine Standardexpositionszeit normiert.

Diese Forderung wird bei der sogenannten Fatal Accident Rate (*FAR*) umgesetzt. Als Standardexpositionszeit

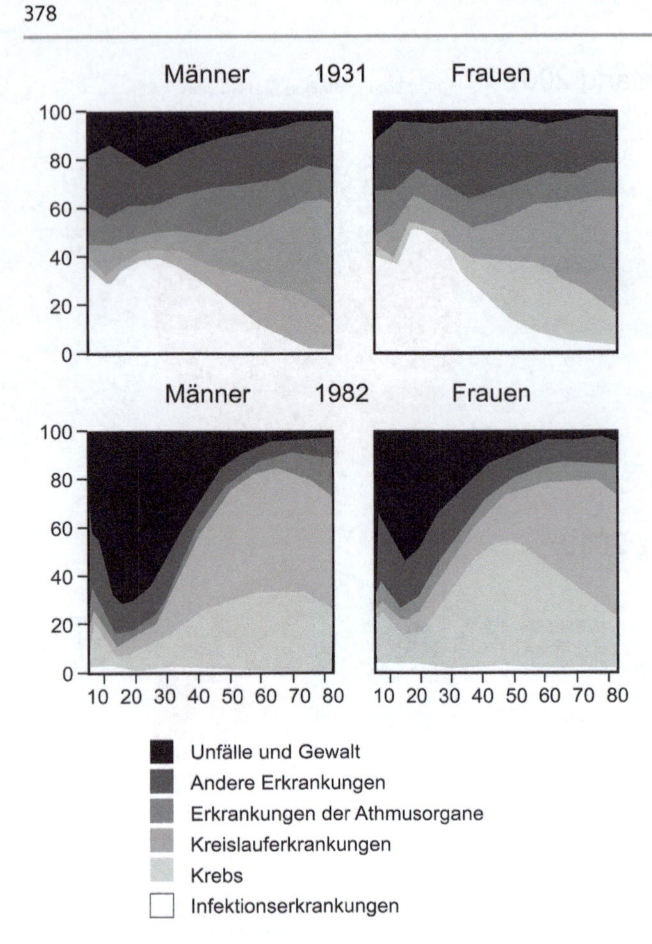

Abb. 3.35 Zeitliche Entwicklung der Verteilung der Todesursachen (1931 und 1982) nach Adams (1995)

werden hierbei 10^8 h definiert. Dies entspricht 11.415,5 Jahren (Bea 1998). Durch die Anwendung dieser Standardexpositionszeit ergeben sich üblicherweise Zahlenwerte im Bereich von eins bis 100. Teilweise wird die Fatal Accident Rate auch auf 1000 h Expositionszeit bezogen (Jonkman et al. 2003). Hier ist also Vorsicht geboten. Neben der Zeit kann die Fatal Accident Rate auch auf Leistungsparameter, wie Streckenlängen bezogen werden.

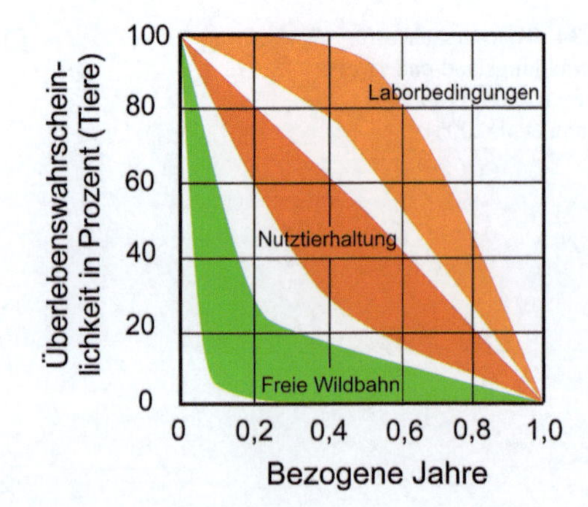

Abb. 3.37 Kumulative Überlebenswahrscheinlichkeit für Tiere unter verschiedenen Lebensbedingungen: frei Wildbahn, Nutztierhaltung und Laborhaltung (Müller 2003)

3.9.2 Geschichte

Eine Veröffentlichung über die erstmalige Anwendung der Fatal Accident Rate ist nicht bekannt. Der Begriff Fatal Accident Rate wird schon seit mindestens 100 Jahren verwendet, siehe z. B. DoC (1910). Dort wird unter Fatal Accident Rate allerdings die Todesopferzahl bezogen auf die Gesamtzahl der Angestellten, z. B. im Bergbau, verstanden. Die Anwendung der Fatal Accident Rate mit der Bezugszeit von 10^8 h erfolgt spätestens seit Anfang der 1970er Jahre im Bereich der chemischen Industrie (siehe z. B. Kletz 1971). Dabei wird die Herkunft der 10^8 h wie folgt begründet:

1000 Angestellte × 50 Arbeitsjahre × 50 Wochen × 40 Wochenstunden

= 1000 Angestellte × 50 Arbeitsjahre × 2000 Jahresarbeitsstunden

= 10^8 h (Crowl und Louvar 2020; Othman et al. 2013).

Daher wird die Zahl 10^8 h auch als die Dauer von ca. 1000 Lebensarbeitszeiten interpretiert.

Abb. 3.36 Kumulative Überlebenswahrscheinlichkeit für verschiedene Zeitperioden, Sterbekurven für verschiedene Zeitperioden (Müller 2003)

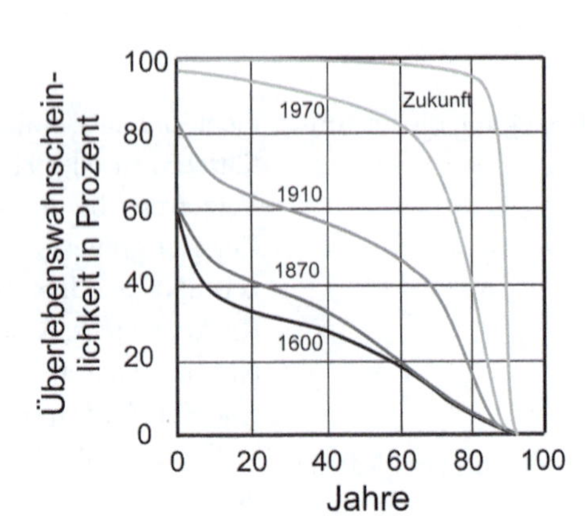

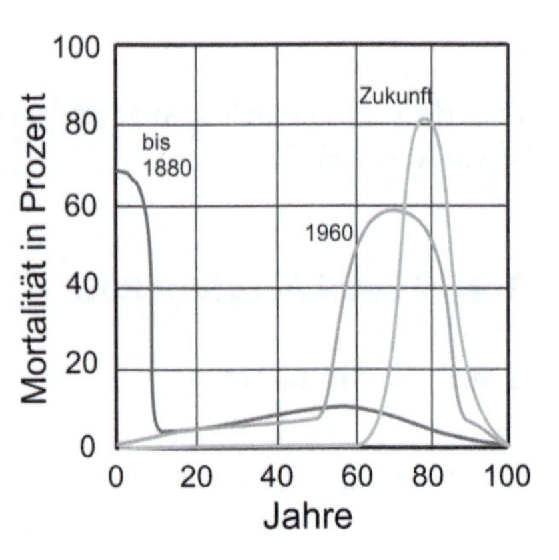

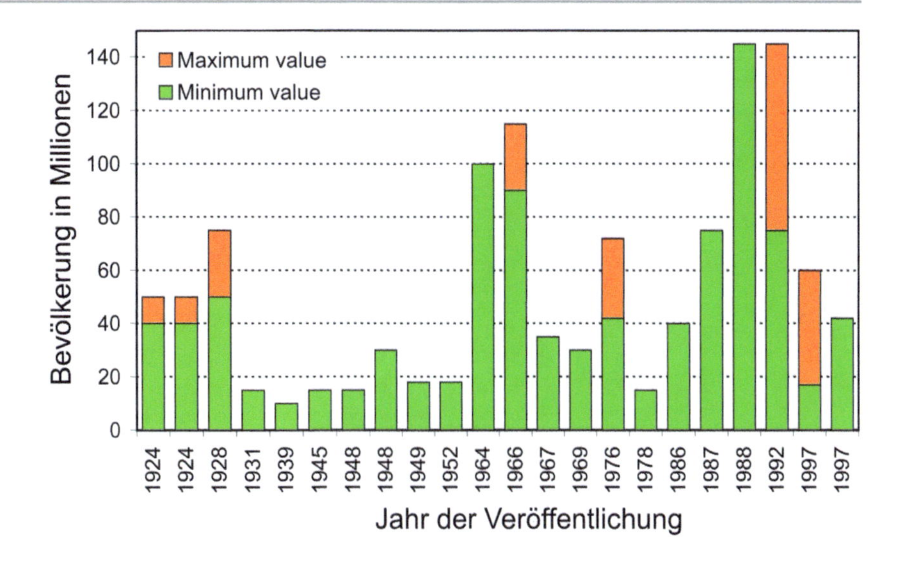

Abb. 3.38 Schätzungen der Bevölkerung für das Jahr 1492 (White 2003)

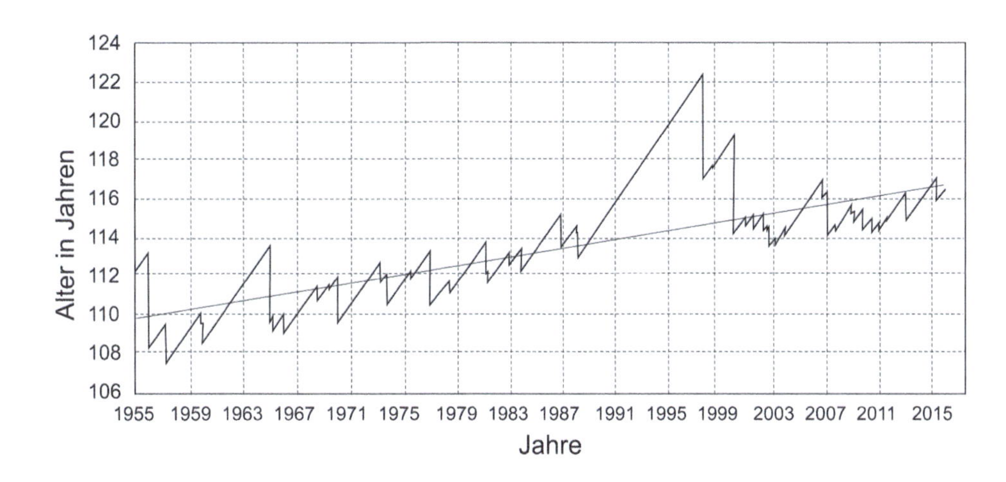

Abb. 3.39 Maximalalter von Frauen seit 1955 (GRG 2018)

Gelegentlich findet sich in der älteren Literatur auch der Begriff Fatal Accident Frequency Rate oder eine Mortalität von 10^{-9} pro Expositionsstunde (Tab. 3.53).

3.9.3 Berechnung

Die Berechnung der Fatal Accident Rate erfolgt wie folgt:

$$FAR = \frac{N_{ot}}{N_{Gt}} \cdot \frac{t_N}{t_R} \leq \max FAR \quad (3.18)$$

mit

FAR	Fatal Accident Rate
N_{ot}	Anzahl Opfer pro kalendarischer Zeit
N_{Gt}	Grundgesamtheit der exponierten Bevölkerungsgruppe
t_N	Standardexpositionszeit 108 h
t_R	Expositionszeit innerhalb der kalendarischen Zeit
max FAR	Maximal zulässige Fatal Accident Rate

Die Ermittlung der *FAR* wird für das Risiko eines Flugzeugabsturzes für die Flugzeugcrew aufgezeigt. Dabei wird angenommen, dass die jährliche Sterbehäufigkeit durch einen Flugzeugabsturz $1{,}2 \times 10^{-3}$ pro Jahr (N_{ot}/N_{Gt}) und die durchschnittliche Jahresflugzeit für die Crewmitglieder 1760 h beträgt. Dann ergibt sich eine Mortalität pro Flugstunde von:

$$\frac{1,2 \cdot 10^{-3}}{1760} = 6,82 \cdot 10^{-7} \text{ pro Stunde} \quad (3.19)$$

Die Umrechnung auf die festgelegte Risikoexpositionszeit von 10^8 h ergibt $6,82 \cdot 10^{-7} \cdot 10^8 = 68,2$.

In Tab. 3.53, in der einige Fatal Accident Rates aus der Literatur zusammengetragen wurden, finden sich Werte von 250, 240 und 120 für das Fliegen. Der Wert liegt etwas darunter.

Für das Fliegen wurde im Abschnitt Flugverkehr weiterhin ein Todesopfer pro 588.000 Flugstunden angegeben. Berechnet man daraus das Zeitverhältnis, ergibt sich:

$$\frac{10^8}{588.000} = 170,1. \quad (3.20)$$

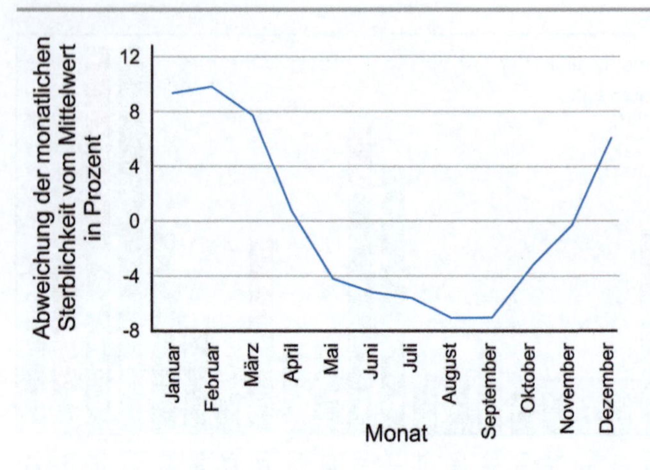

Abb. 3.40 Abweichungen der monatlichen Sterblichkeit vom Jahresdurchschnitt (Bestattungen.de 2012)

Anzahl Todesopfer durch Infarkt und Hirnschlag
40
30
20
10
0
18. Juni 22. Juni 26. Juni 1996

Abb. 3.41 Anzahl Todesopfer durch Infarkt und Hirnschlag (Dekking et al. 2005)

Dieser Wert passt relativ gut zu den in Tab. 3.54 angegebenen Werten.

3.9.4 Beispiele

Der kleinste Wert in Tab. 3.54 liegt bei 0,0002 und der größte Wert bei 50.000. Teilt man 10^8 h durch 50.000, erhält man 2000 h. Das entspricht 83 Tagen. Im Mittel stirbt man nach diesem Zeitraum, wenn man ohne Unterbrechung als Jockey beim nationalen britischen Jagdrennen tätig ist. Oder anders ausgedrückt: Bei der unterbrechungsfreien Tätigkeit als Jockey über 10^8 h treten 50.000 tödliche Unfälle auf. Zum Vergleich: Bei der unterbrechungsfreien Tätigkeit im Haushalt über den gleichen Zeitraum treten 2,1 tödliche Unfälle auf. Alternativ kann man sagen, dass bei der Haushaltsarbeit alle 5×10^7 h eine Person verstirbt.

In der Tab. 3.54 finden sich Zahlenangaben aus verschiedenen Referenzen, die sich auf verschiedene Länder und Jahre beziehen. Daher können für gleichartige Tätigkeiten durchaus leicht unterschiedliche Zahlen aufgelistet werden. Die Abweichungen geben aber einen guten Eindruck über die Sensitivität des Parameters *FAR*. Insgesamt zeigt die Tabelle aber sehr gut den Bereich der üblichen *FAR*-Werte zwischen 1 und 100.

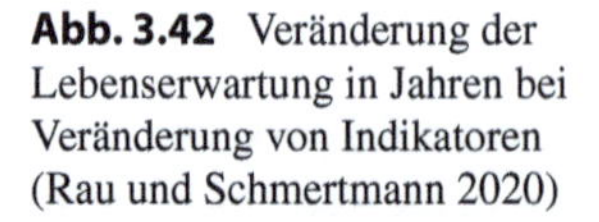

Abb. 3.42 Veränderung der Lebenserwartung in Jahren bei Veränderung von Indikatoren (Rau und Schmertmann 2020)

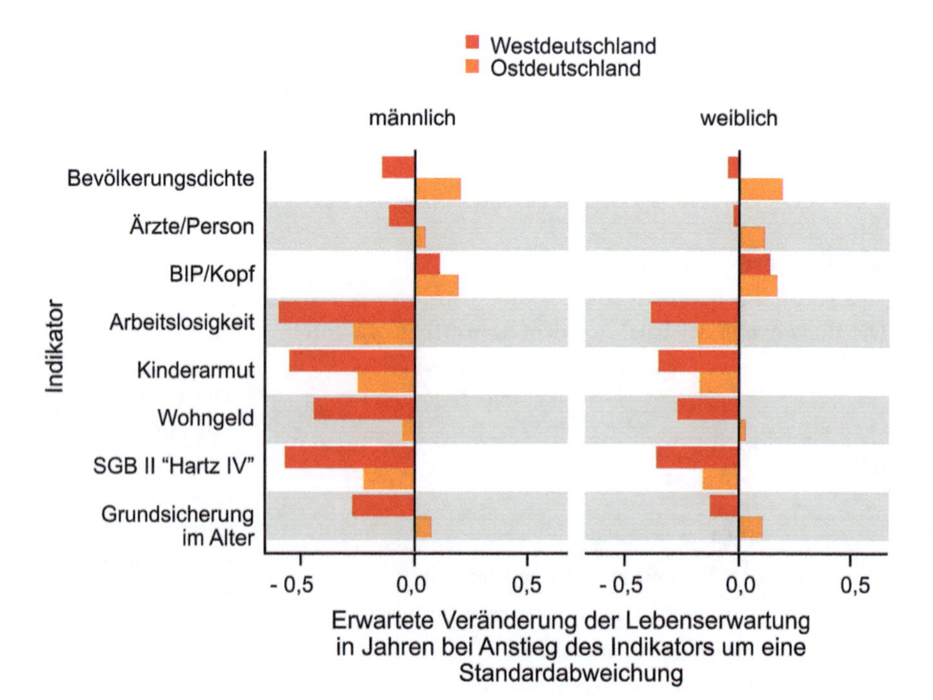

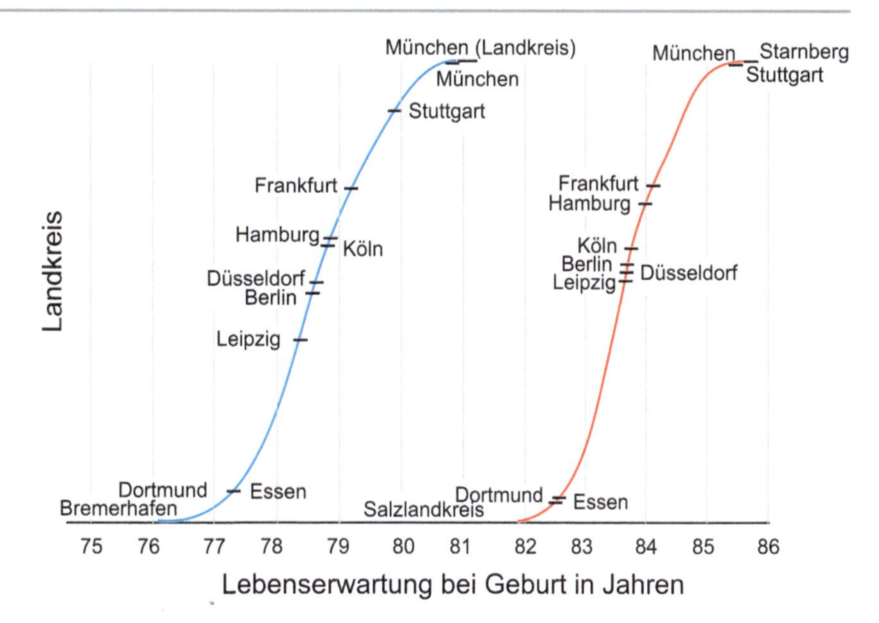

Abb. 3.43 Landkreisabhängige Lebenserwartung in Deutschland (geglättete Darstellung) nach Rau und Schmertmann (2020)

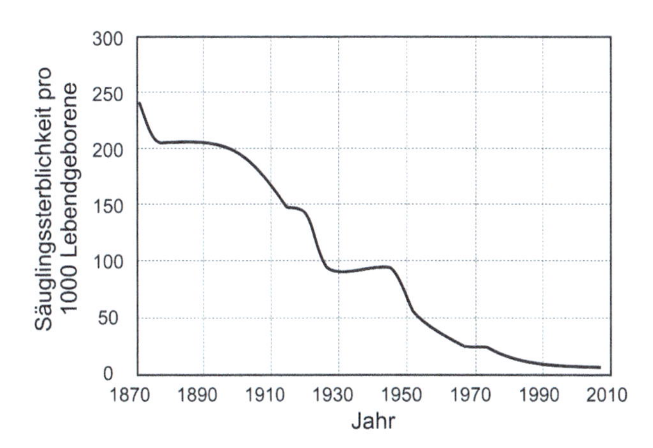

Abb. 3.44 Entwicklung der Säuglingssterblichkeit in Deutschland von 1870 bis 2010

3.9.5 Zielwerte

Für die Fatal Accident Rates liegen basierend auf verschiedenen Veröffentlichungen und Richtlinien Zielwerte vor, die nicht überschritten werden sollen. Tab. 3.55 listet für verschiedene Regelungen die Werte und Referenzen auf.

3.9.6 Schlussfolgerungen

Die Fatal Accident Rates sind ein expositionszeitnormierter Mortalitätsparameter. Sie können für Risikonachweise verwendet werden, da sie zum einen relativ einfach berechnet werden können und da Zielwerte vorliegen. Tatsächlich hat z. B. Maag (2004) ein risikobasiertes Sicherheitskonzept für Brandnachweise in der Schweiz auf Fatal Accident Rates entwickelt.

Tab. 3.53 Todesrate mit Berücksichtigung der Expositionszeit (Melchers 1999)

Aktion oder Handlung	Todesrate pro × 10^{-9} Tode pro Stunde Exposition	Typische Expositionszeit pro Jahr	Typische Mortalität pro Jahr × 10^{-6}
Alpines Klettern	30.000–40.000	50	1500–2000
Boat fahren	1500	80	120
Schwimmen	3500	50	170
Zigaretten rauchen	2500	400	1000
Luftverkehr	1200	20	24
Autoverkehr	700	300	200
Bauarbeiten	70–200	2200	150–440
Produktion	20	2000	40
Gebäudebrände	1–3	8000	8–24
Bauwerksversagen	0,02	6000	0,1

3.10 *F-N*-Diagramme

3.10.1 Einleitung

Die Darstellung von Katastrophen mittels Sterbewahrscheinlichkeiten (Mortalitäten) erlaubt es nicht, die Schwere einer

Tab. 3.54 Fatal Accident Rate für verschiedene Handlungen gemäß Hambly & Hambly (1994), Bea (1998), Camilleri (2001), Melchers (1999) and Haugen et al. (2006), Diamantidis (2008)

Aktion oder Handlung	Fatal Accident Rate
Jockey (Nationales Jagdrennen)	50.000
Profiboxer	7000
Bergsteigen und Klettern	4000
Alpines Klettern	3000–4000
Bergsteigen (international)	2700
Kanu fahren	1000
Motorrad fahren	660
Schwimmen	350
Motorroller fahren	310
Motorrad fahren	300
Moped fahren	260
Flugzeugbesatzung	250
Rauchen	250
Flugzeug fliegen	240
Boot fahren	150
Ski fahren	130
Fliegen (Crew und Besatzung)	120
Flugreisen	120
Fahrrad fahren	96
Auto fahren	70
Bauarbeiter auf Hochhäusern	70
Bauarbeiter	67
Auto fahren	60
Hochseefischerei	59
Fahrt mit dem Auto	57
Auto fahren	56
Tiefseefischen	50
Eisenbahnrangierer	45
Kohlebergbau	40
Fischerei	35
Kohlebergbau	21
Arbeiter auf Ölplattformen	20
Krankheiten in der Altersgruppe 40–44	17
Luftverkehr	15
Autoverkehr	15
Bahnfahren	8
Arbeit in der Stahlindustrie	8
Krankheiten in der Altersgruppe 30–49	8
Arbeiter im Kohlebergbau	8
Bauarbeit	7,7
Bauarbeiter	7–20
Lungenkrebs (Merseyside, England)	7

(Fortsetzung)

Tab. 3.54 (Fortsetzung)

Aktion oder Handlung	Fatal Accident Rate
Fahrt mit dem Zug	5
Zugfahrt	5
Lungenkrebs Durchschnitt	5
Bauarbeiter	5
Arbeit in der Schwerindustrie	4
Arbeiter in der Landwirtschaft	4
Arbeit in der chemischen Industrie	3,5
Aufenthalt zu Hause	3
Fahrt mit dem Bus	3
Hausarbeit	2,1
Grippe	2
Fabrikarbeit	2
Unfälle zu Hause	1,5
Überfahren vom Auto	1
Fahrt mit dem Regionalbus	1
Arbeiter in der chemischen Industrie	1
Leukämie	0,8
Erdbeben in Kalifornien	0,2
Gebäudebrand	0,15
Brände	0,1–0,3
Verhütungspille	0,02
Biss eines giftigen Tieres	0,002
Bauwerksversagen	0,002
Blitzschlag	0,001
Explosion eines Druckbehälters (Öffentlichkeit)	0,0006
Transport von gefährlichen Gütern (Öffentlichkeit)	0,0005
Herabstürzendes Flugzeug	0,0002

Tab. 3.55 Zielwerte der *FAR* nach verschiedenen Autoren

Industrie bzw. Branche	FAR Zielwert	Referenz
Ölindustrie	15	Randsaeter (2000)
Installation gemäß NORSOK Z-103 code	10	Aven et al. (2005)
Britische Industrie	4	Cox et al. (1990)
Jede beliebige Gefährdung	0,4	Cox et al. (1990)
Industrie	3,5	Mannan (2005)
Brückeneinsturz	2,0	Menzies (1996)
Jede beliebige Gefährdung	0,35	Mannan (2005)
Brandrisiko in Gebäuden (Schweiz)	0,04 … 0,12	Maag (2004)
Brandrisiko in Gebäuden (Norwegen)	0,05 … 0,3	Maag (2004)

einzelnen Katastrophe zu erfassen. Die Aussagekraft der Sterbewahrscheinlichkeit und der Fatal Accident Rate als expositionszeitnormierte Sterbewahrscheinlichkeit ist darum begrenzt. Auf der anderen Seite stimmt diese Aussage nicht ganz: gibt es eine Katastrophe, die große Teile der Bevölkerung innerhalb eines Jahres betrifft, so wird sich auch die Sterbewahrscheinlichkeit ändern und das Risiko sichtbar werden. Für die üblichen Risiken, wie Unfälle mit Transportmitteln oder Unfälle durch Naturkatastrophen wie Überschwemmungen gelten aber die folgenden Überlegungen.

Auf Grund des Fokus der Sterbewahrscheinlichkeit auf die Gesamtbevölkerung und die Berechnung als räumlicher und zeitlicher Mittelwert, kann sie wenig über den Umfang einzelner Katastrophen aussagen. Der Umfang von einzelnen Katastrophen ist aber bedeutsam für die Akzeptanz und Beurteilung von Risiken durch Menschen, denn eine große Katastrophe mit vielen Opfern wird in der Regel als schwerwiegender und dramatischer angesehen als viele kleine Unglücke mit der in der Summe gleichen Opferanzahl. Auf die Effekte der subjektiven Risikowahrnehmung wird im nächsten Kapitel eingegangen. Wenn ein großes Unglück die Entwicklungsrichtung ganzer Industrien oder Gesellschaften beeinflusst, spricht man manchmal auch von *„Design by Disaster"* (De Sanctis 2015).

Abb. 3.45 versucht, diesen Zusammenhang darzustellen. In der Abbildung ist ein Gefahrengut und die Anzahl der möglicherweise durch einen Unfall betroffenen Menschen abgebildet. Dabei werden zwei Fälle unterschieden. Im linken Bild werden weniger Menschen pro Unglück betroffen sein, aber die Unglücke treten öfter auf. Im rechten Bild sind viele Menschen betroffen, aber die Unglücke treten seltener auf. Beide Fälle mögen zu gleichen Sterbewahrscheinlichkeiten führen, aber auf der rechten Seite werden mehr Menschen bei *einem* Unglücksfall betroffen sein.

Man spricht gelegentlich auch von den gesellschaftlichen Risiken, wenn viele Menschen bei einem Ereignis betroffen sind und von den individuellen Risiken, wenn sich die Parameter nur auf eine Person beziehen, so, wie es die Sterbewahrscheinlichkeit macht. Hier ist aber eine genaue Unterscheidung zwischen der Darstellung gesellschaftlicher Risiken in der oben genannten Form und sozialer Risiken, wie z. B. Armut, Krieg oder Gewalt, notwendig.

3.10.2 Geschichte

Die eigentliche Entwicklung der *F-N*-Diagramme beginnt Ende der 1970er und Anfang der 1980er Jahre mit der Entwicklung der kommerziellen Kerntechnik. Allerdings befassen sich verschiedene Berufsgruppen schon viel länger mit Risikobewertungen. In diesem Zusammenhang ist eine Aussage eines Richters aus dem Jahre 1949 von Interesse (Asquith 1949):

Abb. 3.45 Vergleich individueller (links) und gesellschaftlicher Risiken (rechts) (Jonkman et al. 2003)

"„Reasonably practicable" is narrower term than „physically possible" and seems to me to imply that a computation must be made by the owner in which the quantum of risk is placed on one scale and the sacrifice involved in the measures necessary for averting the risk (whether in money, time or trouble) is placed in the other, and that, if it be shown that there is a gross disproportion between them – the risk being insignificant in relation to the sacrificed – the defendants discharge the onus on them."

Der Richter spricht hier von einem Diagramm, welches auf der einen Achse das Risiko (wobei hier eher die Gefährdunga bzw. die Wiederkehrperiode) und auf der anderen Achse den Schadensumfang (Opfer) darstellten soll. Wir werden bei der Berechnung der *F*-*N*-Diagramme sehen, dass diese Beschreibung der Vorgehensweise schon sehr nahekommt.

Wie bereits erwähnt, erfolgten die frühesten Anwendungen von *F*-*N*-Kurven bei der Untersuchung ziviler Atomkraftwerke. Ursprünglich wurde die zivile Kerntechnik aus der Militärtechnik übernommen. Die ersten Kraftwerke besaßen nur eine geringe Leistung (<100 Megawatt) und waren Erweiterungen von Kernkraftantrieben aus militärischen U-Booten. So ist auch das Containment von Kernkraftwerken eine Folge der Anwendung von Kernkrafttechnik im militärischen Schiffbau. Für den Test der Kerntechnikanlagen an Land war ein Schutz der umliegenden Bevölkerung erforderlich. Tatsächlich überlegte man in den 1960er Jahre, ob man Kernkraftwerke direkt in Städten errichtet.

Die ursprünglichen Sicherheitsanforderungen wurden im Wesentlichen durch die mehrfache Auslegung (damals überwiegend zweifach) von Systemen erfüllt. Die Bemessung der Kraftwerke erfolgte für große Unfälle, wie z. B. Erdbeben. Allerdings waren die Erdbebenlasten deutlich geringer, als die heute unterstellen Gefährdungen. Die Beschädigung des Kerns war von der Bemessung ausgeschlossen. Zwar existierten in den 50er Jahren bereits Ansätze für Risikountersuchungen, diese wurden aber nur qualitativ durchgeführt.

Erst Farmer (1967) aus Großbritannien erreichte einen Durchbruch. Mit seiner grafischen Darstellung der Risiken wurde eine Objektivierung der Sicherheitsbeurteilung von Kernkraftwerken möglich. Allerdings waren seine ersten Kurven keine *F*-*N*-Diagramme im eigentlichen Sinne, weil er nicht Todesopfer, sondern radiologische Dosen darstellte.

Ende der 60er Jahre wurden zahlreiche Studien zur Durchführung von wahrscheinlichkeitsbasierten und risikobasierten Sicherheitsbeurteilungen von Kraftwerken durchgeführt. Diese Untersuchungen gipfelten in der Reaktor-Sicherheitsstudie der U.S. Atomenergiekommission unter der Leitung von Prof. Rasmussen vom Massachusetts Institute of Technology (MIT). Die Studie dauerte drei Jahre und beurteilte die Sicherheit von über 100 Kraftwerken in den USA basierend auf der Modellierung zweier Nuklearkraftwerke (Surry Nuclear Power Plant und Peach Bottom). Im Ergebnis der Studie (NRC 1975) wurde das Risiko der Nutzung von Kraftwerken im Vergleich zu anderen Risiken beurteilt. Die *F*-*N*-Diagramme des sogenannten Rasmussen-Reports oder der WASH-1400 Studie, wie der Bericht auch bezeichnet wird, finden sich noch heute in vielen Veröffentlichungen. In Abb. 3.46 sind Kurven für die verschiedensten technischen und natürlichen Risiken dargestellt.

Die Reaktionen auf die Studie waren aber zum Zeitpunkt der Veröffentlichung gemischt. Im Jahre 1977 wurde in den USA auf Anfrage eines Kongressmitgliedes eine Kritik über den Rasmussen-Reports geschrieben. Dieser zweite Bericht wurde durch eine Kommission unter der Leitung von Prof. Lewis von der State University of California erstellt. Der Lewis-Bericht unterstützte die Verwendung von Risikobeurteilungen im Rasmussen-Report, bestätigte jedoch nicht die Ergebnisse. Die Einschränkung der Ergebnisse erfolgte allerdings nicht im Hinblick auf Fehler im Rasmussen-Report, sondern im Hinblick auf die Unsicherheit bei der Abschätzung sehr seltener Ereignisse. Als Folge dieses zweiten Berichtes wurde der Rasmussen-Report zurückgezogen.

Diese Haltung änderte sich erst nach dem Three-Mile-Island Unfall am 28. März 1979. Zwar sagte der Rasmussen-Report den Unfall nicht exakt voraus, aber ein vergleichbares Szenario war untersucht worden. Daraufhin änderte sich die Meinung gegenüber wahrscheinlichkeitstheoretischen Sicherheitsuntersuchungen in den USA schlagartig. Innerhalb des Zeitraumes 1979 bis 1983 wurden mehrere Kraftwerke mit derartigen Verfahren untersucht. Auch in Europa hatten Risikountersuchungen nach den Arbeiten von Farmer einen Siegeszug angetreten, zuerst in Großbritannien, später auch in Deutschland. Mitte der 80er Jahre waren Risikountersuchungen in Kernkraftwerken unter Verwendung von *F*-*N*-Kurven in zahlreichen Ländern weltweit etabliert (Garrick 2000). Ende der 1980er Jahre hatte die NASA für das Space Shuttle moderne Instrumente zur Risikoabschätzung eingesetzt (Garrick et al. 1987). Auch in der chemischen Industrie etablierten sich PSA-Rechnungen, z. B. Tooele Chemical Agent Disposal QRA 1996.

Nicht nur die USA und Großbritannien waren federführend bei der Entwicklung von Risikokriterien, auch die Niederlande und Hongkong entwickelten frühzeitig Kriterien. Es ist nicht verwunderlich, dass es sich bei drei der vier Länder um relativ dichtbesiedelte Länder handelt. Der geschichtliche Verlauf der Entwicklung von Risikoakzeptanzkurven in den drei Ländern Niederlande, Großbritannien und Hongkong ist in Abb. 3.47 dargestellt. Eine kurze Zusammenfassung für wichtige Entwicklungsschritte in den USA stellt die folgende Liste dar:

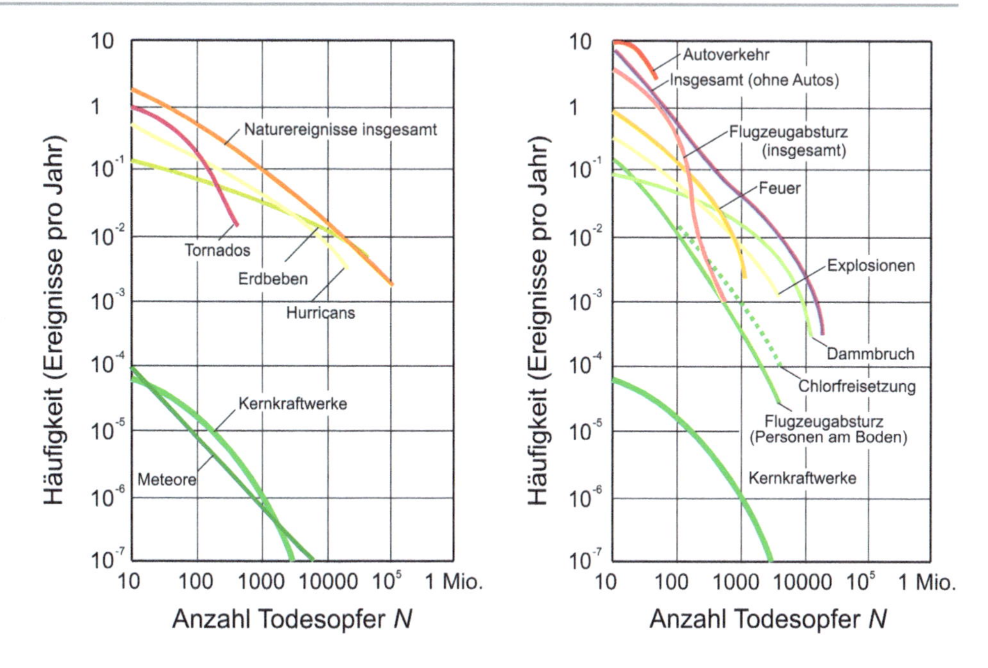

Abb. 3.46 Häufigkeit von Todesopfern durch Naturereignisse (links) und durch Menschenverursachte Ereignisse (rechts) (NRC 1975)

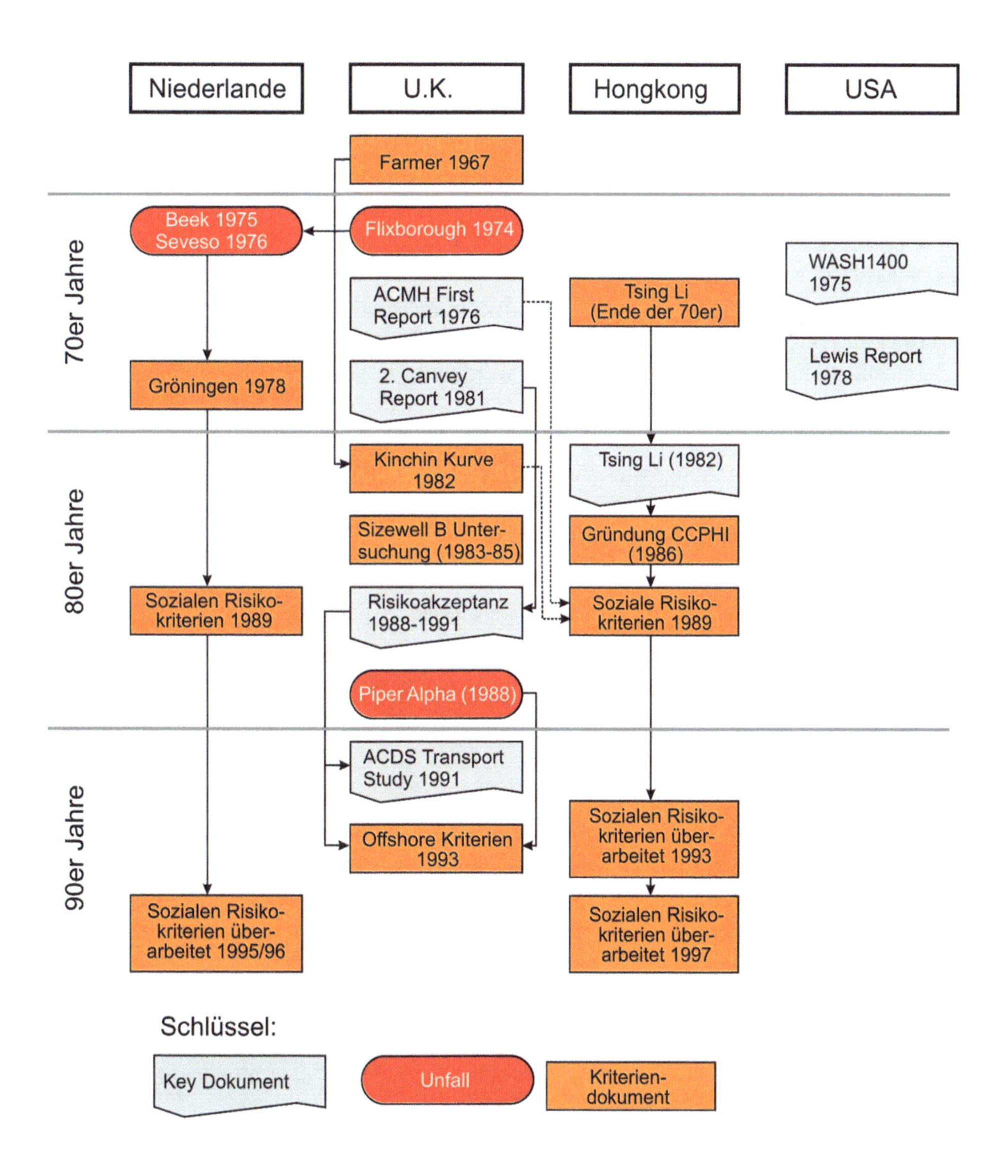

Abb. 3.47 Entwicklung von Zulässigkeitskriterien für *F-N*-Diagramme (in Anlehnung an Ball und Floyd 2001)

3.10.3 Berechnung

Gesellschaftliche Risiken werden häufig in graphischer Form dargestellt. Dazu verwendet man ein Diagramm mit einer logarithmisch skalierten *x*- und *y*-Achse. Auf der *x*-Achse wird die Konsequenz bei Eintritt einer Katastrophe dargestellt und auf der *y*-Achse die Auftrittswahrscheinlichkeit bzw. -häufigkeit. Die Konsequenz bei Eintritt einer Katastrophe wird meistens in der Anzahl von Opfern angegeben. Gelegentlich werden auch monetäre Einheiten oder Ersatzparameter verwendet. Man spricht in solchen Fällen nicht mehr von *F-N*-Diagrammen, sondern von *F-D*-Diagrammen. Das *D* steht dann für Damage (Schaden). Dieser Parameter berücksichtigt weitere Verluste, wie z. B. ökologische Schäden. Die Diagramme können sowohl kumuliert als auch nicht-kumuliert verwendet werden. Auf diesen Unterschied wird im Folgenden eingegangen. Dabei wird die Entwicklung solcher *F-N*-Kurven an einem Beispiel dargestellt:

Zunächst einmal benötigt man entweder Erfahrungen für die Häufigkeit oder Berechnungsergebnisse über die Auftrittswahrscheinlichkeit und die Anzahl der Opfer. Ein einfaches Beispiel basierend auf Berechnungen ist in Tab. 3.56 wiedergegeben. Das Beispiel basiert auf Ball und Floyd (2001).

Man stellt fest, dass die Opferanzahl in Tab. 3.56 nicht ganzzahlig ist. Dieser Umstand ist auf die Berechnung zurückzuführen. In der Literatur findet man teilweise aber auch die Meinung, dass nur ganzzahlige Werte verwendet werden dürfen.

Für die weitere Verwendung der Daten werden diese gemäß der Anzahl *N* sortiert (Tab. 3.57).

Tab. 3.57 kann man bereits graphisch als *f-N*-Diagramm darstellen. Dies ist in Abb. 3.48a dargestellt. Eine deutlich weitere Verbreitung hat jedoch die kumulative Darstellung erfahren. Diese Diagramme werden als *F-N*-Diagramme bezeichnet. Die Auftrittswahrscheinlichkeit *P* oder Auftrittshäufigkeit *F* beschreibt dann das Auftreten von *N* oder mehr Todesopfern. Deshalb spricht man auch von Überschreitenswahrscheinlichkeiten bzw. -häufigkeiten.

Tab. 3.56 Beispieldaten für die Erstellung einer Risikokurve (Ball und Floyd 2001)

Ereignis	Anzahl der Opfer N	Auftrittswahrscheinlichkeit f pro Jahr
1	12,1	$4{,}8 \cdot 10^{-3}$
2	123	$6{,}2 \cdot 10^{-6}$
3	33,4	$7{,}8 \cdot 10^{-3}$
4	33,2	$9{,}1 \cdot 10^{-4}$
5	29,2	$6{,}3 \cdot 10^{-3}$
6	15,6	$7{,}0 \cdot 10^{-4}$
7	67,3	$8{,}0 \cdot 10^{-5}$
8	9,5	$4{,}0 \cdot 10^{-3}$
9	52,3	$1{,}2 \cdot 10^{-6}$
10	2,7	$3{,}4 \cdot 10^{-4}$

Tab. 3.57 Beispieldaten für die Erstellung einer Risikokurve in einem *f-N*-Diagramm (Ball und Floyd 2001)

Anzahl der Opfer N	Auftrittswahrscheinlichkeit f pro Jahr	Ereignis
2,7	$3{,}4 \cdot 10^{-4}$	10
9,5	$4{,}0 \cdot 10^{-3}$	8
12,1	$4{,}8 \cdot 10^{-3}$	1
15,6	$7{,}0 \cdot 10^{-4}$	6
29,2	$6{,}3 \cdot 10^{-3}$	5
33,2	$9{,}1 \cdot 10^{-4}$	4
33,4	$7{,}8 \cdot 10^{-3}$	3
52,3	$1{,}2 \cdot 10^{-6}$	9
67,3	$8{,}0 \cdot 10^{-5}$	7
123	$6{,}2 \cdot 10^{-6}$	2

Für die Erstellung des Diagramms erfolgt zunächst eine neue Zusammenstellung der Daten (Tab. 3.58). Die Auftrittswahrscheinlichkeiten werden dabei addiert. Dadurch umfasst der Zeile „mindestens ein Opfer" alle Auftrittswahrscheinlichkeiten.

Auch die *F-N* Tabelle kann man wieder graphisch darstellen (Abb. 3.48b). Die Darstellung im *F-N*-Diagramm erfolgt in der Regel doppeltlogarithmisch. Als Zeiteinheit für die Häufigkeit der Ereignisse werden üblicherweise Jahre verwendet. Es ist verständlicher, von einer Häufigkeit von einmal in 100 Jahren zu sprechen als von $1{,}1 \cdot 10^{-8}$ pro Stunde, wie es z. B. bei Flugzeugen üblich ist.

In Abb. 3.48a–c werden zunächst die einzelnen Punkte dargestellt und anschließend die Punkte durch eine Linie verbunden. Es gibt auch andere Techniken, bei denen die Punkte nicht direkt miteinander verbunden sind, sondern die Linien eher konstant gehalten werden. Dann entsteht eine treppenartige Funktion. Der Schwerpunkt des Bereichs unter der Funktion stellt die durchschnittliche Zahl der Todesopfer dar (Jonkman et al. 2003). Selbstverständlich sind in der Praxis die Annahmen für die Verbindung der Punkte zu prüfen. Im nächsten Bild wird die dabei gewonnene Kurve mit einer Vergleichskurve in Beziehung gesetzt (Abb. 3.48d). Liegt die Kurve unterhalb einer möglichen Vergleichskurve, ist das Risiko akzeptabel. Derartige Diagramme sind genau wie die Sterbehäufigkeiten immer nur für bestimmte Regionen und bestimmte Zeitrahmen gültig. Auf die Zielkurven wird in einem folgenden Kapitel noch eingegangen.

Die Risiken innerhalb eines solchen Diagramms werden allgemein in vier Gruppen unterteilt (Abb. 3.49). Risi-

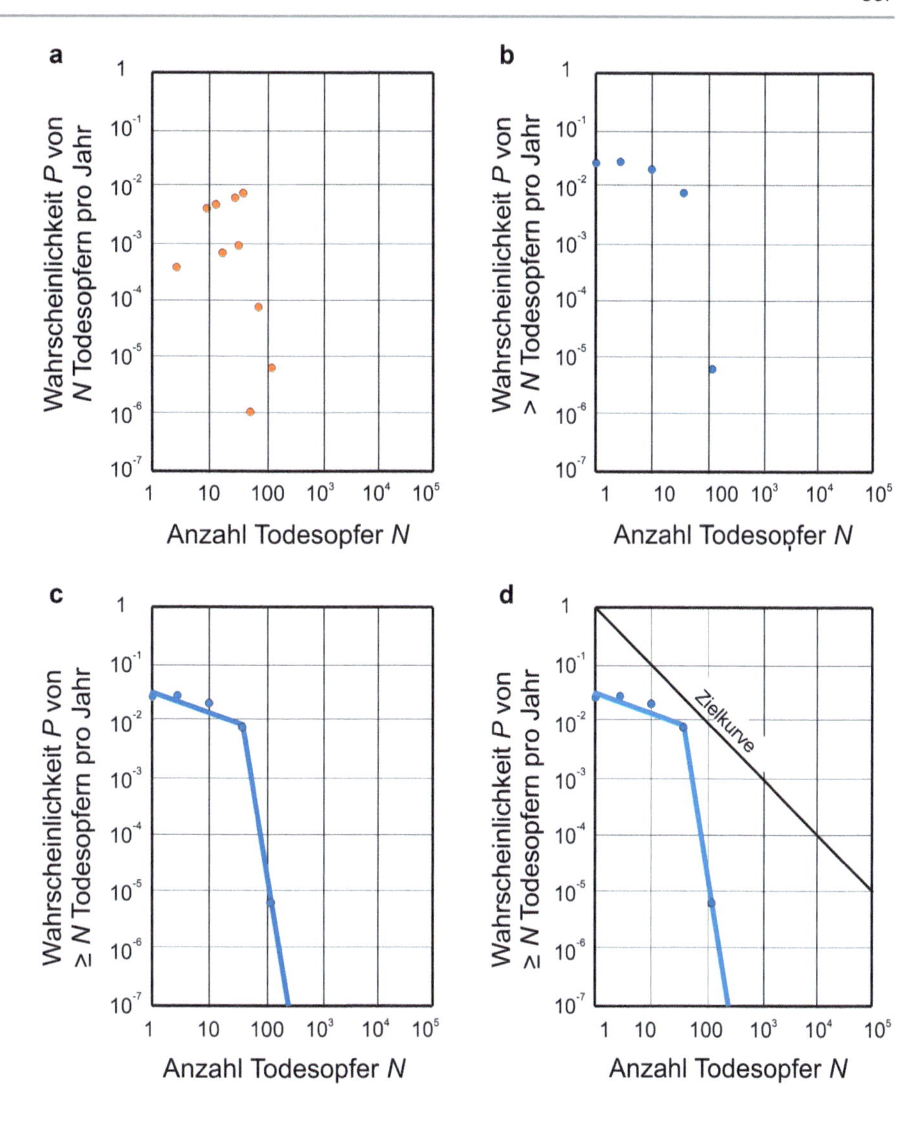

Abb. 3.48 Grafische Darstellung der Erstellung des *F-N*-Diagramms

Tab. 3.58 Beispieldaten für die Erstellung einer Risikokurve in einem *F-N*-Diagramm (Ball und Floyd 2001)

Anzahl der Opfer N	Auftrittswahrscheinlichkeit F pro Jahr	Ereignis
1 oder mehr	$2{,}49 \cdot 10^{-2}$	1–10
3 oder mehr	$2{,}46 \cdot 10^{-2}$	1–0
10 oder mehr	$2{,}06 \cdot 10^{-2}$	1–7,9
30 oder mehr	$8{,}80 \cdot 10^{-3}$	2–4,7,9
100 oder mehr	$6{,}20 \cdot 10^{-6}$	2
300 oder mehr	–	–

ken der Kategorie 1 sind statistisch gut abgesichert. Kleinere Unfälle treten relativ häufig auf. Schwere Unglücke sind sehr selten. Diese Risiken besitzen im *F-N*-Diagramm eine stark fallende Kurve. In die Kategorie 2 gehören Risiken, bei denen die Schwere des Unglückes kaum von der Häufigkeit abhängt. Diese Risiken zeigen eine flach fallende oder sogar fast waagerechte Kurve. Risiken der Kategorie 3 sind nur theoretisch bekannt. Sie liegen hinter dem Ereignishorizont, und es gibt keine statistischen Daten darüber. Risiken der Kategorie 4 sind Ereignisse, die als Schaden die Menge der Erdbevölkerung übersteigen. Unabhängig von der statistischen Häufigkeit sind auch diese Ereignisse nicht bekannt. (van Breugel 2001).

Ein konstantes Risiko müsste in einem *f-N*-Diagramm eine fallende Linie mit einem 45°-Winkel besitzen und lässt sich theoretisch begründen (Elms 1999). Häufig werden diese Linien aber auch in die *F-N*-Diagramme mit eingezeichnet. Risiken der Kategorie 1 folgen dieser Annahme sehr gut. Risiken infolge Naturkatastrophen verlaufen häufig etwas flacher und zeigen Charakteristika der Risiken vom Typ 2. Auf Grund des Anwachsens der Weltbevölkerung zeigen die Kurven in den letzten Jahren außerdem eine Verschiebung nach rechts. Weitere Ausführungen über den Anstieg der Risikokurven findet sich in Ball und Floyd (2001).

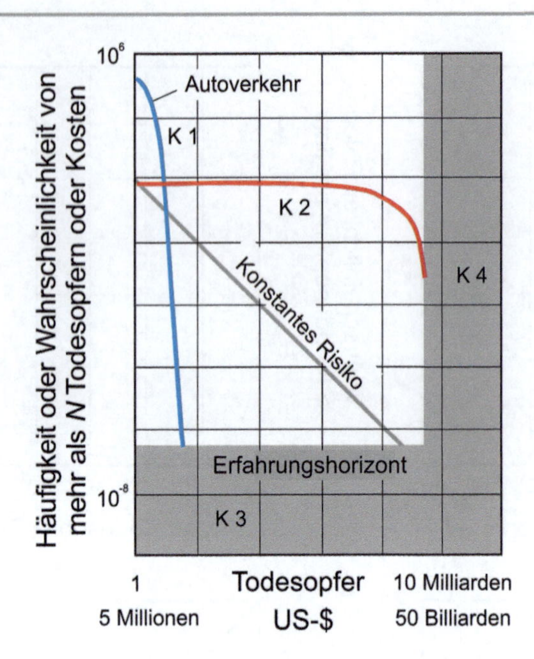

Abb. 3.49 Klassifizierung von Risiken im *F*-*N*-Diagramm nach van Breugel (2001)

F-*N*-Kurven sollten sich bei der Berücksichtigung von Schutzmaßnahmen verändern. Sie können sich allerdings auch auf Grund der Veränderung der Bevölkerungszahlen oder Veränderungen der Vulnerabilität ändern, wie z. B. in Abb. 3.50 dargestellt.

F-*N*-Kurven wurden in zahlreichen Veröffentlichungen teils allgemein, teils auf bestimmte Probleme bezogen, verwendet (Ball und Floyd 2001, Jonkman et al. 2003, Elms 1999, Larsen 1993, DoT 1990, Rackwitz 1998, Hansen 1999, van Breugel 2001, Diamantidis et al. 2000, Beard und Cope 2007, Berchthold 2019, GEO 2002, Vidmar & Perkovic 2010, Ganz 2018, Kaneko et al. 2015, De Bruikn et al.

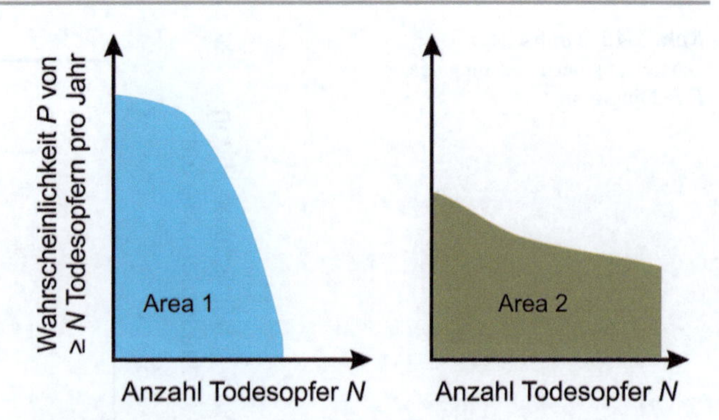

Abb. 3.50 Veränderung der *F*-*N*-Kurve durch Schutzmaßnahmen für kleine Ereignisse und Zunahme der Bevölkerung

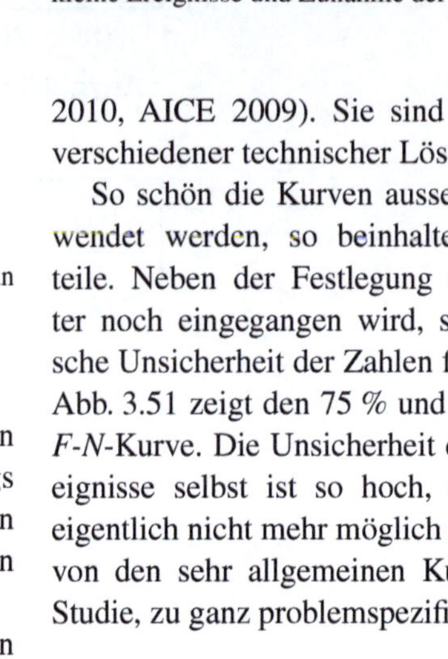

2010, AICE 2009). Sie sind hervorragend für Vergleiche verschiedener technischer Lösungen geeignet.

So schön die Kurven aussehen und so vielfältig sie verwendet werden, so beinhalten sie natürlich auch Nachteile. Neben der Festlegung der Zielkurven, auf die später noch eingegangen wird, sei hier die steigende statistische Unsicherheit der Zahlen für seltene Ereignisse genannt. Abb. 3.51 zeigt den 75 % und 95 % Vertrauensbereich einer *F*-*N*-Kurve. Die Unsicherheit der Kurve für die seltenen Ereignisse selbst ist so hoch, dass eine objektive Aussage eigentlich nicht mehr möglich ist. Aus diesem Grund ist man von den sehr allgemeinen Kurven, z. B. der WASH-1400 Studie, zu ganz problemspezifische Kurven übergegangen.

3.10.4 Beispiele

In den folgenden Abbildungen finden sich Kurven für Industrierisiken, Risiken des Straßenverkehrs, des Schiffsverkehrs und Risiken bei der Lagerung gefährlicher Güter.

Abb. 3.51 Vertrauensbereich der *F*-*N*-Kurven (75 % links und 95 % rechts)

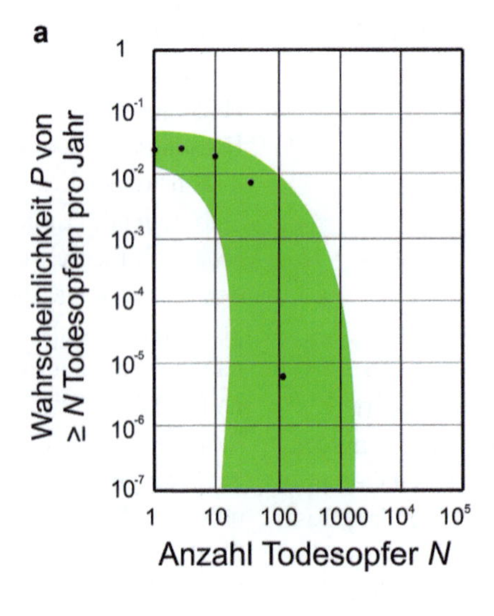

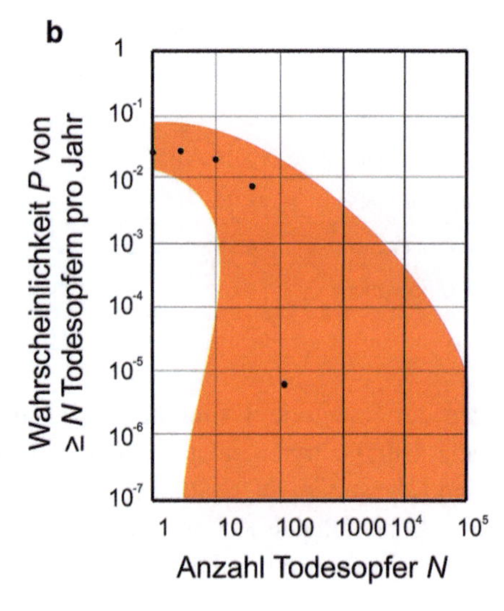

Es gibt eine intensive wissenschaftliche Diskussion über die Zielkurven, siehe z. B. Zielinski 2017, Beacher et al. 2015, Spoung et al. 2014, Jonkman et al. 2011, Lohne et al. 2017, Fell et al. 2005a, b, Düsgün und Lacasse 2005, Skjong 2002a, b, Trbojevic 2005a, b, c, 2009a, b, van Coile et al. 2019, Vrijling et al. 2001.

Ganzheitliche Risikostudien, wie z. B. BABS (2015), Cabinet Office (2015), aber auch AEMC (2010), EMPD (2012), ODESC (2011), MoI (2008), MoI (2009), NDCP (2012), SCCA (2011), DHS (2011), European Commission (2010), OECD (2009), G20/OECD (2012), UNISDR (2015) verwenden häufig *F-N*-Kurven.

Die Abb. 3.52–3.65 zeigen zahlreiche Anwendungsbeispiele von *F-N*- bzw. *f-N*-Diagrammen.

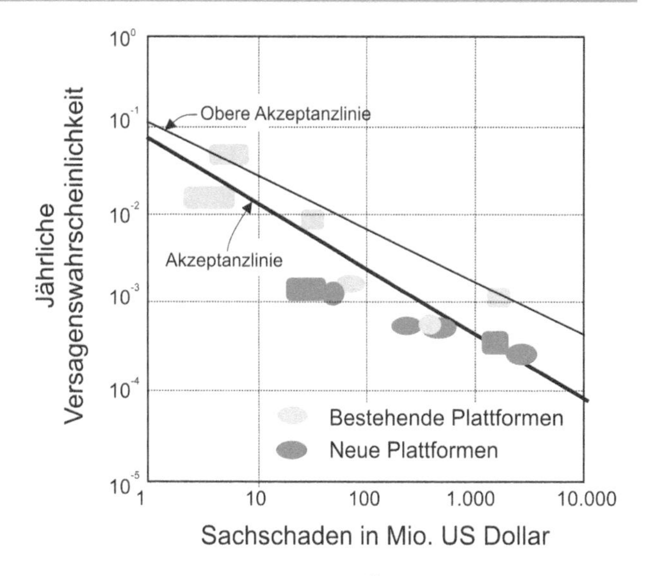

Abb. 3.52 *f-N/F-N* Diagramm für Ölplattformen (Baecher und Christian 2003)

3.10.5 Zielwerte

Bisher wurden in den Diagrammen Kurven gezeigt, die den beobachteten bzw. den prognostizierten Eigenschaften und Gefahren von ungewollten Ereignissen entsprechen. Darüber, in welchem Umfang Unglücke von der Gesellschaft akzeptiert werden, erfolgte bisher keine Aussage. In den letzten fast 50 Jahren wurden aber zahlreiche Vergleichskurven entwickelt, die einen Nachweis bzw. eine Entscheidung über die Akzeptanz oder Ablehnung eines Risikos erlauben.

Um die häufig vorgebrachte Kritik, dass damit Todesopfer akzeptiert werden, etwas zu entschärfen, sei wieder auf die Definition eines Risikos hingewiesen: Nicht der Verlust von Menschenleben wird eingerechnet, sondern nur die Wahrscheinlichkeit basierend auf Daten aus der Vergangenheit. Diese Quantifizierung der Möglichkeit ist das Ziel der Untersuchung. Würden wir die Möglichkeit eines Verlustes nicht akzeptieren, dürften wir kein Auto fahren. Wir dürften nicht in Häusern wohnen, denn die können einstürzen. Ob das Übernachten im Winter auf freiem Feld aber wirklich lebensverlängernd wäre, bleibt fraglich. Vor die Entscheidung gestellt, im Winter in einer beheizten Wohnung zu leben oder doch lieber mit Blick in den vielleicht klaren, aber bitterkalten Himmel auf freiem Feld zu übernachten,

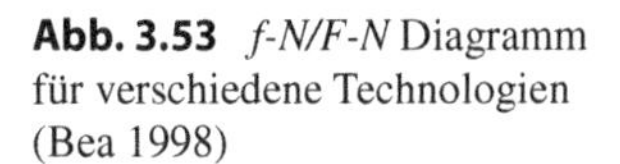

Abb. 3.53 *f-N/F-N* Diagramm für verschiedene Technologien (Bea 1998)

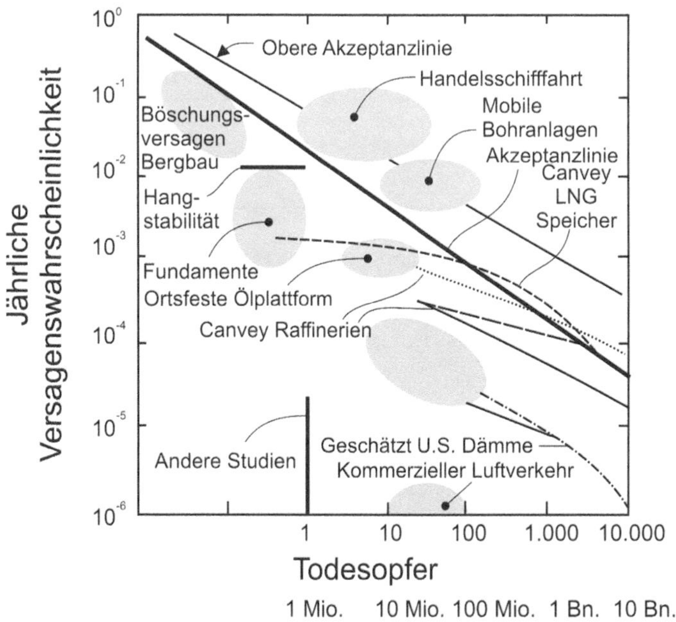

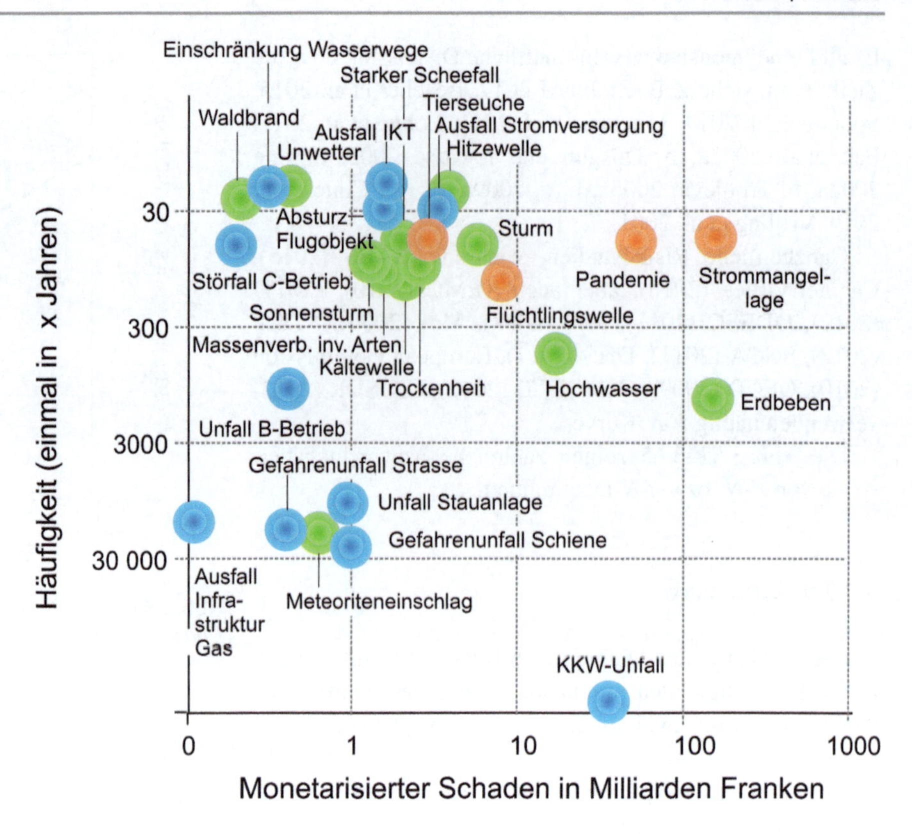

Abb. 3.54 Risikodarstellung naturbedingter (grün), technikbedingter (blau) und gesellschaftsbedingte Gefährdungen (BABS 2015)

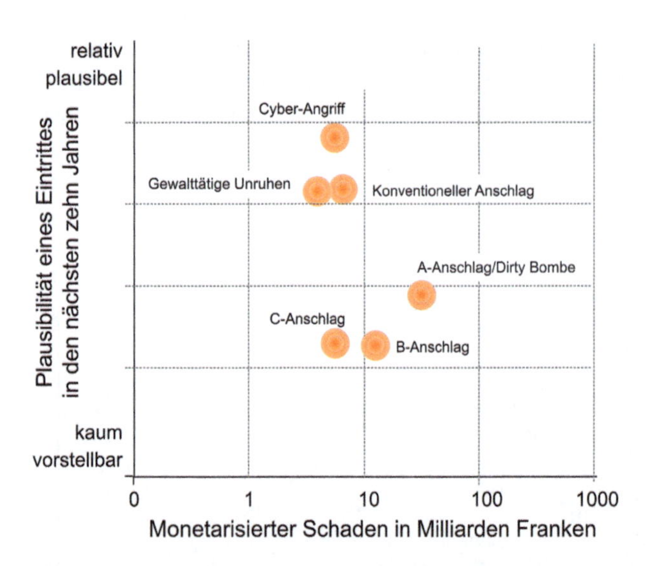

Abb. 3.55 Risikodarstellung gesellschaftsbedingter Gefährdungen; die Eintrittshäufigkeit wird als Plausibilität eines Ereignisses geschätzt (BABS 2015)

werden die meisten die Wohnung wählen und werden damit selbst zum Risikomanager. Die Entwickler der Akzeptanzkurven für Risiken versuchen genau das gleiche. Sie entwickeln Kriterien, die uns erlauben sollen, zu entscheiden, wie „wacklig“ das Haus sein darf, um trotzdem im Winter noch darin zu übernachten.

Die Zielkurven in *F*-*N*-Diagrammen folgen in der Regel der mathematischen Formulierung $F \times N^a = k$, wobei k eine Konstante und a ein Faktor zur Beschreibung der subjektiven Risikoaversion darstellen. Abb. 3.66 zeigt die Auswirkungen der Wahl der beiden Faktoren auf das Verhalten der Kurve im *F*-*N*-Diagramm: Durch die Wahl des Faktors a kann man die Linie im Diagramm drehen und durch die Wahl des Faktors k kann man die Linie vertikal verschieben. Die horizontale Verschiebung kann man ebenfalls durch den Faktor k erreichen, indem man zusätzlich noch die x und y-Bereiche des Diagramms variiert. Daneben gibt es noch sogenannte Breaking Points. Das sind Bereiche, in denen die Linien ihre Steigung ändern.

Die Vergleichskurven setzen sich in der Regel aus einer oder mehreren Geraden zusammen. Man kann daher die Verfahren zur Konstruktion von Geraden verwenden: entweder zwei Punkte oder ein Punkt und eine Richtung für die Definition der Linie vorgeben. In den letzten Jahrzehnten hat sich für die Definition von akzeptablen Risiken in *F*-*N*-Diagrammen der zweite Weg durchgesetzt. Bereits 1976 erfolgte durch ACMH (Advisory Committee on Major Hazards) die Empfehlung, dass ein schwerer Unfall in Fabriken maximal mit einer Wahrscheinlichkeit von 10^{-4} pro Jahr auftreten darf. Zwar wurde der Term schwerer Unfall niemals durch das ACMH definiert, aber in der Praxis hat sich die Definition eines schweren Unfalls als ein Unfall mit mindestens 10 Todesopfern eingebürgert. Damit existierte ein erster Punkt

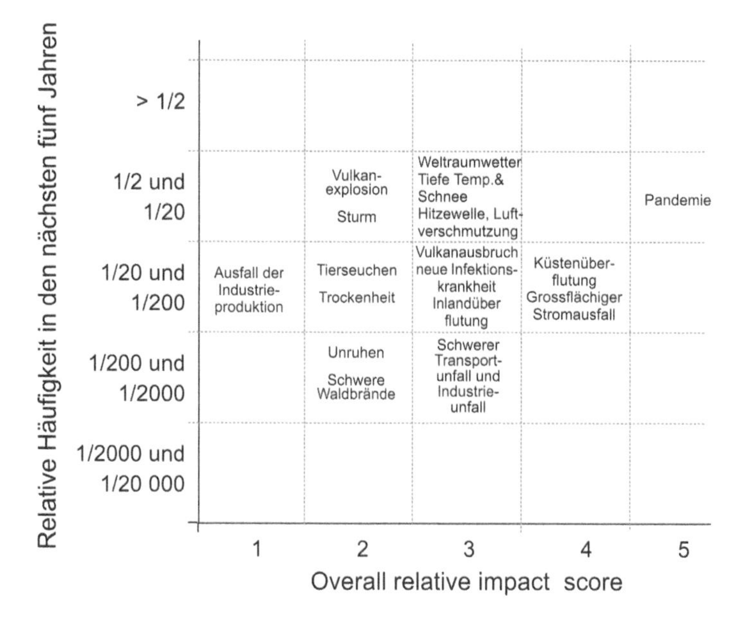

Abb. 3.56 Risikodarstellung naturbedingter, technikbedingter und gesellschaftsbedingter Gefährdungen (Cabinet Office 2015)

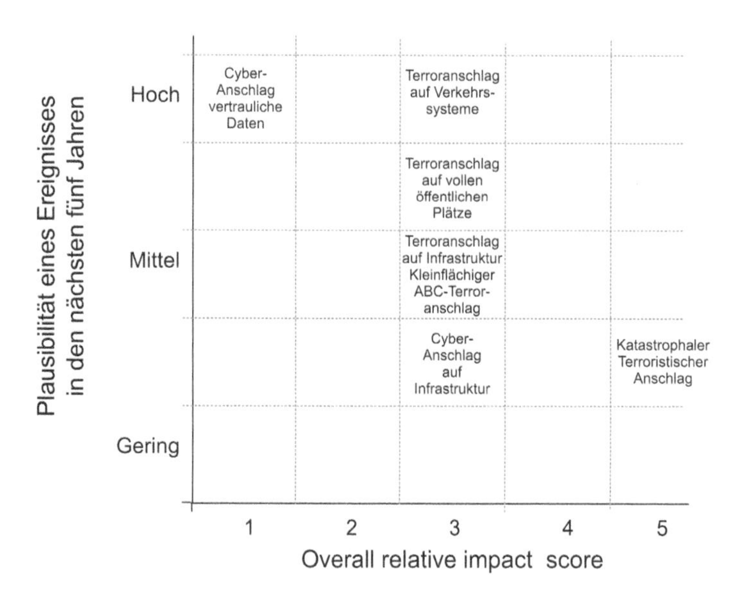

Abb. 3.57 Risikodarstellung terroristische Anschläge (Cabinet Office 2015)

für das Aufstellen der Risiko kurve. Dieser sogenannter Ankerpunkt besitzt die Koordinaten 10 und 10^{-4} im *F-N*-Diagramm. Im Rahmen der Untersuchung des sogenannten Canvey-Insel-Vorkommnis wurde ein Ankerpunkt von 500 und $2 \cdot 10^{-4}$ vorgeschlagen. Ein weiterer Vorschlag geht auf Risikobeurteilungen von Kernkraftwerken durch das HSE (Health & Safety Executive) zurück. Dabei wurde ein Ankerpunkt von 100 und 10^{-4} vorgeschlagen. Die Opferzahl von 100 beinhaltet hier jedoch zusätzlich zu den sofortigen Opfern eines schweren Unfalls auch Opfer, die erst nach einem längeren Zeitraum versterben, z. B. durch Krebs (Abb. 3.58 links). In den Niederlanden hat man für die sogenannte Groningen-Kurve ebenfalls einen Ankerpunkt entwickelt. Dabei ging man von einem akzeptablen Risiko von 10^{-6} pro Person pro Jahr aus und übertrug diesen Wert auf den Ankerpunkt in *F-N*-Diagrammen. Man erhielt einen Ankerpunkt von 10 und 10^{-5}. Beispiele für Zielkurven für die Eisenbahn sind die Abb. 3.67 und für den Straßenverkehr 3.68.

Nach den Festlegungen für den Ankerpunkt der Geraden muss man die Richtung der Geraden wählen. Die Richtung wird, wie bereits erläutert, durch die Wahl des Faktors *a* festgelegt. In der Regel bezeichnet man diesen Faktor als Risikoaversionsfaktor.

Mittels der Parameter *k* und *a* ist man in der Lage, Risikoakzeptanzformeln und Linien anzugeben. Eine Zusammenstellung verschiedener Formeln aus Normen für die Berechnung der Sterbewahrscheinlichkeit P_s ist im Folgenden wiedergegeben:

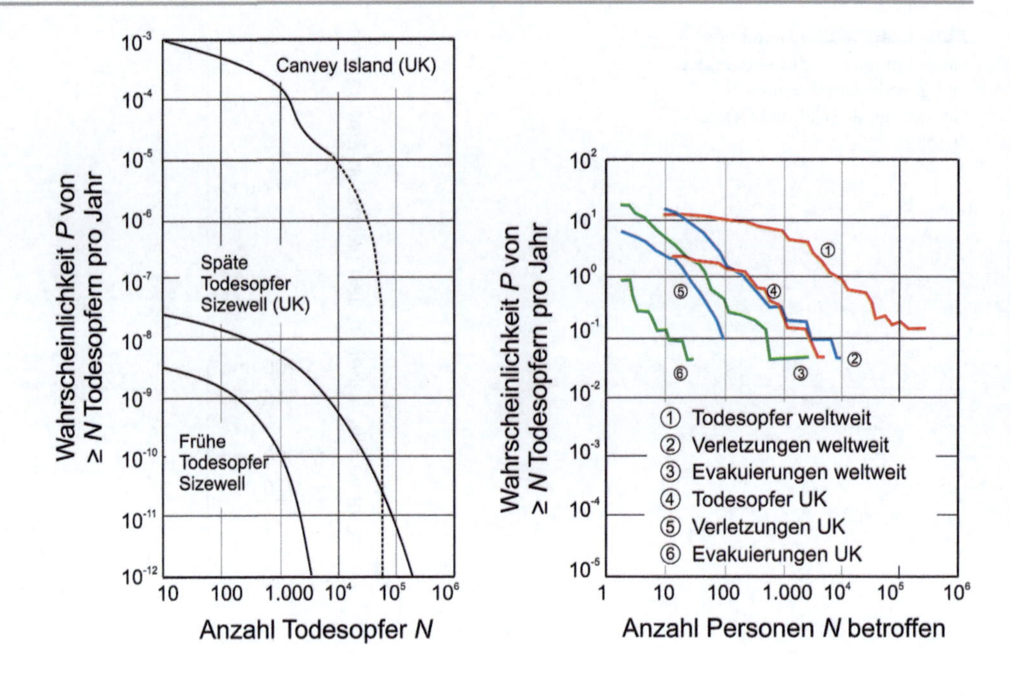

Abb. 3.58 *F*-*N*-Diagramme für Industrieunfälle nach Kafka (1999)

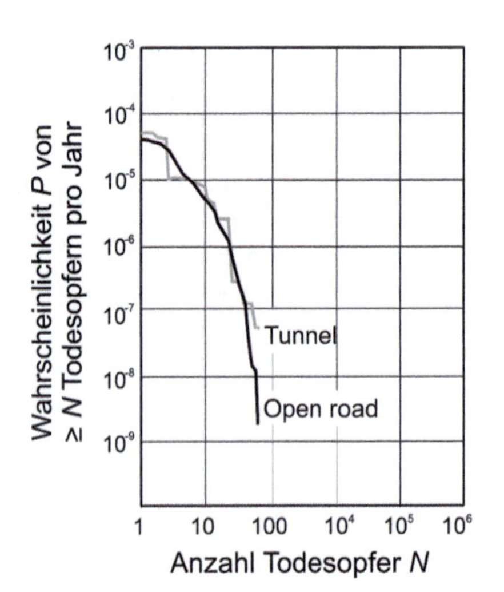

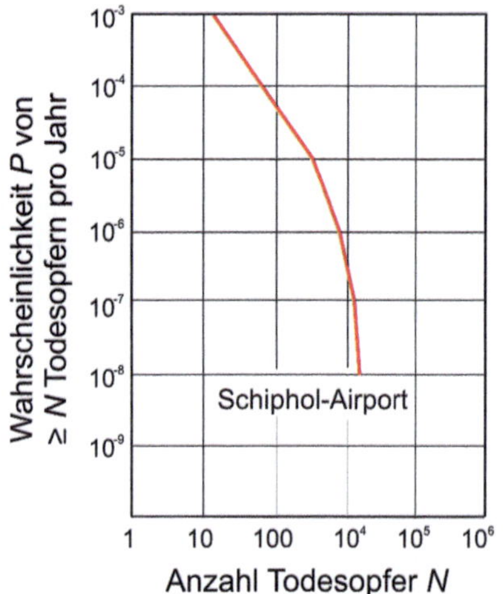

Abb. 3.59 *F*-*N*-Diagramme für Straßenplanungen im Alpinen Raum (links, Kröger und Høj 2000) und für den Flughafen Schiphol in den Niederlanden (rechts, Vrijling et al. 2001)

CEB-FIB Model-Code

$$P_S \leq \frac{10^{-5}}{N} \tag{3.21}$$

Dutch Ministry of Housing (VROM-Regel)

$$P_S \leq \frac{10^{-3}}{N^2}, N \geq 10 \tag{3.22}$$

CIRIA

$$P_S \leq \frac{0,5 \cdot 10^{-4}}{N} \tag{3.23}$$

Statoil's Corporate

$$\frac{10^{-4}}{N^2} < P_S \leq \frac{10^{-4}}{N^2} \tag{3.24}$$

Es wäre in diesem Zusammenhang interessant, nicht nur absolute Zahlen zu vergleichen, sondern auch die Form der Ziel-*F*-*N*-Kurven. Dieser Vergleich wird im folgenden Abschnitt durchgeführt. Dazu werden in den Diagrammen zwei oder drei Bereiche abgebildet. Die weißen Flächen zeigen inakzeptable Risiken, die hellgrauen Flächen zeigen Risiken, die unter Umständen akzeptabel sind und die dunkelgrauen Flächen zeigen Risiken, die akzeptabel sind. Abb. 3.69, 3.70, 3.71 zeigt die verschiedenen Flä-

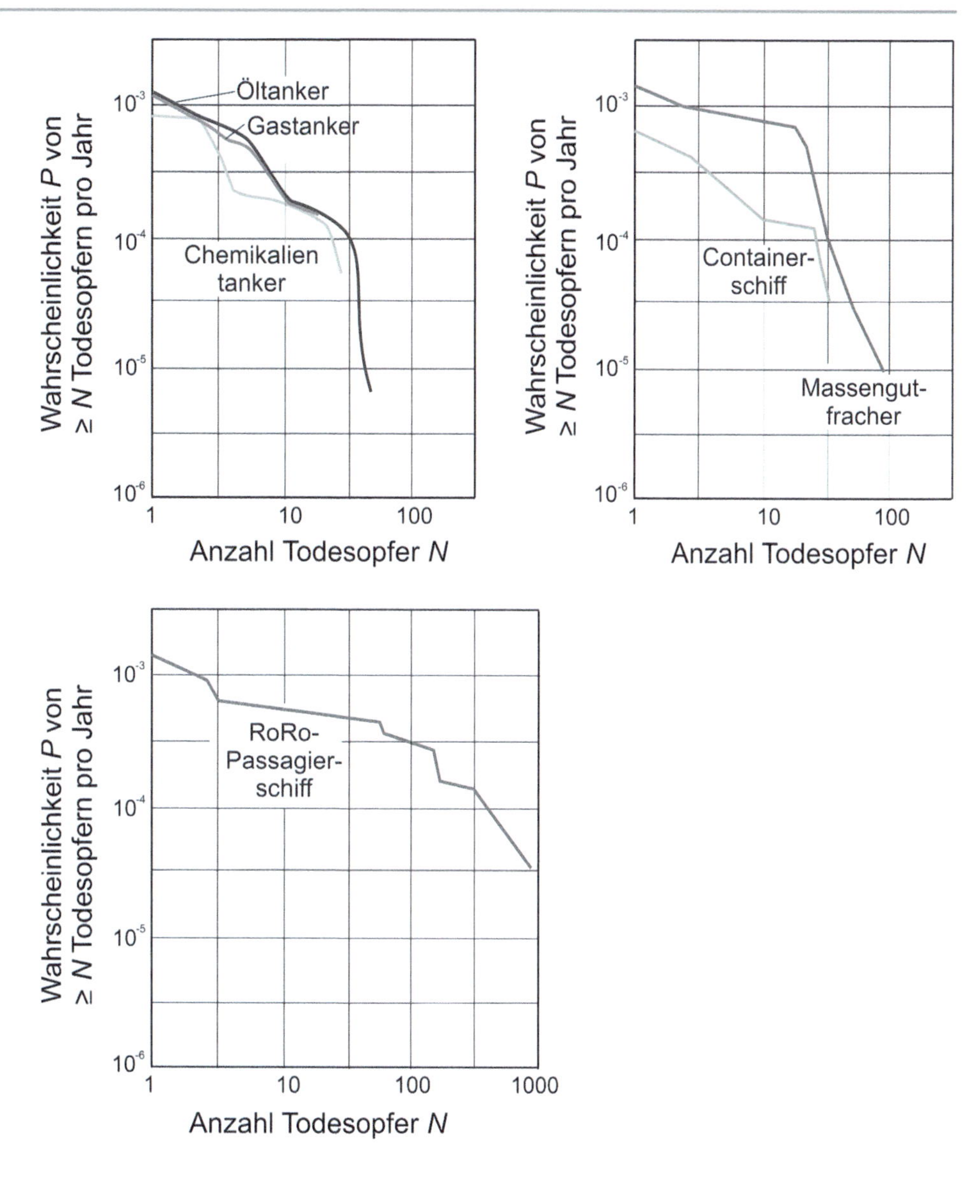

Abb. 3.60 *F-N*-Diagramme für verschiedene Schiffstypen nach IMO (2000)

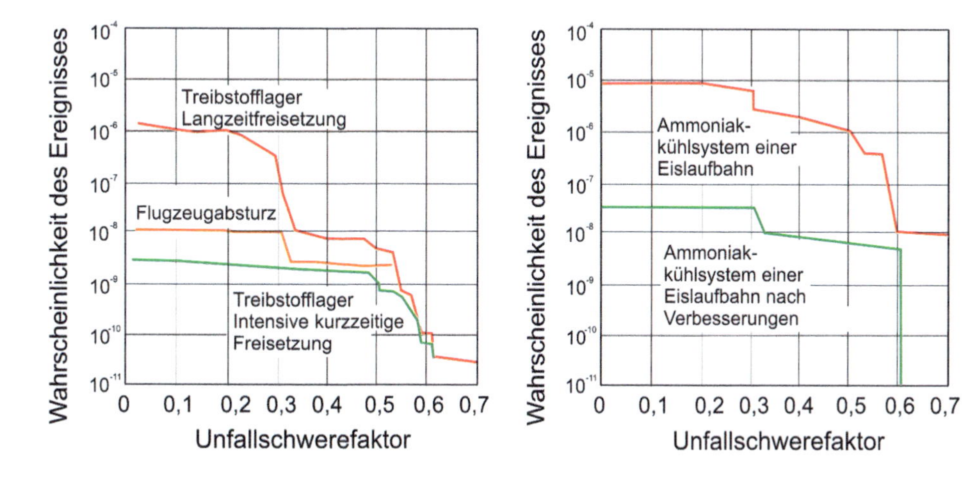

Abb. 3.61 *F-N*-Diagramme für die Lagerung von Gefahrenstoffen (links Treibstoff, rechts Ammoniak) nach Gmünder et al. (2000)

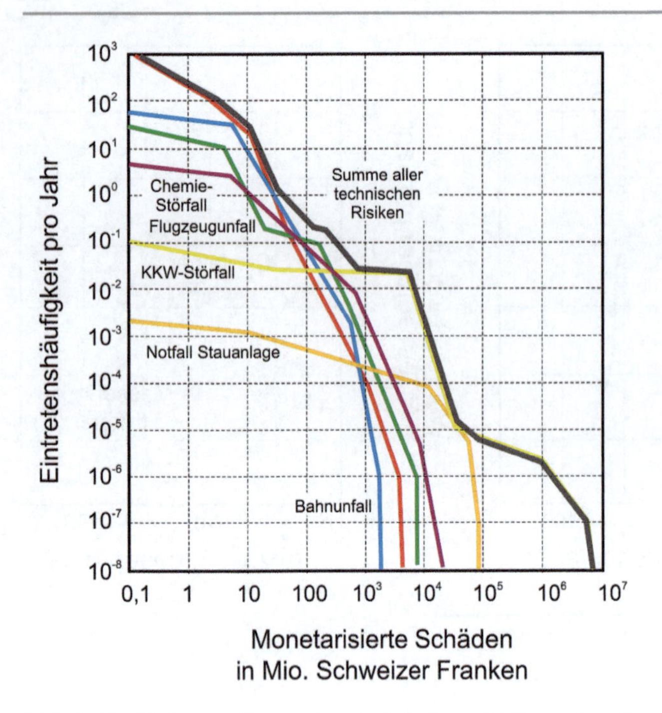

Abb. 3.62 Risikodarstellung der technischen Risiken für die Schweiz (BABS 2003; BZS 1995)

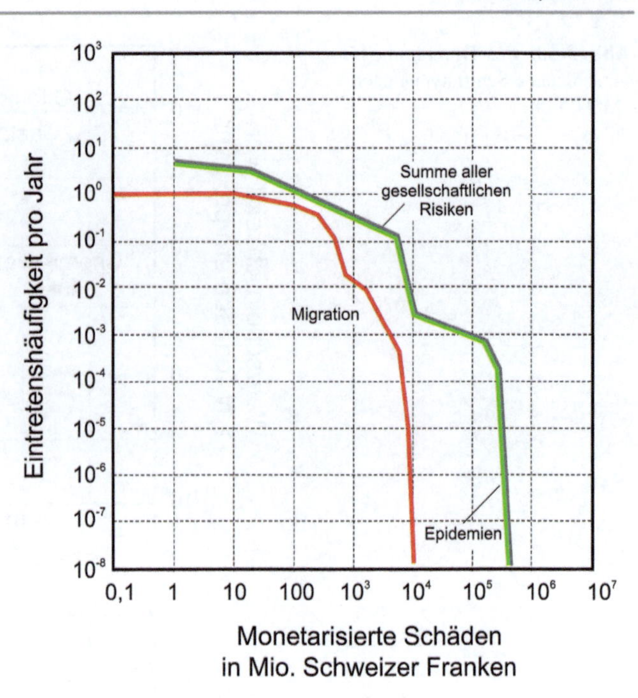

Abb. 3.64 Risikodarstellung der gesellschaftlichen Risiken für die Schweiz (BABS 2003; BZS 1995)

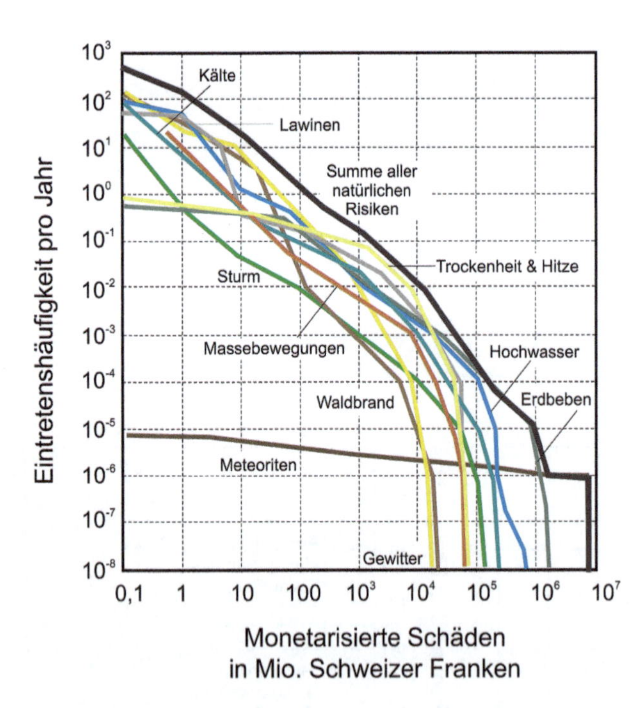

Abb. 3.63 Risikodarstellung der natürlichen Risiken für die Schweiz (BABS 2003; BZS 1995)

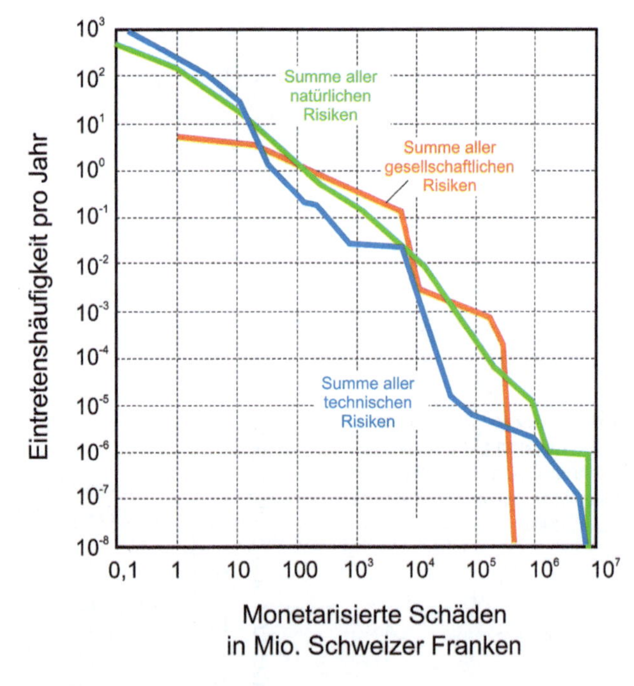

Abb. 3.65 Risikodarstellung der kumulativen technischen, natürlichen und gesellschaftlichen Risiken für die Schweiz (BABS 2003; BZS 1995)

chen aus verschiedenen Ländern und für verschiedene Risiken, wie z. B. Strahlung oder Lagerung gefährlicher Güter. Eine Zusammenstellung aller Zielkurven innerhalb eines Diagramms zeigt Abb. 3.72. Die Unterschiede betragen bei der Häufigkeit etwa fünf Zehnerpotenzen. Da Abb. 3.71e anstelle von Opferzahlen auf der *x*-Achse einen Unfallfaktor oder Störfallwert verwendet, erfolgt in Abb. 3.71 eine

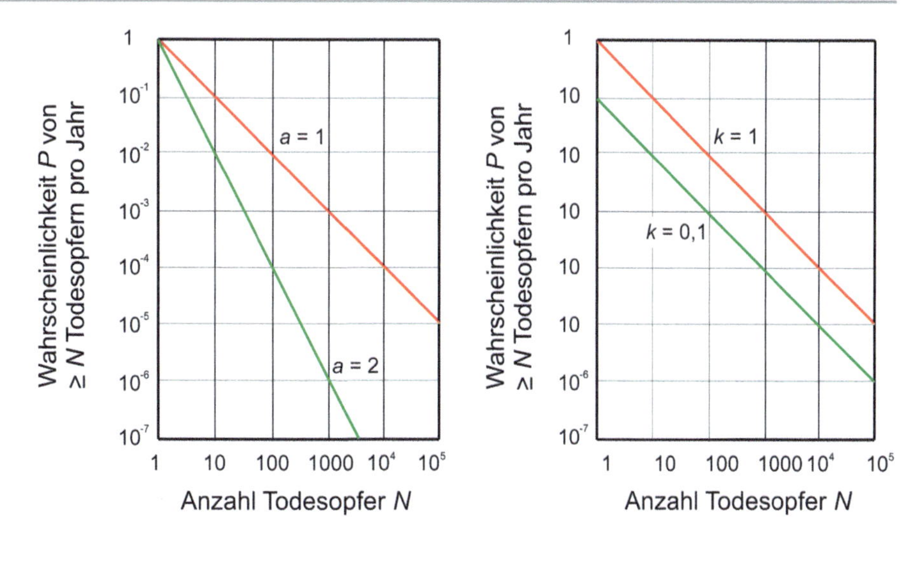

Abb. 3.66 Faktoren zur Steuerung der Risikokurven in einem F-N-Diagramm (links: Drehung der Linie durch die Wahl des Faktors a, rechts: Verschiebung der Linie durch die Wahl des Faktors k)

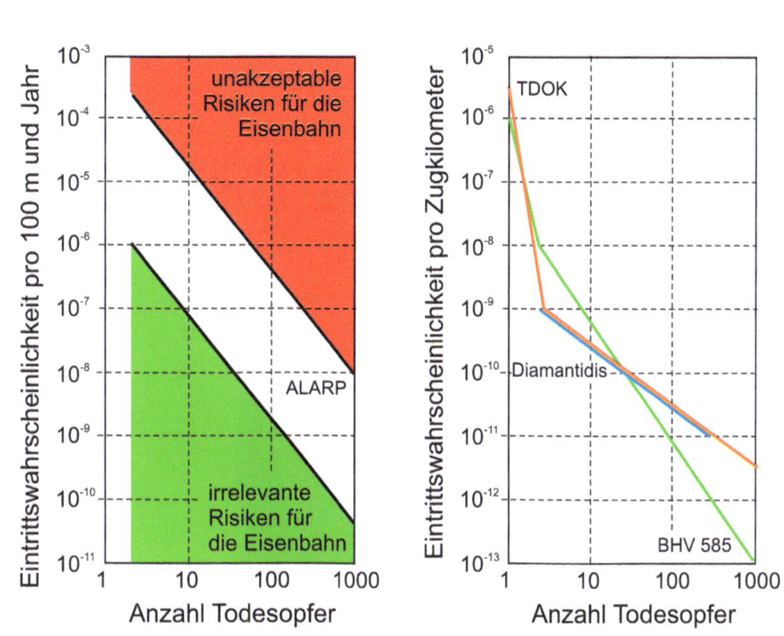

Abb. 3.67 Zielwerte für Eisenbahnen (Streckenbezogen)

Erläuterung der einzelnen Eingangsgrößen zur Ermittlung dieses Wertes, der in der Schweiz verwendet wird.

Aus den Zielkurven der F-N-Diagramme lassen sich auch Zielsterbewahrscheinlichkeiten bzw. zulässige Wahrscheinlichkeiten für das Versagen von technischen Systemen zurückrechnen. Diese Vorgehensweise wird im Folgenden an einem Beispiel vorgestellt. Dazu wird die Gleichung

$$P_S \leq \frac{C}{N^2} \tag{3.25}$$

umgeschrieben:

$$1 - f_N(N) < \frac{C_i}{N^2}. \tag{3.26}$$

Der Faktor C_i kann unter der Annahme, dass die Standardabweichung der Opferzahlen sehr viel größer als der Mittelwert ist und dass die Unfälle einer Bernoulli-Verteilung folgen, wie folgt festgelegt werden:

$$C_i = \left(\frac{\beta_i \cdot 100}{k \cdot \sqrt{N}}\right)^2. \tag{3.27}$$

Die Eingangsgrößen sind dann der Politikfaktor β_i, der für unfreiwillige Gefährdungen ohne persönlichen Nutzen bei 0,01 und bei absolut freiwilligen Gefährdungen mit direktem Nutzen bei 100 liegt, der Vertrauensbereich k, der üblicherweise bei 3 liegt und N als Anzahl der Opfer.

Mittels weiterer Umformungen erhält man:

$$E(N_{di}) + k \cdot \sigma(N_{di}) < \beta_i \cdot 100 \tag{3.28}$$

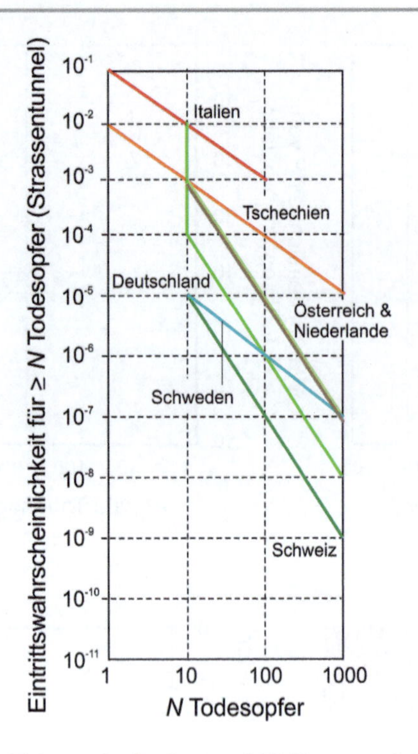

Abb. 3.68 Zielwerte für Straßentunnel (Wahlström et al. 2018)

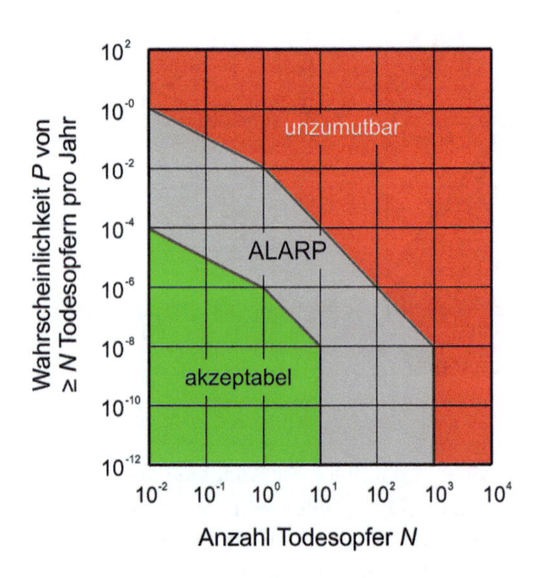

Abb. 3.69 Beispiel einer Zielkurve

mit $E(N_{\mathrm{di}})$ als Mittelwert und $\sigma(N_{\mathrm{di}})$ als Standardabweichung historischer Opferzahlen.

Die Anwendung dieser Formel soll an einem Beispiel erfolgen (Vrijling et al. 2001). Es handelt sich hierbei um die Abschätzung der Versagenswahrscheinlichkeit von Deichen in den Niederlanden. Die Hälfte der Niederlande liegt unterhalb des Meeresspiegels. Diese Fläche wird durch Deiche geschützt. Diese Deiche bilden etwa 40 Polder (N_{A}). Für die Beispielrechnung wird angenommen, dass in jedem Polder etwa eine Million Menschen leben (N_{Pi}). Bei der schweren Überflutung 1953 in den Niederlanden ertrank 1 % der Bevölkerung in den überfluteten Gebieten (P_{dli}). Basierend auf diesen Zahlen ergibt sich.

$$E(N_{di}) = N_A \cdot P_f \cdot P_{d|i} \cdot N_{Pi} = 40 \cdot P_f \cdot 0{,}01 \cdot 10^6 \quad (3.29)$$

$$\sigma^2(N_{di}) = N_A \cdot P_f \cdot (1 - P_f) \cdot (P_{d|i} \cdot N_{Pi})^2 = 40 \cdot P_f \cdot (1 - P_f) \cdot (0{,}01 \cdot 10^6)^2. \quad (3.30)$$

Diese Werte werden in

$$E(N_{di}) + k \cdot \sigma(N_{di}) < \beta_i \cdot 100 \quad (3.31)$$

eingesetzt. Damit ergibt sich:

$$E(N_{di}) + k \cdot \sigma(N_{di}) < \beta_i \cdot 100 \quad (3.32)$$

$$N_A \cdot P_f \cdot P_{d|i} \cdot N_{Pi} + 3 \cdot \sqrt{N_A \cdot P_f \cdot (1 - P_f)} \cdot P_{d|i} \cdot N_{Pi} = \beta \cdot 100. \quad (3.33)$$

Unbekannt ist allein die operative Versagenswahrscheinlichkeit P_f. Dieser Wert kann nach Umformung ermittelt werden.

$$P_f = \frac{3 \cdot \sqrt{P_f - P_f^2}}{\sqrt{N_A}} = \frac{\beta \cdot 100}{N_A \cdot P_{d|i} \cdot N_{Pi}} \quad (3.34)$$

Nach Einsetzen der bekannten Größen ergibt sich:

$$P_f = \frac{3 \cdot \sqrt{P_f - P_f^2}}{\sqrt{N_A}} = \frac{\beta \cdot 100}{40 \cdot 0{,}01 \cdot 10^6} \quad (3.35)$$

Es besteht abschließend noch die Aufgabe, den Wert β zu wählen (siehe Abb. 3.73). Tab. 3.59 gibt für verschiedene Aktionen in den Niederlanden β Werte an. In den Zeilen 6 bis 9 sind Berechnungsergebnisse einer Untersuchung verschiedener zukünftiger Transportmittel von Amsterdam nach Antwerpen dargestellt. Reale Werte finden sich in den Zeilen 1 bis 5.

3.10.6 Schlussfolgerungen

F-N-Diagramme, die letztendlich nichts anderes als eine kumulative Wahrscheinlichkeitsfunktion darstellen, sind ein erfolgreiches und häufig eingesetztes Werkzeug zur Risikoanalyse, zum Risikovergleich und zum Risikonachweis. Sie sind jedoch genauso wie jede statische Berechnung in ihrer Aussage eingeschränkt.

F-N-Diagramme können jedoch eine Vielzahl von Eigenschaften der untersuchten Systeme widerspiegeln, wie die Abb. 3.74 und 3.75 zeigen.

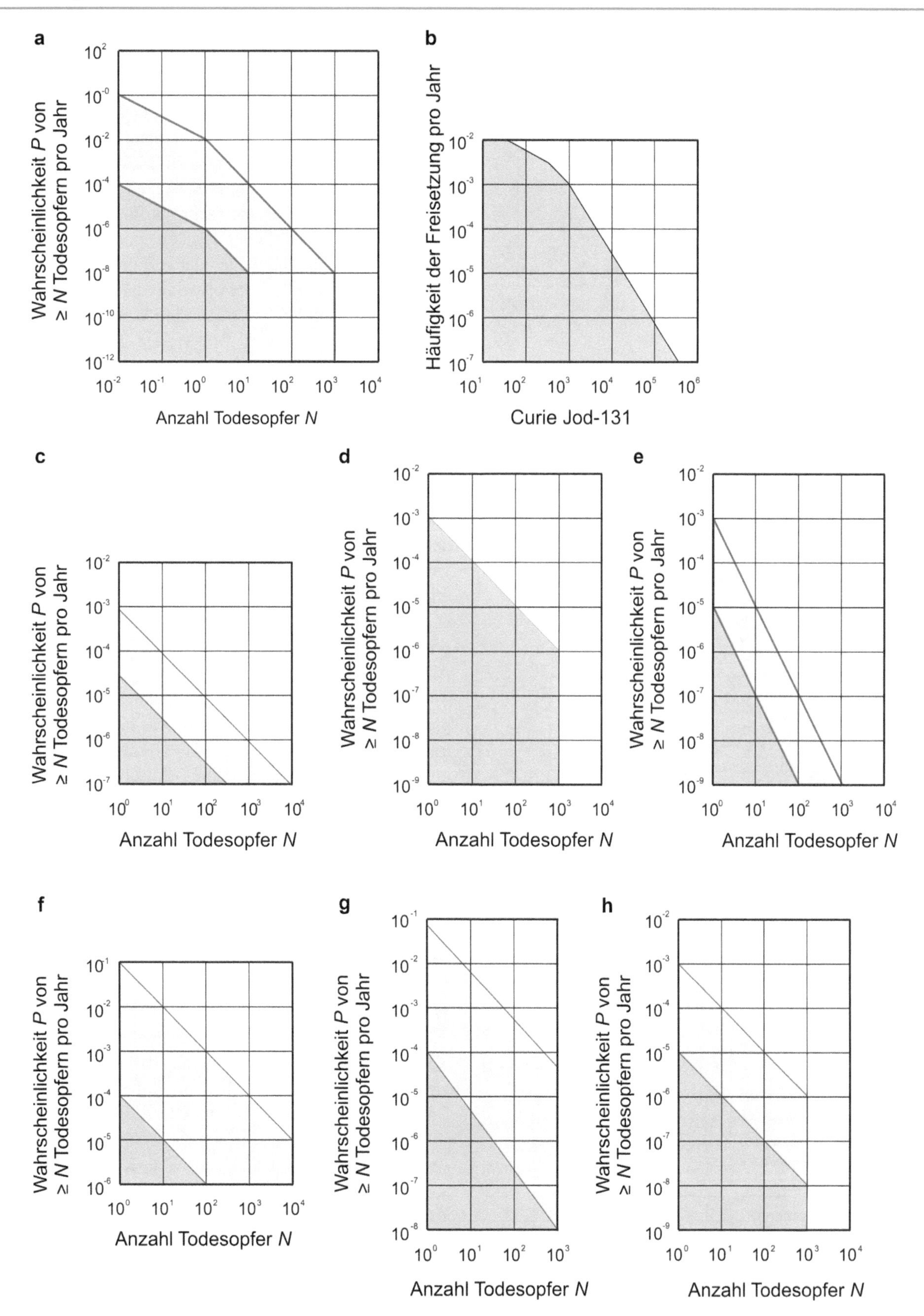

Abb. 3.70 Beispiele für Zielkurven, Teil 1: a) Groningen-Kurve 1978, b) Farmer-Kurve 1967, c) überarbeitete Kinchin-Kurve 1982, d) Hongkong 1988, e) Niederlande 80er Jahre, f) ACDS Großbritannien 1991, g) Großbritannien Erdölplattformen 1991, h) Hongkong 1993

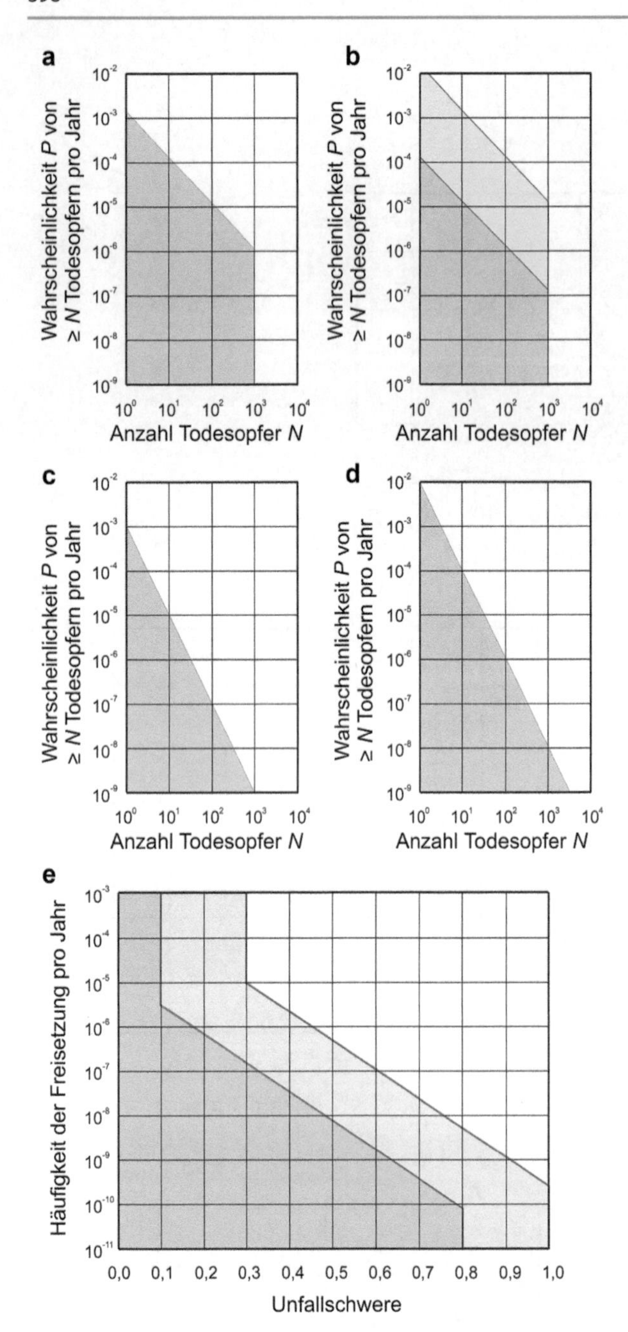

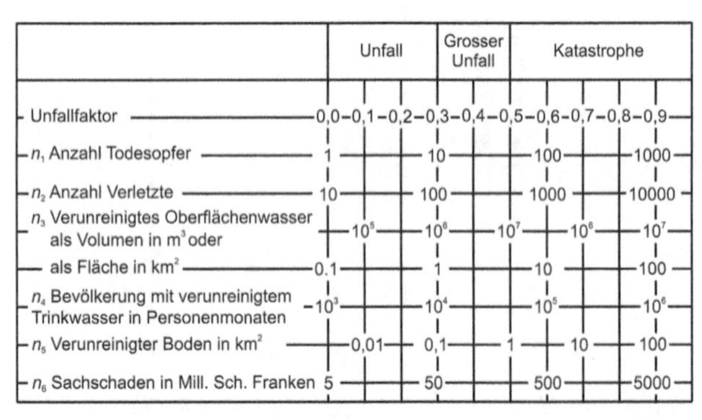

Abb. 3.71 Beispiele für Zielkurven, Teil 2: a) Hongkong Transport von Kraftstoffen 1997, b) Hongkong Transport von Chlorid 1997, c) Niederlande 1996, d) Niederlande Transport von Gefahrengütern 1996, Schweiz Transport von Gefahrengütern 1991/92

Es konnte gezeigt werden, dass die Zielmortalitäten und Zielwahrscheinlichkeiten des Versagens technischer Produkte als ein Sonderfall der *F-N*-Diagramme betrachtet werden können. Sie können daher durch die Diagramme erklärt werden. Auf der anderen Seite können *F-N*-Diagramme zwar zur Erklärung von Mortalitätswerten verwendet werden, weisen aber selbst einige Nachteile auf. *F-N*-Diagramme eignen sich sehr gut für den Vergleich von technischen und natürlichen Risiken, sind aber in ihrer Anwendung für gesundheitliche oder soziale Risiken begrenzt.

Um Probleme mit diesem Risikoindikator zu vermeiden, wurden sie weiter verbessert. Eine dieser Erweiterungen ist die Verwendung von *PAR*-Werten für die Achse der Schadenskonsequenzen. *PAR* (People At Risk) berücksichtigt nicht nur Todesfälle, sondern auch Menschen, die auf andere Weise betroffen sein können.

Eine weitere Änderung könnte die Verwendung von Indikatoren für Umweltschäden sein, z. B. die Zeit, die die Umwelt benötigt, um sich von einem Unfall zu erholen. Es könnte auch Energie zur Wiederherstellung eingesetzt werden. Hier hat man versucht, Verletzungen und Todesfälle in verlorene Energie umzuwandeln. Die äquivalente Energie eines Menschenlebens wurde mit 800 Billionen Joule ausgedrückt (Jonkman et al. 2003). Die Familie der *F-N*-Diagramme mit möglichen Einheiten für Schadensfolgen ist in Abb. 3.76 dargestellt.

Neben der Erweiterung des Risikoparameter *F-N*-Diagramms können auch alternative Risikoparameter in Betracht gezogen werden, um die Nachteile der *F-N*-Diagramme zu überwinden. Eine kritische Diskussion der Risikomatrizen und *F-N*-Diagramme findet sich z. B. bei Cox (2008).

3.11 Verlorenen Lebensjahre

3.11.1 Einleitung

Während die Mortalität (Abb. 3.77) und die Fatal Accident Rate als normierte Mortalität individuelle Risiken abbilden, werden durch die *F-N*-Diagramme Risiken für Menschengruppen abgebildet, weil die Verteilung der Schwere von Unfällen berücksichtigt wird. Alle drei Parameter sagen aber nichts darüber aus, in welchem Alter die betroffenen Personen waren. Ein Unfall, der viele Kinder betrifft, wird in der Regel von der Öffentlichkeit anders wahrgenommen als ein Unfall, der z. B. ältere Menschen trifft. Dieser subjektiv wahrgenommen Unterschied hat nichts mit dem Wert eines Menschenlebens zu tun, auf das wir später noch zu sprechen kommen. Er hat vielmehr damit etwas zu tun, dass das menschliche Leben, zumindest beim heutigen Stand der Technik, endlich ist und dass wir den Tod eines

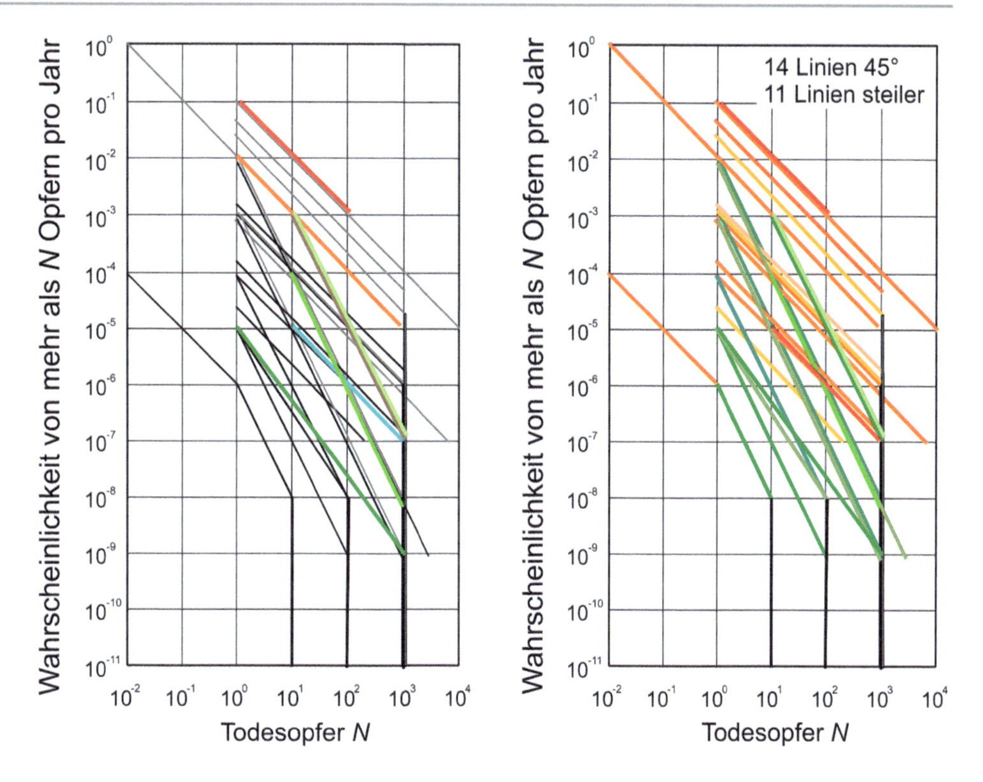

Abb. 3.72 Zusammenführung aller Ziellinien links (Linien aus den Abb. 3.69, 3.70, 3.71) und farbliche Markierung des Winkels rechts (45° Winkel rot/gelb/orange und steiler grün)

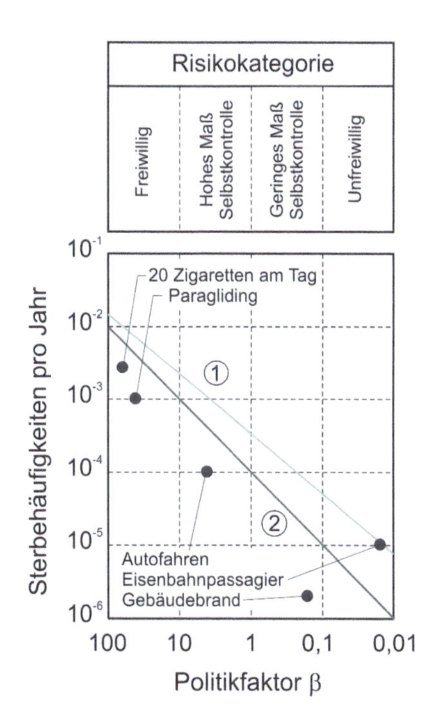

Abb. 3.73 Festlegung des Politikfaktors β in Abhängigkeit von Sterbehäufigkeiten pro Jahr (Jonkman et al. 2003), ① nach Bohnenblust (1998), ② nach TAW (1988)

älteren Menschen als natürlich und damit unvermeidbar ansehen.

Aus diesem Grund erscheint die Einführung eines Risikoparameters sinnvoll, der das Alter der Menschen für ein gewisses Risiko, hier eine gewisse Exposition gegenüber Krankheiten, Unfällen etc., berücksichtigt. Die Berücksichtigung gelingt mit dem Konzept der Verlorenen Lebensjahre. Dabei wird der Verlust an Lebenszeit, bezogen auf die mittlere Lebenserwartung, manchmal auch auf ein Standardlebensalter, z. B. 65 Jahre, berechnet. Man spricht hier auch von vorzeitiger Sterblichkeit. Das Konzept der Verlorenen Lebensjahre kann z. B. für ein Risiko mit wenigen jungen Todesopfern und vielen älteren Todesopfern den gleichen Wert erreichen.

Das Konzept der Verlorenen Lebensjahre hat insbesondere durch die regelmäßigen Veröffentlichungen in der Zeitschrift Lancet zum Global Burden of Disease einen erheblichen Bekanntheitsgrad erreicht (Foreman et al. 2018; Taksler et al. 2017).

3.11.2 Geschichte

Das Konzept der Verlorenen Lebensjahre wird seit ca. 50 Jahren in der Epidemiologie diskutiert und verwendet. (Bardehle und Annuß 2016).

Ausgangspunkt für die Entwicklung und Verwendung der Qualitätskorrigierten Lebensjahre (QALY) sind Arbeiten von Klarman et al. (1968), Fanshel & Bush (1970), Bush et al. (1972) und Torrance et al. (1972). Die erste schriftliche Anwendung des Begriffes wird Bush et al. (1972) bzw. Zeckhauser und Shephard (1976) zugeschrieben. Klarman et al. (1968) verwendeten eine subjektive Anpassung der Lebensjahre.

Tab. 3.59 Eingangsdaten für die Berechnung der Opferzahlen (Vrijling et al. 2001)

		I	II	III	IV	V	VI	VII
	Transportmittel	N_A	P_{fi}	N_{pi}	$E(N_{di})$	$\sigma(N_{di})$	$E(N_{di}) + k \cdot \sigma(N_{di})$	β
1	Flughafen Schiphol (NL)	$1{,}9 \cdot 10^6$	$5 \cdot 10^{-7}$	50	4,5	15,0	49,5	0,5
2	Flugzeug fliegen (NL)	$1{,}8 \cdot 10^6$	$5 \cdot 10^{-7}$	200	18,0	60,0	198,0	2,0
3	Auto fahren (NL)	$4 \cdot 10^6$	0,1		972,0	30,8	1064,4	10,6
4	Gefahrengütertransporte (NL)							0,1
5	Dämme (NL)	40	0,01	10^6			1937,0	19,4
6	Auto (Amsterdam-Antwerpen)				7,1	2,7	15,0	0,15
7	Flugzeug (A.-A.)				0,3	4,1	13,0	0,13
8	Zug (Amsterdam-Antwerpen)				0,05	0,4	1,3	0,013
9	Hochgeschwindigkeitszug				0,03	0,4	1,3	0,013

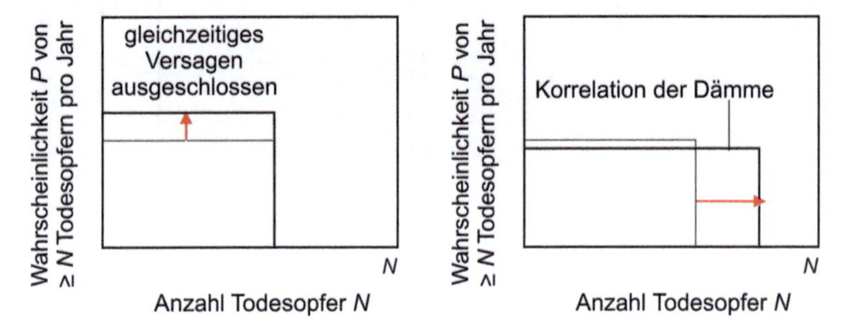

Abb. 3.74 Verschiebung der Kurve in Abhängigkeit der Eigenschaften eines Systems (Jonkman et al. 2011a, b)

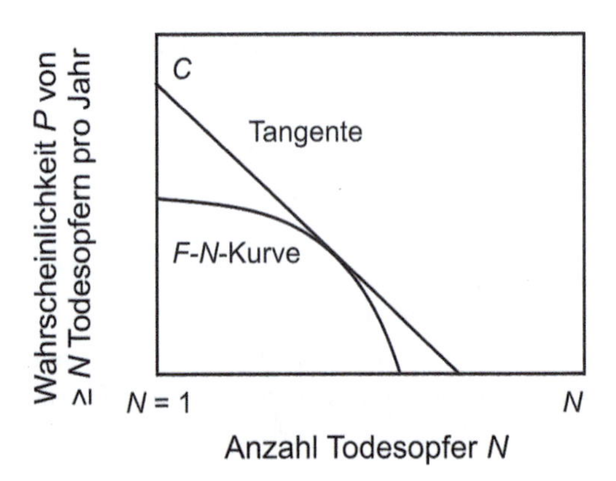

Abb. 3.75 Eigenschaften der Kurve (Jonkman et al. 2011a, b)

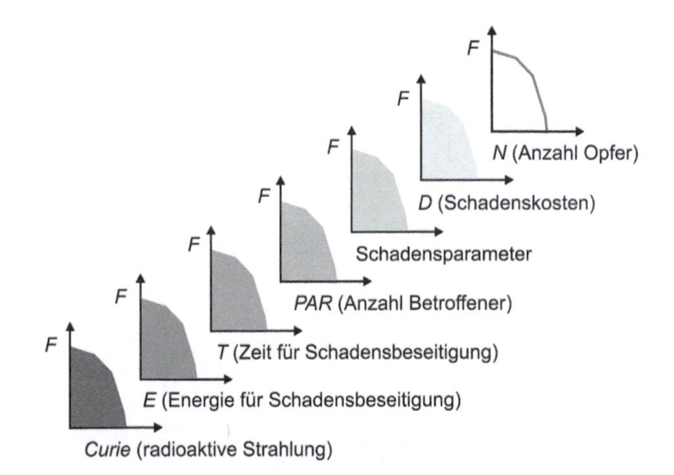

Abb. 3.76 Die Familie der F-N-Diagramme im weitesten Sinne

Der große Erfolg des Parameters geht auf die frühzeitige Anwendung des Parameters bei der Kommunikation mit Politikern zurück.

In den 1980er Jahren erstellte Pliskin et al. (1980) die theoretischen Grundlagen für die QALY. Die Autoren zeigten, dass Agenten (Kranke) einen maximalen Nutzen aus dem Produkt von Lebenszeit und Gesundheitszustand suchen.

Weitere Hintergründe zur Geschichte der QALY findet sich bei MacKillop und Sheard (2018), Sassi (2006) oder Sorenson et al. (2008). In der letzteren Arbeit findet sich ein Vergleich der Entwicklung und Anwendung des QALY Konzepts in verschiedenen Ländern.

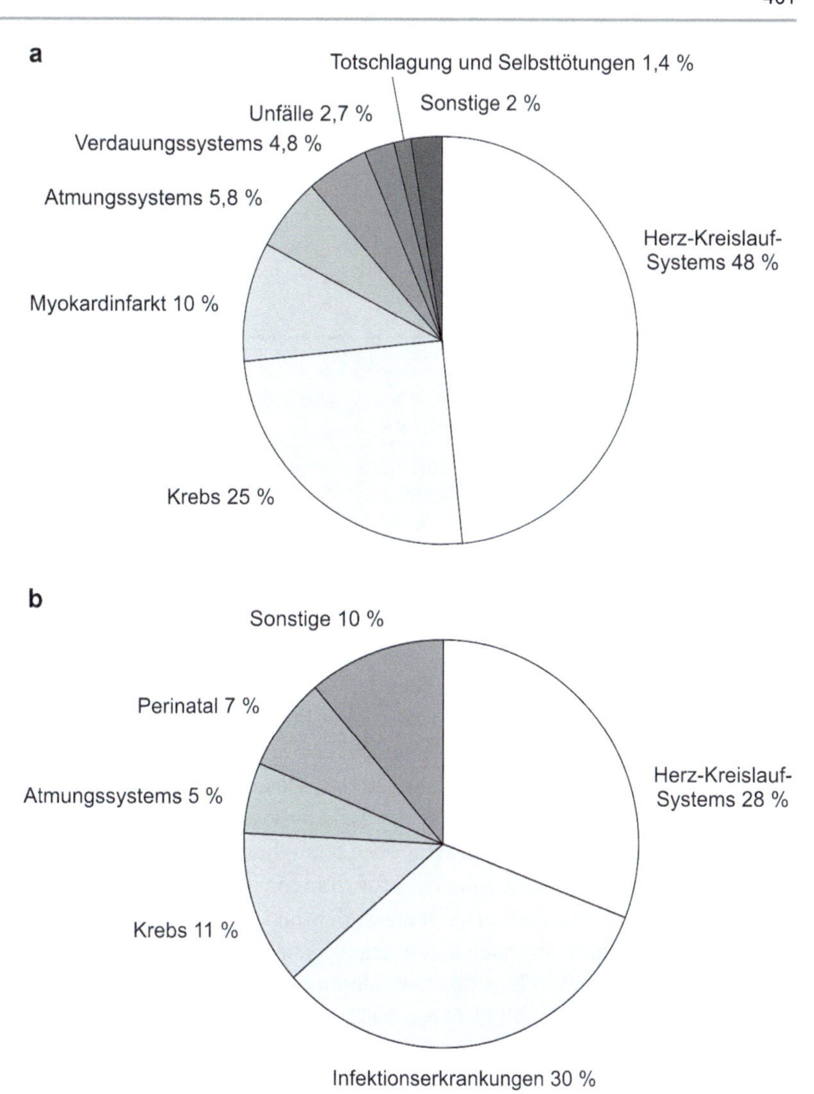

Abb. 3.77 Todesursachen in einem entwickelten Industrieland und in einem Entwicklungsland

3.11.3 Berechnung

Bei der Berechnung wird die Lebenserwartung mit einem Risiko und eine Lebenserwartung ohne dieses Risiko berechnet:

$$LLY = e^* - e \tag{3.36}$$

mit e* als durchschnittliche Lebenserwartung ohne ein bestimmtes Risiko und e als durchschnittliche Lebenserwartung mit einem bestimmten Risiko. Im Konzept der Verlorenen Lebensjahre (Lost Life Years) werden auch andere Begriffe wie Verlorene Lebensjahre (Years of Life Lost) oder Verlorene Lebenserwartung (Lost Life Expectancy) verwendet, wie in Abb. 3.78 gezeigt.

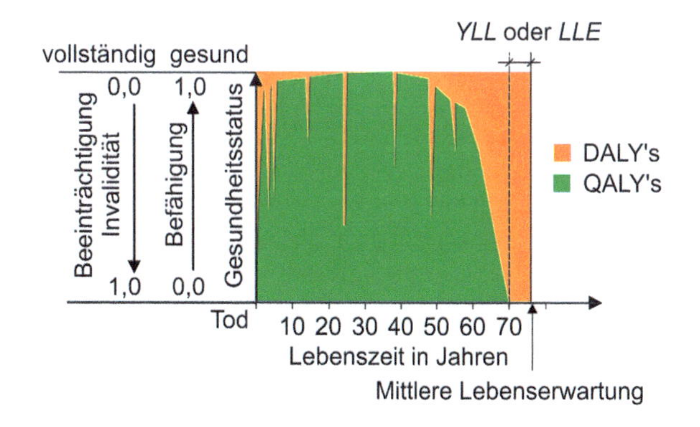

Abb. 3.78 Grafische Darstellung des Gesundheitsprofiles eines Menschen über seine Lebenszeit und Darstellung der Qualitätskorrigierten Lebensjahre (QALY) und Beeinträchtungs korrigierten Lebensjahre (DALY) in Anlehnung an Hofstetter und Hammitt (2001)

Darüber hinaus erlaubt das Konzept die Einführung der Morbidität in den Risikoparameter. Dies ist nicht selten

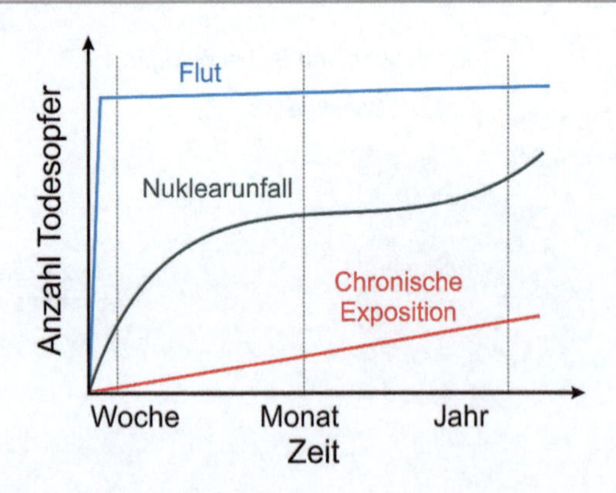

Abb. 3.79 Zeitliche Entwicklung der Todesopferzahlen nach Jonkman (2007); das Diagramm gibt nur Aufschluss über die Funktionsform, nicht über die absolute Anzahl der Opfer

erforderlich, da nicht alle Risiken kurzfristig zum Tode führen. Abb. 3.79 zeigt die zeitliche Entwicklung der Todesfälle für verschiedene Risikoarten.

Abb. 3.78 zeigt, dass nicht nur der Unterschied in der Lebenserwartung numerisch berücksichtigt werden kann, sondern auch Zeiten von Krankheiten und Beeinträchtigungen. In dieser Abbildung ist das Gesundheitsprofil eines Menschen im Laufe seines Lebens visualisiert (dunkelgrau). Es gibt einige Unfälle oder Krankheiten, die zu einem Abfall des Gesundheitsprofils führen, z. B. im Alter von 15 oder 24 Jahren. Das Integral der dunkelgrauen Fläche gibt die qualitätsangepassten Lebensjahre (QALY) an, während das helle Grau die behinderungsangepassten Lebensjahre (DALY) angibt. Diese Verluste können numerisch zu den verlorenen Lebensjahren addiert werden. (Hofstetter und Hammitt 2001).

Einige numerische Beispiele für Behinderungswerte sind in Tab. 3.60 für einige Krankheiten und in Tab. 3.61 für einige Umweltstressoren, die verschiedenen Krankheiten verursachen, aufgeführt. Betrachtet man die etwa 15 Mio. Lebensjahre in den Niederlanden, so gehen etwa 400.000 Lebensjahre durch Umweltstressoren wie Ozon, Blei, Lärm und Luftverschmutzung verloren (Tab. 3.61). Solche Konzepte wurden bereits in den 1970er Jahren von Kaplan et al. (1976) eingeführt.

In der Medizin kennt man den mittleren Verlust an Lebensjahren in Altersgruppen, die Verlorenen Lebensjahre zwischen 1 und 65 Jahren und den standardisierte Verlust an Lebensjahren pro 100.000 Einwohnern (Bardehle und Annuß 2016).

Bisher wurde die Berechnung nur am Tod und an der mittleren Lebenserwartung ausgerichtet. Der große Vorteil des Konzeptes der Verlorenen Lebenszeit ist aber die explizite Berücksichtigung von Erkrankungen und Gesundheitseinschränkungen (Morbidität). In praktisch keinem anderen Risikoparameter können Verletzungen und Erkrankungen berücksichtigt werden, wie im Konzept der Verloren Lebensjahre. Dazu werden die Lebensjahre auf den Zustand der Gesundheit kalibriert. Man spricht dann von

Tab. 3.60 Grad der Beeinträchtigung nach Murray und Lopez (1997) und Perenboom et al. (2004)

Art der Behinderung	Grad der Beeinträchtigung
Vitiligo im Gesicht	0,020
Wässrige Diarrhöe	0,021–0,120
Schwere Halsschmerzen	0,021–0,120
Radiusfraktur bei steifem Gips	0,0121–0,240
Rheumatoide Arthritis	0,0121–0,240
Amputation unterhalb des Knies	0,241–0,360
Gehörlosigkeit	0,241–0,360
Geistige Retardierung	0,361–0,500
Unipolare schwere Depression	0,501–0,700
Blindheit	0,501–0,700
Querschnittslähmung	0,501–0,700
Aktive Psychose	0,701–1,000
Demenz	0,701–1,000
Schwere Migräne	0,701–1,000
Quadriplegie	0,701–1,000
Größere Probleme bei der Durchführung von Aktivitäten des täglichen Lebens	0,11–0,65

- Qualitätskorrigierten Lebensjahren (Quality Adjusted Life Years: QALY's),
- Behinderungsbereinigten Lebensjahren (Disability Adjusted Life Years: DALY's),
- Gesundheitserwartung (Health Years Equivalent: HYE) und
- Behinderungsfreie Lebenserwartung (BFLE).

Ein Qualitätskorrigiertes Lebensjahre entspricht einem Lebensjahr bei vollständiger Gesundheit. Die Gesundheit wird mit Werten zwischen eins, vollständiger Gesundheit, und null, Tod, angegeben (Andersen et al. 2013).

3.11.4 Beispiele

Auf globaler Ebene gehen etwa 1,4 Mrd. Lebensjahre durch Krankheiten verloren, was etwa 259 Lebensjahren pro 1000 menschlichen Lebensjahren entspricht. Dies ist ein recht hoher Wert (etwa 25 %). Geografisch unterscheiden sich die Werte erheblich. Während in den entwickelten Ländern etwa 117 DALYs im Vergleich zu 1000 Einwohnerjahren verloren gehen, sind es in China 178 DALYs im Vergleich zu 1000 Einwohnerjahren, in Indien sind es etwa 344 pro 1000 und in einigen afrikanischen Ländern 574

Tab. 3.61 DALY's und QALY's für verschiedene Risiken aus Umweltverschmutzungen (Hofstetter und Hammitt 2001)

Umweltrisiko	Gesundheitsschädigung	Neue Fälle pro Jahr	Krankheitsfaktor	DALYs in Jahren	Δ QALY in Jahren
Luftverschmutzung	Gesamtsterblichkeit durch Luftverschmutzung	7114	1	77.543	77.543
	Tod durch Herz-Kreislauf-Erkrankung	8041	1	65.936	65.936
	Lungenkrebs	439	1	5707	5707
	Chronische Lungenerkrankung bei Kindern	10.138	0,17	1723	1419
	Chronische Bronchitis bei Erwachsenen	4085	0,31	1266	572
	Gesamt			152.176	151.177
Ozon	Sterblichkeit durch Erkrankungen der Atemwege	198	0,7	35	50
	Sterblichkeit durch Herz-Kreislauf-Erkrankung	1946	0,7	341	487
	Tödliche Lungenentzündung	751	0,7	131	188
	Andere Todesursachen	945	0,7	165	236
	Krankenhausaufenthalt Erkrankung der Atemwege	4490	0,64	109	75
	Erkrankung der Atemwege, ambulante Behandlung	30.840	0,51	519	519
	Gesamt			1300	1554
Blei	Neurokognitive Störungen	1764	0,06	7409	7409
Lärm	Psychologische Störungen	1.767.000	0,01	17.670	159.030
	Schlafstörungen	1.030.000	0,01	10.300	82.400
	Einweisung in Krankenhaus	3830	0,35	51	64
	Tod durch IHD	40	0,7	7	10
	Gesamt			28.028	241.504
Ozonloch	Hautkrebserkrankung	24	0,1	17	50
	Tod durch Hautkrebs	7	1	161	161
	Basaliom	2150	0,053	24	24
	Schuppen	340	0,027	14	14
	Andere Todesursachen	13	1	263	263
	Gesamt			478	511
Gesamt				189.390	402.155

DALYs im Vergleich zu 1000 Einwohnerjahren. Die um Behinderungen bereinigten Lebensjahre können nicht nur auf einige geographische Regionen, sondern auch auf bestimmte Krankheiten und andere Ursachen zurückgeführt werden. Beispielsweise führt AIDS zu 30 Mio. verlorenen Lebensjahren, was etwa 2,2 % der weltweiten Krankheitslast ausmacht, und TBC verursacht den Verlust von 46 Mio. Lebensjahren, was 3,4 % der weltweiten Krankheitslast ausmacht. (Lopez et al. 2004).

Die Abb. 3.80–3.82 zeigen die Verlorenen Lebensjahre regional und in Verbindung mit dem sozio-ökonomischen Status der Länder und Regionen.

Neben Krankheiten können mit diesem Risikomaß jedoch auch andere Ursachen für den Verlust von Leben ausgedrückt werden. Tab. 3.62 enthält einige Daten und Abb. 3.83 visualisiert Teile dieser Daten.

Die Leipziger Volkszeitig (2008) zeigte die Verlorene Lebenszeit pädagogisch sehr geschickt in Form eines „Spiel mit der Lebenszeit“. Man erhielt die durchschnittliche Lebenszeit als Startwert und je nach Lebensweise (Rauchen, Alkohol, Schlafmangel) wurden Jahre abgezogen oder addiert.

Abb. 3.84 zeigt sehr schön die unterschiedliche Reihenfolge von Todesursachen bei Verwendung von Mortalitäten und Verlorenen Lebensjahren.

Die Berechnungen Verlorener Lebensjahre kann man relativ einfach prüfen. Cohen (1991) gibt eine Näherungsformel für die Ermittlung der Verlorene Lebensjahre (LLY)

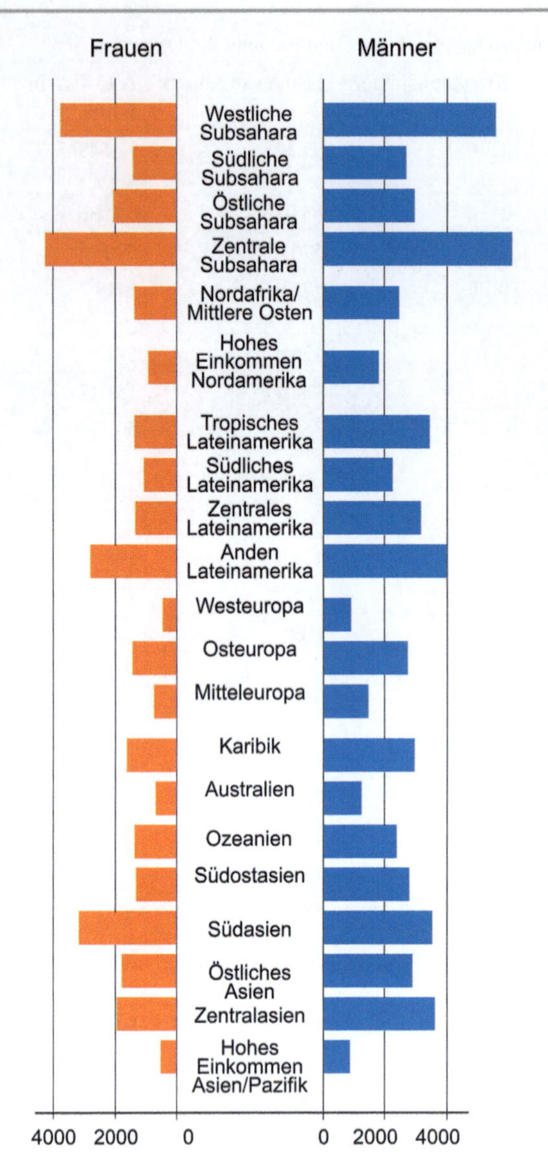

Abb. 3.80 Einschränkungskorrigierte Lebensjahre für verschiedene Erdregionen nach Geschlecht (Lancet 2018)

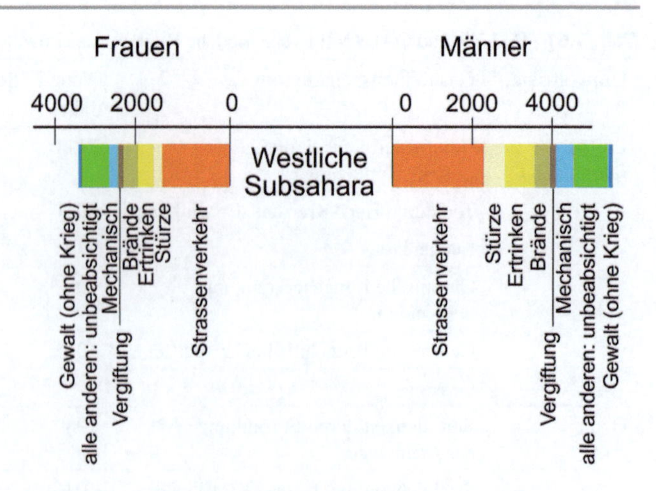

Abb. 3.81 Einschränkungskorrigierte Lebensjahre für die westliche Subsahara-Region nach Geschlecht mit detaillierten Ursachen (Lancet 2018)

an: LLY = 1,1 × 10^6 Tage × r mit r als zusätzlicher Mortalität. Für Gebäudeeinstürze wird z. B. eine Mortalität von 10^{-7} angegeben, für Brückeneinstürze von 10^{-8}. Damit ergibt sich für Gebäude LLY = 1,1 × 10^6 Tage × 10^{-7} = 0,11 Tage und für Brücken LLY = 1,1 × 10^6 Tage × 10^{-8} = 0,011 Tage. Der erste Wert stimmt relativ gut mit den Werten in Tab. 3.62 (0,096 bis 0,24) überein.

Weiterhin kann man die Berechnungen über Verhältniswerte prüfen. So gibt Lancet (2018) einen Verlust von ca. 10 Mio. Verlorenen Lebensjahren für Unfälle durch mechanische Einwirkungen (ohne Waffen) und ca. 2,2 Mio. Verlorene Lebensjahre für Vergiftungen aller Art als Absolutwerte an. Das entspricht einem Verhältnis von ca. 4:1.

Tab. 3.62 zeigt ein Verhältnis von ca. 2,5:1 für Bauwerksversagen und Gifttiere und -pflanzen (0,19 zu 0,08). Das Verhältnis erscheint nicht unplausibel.

Es sei hier erwähnt, dass die weltweite jährliche Zahl von Unfällen, die eine medizinische Versorgung erfordern, bei knapp einer Milliarde liegt.

3.11.5 Zielwerte

Verlorene Lebensjahre werden in der Regel nur als relative Werte verwendet. Es gibt allerdings bestimmte Fachbereiche, in denen Verlorene Lebenstage als Zielkriterium verwendet werden, z. B. im Arbeitsschutz. Dort werden Funktionen der Eintrittswahrscheinlichkeit und der Tage Arbeitsausfall bestimmt und Zielwerte festgelegt. (Rodrigues et al. 2015).

3.11.6 Schlussfolgerungen

Betrachtet man die Hauptursachen für den Verlust der Lebenserwartung gemäß dem Konzept der Verlorenen Lebensjahre genau, so findet man vor allem soziale Risiken, z. B. ein Leben in Armut, alleinstehend sein (siehe dazu auch Spitzer 2019), vorzeitiger Schulabbruch oder eine Kindheit ohne Eltern. Hinzu kommt die Alkoholabhängigkeit, die ebenfalls einfach eine Folge eines sozialen Ungleichgewichts sein kann. Die ersten Krankheiten in Tab. 3.62 könnten einerseits mit einer scheinbaren Homogenisierung der Todesursachen aufgrund der generellen Verschiebung zum höheren Alter zusammenhängen, andererseits aber auch auf soziale Ursachen hinweisen (siehe Abb. 3.77).

Generell kann man, wenn man die Ergebnisse aus den Daten der verlorenen Lebensjahre zusammenfasst, fest-

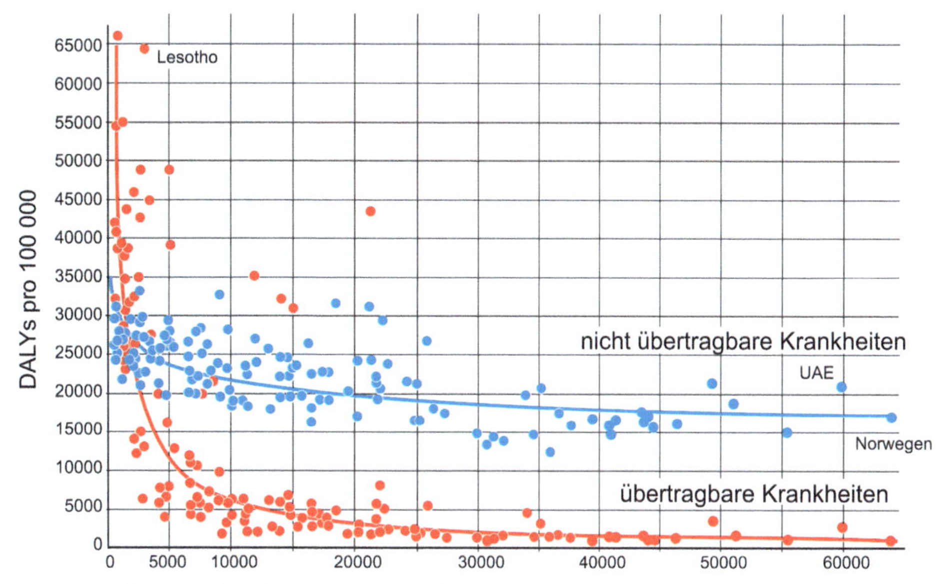

Abb. 3.82 DALYs pro 100.000 Einwohner und bezogen auf das Bruttonationaleinkommen pro Einwohner für übertragbare und nichtübertragbare Krankheiten (Sterck et al. 2018)

stellen, dass die Lebensweise der Menschen ihr Risiko definiert. Mit anderen Worten: Die Berücksichtigung der Lebensqualität ist ein Muss für Risikobewertungen. Diese „Lebensqualität" ist jedoch ein Begriff, der eine starke subjektive Komponente hat. Daher wird im nächsten Kapitel zunächst die subjektive Risikobeurteilung diskutiert, während im übernächsten Kapitel der Versuch fortgesetzt wird, Lebensqualität in Maßen darzustellen.

3.12 Zusammenfassung

Die hier vorgestellten Risikoparameter geben einen Einblick über ihre Möglichkeiten und Anwendung. Vereinfacht kann man sagen, dass praktisch alle im Kap. 2 genannten Gefährdungen, Technologien, Handlungen und Szenarien durch die Parameter abgedeckt werden können. Die Parameter decken nicht nur thematisch ein sehr breites Spektrum ab, sondern auch hinsichtlich der Anforderungen für ihre Anwendung. Manche Parameter erfordern praktisch keine Rechnung, sondern rein subjektive Bewertungen. Andere, wie z. B. die *F-N*-Diagramme erfordern umfangreichere Berechnungen. Die Parameter decken verschiedene Aspekte der Risiken ab, so dass die Schwächen eines Risikoparameters durch einen anderen abgefangen werden können. Zwei, drei Punkte bleiben jedoch offen:

1. Risikobewertungen erfolgen immer mindestens teilweise subjektiv. So, wie die Kompetenz bei der Einstellung von Personal oder der Suche nach Experten das wichtigste Entscheidungskriterium ist, wir aber in der Regel nicht die Kenntnisse haben, um die Kompetenz zu bewerten und uns also eine wahrgenommene Kompetenz aufbauen, so erfolgt die Risikobewertung auf einem wahrgenommenen Risiko. Heute spricht man teilweise von Perceived Safety.
2. Entscheidungen im Allgemeinen und Risiken im Speziellen berücksichtigen immer auch Chancen. Die bisher genannten Risikoparameter können Chancen aber nicht abbilden. Damit bleibt das Gesamtbild beschränkt. Man spricht deshalb auch von risikoinformierten und nicht risikobasierten Entscheidungen.
3. Die bisher vorgestellten Verfahren sind alle statistisch-mathematisch und damit rückblickend ausgerichtet, auch wenn die Versagenswahrscheinlichkeiten bzw. Risikobewertungen in technischen Anlagen prognostisch ausgerichtet sind. Wenn die Stichprobenumfänge zu klein sind, Stichwort low probability – high consequence Ereignisse, dann können schwerwiegende Ereignisse unter Umständen gar nicht auftauchen. Damit besitzt die Risikobewertung dann einen erheblichen systematischen Fehler. Manche Verfasser gehen davon aus, dass für solche Ereignisse das klassische Risikokonzept nicht anwendbar ist. Ehrlicherweise muss man aber dazusagen, dass praktisch alle potenziellen Ereignisse eigentlich bekannt waren. So war der Flugzeuganprall gegen das World Trade Center nicht das erste Ereignis. Auch schwere Unfälle mit Kernreaktoren waren lange vor den Ereignissen in Three-Mile-Island bekannt.

Neben die hier vorgestellten Risikoparametern, die allein Mortalitäten heranziehen, kann man Risiken auch über andere Formen darstellen, z. B. über Sterbeorte. Tab. 3.63 listet solche Sterbeorte auf.

Tab. 3.62 Beispiele verlorener Lebenserwartung in Abhängigkeit von Handlungen, Situationen und Krankheiten Cohen 1991, Cohen und Lee 1979, James 1996 und Covello 1991)

Tätigkeit/Ursache	Tage verlorener Lebenserwartung
Alkoholismus	4000
Unverheiratete Mann	3500
45 % Übergewicht	3276
Armut (Frankreich)	2555–3650
1 Schachtel Zigarette pro Tag	2200
Herz- und Gefäßerkrankungen	2043
Geringe soziale Bindungen	1642
Herzkrankheiten	1607
Unverheiratete Frau	1,600
Krebs allgemein	1247
35 % Übergewicht	964
Verlust beider Elternteile in der Kindheit	803
25 % Übergewicht	777
Arbeitslosigkeit	500
Lungenentzündung (Ghana)	474
Malaria (Ghana)	438
Unfälle (1988)	366
Unfälle (1990)	365
Diarrhöe (Ghana)	365
Krebs der Atmungsorgane	343
Arbeitsunfälle in der Landwirtschaft	320
15 % Übergewicht	303
Krebs der Verdauungsorgane	269
Zerebrovaskuläre Erkrankungen	250
Arbeitsunfälle im Bauwesen	227
Autounfälle (1988)	207
Autounfalle (1990)	205
Tuberkulose (Ghana)	182
Arbeitsunfälle im Bergbau	167
Chronische Lungenerkrankungen	164
Arbeitsunfälle im Transportgewerbe	160
Unfälle außer Autounfall (1990)	158
Selbsttötung	115
Verlust eines Elternteiles in der Kindheit	115
Krebs der Harnblase	114
Krebs im Genitalbereich	113
Bergsteigen (häufig)	110
Brustkrebs	109
Lungenentzündung	103
Mord	93

(Fortsetzung)

Tab. 3.62 (Fortsetzung)

Tätigkeit/Ursache	Tage verlorener Lebenserwartung
Krebs allgemein (Ghana)	91
Autounfälle mit Zusammenstoß	87
Diabetes	82
Lebererkrankungen	81
Unfälle in Wohnungen allgemein	74
Autounfälle ohne Zusammenstoß	61
Arbeitsunfälle	60
Unfälle in der Öffentlichkeit	60
Jogging	50
Leukämie	46
Nierenentzündungen	41
Arbeitsunfälle im produzierenden Gewerbe	40
Autounfall mit Fußgänger	36
Emphysem	32
Stürze	28
Erstickung	28
Arbeitsunfälle im Dienstleistungssektor	27
Hang gliding	25
Parachuting	25
Arterienverkalkung	24
Ertrinken	24
Strom- und Benzineinsparung (kleinere Autos)	24
Krebs im Mundbereich	22
Vergiftung mit festen und flüssigen Giften	20
Feuer allgemein	20
Brände in Wohnungen	17
Vergiftung in Wohnungen (fest + flüssig)	16
Autounfall gegen feste Objekte	14
Stürze in Wohnungen	13
Geschwüre	11,8
Asthma	11,3
Bergsteigen für die Gesamtbevölkerung	10
Erstickungen in Wohnungen	9,1
Segeln	9
Profiboxen	8
Bronchitis	7,3
Tauchen (Amateur)	7
Unfälle mit Feuerwaffen	6,5
Unfälle an Maschinen	6,5
Erschlagen durch fallende Objekte	6
Autounfall mit Fahrradfahrer	5,7

(Fortsetzung)

Tab. 3.62 (Fortsetzung)

Tätigkeit/Ursache	Tage verlorener Lebenserwartung
Tuberkulose	4,7
Gallenblasenerkrankungen	4,7
Stromschlag	4,5
Ertrinken in Wohnungen	4,2
Vergiftung mit gasförmigen Giften allg	4
Unfälle mit Waffen in Wohnungen	3,8
Flugzeug fliegen	3,7
Nahrungsmangel	3,5
Hepatitis	3,3
Schiffsverkehr	3,3
Vergiftung in Wohnungen (gasförmig)	2,6
Autounfall mit Zug	2,5
Grippe	2,3
Unfälle mit Waffen in der Öffentlichkeit	2,2
Schneemobil fahren	2
Wetterbedingte Verkehrsunfälle	1,8
Explosionen	1,6
Eisenbahnverkehr	1,3
Blinddarmentzündung	1,2
Extreme Kälte	1,0–2,1
Stürme und Fluten	0,9
Wandern	0,9
Tornados	0,8
Blitze	0,7–1,1
Unfälle mit Messern oder Rasiergeräten	0,7
Extreme Hitze	0,6–0,7
American Football (Hochschule)	0,6
Verletzungen durch Tiere	0,6
Giftige Tiere und Pflanzen	0,5
Rennskifahren	0,5
Trinkwasser in Florida	0,5
Flut	0,4
Giftige Tiere (Bienen, Wespen, Hornissen)	0,4
Gift von Tieren und Pflanzen (allgemein)	0,4
Hurrikan	0,3
American Football (Gymnasium)	0,3
Erdbeben	0,2
Tsunami	0,15
Erdbeben und Vulkane	0,13
Gebratenes Fleisch	0,125
Bisse von Hunden	0,12
Giftige Tiere (Schlangen, Spinnen)	0,08

(Fortsetzung)

Tab. 3.62 (Fortsetzung)

Tätigkeit/Ursache	Tage verlorener Lebenserwartung
Atomkraftwerk	0,05
Schwerer Reaktorunfall (NRC)	0.02
PAP Test	−4
Airbags in PKWs	−50
Sicherheitserhöhungen 1966–1976	−110
Mobile Coronary Care Units	−125

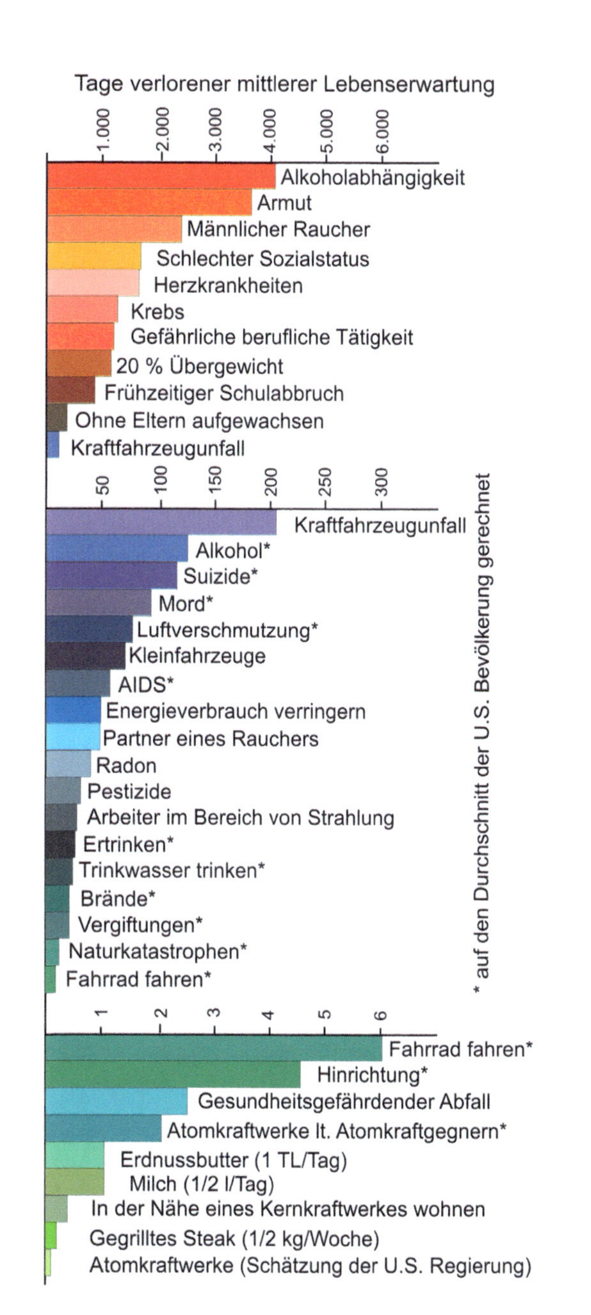

Abb. 3.83 Verlorene Lebenstage nach Cohen (1991)

lfd Nr.	Todesursache	Todesfälle	lfd. Nr.	Todesursache	YLL
1	ischämische Herzkrankheit	169 349	1	ischämische Herzkrankheit	1 710 791
2	Schlaganfall	65 218	2	Lungenkrebs	945 651
3	Demenzen	56 100	3	Schlaganfall	628 518
4	Lungenkrebs	55 032	4	chronisch obstruktive Lungenerkrankung	524 237
5	chronisch obstruktive Lungenerkrankung	43 538	5	Darmkrebs	457 692
6	Darmkrebs	34 156	6	chronische Lebererkrankungen	418 522
7	hypertensive Herzkrankheit	32 227	7	Demenzen	392 045
8	chronische Nierenerkrankung	27 741	8	Brustkrebs	362 538
9	Diabetes mellitus	25 720	9	Selbstschädigung	350 986
10	untere Atemwegsinfektionen	24 611	10	Pankreaskrebs	326 491
11	Brustkrebs	22 792	11	Diabetes mellitus	271 310
12	Vorhofflimmern und -flattern	22 238	12	untere Atemwegsinfektionen	219 500
13	Pankreaskrebs	21 963	13	hypertensive Herzkrankheit	217 412
14	Stürze	21 502	14	Alkoholkonsum-induzierte Störungen	209 627
15	chronische Lebererkrankungen	19 531	15	chronische Nierenerkrankung	208 191
16	Prostatakrebs	17 848	16	Stürze	204 703
17	nichtrheumatische Herzklappenerkrankung	14 495	17	Prostatakrebs	194 526
18	Magenkrebs	11 905	18	Magenkrebs	178 297
19	Selbstschädigung	11 770	19	Vorhofflimmern und -flattern	162 839
20	Parkinson-Krankheit	11 170	20	Hirn- und Zentralnervensystemkrebs	161 293
27	Alkoholkonsum-induzierte Störungen	7 585	27	nichtrheumatische Herzklappenerkrankung	118 797
28	Hirn- und Zentralnervensystemkrebs	7 169	28	Parkinson-Krankheit	101 293

Abb. 3.84 Vergleich der zwanzig häufigsten Todesursachen nach verlorenen Lebensjahren (YLL) und Anzahl der Todesfälle (Wengler et al. 2020)

Tab. 3.63 Sterbeorte Deutschland (Borasio 2011)

Sterbeort	Anteil
Krankenhaus	42 bis 43 %
Zu Hause	25–30 %
Heim	15–25 % (steigend)
Hospiz	1–2 %
Palliativstation	1–2 %
Andere Orte	2–5 %

Literatur

Acemoglu D, Johnson S (2006) Disease and development: The effect of life expectancy on economic growth. National Bureau of Economic Research, NBER Working Paper No. 12269, Cambridge

Adams J (1995) Risk. University College London Press

AEMC (2010) National Emergency Risk Assessment Guidelines, Melbourne

AICE (2009) Guidelines for developing quantitative safety risk criteria. Center for Chemical Process Safety, American Institute of Chemical Engineers, Inc.

Akesson B (2008) Understanding bridge collapses. CRC Press, Taylor and Francis, London

Alderson M (1983) An introduction to epidemiology, 2. Aufl. The MacMillian Press Ltd, Hampshire

Alderson M (1988) Mortality, morbidity and health statistics. Palgrave, London

Ale B, Burnap P, Slater D (2015) On the origin of PCDS – (Probability consequence diagrams). Safety Sci 72:229–239

Allen DE (1991) Criteria for design safety factors and quality assurance expenditure, Structural Safety and Reliability, Moan, T. & Shinozuka, M. Elsevier, Amsterdam, S 667–678

Andersen PK, Canudas-Romo V, Keiding N (2013) Cause-specific measures of life years lost. Demogr 29(Article 41):1127–1152

Argote L (1999) Organizational learning. Klever, Norwell

Arrow KJ, Cropper ML, Eads GC, Hahn RW, Lave LB, Noll RG, Portney PR, Russel M, Schmalensee R, Smith VK, Stavins RN (1996) Is there a role for benefit-cost analysis in environmental, health, and safety regulation? Science 272(5259):221–222

Asquith R (1949): Edwards v. National Coal Board, All England Law Reports, Vol. 1, S 747

Aven T, Vinnem JE, Vollen F (2005) Perspectives on risk acceptance criteria and management for installations – application to a development project, Kolowrocki (ed.) Advances in safety and reliability. Taylor & Francis Group, S 107–114

Azomahou TT, Boucekkine R, Diene B (2008) A closer look at the relationship between life exptectancy and economic growth. United Nations University, Maastricht Economic and Social Research and Training Centre on Innovations and Technology, Maastricht

BABS (2003) KATARISK – Katastrophen und Notlagen in der Schweiz, eine Risikobeurteilung aus der Sicht des Bevölkerungsschutzes. Bundesamt für Bevölkerungsschutz, Bern

BABS (2013) Glossar der Risikobegriffe, Bern, 29.4.2013

BABS (2015) Katastrophen und Notlagen Schweiz, Technischer Risikobericht 2015. Bundesamt für Bevölkerungsschutz, Bern

Baecher GB, Abedinisohi F, Patev RC (2015) Societal risk criteria for loss of life, concepts, history, and mathematics. FN-report draft. University of Maryland, March 7, 2015

Baecher G and Christian J (2003), Reliability and statistics in geotechnical engineering. John Wileys &Sons

Baecher GB, Abedinisohi F, Patev RC (2015) Societal risk criteria for loss of life, concepts, history, and mathematics, 7. March 2015, FN-Report Draft, University of Maryland

BAFU (2012) EconoMeRailway: Risikoanalysen Naturgefahren entlang von Bahnstecken, Methodik, Version 1.0, 25. Juni 2012

BAFU (2018) EconoMe: Entwicklung eines Modells zur Bestimmung von indirekten Kosten in Folge Naturgefahren und Integration in EconoMe (iCost), Arge iCost, Version 1.0, 25, Oktober 2018, Bundesamt für Umwelt

Ball DJ, Floyd PJ (2001) Societal risks. Final report. School of health, biological/Environmental sciences. Middlesex University, London

Bardehle D, Annuß R (2016) In: K Hurrelmann, O. Razum (Hrsg.) Gesundheitsberichterstattung, Handbuch Gesundheitswissenschaften, 6., durchgesehene Aufl. Beltz Juventa, Hemsbach, S 403–440

Baten J, Wagner A (2002) Autarchy, Market Desintegration, and Health: The Mortality and Nutritional Crisis in Naz Germany, 1933–1937, CESIFO Working Paper No. 800, Category 7: Trade Policy, October 2002, https://www.cesifo-group.de/DocDL/cesifo_wp800.pdf

Bazzurro P, Cornell CA, Menun C, Motahari M, Luco N (2006) Advanced seismic assessment guidelines, PEER Report 2006/05, Pacific Earthquake Engineering Research Center, College of Engineering, University of California, Berkeley, September 2006

Bea RG (1998) Oceanographic and reliability characteristics of a platform in the Mississippi River Delta. J Geotech Geoenviron Eng, ASCE 124(8):779–786

Beard A, Cope D (2007) Assessment of the safety of tunnels study, for the European Parliament. Science and Technology Options Assessment (STOA), Brussels

Becker, G.S.; Philipson, T.J.; Soares, R.R. (2005) The Quantity and Quality of Life and the Evolution of World Inequality, American Ecnomic Review, Vol. 95, No. 1, March 2005, S. 277–291

Bender R, Lange S (2001) Die Vierfeldertafel, Dtsch. Med. Wschr, 2001, Seite Georg Thieme Verlag, T36–T38

Berchtold F (2019) Metamodel for complex scenarios in fire risk analysis of road tunnels, Dissertation. Bergische Universität Wuppertal, Fakultät für Architektur und Bauingenieurwesen, Wuppertal

Bernoulli, D. (1766). Essai d'une nouvelle analyse de la mortalité, causée par la petite vérole, et des avantages de l'inoculation pour le prévenir. Histoire avec les Mémoires. Académie Royal des Sciences, Paris 1760, S 1–45

Bestattungen.de (2012) Monatliches Sterberisiko in Deutschland, 10. Januar 2012, https://www.bestattungen.de/wissenswertes/studien/studie-monatliches-sterberisiko-in-deutschland.html

Bichel W (1949) Early Swiss Mortality Tables, http://www.sjes.ch/papers/1949-IV-9.pdf

Bohnenblust H (1998) Risk-based decision making in the transportation sector; In: Jorissen, R.E., Stallen, P.J.M. (eds.), Quantified societal risk and policy making. Kluwer academic publishers

Boutellie R, Heinzen M (2014) Growth through innovation: managing the technology-driven enterprise. Springer, Cham

Brady S (2013) The 30 year failure cycle, The Structural Engineer, S 14–15

Bratzke J, Parzeller M & Köster F (2004) Deutsches Forensisches Sektionsregister startet. Deutsches Ärzteblatt, Jahrgang 101, Heft 18, 30. S A1258–A1260

Bringmann G, Stich A & Holzgrabe U (2005) Infektionserreger bedrohen arme und reiche Länder – Sonderforschungsbereich 630: Erkennung, Gewinnung und funktionale Analyse von Wirkstoffen gegen Infektionskrankheiten", BLICK, Forschungsschwerpunkt, S 22–25

Bründl M (2009.) PLANAT Risikokonzept für Naturgefahren – Leitfaden. Nationale Plattform für Naturgefahren, Bern, S 420

Buchheim C (2001) Die Wirtschaftsentwicklung im Dritten Reich – Mehr Desaster als Wunder, Vierteljahresheft für Zeitgeschichte, München – Berlin, 49, Heft 4, S 653–664

Bundesamt für Arzneimittel (2021) Von der ILCD zur ICD-10, https://www.dimdi.de/dynamic/de/klassifikationen/icd/icd-10-who/historie/ilcd-bis-icd-10/

Burgherr P, Hirschberg S (2014) Comparative risk assessment of severe accidents in the energy sector. Energy Policy 74:S45–S56

Burgherr P, Spada M, Kalinina A, Vandepaer L, Lustenberger P, Kim W (2019) Comparitive Risk Assessment of Accidents in the Energy Sector within Different Long-Term Scenarios and Marginal Electricity Supply Mixes, Proceedings of the 29th European Safety and Reliability Conference, Eds. Michael Beer and Enrico Zio, Published by Research Publishing, Singapore, S 1525–1532

Burgmann M (2005) Risks and decisions for conservation and environmental management. Ecology, biodiversity and conservation. Cambridge University Press, Cambridge

Bush JW, Fanshel S, Chen M (1972) Analysis of a tuberculin testing program using a health status index. Soc Econ Plann Sci 6(1):49–69

BUWAL (1999a) Risikoanalyse bei gravitativen Naturgefahren – Methode, Umwelt-Materialien Nr. 107/I. Naturgefahren, Bern

BUWAL (1999b) Risikoanalyse bei gravitativen Naturgefahren – Fallbeispiele und Daten, Umwelt-Materialien Nr. 107/I, Naturgefahren, Bern

BUWAL (1999) Risikoanalyse bei gravitativen Naturgefahren, Methode, Bundesamt für Umwelt, Wald und Landschaft, Bern

BUWAL, BRP & BWW (1997): Berücksichtigung der Hochwassergefahren bei raumwirksamen Tätigkeiten, Bundesamt für Wasserwirtschaft (BWW), Bundesamt für Raumplanung (BRP) & Bundesamt für Umwelt, Wald und Landschaft (BUWAL), Biel, Schweiz

BZS (1995) Bundesamt für Zivilschutz. KATANOS – Katastrophen und Notlagen in der Schweiz, eine vergleichende Übersicht, Bern

Cabinet Office (2015) National risk register of civil emergencies, 2015 edition, London

Camilleri D (2001) Malta's Risk Minimization to Earthquake, Volcanic & Tsunami Damage, Safety, Risk, Reliability – Trends in Engineering, Malta 2001

CDC (2021): Lesson 3: Measures of risk, section 3: Mortality frequency measures, principles of epidemiology in public health practice, Third Edition, An Introduction to Applied Epidemiology and Biostatistics, https://www.cdc.gov/csels/dsepd/ss1978/lesson3/section3.html

CIRIA (1977) Rationalisation of safety and serviceability factors in structural codes, Report No. 63. Construction Industry Research and Information Association, London

Cohen BL & Lee L (1979) Catalog of risk. Health Phys 36:707–722

Cohen BL (1991) Catalog of risks extended and updated. Health Phys 61:317–335

Corotis RB (2003) Socially relevant structural safety, Applications of Statistics and Probability in Civil Engineering, Der Kiureghian, Madanat & Pestana (eds). Millpress, Rotterdam, S 15–24

Covello VT (1991) Risk comparisons and risk communications: Issues and problems in comparing health and environmental risks. Kasperson, R.E. (Edr): Communicating Risk to the Public. Kluwer Academic Publishers, S 79–124

Cox AW, Lees FP & Ang ML (1990) Classification of hazardous locations. Institution of Chemical Engineers, Rugby

Cox Jr, AL (2008) What's wrong with risk matrices? Risk Analysis 28(Heft 2):497–512

Crowl DA, Louvar JF (2020) Chemical process safety: fundamentals with applications, 4th Edition. Pearson

d Albis H, Bonnet F (2018) Inequalities in life expectancy and the global welfare convergence. Econ Lett 168:49–51

D'Alembert J (1761). Sur l'application du calcul des probabilities à l'inoculation de la petite vérole. In: d'Alembert, J. (ed.). Opuscules Mathematiques, S 2. 26

Dai FC, Lee CF & Ngai YY (2002) Landslide risk assessement and management: an overview. Eng Geol 64:64–87

De Bruijn KM, Beckers J, Van der Most H (2010) Casualty risks in the discussion on new flood protection standards in The Netherlands, in: Flood Recovery, Innovation and Response II, edited by: De Wrachien D, Proverbs D, Brebbia CA, Mambretti S, WIT Press, S 73–83

De Bruijn K, Beckers J, van der Most H (2010) Casualty risks in the discussion on new flood protection standards in The Netherlands, Flood recovery, innovation and response II, WIT. Trans Ecol Environ 133: 73–83

De Sanctis G (2015) Generic risk assessment for fire safety: performance evaluation and optimisation of design provisions performance evaluation and optimisation of design provisions, Doctorial Thesis, IBK Bericht, vol. 363, Zürich: Institut für Baustatik und Konstruktion der ETH Zürich, 2015, file:///C:/Users/User/Downloads/eth-48609–01.pdf

Dekking FM, Kraaikamp C, Lopuhaä HP, Meester LE (2005) A modern introduction to probability and statistics – understanding why and how. Springer, London

Destatis (2019) Bevölkerungsfortschreibung auf Grundlage des Zensus 2011, 24. Mai 2019, Statistisches Bundesamt Wiesbaden

Destatis (2021) Erste vorläufige Ergebnisse der Todesursachenstatistik für 2020 mit Daten zu COVID-19 und Suiziden, https://www.destatis.de/DE/Themen/Gesellschaft-Umwelt/Gesundheit/Todesursachen/_inhalt.html

DHS (2011) Strategic national risk assessment the strategic national risk assessment in support of PPD 8: A comprehensive risk-based approach toward a secure and resilient nation, Washington

Diamantidis D (2008) Risk acceptance criteria, background documents on risk assessment in engineering, Document Nr. 3. JCSS Joint Committee of Structural Safety, Regensburg

Diamantids D, Zuccarelli F, Westhäuser A (2000) Safety of long railway tunnels. Reliability Eng System Safety 67:135–145

DIN 1055–100 (1999) Einwirkungen auf Tragwerke, Teil 100: Grundlagen der Tragwerksplanung, Sicherheitskonzept und Bemessungsregeln, Juli 1999

DoC (1910) Bulletin of the Bureau of Labor, Volume XXI-1910, Department of Commerce and Labor, Washington, Government Printing Office

DoT (1990) Guide Specification and Commentary for Vessel Collision Design of Highway Bridges, Department of Transportation, Federal Highway Administration: Vol I: Final Report, Publication Nr. FHWA-RD-91-006, 1990

Drewes J (2009) Verkehrssicherheit im systemischen Kontext, Dissertation, Fakultät Maschinenbau, Technische Universität Carolo-Wilhelmina zu Braunschweig

DUAP (1997) – Department of Urban Affairs and Planning: Risk criteria for land use safety planning. Hazardous Industry Planning Advisory, Paper No. 4, Sydney

Duffey RB, Saull JW (2012) Know the risk: learning from errors and accidents: safety and risk in today's technology. Butterworth-Heinemann, January 19, 2012

Dukim NJ (2009) Acceptance criteria in Denmark and the EU. Danmarks Tekniske Universitet, Institut for Planlaegning

Düsgün HSB, Lacasse S (2005) Vulnerability and acceptable risk in integrated risk assessment framework, In: Proceedings of the International Conference on Land-slide Risk Management, Vancouver B.C., Canada, 31 May–3 June 2005. Taylor and Francis, London, S 505–515

Düzgün HSB, Lacasse S (2005) Vulnerability and Acceptable Risk in Integrated Risk Assessment Framework. In: J Kanda, T Takada, HF Furata (Hrsg.) Proc. of International Conference on Landslide Risk Management and 18th Vancouver Geotechnical Society Symposium, May 31 – June 4, CRC Press, Vancouver, Canada, S 189–198

E DIN 1055–9: Einwirkungen auf Tragwerke Teil 9: Außergewöhnliche Einwirkungen. März 2000

Easterlin, R.A. (2000) The worldwide standard of living since 1800. J Econ Perspectiv 14(1):7–26

EconoMe (2019) EconoMe 5.0 Anwendertagung, ETH Zürich, 21.8.2019. https://econome.ch/eco_work/eco_wiki_main.php?wiki_link=87

Einstein HH (1988) Special lecture, landslide risk assessment. Proc. 5th Int. Symp. On Landslides, Lausanne, Switzerland, 2, S 1075–1090

Elms DG (1999) Achieving structural safety: theoretical considerations. Struct Safety 21:311–333

Ellingwood BR (1999) Probability-based structural design: Prospects for acceptable risk bases. Application of Statistics and Probability (ICASP 8), Sydney, Band 1, S 11–18

EMPD (2012) All hazards risk assessment methodology guidelines 2011–2012. Emergency Management Planning Division, Ottawa, Canada

ENV 1991 –1 Eurocode 1: Basis of Design and Action on Structures, Part 1: Basis of Design. CEN/CS, August 1994

EPRI (1994): Methodology for developing seismic fragilities, prepared by J. R. Benjamin and Associates, Inc and RPK Structural Mechanics Consulting, TR-103959, Project 2722–23, June 1994

Eskensen S, Tengborg P, Kampman J, Veicherts T.H, (2004), Guidelines for tunnelling risk management International Tunnelling Association, Working group No. Tunnelling and Underground Space Technology 19, S 217–237

EuroMOMO (2021) European mortality monitoring, https://www.euromomo.eu/

European Commission (1995) ExternE – Externalities of energy, Vol. 1–5, Brussels

European Commission (2007) ExternE – Externalities of enery. http://www.externe.info/

European Commission (2010) Risk assessment and mapping guidelines for disaster management. Working Paper, Brussels

Evans AW, Verlander NQ (2006) What is wrong with criterion FN-lines for judging the tolerability of risk. Risk Analysis 17(2):157–168

Faber MH, Sorensen JD, Vrouwenvelder TACWM (2015) On the Regulation of Life Safety Risk, 2th International Conference on Applications of Statistics and Probability in Civil Engineering, ICASP12 Vancouver, Canada, July 12–15, 2015, S 1–9 (Bild Norm

Fanshel S, Bush JW (1970) A health-status index and its application to health-services outcomes. Oper Res INFORMS 18(6):1021–1066

Farmer FR (1967) Siting criteria: a new approach. Nucl Saf 8:539–548

FAZ (2008) Wie die Bevölkerung über Nacht schrumpfte, Jetzt offiziell: 1,3 Millionen weniger in Deutschland. Frankfurter Allgemeine Zeitung 22(7):2008

Felder S (2020) Was ist ein Menschenleben wert? Basler Zeitung, 6. April 2020, S 15

Fell R (1994) Landslide risk assessment and acceptable risk. Canadian Geotech J 31:261–272

Fell R, Ho KKS, Lacasse S, Leroi E (2005a) State of the Art Paper 1: A framework for landslide risk assessment and management, In: Proceedings of the International Conference on Landslide Risk Management, Vancouver B.C., Canada, 31 May-3 June 2005a, Taylor and Francis, London, S 3–25

Fell R, Ho KKS, Lacasse S, Leroi E (2005b) State of the Art Paper 1: A framework for landslide risk assessment and management, January 2005b, Conference: proceedings, international conference on landslide risk management, May 31–Jun 3, 2005b, Vancouver, S 3–26

Femers S & Jungermann H (1991) Risikoindikatoren. Eine Systematisierung und Diskussion von Risikomassnahmen und Risikovergleichen. In: Forschungszentrum Jülich; Programmgruppe Mensch, Umwelt, Technik (Hrsg.): Arbeiten zur Risiko-Kommunikation, Heft 21, Jülich 1991

Fischer K, Bürge M, Michel C (2018) Personenrisiken aus Brand Recherche für die Spurgruppe BSV 2025 der VKF, Schlussbericht, 19. September 2018, Version 1.1

Fisher HS, Darnay A (1998) Statistical record of health & medicine, 2nd Edition. Detroit

Flaxman S et al (2020) Estimating the effects of non-pharmaceutical interventions on COVID-19 in Europe. Nature. A Nature Research Journal. 8. Juni 2020. Verfügbar unter: https://doi.org/10.1038/s41586-020-2405-7

Foreman, KJ, Marquez N, Dolgert A, Fukutaki K, Fullman N, McGaughey M, Pletcher MA, Smith AE, Tang K, Yuan C-W, Brown JC, Friedman J, He J, Heuton KR, Holmberg M, Patel DJ, Reidy P, Carter A, Cercy K, Chapin A, Douwes-Schultz D, Frank T, Goettsch F, Liu PY, Nandakumar V, Reitsma MB, Reuter V, Sadat N, Sorensen RJD, Srnivasan V, Updike RL, York H, Lopez AD, Lozano R, Lim SS, Mokdad AH, Vollset SE, Murray CJL (2018) Forecasting life expectancy, years of life lost, and all-cause and cause-specific mortality for 250 causes of death: reference and alternative scenarios for 2016–40 for 195 countries and territories. Lancet 392(10159):2052–2090

Franz G; Hampe E; Schäfer K (1991) Konstruktionslehre des Stahlbetons. Band II: Tragwerke, Zweite Auflage. Springer Verlag, Berlin

Freudenthal AM (1947) Safety of structures. Trans ASCE 112:125–180

Fuchs S. (2006) Probabilities and uncertainties in natural hazard risk assessment. In: D Proske, M Mehdianpour & L Gucma (Eds), Proceedings of the 4th International Probabilistic Symposium, Berlin, S 189–204

G20/OECD (2012) Disaster Risk Assessment and Risk Financing. A G20/OECD Methodological framework, Paris

Ganz G (2018) Risikoanalysen im internationalen Vergleich,» Bergische Universität Wuppertal. Bergische Universität WuppertalAbteilung D - Maschinenbau / Werkstofftechnik, Wuppertal

Ganz C (2018) Risikoanalysen im internationalen Vergleich, Bergische Universität Wuppertal, Dissertation

Garrick BJ (2000) Invited expert presentation: Technical area: nuclear power plants. Proceedings – Part 2/2 of promotion of technical harmonization on risk-based decision-making, Workshop, May 2000, Stresa, Italy

Garrick BJ et al. (1987) Space shuttle probabalistic risk assessment, proof-of-concept study, auxiliary power unit and hydraulic power unit analysis report. Prepared for the National Aeronautics and Space Administration. Washington, D.C

GEO (2002) QRA of collapses and excessive displacement of deep excavations, Geotechnical Engineering Office, GEO Report 124, Hong Kong, February 2002

GFSO (2007) - German Federal Statistical Office. http://www.destatis.de

Gmünder FK, Schiess M & Meyer P (2000) Risk Based Decision Making in the Control of Major Chemical Hazards in Switzerland – Liquefied Petroleum, Ammonia and Chloride as Examples. Proceedings – Part 2/2 of Promotion of Technical Harmonization on Risk-Based Decision-Making, Workshop, May, 2000, Stresa, Italy

GRG (2018) Ages of oldes Living Man and Loldes Living Woman in the world since 1955, Gerontology Research Group, http://www.grg.org/SC/SCindex.html

GruSiBau (1981) Normenausschuß Bauwesen im DIN: Grundlagen zur Festlegung von Sicherheitsanforderungen für bauliche Anlagen. Ausgabe 1981, Beuth Verlag

Haagsma JA, Graetz N, Bolliger I. et al. (2016) The global burden of injury: incidence, mortality, disability-adjusted life years and time trends from the Global Burden of Disease study 2013. Injury Prevent 22:3–18

Haastrup P, Brockhoff L (1991) Reliability of accident case histories concerning hazardous chemicals. An analysis of uncertainty and quality aspects. J Hazard Mater 27:339–350

Halperin K (1993) A comparative Analysis of Six methods for Calculating Travel Fatality Risk, RISK´- Issues in Health & Safety 15, January 1993, S 15-33

Hambly EC & Hambly EA (1994) Risk evaluation and realism, Proc ICE Civil Engineering, Vol. 102, S 64–71

Hanse CW, Lonstrup L (2015) The rise in life expectancy and economic growth in the 20th century. Econ J 125(584):838–852

Hansen W (1999) Kernreaktorpraktikum. Vorlesungsmitschriften. Institut für Energietech¬nik, Technische Universität Dresden, 1999

Haugen S, Myrheim H, Bayly DR & Vinneman JE (2005) Occupational risk in decommisining/removal projects. In: Kolowrocki (ed.), Advances in Safety and Reliability. Taylor & Francis Group, S 807–814

Hauptmanns U, Herttrich M, Werner W (1991) Technische Risiken. Springer-Verlag, Berlin

Henke V (1979) Ein Beitrag zur Zuverlässigkeit frei gelagerter Stahlbetonstützen unter genormter Brandeinwirkung. Dissertation, Technische Universität Braunschweig

Hennings W, Mertens J (1998) Methodik der Risikoanalyse für Kernkraftwerke, Ein Leitfaden für die regionale Sicherheitsplanung, vdf, Hochschulverlag an der ETH Zürich

Hersi M (2009) Analysis of bridge failure in United States (2000–2008). M.Sc. Thesis, The Ohio State University

Ho JY, Hendi AS (2018) Recent trends in life expectancy across high income countries: retrospective observational study. BMJ 362:k2562

Hofmann, C., Proske, D., Zeck, K. (2021). Vergleich der Einsturzhäufigkeit und Versagenswahrscheinlichkeit von Stützbauwerken, Bautechnik, Heft 7

Hofstetter P & Hammitt JK (2001) Human Health Metrics for Environmental Decision Support Tools: Lessons from Health Economics and Decision Analysis. National Risk Management Research Laboratory, Office of Research and Development, US EPA, Cincinnati, Ohio, September 2001. https://www.frontiersin.org/articles/10.3389/fphys.2017.00812/full?utm_source=G-BLO&utm_medium=WEXT&utm_campaign=ECO_FPHYS_20171212_human-limits

Hübl J, Fuchs S, Agner P (2007): Optimierung der Gefahrenzonenplanung: Weiterentwicklung der Methoden der Gefahrenzonenplanung; IAN Report 90; Institut für Alpine Naturgefahren, Universität für Bodenkultur Wien, Wien

Hungerbühler K, Ranke J & Mettier T (1999) Chemische Produkte und Prozesse – Grundkonzept zum umweltorientierten Design. Springer Verlag, Berlin Heidelberg

Idel KH (1986) Sicherheitsuntersuchungen auf probabilistischer Grundlage für Staudämme. Abschlußbericht, Anwendungsband. Untersuchungen für einen Referenzstaudamm. ed. by Deutsche Gesellschaft für Erd- und Grundbau im Auftrag des Bundesministers für Forschung und Technologie. Essen

IMO (2000) – International Maritime Organisation: Formal Safety Assessment : Decision Parameters including Risk Acceptance Criteria, Maritime Safety Committee, 72nd Session, Agenda Item 16, MSC72/16, Submitted by Norway, 14. February 2000

Inhaber H (2004) Risk analysis applied to energy systems. Encyclopedia of Energy, Elsevier

Inhaber H (2016) Energy risk assessment. Routledge, Taylor & Francis, London New York

James ML (1996) Acceptable Transport Safety. Research Paper 30, Department of the Parliamentary Library, http://www.aph.gov.au/library/pubs/rp/1995-96/96rp30.html

JCSS (1976) Joint Committee on Structural Safety (JCSS) CEB-FIB: First order reliability concepts for design codes. Bulletin d' Information 112, London, München, July 1976

JCSS (2011) JCSS Probabilistic Model Code, Joint Committee on Structural Safety, https://www.jcss-lc.org/jcss-probabilistic-model-code/

JCSS (2020) Probabilistic Modelcode, https://www.jcss.byg.dtu.dk/Publications/Probabilistic_Model_Code,

Jonkman SN (2007) Loss of life estimation in flood risk assessment – Theory and applications. PhD thesis, Rijkswaterstaat – Delft Cluster, Delft

Jonkman SN, Jongejan R, Maaskant B (2011a) The Use of Individual and Societal Risk Criteria Within the Dutch Flood Safety Policy – Nationwide Estimates of Societal Risk and Policy Applications. Risk Analysis 31(2):282–300

Jonkman SN, Jongejan R, Maaskant B (2011b) The use of individual and societal risk criteria within the Dutch flood safety policy – nationwide estimates of societal risk and policy applications. Risk Analysis 31(2):282–300

Jonkman SN, van Gelder PHAJM, Vrijling JK (2003a) An overview of quantitative risk measures for loss of life and economic damage. J Hazardous Mater A 99:1–30

Kafka P (1999) How safe is safe enough? – An unresolved issue for all technologies. In: Schuëller, Kafka (Eds) Balkema safety and reliability, Rotterdam, S 385–390

Kaneko F, Arima T, Yoshida K, Yuzui T (2015) On a novel method for approximation of FN diagram and setting ALARP borders. J Mar Sci Technol 20:14–36

Kaplan RM, Bush JW & Berry CC (1976) Health Status: Types of Validity and the Index of Well-being. Health Services Res 11(4):478–507

Keiler M, Zischg A, Fuchs S, Hama AM, Stötter J (2005) Avalanche related damage potential – changes of persons and mobile values since the mid-twentieth century, case study Galtür. Nat Hazard 5(2005):49–58

Kleine-Gunk B (2007) Anti-Aging-Medizin – Hoffnung oder Humbug? Deutsches Ärzteblatt, Jg. 104, Heft 28-29, 16th Juli 2007, B1813-B1817

Kelly KE (1991) The myth of 10–6 as a definition of acceptable risk. In Proceedings of the 84th Annual Meeting of the Air & Waste Management Association, Vancouver, B.C., Canada, June 1991

Kennedy RP, Cornell CA, Campbell RD, Kaplan S, Perla HF (1980) Probabilistic seismic safety of an existing nuclear power plant. Nuclear Eng Design 59:315–338

Kennedy RP, Ravindra MK (1984) Seismic fragilities for nuclear power plant risk studies. Nuclear Eng Design 79(Issue 1):47–68

Kennedy, R.P. (1999): Overview of methods for seismic PRA and SMA Analysis including recent innovations. Proceedings of the OECD/NEA workshop on seismic risk, 10–12 August 1999, Tokyo, Japan

Kharecha PA & Hansen JE (2013) Prevented mortality and greenhouse gas emissions from historical and projected nuclear power. Environ Sci Technol 47(9):4889–4895

Klarman H, Francis J, Rosenthal G (1968) Cost effectiveness analysis applied to the treatment of chronic renal disease. Med Care 6:48–54

Kletz TA (1971) Hazard analysis: a quantitative approach to safety, major loss prevention in the process industries: proceeding of a symposium of the institution of chemical engineers held in newcastle upon tyne, Organized by the Northern Branch of the Institution, Vol 34, S 75–81

Kreienbrock L, Pigeot I, Ahrens W (2012) Epidemiologische Methoden, Springer Spektrum, 5. Aufl., Heidelberg

Kreuzer OP, Etheridge M, Guj P, McMahon M, Holden D (2008) Linking mineral deposit models to quantitative risk analysis and decision-making in exploration. Econ Geol 103:829–850

Kröger W & Høj NP (2000) Risk analyses of transportation on road and rail-way. Proceedings – Part 2/2 of Promotion of Technical Harmonization on Risk-Based Decision-Making, Workshop, May 2000, Stresa, Italy

Kuhlmann A (1981) Einführung in die Sicherheitswissenschaft, Vieweg und Sohn Verlagsgesellschaft mbH, Verlag TÜV Rheinland, Wiesbaden, Köln

Lancet (2018) The global burden of disease study 2017. Vol 392, Number 10159, November 10 2018, S 1683–2138, e14–e18

Langner G (1998) Estimation of infant mortality and life expectancy in the time of the Roman Empire: a methodological examination. Hist Soz Forsch. 23(1–2):299–326

Larsen OD (1993) Ship collision with bridges, the interaction between vessel traffic and bridge structures. IABSE (International Association for Bridge and Structural Engineering), Zürich

Lebensministerium (2011) Richtlinie für die Gefahrenzonenplanung, die.wildbach, BMLFUW-LE.3.3.3/0185-IV/5/2007, Fassung vom 04. Februar 2011

Lee EM, Jones DKC (2004) Landslide risk assessment. Thomas Telford Publishing, London

Leipziger Volkszeitung (2008) Das Spiel mit der Lebenszeit, Freitag, 12 September 2008, S 8–9

Lenk C (2002) Health and enhancement. In: Gimmler, Lenk, Aumüller (Eds) Health and quality of life, Ethik in der Praxis, Bd. 9, LIT-Verlag, Münster, Hamburg, London

Levitis DA (2010) Before senescence: the evolutionary demography of ontogenesis. Proceedings of the Royal Society B, S 1–8

Liener S, Gsteiger P, Schönthal E, Hauser M (2012) Quantifizierung der Naturgefahrenbasierten Risiken auf dem Netzwerk der Schweizerischen Bundesbahnen, 12th Congress INTERPRAEVENT 2012, Grenoble, Frankreich, Extended Abstracts, S 1001–1009

Lohne HP, Ford EP, Majoumerd MM, Randeberg E, Aldaz S, Reinsch T, Wildenborg T, Brunner LG (2017) Barrier definitions and risk assessment tools for geothermal wells, Report IRIS – 2017/294

Lopez AD, Mathers CD, Ezzati M, Jamison DT, Murray CL (2004) Global burden of disease and risk factors. World Health Organization

Lu H, Wang M, Yang B, Rong X (2003) Study on the Application of the Kent Index Method on the Risk Assessment of Disatrous Accidents in Subway Engineering, The Scientific World Journal, Vol 2013, Article ID 360705, 10 Seiten, Hindawi Publishing Corporation

LUW (2005) – Landesumweltamt Nordrhein-Westfalen. Beurteilungsmaßstäbe für krebserzeugende Verbindungen. http://www.lua.nrw.de/luft/immissionen

Maag T (2004) Risikobasierte Beurteilung der Personensicherheit von Wohnbauten im Brandfall unter Verwendung von Bayes'schen Netzen, Institut für Baustatik, und Konstruktion, ETH Zürich, vdf Hochschulverlag AG an der ETH Zürich, IBK Bericht 282, März 2004 Zürich

MacKillop E, Sheard S (2018) Quantifying life: understanding the history of quality-adjusted life-years (QALYs). Soc Sci Med 211:359–366

Mannan S (2005) Lee´s Loss Prevention in the Process Industries, Hazard Identification, Assessment and Control, Vol 1, Third Edition, Elsevier Butterworth-Heinemann: Burlington

Marck A, Antero J, Berthelo G, Sauliere G, Jancovici J-M, Masson-Delmotte V, Boeuf G, Spedding M, Le Bourg E, Toussaint J-F (2017a) Are we reaching the limits of homo sapiens? Front Physiol 2017:1–12

Marck A, Antero J, Berthelot G, Sauliere G, Janovici J-M, Masson-Delmotte V, Boeuf G, Spedding J, Le Bourg E, Toussaint J-F (2017b) Are we reaching the limits of homo sapiens? Front Physiol 2017b(8):812. https://doi.org/10.3389/fphys.2017.00812

Markandya A & Wilkinson P (2007) Electricity generation and health. Lancet 370(9591):979–990

Mathieu H, Saillard Y (1974) Sécurité des Structures Concepts générauxh charges et actions. CEB, Bulletin d'information 102, Paris

Mayer M (1926) Die Sicherheit der Bauwerke und ihre Berechnung nach Grenzkräften anstatt nach zulässigen Spannungen. Verlag von Julius Springer, Berlin

Mathiesen TC (1997) Cost Benefit Analysis of Existing Bulk Carriers. DNV Paper Series No. 97-P 008

McBean EA, Rovers FA (1998) Statistical Procedures for Analysis of Environmental Monitoring Data & Risk Assessment. Prentice Hall

PTR Environmental Management & Engineering Series, Volume 3, Prentice Hall, Inc., Upper Saddle River

Melchers RE (1999) Structural reliability analysis and prediction. John Wiley

Menzies JB (1996) Bridge failures, hazards and societal risk. International Symposium on the Safety of Bridges, London

Modig K, Andersson T, Vaupel J, Rau R, Ahlborn A (2017) How long do centenarians survive? Life expectancy and maximum lifespan, J Intern Med 282(2):156–163

MoI (2008) DNRA, Dutch National Risk Assessment, Ministry of the Interior and Kingdom Affairs, The Hague

MoI (2009) Working with scenarios, risk, assessment and capabilities in the national safety and security strategy of the Netherlands. Ministry of the Interior and Kingdom Relations, The Hague

Morgan GC, Rawlings GE & Sobkowicz JC (1992) Evaluating total risk to communities from large debris flows, Proceedings of the 1st Canadian Symposium on Geotechnique and Natural Hazards, Vancouver, S 225–235

Müller H (1995) Vorlesung Stochastik, Technische Universität Dresden

Müller U (2003) Europäische Wirtschafts- und Sozialgeschichte II: Das lange 19. Jahrhundert. Lehrstuhl für Wirtschafts- und Sozialgeschichte der Neuzeit. Vorlesung. Europäische Universität Viadrina, Frankfurt (Oder)

Müller-Jung J (2018) Gesunkene Lebenserwartung: Warum starben so viele früher? Frankfurter Allgemeine Zeitung, 16. August 2018, http://www.faz.net/aktuell/wissen/der-grund-fuer-die-gesunkene-lebenserwartung-in-westlichen-laendern-15741064.html

Murray CJ, Lopez AD (1997) Global mortality, disability, and the contribution of risk factors: Global Burden of Disease Study. Lancet 349(9063):1436–1442

NCHS (2001) National Centre for Health Statistics: National Vital Statistics Report, Vol 48, No 18, 7

NDCP (2012) Nasjonalt Risikobilde (NRB), Norwegian Directorate for Civil Protection and Emergency Planning, Tønsberg

NICE (2020) Improving health and social care through evidence-based guidance, National Institute for Health and care Excellence, UK, https://www.nice.org.uk

NRC (1975) Reactor safety study. An assessment of accident risks in U.S. commercial nuclear power plants. Executive Summary. WASH-1400 (NUREG-75/014). Rockville, USA: Federal Government of the United States, U.S. Nuclear Regulatory Commission

ODESC (2011) New Zealand's National Security System, Auckland

OECD (2009) Studies in risk management. Innovation in Country Risk Management, Paris.

Oeppen J, Vaupel JW (2002) Demography. Broken limits to life expectancy, Science 2002, 296, S 1029–1031

Othman MHDB, Wahab MFA, Ngadi N, Ali MWM, Ahmad A (2013) Introduction to chemical process safety, SKF 4163: Safety in Process Plant Design, UTM University Tecknologi Malaysia, OpenCourseWare, ocw.utm.my

Parfit M (1998) Living with Natural Hazards. National Geographic, Vol. 194, No. 1, July 1998, S 2-39

Paté-Cornell ME (1994) Quantitative safety goals for risk management of industrials facilities, Structural Safety, 13, S 145-157

Petroski H (1993) Engineering: predicting failure. American Scientist 81(2):110–113

Petroski H (2006a) Past and future bridge failures. In: Insker I.: History of Technology: Vol 26: 2005, published 2006a, New York, S 185–200

Petroski H (2006b) Success through failure: the paradox of design. Princeton University Press, Princeton

PLANAT (2015) Sicherheitsniveau für Naturgefahren – Materialen, Eine Sammlung von Unterlagen, welche Planat zur Erarbeitung ihrer strategischen Empfehlungen beigezogen bzw. erarbeitet hat. Bern, S 68

Pliskin JS, Shepard DS, Weinstein MC (1980) Utility functions for life years and health status. Oper Res 28:206–244

Proske D (2004) Katalog der Risiken, Dirk Proske Verlag, Dresden, 1. Auflage

Proske (2019) Der 30-Jahre-Zyklus der Brückeneinstürze und seine Konsequenzen, 29. Dresdner Brückenbausymposium, Dresden

Proske, D. & Schmid, M. (2021) Vergleich der Einsturzhäufigkeiten und der Versagenswahrscheinlichkeit von Hochbauten, Bautechnik, eingereicht

Proske, D. (2012): Vollprobabilistische Ermittlung der Fragility-Kurve einer Stahldruckschale bei Wasserstoff-Deflagration. Bautechnik 89(Heft 1)

Proske, D. (2018a). Bridge collapse frequencies versus failure probabilities. Springer-Verlag, Cham

Proske, D. (2018b). Comparison of Large Dam, Failure Frequencies with Failure Probabilities, Beton- und Stahlbetonbau 113 (S2): 16th International Probabilistic Workshop, S 2–6

Proske, D.; Spyridis, P.; Heinzelmann, L. (2019). Comparison of Tunnel Failure Frequencies and Failure Probabilities. Yurchenko, D.; Proske, D. (eds): Proceedings of the 17th International Probabilistic Workshop, Edinburgh, S 177–182

Rackwitz R (1998) Zuverlässigkeit und Lasten im konstruktiven Ingenieurbau. Technische Universität München, Vorlesungsskript, S 1998

Rad MK (2014) Global Risk Assessment of Natural Disasters: new perspectives, PhD Thesis, University of Waterloo, Waterloo, Kanda

Rajgor DD, Lee MH, Archuleta S, Bagdasarian N, Quek SC (2020) The many estimates of the COVID-19 case fatality rate. Lancet: Infektionen 20:776–777

Randsaeter A (2000) Risk assessment in the offshore industry, Proceedings – Part 2/2 of Promotion of Technical Harmonization on Risk-Based Decision- Making, Workshop, May 2000, Stresa, Italy

Rau R, Schmertmann CP (2020) District-level life expectancy in Germany. Dtsch Arztebl Int 117:493–499

Remund A, Camarda CG, Riffe T (2018) A cause-of-death decomposition of young adult excess mortality. Demography 55(3):957–978

Ressing M, Blettner M, Klug SJ (2010) Auswertung epidemiologischer Studien, Deutsches Ärzteblatt, Jg. 107, Heft 11, 19. März 2010, S 187–192

Rickenmann D (2005) Concepts of hazard mapping and land use planning, Vorlesung Integral Risk Management, Vorlesungsunterlagen. Universität für Bodenkultur Wien

RKI (2021) Todesfälle nach Sterbedatum (18.11.2021), https://www.rki.de/DE/Content/InfAZ/N/Neuartiges_Coronavirus/Projekte_RKI/COVID-19_Todesfaelle.html

Rodrigues MA, Arezes PM, Leao CP (2015) Defining risk acceptance criteria in occupational settings: A case study in the furniture industrial sector. Safety Sci 80:288–295

Roser M, Ritchie H, Ortiz-Ospina E, Hasell J (2020) Coronavirus Pandemic (COVID-19), Published online at OurWorldInData.org. https://ourworldindata.org/coronavirus

Sassi F (2006) Calculating QALYs, comparing QALY and DALY calculations. Health Policy and Planning 21:402–408,

Scawthorn C. (2006) A brief history of seismic risk assessment. In: Bostrom A, French S, Gottlieb S (eds) Risk assessment, modeling and decision support. Risk, governance and society, Vol 14. Springer, Berlin, Heidelberg

SCCA (2011) A First Step towards a National Risk Assessment: National Risk Identification, Stockholm

Schappert J (2020) Keinen Bock mehr auf Corona-Zahlen? Telepolis, https://www.heise.de/tp/features/Keinen-Bock-mehr-auf-Corona-Zahlen-4847861.html

Scheidl W (2015) Death and the city: ancient Rome and beyond, Version 1.0, Princeton/Stanford Working Papers in Classics

Schelhase T, Weber S (2007) Die Todesursachenstatistik in Deutschland, Probleme und Perspektiven. Bundesgesundheitsblatt – Gesundheitsforschung – Gesundheitsschutz 50(Heft 7):969–976
Schmid W (2005) Risk Management Down Under. Risknews 03/05, S 25–28
Schnieder E, Drewes J (2008) Bemessung und Kenngrößen der Verkehrssicherheit. Zeitschrift für Verkehrssicherheit 54(3):117–123
Borasio GD (2011) Über das Sterben – Was wir wissen, Was wir tun können, Wie wir uns darauf einstellen. Verlag C. H, Beck, München
SBB (2015) Managementsystem SBB Konzern: Teil Safety, Methodik Riskmanagement Safety bei der SBB, Regelwerk K 252.0
SBB (2014) Ausführungsbestimmung Risikomanagement Infrastruktur, I-00024, 1.5.2014
Scholz V (2014) Die Zählung und die Erfassung der Bevölkerung in ihrer historischen Entwicklung, Statistisches Monatsheft Baden-Württemberg, Heft 2, S 45–53
Schueremans L (2001) Probabilistic evaluation of structural unreinforced masonry, December 2001, Dissertation, Katholieke Universiteit Leuven, Faculteit Toegepaste Wetenschappen, Departement Burgerlijke Bouwkunde, Heverlee, Belgien
Schütz H, Wiedemann P, Hennings W, Mertens J, Clauberg M (2003) Vergleichende Risikobewertung: Konzepte, Probleme und Anwendungsmöglichkeiten. Abschlussbericht zum BfS-Projekt StSch 4217. Forschungszentrum Jülich GmbH, Programmgruppe „Mensch, Umwelt, Technik“
Schweckendiek T, Roubos A, Jonkman SN (2018) Risk-based taret reliability indices for quay walls. Struct Safety 75:89–109
SFA (2018) WES Review 2018: Non-threshold based genotoxic carcinogens. Australian workplace exposure standards and advisory notations, Canberra
Shkolnikov V, Barbieri M, Wilmoth J (2018) The Human Mortality Database (HMD), https://www.mortality.org/
Shortreed J, Hicks J & Craig L (2003) Basic framework for Risk Management –Final report. March 28, 2003, Network for environmental risk assessment andmanagement. Prepared for the Ontario Ministry of the Environment
Slovic P (1999) Trust, Emotion, Sex, Politics, and Science: Surveying the Risk-Assessment Battlefield, Risk Analysis, 19, Nr. 4, S 689-701
Sibly PG, Walker AC (1977) Structural accidents and their causes. Proceedings of the Institution of Civil Engineers, 62, Part 1, S 191–208
Siegele PF (2017) Bewertung historischer Lawinenschutzbauten auf dem Schwager Gonde im Paznauntal, Visionen im Lawinenschutz. Wildbach und Lawinenverbau 81(Heft Nr. 179):216–225
Skjong R (2002a) Risk acceptance criteria: current proposals and IMO position. Surface transport technologies for sustainable development, Valencia, Spain, 4–6 June 2002a
Skjong R (2002b) Risk acceptance criteria: current proposals and IMO position, surface transport technologies for sustainable development, Valencia, Spain 4–6 June 2002b,S 20
Skjong R, Ronold K (1998) Societal indicators and risk acceptance. 17th International Conference on Offshore Mechanics and Arctic Engineering, 1998 by ASME, OMAE98–1488
Sorenson C, Drummond M, Kanavos P (2008) Ensuring value for money in health care, the role of health technology assessment in the European Union, Observatory Studies Series No. 11. MPG Books Ltd, Bodmin
Sovacool BK, Kryman M & Laine E (2015) Profiling technological failure and disaster in the energy sector: A comparative analysis of historical energy accidents. Energy 90:2016–2027
Spaethe G (1992) Die Sicherheit tragender Baukonstruktionen, 2, Neubearbeitete. Springer Verlag, Wien
Spitzer M (2019) Einsamkeit – Die unerkannte Krankheit. Droemer Taschenbuch
Spoung J, Smith E, Olufsen O, Skjong R (2014) EMSA/OP/10/2013: Risk Level and Acceptance Criteria for Passenger Ships. First interim report, part 2: Risk Acceptance Criteria, European Maritime Safety Agency, Report Nr. PP092663/1-1/2, Rev. 2, 28.4.2014, DNV, Hovik
SSI (2013) Quantifizierte Risikoanalysen als Basis für die Planung komplexer Sicherheitssysteme, Schweizerische Vereinigung unabhängiger Sicherhetisingenieure und - berater, SSI Bulletin, No. 1/2013, https://www.ssischweiz.ch/project/ssi-bulletin-12013-quantifizierte-risikoanalysen/, S 1–3
Steedman S (2010) The long learningcurve. Ingenia, Issue 44, S 3
Sterck O, Roser M, Ncube M, Thewissen S (2018) Allocation of development assistance for health: is the predominance of national income justified. Health Policy and Planning 33(supl_1):i14–i23
Stille H (2017) Geological Uncertainties in Tunnelling – Risk Assessment and Quality Assurance, Sir Muir Wood Lecture 2017, April 2017, International Tunnelling and Uncerground Space Association, Lausanne
Stiller A (2020) Zahlen, bitte! 3,4 % Coronavirus-Fallsterblichkeit, eine „false Number“? Etwas Pandemie-Statistik, Heise-Online, 3/2020, https://www.heise.de/newsticker/meldung/Zahlen-bitte-3-4-Coronavirus-Fallsterblichkeit-False-Number-4679338.html
Suda J, Rudolf-Miklaus F (2012) Bauen und Naturgefahren – Handbuch für konstruktiven Gebäudeschutz. Springer Verlag, Wien New York
Taksler GB, Rothberg MB (2017) Assessing years of life lost versus number of deaths in the United States, 1995–2015. Am J Public Health 107(10):1653–1659
Taricska MR (2014) An analysis of recent bridge failures in the United States (2000–2012). M.Sc. Thesis, The Ohio State University
TAW (1988) Some considerations of an acceptable level of risk in the Netherlands, Technische Adviescommissie voor de Waterkeringen
Technology Review (1979) Cambridge, Massachusetts, S 45
Tengs TO, Adams ME, Pliskin JS, Safran DG, Siegel JE, Weinstein MC & Graham JD (1995) Five-hundred life-saving interventions and their costeffectiveness. Risk Analysis 15(3):369–390
Torrance GW, Thomas WH, Sackett DL (1972) A utility maximization model for evaluation of health care programs. Health Serv Res 7:118–133
Trbojevic VM (2005a) Risk Criteria in EU, ESREL 2005a, Poland, 27–30 June 2005a, 6 Seiten
Trbojevic VM (2005b) Risk criteria in EU, ESREL’05, Poland, 27–30 June 2005b
Trbojevic VM (2005c). Risk Criteria in EU, ESREL 2005c, Poland, 27–30 June 2005c, 6 pages
Trbojevic VM (2009a) Another look at risk and structural reliability criteria. Struct Saf 31:245–250
Twyrdy V (2010) Die Bewältigung von Naturkatastrophen in mitteleuropäischen Agrargesellschaften seit der Frühen Neuzeit. Katastrophen machen Geschichte, Umweltgeschichtliche Prozesse im Spannungsfeld von Ressourcennutzung und Extremereignis, Patrick Masus, Jana Sprenger und Eva Mackowiak (Hrsg.), Universitätsverlag Göttingen, S 13–30
UNISDR (2015) Sendai framework for disaster risk reduction 2015–2030, Sendai
Universität Hohenheim: Kurzscript zum Teil Wirtschaftsgeschichte im Rahmen der Vorlesung „Problemorientierte Einführung in die Wirtschaftswissenschaften – Teil Volkswirtschaftslehre“. http://uni-hohenheim.de/~www570a/poe_skript.html, 2004
Universität Stuttgart (2018) EcoSens, Web 2, Institute of energy economics and rational energy use (IER), http://ecosenseweb.ier.uni-stuttgart.de/
van Breugel K (2001) Establishing performance criteria for concrete protective structures fib-symposium: Concrete & Environment, Berlin 3–5. Oktober 2001
van Coile R, Gernay T, Hopkin D, Khorasani NE (2019) Resilience targets for structural fire design – An exploratory study, In: Inter-

national Probabilistic Workshop 2019. 11–13 September, Edinburgh, United Kingdom, S 196–201
van der Merwe A (2019) Nuclear energy saves lives. Nature 570(7759):36
Vandormael S, Meirschaert A, Steyaert J, De Lepeleire J (2018) Mortality statistics not trustworthy. Tijdschrift voor Geneeskunde 74(5):311–315
Varnes DJ (1984) The international association of engineering geology commission on landslides and other mass movements 1984. Landslide hazard zonation: a review of principles and practice, Natural Hazards 3, 63. Paris, France, UNESCO
Vennemann MMT, Berger K, Richter D, Baune BT (2006) Unterschätzte Suizidraten durch unterschiedliche Erfassung in Gesundheitsämtern. Deutsches Ärtzeblatt 103(Heft 18):S A1222–A1226
Vidmar P, Petelin S, Perkovič M (2010) Approach in Risk Assessment for LNG Terminals, P. van Gelder, L. Gucma, D. Proske: Proceedings of the 8th International Probabilistic Workshop, Szczecin 2010, S 355–376
Viscusi W (1995) Risk, regulation and responsibility: principle for Australian risk policy. Risk, regulation and responsibility promoting reason in workplace and product safety regulation. Proceedings of a conference held by the Institute of Public Affairs and the Centre for Applied Economics, Sydney, 13 July 1995. http://www.ipa.org.au/Conferences/viscusi.html
Vrijling JK, van Gelder PHAJM, Goossens LHJ, Voortman HG, Pandey MD (2001) A framework for risk criteria for critical infrastructures: fundamentals and case studies in the Netherlands. Proceedings of the 5th Conference on Technology, Policy and Innovation, „Critical Infrastructures", Delft, The Netherlands, June 26–29, 2001, Uitgeverrij Lemma BV
Vrouwenfelder T (2002) Reliability Based Code calibration – The use ofteh JCSS Probabilistic Model Code, JCSS Workshop on Code Calibration, Zurich, March 21/22, 8 Seiten (Liste, in welchen ländern welche Zielwerte)
Vrouwenvelder T (2002) Developments towards full probabilistic design codes. Struct Safety 24:417–432
Wahlström B, Lundin J, Jansson O, Hällstorp E (2018) Common life safety targets in traffic tunnels. Eighth international symposium on tunnel safety and security, Boras, Sweden, March 14–16, 2018, S 175–185
Wardhana K, Hadipriono FC (2003) Analysis of recent bridge failures in the United States. J Performance Constructed Facilities (ASCE) 17:144–150
Weiland SK, Rapp K, Klenk J & Keil U (2006) Zunahme der Lebenserwartung – Größenordnungen, Determinanten und Perspektiven. Deutsches Ärzteblatt, Jg. 103, Heft 16, 21. April 2006, S A 1072–A 1077
Weiss C (2007) Communicating uncertainty in intelligence and other professions. Int J Intell Counter Intell 21(1):57–85
Wellcome Trust (2021) Introduction to mortality statistics in England and Wales: 17th-20th century, Digital collections, https://wellcomelibrary.org/collections/subject-guides/introduction-to-mortality-statistics-in-england-and-wales/
Wengler A, Rommel A, Plaß D, Gruhl H, Leddin J, Ziese T, von der Lippe E on behalf of the BURDEN 2020 Study Group (2021) Years of life lost to death—a comprehensive analysis of mortality in Germany conducted as part of the BURDEN 2020 project. Dtsch Arztebl Int 118:137–144
White M (2003) Twenthieth Centuray Atlas – Worldwide Statistcs of Death Tolls. http://users.erols.com/mwhite28
Wilmanns JC (2003) Die ersten Krankenhäuser der Welt: Sanitätsdienst des Römischen Reiches schu erstmals professionelle medizinische Versorgung. Deutsches Ärzteblatt 100(Heft 40):A-2592-A2597
Wolf S, Aron L (2018) Failing health of the United States. BMJ 360:k496
World Bank (2014) Transport for health. The global burden of disease from motorized road transport. Institute for Health Metrics and Evaluation, University of Washington, The World Bank Group, Washington D.C
Young RD (2018) Validated living worldwide supercentenarians, living and recently deceased: February 2018. Rejuvenation Res 21(1):67
Zack F, Rothschild MA, Wegener R (2007) Blitzunfall – Energieübertragungsmechanismen und medizinische Folgen, Deutsches Ärzteblatt, 104, 51-52, S A-3545-A-3549
Zeckhauser R, Shephard D (1976) Where now for saving lives. Law Contemp Probl 40(4):5–45
Zentner, A. Nadjarian, N. Humbert & E. Viallet (2008): Estimation of fragility curves for seismic probabilistic risk assessment by means of numerical experiments. In: Graubner C-A, Schmidt H, Proske D (Eds.) 6th International Probabilistic Workshop, 26–27 November 2008, Darmstadt, Germany 2008, Technische Universität Darmstadt, S 305–316
Zielinski P (2017) Societal risk – how we measure and evaluate it. 85th Annual Meeting of International Commission on Large Dams, Prague, Czech Republic, July 3–7 2017, PP 10
zur Nieden F, Sommer B, Lüken S (2020) Sonderauswertung der Sterbefallzahlen 2020. Statistisches Bundesamt WISTA 4:38–50

4 Subjektive Risikobewertung

4.1 Einleitung

Die Einführung mathematisch-statistisch basierter Risikoparameter ist ein bedeutender Meilenstein in der Objektivierung der Diskussion um die Größe und Rangordnung der Risiken und als Folge davon um die Wahl von Schutzmaßnahmen.

Diese Diskussionen bergen allerdings in manchen Fällen eine erhebliche Brisanz, speziell bei der Einführung neuer Technologien oder bei der Festlegung von akzeptablen Risiken. Beide Beispiele haben in der Vergangenheit gezeigt, dass sowohl Individuen als auch die Gesellschaft die Entscheidung über die Akzeptanz von Risiken nur zu einem gewissen Anteil von berechneten Risikoparametern abhängig machen. Das ist insofern auch richtig und nachvollziehbar, weil die mathematisch-statistisch basierten Risikoparameter eben auch nicht vollständig objektiv und rational sind, sondern oft nur über eine begrenzte Datenmenge verfügen und darüber hinaus die Ersteller ebenfalls gewissen intrinsischen Annahmen unterliegen, die nicht rational abgesichert sind.

Wenn die Akzeptanz von Risiken von weiteren, als den bisher berücksichtigten, Parametern abhängig ist, dann erscheint die Frage, um welche Parameter es sich dabei handelt, berechtigt. Deshalb werden solche Parameter in diesem Kapitel vorgestellt und diskutiert.

Bereits der Titel des Kapitels gibt einen Hinweis darauf, dass diese weiteren Parameter außerhalb der bisher mathematisch-statistisch erfassten Risikoformulierung liegen. Ihre Abgrenzung beinhaltet jedoch eine gewisse Unsicherheit. Manche Veröffentlichungen verwenden deshalb auch den Begriff „*Subjektive Risikowahrnehmung*“ anstelle des Begriffs „*Subjektive Risikobewertung*“. Andere Autoren verwenden wiederum den Begriff „*Gefühlte Sicherheit*“ (Knie 2010; Raue et al. 2019). Der Autor versteht allerdings unter dem Begriff Risiko im Gegensatz zu dem Begriff Sicherheit ein rationales Konzept. Sicherheit beinhaltet nach Meinung des Verfassers immer subjektive Elemente, Risiko kann subjektive Elemente umfassen, wie der Titel dieses Kapitels nahelegt, muss es aber nicht.

Unter subjektiver Risikobewertung wird in diesem Buch die Bewertung von Risiken anhand der individuellen genetischen, familiären, sozialen, kulturellen und geschichtlichen Hintergründe und Präferenzen verstanden.

Dass es einen signifikanten Unterschied zwischen mathematisch-statistisch berechneten und subjektiv wahrgenommen Risiken gibt, ist seit langem bekannt. Auch wenn man unabhängig von der Frage, ob die mathematisch-statistisch berechneten Risiken die wahren Risiken sind, diese Werte als Entscheidungsgrundlage verwenden möchte, müssen die Unterschiede bekannt sein und bei der Aufbereitung der Risikoinformationen für Entscheidungsträger und Betroffene berücksichtigt werden. Anderenfalls ist die Berechnung der Risiken eine Rechenübung ohne praktischen Nutzen, weil Entscheidungsträger und Betroffenen die Annahmen, Ergebnisse und Konsequenzen der Berechnung nicht mittragen werden.

Dieses Kapitel befasst sich zunächst mit der quantitativen Bewertung der Unterschiede von berechneten und wahrgenommenen Risiken. Es zeigt im Folgenden ein Konzept, in dem Risiken ganzheitlich über Vergleiche mit der griechischen Mythologie dargestellt werden. Im Anschluss daran werden verschiedene psycho-soziale Parameter als maßgebliche Treiber der subjektiven Risikowahrnehmung identifiziert. Anschließend werden diese Parameter quantifiziert, so dass sie in das mathematisch-statistisch beschriebene Risiko eingebunden werden können.

4.2 Vergleich berechneter und wahrgenommener Risiken

Die Erfassung subjektiv wahrgenommener Risiken ist von entscheidender Bedeutung für die Akzeptanz neuer Technologien, die Akzeptanz von Schutzmaßnahmen und prinzipiell für das Verhalten von Menschen unter Risiken.

D. Proske, *Katalog der Risiken*, https://doi.org/10.1007/978-3-658-37083-1_4

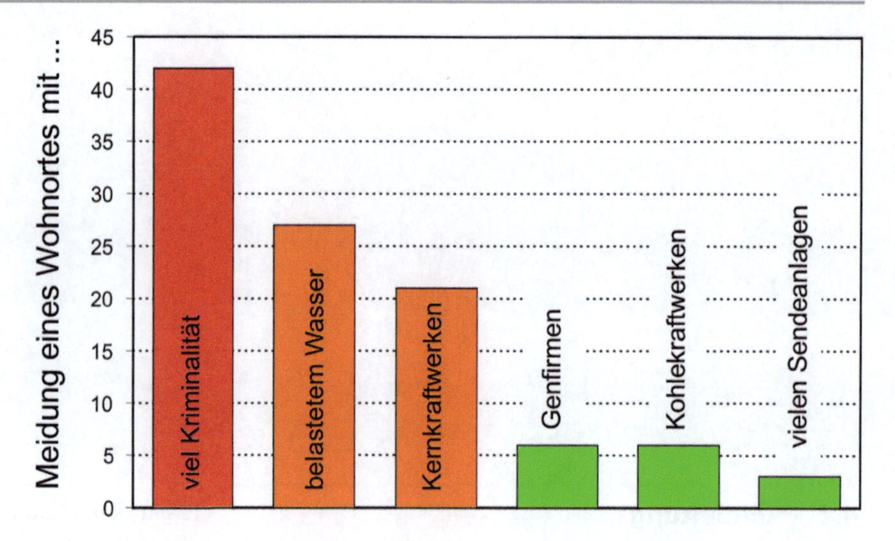

Abb. 4.1 Subjektive Risikowahrnehmung als Vermeidung von Situationen oder Technologien bei der Wahl des Wohnortes (Zwick und Renn 2002)

Die Erfassung der subjektiven Risikobewertung erfolgt meistens in Form von Befragungen. Abb. 4.1 und Tab. 4.1 zeigen die Ergebnisse solcher Befragungen. Die Befragung, die zu Abb. 4.1 führte, versuchte realistische Ergebnisse zu erzielen, in dem die Risikobewertung auf einen für die Personen relevanten Parameter, den Wohnort, ausgerichtet war. Die Häufigkeit der Nennung der Vermeidung der Risiken am Wohnort kann als eine Schutzmaßnahme interpretiert werden, die ungefähr proportional zur Größe des Risikos ist. Das ist insofern eine Vereinfachung, weil die Häufigkeit einer Nennung kein Indiz für den Betrag eines Risikos ist. Folgt man aber dieser Vereinfachung, so bedeutet dies, dass das Risiko aus einer hohen Kriminalitätsrate praktisch doppelt so hoch eingestuft wird, wie das Risiko, das von einem Kernkraftwerk ausgeht. Dem Anbau genetisch modifizierter Lebensmittel in Wohnortnähe oder einem Kohlekraftwerk in der Nähe wird etwa ein Zehntel des Risikos der hohen Kriminalitätsrate zugesprochen. Wie bereits in den vorangegangenen Kapiteln erläutert: hohe Kriminalitätsraten sind ein starkes Indiz für große soziale Risiken bzw. dysfunktionale soziale Systeme. Da soziale Risiken die höchsten Risiken für Menschen darstellen, ist es nicht verwunderlich, dass die Befragten dieses Risiko so stark werteten.

Das Diagramm in Abb. 4.1 hat einen beschränkten Wertebereich: Es sind nur Zahlen zwischen Null und 100 % möglich. Das gleiche gilt für Tab. 4.1. Die Ergebnisse aus Tab. 4.1 sind das Ergebnis einer Befragung, in der die Befragten die Risiken untereinander einordnen sollten. Zunächst wird das Risiko einer Krankheit genannt, dann Risiken aus der Umweltverschmutzung, Brände und Naturkatastrophen und abschließend technische Risiken, wobei eine Überschneidung zwischen Naturkatastrophen und technischen Risiken sichtbar ist. Dies ist insofern interessant, weil z. B. Erdbeben deutlich vor dem „Auto fahren“ liegen, obwohl die jährliche Anzahl Todesopfer durch Erdbeben mindestens im Bereich von 30.000 bis 90.000 (Proske 2021) liegt, während pro Jahr ca. eine Million Menschen durch den Kraftverkehr versterben. Das ergibt einen Unterschied von einem Faktor 50, wobei die Tabelle einen Unterschied von 64 zu 55 zeigt, also ca. 1,2.

Auch das Ranking der Naturkatastrophen ist interessant. So befindet sich das Risiko aus Vulkanexplosionen zwischen Erdbeben und Überflutung. Bezogen auf den

Tab. 4.1 Quantitative subjektive Risikobewertung, wobei 100 dem höchsten und 0 keinem subjektiven Risiko entspricht (Plapp und Werner 2002)

	Mittelwert	Median	Standardabweichung
AIDS	77,6	83,5	22,5
Beschädigung der Ozonschicht	71,4	74,5	20,4
Umweltverschmutzung	67,5	70	20,9
Rauchen	66,4	72	23,7
Gebäudebrand	65,3	67	25,3
Erdbeben	63,7	69	23,6
Vulkanexplosion	60,2	67	28,4
Auto fahren	55,9	55	22,7
Kernkraftwerk	55,8	58	28,9
Flut	52,9	57	23,7
Sturm	47,9	48	20,9
Wirtschaftskrise	47,2	45	21,8
Genetisch modifizierte Lebensmittel	41,6	39,5	24,5
Alkohol	37,8	36	22,9
Nicht-ionisierende Strahlung	36,0	31	24,4
Ski fahren	35,8	33	20,7
Fliegen	33,4	31	18,6

weltweiten Schadensumfang liegen Erdbeben und Überflutungen etwa gleich auf und deutlich vor Vulkanausbrüchen. Man denke nur an das Hochwasser 2005, welches New Orleans in den USA überflutete, aber auch die Flut in Ost-Pakistan bzw. Bangladesch in den 1970er Jahren mit deutlich über 100.000 Todesopfern (Frank und Husain 1971).

Derartige Befragungen und Auswertungen gibt es nicht nur für verschiedene Länder, sondern z. B. auch geschlechtsspezifisch oder zwischen verschiedenen Berufsgruppen (Rapoport 1988). Dabei zeigen sich teilweise extreme Unterschiede.

Es erscheint aus diesem Grunde sinnvoll, die Unterschiede zwischen berechneten und subjektiv wahrgenommenen Risiken systematisch zu erfassen. Dies soll in diesem Abschnitt ausführlicher diskutiert werden. Für den Vergleich müssen natürlich Risikoparameter verwendet werden, die im vorangegangenen Kapitel eingeführt wurden. Darüber hinaus können die subjektiv wahrgenommenen Risiken nur durch Befragungen und Reaktionen (erfahrungsbasiertes Wissen) belegt werden. Das ist insofern aber akzeptabel, da die mathematisch-statistisch berechneten Risiken ebenfalls empirisch sind, da eine theoretische Herleitung der Risiken nur in den seltensten Fällen gelingt.

In der Regel beginnen die Vergleiche mit berechneten und geschätzten Opferzahlen meistens in Form der Mortalität oder als absolute Opferzahlen, bezogen auf eine bestimmte Grundgesamtheit. Alternativ kann die Häufigkeit eines Ereignisses für die Vergleiche verwendet werden. Obwohl es sich damit im eigentlichen Sinne nur um die Gefährdung und nicht um das Risiko handelt, ist dieser Vergleich doch möglich, weil für die Definition des Ereignisses meistens ein Schadensereignis verwendet wird.

Abb. 4.2 zeigt einen solchen Vergleich in Form eines Diagramms. Auf den x- und y-Achsen sind die Häufigkeiten pro Jahr angegeben. Die meisten Ereignisse beziehen sich tatsächlich auf Todesfälle, aber es sind der Vollständigkeit und Verständlichkeit halber auch weitere Ereignisse eingetragen, wie Autopannen, Rechtsstreit oder Wohnungsbrand.

Das Diagramm zeigt eine diagonale Linie. Wenn alle Punkte auf dieser Linie liegen würden, gäbe es keinen Unterschied zwischen Rechnungen und Wahrnehmung. Tatsächlich sieht man sowohl Punkte auf der diagonalen Linie als auch darunter und darüber. Alle grünen Punkte oberhalb der diagonalen Linie zeigen Ereignisse, die subjektiv überschätzt werden. Diese Risiken werden als größer wahrgenommen, als sie beobachtet und berechnet werden. Die roten und orangen Punkte unterhalb der Linie zeigen Risiken, die subjektiv kleiner wahrgenommen werden, also sie beobachtet und berechnet werden.

Das Bild beinhaltet einige Überraschungen. So treten Straftatverdachte viel häufiger auf, als die normale Bevölkerung vermutet. Auch die Risiken wie Scheidung, Hundebiss, Taschendiebstahl oder Wasserleitungsschaden werden deutlich unterschätzt. Das ist insofern interessant, weil Statistiken über Scheidungen regelmäßig in den

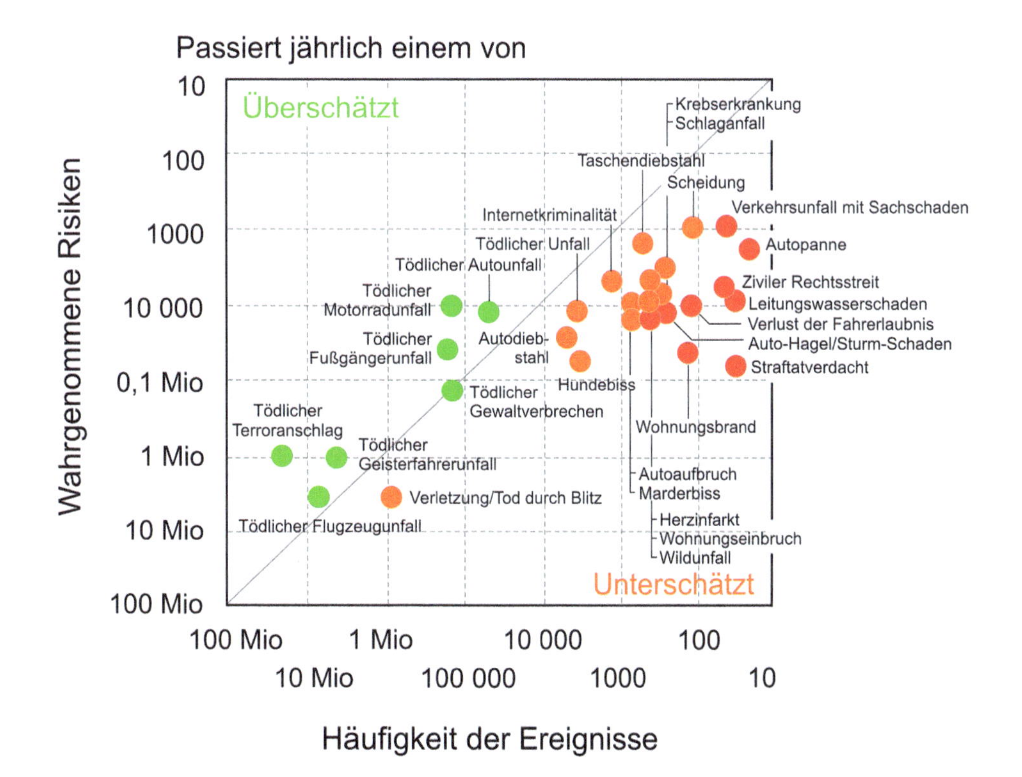

Abb. 4.2 Subjektive zu statistisch erfassten Todeshäufigkeiten pro Jahr (Müller-Peters und Gatzert 2016)

Medien zu finden sind. Insbesondere der Fall der Scheidung zeigt aber auch die zutiefst menschliche Annahme der Unversehrtheit. Das heißt, Unglücke wie Krankheiten, Unfälle oder Scheidung sind nicht Bestandteil der Planungen. Abb. 4.2 ist auch interessant, weil viele der eben genannten Ereignisse mit erheblichen finanziellen Kosten und großen psychologischem Stress verbunden sind.

Abb. 4.3 zeigt die Ergebnisse einer älteren, aber vergleichbaren Studie wie in Abb. 4.2. In diesem Bild werden ausschließlich Ereignisse mit Todesopfern berücksichtigt. Das Bild beinhaltet wieder eine diagonale Linie, also eine Linie, in der wahrgenommene und beobachtete Risiken identisch sind. Wie auch im Abb. 4.2 existieren Punkte, die sich oberhalb der Linie befinden, auf der Linie und darunter. Genau wie im Abb. 4.2 zeigen die Punkte oberhalb der Linie eine subjektive Überschätzung und unterhalb der Linie eine subjektive Unterschätzung.

Zuerst werden die Punkte gleicher Ereignisse in Abb. 4.2 und 4.3 gesucht. Leider finden sich nicht alle Ereignisse in beiden Diagrammen, aber die Ereignisse Krebs, Herzerkrankung und tödliche Gewaltverbrechen sind in beiden Bildern dargestellt. Ebenso werden in beiden Bildern die Krankheiten Krebs und Herzerkrankung durch die Befragten um ca. eine Zehnerpotenz unterschätzt. Da beide Studien aus verschiedenen Zeiträumen (1981/1995 versus 2016) und aus verschiedenen Ländern (USA versus Deutschland) stammen, scheint diese Abweichung zwischen Beobachtung und Berechnung robust und konstant zu sein. Abb. 4.3 zeigt noch viel stärker als Abb. 4.2, dass die meisten Krankheiten unterhalb der diagonalen Linie liegen und damit unterschätzt werden.

Die Wahrnehmung von Verkehrsunfällen für Fußgänger und Motorradfahrer zeigt in Abb. 4.2 eine Überschätzung und in Abb. 4.3 eine Übereinstimmung. Verallgemeinert man die beiden Diagramme, so scheint die subjektive Einschätzung tödlicher Verkehrsunfälle ziemlich realistisch.

Abb. 4.3 beinhaltet neben der diagonalen Linie noch eine gekrümmte Linie, die eine gesetzmäßige Anordnung der Punkte aufzeigen soll. In Abb. 4.2 gibt es diese zweite Linie nicht, aber man könnte durchaus eine solche Linie integrieren. Die Kurven und Bilder zeigen, dass es keine Schätzungen gibt, die extrem weit von der diagonalen Linie entfernt liegen, z. B. vier oder fünf Zehnerpotenzen. Außerdem zeigt die Linie in Abb. 4.3 und die gedachte Linie der Punkte in Abb. 4.2, dass sehr seltene Ereignisse überschätzt werden und sehr häufige Ereignisse unterschätzt werden. Die absolute Häufigkeit von Ereignissen scheint also ein fester Parameter für subjektive Risikobewertungen zu sein. Allerdings ist der statistische Parameter der Häufigkeit ein Konzept, welches für große Teile der Bevölkerung bewusst keine Rolle spielt. Aus diesem Grund versucht man Parameter für die subjektive Risikobewertung zu finden, die leichter zugänglich sind. So könnte man den Parameter der Häufigkeit von Ereignissen in einen Ersatzparameter der Bekanntheit eines Risikos oder der Erfahrung übersetzen. Leider ist das nicht so einfach, da sehr seltene Ereignisse häufig ein überproportionales Echo in den Medien finden und somit allgemein bekannt werden.

Mögliche Parameter für die subjektive Risikowahrnehmung werden im Abschn. 4.4 behandelt. Wie bereits in der Einleitung zu diesem Kapitel erwähnt, hängt die subjektive Risikowahrnehmung und Bewertung vom individuellen

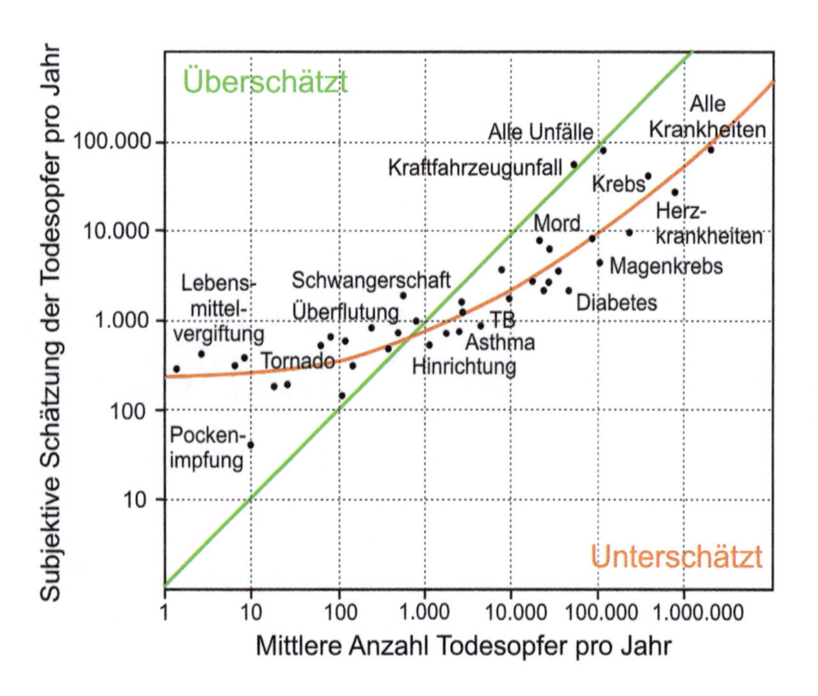

Abb. 4.3 Subjektive zu statistisch erfassten Todeshäufigkeiten pro Jahr (Viscusi 1995; Fischhoff et al. 1981, eine Kurzform findet sich bei Schubert 2006)

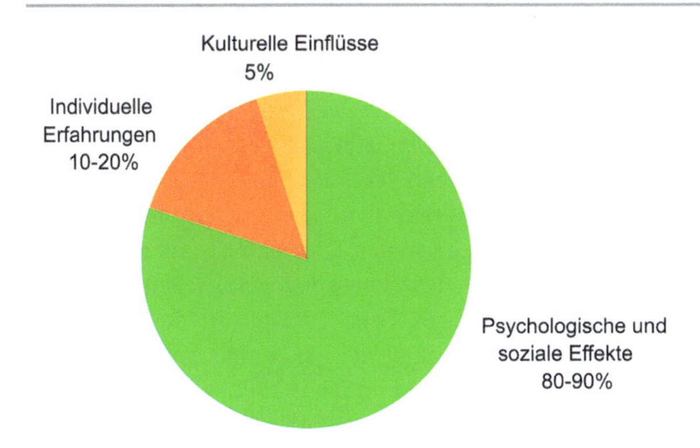

Abb. 4.4 Einflüsse auf die subjektive Risikowahrnehmung (Schütz und Wiedemann 2005; ILO 2007)

genetischen, familiären, sozialen, kulturellen und geschichtlichen Hintergrund ab. So wird eine Person Ereignisse, die sie selbst erlebt hat, anders beurteilen als eine Person, die solche Ereignisse nur vom Hörensagen kennt. Der Umgang mit Risiken innerhalb einer Familie oder eines Kulturkreises kann ebenfalls die subjektive Risikowahrnehmung beeinflussen.

Abb. 4.4 zeigt die Aufteilung aller Einflüsse auf die subjektive Risikowahrnehmung und ihre Zuordnung zu psycho-sozialen Effekten, individueller Geschichte und kulturellem Hintergrund (Schütz und Wiedemann 2005; ILO 2007). Wie man deutlich erkennen kann, dominieren die psycho-sozialen Effekte bei Weitem Dake 1991). Die individuelle Geschichte macht nur ca. ein Zehntel bis ein Fünftel der psycho-sozialen Effekte aus. Noch geringer sind nach dieser Abbildung die kulturellen Einflüsse. Douglas und Wildavsky (1982) gehen davon aus, dass die kulturellen Rahmenbedingungen nur ca. 5 % der Streuung der subjektiven Risikobewertung beschreiben können. Dies würde auch mit den Abb. 4.2 und 4.3 übereinstimmen, deren Gesamtbild bis auf wenige Ausnahmen identisch ist, obwohl sie aus verschiedenen Ländern und mit einem zeitlichen Abstand von über 30 Jahren zwei verschiedene Generationen betreffen.

Die Unterschiede zwischen subjektiver Wahrnehmung und mathematisch-statistisch basierten Parametern sind nicht nur im Bereich der Risikobewertung bekannt (Watzlawik 1985; von Förster und Pörksen 1999). Solche Unterschiede können mit verschiedenen Theorien begründet werden. Diese Theorien berücksichtigen nicht nur die individuellen Vorlieben, sondern auch soziale und kulturelle Rahmenbedingungen, auch wenn diese im Abb. 4.4 nur ca. 25 % ausmachen.

Dass das Konzept der sozialen Rahmenbedingungen zu falschen, unlogischen und zum Teil sogar unmenschlichen Reaktionen führen kann, wurde immer wieder bewiesen. Das führt so weit, dass Menschen Handlungen ausführen, obwohl sie wissen, dass die Handlungen falsch sind, aber sie ihre Mitgliedschaft in der Gesellschaft nicht gefährden wollen. Drei Beispiele seien hier kurz genannt:

Bei einer Dollarauktion wird ein Dollar versteigert. Die Versteigerungsregel sagt allerdings auch, dass der zweithöchste Bieter ebenfalls den Höchstbieterbetrag zahlen muss, ohne den Dollar zu erhalten. Das führt dazu, dass Bieter viel höhere Beträge für den Dollar bieten, als der Dollar Wert besitzt. Tatsächlich sind sich Menschen der Situation bewusst, dass der Dollar nicht mehr Wert verfügt als ein Dollar, allerdings führen die Auktionsregeln zu dieser nach außen unlogisch erscheinender Situation. (Teger 1980; Shubik 1971).

Ein zweites Beispiel sind verschiedene Milgram Experimente, unter anderem, bei denen Personen beauftragt wurden, Menschen mit Stromstößen zu bestrafen. Selbst als durch die Instrumente eine Gefahr für Leib und Leben anzeigt wurde, stoppte nur ca. ein Drittel der Teilnehmer die Aktionen. In die gleiche Klasse von Versuchen zählt auch das Gefängnisexperiment, bei dem Personen in Wärter und Gefängnisinsassen eingeteilt wurden. Nach geraumer Zeit zeigten die Wächter extreme Gewaltbereitschaft in der Erfüllung ihrer Aufgabe. (Milgram 1974, 1997).

Ein weiteres Experiment ist verbunden mit der Länge von Streichhölzern. Dabei wurden alle anderen Personen im Raum beauftragt, die Unwahrheit zu sagen. Ein Großteil der Probanden gab klein bei, wenn die anderen Personen fälschlicherweise ein kurzes Streichholz zum längsten Streichholz erklären.

Was Menschen in solchen Situationen tatsächlich tun, ist die Vermeidung von sozialen Risiken durch die Eingliederung in und die Erhaltung der sozialen Strukturen (Grams 2007; Hedström 2005). Es handelt sich also um eine Risikoabwägung zwischen erhöhten sozialen Risiken durch Ausschluss aus der Gemeinschaft und den Risiken der konkreten Situation.

4.3 Ganzheitliche Bewertung

Eine interessante Form der qualitativen Einordnung von Risiken gemäß der Persönlichkeit verschiedener griechischer Gottheiten bzw. Figuren der griechischen Mythologie findet sich bei Erben und Romeike (2003) und Klinke und Renn (1999). Die Idee dahinter ist nicht die Einordnung der Risiken nach dem Betrag eines Risikoparameters, sondern die gesamtheitliche Bewertung und die Übertragung auf eine vergleichbare Situation oder auf die Eigenschaften der göttlichen Persönlichkeit. Faber (2018) hat eine ähnliche Einteilung aus Ingenieurssicht erstellt.

Die Abb. 4.5, 4.6, 4.7, 4.8, 4.9 zeigen die generelle Einordnung der Gottheiten in die klassisch mathematisch-statistische Einteilung mit Eintrittshäufigkeit und Schadenspotential. Die Abb. 4.8 und 4.9 zeigen konkrete Beispiele und Handlungen.

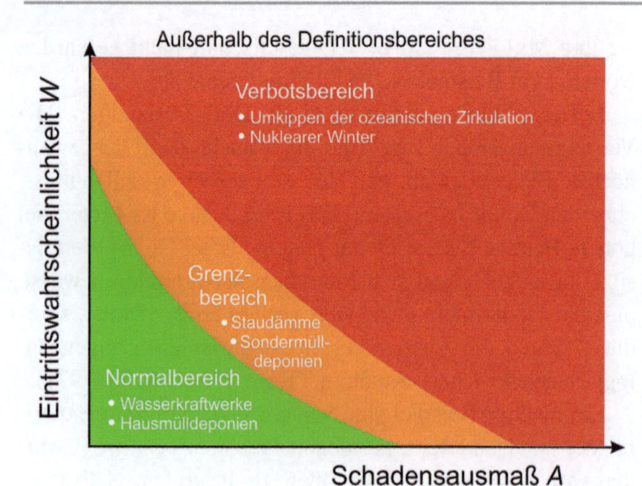

Abb. 4.5 Einteilung der Risiken in Normal-, Grenz- und Verbotsbereich (WBGU 1998)

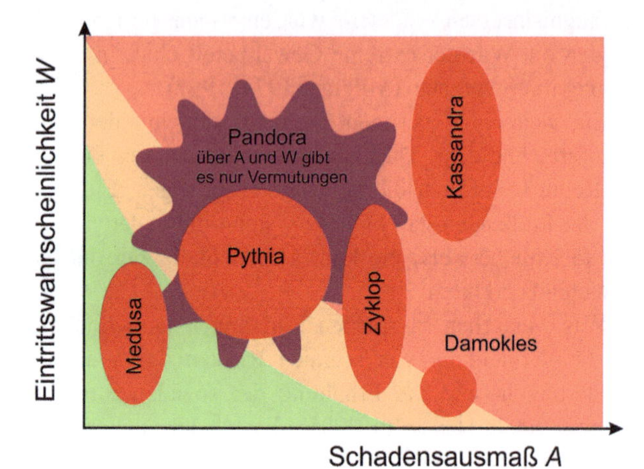

Abb. 4.6 Risikotypen im Normal-, Grenz- und Verbotsbereich (WBGU 1998)

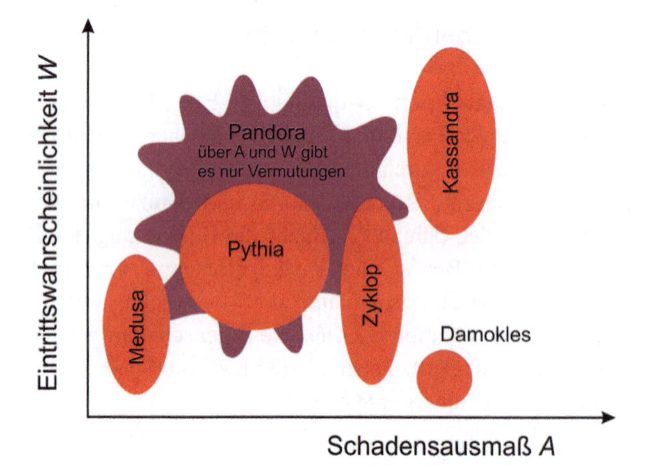

Abb. 4.7 Risikotypen ohne Bereiche (WBGU 1998)

Risiken, die Damokles zugeordnet werden, sind gekennzeichnet durch Gefährdungen in Zeiten von Wohlstand und Glück. Sicherlich ist den Lesern das Damokles Schwert bekannt, welches über Damokles, einem Herrscher der Stadt Dionysus, hing. Solche Risiken können durch geeignete Schutzmaßnahmen kontrolliert werden. So hätte Damokles z. B. einen Helm tragen können. Die Art dieses Risikos zeigt sich auch oft in intensiven gesellschaftlichen Diskussionen. Ein schönes Beispiel dafür ist die Diskussion und der politische Ausstieg aus der Kerntechnischen Stromerzeugung in Deutschland im Jahre 2011.

Risiken, die Zyklopen zugeordnet werden, beinhalten eine hohe Unsicherheit bezüglich der Wiederkehrperiode der Ereignisse und ein außerordentlich großes Schadenspotential. Beispiele für solche Gefährdungen sind schwere Erdbeben oder große Meteoriteneinschläge. Solche Gefährdungen können, zumindest zu einem gewissen Maße, ebenfalls durch Schutz- bzw. Warneinrichtungen beherrscht werden. Zwar waren die Warnungen vor Erdbeben – bis auf ein Ereignis in China – bisher nicht von Erfolg gekrönt, aber die Auslegung und Bemessung von Bauwerken für Erdbeben und die außerordentlich umfangreichen Studien zur Erdbebengefährdung haben hier nachweislich zu einer Verringerung der Todesopferzahlen und Bauwerkseinstürze geführt (siehe Abschn. 2.2.3.2). Im Bereich der Meteoriten hat man ein großen Beobachtungsnetzwerk aufgebaut, welches Meteoriten mit einem Trefferpotential frühzeitig erkennen soll.

Risiken, die Pythia zugeordnet werden können, zeigen ein großes Maß an Unsicherheit bezüglich der Wiederkehrperiode und des Schadenspotentials. Man könnte auch verallgemeinern: man kann diese Risiken nicht quantifizieren.

Pandora besuchte den Bruder von Prometheus und schenkte ihm im Auftrag von Zeus einen Krug mit verderbenbringenden Gaben der Götter, darunter Krankheiten und Tod. Risiken, die man heute Pandora zuordnen kann, zeigen ein großes Schadenspotential in räumlichen und zeitlichen Dimensionen. Außerdem sind solche Schäden nicht mehr reversibel. Beispiele für Pandora-Risiken sind ein globaler Nuklearkrieg, die unkontrollierte Ausbreitung von nuklearem Abfall oder Flurchlorkohlenwasserstoffe, die die Ozonschicht angreifen. Ein weiteres Beispiel wäre der menschengemachte Klimawandel durch Treibhausgase und die Verwendung fossiler Brennstoffe.

Bei Risiken, die Kassandra zugeordnet werden, sind die Wiederkehrperiode bzw. die Häufigkeit und das Schadenspotential sehr gut bekannt. In vielen Fällen führt das dazu, dass diese Risiken ausgeblendet werden, wie z. B. Erkrankungen durch Rauchen, Alkoholgenuss oder die Ausrottung von Pflanzen und Tierarten durch den Menschen (siehe Abschn. 2.2.7.2).

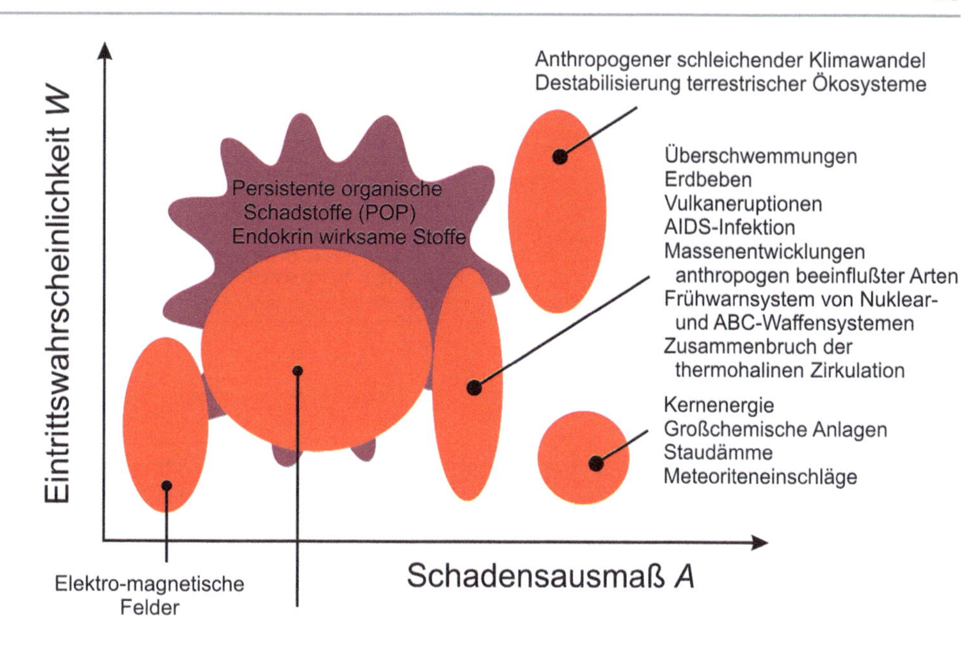

Abb. 4.8 Risikotypen mit Beispielen (WBGU 1998)

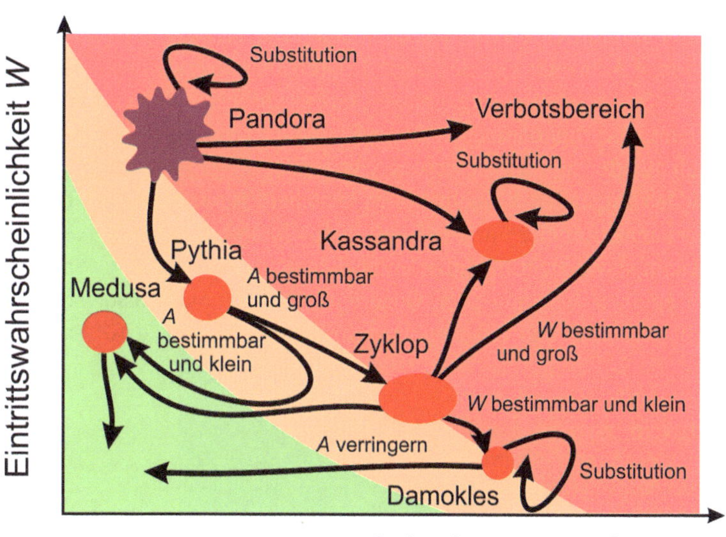

Abb. 4.9 Risikotypen mit geeigneten Gegenmaßnahmen (WBGU 1998)

Risiken, die Medusa zugeordnet werden können, haben bekannte Wiederkehrperioden und Häufigkeiten sowie ein bekanntes Schadenspotential, wobei die Ausbreitung in Raum und Zeit begrenzt ist. Trotzdem zeigen Menschen und Gesellschaften bei solchen Risiken häufig eine Überreaktion.

Tab. 4.2 fasst die wichtigsten Eigenschaften dieser Risikoeinteilung zusammen.

4.4 Selektion der Parameter

4.4.1 Einleitung

Die im vorangegangenen Abschnitt vorgestellte gesamtheitliche Betrachtung ist eine Möglichkeit zur Erfassung subjektiver Elemente. Eine zweite Möglichkeit ist die Berücksichtigung der jeweiligen einzelnen Faktoren, die

Tab. 4.2 Zusammenfassung der Eigenschaften der Risikoarten (WBGU 1999)

	Schaden	Unsicherheit der Schätzung des Schadens	Eintrittshäufigkeit	Unsicherheit der Schätzung der Eintrittshäufigkeit
Damokles	Hoch	Gering	Gering	Gering
Zyklop	Hoch	Eher gering	Unbekannt	Unbekannt
Pythia	Unbekannt (Potenziell hoch)	Unbekannt	Unbekannt	Unbekannt
Pandora	Unbekannt (nur Vermutungen)	Unbekannt (hohe Persistenz; über mehrere Generationen)	Unbekannt	Unbekannt
Kassandra	Hoch	Gering	Hoch	H och
Medusa	Gering	Gering	Gering	Hoch

das subjektive Urteil beeinflussen. Die im Folgenden diskutierten Faktoren stellen eine Auswahl aller möglichen Faktoren dar und sind einer Arbeit von Wojtecki und Peters (2000) entnommen. Der Hauptgrund für die Wahl der Faktoren ist ihre Bedeutung für die subjektive Risikobewertung. Der wichtigste Faktor ist hierbei Vertrauen (siehe Abschn. 4.5 und Tab. 4.6).

Die Abb. 4.10 und 4.11 zeigen einen ersten Versuch, die Parameter der subjektiven Risikobewertung zu identifizieren. Dazu wurden die Parameter „Kenntnis des Risikos" und „Schwere" eingeführt. Die Schwere wurde hier als „Furchtbarkeit" definiert. Dieser Parameter kann mehr enthalten als die reinen Opferzahlen, siehe den Teilparameter in Tab. 4.3. Insofern ist der Begriff durchaus passend, auch wenn er im ersten Augenblick „unwissenschaftlich" erscheint. Die Diagramme in Abb. 4.10 und 4.11 zeigen keine Skalenwerte, stattdessen werden vier Felder eingeführt, die aus den folgenden Kombinationen bestehen: furchtbar und unbekannt, furchtbar und bekannt, nicht furchtbar und unbekannt sowie nicht furchtbar und bekannt.

Beginnen wir mit dem Quadranten links unten, also nicht furchtbar und bekannt. Hier finden wir in Abb. 4.10 fünf grüne Punkte. Die beiden Tätigkeiten „Skifahren" und „Motorrasenmäher" werden die meisten Leser vielleicht als Risiko einordnen, aber sie werden von der überwiegenden Anzahl der Öffentlichkeit nicht als furchtbar angenommen, wie Millionen von Skitouristen jedes Jahr belegen. Tatsächlich versterben wenige Skitouristen, aber es verletzt sich eine signifikante Anzahl von Skitouristen jedes Jahr in den Alpen. Das Risiko des Alkoholkonsums, des Rauchens und Motorradfahren ist den meisten wohlbekannt, aber die Vorteile, wie die Teilnahme am sozialen Leben oder Fahrfreude, überdecken das Risiko. Keiner der fünf Punkte ist ein Risiko, welches von der Öffentlichkeit erbittert diskutiert wird, auch wenn die gesetzlichen Auflagen für Tabak- und Alkoholwerbung in den letzten Jahren verschärft wurden und in manchen Ländern sogar verboten sind.

Im linken oberen Quadranten finden sich Tätigkeiten wie Kaffeetrinken, die Anwendung der Mikrowelle, Impfungen und Antibiotika. Insgesamt liegen in diesem Quadranten sieben orange Punkte. Die Risiken werden als nicht furchtbar, aber teilweise unbekannt eingestuft. Das trifft sicherlich auf Impfungen zu, unter Umständen auch auf die Mikrowelle zum Zeitpunkt der Erhebung. Valium,

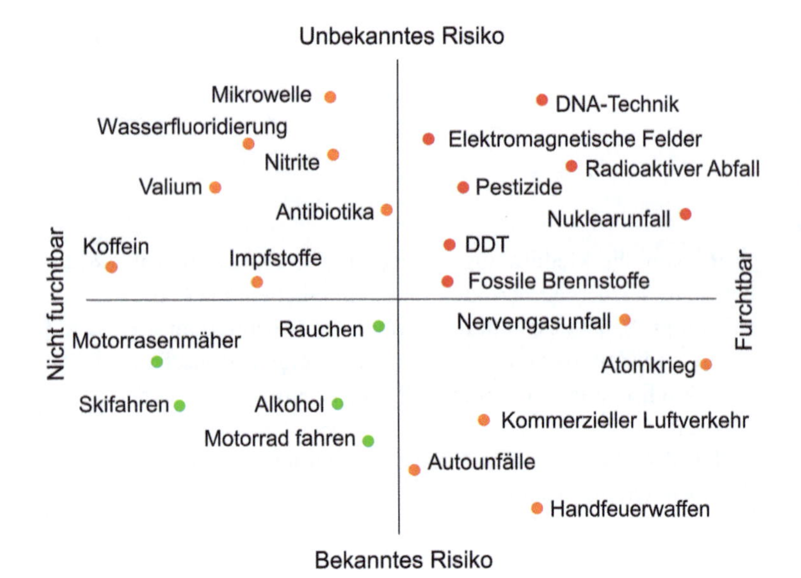

Abb. 4.10 Einordnung von Tätigkeiten/Ereignissen in ein Bekanntheits-Furchtbarkeits-Diagramm

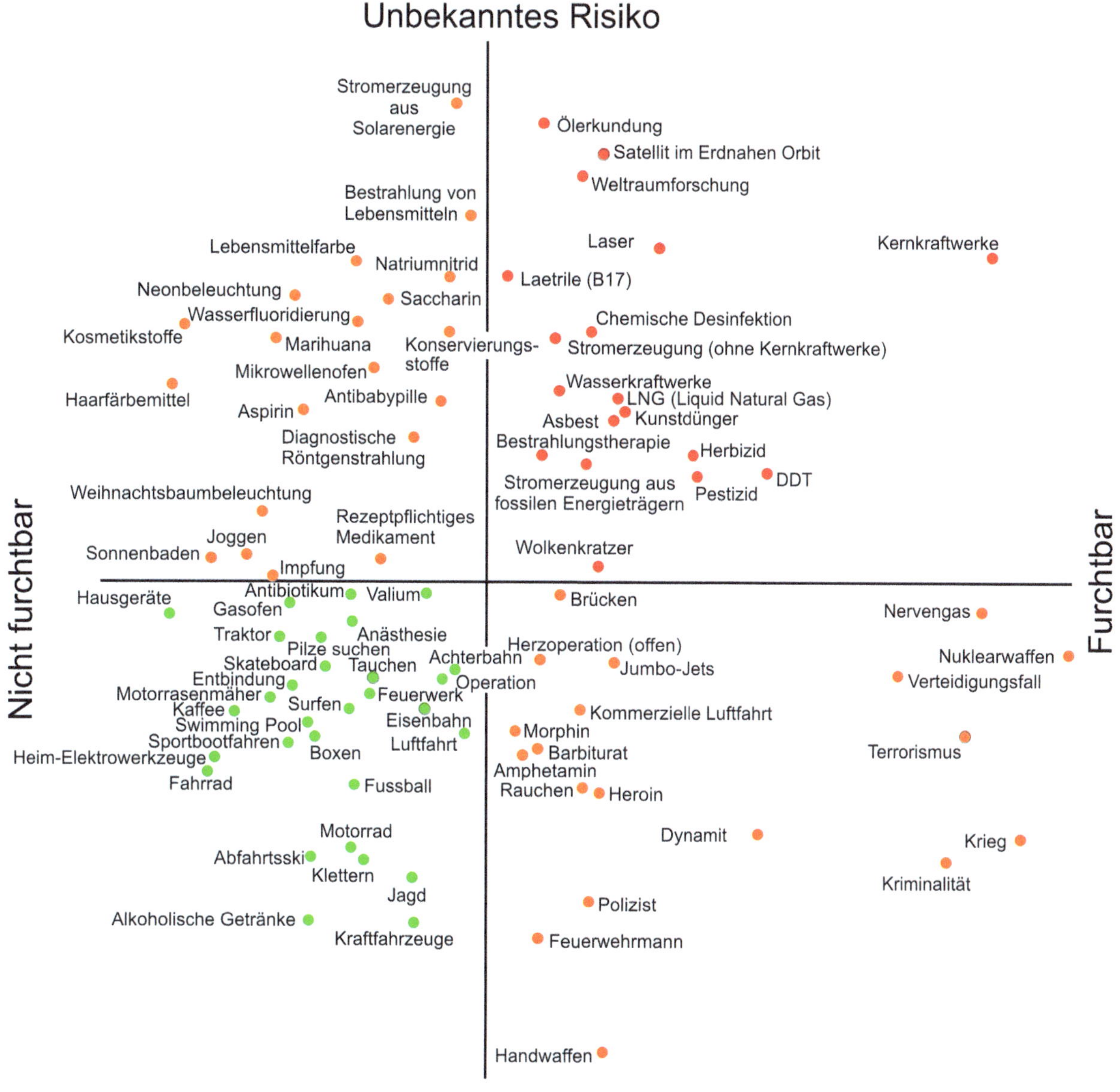

Abb. 4.11 Subjektive Risikobeurteilung basierend auf Bekanntheit des Risikos und Furcht vor dem Risiko (Slovic et al. 1980), weitere Arbeiten von Sparks und Shepherd (1994) oder Balderjahn und Wiedemann (1999) zur Veränderung wichtiger Risikobeurteilungsfaktoren bezogen auf verschiedene Berufe

Wasser-Fluoridierung und Nitrite könnte man mit zu den gesundheitlichen Schutzmaßnahmen in diesem Quadranten zählen. Einige der Tätigkeiten und Maßnahmen, wie z. B. Impfungen, unterliegen intensiven gesellschaftlichen Diskussionen und Auseinandersetzungen, wie z. B. das Thema Pflichtimpfungen, Nebenwirkungen neu eingeführter Impfstoffe etc.

Der nächste Quadrant umfasst die furchtbaren und bekannten Risiken. Tatsächlich sind die mittleren Opferzahlen für die Ereignisse Autounfälle, Handfeuerwaffen und Unfälle im kommerziellen Luftverkehr gut bekannt. Es handelt es sich hierbei um Ereignisse mit einer begrenzten maximalen Anzahl Todesopfer. Es sind praktisch keine oder nur wenige Straßenverkehrsunfälle mit mehr als 100 Todesopfern bekannt. Meistens waren Unfälle mit großen Opferzahlen auch Mischungen aus weiteren Gefährdungen, wie z. B. die Explosion eines Benzintransporters bei einem Kraftfahrzeugunfall. Der größte Flugzeugunfall hatte weniger als 1000 Todesopfer. Im Gegensatz dazu stehen Atomkrieg und Nervengasunfall. Ein Atomkrieg hat sicherlich ein deutlich größeres Risikopotential als Straßenverkehrsunfälle, auch wenn pro Jahr mehr als eine Million Menschen durch

Tab. 4.3 Komponenten der Bekanntheit des Risikos und der Furcht vor dem Risiko (Slovic, Fischhoff und Lichtenstein 1980)

Unbekanntes Risiko	Furchtbarkeit
Nicht beobachtbar	Unkontrollierbar
Risiko unbekannt für die dem Risiko Ausgesetzten	Furchtbar
Verzögerte Effekte	Globale Katastrophe
Neues Risiko	Tödliche Konsequenzen
Risiko unbekannt für die Wissenschaft	Nicht vergleichbar
	Hohes Risiko für zukünftige Generationen
	Kann nicht einfach verringert werden
	Risikoerhöhend
	Unfreiwillig
	Direkte persönliche Effekte

Straßenverkehrsunfälle sterben. Ein weltweiter Atomkrieg dürfte jedoch hundert bis tausendfach höhere Opferzahlen kosten und einen wirtschaftlichen und ökologischen Schaden verursachen, der die Existenz der Menschheit bedroht. Zwar gibt es umfangreiche Studien über den Verlauf eines Atomkrieges, die Effekte wie nuklearen Winter etc. entdeckt haben, jedoch liegen bis auf die beiden Atombombenabwürfe in Japan keine realen Erfahrungen vor. Für Nervengas liegen zumindest durch den Ersten Weltkrieg Erfahrungen vor. Insgesamt sind die den Punkten zugeordnete Handlungen und Ereignisse sehr unterschiedlich.

Der letzte Quadrant rechts oben, der unbekannte und furchtbare Risiken umfasst, zeigt sieben rote Punkte. Praktisch alle dieser Punkte umfassen Ereignisse und Themen, die erbitterten gesellschaftlichen Diskussionen über deren Akzeptanz unterliegen und die auch innerhalb einer Meinungsgruppe nicht einheitlich behandelt werden. So vermuten viele Mitglieder der Öffentlichkeit, dass radioaktiver Abfall aus Kernkraftwerken und aus militärischen Einrichtungen zur Herstellung von Nuklearwaffen tendenziell risikoreicher ist als solch ein Abfall aus medizinischen Geräten. Wie die Erfahrung gezeigt hat, kann radioaktiver Abfall aus Medizingeräten extreme Auswirkungen auf Regionen haben, wie z. B. der Goiânia-Unfall in Brasilien gezeigt hat (Roberts 1987). Die Vermeidung von DNA-Technik ist in Deutschland bei Lebensmitteln ein Qualitätszeichen, in anderen Bereichen, z. B. der Medizin, aber willkommen. Elektromagnetische Felder waren Gegenstand intensiver Diskussionen, aber fast die gesamte Öffentlichkeit nutzt heute Mobiltelefone. Die negativen Auswirkungen fossiler Brennstoffe sind nicht erst Gegenstand öffentlicher Diskussionen seit der Einführung des Themas Klimawandels, sondern waren lange davor ein Thema öffentlicher Diskussion bezüglich Luftreinheit und der Entstehung von Bränden. Trotzdem sind fossile Treib- und Brennstoffe noch heute die Hauptenergieträger auf der Erde. Das Thema fossile Brennstoffe zeigt aber auch, dass die Punkte im Diagramm wandern können. Wahrscheinlich wäre der Punkt fossile Brennstoffe noch vor wenigen Jahrzehnten im linken unteren Quadranten zu finden gewesen.

Abb. 4.11 ist eine Erweiterung der Ereignisse und Handlungen, die in dem Abb. 4.10 dargestellt werden.

Abb. 4.12 entspricht einem langsamen Übergang von qualitativen Begriffen, wie Furchtbarkeit oder Bekanntheit zu quantitativen Begriffen, wie Mortalität. Das Bild verwendet als Mortalitätsparameter die Fatal Accident Rate. Für die Diskussion in diesem Abschnitt soll aber ein weiterer Differenzierungsparameter beachtet werden, nämlich der durchschnittliche Nutzen pro Person in Dollar. Der Nutzen umfasst eine Spannweite von ca. Null bis etwa 2500 Dollar. Das entspricht etwa drei Größenordnungen. Die Fatal Accident Rate umfasst dagegen eine Spannweite von 10^{-11} bis 10^{-4}. Das entspricht ca. sieben Größenordnungen.

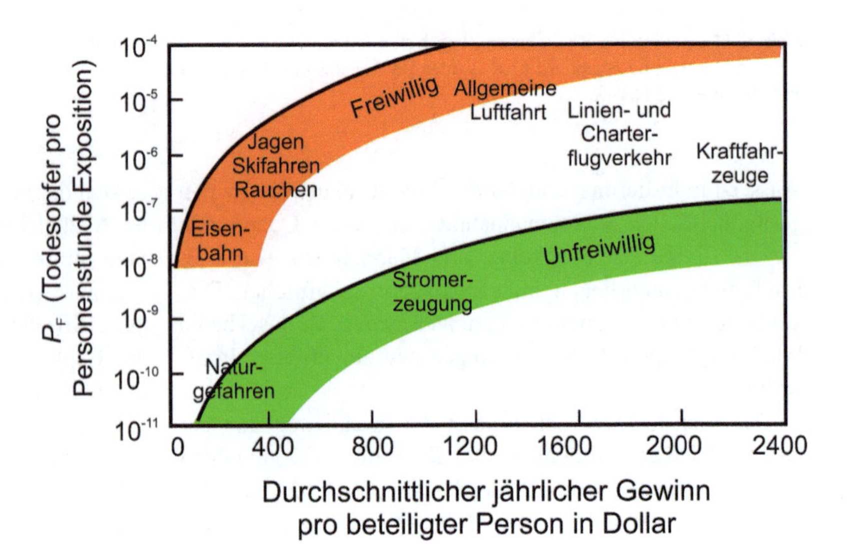

Abb. 4.12 Fatal Accident Rate (*y*-Achse) versus wahrgenommenem Nutzen (*x*-Achse) und Freiwilligkeit (Farbe) (Starr 1969)

Betrachtet man allerdings nur die freiwillig ausgeführten Handlungen, so sinkt die Spannweite auf ca. drei bis vier Größenordnungen. Würde man die x-Achse logarithmieren und nur die Linien für Freiwilligkeit oder Unfreiwilligkeit eintragen, würden linear steigende Linien entstehen.

Tatsächlich liegen nach diesem Diagramm die Größenordnungen für Nutzen, Freiwilligkeit und Todesrisiko in Form von Fatal Accident Rate in der gleichen Größenordnung.

Abb. 4.15 zeigt den subjektiv geschätzten Grad der Freiwilligkeit für die in Abb. 4.13 dargestellten Gefährdungen. Bei der Einschätzung der Freiwilligkeit für das Rauchen sollte man vorsichtig sein, da den meisten Menschen nicht bewusst ist, dass sie süchtig sind. Die meisten Menschen halten sich jederzeit für fähig, mit dem Rauchen aufzuhören, wollen es aber einfach nicht. Abb. 4.14 zeigt die subjektive Einschätzung des Wissens über die Gefahren und Risiken.

Die Bilder lassen bereits erahnen, wie schwierig es ist, die Ursachen der subjektiven Risikoeinschätzung zu identifizieren. Sehr oft kommt es zu unterschiedlichen Ergebnissen bei der Risikoeinschätzung mit verschiedenen Fragebögen. Daher müssen solche Untersuchungen sehr sorgfältig durchgeführt werden. Wie bereits diskutiert, zeigen Abb. 4.1 und Tab. 4.1 eine Vielzahl unterschiedlicher subjektiver Risikoeinstufungen. Während die Risiken in Abb. 4.1 ganz auf das individuelle Wohlbefinden bezogen sind, werden die Risiken in Tab. 4.1 als Risiken für die Menschheit verstanden. Diese unterschiedlichen Sichtweisen müssen in die Diskussion einbezogen werden.

Eine erste Auflistung über mögliche Einzelfaktoren, die die subjektive Risikobeurteilung beeinflussen, findet sich in Tab. 4.4. In einigen Publikationen werden bis zu 27 Faktoren genannt (Covello 2001). Zum Beispiel erwähnt Slovic (1999) neben den Faktoren in Tab. 4.4 auch die Bedeutung von Geschlecht und Alter für das subjektive Urteil. Bei den meisten Risiken sind Frauen risikoscheuer als Männer und

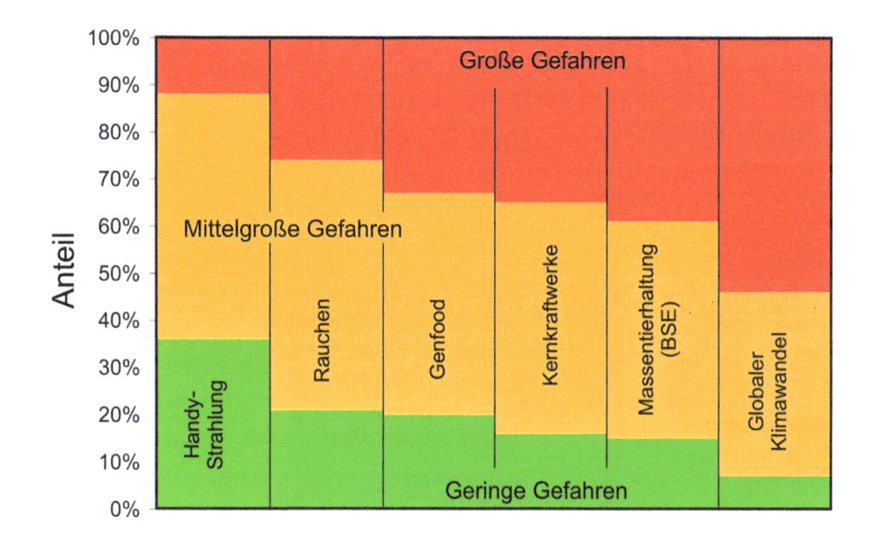

Abb. 4.13 Subjektive Bewertungen von Gefahren (gering, mittelgroß und groß) über verschiedene Risiken (Zwick und Renn 2002)

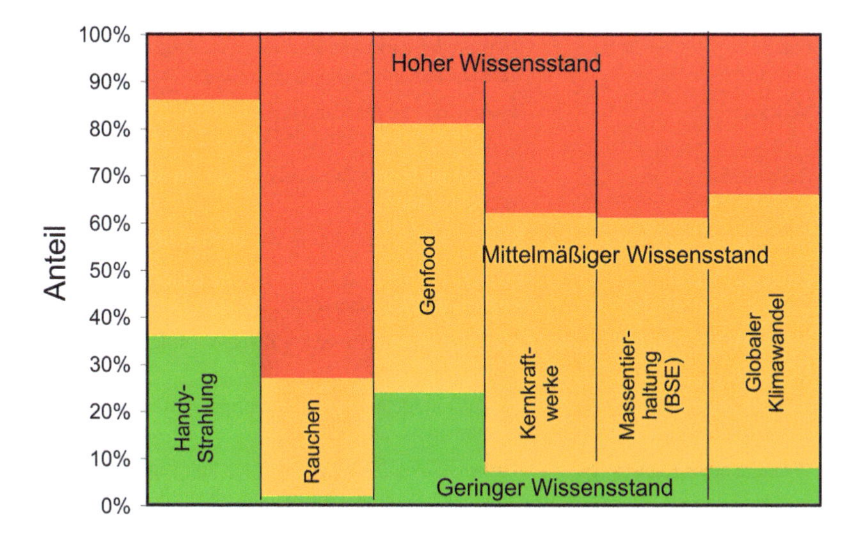

Abb. 4.14 Subjektive Bewertung des Wissenstands (gering, mittelgroß und groß) über verschiedene Risiken (Zwick und Renn 2002)

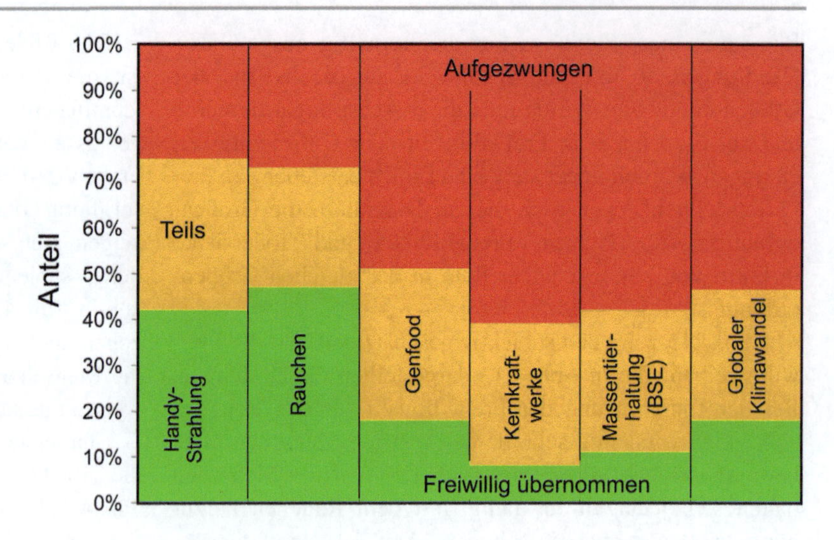

Abb. 4.15 Subjektive Bewertung der Freiwilligkeit verschiedener Risiken (Zwick und Renn 2002)

ältere Menschen sind risikoscheuer als junge Menschen (Simon et al. 2003).

4.4.2 Vertrauen

Eine Definition von Rousseau et al. (1998) lautet: *„Zwischenmenschliches Vertrauen ist ein psychologischer Zustand, der ein Vertrauen in eine andere Person in einer Risikosituation auf der Grundlage positiver Erwartungen an ihre Absichten oder ihr Verhalten beinhaltet.“.*

Nach Wojtecki und Peters (2000) kann Vertrauen zu einer maximalen Verschiebung der Risikowahrnehmung um den Faktor 2000 führen. Basierend auf der Systemtheorie stellt Vertrauen eine Ressourcenerweiterung unseres Systems dar. Durch Vertrauen können Individuen ihre

Tab. 4.4 Faktoren der subjektiven Risikowahrnehmung gemäß Covello et al. (2001)

Faktoren	Beschreibung
Freiwilligkeit	Unfreiwillige Risiken werden im Vergleich zu freiwilligen Risiken als größer wahrgenommen
Kontrollierbarkeit	Risiken unter der Kontrolle anderer Personen und Organisationen werden im Vergleich zu Risiken unter der Kontrolle des Einzelnen als größer wahrgenommen
Bekanntheit	Unbekannte Risiken werden im Vergleich zu bekannten Risiken als größer wahrgenommen
Gleichheit	Ungleich verteilte Risiken werden im Vergleich zu gleichmäßig verteilten Risiken als größer wahrgenommen
Nutzen	Risiken mit unklarem Nutzen werden im Vergleich zu Risiken mit klar erkennbarem Nutzen als größer wahrgenommen
Verständnis	Schwer verständliche Risiken werden im Vergleich zu klar verständlichen Risiken als größer wahrgenommen
Unsicherheit	Unbekannte Risiken werden im Vergleich zu bekannten Risiken als größer wahrgenommen
Furcht	Risiken, die starke Gefühle wie z. B. Angst hervorrufen, werden im Vergleich zu Risiken, die keine solchen starken Emotionen hervorrufen, als größer wahrgenommen
Vertrauen	Risiken, die mit Institutionen mit geringer Glaubwürdigkeit verbunden sind, werden im Vergleich zu Risiken, die mit vertrauenswürdigen Personen oder Organisationen verbunden sind, als größer wahrgenommen
Reversibilität	Risiken mit irreversiblen Auswirkungen werden im Vergleich zu Risiken ohne solche Auswirkungen als größer wahrgenommen
Persönliche Betroffenheit	Risiken auf persönlicher Ebene werden im Vergleich zu unpersönlichen Risiken als größer wahrgenommen
Ethik und Moral	Risiken, die mit niedrigen ethischen oder moralischen Bedingungen verbunden sind, werden im Vergleich zu Risiken, die mit hohen ethischen oder moralischen Bedingungen verbunden, als größer wahrgenommen
Menschlicher oder natürlicher Ursprung	Vom Menschen verursachte Risiken werden im Vergleich zu natürlichen Risiken als größer wahrgenommen
Identität der Opfer	Risiken mit identifizierbaren Opfern werden im Vergleich zu Risiken mit statistischen Opfern als größer wahrgenommen
Potential einer Katastrophe	Risiken, die räumlich oder zeitlich konzentrierte Opfer hervorrufen, werden im Vergleich zu Risiken, die räumlich und zeitlich diffus sind, als größer wahrgenommen

nutzbaren Ressourcen dramatisch verbessern. Wenn man einer Person vertraut, kann man auf ihre Ressourcen, wie Zeit, Geld oder Macht, zugreifen. Ein Beispiel für vertrauensnutzende Maßnahmen war die Werbung für die Zigaretten von Camels mit dem Hinweis: *„More Doctors Smoke Camels than any other cigarette!“*. Dadurch erfolgte eine Ausweitung der Ressource Wissen, denn die Ärzte sollten ja wissen, was gut ist.

Eine der Definitionen von Katastrophen waren negative Ressourcen. Die Definition von ungenügender Sicherheit war die begrenzte Freiheit der eigenen Ressourcen. Wenn man die Ressourcen erhöht, kann man besser mit Gefahren umgehen. Dies gilt besonders in Konfliktsituationen. Die deutlichsten Beispiele dafür sind wahrscheinlich Filme, in denen ein Protagonist den Menschen sagt, dass sie ihm vertrauen können und sich keine Sorgen machen müssen. Dies ist nichts anderes als eine Einladung zum Zugang zu seinen Ressourcen.

Als ein weiteres Beispiel kann man auch Bergsteigen in einer Gruppe ansehen. In den meisten Fällen zeigt die subjektive Risikobeurteilung hier eine Verzerrung. Diese Verzerrung entsteht durch den Eindruck, dass man Zugang zu den Ressourcen der anderen Mitglieder der Gruppe in Bezug auf Wissen, Erfahrung, Kraft, Material usw. hat. Dies kann auch als eine Überschätzung der eigenen Ressourcen interpretiert werden.

Vertrauen kann durch die Erfahrung eines Unfalls zerstört werden, und zwar viel schneller und einfacher, als es aufgebaut werden kann. Es gibt eine Faustregel, die besagt, dass es etwa dreimal so viel Mühe kostet, Vertrauen aufzubauen, als es kostet, das Vertrauen zu zerstören. Die Abb. 4.16 und 4.17 zeigen die Effektivität vertrauensbildender und vertrauensabbauender Maßnahmen, in Abb. 4.16 relativ allgemein und in Abb. 4.17 sehr konkret. In Abb. 4.16 wird die Effektivität der Maßnahmen in sieben Klassen eingeteilt. Deutlich sichtbar ist, dass die vertrauenszerstörenden Maßnahmen überwiegend eine hohe Effektivität zeigen, während die vertrauensbildenden Maßnahmen überwiegend eine mittlere und geringe Effektivität zeigen.

Insbesondere für Unternehmen, die mit risikoreichen Materialien arbeiten, wie z. B. Kernkraftwerke oder Fabriken mit gentechnisch veränderten Lebensmitteln, ist der beschriebene Effekt der Vertrauensbildung von großer Bedeutung. Vertrauen muss über einen langen Zeitraum aufgebaut werden, dann kann es sich in Unfallsituationen auszahlen. Wenn ein Ereignis eingetreten ist, welches das Vertrauen stark beschädigt hat, bedarf es großen Anstrengungen, um dieses Vertrauen wiederherzustellen. Abb. 4.18 zeigt einige der wichtigsten Faktoren, die zur Vertrauensbildung beitragen. Eine der Möglichkeiten, Vertrauen wiederherzustellen, besteht darin, der Öffentlichkeit bzw. dem Nutzer den Eindruck von Kontrolle und Freiwilligkeit zu vermitteln.

Die erste dokumentierte Diskussion des Themas Vertrauen und Glaubwürdigkeit stammt vermutlich von Aristoteles. Kasperson führte in Anlehnung an Aristoteles folgende Unterpunkte des Vertrauens ein: Wahrnehmung von Kompetenz, Fürsorge, Engagement und Abwesenheit von Voreingenommenheit. Später wurden die Unterpunkte erweitert auf Engagement für ein Ziel, Kompetenz, Fürsorge und Vorhersehbarkeit. Renn & Levine verwendeten fünf Unterpunkte: Kompetenz, Objektivität, Fairness, Beständigkeit und Vertrauen. Covello bot diese vier Unterpunkte an: Fürsorge und Einfühlungsvermögen, Hingabe und Engagement, Kompetenz und Fachwissen sowie Ehrlichkeit und Offenheit (Abb. 4.18). (Peters et al. 1997).

Ein gutes Beispiel für eine vertrauenssteigernde Handlung sind die in Flugzeugen angebotenen Sicherheitsinformationen. Kurz bevor die Flugzeuge starten, werden die Passagiere über den Gebrauch und die Verfügbarkeit von Rettungswesten, die Fluchtwege und das richtige

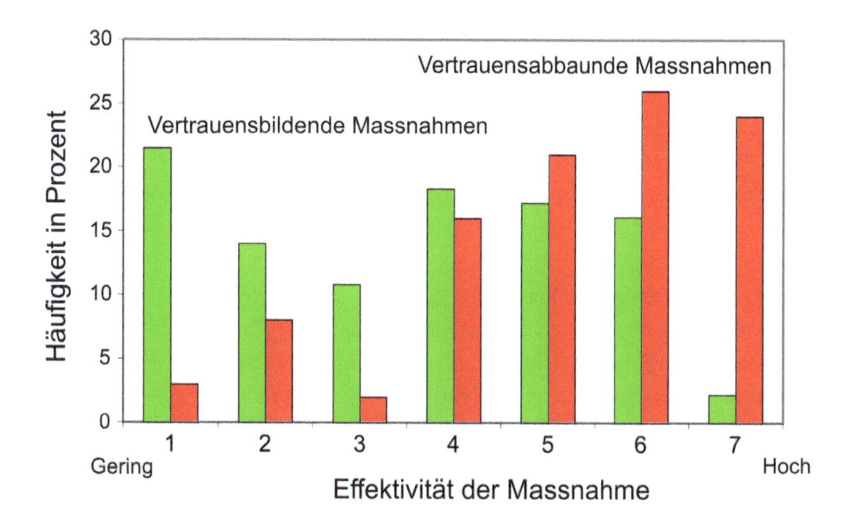

Abb. 4.16 Häufigkeitsverteilung der Effektivität von vertrauensbildenden und vertrauenszerstörenden Maßnahmen (Slovic 1993, 1996)

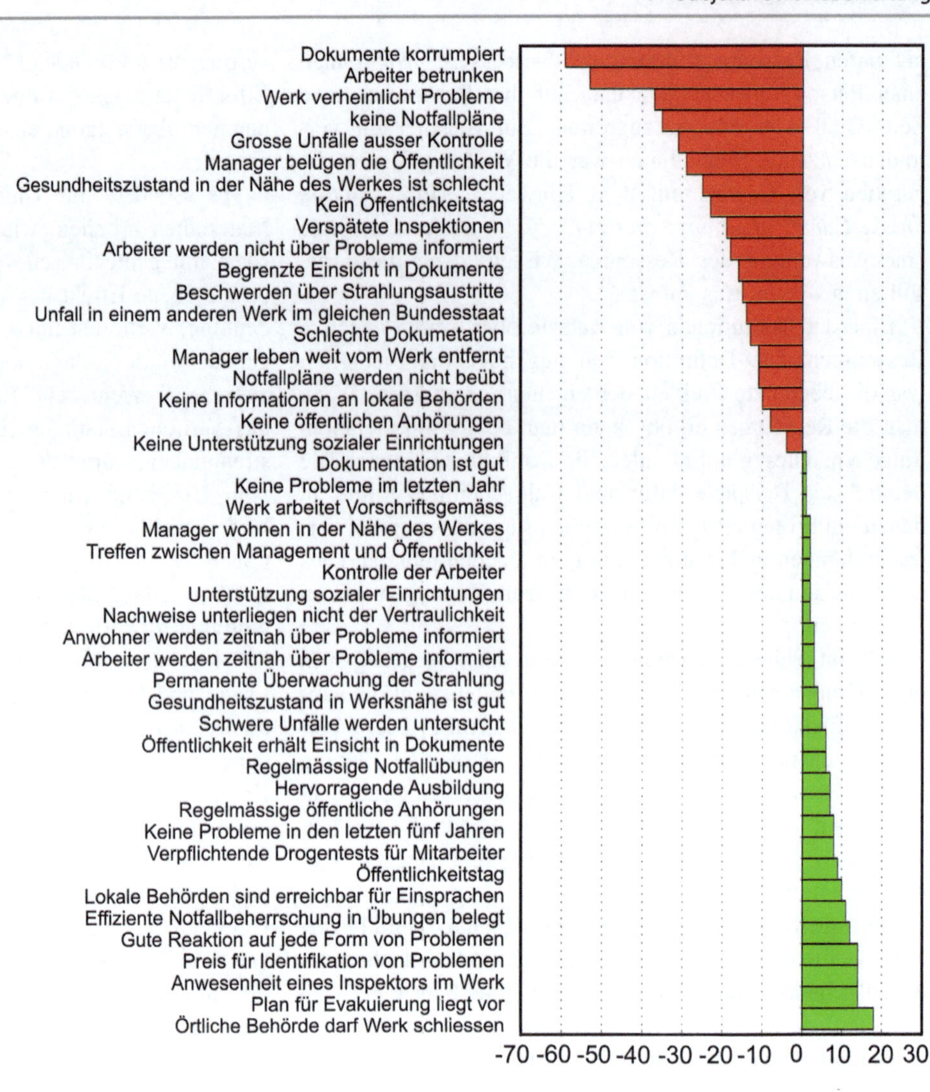

Abb. 4.17 Beispiele der Effektivität von vertrauensbildenden und vertrauenszerstörenden Maßnahmen (Slovic 1993, 1996)

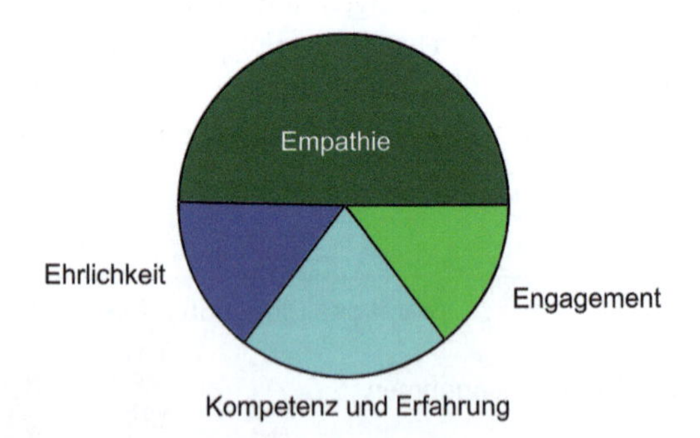

Abb. 4.18 Anteile von Vertrauen (Wojtecki und Peters 2000)

Verhalten bei Druckverlust informiert. Der Zweck solcher Informationen ergibt sich hauptsächlich aus dem Wunsch, Vertrauen aufzubauen, und nicht aus dem Wunsch, die Zahl der Todesopfer in einer Notsituation zu verringern. Dazu gehört auch die Werbung für die Sicherheit von Autos. Hier wird oft auf amüsante Art und Weise das Verhalten von Autos in einer Crashsituation beschrieben. So gab es z. B. eine Werbung für ein Auto mit einem lächelnden Dummy.

Vertrauen beeinflusst nicht nur die Akzeptanz von Risiken, sondern auch die Funktionsfähigkeit von wirtschaftlichen Systemen. Viele Menschen leben in Ländern, in denen die sozialen Bedingungen die Menschen motivieren, weiteren Wohlstand zu schaffen. Dies scheint für alle entwickelten Länder der Welt zu gelten. Dies ist jedoch kein zwingendes Verhalten von Menschen und Gesellschaften, da man auch Länder finden kann, in denen die sozialen Bedingungen die Menschen motivieren, anderen Menschen den Reichtum zu entziehen, anstatt den Reichtum selbst zu produzieren (Knack und Zack 2001; Knack und Keefer 1997; Welter 2004). Solche Länder können als Länder beschrieben werden, in denen es an Vertrauen in die soziale Ordnung mangelt. Hier ist der Staat als Repräsentant der Gesellschaft nicht in der Lage, die Sicherheitspflicht – die Hauptaufgabe der Staaten – zu erfüllen (Huber 2004).

Viele psychologische Tests haben gezeigt, dass Menschen die Vertrauenswürdigkeit anderer Menschen hauptsächlich durch nonverbale Information überprüfen und dass der Inhalt ihrer Kommunikation (verbale Information) weniger wichtig ist. Die wohl bekanntesten Tests stammen aus Naftulin et al. (1973), bei denen ein Schauspieler vor Spezialisten einen Vortrag zu einem bestimmten Thema hielt. Den meisten Spezialisten war nicht klar, dass der Vortragende keine Kenntnisse über das Thema hatte und mehr oder weniger Unsinn redete. Die Art und Weise, wie der Schauspieler das Publikum einbezog und bestimmte Punkte hervorhob, brachte das Publikum dazu, der dargebotenen Information zu vertrauen. Der Schauspieler benutzte sowohl Humor als auch Hinweise auf andere (nichtexistierende) wissenschaftliche Arbeiten. Diese Studien erscheinen gerade in Zeiten von Lockdowns und Distance Learning interessant.

Ekman an der Universität von Kalifornien hat neuere Studien durchgeführt. Diese Studien zeigen, dass in Situationen mit geringem Vertrauen und großer Besorgnis nonverbale Informationen bis zu 75 % des gesamten Nachrichteninhalts ausmachen. Nonverbale Informationen sind also außerordentlich wichtig für die zwischenmenschliche Kommunikation. Sie können ein Auditorium sehr schnell positiv oder negativ beeinflussen.

Es ist nicht unüblich, dass soziale Systeme Vertrauen schädigen oder zerstören. Dies zeigt sich z. B. in Rechtsfällen, in denen sich ein Experte gegen einen anderen Experten ausspricht und die Öffentlichkeit nicht weiß, wem sie vertrauen kann. Koren und Klein (1991) zeigten auch, dass bei zwei Nachrichtenartikeln, von denen der eine besagt, dass in der Nähe von Atomkraftwerken keine zusätzlichen Krebsrisiken beobachtet werden, und der andere besagt, dass im nationalen Laboratorium in Oak Ridge ein erhöhtes Blutkrebsrisiko besteht, der zweite Artikel im Vergleich zum ersten viel größeres Interesse auf sich zieht. In solchen für die Öffentlichkeit widersprüchlichen Aussagen der Experten bezieht die Öffentlichkeit in der Regel eher eine risikoaversive Haltung.

4.4.3 Kontrolle

Wie bereits erwähnt, neigen Menschen dazu, ihre Fähigkeiten und Ressourcen zu überschätzen. Menschen verschulden sich in der völligen Überzeugung, dass sie dieses Problem in Zukunft lösen können. Menschen könnten Autos auf eine Art und Weise fahren, bei der sie völlig die Kontrolle verlieren. Dieser allgemeine Effekt wird als optimistische Verzerrung (Optimism-Bias) bezeichnet.

Abb. 4.19 zeigt diesen Effekt für das Autofahren. Dafür wurden Menschen gefragt, wie gut sie ihre Fahrfähigkeiten

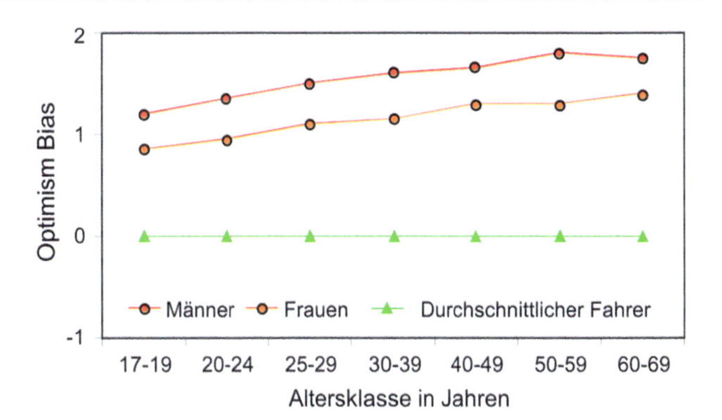

Abb. 4.19 Optimism Bias für das Autofahren (Job 1999)

im Vergleich zum durchschnittlichen Fahrer einschätzen. Wenn sie sich für besser als ein durchschnittlicher Fahrer hielten, sollten sie einen positiven Wert angeben, bei Gleichheit eine Null und bei schlechteren Fahrleistungen einen negativen Wert. Das Bild und die Ergebnisse zeigen, dass der durchschnittliche Fahrer davon ausgeht, dass er bzw. sie über bessere Fähigkeiten verfügt als ein durchschnittlicher Fahrer (Job 1999). Dieser Effekt kann ein Risiko um den Faktor 1000 verschieben.

Ein solcher optimistischer Fehler ist z. B. auch bei Kostenschätzungen von öffentlichen Projekten bekannt. Das britische Verkehrsministerium (2004) hat deshalb Zahlen für die Unterschätzung der Kosten öffentlicher Großprojekte herausgegeben (Flyvbjerg 2004), wie Tab. 4.5 zeigt.

Der Optimismus-Bias kann mit Freiwilligkeit und Kontrolle in Verbindung gebracht werden. Ein schönes Experiment von Renn aus dem Jahr 1981 hat den Einfluss der Freiwilligkeit gezeigt. Bei einem medizinischen Test mussten die Teilnehmer Medikamente einnehmen, die entweder eine radioaktive Beschichtung, eine bakterielle Beschichtung oder eine Schwermetallbeschichtung hatten. Die Hälfte der Probanden konnte die Beschichtung frei wählen, die andere Hälfte nicht. Bei der Gruppe der Probanden, die sich die Art der Beschichtung nicht aussuchen durften, war der Grad der

Tab. 4.5 Durch Optimistische Überschätzung unterschätzte Kosten (Flyvbjerg 2004)

Projekttyp	Optimism Bias in %			
	Herstellungszeit		Kosten	
	Obere	Untere	Obere	Untere
Standardgebäude	4	1	24	2
Sondergebäude	39	2	51	4
Bauingenieurswesen	20	1	44	3
Nicht Bauingenieurswesen	25	3	66	6
Ausrüstung und Entwicklung	54	10	200	10
Outsourcing	–	–	41	0

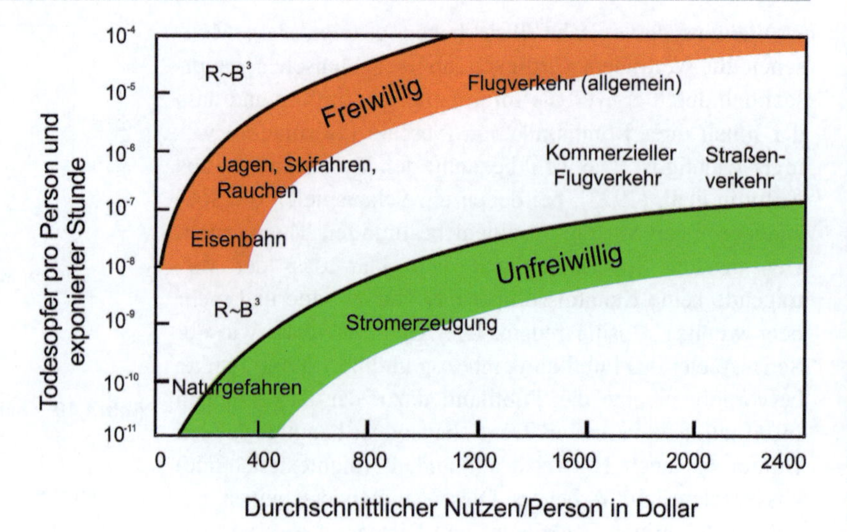

Abb. 4.20 *FAR* versus Nutzen pro Person in Abhängigkeit der Freiwilligkeit der Handlung (Starr 1969)

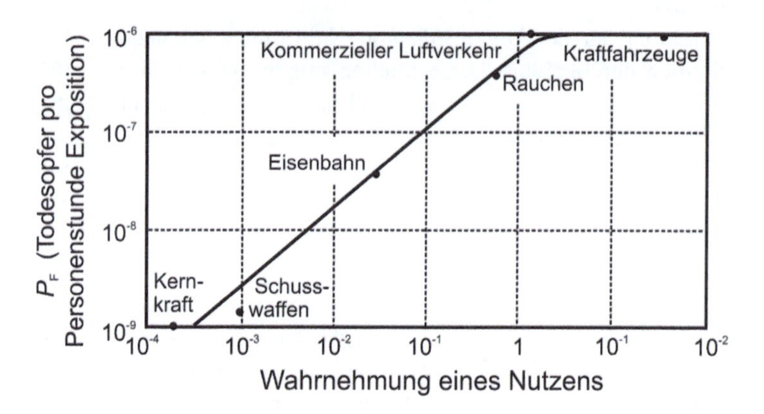

Abb. 4.21 *FAR* vesus Wahrnehmung des Nutzens (Starr 1969)

Beschwerden doppelt so hoch. Allerdings existierte keine Beschichtung. Die Personengruppe, die frei wählen konnte, ging also davon aus, dass sie mit der gewählten giftigen Beschichtung besser zurechtkommt als mit einer anderen.

Auch wenn Abb. 4.20 als Wiederholung von Abb. 4.12 mehr als nur Kontrolle berücksichtigt, so zeigt sie doch recht eindrucksvoll die Risikoverlagerung um den Faktor 1000. Das Bild verwendet die beobachtete Zahl der Todesopfer pro Person pro Expositionsstunde *(FAR)* im Vergleich zum durchschnittlichen jährlichen Nutzen pro Person in Dollar. Auch wenn die Zahlen veraltet sind, sind die Zusammenhänge immer noch interessant und wahrscheinlich zutreffend. Die Zahlen zeigen, dass, abgesehen von Vertrauen, Kontrolle und Freiwilligkeit, einer der Hauptfaktoren, der die subjektive Risikobeurteilung beeinflusst, der Nutzen ist.

Der Nutzen wird im nächsten Abschnitt noch einmal erörtert, aber es sei an dieser Stelle bereits darauf hingewiesen, dass Menschen nie ein alleiniges Risikourteil fällen. Sie bevorzugen es, einen Kompromiss zwischen möglichem Verlust (Risiko) und möglichem Nutzen (Chance) zu wählen. Tatsächlich haben Psychologen gezeigt, dass Menschen allgemein Probleme beim Vergleich von Risiken haben, weil es sich dabei um zwei negative Optionen handelt. Menschen verhalten sich viel besser, wenn sie Pakete von Risiken und Chancen vergleichen. Das liegt vermutlich daran, dass Menschen nach Vorteilen und Nutzen streben und die Vermeidung von Nachteilen zwar ein Entscheidungskriterium ist, aber kein alleiniges. Diese Diskussion wird im Kapitel „Lebensqualität" fortgesetzt.

Häufig wird Optimismus als wichtige Eingangsgröße für wahrgenommene Kompetenz angesehen. Menschen mit Optimismus werden als fachlich kompetenter eingeschätzt, selbst wenn die Arbeitsergebnisse das nicht bestätigen (Nasher 2019a, b; Schlenker und Leary 1982).

4.4.4 Nutzen

Wie aus Abb. 4.20 hervorgeht, besteht ein enger Zusammenhang zwischen akzeptierten Risiken und dem Bewusstsein für den Nutzen. Es handelt sich dabei aber nicht um eine lineare Beziehung.

Abb. 4.21 unterstützt zusätzlich die Theorie des nichtlinearen Verhaltens in einigen Regionen des Diagramms. Interessant erscheint das Nutzenbewusstsein des Rauchens. Diese Studie ist allerdings 50 Jahre alt. Vermutlich

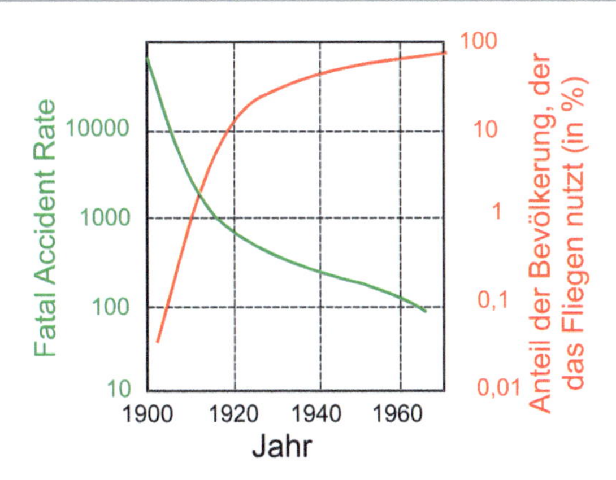

Abb. 4.22 Entwicklung des *FAR* und der Bevölkerungsteilnahme für den kommerziellen Luftverkehr (Starr 1969)

wird der Nutzen des Rauchens heute geringer eingeschätzt.

Das Nutzenbewusstsein fürs Autofahren oder Fliegen ist deutlich erkennbar. Ein Auto kann im Alltag benutzt werden, ist bequem und einfach zu bedienen und das Fliegen bringt einen in nur wenigen Stunden um die ganze Welt. Eine solche Reise mit einem anderen Verkehrsmittel würde Tage oder Wochen dauern. Dennoch muss sich ein solches Nutzenbewusstsein entwickeln, wie Abb. 4.22 zeigt. Viele neue Technologien wurden zunächst aufgrund eines unzureichenden Nutzenbewusstseins abgelehnt.

Abb. 4.23 versucht, diese zeitliche Entwicklung zu visualisieren. Neue Technologien könnten ein bestimmtes Risiko *a* auf ein niedrigeres Niveau senken (Risiko *b*), aber sie könnten auch ein neues Risiko auferlegen, das schließlich Risiko *c* ergibt, wie dort gezeigt. Der Rückgang von Risiko *a* auf Risiko *b* wäre ein Vorteil. Sehr oft wird dieser Nutzen vernachlässigt. Denken Sie zum Beispiel an das Risiko des Einsturzes eines Gebäudes. Man könnte es unter bestimmten Bedingungen als nicht akzeptabel ansehen, aber ein Leben außerhalb eines Gebäudes würde im Winter in einigen Regionen ein viel höheres Risiko mit sich bringen.

Abb. 4.24 ist ein Teil von Abb. 1.1. Es zeigt die Risikoverringerung einer Flussquerung weg von der Nutzung einer Furt zur Nutzung einer Brücke. Bei der Querung mittels Furt bestand akute Lebensgefahr bei Hochwasser. Auch sonst konnten die Güter verloren gehen oder beschädigt werden. Aber auch die Brücke kann einstürzen. Sie besitzt damit ein neues Risiko.

In diese Überlegung passt sehr gut die Arbeit von Tversky und Kahnemann (1974, 1981) über die Grenze in der Funktion der Wahrnehmung eines Nutzens. Dies wird manchmal als das Easterlin-Paradoxon (Easterlin 1974) bezeichnet, das besagt, dass das Glück der Menschen mit dem Einkommen bis zu einem bestimmten Schwellenwert steigt,

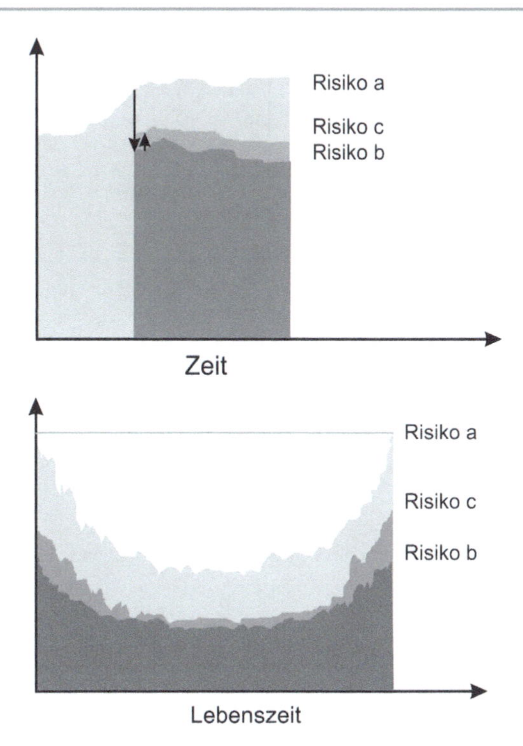

Abb. 4.23 Das obere Diagramm zeigt die Entwicklung eines anfänglichen Risikos a über einen bestimmten Zeitraum, das durch eine bestimmte Technologie oder Schutzmaßnahme auf Risiko b reduziert wird. Die Schutzmaßnahme selbst verursacht jedoch ein neues Risiko, das das Risiko b auf Risiko c erhöht. Es ist zu beachten, dass unter bestimmten Bedingungen das Risiko c höher sein kann als das Risiko a und somit die beabsichtigte Schutzmaßnahme nicht als Schutzmaßnahme wirkt

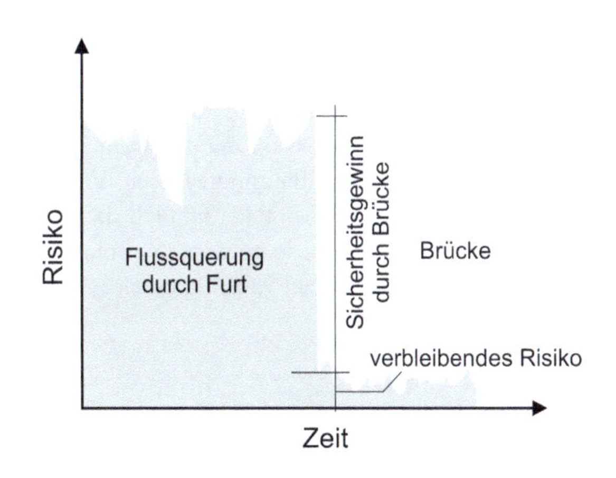

Abb. 4.24 Zeitliche Veränderung eines Risikos für eine Flussquerung über eine Furt bzw. nach Errichtung einer Brücke. (Siehe auch Abb. 1.1)

aber nicht darüber hinaus (siehe auch Fromm (1968, 2005). Gleiches gilt für den Verlust, hier ist das sogenannte Reframing zu beobachten, also die Verschiebung von Werten.

Interessant sind außerdem die, in Abb. 4.25 gezeigten, unterschiedlichen Steigungen der Nutzenfunktion: Die

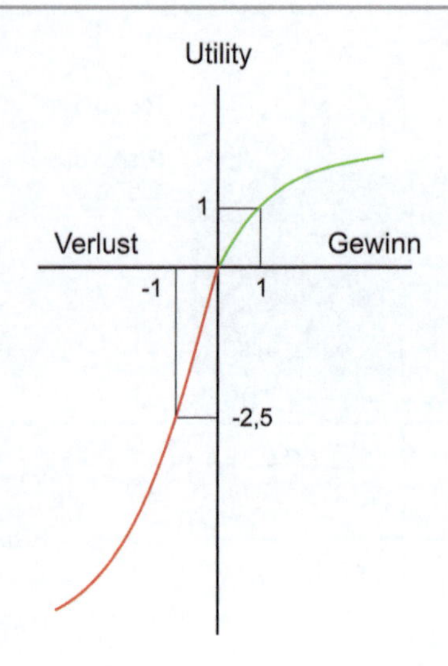

Abb. 4.25 Nutzfunktion (Utility) nach Tversky und Kahnemann (1974, 1981)

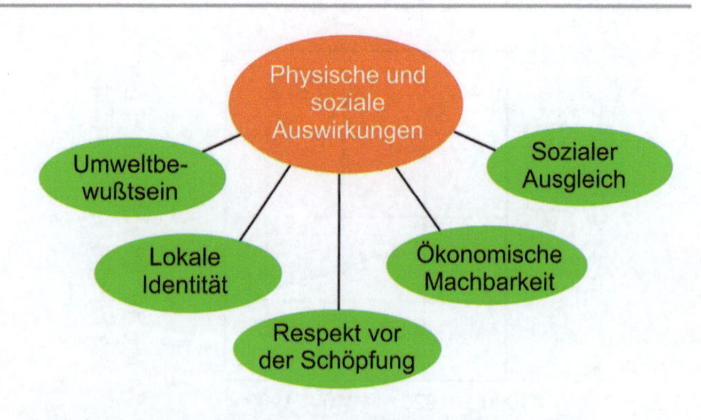

Abb. 4.27 Verkürzter Wertbaum (WBGU 1999)

Steigung der Verlustkurve ist wesentlich steiler als die der Gewinnkurve. Eine allgemeine Faustregel besagt, dass ein Verlust von 1000 € mehr als doppelt so sehr schmerzt, wie der Gewinn von 1000 € Freude bereitet. Die Vermeidung negativer Werte beruht jedoch immer auch auf dem Schutz eines bereits erhaltenen großen Gewinns: des Lebens. Weitere Arbeiten über die Nichtlinearität der Nutzenfunktionen werden von Eisenführ und Weber (1993) und Jungermann et al. (1998) vorgelegt.

Nicht nur die Intensität, sondern auch die Wahl der Faktoren, die den wahrgenommenen Nutzen einer Handlung beschreiben, ist schwierig. Abb. 4.26 und 4.27 zeigen mögliche Werte bzw. Werteräume innerhalb von Entscheidungsprozessen. Es sei an dieser Stelle auf Kap. 5, z. B. Abschn. 5.2, Abb. 5.2 bzw. die Diskussion der Auswahl relevanter Parameter für die Lebensqualität, hingewiesen. Viele Werte sind für jeden Menschen zeitlich und räumlich spezifisch.

Es liegt auf der Hand, dass so genannte optimale Lösungen unter einer solchen Vielzahl von Einflüssen sehr schwer zu erreichen sind. Diese Schlussfolgerung sollte man immer beachten, wenn man über optimale Schutzmaßnahmen nachdenkt. Schütz et al. (2003) schätzen, dass die Wahl und die Gewichtung von Faktoren für die Risikoabschätzung wichtiger ist als die Nutzenfunktion.

Reine Optimierungslösungen sind möglicherweise nicht hilfreich, wie Newman und Farmer (2002) gezeigt haben, da Optimallösungen seltene und sehr katastrophale Ereignisse unzureichend berücksichtigen. Unglücklicherweise können solche Ereignisse zu irreversiblen Schäden führen, wie z. B. zu Todesfällen. Diese Situation ist vergleichbar mit einem Spieler, der beim Glücksspiel eine bestimmte Summe gewinnen kann, aber wenn er verliert, verliert er alles (Newman und Farmer 2002). Auch hier werden die Daten, wie eingangs gezeigt, auf nicht-rationale Weise verarbeitet. Wahrscheinlichkeiten werden nicht direkt für subjektive Risikobeurteilungen verwendet; stattdessen wird eine Gewichtungsfunktion verwendet, wie in Abb. 4.28 gezeigt. In dieser Funktion werden sehr kleine Wahrscheinlichkeiten vernachlässigt, kleine Wahrscheinlichkeiten überschätzt, hohe Wahrscheinlichkeiten unterschätzt und sehr hohe Wahrscheinlichkeiten überschätzt.

Abb. 4.28 kann mit Abb. 4.1 verglichen werden. Die Prospektivtheorie geht weiter davon aus, dass

Abb. 4.26 Ökonomischer Gesamtwert biosphärischer Leistungen nach WBGU (1999) basierend auf Arbeiten von Pearce & Moran 1998 und Meyerhoff 1997

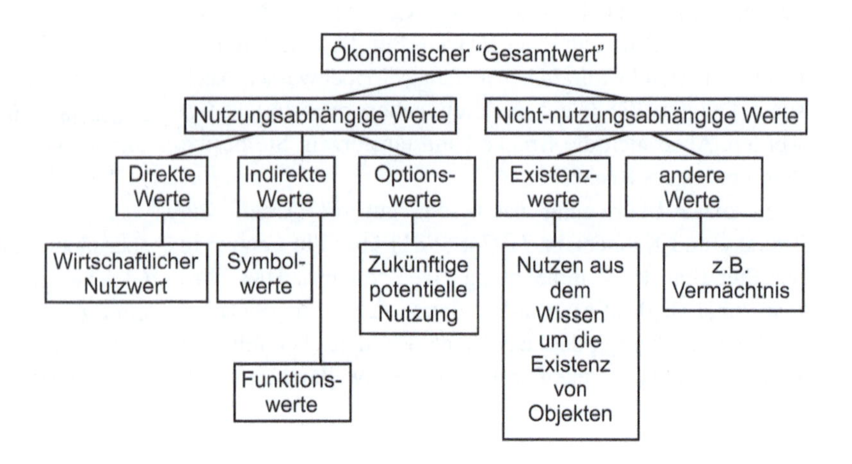

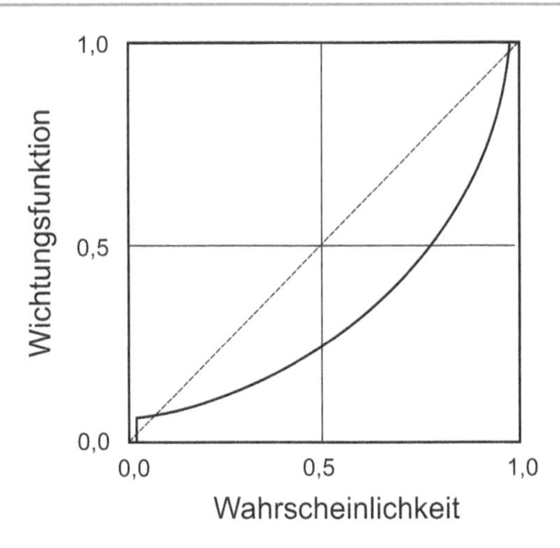

Abb. 4.28 Wichtungsfunktion der Wahrscheinlichkeiten nach Tversky und Kahnemann (1974, 1981)

Entscheidungen auf Ankerpunkten basieren. Solche Ankerpunkte können auf einzelnen Erfahrungen basieren. Auch neuronale Modelle bestätigen die nichtlineare Wichtungsfunktionen im Gehirn (Shepard et al. 1975) und sich daraus ergebende unterschiedliche Risikowahrnehmungen (Aydogan et al. 2021).

Ein Beispiel für solche nichtlinearen Wichtungsfunktionen ist das Weber-Fechner-Gesetz. Es besagt, dass sich das subjektive Empfindungsvermögen logarithmisch zur objektiven Intensität des Reizes verhält. Insbesondere für die Wahrnehmung von Veränderungen ist dieses Gesetz interessant. So ist nur eine 3 %ige Änderung der Kraft beim Händeschütteln, eine 1 bis 2 %ige Änderung der Lichtintensität oder eine 10 bis 20 %ige Änderung des Geschmacks wahrnehmbar. Das Gesetz wird angegeben als:

$$E = c \cdot \ln \frac{R}{R_0} \tag{4.1}$$

mit R_0 als Reizschwelle, R als Vergleichsreiz und c als Konstante je nach Art der Sinnesempfindung. Diese Formel ist allerdings nicht für alle Sinnesempfindungen gültig. Beispielsweise folgen nur einige Teile des Audiofrequenzbandes diesem Gesetz. Eine Erweiterung dieser Formel ist die Stevenssche Potenzfunktion. (Dehaene 2003; Krueger 1989).

Im Allgemeinen ist die Erklärung menschlicher Entscheidungen ein weites Feld, und viele Theorien versuchen, sich mit diesem Thema zu befassen, wie z. B. die Rational-Choice-Theorie, die Fishbein-Ajzen-Theorie, die Spieltheorie, die Frame-Selection-Theorie und so weiter. Für das Konzept von Nutzen und Vorteil gilt die gleiche Modellgrenze wie für das Konzept von Risiko und Nachteile: die Schwierigkeit, die einzelnen Werte zu festzulegen (Becker 1976; Feather 1990; Ajzen 1988; Davis 1973).

4.4.5 Fairness

Die gerechte Verteilung von Vor- und Nachteilen sozialer Entscheidungen ist für die Funktionsfähigkeit von Gesellschaften von größter Bedeutung. Traditionelle, wohlfahrtsökonomische Konzepte befassen sich mit dieser Frage im Hinblick auf die Folgen der Einkommensverteilung und der individuellen Versorgungsleistungen. Im Bereich der Risikoeinschätzung müssen solche Verteilungsuntersuchungen jedoch nicht nur die Einkommensverteilung, sondern auch andere Begriffe, wie die Dauer, berücksichtigen. (Pliefke und Peil 2007).

Die Beurteilung der Fairness ist jedoch durch begrenzte Rationalität (Cook und Levi 1990; Dawes 1988) und kontextbezogene Entscheidungen stark eingeschränkt. Wie bereits im Kap. 1 diskutiert, schließt die Begriffsdefinition Unbestimmtheit ein. Dies gilt umso mehr für einige menschliche Begriffe, wie Fairness oder Gerechtigkeit. Die letztendliche Verwirklichung solcher Begriffe ist unmöglich – theoretisch erfordert sie einen Entscheidungsträger außerhalb des Systems. Deshalb werden Entscheidungen in der Regel durch eine Erweiterung der Modelle getroffen, wobei ein maximaler Grad an Unabhängigkeit erreicht werden soll, wie in Abb. 4.29 gezeigt wird.

4.4.6 Alternativen

Wie bereits erwähnt, haben Menschen eine gute Fähigkeit, „Pakete“ von Vor- und Nachteilen zu vergleichen. Diese Aussage beinhaltet bereits die Bewertung von Risiken oder Nachteilen auf der Grundlage anderer Möglichkeiten. Ein Risiko kann nicht nur für sich allein bewertet werden. Es müssen die Randbedingungen bekannt sein, was in einem Entscheidungsprozess nichts anderes als die Alternativen sind.

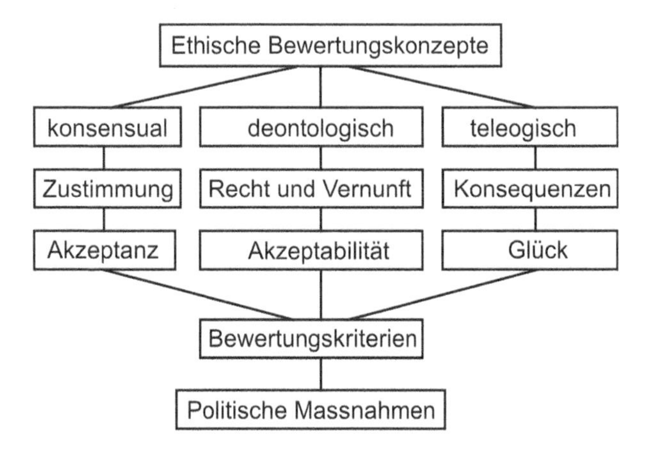

Abb. 4.29 Entscheidungsbaum mit Berücksichtigung verschiedener Werte (WBGU 1999)

4.4.7 Ursprung

Lübbe (1989) gab einige Beziehungen für die Wahrnehmung von Risiko und Ungewissheit auf der Grundlage von soziokulturellem Verhalten an:

- Die Zunahme menschlicher Elemente in den Lebensbedingungen verringert die Akzeptanz von Risiken. Dies passt sehr gut zu Luhmanns Erklärung von Risiken (Luhmann 1997).
- Die Risikowahrnehmung steigt mit zunehmender Kontrolle über natürliche und soziale Prozesse (hier z. B. Wetter).
- Der Verlust von Erfahrung erhöht das Bewusstsein für Unsicherheit (keine Erfahrung mit Flüssen etc.).
- Die Zunahme zivilisatorisch bedingter Komplexität und Unsicherheit erhöht das Bewusstsein für Unsicherheit (befristete Arbeitsverträge).
- Das Bewusstsein für Unsicherheit steigt mit abnehmender sozialer Unterstützung (hier z. B. Vertrauen).
- Der Wunsch nach Sicherheit nimmt mit zunehmendem technischen und sozialen Sicherheitsniveau zu (hier z. B. Vertrauen).

In diese Kategorie gehört die Unterscheidung in natürlichen oder künstlichen Ursprung des Risikos (siehe auch Abb. 2.1). Sehr schön sieht man das bei der Unterscheidung in den menschengemachten und natürlichen Klimawandel.

4.4.8 Bekanntheit

Im Allgemeinen vermeiden Menschen Situationen, in denen Informationen über Unsicherheit fehlen. Wenn man eine Situation mit zwei Optionen vorschlägt – in der einen wird die Wahrscheinlichkeitsinformation angegeben und in der anderen Situation fehlen solche Informationen – bevorzugen die meisten Menschen die Option mit der bekannten Wahrscheinlichkeitsinformation. Dies wurde in vielen Experimenten evaluiert und ist heute als der Ambiguitäts-Effekt bekannt (Frisch und Baron 1988).

Zum besseren Verständnis wird ein Beispiel gegeben: Um ein Lotteriespiel zu spielen, werden zwei Kästchen gegeben. In der ersten Kiste befinden sich 100 Kugeln, 50 schwarze Kugeln und 50 weiße Kugeln. Im zweiten Kasten befinden sich ebenfalls 100 Kugeln, aber es wird keine Information über die Verteilung der schwarzen und weißen Kugeln gegeben. Unter solchen Bedingungen neigen die meisten Menschen dazu, mit dem ersten Kasten zu spielen (Rode et al. 1999).

4.4.9 Psychologische Fehler

Die oben genannten Faktoren bringen uns zu einem der größten Probleme der Entscheidungstheorie: Quantitative Bewertungen führen zu qualitativen Entscheidungen (Emergenz) unter Einführung von Grenzwerten. Dieses Dilemma, also das Auftreten der Emergenz im Zusammenhang mit Risiko- und Sicherheitsbewertungen, wird sehr schön in den beiden, das gleiche Thema bearbeitenden Promotionen von Lentz (2006) und Hess (2008) ersichtlich. Lentz (2006) konzentriert sich auf die mathematische Beschreibung der Effizienzbewertung von Schutzmaßnahmen bei Mortalität und Morbidität von Menschen (quantitativ), während Hess die rechtlichen Grundlagen für Schutzmaßnahmen diskutiert (qualitativ).

In den letzten Jahrzehnten und Jahrhunderten haben die Naturwissenschaften (Betawissenschaften) aufgrund ihrer großen technologischen Erfolge zu einer Dominanz des quantitativen Weges geführt. Vor ca. 100 Jahren hat Poincare festgelegt: *„Jede gute Theorie muss zumindest potenziell quantitativ sein."*. Das gilt aber eben nur für komplizierte Systeme, für komplexe Systeme, wie Menschen oder Gesellschaften gilt: *„Nicht alles was zählt, ist zählbar und nicht alles was zählbar ist, zählt."*. Zahlen bilden eher selten die Grundlage für menschliche Entscheidungen, außer in bestimmten Fachgebieten, wie im Ingenieurswesen oder im Bankgewerbe. Diese gedankliche Unschärfe bietet aber den Vorteil hoher Modellflexibilität. Deshalb sind viele sogenannte kognitive Fehler der Risikobewertung wie

- Hard-easy Effect (Überschätzung Funktion der Schwere),
- Überschätzung geringer/Unterschätzung hoher Risiken,
- Contingency Illusion (Korrelationen = Funktionen),
- Best Driver (Optimistische Überschätzung),
- Availability Bias (Überschätzung seltener Ereignisse) und
- False Consensus Effect (Alle denken wie ich)

eher eine Verschiebung von Modellgrenzen, wie Gigerenzer (2004, 2008) gezeigt hat, als ein eigentlicher Fehler. Vereinfacht könnte man diese Modellgrenzen auch Sachzwänge nennen. Eine schöne Beschreibung organisatorischer Modellgrenzen findet sich auch bei Freudenburg (1988). Weitere Beispiele solcher Fehler finden sich in Dobelli (2014), Schneider (2004, 2009) und Freudenberg (1988). Kaiser (1991) und Schwarz (1991) behandeln das Dilemma aus Sicht der Ethik.

4.5 Quantifizierung der Parameter

Wie bereits beschrieben, stellen numerisch-statistische Informationen zu Risiken nur einen Teil der Informationsgrundlage bei Entscheidungen über die Risikoakzeptanz dar. Im Folgenden soll der Einfluss der oben genannten Effekte quantifiziert werden. Eine einfache Formel zur Abschätzung zulässiger Risiken soll zunächst die Größenordnung subjektiver Einflüsse zeigen. Nach Vrijling et al. (2001) ist ein Risiko akzeptabel, wenn es die folgende Formel erfüllt:

$$E(N_{di}) + k \cdot \sigma(N_{di}) < \beta_i \cdot 100 \tag{4.2}$$

mit

$E(N_{di})$	Mittelwert historischer Opferzahlen
$\sigma(N_{di})$	Standardabweichung historischer Opferzahlen
β_i	Politikfaktor zwischen 0,01 und 100
k	Parameter zur Festlegung des Fraktilwertes

Eine Aufschlüsselung dieses Politikfaktors β hinsichtlich Freiwilligkeit und anderer Faktoren findet sich in Bohnenblast (1998). Der Politikfaktor gilt hier als Maß für subjektive und soziale Risikowahrnehmung. Der Faktor wurde bereits in Kap. 3 (Abb. 3.73) vorgestellt. Er kann die gleiche Größenordnung wie die numerisch-statistische Beschreibung der Risiken erreichen, nämlich bis zu vier Zehnerpotenzen. Damit wird auch die geringe Bedeutung numerischer Risikoparameter für die Öffentlichkeit verständlich. Dieser Erkenntnis folgt die vereinfachte Risikodefinition nach Riley (2006) und Sandman (1987):

$$R = K \times F \times E \tag{4.3}$$

oder ausgeschrieben: *„Risiko = Konsequenz × Wahrscheinlichkeit × Empörung"*. In diesen Zusammenhang passt auch die häufig genannte Regel, dass Wahrnehmung als Realität angesehen wird. Damit ist eine Entscheidung nicht nur von objektiven Sachverhalten abhängig, sondern im Wesentlichen von der individuell oder sozial zugänglichen Informationsmenge und -aufbereitung. Die Entscheidung prägt aber dann wieder die objektive Realität.

In vielen Studien wurden die Invarianten der subjektiven und sozialen Risikowahrnehmung untersucht. Bedeutende Arbeiten stammen hier von Fischhoff et al. (1981), Slovic (1993, 1996, 1999), Sandman (1987), in Deutschland von Renn (1992) und Wiedemann (1999), Schütz und Wiedemann (2005). Da dabei hochkomplexe Systeme wie soziale Strukturen und die Psychologie des Menschen behandelt werden, ist eine triviale und universelle quantitative Antwort nicht möglich. Sich dieser Grenzen bewusst, werden im Folgenden trotzdem einige einfache Modelle vorgestellt.

Eine kurze Liste von Faktoren und ihrem quantitativen Einfluss auf die subjektive Risikowahrnehmung findet sich bei Wojtecki und Peters (2000) und Riley (2006) (Tab. 4.6). Der große Einfluss des Vertrauens, wie bereits im

Tab. 4.6 Wichtung verschiedener Einflüsse auf die subjektive Risikowahrnehmung

Einfluss	Maximaler Faktor
Vertrauen	2000
Kontrolle	1000
Nutzen	1000
Fairness	500
Alternativen	300
Ursache des Risikos (künstlich oder natürlich)	300

Abschn. 4.4.2 erwähnt, wird durch weitere Arbeiten bestätigt (Slovic 1996, Knack und Zack 2001; Conchie und Donald 2006). Er findet sich in zahlreichen Grundregeln der Risikokommunikation (Riley 2006), wie z. B. *„Überzeugungsfähigkeit = Vertrauenswürdigkeit + Fachwissen"* oder *„Kommunikationsfähigkeit = Vertrauenswürdigkeit × Kompetenz"*.

Ein zweiter Ansatz für die Berechnung eines wahrgenommenen Risikos, ähnlich dem von Wojtecki und Peters (2000), wurde von Plattner et al. (2006) vorgestellt:

$$r_{perc} = p_{eff} \cdot e_{eff} \cdot \frac{\sum_{i=1}^{n} (PAF_i \cdot a_i)}{\sum_{i=1}^{n} a_i} \tag{4.4}$$

mit

r_{perc}	Wahrgenommenes Risiko
p_{eff}	Wahrscheinlichkeit eines Schadens
e_{eff}	Umfang eines Schadens
$\frac{\sum_{i=1}^{n} (PAF_i \cdot a_i)}{\sum_{i=1}^{n} a_i}$	Faktor zur Berücksichtigung subjektiver Bewertungen
PAF_i	Einfluss auf die Wahrnehmung (Perception Affecting Factor)
a_i	Wichtungsfaktoren

Die Wichtungsfaktoren sind in Tab. 4.7 aufgelistet. Als drittes Beispiel für die quantitative Abschätzung der Einflüsse

Tab. 4.7 Wichtungsfaktoren für verschiedene Einflüsse auf die subjektive Risikowahrnehmung nach Plattner et al. (2006)

Einfluss	Wichtung Experte	Wichtung Bevölkerung
Freiwillig	0,375	0,157
Alternativen	0,333	0,111
Wissen und Erfahrung	0,875	0,130
Gefährdungspotential	0,667	1,000
Gefühlte Zerstörungskraft	1,000	0,000
Gefühlte Häufigkeit	0,875	0,319
Zukünftige Erhöhung		0,364

Tab. 4.8 Wichtungsfaktoren für verschiedene Einflüsse auf die subjektive Risikowahrnehmung nach Litai et al. (1983)

Einfluss	Wert des Konversionsfaktors
Natürlich/künstlich	20
Gewöhnlich/katastrophal	30
Freiwillig/unfreiwillig	100
Verspätet/sofort	30
Kontrollierbar/unkontrollierbar	10
Alt/neu	10
Nötig/unnötig	5
Regelmäßig/gelegentlich	1

Tab. 4.9 Normierung der unterschiedlichen Wichtungsfaktoren der Einflüsse auf die subjektive Risikowahrnehmung

Einfluss auf die Risikowahrnehmung	Wojtecki & Peters	Litai et al.	Plattner et al. Experte	Plattner et al. Laie
Vertrauen	1		0,875[a]	0,13[a]
Kontrolle	0,5	0,5[b]	0,375	0,111
Nutzen	0,5			
Fairness	0,25			
Alternativen	0,25	0,05	0,333	0,111
Künstliches oder natürliches Risiko	0,15	0,2		
Schwere		1[c]	0,667	1[c]

[a]Vereinfacht wurde angenommen, dass „Wissen" in „Vertrauen" überführt werden kann. Tatsächlich sind beide Terme nicht identisch, wie z. B. die Formel *„Überzeugungsfähigkeit = Vertrauenswürdigkeit + Fachwissen"* (Riley 2006) zeigt. Für Laien ist jedoch die Qualität des Fachwissens Dritter nicht direkt prüfbar. Hier spielen vielmehr nichtverbale Informationen eine große Rolle für die Vertrauensbildung (>60 % der gewonnenen Information). Wojtecki & Peters schätzen den Anteil des Fachwissens (Kompetenz) auf etwa 20 % des Vertrauens (Vertrauen = ca. 50 % Empathie + 15 % Ehrlichkeit + 15 % Engagement + 20 Kompetenz). Das scheint den Laienwert für Vertrauen von Plattner et al. zu bestätigen (13 %)
[b]Überführung von „freiwillig/unfreiwillig" und „kontrollierbar/unkontrollierbar" zu „Kontrolle" durch Mittelwertbildung.
[c]Auch hier zeigt sich wieder die eine gleiche Größenordnung der statistischen und subjektiven Risikoeffekte.

der subjektiven Risiken geben Litai et al. (1983) Werte an, die in Tab. 4.8 aufgelistet sind.

In Tab. 4.9 wurden die Wichtungsfaktoren der drei Modelle auf den größten Wert normiert. Dadurch werden die Modelle vergleichbar. Eine Normierung aller Werte durch den Mittelwert ist nicht korrekt, da die Modelle verschiedene und unterschiedlich viele Einzelfaktoren aufweisen.

Weitere Annahmen: „Gefährdungspotential" und „Gefühlte Zerstörungskraft" sind wahrscheinlich identisch – größter Einzelfaktor.

Die klassische numerisch-statistische Beschreibung der Risiken in Form von.

$$R = K \times F \tag{4.5}$$

ist für die Wahrnehmung von Risiken in der Bevölkerung nahezu bedeutungslos. Dies hat neben den bisher vorgestellten Einflüssen auf die Risikowahrnehmung auch etwas mit der Informationsaufbereitung durch Gesellschaften und mit der menschlichen Informationsverarbeitung zu tun.

4.6 Beispiele psychologischer und sozialer Effekte

4.6.1 Persönlichkeitsentwicklung

Riemann (1961) beschreibt in seinem Buch „Die Grundformen der Angst" das Verhältnis von Menschen zum Risiko, ausgehend von ihrer frühen Erziehung. Das Buch konzentriert sich hauptsächlich auf die Entwicklung verschiedener Arten von psychologischen Charakteren, beschreibt aber auch indirekt ihre Einstellung zum Risiko. Beispielsweise sind „hysterische Menschen" offen für Risiken, während „zwanghafte Menschen" dazu neigen, viele Ressourcen für die Bekämpfung bewusster Risiken aufzuwenden.

Wettig (2006) und Beinder (2007) kommen zu den gleichen Ergebnissen. Sie stellen fest, dass Stress bei Säuglingen, der durch negative Beziehungserfahrungen verursacht wird, im menschlichen Gehirn die gleiche Art von Verschaltungen erzeugt wie körperlicher Schmerz. Solche Verschaltungen führen im weiteren Leben zu Überreaktionen gegen bestimmte Risiken oder Gefahren. Sie können wie eine offene Wunde betrachtet werden, die einen erhöhten Schutzaufwand erfordert. Unter solchen Bedingungen wenden Menschen mehr Ressourcen für die Prävention gegen bestimmte Gefahren auf. Ein solches Verhalten könnte als nicht objektiv betrachtet werden, wenn die Störungen in der frühen Kindheit nicht berücksichtigt werden.

Ein besonderer Fall wird in Wahle et al. (2005) beschrieben. Sie erklären, dass es im Säuglingsalter kritische Phasen der molekularen Plastizität des Gehirns gibt, in denen die Stressreaktionen für den Rest des Lebens fixiert werden. Eine Zusammenstellung des psychologischen Verhaltens in Bezug auf Risikopräferenzen zeigt Abb. 4.30 nach Renn (1992).

Nicht nur die genetische Ausrichtung und die individuelle Vorgeschichte eines Menschen beeinflussen die Risikoeinschätzung, sondern auch die aktuellen Umweltbedingungen. In Situationen hoher Belastungen verhalten sich Menschen scheinbar nicht rational und werden hauptsächlich durch starke Gefühle gesteuert, die eine effiziente

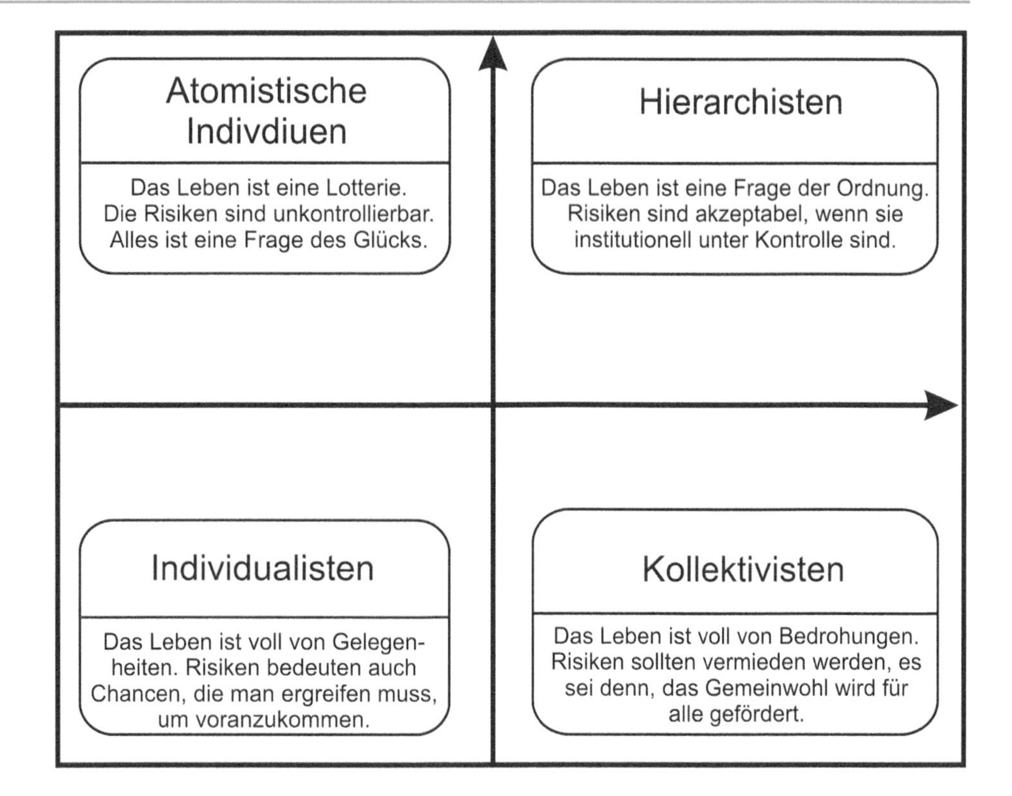

Abb. 4.30 Kulturelle Gruppen und ihre Risikowahrnehmung (Renn 1992; Renn et al. 2007)

Beschleunigung von Beurteilungen und Entscheidungen ermöglichen. Die Fähigkeit zu höheren Hirnfunktionen geht verloren, sodass die Kapazität zur Informationsverarbeitung um bis zu 80 % sinkt. (Laney und Loftus 2005; McNally 2005; Shors 2006; Koso und Hansen 2006).

Wenn Menschen eine Situation erst einmal als negativ und riskant bewertet haben, gehen sie vom Schlimmsten aus und vertrauen anderen Menschen nicht mehr (Covello et al. 2001). Deshalb hat Sandman (1987) Risiko als *„Gefahr+Empörung"* definiert.

Das Konzept der begrenzten Rationalität (Bounded Rationality) und der kognitiven Heuristik wird auch in anderen Fachbereichen breit diskutiert. Dieses Konzept hat aber besonders starke Auswirkungen auf die Risikobeurteilung. Es ist deshalb von großer Bedeutung, weil die subjektive Risikobeurteilung unabhängig von den objektiven Bedingungen *reale* Handlungen zur Folge hat.

Das Wissen über die Faktoren der subjektiven Risikobeurteilung kann genutzt werden, um die subjektive Risikobeurteilung durch Erziehung näher an rationale Risikoeinschätzungen heranzuführen. Geller (2001) hat mehrere Punkte bezüglich der Entwicklung des Sicherheitsverhaltens von Menschen angeführt:

- Selbstwahrnehmung wird durch Verhalten definiert.
- Direkte Überzeugungsarbeit hat nur begrenzte Wirkung.
- Ein indirekter Ansatz beeinflusst die Selbstüberzeugung wirksamer.
- Selbstüberzeugung ist der Schlüssel zu langfristigen Verhaltensänderungen.
- Große Anreize können Selbstüberzeugungskraft und dauerhafte Veränderungen behindern.
- Milde Bedrohungen beeinflussen die Selbstüberzeugung stärker als schwere Bedrohungen.
- Je offensichtlicher die externe Kontrolle, desto geringer die Selbstüberzeugung.
- Selbstwirksamkeit ist der Schlüssel zu Befähigung und langfristiger Beteiligung.
- Die Handlungswirksamkeit ist der Schlüssel zu Befähigung und langfristiger Beteiligung.
- Die Motivation zum Handeln kommt aus der Ergebniserwartung.

Einige dieser Punkte passen sehr gut zu der, im Kap. 1 erwähnten, Yerkes-Dodson-Kurve. Auch, dass die Selbstwahrnehmung am wichtigsten ist, hängt sehr gut mit dem Thema der Erlernten Hilfslosigkeit zusammen, bei der Menschen die Unkontrollierbarkeit von Situationen erlernt haben und sich deshalb dauerhaft der Hilflosigkeit ergeben (GTZ 2004).

4.6.2 Verarbeitungskapazität des Gehirns

Auch wenn das subjektive Urteil prinzipiell vernachlässigt wird, stellt sich die Frage, ob Menschen durch die Informationsverarbeitung überhaupt in der Lage sein können, rationale Entscheidungen zu treffen. Deshalb wird

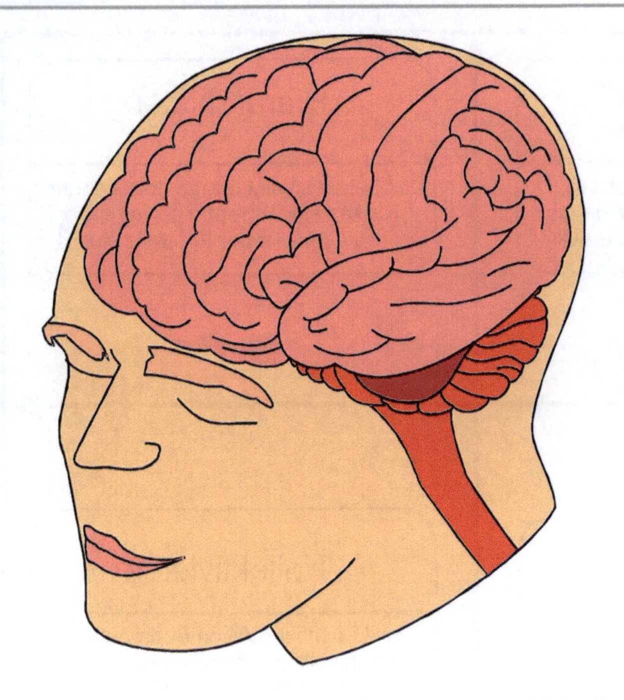

Abb. 4.31 Beispiel für ein komplexes System: das menschliche Gehirn

in diesem Abschnitt die Fähigkeit des Menschen zur Informationsverarbeitung diskutiert. Das Gehirn führt die Informationsverarbeitung beim Menschen durch (Abb. 4.31). Tab. 4.10 zeigt einige Hauptfunktionen der beiden Seiten des menschlichen Gehirns. McGilchrist (2010) interpretiert verschiedene geschichtliche Ereignisse der Menschheit in Zusammenhang mit den Eigenschaften der beiden menschlichen Hirnhälften.

Das menschliche Gehirn verfügt über 10^{12} Neuronen, 10^{15} Synapsen und ca. 3 Synapsen pro Mikrometer (Churchland und Sejnowski 2017). Es benötigt ca. 20 % der Sauerstoffversorgung des ruhenden menschlichen Körpers und ca. 10 % des Energieumsatzes des ruhenden menschlichen Körpers.

Die Übertragung eines Bit kostet den Körper 10^4 ATP Moleküle (Adenosintriphosphat). Die Übertragung von Signalen auf ein Interneuron oder von einem Photorezeptor kostet den Körper 10^6 bis 10^7 ATP Moleküle. ATP ist ein universeller Energieträger in Zellen. (Laughlin et al. 1998).

Tab. 4.10 Hauptfunktionen der beiden menschlichen Gehirnhälften

Rechte Hirnhälfte	Linke Hirnhälfte
Körpersprache	Sprache, Lesen, Rechnen
Intuition und Gefühle	Begründungen, Logik
Kreativität und Spontaneität	Gesetze, Regeln
Neugier, Spiele, Risiko	Konzentration auf ein Thema
Synthese	Analyse, Detail
Kunst, Tanzen, Musik	Zeitgefühl
Beziehungen	
Gefühl für Raum	

Prinzipiell ist die Darstellung der Informationsverarbeitungskapazität des Menschen in digitalen Einheiten sicherlich kritisch zu bewerten. Zur Vereinfachung sei hier aber auf diese Einheiten zurückgegriffen. Der Mensch nimmt pro Sekunde:

- 1 Mio. Bits auditiv und
- 50 Mrd. Bits visuell auf.

Von den visuellen Informationen kommen nur etwa 3 Mrd. Bits/Sekunde im Gehirn an (Koch et al. 2006). Das menschliche Gehirn verarbeitet im:

- Ultrakurzzeitgedächtnis: 180–200 Bit/sek. (10…20 Sek.) – sogenannte Bewusstseinsweite,
- Kurzzeitgedächtnis: 0,5–0,7 Bit/sek. (Stunde und Tage) und
- Langzeitgedächtnis: 0,05 Bit/sek. (Jahre, Lebenszeit)

(Planck 2007). Nach mehreren Jahren liegt also nur noch 10^{-12} der ursprünglichen Informationsmenge vor. Bekannt dürfte die Ebbinghaussche Gedächtniskurve sein, die genau solche Effekte frühzeitig beschrieb (Ebbinghaus 1913). Natürlich können derartig einfache Modelle nicht alle Effekte beschreiben. So wurde hier nicht der Rückgang der menschlichen Informationsverarbeitungskapazität um bis zu 80 % bei Stress berücksichtigt.

Verschiedene Schätzungen der maximalen Speichermenge des menschlichen Gehirns reichen von 10^{20} Bits (von Neumann 1991) bis ca. 10^{13} Bits basierend auf der Anzahl der Neuronen. Landauer (1986) kommt auf einen Durchschnitt von 1 bis 2 Bits pro Sekunde über die Lebenszeit und erhält damit etwa 10^9 Bits (Tab. 4.11, Abb. 4.32).

Duffey und Saull (2012) nennen 10^{10} bis 10^{15} Bits als maximales Speichervermögen des menschlichen Gehirns.

Tab. 4.11 Informationsmenge im menschlichen Gehirn (Landauer 1986)

Tätigkeit	Methode	Inputrate in Bit/ Sekunde	Vergessensrate in Bit/Bit/ Sekunde	Gesamt (Bits)
Konzentriertes Lesen	70 Jahre linear akkumuliert	1,2		$1{,}8 \times 10^9$
Bilderkennung	70 Jahre linear akkumuliert	2,3		$3{,}4 \times 10^9$
Central Values	Asymptotisch Nettogewinn über 70 Jahre	2,0	10^{-9}	$2{,}0 \times 10^9$ $1{,}4 \times 10^9$
Wortkenntnisse	Semantische Netze × 15 Domains			$0{,}5 \times 10^9$

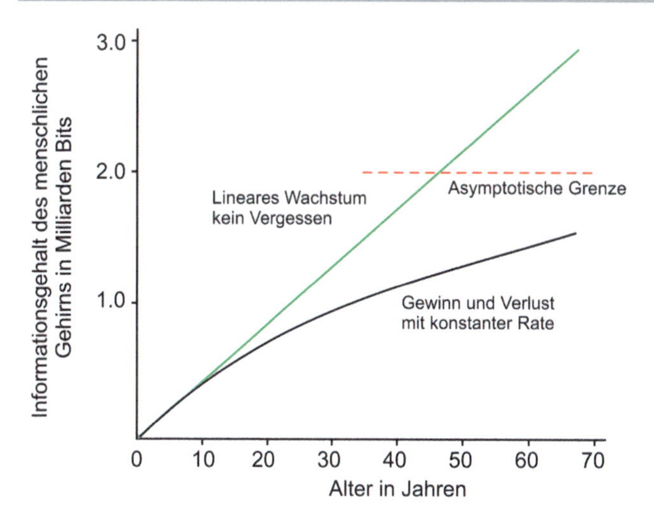

Abb. 4.32 Geschätzte kumulierte Lernkurve für das menschliche Gedächtnis als Funktion der Zeit (Landauer 1986)

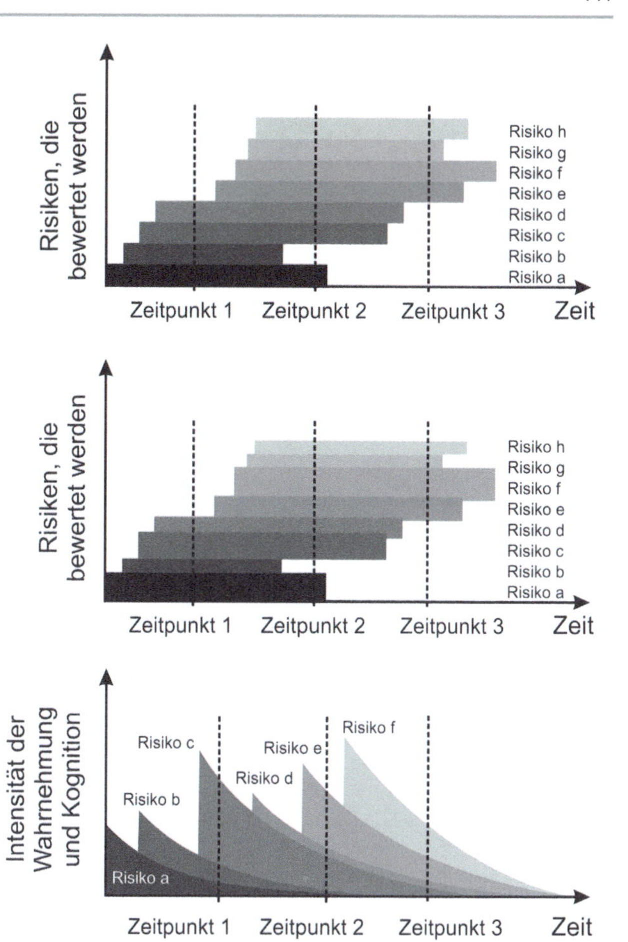

Abb. 4.33 Die Diagramme zeigen die Themen der Wahrnehmung (hier nur Risiken). Während das obere Diagramm nur die Zeitpunkte berücksichtigt, berücksichtigt das mittlere Diagramm die Intensität und das untere Diagramm die Funktion des Ebbinghaus-Gedächtnisses (Ebbinghaus 1913)

Sie sehen eine Verarbeitungsgeschwindigkeit des Gehirns von 10^{11} Flops pro Sekunde. Duffey und Saull (2012) fanden eine minimale Fehlerrate von 1 pro 10^9 s = 1 in 200.000 h = 1 pro 10^{20} Flops = 1 pro 10^8 Neuronen-Schaltungen. Während der durchschnittlichen menschlichen Lebenszeit finden etwa 10^{20} Neuronen-Schaltungen statt (Duffey und Saull 2012).

Abb. 4.33 zeigt, dass in der Betrachtungs- bzw. Bewusstseinsweite immer nur eine bestimmte Anzahl Themen oder Risiken behandelt werden kann. Während das obere in Abb. 4.33 einfach nur zeigt, dass Themen auftauchen und verschwinden, wird im mittleren Bild die Intensität der Themen und im unteren Bild das Ausblenden mittels der Vergessenskurve gezeigt. Dieses Ausblenden oder Vergessen muss nicht mit der realen Entwicklung des Risikos in Verbindung stehen, Ablenkungen oder andere Themen können das Risiko überdecken und verdrängen.

Die Ergebnisse solcher Überlegungen lassen sich aber sehr gut in der Praxis anwenden. Die im Wasserbau übliche Faustformel, dass das Gefahrenbewusstsein von Menschen sieben Jahren nach einer Hochwasserkatastrophe wieder so groß ist wie vor der Katastrophe (IKSR 2002), wurde erst 2009 wieder durch eine Studie der Allianz Versicherung bestätigt (Abb. 4.43 und 4.35). In dieser Studie wurden sächsische Bürger gefragt, ob sie sich ein Hochwasser wie 2002 vorstellen könnten. Die Mehrheit verneinte diese Frage (SZ 2009).

4.6.3 Sozialsysteme

Der Mensch ist, wie im Vorwort gesagt, ein soziales Wesen. Und daher kann die subjektive Risikobeurteilung nicht ohne die Berücksichtigung der sozialen Systeme verstanden werden (Renn 1992; Wiedemann und Clauberg 2003; Taylor-Gooby und Zinn 2006). Theorien über Sozialsysteme weisen eine große Vielfalt auf und sind, wie im Kap. 1 erläutert, hochkomplexe Systeme (Coleman 1990).

Es gibt eine Vielzahl von Gesellschaftstheorien, die die Beurteilung von Risiken beinhalten, wie z. B. in Abb. 4.36 dargestellt. Darüber hinaus ist eine klare Trennung in individuelle und soziale Elemente kaum möglich. Abb. 4.37 zeigt mögliche Vorgehensweisen zur Risikoeinschätzung entweder auf sozialer oder individueller Ebene. Solche Systeme können ihre eigenen Grenzen dauerhaft verändern (Abb. 4.38). Dieses Verhalten unter kritischen Bedingungen ist sehr gut bekannt.

Wenn Elemente eines Systems gefährdet sind, wird das System für eine bestimmte Zeit Ressourcen in scheinbar nicht optimaler Weise einsetzen, um die Integrität des Systems zu verteidigen. Nur wenn die Gefährdung eine bestimmte Zeitdauer oder die Beschädigung der Elemente oder des Systems eine bestimmte Schwere überschreiten, dann

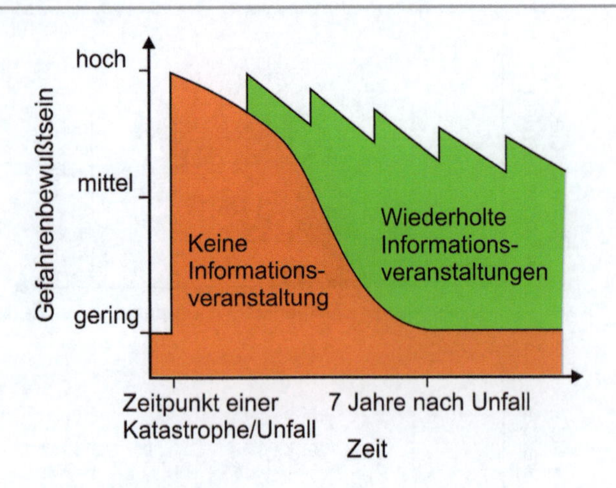

Abb. 4.34 Gefahrenbewusstsein in Abhängigkeit zum zeitlichen Abstand zur letzten Katastrophe mit und ohne Informationsveranstaltungen (IKSR 2002)

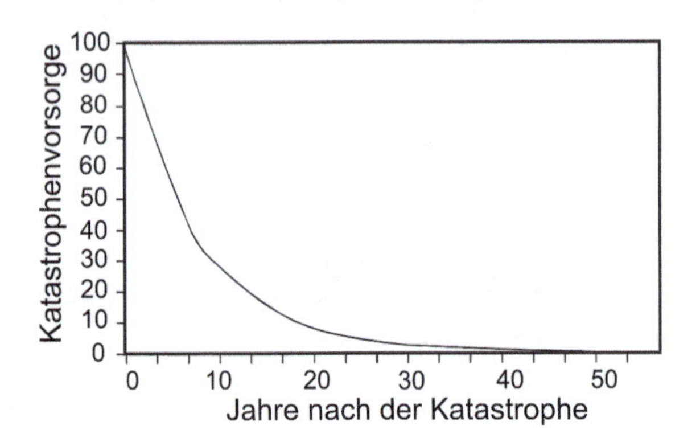

Abb. 4.35 Entwicklung der Katastrophenvorsorge in Abhängigkeit des zeitlichen Abstandes zur letzten Katastrophe (Lustig 1996)

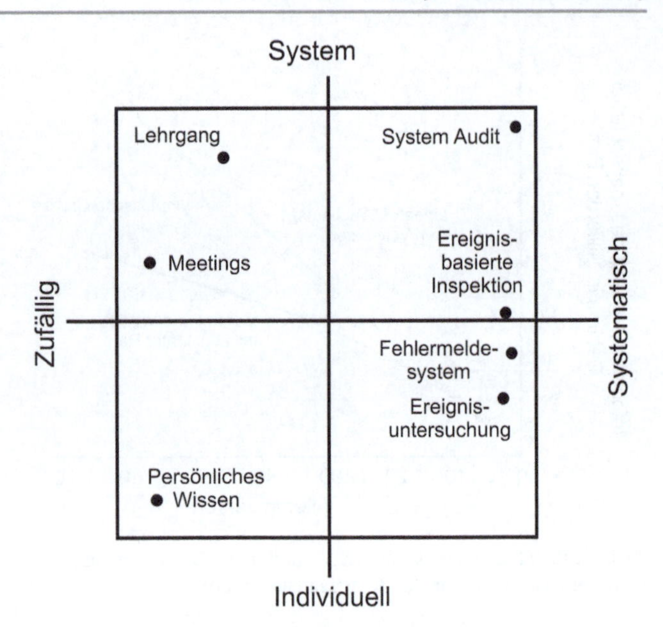

Abb. 4.37 Einordnung verschiedener Organisationstechniken zur Bewertung von möglichen Gefahren und Risiken für Patienten in Krankenhäusern nach Wiig und Lindoe (2007)

wird das Verhalten zu mathematisch optimalen Verhalten zurückkehren. Dies wurde insbesondere beobachtet, wenn Elterntiere ihre Jungen schützen. Während sie unter normalen Bedingungen wesentlich stärkere Tiere angreifen und damit ihr Leben gefährden, lassen sie in Extremsituationen (Hunger, Dürre) ihre Jungen ohne Fürsorge zurück. Auch Regeln für militärische Rettungsaktionen gefährden nicht selten mehr Menschen, um eine kleine Zahl von Militärangehörigen zu retten. Basierend auf theoretischen Optimierungsanalysen

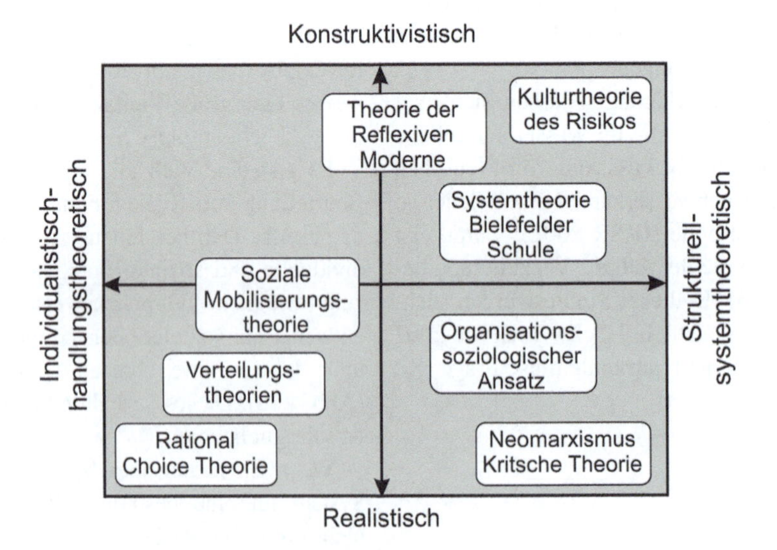

Abb. 4.36 Sozialwissenschaftliche Risikoansätze (Renn 1992; Renn et al. 2007)

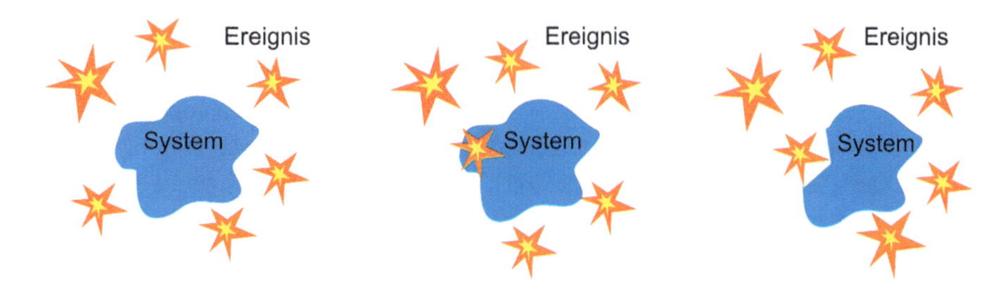

Abb. 4.38 Veränderung der Systemgrenzen nach einem katastrophalen Ereignis oder einem Unglück

sollten solche Aktion außer Acht gelassen werden, aber unter realen Bedingungen ist es von entscheidender Bedeutung, dass die Menschen ihr Vertrauen in die Systemerhaltung bewahren. Das kann so weit gehen, dass Menschen oder Gesellschaften so genannte Erlernte Hilflosigkeit zeigen, in der sie sich weigern, sich als autarkes System zu betrachten.

4.6.4 Technologische Hypes

Die Berichterstattung über die Entwicklung und die Anwendung neuer Technologien wird oft von Euphorie getragen. Bei der Einführung neuer Technologien werden häufig die, den neuen Technologien innewohnenden, Risiken und Schwächen ausgeblendet. Dies gilt nicht für jede Technologie, denken wir z. B. an die Gentechnologie, auch wenn die Impfstoffentwicklung bei Covid-19 mittels Gentechnologie doch sehr positiv in der Öffentlichkeit bewertet wurde. In der heutigen Zeit mit der hohen Entwicklungsgeschwindigkeit neuer Technologien, z. B. den Smartphones, den autonomen Fahrzeugen, der Computer-Cloud, wird diese Euphorie besonders deutlich. Auf der anderen Seite werden die Nachteile der neuen Technologie nach einer relativen kurzen Zeit individuell von den Nutzern und gesamtheitlich von der Gesellschaft wahrgenommen.

Diese Entwicklung der Bewertung und Wahrnehmung neuer Technologien kann man darstellen, z. B. hat Gartner für Entwicklungen im Bereich der Elektronik sogenannte Hype-Zyklus-Diagramme entwickelt (Gartner 2018; van Lente et al. 2011). Abb. 4.39 stellt den Hype-Zyklus graphisch dar. Zunächst entstehen sehr große Erwartungen in die Fähigkeiten der neuen Technologie – Nachteile werden entweder unbewusst nicht wahrgenommen oder bewusst ignoriert. Man spricht hier von inflationären Erwartungen, die nach einer gewissen Zeit aber einer Desillusionierung weichen. Nach diesen beiden Phasen beginnt die Phase der Aufklärung, der bewussten Abwägung zwischen den Möglichkeiten und Grenzen der Technik und erst danach folgt der großwirtschaftliche Einsatz.

Interessanterweise hat sich eine ähnliche Darstellung im Bereich der Risikoforschung etabliert, die nicht direkt mit neuen Technologien verbunden ist, die aber prinzipiell das Ungleichgewicht zwischen wahrgenommenen Risiken und statistisch vorhandenen Risiken aufzeigt. Metzner (2002) hat Diagramme entwickelt, die den Stand von Entwicklungen in Bezug auf die subjektiv wahrgenommenen und objektiv berechneten Risiken darstellt. Diese Diagramme bestätigen die optimistischen Wahrnehmungen der Risiken bei neuen Technologien. Abb. 4.40 zeigt ein solches Diagramm.

Im Ergebnis kann man feststellen, dass sich die Mechanismen bei der Wahrnehmung der Risiken neuer

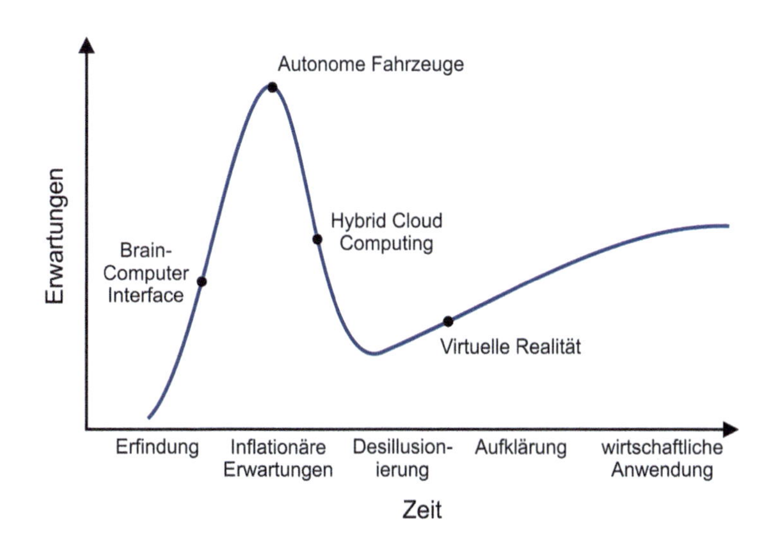

Abb. 4.39 Hype-Zyklus Diagramm nach Gartner (2018)

Technologien wiederholen. Die Schritte lassen sich wie folgt zusammenfassen:

- Es besteht zunächst eine übersteigerte Wahrnehmung der Nachteile und Risiken und einer Verleugnung der Vorteile bestehender Technologien in Verbindung mit
- einer übersteigerten Wahrnehmung der Vorteile neuer Technologien und einer Verleugnung der Nachteile und Risiken der neuen Technologien.
- Diese Phase ist oft gekennzeichnet durch die Verleugnung von offenen technischen Fragestellungen (z. B. die Endlagerung von Kernbrennstoff oder die Speicherung von Elektroenergie bei der Anwendung fluktuierender Stromerzeuger), der Anwendung unterschiedlicher Methoden zur Bewertung der Technologien und der Vernachlässigung technischer Fragestellungen und Verschiebung zu ideologischen Fragestellungen.

In den letzten Jahrzehnten und Jahrhunderten finden sich eine Vielzahl von Beispielen für diese Prozesse. In Deutschland war dies z. B. die Einführung der zivilen Nukleartechnik (Planung nuklearbetriebener Züge, Autos, Flugzeuge, Schiffe, Raketen, das Schmelzen von Gletschern…) und aktuell die Energiewende. Prüfen Sie diese Aussagen und lesen Sie Zeitungen zu Beginn der 1970er Jahre (siehe z. B. Laeng 2010). Damals plante man z. B. die Errichtung von Kernkraftwerken mitten in Städten (Nucleonics 1965).

Aus Sicht des Autors gibt es nur eine Möglichkeit, die Technologien realistisch zu bewerten: man verwendet den Gleichheitsgrundsatz der Verfahren, man identifiziert Bereiche mit Unsicherheiten und quantifiziert diese. Die erfassten Risiken müssen und werden nicht die alleinige Entscheidungsgrundlage bilden (Arrow et al. 1996; Proske et al. 2008). Aber sie stellen eine wichtige Information bei der Entscheidungsfindung dar (risikoinformierte Entscheidungen). Gerade im Bereich der Stromerzeugung liegen zahlreiche Studien vor (Burgherr und Hirschberg 2008; Hirschberg et al. 1998; Preiss et al. 2013; EU Commission 2006; Inhaber 2004; Hauptmanns et al. 1991), die Gefährdungen der unterschiedlichen Energieerzeugungsformen wissenschaftlich vergleichen.

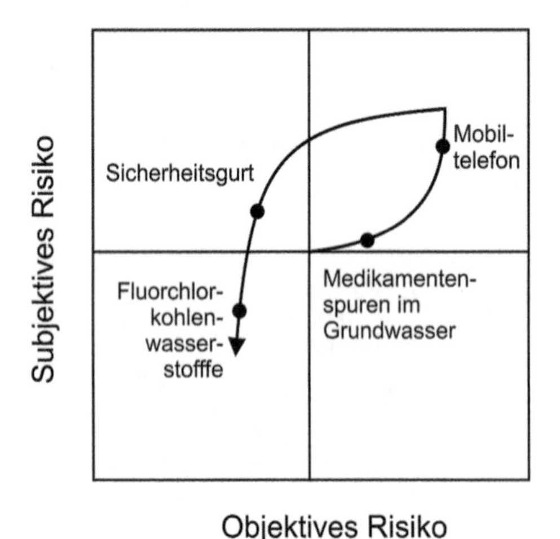

Abb. 4.40 Zusammenhang zwischen objektivem und subjektivem Risiko über die Entwicklungszeit von Technologien, in Anlehnung an (Metzner 2002)

Eine der Haupterkenntnisse dieses Buches soll die Tatsache sein, dass (fast) jede Schutzmaßnahme immer auch neue Gefährdungen und Risiken erzeugt. Wie überall gilt: Die Menge macht das Gift. Abb. 4.41 verdeutlicht diese Tatsache in Form von Risikoflächen. Die Fläche aller Gefährdungen wird unterteilt in die Fläche der objektiv erkannten und der nicht erkannten Gefährdungen. Die objektiv erkannten Gefährdungen werden wiederum in subjektiv wahrgenommene und nicht wahrgenommene Gefährdungen unterteilt. Die objektiv wahrgenommenen Gefährdungen sollten immer alle subjektiv wahrgenommenen Gefährdungen beinhalten. Von den subjektiv wahrgenommenen Gefährdungen gibt es Gefährdungen, die relevant sind, oder die akzeptiert werden. Das gleiche gilt auch für die objektiv erkannten Gefahren. Hier wird es Gefährdungen geben, die man akzeptiert, und solche, bei denen man handeln sollte. Die grüne Fläche stellt die Abdeckung der relevanten Gefahren durch Schutzmaßnahmen dar. Nicht alle Gefahren werden abgedeckt, es gibt durchaus Gefährdungen, sogenannte Restrisiken, die billigend in Kauf genommen werden. Die Schutzmaßnahmen erzeugen aber neue Risiken, die es vorher nicht gab. Das können Einstürze von Häusern sein, wenn man die Häuser als Schutzmaßnahmen gegen klimatische Einwirkungen versteht, oder Brände, wenn man Feuer als Schutzmaßnahme gegen niedrige Temperaturen ansieht.

Die subjektive Wahrnehmung der Gefährdungen und Risiken folgt in der Regel den objektiv erkannten Gefahren. Dann dehnt sich die Fläche der subjektiv wahrgenommenen Gefährdungen aus und auch die relevante Fläche folgt ihr, weil sich Grenzwerte verändern. Es kann unter Umständen der Fall eintreten, dass die darauffolgenden Schutzmaßnahmen eine in der Fläche viel größere neue Gefährdung erzeugen oder dass die neue Gefährdung fast so groß ist, wie die Fläche der Gefährdungen, die durch die Schutzmaßnahme abgedeckt wird.

Alle diese Flächen sind zeitabhängig: durch neue Technologien entstehen neue Gefährdungen – wir erkennen immer mehr bereits bestehende oder neue Gefährdungen. Die Öffentlichkeit wird über die Gefährdungen informiert und nimmt die Gefährdungen wahr. Die Politik reagiert mit neuen Regelungen und Grenzwerten und neue Schutzmaßnahmen werden initiiert oder die bestehenden erweitert.

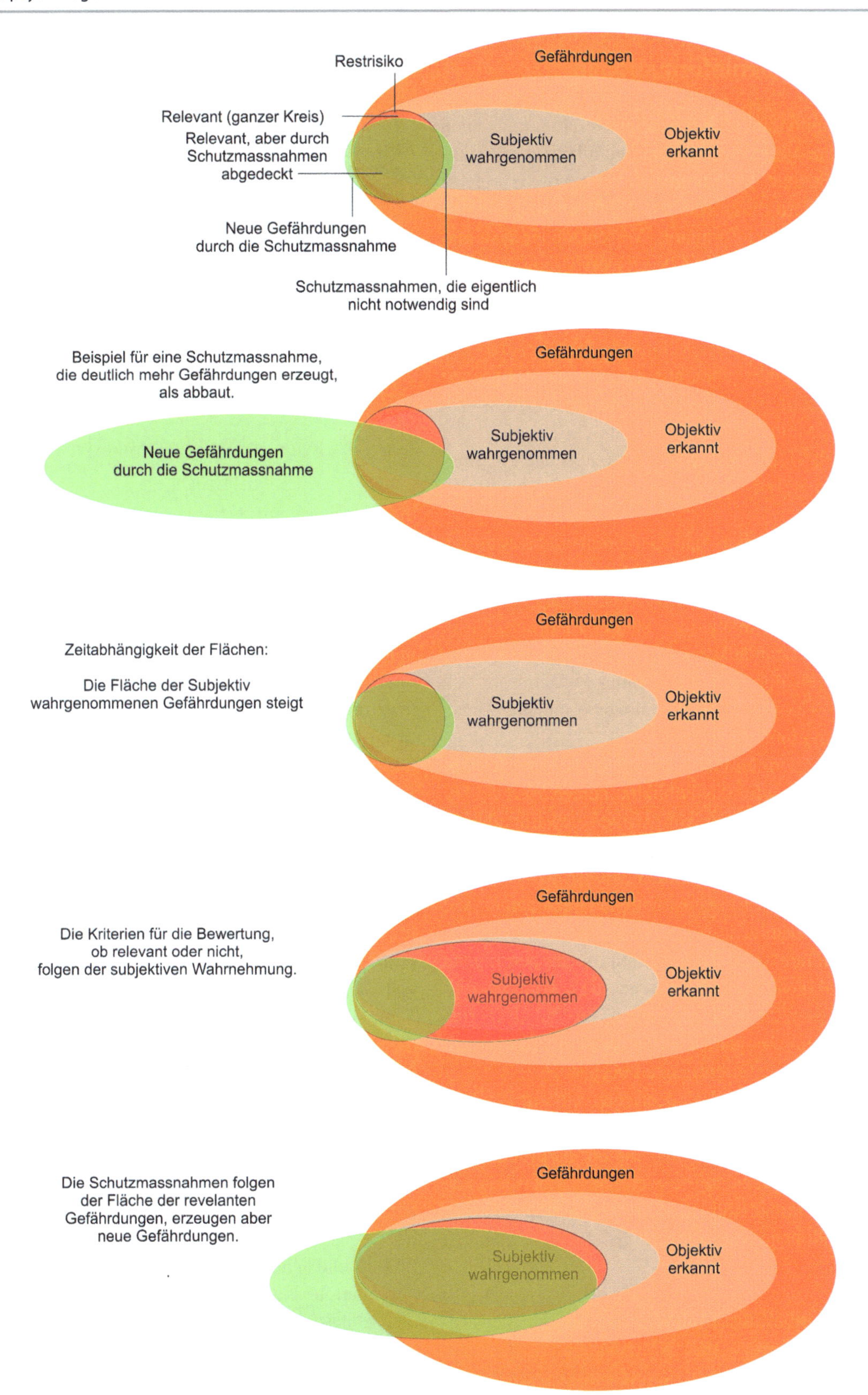

Abb. 4.41 Einteilungen von Gefährdungen, Risiken und den Wirkungen der Schutzmaßnahmen

4.7 Medien- und Katastropheninformationen

Nicht nur die individuelle Informationsverarbeitung, auch die soziale Informationsverarbeitung beeinflusst die Risikoeinschätzung. Soziale Informationsverarbeitung erfolgt in den meisten Ländern durch Medien. Dennoch sind Medien kein objektiver Risikoinformator. Verschiedene systematische Abweichungen zwischen Berichterstattung und tatsächlichen Entwicklungen wurden bereits im Abschn. 1.3.2 diskutiert (Kepplinger und Lemke 2012; Haller 2017; Krämer und Machenthun 2001; Chomsky 2020). Auch die neuen Medien scheinen ebenfalls nicht zwangsläufig zu einer Objektivierung von gesellschaftlichen Diskussionen zu führen (Russ-Mohl 2017).

Sandman (1994) hat dies festgestellt (siehe auch Krämer und Mackenthun 2001):

- Der Umfang der Risiko- und Gefahrenberichterstattung steht in keinem Zusammenhang mit der Schwere des Risikos. Viel wichtiger für die Berichterstattung sind Zeitnähe, menschliches Interesse, visueller Eindruck, Nähe, Prominenz und Dramatik.
- Der größte Teil der Berichterstattung konzentriert sich auf soziale Reaktionen wie Schuldzuweisungen, Angst, Wut und Empörung.
- Technische Informationen innerhalb einer Risikogeschichte besitzen für das Publikum keinen Wert.
- In den Medien wird eher vor Risiken gewarnt als beruhigt. Da die Medien wie ein Frühwarnsystem wirken, ist dies durchaus verständlich. Es ist überraschend, dass Medien in Katastrophensituationen dazu neigen, die Menschen zu beruhigen.
- Die Interpretation von Informationen, ob sie beruhigend oder beunruhigend ist, hängt sehr stark vom jeweiligen Journalisten ab. Informationen, die für Experten beruhigend sein können, müssen diesen Effekt nicht zwangsläufig für die Öffentlichkeit besitzen.
- Für die Gefahren- und Risikoberichterstattung besitzen die offiziellen Quellen die größte Bedeutung.
- Beängstigende Geschichten sind für die berufliche Entwicklung von Journalisten oft wichtiger als beruhigende Geschichten. Deshalb fühlen sich die Medien mehr zu Gefahrenmeldungen hingezogen als zu beruhigenden Geschichten.

Ein schönes Beispiel für Einflüsse auf die Risikowahrnehmung ist die Frage: *„Was ist riskanter: Kaffeesäure oder 3,4-Dihydroxyzimtsäure"* (Abb. 4.42) von Wiedemann (2013)? Oder die Frage, erhöht der Medikamentenbeipackzettel das Risiko oder verringert er es? Es gibt zahlreiche Studien, z. B. von Porzsolt, die zeigen, dass die Hinweise auf Nebenwirkungen dazu führen können, dass die Patienten die Medikamente nicht nutzen. Das Risiko durch die Krankheit sollte aber deutlich größer sein als das Risiko aus der Schutzmaßnahme, also dem Medikament. Tuffs (2009) beschreibt die Konsequenzen des regelmäßigen Konsums von Arzt-Serien im Fernsehen mit einer erhöhten Furcht vor Operationen und einer Enttäuschung über die real erlebten Visiten. Aus dramaturgischen Gründen treten in den Fernsehserien viel häufiger Komplikationen bei den Operationen auf als in der Realität und die Ärzte haben in der Realität deutlich weniger Zeit während der Visite als in den Fernsehserien. Dort lösen die Ärzte oft noch neben den medizinischen Problemen zahlreiche andere menschliche Probleme. Interessant sind auch Studien aus Wien, die zeigen, dass Menschen in urbanen Regionen für die Wiederansiedlung von großen Raubtieren in den Alpinen Regionen sind, während die Menschen in den Alpinen Regionen dies nicht unterstützen. Die Menschen in den Städten haben allerdings Angst vor den Großräubern, während die Menschen in den ländlichen Regionen keine Angst haben. Als letztes Beispiel sei die Arbeit von Kahan (2015) genannt, der einen Zusammenhang zwischen der Risikobewertung der globalen Klimaerwärmung und der politischen Ausrichtung herstellt.

Abb. 4.42 Kaffeesäure oder 3,4-Dihydroxyzimtsäure

Wie bereits erwähnt, ändert sich dieses Verhalten in Abhängigkeit von der momentanen Stufe innerhalb des zeitlichen Verlaufes einer Katastrophe. Wie Dombrowski (2006) und Wiltshire und Amlang (2006) gezeigt haben, durchlaufen Katastrophen verschiedene Stufen, die bei einem bestimmten Ereignis ausgelöst werden. Abb. 4.43 zeigt die Entwicklung einer Katastrophe.

Wie der Begriff der Sicherheit ist auch der Begriff der Katastrophe stark mit der Wahrnehmung und wahrscheinlich noch mehr mit der Kommunikation verbunden, da eine Katastrophe hauptsächlich durch das Versagen

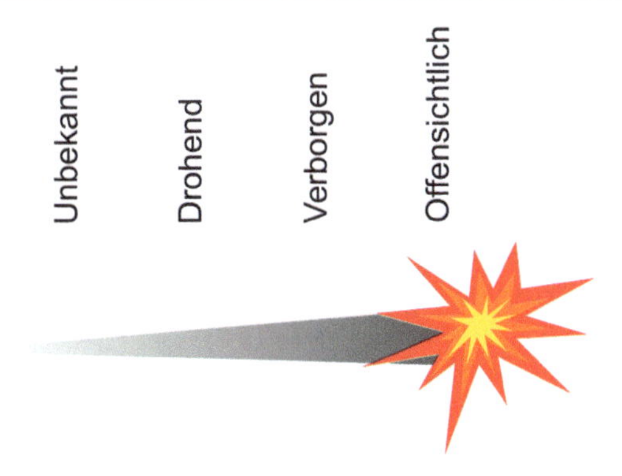

Abb. 4.43 Zeitliche Entwicklung des Gefahrenbewusstsein (Dombrowski 2006)

sozialer Systeme beschrieben wird und daher Informationen über den Zustand eines solchen Systems erforderlich sind. Abb. 4.44 zeigt bereits die Problematik der Risikokommunikation bei der Entwicklung einer Katastrophe. Diese wird auch als Gefahren-, Risiko- und Krisenkette bezeichnet (Dombrowski 2006). Die Form solcher Ketten hängt von der Charakteristik der Gefahr und der Reaktion des gesellschaftlichen Systems ab, wie in Abb. 4.45 dargestellt.

Von großem Interesse sind in der Regel nicht nur Maßnahmen zur Minderung von Gefahren, sondern auch die Fähigkeit einer Gesellschaft, mit einer Krise oder einer Katastrophe umzugehen. Zur Bewertung hat Dombrowski ein solches Krisenmanagement in Warn- und Reaktionsketten zerlegt (Abb. 4.46). Zusätzlich wurde der Begriff Warnung von der Alarmierung getrennt, wie Tab. 4.12 zeigt. Nach Katastrophen beginnt in der Regel eine Erholungsphase, die Monate oder Jahre dauern kann, wie in Abb. 4.47 dargestellt. Daraus ergibt sich später der Begriff des integralen Risikomanagements, bei dem nach einer Wiederherstellungsperiode die nächste Katastrophe die nächste Wiederherstellungsphase einleitet.

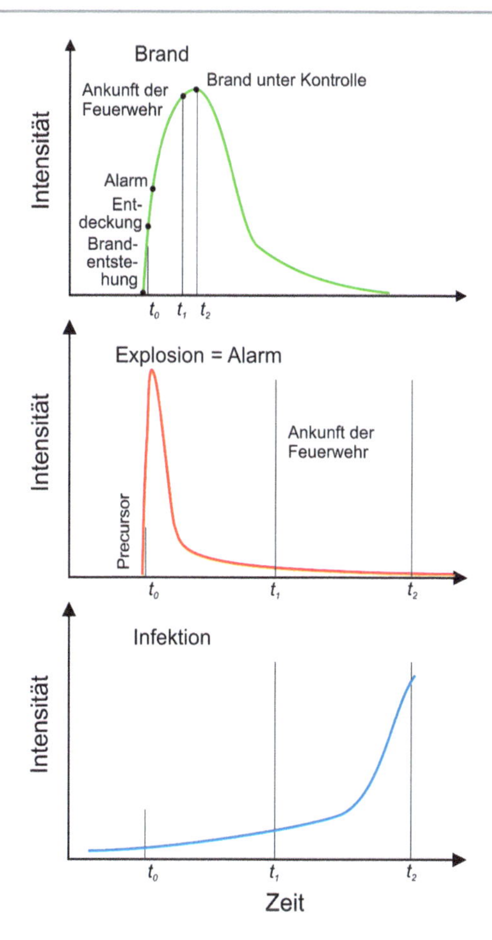

Abb. 4.45 Entwicklung des Krisenverlaufs für Brände, Explosionen und Infektionen nach Dombrowski (2006)

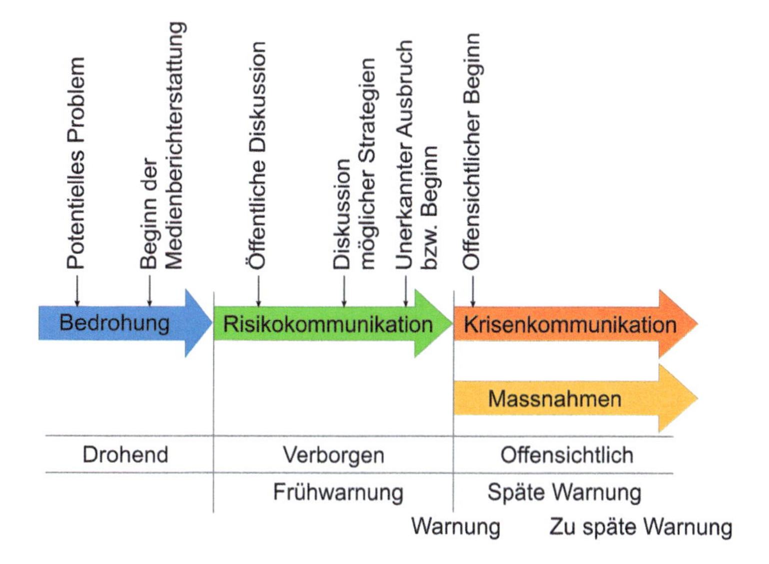

Abb. 4.44 Der Gefahren-, Risiko- und Krisenverlauf nach Dombrowski (2006)

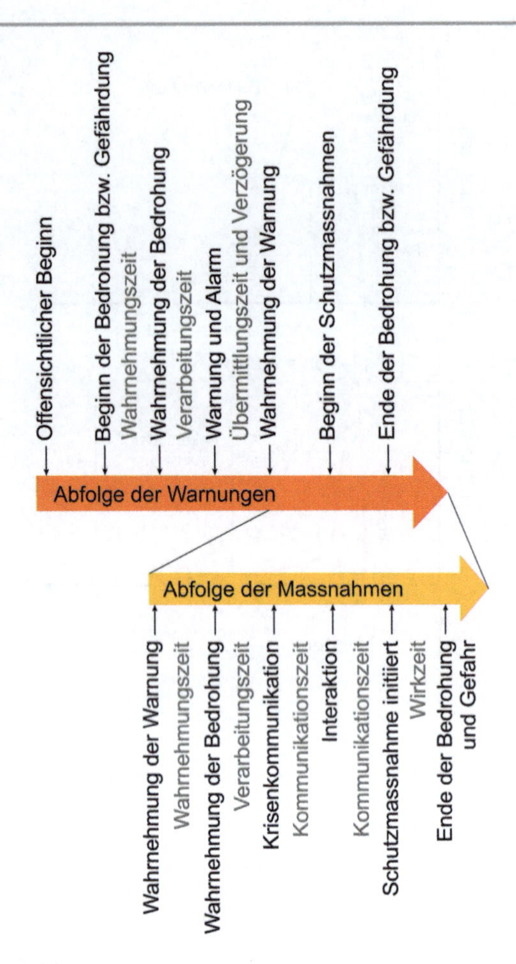

Abb. 4.46 Der Warnungs- und Alarmierungsverlauf nach Dombrowski (2006)

Tab. 4.12 Unterschiede zwischen Warnung und Alarmierung nach Dombrowski (2006)

Warnung	Alarmierung
Soziale Beziehung	Funktionale Beziehung
Verändert Wahrnehmung Verändert Bewertung Verändert soziales Verhalten	Verändert Zeitressourcen Verändert Technik und Technologie
Hautsächlich unbestimmt	Klar umrissen

4.8 Risikokommunikation

Nach Wiedemann (2013) sind Risikovergleiche und damit auch Risikonachweise, die einem Vergleich eines Ist-Zustandes mit einem Soll-Zustand entsprechen, für die unbeteiligte Öffentlichkeit nur begrenzt aussagefähig. Die Untersuchungen zur Wahrnehmung von Risikovergleichen und Nachweisen ergab:

- Risikovergleiche haben prinzipiell einen positiven Einfluss auf das Risikoverständnis.
- Risikovergleiche können akzeptiert werden. Allerdings spielen hier eher argumentative und erklärende Informationen eine Rolle als der Risikovergleich selbst.
- Risikovergleiche haben keine beruhigende Wirkung.
- Risikovergleiche haben praktisch keinen Einfluss auf die Akzeptanz eines Risikos.
- In einem Risikovergleich vergleichbare Risiken müssen für die unbeteiligte Öffentlichkeit nicht zwangsläufig vergleichbar sein.
- Die Risikokommunikation hat maßgeblich Einfluss auf die Akzeptanz eines Risikos (Lesbarkeit, Risikogeschichte).
- Bei Risikovergleichen geht es um das Verständnis von Zahlen und Größenordnungen, nicht aber um die Risikogeschichte.

Die subjektive Risikowahrnehmung basiert auf intuitiven Urteilen. Diese müssen kaum oder nicht durch Wahrnehmung beeinflusst sein, können aber von einer Vielzahl anderer Urteilsprozessen beeinflusst werden. Dabei spielt nicht nur die Information selbst eine Rolle, sondern auch die Herkunft und die Verpackung der Information. Medien liefern praktisch niemals Risikozahlen, sondern immer Risikogeschichten.

4.9 Schlussfolgerung

In vielen Diskussionen wird die subjektive Risikobeurteilung als ein Modell mit geringem Bezug zu objektiven Bedingungen betrachtet. Daher gibt es einen allgemeinen Trend, die subjektive Beurteilung durch objektive Risikomaße zu ersetzen. Solche Risikomaße hängen jedoch stark von den Systemgrenzen der gewählten Modelle ab. Daher kann die subjektive Risikobeurteilung als ein weiteres Modell mit anderen Systemgrenzen und anderen Wichtungen angesehen werden. Vor diesem Hintergrund können und sollen subjektive Beurteilungen nicht als falsch, sondern als eine andere Sichtweise verstanden werden.

Die Sterblichkeitsstatistik zeigt, dass Herz-Kreislauf-Erkrankungen in den Industriestaaten die Haupttodesursache darstellen. Die subjektive Risikobewertung spiegelt dieses Risiko nicht entsprechend wider. Man erkennt dies an den ausbleibenden Vorsorgehandlungen der Menschen. Allerdings kann die Krankheit direkt mit bestimmten sozialen Bedingungen, wie z. B. Arbeitsdruck oder sozialer Unsicherheit, in Verbindung stehen. Interessanterweise konzentriert sich die subjektive Risikobewertung sehr stark

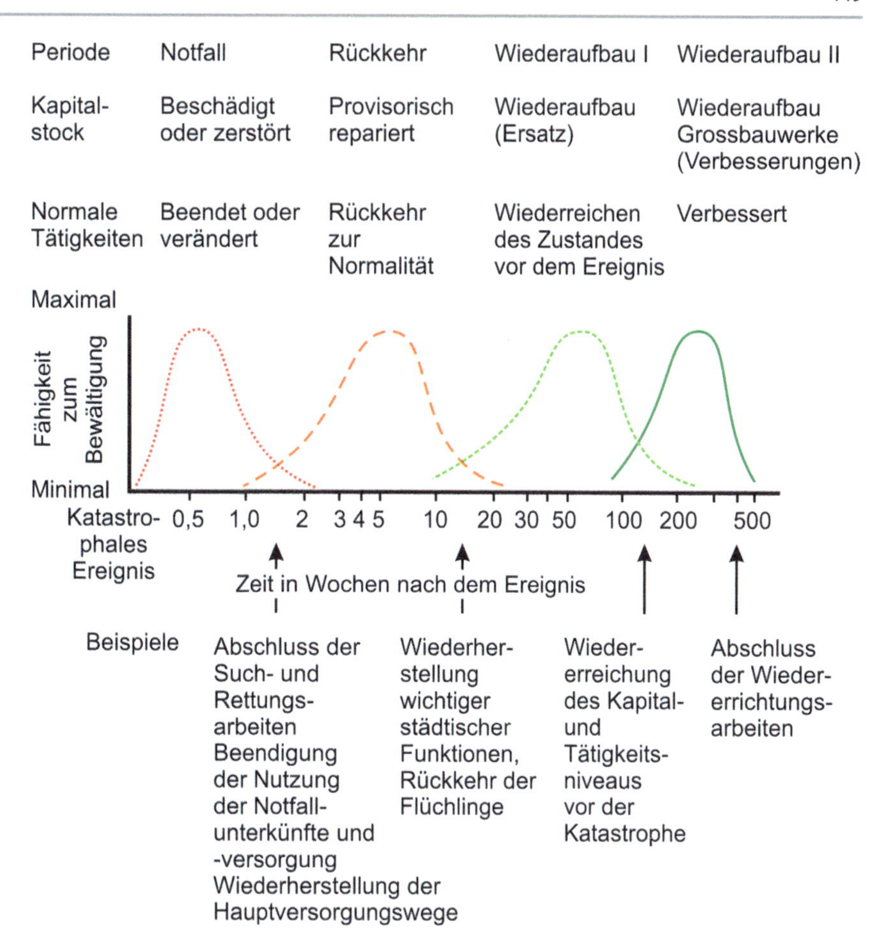

Abb. 4.47 Zeitskalen nach Katastrophen nach Smith (1996)

auf solche Indikatoren. Daher unterscheidet sich das mathematisch-statistische Risikomodell zum subjektiven Risikomodell im Wesentlichen durch die unterschiedlichen Kausalketten, durch die unterschiedliche Auswahl der Eingangsgrößen und durch die unterschiedlichen Wichtungen der Eingangsgrößen. Welches Modell besser, also „wahrer" ist, kann man nicht ohne weiteres erkennen.

Generell gilt die Empfehlung, subjektive Modelle nicht einfach abzulehnen. Die in Abb. 4.48 gezeigte Einbeziehung aller Risikoaspekte wird von rein naturwissenschaftlichen Modellen meist nicht beantwortet, da sie sich stark auf Details konzentrieren. Dazu wird noch einmal auf das Kap. 1 verwiesen. Auf der anderen Seite gestaltet sich die Wahl und die Quantifizierung der Eingangsgrößen für die subjektive Risikobewertung außerordentlich schwierig.

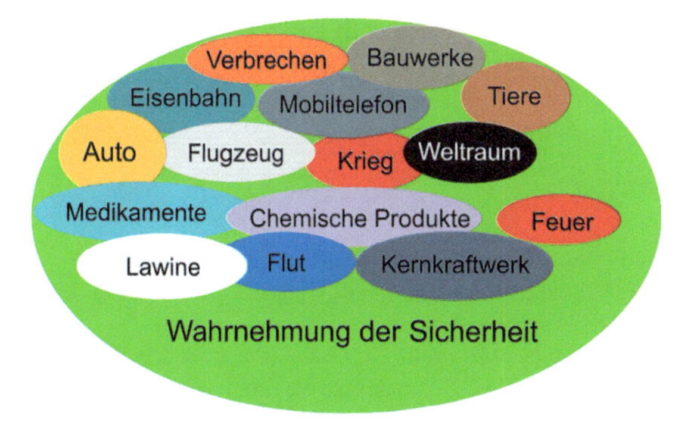

Abb. 4.48 Berücksichtigung der Sicherheit des gesamten Wirkungsbereiches

Im Bereich der Medizin werden verschiedene Anforderungen an die Qualität der Nachweise zur Wirksamkeit von Medikamenten und Behandlungen gefordert. Darunter zählt das Konzept der Evidence-based Nachweise. Diese erfordern z. B. eine doppelblinde Studie, das heißt, weder der Arzt noch der Patient bzw. Proband wissen, ob sie Wirkstoff oder ein Placebo-Medikament einnehmen. Die Frage wäre, ob man solche Doppelblindstudien für den Nachweis der Wirksamkeit von Fallschirmen durchführen kann und ob sie notwendig sind. Zur Diskussion von Verletzungen nach einem gravitativen Fall siehe Baker (2004), Smith und Pell (2003), Bricknell und Craig (1999), Knapik et al. (2003), Baiju und James (2003), Glorioso et al. (1999), Risser et al. (1996), Dawson et al. (1998). Offensichtlich sollte man also für die Schutzmaßnahme „Fallschirm" keine doppelblinde Studie durchführen.

Die systembedingten Grenzen und Eigenschaften führen also zu nicht-universellen wissenschaftlichen Risikoparametern, während Menschen in ihrem Alltag und ihrem nor-

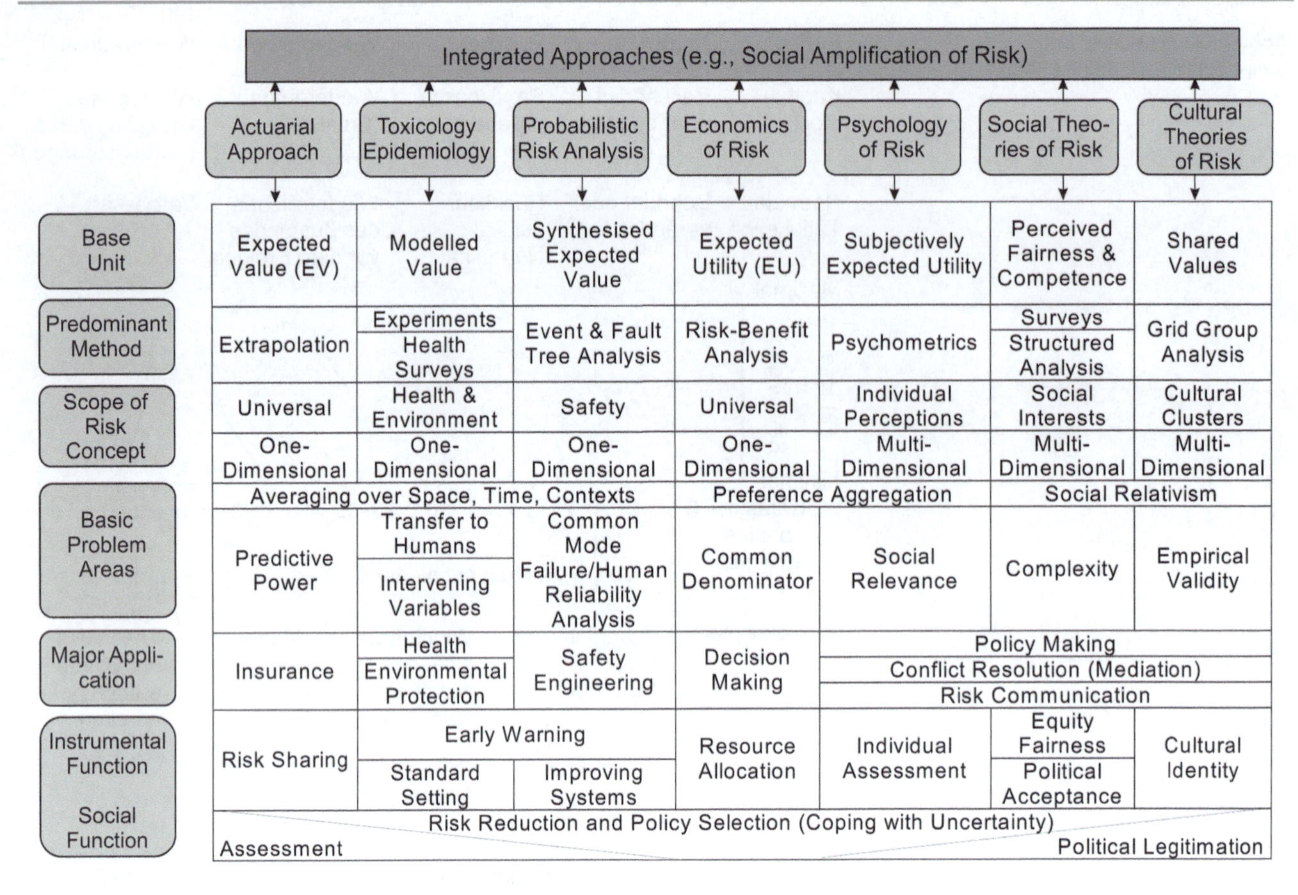

Abb. 4.49 Einteilung der Risikoformulierungen nach Renn et al. (2007)

malen Leben universelle, heuristische Risikoparameter benötigen, um fächerübergreifend Vergleiche durchführen zu können (Abb. 4.48). Die extreme Ausdifferenzierung der Risikoformulierungen und Parameter, wie sie z. B. in Abb. 4.49 gezeigt werden, sind für den Menschen im Alltag nicht praktikabel. Darüber hinaus ist auch unklar, ob die Ergebnisse besser sind als die heuristischen Ansätze. Deshalb haben verschiedene Autoren auch die zeitliche Begrenzung der Ergebnisse der Risikountersuchungen in Form von zyklischen Analysen berücksichtigt, wie z. B. im Risikokreis in Abb. 4.50, regelmäßigen Sicherheitsanalysen (Living PSA) oder in Life Cycle Analysen. Subjektive Risikobewertungen sind nicht per se falsch, genauso wie mathematisch statistische wissenschaftliche Risikoparameter nicht per se richtig sind. Es sind einfach zwei verschiedene Sichtweisen für eine Sache, so, wie die Physiker für das Licht eine Wellen- und eine Teilchentheorie verwenden.

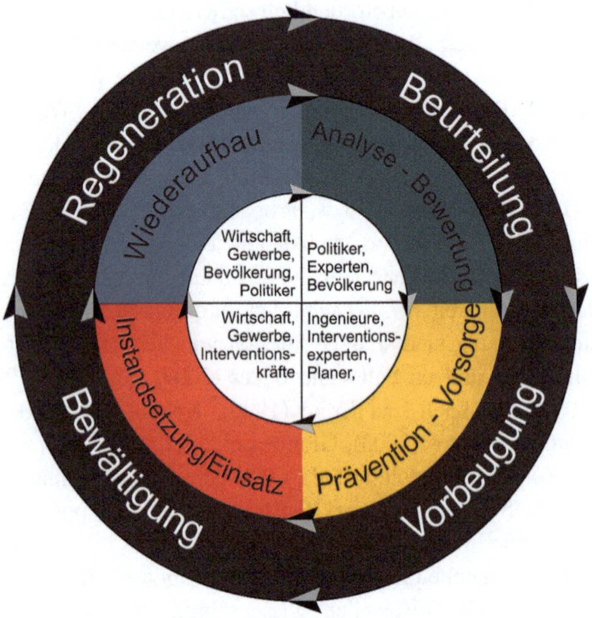

Abb. 4.50 Risikozyklus nach Kienholz et al. (2004)

Literatur

Adams J (1995) Risk. University College London Press

Ajzen I (1988) Attitudes, personality and behaviour. Open University Press, Milton Keynes

Arrow KJ, Cropper ML, Eads GC, Hahn RW, Lave LB, Noll RG, Portney PR, Russell M, Schmalensee R, Smith VK Stavins RN (1996) Is there a role for benefit-cost analysis in environmental, health and safety regulations. Science 272:221–222

Axelrod R (1984) The evolution of cooperation. Basic Books, New York

Aydogan G, Daviet R, Linner RK et al (2021) Genetic underpinnings of risky behaviour relate to altered neuroanatomy. Nat Hum Behav 28 January 2021. https://doi.org/10.1038/s41562-020-01027-y

Baiju DS, James LA. (2003) Parachuting: a sport of chance and expense. Injury 34(3):215–217

Baker DE (2004) Parachutes and evidence-based medicine. Hosp Pharm 39(7):618–619

Balderjahn I, Wiedemann PM (1999) Bedeutung von Risikokriterien bei der Bewertung von Umweltrisiken. Universität Potsdam

Becker GS (1976) The economic approach to human behavior. University of Chicago Press, Chicago

Beinder E (9. March 2007) Fetalzeit und spätere Gesundheit. Deutsches Ärzteblatt 104(10):B567–B572

BfR (2009) Sicherer als sicher? – Recht, Wahrnehmung und Wirklichkeit in der staatlichen Risikovorsorge, Stakeholder-Konferenz, 29. Oktober 2009, Berlin

Bohnenblast H (1998) Risk-based decision making in the transportation sector. In: Jorissen RE, Stallen PJM (Hrsg) Quantified societal risk and policy making, Kluwer academic publishers

Bricknell MC, Craig SC (1999) Military parachuting injuries: a literature review. Occup Med (London) 49:17–26

British Department for Transport (10 Juni 2004) 58924 Optimism bias guidance document

Burgherr P, Hirschberg S (25–29 August 2008) Comparative risk assessment of severe accidents in the energy sector, international disaster and risk conference, IDRC, Davos

Campos JJ, et al (1978) The emergence of fear on the visual cliff. In: Lewis M, Rosenblum LA (Hrsg) The development of affect. Plenum, New York

Chomsky N (2020) Media Control – Wie uns die Medien manipulieren. Nomen

Churchland PS, Sejnowski TJ (2017) The computational brain. MIT Press, Cambridge

Coleman J (1990) Foundations of social theory. Harvard University Press, Cambridge

Conchie SM, Donald IJ (2006) The relative importance of cognition-based and effect-based trust in safety. In: Safety and reliability for managing risks – CG Soares & E Zio. Taylor and Francis Group, London, S 301–308

Cook KS, Levi M (1990) The limits of rationality. University of Chicago Press, Chicago

Covello VT (1991) Risk comparisons and risk communications: issues and problems in comparing health and environmental risks. Communicating risk to the public. Kluwer Academic Publishers, S 79–124

Covello VT (January 2001) Canada information office workshop, Canada. http://www.centreforliteracy.qc.ca/publications

Covello VT, Peters RG, Wojtecki JG, Hyde RC (June 2001) Risk communication, the West Nile Virus Epidemic, and Bioterrorism: responding to the communication challenges posed by the intentional or unintentional release of a pathogen in an urban setting. J Urban Health Bulletin of the New York Academy of Medicine 78(2):382–391

Dake K (1991) Orientating dispositions in the perceptions of risk: an analysis of contemporary worldviews and cultural biases. J Cross Cult Psychol 22:61–82

Davis MD (1973) Game theory. A nontechnical introduction. Basic Books, New York

Dawes RM (1988) Rational choice in an uncertain world. Harcourt Brace Janovich, San Diego

Dawson M, Asghar M, Pryke S (1998) Civilian parachute injuries: Ten years on and no lessons learned. Injury 29(8):573–575

Dehaene S (2003) The neural basis of the Weber–Fechner law: a logarithmic mental number line. TRENDS Cogn Sci 7(4):145–147 (April 2003)

Dobelli R (2014) Die Kunst des klaren Denkens 52 Denkfehler, die Sie besser anderen überlassen. Dtv, München

Dombrowski WR (2006) Die letzten Meter – Kein Kommunikations- sondern ein Interaktionsproblem. 7. Forum und Gefahrentag. DKKV & GTZ, Eschborn 2006, Präsentation

Douglas M, Wildavsky A (1982) Risk and culture. Berkely

Duffey RB, Saull JW (2012) Know the risk: learning from errors and accidents: safety and risk in today's technology. Butterworth-Heinemann, January 19, 2012

Easterlin R (1974) Does economic growth improve the human lot. Nations and households in economic growth: essays in honour of Moses abramovitz. Academic Press, Inc., N.Y., USA

Ebbinghaus H (1913) Memory. Teachers College Press, New York

Ehlers H (1996) Lernen statt Pauken. Ein Trainingsprogramm für Erwachsene. Augustus

Eisenführ F, Weber M (1993) Rationales Entscheiden. Springer, Berlin

Erben R, Romeike F (2003) Allein auf stürmischer See – Risikomanagement für Einsteiger. Wiley, Weinheim

EU Commission (2006) ExternE – Externalities of energy. http://www.externe.info/

Faber MH (2018) On sustainability and resilience of engineered systems. In: Gardoni P (Hrsg) Routledge handbook of sustainable and resilient infrastructure. Routledge, Abdingdon, S 28–49

Feather NT (1990) Bridging the gap between values and actions. Recent applications of the expectancy-value model. In: Higgins ET, Sorrentino RM (Hrsg) Handbook of motivation and cognition. Foundations of social behavior, 2. Aufl., Guilford Press, New York

Fischhoff B, Lichtenstein S, Slovic P, Derby SL, Keeney RL (1981) Acceptable Risk. Cambridge University Press, Cambridge

Flood MM (1952) Some experimental games. RAND corporation

Flyvbjerg B (June 2004) Procedures for dealing with optimism bias in transport planning: guidance document. UK Department for Transport, London

Frank HG, Lobin G (1998) Ein bildungswissenschaftlicher Beitrag zur interlinguistischen Sprachkybernetik. München

Frank NL, Husain SA (1971) the deadliest tropical cyclone in history? Bull Am Meteorol Soc 52(6):438–444

Freudenburg WR (1988) Perceived risk, real risk: social science and the art of probabilistic risk assessment. Science 242(4875):44–49

Freudenburg WR, Rursch JA (1994) The risks of „Putting the Numbers in Context“. A cautionary tale. Risk Analysis 14(6):949–958

Frisch D, Baron J (Juli/September 1988) Ambiguity and rationality. J Behav Decis Making 1(3):149–157

Fromm E (1968) The revolution of hope: towards a humanized technology. Harper & Row

Fromm E (2005) Haben oder Sein. Die seelischen Grundlagen einer neuen Gesellschaft. DTV

Gartner (2018) Research methodologies, Gartner Hype Cycle, interpreting technology hype. http://www.gartner.com/technology/research/methodologies/hype-cycle.jsp

Geller S (September 2001) Sustaining participation in a safety improvement process: 10 relevant principles from behavioral science. Am Soc Saf Eng S 24–29

Gigerenzer G (2004) The irrationality paradox. Behav Brain Sci 27(3):336–338

Gigerenzer G (2008) Bauchentscheidungen. Die Intelligenz des Unbewussten und die Macht der Intuition. Wilhelm Goldman, München

Glorioso JE, Batts KB, Ward WS (1999) Military free fall training injuries. Mil Med 164(7):526–530

Grams T (2007) KoopEgo. www.hs-fulda.de/~grams. Berücksichtigung von Nachbarschaft

Gray PCR, Wiedemann PM (1997) Risk and sustainability: mutual lessons from approaches to the use of indicators (2. Aufl.). Arbeiten zur Risiko-Kommunikation. Heft 61 Jülich, September 1996 (Revised and extended Au-gust 1997), Programmgruppe Mensch, Umwelt, Technik (MUT), Forschungs-zentrum Jülich

GTZ (2004) German technical co-operation. Linking poverty reduction and disaster risk management. Eschborn

Haller M (2017) Die „Flüchtlingskrise" in den Medien Tagesaktueller Journalismus zwischen Meinung und Information. Eine Studie der Otto Brenner Stiftung, Frankfurt a. M.

Haney C et al (1973) Interpersonel dynamics in a simulated prison. Int J Criminol Penology 1(1):69–97

Hart CL, Griffth JD (2003) Rise in landing-related skydiving fatalities. Percept Mot Skills 97(2):390–392

Hauptmanns U, Herttrich M, Werner W (1991) Technische Risiken. Springer, Berlin

Hedström P (2005) Dissection the social. On the principles of analytical sociology. Cambridge University Press, Cambridge

Hertwig R (2013) Die Kommunikation von Risiken in einer Welt im globalen Wandel. Nova Acta Leopoldina NF 118(400):87–107

Hess JT (2008) Schutzziele im Umgang mit Naturrisiken in der Schweiz, ETH Zürich, Dissertation, Zürich

Hirschberg S, Spiekerman G, Dones R (November 1998) Project GaBE: comprehensive assessment of energy systes: sever accidents in the energy sector, 1. Aufl., PSI-Bericht Nr. 98–16

Huber PM (2004) Die Verantwortung für den Schutz vor terroristischen Angriffen. 12. Deutsches Atomrechtssymposium. Forum Energierecht 8. Nomos Verlagsgesellschaft S 195–215

Human Brain Project (2021) https://www.humanbrainproject.eu/en/explore-the-brain/

IKSR – Internationale Kommission zum Schutz des Rheins (2002). Hochwasser-vorsorge – Maßnahmen und ihre Wirksamkeit. Koblenz

ILO (2007) The International Labour Organization. http://www.ilo.org/

Inhaber H (2004) Risk analysis applied to energy systems. Encyclopedia of Energy. Elsevier

Job RFS (1999) Human capacity of absolute and relative judgments and optimism bias. Application of Statistics and Probability (ICASP 8), Sydney, Bd 1, S 19–23

Johnson B, Chess C (2003) How reassuring are risk comparisons to pollution standards and emission limits? Risk Anal 23(5):999–1007

Johnson B (2002) Stability and inoculation of risk comparisons' effects under conflict: Replicating and extending the „asbestos jury" study by Slovic et al. Risk Anal 22(4):777–788

Johnson B (2003) Are some risk comparisons more effective under conflict? A replication and extension of Roth et al. Risk Anal 23(4):767–780

Johnson B (2004a) Risk comparisons, conflict, and risk acceptability claims. Risk Anal 24(1):131–145

Johnson B (2004b) Varying risk comparison elements: effects on public reactions. Risk Anal 24(1):103–114

Johnson BB, Sandman PM, Miller P (1992) Testing the role of technical in-formation in public risk perception

Johnson BB, Sandman PM (1992) Outrage and technical detail: the impact of agency behaviour on community risk perception. Research project summary. Department of Environmental Protection and Energy 1992

Jungermann H, Pfister HR, Fischer K (1998) Die Psychologie des Entscheidens. Spektrum Akademischer, Heidelberg

Kahan DM (2015) What is the science of science communication? J Sci Commun 14(3):1–10

Kahnemann D (2012) Schnelles Denken, langsames Denken, Random House, Deutsche Ausgabe. München

Kaiser H (1991) Ethische Rationalität – Konzept einer sach- und menschengerechten Risikobewertung. In: Ganzheitliche Risikobewertungen – Technische, ethische und soziale Aspekte, Chakraborty & Yadigaroglu, TÜV Verlag Rheinland, Köln, S 4–1–4–74

Keim DA (Januar 2002) Datenvisualisierung und Data Mining. Datenbank Spektrum, Bd 1, No. 2

Kepplinger HM, Lemke R (2012) Die Reaktorkatastrophe bei Fukushima in Presse und Fernsehen in Deutschland, Schweiz, Frankreich und England, Jahrestagung 2012 der Strahlenschutzkommission 15. März 2012 in Hamburg

Kienholz H, Krummenacher B, Kipfer A, Perret S (March–April 2004) Aspect of Integral Risk Management in Practice – Considerations. Österreichische Wasser- und Abfallwirtschaft 56(3–4):43–50

Klinke A, Renn O (1999) Prometheus Unbound – Challenges of Risk Evalua-tion, Risk Classification and Risk Management. Arbeitbericht 153. Akademie für Technikfolgenabschätzung in Baden-Württemberg, Stuttgart

Knack S, Zack P (April 2001) Trust and growth. Econ J, Vol. 111, Issue 470, March 2001, S. 295-321

Knack S, Keefer P (1997) Does social capital have an economic payoff? A cross-country investigation. Quart J Econ 112(4):1251–1288

Knapik JJ, Craig SC, Hauret KG (2003) Risk factors for injuries during military parachuting. Aviat Space Environ Med 74(7):768–774

Knie A (2010) Gefühlte Sicherheit bei älteren Menschen – Entwicklung und Validierung eines Fragebogens zur Messung der gefühlten Sicherheit bei älteren Menschen Dissertation. Medizinischen Fakultät der Universität Ulm, Ulm

Koch K, McLean J, Segev R, Freed MA, Berry MJ, Balasubramanian V, Sterling P (2006). How much the eye tells the brain. Curr Biol 16(14):1428–1434

Koso M, Hansen S (April 2006) Executive function and memory in posttraumatic stress disorder: a study of Bosnian war veterans. Eur Psychiatry 21(3):167–173

Koren G & Klein N (1991) Bias Against Negative Studies in Newspaper Reports of Medical Research, JAMA – Journal of American Medical Association, 266, pp 1824–1826

Krämer W, Machenthun G (2001) Die Panik-Macher. Piper, München

Krueger LE (1989) Reconciling Fechner and Stevens: Toward a unified psycho-physical law. Behav Brain Sci 12:251–267

Laeng T (2010) Zukunftsträume von Gestern, Heute und Übermorgen, Ausstellungskataloge, Bd 3. LIT, Dr. W, Hopf, Berlin

Landauer TK (1986) How much do people remember? Some estimates of the quantity of learned information in long-term memory. Cogn Sci 10:477–493

Laney C, Loftus EF (November 2005) Traumatic memories are not necessarily accurate memories. Can J Psychiat 50(13):823–828

Laughlin SB, de Ryter van Steveninck RR, Anderson JC (1998) The metabolic cost of neural information. Nat Neurosci 1(1):36–41

Lentz A (2006) Acceptability of civil engineering decisions involving human consequences, Dissertation, TU München, Munich

Litai D, Lanning DD, Rasmussen NC (1983) The public perception of risk. The analysis of actual versus perceived risk. V. T. C. et al. New York, S 212–224

Lübbe H (1989) Akzeptanzprobleme. Unsicherheitserfahrung in der modernen Gesellschaft. In: Hohlneicher G, Raschke E (Hrsg) Leben ohne Risiko. Köln, Verlag TÜV Rheinland, S 211–226

Luhmann N (1997) Die Moral des Risikos und das Risiko der Moral. In: Bech-mann G (Hrsg) Risiko und Gesellschaft. Westdeutscher, Opladen, S 327–338

Lustig T (1996) Sustainable management of natural disasters in developing countries. In: Molak V (Hrsg) Fundamentals of risk analysis and risk management. CRC Press, Inc. S 355–375

McNally RJ (November 2005) Debunking myth about trauma and memory. Can J Psychiat 50(13):817–822

Metzner A (2002) Die Tücken der Objekte – Über die Risiken der Gesellschaft und ihre Wirklichkeit. Campus, Frankfurt a. M.

McGilchrist (2010) The Master and His Emissary: The Divided Brain and the Making of the Western World, Yale University Press, Yale

Milgram S (1974) Obedience to authority, an experiment view. Harper & Row

Milgram S (1997) Das Milgram-Experiment. Rowohlt

Moravec H (1998) Robot: mere machine to transcendent mind. Oxford University Press

Müller-Peters H, Gatzert N (2016) Todsicher: Die Wahrnehmung und Fehlwahrnehmung von Alltagsrisiken in der Öffentlichkeit, Oktober 2016, Goslar Institut, Studiengesellschaft für verbrauchergerechtes Versichern e. V.

Naftulin DH et al (1973) The doctor fox lecture: a paradigm of educational seduction. J Med Educ 48(7):630–635

Nasher J (2019a) To seem more competent, be more confident. Harvard Business Rev https://hbr.org/2019a/03/to-seem-more-competent-be-more-confident

Nasher J (2019b) Überzeugt!, 4. Aufl. München, Wilhelm Goldmann

Newman MEJG, Farmer JD (2002) Optimal design, robustness and risk aver-sion. Phys Rev Lett 89 https://doi.org/10.1103/PhysRevLett.89.028301

Nucleonics (Okotober 1965) Engineered safeguards: key to urban siting, S 49

Peters RG, Covello VT, McCallum DB (1997) The determinants of trust and credibility in environmental risk communication: an empirical study. Risk Anal 17(1):43–54

Planck W (2007) Unser Gehirn – besser als jeder Computer. www.net-school.de

Plapp T, Werner U (August 2002) Hochwasser, Stürme, Erdbeben und Vulkanausbrüche: Ergebnisse der Befragung zur Wahrnehmung von Risiken aus extremen Naturereignissen, Sommerakademie der Studienstiftung des Deutschen Volkes, Rot an der Rot, Lehrstuhl für Versicherungswissenschaft, Graduiertenkolleg Naturkatastrophen, Universität Karlsruhe (TH)

Plattner T, Plapp T, Hebel B (2006) Integrating public risk perception into formal natural hazard risk Assessment. Nat Hazards Earth Syst Sci 6:471–483

Pliefke T, Peil U (2007) On the integration of equality considerations into the life quality index concept for managing disaster risk. In: Taerwe L, Proske D (Hrsg) Proceedings of the 5th International Probabilistic Workshop, S 267–281

Preiss P, Wissel S, Fahl U, Friedrich R, Voß A (Februar 2013) Die Risiken der Kernenergie in Deutschland im Vergleich mit Risiken anderer Stromerzeugungstechnologien, Arbeitsbericht/Working Paper, Universität Stuttgart, Institut für Energiewirtschaft und Rationelle Energieanwendung, Bericht Nr 11

Proske D (2008) Catalogue of risks. Springer

Proske D (2009) Risikowahrnehmung in der Gesellschaft, Risiken ionisierender und nichtionisierender Strahlung. 5./6.11.2009, Strahlenschutzkommission, Bd 66. Hoffmann GmbH – Fachverlag, Berlin, S 189–216

Proske D (2021) Einsturzhäufigkeit von Bauwerken, Brücken – Dämme – Tunnel – Stützbauwerke – Hochbauten, Springer Vieweg Wiesbaden

Proske D (2016) Ist die Energiewende ein technischer Hype? Festschrift Prof. M. Curbach, Technische Universität Dresden, GWT, S 192–215

Proske D, van Gelder P, Vrijling H (April 2008) Some remarks on perceived safety with regards to optimal safety of structures, Beton- und Stahlbetonbau: Robustness and Safety of Concrete Structures, 103. Aufl., S 65–72

Rapoport A (1988) Risiko und Sicherheit in der heutigen Gesellschaft: Die subjektiven Aspekte des Risikobegriffs. Leviathan 16:123–136

Raue M, Streicher B, Lermer E (2019) Perceived safety. Springer International Publishing, Cham

Renn O (1992) Concepts of risk: a classification. In: Krimsky S, Golding D (Hrsg) Social theories of risk. Praeger, London S 53–79

Renn O, Schweizer P-J, Dreyer M, Klinke A (2007) Risiko Über den gesellschaftlichen Umgang mit Unsicherheit. oekom, München

Renner B (2003) Risikokommunikation und Risikowahrnehmung. Z Gesundheitspsychol 11(3):71–75

Revermann C (2003) Risiko Mobilfunk, wissenschaftlicher Diskurs, öffenltliche Debatte und politische Rahmenbedingungen, Studien des Büros für Technikfolgen- Abschätzung des Deutschen Bundestage, Edition Sigma, Berlin

Riemann F (1961) Grundformen der Angst – eine tiefenpsychologische Studie. Reinhardt, München

Riley K (2006) Risky business: involving the public in environmental decision making, Great Lakes & Mid-Atlantic center for hazardous substance research. Michigan State University, East Lansing, Michigan

Risikoregulierung bei unsicherem Wissen (März 2005) Diskurse und Lösungsansätze, Dokumentation zum TAB-Workshop „Die Weiterentwicklung des Gesundheitlichen Verbraucherschutzes als Ressortübergreifende Aufgabe“, Diskussionspapier 11, Büro für Technikfolgen-Abschätzung beim Deutschen Bundestag

Risser D, Bonsch A, Schneider B (1996) Risk of dying after a free fall from height. Forensic Sci Int 78(3):187–191

Roberts L (November 20, 1987) Radiation accident grips Goiânia. Science, New Series 238(4830):1028–1031

Rode C, Cosmides L, Hell W, Tooby J (1999) When and why do people avoid unknown probabilities in decisions under uncertainty? Testing some predic-tions from optimal foraging theory. Cognition 72(1999):269–304

Roth E, Morgan MG, Fischhoff B, Lave L, Bostrom A (1990) What do we know about making risk comparisons? Risk Anal 10(3):375–387

Rousseau DM, Sitkin SB, Burt RS, Camerer C (1998) Not so different after all: a cross-discipline view of trust. Acad Manag Rev 23:393–404

Ruggles RL (1996) Knowledge management tools. Butterworth-Heinemann Ltd

Russ-Mohl S (2017) Die informierte Gesellschaft und ihre Feinde – Warum die Digitalisierung unsere Demokratie gefährdet, edition medienpraxis, band 16, Herbert von Halem Verlag, Köln

Sandman PM (November 1987) Risk communication – facing public outrage. EPA J, Vol. 13, Issue 90, 21–22

Sandman PM (1994) Mass media and environmental risk: Seven Principles

Schacter DL (1999) Wir sind Erinnerung, Gedächtnis und Persönlichkeit. Rowohlt, Hamburg

Schlenker BR, Leary MR (January 1982) Audiences' reactions to self-enhancing, self-denigrating, and accurate self-presentations. J Exp Soc Psychol 18(1):89–104

Schneider RU (2004) Das Buch der verrückten Experimente. C. Bertelsmann, München

Schneider RU (2009) Das neue Buch der verrückten Experimente. C. Bertelsmann, München

Schubert H (2006) Kausalität in der Verfahrenstechnik, dargestellt am Beispiel der Bio- und Lebensmittelverfahrenstechnik, Berlin-Brandenburgische Akademie der Wissenschaften, Akademie Debatten: Kausalität in der Technik 24.2./5.5./18.10.2006, S 29–43

Schütz H, Wiedemann PM (2005) Risikowahrnehmung – Forschungsansätze und Ergebnisse. Abschätzung, Bewertung und Management von Risiken: Klausurtagung des Ausschusses „Strahlenrisiko“ der Strahlenschutzkommission am 27./28. Januar 2005, Urban und Fischer, München

Schütz H, Wiedemann P, Hennings W, Mertens J, Clauberg M (2003) Verglei-chende Risikobewertung: Konzepte, Probleme und Anwendungsmöglichkei-ten. Abschlussbericht zum BfS-Projekt StSch 4217. Forschungszentrum Jü-lich GmbH, Programmgruppe „Mensch, Umwelt, Technik“

Schütz H, Wiedemann PM, Gray PCR (Februar 2000) Risk perception beyond the psychometric paradigm. Heft 78 Jülich, Programmgruppe Mensch, Umwelt, Technik (MUT), Forschungszentrum Jülich

Schütz H, Wiedemann PM (2008) Framing effects on risk perception of nanotechnology, Public Understanding of Science, Sage, S 17:369–379

Schwarz D (1991) Ethische und soziale Aspekte in ganzheitlichen Risikobetrachtungen, bezogen auf den Gegenstand der Kernenergie. In: Ganzheitliche Risikobewertungen – Technische, ethische und soziale Aspekte, Chakraborty & Yadigaroglu, TÜV Verlag Rheinland, Köln, S 7–1–7–38
Shepard RN, Kilpatric DW, Cunningham JP (1975) The internal representation of numbers. Cogn Psychol 7:82–138
Shigley JE, Mischke CR (2001) Mechanical engineering design, 6. Aufl. McGraw Hill. Inc., New York
Shors TJ (March 2006) Significant life events and the shape of memories to come: a hypothesis. Neurobiol. Learn Mem 85(2):103–115
Shubik M (1971) The dollar action game: a paradox in noncooperative behavior and escalation. J Conflict Resolut 15:109–111
Simon HA (1981) The sciences of the artificial. MIT Press, Cambridge, Massachusetts
Simon LA, Robertson JT, Doerfert DL (2003) The inclusion of risk communication in the agricultural communication curriculum: a preassessment of need. In: Thompson G, Warnick B (Hrsg) Proceedings of the 22nd annual Western Region agricultural education research conference, Bd 22, Portland (Troutdale), Oregon
Slaby M, Urban D (2002) Risikoakzeptanz als individuelle Entscheidung – zur Integration der Risikoanalyse in die nutzentheoretische Entscheidungs- und Einstellungsforschung. Schriftenreihe des Institutes für Sozialwissenschaften der Universität Stuttgart, No. 1/2002 Stuttgart
Slovic P (1993) Perceived risk, trust and democracy. Risk Anal 13(6):675–682
Slovic P (1996) Risk Perception and Trust, Chapter III, 1. In: Molak V (Hrsg) Fundamentals of risk analysis and risk management. CRC Press, Inc. S 233–245
Slovic P (1999) Trust, emotion, sex, politics, and science: surveying the risk-assessment battlefield. Risk Anal 19(4):689–701
Slovic P, Fischhoff B, Lichtenstein S (1980) Facts and fears. Understanding perceiled risk. In: Schwinn RC, Albers WA (Hrsg) Societal risk assessment: how safe is safe enough? Plenum Press, New York, S 181–214
Slovic P, Kraus N, Covello VT (1990) What should we know about making risk comparisons. Comment. Risk Anal 10(3):389–392
Smith GCS, Pell JP (2003) Parachute use to prevent death and major trauma related to gravitational challenge: systematic review of randomized controlled trials. Br Med J 327:1459–1461
Smith K (1996) Environmental hazards – assessing risk and reducing disaster. Routledge, London
Sparks P, Shepherd R (1994) Public perceptions of the potential hazards associated with food production and food consumption: an empirical study. Risk Analysis, 14(5), S 799–806
Starr C (September 1969) Social benefit versus technological risk. Science 165:1232–1238
Steffensen B, Below N, Merenyi S (2009) Neue Ansätze zur Risikokommunikation, Produktinformation vor dem Hintergrund von REACH, GHS und Nanotechnologie, Darmastadt/Göttingen
SZ (2009) Studie: Sachsen verdrängen Gefahr einer Flutkatastrophe, August 2009.
Taylor LS (1980) Some non-scientific influences on radiation protection standards and practice: The Sever lecture. Health Phys 39:851–874
Taylor-Gooby P, Zinn J (2006) Risk in social science. Oxford University Press
Teger AI (1980) Too much invested to quit. Pergamon, New York
Todd JJ, Marois R (15 April 2004) Capacity limit of visual short-term memory in human posterior partietal cortex. Nature 428:751–754
Todd PT, Gigerenzer G (2003) Bounded rationality to the world. J Eco Psychol 24:143–165
Tuffs A (2009) Mehr Angst vor der OP, unzufriedener mit der Visite, Dtsch Arztebl 106:1–2, A-34
Tversky A, Kahneman D (1981) The framing of decisions and the psychology of choice. Science 211:453–489
Tversky A, Kahneman D (1974) Judgment under uncertainty. Heuristics and Biases. Science 85:1124–1131
Ulbig E (2010) Erste Ergebnisse aus dem Projekt „Zielgruppengerechte“ Risikokommunikation zum Thema Nahrungsergänzungsmittel, 12.3.3010, Zweites BfR-Symposium Risikokommunikation, Berlin
van Lente H, Spitters C, Peine A (2011) Comparing technological hype cycles: towards a theory, ISU Working Paper 11.03, Innovation Studies Utrecht (ISU), Utrecht University, Copernicus Institute of Sustainable Development
Viscusi W (13 July 1995) Risk, regulation and responsibility: principle for Australian risk policy. Risk. Regulation and responsibility promoting reason in work-place and product safety regulation. Proceedings of a conference held by the Institute of Public Affairs and the Centre for Applied Economics, Sydney. http://www.ipa.org.au/Conferences/viscusi.html
Von Förster H, Pörksen B (1999) Die Wahrheit ist die Erfindung eines Lügners. Heidelberg
von Neumann J (1991) Die Rechenmaschine und das Gehirn, 6., unveränderte Aufl.. Oldenbourg, München
Vrijling JK, van Gelder PHAJM, Goossens LHJ, Voortman HG, Pandey MD (June 26–29 2001) A Framework for Risk criteria for critical Infrastructures: Fundamentals and Case Studies in the Netherlands, Proceedings of the 5th Conference on Technology, Policy and Innovation, „Critical Infrastructures“, Delft, The Netherlands, Uitgeverrij Lemma BV
Wahle P, Patz S, Grabert J, Wirth MJ (2005) In dreißig Tagen für das ganze Leben lernen. Rubin 2/2005, Ruhr-Universität Bochum, S 49–55
Watzlawik P (Hrsg) (1985) Die erfundene Wirklichkeit – wie wir wissen, was wir zu wissen glauben? Piper GmbH & Co. KG, München
WBGU (1998) Wissenschaftlicher Beirat der Bundesregierung Globale Umweltveränderungen. Jahresgutachten, (1999) Welt im Wandel – Strategien zur Bewältigung globaler Umweltrisiken. Springer, Heidelberg
WBGU (1999) Wissenschaftlicher Beirat der Bundesregierung Globale Umweltveränderungen. Welt im Wandel – Umwelt und Ethik. Sondergutachten, Metropolis, Marburg
Weinstein ND, Sandman PM, Robert NE (1989) Communicating effectively about risk magnitudes. Washington, DC. United States Environmental Protection Agency, Office of Policy, Planning and Evaluation (EPA 230/08-89-064
Welter F (2004) Vertrauen und Unternehmertum im Ost-West-Vergleich. In: Ver-trauen und Marktwirtschaft – Die Bedeutung von Vertrauen beim Aufbau marktwirtschaftlicher Strukturen in Osteuropa. Jörg Maier (Hrsg) Forschungsverband Ost- und Südosteuropa (forost) Arbeitspapier Nr. 22, Mai 2004, München, S 7–18
Wettig J (8. September 2006) Kindheit bestimmt das Leben. Deutsches Ärzteblatt, Jahrgang 103(36):B1992–B1994
Wiedemann P (2013) Warum es nicht nur auf Risiko-Zahlen ankommt, Deutsches Hygienemuseum Dresden
Wiedemann P (2014) Risikofallen – ein Diskussionbeitrag, Kompakt, Newsletter der EUGT, Ausgabe 5, EUGT – Europäische Forschungsvereifiung für Umwelt und Gesundheit im Transportsektor E.V.
Wiedemann PM (Februar 1999) Risikokommunikation: Ansätze, Probleme und Verbesserungsmöglichkeiten. Arbeiten zur Risikokommunikation, Heft 70 Jülich
Wiedemann PM, Clauberg, Schütz H (2003) Understanding amplification of complex risks issues: The risk story model applied to the EMF case in: N. Pidgeon et al. The social amplification of risk
Wiedemann PM, Schütz H, Börner F, Walter G, Claus F, Sucher K (2009) Ansatzpunkte für die Verbesserung der Risiko-

kommunikation im Bereich UV, Abschlussbericht, iku GmbH Dortmund, Forschungszentrum Jülich GmbH, 2008, Bundesamt für Strahlenschutz, Salzgitter

Wiig S, Lindoe PH (2007) Patient safety in the interface between hospitals and risk regulators. ESRA 2007:219–226

Wiltshire A, Amlang S (2006) Early warning – from concept to action. The conclusion of the Third International Conference on Early Warning. 27–29 March 2006, Secretariat of the international Strategy for Disaster Reduction. German Committee for Disaster Reduction. Bonn

Wojtecki JG, Peters RG (2000) Communication organizational change: Information technology meet the carbon-based employee unit. The 2000 Annual, Bd 2, Consulting. Jossey-Bass/Pfeiffer, San Francisco

Zwick MM, Renn O (2002) Wahrnehmung und Bewertung von Risiken: Ergebnisse des Risikosurvey Baden-Württemberg 2001. Nr. 202, Mai 2002, Arbeitsbericht der Akademie für Technikfolgenabschätzung und der Universität Stuttgart, Lehrstuhl für Technik- und Umweltsoziologie

Lebensqualität

5

5.1 Einleitung

Wenn in der Tat, wie im letzten Kapitel diskutiert, hauptsächlich Risiken und Nutzen verglichen werden, anstatt nur Risiken zu vergleichen, wird deutlich, dass Risikoüberlegungen allein als Entscheidungsgrundlage nicht ausreichend sind. Deshalb sollte und muss die reine Risikoabschätzung mit etwas ausgetauscht werden, was sowohl Risiken kennt, aber auch Nutzen, Vorteile und weitere subjektive Faktoren berücksichtigen kann. Nur dann wird man Entscheidungen treffen können, die für den Einzelnen und die Bevölkerung nachvollziehbar und akzeptabel sind.

Da Lebensqualität in ihrer einfachsten Form als Zugang zu Vorteilen beschrieben wird (Korsgaard 1993), ist es nicht überraschend, dass einer der großen Fortschritte der letzten Jahrzehnte in verschiedenen Wissenschaftsbereichen die Entwicklung und Anwendung von Lebensqualitätsparametern als Hilfsmittel für Entscheidungen war. Einerseits kann die parallele Entwicklung dieser Parameter in verschiedenen Wissenschaftsbereichen als eine Bestätigung der Schlussfolgerungen angesehen werden. Auf der anderen Seite hat diese parallele Entwicklung jedoch zu unterschiedlichen Begriffen und Auffassungen über Lebensqualität geführt, die hauptsächlich durch die unterschiedlichen „Systeme" in den verschiedenen Wissenschaftsbereichen verursacht wurden. Daher soll zunächst diskutiert werden, was den Begriff bzw. das Konstrukt „Lebensqualität" eigentlich ausmacht.

5.2 Begriff

Wie bereits angedeutet, existieren verschiedene Motivationen und Anreize als antreibende Kraft für das Handeln von Menschen, wie z. B. die Erlangung möglicher Vorteile und die Vermeidung möglicher Risiken. Diese Motivationen muss man identifizieren, um die Handlungen, das Verhalten und die Reaktionen von Menschen zu verstehen. Verschiedene Motivationen und Stimuli, die die Risikobeurteilung betreffen, wurden im vorhergehenden Kapitel diskutiert.

Häufig wird „Glück" als globales Lebensziel menschlichen Handelns betrachtet. Die Definition von Glück zeigt jedoch die gleichen Probleme, wie sie bei den Begriffen Sicherheit und Risiko sichtbar und wie sie im ersten Kapitel besprochen wurden. Schon Aristoteles erklärte (Joyce 1991; Hanikel 2012): *„Was aber die Glückseligkeit sein soll, darüber entzweit man sich, und die Menge erklärt sie ganz anders als die Weisen. Die einen erklären sie für etwas Greifbares und Sichtbares wie Lust, Reichtum und Ehre, andere für etwas anderes, mitunter auch dieselben Leute bald für dies bald für das […] und oft ändert ein und dieselbe Person tatsächlich ihre Meinung. Wenn er krank wird, sagt er, das Glück sei seine Gesundheit, und wenn er in Not ist, sagt er, es sei Geld."* Dies ist natürlich nur ein Beispiel aus einer menschlichen Epoche (Thomä et al. 2011), aber sie verdeutlicht die Schwierigkeit.

Wie weiter unten in diesem Kapitel noch gezeigt wird, lässt sich das Handlungs- und Lebensziel „Glück" durch das Handlungs- und Lebensziel „Lebensqualität" ersetzen. Dieser Austausch sei deshalb hier durchgeführt. Bereits der römische Schriftsteller, Philosoph und Politiker Seneca verwendete den Begriff *„Lebensqualität"* in seinem Buch *„Qualitas Vitae"* (Schwarz et al. 1991). In der Antike wurde jedoch hauptsächlich der Begriff *„Annehmlichkeiten des Lebens"* verwendet (Amery 1975). Es ist nicht bekannt, ob die Anwendung des Begriffs *„Lebensqualität"* im Mittelalter nicht von Interesse oder einfach nicht dokumentiert war. Eine genaue Diskussion der Bedeutung des Begriffs *„Glück"* im Mittelalter findet sich bei Thomä et al. (2011). Vor allem verschiedene Religionen wie Katholizismus, Judentum und Buddhismus versuchten nach ihrer Einführung, sich mit dem Thema Glück auseinanderzusetzen (Pasadika 2002; Barilan 2002).

Erst im 19. Jahrhundert begannen Philosophen wie Arthur Schopenhauer, Begriffe wie *„Lebenszufriedenheit"*

D. Proske, *Katalog der Risiken*, https://doi.org/10.1007/978-3-658-37083-1_5

zu definieren, die bis zu einem gewissen Grad mit Lebensqualität vergleichbar sind: *„Lebenszufriedenheit ist das Verhältnis zwischen Ansprüchen und Fähigkeiten“* (Schwarz et al. 1991). Die Verwendung von Begriffen wie *„Zufriedenheit“* weist bereits auf die Anwendung des subjektiven Urteils im Bewertungsprozess hin. Dass ein solcher Prozess auch einige kognitive Fehler enthalten kann, zeigt Tab. 5.1, wo dieselben objektiven Bedingungen subjektiv unterschiedlich interpretiert werden können.

Neuere Untersuchungen zeigen, dass der Begriff der Lebensqualität nicht, wie lange angenommen, 1920 vom Ökonomen A.C. Pigou in die wissenschaftliche Diskussion eingeführt (Pigou 1920; Noll 1999) wurde, sondern bereits 1911 im Rahmen von Eugenik-Debatten (Kovács 2016). Vor allem nach dem Zweiten Weltkrieg mit der Neudefinition des Gesundheitsbegriffs durch die WHO (1948) und mit den immer sichtbarer werdenden Grenzen des Wachstums und Besitzes materieller Güter wurden andere Maßstäbe für die Zufriedenheit innerhalb der Gesellschaft, für die Leistungsfähigkeit von Gesellschaften und für das Risiko und die Sicherheitsbewertung erforderlich. Dieses Maß wurde zunehmend die Lebensqualität. Tab. 5.2 ist eine Sammlung einiger Definitionen von Lebensqualität und gibt einen recht guten Eindruck über die Vielfalt, aber auch über einige Kerninhalte des Konstrukts. Die Definitionen sind chronologisch geordnet, beginnend mit der frühesten Definition.

Die Beispiele in Tab. 5.2 zeigen die Unschärfe der Definition des Begriffs. Um den Begriff aber als Entscheidungsgrundlage verwenden zu können, darf er nicht nur qualitativ, sondern muss auch quantitativ definierbar sein. Hier werden die Schwierigkeiten bei der Identifikation der wichtigsten Eigenschaften, und damit verbunden, der Wahl der Eingangsgrößen für den Parameter Lebensqualität deutlich sichtbar. Abb. 5.1 unterteilt die möglichen Eingangsgrößen in drei Dimensionen: Zeit, Sozialraum und Erfahrungsraum. Ein weiterer Ansatz ist in Tab. 5.3 dargestellt. Hier werden die möglichen Eingangsgrößen in objektive, subjektive und soziale Variablen unterschieden, siehe auch Angur et al. (2004).

Offensichtlich stellen die subjektiven Variablen einen individuelleren Ansatz dar, im Gegensatz zu den gesellschaftlichen Variablen, die häufig in der Politik für die Entscheidungsfindung auf nationaler Ebene genutzt werden. Dennoch müssen subjektive Maße einbezogen werden, wie bereits im Kapitel „Subjektive Risikobeurteilung“ gezeigt wurde, denn auch die Entscheidungsfindung von Politikern wird stark von der gesellschaftlichen Wahrnehmung beeinflusst (Veenhoven 2001; Noll 2004; Layard 2005). Dies ist nicht nur im Bereich der Wohlfahrtsforschung sichtbar, sondern auch in der Medizin, wo sich gezeigt hat, dass Ärzte die Lebensqualität der Patienten auf der Grundlage einiger numerischer Daten über den Gesundheitszustand nicht gut einschätzen können. Dies gilt insbesondere für alte und schwerkranke Menschen (Mueller 2002). Der Wunsch alter oder schwerkranker Patienten, auch mit geringer "Lebensqualität“ zu überleben, wird systemthematisch unterschätzt (Mueller 2002; Rose et al. 2000). Selbst Menschen mit tödlichen Erkrankungen und chronischen Behinderungen werten unter bestimmten Bedingungen ihre Lebensqualität als gut (Koch 2000a, b).

An diesem Punkt werden wiederum die Grenzen der numerisch basierten Lebensqualitätsparameter sichtbar. Insbesondere lassen objektive Maße Veränderungen der persönlichen Werte unberücksichtigt. Solche Veränderungen müssen gar nicht objektiv vorhanden sein. Es kann sich z. B. um eine Anpassung der eigenen Wünsche oder Ansprüche handeln (Reframing). Der Begriff Reframing beschreibt die positive Anpassung von Individuen oder Gesellschaften an ungünstigere Bedingungen. So zeigen Umfragen mit querschnittsgelähmten Verletzten und Menschen mit einem Lottogewinn ein Jahr nach dem Ereignis im Durchschnitt das gleiche Niveau an Lebenszufriedenheit (Brickmann et al. 1978).

Eine Theorie über Bedürfnisse, Zufriedenheit und damit indirekt über Lebensqualität wurde von Maslow (1970) vorgestellt. In dieser Theorie werden Bedürfnisklassen eingeführt (Abb. 5.2). Die Klassifikation beginnt mit den Grundbedürfnissen des Menschen wie Versorgung mit Luft, Nahrung oder Trinkwasser. Diese Bedürfnisse sind für das Überleben des Menschen unerlässlich, sie sind aber umgangssprachlich nicht zwingend mit dem Begriff der Lebensqualität verbunden. Dazu müssen weitere Bedürfnisklassen erfüllt werden, wie z. B. Sicherheit, Zugehörigkeit, Selbstverwirklichung. Diese Theorie passt sehr gut zu einigen anderen Gesellschaftstheorien, die Freiheit, Sicherheit, Gerechtigkeit und Vertrauen als wesentliche Bestandteile der Lebensqualität betrachten (Bulmahn 1999; Knack und Zack 2001). Diese Theorie passt auch hervorragend in das Konzept, das auf der Erfüllung der drei Schwerpunkte Sein, Lieben und Haben beruht (Allardt 1975). In diese Dreiergruppe könnte man die Theorie der Salutogenese von Antonovsky (1997) einordnen, die ein gutes Leben bei mindestens einer Teilverständlichkeit der Welt und des Lebens, einer Teilselbstwirksamkeit auf das Leben und der Existenz

Tab. 5.1 Wohlfahrtspositionen nach Zapf (1984)

	Subjektives Wohlbefinden	
Objektive Lebensbedingungen	Gut	Schlecht
Gut	Well-Being	Dissonanz
Schlecht	Adaption	Deprivation

Tab. 5.2 Verschiedene Beispiele der Definition von Lebensqualität nach Noll (1999), Frei (2003), Joyce (1991)

Author	Definition
Erikson und Feichtner (1974)	"Individual command over, under given determinants mobilizable resources, with whose help she/he can control and consciously direct his/her living conditions."
Steffen 1974 (Amery 1975)	„Lebensqualität heißt: Bewusste Gestaltung der Entwicklung von Wirtschaft und Gesellschaft nach den Interessen der Mehrheit, unter inhaltlicher Bestimmung und Kontrolle der Durchführung durch die Mehrheit, unter Sicherung der Freiheitsräume für alle und des Schutzes der Minderheiten durch Recht und Gesetz."
Schweizer Vereinigung für Zukunftsforschung (Holzhey 1976)	"… der Wert, in dem die Bedürfnisse zum Überleben, zur Entwicklung und das Wohlbefinden für jeden Menschen entsprechend ihrer Bedeutung erfüllt werden."
Zapf 1976 (Noll 1999)	„Ein neues soziales Gleichgewicht durch Verbesserung der öffentlichen Dienste, mehr Partizipation des einzelnen in den staatlichen und privaten Bürokratien, mehr Solidarität mit den unorganisierten Gruppen, Humanisierung der Arbeit bei gesicherten Arbeitsplätzen, die humane Schule bei erweiterten Bildungschance, gerechtere Einkommens- und Vermögensverteilung bei stetigem Wachstum, Prävention statt verspäteter Reparatur, vorausschauende Planung statt kurzsichtiger Verwendung – dies sind einige nähere Bestimmungen für eine moderne Wohlfahrtspolitik, deren Ziele man … mit der Formel Lebensqualität zusammenfassen kann."
Campbell, Convers, Rodgers 1976 (Noll 1999)	"Quality of life typically involves a sense of achievement in one's work, an appreciation of beauty in nature and the arts, a feeling of identification with one's community, a sense of fulfilment of one's potential."
Milbrath 1978 (Noll 1999)	"I have come to the conclusion that the only defensible definition of quality of life is a general feeling of happiness."
Kirshner & Guyatt 1985 (Joyce 1991)	"The way a person feels and how he or she functions in daily activities."
Bombardier 1986	"Recent concern about cost-effectiveness of alternative treatments has reinforced the need for a comprehensive assessment of the patients' overall health, frequently referred to as quality of life."
Walker & Rosser 1988 (Joyce 1991)	"A concept encompassing a broad range of physical and psychological characteristics and limitations which describe an individual's ability to function and to derive satisfaction from doing so."
Patrick & Erickson 1988 (Joyce 1991)	"It can be defined as the value assigned to the duration of life as modified by the social opportunities, perceptions, functional states, and impairments that are influenced by disease, injuries, treatment or policy."
Küchler und Schreiber 1989	"Lebensqualität ist ein philosophischer, politischer, wirtschaftlicher, sozialwissenschaftlicher und medizinischer Begriff."
UNO 1990	"The sum of all possibilities to which are provided to a human over his/her lifetime."
Bullinger (1991)	„Gesundheitsbezogene Lebensqualität ist ein multidimensionales Konstrukt, das sich auf 5 Dimensionen von Wohlbefinden und Funktionsfähigkeit aus der Sicht von Patienten und/oder Beobachtern bezieht."
Hasford 1991 (Frei 2003)	„Die Funktionsfähigkeit, die krankheits- und behandlungsbedingten Symptome, das psychische Befinden sowie das Maß der sozialen Beziehungen sind wesentliche Determinanten und zum Teil zugleich Bestandteile der Lebensqualität."
Glatzer 1992 (Noll 1999)	„Lebensqualität ist die Zielformel der postindustriellen Überflussgesellschaft, die an die Grenzen des Wachstums geraten ist und ihre ökologische Existenzgrundlage bedroht sieht."
WHOQOL Group, 1994 (Frei 2003)	"Lebensqualität ist die Wahrnehmung von Individuen bzgl. ihrer Position im Leben im Kontext der Kultur und der Wertsysteme, in denen sie leben und in Bezug auf ihre Ziele, Erwartungen, Standards und Interessen."
Bullinger 1996 (Frei 2003)	„Unter gesundheitsbezogener Lebensqualität ist ein psychologisches Konstrukt zu verstehen, das die körperlichen, psychischen, mentalen, sozialen und funktionalen Aspekte des Befindens und der Funktionsfähigkeit der Patienten aus ihrer Sicht beschreibt."
Steinmeyer 1996 (Frei 2003)	"Eine hohe Lebensqualität besteht in der Erfüllung einer intern empfundenen oder extern festgelegten Norm für das innere Erleben, das beobachtbare Verhalten und die Umweltbedingungen in körperlichen, psychischen, sozialen und alltäglichen Lebensbereichen."
Lane 1996 (Noll 1999)	"Quality of life … defined as subjective well-being and personal growth in a healthy and prosperous environment."
Lane 1996	"Quality of life is properly defined by the relation between two subjective or person-based elements and a set of objective circumstances. The subjective elements of a high quality of life comprise: (1) a sense of well-being and (2) personal developments, learning growth … The objective element is conceived as quality of conditions representing opportunities for exploitation by the person living a life."

(Fortsetzung)

Tab. 5.2 (Fortsetzung)

Author	Definition
Lehmann 1996	"…patients' perspectives on what they have, how they are doing, and how they feel about their life circumstances. At a minimum, quality of life covers persons' sense of well-being; often it also includes how they are doing (functional status), and what they have (access to resources and opportunities)"
Lexikon für Soziologie 1997 (Noll 1999)	„Lebensqualität ist das Synonym für den Gebrauch all jener Errungenschaften, die uns eine funktionierende Wirtschaft bereithält für ein menschenwürdiges Leben in der Industriegesellschaft. Dazu gehören neben der materiellen Versorgung der Bevölkerung mit Gütern und Dienstleistungen ebenfalls mehr Gleichheit und Gerechtigkeit, Chancengleichheit in Ausbildung und Beruf, eine gerechte Einkommensverteilung, die Humanisierung der Arbeitswelt u. a. m."
Noll 1997 (Noll 1999)	„Lebensqualität schließt alle wichtigen Lebensbereiche ein und umfasst nicht nur das materielle und individuelle Wohlergehen, sondern auch immaterielle und kollektive Werte, wie Freiheit, Gerechtigkeit, die Sicherung der natürlichen Lebensgrundlagen und die Verantwortung gegenüber zukünftigen Generationen."
Orley et al. 1998	"…in that the latter concerns itself primarily with affective states, positive and negative. A quality-of-life scale is a much broader assessment and although affect-laden, it represents a subjective evaluation of oneself and of one's social and material world. The facets (of quality of life) are largely explored, either implicitly or explicitly, by determining the extent to which the subject is satisfied with them or is bothered by problems in those areas. … quality of life is thus an internal experience. It is influenced by what is happening 'out there', but it is colored by the subjects' earlier experiences, their mental state, their personality and their expectations."
Welfare Research (Noll 1999)	"Measure of the congruence between the conditions of a certain objective life standard and the subjective evaluation of the thereby marked group of population."
Joyce 2001	"Individual Quality of Life is what patients say it is."
Frei 2003	„Zusammenfassend kann festgehalten werden, dass Lebensqualität das Ergebnis eines individuellen, multidimensionalen Bewertungsprozesses der Interaktion zwischen Person und Umwelt ist. Als Bewertungskriterien können sowohl soziale Normen als auch individuelle Wertvorstellungen und affektive Faktoren herangezogen werden."
Bullinger (2016)	„Der Begriff Lebensqualität bezeichnet den von den Patienten erlebten Gesundheitszustand in körperlicher, psychischer, sozialer, mentaler und funktionaler Hinsicht."

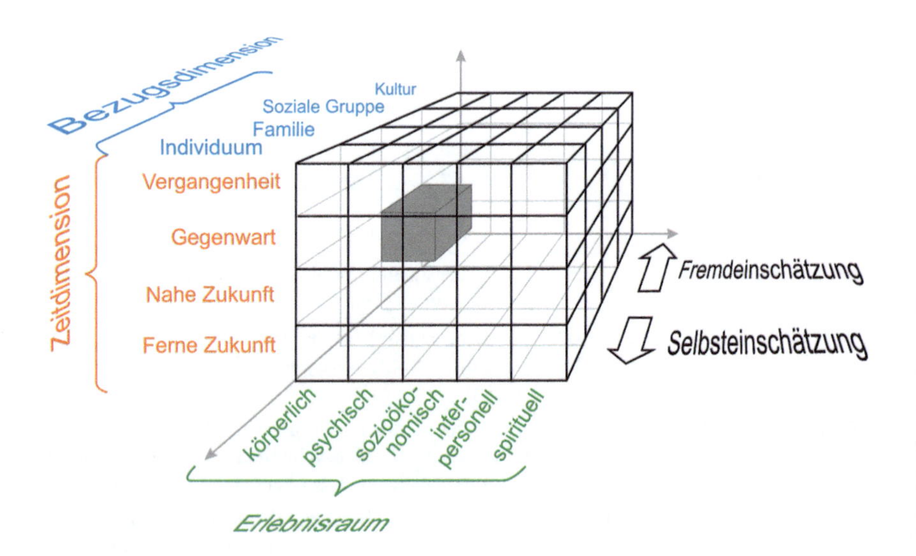

Abb. 5.1 Dimensionen der Lebensqualität nach Küchler und Schreiber (1989)

eines Lebenszieles postuliert. Ein weiteres Konzept ist in Abb. 5.3 dargestellt, das sich eher mit sozialen Einflüssen auf die Lebensqualität befasst (Noll 1999).

Es gibt viele weitere Theorien über die menschlichen Bedürfnisse, wie z. B. von Thomas, Krech & Chrutchfield, Etzioni oder Alderfer (entnommen aus Kern 1981), auf die hier nicht näher eingegangen werden soll.

Die Abb. 5.1 bis 5.3 und die Tab. 5.2 und 5.3 zeigen, dass eine klar umrissene Definition mit festen Parametern heute noch nicht vorliegt und damit auch noch kein end-

Tab. 5.3 Dimensionen der Lebensqualität nach Delhey et al. (2002)

Objektive Lebensbedingungen	Subjektive Well-Being	Wahrgenommene Qualität der Gesellschaft
Unterkunft und Wohnung	Zufriedenheit bei bestimmten Lebensbereichen	Soziale Konflikte
Haushalt	Generelle Lebenszufriedenheit	Vertrauen in andere Menschen
Soziale Beziehungen	Glück	Niveau öffentlicher Güter, wie Sicherheit, Freiheit, Justiz etc.
Teilnahme am sozialen Leben	Ängste und Sorgen	Vergleich der eigenen Lebensbedingungen mit dem Niveau in anderen Europäischen Ländern
Lebensstandard	Subjektive Klassenzugehörigkeit	Voraussetzungen für soziale Integration
Einkommen	Bedeutung verschiedene Lebensbereiche	
Gesundheit	Optimismus bzw. Pessimismus über zukünftige Entwicklungen	
Ausbildung und Arbeit	Einschätzung der persönlichen Lebensbedingungen	

Abb. 5.2 Menschliche Bedürfnispyramide nach Maslow (1970)

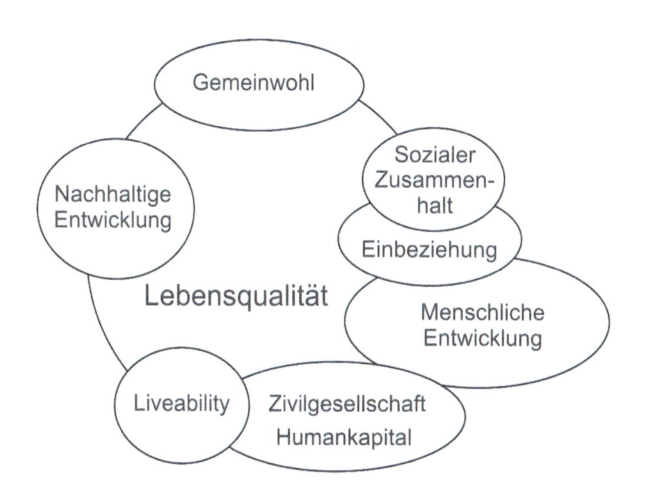

Abb. 5.3 Konzept der Lebensqualität nach Noll (1999)

gültiges und klares Verständnis des Begriffs möglich ist (Noll 2004). In Anbetracht der Diskussion der lexikalischen Unsicherheiten in Kap. 1 ist es zweifelhaft, ob eine endgültige Definition jemals entwickelt werden kann.

Die Begriffe Sicherheit, Risiko und Lebensqualität sind komplexe Konstruktionen realer Umstände, die eine einfache und vollumfängliche Erklärung nicht oder nur sehr schwer möglich machen. Solche Phänomene sind auch aus anderen Bereichen, wie z. B. der Physik bekannt. Dort kennt man den Dualismus des Lichtes, welches sowohl als Welle als auch als Teilchen beschrieben wird und daher immer nur Teilaspekte abbilden.

5.3 Grundlegende Begriffsanforderungen

Auch wenn das Konzept, wie eben ausgeführt wurde, nicht perfekt, umfassend und abgeschlossen ist, so mag es doch in verschiedenen Situationen hilfreich sein, so wie das Modell des Lichtes als Welle und Teilchen. Gemäß Herschenbach und Henrich (1991) sind folgende Ankerpunkte bei der Entwicklung von Lebensqualitätsmaßen zu beachten:

- Subjektive versus objektive Daten,
- Selbsteinschätzung versus externe Bewertung,

- Eindimensionale oder mehrdimensionale Beschreibung,
- Wichtungsfunktionen,
- Formulierung von Objekten, wenn Objekte Bestandteil der Definition sind,
- Spezifisch oder allgemein und
- Dauer der Bewertung bzw. Erfassung der Daten.

Während Hagerty et al. (2001) eine erweiterte Liste von Anforderungen an Parameter der sozialen Lebensqualität veröffentlicht haben, werden hier nur einige grundlegende Anforderungen aufgelistet. Nach Prescott-Allen (2001) und Herschenbach und Henrich (1991) sollten Lebensqualitätsparameter die folgenden Eigenschaften erfüllen. Sie sollten (siehe auch Abschn. 1.3.3.)

- repräsentativ,
- zuverlässig und
- bestimmbar sein.

Ein Maß ist dann repräsentativ, wenn es die wichtigsten Aspekte berücksichtigt und in der Lage ist, räumliche und zeitliche Unterschiede sowie Entwicklungen zu erkennen. Ein Maß ist zuverlässig, wenn es die Objektivität widerspiegelt, eine solide Grundlage hat, ausreichend genau ist und die Eingabedaten mit standardisierten Verfahren messbar sind. Die Bestimmbarkeit schließt die Verfügbarkeit von Daten ein. Es macht keinen Sinn, Parameter mit unbestimmbaren Beträgen einzuführen. Die Anforderungen an die Entwicklung solcher Parameter wurde bereits im Kap. 1 bei den Anforderungen an mathematische Modelle diskutiert.

Aufgrund des unterschiedlichen Verständnisses und der unterschiedlichen Parameter in den verschiedenen Fachgebieten wurde eine große Vielfalt an Lebensqualitätsparametern entwickelt. Einige werden in den nächsten Abschnitten basierend auf ihrem Fachgebiet diskutiert und vorgestellt.

5.4 Medizinische Lebensqualitätsparameter

5.4.1 Einleitung

1946 veröffentlichte die WHO eine neue Definition des Begriffs Gesundheit: „*Gesundheit ist ein Zustand des vollständigen körperlichen, geistigen und sozialen* Wohlbefindens. *Der Begriff umfasst mehr als das Fehlen von Krankheit oder Gebrechen*“. Diese Definition erweiterte das bisherige Aufgabenfeld der Ärzte.

1948 wurde der Karnofsky-Index als ein erstes Instrument zur Berücksichtigung einer solchen Definition eingeführt (Karnofsky et al. 1948). Er klassifizierte Patienten auf der Grundlage ihrer funktionellen Beeinträchtigung mithilfe eines Drei-Stufen-Modells. Tab. 5.4 zeigt das Klassifikationssystem. Allerdings erwähnte der Karnofsky-Index nicht explizit den Begriff der Lebensqualität, sondern sprach stattdessen von „*useful life*“. (Basu 2004).

Sir Robert Platt führte in seiner Linacre-Vorlesung 1960 aus: „*[…] Wie oft unterlassen wir Ärzte es in der Tat, uns nach den Tatsachen von Glück und Unglück im Leben unserer Patienten zu erkundigen*“. Der Begriff Lebensqualität wurde jedoch noch nicht verwendet. In einem Leitartikel, der in den Annales of Internal Medicine veröffentlicht wurde, wurde der Begriff wahrscheinlich zum ersten Mal im medizinischen Bereich verwendet: „*Das ist nichts weniger als eine humanistische Biologie, die sich nicht nur mit materiellen Mechanismen befasst, sondern mit der Ganzheit*

Tab. 5.4 Karnofsky-Index nach Karnofsky et al. (1948)

Bereich	Index	Beschreibung
Fähigkeit zum normalen Leben und Arbeit, keine besondere Versorgung notwendig	100	Keine Beschwerden, keine Anzeichen von Krankheit
	90	Normale Aktivitäten möglich, geringe Symptome
	80	Normale Aktivitäten mit Mühe; Deutliche Symptome
Arbeitsunfähigkeit; in der Lage, sich um die meisten persönlichen Bedürfnisse zu kümmern; unterschiedlicher Umfang der Unterstützung und Hilfe	70	Selbstversorgung, aber normale Aktivität bzw. Arbeit nicht möglich
	60	Gelegentliche Unterstützung notwendig, Selbstständigkeit bei der Erfüllung der meisten persönlichen Bedürfnisse
	50	Unterstützung notwendig und medizinische Versorgung wird regelmäßig in Anspruch genommen
Keine Selbstversorgung möglich; benötigt Heim- oder Krankenhausbehandlung, die Krankheit kann rasch fortschreiten	40	Behindert: Qualifizierte Hilfe notwendig
	30	Schwer behindert: Hospitalisation erforderlich
	20	Schwerkrank: intensive medizinische Maßnahmen notwendig
	10	Moribund, unaufhaltsamer körperlicher Verfall
	0	Tod

des menschlichen Lebens, mit der geistigen Lebensqualität, die dem Menschen eigen ist.". Dieser Satz wurde wahrscheinlich teilweise einem Zitat von Francis Bacon (1561–1625) entlehnt, der die Aufgabe der Medizin beschrieb als *„die merkwürdige Harfe des menschlichen Körpers zu stimmen und zur Harmonie zu bringen"*, wobei dieser Leitartikel die Lebensqualität als *„die Harmonie innerhalb eines Menschen und zwischen einem Menschen und seiner Welt"* definierte. (Basu 2004).

Seitdem haben Lebensqualitätsparameter, man spricht häufig auch von Lebensqualitätsmessinstrumenten, in der Medizin eine inflationäre Anwendung erfahren. Während in den Jahren 1966–1974 nur 40 Arbeiten unter dem Begriff Lebensqualität veröffentlicht wurden, waren es von 1986 bis 1994 über 10.000 Arbeiten (Wood-Dauphinee 1999). Etwa 61.000 Referenzen werden für den Zeitraum von 1960 bis 2004 im Medline-Suchsystem genannt. Nach verschiedenen Publikationen liegt die aktuelle Zahl der entwickelten und angewandten gesundheitsbezogenen Lebensqualitätsparameter zwischen 159 (Gill und Feinstein 1994), 300 (Spilker et al. 1990), 800 (Bullinger 1997; Ahrens und Leininger 2003; Frei 2003, Büchi & Scheuer 2004) oder möglicherweise bei über 1000 (Porzsolt und Rist 1997) und 1500 (Kaspar 2004).

Den prinzipiellen Aufbau solcher Lebensqualitätsmessinstrumente in Form von Fragebögen zeigt Abb. 5.4. Klar erkennbar ist der übliche hierarchische Aufbau, also von einzelnen Fragen zu Gruppen mit Skalen und daraus wiederum Indexe.

Die Menge der gesundheitsbezogenen Lebensqualitätsparameter lässt sich für eine bessere Übersichtlichkeit in Gruppen unterteilen. Eine mögliche Unterteilung ist die Trennung in krankheitsübergreifende und krankheitsspezifische Lebensqualitätsparameter (Tab. 5.5). So ist z. B. der SF-36, der später erläutert wird, ein Lebensqualitätsparameter, der für verschiedene Krankheiten angewendet werden kann. Um die Verallgemeinerungen derartiger krankheitsübergreifender Maße zu umgehen, wurden immer mehr spezifische Lebensqualitätsmaße entwickelt. Die Zunahme der Differenzierung solcher Parameter ist in Abb. 5.5 dargestellt. Tab. 5.6 listet verschiedene Lebensqualitätsparameter für psychische Erkrankungen

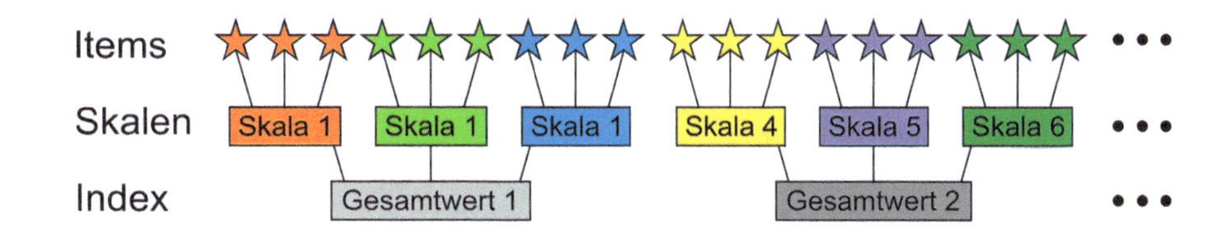

Abb. 5.4 Systematischer Aufbau eines Lebensqualitätsfragebogens (Bullinger 2013)

Tab. 5.5 Beispiele für krankheitsübergreifende und krankheitsspezifische Lebensqualitätsparameter (Lebensqualitätsfragebögen aus dem englischen Sprachraum wurden in ihrer Originalbezeichnung belassen)

Krankheitsübergreifende Lebensqualitätsparameter	Krankheitsspezifische Lebensqualitätsparameter
Nottingham Health Profile	Quality of Life Index – Cardia Version III (QLI)
Sickness Impact Profile	Seattle Angina Questionnaire (SAQ)
SF-36 (SF-12)	Angina Pectoris Quality of Life Questionnaire
WHOQoL	Minnesota Living with Heart Failure Questionnaire
EuroQol	Asthma Quality of Life Questionnaire (AQLQ)
McMaster Health Index	Fragebogen zur Lebensqualität bei Asthma (FLA)
Questionnaire	Fragebogen für Asthmapatienten (FAP)
MIMIC-Index	Asthma Questionnaire (AQ20/AQ30)
Visick-Skala	Osteoporosis Quality of Life Questionnaire
Karnofsky-Index	Quality of Life Questionnaire for Osteoporosis (OPTQol)
Activities-of-Daily-Living Index	Osteoporosis Assessment Questionnaire (OPAQ)
Health-Status-Index	QOL Questionnaire of the European Foundation for Osteoporosis (QualEFFO)
Index-of-Well-being	Juvenile Arthritis QOL-Questionnaire (JAQQ)
Rosser-Matrix	Schmerzempfindlichkeitsskala (SES)
Rosser & Kind Index	Pain Disability Index (PDI)
Quality of Well Being Scale	

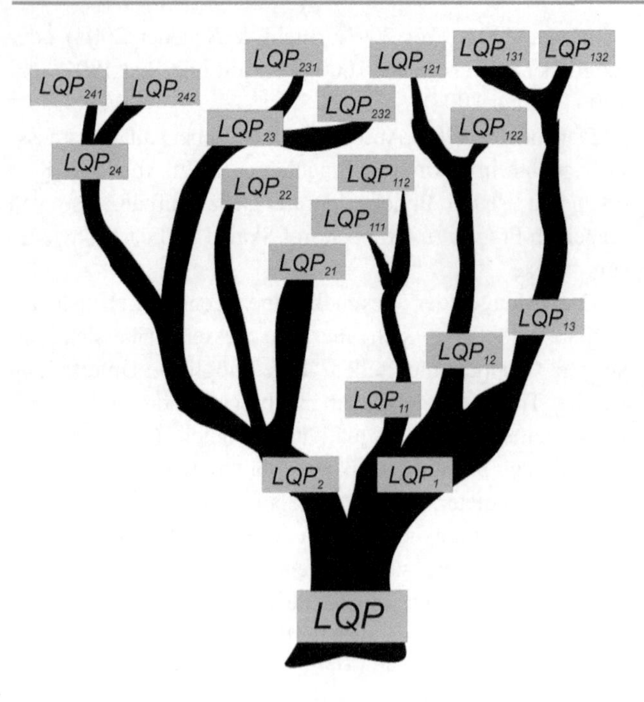

Abb. 5.5 Zunehmende Spezialisierung der Lebensqualitätsparameter

einschließlich der Anzahl der Items bzw. Eingangsparameter auf. Der Wert variiert zwischen 15 und mehr als 300. Lebensqualitätsmessungen in anderen Bereichen können ebenfalls bis zu 40 Eingangsparameter umfassen (Estes 2003a, b; Hudler und Richter 2002). Selbst wenn einige Kontrollfragen und damit Wiederholungen in solche Erhebungen vorhanden sind, werden die großen Unterschiede hinsichtlich der Anzahl Eingangsgrößen sichtbar. Und selbst wenn unterschiedliche Anwendungsfelder berücksichtigt werden (Schwarz et al. 1991), bleiben die beachtlichen Unterschiede in der Definition der Eingangsparameter bestehen.

Eine weitere mögliche Unterscheidung beim Entwurf und der Gestaltung von Lebensqualitätsparametern ist die Unterscheidung in Profil- und Indexparameter. Profilparameter umfassen verschiedene Eingangsgrößen oder Gruppen von Eingangsgrößen, die nicht weiter zusammengefasst werden, während Indexparameter alle Eingangsgrößen in einen Gesamtindikator überführen (siehe auch Abb. 5.4). Beispiele für solche Profilparameter aus dem Bereich der Medizin sind der SF-36, das Sickness Impact Profile (SIP) und das Nottingham Health Profile (NHP). Beispiele für Indexparameter sind der Karnofsky-Index, der EuroQol und die Wohlfühlqualitätsskala.

Abb. 5.6 visualisiert beispielhaft einen SF-36 Lebensqualitätsparameter. Die verschiedenen Dimensionen, die nicht weiter kombiniert werden, sind in den einzelnen Achsen des Diagramms sichtbar. Da die Visualisierung von hochdimensionalen Daten anspruchsvoll ist, gibt es viele verschiedene Techniken, solche gesundheitsbezogenen Lebensqualität-Parameterprofile darzustellen. Abb. 5.7 zeigt eine eher ungewöhnliche Visualisierung derselben Daten, wie in Abb. 5.6. Im Gegensatz zu Abb. 5.6 werden in Abb. 5.7 sogenannten Chernoff-Gesichter (Chernoff 1973) verwendet. Während in Abb. 5.6 die Werte der einzelnen Items auf den Achsen des Diagramms deutlich sichtbar sind, werden sie in Abb. 5.7 als geometrische Eigenschaften der Linien in Gesichtern dargestellt. Der Vorteil solcher Diagrammtypen ist die Darstellung hochdimensionaler Daten und die leichte Erkennbarkeit aufgrund der hohen mensch-

Tab. 5.6 Lebensqualitätsparameter für Psychiatrische Patienten nach Frei (2003) (Lebensqualitätsfragebögen aus dem englischen Sprachraum wurden in ihrer Originalbezeichnung belassen)

Lebensqualitätsparameter (Instrument)	Anzahl der Parameter
Social Interview Schedule (SIS)	48
Community Adjustment Form (CAF)	140
Satisfaction of Life Domain Scale (SLDS)	15
Oregon Quality of Life Questionnaire (OQoLQ)	246
Quality of Life Interview (QoLI)	143
Client Quality of Life Interview (CQLI)	65
California Well-Being Project Client Interview (CWBPCI)	304
Quality of Life Questionnaire (QoLQ)	63
Lancashire Quality of Life Profile (LQoLP)	100
Quality of Life Index for Mental Health (QLI-MH)	113
Berlin Quality of Life Profile (BeLP)	66
Quality of Life in Depression Scale (QLDS)	35
Smith-Kline Beecham Quality of Life Scale (SBQoL)	28
Quality of Life Enjoyment and Satisfaction Questionnaire (Q-LES-Q)	93

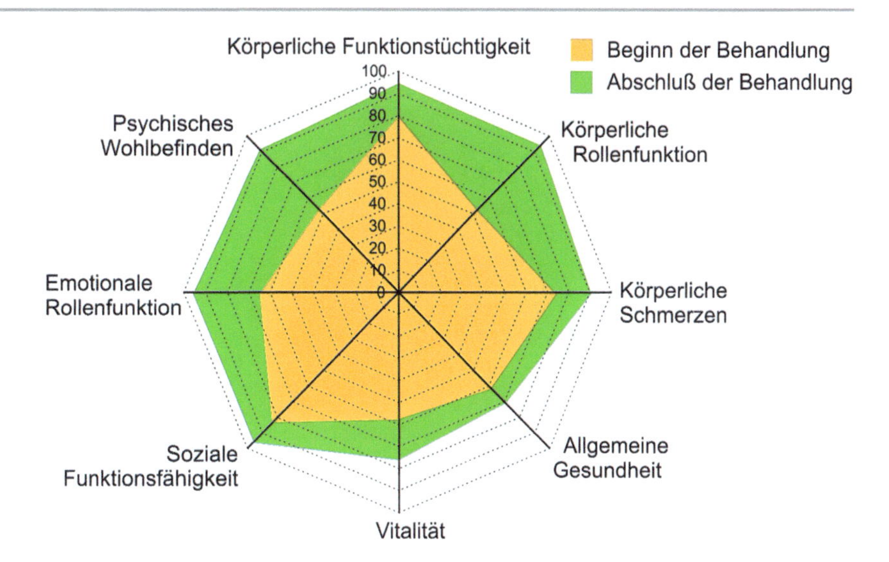

Abb. 5.6 Visualisierung eines SF-36 nach Köhler und Proske (2009)

Beginn der Behandlung

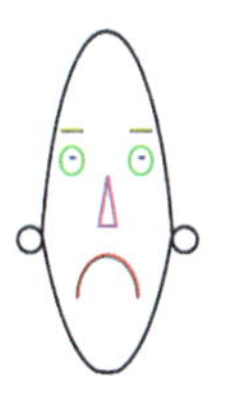

Ende der Behandlung

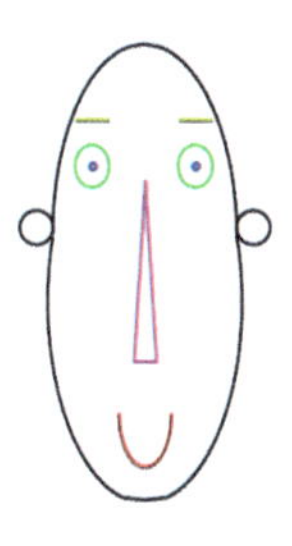

Abb. 5.7 Visualisierung eines SF-36 mittels Chernoff-Gesichter als Darstellungsform multidimensionaler Daten

lichen Sensitivität für menschliche Mimik. Der Nachteil ist das eher unwissenschaftliche Aussehen.

Eine Übersicht über die Unterteilung der medizinischen Lebensqualitätsparameter gibt Bullinger (2013). So unterteilt sie:

- Psychometrische versus nutzentheoretische Verfahren,
- Krankheitsübergreifend, Krankheitsvergleichend und Krankheitsspezifisch,
- Profile versus Index,
- Selbst versus Fremdbeurteilung,
- Selbstbeantwortung versus Interview und
- Items – Skalen – Index.

5.4.2 SF-36

Die Lebensqualitätsparameter oder, wie sie in der Medizin häufig heißen, die Lebensqualitätsmessinstrumente, werden in der Regel durch ausgiebig psychologisch getestete Fragebögen bestimmt. Umfangreiche Untersuchungen haben jedoch gezeigt, dass, wie umfangreich auch die Anzahl der Parameter ist, die Erfassung der Lebensqualität sich sehr schwierig gestaltet. Wie bereits in der Einführung erwähnt, kann ein alter Mensch mit einem zutiefst erfüllten und glücklichen Leben, der weiß, dass er in wenigen Tagen sterben wird, seine Lebensqualität höher einschätzen als ein junger, schöner und gesunder Mensch. So konnte z. B. nachgewiesen werden, dass Menschen mit primär somatischen Erkrankungen in der Regel eine deutlich höhere Lebensqualität besitzen als Menschen mit psychosomatischen Erkrankungen. Dies galt selbst dann, wenn die somatische Erkrankung lebensbedrohliche Ausmaße erreichte (terminale Leberinsuffizienz) (Rose et al. 2000). Chronisch körperlich behinderte Menschen bestätigten sogar bei Befragungen immer wieder ihren guten Gesundheitszustand (Koch 2000a, b). Wie bereits erwähnt zeigte eine Befragung von Lottogewinnern und Menschen mit einer Querschnittslähmung ein Jahr nach Eintritt des jeweiligen Ereignisses kaum Unterschiede in der Zufriedenheit der beiden Gruppen (Brickman et al. 1978).

Diese Tatsache ist auf zwei Effekte zurückzuführen. Die Formeln zur Beschreibung der Lebensqualität gestalten sich bei jedem Menschen individuell. So unterschiedlich die Lebenswege von Menschen sind, so unterschiedlich sind Anzahl und Wichtung der Eingangsgrößen für die Berechnung der Lebensqualität. Abb. 5.8 wurde bereits im Kap. 1 vorgesellt. Es zeigt zwei Beispiele für die Sammlung von Eingangsgrößen, für die Bestimmung einer Kenngröße. Die Wichtung der einzelnen Größen legt jeder Mensch basierend auf seiner genetischen Ausgangslage, seiner Erfahrungs- und Lebenswelt selbst fest.

Der zweite Effekt liegt in der Zeitabhängigkeit der Parameter. Lebensqualität bezieht sich nicht nur auf die Gegenwart, sondern besitzt Anteile aus vergangenen und zukünftigen Zuständen. Erfolge, Zufriedenheit und Glück

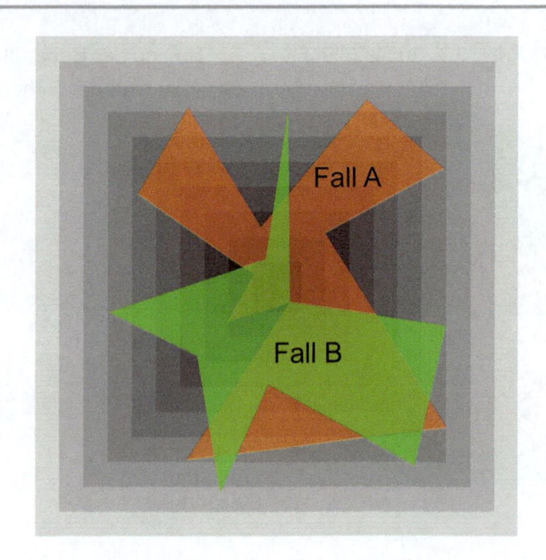

Abb. 5.8 Willkürliche Wahl von Einflussgrößen – je weiter die Linie vom Zentrum liegen, umso weniger Einfluss hat die Größe in der Realität, in der Praxis kann man das jedoch nur begrenzt identifizieren und nimmt an, dass dies relevante Parameter sind.

in der Geschichte eines Menschen können dem Menschen in der Gegenwart helfen, seine Lebensqualität positiv einzuschätzen. Zukünftige Ereignisse können ebenfalls die Lebensqualität positiv oder negativ beeinflussen. Denken wir dabei nur an den Begriff der Vorfreude. Wie die Definition der Lebensqualität bereits gezeigt hat: Lebensqualität ist ein individuelles Maß. In der Literatur findet man gelegentlich dafür auch den Begriff des „*idiosynkratischen*" Maßes. Idiosynkrasie ist die Überempfindlichkeit gegen Stoffe und Reize.

Trotzdem benötigt man Parameter, mit denen man den Erfolg medizinischer Behandlungen darstellen kann, und hierbei zeigen Lebensqualitätsparameter durchaus große Vorteile. Um dem Leser eine Vorstellung über die Ermittlung der Parameter zu vermitteln, sind im Folgenden verschiedene Fragebögen zum Lebensqualitätsmessinstrument SF-36 wiedergegeben. SF steht für Short Form.

ÌIn Tab. 5.7 finden sich allgemeine Fragen zum Gesundheitszustand. In Tab. 5.8, 5.9, 5.10, 5.11, 5.12, 5.13, 5.14, 5.15 bis 5.16 sind einige Tätigkeiten beschrieben, die man vielleicht an einem normalen Tag ausübt.

Den Antworten werden jeweils Zahlenwerte zugeordnet. Teilweise müssen die Werte kalibriert und umsortiert werden. Die Berechnung des SF-36 gestaltet sich relativ einfach. Da es sich beim SF-36 um einen Profilindex handelt, werden aus den einzelnen Antworten in Abhängigkeit von der Kategorie Summen gebildet. Das geschieht für die einzelnen Kategorien wie folgt (Tab. 5.17):

Tab. 5.7 Fragebogen SF-36 AGES (Teil 1)

1	Wie würden Sie Ihren Gesundheitszustand im Allgemeinen beschreiben?	Ausgezeichnet 1	Sehr gut 2	Gut 3	Weniger gut 4	Schlecht 5
2	Wie würden Sie Ihren Gesundheitszustand im Vergleich zum vergangenen Jahr beschreiben?	Derzeit viel besser 1	Derzeit etwas besser 2	Wie vor einem Jahr 3	Derzeit etwas schlechter 4	Derzeit viel schlechter 5

Tab. 5.8 Fragebogen SF-36 KÖFU (Teil 2)

3	Sind Sie durch Ihren derzeitigen Gesundheitszustand bei diesen Tätigkeiten eingeschränkt, wenn ja, wie stark?	Ja, stark eingeschränkt	Ja, etwa eingeschränkt	Nein, nicht eingeschränkt
3. a	Anstrengende Tätigkeiten, z. B. schnell laufen, schwerer Gegenstände heben, anstrengende Sportarten	1	2	3
3. b	Mittelschwere Tätigkeiten, z. B. einen Tisch verschieben, Staubsaugen, kegeln, Golf spielen	1	2	3
3. c	Einkaufstaschen heben oder tragen	1	2	3
3. d	Mehrere Treppenabsätze steigen	1	2	3
3. e	Einen Treppenabsatz steigen	1	2	3
3. f	Sich beugen, knien, bücken	1	2	3
3. g	Mehr als einen Kilometer zu Fuß gehen	1	2	3
3. h	Mehrere Straßenkreuzungen zu Fuß gehen	1	2	3
3. i	Eine Straßenkreuzung weit zu Fuß gehen	1	2	3
3. j	Sich baden oder anziehen	1	2	3

Tab. 5.9 Fragebogen SF-36 KÖRO (Teil 3)

	Hatten Sie in den vergangenen vier Wochen aufgrund Ihrer körperlichen Gesundheit irgendwelche Schwierigkeiten bei der Arbeit oder anderen alltäglichen Tätigkeiten im Beruf bzw. zu Hause?	Ja	Nein
4.a	Ich konnte nicht so lange wie üblich tätig sein	1	2
4.b	Ich habe weniger geschafft als ich wollte	1	2
4.c	Ich konnte nur bestimmte Dinge tun	1	2
4.d	Ich hatte Schwierigkeiten bei der Ausführung	1	2

Tab. 5.10 Fragebogen SF-36 EMRO (Teil 4)

	Hatten Sie in den vergangenen vier Wochen aufgrund seelischer Probleme irgendwelche Schwierigkeiten bei der Arbeit oder anderen alltäglichen Tätigkeiten im Beruf bzw. zu Hause (z. B. weil ich mich niedergeschlagen oder ängstlich fühlte)?	Ja	Nein
5.a	Ich konnte nicht so lange wie üblich tätig sein	1	2
5.b	Ich habe weniger geschafft als ich wollte	1	2
5.c	Ich konnte nicht so sorgfältig wie üblich arbeiten	1	2

Tab. 5.11 Fragebogen SF-36 SOFU (Teil 5)

		Überhaupt nicht	Etwas	Mäßig	Ziemlich	Sehr
6	Wie sehr haben Ihre körperliche Gesundheit oder seelischen Probleme Sie in den vergangenen vier Wochen Ihre normalen Kontakte zu Familienangehörigen, Freunden, Nachbarn oder zum Bekanntenkreis beeinträchtigt?	1	2	3	4	5

Tab. 5.12 Fragebogen SF-36 SCHM (Teil 6)

		Keine Schmerzen	Sehr leicht	Leicht	Mäßig	Sehr	Sehr stark
7	Wie stark waren Ihre Schmerzen in den vergangenen vier Wochen?	1	2	3	4	5	6

Tab. 5.13 Fragebogen SF-36 SCHM (Teil 7)

		Überhaupt nicht	Etwas	Mäßig	Ziemlich	Sehr
8	Inwieweit haben die Schmerzen Sie in den vergangenen vier Wochen bei der Ausübung Ihrer Alltagstätigkeiten zu Hause und im Beruf behindert?	1	2	3	4	5

Anschließend werden die Werte der Kategorien normiert (Bullinger und Kirchberger 1998a):

$$\frac{\text{Rohwert} - \text{theoretischniedrigsterWert}}{\text{TheoretischeSpannweite}} \times \text{Spannweite}$$

Der SF-36 liefert auch dann Werte, wenn einzelne Fragen nicht beantwortet werden. In solchen Fällen gestaltet sich die Berechnung im Vergleich zur vorgestellten Vorgehensweise etwas schwieriger.

Um die Ergebnisse einer solchen Befragung bewerten zu können, benötigt man Vergleichswerte. Der übliche Vergleichswert ist die sogenannte Normpopulation. Die Normpopulation spiegelt die typische Bevölkerung in Deutschland wider. Die Werte der Normpopulation werden durch eine repräsentative Bevölkerungsstichprobe ermittelt. Für den SF-36 wurden für die repräsentative Bevölkerungsstichprobe über 4500 Bürger befragt. Es konnten knapp 3000 beantwortete Bögen ausgewertet werden. Das

Tab. 5.14 Fragebogen SF-36 VITA und PSYC (Teil 8)

9	In diesen Fragen geht es darum, wie Sie sich fühlen und wie es Ihnen in den vergangenen vier Wochen gegangen ist Wie oft waren Sie in den vergangenen vier Wochen	Immer	Meistens	Ziemlich oft	Manchmal	Selten	Nie
9. a	… voller Schwung?	1	2	3	4	5	6
9. b	… sehr nervös?	1	2	3	4	5	6
9. c	… so niedergeschlagen, dass Sie nichts aufheitern konnte?	1	2	3	4	5	6
9. d	… ruhig und gelassen?	1	2	3	4	5	6
9. e	… voller Energie?	1	2	3	4	5	6
9. f	… entmutigt und traurig?	1	2	3	4	5	6
9. g	… erschöpft?	1	2	3	4	5	6
9. h	… glücklich?	1	2	3	4	5	6
9. i	… müde?	1	2	3	4	5	6

Tab. 5.15 Fragebogen SF-36 SOFU (Teil 9)

10		Immer	Meistens	Manchmal	Selten	Nie
	Wie häufig haben Ihre körperliche Gesundheit oder seelische Probleme in den vergangenen vier Wochen Ihre Kontakte zu anderen Menschen (Besuche bei Freunden, Verwandten usw.) beeinträchtig?	1	2	3	4	5

Tab. 5.16 Fragebogen SF-36 AGES (Teil 10)

11	Inwieweit trifft jede der folgenden Aussagen auf Sie zu?	Trifft ganz zu	Trifft weitgehend zu	Weiß nicht	Trifft weitgehend nicht zu	Trifft überhaupt nicht zu
11. a	Ich scheine etwas leichter als andere krank zu werden	1	2	3	4	5
11. b	Ich bin genauso gesund wie alle anderen, die ich kenne	1	2	3	4	5
11. c	Ich erwarte, dass meine Gesundheit nachlässt	1	2	3	4	5
11. d	Ich erfreue mich ausgezeichneter Gesundheit	1	2	3	4	5

Tab. 5.17 Zusammenfassung der Einzelwerte

Kategorie		Summe der entgültigen Itemwerte nach Umkodierung	Niedriger und höchster Rohwert	Max. Spannweite des Rohwertes
Körperliche Funktionstüchtigkeit	KÖFU	3a+3b+3c+3d+3e+3 f.+3 g+3h+3i+3j	10, 30	20
Körperliche Rollenfunktion	KÖRO	4a+4b+4c+4d	4, 8	4
Körperliche Schmerzen	SCHM	7+8	2, 12	10
Allgemeine Gesundheit	AGES	1+11a+11b+11c+11d	5, 25	20
Vitalität	VITA	9a+9e+9 g+9i	4, 24	20
Soziale Funktionsfähigkeit	SOFU	6+10	2, 10	8
Emotionale Rollenfunktion	EMRO	5a+5b+5c	3, 6	3
Psychisches Wohlbefinden	PSYC	9a+9c+9d+9 f.+9h	5, 30	25

Durchschnittsalter der Normpopulation betrug ca. 48 Jahre. Etwa 56 % der Befragten waren weiblich und ca. 78 % lebten mit einem Partner zusammen. (Bullinger und Kirchberger 1998a).

Die Auswertung der deutschen Normpopulation findet sich in Abb. 5.9. In allen Kategorien, besonders aber in den Kategorien körperliche Funktionsfähigkeit (KÖFÜ), körperliche Rollenfunktion (KÖRO) und Schmerz (SCHM), zeichnete sich eine deutlich höhere Lebensqualität für junge Menschen ab. In den Kategorien soziale Funktionsfähigkeit (SOFU), emotionale Rollenfunktion (EMRO) und psychisches Wohlbefinden (PSYC) ist der Verlust der Lebensqualität mit dem Alter geringer. Wertet man die Fragebögen geschlechtsspezifisch aus, so ergibt sich für Frauen insgesamt eine geringere Lebensqualität. Gemäß der Aufgabenstellung dieses Fragebogens ergibt sich auch für kranke Menschen eine geringere Lebensqualität in Abhängigkeit von der Art der Erkrankung (Abb. 5.10, 5.11, 5.12). Dabei werden als Vergleich immer die Werte der 14- bis 20-jährigen Normbevölkerung für die jeweilige Kategorie mit angegeben.

Der SF-36 ist hervorragend dafür geeignet, die Veränderungen der Lebensqualität während einer medizinischen Behandlung abzubilden (Ravens-Sieberer et al. 1999, Jenkinson et al. 1993). In Abb. 5.13 ist die Zunahme der Lebensqualität von Patienten nach einer Operation, in der den Patienten eine mechanische Herzklappe eingesetzt wurde, dargestellt. Natürlich wird die Lebensqualität eines jungen, gesunden Menschen auch nach der Operation nicht wieder erreicht, aber die Verbesserung wird deutlich.

Gerade für derartige Vergleiche ist der SF-36 hervorragend geeignet. Der Test weist eine hohe sogenannte

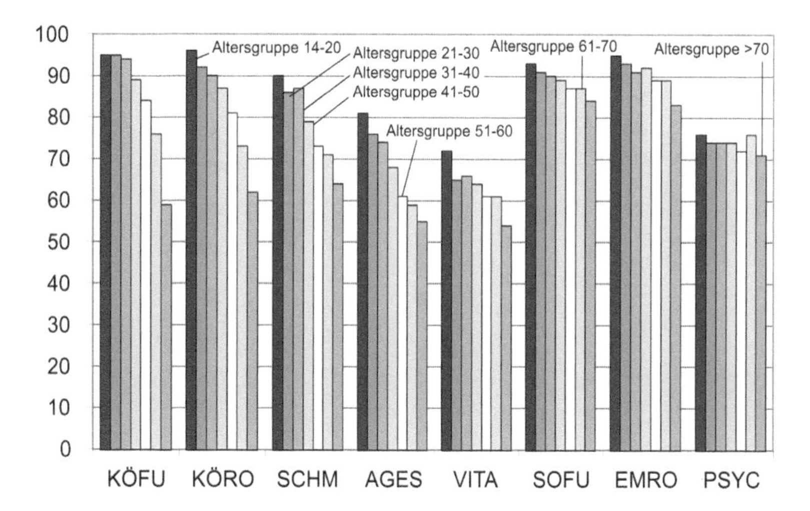

Abb. 5.9 Auswertung des SF-36-Fragebogens für die deutsche Normpopulation mit einem Stichprobenumfang von 2.914 in Abhängigkeit von der Altersgruppe nach Bullinger und Kirchberger (1998a)

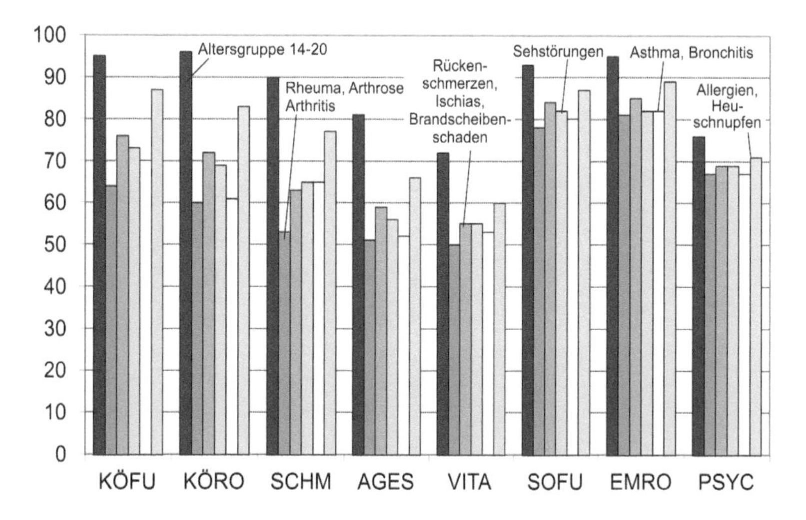

Abb. 5.10 Auswertung des SF-36-Fragebogens bei Befragungen von Erkrankten nach Bullinger und Kirchberger (1998a)

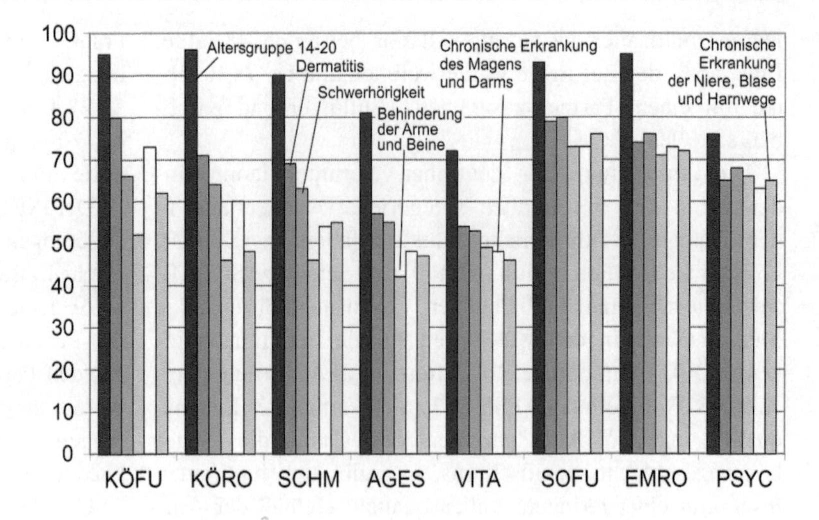

Abb. 5.11 Auswertung des SF-36-Fragebogens bei Befragungen von Erkrankten nach Bullinger und Kirchberger (1998a)

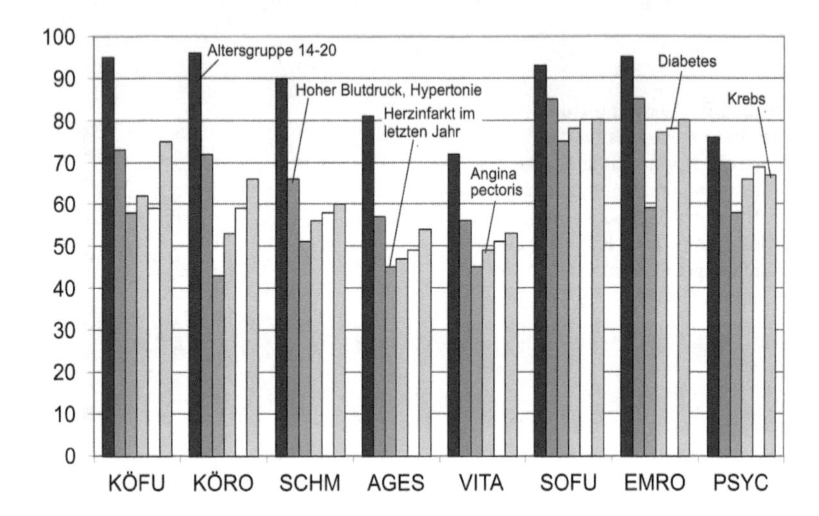

Abb. 5.12 Auswertung des SF-36-Fragebogens bei Befragungen von Erkrankten nach Bullinger und Kirchberger (1998a)

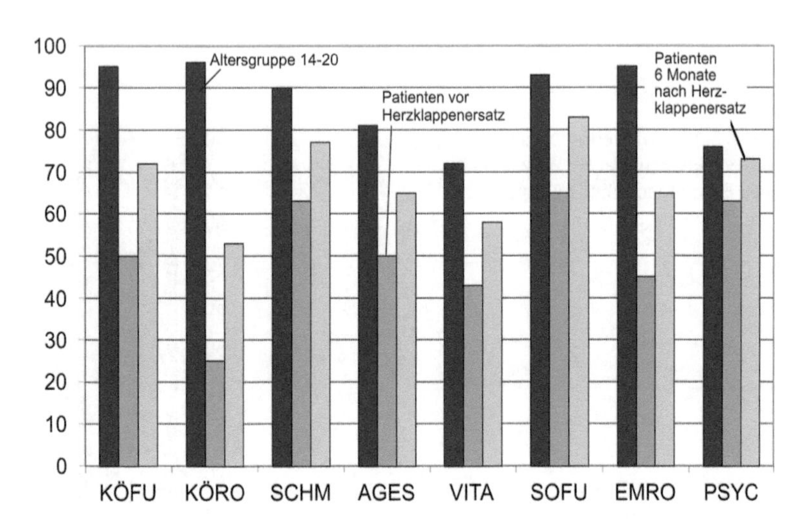

Abb. 5.13 Auswertung des SF-36-Fragebogens für Patienten, denen eine mechanische Herzklappe eingesetzt wurde, nach Bullinger und Kirchberger (1998a)

„diskriminative Validität" auf. Damit wird das Vermögen eines Tests umschrieben, zwischen verschiedenen Patientengruppen zu differenzieren. Nachteilig bei diesem Test ist der hohe Fragenumfang. Weiterführende Untersuchungen haben gezeigt, dass mit einer deutlich geringeren Anzahl von Fragen und damit einer Verringerung der

Anzahl der Eingangsgrößen, die positiven Eigenschaften des Tests erhalten bleiben. Es wurde deshalb ein sogenannter SF-12 entwickelt, der die Verringerung der Anzahl der Fragen aufweist. (Bullinger und Kirchberger 1998).

5.4.3 EORTC QLQ-C30

In der Einführung der medizinischen Lebensqualitätsparameter wurde darauf hingewiesen, dass eine Vielzahl medizinischer Lebensqualitätsparameter existiert. Neben dem SF-36 werden deshalb als zweites Beispiel die Fragen des EORTC QLQ-C30 Version 2.0 Lebensqualitätsmessinstrumentes mit angegeben. Es handelt sich dabei um einen krankheitsspezifischen Fragebogen für Tumorpatienten. Dabei werden die folgenden Fragen an den Patienten gestellt (Tab. 5.18 und 5.19).

Wie die Tabellen zeigen, unterscheidet sich der Fragebogen vom SF-36 sowohl im Aufbau als auch im Inhalt. Alle bisher genannten medizinischen Lebensqualitätsparameter zeigen Unterschiede hinsichtlich der Art und Weise, wie die Eingangsgrößen ermittelt werden, der Anzahl der Eingangsgrößen und der Verknüpfung der Eingangsgrößen. Teilweise können die Unterschiede mit der hohen Spezialisierung der medizinischen Lebensqualitätsmessinstrumentes begründet werden. (Schwarz et al. 1991).

5.4.4 Lebensqualitätsparameter der psychischen Gesundheit

Während im SF-36 der psychische Zustand nur ein Unterpunkt war, kann die psychische Gesundheit auch als spezieller gesundheitsbezogener Lebensqualitätsparameter verwendet werden. Solche Parameter können z. B. psychisch aufdringliche Gedanken und Sorgen beschreiben (Fehm 2000). Als einfache Verfahren werden nur die Anzahl und Dauer der Sorgen pro Tag gezählt. Gesunde Menschen ohne psychische Erkrankungen verbringen etwa 20 % ihres Tages mit Sorgen. Dieser Wert steut allerdings zwischen 5 % bis 60 % der Tageszeit mit Gedanken über Sorgen. Gruppen von Menschen mit einem hohen Prozentsatz werden in „Sorgenmenschen“ und Menschen mit einem geringen Prozentsatz werd Veenhofen bezweifelten in „sorgenfreie Menschen“ unterteilt. Menschen mit einer allgemeinen Angststörung machen sich mehr als 60 % des Tages Sorgen.

Interessanterweise verschwanden die Unterschiede zwischen „Normalen“ und Menschen mit einer allgemeinen Angststörung, wenn man die Personen bittet, die Dauer der Sorgengedanken direkt danach aufzuschreiben. Dies wirft die Frage auf, ob die tatsächliche Dauer der Sorgen unterschiedlich ist oder ob die Erinnerung an die Sorgen unterschiedlich ist. Es könnte der Fall sein, dass die „sorgenfreien Menschen“ die Erinnerung an die Zeit der Sorgen einfach vergessen und verdrängen (Fehm 2000). Für die Untersuchung von Sorgen wurden viele Fragebögen entwickelt (Tab. 5.20).

In der Regel sind psychische Belastungen und Krankheiten korreliert. Ein gutes Maß dafür ist die sogenannte Life Change Unit (LCU). Kranke Menschen weisen in der Regel generell eine deutlich höhere LCU auf als die Standardgruppe. In der Gruppe mit der höheren LCU sind auch höhere Sterblichkeitsraten zu finden. Beispielsweise beträgt die Sterblichkeitsrate von Frauen, deren Ehemann gerade verstorben ist, 12 %, verglichen mit 1 % in der Normalbevölkerung (Kasten 2006). Spitzer (2016, 2018) hat den Zusammenhang zwischen Einsamkeit und der Erhöhung der Sterbewahrscheinlichkeit ebenfalls bestätigt (siehe auch Abschn. 2.5).

Tab. 5.21 zeigt eine Liste von Ereignissen und die zugehörigen LCU-Werte. Wenn mehrere Ereignisse gleichzeitig eintreten, werden die LCU-Werte in der Regel addiert, Werte über 300 werden jedoch nicht berücksichtigt.

Daraus sollte aber nicht geschlossen werden, dass der Mensch keinen Stress braucht. Wie in der Yerkes-Dodson-Kurve (1908) oder von Hüther (2006) gezeigt, ist ein gewisser Stress erforderlich, um die Entwicklung des einzelnen Menschen und seines Gehirns zu unterstützen und voranzutreiben.

Tab. 5.21 zeigt sehr klar, dass der Verlust nahestehender Menschen den größten Stressfaktor darstellt. Dies passt sowohl zu den Ausführungen in Kap. 1, bezüglich der

Tab. 5.18 Fragebogen EORTC QLQ-C30 Version 2.0 Teil 1

		Nein	Ja
1	Bereitet es Ihnen Schwierigkeiten, sich körperlich anzustrengen (z. B. eine schwere Einkaufstasche oder einen Koffer zu tragen)?	1	2
2	Bereitet es Ihnen Schwierigkeiten, einen längeren Spaziergang zu machen?	1	2
3	Bereitet es Ihnen Schwierigkeiten, eine kurze Strecke außer Haus zu gehen?	1	2
4	Müssen Sie den größten Teil des Tages im Bett oder in einem Sessel verbringen?	1	2
5	Brauchen Sie Hilfe beim Essen, Anziehen, Waschen oder Benutzen der Toilette?	1	2

Tab. 5.19 Fragebogen EORTC QLQ-C30 Version 2.0 Teil 2 (zur Diskussion des Freizeitverhaltens und der Lebensqualität siehe Lüdtke 2000)

	Während der letzten Wochen	Überhaupt nicht	Wenig	Mäßig	Sehr
6	Waren Sie bei Ihrer Arbeit oder bei anderen täglichen Beschäftigungen eingeschränkt?	1	2	3	4
7	Waren Sie bei Ihren Hobbys oder anderen Freizeitbeschäftigungen eingeschränkt?	1	2	3	4
8	Waren Sie kurzatmig?	1	2	3	4
9	Hatten Sie Schmerzen?	1	2	3	4
10	Mussten Sie sich ausruhen?	1	2	3	4
11	Hatten Sie Schlafstörungen?	1	2	3	4
12	Fühlten Sie sich schwach?	1	2	3	4
13	Hatten Sie Appetitmangel?	1	2	3	4
14	War Ihnen übel?	1	2	3	4
15	Haben Sie erbrochen?	1	2	3	4
16	Hatten Sie Verstopfung?	1	2	3	4
17	Hatten Sie Durchfall?	1	2	3	4
18	Waren Sie müde?	1	2	3	4
19	Fühlten Sie sich durch Schmerzen in Ihrem alltäglichen Leben beeinträchtigt?	1	2	3	4
20	Hatten Sie Schwierigkeiten, sich auf etwas zu konzentrieren, z. B. auf das Zeitungslesen oder das Fernsehen?	1	2	3	4
21	Fühlten Sie sich angespannt?	1	2	3	4
22	Haben Sie sich Sorgen gemacht?	1	2	3	4
23	Waren Sie reizbar?	1	2	3	4
24	Fühlten Sie sich niedergeschlagen?	1	2	3	4
25	Hatten Sie Schwierigkeiten, sich an Dinge zu erinnern?	1	2	3	4
26	Hat Ihr körperlicher Zustand oder Ihre medizinische Behandlung Ihr Familienleben beeinträchtigt?	1	2	3	4
27	Hat Ihr körperlicher Zustand oder Ihre medizinische Behandlung Ihr Zusammensein oder Ihre gemeinsamen Unternehmungen mit anderen Menschen beeinträchtigt?	1	2	3	4
28	Hat Ihr körperlicher Zustand oder Ihre medizinische Behandlung für Sie finanzielle Schwierigkeiten mit sich gebracht?	1	2	3	4

Tab. 5.20 Fragebögen zur Diagnostik unerwünschter Gedanken und Sorgen (Fehm 2000)

Unerwünschte Gedanken	Sorgen
Intrusive Thoughts Questionnaire	Penn State Worry Questionnaire
Distressing Thoughts Questionnaire	Worry Domains Questionnaire
Cognitive Instructions Questionnaire	Student Worry Scale
Obsessive Instructions Inventory	Worry Scale
Thought Control Questionnaire	Anxious Thoughts Inventory
White Bear Suppression Inventory	
Thought Intrusion Questionnaire	

Definition von Sicherheit und dem Zugriff auf Ressourcen, als auch auf die Veröffentlichungen von Gottmann et al. (2005) und Vaillant (2012) über die Verringerung von Stress in gut funktionierenden sozialen Beziehungen.

5.4.5 Zusammenfassung

Einen sehr guten und kurzen Überblick über die Entwicklung und Anwendung der Lebensqualität in der Medizin gibt Bullinger (2013). Dort findet sich z. B. ein Diagramm zur Darstellung der Entwicklung der Anzahl Veröffentlichungen zum Thema Lebensqualität. Bullinger nennt drei Hauptursachen für die Anwendung der Lebensqualität in der Medizin

- Erweiterung des Gesundheitsbegriffs durch die WHO (1948),
- Veränderung des Erkrankungs- und Behandlungsspektrums und
- Skepsis gegenüber den klassischen Bewertungskriterien und Berücksichtigung des subjektiven Empfindens des Patienten.

Während in der Einleitung nur auf den ersten Punkt eingegangen wurde, weist Bullinger (2013) darauf hin, dass

Tab. 5.21 Liste der Life Change Unit (LCU) für belastendende Ereignisse nach Kasten (2006) und Holmes und Rahe (1976)

Ereignis bzw. Handlung	Punkte
Geringfügiger Verstoß gegen das Gesetz	11
Weihnachtsfeier	12
Urlaub	13
Änderung der Essgewohnheiten	15
Änderung der Schlafgewohnheiten	16
Kleine Hypothek	17
Änderung der sozialen Aktivitäten	18
Veränderung der Freizeitgestaltung	19
Umzug	20
Veränderung in der Schule	20
Änderung der Arbeitszeiten	20
Ärger mit dem Chef	23
Änderung der persönlichen Gewohnheiten	24
Änderung der Lebensumstände	25
Beginn oder Ende der Schule	26
Ehefrau beginnt zu arbeiten	26
Herausragende persönliche Leistung	28
Sohn oder Tochter verlässt das Haus	29
Berufliche Veränderung	29
Wechsel der Arbeitsstelle	36
Tod eines Freundes	36
Kompletter Wechsel des Berufs	39
Schwierigkeiten beim Sex	39
Schwangerschaft	40
Änderung des Gesundheitszustandes von Familienmitgliedern	44
Ruhestand	45
Entlassung bei der Arbeit	47
Heirat	50
Schwere Krankheit	53
Inhaftierung	63
Tod eines nahen Familienmitglieds	63
Trennung in der Ehe	65
Scheidung	73
Tod des Ehepartners	100

sich zumindest in den Industriestaaten das Erkrankungsspektrum verändert hat, dass sich neue Behandlungen entwickelt haben und dass mit der zunehmenden Selbstständigkeit der Patienten auch neue Bewertungskriterien notwendig wurden. In Übereinstimmung mit diesen Auslösern sieht Bullinger die Entwicklung der Lebensqualität in der Medizin in fünf Phasen:

- Entwicklung der Konzepte in den 1970er Jahren,
- Entwicklung der Methoden in den 1980er Jahren,
- Anwendungen in den 1990er Jahren,
- Umsetzung ab 2005 und
- Implikationen ab 2010.

Es gibt nach Bullinger (2013) verschiedene theoretischen Hintergrundmodelle, wie z. B.

- Zufriedenheitsmodelle,
- Bedürfnismodelle,
- Rollenfunktionsmodelle,
- Subjektive Wohlbefindungsmodelle und
- Facettentheoretische Modelle.

Allerdings zeigt die zunehmende Erfahrung bei der Entwicklung und Anwendung von medizinischen Lebensqualitätsparametern auch die Grenzen dieses Modelles. So hat Bullinger (2013) folgende Kritikpunkte zusammengestellt:

- Skepsis gegenüber der Komplexität (Konzept für Kinder, Vergleich der Dimensionen Erwachsener und Kinder, abhängig vom Alter und Entwicklungsstand),
- Bias von Selbstberichten (Reflexionsfähigkeit von Kindern, Zuverlässigkeit kindlicher Urteilskraft, Fremdeinschätzung) und
- Lebensqualitätserfassung ist bei Kindern schwieriger und aufwendiger.

Die Ergebnisse von medizinischen Lebensqualitätsparametern zeigen einige überraschende Ergebnisse, wie z. B.:

- Wie bereits erwähnt, besitzen schwerkranke Patienten nicht unbedingt eine schlechtere Lebensqualität als leicht Erkrankte.
- Radikal Behandelte zeigen nicht unbedingt eine schlechtere Lebensqualität als schonend Behandelte.
- Der klinische Befund korreliert wenig mit den subjektiven Empfindungen.
- Psychische Beeinträchtigungen führen auch zu einer geringeren Lebensqualität im nicht-psychischen Bereich.
- Ärzte sind nicht sehr erfolgreich in der Einschätzung der Lebensqualität der Patienten.

5.5 Sozioökonomische Lebensqualitätsparameter

5.5.1 Einleitung

Historisch gesehen hat sich die Bedeutung des Begriffs Lebensqualität von überwiegend medizinischen und ökonomischen Überlegungen zu einem viel breiteren Verständnis erweitert (Pigou 1920). Allerdings ist die Bedeutung der wirtschaftlichen Faktoren in der Ermittlung und Bestimmung der Lebensqualität immer noch sehr groß. Nicht nur die Medien berichten regelmäßig über die Entwicklung ökonomischer Indikatoren, auch soziologische Entwicklungen und Entscheidungen werden stark von ökonomischen Indikatoren beeinflusst. Nahezu alle sozialen Indikatoren berücksichtigen das Bruttoinlandsprodukt bzw. früher das Bruttosozialprodukt pro Kopf. Der große Einfluss des Parameters beruht auf der historischen Entwicklung während des Zweiten Weltkriegs, als das Wachstum der Waffenproduktion von größter Bedeutung war. Später wurden weitere Parameter in soziale Indikatoren eingeführt, wie die Lebenserwartung, die Größe der Bevölkerung (Komlos 2003), einige gesundheitsbezogene Maße oder einige Bildungsmaße. Einige dieser Parameter sollen hier kurz vorgestellt werden.

5.5.2 Human Development Index

Der Human Development Index der UNO versucht auf sehr einfache Weise, wirtschaftliche, gesundheitliche und soziale Faktoren zu beschreiben. Der Index errechnet sich aus der Lebenserwartung, der Schreib- und Lesefähigkeit und dem Logarithmus des Pro-Kopf-Einkommens. Neben den Mittelwerten kann auch die Streuung der drei Parameter berücksichtigt werden. Dazu werden Klassen erstellt. Die Berechnung gestaltet sich wie folgt: Für jeden Parameter-Lebenserwartung- Schreibfähigkeit und Einkommen, wird aus den Minimal-, Maximal- und den Landeswerten ein bezogener Wert berechnet (UNDP 1990a, b):

$$I_{ij} = \frac{\max_j X_{ij} - X_{ij}}{\max_j X_{ij} - \min_j X_{ij}} \tag{5.1}$$

wobei j für den Index des Landes und i für den Zähler der drei Parameter steht. Anschließend wird der Mittelwert aus den drei Parametern berechnet:

$$I_j = \frac{\sum_{i=1}^{3} I_{ij}}{3} \tag{5.2}$$

Die Berechnung des Parameters wird an einem Beispiel gezeigt. Dazu werden die folgenden Eingangsgrößen benötigt, die UNDP (1990a, b) entnommen wurden:

- Die maximale Lebenserwartung in einem Land auf der Erde sei 78,4 Jahre.
- Die minimale Lebenserwartung in einem Land auf der Erde sei 41,8 Jahre.
- Die maximale Schreib- und Lesefähigkeit für Erwachsene in einem Land auf der Erde sei 100 %.
- Die minimale Schreib- und Lesefähigkeit für Erwachsene in einem Land auf der Erde sei 12,3 %.
- Der Logarithmus des maximalen Pro-Kopf-Einkommens in einem Land auf der Erde sei 3,68.
- Der Logarithmus des minimale Pro-Kopf-Einkommens in einem Land auf der Erde sei 2,34.

Für das zu untersuchende Land gelte weiterhin:

- Die mittlere Lebenserwartung betrage 59,4 Jahre.
- Die Schreib- und Lesefähigkeit für Erwachsene betrage 60 %.
- Der Logarithmus des Pro-Kopf-Einkommens betrage 2,90.

Damit ergeben sich folgende Parameter:

$$I_{1X} = \frac{78{,}4 - 59{,}4}{78{,}4 - 41{,}8} = 0{,}591, \tag{5.3}$$

$$I_{2X} = \frac{100{,}0 - 60{,}0}{100{,}0 - 12{,}3} = 0{,}456, \tag{5.4}$$

$$I_{3X} = \frac{3{,}68 - 2{,}90}{3{,}68 - 2{,}34} = 0{,}582 \tag{5.5}$$

Die drei Parameter werden zusammengeführt:

$$I_X = \frac{0{,}591 + 0{,}456 + 0{,}582}{3} = 0{,}519 \tag{5.6}$$

und der Index ergibt sich zu

$$HDI_X = 1 - 0{,}519 = 0{,}481 \tag{5.7}$$

Aufgrund verschiedener Kritiken nach der Einführung des Maßes im Jahr 1990 wurde der *HDI* mindestens zweimal angepasst. Nun beinhaltet der Parameter nicht nur die Alphabetisierung, sondern auch die Anzahl Schuljahre. Auch der Logarithmus des Pro-Kopf-Einkommens wurde ersetzt durch einen Einkommensindex.

Der *HDI* kann als Zeitreihe für viele Länder angegeben werden. Dies ermöglicht den Vergleich der Leistungen der Länder. In Abb. 5.14 ist die Entwicklung über 25 Jahre für mehr als 100 Nationen dargestellt. Zusätzlich zeigt Abb.5.15 die weltweite Häufigkeitsverteilung des *HDI* für die Jahre 1975 und 2000. Natürlich können die Zahlen nur einen groben Überblick geben, aber anhand der Zahlen scheint es in den meisten Ländern weltweit ein konstantes Wachstum der Lebensqualität zu geben. Allerdings ist das Wachstum in den Ländern unterschiedlich. In einigen Nationen ist die Lebensqualität nicht gestiegen. Während in den Entwicklungsländern der *HDI* um bis zu 0,2 stieg, lag das Wachstum in den entwickelten Ländern bei etwa 0,1. Einige Länder,

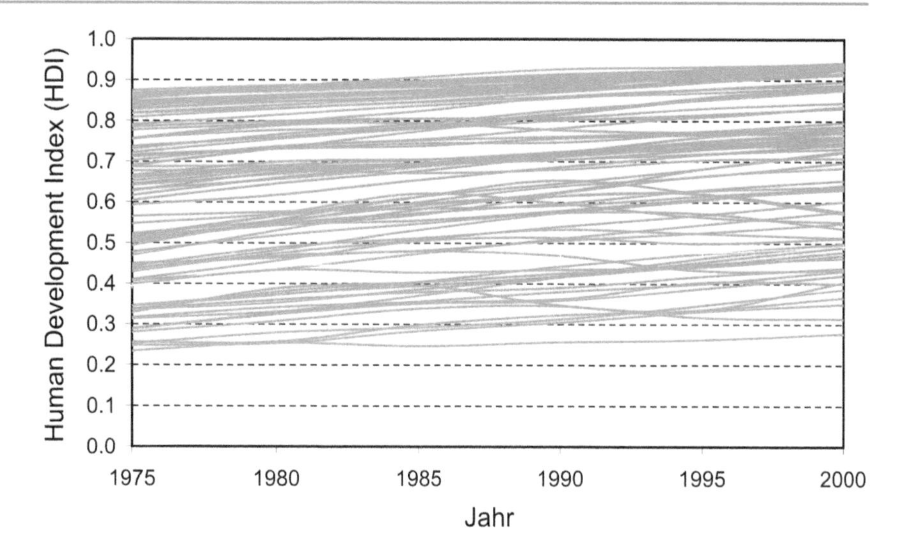

Abb. 5.14 Entwicklung des Human Development Index für die meisten Länder weltweit 1975 und 2000 (UNDP 1990a, b)

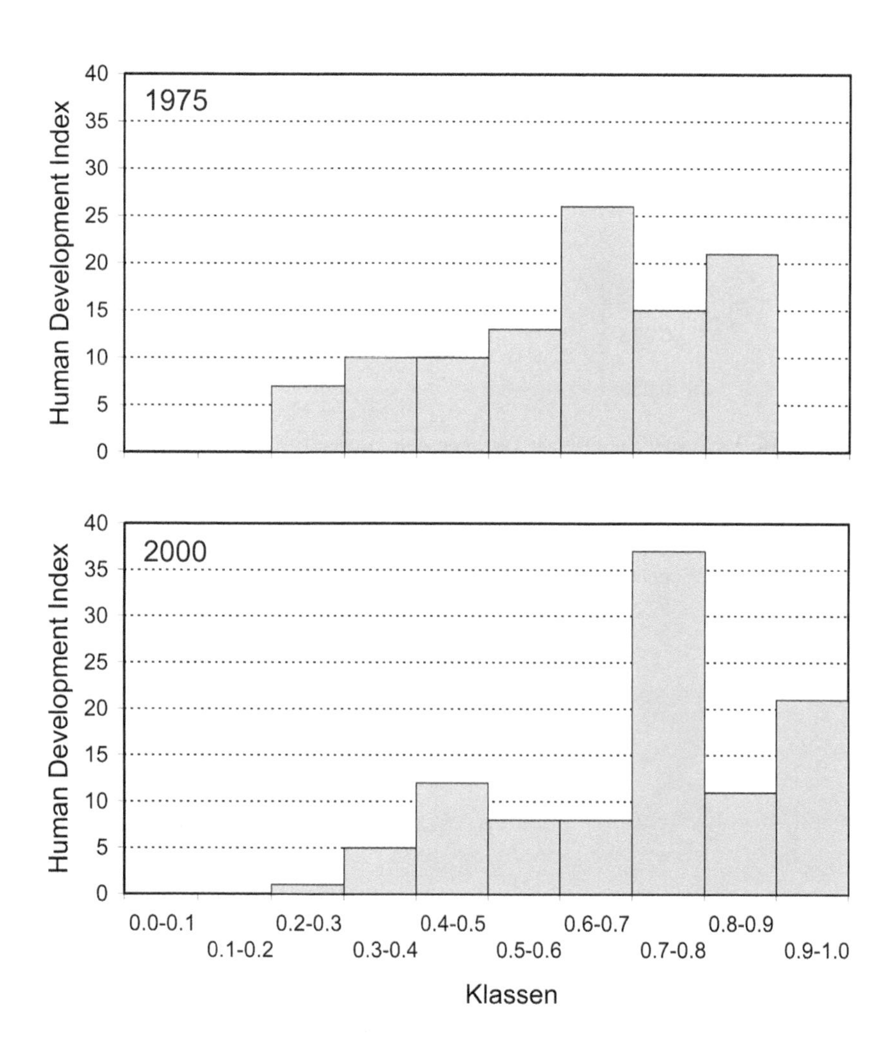

Abb. 5.15 Verteilung des Human Development Index 1975 und 2000 (UNDP 1990a, b)

wie Sambia oder der Irak, zeigten einen sinkenden *HDI*. Im Durchschnitt ist der *HDI* weltweit um 0,1 gestiegen.

Obwohl der *HDI* erst seit 1990 berechnet wird, wurde der Parameter auch auf einige historische Daten angewendet. Zum Beispiel gibt es *HDI*-Daten für Deutschland von 1920 bis 1960 (Wagner 2003). Eine Anpassung des *HDI*-Konzeptes für Deutschland von 1920 bis 1960 wird in Jopp (2020) gezeigt.

Anhand des *HDI* lassen sich auch die weltweiten Auswirkungen der Covid-19 Pandemie im Jahre 2020 darstellen. Abb. 5.16 zeigt die durchschnittliche Veränderung des *HDI* über die letzten 20 Jahre. Die Auswirkungen von Covid-19 sind enorm. Die UNDP (2020) stellt fest, dass z. B. die weltweiten jahrzehntelangen Bemühungen und Erfolge zur Erhöhung des Anteils von Frauen in der Erwerbstätigkeit innerhalb weniger Monate vernichtet wurden. Man schätzt, dass 2020 90 % aller Kinder und Jugendlichen weltweit von Schulschließungen betroffen waren und dass Frauen weltweit wieder die klassische Rolle der Kinderaufsicht übernommen haben. (UNDP 2020).

5.5.3 Index of Economic Well-Being (IEWB)

Der Index of Economic Well-Being *(IEWB)* verwendet die Beschreiung der wirtschaftlichen Gesamtsituation als Maß für die Lebensqualität in der Gesellschaft. Das Maß umfasst vier Kategorien, nämlich den „Konsumfluss pro Kopf", die „Akkumulation von Produktionsmitteln", die „Armut und Ungleichheit" und die „Unsicherheit in der Erwartung zukünftiger Einkommen". Diese vier Kategorien bestehen aus weiteren Unterparametern, die in Tab. 5.22 aufgelistet sind. Die vier Kategorien werden mit unterschiedlichen Wichtungen zusammengeführt. So wird beispielsweise der Konsum-

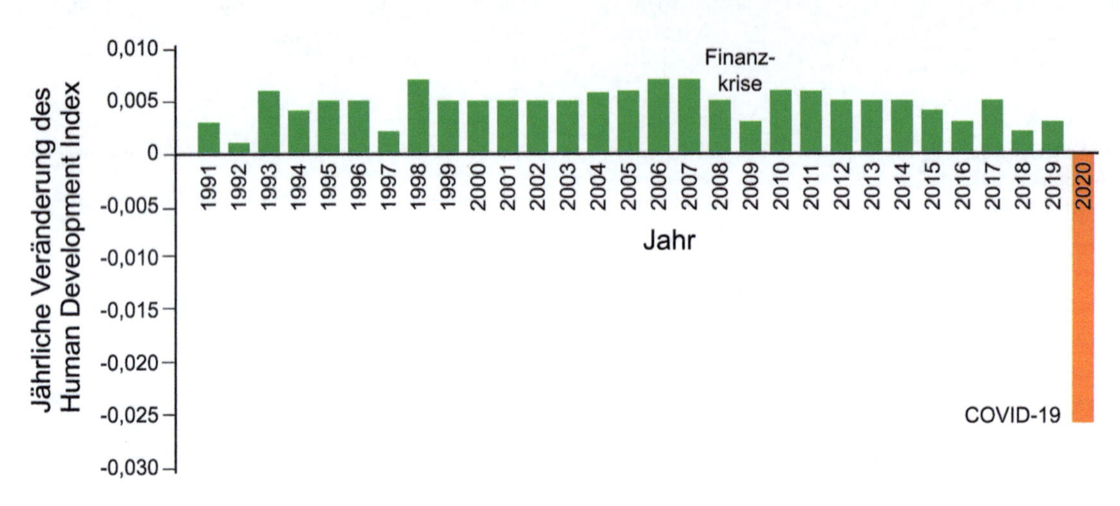

Abb. 5.16 Veränderung des Human Development zwischen 1990 und 2020 (UNDP 2020)

Tab. 5.22 Eingangsgrößen für den Index of Economic Well-Being

Verbrauchsfluss	Marktkonsum pro Kopf bereinigt um Variation der Haushaltsgröße
	Unbezahlte Arbeit pro Kopf
	Staatsausgaben pro Kopf
	Wert der Variation der Arbeitszeit pro Kopf
	Bedauerliche Ausgaben pro Kopf
	Wert der Variation in der Lebenserwartungszeit pro Kopf
Vermögensbestand	Kapitalstock pro Kopf
	Forschung und Entwicklung pro Kopf
	Natürliche Ressourcen pro Kopf
	Humankapital pro Kopf
	Nettoauslandsverschuldung pro Kopf
	Kosten der Umweltzerstörung pro Kopf
Einkommensverteilung	Armutsquote und Armutsintensität
	Gini-Koeffizient
Wirtschaftliche Sicherheit	Risiko durch Arbeitslosigkeit
	Finanzielles Risiko durch Krankheit
	Risiko durch Armut von Alleinerziehenden
	Risiko durch Altersarmut

fluss mit 0,4, der Vermögensbestand mit 0,1, die Einkommensverteilung mit 0,25 und die wirtschaftliche Sicherheit ebenfalls mit 0,25 gewichtet. Natürlich ist die Festlegung dieser Wichtungen Gegenstand von Diskussion. So wurde z. B. auch eine Gleichgewichtung der verschiedenen Kategorien diskutiert. (Hagerty et al. 2001; CSLS 2007).

Der *IEWB* hat einen starken theoretischen Hintergrund. Unabhängig von der Diskussion der Wichtungen berücksichtigt der Wert eine breite Palette von Eingangsparametern. Er kann sowohl auf Länder- als auch auf Regionsebene verwendet werden. Obwohl die *IEWB* erst 1998 eingeführt wurde, liegen für viele Länder Zeitreihen für die Eingangsparameter vor – für die meisten Länder ab den 1970er und 1980er Jahren – für die USA sogar von Anfang der 1960er Jahre.

Betrachtet man beispielsweise die Entwicklung für Kanada, so zeigt die *IEWB* eine gewisse Korrelation zur Entwicklung des Bruttoinlandsprodukts (Abb. 5.17). Allerdings scheinen sich die Entwicklungen etwa ab 1988 zu trennen. Gemäß Abb. 5.17 ist die *IEWB* seit 1988 über einige Jahre hinweg gesunken und hat erst um das Jahr 2000 wieder den Wert von 1988 erreicht. Die Entwicklung des Bruttoinlandsprodukts hat dagegen um 1990 einen Einbruch erlebt, sich aber schnell wieder erholt. Generell zeigt die IEWB im Vergleich zum Bruttoinlandsprodukt eine verhaltenere Entwicklung. (Hagerty et al. 2001).

5.5.4 Genuine Progress Indicator (GPI)

Der Genuine Progress Indicator ist ein weiteres Lebensqualitätsmaß mit einer starken ökonomischen Ausrichtung. Dies wird schon daran deutlich, dass er in Dollar angegeben wird. Im Gegensatz zum Bruttoinlandsprodukt versucht der *GPI* jedoch, weitere Handlungen mit einzubeziehen, indem ihnen ein monetärer Wert beigemessen wird. Außerdem werden einige finanzielle Posten, die im Bruttoinlandsprodukt enthalten sind, abgezogen. Zum Beispiel erhöhen Wiederaufbauaktivitäten nach einer Katastrophe das Bruttoinlandsprodukt, während nach allgemeinem Verständnis eine Katastrophe zu einem Rückgang der Lebensqualität führt. Der Wiederaufbau führt eigentlich nur zum Wohlstandsniveau vor der Katastrophe. (Cobb et al. 2000).

Im Detail beginnt der *GPI* mit den persönlichen Konsumausgaben, die anhand des Gini-Koeffizienten um die Einkommensverteilung bereinigt werden. Zu diesem Wert werden die folgenden Eingangsgrößen monetarisiert und addiert:

- Werte für die Hausarbeit, Kindererziehung oder ehrenamtliche Tätigkeiten,
- Werte für die Leistungen von langlebigen Konsumgütern wie Kühlschränken,
- Werte für lang andauernde Infrastruktursystemen wie Autobahnen.

Die folgenden Posten werden, falls erforderlich, monetarisiert und subtrahiert:

- Werte für die Aufrechterhaltung des Komforts, wie Sicherheit zur Verbrechensbekämpfung, Bewältigung der Folgen von Autounfällen oder Luftverschmutzung.
- Werte für soziale Ereignisse, wie Scheidungen oder Verbrechen,
- Werte für den Rückgang von Umweltressourcen wie Verlust von Ackerland, Feuchtgebieten, Wäldern oder Abbau von fossilen Brennstoffen. (Cobb et al. 2000)

Es gibt Kritiken am *GPI* und der Monetarisierung einiger Eingangswerte. Die Ergebnisse des *GPI* zeigen alarmierende

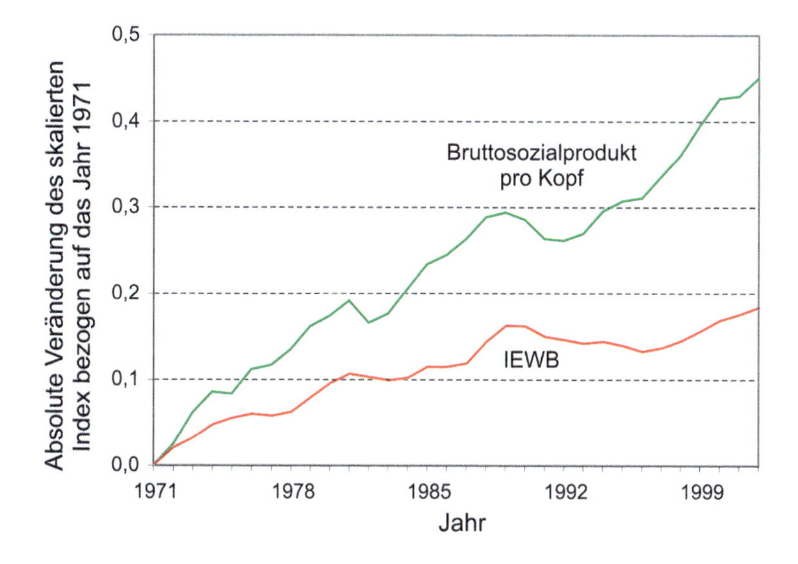

Abb. 5.17 Der Verlauf des Index of Economic Well-Being (*IEWB*) und des Bruttosozialprodukts pro Einwohner für Kanada von 1971 bis 2002 (CSLS 2007)

Entwicklungen. Nach Venetoluis und Cobb (2004) erreichte die Lebensqualität Mitte der 1970er Jahre einen Maximalwert und fällt, wenn auch nicht durchgängig, seit diesem Zeitraum (Abb. 5.18). Spätere Daten zeigen, dass erst im Jahr 2004 der Maximalwert aus den 1970er Jahren wieder erreicht wurde (Talberth 2012).

5.5.5 American Demographics Index of Well-Being

Der American Demographic Index of Well-Being ist ein weiteres ökonomisch basiertes Maß für die Lebensqualität, das aus fünf Kategorien besteht, die wiederum in verschiedene Komponenten aufgeteilt werden (Tab. 5.23). Die Gewichte der verschiedenen Komponenten und Kategorien wurden auf der Grundlage historischer Daten angepasst. Zusammenfassend zeigt das Maß ein Gesamtwachstum des Wohlbefindens in den USA von 1990 bis 1998 von etwa 4 %. (Hagerty et al. 2001).

5.5.6 Veenhoven's Happy Life-Expectancy Scale

Veenhoven bezweifelt, dass ökonomische und wirtschaftliche Zielwerte zu direkten Reaktionen bei Menschen führen. Solche vorgestellten sozio-ökonomischen Maße sind daher nicht in der Lage, die Lebensqualität zu beschreiben, egal ob es sich um einfache oder zusammengesetzte Parameter handelt. Veenhoven versucht deshalb, die Lebensqualität direkt an den Menschen zu erfassen und zusätzlich die Lebenserwartung zu berücksichtigen. Beide Teile zu-

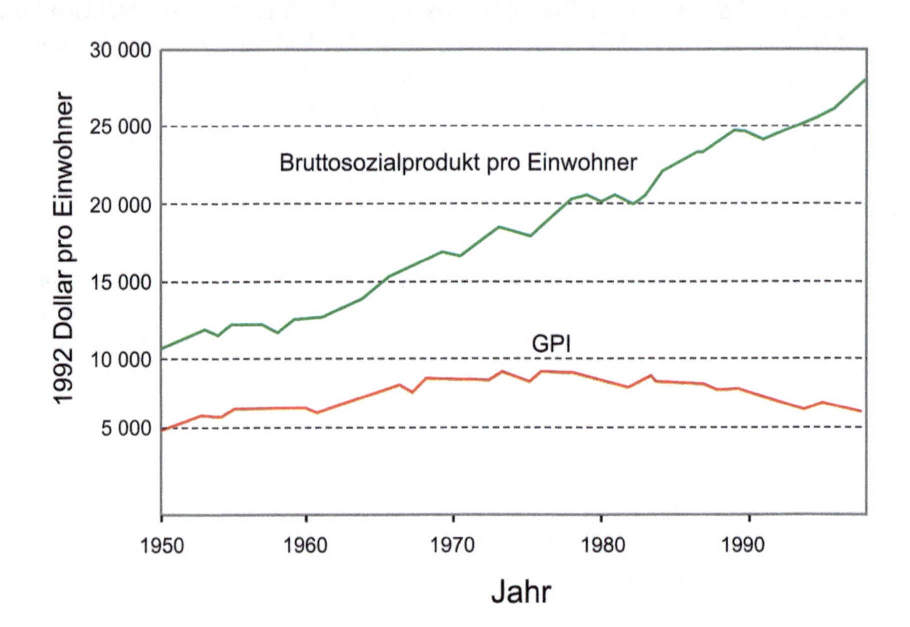

Abb. 5.18 Entwicklung des *GPI* und des Bruttosozialproduktes der USA von 1950 bis 1998 (Cobb et al. 1999)

Tab. 5.23 Eingangsgrößen für die Berechnung des American Demographics Index of Well-Being (Hagerty et al. 2001)

Kategorie	Wichtung %	Komponenten der Kategorie	Wichtung %
Verbraucher	1	Verbraucher Vertrauens-Index	47
		Verbraucher Erwartungs-Index	53
Einkommen und Beschäftigung	21	Verfügbares Einkommen pro Einwohner	39
		Erwerbstätigenquote	61
Soziale und physikalische Umgebungsbedingungen	10	Anzahl bedrohter Arten	32
		Kriminalitätsrate	43
		Scheidungsrate	25
Freizeit	50	168 – wöchentliche Arbeitszeit	90
		Tatsächliche Ausgaben für Erholung pro Einwohner	10
Produktivität und Technologie	18	Industrieproduktion pro Arbeiter	69
		Industrieproduktion pro Energie	31

sammen ergeben die „glückliche Lebenserwartung" (Happy Life-Expectancy: *HLE*), die als die Jahre verstanden werden, die Menschen während ihres Lebens glücklich waren.

Solche Erhebungen wurden für viele Länder durchgeführt. Das Maximum wird in den skandinavischen Ländern mit mehr als 60 glücklichen Lebensjahren erreicht, während in Afrika Minimalwerte von 35 Jahren erreicht werden (Abb. 5.19). (Hagerty et al. 2001).

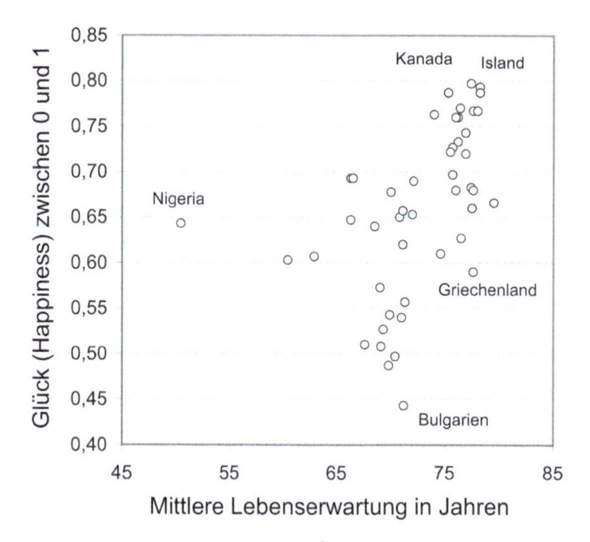

Abb. 5.19 Lebenserwartung versus Glück (Happiness) für 50 Länder zu Beginn der 1990er Jahre (Veenhoven 1996)

Die *HLE* ist in der Regel höher in Nationen, die den Menschen Freiheit, Bildung, Wohlstand und Harmonie bieten. Diese Parameter sind in der Lage, etwa 70 % der Variation des *HLE* zu erklären. Einige sehr gängige Maße wie Arbeitslosenquote, staatliche Wohlfahrt, Religiosität und Vertrauen in Institutionen scheinen jedoch keinen großen Einfluss auf den *HLE* zu besitzen. Veenhoven stellt fest, dass der *HLE* leicht verständlich ist, einen soliden theoretischen Hintergrund hat und einfach verwendet werden kann (Hagerty et al. 2001; Veenhoven 1996). Eine weitere Arbeit über Glück ist die von Layard (2005).

5.5.7 World Happiness Report

Der World Happiness Report wird mindestens seit 2012 jährlich herausgegeben. Die verschiedenen Berichte finden sich auf der Internetseite worldhappiness.report. Ergebnisse aus dem Bericht 2020 (Helliwell et al. 2020) sind in den Abb. 5.20 und 5.21 gezeigt. Abb. 5.20 zeigt, dass überwiegend skandinavische Länder, die Schweiz, Neuseeland und Kanada die Liste anführen. Das Ergebnis befindet sich in Übereinstimmung mit den Ergebnissen der Veenhoven's Happy Life-Expectancy Scale, Estes Index of Social Progress und der Well-Being of Nations. Abb. 5.21 zeigt einen Effekt, der auch aus anderen Untersuchungen bekannt ist, nämlich dass ärmere Menschen in Städten glücklicher sind und reiche Menschen auf dem Land.

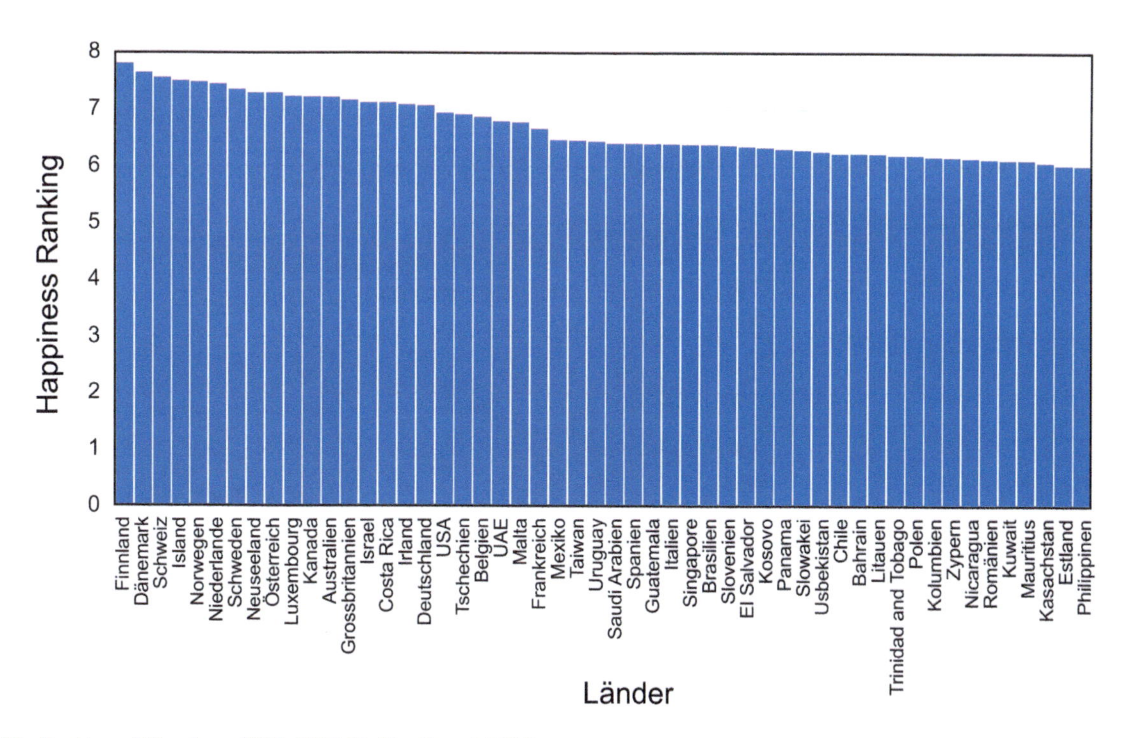

Abb. 5.20 Ranking of Happiness 2017–2019 (Helliwell et al. 2020)

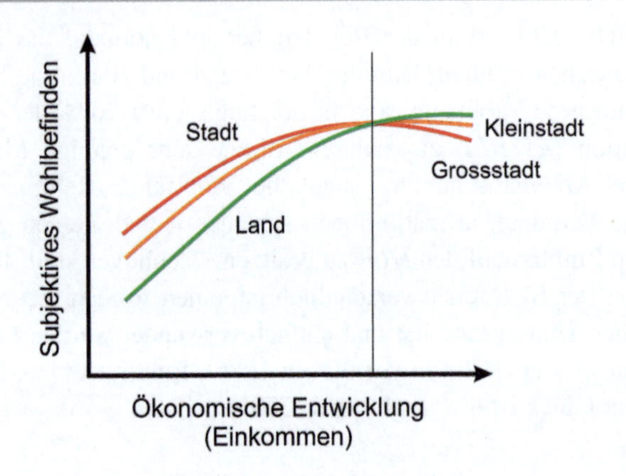

Abb. 5.21 The Urban Paradox: Subjektives Wohlbefinden und Stadtgröße in Abhängigkeit vom Einkommen (Helliwell et al. 2020)

5.5.8 Johnstons Index der Lebensqualität

Dieser Parameter basiert vollständig auf Eingangsgrößen, die für Zeitreihenanalysen verwendet werden. Die Eingangsgrößen umfassen Gesundheit, öffentliche Sicherheit, Bildung, Beschäftigung, Verdienst und Einkommen, Wohnen, Familie und Gleichheit. Insgesamt gibt es 21 Variablen. Der Index wird von einigen ökonomischen Indikatoren dominiert. (Hagerty 2001).

5.5.9 Miringoffs Index of Social Health bzw. der Fordham Index

Dieser Lebensqualitätsparameter wurde 1996 von Miringoff am Fordham Institute of Innovation and Social Policy entwickelt. Die Messung umfasst 16 bzw. 17 objektive Eingangsgrößen aus verschiedenen Bereichen. Die Komponenten haben sich im Laufe der Zeit verändert und waren:

- Säuglingssterblichkeit,
- Kindesmisshandlung,
- Kinder in Armut,
- Selbstmord bei Jugendlichen,
- Drogenmissbrauch,
- Schulabbruch,
- Geburt im Teenageralter,
- Arbeitslosigkeit,
- Durchschnittlicher Wochenverdienst,
- Krankenversicherungsschutz,
- Armut bei Menschen über 65,
- Lebenserwartung im Alter von 65 Jahren,
- Eigenanteil der Gesundheitskosten bei den über 65.Jährigen,
- Rate der Gewaltverbrechen,
- Alkoholbedingte Verkehrstote,
- Bezug von Lebensmittelmarken,
- Zugang zu bezahlbarem Wohnraum und
- Ungleichheit der Einkommen.

Im Gegensatz zu den anderen Lebensqualitätsparametern werden hier die Parameter auf Altersgruppen bezogen. Die ersten drei Parameter beziehen sich zum Beispiel auf Kinder, während andere nur für Jugendliche, Erwachsene oder ältere Menschen gelten. Einige wenige Komponenten werden für alle Altersgruppen verwendet. Die Komponenten werden normalisiert und dann durch Gewichtung zusammengeführt. Abb. 5.22 zeigt die Entwicklung dieses

Abb. 5.22 Index of Social Health und Bruttosozialprodukt pro Einwohner in Kanada von 1970 bis 1995 (FIISP 1995)

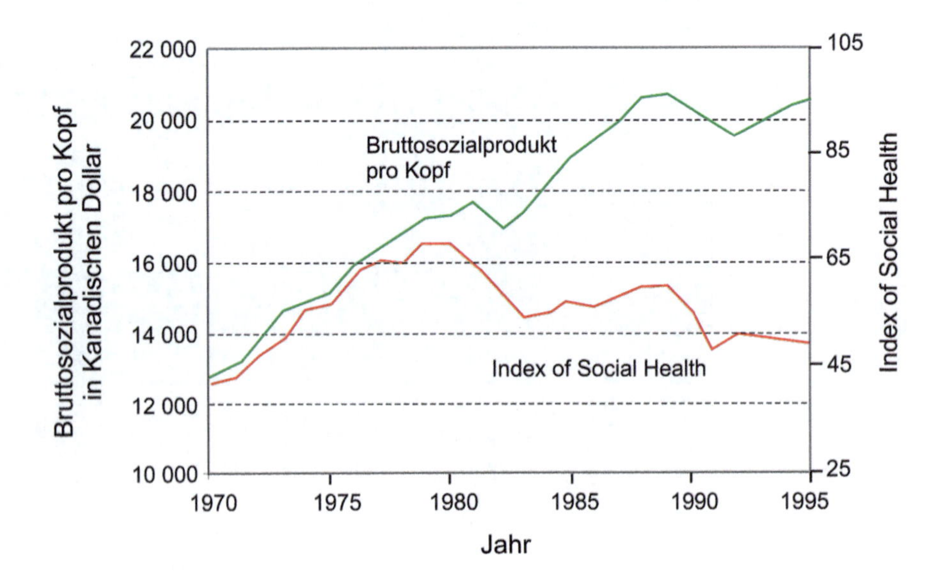

Parameters im Vergleich zum Bruttoinlandsprodukt pro Kopf für Kanada für einen Zeitraum von etwa 30 Jahren. (Carrie 2004; HRSDC 1997; Hagerty et al. 2001).

5.5.10 Estes Index des Social Progress

Estes hat 1984 diesen Index des sozialen Fortschritts (Social Progress) eingeführt. Es gibt Variationen des ursprünglichen Index, wie z. B. einen gewichteten Index. Die ursprüngliche Version des Index umfasste 10 Kategorien und 40 Komponenten, während die spätere Version des Index 46 Parameter umfasst. Tab. 5.24 listet die Eingangsgrößen für späte Version des Index auf. Abb. 5.23 gibt einen Überblick über die Vielfalt des Estes Index of Social Progress für verschiedener Länder. (Hagerty et al. 2001; Estes 1992, 1988, 1990).

5.5.11 Diener's Basic und Advanced Quality of Life Index

Diener hat die Einschränkungen verschiedener Lebensqualitäts-Parameter beklagt, wie z. B. keine fundierte theoretische Arbeit, die willkürliche Wichtung, Rangordnungsstatistiken visualisieren Unterschiede möglicherweise nicht in angemessener Weise und Skalenwerte sind teilweise nicht in der Lage, einige universelle Werte wiederzugeben. Basierend auf einigen Arbeiten von Schwarz und Maslow wurden von Diener zwei Parameter entwickelt: der Basic Index und der Advance Index. In beide Indizes fließen sieben Variablen ein, die auch durch zusätzliche Variablen ergänzt werden können. (Hagerty et al. 2001).

5.5.12 Michalos' Nordamerika Sozialbericht

Der Michalos North America Social Report verglich die Lebensbedingungen in den USA und Kanada zwischen 1964 und 1974. Dabei wurden bis zu 126 Eingangsvariablen verwendet. (Hagerty et al. 2001).

5.5.13 Eurobarometer

Das Eurobarometer ist eine öffentliche Meinungsumfrage in der Europäischen Union. Die Fragen werden an eine repräsentative Stichprobe der Bevölkerung der Mitgliedsstaaten gestellt. Die Umfrage wird zweimal im Jahr durchgeführt. Die Umfrage beinhaltet Fragen zur Zufriedenheit mit dem Leben insgesamt und mit den demokratischen Verhältnissen im Land. (Hagerty 2001).

5.5.14 ZUMA-Index

Der ZUMA-Index wurde für den Vergleich der Entwicklung der Mitgliedsstaaten der Europäischen Union entwickelt. Die Kennzahl wurde am Zentrum für Umfrageforschung und Methodik (ZUMA) in Deutschland entwickelt. Das Maß basiert auf 25 Indikatoren, wie z. B. dem Pro-Kopf-Bruttoinlandsprodukt (BIP), den Bildungsausgaben in Prozent des BIP, der Frauenerwerbsquote, der Arbeitslosenquote, der Kindersterblichkeit, der Größe des Schienennetzes, den Kohlendioxid- und Schwefeldioxid-Emissionen, dem prozentualen Anteil des Einkommens, der für Nahrungsmittel ausgegeben wird, der durchschnittlichen Lebensdauer, der Anzahl der Ärzte pro 1000 Einwohner, dem Zugang zu Wasser, der Lärm- und Luftverschmutzung oder anderen Parametern für Umweltschäden. (Hagerty 2001).

5.5.15 Index der menschlichen Armut (HPI)

Der *HPI* gilt allgemein als besserer Parameter für die Beschreibung und Veränderung der Lebensbedingungen in armen Ländern. Er basiert auf

- Der Wahrscheinlichkeit bei der Geburt, das Alter von 40 Jahren nicht zu erreichen,
- Dem prozentualer Anteil der Erwachsenen ohne funktionale Lese- und Schreibfähigkeiten und
- Dem gewichteten Prozentsatz der untergewichtigen Kinder und dem Prozentsatz der Bevölkerung ohne Zugang zu sauberem Wasser.

5.5.16 Weitere sozio-ökonomische Lebensqualitätsparameter

Diese Sammlung der vorgestellten sozio-ökonomische Lebensqualitätsparameter ist keineswegs vollständig. Weitere Maße sind der International Living Index, der State Level Quality of Life Survey, die soziale „Wetterstation" der Philippinen (Social Weather Stations 2021), der niederländische Living Conditions Index (*LCI*) (Boelhouwer 2002) oder das schwedische *ULF*-System. (Hagerty 2001)

Zusätzlich wird in vielen Fachzeitschriften die Lebenszufriedenheit untersucht, z. B. in Karten zur zukünftigen Entwicklung in Deutschland (Handelsblatt 2007) oder der Lebenszufriedenheitslandkarte Deutschlands (DNN 2005). Solche Verfahren werden auch international angewandt, wie die weltweite Lebensqualitätsstudie von Mercer (MHRC 2007) oder Money's Best Places to Live.

Tab. 5.24 Eingangsgrößen für die Berechnung des Estes Index of Social Progress

Categories	Component
Education	Adult literacy rate
	Primary school completion rate
	Average years of schooling
Health status	Life expectation at birth
	Infant mortality rate
	Under-five child mortality rate
	Physician per 100,000 population
	Percent of children immunized against DPT at age 1
	Percentage of population using proved water sources
	Percent of population undernourished
Women status	Female adult literacy as % of males
	Contraceptive prevalence among married women
	Maternal mortality ratio
	Female secondary school enrollment as % of males
	Seats in parliament held by women as percent of total
Defense effort	Military expenditures as % of GDP
Economy	Per capita gross national income (as measured by PPP)
	Percent growth in gross domestic product (GDP),
	Unemployment rate
	Total external debt service as percentage of exports of goods and services
	GINI Index score, varied
Demography	Average annual population growth rate
	Percent of population aged 14 years and younger
	Percent of population aged 65 years and older
Environment	Nationally protected areas
	Average annual disaster-related deaths per million population
	Per capita metric tons of carbon dioxide emissions
Social chaos	Strength of political rights
	Strength of civil liberties
	Total deaths in major armed conflicts since inception
	Number of externally displaced persons per 100,000 population
	Perceived corruption index
Cultural diversity	Largest percentage of population sharing the same or similar racial/ethnic origins
	Largest percentage of population sharing the same or similar religious beliefs
	Largest share of population sharing the same mother tongue
Welfare effort	Age first national law – old Age, invalidity & death
	Age first national law – sickness & maternity
	Age first national law – work injury
	Age first national law – unemployment
	Age first national law – family allowance

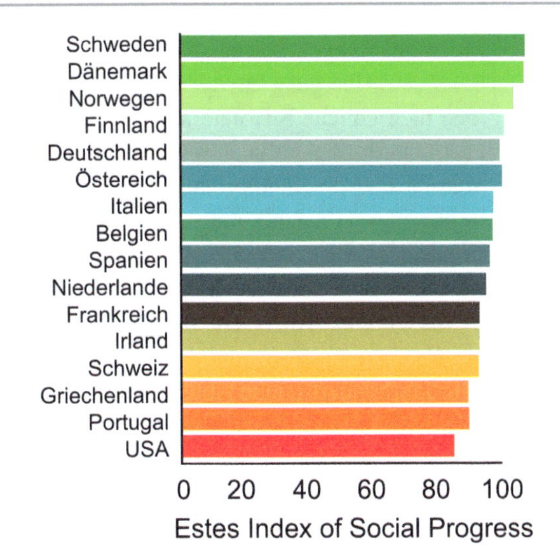

Abb. 5.23 Estes Index of Social Progress für das Jahr 2001 (Burke 2004)

5.6 Ökonomische Lebensqualitätsparameter

5.6.1 Einleitung

Wie bereits in der Einleitung erwähnt, wurde der Begriff der Lebensqualität relativ früh in der Ökonomie als Zielparameter für Entscheidungen vorgeschlagen. Ökonomische Zielparameter können sehr weitgefächert sein: So kann man Gesundheit als menschliches Kapital ansehen. Die Gesundheit beeinflusst direkt, die einem Menschen im Jahr oder über das gesamte Leben zur Verfügung stehende, Arbeitszeit. Gesundheit ist damit eine Größe, die Auswirkungen auf die Produktivität innerhalb einer Firma oder einer Gesellschaft besitzt.

In produktivitätsbeeinflussende Größen kann man bekanntlich investieren. Diese Tatsache gilt für die Gesundheit ebenso wie für die Erziehung: Erziehung und Ausbildung sind Faktoren, die direkt die Produktivität beeinflussen. Je besser die Ausbildung, um so höher ist in der Regel die Produktivität. Übrigens betrachtet man in der Regel Kultur als Ausbildung. Insofern ist Kultur kein unwirtschaftliches Überbleibsel aus einer Zeit vor der Einführung des Neoliberalismus, sondern eine langfristige Investition in die Ausbildung und Erziehung von Menschen. Leider ist es heute aufgrund der großen Änderungsdynamik der modernen Gesellschaften üblich geworden, Investitionen nur noch mittel- oder kurzfristig auszulegen.

In den Wirtschaftswissenschaften geht man häufig davon aus, dass der Lebensnutzen an drei Parameter geknüpft ist: Gesundheit, Lebenslänge und Wohlstand.

5.6.2 Bruttosozialprodukt

Das Bruttoinlandsprodukt (BIP) ist der Gesamtwert der Waren und Dienstleistungen, die durch Arbeit und Eigentum innerhalb eines Landes während eines bestimmten Zeitraums produziert werden. Im Jahr 1991 wurde das BIP zum primären Bewertungsmaß der US-Regierung für die wirtschaftliche Aktivität in der Nation und ersetzte das Bruttosozialprodukt (BSP), welches den Gesamtwert der Waren und Dienstleistungen darstellt, die durch Arbeit und Eigentum von US-Einwohnern (aber nicht notwendigerweise innerhalb des Landes) produziert werden. Der Wert selbst ist nicht so sehr von Interesse, sondern vor allem das Wachstum wird oft als Indikator für Verbesserungen angeführt.

Das Bruttosozialprodukt ist ein Abgrenzungskriterium für ein Gebiet, in dem die gesellschaftlichen Regeln, also Gesetze, relativ konstant sind.

Diese Abgrenzung kann insbesondere bei grenzüberschreitenden Investitionen zu Auslegungsproblemen führen. So befindet sich rein territorial innerhalb des Staates Südafrika das Land Lesotho. Lesotho wurde vor wenigen Jahren von der UNO als eines der zehn ärmsten Länder mit einem entsprechenden Bruttosozialprodukt eingestuft (540 US$ pro Jahr pro Einwohner). Im Gegensatz dazu wird Südafrika als eines der reichsten Länder Afrikas eingestuft (2670 US$ pro Jahr pro Einwohner). Während des Highlands-Water-Projektes investierten Südafrika und die Europäische Union in großem Maße in Baumaßnahmen in Lesotho. Würde man z. B. für die Sicherungsanforderungen das Bruttosozialprodukt von Lesotho heranziehen, würde in den investierenden Ländern ein erheblicher Argumentationsbedarf entstehen. Um dies zu vermeiden, verwendet man in solchen Fällen dann die Sicherheitsanforderungen des reicheren Landes. Solche Beispiele lassen sich übrigens auch in Europa finden. So hielten die Proteste in Deutschland und Österreich gegen das Kernkraftwerk Temelin auf Grund unterschiedlicher Sicherheitsanforderungen lange an.

Da das Bruttosozialprodukt aus Sicht der wirtschaftswissenschaftlichen Lebensqualitätsbeschreibung von so großer Bedeutung ist, soll im Folgenden auf die historische Entwicklung dieser Größe eingegangen werden.

Tab. 5.25 gibt das mittlere Pro-Kopf-Einkommen vor 2000 Jahren, vor 1000 Jahren, vor ca. 180 Jahren und einen annähernd aktuellen Wert an. Als Bezugsgröße wurden US$ aus dem Jahre 1990 gewählt. In Westeuropa erfolgte ein Abfall des Einkommens von der Zeit des Römischen Reiches bis zum Mittelalter. Dieser Abfall ist auf den Zerfall der ökonomischen Strukturen des Römischen Reiches zurückzuführen. Das Römische Reich war aber nicht die einzige Hochkultur zu dieser Zeit auf der Erde. Auch in Asien und Afrika existierten Hochkulturen, die zu relativ

Tab. 5.25 Entwicklung des Pro-Kopf-Einkommens in den letzten 2000 Jahren

Land/Region	Pro-Kopf-Einkommen im Jahre in 1990-US$ im Jahre			
	0	1000	1820	1998
Westeuropa	450	400	1.232	17.921
USA, Kanada	400	400	1.201	26.146
Japan	400	425	669	20.413
Lateinamerika	400	400	665	6795
Osteuropa und UDSSR	400	400	667	4354
Asien ohne Japan	450	450	575	2936
Afrika	444	440	418	1368
Welt	444	435	667	5709

hohen Pro-Kopf-Einnahmen der Bevölkerung führten. Bis auf Japan in Asien konnte auf keinem Kontinent in den ersten tausend Jahren der christlichen Zeitrechnung ein Zuwachs des Einkommens erzielt werden. Tab. 5.26 gibt die Zuwachsraten des Einkommens in den letzten 2000 Jahren an. Dort wird auch deutlich, dass seit ca. 200 Jahren ein rasantes Anwachsen des Pro-Kopf-Einkommens beobachtet werden kann. Dabei werden mittlere Wachstumswerte von etwa 1,5 % pro Jahr erreicht. Schlusslicht bildet hierbei Afrika mit 0,7 %. Das größte Wachstum erreichte Japan mit nahezu 2 %, gefolgt von den USA und Kanada.

Tab. 5.25 und 5.26 geben mittlere Werte des Pro-Kopf-Einkommens für relativ große Zeiträume bzw. historische Jahreswerte mit relativ großen Unsicherheiten an. Da aber seit ca. 150 Jahren ein beachtliches Wachstum des Bruttosozialproduktes zu beobachtet ist, soll dieser Zeitraum näher betrachtet werden.

Manche Autoren nehmen an, dass dieses einsetzende Wachstum, welches heute als "*Industrielle Revolution*" bezeichnet wird, nur ein weiterer Entwicklungsschritt war, andere sehen einen qualitativen Sprung – nach der "*Kognitiven Revolution*" und dem Übergang zu agrarischen Zivilisationen die dritte große menschliche Revolution. Interessant ist, dass in China im 13. und 14. Jahrhundert erste Webmaschinen entwickelt wurden und die Stahlproduktion in Kaifeng das Niveau Europas des 17. Jahrhunderts erreichte (Morris 2011). In Russland wurde parallel zu England eine Dampfmaschine durch Polsunow entwickelt, fand aber keine breite Anwendung (Matschoss 2013; Wachtel 2005). In beiden Fällen zündete die Industrielle Revolution nicht, sondern erst in England im 18. Jahrhundert (siehe Abb. 5.24). Obwohl diese beiden Beispiele kein Beweis sind, legen sie nahe, dass in der menschlichen Geschichte die europäischen Mächte nur über wenige Jahrhunderte wirtschaftlich führend waren (University of Groningen 2021; Morris 2011; Mombert 1936).

Die Industrielle Revolution hatte nicht nur enorme Auswirkungen auf die ökonomischen Leistungsfaktoren, sondern auf die gesamte Gesellschaft. Abb. 5.25 zeigt z. B. das Wachstum der städtischen Bevölkerung in Großbritannien.

Abb. 5.26 zeigt punktuell das Bruttosozialprodukt verschiedener Länder zu Beginn des 19. und zum Ende des 20. Jahrhunderts. In diesem Diagramm wird der Anstieg des Bruttosozialproduktes besonders deutlich. Dieser Wert hat sich in ca. 150 Jahren in den entwickelten Industrieländern vervielfacht. Allerdings zeigen die aktuellen Werte immer noch erhebliche Unterschiede für die einzelnen Ländern. Einige sehr reiche Länder, wie Luxemburg, Schweiz, Japan oder den USA stehen sehr arme Ländern gegenüber, die ein Bruttosozialprodukt pro Kopf besitzen, welches denen der erstgenannten Länder vor 150 Jahren entspricht. Gemäß Abb. 5.26 zählt Deutschland zu den reichen Ländern.

Das Wachstum des Pro-Kopf-Sozialproduktes in Deutschland seit 1852 zeigt Abb. 5.27. Vor 1850 waren in Deutschland etwa 50 % bis 60 % der Bevölkerung in der Landwirtschaft tätig (siehe Abb. 5.25). Von 1850 bis 1871 existierte

Tab. 5.26 Durchschnittliches Wachstum des Pro-Kopf-Einkommens in den letzten 2.000 Jahren

Land/Region	Durchschnittliches Wachstum des Pro-Kopf-Einkommens in % für die Jahre		
	0–1000	1001–1820	1821–1998
Westeuropa	-0,01	0,14	1,51
USA, Kanada	0,00	0,13	1,75
Japan	0,01	0,06	1,93
Lateinamerika	0,00	0,06	1,22
Osteuropa und UDSSR	0,00	0,06	1,06
Asien ohne Japan	0,00	0,03	0,92
Afrika	0,00	0,00	0,67
Welt	0,00	0,05	1,21

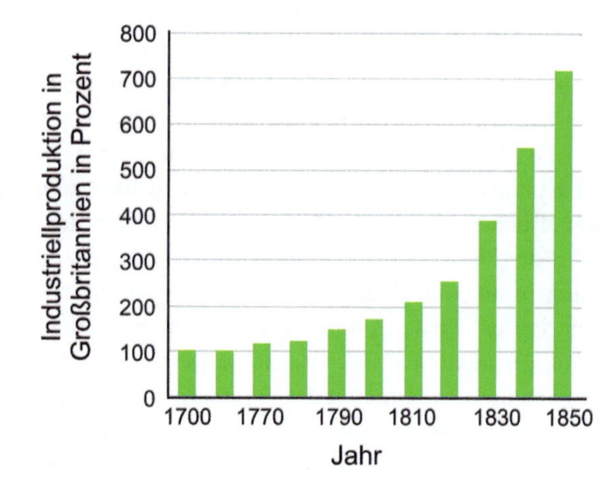

Abb. 5.24 Wachstum der Industrieproduktion in Großbritannien zu Beginn der Industriellen Revolution nach More (2000)

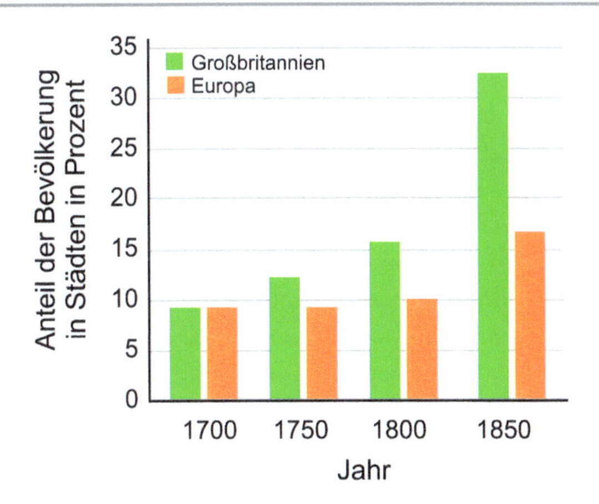

Abb. 5.25 Wachstum der städtischen Bevölkerung in Großbritannien zu Beginn der Industriellen Revolution nach More (2000)

Deutschland bekanntlich nicht als einheitlicher Staat, sondern als eine Gruppierung von deutschen Staaten. Hierbei wäre z. B. Preußen, Württemberg, Baden oder Sachsen zu nennen. Etwa seit 1850 bis zur Gründung des Deutschen Reiches konnte in den deutschen Staaten ein relativ konstantes Wirtschaftswachstum beobachtet werden. Im Durchschnitt betrug das Wachstum etwa 2 %, erreichte kurzzeitig aber auch Werte von 8 %. Nach der Gründung des Deutschen Reiches stieg die Wachstumsrate kurzzeitig im Mittel auf etwa 4 %, um danach deutlich abzufallen. Dieser Abfall wird als sogenannte Gründerkrise bezeichnet. Von 1883 bis zum Beginn des Ersten Weltkrieges konnte anschließend eine lange Periode mit konstanten Wachstumsraten um die 2–3 % beobachtet werden. Von 1800 bis etwa 1914 konnte sich der Anteil der Bevölkerung, der in der Industrie tätig war, von ca. 20 % auf fast 40 % verdoppeln. Im Ersten Weltkrieg fiel die Produktion in Deutschland und erreichte etwa um 1928 wieder den Vorkriegswert. Zwar konnten in diesem Zeitraum zeitweise hohe Wachstumswerte erreicht werden, aber die Weltwirtschaftskrise stoppte diese Entwicklung. Innerhalb dieser Krise wurden Schrumpfungsraten von über 10 % erreicht. Während sich die Arbeitslosigkeit vor dem Ersten Weltkrieg zwischen 1 und 6 % mit relativ langen Perioden von 1–2 % bewegte, erreichte die Arbeitslosenquote zur Weltwirtschaftskrise 30 %. Zum Vergleich: Heute liegt die Arbeitslosenquote in

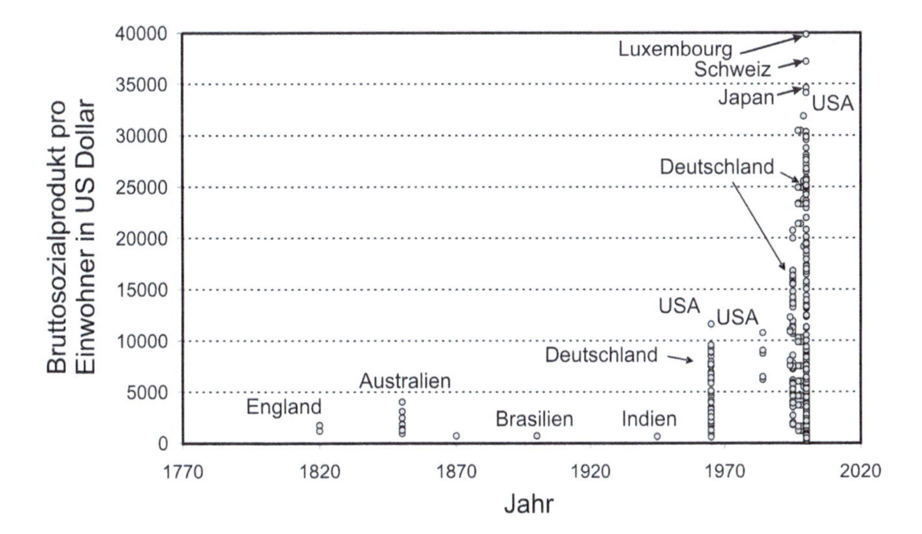

Abb. 5.26 Bruttosozialprodukt für verschiedene Länder in US$ (1999 bzw. 2000)

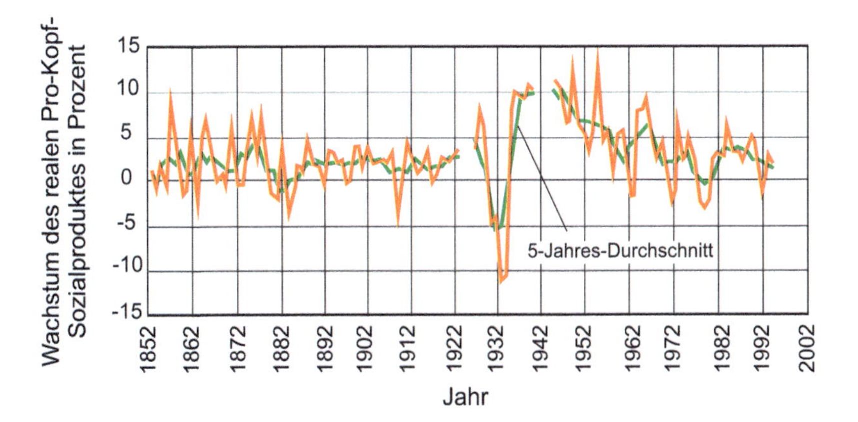

Abb. 5.27 Wachstum des realen Pro-Kopf-Sozialproduktes in Deutschland von 1852–1995 (Jahreswert und 5.Jahres Durchschnitt (Pätzold 2004)

Deutschland deutlich unter 10 %, in einigen Gebieten in Ostdeutschland lag sie über 20 % und erreichte fast die Werte aus den 1920er Jahren (Metz 2000, siehe auch Miegel 2001). Insgesamt waren die 20er Jahre von mehreren schweren wirtschaftlichen Ereignissen geprägt. Vor der Weltwirtschaftskrise ereignete sich die Hyperinflation in Deutschland (siehe Sauer 2019). Die Inflation erfolgte mit dem Ziel, die Schulden des Krieges abzubauen. Andere Länder, wie z. B. Großbritannien, versuchten den Schuldenabbau über Steuererhöhungen zu bewältigen. Auf Grund der politischen Situation in Deutschland, aber auch in Österreich, war dieser Weg nicht oder nur schwer möglich. Die Konsequenzen der Inflation waren aber für die Bürger verheerend: Viele Bürger verloren neben ihren Ersparnissen auch jegliches Vertrauen in die Demokratie. Die große Unabhängigkeit der Deutschen Bundesbank war ein sich bis heute auswirkendes Ergebnis der Inflation in den 20er Jahren. (Universität Hohenheim 2004).

Etwa seit Beginn der 30er Jahre konnte in Deutschland ein Wirtschaftsaufschwung beobachtet werden, der in den folgenden Jahren bis zu 10 % erreichte. Entgegen landläufigen Meinungen beruhte dieser Aufschwung nicht nur auf der Politik der 1933 an die Macht gekommenen Nationalsozialisten. Bereits 1932 wiesen wirtschaftliche Frühindikatoren auf eine wirtschaftliche Belebung hin. Die ersten wirtschaftlichen Maßnahmen der Nationalsozialisten konnten, wenn überhaupt, erst 1934 und 1935 wirksam werden. Interessant sind außerdem einige besondere Merkmale des Wirtschaftswachstums in den 30er Jahren. Bereits 1934 begannen die Nationalsozialisten mit der Umstellung der deutschen Wirtschaft auf rüstungsrelevante Produktionsgüter. Diese Umstellung lässt sich unter anderem damit belegen, dass der Konsum nicht im gleichen Maße wuchs wie die gesamte Wirtschaft. Daneben erfolgte eine Verringerung der Einkommen nichtselbständiger Arbeitnehmer und gleichzeitig eine Abschöpfung der Kaufkraft über Spareinlagen des Staates. Auf Grund dieser Entwicklungen wird das Wachstum dieser Zeit auch als „deformiertes Wachstum“ beschrieben. (Universität Hohenheim 2004).

Nach dem Zweiten Weltkrieg konnte ein sehr hohes Wirtschaftswachstum in Deutschland beobachtet werden. Dabei wurden in den 50er Jahren teilweise über 10 % Wirtschaftswachstum („Wirtschaftswunder“) erreicht, welches bis Mitte der 60er Jahre auf 2–4 % abnahm. Die 60er Jahre waren durch Vollbeschäftigung und den Import von Gastarbeitern geprägt. Etwa seit Mitte der 70er Jahre wird nur noch ein verhaltenes Wirtschaftswachstum beobachtet. Eingeleitet wurde diese Phase durch den Ölpreisschock 1974/75 und setzte sich bis zur Wirtschaftskrise 1980/81 fort. Seit dieser Zeit werden mittlere Wirtschaftswachstumsraten von 1–2 % erreicht. Dies entspricht auch ungefähr dem mittleren Wirtschaftswachstum der letzten nahezu 200 Jahre in den heute entwickelten Industrieländern. Selbstverständlich werden diese mittleren Wirtschaftswachstumswerte häufig über- oder unterschritten. Man geht von etwa 5. bis 8-jährigen Wirtschaftszyklen aus, die seit 100 Jahren beobachtet werden können. (Universität Hohenheim 2004).

Die Entwicklung des Pro-Kopf-Bruttosozialproduktes in anderen entwickelten Industrienationen in den letzten Jahrzehnten ist durchaus vergleichbar mit der Entwicklung in Deutschland. Sicherlich sind in dem einen oder anderen Land Sondereffekte zu beobachten, wie z. B. in Norwegen mit dem Aufblühen der Ölindustrie, aber der Trend ist vergleichbar (Abb. 5.28). In anderen Regionen der Welt verlief die Entwicklung allerdings bei weitem nicht so harmonisch. So löste der Zusammenbruch des Ostblocks in den osteuropäischen Staaten eine schwere wirtschaftliche Krise aus, wie Abb. 5.29 zeigt. Es dauerte mehrere Jahre, bis die Länder wieder das Niveau vor dem Zusammenbruch erreichten.

Abb. 5.30 zeigt die Entwicklung des Pro-Kopf-Sozialproduktes für die asiatischen Staaten. Deutlich sichtbar wird in diesen Kurven ein Knick Ende der 90er Jahre. Dabei handelt es sich um die Asienkrise von 1999/2000. Über eine halbe Milliarde Menschen wurde von massiven Geldentwertungen getroffen. In vielen Staaten im arabischen Raum, in Afrika oder in Mittelamerika, wird in den Abb. 5.31, 5.32 und 5.33 eine Stagnation sichtbar. Es handelt sich oftmals um Krisen, die mehr als 20 Jahre anhalten. Einige Staaten, wie Irak, Iran oder Zaire, zeigen ein deutlich fallendes Einkommen durch Kriege, die geführt wurden. Neben dem fallenden Einkommen ist die Bevölkerung in diesen Ländern auch von einer hohen Arbeitslosenquote betroffen.

Aktuelle Zahlen und Zeitreihen findet man z. B. bei Groningen Growth and Development Centre (University of Groningen 2021).

Sowohl die Gültigkeit der Zahlen, z. B. die Umrechnung in Kaufkraftparitäten wird immer wieder geprüft Greuel (2014), Hesse und Teupe (2013) und teilweise kritisch hinterfragt (Die Volkswirtschaft 2018). Auch gibt es Thesen über längerfristige Konjunkturzyklen, die in den Daten sichtbar sein sollen (Kondratjew 1926; Dewey und Dakin 1950).

5.6.3 Arbeitslosenquote

Die Höhe der Arbeitslosigkeit kann ebenfalls als ein wirtschaftlicher Parameter zur Beschreibung der Lebensqualität herangezogen werden. Die Arbeitslosenzahlen sind abhängig von der Definition der Arbeitslosigkeit. Daneben schwankt die Arbeitslosenquote auch infolge der bereits genannten konjunkturellen Zyklen. Abb. 5.34 zeigt den Verlauf der Arbeitslosenquote in Deutschland seit ca. 120 Jahren. Die größten Werte wurden zur Weltwirtschaftskrise

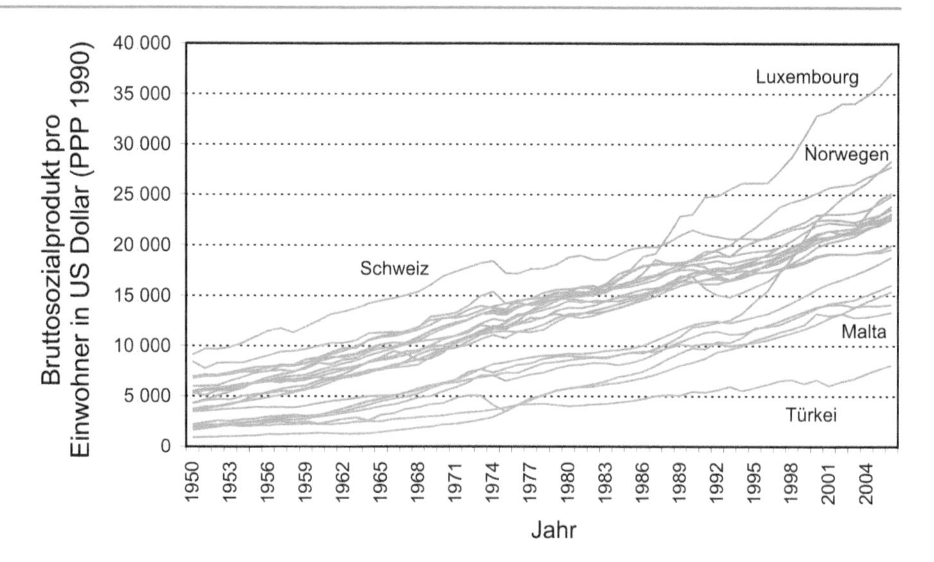

Abb. 5.28 Entwicklung des Bruttosozialproduktes pro Kopf der Bevölkerung in 1990-US$ in den OECD Staaten (University of Groningen 2007)

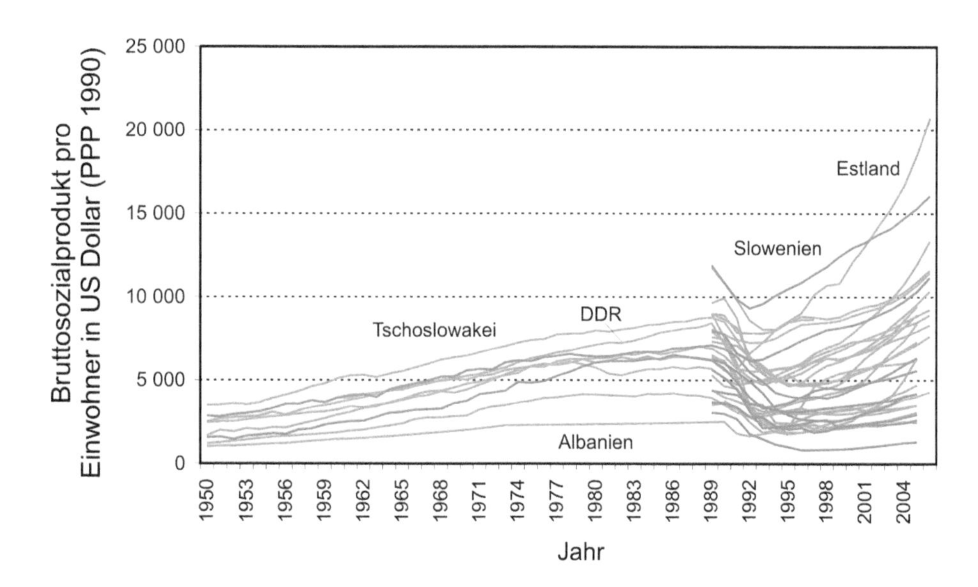

Abb. 5.29 Entwicklung des Bruttosozialproduktes pro Kopf der Bevölkerung in 1990-US$ in den ehemaligen Ostblockstaaten (University of Groningen 2007)

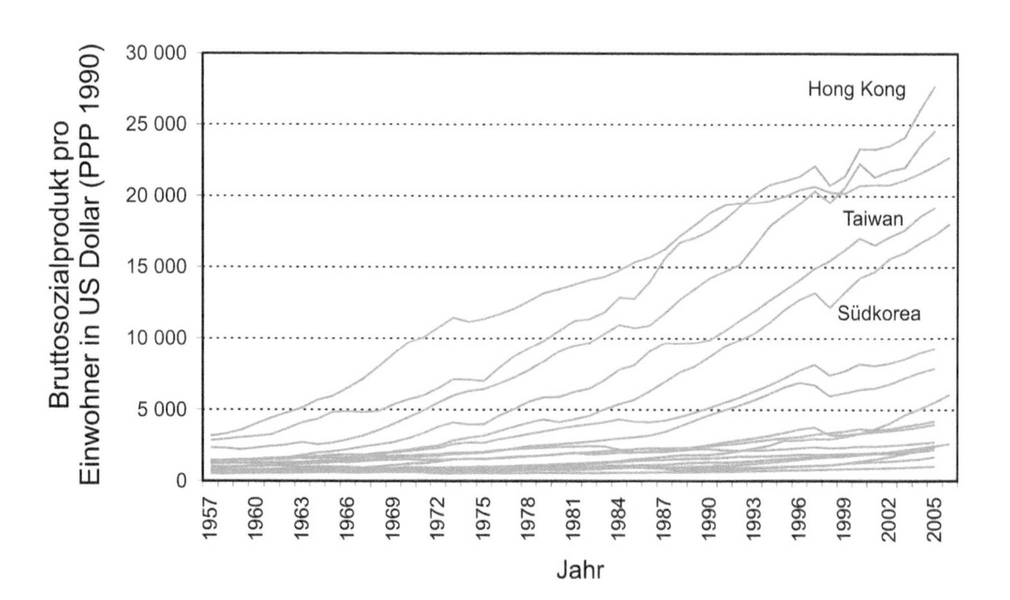

Abb. 5.30 Entwicklung des Bruttosozialproduktes pro Kopf der Bevölkerung in 1990-US$ im Fernen Osten (University of Groningen 2007)

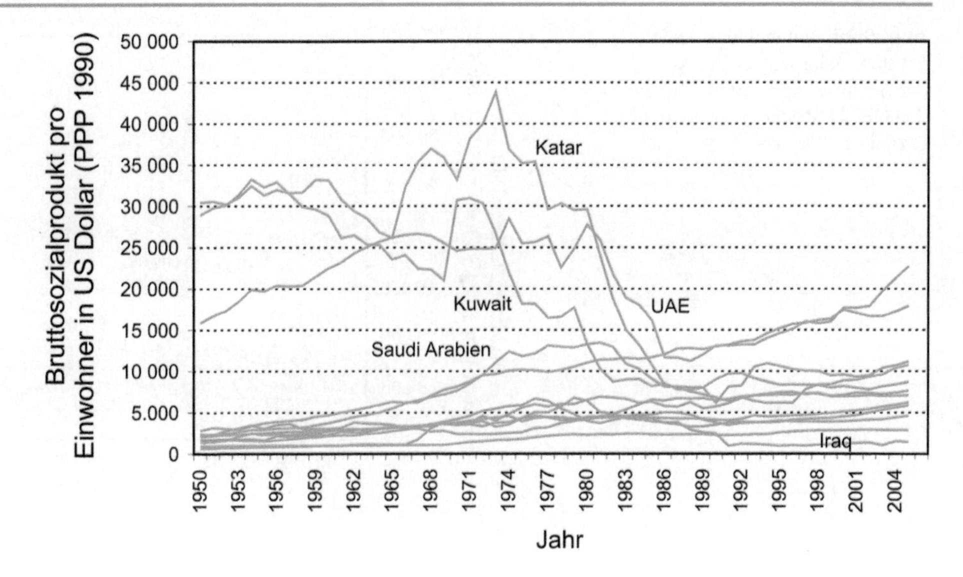

Abb. 5.31 Entwicklung des Bruttosozialproduktes pro Kopf der Bevölkerung in 1990-US$ im Nahen Osten (University of Groningen 2007)

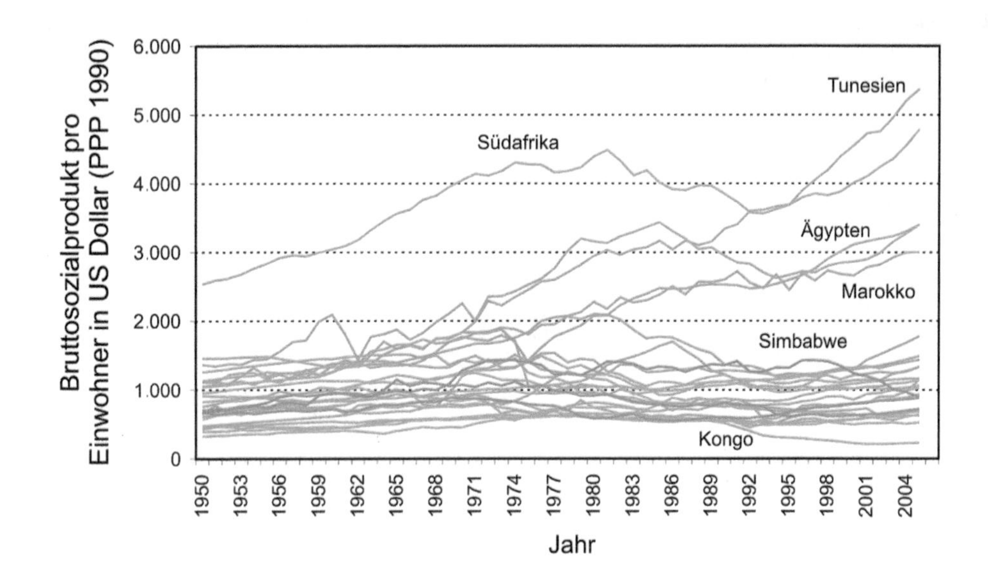

Abb. 5.32 Entwicklung des Bruttosozialproduktes pro Kopf der Bevölkerung in 1990-US$ in Afrika (University of Groningen 2007)

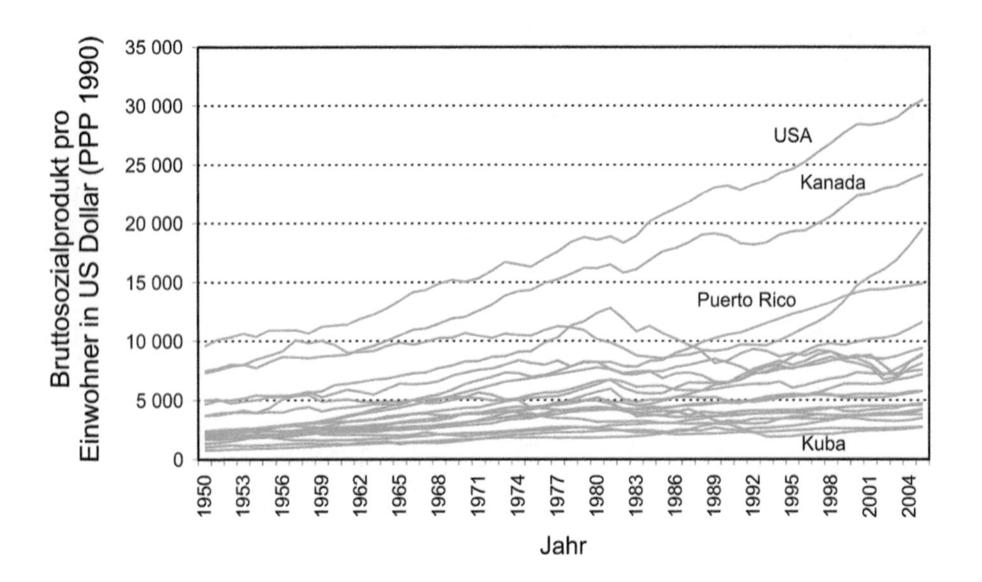

Abb. 5.33 Entwicklung des Bruttosozialproduktes pro Kopf der Bevölkerung in 1990-US$ in Nord- und Mittelamerika (University of Groningen 2007)

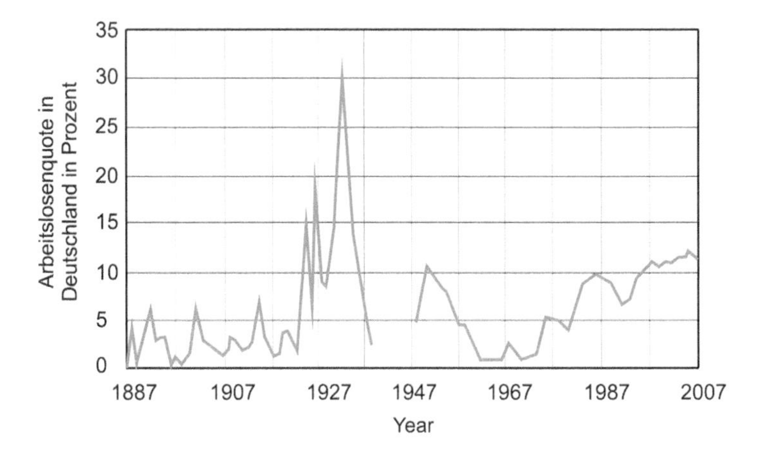

Abb. 5.34 Arbeitslosenquote in Deutschland von 1887 bis 2004 (Metz 2000)

erreicht. Sehr gut deutlich wird in Abb. 5.34 aber auch der kontinuierliche Anstieg der Arbeitslosenquote von 1980 bis 2007. Dabei werden auch die konjunkturellen Zyklen sichtbar.

Im Gegensatz zur Arbeitslosenquote, die hinter dem Wirtschaftswachstum herläuft, ist die Nettoinvestitionsquote ein Frühindikator für die wirtschaftliche Entwicklung. Man kann die Nettoinvestitionsquote auch als Indikator für zukünftigen Wohlstand verwenden. Das Kieler Institut für Weltwirtschaft verwendet aktuell Informationen über Containerhandel, den Kiel Trade Indicator, als Frühindikator für den Welthandel (IFW 2021).

5.6.4 Güterbesitz

Weitere Lebensqualitätsparameter mit Hinblick auf Wirtschaftsdaten basieren auf dem Besitz bestimmter Güter, z. B. der Anzahl von Telefonen pro Kopf der Bevölkerung, der Anzahl von Kraftfahrzeugen pro Kopf der Bevölkerung, der Anzahl von Fernsehgeräten oder Kühlschränken etc. Zur Darstellung dieser Parameter werden häufig geographische Karten verwendet, in denen die Dichte oder Anzahl der Geräte über ein bestimmtes Gebiet mit Farben eingetragen wird. In Abb. 5.35 ist eine solche Karte dargestellt, die die Entwicklung der Anzahl der Telefone innerhalb eines Landes über die letzten 100 Jahr darstellt. Es ist relativ schwierig, geeignete Güter für längerfristige Darstellungen auszuwählen, da viele technische Güter, wie z. B. der Computer oder das Mobiltelefon, erst seit wenigen Jahrzehnten von der breiten Öffentlichkeit verwendet werden. Da das klassische Telefon schon seit ca. 100 Jahren verwendet wird, ist hier eine längerfristige Entwicklung darstellbar. Die letzten Angaben in Abb. 5.36 stammen aus dem Jahre 1999. Im Jahre 2003 gab es neben den Festnetzanschlüssen in Deutschland noch etwa 65 Mio. Mobilfunkteilnehmer. Heute dürften auf jeden Bewohner in Deutschland mindestens zwei Telefone kommen. Als weitere Darstellungen der Verteilung von Gütern ist in Abb. 5.37 die aktuelle Verkehrsdichte pro Land und in Abb. 5.38 die Hostdichte pro Land auf der Erde eingetragen.

5.6.5 Verfügbare Energie

Der Mensch hat seit seinem Ursprung von Pflanzen und Tieren gelebt. Er hat sie als Nahrung, Kleidung, Brennstoff und für den Bau von Unterkünften verwendet. Die Nutzung des Feuers als erste neue Technologie zur Energieerzeugung ist wahrscheinlich seit mehreren hunderttausend Jahren möglich (Berna et al. 2012; Roebroeksa und Villa 2011), die Zündung von Feuer wahrscheinlich erst seit über 30.000 Jahren. Von der Eiszeit bis zur Zeit des Han- oder des Römischen Reiches stieg der Energieverbrauch pro Person sehr moderat um einen Faktor sieben bis acht. Etwa um das Jahr 1000 wurden in China die Grenzen der organischen Ökonomie sichtbar, als China in Kaifeng kurz vor der Industriellen Revolution stand und der Übergang in die Epoche der fossilen Brennstoffe begann (Morris 2011).

Natürlich hatten die Menschen bereits lange davor die Nutzung der Energie von Wind und Wasser in Form von Segelschiffen und Mühlen erlernt, aber die fossilen Brennstoffe erlaubten eine völlig neue Qualität, die später in Europa zur Industriellen Revolution mit einem exponentiellen Wachstum der Energie, der Menschen und der Güter führte. Auch wenn heute von politischer Seite eine Begrenzung des Wachstums des Energieverbrauches angestrebt wird, geht man davon aus, dass in naher Zukunft der Energieverbrauch weltweit weiter ansteigen wird (BDEW 2016). Abb. 5.39 zeigt die Entwicklung der menschlichen Energieausbeute über die letzten ca. 15.000 Jahre.

Und auch für die ferne Zukunft wird das Wachstum der verfügbaren und der kontrollierbaren Energie als Zeichen für den Entwicklungsstand von Gesellschaften angesehen,

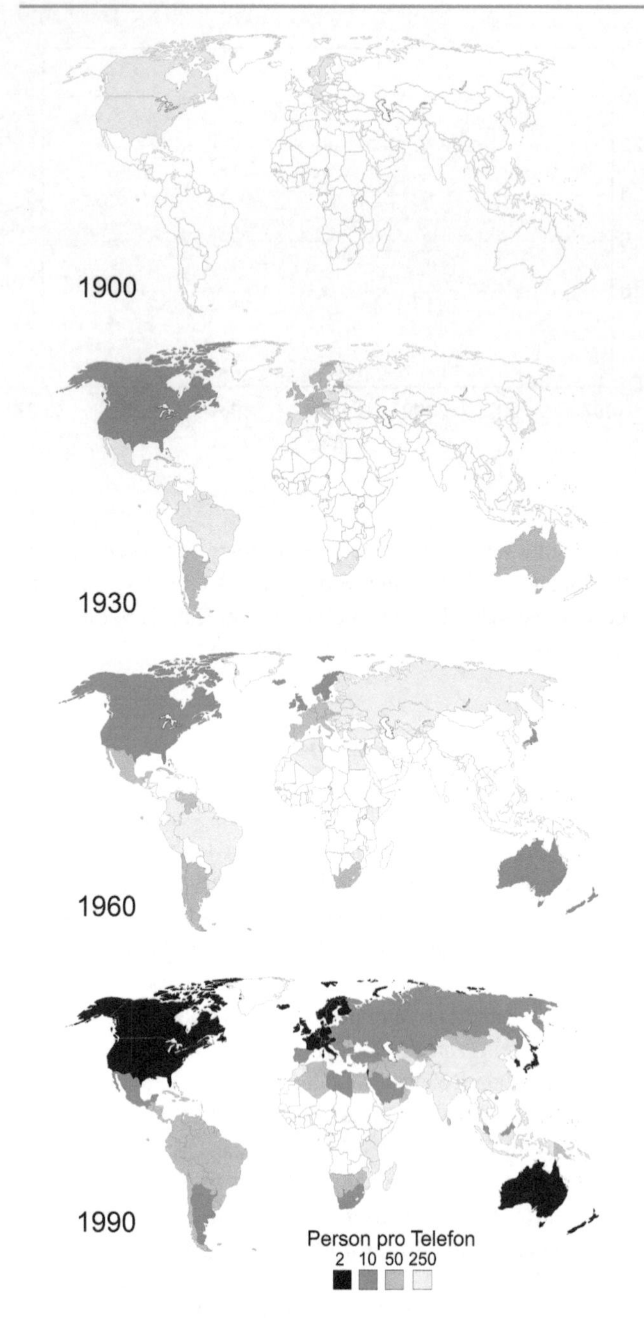

Abb. 5.35 Entwicklung der Anzahl von Telefonen weltweit in den letzten 100 Jahren (White 2004)

wie die Kardashev -Skala für die Einteilung von extraterrestrischen Zivilisationen zeigt (Kardashev 1964). Tab. 5.27 gibt einen Überblick über den Energieverbrauch bzw. Energie produktion für verschiedene Ereignisse.

Das eine Zunahme an verfügbarer Energie nicht zwangsläufig zu einer Verbesserung der Lebensqualität führen muss, zeigt die Adipositas. Der tägliche Energieumsatz des Menschen lag wahrscheinlich seit ca. 3,5 Mio. Jahren bei 16.000 kJ. In den letzten Jahrzehnten hat sich dieser Energieverbrauch allerdings deutlich verringert bei gleichzeitig energiereicherer Nahrung. Heute bewegen sich 60 % der Weltbevölkerung weniger als 30 min am Tag (Leyk et al. 2008). Inzwischen zeigen fast 20 % der Weltbevölkerung ein Übergewicht, was zumindest teilweise auf ein Überangebot an Nahrungsenergie oder einem zu geringen Energieumsatz liegt.

5.7 Ökologische Lebensqualitätsparameter

5.7.1 Einleitung

Wie bereits in der Einführung erwähnt: das Wirtschaftswachstum wird seit langem als ein bedeutender Indikator für das menschliche Wohlergehen und die menschliche Zufriedenheit angesehen. Die Eignung dieses Parameters als Indikator für die Lebensqualität ist allerdings begrenzt, da die Anwendung ökonomischer Parameter verschiedene Annahmen beinhaltet und z. B. die Unvollständigkeit ökonomischer Modelle und Systeme bekannt ist. So wird die Erziehung von Kindern in der Regel nicht als Leistung im ökonomischen Sinne betrachtet. Wenn diese Leistung jedoch nicht erbracht wird, kommt es zu einem Zusammenbruch verschiedener Wirtschaftsbereiche und Immobilien verlieren an Wert. Auch die Leistung der Biosphäre in Form der Bereitstellung von Sauerstoff in der Luft oder die Leistung der Sonne als Hauptenergielieferant sind nicht Teil der ökonomischen Systeme. Ökonomische Modelle versuchen jedoch zunehmend, solche Eingangsgrößen zu berücksichtigen.

So haben Constanza et al. (1997) versucht, die Leistung des Ökosystems Erde ökonomisch zu bewerten, um sie in ökonomische Modelle mit einzubeziehen und damit die Bewertungen realistischer zu gestalten.

Der Rückgang der Umweltressourcen kann nicht nur direkte Auswirkungen auf die Wirtschaftssysteme und indirekte Auswirkungen auf die Lebensqualität verursachen, sondern auch direkt die Lebensqualität beeinflussen. Daher wurden in den letzten Jahren verschiedene kombinierte Lebensqualitätsparameter entwickelt, die nicht nur das Wohlbefinden der Menschen, sondern auch den Zustand der Umwelt berücksichtigen. Ein solcher Parameter wurde bereits eingeführt: der Genuine Progress Indicator.

Doch wie bei der Entwicklung der Lebensqualitätsparameter für den Menschen tritt auch hier das gleiche Problem auf: Die Wahl der relevanten Eingangsgrößen für die Beschreibung des Zustandes der Natur und der Ökosystems gestaltet sich schwierig. Basierend auf Arbeiten von Mannis (1996) und Winograd (1993) werden in Tab. 5.28 und 5.29 einige Umweltparameter aufgeführt

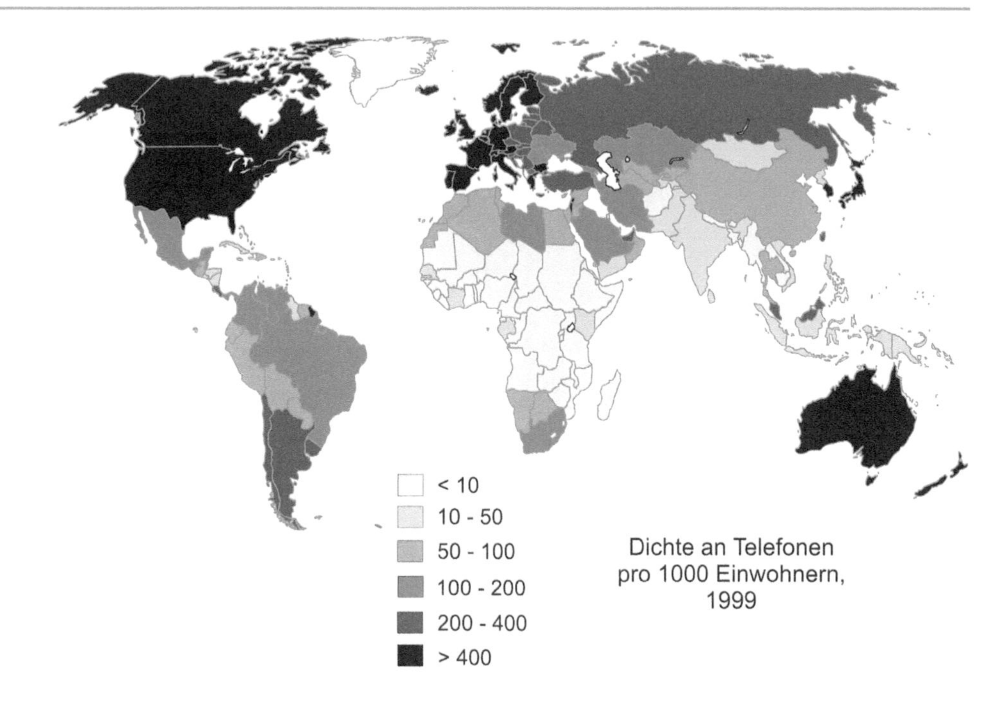

Abb. 5.36 Telefondichte je 1000 Einwohner, 1999 (Diercke Weltatlas 2002)

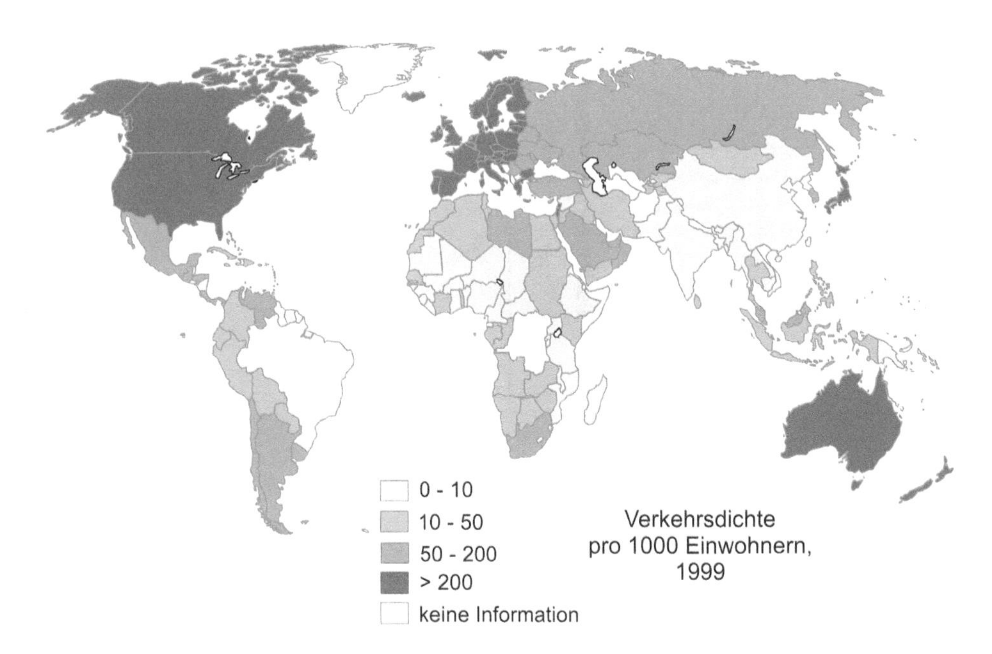

Abb. 5.37 Verkehrsdichte je 1000 Einwohner, 2000 (Diercke Weltatlas 2002)

5.7.2 Happy Planet Index (HPI)

Der Happy Planet Index *(HPI)* ist ein Maß zur Kombination des menschlichen und ökologischen Wohlbefindens. Eigentlich beschreibt er die effiziente Nutzung von Umweltressourcen, um ein langes und glückliches Leben für Individuen, Regionen oder Länder zu ermöglichen. Der Index basiert auf einer Umfrage zu den Themen Gesundheit, Wohlbefinden der Personen, Lebensstil, aber auch zur Umweltbelastung durch das Reiseverhalten. Beispielfragen sind in Tab. 5.30 dargestellt. (Marks et al. 2006; NEF 2006).

Der Parameter setzt sich aus drei Unterparametern zusammen, die nachfolgenden Formeln kombiniert werden:

$$HPI = \frac{\text{Lebenszufriedenheit} \times \text{Lebenserwartung}}{\text{Ökologischer Fussabdruck}} \quad (5.8)$$

Die drei Parameter werden kurz vorgestellt: Der Parameter Lebenszufriedenheit wird verwendet, da es ein allgemeineres und stabileres Maß im Vergleich zu dem Parameter „Glück" ist. Sie wird oft mit einer einfachen Frage, wie *„Wie zufrieden sind Sie mit Ihrem Leben?"*, ermittelt. Da es sich nur um eine einfache Frage handelt, hat die Erfassung des Para-

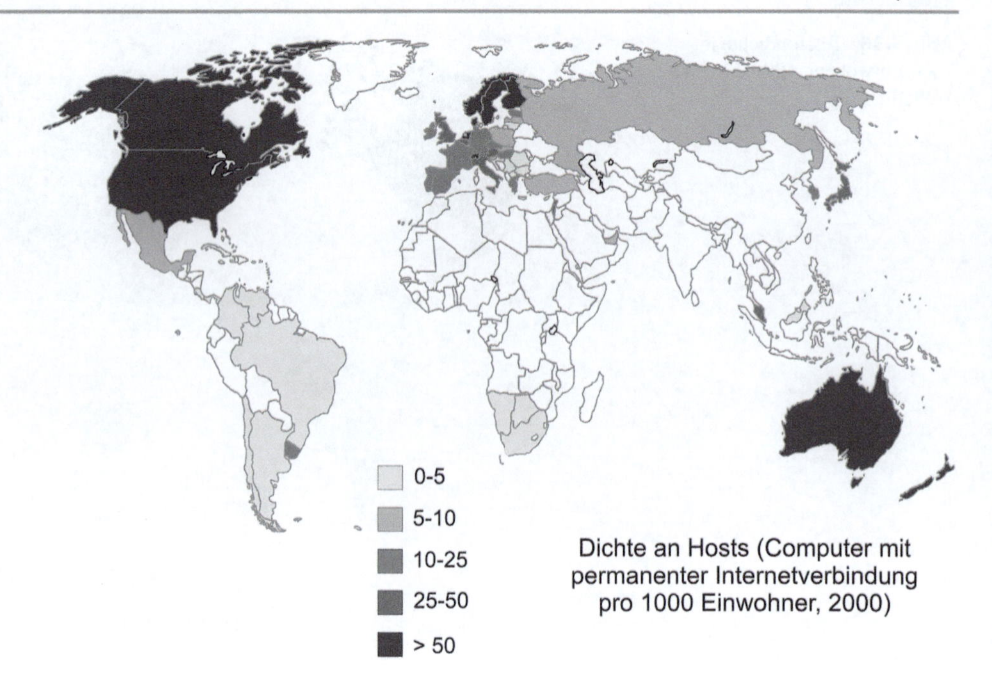

Abb. 5.38 Hostdichte je 1000 Einwohner, 2000 (Diercke Weltatlas 2002)

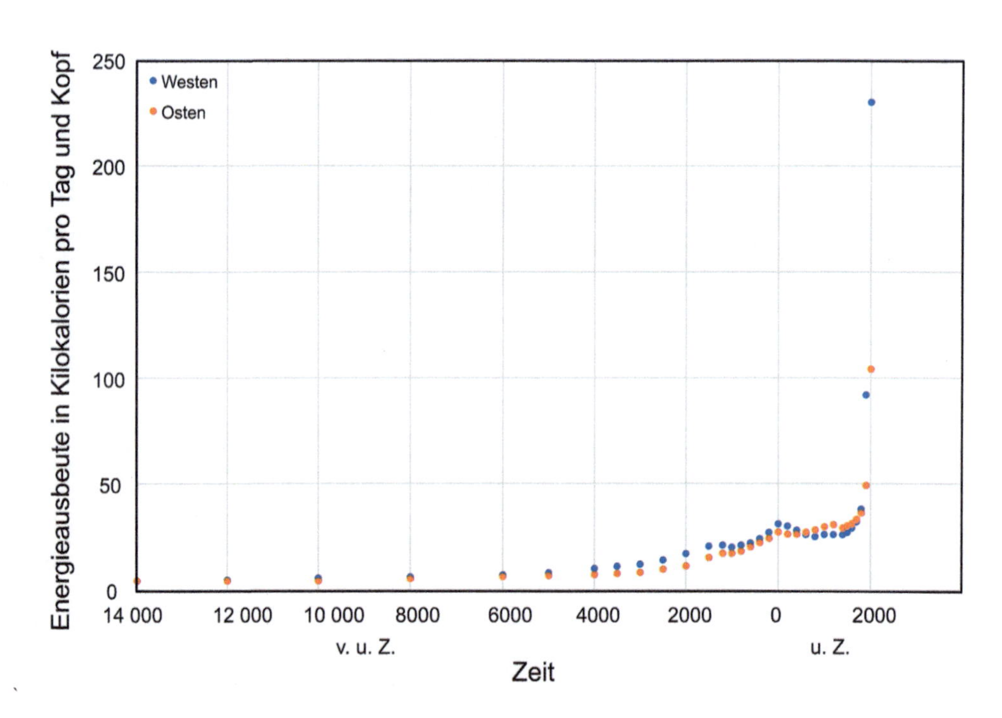

Abb. 5.39 Energieausbeute in Kilokalorien pro Tag und Kopf (Morris 2011)

meters natürlich Grenzen. Andererseits sehen die Entwickler den Vorteil, dass sich das Maß im Vergleich zu anderen nationalen Statistiken relativ stabil verhält. (Marks et al. 2006; NEF 2006)

Der nächste Parameter erfasst die Lebenserwartung bei der Geburt. Allerdings wird die Lebenserwartung im Zähler mit der durchschnittlichen Lebenszufriedenheit multipliziert, was *„glückliche Lebensjahre"* ergeben soll. Dieser Parameter beinhaltet einige Annahmen, zum Beispiel die Vermutung, dass glückliche Lebensjahre über eine Population oder über die Zeit konstant sind (Ergodizität). Mögliche Lösungen für diese vereinfachten Annahmen wurden in einer Korrelation zwischen Lebensjahren ohne Einschränkungen und glücklichen Lebensjahren gesehen.

Tab. 5.27 Energie und Leistung verschiedener Systeme

	Leistung	Energie
Gehirnenergieverbrauch	10 … 20 W	$5{,}05 \times 10^{10}$ über die Lebenszeit 20 % des gesamten Körperenergieverbrauchs (Ruhe) 40…90 Kilojoule pro Stunde
Weltenergieverbrauch	$4{,}415 \times 10^{21}$ W	$5{,}88 \times 10^{20}$ J pro Jahr
Größte Wasserstoffbombe		$2{,}1 \times 10^{17}$ J
Tropischer Wirbelsturm	6×10^{14} W	7×10^{8} J in zwei Wochen
Trägerrakete	$4{,}3 \times 10^{10}$ W	$1{,}2 \times 10^{6}$ J für Minuten
Jahresenergieempfang von der Sonne		$5{,}4 \times 10^{24}$ J
Sonnenproduktion	$3{,}9 \times 10^{26}$ W	$4{,}45 \times 10^{25}$
Supernova		10^{44} J
Masseenergie des sichtbaren Universums		$4{,}0 \times 10^{69}$ J

Tab. 5.28 Matrix der von UNEP betrachteten Umweltindikatoren (World Resources Institute 1995)

Themen	Parameter
Klimaveränderung	Treibhausgasemissionen
Ozonabbau	Halogenkohlenwasserstoffemissionen und -produktion
Eutrophierung	N-, P-Emissionen
Versauerung	SO_x, NO_x und SO_x-Emissionen
Toxische Verunreinigung	POC-, Schwermetall-Emissionen
Städtische Umweltqualität	VOC-, NO_x- und SO_x-Emissionen
Artenvielfalt	Landumwandlung, Landfragmentierung
Abfall	Abfallaufkommen in Kommunen und Landwirtschaft
Wasserressourcen	Bedarf in Privat, Landwirtschaft und Industrie
Waldressourcen	Nutzungsintensität
Fischressourcen	Fischfang
Bodendegradation	Landnutzungsänderungen
Ozeane/Küstenzonen	Emissionen; Ölverschmutzung; Ablagerungen
Umwelt-Index	Ökologischer Druck-Index

Allerdings ist eine solche Korrelation nur bedingt gültig. Noch schwieriger gestaltet sich die Erstellung solcher Umfragen für Kinder. Oft wird einfach angenommen, dass Kinder genauso glücklich sind wie Erwachsene. Hier sind weitere Arbeiten erforderlich und werden auch durchgeführt. (FAZ 2005, Marks et al. 2006; NEF 2006).

Der dritte Parameter ist der ökologische Fußabdruck. Der ökologische Fußabdruck beschreibt die hypothetische Fläche auf der Erde, die benötigt wird, um ein bestimmtes Niveau an Konsum, technologischer Entwicklung und an Ressourcen für die Bevölkerung aufrechtzuerhalten. Diese Fläche wird durch die erforderliche Landnutzung zum Wachstum von pflanzlichen Nahrungsmitteln, aber z. B. auch aus der erforderlichen Fläche für Bäume zur Aufnahme von Kohlendioxid und für den Ozean zur Bereitstellung von Fisch als Nahrungsmittel summiert. Beispiele zur Berechnung des Fußabdrucks werden im Folgenden aufgeführt. Generell kann der ökologische Fußabdruck auch als der Einfluss einer menschlichen Gesellschaft auf die weltweite Umwelt verstanden werden. (Greenpeace 2007).

Im Jahr 2001 stellte die Erde etwa 11,2 Mrd. Hektar für die Menschheit zur Verfügung oder 1,8 Hektar pro Person. Der Konsum- und Lebensstil der Menschheit beansprucht jedoch Ressourcen, die nur von mehr als 13,7 Mrd. Hektar oder 2,2 Hektar pro Person bereitgestellt werden können. Das bedeutet, dass die derzeitige Kapazität der Biosphäre der Erde um mehr als 20 % überschritten wird, wobei die von den nicht-menschlichen Arten benötigten Ressourcen noch gar nicht berücksichtigt wurden. Diese Überschreitung ist weltweit nicht gleichmäßig verteilt. Während der durchschnittliche Inder nur 0,8 Hektar pro Person benötigt, benötigt der durchschnittliche amerikanische Bürger 9 Hektar pro Person. Ein österreichischer Bürger benötigt etwa 4,9 Hektar pro Person. (Greenpeace 2007).

Tab. 5.31 zeigt die Hauptbeiträge eines durchschnittlichen österreichischen Bürgers zum Fußabdruck. Offensichtlich ist der größte Einzelbeitrag der Verzehr von tierischen Produkten, wie z. B. Fleisch. Hier könnte eine einfache Reduzierung des Fleischangebots enorme Auswirkungen auf den Fußabdruck haben. Der nächste große Verursacher ist das Heizen von Wohnungen. Moderne Heiztechnologien könnten hier in Zukunft Einsparungen ermöglichen. Der nächste Einzelverursacher ist der motorisierte Verkehr und der Flugverkehr. Überraschend ist jedoch der starke Beitrag des Papierverbrauchs.

Tab. 5.29 Indikatoren für die nachhaltige Nutzung von Land und natürlichen Ressourcen (Winograd 1993)

Variable	Beispiel
Bevölkerung	Dichte der Gesamtbevölkerung % Stadt und Land
Sozio-ökonomische Entwicklung	Arbeitslosigkeit Außenverschuldung und Schuldendienst
Landwirtschaft und Ernährung	Nahrungsmittelproduktion Kalorien pro Kopf Jährlicher Düngemittel- und Pestizideinsatz Landwirtschaftliche Flächen pro Kopf % des vom Vieh verbrauchten Getreides % der landwirtschaftlichen Flächen % des Bodens mit Begrenzungspotenzial
Energie und Materialien	Brennholz und Kohle pro Kopf Traditionelle Brennstoffe in % des Gesamtbedarfs Bio-energetisches Potenzial Pro-Kopf-Materialverbrauch
Ökosysteme und Landnutzung	Aktuelle und natürliche Primärproduktion % Veränderung Arbeitsplätze pro Hektar Jährliche Produktion und Nettoemissionen Genutzte Arten Verwendung fossiler Brennstoffe
Wälder und Weiden	Fläche dichter und offener Wälder Jährliche Abholzung Jährliche Wiederaufforstung Jährliche Abholzungsrate Verhältnis von Abholzung und Wiederaufforstung Holzproduktion pro Kopf Holzreserven pro Kopf und pro Hektar Verhältnis von Produktion/Reserven % Veränderung der Weideflächen % Veränderung des Viehbestands Index der Belastbarkeit % Veränderung der Fleischproduktion Dollar pro Hektar
Biologische Vielfalt	% Bedrohte Tierarten % Bedrohte Tiere Bedrohte Pflanzen pro 1.000 km % Schutzgebiete Index der Vegetationsnutzung Index des Artensterberisikos Dollars pro 1.000 Hektar Geschützter Wert des Aktuellen Nettowertes
Atmosphäre und Klima	CO_2-Emissionen gesamt CO_2 -Emissionen pro Kopf CO_2-Emissionen pro Bruttosozialprodukt pro Kopf
Information und Partizipation	Anzahl der Umweltprofile und -inventare Anzahl der NGOs pro Tätigkeitsbereich Wahrnehmung von Umweltproblemen
Verträge und Vereinbarungen	Unterzeichnung und Ratifizierung von internationalen Verträgen Gelder für den Naturschutz
Landnutzungs-Projektionen	Potenzielles produktives Land pro Kopf Notwendige landwirtschaftliche Fläche im Jahr 2030 Index der Landnutzungs-Abholzungsrate Verhältnis von Wiederaufforstung/Abholzung Durchschnittliche jährliche Investitionskosten und Nutzen der Rehabilitierung
Agro-Forstwirtschaft	Kohlenstoffabsorption durch Wiederaufforstung

Am Beispiel des Papierverbrauchs soll die Berechnung des Fußabdrucks verdeutlicht werden. In Westeuropa werden pro Kopf und Jahr etwa 250 kg Papier verbraucht. Abhängig von der Menge an Recyclingpapier und einigen technologischen Gegebenheiten werden in Deutschland für ca. 1 Tonne Papier etwa 0,8 Kubikmeter Holz benötigt. Legt man den weltweiten Durchschnitt für die Holzproduktion

Tab. 5.30 Einige Fragen aus der Happy Planet Index *(HPI)* Fragebogen

Question	Possible answers
Which phrase best describes the area you live in?	A big city
	The suburbs of a big city
	A town or small city
	A country village
	A farm or countryside home
And which best describes your home?	A detached house or bungalow
	A semi-detached house or large terraced
	A small, terraced house
	A flat/apartment
	Any accommodation without running water
With whom do you live?	Alone
	1 person
	2 people
	3 people
	4 people
	5 or more people
Does that include a partner or spouse?	Yes
	No
Thinking about how you get about, which of the following do you do on a typical working day?	I walk over 20 min over the day
	I cycle
	I use public transport
	I drive (up to 20 miles each way)
	I drive (20 miles or more each way)
	None of the above
Roughly how many hours (in total) do you fly each year?	None
	< 5 h
	6–18 h
	19–50 h
	> 51 h
Which of the following best describes your diet?	Vegan
	Vegetarian
	Balanced diet of fruit, veg & pulses, with meat no more than twice a week
	Regular meat (every or every other day)
	Regular meat (every or every other day), including more than two hot dogs, sausages, slices of bacon or similar each week
	There have been days when I couldn't afford to get at least one full and balanced meal
Where does your food normally come from?	A mix of fresh and convenience
	Mostly fresh food
	Mostly convenience food
Do you smoke?	No, never
	No, but I'm often with smokers
	Ex-smoker or social smoker
	1–9 filtered cigarettes/day
	10–19/day
	20–29/day
	> 30/day
In an average week, on how many days do you take at least 30 min of moderate physical exercise (including brisk walking)? The 30 min need not be all at once	0
	1–2
	3–4
	5.7

(Fortsetzung)

Tab. 5.30 (Fortsetzung)

Question	Possible answers
In the past 12 months, how often did you help with or attend activities organised in your local area?	At least once a week
	At least once a month
	At least once every three months
	At least once every six months
	Less often
	Never

Tab. 5.31 Hauptbeiträge zum ökologischen Fußabdruck. Die beiden rechten Spalten sind Unterpunkte der linken Gruppen

Beitrag zum ökologischen Fußabdruck	Gruppe	Beitrag zum ökologischen Fußabdruck	Hauptanteil innerhalb der Gruppe
0,33	Ernährung	0,23	Fleisch und Wurstwaren
0,25	Wohnen	0,225	Heizung und Elektrizität
0,2	Mobilität	0,18	Motorisierter Individualverkehr und Flugverkehr
0,167	Konsum, Güter, Serviceleistung	0,05	Papier

mit 1,48 t pro Hektar und Jahr zugrunde, so kann man berechnen:

$$\frac{250\,\text{kg pro Jahr pro Person} \times 0{,}8\,\text{Kubikmeter pro Tonne}}{1000\,\text{kg} \times 1{,}48\,\text{Kubikmeter pro Hektar pro Jahr}} = 0{,}14\,\text{Hektar pro Person pro Jahr} \quad (5.9)$$

Die Überprüfung des Wertes von 0,05 = 5 % des gesamten ökologischen Fußabdrucks aus Tab. 5.30 ergibt

$$0{,}05 \times 4{,}9 = 0{,}245\,\text{Hektar pro Person pro Jahr} \quad (5.10)$$

Natürlich hat ein solch einfaches Verfahren auch seine Grenzen. So werden z. B. keine Flächen für die Wildtiere und Wildpflanzen im Modell berücksichtigt, es werden aber mindestens ca. 20 % der globalen Fläche benötigt, um zumindest ein Minimum an wilder Biosphäre zu ermöglichen (siehe auch Abschn. 2.2.7.2). Auch Doppeleffekte werden nicht berücksichtigt, z. B. wird die Kohlendioxid-Assimilation durch die Landwirtschaft nicht berücksichtigt, sondern nur die Fläche für die Bereitstellung von Nahrungsmitteln.

Generell scheint es so zu sein, dass der Happy Planet Index von kleinen Ländern und Ländern an Küsten bessere Werte ergibt. Das wirft die Frage auf, ob Menschen an der Küste und in kleinen Ländern tatsächlich glücklicher sind oder ob der Parameter verzerrt ist.

5.7.3 Well-Being of Nations

Ein weiterer vergleichbarer Indikator wurde von Prescott-Allen (2001) vorgestellt. Prescott-Allen (2001) kritisiert die Verwendung des Bruttosozialproduktes pro Kopf als Leistungsmaß. Die Hauptnachteile sind:

- schwacher Indikator für die wirtschaftliche Entwicklung,
- schwacher Indikator für Wohlfahrt oder Wohlergehen,
- keine Berücksichtigung der Einkommensverteilung,
- Abschreibung von Gebäuden oder Maschinen wird hinzugerechnet,
- berücksichtigt nicht die Rolle von Familien oder Gemeinschaften,
- berücksichtigt nicht den Raubbau an natürlichen Ressourcen,
- rechnet unter Umständen Naturzerstörung als Nutzen und
- kann nicht zwischen Kosten und Nutzen unterscheiden.

Daher wurde eine breite Palette von Parametern ausgewählt und kombiniert, um ein Gesamtmaß für das Wohlbefinden von Menschen und Umwelt zu erhalten. Eine Übersicht über die verschiedenen Eingangsparameter ist in Abb. 5.40 gegeben und in Abb. 5.41 und 5.42 wurde eine willkürliche Auswahl von Unterparametern gezeigt. Für die mit grau hinterlegten Felder wurden noch keine Parameter gewählt.

Mit Hilfe der Datenauswertung der Parameter können Diagramme wie in Abb. 5.43 entwickelt werden. Hier wird das menschliche und ökologische Wohlbefinden in Prozent dargestellt. Es scheint eine Tendenz zu existieren, dass Nationen unten rechts beginnen, nach oben in einen Bereich auf der linken Seite klettern und auf einem höheren Niveau wieder auf die rechte Seite zurückkehren.

Allerdings zeigt kein Land derzeit ein nachhaltiges Verhalten. Die Spitzenreiter wie Schweden, Finnland, Norwegen, Island und Österreich schneiden beim Index für das

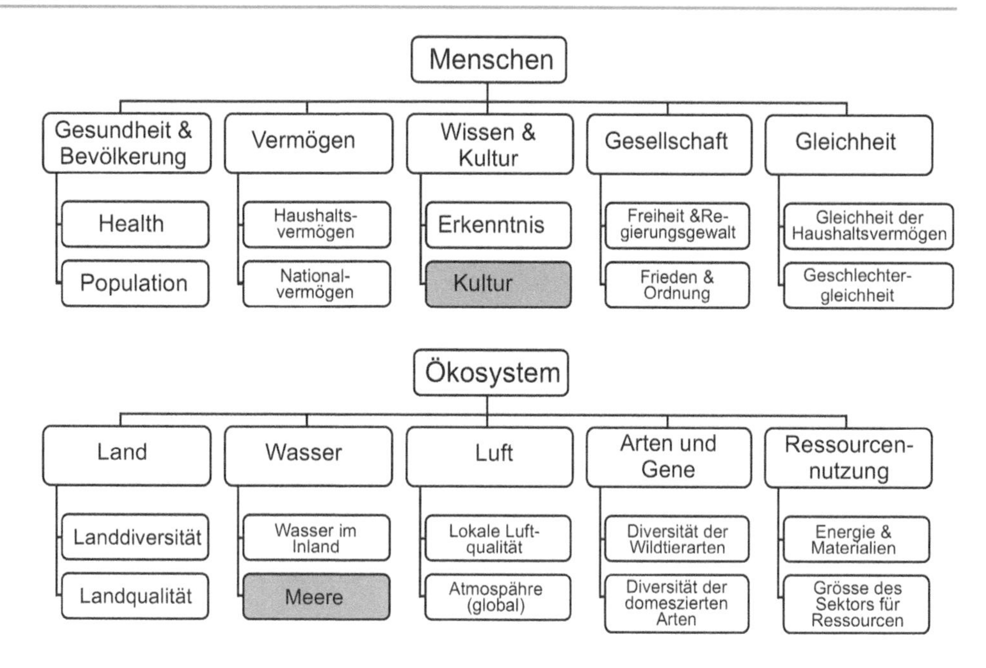

Abb. 5.40 Hauptparameter für die Bestimmung der Well-Being of Nations (Prescott-Allen 2001)

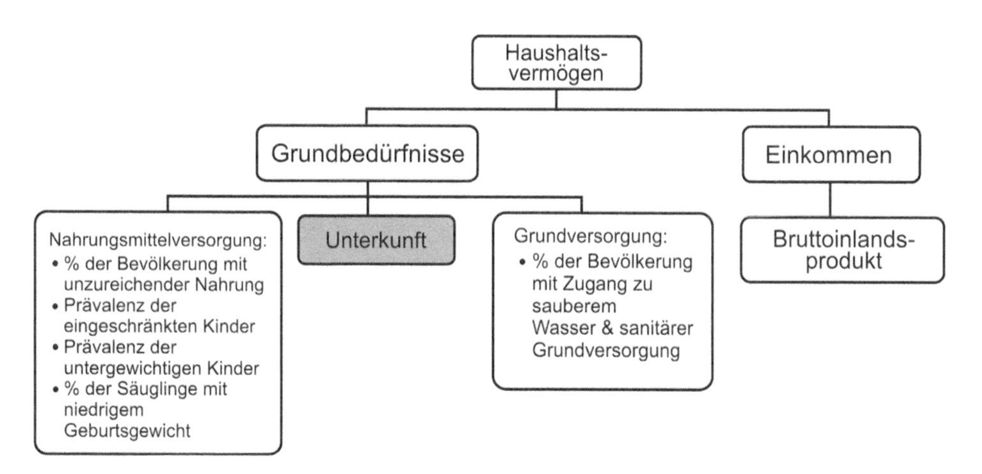

Abb. 5.41 Unterparameter für das Haushaltsvermögen (Prescott-Allen 2001)

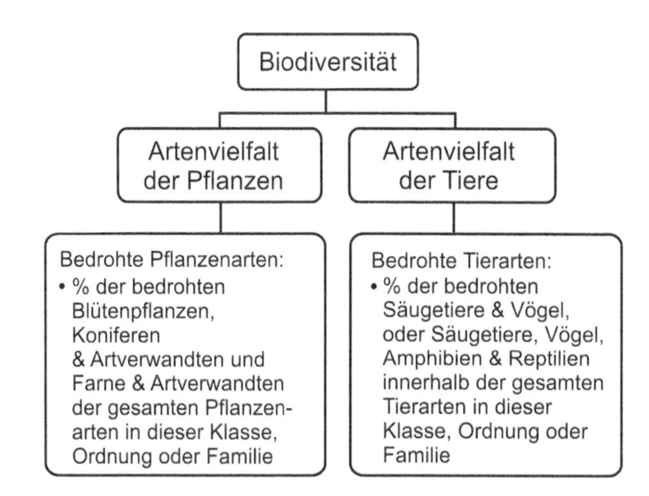

Abb. 5.42 Unterparameter für die Biodiversität (Prescott-Allen 2001)

menschliche Wohlbefinden gut ab, liegen aber beim Index für das Wohlbefinden der Ökosysteme nur im Mittelfeld. Einige Länder haben zeigen einen guten Zustand der Ökosysteme, sind aber arm und zeigen daher ein geringes Wohlbefinden der Menschen. In 141 Ländern wird die Umwelt stark beansprucht, ohne das Wohlbefinden der Menschen zu steigern (Prescott-Allen 2001).

5.7.4 Zusammenfassung

Zunehmend werden die Leistungen der Biosphäre für die Erhaltung der menschlichen Zivilisation wahrgenommen. Diese Wahrnehmung ist mit einer Quantifizierung verbunden, so dass diese Leistungen messbar und vergleichbar zur Wirtschaftsleistung werden (Constanza et al. 1997).

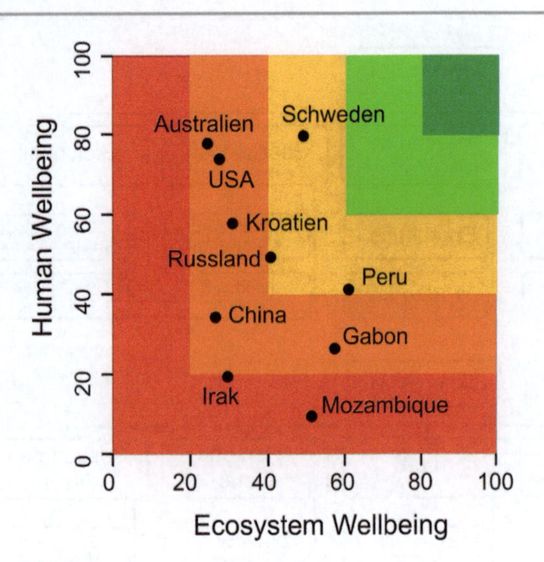

Abb. 5.43 Menschliches und Ökosystem Well-Being für verschiedene Staaten (Prescott-Allen 2001)

Gemäß dem Spruch: „*Nicht alles was zählt, ist zählbar und nicht alles was zählbar ist, zählt*", muss eine Vergleichbarkeit hergestellt werden. Dies ist unabdingbar, um langfristig das Überleben und Wohlergehen der Menschheit zu sichern.

5.8 Lebensqualität in den Ingenieurswissenschaften

5.8.1 Einleitung

Einen weiteren wichtigen Beitrag zur Berücksichtigung der Lebensqualität in der Risikoforschung haben Ende der 90er Jahre Nathwani, Pandey und Lind (1997) geleistet. Das Verfahren wurde primär für die Anwendung in den Ingenieurwissenschaften entwickelt. Ziel war es, ein Kriterium für die Effizienzbewertung von Schutzmaßnahmen einzuführen. Dazu zählt auch das während des Entwurfes geplante Sicherheitsniveau von Bauwerken. Im folgenden Abschnitt soll die Herleitung dieses Lebensqualitätsparameters kurz gezeigt werden.

5.8.2 Herleitung

Grundlage war ein allgemeingültiger mathematischer Ansatz der Form:

$$L = f(a, b, c, ..., e, ...)$$

Die Variablen *a, b, c* etc. seien soziale Indikatoren, wie sie bereits in vorangegangenen Abschnitten diskutiert wurden. Vereinfachend wird angenommen, dass sich die Lebensqualität L aus zwei Teilen zusammensetzt: einer Funktion der finanziellen Lebensverhältnisse $f(g)$, wobei g das Pro-Kopf-Einkommen sei, und einer Funktion der verfügbaren Lebenszeit $h(t)$. Die Lebensqualität sei das Produkt der beiden Funktionen:

$$L = f(g) \cdot h(t) \tag{5.11}$$

Für die frei verfügbare Lebenszeit werden zwei Eingangsgrößen benötigt: zum einen die mittlere Lebenserwartung e für die Beschreibung der gesamten Lebenszeit und zum zweiten der Anteil der Lebenszeit, der zur freien Verfügung für das Individuum steht. Der Anteil setzt sich aus der mittleren Lebenserwartung e, abgemindert durch den zeitlichen Anteil der Berufstätigkeit w zusammen:

$$t = (1 - w) \cdot e \tag{5.12}$$

Weiterhin wird aus mathematischer Sicht gewünscht, dass die Funktion nach jeder einzelnen Größe differenzierbar sei. Legt man fest, dass sich die Lebensqualität nicht ändern soll, so erhält man die Bedingung für die möglichen einzelnen Änderungen des Einkommens und der Lebenserwartung:

$$\cdot\ 0 = \frac{\partial L}{\partial g} dg + \frac{\partial L}{dg} de \text{ und daraus folgt } \frac{dg}{de} = -\frac{\frac{\partial L}{\partial e}}{\frac{\partial L}{\partial g}} \tag{5.13}$$

Basierend auf dieser Definition kann man für bezogene Änderungen der Lebensqualität, die hier als Lebensqualitätsindex bezeichnet wird, schreiben:

$$\frac{dL}{L} = \frac{g}{f(g)} \cdot \frac{df(g)}{dg} \cdot \frac{dg}{g} + \frac{t}{h(t)} \cdot \frac{dh(t)}{dt} \cdot \frac{dt}{t} = k_g \cdot \frac{dg}{g} + k_t \cdot \frac{dt}{t} \tag{5.14}$$

Weiterhin soll für die beiden neuen Variablen gelten:

$$\frac{k_g}{k_t} = \text{const.} \tag{5.15}$$

Gemäß dieser Bedingung können zwei Differentialgleichungen erstellt werden.

$$k_g \equiv \frac{g}{f(g)} \cdot \frac{df(g)}{dg} = c_1 \text{ und } k_g \equiv \frac{t}{h(t)} \cdot \frac{dh(t)}{dt} = c_2 \tag{5.16}$$

die als Lösung

$$f(g) = g^{c_1} \text{ und } h(t) = t^{c_2} = ((1 - w) \cdot e)^{c_2} \text{ besitzen} \tag{5.17}$$

Unter der Annahme, dass das Pro-Kopf-Einkommen mit der Lebensarbeitszeit in Verbindung gesetzt werden kann, erhält man für den Lebensqualitätsindex

$$L = (c \cdot w \cdot e)^{c_1} \cdot ((1 - w) \cdot e)^{c_2} \tag{5.18}$$

Nimmt man weiterhin an, dass man durch eine Kontrolle der Arbeitszeit seine Lebensqualität steuern kann, ergibt sich für eine maximale Lebensqualität

$$\frac{dL}{dw} = 0 \tag{5.19}$$

und man erhält für die Konstanten:

$$c_1 = c_2 \cdot \frac{w}{1-w} \tag{5.20}$$

Führt man eine neue Konstante als Summe der beiden Konstanten ein, so kann man schreiben:

$$c_1 + c_2 = \bar{c}, c_1 = \bar{c} \cdot w, c_2 = \bar{c} \cdot (1-w) \tag{5.21}$$

und weiter

$$L = g^{\bar{c} \cdot w} \cdot e^{\bar{c} \cdot (1-w)} \cdot \bar{c} \cdot (1-w)^{\bar{c} \cdot (1-w)} \approx g^{\bar{c} \cdot w} \cdot e^{\bar{c} \cdot (1-w)} \tag{5.22}$$

Es gilt ungefähr $\bar{c} \approx 1$. Bei den Werten von 0,1 bis 0,2 für w gilt weiterhin $(1-w)^{(1-w)} \approx 1$. Damit kann man vereinfacht schreiben:

$$L = g^{w} \cdot e^{(1-w)} \tag{5.23}$$

und

$$L = g^{\frac{w}{1-w}} \cdot e = g^q \cdot e \tag{5.24}$$

Entscheidend sei aber, wie bereits angedeutet, nicht der Absolutwert, sondern die Änderung des Lebensqualitätsindex. Änderungen können wie folgt angegeben werden:

$$\frac{\partial L}{\partial e} = \frac{\partial (g^q \cdot e)}{\partial e} = g^q \tag{5.25}$$

$$\frac{\partial L}{\partial g} = \frac{\partial (g^q \cdot e)}{\partial g} = q \cdot g^{q-1} \cdot e \tag{5.26}$$

$$\frac{\partial g}{\partial e} = -\frac{g^q}{q \cdot g^{q-1} \cdot e} = -\frac{g}{e}\frac{1}{q} \tag{5.27}$$

$$0 = -\frac{de}{e}\frac{1}{q} + \frac{dg}{g} \tag{5.28}$$

Ein Grenzkriterium des Lebensqualitätsindex erhält man, wenn man schreibt (Rackwitz 2002, Rackwitz und Streicher 2002):

$$\frac{dL}{L} = \frac{de}{e} + \frac{w}{1-w}\frac{dg}{g} \geq 0 \tag{5.29}$$

Dieses Kriterium beschreibt die (positive) Veränderung der Lebensqualität. Dies kann entweder durch eine Veränderung der mittleren Lebenserwartung e oder durch eine Veränderung der Einkommenssituation g erzielt werden. In der Regel wird eine Erhöhung der Lebenserwartung erkauft. Dieser Kauf kann z. B. eine Schutzmaßnahme sein. Damit sinkt das frei verfügbare Einkommen. Mit dem vorgestellten Grenzkriterium kann man entscheiden, ob die höhere Lebenserwartung zu teuer erkauft wurde oder nicht.

Bevor die Anwendung des Kriteriums gezeigt wird, sollen noch die Eingangsgrößen erläutert und Vereinfachungen vorgestellt werden.

Eine sinnvolle Investition in die Sicherheit und damit einhergehende Abnahme der finanziellen Mittel ($dg < 0$) sollte zu einer Verbesserung der Lebenserwartung ($de > 0$) führen. Das Differential des Pro-Kopf-Einkommens auf Grund einer Investition in die Sicherheit kann als Differenz genähert werden:

$$-\frac{dg}{g} \approx -\frac{\Delta g}{g} = 1 - \left(1 + \frac{\Delta e}{e}\right)^{1-\frac{1}{w}} \tag{5.30}$$

Weiterhin wird die Änderung der mittleren Lebenserwartung benötigt. Dafür darf man vereinfachend annehmen (Rackwitz 2002):

$$\frac{de}{e} \approx -C_F \cdot \frac{dM}{M} \tag{5.31}$$

und kann für die Änderung der Lebensqualität schreiben:

$$\frac{dL}{L} = -C_F \cdot \frac{dM}{M} + \frac{w}{1-w} \cdot \left[1 - \left(1 + \frac{\Delta e}{e}\right)^{1-\frac{1}{w}}\right] \geq 0 \tag{5.32}$$

Die Änderung der Sterberate M darf man durch den Quotienten der Anzahl der potenziellen Opfer zur Bevölkerungsanzahl abbilden:

$$dM = \frac{N_F}{N} \tag{5.33}$$

Einen Überblick über die verwendeten Variablen gibt Tab. 5.32.

Der Faktor C_F soll etwas ausführlicher diskutiert werden Der Faktor beschreibt die Krümmung der Bevölkerungspyramide eines Landes. Würden alle Menschen zur gleichen Zeit sterben, so wäre die Bevölkerungspyramide keine Pyramide, sondern ein Rechteck und der Wert von C_F wäre dann null (Abb. 5.44). Ein Wert von 0,5 entspricht einer idealen Pyramide, also einer linear über das Alter abnehmenden Bevölkerung (Abb. 5.44). Der Wert eins entspricht einer konstanten Sterblichkeitsrate in jedem

Tab. 5.32 Erklärung der verwendeten Variablen

Variable	Beschreibung
dM	Änderung der Sterberate,
M	Allgemeine Sterberate in einem Land,
de	Änderung der Lebenserwartung,
e	Lebenserwartung,
N_F	Anzahl der möglichen Opfer für diesen Unfall,
N	Gesamtbevölkerung bzw. der exponierte Bevölkerungsanteil,
C_F	Faktor zur Beschreibung der Form der Bevölkerungspyramide

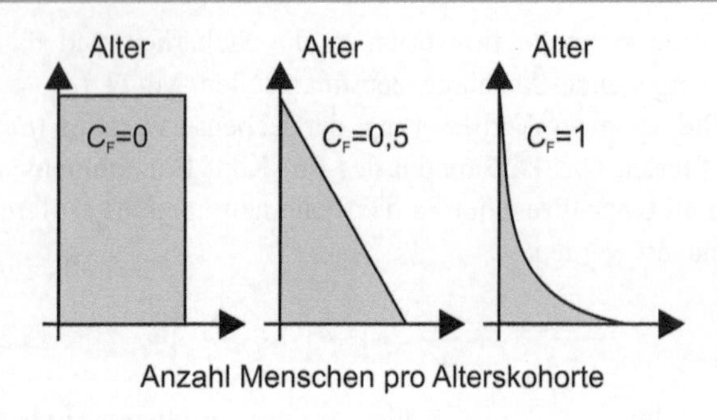

Abb. 5.44 Verschiedene theoretische Formen von Bevölkerungspyramiden

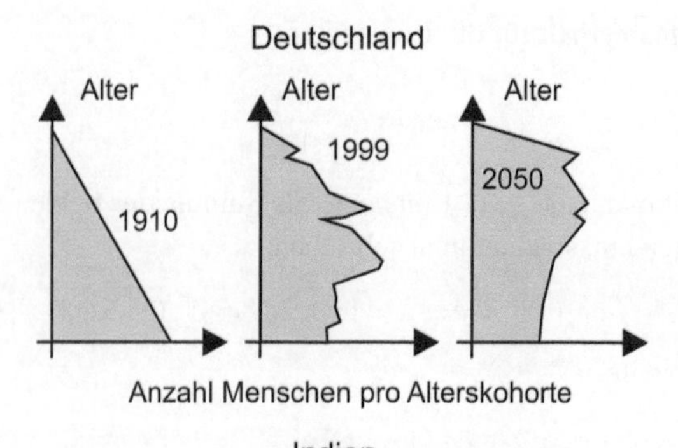

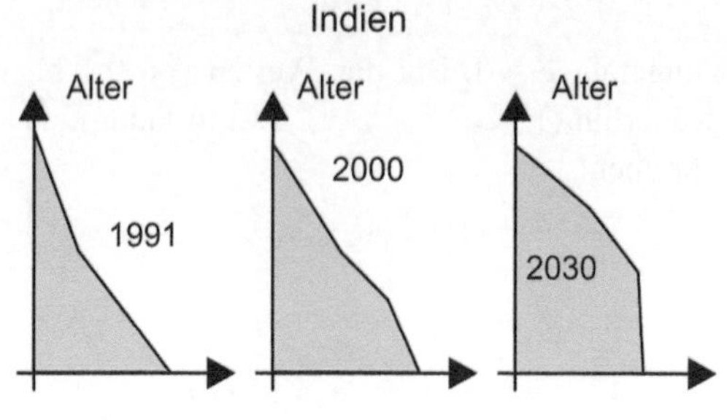

Abb. 5.46 Verschiedene historische und zukünftige Bevölkerungspyramiden für Deutschland und Indien

Alter und die Bevölkerungspyramide folgt dann einer Exponentialfunktion (Abb. 5.44). Zusätzlich zeigt Abb. 5.45 die möglichen Formen der Bevölkerungspyramide.

Historisch haben viele Industrieländer Werte zwischen 0,5 und etwa 0,1 durchlaufen. Beispielhaft sind in Abb. 5.46 die Bevölkerungspyramiden für Deutschland und Indien dargestellt. Zunächst sieht man auf der linken Seite die Pyramide von Deutschland um das Jahr 1910. Die Pyramide war nahezu ideal ausgebildet. Nahezu einhundert Jahre (1999) später hat sich das Aussehen deutlich geändert. Der untere Teil (junge Menschen) kommt dem Rechteck sehr nahe. Es gibt allerdings einen deutlichen Überhang bei den älteren Menschen. Dieser stammt aus einer Zeit mit höheren Geburtenraten. Außerdem sieht man bei den höheren Altersgruppen auch noch die Einschnitte des Krieges. Im Jahre 2050 wird vermutlich das Szenario der Urnenform eingetreten sein. Der überwiegende Anteil der deutschen Bevölkerung wird älter als 50 Jahre sein. Nahezu 40 % der Bevölkerung werden älter als 60 Jahre sein. Der Anteil der jungen Bevölkerung (unter 20 Jahre) wird von 20 % auf 15 % fallen. Die Bevölkerungspyramide von Indien im Jahre 1999 ähnelt der von Deutschland aus dem Jahre 1910. Langfristig zeichnet sich aber auch für Indien eine Veränderung der Altersstruktur im Sinne der Industrieländer ab. Man vergleiche Indien 2030 und Deutschland 1999.

Ob eine Bevölkerung wächst oder schrumpft, hängt von der Natalität und Mortalität ab. Die Natalität ist die Geburtenrate und die Mortalität ist die Sterberate. Beide haben sich in den letzten einhundertfünfzig Jahren stark verändert, wie Abb. 5.47 zeigt. Sie hängen wesentlich vom gesellschaftlichen Entwicklungsstand ab. Prinzipiell kann

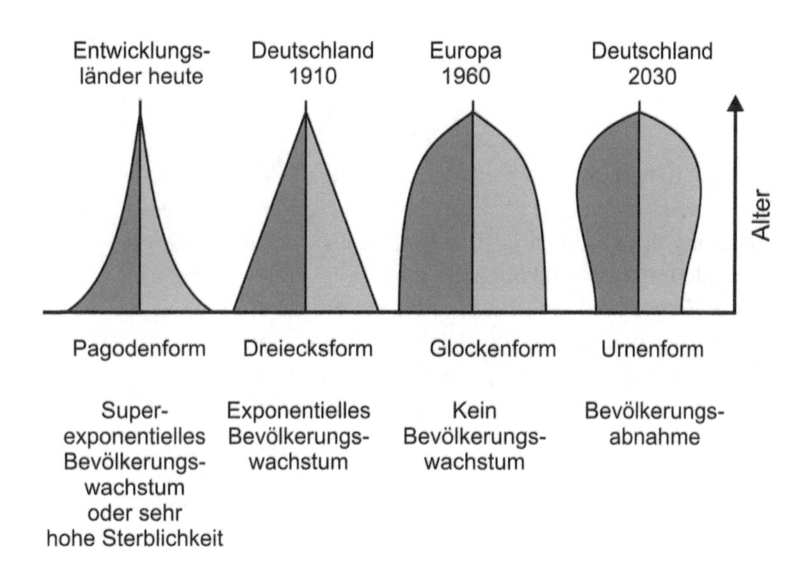

Abb. 5.45 Arten von Bevölkerungspyramiden (Universität Hohenheim 2004)

man feststellen, dass sowohl die Geburten- als auch Sterberaten in feudalen Gesellschaften sehr hoch waren. Mit dem Beginn der Industrialisierung und der Verbesserung der Lebensbedingungen sank zunächst die Sterberate. Die Geburtenrate blieb weiterhin hoch. Das führte zu einer Bevölkerungsexplosion. Der Unterschied zwischen den beiden Raten wird in diesem Entwicklungsstadium auch als demographischer Überhang bezeichnet. Nach einer gewissen Zeit sinkt aber auch die Geburtenrate, so dass sich beide Werte auf einem deutlich niedrigeren Niveau annähern (Abb. 5.47).

Bevölkerungsveränderungen wurden aber nicht erst in den letzten 100 Jahren beobachtet, sondern traten auch schon in der früheren Menschheitsgeschichte auf (Tab. 5.33). Nach dem Ende des Römischen Reiches ging die Bevölkerungsgröße in Westeuropa erheblich zurück. Erst im Mittelalter konnte wieder ein Bevölkerungswachstum erreicht werden. Der große Rückgang der Bevölkerung in Tab. 5.33 im 14. Jahrhundert ist auf die Pest zurückzuführen. Im 15. und 16. Jahrhundert wurden wieder relativ hohe Wachstumsraten erreicht. Das geringe Wachstum im 17. Jahrhundert wurde vermutlich durch den Dreißigjährigen Krieg verursacht. Mit dem Beginn der Industriellen Revolution stieg das Wachstum der westeuropäischen Bevölkerung sprunghaft an. (Streb 2004).

Der C_F-Werte muss also genau für einen Zeitraum und eine Region festgelegt werden.

Eine weitere wichtige Eingangsgröße für die Berechung des Lebensqualitätsindex ist das Verhältnis von Arbeits- zu Lebenszeit *w*. Bevor der Wert aber hier genauer angegeben wird, sollen einige historische Angaben zur Arbeitszeit erfolgen (Tab. 5.34 und 5.35, Abb. 5.48). Im Jahre 1700 arbeitete ein Beschäftigter pro Jahr knapp 2300 h. Einhundert

Tab. 5.33 Durchschnittliches Wachstum der westeuropäischen Bevölkerung seit 2000 Jahren (Streb 2004)

Zeitraum	Bevölkerungswachstum in %
0–200	0,06
201–600	-0,10
601–1000	0,08
1001–1300	0,28
1301–1400	-0,34
1401–1500	0,32
1501–1600	0,24
1601–1700	0,08
1701–1820	0,41
1821–1998	0,60

Jahre später warf bereits die Industrielle Revolution ihre Schatten voraus: Die Arbeitszeit war auf 2500 h gestiegen. Der historisch größte Wert wurde wahrscheinlich 1850 in der Blüte der Industriellen Revolution erreicht: über 3000 h pro Jahr. Die 60-h-Woche war die Regel. Liepach (2012) spricht sogar davon, dass in Deutschland zwischen 1800 und 1900 eine durchschnittliche Wochenarbeitszeit von über 70 h vorherrschte mit einer Spitze von über 90 Wochenstunden in den 1840er Jahren. Schneider (1984) nennt vergleichbare Werte von 80 bis 85 Wochenstunden in den 1830er bis 1860er Jahren. Dazu kommt noch, dass die Lebenserwartung um 1850 deutlich unter der heutigen (Becker et al. 2002), aber das Arbeitseintrittsalter deutlich vor dem heutigen lag. Seit dieser Zeit ist die jährliche Arbeitsbelastung wieder gefallen und liegt heute etwa bei 1700 h pro Jahr, also ungefähr der Hälfte der historisch maximalen

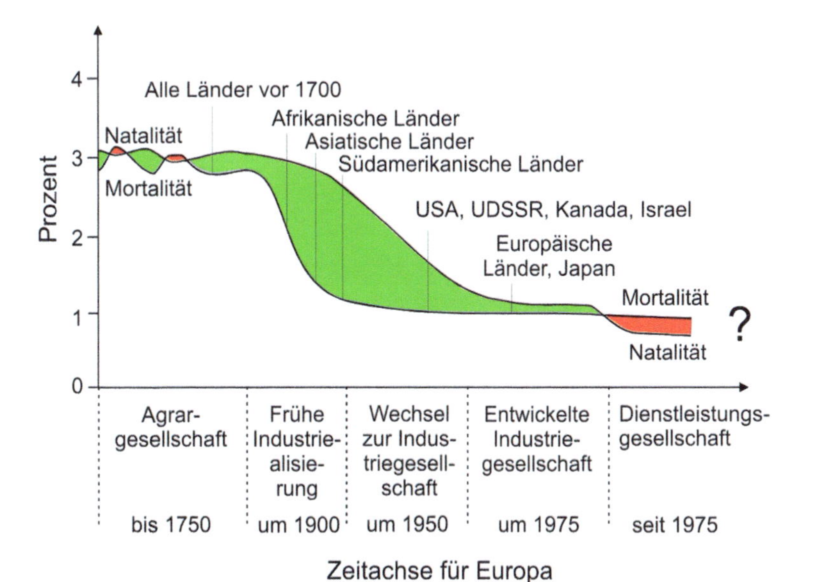

Abb. 5.47 Entwicklung von Geburts- und Sterberaten zu verschiedenen Zeiten und in verschiedenen Ländern (Universität Hohenheim 2004)

Tab. 5.34 Die durchschnittliche Arbeitszeit je Jahr (Streb 2004)

Jahr	Tage je Jahr	365	Arbeitstage	Arbeitsstunden		
	Sonntage	52		Tag	Woche	Jahr
1700	Feiertage	72	189	12	43,6	2268
	Blaue Montage	52				
1800	Feiertage	53	208	12	48	2496
	Blaue Montage	52				
1850	Feiertage	53	260	12	60	3120
1975	Feiertage	15	225	9	38,9	2025
	Urlaubstage	21				
	Freie Samstage	52				
1985	Feiertage	12	219	8	33,7	1752
	Urlaubstage	30				
	Freie Samstage	52				

Tab. 5.35 Lebensarbeitsjahre nach Streb (2004)

Jahr	Berufs-eintrittsalter	Berufsaus-trittsalter	Lebens-jahre	Arbeits-jahre	Nicht-Arbeitsjahre	Verhältnis Arbeits- zu Nicht-Arbeitsjahren
1700	8	30	30	22	8	2,8:1
1800	7	35	35	28	7	4:1
1900	14	45	45	31	14	2,2:1
1975	16	64	71	48	23	2,1:1

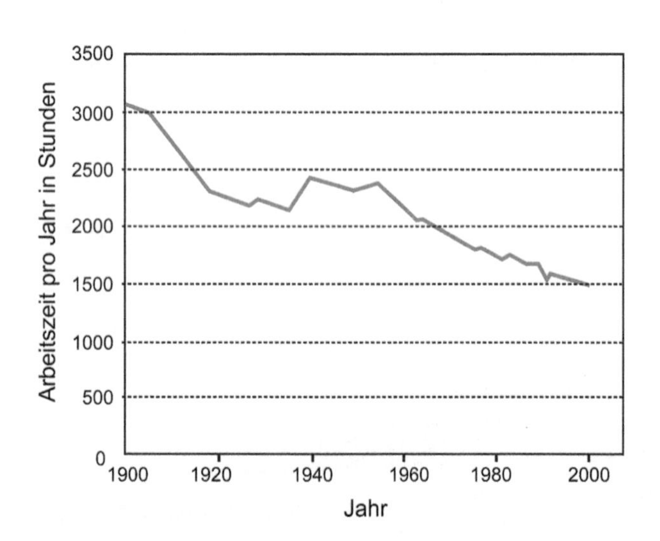

Abb. 5.48 Entwicklung der Jahresarbeitszeit in Deutschland

jährlichen Arbeitszeit von 3000 h. Abb. 5.49 zeigt die Veränderungen im Tagesablauf zwischen 1966 und 1988, also eher auf einer kleineren Zeitskala.

Zur Verdeutlichung des Wertes *w* erfolgt eine Beispielrechnung. Grundlage für Abb. 5.50 ist ein Mensch mit einer Lebenserwartung von 80 Jahren, einer Lebensarbeitszeit von 45 Jahren, 15 Jahren Rente und 20 Jahren Kindheit, Schule und Ausbildung. Die wöchentliche Arbeitszeit wurde mit 45 h angenommen. Im Mittel standen dem Menschen 30 Tage Urlaub und 5 Feiertage pro Arbeitsjahr zu. Gemäß Abb. 5.50 ergibt sich ein Anteil der Arbeitszeit an der Lebenszeit von ca. 13 %. Eine Erhöhung der Arbeitszeit um eine Stunde pro Tag für die 45 Lebensjahre steigert den Anteil der Arbeitszeit um ca. 1 %. Bei zwölf Stunden Arbeitszeit (60 h pro Woche) über 45 Jahre beträgt der Arbeitszeitanteil bereits über 20 % der Lebenszeit.

Für den folgenden Vergleich gilt wieder die ursprüngliche Wochenarbeitszeit von 45 h. Verringert oder erhöht sich die Lebenserwartung um ein Jahr, so steigt oder sinkt das Verhältnis Arbeits- zu Lebenszeit etwa um 0,25 %. Sinkt die Lebenserwartung auf 75 Jahre, so steigt das Verhältnis auf ca. 14 %. Sinkt die Lebenserwartung auf 65 Jahre, beträgt die Arbeitszeit bereits 16 % der Lebenszeit. Beginnt man bereits mit 19 Jahren zu arbeiten, so steigt das Verhältnis um ca. 0,3 % pro Arbeitsjahr. Für den *w*-Wert liegen statistische Daten vor.

Die dritte Größe im Lebensqualitätsindex war die mittlere Lebenserwartung. Die Entwicklung der Lebenserwartung wurde bereits im Abschn. 3.8 diskutiert. Auch hier liegen umfangreiche statistische Daten vor.

Nach der Diskussion der drei Eingangsparameter erscheint es sinnvoll, die Parameter graphisch darzustellen. Dies erfolgt

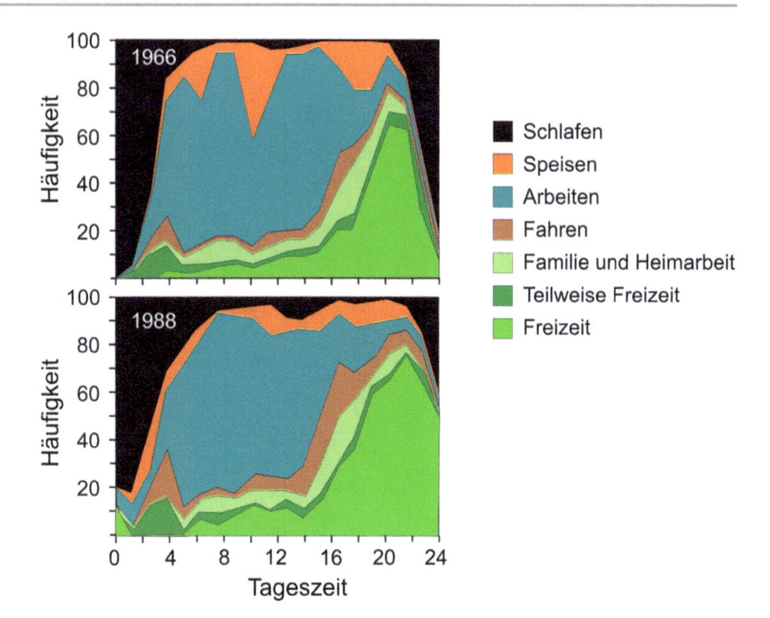

Abb. 5.49 Veränderung der Tagesabläufe zwischen 1966 und 1988 (Adams 1995)

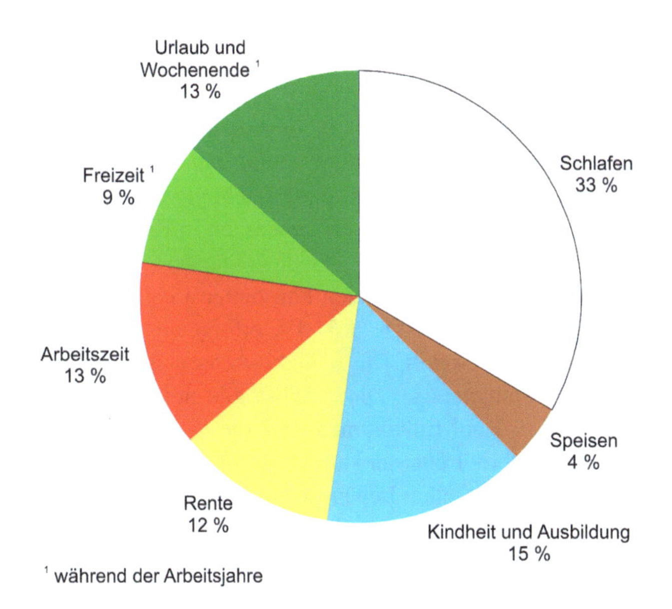

Abb. 5.50 Anteil der Arbeitszeit an der Lebenszeit

zunächst für die mittlere Lebenserwartung und das mittlere Pro-Kopf-Einkommen (Abb. 5.51). Es scheint eine Korrelation zwischen den beiden Größen zu geben (siehe die Annahme nach Gl. 5.17). Interessant ist der Vergleich zwischen Abb. 5.51 und 3.82. Vereinfachend kann man den Zusammenhang in Abb. 5.51 unterteilen in einen Bereich, in dem ein Wachstum des Pro-Kopf-Einkommens mit einem sehr schnellen Wachstum der Lebenserwartung verbunden ist, und in einen zweiten Bereich, in dem sich mit einem Wachstum des Pro-Kopf-Einkommens nur ein sehr langsames Anwachsen der mittleren Lebenserwartung einstellt. Der Übergang liegt etwa bei 2000 bis 4000 € bzw. Dollar pro Jahr.

Es ist auch möglich, den Zusammenhang mit drei Abschnitten zu beschreiben. Dann liegt der zweite Übergang etwa bei 14.000 € bzw. Dollar. Dieser Bereich entspricht etwa dem Übergang zu einem entwickelten Industrieland. Offensichtlich führt ein weiteres Anwachsen der zur Verfügung stehenden finanziellen Mittel nur noch zu einer geringen Steigerung der mittleren Lebenserwartung. Das erscheint auch vernünftig, denn die biologisch mögliche Lebensspanne des Menschen lässt sich nur noch mit einem exponentiell wachsenden Aufwand verlängern. Dieser immer lockerer werdende Zusammenhang zwischen finanziellen Ressourcen und mittlerer Lebenserwartung kann auch so interpretiert werden, dass andere Faktoren eine wichtigere Rolle spielen, z. B. die allgemeine Lebenszufriedenheit, die Ausbildung und damit der Umgang mit sich und seiner Umwelt, die Ernährung, die genetischen Voraussetzungen etc. Würden wir allerdings die Faktoren genau kennen, so würden Menschen mit hohen finanziellen Ressourcen vermutlich dieses Wissen erwerben und für sich anwenden.

Abb. 5.51 zeigt nicht nur den Zusammenhang zwischen der mittleren Lebenserwartung und dem Pro-Kopf-Einkommen, sondern auch den Lebensqualitätsindex *L*. Alle drei Größen sind für verschiedene Staaten auf der Erde sowohl für den heutigen Zeitpunkt als auch für einen Zeitpunkt vor ca. 150 Jahren angegeben. Am effektivsten im Sinne einer Verbesserung der Lebensqualität wäre eine Steigerung senkrecht zu den Linien mit einem konstanten Lebensqualitätsindex. Das geschieht im Abb. 5.51 etwa bei zwischen 3000 und 4000 Dollar bzw. Euro. Davor bzw. dahinter verläuft die Kurve flacher oder steiler zum Lebensqualitätsindex.

Im Abb. 5.51 mit dem Bruttosozialprodukt pro Kopf und der mittleren Lebenserwartung ist recht deutlich eine Hauptströmung erkennbar (Abb. 5.52). Einige arme Länder

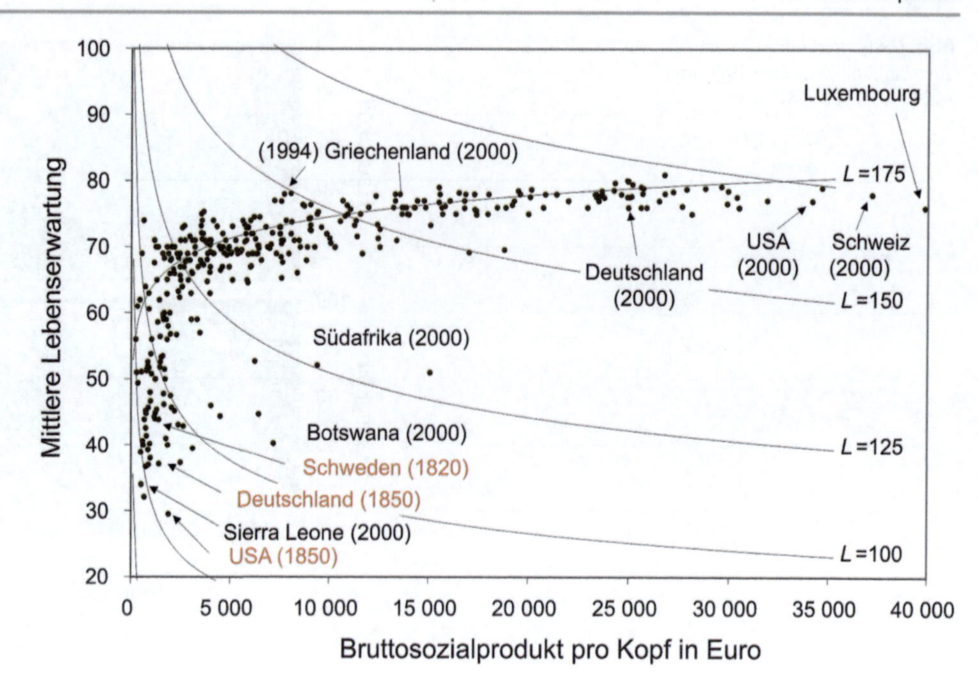

Abb. 5.51 Pro-Kopf-Einkommen, mittlere Lebenserwartung und Lebensqualitätsindex L für 170 Länder nach Easterlin (2000), Cohen (1991), NCHS (2001), Rackwitz & Streicher (2002), Skjong und Ronold (1998), Becker et al. (2002), IE (2002; Statistics Finland (2001)

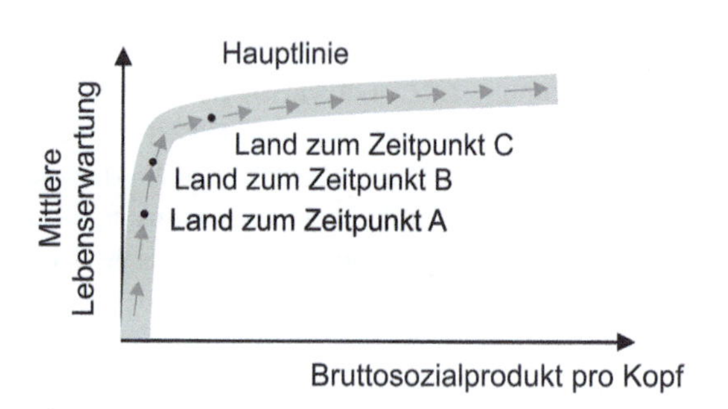

Abb. 5.52 Wanderungsbewegung von Ländern auf der Hauptkurve

liegen etwas abseits der Hauptströmung (Abb. 5.53). Häufig zeichnen sich diese Länder durch strukturelle Vorteile aus, wie z. B. Bodenschätze, die zu einem sehr schnellen Anstieg des Bruttosozialproduktes führten, aber sich noch nicht in einer besseren Gesundheitslage widerspiegeln, oder durch extreme soziale Unterschiede.

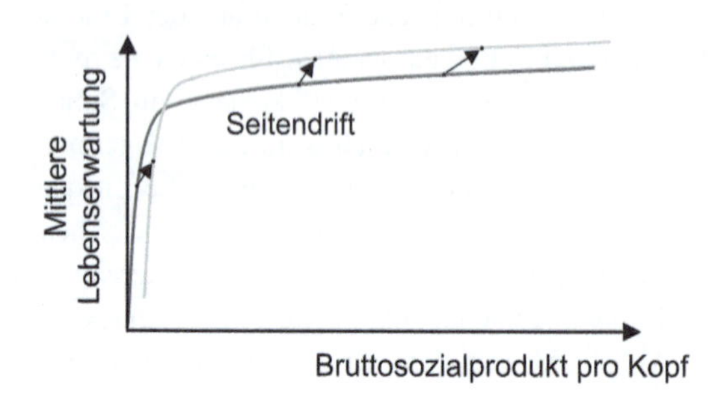

Abb. 5.53 Seitendrift der Hauptkurve

Logarithmiert man die Achsen in Abb. 5.51 bzw. 5.54 I., so erhält man Abb. 5.54 II. In diesem Diagramm wird wieder die Hauptentwicklungsrichtung der Länder auf der Erde deutlich. Abb. 5.54 III. berücksichtigt weiterhin, dass das Verhältnis von Arbeits- zu Lebenszeit in Entwicklungsländern ungünstiger ist als in Industrieländern. Daher drehen sich die Linien, die einen konstanten Lebensqualitätsindex darstellen. In Abb. 5.54 IV. erfolgt die Einführung von bezogenen Werten. Die x- und y-Achsen sind jetzt normiert und einheitenfrei. Die x-Achse gibt nur noch ein bezogenes Pro-Kopf-Einkommen und die y-Achse eine bezogene mittlere Lebenserwartung an. Gleichzeitig wurde die Linie des aktuellen Lebensqualitätsindex eingezeichnet, die durch den Ursprung verläuft. Nun ist es möglich, die Konsequenzen für verschiedenste zusätzliche Maßnahmen zum Schutz von Menschenleben in das Diagramm einzutragen.

Dazu berücksichtigt man auf der x-Achse die Kosten, in dem man vom Pro-Kopf-Einkommen die Kosten pro Kopf für die Schutzmaßnahme abzieht und anschließend durch das Pro-Kopf-Einkommen teilt. Dadurch erhält man einen bezogenen Wert kleiner eins. Im Gegenzug sollte die mittlere Lebenserwartung durch die Schutzmaßnahme steigen. Hier sollte sich ein Wert größer eins ergeben. Eine Schutzmaßnahme ist dann sinnvoll, wenn sich die Lebensqualität vergrößert, das heißt, wenn sich der neue Punkt oberhalb der Linie der konstanten Lebensqualität in Abb. 5.55 befindet. Liegt der Wert darunter, dann verringert die Schutzmaßnahme die Lebensqualität (siehe Abb. 5.55 VI. rote Schrift). Übrigens kann die Lebensqualität auch erhöht werden, in dem man auf Schutzmaßnahmen verzichtet. Ist eine

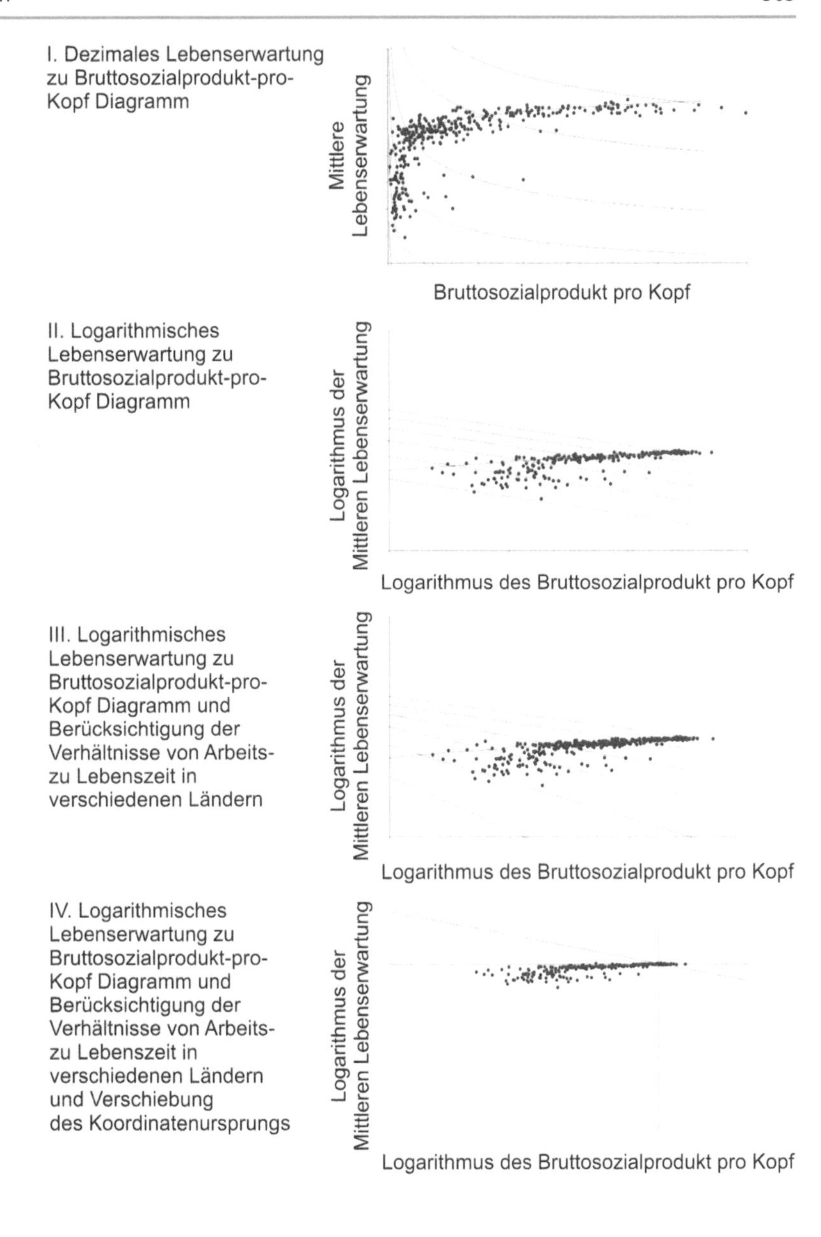

Abb. 5.54 Überführung des Ausgangsdiagramms (Abb. 5.51) in ein Diagramm zur Bewertung, ob Schutzmaßnahmen sinnvoll sind (Teil 1)

Schutzmaßnahme besonders preisintensiv, führt aber nur zu einer unwesentlichen Erhöhung der mittleren Lebenserwartung, dann sollte man darauf verzichten. In Abb. 5.55 VII. sind die Werte für verschiedene Maßnahmen eingetragen. Anhand dieser graphischen Darstellung wird sehr schnell deutlich, welche Maßnahmen sinnvoll sind und welche nicht.

5.8.3 Optimale Investitionen zum Schutz von Menschenleben

Mit dem vorgestellten Verfahren kann man eine Grenze der Kosten pro gewonnenes Lebensjahr angeben, die einem konstanten Lebensqualitätsindex entspricht. In anderen Worten: Maßnahmen, die billiger sind als bestimmte Grenzkosten, sollten ausgeführt werden, da sie die Lebensqualität in dem Land verbessern. Auf Maßnahmen, deren Kosten oberhalb der ermittelten Grenzkosten liegen, sollte verzichtet und das Geld in andere Schutzmaßnahmen transferiert werden.

Die folgende Formel ist das Ergebnis der Umformungen des Lebensqualitätsindex und gibt die Grenzkosten für eine Schutzmaßnahme an:

$$C = \frac{1-w}{w} \cdot \frac{C_F \cdot N_F}{M} \cdot g \cdot (P_{f_1} - P_{f_2}). \qquad (5.35)$$

In dieser Formel findet sich das Verhältnis von Arbeits- zu Lebenszeit *w*, die Form der Bevölkerungspyramide C_P die allgemeine Sterblichkeit *M*, die mögliche Anzahl der Opfer N_P das Bruttosozialprodukt pro Kopf *g* und die Änderung der Unfallwahrscheinlichkeit durch die Schutzmaßnahme

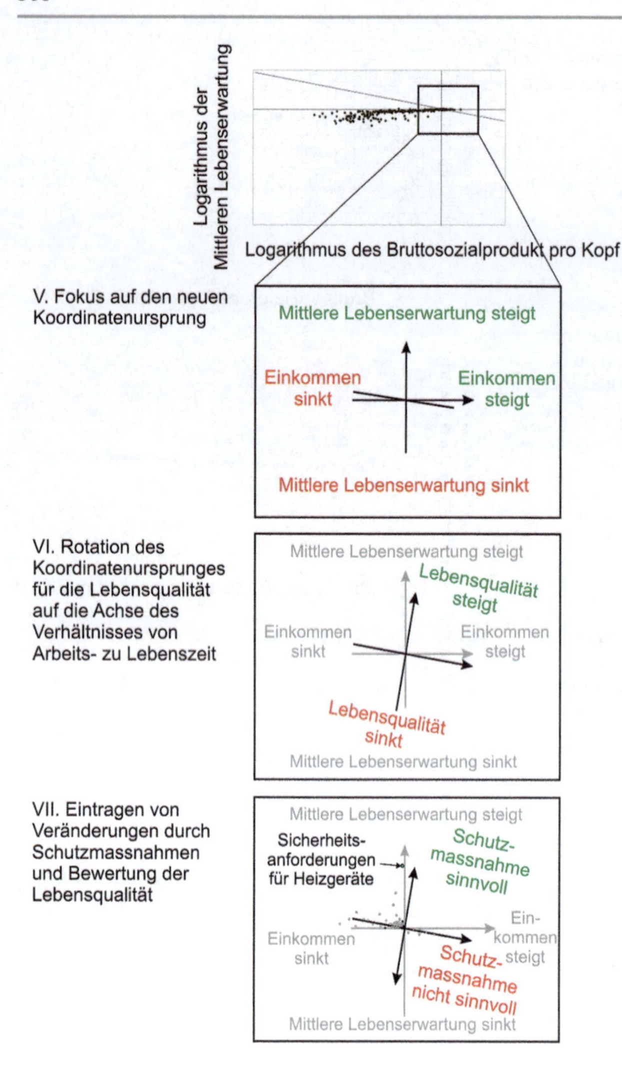

Abb. 5.55 Überführung des Ausgangsdiagramms (Abb. 5.51) in ein Diagramm zur Bewertung, ob Schutzmaßnahmen sinnvoll sind (Teil 2)

(P_{f1}-P_{f2}). P_{f1} ist die Unfallwahrscheinlichkeit im Originalzustand und P_{f2} ist die Unfallwahrscheinlichkeit nach der Durchführung der Schutzmaßnahme. Wie man sieht, gehen die Faktoren multiplikativ ein. Eine Verdopplung der Opferzahlen führt zu einer Verdopplung der zulässigen Kosten. Das gleiche gilt für die Verdopplung des Bruttosozialproduktes pro Einwohner.

Eine etwas ausführlichere Schreibweise stammt von Schubert und Faber (2008). Die Akzeptanz einer Maßnahme kann mittels der folgenden Gleichung geprüft werden:

$$C_y(p_i) \geq -\frac{g}{q} C_x \Delta\lambda(p_i) = -\frac{g}{q} C_x(\Delta\lambda(p_0) - \Delta\lambda(p_1)) \quad (5.36)$$

$$= -\frac{g}{q} C_x(N_{PE}(p_0) \cdot k(p_0) \cdot v(p_0) - N_{PE}(p_1) \cdot k(p_1) \cdot v(p_1)) \quad (5.37)$$

Die Variablen entsprechen:

- $C_y(p_i)$ als jährliche Kosten der Handlungsoption p_i
- $\Delta\lambda(\rho_i)$ ist die Änderung der Todesfallrate durch die Handlungsoption p_i
- p_0 als Todesfallrate im Ausgangszustand,
- $N_{PE}(p_0)$ als Anzahl der gefährdeten Personen,
- $k(p_0)$ als Sterbewahrscheinlichkeit und
- $v(p_0)$ als Versagens- bzw. Ereignisrate.

Eine Handlung ist akzeptabel, wenn die Ungleichung erfüllt ist:

$$C_y(p_i) + \frac{g}{q} C_x(N_{PE}(p_0) \cdot k(p_0) \cdot v(p_0) - N_{PE}(p_1) \cdot k(p_1) \cdot v(p_1)) \geq 0 \quad (5.38)$$

Diese Vorgehensweise kann prinzipiell auch für Kombination von Maßnahmen verwendet werden:

$$\Delta C_y(p_i|\boldsymbol{\theta}_i) \geq -\frac{g}{q} C_x N_{PE}(p_i|\boldsymbol{\theta}_i) \cdot k(p_i|\boldsymbol{\theta}_i) \cdot v(p_i|\boldsymbol{\theta}_i)$$
$$|\boldsymbol{\theta}_i = (p_1, p_2, ..., p_i) \quad (5.39)$$

Die Frage nach der Wirtschaftlichkeit von Sicherungs- bzw. Schutzmaßnahmen kann man auch anders formulieren. Anstelle des Vergleiches der Veränderung der mittleren Lebenserwartung, durch eine mit bestimmten Kosten verbundenen Schutzmaßnahme, kann man auch für eine der beiden Veränderlichen – Lebenserwartung oder Kosten – einen Wert festlegen und den zugehörigen anderen Wert ermitteln. Der festgelegte Wert kann z. B. ein Lebensjahr sein.

Bereits das Konzept der Verlorenen Lebensjahre (Abschn. 3.11) erlaubt in diesem Sinne die Beurteilung der Effektivität von Maßnahmen zum Schutz von Menschen. Hierzu werden die Kosten der Schutzmaßnahme in Beziehung zum Erfolg gesetzt. Unter Erfolg versteht man hierbei ein zusätzliches Lebensjahr. Man kann also ausdrücken, was ein zusätzlich gewonnenes Lebensjahr kostet.

Für diesen Parameter kann man in der Tat Kosten angeben. Mitte der 90er Jahre wurden über 500 solcher Werte für die USA ermittelt (Tengs et al. 1995). Auch in Schweden wurden zahlreiche Werte dafür erfasst (Ramberg und Sjoberg 1997). Die Ergebnisse sind in Abb. 5.56 dargestellt und zeigen, dass die Kosten für den Zugewinn eines Lebensjahres eine hohe Streuung aufweisen. Für die USA wurden Werte zwischen wenigen Dollar und mehreren Milliarden Dollar geschätzt. Die zugewonnenen Lebensjahre sind zu teuer erkauft, denn mit der Investition dieses Geldes hätte man bei Maßnahmen mit geringen Kosten mehr Lebensjahre erkaufen können. Das hätte für viele Menschen ein längeres Leben bedeutet. Man schätzt, dass in den USA bei einer gleichen Investitionssumme für alle Schutzmaßnahmen, aber einer besseren Verteilung, ca. 60.000 Menschenleben pro Jahr zusätzlich gerettet werden könnten.

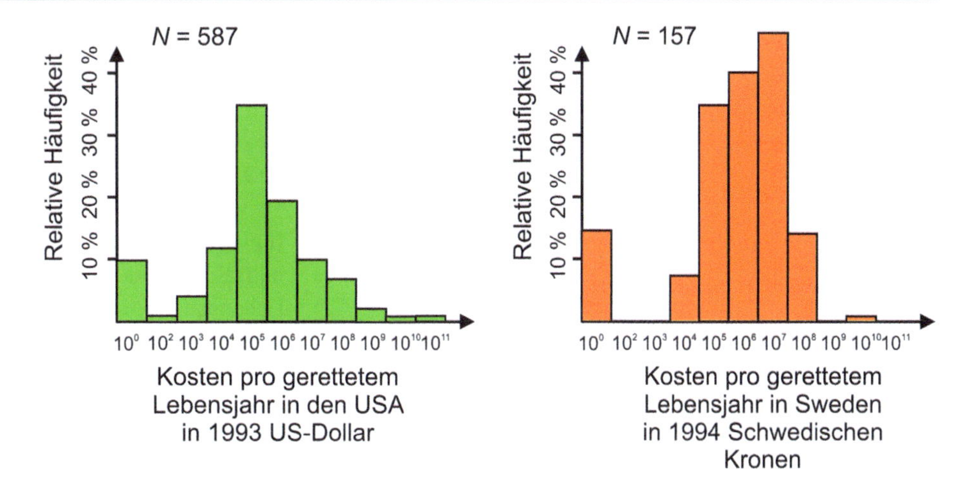

Abb. 5.56 Verteilung der Kosten pro gerettetes Lebensjahr in den USA (Tengs et al. 1995) und in Schweden (Ramberg und Sjoberg 1997)

Wie kommt man zu solchen Schätzungen? Dazu ein Beispiel: Eine Untersuchung des Blutes von Neugeborenen auf Sichelzellen und die anschließende Behandlung würden in den USA etwa 200.000 US$ pro Jahr kosten. Damit könnten in der Summe 800 Lebensjahre gewonnen werden. Das ergibt 200.000 US$/800 Jahre = 250 US$ pro Lebensjahr. Herztransplantationen kosten in den USA pro Jahr etwa 250 Mio. US$. Für alle Patienten zusammen erreicht man einen Zuwachs von 1600 Lebensjahren. Das ergibt 250 Mio. US$ /1600 = 160.000 US$ pro Lebensjahr. Während also die eine Behandlung 250 US$ pro zusätzlich gewonnenes Lebensjahr kostet, betragen die Kosten der anderen Behandlung etwa den sechshundertfachen Wert. Würde man die Gelder aus der Herztransplantation in die Blutuntersuchung der Neugeborenen investieren, so könnte man etwa eine Million Lebensjahre gewinnen: 250.000.000/250 = 1.000.000.

Dies ist natürlich eine sehr starke Vereinfachung. So wurde angenommen, dass sich die Ergebnisse der Behandlungen linear zu den Investitionen verhalten. In der Regel sind die Zusammenhänge jedoch nichtlinear. Abb. 5.57 zeigt verschiedene Möglichkeiten. Das linke Diagramm ist ein Beispiel für einen linearen Zusammenhang zwischen Kosten und zusätzlich gewonnenem Lebensjahr. Im mittleren Diagramm steigt die Ausbeute mit zunehmendem Investitionsvolumen an und im letzten Beispiel bringen immer höhere Investitionen eine immer geringere Ausbeute. In der Praxis findet man auch deutlich komplexere Funktionen.

Unabhängig von der Art des mathematischen Zusammenhanges erreicht man ein Optimum, wenn man mit den zur Verfügung stehenden finanziellen Mitteln ein Maximum an Lebensjahren gewinnt. Heute stehen Verfahren, wie z. B. der Lebensqualitätsindex nach Nathwani, Pandey und Lind (1997) bereit, um die Effektivität von Schutzmaßnahmen zu prüfen. Basierend auf den beschriebenen Umformungen des Lebensqualitätsindex ist man in der Lage, ein wirtschaftliches Kriterium für die Akzeptanz oder Ablehnung von Schutzmaßnahmen einzuführen. Die Grundlage dieses Kriteriums liegt darin, dass durch Maßnahmen die Lebensqualität steigen muss.

Bisher wurden die Kosten auf ein Lebensjahr bezogen. Wählt man stattdessen als zusätzlich gewonnene Lebensdauer die halbe mittlere Lebenserwartung, so ergibt sich (Kristiansen und Soma 2001):

$$ICAF = \frac{g \cdot e}{4} \cdot \frac{1-w}{w} \tag{5.40}$$

Dieser Parameter wird als *ICAF* (implied cost of averting a fatality) bezeichnet. Mittels dieses Parameters kann man den *statistischen* Wert eines Menschenlebens ermitteln. Es geht hierbei nicht um den finanziellen Wert eines existierenden Menschen, sondern um eine finanzielle Größe, die die Bereitschaft der menschlichen Gesellschaft zum Schutz von

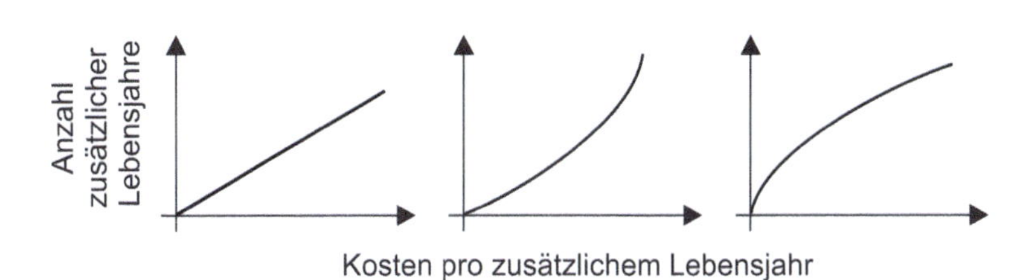

Abb. 5.57 Mögliche Funktionen für die Kostenentwicklung pro zusätzliches Lebensjahr

Menschen vor möglichen Gefahren beschreibt. Im Folgenden wird der Wert für Deutschland für das Jahr 2020 und 2004 ermittelt:

$$ICAF = \frac{g \cdot e}{4} \cdot \frac{1-w}{w} = \frac{54.723 \cdot 81{,}25}{4} \cdot \frac{1-0{,}125}{0{,}125} = 7.780.926 \quad (5.41)$$

$$ICAF = \frac{g \cdot e}{4} \cdot \frac{1-w}{w} = \frac{23.742 \cdot 77{,}5}{4} \cdot \frac{1-0{,}125}{0{,}125} = 3.220.000 \quad (5.42)$$

Beispiele für andere Länder finden sich in Tab. 5.36. Die genannten Gleichungen 5.40 bis 5.42 basieren auf der theoretischen Herleitung des Lebensqualitätsindex.

Um einen Anhaltspunkt zu erhalten, welche Kosten zum Schutz eines Menschen für die Bevölkerung akzeptabel sind, wurden bereits vor über 30 Jahren Befragungen durchgeführt (Viscusi 1995; Viscusi und Hamilton 1999a, b). Viscusi war einer der ersten, der erkannte, dass der Wert der Kosten zum Schutz eines Menschenleben, wenn er denn einmal bekannt ist, eigentlich für alle sozialen Bereich gelten sollte. Es gibt keinen vernünftigen Grund, warum z. B. bei Mülldeponien für den Schutz eines Menschen mehr Geld ausgegeben werden sollte als z. B. beim Autofahren. Im Gegenteil, wenn man diese Mittel in der Gesellschaft homogenisiert, dann müssten mehr Menschen geschützt sein, weil die besonders ineffizienten Maßnahmen auf effizientere umgelegt werden. Viscusi verfügte allerdings noch nicht über einen Formelapparat. Er konnte diesen Wert noch nicht theoretisch herleiten. Aber er konnte empirische Studien betreiben. Bekannt ist seine Befragung der folgenden Art:

Sie gehen in ein Fußballstadion für 10.000 Besucher. Am Eingang wird Ihnen mitgeteilt, dass vermutlich während des Spieles ein Mensch in Lebensgefahr geraten wird. Es besteht die Möglichkeit, Schutzmaßnahmen zu ergreifen (Rot-Kreuz-Kasten alle 50 m etc.), aber diese Maßnahme kostet Geld. Sie wissen nicht, ob Sie diesen Menschen kennen werden oder nicht. Vielleicht sind Sie es selbst. Wieviel Geld wären Sie bereit zu geben? Es wird davon ausgegangen, dass Sie genügend Geld bei sich führen.

Nach den Untersuchungen von Viscusi waren die Menschen im Mittel bereit, ca. 300 bis 400 US$ zu geben. Viscusi multiplizierte den Wert mit 10.000 und erhielt 300 … 400 US$ × 10.000 = 3.000.000 … 4.000.000 US$. Dieser Betrag der Willingness to Pay tauchte immer wieder auf. In Tab. 5.37 liegt der Medianwert relativ aktueller Zahlen zwischen 4 und 10 Mio. US$. Dieser berühmte Wert von 4 Mio. Dollar wurde zu Beginn der 80er Jahre ermittelt. Er passt erstaunlich gut zu den theoretisch ermittelten Werten.

Verschiedene solcher Werte und Rechenergebnissen nach dem oben genannten Berechnungsverfahren sin in Tab. 5.38 zusammengestellt. Es zeigt sich, dass beide Wege, die subjektive Schätzung der Bevölkerung und das mathematische Hilfsmittel, werden sie nun als *ICAF*, Willingness to Pay (*WTP*) oder als Value of a Statistical Life (*VSL*) bezeichnet, zu ähnlichen Werten führen. Die Tabelle erlaubt zusätzlich den Vergleich historischer Zahlen. Eine graphische Darstellung der Zahlen findet sich in Abb. 5.58. In der Tabelle und im Bild sind fast 100 Werte zusammengetragen.

Man erkennt, dass der Betrag seit etwa einhundertfünfzig Jahren gewachsen ist. Die historischen Werte sind natürlich nicht empirischer Art, sondern wurden mit dem Lebensqualitätsindex zurückgerechnet. Außerdem ist es interessant, festzustellen, dass Großbritannien damals den höchsten Wert besaß. Großbritannien war damals die stärkste Wirtschaftsmacht der Welt. Das Pro-Kopf-Einkommen war das höchste der Welt, die mittlere Lebenserwartung war aber in allen Ländern noch relativ niedrig. Damit war der Lebensqualitätsindex in Großbritannien der höchste der Welt.

Die nächsten Werte in Abb. 5.58 liegen etwa ab 1970 vor. Es handelt sich hierbei überwiegend um empirische Werte aus Europa und den USA. Zu beachten sind wieder die Maximalwerte: Erdölplattformen in Großbritannien und der Tunnelbau in der Schweiz. Bei beiden Maßnahmen stehen starke finanzielle Ressourcen zur Verfügung. Die Erdölindustrie erlebte in Europa nach dem Ölpreisschock der 70er Jahre einen ungeheuren Aufschwung. Es wurden weitreichende Investitionen getätigt, die unter anderem in den Schutzmaßnahmen wiederzufinden sind. In der Schweiz existieren günstige finanzielle Rahmenbedingungen, so dass sich hieraus der hohe Wert ableiten lässt.

Am unteren Ende liegen die ärmsten Länder der Welt. Sierra Leone wurde im Jahre 2000 durch die UNO der niedrigste Entwicklungsindex zugeordnet. Der Wert liegt sogar unterhalb der Werte der Industrieländer vor einhundertfünfzig Jahren. Geht man vereinfacht davon aus, dass der *ICAF* in den letzten einhundert Jahren konstant in allen Ländern der Erde gestiegen ist, so dürften die Werte in Afrika damals bei 100 bis 1.000 US$ gelegen haben.

Aber kehren wir zu den aktuellen Werten zurück. Deutschland liegt mit seinen *ICAF*-Werten im Jahre 2000 etwa im oberen Viertel. Der Wert dürfte für Deutschland zwischen 5 und 10 Mio. Euro liegen. Man sieht aber, dass der Wert in den letzten zwanzig Jahren nicht zweifelsfrei festgelegt wurde. Verschiedene Verfahren von verschiedenen Autoren führten zu unterschiedlichen Zahlenangaben. Abb. 5.59 zeigt außerdem, dass der statistische Wert eines Menschenlebens offensichtlich nicht über die gesamte Lebensdauer konstant ist (siehe auch ECOPLAN 2016). Zusätzlich scheint es auch Unterschiede zwischen staatlichen und privatwirtschaftlichen Betrieben zu geben.

Hier ist zu bedenken, dass staatliche Behörden Sicherheit als vordringliche Aufgabe ansehen und sich weniger unter ökonomischen Zwängen befinden als am freien Markt operierende Firmen, denen allerdings Schadensersatzforderungen drohen können. Gleichzeitig operieren

Tab. 5.36 *ICAF* in verschiedenen Ländern nach Rackwitz (2002), Rackwitz und Streicher (2002), Skjong und Ronold (1998), National Geographic Society (1998)

Nr	Land	Jahr	g	M	e	w	*ICAF*	C_F
			Pro-Kopf-Einkommen in US$	Sterberate	Mittlere Lebenserwartung in Jahren	Arbeits- zu Lebenszeit	in US$ 1999 bzw. 1998	Formfaktor
1	Großbritannien	1850	3109	0,01 [5.1)]	39,5	0,15 [1]	$1,74\cdot 10^{5}$	
2	USA	1850	1886	0,01 [5.1)]	29,5	0,15 [1]	$7,88\cdot 10^{4}$	
3	Finnland	1850	1840	0,01 [5.1)]	40	0,15 [1]	$1,04\cdot 10^{5}$	
4	Niederlande	1850	2482	0,01 [5.1)]	37,3	0,15 [1]	$1,31\cdot 10^{5}$	
5	Schweden	1850	1394	0,01 [5.1)]	43,9	0,15 [1]	$8,67\cdot 10^{4}$	
6	Deutschland	1850	1400	0,01 [5.1)]	37,1	0,15 [1]	$7,36\cdot 10^{4}$	
7	Australien	1850	4027	0,01 [5.1)]	46	0,15 [1]	$2,62\cdot 10^{5}$	
8	Japan	1850	969	0,01 [5.1)]	38	0,15 [1]	$5,22\cdot 10^{4}$	
9	USA	1984	10.771		74,7		$1,41\cdot 10^{6}$	
10	Norwegen	1984	8.731		76,2		$1,16\cdot 10^{6}$	
11	Großbritannien	1984	6.182		74,5		$8,05\cdot 10^{5}$	
12	Deutschland	1984	6.456		74,5		$8,41\cdot 10^{5}$	
13	Kanada	1984	9.041		76,4		$1,21\cdot 10^{6}$	
14	Australien	1984					$1,18\cdot 10^{6}$	
15	Österreich	1984					$6,67\cdot 10^{5}$	
16	Belgien	1984					$6,56\cdot 10^{5}$	
17	Dänemark	1984					$8,31\cdot 10^{5}$	
18	Finnland	1984					$8,31\cdot 10^{5}$	
19	Frankreich	1984					$7,44\cdot 10^{5}$	
20	Griechenland	1984					$1,16\cdot 10^{5}$	
21	Irland	1984					$4,36\cdot 10^{5}$	
22	Italien	1984					$8,77\cdot 10^{5}$	
23	Japan	1984					$7,69\cdot 10^{5}$	
24	Niederlande	1984					$6,05\cdot 10^{5}$	
25	Neuseeland	1984					$1,23\cdot 10^{6}$	
26	Portugal	1984					$4,15\cdot 10^{5}$	
27	Spanien	1984					$4,92\cdot 10^{5}$	
28	Schweden	1984					$1,13\cdot 10^{6}$	
29	Schweiz	1984					$1,09\cdot 10^{6}$	
30	USA	1994	11.038		75,7		$1,46\cdot 10^{6}$	
31	Norwegen	1994	12.301		77,7		$1,67\cdot 10^{6}$	
32	Großbritannien	1994	7.557		76,9		$1,01\cdot 10^{6}$	
33	Deutschland	1994	10.874		76,3		$1,45\cdot 10^{6}$	
34	Kanada	1994	8.047		78,1		$1,09\cdot 10^{6}$	
35	Australien	1994					$1,08\cdot 10^{6}$	
36	Österreich	1994					$1,45\cdot 10^{6}$	
37	Belgien	1994					$1,30\cdot 10^{6}$	
38	Dänemark	1994					$1,59\cdot 10^{6}$	
39	Finnland	1994					$1,10\cdot 10^{6}$	
40	Frankreich	1994					$1,36\cdot 10^{6}$	
41	Griechenland	1994					$5,38\cdot 10^{5}$	
42	Irland	1994					$8,31\cdot 10^{5}$	

(Fortsetzung)

Tab. 5.36 (Fortsetzung)

Nr	Land	Jahr	g	M	e	w	$ICAF$	C_F
43	Italien	1994					$1{,}04 \cdot 10^6$	
44	Japan	1994					$2{,}23 \cdot 10^6$	
45	Niederlande	1994					$1{,}28 \cdot 10^6$	
46	Neuseeland	1994					$8{,}62 \cdot 10^5$	
47	Portugal	1994					$5{,}13 \cdot 10^5$	
48	Spanien	1994					$7{,}23 \cdot 10^5$	
49	Schweden	1994					$1{,}34 \cdot 10^6$	
50	Schweiz	1994					$2{,}21 \cdot 10^6$	
51	Sierra Leone	2000	510	0,01 [1]	34	0,15 [1]	$2{,}46 \cdot 10^4$	
52	Nigeria	1998	1211	0,01 [1]	50	0,15 [1]	$8{,}58 \cdot 10^4$	
53	Sambia	2000	880	0,01 [1]	37	0,15 [1]	$4{,}61 \cdot 10^4$	
54	Australien	1998	2.1382	0,01 [1]	78	0,15 [1]	$2{,}36 \cdot 10^6$	
55	Indien	1998	1628	0,01 [1]	59	0,15 [1]	$1{,}36 \cdot 10^5$	
56	Saudi-Arabien	1998	10.283	0,01 [1]	70	0,15 [1]	$1{,}02 \cdot 10^6$	
57	Frankreich	1998	23.357	0,01 [1]	78	0,15 [1]	$2{,}58 \cdot 10^6$	
58	Rußland	1998	4582	0,01 [1]	67	0,15 [1]	$4{,}35 \cdot 10^5$	
59	China	1998	3686	0,01 [1]	71	0,15 [1]	$3{,}71 \cdot 10^5$	
60	Japan	1998	24.938	0,01 [1]	80	0,15 [1]	2,83·106	
61	Brasilien	1998	6007	0,01 [1]	67	0,15 [1]	$5{,}70 \cdot 10^5$	
62	Argentinien	1998	9861	0,01 [1]	72	0,15 [1]	$1{,}01 \cdot 10^6$	
63	USA	1998	30.462	0,01 [1]	76	0,15 [1]	$3{,}28 \cdot 10^6$	
64	Mexiko	1998	7.499	0,01 [1]	72	0,15 [1]	$7{,}65 \cdot 10^5$	
65	Kanada	1998	23.296	0,01 [1]	78	0,15 [1]	$2{,}57 \cdot 10^6$	
66	Kongo/Zaire	2000	345	0,01 [1]	49,4	0,125	$2{,}98 \cdot 10^4$	
67	Luxemburg	2000	30.352	0,01 [1]	77,6	0,125	$4{,}12 \cdot 10^6$	
68	Kanada	1999	19.170	0,0073	76,4	0,125	$2{,}56 \cdot 10^6$	0,14
69	USA	1999	31.872	0,0087	77,1	0,125	$4{,}30 \cdot 10^6$	0,16
70	Deutschland	1999	23.742	0,01.042	77,5	0,125	$3{,}22 \cdot 10^6$	0,13
71	Schweden	1999	25.580	0,01.061	79,1	0,125	$3{,}54 \cdot 10^6$	0,14
72	Japan	1999	24.898	0,00.834	80,1	0,15	$2{,}83 \cdot 10^6$	0,13
73	Frankreich	1999	24.900	0,00.909	77,6	0,125	$3{,}38 \cdot 10^6$	0,15
74	Kolumbien	1999	5500	0,00.523	69,3	0,15	$5{,}40 \cdot 10^5$	0,20

[1] Annahme

Firmen nicht im rechtsfreien Raum und haben sich den gesellschaftlichen Sicherheitsanforderungen unterzuordnen.

Neben den in Abb. 5.58 und Tab. 5.38 genannten Werten, gibt es zum einen noch zahlreiche weitere und neuere Studien, wie z. B. Adorjan (2004), Fischer und Faber (2012), Viscusi (2015, 2018, 2020), Farrow und Viscusi (2011), Viscusi und Masterman (2017) oder ganz explizit für die Schweiz ECOPLAN (2016) und Custer et al. (2016). ECOPLAN (2016) gibt basierend auf der Auswertung zahlreicher Studien einen durchschnittlichen *VSL* in OECD-Ländern von 3 bis 3,61 Mio. Euro an, umgerechnet und aktualisiert in Schweizer Franken von 6,2 bis 8,2 Mio. – siehe Tab. 5.39.

Tab. 5.40 nennt weitere Formeln zur Ermittlung solcher Grenzkosten, wie Social Willingness to Pay (*SWTP*), Social Life Saving Cost (*SLSC*) oder Social Health Costs (*SHC*).

Das übliche Arbeitsmittel der Politik zur Durchsetzung von Sicherheitsanforderungen sind Gesetze und Verordnungen. Man kann die Homogenität verschiedener Verordnungen im Hinblick auf die verwendeten finanziellen

Tab. 5.37 Verteilung des Value of Statistical Life in Millionen Dollar nach Viscusi (2018)

Fraktilwert	5 %	10 %	25 %	50 %	75 %	90 %	95 %
All-set estimates							
Gesamte Stichprobe	−1,695	0,444	4,490	9,672	15,374	25,533	35,721
USA	−1,695	0,889	5,264	10,255	15,415	24,834	33,350
Non-USA	−1,782	0,038	1,097	7,144	15,272	26,123	63,182
USA CFOI [5.1]	1,793	4,299	7,236	11,108	16,791	27,718	35,722
USA non-CFOI [5.1]	−4,887	−1,732	0,573	4,039	12,981	24,825	24,825
Best-set estimates							
Gesamte Stichprobe	1,243	1,470	4,339	10,137	15,656	22,681	26,434
USA	1,470	1,922	4,551	10,176	13,458	19,192	22,681
Non-USA	0,082	1,243	3,311	7,854	20,532	25,051	39,418
USA CFOI [5.1]	3,347	5,396	8,252	10,242	13,510	19,686	33,054
USA non-CFOI	1,335	1,470	3,377	9,032	13,458	19,192	22,681

[1] CFOI: Bureau of Labor Statistics Census of Fatal Occupational Injuries

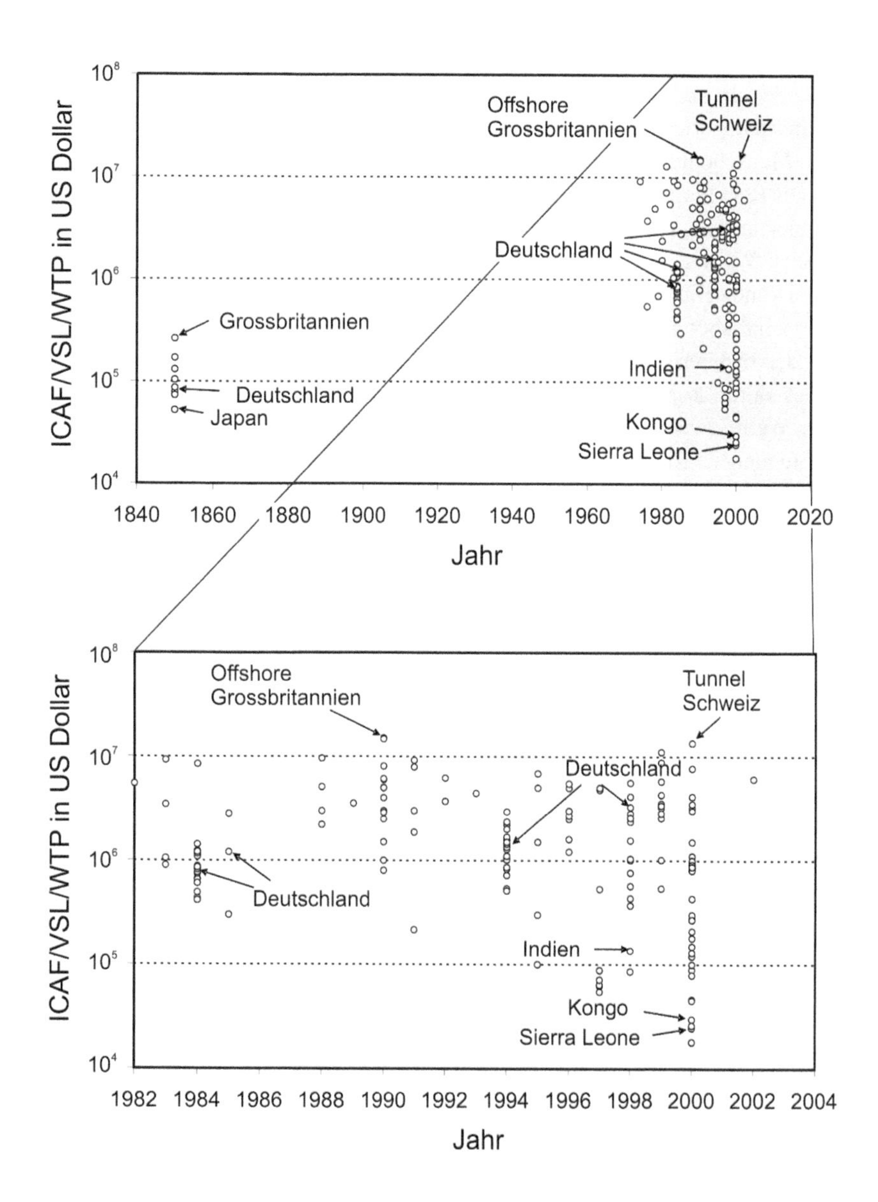

Abb. 5.58 Beispielwerte für die impliziten Kosten zur Vermeidung eines Todesfalls (ICAF), den Wert eines statistischen Lebens (VSL) und die Zahlungsbereitschaft (Willingness to Pay). Das untere Diagramm ist ein Teil des oberen Diagramms. Für die Liste der Referenzen siehe Tab. 5.38.

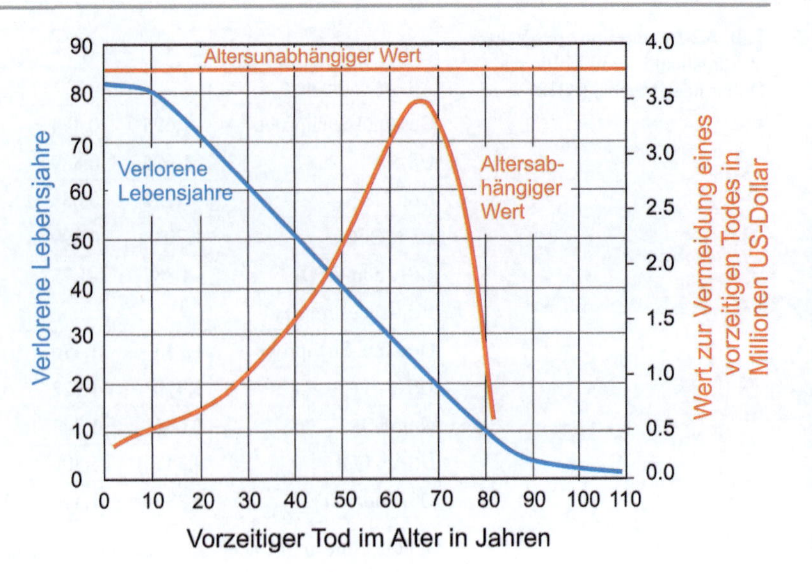

Abb. 5.59 Entwicklung der statistischen Lebenszeit über die Lebenszeit. Zum Vergleich ist die Krümmung der verlorenen Lebensjahre (siehe dazu auch Kap. 3 und Cohen 1991) und ein altersunabhängiger statistischer Lebenswert nach Hofstetter & Hammitt (2001) enthalten (siehe auch ECOPLAN 2016).

Mittel vergleichen. Auch in diesem Sektor sind die Unterschiede dramatisch: Während bei der Einführung des Sicherheitsgurtes im Auto ein Wert von ca. 0,3 Mio. US$ pro Menschenleben investiert wurde, basieren die gesetzlichen Regelungen zum Schutz vor Asbest auf einem dreihundertfachen Wert (89–104 Mio. US$ pro Menschenleben). Weitere Studien belegen diese Inhomogenität (Viscusi und Hamilton 1999a, b). Selbst innerhalb eines Wirtschaftsbereiches treten Unter-schiede auf, wie eine Studie der rechnerischen Kosten zur Vermeidung eines Krebsfalles durch kontaminierte Mülllager gezeigt hat. Es wurden Werte zwischen 20.000 US$ und 961 Mrd. US$ pro vermiedener Krebserkrankung mit einem Median von 418 Mio. US$ ermittelt. In 36 von 130 untersuchten Deponien lagen die Kosten unter 100 Mio. US$ pro vermiedenen Krebsfall.

Eine Zusammenstellung der Kosten für den Schutz eines Menschenlebens in verschiedenen amerikanischen Regelungen findet sich in Tab. 5.41 und 5.42. Tab. 5.41 gibt zunächst einmal das Jahr der Einführung der Regelung, die Aufsichtsbehörde, das Risiko eines Todesfalles, die jährlich durch die Einführung geretteten Menschenleben und die Kosten pro Leben an. Bereits in dieser Tabelle wird die genannte Uneinheitlichkeit der Kosten für die Vermeidung eines Todesfalles in den verschiedensten Fachgebieten deutlich. Eine detaillierte Darstellung der Kosten-Nutzenverhältnisse erlaubt Tab. 5.42. Hier werden die Kosten pro Kopf angegeben und die Veränderung der Lebenserwartung in dem Land. Die Zusammenfassung erfolgt ebenfalls in Tab. 5.42 über ein Nutzen-Kosten-Verhältnis, welches sich aus der bezogenen Veränderung der Lebenserwartung zur bezogenen Verringerung des Bruttosozialproduktes pro Kopf, unter Berücksichtigung der Arbeits- zu Lebenszeit, ergibt..

Auch die Unterschiede dieser Werte zu optimalen *ICAF*-Zielwerten zeigen die Inhomogenität der gesetzlichen Sicherheitsanforderungen. Diese großen Unterschiede wurden bereits bei den erfassten Kosten pro zusätzlichem Lebensjahr deutlich (Joakim et al. 1996; Tengs et al. 1995). Allerdings ist die Anwendung des Lebensqualitätsindex *LQI* nicht für alle Fragestellungen gleichgut geeignet. Van Coile und Pandey (2017) empfehlen den *LQI* als geeigneteres Maß für die Entscheidung über die Investitionshöhe einer Schutzmaßnahme, während das Lebenszykluskosten-Kriterium bei binären Entscheidungssituationen geeigneter ist.

In den vorangegangenen Absätzen wurde umgangssprachlich die Frage gestellt, was ein Menschenleben kostet. Diese Formulierung entspricht allerdings nicht dem Kern der Sache. Es handelt sich hierbei nämlich nicht um die Frage, was ein Mensch kostet, sondern um die Frage, welche Ressourcen die Gesellschaft bereit ist zu investieren, um ein Menschenleben zu schützen. Der kleine, aber wichtige Unterschied sollte immer bedacht werden. Man stellt sich aber automatisch die Frage, was bedeutet dieser Unterschied, handelt es sich bei beiden Formulierungen nicht um ein und dieselbe Sache? Nein, es gibt einen wesentlichen Unterschied: Ein Mensch ist ein Wesen, welches wir nicht in finanziellen Einheiten repräsentieren können. Ein Mensch ist unwiederbringlich und einzigartig. Die pekuniäre Darstellung des Wertes von Dingen beruht aber gerade darauf, dass es wiederbeschaffbar ist. Diese Reproduzierbarkeit ist die Grundlage für die Einführung eines finanziellen Wertesystems. Ein Mensch ist unbezahlbar, nicht aber die Maßnahmen, um einen Menschen zu schützen. Wählt man z. B. den Sicherheitsgurt im Kraftfahrzeug als Schutzmaßnahme. Er kostet Geld, kann aber Menschenleben schützen. Alle Menschen, die ein Kraftfahrzeug erwerben oder nutzen,

Tab. 5.38 *ICAF/WLP/VSL* in verschiedenen Ländern nach verschiedenen Regularen nach Ackermann und Heinzlering (2002), Bea (1990), Berger und Gabriel (1991), Brearley (2000), Brown (1980), Butler (1983), Cousineau et al. (1992), Dillingham (1979, 1985), Dillingham und Smith (1983), Dorsey und Walzer (1983), Emde et al. (1985), Garen (1988), Gegax et al. (1991), Herzog und Schlottmann (1990), IMO (2000), Kneiser und Leeth (1991), Leigh (1991, 1995), Leigh und Folsom (1984), Liu und Hammit (1999), Liu et al. (1997), Low und McPheters (1983), Marin und Psacharopoulos (1982), Martinello und Meng (1992), Meng (1989), Meng und Smith (1990), Moore und Viscusi (1988a, 1988b 1990), Mrozek und Taylor (2001), Olson (1981), Paté-Cornell (1994), Schlander (2003), Smith (1974, 1976), Thaler und Rosen (1976), Viscusi (1978, 1980, 1981, 1995), Viscusi und Hamilton (1999a, b), Vodden et al. (1993), Zijlmans Pet al. (2003), privatem E-mail-Verkehr mit Mitarbeitern von Firmen und öffentlichen Organisationen und eigenen Befragungen

Nr.	Land	Jahr	Regelung/Organisation/Autoren	*ICAF/WLP/VSL*
1	Neuseeland		Highway Safety	$0{,}30 \cdot 10^6$
2	Neuseeland		Highway Safety	$0{,}80 \cdot 10^6$
3	USA		Federal Drug Administration (FDA)	$5{,}00 \cdot 10^6$
4	USA		FDA – Raucher	$2{,}50 \cdot 10^6$
5	USA		EPA	$6{,}00 \cdot 10^6$
6	USA		Highway Safety	$6{,}00 \cdot 10^6$
7	USA	1990	British Petrol	$1{,}00 \cdot 10^6$
8	USA		Risikobezahlung (Jobs)	$5{,}00 \cdot 10^6$
9	USA		FAA (Flugwesen)	$3{,}00 \cdot 10^6$
10	USA	1994	Viscusi	$5{,}00 \cdot 10^6$
11	USA	2000	EPA (Ackermann & Heinzlering)	$6{,}10 \cdot 10^6$
12	Schweiz		Tunnelbau	$13{,}50 \cdot 10^6$
13	Großbritannien		British Rail	$4{,}00 \cdot 10^6$
14	Großbritannien		Department of Transport	$1{,}50 \cdot 10^6$
15	Großbritannien		Offshore – Plattformen	$3{,}00 \cdot 10^6$
16	Großbritannien		Offshore – Plattformen	$15{,}00 \cdot 10^6$
17	Deutschland [2)]		Eigene Befragung	$2{,}90 \cdot 10^6$
18	USA	1995	Paté-Cornell	$2{,}00 \cdot 10^6$
19	USA		US Nuclear Regulatory Commission	$5{,}0\text{-}10 \cdot 10^6$
20	Deutschland	1985	Straßenverkehrswesen (Todesopfer)	$1{,}20 \cdot 10^6$
21	Deutschland	1985	Straßenverkehrswesen (Schwerverletzter)	$5{,}40 \cdot 10^4$
22	Deutschland	1985	Straßenverkehrswesen (Leichtverletzter)	$4{,}10 \cdot 10^3$
23	Neuseeland		Medizin: NZ-Dollar $2{,}00 \cdot 10^4$ pro Lebensjahr	$1{,}50 \cdot 10^6$
24	Australien		Medizin: A-Dollar $4{,}20 \cdot 10^4$ pro Lebensjahr	$3{,}20 \cdot 10^6$
25	England/Wales		Medizin: £ $3{,}00 \cdot 10^4$ pro Lebensjahr	$3{,}50 \cdot 10^6$
26	USA		Medizin: US$ $1{,}00 \cdot 10^5$ pro Lebensjahr	$7{,}70 \cdot 10^6$
27	USA	1988	EPA – Schutz der Ozonschicht	$3{,}00 \cdot 10^6$
28	USA	1990	FAA – Flughafenradar	$1{,}50 \cdot 10^6$
29	USA	1991	FDA – Lebensmittelmarkierung	$3{,}00 \cdot 10^6$
30	USA	1994	Förderung Schulmittagessen	$1{,}50 \cdot 10^6$
31	USA	1994	Förderung Schulfrühstück	$3{,}00 \cdot 10^6$
32	USA	1996	Förderung Lebensmittelinspektionen	$1{,}60 \cdot 10^6$
33	USA	1996	FDA – Beschränkung von Zigarettenverkauf	$2{,}50 \cdot 10^6$
34	USA	1996	FAA – Flugsimulator-Training	$2{,}70 \cdot 10^6$
35	USA	1996	FAA – Lizenz Pilotenflugschein	$3{,}00 \cdot 10^6$
36	USA	1996	FDA –Medizinische Geräte	$5{,}00 \cdot 10^6$
37	USA	1996	EPA – Blei in Farben für Kinderzimmer	$5{,}50 \cdot 10^6$
38	USA	1997	EPA – Luftqualität: Staubgehalt	$4{,}80 \cdot 10^6$
39	USA	1997	EPA – Luftqualität: Ozongehalt	$4{,}80 \cdot 10^6$
40	USA	1997	FDA – Mammographie	$5{,}00 \cdot 10^6$
41	USA	1998	EPA – Desinfektion/Zugaben Trinkwasser	$5{,}60 \cdot 10^6$
42	USA	1999	EPA – Radon in Trinkwasser	$5{,}80 \cdot 10^6$
43	UNO	1995	IPCC für reiche Industrieländer	$1{,}50 \cdot 10^6$
44	UNO	1995	IPCC für Entwicklungsländer	$3{,}00 \cdot 10^5$

(Fortsetzung)

Tab. 5.38 (Fortsetzung)

Nr.	Land	Jahr	Regelung/Organisation/Autoren	*ICAF/WLP/ VSL*
45	UNO	1995	IPCC für sehr arme Länder	$1{,}00 \cdot 10^5$
46	USA	1999	Werte mit Einkommensanstieg: international	$8{,}80 \cdot 10^6$
47	USA	1999	Werte mit Einkommensanstieg: nur USA	$1{,}11 \cdot 10^7$
48	USA	1994	US Federal Highway Administration	$2{,}50 \cdot 10^6$
49	USA	1998	US Department of Transport Straßenverkehr	$1{,}56 \cdot 10^6$
50	Großbritannien	1998	Railtrack (U.K rail infrastructure controller)	$4{,}14 \cdot 10^6$
51	Großbritannien	1994	London Underground	$3{,}12 \cdot 10^6$
52	EU	1998	Straßenverkehr in der EU	$1{,}04 \cdot 10^6$
53	Norwegen	1996	Alle Gefahren	$1{,}25 \cdot 10^6$
54	Norwegen	2003	Seefahrt	$3{,}0\text{-}8{,}0 \cdot 10^6$
55	USA	1990	Für einen 25.35.jährigen	$2{,}00 \cdot 10^6$
56	USA	1990	Unabhängig vom Alter	$0{,}5.3{,}0 \cdot 10^6$
57	Großbritannien	2000	Person im Eisenbahnverkehr	$1{,}72 \cdot 10^6$
58	Großbritannien	2000	Multiple Events im Eisenbahnverkehr	$4{,}83 \cdot 10^6$
59	International	2003	Schifffahrt-Todesopfer	$6{,}34 \cdot 10^5$
60	International	2003	Schifffahrt-Schwere Verletzung	$1{,}06 \cdot 10^5$
61	International	2003	Schifffahrt -Leichte Verletzung	$5{,}97 \cdot 10^4$
62	USA	2000	Mrozek und Taylor	$3{,}00 \cdot 10^6$
63		1991	Berger und Gabriel	$8{,}79 \cdot 10^6$
64		1980	Brown	$2{,}03 \cdot 10^6$
65		1983	Butler	$1{,}12 \cdot 10^6$
66		1992	Cousineau et al.	$6{,}81 \cdot 10^6$
67		1979	Dillingham	$9{,}20 \cdot 10^5$
68		1985	Dillingham	$3{,}43 \cdot 10^6$
69		1983	Dillingham and Smith	$4{,}32 \cdot 10^6$
70		1983	Dorsey and Walzer	$1{,}16 \cdot 10^7$
71		1988	Garen	$1{,}12 \cdot 10^7$
72		1991	Gegax et al.	$2{,}07 \cdot 10^6$
73		1990	Herzog und Schlottmann	$9{,}07 \cdot 10^6$
74		1991	Kneiser und Leeth	$2{,}40 \cdot 10^5$
75		1991	Leigh	$1{,}02 \cdot 10^7$
76		1995	Leigh	$7{,}18 \cdot 10^6$
77		1984	Leigh und Folsom	$1{,}04 \cdot 10^7$
78		1999	Liu und Hammitt	$1{,}00 \cdot 10^6$
79		1997	Liu, Hammitt und Liu	$5{,}40 \cdot 10^5$
80		1983	Low und McPheters	$1{,}31 \cdot 10^6$
81		1982	Marin und Psacharopoulos	$6{,}97 \cdot 10^6$
82		1992	Martinello und Meng	$4{,}06 \cdot 10^6$
83		1989	Meng	$4{,}05 \cdot 10^6$
84		1990	Meng und Smith	$6{,}88 \cdot 10^6$
85		1988	Moore und Viscusi	$5{,}92 \cdot 10^6$
86		1988	Moore und Viscusi	$2{,}56 \cdot 10^6$
87		1990	Moore und Viscusi	$1{,}65 \cdot 10^7$
88		1981	Olson	$1{,}66 \cdot 10^7$

(Fortsetzung)

Tab. 5.38 (Fortsetzung)

Nr.	Land	Jahr	Regelung/Organisation/Autoren	*ICAF/WLP/ VSL*
89		1974	Smith	$1{,}31 \cdot 10^7$
90		1976	Smith	$5{,}23 \cdot 10^6$
91		1976	Thaler und Rosen	$7{,}60 \cdot 10^5$
92		1978	Viscusi	$6{,}69 \cdot 10^6$
93		1980	Viscusi	$3{,}15 \cdot 10^6$
94		1981	Viscusi	$9{,}20 \cdot 10^6$
95		1993	Vodden et al.	$4{,}78 \cdot 10^6$

Tab. 5.39 Grenzkosten für die Schweiz für einen vermiedenen Todesfall nach ECOPLAN (2016) und Custer et al. (2016)

Kriterium bzw. Behörde	Grenzkosten in Millionen Schweizer Franken
Todesfall allg	4,53
Öffentlicher Verkehr	30,557
Luft	10,944
Lärm	10,217
BAFU/BABS	5,0
ASTRA (2012)	5
BABS (2013)	4
ASTRA (2014)	5
BABS (2014)	3
BABS (2015)	4
ASTRA (2012)	5
BAFU (2015)	5

bezahlen Geld dafür, um einigen wenigen Menschen durch diese Schutzmaßnahme das Leben zu retten.

Pauschal könnte man natürlich sagen, dass Gelder zum Schutz von Menschen nicht begrenzt werden dürfen. Das ist aber weder theoretisch noch praktisch möglich. Den dann darf niemand mehr in den Urlaub fahren oder für sonstige Dinge Geld ausgeben, die allein den Zweck erfüllen, Freude zu erleben oder der Erholung zu dienen. Eine Gesellschaft muss aber den Menschen finanziellen Freiraum geben, und ihnen die Möglichkeit geben, Wünsche zu erfüllen. Was wäre es für ein Leben, wenn wir nur noch in Schutzmaßnahmen denken würden?

Also muss man einen Kompromiss zwischen den Investitionen zum Schutz von Menschenleben und anderen Dingen finden. Jeder einzelne von uns tut es auch – wir geben nicht unser ganzes Geld für Fahrzeugtraining, ein sicheres Auto oder Sportgeräte aus. Wir rauchen, wir trinken alkoholische Getränke, wir legen uns in die Sonne, wir treffen Freunde, wir essen im Sommer Eis – wir machen uns das Leben schön. Das ist richtig, aber das zeigt auch, dass wir die Investitionen zu unserem Schutz beschränken. Diese Entscheidung muss auch der Gesellschaft zugebilligt werden – und vielleicht sind die anderen Geldausgabemöglichkeiten lebensverlängernd?

Diese Frage wird übrigens nicht erst in der modernen Gesellschaft diskutiert. Grundlage für die Beurteilung eines Menschen in monetären Einheiten ist immer noch die Aussage von Protagoras, 485–415 vor Christus, dass Wirtschaft

Tab. 5.40 Verschiedene Ansätze für die Berechnung der statistischen Zahlungsbereitschaft zum Schutz eines Menschenlebens (Fischer und Faber 2012, Lentz 2006)

Referenzen	Formeln	Millionen Schweizer Franken	Value zu *SWTP*
Nathwani et al., Rackwitz	$SWTP \approx \frac{g}{q} C$	4,98	1,00
Faber, Rackwitz	$SVSL = \frac{g}{q} \overline{e}$	5,52	1,11
Lentz, Rackwitz	$SHC = g \overline{e}$	2,89	0,58
Skjong & Ronold	$ICAF = g \frac{1-w}{w} \frac{1}{2} \frac{e_0}{2}$	10,19	2,05
Ditlevsen	$ICAF = g \frac{1-c}{c} \frac{1+V_{e0}^2}{2} e_0$	6,77	4,26
Rackwitz	$SLSC \approx \Delta e \cdot g \left[1 - (1 - (1 + \Delta e/e_0)^{-1/q}\right] \Big\vert_{\Delta e = e_0/2}$	2,46	0,49
Kübler	$SLSC^{(-)} \approx -\Delta e g \left[1 - (1 - (1 + \Delta e/e_0)^{-1/q}\right] \Big\vert_{\Delta e = e_0/2}$	103,34	20,77

Tab. 5.41 Kosten pro gerettete Leben in Millionen US$ 1984 in verschiedenen amerikanischen Regelungen (Viscusi 1995)

Sicherheitsanforderungen für/bei	Jahr und Status[1]	Organisation	Risiko[2]	Jährlich Menschen gerettet	Kosten pro gerettete Leben in Millionen US$ 1984
Raumheizgeräte	1980 F	CPSC	$2{,}7 \cdot 10^{-5}$	63	0,1
Öl- und Gas-Bohrungen	1983 P	OSHA-S	$1{,}1 \cdot 10^{-3}$	50	0,1
Brandsicherung in Flugkabinen	1985 F	FAA	$6{,}5 \cdot 10^{-8}$	15	0,2
Passive Gurte (KFZ)	1984 F	NHTSA	$9{,}1 \cdot 10^{-5}$	1850	0,3
Tiefbaukonstruktionen	1989 F	OSHA-S	$1{,}6 \cdot 10^{-3}$	8,1	0,3
Alkohol- und Drogenkontrollen	1985 F	FRA	$1{,}8 \cdot 10^{-6}$	4,2	0,5
Service von Fahrzeugfelgen	1984 F	OSHA-S	$1{,}4 \cdot 10^{-5}$	2,3	0,5
unbrennbare Sitzpolster in Flugzeug	1984 F	FAA	$1{,}6 \cdot 10^{-7}$	37	0,6
Notbeleuchtung in Fluren	1984 F	FAA	$2{,}2 \cdot 10^{-8}$	5	0,7
Arbeitsplattformen am Kran	1988 F	OSHA-S	$1{,}8\ 10^{-3}$	5	1,2
Betonkonstruktionen	1988 F	OSHA-S	$1{,}4 \cdot 10^{-5}$	6,5	1,4
Gefahrenkommunikation	1983 F	OSHA-S	$4{,}0 \cdot 10^{-5}$	200	1,8
Emission von flüchtigem Benzol	1984 F	EPA	$2{,}1 \cdot 10^{-5}$	0,31	2,8
Holzstaub	1987 F	OSHA-S	$2{,}1 \cdot 10^{-4}$	4	5,3
Uranminen	1984 F	EPA	$1{,}4 \cdot 10^{-4}$	1,1	6,9
Benzol	1987 F	OSHA-H	$8{,}8 \cdot 10^{-4}$	3,8	17,1
Arsen- und Glas-Fabriken	1986 F	EPA	$8{,}0 \cdot 10^{-4}$	0,11	19,2
Ethylenoxid	1984 F	OSHA-H	$4{,}4 \cdot 10^{-5}$	2,8	25,6
Arsen-Kupfer-Schmelze	1986 F	EPA	$9{,}0 \cdot 10^{-4}$	0,06	26,5
Uranmühle, passiv	1983 F	EPA	$4{,}3 \cdot 10^{-4}$	2,1	27,6
Uranmühle, aktiv	1983 F	EPA	$4{,}3 \cdot 10^{-4}$	2,1	53
Asbest	1986 F	OSHA-H	$6{,}7 \cdot 10^{-5}$	74,7	89,3
Asbest	1989 F	EPA	$2{,}9 \cdot 10^{-5}$	10	104,2
Arsen- und Glas-Bearbeitung	1986 R	EPA	$3{,}8 \cdot 10^{-5}$	0,25	142
Benzol-Lagerung	1984 R	EPA	$6{,}0 \cdot 10^{-7}$	0,043	202
Radionuklid/DOE Einrichtungen	1984 R	EPA	$4{,}3 \cdot 10^{-6}$	0,001	210
Radionuklid/elem. Phosphor	1984 R	EPA	$1{,}4 \cdot 10^{-5}$	0,046	270
Benzol/Ethylbenzol/Styrol	1984 R	EPA	$2{,}0 \cdot 10^{-6}$	0,006	483
Arsen/Niedrig-Arsen/Kupfer	1986 R	EPA	$2{,}6 \cdot 10^{-4}$	0,09	764
Benzol/Maleinsäurehydrid	1984 R	EPA	$1{,}1 \cdot 10^{-6}$	0,029	820
Bodenentsorgung	1988 F	EPA	$2{,}3 \cdot 10^{-8}$	2,52	3.500
EDB	1989 R	OSHA-H	$2{,}5 \cdot 10^{-4}$	0,002	15.600
Formaldehyd	1987 F	OSHA-H	$6{,}8 \cdot 10^{-7}$	0,01	72.000

[1] F, P, R = gültige Vorschrift, Entwurf, abgelehnte Vorschrift
[2] Anzahl der Todesopfer pro Jahr

für Menschen und nicht der Mensch für die Wirtschaft existiere: „*Homo mensura*". Trotzdem war der Wert eines Menschen Jahrhunderte, wenn nicht Jahrtausende lang, Teil der Wirtschaft. Ein Mensch, auch wenn er als Sklave bezeichnet und behandelt wurde und damit aus dem Wertebereich „normaler" Menschen fiel, kostete einen klaren Geldbetrag. Es gibt auch Beispiele dafür, dass für „normale" Mitglieder der Gesellschaft entsprechende finanzielle Beträge ausgewiesen wurden.

Aethelbert I, der erste anglo-sächsische König in England führte ein Gesetz ein, das unter anderem eine finanzielle Entschädigung für die Familie eines Mordopfers durch den Mörder vorsah. Der Betrag richtete sich nach dem sozialen Stand des Opfers und war bei einem Bauern

Tab. 5.42 Kosten-Nutzen-Abschätzung verschiedener amerikanischer Regelungen

Sicherheits-anforderungen für/bei	Jahr	Bevölkerung [1]	Pro-Kopf-Einkommen g [2]	Kosten pro Kopf dg	Leben gerettet pro Jahr	Nutzen de/e	Ökon. Kosten $dg/(Kg)$ [3]	Nutzen zu Kosten
Raumheizgeräte	1980	228	17.755	$3,34\cdot10^{-2}$	63	$5,44\cdot10^{-6}$	$2,69\cdot10^{-7}$	20,2
Öl- und Gas-Bohrungen	1983	235	17.827	$2,57\cdot10^{-2}$	50	$4,31\cdot10^{-6}$	$2,06\cdot10^{-7}$	21,0
Brandsicherung Flugkabine	1985	239	19.454	$1,51\cdot10^{-2}$	15	$1,29\cdot10^{-6}$	$1,11\cdot10^{-7}$	11,7
Passive Gurte (KFZ)	1984	237	18.925	$2,83\cdot10^{0}$	1.850	$1,60\cdot10^{-4}$	$2,13\cdot10^{-5}$	7,5
Tiefbaukonstruktionen	1989	249	21.477	$1,18\cdot10^{-2}$	8,1	$6,99\cdot10^{-7}$	$7,84\cdot10^{-8}$	8,9
Alkohol/Drogenkontrolle	1985	239	19.454	$1,06\cdot10^{-2}$	4,2	$3,62\cdot10^{-7}$	$7,78\cdot10^{-8}$	4,7
Service Fahrzeugfelgen	1984	237	18.925	$5,85\cdot10^{-3}$	2,3	$1,98\cdot10^{-7}$	$4,42\cdot10^{-8}$	4,5
Unbrennbare Sitzpolster	1984	237	18.925	$1,13\cdot10^{-1}$	37	$3,19\cdot10^{-6}$	$8,53\cdot10^{-7}$	3,7
Notbeleuchtung Fluren	1984	237	18.925	$1,78\cdot10^{-2}$	5	$4,31\cdot10^{-7}$	$1,34\cdot10^{-7}$	3,2
Arbeitsplattformen Kran	1988	246	21.103	$2,94\cdot10^{-2}$	5	$4,31\cdot10^{-7}$	$1,99\cdot10^{-7}$	2,2
Betonkonstruktionen	1988	246	21.103	$4,46\cdot10^{-2}$	6,5	$5,61\cdot10^{-7}$	$3,02\cdot10^{-7}$	1,9
Gefahrenkommunikation	1983	235	17.827	$1,85\cdot10^{0}$	200	$1,73\cdot10^{-5}$	$1,48\cdot10^{-5}$	1,2
Emission Benzol	1984	237	18.925	$4,42\cdot10^{-3}$	0,31	$2,67\cdot10^{-8}$	$3,34\cdot10^{-8}$	0,80
Holzstaub	1987	244	20.385	$1,05\cdot10^{-1}$	4	$3,45\cdot10^{-7}$	$7,35\cdot10^{-7}$	0,47
Uranminen	1984	237	18.925	$3,86\cdot10^{-2}$	1,1	$9,49\cdot10^{-8}$	$2,92\cdot10^{-7}$	0,33
Benzol	1987	244	20.385	$3,21\cdot10^{-1}$	3,8	$3,28\cdot10^{-7}$	$2,25\cdot10^{-6}$	0,15
Arsen/Glas-Fabriken	1986	242	19.879	$1,05\cdot10^{-2}$	0,11	$9,49\cdot10^{-9}$	$7,58\cdot10^{-8}$	0,13
Ethylenoxid	1984	237	18.925	$3,65\cdot10^{-1}$	2,8	$2,42\cdot10^{-7}$	$2,75\cdot10^{-6}$	0,09
Arsen-Kupfer-Schmelze	1986	242	19.879	$7,67\cdot10^{-3}$	0,06	$5,18\cdot10^{-9}$	$5,51\cdot10^{-8}$	0,09
Uranmühle, passiv	1983	235	17.827	$2,98\cdot10^{-1}$	2,1	$1,81\cdot10^{-7}$	$2,39\cdot10^{-6}$	0,08
Uranmühle, aktiv	1983	235	17.827	$5,72\cdot10^{-1}$	2,1	$1,81\cdot10^{-7}$	$4,58\cdot10^{-6}$	0,04
Asbest	1986	242	19.879	$3,33\cdot10^{1}$	74,7	$6,45\cdot10^{-6}$	$2,39\cdot10^{-4}$	0,03
Asbest	1989	249	21.477	$5,05\cdot10^{0}$	10	$8,63\cdot10^{-7}$	$3,36\cdot10^{-5}$	0,03
Arsen/Glas-Bearbeitung	1988	246	21.103	$4,32\cdot10^{1}$	2,52	$2,17\cdot10^{-7}$	$2,92\cdot10^{-4}$	0,0007
Benzol Lagerung	1987	244	20.385	$3,56\cdot10^{0}$	0,010	$8,63\cdot10^{-10}$	$2,50\cdot10^{-5}$	0,00.003
Radionuklide	1986	242	19.879	$1,77\cdot10^{-1}$	0,250	$2,16\cdot10^{-8}$	$1,27\cdot10^{-6}$	0,02
Radionuklid/Phosphor	1984	237	18.925	$4,42\cdot10^{-2}$	0,043	$3,71\cdot10^{-9}$	$3,34\cdot10^{-7}$	0,01
Benzol/Ethylbenzol/Styrol	1984	237	18.925	$1,07\cdot10^{-3}$	0,001	$8,63\cdot10^{-11}$	$8,07\cdot10^{-9}$	0,01
Arsen/Kupfer	1984	237	18.925	$6,32\cdot10^{-2}$	0,046	$3,97\cdot10^{-9}$	$4,77\cdot10^{-7}$	0,0083
Benzol/Maleinsäurehydid	1984	237	18.925	$1,48\cdot10^{-2}$	0,006	$5,18\cdot10^{-10}$	$1,11\cdot10^{-7}$	0,0046
Bodenentsorgung	1986	242	19.879	$3,43\cdot10^{-1}$	0,090	$7,77\cdot10^{-9}$	$2,47\cdot10^{-6}$	0,0031
EDB	1984	237	18.925	$1,21\cdot10^{-1}$	0,029	$2,50\cdot10^{-9}$	$9,14\cdot10^{-7}$	0,0027
Formaldehyd	1989	249	21.477	$1,51\cdot10^{-1}$	0,002	$1,73\cdot10^{-10}$	$1,01\cdot10^{-6}$	0,0002

[1] in Millionen
[2] US$ pro Jahr
[3] $K=-w/(1-w)$

geringer als bei einem Adligen. Der Name für diese Regel war *„Wergild "*. In diesen Zeiten gab es normalerweise keine juristischen Grundlagen, aber Wergild war eine Alternative zu den üblichen Blutfehden, die ein Mord nach sich zog. Teile von Wergild wurden im mittelalterlichen Norwegen, in Russland und auch in Deutschland eingeführt. In England bezieht sich z. B. auch die Geschichte von Beowolf auf diese Tradition (1000 nach Chr.). Die historische Geschichte von Jane Smiley, *„The Greenlander"* beschreibt die Anwendung von Wergild im 14. Jahrhundert in Norwegen. (Ackermann und Heinzlering 2002).

Obwohl die Idee des Lebensqualitätsindex nach Nathwani, Pandey und Lind (1997) beeindruckend einfach und verständlich ist, beinhaltet der Index auch einige Annahmen, die den weiteren Erfolg beeinflussen könnten. So wurden z. B. von Pliefke und Peil (2007) weitere Arbeiten zur Verbesserung des Parameters durchgeführt. Diese Arbeiten sollen hier kurz vorgestellt werden.

Generell kann man festhalten, dass der Lebensqualitätsindex eine anonyme, individuelle Nutzenfunktion ist. Sie berücksichtigt nicht den aktuellen Lebensqualitätsstatus und geht von einer ordinalen Nutzenfunktion aus. Des Weiteren ist, wie bereits erwähnt, die Optimierung der Lebensqualität in Abhängigkeit von der Arbeitszeit eine Hauptannahme der Theorie. Zu diesen Annahmen gehört z. B. auch ein ungleicher Anteil an Lebenserwartungs- und Konsumdaten. Aber bezogen auf die subjektive Beurteilung von Risiken betrachtet der Mensch die Risiken eigentlich nicht nach ihrem statistischen Wert, sondern nach anderen Gesichtspunkten, wie z. B. der Gleichheit der Gewinne (siehe Kap. 4). Während der Lebensqualitätsindex die Effizienz möglicher Minderungsmaßnahmen nach den Arbeiten von Pareto und dem Kaldor-Hicks-Kompensationstest berücksichtigt, fehlt ihm die Fähigkeit, Gleichheitsüberlegungen zu berücksichtigen. Die Anwendung solcher Effizienzmaßnahmen, um ein Maximum an Wohlstand in einer Gesellschaft zu erreichen, ist mittlerweile weithin akzeptiert. Dennoch können andere Faktoren die mögliche Anwendung der reinen Effizienzmaße einschränken.

Dies lässt sich leicht an einem System erkennen, das versucht, seine Integrität auch bei kurzfristig nicht effizientem Verhalten zu bewahren. Einer der größten Nachteile bei der Anwendung von Effizienzmaßen sind enge Vorstellungen über das zukünftige Verhalten von Systemen.

Daher können Gleichheitsüberlegungen als Erweiterungen ökonomischer Modelle gesehen werden, die nicht in den Effizienzmodellen enthalten sind (Jongejan et al. 2007). Pandey und Nathwani (1997) hatten bereits versucht, das Maß durch die Einbeziehung von qualitätsbereinigtem Einkommen zu verbessern. Pliefke und Peil (2007) haben den Life Quality Index in Form von

$$EAL = L \cdot \alpha(1 - Gini(QAI) \quad (5.42)$$

und unter der folgenden Annahme weiterentwickelt:

$$EAL_{final} \geq EAL_{initial} \quad (5.43)$$

Gemäß Pliefke und Peil (2007) sollte in einem zweiten Schritt noch geprüft werden:

$$Gini_{inital} - Gini_{final} \geq a \quad (5.44)$$

Daher kann eine Schutzmaßnahme einen niedrigen Nettonutzen haben, aber sie kann die Gleichheit in einer Gesellschaft erhöhen. Dies passt sehr gut zu dem Beispiel eines Staatshaushalts, der erhebliche Ausgleichsmaßnahmen in

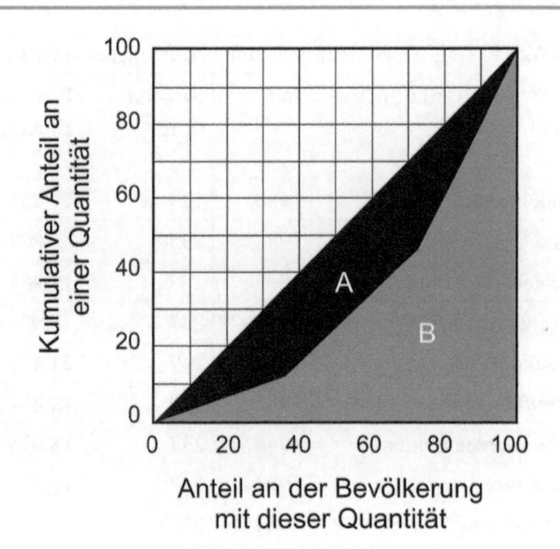

Abb. 5.60 Lorenzkurve und Gini-Index

Bezug auf die Wohlfahrt beinhaltet. Allerdings scheint es eine theoretische, maximale Gleichheit zu geben, da die Yerkes-Dodson-Kurve zeigt, dass vollständige Gleichheit die Effizienz einer Gesellschaft begrenzt.

Die Definition des Gini-Index ist eng mit der Lorenz-Kurve verbunden (Abb. 5.60). Die Lorenz-Kurve beschreibt die Konzentration einiger Eigenschaften in einer bestimmten Population, da statistische Streuungsmaße die Konzentration möglicherweise nicht richtig beschreiben. Die Lorenz-Kurve deutet auf Gleichheit hin, wenn die Kurve eine konstante 45.Grad-Linie ist, wohingegen die Kurve auf Ungleichheit hinweist, wenn sie niedriger als die konstante 45.Grad-Linie ist. Das Verhältnis der Fläche unter der 45.Grad-Linie und der Lorenz-Kurve ergibt den Gini-Index, der ein allgemeines Maß für Gleichheit ist. Bei perfekter Gleichheit erreicht der Gini-Index den Wert null, während bei perfekter Ungleichheit der Wert eins erreicht wird. Auf weltweiter Ebene ist beispielsweise der Gini-Index für das Bruttoinlandsprodukt von 0,44 im Jahr 1960 auf 0,55 im Jahr 1989 gestiegen (Dahm 2002).

5.9 Lebensqualität in der Politik

In der amerikanischen Unabhängigkeitserklärung von 1776 wurde für *„bestimmte unveräußerliche Rechte, zu denen Leben, Freiheit und das Streben nach Glück gehören"* plädiert. David Eisenhower (1890–1969) verwendete den Begriff Lebensqualität in seiner Wahlkampagne, ebenso wie Präsident Dwight Eisenhowers Commission on National Goals von 1960. Im Jahr 1964 hielt Präsident Lyndon Johnson eine Rede. Darin heißt es: *„Die Aufgabe der großen Gesellschaft ist es, unseren Menschen die Umwelt, die Fähigkeiten und die sozialen Strukturen zu sichern, die ihnen eine sinnvolle Chance geben, ihr individuelles Glück* *zu verfolgen. Der großen Gesellschaft geht es also nicht um das Wieviel, sondern um das Wie gut – nicht um die Quantität der Güter, sondern um die Qualität ihres Lebens.*" (Noll 1999).

1972 machte Bundeskanzler Willy Brandt mit dem Begriff „Lebensqualität" Wahlkampf: „*...mehr Produktion, Profit und Konsum bedeutet nicht automatisch ein Mehr an Zufriedenheit, Glück und Entwicklungsmöglichkeiten für den Einzelnen. Lebensqualität bedeutet mehr als ein höherer Lebensstandard. Lebensqualität setzt Freiheit voraus, auch Freiheit von Angst. Sie ist Sicherheit durch menschliche Solidarität, die Chance zur Selbstbestimmung und Selbstverwirklichung... Lebensqualität bedeutet Bereicherung unseres Lebens über den materiellen Konsum hinaus.*" (Noll 1999; Amery 1975).

Insbesondere die Ölkrise in den 1970er Jahren führte zu intensiven Diskussionen über das primäre Ziel des Wirtschaftswachstums und des Wohlstands (Schuessler und Fisher 1985). Zu dieser Zeit wurden auf vielen Konferenzen, z. B. in Deutschland auf einer von der IG Metall organisierten Tagung, weitere Ziele von Gesellschaften diskutiert (Eppler 1974).

Obwohl die politische Verwendung des Begriffs „Lebensqualität" seitdem abgenommen hat, verwenden immer noch einige Parteien, wie die Green Party of Aotearoa (Neuseeland), „Lebensqualität" als Slogan. Auch viele Politiker fassen soziale Indikatoren zusammen, um die Lebensqualität in einer Nation zu beschreiben – zum Beispiel US-Präsident Clinton in seiner Rede zur Lage der Nation am 19. Januar 1999.

Zusätzlich zu dieser Entwicklung beschreiben viele Großstädte ihre Entwicklung in Bezug auf die Lebensqualität, wie z. B. die Lebensqualitätsberichte für mehrere Städte in Neuseeland (QoLNZ 2003) oder der Lebensqualitätsbericht für Südtirol (LfS 2003).

5.10 Lebensqualität in der Religion

Betrachtungen zur Lebensqualität haben eine lange Geschichte in den Religionen. Man könnte Religionen leicht als eine Sammlung von Regeln ansehen,um eine gute Lebensqualität zu erreichen.

Andererseits haben aktuelle Entwicklungen in einigen religiösen Organisationen die Grenzen des Konzepts der Lebensqualität berücksichtigt. So wird z. B. bei Barragán (2005) das Hauptziel von Lebensqualitätskonzepten in der Unterscheidung zwischen hoher und niedriger Lebensqualität gesehen, die zu bestimmten Maßnahmen führen kann. So könnten solche Konzepte zur Identifikation von „nicht lebenswertem Leben" eingesetzt werden. Hier werden Maße wie Intelligenzkoeffizienten unter 20 als Indikator für minimale intellektuelle Kapazität, minimales Selbstbewusstsein, Selbstkontrolle, Kommunikationsfähigkeit oder die Fähigkeit, das eigene Leben zu kontrollieren, genannt. Barragáns Kritik an der möglichen Anwendung von Lebensqualitätsparametern zur Unterscheidung zwischen lebenswertem und nicht lebenswertem Leben ist richtig und wurde auch in anderen Bereichen gefunden. Allerdings müssen Lebensqualitätsparameter nicht zwangsläufig für diese Unterscheidung angewendet werden.

5.11 Grenzen des Konzeptes

Das Erreichen eines optimalen Lebens in einer optimalen Gesellschaft ist das Hauptziel der Anwendung von Parametern der Lebensqualität. Je effizienter die Ressourcen eingesetzt werden, desto besser geht es den Mitgliedern der Gesellschaft. Doch wie im Kapitel „Unbestimmtheit und Risiko" erwähnt, stellt sich die Frage, ob die für eine solche Optimierung und Effizienzbewertung eingesetzten Instrumente geeignet sind.

Zunächst einmal sollte ein kritischer Blick auf den Erfolg von Lebensqualitätsmaßnahmen geworfen werden. Gilbody et al. (2002) stellten fest, dass regelmäßige Untersuchungen zur Lebensqualität kostspielig sind und keine robusten Ergebnisse zur Verbesserung der psychologischen Ergebnisse der Patienten liefern. Darüber hinaus kam die UK700-Gruppe (1999) zu dem Schluss, dass klinische und soziale Variablen nur 30 % der Varianz der Lebensqualität eines Individuums abdecken können (siehe auch Kummer 1976). Der Sachverständigenrat (2011) rät von der Entwicklung eines umfassenden Indikators für Lebensqualität ab. Man sollte diese Einschränkungen im Hinterkopf behalten, wenn man Optimierungsverfahren mit Lebensqualitätsmaßen durchführt. Der Lebensqualitätsindex wird manchmal mit der Beschreibung von Gasen verglichen. Dabei wird eine Verbindung mikroskopischer Größen, z. B. der mittleren kinetischen Energie der Gasmoleküle, mit makroskopischen Eigenschaften, z. B. Temperatur oder Druck, hergestellt. Die Temperatur kann keine Angaben zum Verhalten der einzelnen Teilchen machen. Die Lebensqualitätsparameter sagen also nichts zur Lebensqualität einzelner Menschen.

Auch das mathematische Verfahren der Optimierung mag in eine Sackgasse führen. Eine Optimierung ist eine mathematische Technik, um diejenigen Kombinationen von Eingangsfaktoren zu identifizieren, die zu einem Extremwert der untersuchten Funktion führen. Die Fragen, die sich dabei stellen, sind: „*Kennt man die Funktion und kennt man die Anfangsbedingungen?*" Betrachtet man viele Bereiche, so sind Optimierung und Effizienzbewertung von größter Bedeutung. Im Automobilbau wurde zum Beispiel viel Aufwand betrieben, um optimale Fahrzeugelemente zu entwickeln. Unter realen Bedingungen scheiterten solche Lösungen jedoch nicht selten. Wenn die Ausgangsannahmen der Untersuchungen nicht oder nur eingeschränkt gültig waren, verhielten sich die Ergebnisse der Optimierungsuntersuchung unter realen Ausgangsbedingungen nicht optimal (Marczyk 2003; Buxmann 1998). In der Tat kennt man für reale Bedingungen weder die Funktion noch die Daten. Man kann nur die Wirksamkeit untersuchen und das Optimierungsverfahren rückwärts anwenden.

Daher ist die letzten Jahre in vielen Bereichen ein Richtungswechsel weg von der Optimierung hin zu mehr Robustheit und Fitness erfolgt. Solche Lösungen beinhalten eine hohe Störungsresistenz und bleiben auch in unerwarteten Situationen funktionsfähig (siehe Kap. 1). Hauptsächlich sind solche Systeme unbestimmt und enthalten redundante Elemente. In der Nukleartechnik spricht man von Redundanz, Diversität und Zuverlässigkeit. Redundante Elemente sind zwar scheinbar verzichtbar, aber nur in bestimmten Situationen. Betrachtet man das Verkehrssystem einer Stadt, in der es viele parallele Straßen gibt, könnte man sich entscheiden, nur eine Hauptstraße zu benutzen. Im Falle eines Unfalls oder von Wartungsarbeiten kann der Verkehr dort aber eingeschränkt sein und die Fahrer werden versuchen, eine solche Straße für eine gewisse Zeit zu meiden. Im Allgemeinen sind die zusätzlichen Straßen also nicht unbedingt erforderlich (außer für die direkte Anfahrt der Wohnquartiere), aber unter bestimmten Bedingungen sind sie für das Funktionieren des gesamten Systems unerlässlich. Ein Verkehrssystem, welches nicht diese kurzen, redundanten Ausweichrouten besitzt, ist die Eisenbahn. Ein weiteres Beispiel sind kleine Störungen am Arbeitsplatz, wie z. B. eine Dekoration auf einem Tisch. Dies kann langfristig die Effizienz steigern: Eine zündende Idee kann durch die Störung hervorgerufen werden, wie psychologische Forschungen gezeigt haben (Piecha 1999; Richter 2003). Solche Techniken sind bereits aus der mathematischen stochastischen Optimierung von Suchverfahren bekannt (Simulated Annealing). Ein drittes Beispiel sind die allgemeinen quantitativen Versprechen von Gesellschaften. Solche Versprechen finden sich zum Beispiel in der Verfassung vieler Staaten, aber auch bei einigen Organisationen. Zum Beispiel versprechen militärische Organisationen sehr oft, in Kriegssituationen Gefangene zu befreien. Kurzfristig zeigt dies ein ineffizientes Verhalten: viele Soldaten sind gefährdet, um einen oder zwei Soldaten zu befreien. Langfristig sind die Soldaten jedoch motiviert, und die Bereitschaft, sich der Organisation anzuschließen, steigt. Diese Beispiele zeigen, dass Handlungen je nach Sichtweise optimal oder nicht optimal sein können. Auch ist die Berücksichtigung von Zeithorizonten bei ökonomischen Überlegungen hinlänglich bekannt (Münch 2005).

Daher erweisen sich die qualitativen Versprechen, auch wenn sie in einfachen Modellen nicht effizient erscheinen, als äußerst wichtig für die schiere Existenz von Organisationen und Staaten. Ganz konkret ist ein solches Versprechen in verschiedenen Verfassungen, die Würde und das Leben der Menschen unter allen Umständen zu wahren und schützen. In Deutschland gab es eine starke Diskussion über den möglichen Abschuss von Passagierflugzeugen im Falle einer möglichen terroristischen Nutzung des jeweiligen Flugzeugs. Hier könnte ein Effizienzgedanke (mehr Menschen zu retten, indem der Terroranschlag verhindert wird) zu einer schweren Schädigung des gesamten sozialen Systems führen, indem das Vertrauen in das soziale System zerstört wird. Und nach Knack und Zack (2001) und Knack und Keefer (1997) ist Vertrauen in soziale Systeme die Hauptmotivation für Menschen, Wohlstand zu *produzieren,* während in Ländern mit mangelndem Vertrauen in das soziale System die Menschen motiviert sind, anderen Menschen einfach den Wohlstand *wegzunehmen,* anstatt ihn zu produzieren.

Daher können z. B. Gesellschaftsformen wie eine Diktatur bessere Bedingungen für die Durchführung einer Effizienzbewertung und von Optimierungsprozessen bieten, was unter demokratischen Regeln nach Arrows (1951) eher unmöglich ist. Allerdings verhalten sich solche Systeme möglicherweise nicht robust. Dies wurde in Afghanistan, im Irak oder im ehemaligen Jugoslawien sichtbar. Solche Situationen können nur sehr langsam geändert werden.

Zusammenfassend lässt sich sagen: Die Anwendung von Lebensqualitätsindikatoren zur Effizienzbetrachtung von Schutzmaßnahmen mag die Risiken für den Menschen verringern (Tonon 2015). Sie führt jedoch ein neues Risiko ein: Die Möglichkeit unbeabsichtigter Folgen durch die ursprünglichen Annahmen in den Modellen. Darüber hinaus können allgemeine Versprechen bei der Etablierung von Gesellschaften, wie Respekt gegenüber Menschen oder Vertrauen in Gesellschaften, stark beschädigt werden. Am deutlichsten ist dies im Bereich Recht und Risiko zu sehen, wo klare Definitionen von Risiko und Sicherheit aufgrund solcher Bedenken abgelehnt werden.

Literatur

Ackermann F, Heinzlering L (2002) The $ 6.1 Million Question. Working Paper No. 01–06. Global development and environment institute, Tufts University, USA, April 2002

Adams J (1995) Risk, University College London Press

Adorjan R (2004) The value of human life, Ph.D. Dissertation, Budapest, Budapest University of Economics and Public Administration

Ahrens A, Leininger N (2003) Psychometrische Lebensqualitätsmessung anhand von Fragebögen. Christian-Albrechts-Universität zu Kiel, Vorlesungsunterlagen 7 Juli 2003

Allardt E (1975) Dimensions of welfare in a comparative Scandinavian study. University of Helsinki

Amery C (1975) Lebensqualität – Leerformel oder konkrete Utopie? In: Uwe Schultz (Hrsg) Lebensqualität – Konkrete Vorschläge für einen abstrakten Begriff. Aspekte Verlag: Frankfurt a. M

Angur, MG, Widgery R, Angur SG (2004) Congruence among Objective and Subjective Quality-of-Life (QOL) Indicators. Alliance Journal of Business Research, 47–54

Antonovsky A (1997) Salutogenese. Zur Entmystifizierung der Gesundheit. Deutsche Herausgabe von Alexa Franke. dgvt-Verlag, Tübingen

Arrow KJ (1951) Social Choice and Individual Values. Wiley, New York

Barilan YM (2002) Health and its Significance in Life in Buddism. In: Gimmler A., Lenk C, Aumüller G (Eds) Health and quality of life. Philosophical, medical and cultural aspects. LIT Verlag, Münster, S 157–172

Barragán JL (2005) Ten years after "Evangelium Vitae". In E Segreccia, Ignacio Carrasco de Paula (Eds) The quality of life. Pontifica Academia pro Vita. Quality of life and the ethics of health. Proceedings of the XI assembly of the pontifical academy for life. Vatican City, 21–23

Basu D (2004) Quality-Of-Life issues in mental health care: past, present, and future. German Journal of Psychiatry, 35–43

BDEW (2016) Bundesverband der Energie- und Wasserwirtschaft e. V: Delphi Energy Future 2040, Delphi-Studie zur Zukunft der Energiesysteme in Deutschland, Europa und in der Welt im Jahre 2040, März 2016

Bea RG (1990) Reliability criteria for New and Existing Platforms. Proceedings of the 22nd Off-shore Technology Conference 7.-10. May 1990, Houston, Texas, S 393–408

Becker GS, Philipson TJ, Soares RR (2002) The quantity and quality of life and the evolution of world inequality. May 10 2003

Berger M, Gabriel P (1991) Risk aversion and the earning of us immigrants and natives. Applied Economics, 23, 311–318

Berna F, Goldberg P, Horwitz LK, Brink J, Holt S, Bamford M, Chazan M (2012) Microstratigraphic evidence of in situ fire in the Acheulean strata of Wonderwerk Cave, Northern Cape province, South Africa. Proc Natl Acad Sci USA 109(20):E1215–E1220. https://doi.org/10.1073/pnas.1117620109

Boelhouwer J (2002) Quality of life and living conditions in the Netherlands. Social indicators research 58(1/3):115.140

Brearley SA (2000) UK Railways: Using Risk Information in Safety Decision Making. Proceedings – Part 2/2 of Promotion of Technical Harmonization on Risk-Based Decision-Making, Workshop, May 2000, Stresa, Italy

Brickman P, Coates D, & Janoff-Bulman R (1978) Lottery winners and accident victims: Is happiness relative? Journal of Personality and Social Psychology, 36(8), 917–927

Brickman P, Coates D, Janoff-Bulman R (1978) Lottery winners and accident victims: is happiness relative? Journal of Personality and Social Psychology. Seite 36:917–927

Brown C (1980) Equalizing differences in the Labor market. Q J Econ 94(1):113–134

Büchi S, Scheuer E (2004) Gesundheitsbezogene Lebensqualität. In: Buddeberg C. (eds) Psychosoziale Medizin. Springer – Lehrbuch, Springer, Berlin, Heidelberg, S 431–445

Bullinger M (2016) Zur Messbarkeit von Lebensqualität, In: Kovács L., Kipke R., Lutz R. (eds) Lebensqualität in der Medizin. Springer VS, Wiesbaden, Seite 175.188

Bullinger M & Kirchberger I (1998) SF-36 – Fragebogen zum Gesundheitszustand. Handanweisung Hogrefe – Verlag für Psychologie, Göttingen

Bullinger M (1991) Quality of Life-Definition. Conceptualization and Implications: A Methodologists View. Theor. Surg. 6., S 143–148

Bullinger M (1996) Lebensqualität – ein Ziel- und Bewertungskriterium medizinischen Handelns? Hrsg. H.-J. Möller, R. Engel und P. Hoff, Befunderhebung in der Psychiatrie: Lebensqualität, Negativsymptomatik und andere aktuelle Entwicklungen. Springer-Verlag

Bullinger M (1997) Entwicklung und Anwendung von Instrumenten zur Erfassung der Lebensqualität. In: Bullinger (Ed), Lebensqualitätsforschung. Bedeutung – Anforderung – Akzeptanz. Stuttgart, New York: Schattauer. Seite 1–6

Bullinger M (2013) Das Konzept der Lebensqualität in der Medizin: Entwicklung und heutiger Stellenwert, IQWiG-Herbst-Symposium: Köln 29./30.11.2013, Präsentation

Bullinger M (2014) Das Konzept der Lebensqualität in der Medizin – Entwicklung und heutiger Stellenwert, Zeitschrift für Evidenz, Fortbildung und Qualität im Gesundheitswesen, Volume 108, Heft 2–3, S 97–103

Bullinger M, Kirchberger I (1998b) SF-36 – Fragebogen zum Gesundheitszustand. Handanweisung Hogrefe – Verlag für Psychologie: Göttingen

Bulmahn T (1999) Attribute einer lebenswerten Gesellschaft: Freiheit, Wohlstand, Sicherheit und Gerechtigkeit. Veröffentlichungen der Abteilung Sozialstruktur und Sozialberichterstattung des Forschungsschwerpunktes Sozialer Wandel, Institutionen und Vermittlungsprozesse des Wissenschaftszentrums Berlin für Sozialforschung. Abteilung „Sozialstruktur und Sozialberichterstattung" im Forschungsschwerpunkt III Wissenschaftszentrum Berlin für Sozialforschung (WZB), Dezember 1999, Berlin

Burke A (2004) Better than money. Nordic News Network: www.nnn.se

Butler RJ (1983) Wage and injury rate response to shifting levels of workers' compensation. In: Worrall J (Hrsg) Safety and the work force: Incentives and disincentives in workers' compensation. ILR Press, Ithaca, NY, S 61–86

Buxmann O (1998) Erwiderungsvortrag von Herrn Prof. Dr.-Ing. Otto Buxmann zur Ehrenpromotion: Ursachen für das mechanische Versagen von Konstruktionen bei Unfällen. Wissenschaftliche Zeitschrift der Technischen Universität Dresden, 47, 5/6, S 145.147

Carrie A (2004) Lack of long-run data prevents us tracking Ireland's social health, FEASTA REVIEW, Number 2, S 44–47

Chernoff H (1973) The use of faces to represent points in k-dimensional space graphically. J Am Stat Assoc 68, 361–368

Cobb C, Goodman GS, May Kliejunas JC (2000) Blazing sun overhead and clouds on the horizon: the genuine progress report for 1999. Oakland, Redefining Progress

Cobb C, Goodman GS, Wackernagel M (1999) Why bigger is'nt better – The Genuine Progress Indicator – 1999 Update. Redefining Progress, San Francisco

Cohen BL (1991) Catalog of Risks extendet and updated. Health Pysics, Vol. 61, September 1991, S 317–335

Constanza R, d'Arge R, de Groot R, Farberk S, Grasso M, Hannon B, Limburg K, Naeem S, O'Neill R, Paruelo R, Raskin RG, Sutton P, van den Belt M (1997) The value of the world's ecosystem services and natural capital. Nature 287:253–260

Cousineau JM, Lacroix R, Girard AM (1992) Occupational hazard and wage compensating differentials. Rev Econ Stat 74(1):166–169

CSLS (2007) Centre for the Study of Living Standards: Index of Economic Well-beinghttp://www.csls.ca/iwb/oecd.asp

Custer R, Fischer K, Schubert M, Güngerich A (2016) Grenzkosten als Festsetzung im Rahmen von Nutzen-Kosten-Analysen für Sicherheitsmassnahmen, Matrisk, Affoldern

Dahm JD (2002) Zukunftsfähige Lebensstile – Städtische Subsistenz für mehr Lebensqualität. Universität Köln, Köln

Delhey J, Böhnke P, Habich R & Zapf W (2002) Quality of life in a European perspective: The Euromodule as a new instrument for comparative welfare research. Social Indicators Research. Kluwer Academic Publishers, 58, Seite 163–176

Dewey ER, Dakin EF (1950) Cycles: The Science of Prediction, Henry Holt & Co, Reprint 2013: CreateSpace Independent Publishing Platform

Die Volkswirtschaft (2018) Sinnhaftigkeit von BIP-Zahlen (Fokus), Vol. 91, Nr. 3

Diercke Weltatlas (2002) Westermann Schulbuchverlag GmbH, Braunschweig 1988, 5 Aufl

Dillingham A (1979) The injury risk structure of occupations and wages. Ithaca, NY, Cornell University, Ph.D. dissertation

Dillingham A (1985) The influence of risk variable definition on value-of-life estimates. Eco-nomic Inquiry 23(2):277–294
Dillingham A, Smith RS (1983) Union effects on the valuation of fatal risk. In B. Dennis, (ed.), Proceedings of the Industrial Relations Research Association 36th Annual Meeting
DNN (2005) Der Osten verlässt das Jammertal. 28th April 2005, S 3
Dorsey S, Walzer N (1983) Worker's compensation, job hazards, and wages. Ind Labor Relat Rev 36(4):642–654
Easterlin RA (2000) The Worldwide Standard of Living Since 1800. Journal of Economic Perspectives (14) 1:7–26
ECOPLAN (2016) Empfehlungen zur Festlegung der Zahlungsbereitschaft für die Verminderung des Unfall- und Gesundheitsrisikos (value of statistical life), Bern, 19. September 2016
Emde et al. (1985) Kostensätze für die volkwirtschaftliche Bewertung von Straßenverkehrsunfällen – Preisstand 1985. Straßen und Autobahn 4/1985
Eppler E (1974) Maßstäbe für eine humane Gesellschaft: Lebensstandard oder Lebensqualität? Verlag W. Kohlhammer, Stuttgart
Erikson R, Feichtner R (1974) Welfare as a Planning Goal. Acta Sociologica 17(3):273–288
Estes R (1988) Trends in world social development. Praeger Publishers, New York
Estes R (1990) Development under different political and economic systems. Soc Dev 13(1):5–19
Estes R (1992) At the Crossroads: Dilemmas in Social Development toward the Year 2000 and beyond. Praedger Publishers, New York and London
Estes R (2003a) Global Trends of Quality of Life and Future Challanges. Challenges for Quality of Life in the Contemporary World. Fifth Conference of the International Society for Quality of Life Studies. 20.-23. Juli 2003a, Johann Wolfgang Goethe Universität Frankfurt/Main
Estes R (2003b) Global Trends of Quality of Life and Future Challenges. Challenges for Quality of Life in the Contemporary World. Fifth Conference of the International Society for Quality-of-Life Studies. 20.-23. Juli 2003b, Johann Wolfgang-Goethe-Universität Frankfurt/Main
Farrow S, Viscusi WK (2011) Towards Principles and Standards for the Benefit-Cost Analysis of Safety. J Benefit-Cost Anal 2(3):1–23
FAZ (2005) – Frankfurter Allgemeine Zeitung am Sonntag. Sechs Wege zum Glück. 6th March 2005. Nr 9:42–44
Fehm B (2000) Unerwünschte Gedanken bei Angststörungen: Diagnostik und experimentelle Befunde. PhD thesis, University of Technology Dresden
FIISP (1995) Fordham Institute for Innovation in Social Policy: Index of Social Health: Monitoring the Social Well-Being of the Nation, 1995. GDP and population figures are from the Statistical Abstract of the United States, U.S. Department of Commerce
Fischer K, Faber MH (2012) The LQU acceptance criterion and human compensation costs for monetary optimization – A discussion note, LQI Symposium in Kgs, Lnynby, Denmark, August 21–23, 2012
Frei A (2003) Auswirkungen von depressiven Störungen auf objektive Lebensqualitätsbereiche. Dissertation. Psychiatrische Universitätsklinik Zürich. August
Garen J (1988) Compensating wage differentials and the endogeneity of job riskiness. Rev Econ Stat 70 (1):9–16
Gegax D, Gerking S, Schulze W (1991) Perceived risk and the marginal value of safety. Rev Econ Stat 73, 589–596
University of Groningen (2007) Groningen Growth and Development Centre and the Conference Board, Total Economy Database, January 2007, http://www.ggdc.net
Gilbody SM, House AO, Sheldon T (2002) Routine administration of Health related Quality of Life (HRQoL) and needs assessment instruments to improve psychological out-come – a systematic review. Psychological Medicine 32:1345.1356
Gill TM, Feinstein AR (1994) A critical appraisal of the quality-of-life measurements. J Am Med Assoc 272:619–626
Gottmann JM, Murray JD, Swanson CC, Tyson R, Swanson KR(2005) The mathematics of marriage: dynamic nonlinear models.MIT Press, Cambridge
Gottmann JM, Murray JD, Swanson CC, Tyson R, Swanson KR (2005) The Mathematics of Marriage: Dynamic Nonlinear Models, Bradford Book
Greenpeace (2007) Footprint – Footprint und Gerechtigkeit: http://www.einefueralle.at/index.php?id=2989 (08.10.2007)
Greuel M (2014) Internationale Kaufkraftparitäten: Methodik und empirische Umsetzung, Dissertationsschrift, Universität Trier
Hagerty MR, Cummins RA, Ferriss AL, Land K, Michalos AC, Peterson M, Sharpe A, Sirgy J & Vogel J (2001) Quality of Life Indexes for national policy: Review and Agenda for Research. Social Indicators Research 55, S 1–96
Handelsblatt (2007) Zukunftsatlas 2007 für Deutschland. 26 March 2007, Nr. 60 und PROGNOS
Hanikel S (2012) „Glück" im Philosophieunterricht. Diplomarbeit, Universität Wien, Wien
Hasford, J (1991) Kriterium Lebensqualität. In: Tüchler, D. Lutz (Hrsg) Lebensqualität und Krankheit. Deutscher Ärzte-Verlag
Heim E (1976) Stress und Lebensqualität. In: Bättig, Ermertz (Eds) Lebensqualität: ein Gespräch zwischen den Wissenschaften. Birkhäuser Verlag Basel, Seite 85.94
Helliwell JF, Layard R, Sachs J, De Neve J-E (2020) World happiness report 2020. Sustainable Development Solutions Network, New York
Herschenbach P & Henrich G. (1991) Der Fragebogen als methodischer Zugang zur Erfassung von „Lebensqualität" in der Onkologie. Lebensqualität in der Onkologie. Serie Aktuelle Onkologie. W. Zuckschwerdt Verlag München, S 34–46
Herzog H, Schlottmann A (1990) Valuing risk in the workplace: market price, willingness to pay, and the optimal provision of safety. Rev Econ Stat 72(3):463–470
Hesse J-O, Teupe S (2013) Wirtschaftsgeschichte, Entstehung und Wandel der modernen Wirtschaft, 2., aktualisierte und erweiterte Auflage, Campus Verlag Frankfurt a. M
Hofstetter P & Hammitt JK (2001) Human Health Metrics for Environmental Decision Support Tools: Lessons from Health Economics and Decision Analysis. National Risk Management Research Laboratory, Office of Research and Development, US EPA, Cincinnati, Ohio, September 2001
Holmes TH & Rahe RH (1967) The Social Readjustment Rating Scale. Journal of Psychosomatic Research, 11:213–218
Holzhey H (1976) Evolution und Verhalten: Bemerkungen zum Thema Lebensqualität aus der Sicht eines Ethologen. In: Bättig, Ermertz (Eds) Lebensqualität: ein Gespräch zwischen den Wissenschaften. Birkhäuser Verlag Basel, S193–205
HRSDC (1997) Human Resources and Social Development Canada: How Do We Know that Times Are Improving in Canada? Applied Research Bulletin – Volume 3, Number 2 (Summer-Fall 1997)
Hudler M, Richter R (2002) Cross-National comparison of the quality of life in Europe: inventory of surveys and methods. Soc Indic Res 58:217–228
Hüther G (2006) Bedienungsanleitung für ein menschliches Gehirn. Vandenhoeck & Ruprecht, Göttingen
IE (2002) http://www.internationaleconomics.net/research-development.html
IfW (2021) Kiel Trade Indicator, Kiel Institut für Weltwirtschaft
IMO (2000) International Maritime Organisation: Formal Safety Assessment: Decision Parameters including Risk Acceptance Criteria, Maritime Safety Committee, 72nd Session, Agenda Item 16, MSC72/16, Submitted by Norway, 14. February 2000
Jenkinson C, Wright L, Coulter A (1993) Quality of Life Measurement in Health Care. Health Service Research Unit, Department of Public Health and Primary Care, University of Oxford. Oxford

Joakim AL, Ramsberg J, Sjöberg L (1996) The Cost-Effectiveness of Lifesaving Interventions in Sweden, 1996 Annual Meeting of the Society for Risk Analysis – Europe

Jongejan RB, Jonkman SN & Vrijling JK (2007) An overview and discussion of methods for risk evaluation. Risk, Reliability and Societal Safety – Aven & Vinnem (eds), Taylor & Francis Group, London, S 1391–1398

Jopp TA (2020) A Happiness Economics-Based Human Development Index for Germany (1920–1960), RESH Discussion Papers, No. 2, University of Regensburg, Faculty of Philosophy, Art History, History and Humanities, Department of History Chair for Economic and Social History, Regensburg

Joyce CRB (1991) Entwicklung der Lebensqualität in der Medizin. Lebensqualität in der Onkologie. Serie Aktuelle Onkologie. W. Zuckschwerdt Verlag München, S 3–10

Joyce CRB (2001) Brunswik and Quality of Life: A Brief Note, The Essential Brunswik: Beginning, Explications, Applications, K.R. Hammond & T.R. Stewart (Eds), Oxford University Press, Oxford, S 440–441

Kardashev N (1964) Transmission of Information by Extraterrestrial Civilizations. Soviet Astronomy 8(2):217–222

Karnofsky DA, Abelmann WH, Craver LF & Burchenal JH (1948) The use of the nitrogen mustards in the palliative treatment of carcinoma, Cancer 1, S 634–656

Kaspar T (2004) Klinisch-somatische Parameter in der Therapie schwerer Herzinsuffizienz unter besonderer Berücksichtigung der gesundheitsbezogenen Lebensqualität Verlaufsanalyse des Einflusses klinisch-somatischer Parameter auf die Lebensqualität. Ludwig-Maximilians-Universität, München

Kasten E (2006) Somapsychologie, Vorlesungsmaterial, Magdeburg

Kern R (1981) Soziale Indikatoren der Lebensqualität. Verlag, Verband der wissenschaftlichen Gesellschaften, Wien

Knack S, Keefer P (1997) Does Social Capital Have an Economic Payoff? A Cross-Country Investigation. Q J Econ 112(4):1251–88

Knack S, Zack P (2001) Trust and Growth. Economic Journal

Kneiser T, Leeth J (1991) Compensating wage differentials for fatal injury risk in Australia, Japan, and the United States. J Risk Uncertain 4(1):75.90

Koch T (2000a) Life quality versus the 'quality of life': assumptions underlying prospective quality of life instruments in health care planning. Social Science & Medicine, 51, S 419–427

Koch T (2000b) The illusion of paradox. Social Science & Medicine, 50, 2000b, S 757–759

Köhler U, Proske D (2009) Interdisciplinary quality-of-life parameters as a universal risk measure. Structure and Infrastructure Engineering. Assessment of engineering structures and natural hazards 5(4):301–310

Komlos J (2003) Warum reich nicht gleich gesund ist. „Economics and Human Biology" http://www.uni-protokolle.de/nachrichten/id/10996

Kondratjew ND (1926) Die langen Wellen der Konjunktur. In: Archiv für Sozialwissenschaft und Sozialpolitik. Bd 56, S 573–609

Korsgaard CH (1993) Commentary on GA Cohen: Equality of What? On Welfare, Goods and Capabilities; Amartya Sen: Capability and Well-Being. MC Nussbaum & Amartya Sen. The quality of life. Calrendon Press, Oxford, S 54–61

Kovács L (2016) Die Entstehung der Lebensqualität, Zur Vorgeschichte und Karriere eines neuen Evaluationskriteriums in der Medizin, , In: Kovács L, Kipke R, Lutz R (Eds) Lebensqualität in der Medizin. Springer VS, Wiesbaden, S 11–268

Kristiansen S, Soma T (2001) Formal Safety Assessment of Commercial Ships – Status and Unresolved Problems. European Safety and Reliability International Conference: Towards a safer world, Torino, September 2001

Küchler T, Schreiber HW (1989) Lebensqualität in der Allgemeinchirurgie – Konzepte und praktische Möglichkeiten der Messung, Hamburger Ärzteblatt 43, S 246–250

Kummer H (1976) Evolution und Verhalten: Bemerkungen zum Thema Lebensqualität aus der Sicht eines Ethologen. Bättig & Ermertz (Eds) Lebensqualität: ein Gespräch zwischen den Wissenschaften. Birkhäuser Verlag Basel, S.29–39

Lane RE (1996) Quality of life and quality of persons: A new Role for government, In. In: Offer A (Hrsg) Pursuit of the quality of life. Oxford University Press, Oxford, Seite, S 256–293

Layard R (2005) Die glückliche Gesellschaft. Frankfurt/New York

Leigh J (1991) No evidence of compensating wages for occupational fatalities, Industrial Relations 30 (3), Seite 382–395

Leigh J (1995) Compensating wages, value of a statistical life, and inter-industry differentials. J Environ Econ Manage 28(1):83–97

Leigh J, Folsom R (1984) Estimates of the value of accident avoidance at the job depend on the concavity of the equalizing differences curve. Q Rev Econ Finance 24(1):56–66

Lentz A (2006) Acceptability of Civil Engineering Decisions Involving Human Consequences, Dissertation, TU München, Munich

Leyk D, Rüther T, Wunderlich M, Heiß A, Küchmeister G, Piekarski C, Löllgen H (2008) Sportaktivität, Übergewichtsprävalenz und Risikofaktoren. Dtsch Arztebl 105(46):793–800

LfS (2003) Landesinstitut für Statistik. Indikatoren für die Lebensqualität in Südtirol. Autonome Provinz Bozen-Südtirol. Bozen

Liepach M (2012) Geschichte von 1789 bis heute, Kompaktwissen 5.-10. Klasse, Cornelsen Scriptor, Mannheim

Liu J, Hammit J (1999) Perceived risk and value of workplace safety in a developing country. J Risk Res 2(3):263–275

Liu J, Hammit J, Liu J (1997) Estimated hedonic wage function and value of life in a developing country. Economics Letters 57, 353–358

Low S, McPheters L (1983) Wage differentials and the risk of death: an empirical analysis. Economic Inquiry, 21 (April 1983), S 271–280

Lüdtke H (2000) Zeitverwendung und Lebensstile – Empirische Analysen zu Freizeitverhalten, expressiver Ungleichheit und Lebensqualität in Westdeutschland, LIT, Marbuger Beiträge zur Sozialwissenschaftliche Forschung 5

Mannis A (1996) Indicators of sustainable development. University of Ulster, Ulster

Marczyk J (2003) Does optimal mean best? NAFEMS-Seminar: Einsatz der Stochastik in FEM-Berechnungen, 7.-8. Mai 2003, Wiesbaden

Marin A, Psacharopoulos G (1982) The reward for risk in the labour market: evidence from the United Kingdom and a reconciliation with other studies. J Political Econ 90(4):827–853

Marks N, Abdallah S, Simms A, Thompson S (2006) The happy planet index. New Economics Foundation, London

Martinello F, Meng R (1992) Workplace risks and the value of hazard avoidance. Can J Econ 25(2):333–345

Maslow A (1970) Motivation and Personality. 2nd Edition, Harper & Row, New York, Seite 35.58

Matschoss C (2013) Geschichte der Dampfmaschine, Severus Verlag 2013, Hamburg (Nachdruck von 1901)

Meng R (1989) Compensating differences in the Canadian labour market. Can J Econ 22(2):413–424

Meng R, Smith D (1990) The valuation of risk of death in public sector decision-making. Canadian Public Policy, 16 (2):137–144

Metz R (2000) Säkuläre Trends in der deutschen Wirtschaft. (der) Michael North: Deutsche Wirtschaftsgeschichte. München, S 456

MHRC (2007) – Mercer Human Resource Consulting: 2007 Worldwide Quality of Living Survey. http://www.mercer.com

Miegel M (2001) Arbeitslosigkeit in Deutschland – Folge unzureichender Anpassung an sich ändernde wirtschaftliche und gesellschaftliche Bedingungen. Institut für Gesellschaft und Wirtschaft, Bonn, Februar 2001

Mombert P (1936) Die Entwicklung der Bevölkerung Europas seit der Mitte des 17. Jahrhunderts, Zeitschrift für Nationalökonomie 7(4):533–545

Moore M, Viscusi W (1988a) Doubling the estimated value of life: results using new occupational fatality data. Journal of Policy Analysis and Management 7(3):476–490

Moore M, Viscusi W (1988b) The quantity-adjusted value of life. Economic Inquiry 26(3):369–88

Moore M, Viscusi W (1990) Discounting environmental health risks: new evidence and policy implications. Journal of Environmental Economics and Management, 18, 52–62

More C (2000) Understanding the Industrial Revolution, Routledge, Taylor & Francis, London – New York

Morris I (2011) Wer regiert die Welt. Campus Verlag Frankfurt/New York, Warum Zivilisationen herrschen oder beherrscht werden

Mrozek JR, Taylor LO (2001) What determines the value of Life? A Meta-Analysis. Georgia State University Department of Economics, August 2001

Mueller U (2002) Quality of Life at its End. Assessment by Patients and Doctors. In: Gimmler, A., Lenk, C, Aumüller, G. (Ed) Health and Quality of Life. Philosophical, Medical and Cultural Aspects. LIT Verlag: Münster, S 103–112

Münch E (2005) Medizinische Ethik und Ökonomie – Widerspruch oder Bedingung. Vortrag am 8. Dezember 2005 zum Symposium: Das Gute – das Mögliche – das Machbare, Symposium am Klinikum der Universität Regensburg

Nathwani JS, Lind NC, Pandey MD (1997) Affordable safety by choice: The life quality method. Institute for Risk Research, University of Waterloo Press, Waterloo, Canada

National Geographic Society (1998) Physical Earth – Millennium in Maps, March 1998, Washington, D.C

NCHS (2001) – National Centre for Health Statistics: National Vital Statistics Report, Vol. 48, No. 18, 7th February 2001

NEF (2006) The new economics foundation http://www.happyplanetindex.org/about.htm

Noll H-H (1999) Konzepte der Wohlfahrtsentwicklung. Lebensqualität und „neue" Wohlfahrtskonzepte. Centre for Survey Research and Methodology (ZUMA), Mannheim

Noll H-H (2004) Social indicators and quality of life research: background, Achievements and Current Trends. Genov, Nicolai, (Ed) Advances in Sociological Knowledge Over Half a Century. Wiesbaden, VS Verlag für Sozialwissenschaften

Olson C (1981) An analysis of wage differentials received by workers on dangerous jobs. J Hum Resour 16(2):167–85

Orley JJ, Saxena S, Herrman H (1998) Quality of life and mental illness. Reflections from the perspective of the WHOQOL (May 1998). The British Journal of Psychiatry (172)4:291–293

Pandey MD, Nathwani JS (1997) Measurement of socio-economic inequality using the life quality index. Social Indicators Research 39, Kluwer Academic Publishers, S 187–202

Pasadika B (2002) Health and its Significance in Life in Buddism. In: Gimmler, A., Lenk, C, Aumüller, G (Ed.) Health and quality of life. Philosophical, medical and cultural aspects. LIT Verlag, Münster, Seite 147–156

Paté-Cornell ME (1994) Quantitative safety goals for risk management of industrials facili-ties. Structural Safety 13, 145.157

Pätzold J (2004). Kurzscript zum Teil Wirtschaftsgeschichte im Rahmen der Vorlesung „Problemorientierte Einführung in die Wirtschaftswissenschaften – Teil Volkswirtschaftslehre". Universität Hohenheim

Piecha A (1999) Die Begründbarkeit ästhetischer Werturteile. Fachbereich: Kultur- u. Geowissenschaften, Universität Osnabrück, Dissertation

Pigou AC (1920) The economics of welfare. Mac-Millan, London

Pliefke T, Peil U (2007) On the integration of equality considerations into the Life Quality Index concept for managing disaster risk. Luc Taerwe, Dirk Proske (Eds), Proceedings of the 5th International Probabilistic Workshop, S 267–281

Porzsolt F, Rist C (1997) Lebensqualitätsforschung in der Onkologie: Instrumente und Anwendung. In Bullinger (Ed), Lebensqualitätsforschung. Stuttgart, New York: Schattauer S 19–21

Prescott-Allen R (2001) The Wellbeing of Nations. A Country-by-Country Index of Quality of Life and the Environment. Island Press. Washington, Covelo, London

QoLNZ (2003) Quality of Life in New Zealand's Eight Largest Cities

Rackwitz R (2002) Optimierung und Risikoakzeptanz. Massivbau 2002a, Forschung Entwicklung und Anwendungen – 6. Münchner Massivbau-Seminar 2002a, 11.-12. April 2002a. In K Zilch (Hrsg) Sonderpublikation des „Bauingenieur", Springer-Verlag, Düsseldorf 2002, S 280–308

Rackwitz R, Streicher H (2002) Optimization and target reliabilities. JCSS Workshop on Reliability Bades Code Calibration. Zürich, Swiss Federal Institute of Technology, ETH Zürich, Switzerland, March, S 21–22

Ramberg JAL, Sjoberg L (1997) The Cost-Effectiveness of Lifesaving Interventions in Sweden. Risk Analysis 7(4)

Ravens-Sieberer MPH, Cieza A, Bullinger M (1999) Gesundheitsbezogene Lebensqualität – Hintergrund und Konzepte. MSD Sharp & Dohme GmbH, Haar

Richter UR (2003) Redundanz bleibt überflüssig? LACER (Leipzig Annual Civil Engineering Report) 8, 2003, Universität Leipzig, S 609–617

Roebroeksa W, Villa P (2011) On the earliest evidence for habitual use of fire in Europe. Proc Natl Acad Sci USA 108(13):5209–5214. https://doi.org/10.1073/pnas.1018116108

Rose M, Fliege H, Hildebrandt M, Bronner E, Scholler G, Danzer G, Klapp BF (2000) Gesundheitsbezogene Lebensqualität, ein Teil der allgemeinen Lebensqualität. Lebensqualitätsforschung aus medizinischer und sozialer Perspektive. Jahrbuch der Medizinischen Psychologie, Band 18. Hogrefe – Verlag für Psychologie, Göttingen, S 206–221

Sachverständigenrat (2011) Wirtschaftsleistung, Lebensqualität und Nachhaltigkeit: Ein umfassendes Indikatorenkonzept, Sachverständigenrate zur Begutachtung der gesamtwirtschaftlichen Entwicklung, Statistisches Bundesamt, Wiesbaden

Sauer I (2019) The influence of the central bank's assets on the exchange rate and the price level: essays and empirical analyses, Johann Wolfgang Goethe-Universität Frankfurt a. M

Schlander M (2003) Zur Logik der Kosteneffektivität. Deutsches Ärzteblatt. Jahrgang 100, Heft 33, 15. August 2003, S A 2140–A 2141

Schneider M (1984) Streit um Arbeitszeit. Geschichte des Kampfes um Arbeitszeitverkürzung in Deutschland Bundverlag

Schubert M, Faber MH (2008) Beurteilung von Risiken und Kriterien zur Festlegung akzeptierter Risiken in Folge außergewöhnlicher Einwirkungen bei Kunstbauten, ETH Zürich, ASTRA, Zürich

Schuessler KF, Fisher GA (1985) Quality of life research and sociology. Ann Rev Soc 11:129–149

Schwarz P, Bernhard J, Flechtner H, Küchler T, Hürny C (1991) Lebensqualität in der Onkologie. Serie Aktuelle Onkologie. W. Zuckschwerdt Verlag München, S 3–10

Skjong R, Ronold K (1998) Societal Indicators and Risk acceptance. 17th International Conference on Offshore Mechanics and Arctic Engineering, 1998 by ASME, OMAE98–1488

Smith R (1974) The feasibility of an injury tax approach to occupational safety. Law and Contemporary Problems 38(4):730–744

Smith R (1976) The occupational safety and health act. American Enterprise Institute, Washington DC

Social Weather Stations (2021) Statistics for Advocacy, https://www.sws.org.ph/swsmain/generalArtclSrchPage/?page=1&srchprm=&arttyp=6&stdtrng=&endtrng=&swityp=

Spilker B, Molinek FR, Johnston KA, Simpson RL, Tilson HH (1990) Quality of life, bibliography and indexes. Medical care 28(12):D51–D77

Spitzer M (2016) Einsamkeit – erblich, ansteckend, tödlich, Nervenheilkunde, 11/2016, Vol. Seite 35:734–741

Spitzer M (2018) Einsamkeit – die unerkannte Krankheit: schmerzhaft, ansteckend, tödlich, Droemer HC

Statistics Finland (2001) http://tilastokeskus.fi/index_en.html

Steinmeyer EM, Pukrop R, Czernik A (1996) Facettentheoretische Validierung des Konstrukts Lebensqualität bei depressiv Erkrankten. Hrsg. H.-J. Möller, R. Engel und P. Hoff: Befunderhebung in der Psychiatrie: Lebensqualität, Negativsymptomatik und andere aktuelle Entwicklungen. Springer-Verlag

Streb J (2004) Problemorientierte Einführung in die Volkswirtschaftslehre. Vorlesungsbegleitmaterial Teil III: Wirtschaftsgeschichte, Wintersemester 2003/2004

Talberth J (2012) Contribution to beyond GDP virtual indicator Expo, https://ec.europa.eu/environment/beyond_gdp/download/factsheets/bgdp-ve-gpi.pdf

Tengs TO, Adams ME, Pliskin JS, Safran DG, Siegel JE, Weinstein MC, Graham JD (1995) Five-Hundred Life-Saving interventions and their cost-Effectiveness. Risk Anal 15(3):369–390

Thaler R, Rosen S (1976) The value of saving a life: evidence from the labor market. In N. Terleckji (E.) Household production and consumption. New York, NY, National Bureau of Economic Research

Thomä D, Henning C, Mitscherlich-Schönherr O (2011) Glück, ein interdisziplinäres Handbuch, Verlag J. B. Metzler, Stuttgart – Weimar, Springer-Verlag GmbH Deutschland

Tonon G (2015) Qualitative studies in quality of life: methodology and practice. Springer, New York

UK700 Group (1999) Predictors of quality of life in people with severe mental illness. B J Psych 175:426–432

UNDP (1990a) United Nations Development Program: Human Development Report. Oxford University Press

UNDP (1990b) United Nations Development Program: Human Development Report 1990b: Concept Measurement of human development http://hdr.undp.org/reports

UNDP (2020) United Nations Development Programme, Human Development Report 2020. The next frontier Human development and the Anthropocene, New York

Universität Hohenheim (2004) Kurzskript zum Teil Wirtschaftsgeschichte im Rahmen der Vorlesung „Problemorientierte Einführung in die Wirtschaftswissenschaften – Teil Volkswirtschaftslehre". http://uni-hohenheim.de/~www570a/poe_skript.html

University of Groningen (2021) Groningen growth and development centre, https://www.rug.nl/ggdc/?lang=en

Vaillant GE (2012) Triumphs of experience: The men of the harvard grant study. Belknap Press of Harvard University Press, Cambridge, Massachusetts

Van Coile R, Pandey MD (2017) Investments in structural safety: the compatibility between the economic and societal optimum solutions, ICOSSAR 2017, 6–10 August 2017. Vienna

Veenhoven R (2001) Why Social Policy Needs Subjective Indicators. Veröffentlichungen der Abteilung Sozialstruktur und Sozialberichterstattung des Forschungsschwerpunktes Sozialer Wandel, Institutionen und Vermittlungsprozesse des Wissenschaftszentrums Berlin für Sozialforschung. ISSN 1615 – 7540, July 2001, Research Unit "Social Structure and Social Reporting "Social Science Research Center Berlin (WZB), Berlin

Veenhoven R (1996) Happy Life Expectancy – A comprehensive measure of quality-of-life in nations. Soc Indic Res 39:1–58

Venetoluis J & Cobb C (2004) The genuine progress Indicator 1950–2002 (2004 Update). Redefining progress for people, nature and environment. San Francisco

Viscusi KW (1980) Union, labor market structure, and the welfare implications of the quality of work. J of Labor Research 1(1):175–192

Viscusi KW (1995) Risk, regulation and responsibility: principle for Australian risk policy. Risk. regulation and responsibility promoting reason in workplace and product safety regulation. Proceedings of a conference held by the Institute of Public Affairs and the Centre for Applied Economics, Sydney, 13 July 1995. http://www.ipa.org.au/Conferences/viscusi.html

Viscusi KW (2015) Pricing lives for corporate and governmental risk decisions J Benefit Cost Anal 6(2):227–246

Viscusi KW (2018) Best estimate selection bias in the value of a statistical life. J Benefit Cost Anal 9(2):205–246

Viscusi KW (2020) Extending the domain of the value of a statistical life. Benefit Cost Anal, 1–23

Viscusi KW, Hamilton JT (1999) Are risk regulators rational? Evidence from hazardous waste cleanup decisions. AEI-Brookings Joint Center for Regulatory Studies. Funded by EPA Office of Policy, Planning, and Evaluation. Working Paper 99–2. April 1999a

Viscusi WK (1978) Labor market valuations of life and limb: empirical evidence and policy implications. Public Policy 26(3):359–386

Viscusi WK (1981) Occupational safety and health regulation: its impact and policy alternatives. Research in Public Policy Analysis and Management, 2, Seite 281–299

Viscusi WK, Masterman CJ (2017) Income elasticities and global values of a statistical life. J Benefit Cost Anal 8(2):226–250

Visucsi WK (2018) Best estimate selection bias in the value of a statistical life. J Benefit Cost Anal 9(2):205–246

Vodden K, Meng R, Smith, Miller T, Simpson H, Beirness D, Mayhew D (1993) The social cost of motor vehicle crashes. Project Report by Abt Associates of Canada (Toronto) for Leo Tasca and Alex Kazakov, Canadian Ministry of Transportation

Wachtel B (2005) Die industrielle Entwicklung Russlands, Norderstedt

Wagner A (2003) Human Development Index für Deutschland: Die Entwicklung des Lebensstandards von 1920 bis 1960. Jahrbuch für Wirtschaftsgeschichte 2, Seite 171–199

White M (2007) Twentieth century atlas – Worldwide statistics of death tolls, http://users.erols.com/mwhite28 (access 2nd November 2007)

WHO (1948) World Health Organization. WHO Constitution, Geneva

Winograd M (1993) Environmental indicators for Latin America and the caribbean: towards land use sustainability. Organisation of American States, and World Resources Institute, Washington, DC

Wood-Dauphinee S (1999) Assessing quality of life in clinical research: from where have we come and where are we going? Journal of Clin Epidemiology 52(4):355–363

World Resources Institute (1995) Environmental indicators: a systematic approach to measuring & reporting on environmental policy performance in the context of sustainable development. World Resources Institute, Washington, DC

Yerkes RM, Dodson JD (1908) The relation of strength of stimulus to rapidity of habit-formation. J Comp Neurol Psychol 18:459–482

Zapf W (1984) Individuelle Wohlfahrt: Lebensbedingungen und wahrgenommene Lebensqualität. In: W Glatzer & W Zapf (Eds): Lebensqualität in der Bundesrepublik. Objektive Lebensbedingungen und subjektives Wohlbefinden. Frankfurt/Main and New York, Campus, S 13–26

Zijlmans P, Boonstra H, Akerboom R (2003) Systematic Incident/Accident analysis for safety assessment and reliability studies, applied to large passenger vessels. Proceedings of the 8th International Marine Design Conference, 5.–8. May 2003, Athens, Greece, Volume I, S 299–310

White M (2007) Twentieth century atlas – Worldwide statistics of death tolls, http://users.erols.com/mwhite28 (access 2nd November 2007)

6 Recht und Risiko

Soziale, gesundheitliche, natürliche und technische Risiken beeinflussen unser Leben, ohne dass wir, zumindest bei vielen dieser Risiken, eine freie Entscheidung über deren Akzeptanz besitzen. Es ist in industrialisierten Ländern nicht üblich, vor einer Brücke ein Schild mit der Angabe einer Versagenswahrscheinlichkeit anzubringen, um dem Nutzer die Entscheidung freizustellen, ob ihm die Sicherheit als ausreichend erscheint und er dieses Bauwerk nutzen möchte. Der Nutzer geht stillschweigend davon aus, dass der Staat gemäß seiner Schutzpflicht die Festlegung und Einhaltung eines akzeptablen Risikos prüft. Die Gewährleistung der Sicherheit nach innen und außen ist der zentrale Zweck eines modernen Staates. Im Gegenzug erhält der Staat das Gewaltmonopol. Dies wurde bereits im 16. und 17. Jahrhundert erkannt (Huber 2004):

> *„Verträge ohne das bloße Schwert sind bloße Worte und besitzen nicht die Kraft, einem Menschen auch nur die geringste Sicherheit zu bieten. Falls keine Zwangsgewalt errichtet worden oder diese für unsere Sicherheit nicht stark genug ist, wird und darf jedermann sich rechtmäßig zur Sicherung gegen alle anderen Menschen auf seine eigene Kraft und Geschicklichkeit verlassen.*".

Glaeßner (2002) zitiert Thomas Hobbes von 1651:

„Die Aufgabe des Souveräns, ob Monarch oder Versammlung, ergibt sich aus dem Zweck, zu dem er mit der souveränen Gewalt betraut wurde, nämlich der Sorge für die Sicherheit des Volkes.". Die Schweizer Verfassung nennt den Begriff Sicherheit 28-mal (Bundesverfassung 1999). Die Erkenntnis des Staatszweckes Sicherheit beeinflusste z. B. die Entstehung des *„Bill of Rights*" in Neuengland oder der Verfassung der USA von 1787. Natürlich ist auch bekannt, dass in vielen Staatsformen diese Schutzpflicht nicht oder nur bedingt umgesetzt wird, dafür aber persönliche Ziele im Vordergrund stehen. Offensichtlich haben verschiedene Staatslenker erhebliche Opfer nicht nur in anderen Ländern, sondern auch der eigenen Bevölkerung billigend in Kauf genommen.

Es sei trotzdem bis auf weiteres ferner angenommen, dass der Staat versucht, ein homogenes Niveau der Sicherheit in allen Bereichen einer Gesellschaft zu verwirklichen. Die speziellen Risiken in allen nur denkbaren Bereichen des täglichen Lebens sollten eine ähnliche Größenordnung besitzen. In anderen Worten: Ein Mitglied der unbeteiligten Öffentlichkeit sollte nicht ohne Warnung einem signifikant höheren Risiko ausgesetzt werden als es normalerweise üblich ist. Die Definition der Sicherheit in Form eines akzeptablen Risikos wird damit zur fundamentalen Grundlage für das Zusammenleben der Bewohner in einem Land. Die von allen Bewohnern anerkannte Grundlage ist die Verfassung. Es wäre deshalb vernünftig, bei der Suche nach einem übergeordneten akzeptablen Risiko bei der Verfassung und anschließend bei ihren Verfeinerungen, den Gesetzen, zu beginnen.

In der Tat ist die Frage der allgemeinen Sicherheit im deutschen Grundgesetz, Artikel 2, Absatz 2 mit dem Recht auf Leben und körperliche Unversehrtheit verankert. Ähnliche Abschnitte finden sich in den Verfassungen nahezu aller entwickelten Staaten und in der 1948 von der UNO-Vollversammlung angenommenen Menschenrechtserklärung.

Bei weiteren Betrachtungen der Judikatur zum Thema Risiko wird es jedoch notwendig, klare Definitionen der einzelnen Begriffe einzuführen. Juristen verwenden die gleichen Begriffe wie Ingenieure und Naturwissenschaftler: Gefahr, Risiko, Restrisiko und Wahrscheinlichkeit. Allerdings unterstellen Juristen den Begriffen andere Bedeutungen. Eine Situation, die bei ungehindertem Ablauf erkennbar zu einem Schaden führen kann, wird seit den Zeiten des bismarckschen Preußens als Gefahr verstanden (Hessischer Verwaltungsgerichtshof 1997, Leisner 2002). Für die Möglichkeit des Eintrittes reicht eine gewisse, große Wahrscheinlichkeit. Es ist nicht hinreichend notwendig, dass Gewissheit über das Eintreten eines Schadens besteht. Beide Faktoren, Schaden und Möglichkeit

D. Proske, *Katalog der Risiken*, https://doi.org/10.1007/978-3-658-37083-1_6

des Schadenseintrittes, werden multiplikativ verknüpft und bilden den Begriff der Gefahr (Hessischer Verwaltungsgerichtshof 1997, Rossnagel 1986). Diese Definition entspricht der Risikobeschreibung aus Sicht der Naturwissenschaftler. Unter Risiko verstehen Juristen Schadenswahrscheinlichkeiten, die unterhalb einer Gefahrenschwelle liegen (Schröder 2003). Die Abgrenzung zwischen Gefahr und Risiko erfolgt über eine Eintrittswahrscheinlichkeit (Di Fabio 1994). Neben dem Begriff des Risikos wird in der Rechtsprechung auch der Begriff des Restrisikos verwendet. Unter Restrisiko versteht man die Möglichkeit eines Schadens, deren Eintrittswahrscheinlichkeit an der Grenze des Prognostizierbaren liegt. Gerichte, z. B. das Bundesverfassungsgericht, verweisen dabei auf die Grenzen des menschlichen Kenntnisstandes (Bundesverfassungsgericht 1978). Die Entscheidung, bei welchem Wahrscheinlichkeitswert diese Grenze überschritten wird, weisen sie zurück:

> *„Es lasse sich nicht rational begründen, ob eine Gefahr bei der Eintrittswahrscheinlichkeit eines bestimmten Schadensereignisses von 10^{-5}, 10^{-6} oder 10^{-7} pro Jahr beginne.“* (Becker 2004).

Unbenommen der Frage, ob diese Aussage wahr ist, wird eine Abstufung der Risiken deutlich. Die Abstufung erfolgt in Abhängigkeit von der Auftrittswahrscheinlichkeit. Risiken mit einer hohen Auftrittswahrscheinlichkeit werden aus Sicht der Juristen als Gefahr bezeichnet, Risiken mit einer mittleren bzw. geringen Eintrittswahrscheinlichkeit werden von den Juristen als Risiken bezeichnet und Risiken mit einer sehr geringen Eintrittswahrscheinlichkeit werden als Restrisiken bezeichnet (Risch 2003). In Abhängigkeit dieser Klassifizierung fordern die Gerichte bzw. der Gesetzgeber Maßnahmen zur Vermeidung der Risiken. Gefahren sind zu beseitigen. Bezüge zur Gefahrenabwehr im Sinne von Sicherheitsanforderungen finden sich im deutschen Zivilrecht (Schadensersatz § 823 Abs. 1 BGB), im deutschen Produkthaftungsgesetz § 1, Abs. 1 oder in der deutschen Verwaltungsordnung § 123, 80 Abs. 5. Risiken sind in der Regel zu begrenzen. Sie werden jedoch in einem beschränkten Rahmen juristisch toleriert, da aus Gründen der Verhältnismäßigkeit ein 100 %-Risikoausschluss nicht erfolgen kann (Risch 2003, Rossnagel 1986). Diese teilweise Akzeptanz von Risiken führt wieder zum Begriff des Restrisikos. Diese Risiken entstehen unausweichlich bei der Durchführung gewisser Maßnahmen oder der Anwendung gewisser Techniken. Sie sind daher aus Sicht des Bundesverfassungsgerichtes von allen Bürgern als soziale Last zu tragen (Risch 2003, Bundesverfassungsgericht 1978). Die Einteilung der einzelnen Risiken in die Kategorien Gefahr, Risiko und Restrisiko nach der mathematischen Definition von Eintrittswahrscheinlichkeiten ist bisher durch den Gesetzgeber nicht erfolgt (Risch 2003, Scholl 1992). Im Gegensatz zu einigen wenigen Werten, wie Vaterschaftswahrscheinlichkeiten oder Blutalkoholwerten, widersetzen sich Gesetzgeber und Gerichte der Festlegung mathematischer Grenzen (Scholl 1992, Risch 2003, Bundesverfassungsgericht 1978).

In der Rechtsprechung finden sich dagegen eher Formulierungen für ein nicht-akzeptables Risiko wie die folgende: *„gewisse erhebliche, das allgemeine Lebensrisiko signifikant erhöhende Größe der Gefahr“* (Lübbe-Wolff 1989). Oft, wie z. B. im Bauwesen, wird die Sicherheit nur allgemein gefordert. So heißt es in der Sächsischen Bauordnung (SächsBO) unter § 3 Allgemeine Anforderungen (Bielenberg et al. 1992):

> *„(1) Bauliche Anlagen sowie andere Anlagen und Einrichtungen im Sinne von § 1 Abs. 1 Satz 2 sind so anzuordnen, zu errichten, zu ändern, instand zu setzen und instand zu halten, dass die öffentliche Sicherheit und Ordnung, insbesondere Leben oder Gesundheit oder die natürlichen Lebensgrundlagen nicht gefährdet werden. […]“*

Dieses Beispiel zeigt bereits das Spannungsfeld der Definition von akzeptablen Risiken, welches sich für den Gesetzgeber ergibt. Auf der einen Seite möchte der Gesetzgeber die Grundrechte Berufsfreiheit, Eigentumsfreiheit, Freiheit der wirtschaftlichen Tätigkeit gestatten und auf der anderen Seite ist das Grundrecht auf Leben und Gesundheit sicherzustellen. Bauliche Anlagen sind notwendig, um Menschen im Winter vor Kälte zu schützen, um ihnen Arbeitsplätze zu garantierten etc., aber diese baulichen Anlagen dürfen eben auch nicht zu einer Bedrohung für die Menschen werden, die diese Bauwerke nutzen. Beide Gesichtspunkte werden in Deutschland in der Verfassung berücksichtigt: wie bereits erwähnt Artikel 2 Abs. 2 Grundgesetz mit dem Recht auf Leben und Gesundheit und Artikel 12 Grundgesetz mit dem Recht auf Berufsfreiheit und Artikel 14 Grundgesetz mit dem Recht der Eigentumsfreiheit (Risch 2003, Bundesverfassungsgericht 1978). Die Lösung dieses Spannungsverhältnisses zwischen „Freiheit zur Technik“ und dem Schutz der Bürger gemäß der Schutzpflicht des Staates obliegt dem Staat (Risch 2003).

Der Staat besitzt jedoch verschiedene Instrumente, um seinen Verpflichtungen nachzukommen. Diese verschiedenen Instrumente werden auch bei der Beurteilung von Risiken eingesetzt. Je höher das zu beurteilende Risiko ist, umso stärker ist die Legitimation des Staatsorgans (Risch 2003). Das am höchsten legitimierte Staatsorgan ist das Parlament. Alle für den Grundrechtsgebrauch wesentlichen Entscheidungen sind von diesem Organ zu treffen (Risch 2003). Dies gilt besonders für Entscheidungen über die Anwendungen mit einer hohen Gefährdung der Bevölkerung. Beispielsweise wurde der Versuch der Zulassung gentechnischer Anlagen durch die Verwaltung auf Grundlage des Immissionsschutzgesetzes in Deutschland durch das Hessische Verwaltungsgericht gestoppt. Eine Zulassung über eine derartig gefahrenträchtige Technologie könne allein der Gesetzgeber treffen (Risch 2003, Hessischer Verwaltungsgerichtshof 1989). Der Gesetzgeber ist dieser Verpflichtung durch die Verabschiedung des Gentechnikgesetzes und des Embryonenschutzgesetzes nachgekommen (Risch 2003).

Für die Definition von Sicherheitsanforderungen im Bauwesen, wie oben erwähnt, bleibt der Gesetzgeber jedoch genauere Angaben schuldig. Der einzige Hinweis ergibt sich noch durch den Ausschluss von Baustoffen, wie z. B. karzinogenem Asbest. Erfolgen keine genaueren Angaben durch den Gesetzgeber, so müssen die Entscheidungen durch die jeweiligen Verwaltungen getätigt werden (Schröder 2003, Risch 2003). Verwaltungen als Exekutive sind in der Regel aufgrund ihrer instrumentellen Ausstattung besser geeignet, Risiken zu beurteilen (Schröder 2003, Risch 2003). Instrumente der Verwaltungen sind Rechtsverordnungen, Verwaltungsvorschriften und Verwaltungsakte, die im Vergleich zu parlamentarischen Instrumenten relativ schnell und flexibel einsetzbar sind. Außerdem besteht damit die Möglichkeit, deutlich mehr Details bei der Beurteilung von Risiken zu erfassen. Teilweise ist es verfassungsrechtlich sogar zwingend, solche Entscheidungen den Verwaltungen zu übergeben (Bundesverfassungsgericht 1978, Schröder 2003, Risch 2003). Interessant ist die Tatsache, dass die Verwaltungen neben äußerst detaillierten technischen Regelwerken auch auf Normungsorganisationen zurückgreifen. Die Verwaltungen bedienen sich hierbei des privaten Sachverstandes. Der Staat tritt dann nicht mehr vordergründig in Aktion, sondern überträgt die Aufgabe z. B. an Fachverbände. Normen werden in der Regel in den Rechtsstatus einer Verwaltungsvorschrift erhoben. Sie entsprechen dem Stand der Technik bzw. werden als Gutachten von Sachverständigen angesehen (Risch 2003). Allerdings ist es auch dadurch nicht möglich, alle denkbaren Fälle abzudecken. Im Bauwesen muss in solchen Sonderfällen eine Zulassung im Einzelfall erfolgen. Dabei wird die Entscheidung wieder an die Verwaltung über die Erfüllung der Sicherheit, z. B. im Sinne der Sächsischen Bauordnung, zurückverwiesen.

Bisher wurde bei der Beurteilung von Risiken nicht weiter auf die Justiz eingegangen. In der Tat müsste die hier vorgestellte Beurteilung von Risiken allumfassend einsetzbar sein. Es hat sich jedoch insbesondere bei der Einführung der Atomkraftwerke gezeigt, dass bei ausreichendem Konfliktpotential die Gerichte zur Auslegung herangezogen werden können. Gerade die Einführung der Atomkraftwerke hat in Deutschland, aber auch in anderen Ländern zu zahlreichen juristischen Auseinandersetzungen über die Beurteilung von Risiken geführt. Zwar hat der Gesetzgeber mit der Einführung des Atomgesetzes die wirtschaftliche Nutzung der Atomtechnik zugelassen, detaillierte Informationen bleibt dieses Gesetz jedoch schuldig. Im Atomgesetz § 7 wird z. B. allein eine, dem Stand der Wissenschaft und Technik entsprechende, Vorsorge gegen Schäden gefordert. Diese Forderungen wurden in den Verwaltungen umgesetzt, z. B. durch die Strahlenschutzverordnung. Insgesamt geht man davon aus, dass Verwaltungen ein deutliches Augenmerk auf den Schutz der Gesundheit und des Lebens gemäß Verfassung gelegt haben. So wurde für die zulässige Strahlenbelastung ein Wert unterhalb der natürlichen Strahlungsschwankungen festgelegt. (Risch 2003).

In anderen Ländern wurde die Akzeptanz der Nukleartechnik direkt durch die Bevölkerung entschieden, wie z. B. in Österreich durch eine Volksbefragung im November 1978 über die Inbetriebnahme des Kernkraftwerkes Zwentendorf oder in der Schweiz, z. B. in der Atomausstiegsinitiative im November 2016. Insgesamt gab es in der Schweiz sogar neun Volksabstimmungen zur Kernenergie (Universität Bern 2021).

Gerade durch die Vielzahl von obergerichtlichen und bundesverfassungsgerichtlichen Entscheidungen bietet sich aber die Möglichkeit der Eingrenzung der Begriffe Gefahr, Risiko und Restrisiko, die einleitend erläuternd wurden. Allerdings wurde durch die Gerichte zunächst einmal die Art und Weise der Sicherheitsphilosophie diskutiert. Der Gesetzgeber verwendet in der Regel ein deterministisches Sicherheitskonzept (Bundesministerium für Umwelt, Naturschutz und Reaktorsicherheit 1997), das heißt ein bestimmter Wert wird als sicher oder unsicher beurteilt. Gerade bei Atomkraftwerken ist es aber nun unabdingbar, die *Möglichkeit* eines Schadens zu berücksichtigen. Hierbei trifft man wieder auf den Begriff der Eintrittswahrscheinlichkeit und den Begriff des Restrisikos (Rossnagel 1986, Hessischer Verwaltungsgerichtshof 1997). Die Bewertung und Beurteilung von Konzepten nehmen aber häufig bizarre Formen an. So sollen Gerichte darüber entscheiden, ob die Erdbebengefährdung von Atomkraftwerken mit diesem oder jenem Verfahren zu beurteilen sind. Gerichte müssen zwangsläufig aufgrund ihrer begrenzten fachlichen Entscheidungsfähigkeit an dieser Aufgabe scheitern. Das Bundesverwaltungsgericht hat deshalb darauf hingewiesen, dass es die Beantwortung wissenschaftlicher Streitfragen nicht als seine Aufgabe ansieht. (Risch 2003).

In der Rechtsprechung wird ein akzeptables Risiko, ein Restrisiko, als „*de minimis*" Risiko bezeichnet. Der Ausdruck „*de minimis*" stammt aus dem lateinischen Satz: „*De minimis non curat lex*", der so viel bedeutet wie: „*Das Gesetz befasst sich nicht mit Kleinigkeiten*". Diese Gefahren sind nicht Thema für die Öffentlichkeit und sind vernachlässigbar. Das heißt aber nicht, dass solche Unfälle nicht eintreten können. Der Gesetzgeber hat, wie bereits erwähnt, keine Definition für eine solches Risiko angegeben.

Aber es existieren in Deutschland einige Gerichtsurteile zu diesem Thema. 1975 entschied das Oberverwaltungsgericht Münster, dass die Eintrittswahrscheinlichkeit eines atomaren Störfalls von 10^{-7} pro Jahr als akzeptables Restrisiko betrachtet werden darf (OVG Münster 1975). Zu dem gleichen Ergebnis kam das Verwaltungsgericht Freiburg 1977 (VG Freiburg 1977). Im gleichen Jahr befasste sich auch das Verwaltungsgericht Würzburg mit dieser Thematik (VG Würzburg 1977). Allerdings wurde 1997 durch den Hessischen Verwaltungsgerichtshof die gerichtliche Entscheidung über einen akzeptablen Wahrscheinlichkeitswert zurückgewiesen (Hessischer Verwaltungsgerichtshof 1997). In Bezug auf Schiffsanprall gegen Brücken gab es im Jahre 2000 durch das Oberverwaltungsgericht Rheinland-Pfalz eine Entscheidung betreffs der Frage, ob durch eine Fahrrinnenvertiefung eine Erhöhung des Risikos für einen Brückeneinsturz eintreten würde. Diese Frage wurde durch den Verwaltungsgerichtshof Rheinland-Pfalz verneint (VG RP 2000).

Das Bundesverfassungsgericht hat sich in der Kalkar-Entscheidung ansatzweise mit der Festlegung von akzeptablen Risiken befasst. Es finden sich dort allerdings nur Begriffe wie „*praktisch unvorstellbar und ausgeschlossen*“ oder „*unerheblich*“, ohne dass eine Festlegung eines Wertes erfolgt (Mrasek-Robor 1997).

In der amerikanischen Rechtsprechung findet sich zumindest in einem Fall ein Hinweis auf ein akzeptables Risiko (US Supreme Court 1980):

> „*If, for example, the odds are one in a billion that a person will die from cancer by taking a drink of chlorinated water, the risk clearly could not be considered significant (10^{-9}). On the other hand, if the odds are one in a thousand (10^{-3}) that regular inhalation of gasoline vapors that are 2 % benzene will be fatal a reasonable person might well consider the risk significant and take the appropriate steps to decrease or eliminate it*“.

In England befassten sich bereits 1949 Juristen mit der Problematik des Vergleiches von Risiken, wie folgendes Zitat beweist:

> “*„Reasonably practicable“ is narrower term than „physically possible“ and seems to me to imply that a computation must be made by the owner in which the quantum of risk is placed on one scale and the sacrifice involved in the measures necessary for averting the risk (whether in money, time or trouble) is placed in the other, and that, if it be shown that there is a gross disproportion between them – the risk being insignificant in relation to the sacrificed – the defendants discharge the onus on them.*” (Richter Asquith, Edwards v. National Coal Board, All England Law Reports, Vol. 1, S. 747 (1949)).

Basierend auf diesem Entscheid wurde das sogenannte ALARP-Prinzip (*As low as reasonable practicable*) entwickelt, welches im englischsprachigen Raum weit verbreitet ist.

Im Folgenden seien noch zwei Fälle genannt, bei denen die Gerichte nicht der Meinung waren, dass die vom Hersteller als akzeptable Risiken festgelegten Werte den Anforderungen an ein „*de minimis*“ Risiko erfüllten. Patricia Anderson klagte Mitte der 90er Jahre gegen General Motors, weil bei ihrem Auto nach einem Auffahrunfall der Tank explodierte. Dem Autohersteller war der Konstruktionsmangel bekannt. Es wurde mit 500 Schwerverletzten bzw. Toten pro Jahr bei 41 Mio. Fahrzeugen der Firma General Motors gerechnet. Der Konzern berücksichtigte rechnerisch die auf geltender Rechtslage basierenden Schadensersatzforderungen in Höhe von 100 Mio. US-Dollar pro Todesfall pro Jahr. Tatsache ist aber, dass das Gericht auf Grundlage des Wissens um den Mangel General Motors mit einer Schadensersatzsumme von 4,9 Mrd. US-Dollar belegte (Stern 1999).

Als zweites Beispiel sei eine Klage gegen den Fahrzeughersteller Ford Ende der 70er Jahren genannt, weil der Tank des Ford Pinto explosionsgefährdet war. Ford ging damals von 200.000 US$ für ein Menschenleben und 67.000 US$ für eine schwere Verletzung aus. Es wurden ca. 11 Mio. Fahrzeuge verkauft. Pro Jahr wurde mit 2.100 verbrannten Fahrzeugen gerechnet. 1978 wurde Ford von einem Gericht in Kalifornien zu 128 Mio. Dollar Schadensersatz für einen verletzten Fahrer verurteilt (FORD vs. Weinberger, Romeo).

Die Androhung von Schadensersatzforderungen bei unzureichender Sicherheit von Erzeugnissen finden sich bereits in den ersten Sammlung von Gesetzen. So wurden vor ca. 3.700 Jahren von dem babylonischem König Hammurabi Gesetze erlassen, die auf Tontafeln und der berühmten Gesetzessäule gefunden wurden (Abb. 6.1). Diese Gesetzessammlung umfasst, je nach Art und Weise der Zählung, etwa 280 Paragrafen. Für verschiedene Berufsgruppen, wie Ärzte oder Baumeister, gibt es darin Schadensersatzregelungen. So heißt es für Baumeister:

> „*Wenn der Baumeister für jemanden ein Haus baut und es nicht fest ausführt und das Haus, das er gebaut hat, einstürzt und den Eigentümer totschlägt, so soll jener Baumeister getötet werden. Wenn es den Sohn des Eigentümers totschlägt, so soll der Sohn jenes Baumeisters getötet werden. Wenn es Sklaven des Eigentümers erschlägt, so soll der Baumeister Sklaven für Sklaven geben.*“ (Murzewski 1974).

Diese Schadensandrohung kann als Motivation für den Baumeister verstanden werden, ein Haus mit einem geringen Risiko in der späteren Nutzung zu errichten. Übrigens kannte dieser Text bereits den Unterschied zwischen einem akzeptablen Risiko und einem unakzeptablen, sprich vermeidbaren, Risiko. So heißt es im Gesetzestext von Hammurabi:

> „*Wenn im Stalle ein Schlag von Gott sich ereignet oder ein Löwe Vieh tötet, so soll der Hirte vor Gott sich reinigen und das im Stall Umgekommene dem Eigentümer stellen. Wenn hingegen der Hirt etwas versieht und im Stalle ein Schaden entsteht, so soll der Hirt den Schaden an Rindern und Kleinvieh ersetzen und dem Eigentümer geben.*“

Abb. 6.1 Gesetzesstele des Codex Hammurabi (Gipsabdruck im Pergamon Museum Berlin des Originals im Louvre), ca. 2.000 Jahre vor Christus (Foto: *D. Proske*)

Die Sicherheit von Bauwerken wird nicht nur im Gesetzestext von Hammurabi behandelt, sondern auch in der Bibel. Da Bauwerke in der menschlichen Entwicklung ein sehr frühes technisches Erzeugnis waren, richtete sich auch sehr früh die Aufmerksamkeit auf die Sicherheit dieses Erzeugnisses.

Doch nicht nur der mögliche Einsturz von Bauwerken führte zur frühen juristischen Behandlung des Themas Sicherheit. Bereits erwähnt wurde die Explosion eines Schiffes mit Schwarzpulver in Leiden im Jahre 1807, bei der 151 Menschen getötet wurden. Napoleon besichtigte den Ort nach der Katastrophe. Die vorgefundenen Schäden veranlassten Napoleon, 1810 einen kaiserlichen Erlass für die Standortbeschränkung von Manufakturen zu erlassen. Dieser Erlass unterteilte die Manufakturen in verschiedene Risikostufen. Gefährliche Produktion durfte nicht in der Nähe von Häusern durchgeführt werden, die entsprechenden Behörden hatten die Lage der Manufaktur festzulegen. Andere Manufakturen durften in der Nähe von Häusern liegen, wenn die Produktion als nicht gefährlich eingestuft wurde. Die am wenigsten gefährlich eingeschätzten Manufakturen durften sich in einer Stadt befinden.

1814 erfolgte eine weitere Verordnung in den Niederlanden, um Gefahr, Schäden und Störungen durch Manufakturen einzuschränken. Außerdem wurde im gleichen Jahr ein Gesetz über den Umgang mit explosiven Stoffen verabschiedet, welches nur ein Jahr später durch ein Gesetz über den Transport explosiver Stoffe erweitert wurde. 1875 wurde der Erlass in ein Gesetz für Fabriken überführt (Fabriekswet). 1876 wurde ein Gesetz über den Umgang, die Lagerung und den Transport von giftigen Stoffen erlassen. 1896 wurde außerdem ein erstes Arbeitsschutzgesetz eingeführt. Gleichzeitig wurde das Fabrikgesetz in die Störungsverordnung überführt. Ein Bericht im Jahre 1886 hatte darauf aufmerksam gemacht, dass eine gesetzliche Grundlage für den Schutz der Arbeiter notwendig sei. Dieses Gesetz war die erste Unterscheidung zwischen Risiken für Arbeiter und Risiken für Dritte. Das Gesetz wurde 1934 und 1982 überarbeitet. 1963 wurde ein Gesetz über den Umgang mit giftigen Stoffen erlassen. 1985 wurde vom niederländischen Parlament die Politik des Risikomanagements im Rahmen der Umweltschutzpolitik verabschiedet. (Ale 2000).

Die gesetzlichen Grundlagen für Sicherheitsanforderungen sind im Gegensatz zu den geschilderten Fällen aber in vielen Bereichen erst in den letzten Jahrzehnten entstanden. So stammen die ersten Gesetze mit Anforderungen an den Umgang mit Abfällen in den USA aus dem Jahre 1965 (Solid Waste Disposal Act). In vielen Bereichen wird komplett auf die jeweils gültigen technischen Regelwerke verwiesen.

So folgen die Bauvorschriften der pauschalen Festlegung des akzeptablen Risikos über das allgemeine Lebensrisiko. Sowohl der Eurocode als auch die DIN 1055–9 lassen für außergewöhnliche Einwirkungen (Erdbeben, Anpralle gegen Bauwerke, Explosionen) eine Risikoanalyse zu. Dazu heißt es z. B. im Eurocode 1, Abschn. 3.2, Bemessung für außergewöhnliche Situationen (ENV 1991–2-7 1998 oder in der DIN 1055–9 5.1 (2) 2000) sinngemäß:

> *„Der Ausschluss eines Risikos kann in den meisten Fällen nicht erreicht werden, somit ist es erforderlich, ein gewisses Risiko zu akzeptieren. […] Bei Festlegung der Risikostufe sollte auch ein Vergleich mit Risiken, die bei vergleichbaren Bemessungssituationen von der Gesellschaft akzeptiert werden, durchgeführt werden“.*

Andere Fachgebiete besitzen andere Regelungen. Tab. 6.1 listet zahlreiche Normen auf, die sich mit Risiken in verschiedenen Bereichen befassen.

Die technischen Vorschriften bilden die Grundlage für die Anwendung von Risikoparametern in der Praxis. Die Anwendung von Risikoparametern soll im folgenden Kapitel gezeigt werden.

In den letzten Jahren hat die juristische Bewertung risikobasierter Normen und Vorschriften an Fahrt aufgenommen (Seiler 1993, 2000, Hess 2008). Außerdem haben die Anschläge vom 11. September 2001 in den USA

Tab. 6.1 Einige ausgewählte internationale normative Regelungen zur Beurteilung von Risiken

Nr	Norm
1	AS/NZS 4360: Risk Management. 1999
2	CAN/CSA-Q850-97: Risk Management: Guideline for Decision-Makers. 1997
3	DIN EN 14.738: Raumfahrtproduktsicherung – Gefahrenanalyse; Deutsche Fassung EN 14.738: 2004, August 2004
4	DIN VDE 31.000–2: Allgemeine Leitsätze für das sicherheitsgerechte Gestalten technischer Erzeugnisse – Begriffe der Sicherheitstechnik – Grundbegriffe. Dezember 1984
5	E DIN 1055–100: Einwirkungen auf Tragwerke, Teil 100: Grundlagen der Tragwerksplanung, Sicherheitskonzept und Bemessungsregeln, Juli 1999
6	E DIN 1055–9: Einwirkungen auf Tragwerke Teil 9: Außergewöhnliche Einwirkungen. März 2000
7	Emergency risk management: applications guide (Emergency Management Australia)
8	ENV 1991–1 Eurocode 1: Basis of Design and Action on Structures, Part 1: Basis of Design. CEN/CS, August 1994
9	EPA/630/R-95/002 F: Guidelines for Ecological Risk Assessment. May 14, 1998
10	FM 100–14 US Army: Risk Management
11	HB 231: Information security risk management guidelines. 2000
12	HB 240: Guidelines for managing risk in outsourcing. 2000
13	HB 250: Organizational experiences in implementing risk management practices. 2000
14	ISO 2394: General principles on reliability for structures. 1996
15	ISO 13232–5: Motorcycles – Test and analysis procedures for research evaluation of rider crash protective devices fitted to motorcycles – Part 5: Injury indices and risk/benefit analysis. 1996
16	ISO 14001: Environmental Management Systems, Specification with Guidance for use. 1996
17	ISO 14004 Environmental Management Systems, General Guidelines on Principles, Systems and Supporting Techniques. 1996
18	ISO 14121: safety of machinery – Principles of risk assessment. 1999
19	ISO 14971: Medical devices – Application of risk management to medical devices. 2000
21	ISO 17666: Space systems – Risk management. 2003
22	ISO 17776: Petroleum and natural gas industries – Offshore production installations – Guidelines on tools and techniques for hazard identification and risk assessment. 2000
23	ISO 8930: Allgemeine Grundregeln über die Zuverlässigkeit von Tragwerken; Liste äquivalenter Begriffe, Dezember 1987
24	ISO/IEC Guide 51: Safety aspects – Guidelines for their inclusion in standards. 1999
25	ISO/IEC Guide73: Risk Management Terminology. 2002
26	ISO/TS 14.798: Lifts (elevators), escalators and passenger conveyors – Risk analysis methodology. 2000
27	ISO/TS 16.312–1: Guidance for assessing the validity of physical fire models for obtaining fire effluent toxicity data for fire hazard and risk assessment – Part 1: Criteria. 2004
28	MG3 – A Guide to Risk Assessment and Safeguard Selection for Information Technology Systems and its related framework
29	New Seveso Directive 82/96/EC (1997)
30	New Seveso Directive 96/82/EC
31	NIST 800–30: Risk Management Guide
32	NORSOK Standard Z-013: Risk and Emergency Preparedness Analysis. Norwegian Technology Standards Institution, March 1998
33	Norwegian Maritime Directorate: Regulation of 22. December 1993 No. 1239 concerning risk analyses for mobile offshore units
34	Norwegian Petroleum Directorate: Guidelines for safety evaluation of platform conceptual design 1.9.1981
35	Norwegian Petroleum Directorate: Regulations relating to implementation and use of risk analyses in the petroleum activities, 12.7.1990
36	Norwegian Standards: NS 5814: Requirements for risk analyses. Norwegian Standard Organization, August 1991
37	OSHA Standards: Occupational Exposure to Cadmium, Section: 6: Quantitative Risk Assessment
38	SAA HB 141: Risk Financing. 1999
39	SAA HB 142: A basic introduction to managing risk. 1999
40	SAA HB 203: Environmental risk management: principles and processes. 2000
41	SAA/NZS HB 143: Guidelines for managing risk in the Australian/New Zealand Public Sector. 1999
42	SAA/SNZ HB 228: Guidelines for managing risk in the healthcare sector. 2001
43	SNZ 2000: Risk Management for Local Government (SNZ 2000)
44	VDI 4003: Zuverlässigkeitsmanagement , März 2003
45	VDI 4006: Menschliche Zuverlässigkeit, August 2013-November 2011
46	VDI 4007: Zuverlässigkeitsziele, Juni 2012
47	VDI 4008: Methoden der Zuverlässigkeit, April 1999 – April 2019
48	VDI 4011: Software-Zuverlässigkeit, September 2019
49	IEC 61400-31: Wind Turibnes, Siting Risk Assessment, International Electrotechnical Commission, 2023
50	VKF: Risikobasierte Brandschutzvorschriften, Vereinigung Kantonaler Feuerversicherungen, 2026

und die Diskussion möglicher Schutzmaßnahmen das Thema einer breiten Öffentlichkeit zugänglich gemacht (Etzioni 2007, Papier 2008, Molterer 2008, Glaeßner 2003). Auch Ingenieure (VDI 2007) und andere Fachgebiete (BfR 2009) haben sich in die Diskussion eingebracht. Zu den behandelten Themen zählen auch die Entwicklung neuer Technologien, wie z. B. die Entwicklung von Nanopartikeln, die Diskussionen über den Schutz des menschlichen Lebens an seinem Lebensende, das Recht auf selbstbestimmtes Sterben (Bundesverfassungsgericht 2020), der Schutz des ungeborenen Lebens oder die seit Jahren andauernde Diskussion der Endlagerung radioaktivem Abfalls (siehe z.B. Hessisches Ministerium für Umwelt, Energie und Bundesangelegenheiten 1992) usw.

Die Covid-19 Strategien mit ihren Einschränkungen, wie z. B. Ausgangssperren, Begrenzung des Bewegungsradius, Impfpflicht, haben diese Diskussion noch einmal bestärkt und dabei eine beachtliche Intensität und Schärfe erreicht.

Verschiedene Normen, die in Entwicklung sind, wie z. B. die neue Brandschutzvorschrift der Schweiz, sollen risikobasiert sein und werden während der Entwicklung von einem Juristen begleitet (VKF 2021). Diese Entwicklung findet sich auch in anderen Ländern und Fachgebieten, wie z. B. die Entwicklung einer risikobasierten Brandschutzvorschrift in Australien oder die risikobasierte Instandhaltungsplanung bei verschiedenen Infrastrukturbetreibern.

Literatur

Universität Bern (2021) Swiss votes. Institut für Politikwissenschaft. https://swissvotes.ch/

Ale B (2000) Risk Assessment Practices in the Netherlands. In: Proceedings – Part 1/2 of Promotion of Technical Harmonization on Risk-Based Decision-Making, Workshop, May 2000, Stresa, Italy

Becker P (2004) Schadensvorsorge aus Sicht der Betroffenen. 12. Deutsches Atomrechtssymposium. Forum Energierecht, Bd. 8, Nomos Verlagsgesellschaft 2004 Baden-Baden

BfR (2009) Sicherer als sicher? – Recht, Wahrnehmung und Wirklichkeit in der staatlichen Risikovorsorge, Stakeholder-Konferenz. 29. Oktober 2009, Berlin

Bielenberg W, Roesch E, Giese H (1992) Baurecht für den Freistaat Sachsen – Ergänz-bare Sammlung des Bundes- und Landesrechts mit ergänzenden Vorschriften, einer Einführung sowie Mustern und Anleitungen für die Praxis, Bd 2. Erich Schmidt Verlag, Berlin

Bundesministerium für Umwelt, Naturschutz und Reaktorsicherheit (1997) Stellungnahme. In: Hessischer Verwaltungsgerichtshof: Urteil vom 25.3.1997: Az. 14 A 3083/89

Bundesverfassung (1999) der Schweizerischen Eidgenossenschaft. 18. April 1999.

Bundesverfassungsgericht (2020) BVergG Urteil vom 26.2.2020

Bundesverfassungsgericht (1978) BVergG 49. Seite 89–147

Di Fabio U (1994) Risikoentscheidung im Rechtsstaat. Tübingen; Mohr Siebeck

E DIN 1055–9 (2000) Einwirkungen auf Tragwerke Teil 9: Außergewöhnliche Einwirkungen. März 2000

ENV 1991–2–7 (1998) Eurocode 1: Grundlage der Tragwerksplanung und Einwirkungen auf Tragwerke – Teil 2–7: Einwirkungen auf Tragwerke –Außergewöhnliche Einwirkungen. Deutsche Fassung, August 1998

Etzioni A (2007) Sicherheit zuerst, Frankfurter Allgemeine Zeitung, Donnerstag, 31. Mai 207, Nr. 124, Seite 8

Glaeßner G-J (2002) Sicherheit und Freiheit, Aus Politik und Zeitgeschichte. Bd. 10–11, Seite 3–13

Glaeßner G-J (2003) Sicherheit in Freiheit. VS Verlag für Sozialwissenschaften

Hess JT (2008) Schutzziele im Umgang mit Naturrisiken in der Schweiz, ETH Zürich, Dissertation, Zürich

Hessischer Verwaltungsgerichtshof (1989) Beschluss vom 6.11.1989; NVwZ 1990, Seite 276–279

Hessischer Verwaltungsgerichtshof (1997) Urteil vom 25.3.1997: Az. 14 A 3083/89;

Hessisches Ministerium für Umwelt, Energie und Bundesangelegenheiten (1992) Hochsicherheitsdeponie-Konzepte. Entwicklung und Planung eines Modellvorhabens für eine Hochsicherheitsdeponie als Sonderabfalllager – Ergebnisse einer Studie. Erich Schmidt Verlag, Berlin

Huber PM (2004) Die Verantwortung für den Schutz vor terroristischen Angriffen. In: 12. Deutsches Atomrechtssymposium. Forum Energierecht 8, Nomos Verlagsgesellschaft, Seite 195–215

Leisner A (2002) Die polizeiliche Gefahr zwischen Eintrittswahrscheinlichkeit und Schadenshöhe. DÖV 2002, Seite 326–334

Lübbe-Wolff G (1989) Die Grundrechte als Eingriffsabwehrrechte. Baden-Baden 1988, Nordrhein-Westfälische Verwaltungsblätter, Heft 9, Seite 350

Molterer W (2008) Gibt Sicherheit, ÖVP, Wahlplakat

Mrasek-Robor H (1997) Technisches Risiko und Gewaltenteilung. Dissertation an der Fakultät für Rechtswissenschaft an der Universität Bielefeld

Murzewski J (1974) Sicherheit der Baukonstruktionen. VEB Verlag für Bauwesen, Berlin, DDR

OVG Münster (1975) Urteil vom 20.2.1975, Az.: VII A 911/69

OVG RP (2000) Urteil vom 27. Juli 2000, Az.: 1 C 11201/99, Juris Nr.: MWRE109040000

VG RP (2000) Urteil vom 27. Juli 2000, Az.: 1 C 11201/99, Juris Nr.: MWRE109040000

Papier HJ (2008) Der Zweck des Staates ist die Wahrung der Freiheit, Die Welt, Montag. 2. Juni 2008, Seite 9

Risch BM (2003) Juristische Grundlagen von Risikountersuchungen – Recht und Risiko. 1. Dresdner Probabilistik-Symposium – Risiko und Sicherheit im Bauwesen, Technische Universität Dresden, Fakultät Bauingenieurwesen, Dresden, 14. November 2003, Tagungsband

Rossnagel A (1986) Die rechtliche Fassung technischer Risiken. UPR 1986:46–56

Scholl C (1992) Wahrscheinlichkeit, Statistik und Recht, JZ 1992. Seite 122 – 131

Schröder R (2003) Verfassungsrechtliche Grundlagen des Technikrechts. In: Schulte, M (Hrsg) Handbuch des Technikrechts. Berlin, Springer, Seite 185 – 208

Seiler H (1993) Einführung in die Problematik aus juristischer Sicht. In: Ruh H, Seiler H (Hrsg) Gesellschaft — Ethik — Risiko. Monte Verità (Proceedings of the Centro Stefano Franscini, Ascona). Birkhäuser, Basel

Seiler H (2000) Risk Based Regulation – Ein taugliches Konzept für das Sicherheitsrecht? Risikobasiertes Recht: Wieviel Sicherheit wollen wir? Bern: Stämpfli, 2000

Stern (1999) Eiskalte Rechnung. 22.7.1999

US Supreme Court (1980) Industrial Union Department. vs. American Petrol Institute. 448 U.S. 607 (1980) 448 U.S. 607, No. 78–911. Argued Oct. 10, 1979. Decided July 2, 1980

VDI (2007) Denkschrift Qualitätsmerkmal „Technische Sicherheit", Düsseldorf

VG Freiburg (1977) Urteil vom 14.3.1977, Az.: VS II 27/75 = NJ 1977, 1645 ff

VG Würzburg (1977) Urteil vom 25.3.1977, Az.: W 115 II 74 = NJW 1977, 1649 ff

VKF (2021) Projekt BSV 2026. https://www.bsvonline.ch/de/projekt-bsv-2026/

7 Beispiele

7.1 Einleitung

In diesem Buch werden viele Gefährdungen und Risikoparameter vorgestellt. Allerdings folgt die Reihenfolge der Gefährdungen und der Risikoparameter der Systematik des Buches. In diesem Kapitel erfolgt die Wahl der Beispiele andersherum. Zuerst liegt das Objekt vor bzw. die Fragestellung und daran anschließend werden die notwendigen Werkzeuge gewählt und angewendet. Ganz frei machen kann sich dieses Kapitel natürlich nicht vom Aufbau des Buches. Da der Aufbau des Buches auch der Evolution der Risikoparameter folgt, macht es natürlich Sinn, in diesem Beispielkapitel die Anwendung der höchsten Risikoparameter zu zeigen, also der Lebensqualitätsparameter.

Dieses Kapitel gibt aber nur einen kurzen Überblick. So hat Lentz (2006) z. B. verschiedene Fragestellungen mit dem Lebensqualitätsparameter und dem zugehörigen Risikokonzept bewertet, angefangen von baulichen Fragestellungen über Feinstaub und dem Schutz vor Radon. Fischer (2014) hat Lebensqualitätsparameter für die Bewertung von Brandschutzmaßnahmen untersucht und Köbler (2015) für die Bewertung von Ölplattformen. Kübler (2006) hat Lebensqualitätsparameter neben der Bewertung der Bauwerkssicherheit sogar für die Diskussion von Schutzmaßnahmen vor Asteroiden angewendet. Mueller & Stewart (2011) haben die Terrorbekämpfung bewertet. In den folgenden Abschnitten werden Beispiele in verschiedener Tiefe vorgestellt bzw. nur kurz angerissen, die sich in diese Auflistung einfügen. Natürlich lässt sich diese Aufzählung nahezu beliebig fortsetzen.

7.2 Schiffsanprall

Im ersten Beispiel wird eine Untersuchung von Brücken auf Schiffsanprall vorgestellt. Dabei wurden im Wesentlichen zwei historische Brücken bewertet, die aufgrund der Zunahme der Masse und der Anzahl der Schiffe auf den Binnenschifffahrtstrassen geprüft werden mussten (Proske 2003). Abb. 7.1 zeigt eine vereinfachte Ansicht der beiden Brücken. Es handelt sich um eine Mauerwerks- bzw. Stahlbetonbogenbrücke und um eine Stahlfachwerkbrücke.

Das Problem bei der Modellierung ist nicht so sehr die Bereitstellung der Werkzeuge, diese werden ausführlich in der Fachliteratur behandelt (Proske 2003, 2021), sondern die Bereitstellung der Informationen für die Modellierung der dynamischen Effekte. So muss eine realistische Steifigkeits- und Massemodellierung der Bauwerke sehr genau die spezifischen Bedingungen der Bauwerke widerspiegeln. Aufgrund des Alters der Bauwerke und ihrer Bauwerksgeschichte sind die Bauwerke sehr heterogen. So wurden die Bauwerke zu verschiedenen Zeiten mit verschiedenen Baustoffen (Mauerwerk, Beton, Stahl) und auf verschiedene Art und Weise saniert und verstärkt. Viele Bauwerke in Deutschland erfuhren in Kriegszeiten Schäden: Man schätzt, dass etwa 4 Mio. Gebäude in Deutschland im Zweiten Weltkrieg zerstört wurden.

Abb. 7.2 zeigt in einer Explosionsdarstellung den Aufbau der Brücke 1. Man sieht die verschiedenen Aufbauten des Überbaus (Beton, Mauerwerk, Spargewölbe) und den doch recht komplizierten Aufbau der Fundamente, die z. B. durch den Einbau von Spundwänden gekennzeichnet sind.

Die verschiedenen Bauteile und Elemente besitzen unterschiedliche Steifigkeiten und Massen. Deshalb wurde für das Bauwerk ein recht kompliziertes Finite Elemente Modell entwickelt, welches als Volumen- und Flächenmodell ohne Vernetzung in Abb. 7.3 dargestellt ist. Abb. 7.4 zeigt dann ein Ergebnis der dynamischen Finite Elemente Rechnung in Form von Hauptspannungen durch einen gestoßenen Pfeiler. Man erkennt sehr gut die Ausprägung einer schrägen Druckstrebe zum Abtrag der Anprallkraft.

Da es sich um eine dynamische Einwirkung handelt, wäre es interessant, den Zeitverlauf dafür zu sehen. Zwar ist in Abb. 7.5 nicht der Zeitverlauf der Hauptspannungen dargestellt, aber der Verschiebungs-Zeit-Verlauf verschiedener Knoten im Bereich des Pfeilers. Dort erkennt man neben

D. Proske, *Katalog der Risiken*, https://doi.org/10.1007/978-3-658-37083-1_7

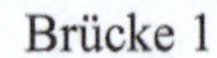

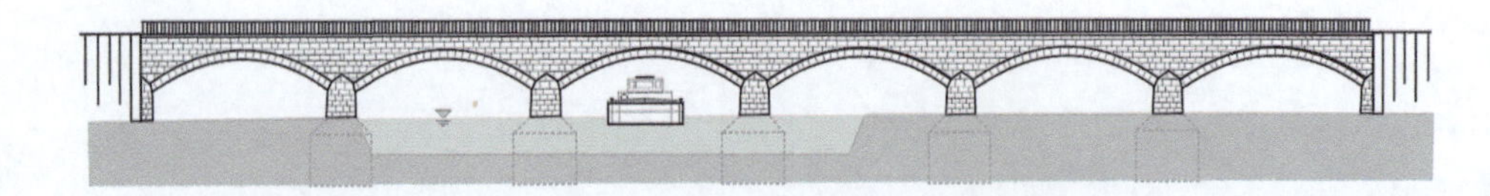

Brücke 2

Abb. 7.1 Ansicht zweier Brücken, die auf Schiffsanprall untersucht wurden

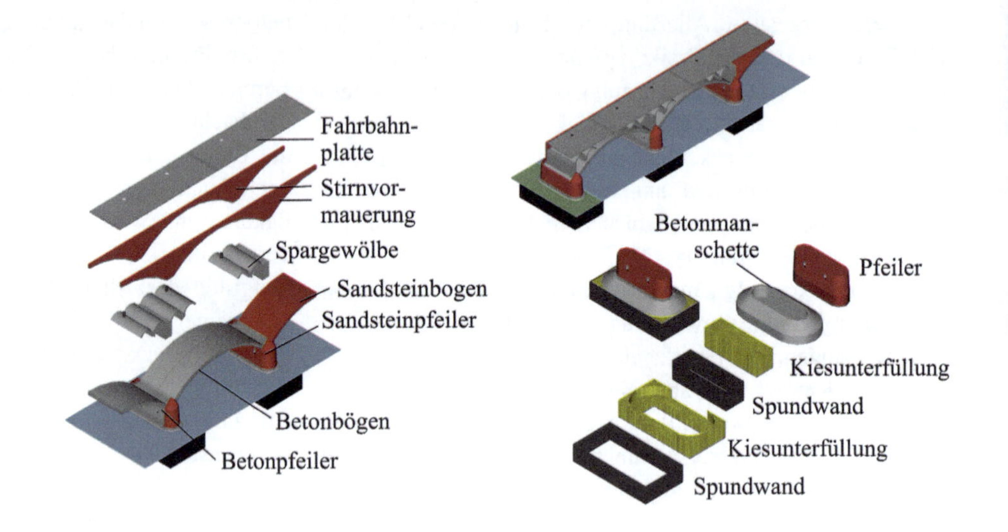

Abb. 7.2 Explosionsdarstellung des Aufbaus der Brücke 1

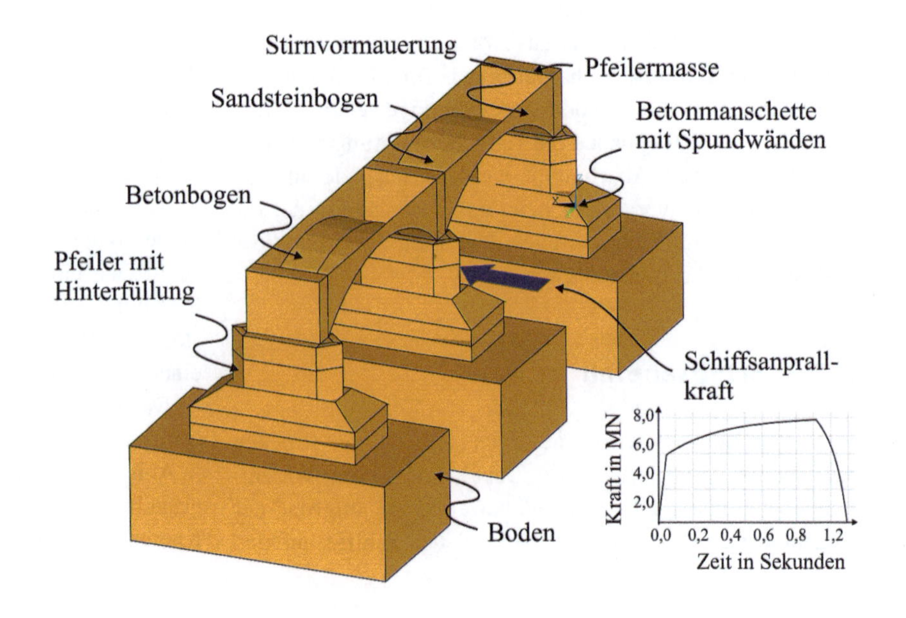

Abb. 7.3 Volumenmodell und Flächenmodell für die Finite Elemente Rechnungen

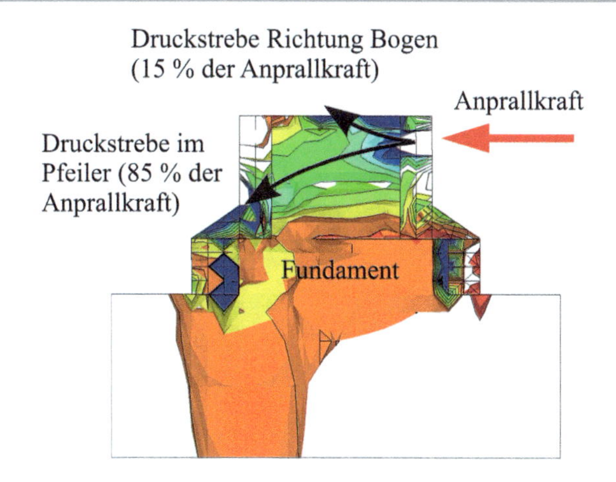

Abb. 7.4 Finite Elemente Spannungsbild in einem Brückenpfeiler bei einem Schiffsanprall

dem doch recht dominanten Anteil der statischen Verschiebungen (aufgrund der langen Einwirkungszeit von über einer Sekunde) auch eine Schwingung. Diese Schwingung ist eine systemspezifische Antwort der Konstruktion und sollte der horizontalen Eigenfrequenz der Brücke entsprechen. Gemäß Abb. 7.5 kann man eine Eigenfrequenz von ungefähr 2 Hz schätzen. In der Literatur (z. B. Bayraktar et al. 2015) finden sich Angaben zur Eigenfrequenz von historischen Mauerwerksbrücken von 4 bis 8 Hz, überwiegend 6 Hz. Aufgrund der Heterogenität des Bauwerkes und der unterschiedlichen Richtungen, horizontaler Anprall und vertikale Eigenfrequenz, erscheint die Abweichung plausibel. Anhand von Abb. 7.5 erkennt man auch, dass der Kraftverlauf in Abb. 7.3 symbolisch ist, denn seine Einwirkungszeit ist deutlich geringer als in Abb. 7.5.

Abb. 7.6 zeigt die Spannungen im Fußbereich des gestoßenen Pfeilers der Brücke 2. Hier sieht man noch einmal die Dominanz der Anpralleinwirkung im Vergleich zu allen anderen Einwirkungen. Dieses Bild basiert auf einer statischen Berechnung mit Ersatzlasten.

Natürlich möchte man nicht nur wissen, wie sich die Brücken im Originalzustand verhalten, sondern man ist auch daran interessiert, die Konsequenzen von baulichen Maßnahmen zu bewerten. Abb. 7.7 zeigt die verschiedenen konstruktiven Lösungen, die ebenfalls dynamisch untersucht wurden. Interessant ist hier die Lösung eines Fendersystems für den Pfeiler der Brücke 2. In diesem Fall ändert sich der Berechnungsalgorithmus, weil das Fendersystem aufgrund des plastischen Arbeitsvermögens einen Teil der Anprallenergie in Wärme umwandelt. Diese Energie steht dann nicht mehr für den Aufbau der Anprallkraft zur Verfügung. In diesem Fall ändert sich also der Betrag und der Zeitverlauf der dynamischen Schiffsanprallkraft. Die Bemessung des Fendersystems kann neben der Berücksichtigung der räumlichen und architektonischen Bedingungen auch die erforderliche Energieaufnahme berücksichtigen, so ähnlich wie die Knautschzone eines Kraftfahrzeuges.

Neben den baudynamischen und statischen Berechnungen erfolgte auch die Berücksichtigung der Eingangsgrößen in Form einer probabilistischen Berechnung (siehe Abschn. 3.4). Bei dieser Berechnung wurden eine Vielzahl der Eingangsgrößen mit Wahrscheinlichkeitsfunktionen belegt, die aufgrund umfangreicher Versuche bestimmt wurden. Das Material für die Versuche wurde in zahlreichen Bohrungen aus der Brücke entnommen. Die probabilistischen Berechnungen verwendeten die Verfahren FORM, SORM und Stichprobenreduzierte Monte-Carlo-Si-

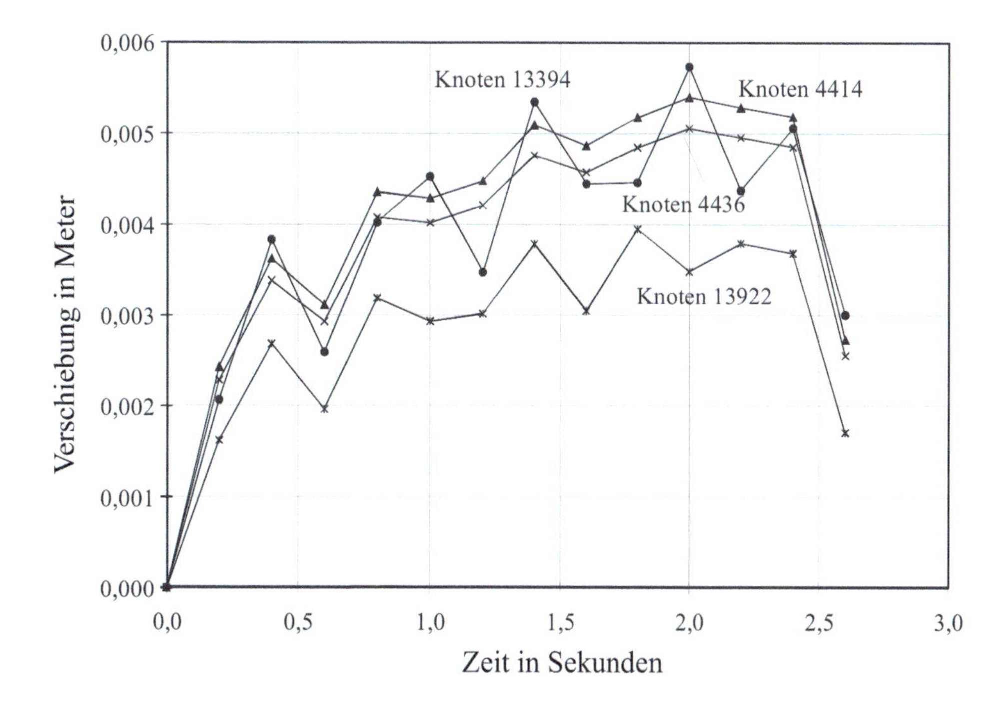

Abb. 7.5 Verschiebungs-Zeit-Verlauf für verschiedene Knoten

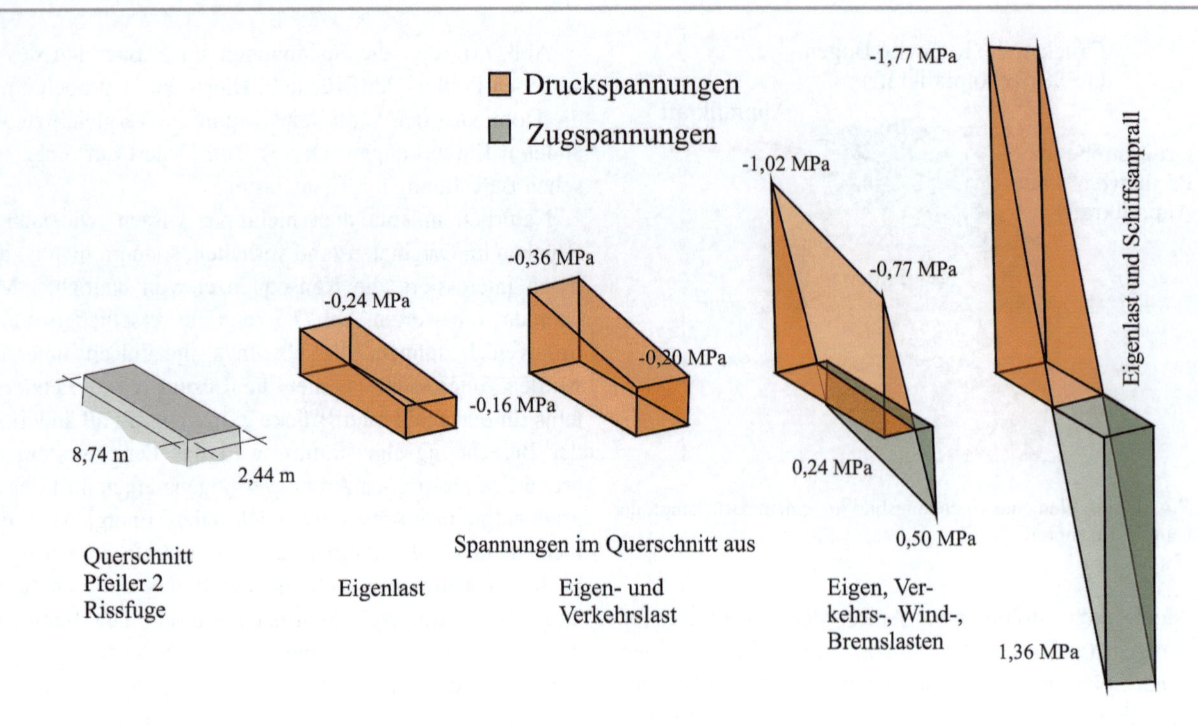

Abb. 7.6 Spannungsverteilung im Fußpunkt eines Pfeilers der Brücke 2

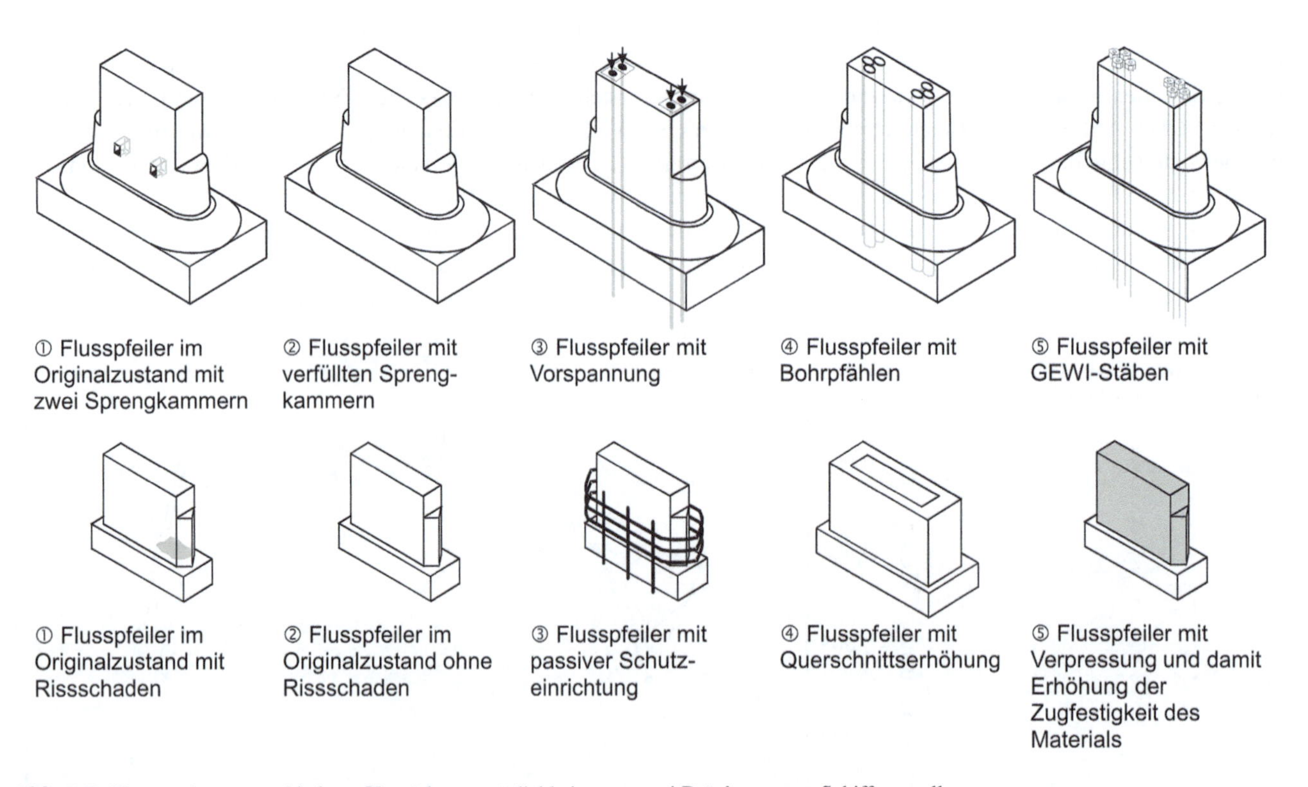

Abb. 7.7 Untersuchung verschiedener Verstärkungsmöglichkeiten an zwei Brücken gegen Schiffsanprall

mulation. Diese Verfahren wurden über die Finite Elemente Berechnung der Brücken mit der Software ANSYS gelegt. Die einzelnen Berechnungen wurden auf einer Workstation durchgeführt und dauerten bis zu wenigen Wochen. Die Ergebnisse der probabilistischen Berechnungen finden sich in Tab. 7.1.

Tab. 7.1 Versagenswahrscheinlichkeiten der Brücken bei Anprall und unter Eigen- und Verkehrslast

Brücke	Last	Bauteil	Version	P(V|A)·10^−6	P(V∩A)·10^−6	P(V∩A)·10^−6
				o.V. p. Anprall	o.V. p. Jahr	o.V. p. Jahr
1	Frontalstoß	Pfeiler II	①	80.760,0	1292,2	596,0
		Pfeiler II	②	23.300,0	372,8	172,0
		Pfeiler II	③	340,0	5,4	2,5
		Pfeiler II	④	32,0	0,5	0,2
		Pfeiler II	⑤	28,0	0,4	0,2
	Eigenl. & Verkehr	Normalsp.	203,0	4,1	4,1	4,4619
	Frontalstoß	Pfeiler III	①	35.930,0	578,8	265,2
		Pfeiler III	②	28.720,0	459,5	212,0
		Pfeiler III	③	30,0	0,5	0,2
		Bogen		1500,0	24,0	11,1
	Querstoß	Pfeiler II	②	25.670,0	410,7	54,9
		Pfeiler III	②	10.720,0	171,5	36,1
2	Frontalstoß	Pfeiler 2	①	313.667,7	5018,7	
		Pfeiler 2	②	154.256,0	2468,1	
		Pfeiler 2	③	1540,5	24,6	
		Pfeiler 2	④	11.843,4	189,5	
		Pfeiler 2	⑤	43.179,2	690,9	
	Eigenl. & Verkehr	Normalsp.	240,0	4,8		
	Querstoß	Pfeiler 2	①	328.986,4	5263,8	
		Pfeiler 2	③	84.539,3	1352,6	

P(V|A). – Versagenswahrscheinlichkeit bei Anprall.
P(V∩A). – Versagenswahrscheinlichkeit bei Anprall und Anprallwahrscheinlichkeit.
o.V. p. Anprall – operative Versagenswahrscheinlichkeit pro Anprall.
o.V. p. Jahr – operative Versagenswahrscheinlichkeitpro Jahr.
Eigenl. – Eigenlast.
Normalsp – Normalspannung

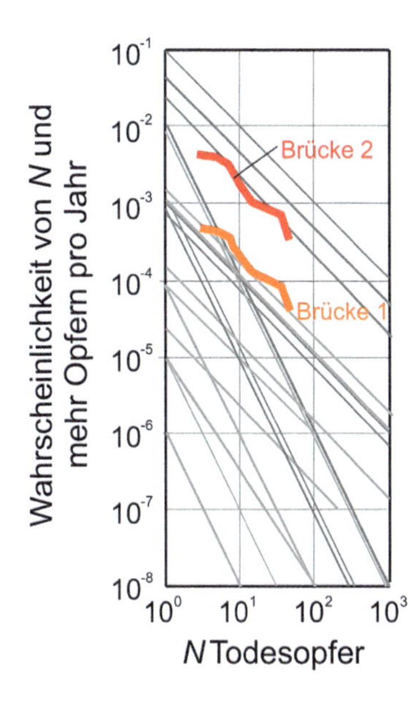

Abb. 7.8 *F-N*-Diagramm für die beiden Brücken

Mit diesen Ergebnissen wurden sowohl Mortalitäten, ein *F-N*-Diagramm (Abb. 7.8) als auch Lebensqualitätsparameter ermittelt. Mittels der Lebensqualitätsparameter wurden Grenzkosten für die jeweiligen Lösungen berechnet (siehe Abb. 7.7). Die Kosten lagen pro Maßnahme zwischen wenigen tausend Euro (z. B. Verfüllung Sprengkammer) und knapp einer ¼ Million Euro. Diese Werte bildeten eine Grundlage für die Wahl der Instandsetzungsmaßnahme, aber nicht die *alleinige* Grundlage. Für die Brücke 1 wurde der Einbau von GEWI-Stäben in die Pfeiler umgesetzt, während für die Brücke 2 ein Fender-System errichtet wurde. Beide gewählten Lösungen lagen von den Kosten her im oberen Drittel, waren aber nicht die teuersten Lösungen. Insgesamt dauerte die Studie mehrere Jahre.

P(V|A). – Versagenswahrscheinlichkeit bei Anprall.
P(V∩A). – Versagenswahrscheinlichkeit bei Anprall und Anprallwahrscheinlichkeit.
o.V. p. Anprall – operative Versagenswahrscheinlichkeit pro Anprall.
o.V. p. Jahr – operative Versagenswahrscheinlichkeit pro Jahr.
Eigenl. – Eigenlast.
Normalsp – Normalspannung.

7.3 Kernkraftwerk

In diesem Abschnitt soll ein Beispiel für die Abschätzung von zulässigen bzw. erforderlichen Kosten für Verstärkungsmaßnahmen in einem Kernkraftwerk vorgestellt werden. Dabei werden nicht nur bauliche Verstärkungsmaßnahmen an Gebäuden berücksichtigt, sondern auch andere technische und organisatorische Maßnahmen. Solche Maßnahmen können z. B. zusätzliche Notstromdiesel oder neue Steuereinrichtungen und -algorithmen sein.

Basierend auf den bisherigen Erfahrungen und Studien liegen die Schadenskosten für eine Kernschmelze mit Freisetzung im Bereich von 200 bis 400 Mrd. Euro (siehe Kap. 2). Die geschätzte Anzahl der Todesopfer unterscheidet sich in den vorliegenden Studien erheblich. Sie wird in diesem Abschnitt aber relativ gering mit fünf zeitnahen Todesopfern angenommen. Der angenommene Ausgangswert für eine Kernschmelze im betrachteten Kernkraftwerk liegt bei 10^{-4} pro Jahr. Ziel wäre die Verringerung auf 10^{-5} pro Jahr. Es soll geprüft werden, welche Investitionssumme gesamtgesellschaftlich sinnvoll erscheint.

Mit dem im Kap. 5 vorgestellten Lebensqualitätsparameter aus dem Ingenieurbereich wird eine zulässige Investitionssumme von ca. einer Milliarde Euro berechnet. Wählt man ein Kernkraftwerk der Generation II, die durchaus Kernschadenshäufigkeiten in oben genannten Bereich besaßen, und die Kosten der von den Behörden teilweise geforderte Verstärkungsmaßnahmen, wie die Notstandssysteme für die Schweizer Kernkraftwerke Mühleberg und Beznau, so kommt man tatsächlich in die Nähe der genannten Investitionssumme. Die Maßnahmen, die Anfang der 1990er Jahre umgesetzt wurden, waren also nach dem vorgestellten Konzept sinnvoll und verhältnismäßig.

Aufgrund der Entwicklungen der seismischen Einwirkungen sind Erdbeben auch in der Schweiz ein wesentlicher Risikotreiber für Kernkraftwerke. So zeigt Abb. 7.9 die Beiträge verschiedener auslösender Ereignisse für die berechnete Kernschadenshäufigkeit eines Werkes. Bewertet man die großen Ausbau- und Umbaumaßnahmen zur seismischen und brandschutztechnischen Verbesserung des Kernkraftwerkes Beznau in den vergangenen Jahren mit einem Gesamtpreis im Bereich eines oberen dreistelligen Millionenbetrages, so zeigt die Anwendung der Lebensqualitätsparameter für die Absenkung der Kernschadenshäufigkeit von ca. $1{,}7 \times 10^{-5}$ auf ca. $1{,}0 \times 10^{-5}$ pro Jahr zulässige Kosten von ca. 100 Mio. Euro. In diesem Fall waren die Maßnahmen aus gesamtgesellschaftlicher Sicht nicht verhältnismäßig. Hier spielen weitere Faktoren, wie die gesellschaftliche Akzeptanz dieser Technologie (siehe Kap. 4), eine erhebliche Rolle. Solche Faktoren lassen sich nur schwer finanziell quantifizieren. Dazu zählen auch die politischen und sozialen Auswirkungen des schweren Unglücks in Fukushima in Mitteleuropa.

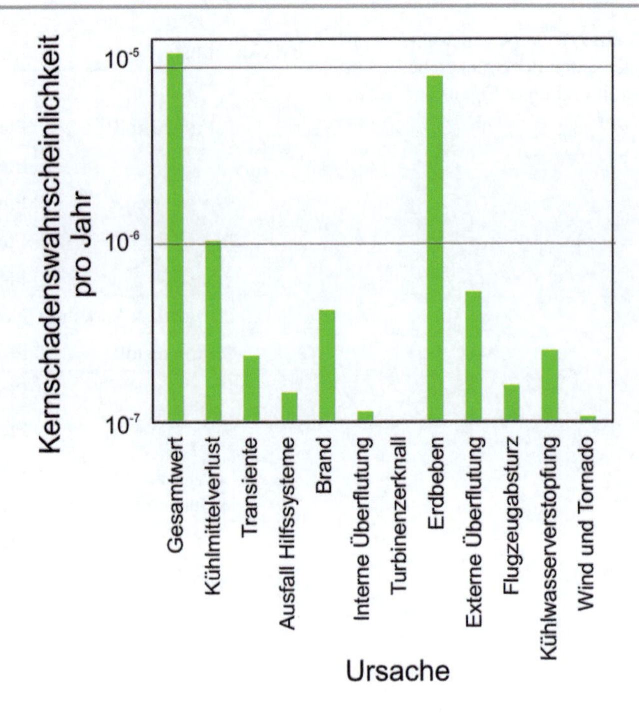

Abb. 7.9 Beitrag verschiedener auslösender Ereignisse für die Kernschadenshäufigkeit eines Kernkraftwerkes

7.4 Naturgefahren

Im Bereich Naturgefahren steht in der Schweiz mit EconoMe (BAFU 2012, 2018) ein hervorragendes Tool zur Effizienzbewertung von Schutzmaßnahmen zur Verfügung. Neben diesem bereits in der Praxis breit angewendeten und ausgebauten Verfahren soll hier auf die Untersuchungen von Schubert und Faber (2008) eingegangen werden.

Dabei wird eine Naturgefahr mit einer Eintrittsrate von 0,035 pro Jahr angenommen. Die bedingte Todesfallwahrscheinlichkeit beträgt 0,40 und im Mittel sind zwei Menschen gefährdet. In der Analyse werden fünf verschiedene Handlungsoptionen mit verschiedenen Kosten und verschiedenen Erfolgswerten untersucht. Darüber hinaus werden weitere Rahmenbedingungen festgelegt (Tab. 7.2) und erste Berechnungsergebnisse abgeleitet (Tab. 7.3).

Gemäß des Lebensqualitätsparameters sind die Handlungsoptionen 2, 4 und 5 gesamtgesellschaftlich sinnvoll und verhältnismäßig (Tab. 7.3). Schubert und Faber (2008) prüfen als nächstes, welche von den drei sinnvollen Handlungsoptionen den Nutzen maximiert. Dazu erstellen sie eine Zielfunktion und erhalten die in Tab. 7.4 aufgeführten Ergebnisse. Gemäß Schubert und Faber (2008) wird der Nutzen bei Handlungsoption 4 maximiert. Schubert und Faber (2008) zeigen auch, dass Kombinationen von Maßnahmen prüfbar sind, wenn sich die Maßnahmen nicht direkt gegenseitig beeinflussen.

Tab. 7.2 Berechnungsgrundlagen für die gesamtgesellschaftlich akzeptablen Kosten der Schutzmaßnahmen (Schubert und Faber 2008)

Parameter	Wert
Anteil der individuellen Konsumausgaben am Bruttoinlandsprodukt pro Kopf	35 931 Schweizer Franken
Demographische Konstante	18,9
Q	0,175
Todesfallwahrscheinlichkeit	1
Anzahl gefährdeter Personen	12
Zinssatz	2 %
Zeitperiode	100 Jahre

Tab. 7.3 Eingangsgrößen für die verschiedenen Handlungsoptionen (Schubert und Faber 2008)

Option	Eintrittsrate pro Jahr	Kosten	Kosten pro Jahr	Schadenskosten	Gefährdete Personen	Bedingte Todeswahrscheinlichkeit	Bewertung
Keine Handlung	$3{,}5 \times 10^{-2}$	$0{,}5 \times 10^{3}$	$0{,}5 \times 10^{3}$	$0{,}5 \times 10^{3}$	2	0,4	
1	$2{,}0 \times 10^{-2}$	$1{,}0 \times 10^{3}$	$1{,}0 \times 10^{3}$	$1{,}0 \times 10^{3}$	4	0,8	$8{,}7 \times 10^{-3}$
2	$2{,}0 \times 10^{-3}$	$1{,}5 \times 10^{3}$	$1{,}5 \times 10^{3}$	$1{,}5 \times 10^{3}$	5	0,3	$1{,}8 \times 10^{-2}$
3	$5{,}0 \times 10^{-3}$	$1{,}9 \times 10^{3}$	$1{,}9 \times 10^{3}$	$1{,}9 \times 10^{3}$	10	0,4	$4{,}6 \times 10^{-3}$
4	$5{,}0 \times 10^{-4}$	$2{,}0 \times 10^{3}$	$2{,}0 \times 10^{3}$	$2{,}0 \times 10^{3}$	8	0,3	$1{,}1 \times 10^{-2}$
5	$1{,}0 \times 10^{-4}$	$7{,}0 \times 10^{3}$	$7{,}0 \times 10^{3}$	$7{,}0 \times 10^{3}$	10	0,2	$1{,}3 \times 10^{-2}$

Tab. 7.4 Zusammenstellung ausgewählter Ergebniswerte (Schubert und Faber 2008)

Option	Eintrittsrate pro Jahr	Bewertung	Zielfunktion
Keine Handlung	$3{,}5 \times 10^{-2}$		
1	$2{,}0 \times 10^{-2}$	$8{,}7 \times 10{-}^{3}$	$-3{,}76 \times 10^{5}$
2	$2{,}0 \times 10^{-3}$	$1{,}8 \times 10^{-2}$	$3{,}27 \times 10^{4}$
3	$5{,}0 \times 10^{-3}$	$4{,}6 \times 10{-}^{3}$	$-3{,}59 \times 10^{6}$
4	$5{,}0 \times 10^{-4}$	$1{,}1 \times 10^{-2}$	$5{,}58 \times 10^{2}$
5	$1{,}0 \times 10^{-4}$	$1{,}3 \times 10{-}^{2}$	$-7{,}78 \times 10^{5}$

7.5 Brände

Gerade im Bereich des Brandschutzes existieren zahlreiche Beispiele der Anwendung probabilistischer, Risiko- und Lebensqualitätsberechnungen (Van Coile et al. 2019, Van Coile und Hopkin 2018, Van Coile und Pandey 2017). Eine Auflistung findet sich in gekürzter Form in Tab. 7.5.

Das folgende Beispiel wurde Fischer (2014) und Fischer et al. (2012) entnommen. Das Beispiel behandelt die Frage, ob Rauchmelder zwingend in Wohnhäusern in der Schweiz installiert werden sollten. Die Frage wird mittels Lebensqualitätsparameter beantwortet. Es werden die wirtschaft-

Tab. 7.5 Promotionen zum Brandschutz im europäischen Raum mit Angabe des Zielparameters

Referenz	Land	Jahr	Modell	Zielparameter
Dehne (2003)	Deutschland	2003	Probabilistisches Sicherheitskonzept	*LQI*
Maag (2004)	Schweiz	2004	Risikobasierte Beurteilung der Personensicherheit, Bayessche Netze	*FAR*, auch *LQI*
Albrecht (2012)	Deutschland	2012	Risk informed and Performance based Life Safety Concept	Verlorene Lebensjahre, *LQI*
Fischer (2014)	Schweiz	2014	Social decision making for fire safety	*LQI*
De Sanctis (2015)	Schweiz	2015	Performance Evaluation	*LQI*
Van Coile (2015)	Belgien	2015	Fire and Reliability	*LQI*
Hingorani (2017)	Spanien	2017	Life Safety Risk	*LQI*
Berchtold (2019)	Deutschland	2019	Tunnel Fire Risk	–
Libens (2019)	Belgien	2019	Direkte und indirekte Kosten von Bränden	*LQI*

lichen Schäden basierend auf Versicherungsdaten verwendet. Ein- und Ausgangsparameter des Risikomodells für den Brand sind (Fischer 2014):

- Bauwerksspezifische Faktoren,
- Gesamte Bauwerksfläche,
- Fläche des größten Raumes,
- Anzahl Räume,
- Anzahl Verbindungen zwischen den Räumen,
- Versicherter Wert,
- Brandspezifische Faktoren,
- Fläche des Raumes mit Brandbeginn,
- Fläche der Brandausbreitung,
- Ergebnisse,
- Finanzieller Schaden pro Gebäude,
- Kalibrierungsfaktoren,
- Verteilungsparameter für geringe Schadenskosten,
- Brandausbreitungskoeffizient und
- Exponent der Kontrollzeit

Weitere Annahmen zur Risikobewertung finden sich in Fischer (2014) und in Tab. 7.6.

Im untersuchten Zeitraum starben jährlich in der Schweiz ca. 24 Menschen durch Brände. Von diesen 24 Menschen hätten potenziell 5 Menschen durch Rauchmelder gerettet werden können, wobei zu berücksichtigen ist, dass in ca. 10 % aller Wohngebäude in der Schweiz bereits Rauchmelder installiert waren. Die Kosten pro Haushalt für die Installation von drei Rauchmeldern beträgt ca. 20 Schweizer Franken pro Jahr. Damit ergeben sich jährliche Gesamtkosten von 63 Mio. Schweizer Franken pro Jahr. Bei fünf geretteten Menschenleben ergibt sich 63 Mio. Schweizer Franken durch 5 und man erhält 14,3 Mio. Schweizer Franken für ein gerettetes Menschenleben. Gemäß der mittels Lebensqualitätsindex ermittelten Grenzkosten von 5,1 Mio. Schweizer Franken erscheint eine verpflichtende Installation von Rauchmeldern nicht sinnvoll und es sollten andere gesellschaftliche Handlungen zur Verbesserung der Lebensqualität in Betracht gezogen werden.

7.6 Weitere Beispiele

Lentz (2006) bewertet mit dem Lebensqualitätsindex:

- Schutzmaßnahmen gegen Schlammlawinen,
- die Bauwerkssicherheit gegen das Versagen durch Erdbeben,
- die Kosten zum Schutz vor Feinstaub,
- Radon in Innenräumen und
- die Anwendung von Flammschutzmitteln in Bauwerken.

Die Anwendung von Lebensqualitätsparametern für solche Fragestellungen dürfte heute in die Hunderte gehen. Risikobewertungen werden heute in so vielen Fachgebieten durchgeführt, dass eine Zählung fast unmöglich erscheint. Wahrscheinlich wurden bis heute mehrere Millionen rechnerischen Risikobewertungen durchgeführt.

7.7 Zusammenfassung

Wie die Beispiele zeigen, sind Risikoparameter im Allgemeinen und Lebensqualitätsparameter im Besonderen heute Stand von Wissenschaft und Technik, wahrscheinlich sogar ein anerkanntes Verfahren der Technik – für Risikobewertungen gibt es verschiedene normative Grundlagen. Aufgrund der Tatsache, dass die Planung, Umsetzung und Erhaltung von Schutzmaßnahmen einen immer größeren Anteil an der gesamtgesellschaftlichen Leistung besitzen –

Tab. 7.6 Zusammenstellung ausgewählter Eingangsgrößen (Fischer 2014)

Eingangsgrößen	Mittelwert	5 % Fraktil	95 % Fraktil	Verteilung
Anzahl Todesopfer pro Jahr ohne Rauchmelder	24	21	27	Normal
Überlebenswahrscheinlichkeit mit Rauchmelder	0,353	0,171	0,488	Dreieck
Wahrscheinlichkeit der Aktivierung des Rauchmelders	0,588	0,501	0,675	Normal
Gerettete Menschenleben	5,0	2,4	7,3	
Kosten pro Rauchmelder (Schweizer Franken pro Jahr)	7,35	6,2	8,5	Normal
Anzahl Rauchmelder pro Haushalt	3			
Anzahl H aushalte in der Schweiz	3,2	3,1	3,3	Gleich
Anteil Haushalte mit einem Rauchmelder	0,113	0,044	0,205	Dreieck
Gesamtgesellschaftliche Kosten in Millionen Schweizer Franken pro Jahr	62,9	51,5	74,7	

Faber (2007) schätzt, dass ca. 10 bis 20 % des Bruttoinlandsproduktes für lebensrettende Schutzmaßnahmen reinvestiert werden – steigt auch die Bedeutung der Risikobewertungen für die Verteilung der gesamtgesellschaftlichen Ressourcen.

Literatur

Albrecht C (2012) A risk-informed and performance-based life safety concept in case of fire. Dissertation, TU Braunschweig, 2012

BAFU (2012) EconoMeRailway: Risikoanalysen Naturgefahren entlang von Bahnstecken, Methodik, Version 1.0. 25. Juni 2012

BAFU (2018) EconoMe: Entwicklung eines Modells zur Bestimmung von indirekten Kosten in Folge Naturgefahren und Integration in EconoMe (iCost), Arge iCost. Version 1.0, 25, Oktober 2018, Bundesamt für Umwelt

Bayraktar A, Türker T, Altunişik AC (2015) Experimental frequencies and damping ratios for historical masonry arch bridges, Construction and Building Materials, Vol. 75, 30 January 2015, pp. 234–241

Berchtold F (2019) Metamodel for complex scenarios in fire risk analysis of road tunnels. Dissertation, Bergische Universität Wuppertal, Fakultät für Architektur und Bauingenieurwesen, Wuppertal, 2019

De Sanctis G (2015) Generic Risk Assessment for Fire Safety: Performance Evaluation and Optimisation of Design Provisions Performance Evaluation and Optimisation of Design Provisions. Doctorial Thesis, IBK Bericht, vol. 363, Zürich, Institut für Baustatik und Konstruktion der ETH Zürich. https://www.research-collection.ethz.ch/handle/20.500.11850/101753

Dehne M (2003) Probabilistisches Sicherheitskonzept für die brandschutztechnische Bemessung. Dissertation, TU Braunschweig, Institut für Baustoffe, Massivbau und Brandschutz, 2003

Faber MH (2007) Risk and Safety in Civil Engineering. Lecture Notes, ETH Zürich, Zürich

Fischer K (2014) Societal decision-making for optimal fire safety. Doctorial Thesis, Zürich. https://www.research-collection.ethz.ch/bitstream/handle/20.500.11850/84660/eth-8687-02.pdf?sequence=2&isAllowed=y

Fischer K, Köhler J, Fontana M, Faber MH (2012) Wirtschaftliche Optimierung im vorbeugenden Brandschutz. Institut für Baustatik und Konstruktion, ETH Zürich, Zürich, Juli 2012

Hingorani R (2017) Acceptable Life Safety Risks Associated with the Effect of Gas Explosions on Reinforced Concrete Structures. Thesis, Madrid

Kübler O (2015) Applied Decision-Making in Civil Engineering. Doctoral Thesis, ETH Zürich

Lentz A (2006) Acceptability of Civil Engineering Decisions Involving Human Consequences. Lehrstuhl für Massivbau der Technischen Universität München, Dissertation, München

Libens D (2019) Direct and indirect costs of fires in medium and high rise buildings. Master Dissertation, Ghent University, Faculty of Engineering and Architecture, Ghent

Maag T (2004) Risikobasierte Beurteilung der Personensicherheit von Wohnbauten im Brandfall unter Verwendung von Bayes`schen Netzen. Doctorial Thesis, IBK Bericht, vol. 282, Zürich: vdf Hochschulverlag AG an der ETH Zürich. https://www.research-collection.ethz.ch/bitstream/handle/20.500.11850/147976/eth-1549-01.pdf?sequence=1&isAllowed=y

Mueller J, Stewart MG (2011) Terror, security, and money: balancing the risks, benefits, and costs of homeland security. Oxford University Press, Oxford

Proske D (2003) Beitrag zur Risikobeurteilung von alten Brücken unter Schiffsanprall. Dissertation, University of Technology Dresden

Proske D (2021) Baudynamik for Beginners. Springer, Heidelberg

Schubert M, Faber MH (2008) Beurteilung von Risiken und Kriterien zur Festlegung akzeptierter Risiken in Folge außergewöhnlicher Einwirkungen bei Kunstbauten, Bundesamt für Strassen (ASTRA). Juni 2008:616

Van Coile R (2015) Reliability-based Decision Making for Concrete Elements Exposed to Fire. Universität Gent

Van Coile R, Gernay T, Hopkin D, Khorasani NE (2019) Resilience targets for structural fire design – An exploratory study. In: Daniil Y, Dirk P (Hrsg) Proceedings of the 17th International Probabilistic Workshop. Edinburgh, Seite 196–201

Van Coile R, Hopkin DJ (2018) Target Safety levels for insulated steel beams exposed to fire, based on Lifetime Cost Optimisation. In: R Caspeele, L Taerwe, DM Frangopol (Eds) Life-cycle analysis and assessment in civil engineering: towards an integrated vision: proceedings of the sixth international symposium on life-cycle civil engineering (IALCCE 2018), Ghent, CRC Press, London, Seite 2047–2054

Van Coile R, Pandey MD (2017) Investments in structural safety: the compatibility between the economic and societal optimum solutions, In: Chr Bucher, BR Ellingwood, DM Frangopol (Eds) Safety, Reliability, Risk, Resiliience and Sustainability of Structures and Infrastructure, Proceedings of the 12. International Conference on Structural Safety and Reliability (ICOSSAR), 6–10 August 2017. TU Verlag an der Technischen Universität Wien, Vienna, Seite 308–317

8 Zusammenfassung

8.1 Bedeutende Erkenntnisse

Das Buch befasst sich ausgiebig mit dem Thema der Unsicherheit, mit natürlichen, technischen, sozialen und gesundheitlichen Gefährdungen, mit Risikoparametern, subjektive Risikobewertungen und Lebensqualitätsparametern. Wenige Beispiele runden das Buch ab. Man kann abschließend feststellen:

- Unsicherheit kann nicht endgültig ausgeschlossen werden.
- Praktisch alle uns bekannten natürlichen, technischen, sozialen und gesundheitlichen Prozesse beinhalten Gefahren.
- Heute steht uns ein umfangreiches Reservoir an Risikoparametern zur Verfügung. Die Risikoparameter wurden immer umfassender und komplexer und haben langsam den reinen Bereich der Schäden verlassen und mit der Anwendung der Lebensqualitätsparameter auch wieder Vorteile in die Bewertungen mit einbezogen.
- Subjektive Risikobewertungen führen zu Verschiebungen der objektiven Risiken in der gleichen Größenordnung der Risiken selbst. In anderen Worten, der Einfluss der Wahrnehmung des Risikos ist genauso groß wie das objektive Risiko.
- Die Einbindung sozio-ökonomischer Faktoren in die Risikobewertungen im Rahmen von Lebensqualitätsparametern ist der Versuch, kulturelle Elemente durch übergeordnete gesamtgesellschaftliche Parameter zu berücksichtigen. Alternativ binden Lebensqualitätsparameter in der Medizin und der Soziologie die Ergebnisse von Befragungen, die subjektive individuelle Meinungen widerspiegeln, mit ein.
- Viele rechnerische Sicherheitsnachweise, und dazu zählen auch Risikonachweise, beinhalten versteckte Sicherheiten. Diese kulturell oder sozial bedingten Effekte lassen sich für technische Erzeugnisse sichtbar machen. Abb. 8.1 zeigt die mittleren berechneten Versagenswahrscheinlichkeiten und die mittleren beobachteten Einsturzhäufigkeiten bzw. Versagenshäufigkeiten verschiedener technischer Systeme – überwiegend aber Bauwerke. Nur bei den Kernkraftwerken und beim Space Shuttle liegen die Werte unterhalb der Linie gleicher Versagenswahrscheinlichkeiten und Einsturzhäufigkeiten bzw. Versagenshäufigkeiten. Deshalb wurde nach dem Unfall von Tschernobyl auch der Begriff der Sicherheitskultur entwickelt.

8.2 Dilemma

Das Buch zeigt einige Dilemma, die nicht aufgelöst wurden. Dazu gehören unter anderem:

- Die modernen Staaten und die Gesetzgeber versprechen einen unbegrenzten Schutz des menschlichen Lebens, aber tatsächlich sind die kollektiven staatlichen Ressourcen begrenzt. Das Versprechen ist uneinlösbar.
- Die Wissenschaft verspricht Werkzeuge für rationale Entscheidungen. Entscheidungsträger versprechen unter Nutzung dieser Werkzeuge rationale Entscheidungen. Tatsächlich sind rationale Entscheidungen für gewissen Systeme unmöglich. Das Versprechen der rationalen Entscheidung ist damit nicht umsetzbar.
- Dazu gehört auch, dass optimale Entscheider keine persönlichen Vorlieben besitzen sollten, dass aber politische Entscheidungsträger häufig aufgrund persönlicher Sympathie ausgewählt werden. Die heute vorliegenden politischen Systeme setzen das Prinzip des optimalen Entscheiders nicht um. Da die Sicherheit technischer Produkte politischen und dadurch gesetzlich geschaffenen Rahmenbedingungen unterliegt, ist das Prinzip des optimalen Entscheiders für technische Systeme unerreichbar.
- Das Versprechen der Entwicklung und Anwendung immer besserer Modelle, also die Berücksichtigung aller beobachteten Varianzen in den Modellen, führt zu komplexen Modellen. Komplexe Systeme, und das gilt auch für Modelle, erzeugen jedoch neue Unbestimmtheit. Es

D. Proske, *Katalog der Risiken*, https://doi.org/10.1007/978-3-658-37083-1_8

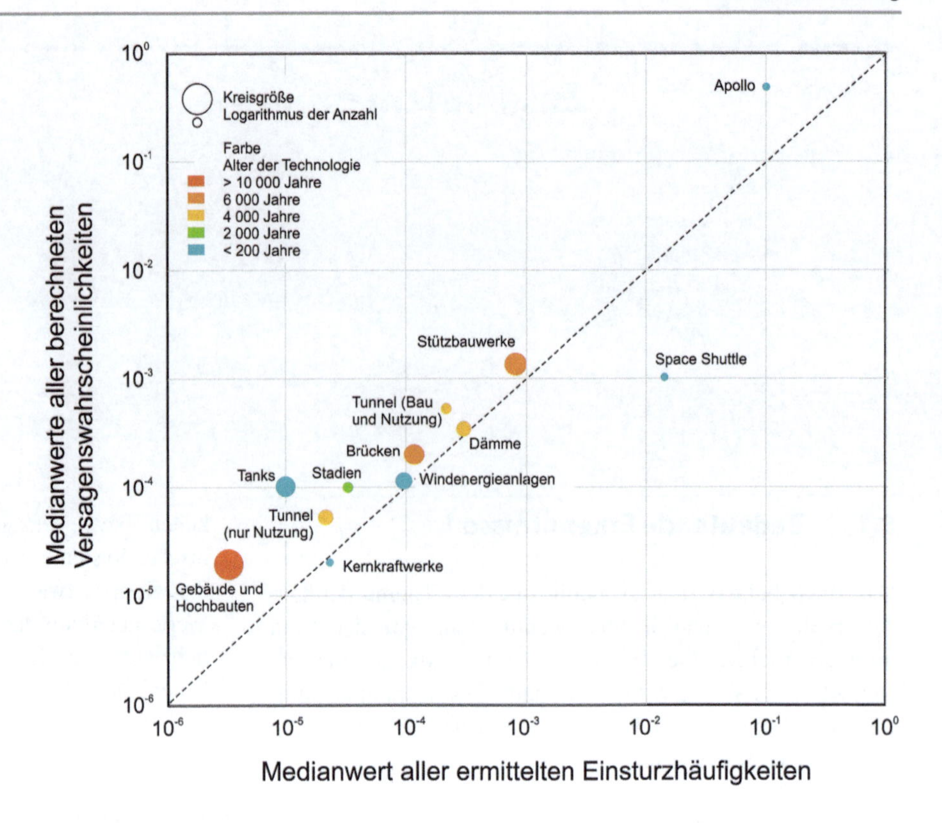

Abb. 8.1 Verhältnis aus ermittelten mittleren Einsturz- und Versagenshäufigkeiten versus berechneten mittleren Versagenswahrscheinlichkeiten

gibt deshalb ein Optimum der Modelle, welches nicht darin liegt, immer mehr beobachtete Varianzen zu berücksichtigen. Vielmehr sollte man Modelle teilen, wie z. B. die Physik das Modell für Licht als Punkt und Welle, um spezifische Fragen zu beantworten.

- Neue Schutzmaßnahmen erzeugen häufig neue, noch unbekannte oder statistisch nicht belegbare Risiken. Das kann dazu führen, dass die Schutzmaßnahmen überbewertet werden und unter Umständen mehr Schaden verursachen als das primäre Risiko. Mathematisch-statistische Risikobewertungen helfen hier nicht weiter. Es müssen andere Verfahren verwendet werden. Interassent ist hier z. B. die These des Hochwasserloches in der Schweiz (Wetter et al. 2011), die aufgrund des Überganges zu statistisch auswertbaren Messgrößen zu einer Unterschätzung der Hochwassergefährdung geführt hat. Bergmeister (2021) hat deshalb eine holistische Risikobewertung vorgeschlagen. Taleb (2008) schlägt kontrafaktisches Denken als Schutzmaßnahme vor.
- Mathematisch-statistische Risikobewertungen können widersprüchlich sein. So kann eine Handlung bei einem Risikoparameter sehr gut liegen und bei einem anderen sehr schlecht, z. B. das Space Shuttle für das Risiko bezogen auf km und auf Starts (siehe Kap. 2). In solchen Fällen benötigt man ein Verständnis der untersuchten Handlungen und Prozesse. Die alleinige Verwendung der Risikozahlen kann missverständlich sein.
- Alleinige Risikobewertungen sind in der Diskussion mit der Bevölkerung nicht hilfreich und werden nicht akzeptiert. Die individuellen und kollektiven Bewertungen basieren immer auf Kombinationen von Risiko und Gewinn. Es gibt deshalb nur risikoinformierte Entscheidungen, nicht risikobasierte.
- Lebensqualität verspricht die Berücksichtigung von Vor- und Nachteilen. Der Parameter hat sich in verschiedenen Fachgebieten entwickelt. Allerdings zeigt er auch wie die Risikoparameter eine Aufsplitterung und Spezialisierung. Dies widerspricht der Idee der Verallgemeinerung und Vergleichbarkeit aller Maßnahmen.
- Die Verwissenschaftlichung von Fragestellungen muss nicht zwangsläufig zu besseren Ergebnissen führen als heuristische Modelle, die von Entscheidungsträgern und der Bevölkerung verwendet werden (Gigerenzer 2008). So weist die Wissenschaft darauf hin, dass es neben dem Risikoparameter auch noch anderen Parameter gibt, wie die Verletzlichkeit oder die Robustheit. Die Wissenschaft hat aber Probleme, diese Parameter verlässlich zu quantifizieren. In verschiedenen Fachgebieten wird deshalb neben der quantitativen Zuverlässigkeit technischer Systeme, z. B. als Versagenswahrscheinlichkeit berechnet, auch qualitativ eine Robustheit, Diversität, Redundanz und Resilienz gefordert.
- Sowohl Menschen als auch technische und gesellschaftliche Schutzsysteme sind immer fehlerbehaftet. Das gilt

z. B. auch für das Rechtssystem, den Aufbau und die Funktion staatlicher Systeme, die Medien, aber auch der Funktion von Firmen oder der Entwicklung und Umsetzung technischer Systeme.

Manche Autoren gehen davon aus, dass sich die klassischen Risikobewertungen in einer Sackgasse befinden (Nielsen 2020, siehe auch Schneidewind 2014: *„Kritische Risikoforschung ist auf dem Rückzug"*), da die Neuentwicklung der wichtigsten Risikoparameter Jahrzehnte zurückliegt. Dies gilt auch für die Vorstellung des Lebensqualitätskonzeptes. Auf der anderen Seite spielen Risikobewertungen eine immer stärkere Rolle bei Entscheidungen – und das ist letztendlich auch ihre Daseinsberechtigung, eine Unterstützung bei Entscheidungen.

Literatur

Bergmeister K (2021) Holistisches Chancen-Risiken-Management von Großprojekten. Ernst und Sohn, Berlin

Gigerenzer G (2008) Bauchentscheidungen – Die Intelligenz des Unbewussten und die Macht der Intuition. Wilhelm Goldman Verlag, München

Nielsen L (2020) Toward a unified theory of risk, resilience and sustainability science with applications for education and governance. Aalborg Universitetsforlag, PhD-serien for Det Ingeniørog Naturvidenskabelige Fakultet, Aalborg Universitet

Schneidewind U (2014) Die Wissenschaft braucht mehr Demokratie, bild der Wissenschaft, 9-2014, S 91–93

Taleb NN (2008) Der Schwarze Schwan: Die Macht höchst unwahrscheinlicher Ereignisse. Hanser Verlag

Wetter O, Ch, Pfister, Weingartner R, Luterbacher J, Reist T, Trösch J (2011) The largest floods in the High Rhine basin since 1268 assessed from documentary and instrumental evidence, Hydrological Sciences Journal, 56. Seite 5:733–758

Stichwortverzeichnis

D. Proske, *Katalog der Risiken*, https://doi.org/10.1007/978-3-658-37083-1

Printed by Printforce, the Netherlands